EUROPA LEHRMITTEL

Bibliothek des technischen Wissens

W0335724

Elektrische Maschinen

Leistungselektronik, Elektrische Antriebe

7. Auflage

VERLAG EUROPA-LEHRMITTEL · Nourney, Vollmer GmbH & Co. KG
Düsselberger Straße 23 · 42781 Haan-Gruiten

Europa-Nr.: 46444

Autoren von Elektrische Maschinen

Hans-Ulrich Giersch	Studiendirektor	Osnabrück
Norbert Vogelsang	Studiendirektor	Osnabrück
Klaus Wewer	Studienrat M. Ed.	Osnabrück

Bildbearbeitung:
Zeichenbüro des Verlags Europa-Lehrmittel, Ostfildern

7. Auflage 2021
Druck 5 4 3 2 1

Alle Drucke derselben Auflage sind parallel einsetzbar, da sie bis auf die Behebung von Druckfehlern identisch sind.

ISBN 978-3-8085-4646-8

Alle Rechte vorbehalten. Das Werk ist urheberrechtlich geschützt. Jede Verwendung außerhalb der gesetzlich geregelten Fälle muss vom Verlag schriftlich genehmigt werden.

© 2021 by Verlag Europa-Lehrmittel, Nourney, Vollmer GmbH & Co. KG, 42781 Haan-Gruiten
www.europa-lehrmittel.de

Umschlaggestaltung: braunwerbeagentur, 42477 Radevormwald unter Verwendung einer Vektor-Illustration © zentilia – stock.adobe.com und Fotos der Firmen Siemens und ABB
Satz: Daniela Schreuer, 78256 Steißlingen
Druck: Plump Druck & Medien GmbH, 53619 Rheinbreitbach

Vorwort

Liebe Leserin, lieber Leser,

dieses Fachbuch wendet sich in der **7. Auflage** an Lernende, die vertieft und anwendungsbezogen elektrische Maschinen und Antriebstechnik einschließlich der Leistungselektronik erarbeiten und verstehen wollen.

Zielgruppen

- Studierende an Elektrotechnik-Fachschulen
- Studierende an Hochschulen
- Elektroniker und Elektronikerinnen für Maschinen und Antriebstechnik (während und nach der Ausbildung)
- Verantwortliche für die betriebliche Ausbildung
- Technische Assistenten und Assistentinnen
- Teilnehmende an Fort- und Weiterbildungskursen
- Teilnehmende an Meisterkursen
- Praxis-Interessierte in Handwerk und Industrie

Für Fachkräfte ist es ein übersichtliches und umfassendes Nachschlagewerk.

Inhalte

Schwerpunktmäßig beschreibt das Buch die Wirkungsweisen und das Betriebsverhalten der wichtigsten elektrischen Maschinen. Wir legen dabei großen Wert auf eine praxisnahe Darstellung und verzichten bewusst auf rein mathematische Beschreibungen.

Zentrale Inhalte sind:

- Antriebstechnik
- Leistungselektronik
- Gleichstrommaschinen
- Transformatoren
- Wechsel- und Drehstrommaschinen
- Antriebe mit Frequenzumrichtern
- Servoantriebe
- Energiesparmotoren
- Windenergieanlagen zur Stromerzeugung
- Explosionsgeschützte Motoren
- Wicklungen
- Prüfung und Normung

Voraussetzung für das Verständnis der Inhalte ist die Kenntnis der Grundlagen der Elektrotechnik.

Nahezu **150 Beispiele mit Lösungen** und **500 Aufgaben** helfen den Lernenden beim Erarbeiten und Vertiefen der Stoffgebiete.

In der **7. Auflage** des Fachbuches wurden die Inhalte

- Energieeffizienz,
- Antriebe 4.0,
- Energiesparmotoren,
- Torquemotoren,
- Windenergieanlagen (WEA) zur Stromerzeugung und
- explosionsgeschützte Motoren

neu aufgenommen.

Erweitert und aktualisiert wurden die Abschnitte

- Prüfen der Maschinen und
- Drehstrommotoren am Frequenzumrichter.

Im virtuellen Medienregal EUROPATHEK finden Sie ergänzende Inhalte zu dem Buch (siehe vordere Umschlaginnenseite).

Die Lösungen der Aufgaben sind als digitales Buch (Europa-Nr. 46772V und 46772L) zu beziehen.

Zusammen mit dem Verlag freuen wir uns über die wertvollen Benutzerhinweise und sind weiterhin für konstruktive Verbesserungsvorschläge dankbar.

Schreiben Sie uns unter
lektorat@europa-lehrmittel.de.

Osnabrück, Sommer 2021

H.-U. Giersch
N. Vogelsang
K. Wewer

Inhaltsverzeichnis

			Seite
1 Grundlagen	1.1	Magnetisches Feld	9
	1.2	Bewegte Leiterschleife im Magnetfeld	12
	1.3	Ruhende Leiterschleife im magnetischen Wechselfeld	15
	1.4	Stromdurchflossene Leiterschleife im Magnetfeld	16
	1.5	Grundlagen der Antriebstechnik	18
	1.5.1	Drehmomenterzeugung in Elektromotoren	19
	1.5.2	Gleichungen zur Antriebsberechnung	20
	1.5.3	Antriebsquadranten	29
	1.5.4	Energieeffizienz und Wirkungsgrad	32
	1.5.5	Antriebe 4.0	35
	1.6	Bauelemente der Leistungselektronik	37
	1.7	Grundschaltungen der Leistungselektronik	41
	1.7.1	Netzgeführte Stromrichter	42
	1.7.1.1	Einpuls-Mittelpunktschaltung M1	42
	1.7.1.2	Zweipuls-Mittelpunktschaltung M2	56
	1.7.1.3	Dreipuls-Mittelpunktschaltung M3	56
	1.7.1.4	Vollgesteuerte Brückenschaltungen	60
	1.7.1.5	Zwölfpuls-Brückenschaltung	63
	1.7.1.6	Halbgesteuerte Brückenschaltungen	64
	1.7.2	Netzgeführte Wechselrichter	66
	1.7.3	Berechnung netzgeführter Schaltungen	69
	1.7.4	Wechselstrom- u. Drehstromsteller	74
	1.7.4.1	Wechselstromsteller	74
	1.7.4.2	Drehstromsteller	76
	1.7.5	Selbstgeführte Stromrichter	77
	1.7.5.1	Gleichstromsteller (Chopper)	77
	1.7.5.2	Selbstgeführte Wechselrichter	85
	1.7.5.3	Grundlagen der Frequenzumrichter	88
	1.7.5.4	Modulation der Ausgangsspannung	92
	1.7.5.5	Steuerung/Regelung der Ausgangsspannung	96
2 Gleichstrommaschinen	2.1	Aufbau der Gleichstrommaschine	100
	2.1.1	Stator – Ständer	101
	2.1.2	Rotor – Anker	102
	2.2	Schaltungen der Gleichstrommaschinen	104
	2.3	Spannungserzeugung	105
	2.4	Drehmomenterzeugung und Leistungsumsatz	110
	2.5	Generatorbetrieb und Motorbetrieb	111
	2.6	Magnetische Felder	114
	2.6.1	Hauptfeld	114
	2.6.2	Ankerfeld	114
	2.6.3	Gesamtfeld (Resultierendes Feld)	115
	2.7	Ankerrückwirkung	115
	2.7.1	Entstehung	115
	2.7.2	Reduzierung der Ankerrückwirkung	116
	2.8	Stromwendung (Kommutierung)	117
	2.8.1	Ursachen des Bürstenfeuers	117
	2.8.2	Stegspannung (Lamellenspannung)	119
	2.9	Motoren	120
	2.9.1	Nebenschlussmotor und fremderregter Motor	120
	2.9.2	Reihenschlussmotor (Hauptschlussmotor)	124
	2.9.3	Doppelschlussmotor	125
	2.10	Anlassvorgang	126
	2.11	Elektrische Bremsung	129
	2.11.1	Senkbremsung	129
	2.11.2	Nachlaufbremsung	132
	2.12	Drehzahlsteuerung	134
	2.12.1	Ankerstellbereich	134
	2.12.2	Feldstellbereich	136
	2.12.3	Betrieb am Wechselstromnetz	138
	2.12.3.1	Einquadrantenbetrieb (I-Q-Betrieb)	139
	2.12.3.2	Zweiquadrantenbetrieb (2-Q-Betrieb)	142

			Seite
2 Gleichstrommaschinen Fortsetzung	2.12.3.3	Vierquadrantenbetrieb (4-Q-Betrieb)	143
	2.12.4	Betrieb am Gleichstromnetz	145
	2.13	Verluste und Wirkungsgrad	146
	2.13.1	Verlustarten	146
	2.13.2	Wirkungsgrad	147
	2.14	Gleichstrom-Ankerwicklungen	150
	2.14.1	Ringwicklung	150
	2.14.2	Trommelwicklung	151
	2.14.3	Umschalten bzw. Umwickeln einer Maschine	158
3 Transformatoren	3.1	Aufgaben und Arten	162
	3.2	Einphasentransformator	164
	3.2.1	Wirkungsweise des idealen Transformators	164
	3.2.2	Grundgleichungen	166
	3.2.2.1	Spannungsübersetzung	166
	3.2.2.2	Stromübersetzung	166
	3.2.2.3	Widerstandstransformation	167
	3.2.2.4	Transformatoren-Hauptgleichung	167
	3.3	Betriebsverhalten	168
	3.3.1	Ersatzschaltung des realen Transformators	168
	3.3.2	Leerlaufbetrieb	169
	3.3.3	Lastbetriebsverhalten	173
	3.3.4	Spannungsverhalten bei normaler Belastung	176
	3.4	Parallelschaltung von Transformatoren	177
	3.5	Energieumsatz im Transformator	180
	3.5.1	Verluste	180
	3.5.2	Volllastwirkungsgrad/Bemessungslastwirkungsgrad	181
	3.5.3	Jahreswirkungsgrad	182
	3.6	Drehstromtransformator	185
	3.6.1	Transformatorenbank	185
	3.6.2	Konstruktive Vereinigung von drei Einphasentransformatoren zu einem Drehstromtransformator	186
	3.6.3	Schaltgruppen	188
	3.6.4	Betriebsverhalten von Drehstromtransformatoren unter einphasiger oder extrem unsymmetrischer Belastung	189
	3.7	Besondere Ausführungsformen des Transformators	194
	3.7.1	Spartransformator	194
	3.7.2	Stelltransformator	196
	3.7.3	Transformatoren für Messzwecke	197
	3.8	Konstruktive und technologische Gestaltung der aktiven Transformatorbauteile	200
	3.8.1	Anordnung der aktiven Bauteile	200
	3.8.2	Werkstoffe und Aufbau des Eisenkerns	201
	3.8.3	Blechschnitte und konstruktive Zusammenfassung der Kernbleche	202
	3.8.4	Wicklungen	204
	3.8.5	Äußere Gestaltung	207
	3.9	Transformatorenschutz	209
	3.9.1	Innere Fehler	209
	3.9.2	Schutzeinrichtungen	209
4 Wechselstrommaschinen	4.1	Grundlagen der Drehstromwicklungen	213
	4.2	Wicklungsfaktoren	214
	4.2.1	Verteilte Wicklung – Zonenfaktor	214
	4.2.2	Gesehnte Wicklung – Sehnungsfaktor	215
	4.2.3	Bedeutung der Wicklungsfaktoren	217
	4.3	Magnetische Felder	218
	4.3.1	Felderregerkurve und Feldkurve	218
	4.3.1.1	Konzentrierte Wicklung	219
	4.3.1.2	Verteilte Wicklung	220
	4.3.2	Nutzfluss und Streufluss	221
	4.3.3	Drehfelder	221
	4.4	Entwurf von Wechselstromwicklungen	225
	4.4.1	Einschicht-Ganzlochwicklungen	225
	4.4.2	Zweischicht-Ganzlochwicklungen	230

Seite

4 Wechselstrom-maschinen Fortsetzung	4.4.3	Einschicht-Bruchlochwicklungen	234
	4.4.4	Zweischicht-Bruchlochwicklungen	237
	4.4.5	Polumschaltbare Wicklungen (Dahlander)	238
	4.4.6	Bruchlochwicklung eines Servomotors	243
	4.4.7	Einphasenwicklungen	243
	4.4.8	Umwickeln von Maschinenwicklungen	244
	4.5	Drehstrom-Asynchronmaschine	249
	4.5.1	Aufbau	249
	4.5.2	Wirkungsweise	250
	4.5.3	Läuferfrequenz und Läuferspannung	254
	4.5.4	Leistungsaufteilung	255
	4.5.5	Ersatzschaltung und Zeigerdiagramm	258
	4.5.6	Drehmoment	261
	4.5.7	Stromaufnahme	264
	4.5.8	Kreisdiagramm	267
	4.5.8.1	Leerlauf- und Kurzschlussversuch	268
	4.5.8.2	Auswertung	269
	4.5.8.3	Bedeutung des Kreisdiagramms	272
	4.5.9	Belastungskennlinien	273
	4.5.10	Anlauf und Anlassen	275
	4.5.10.1	Hochlaufvorgang	275
	4.5.10.2	Anlaufstrom	276
	4.5.10.3	Schleifringläufer mit Anlasswiderständen	277
	4.5.10.4	Stromverdrängungsläufer	280
	4.5.10.5	Stern-Dreieck-Anlaufschaltung	281
	4.5.10.6	Sanftanlasser mit Drehstromsteller	284
	4.5.10.7	Anlasstransformator	285
	4.5.10.8	Weitere Anlassverfahren	285
	4.5.11	Drehzahlsteuerung	286
	4.5.11.1	Steuerungsmöglichkeiten	286
	4.5.11.2	Ändern der Ständerspannung	287
	4.5.11.3	Schlupfwiderstände	289
	4.5.11.4	Läufergegenspannung	290
	4.5.11.5	Frequenzverstellung	290
	4.5.11.6	Polumschaltung	292
	4.5.12	Bremsen	294
	4.6	Einphasen-Asynchronmotoren	298
	4.6.1	Einsträngiger Motor – Anwurfmotor	298
	4.6.2	Zweisträngiger Motor	300
	4.6.2.1	Zweiphasiger Anschluss	301
	4.6.2.2	Einphasiger Anschluss	302
	4.6.2.3	Kondensatormotor	303
	4.6.2.4	Einphasenmotor mit Widerstandshilfswicklung	305
	4.6.2.5	Spaltpolmotor	306
	4.6.3	Drehstrommotor im Einphasenbetrieb	307
	4.7	Synchronmaschinen	309
	4.7.1	Aufbau und Arten	309
	4.7.1.1	Außenpolmaschine	310
	4.7.1.2	Innenpolmaschine	311
	4.7.2	Erregung	313
	4.7.3	Wirkungsweise	314
	4.7.3.1	Leerlauf	314
	4.7.3.2	Belastung	315
	4.7.3.3	Ersatzschaltung und Zeigerdiagramm	316
	4.7.3.4	Kurzschluss	317
	4.7.3.5	Drehmoment	319
	4.7.4	Generatorbetrieb	320
	4.7.4.1	Inselbetrieb	320
	4.7.4.2	Parallelbetrieb	321
	4.7.5	Motorbetrieb	322
	4.7.5.1	Betriebsverhalten	322
	4.7.5.2	Mechanische Pendelungen	324
	4.7.5.3	Anlauf	324
	4.7.6	Drehzahlsteuerung	325
	4.7.7	Besonderheiten der Schenkelpolmaschine	325

			Seite
5 Drehstromantriebe am Frequenzumrichter (*U*-Umrichter)	5.1	Drehstrom-Kurzschlussläufermotor am Frequenzumrichter	328
	5.2	87-Hz-Betrieb	330
	5.3	Parametrierung von Frequenzumrichtern	330
	5.4	Bremsung, Bremsarten	332
	5.5	Motorschutz	332
	5.6	Parallelschalten von Motoren	333
	5.7	Elektrischer Anschluss	333
	5.8	Netzrückwirkungen von Frequenzumrichtern	333
	5.9	Erhöhte Spannungsbeanspruchung durch Umrichterbetrieb	337
6 Servoantriebe	6.1	Bauarten	341
	6.2	Erregerkreiswerkstoffe	341
	6.3	Motorkenndaten	342
	6.4	Gleichstrom-Scheibenläufermotor	346
	6.4.1	Aufbau und Wirkungsweise	346
	6.4.2	Betriebsverhalten	347
	6.5	Gleichstrom-Langläufermotor	348
	6.5.1	Aufbau und Wirkungsweise	348
	6.5.2	Betriebsverhalten	348
	6.6	Bürstenloser Gleichstrom-Servomotor	349
	6.7	Drehstrom-Asynchronservomotoren	351
	6.8	Drehstrom-Synchronservomotoren	352
	6.9	Schrittmotoren	354
	6.9.1	Aufbau, Bauarten und Wirkungsweise	354
	6.9.2	Ansteuerungsarten/Betriebsarten	356
	6.9.3	Schrittarten	357
	6.9.4	Steuerlogik	359
	6.9.5	Treiberstufen	359
	6.9.6	Betriebsverhalten	360
	6.9.7	Zusammenfassung und Erläuterungen	361
	6.10	Gebersysteme für Servomotoren	362
7 Weitere Maschinenarten	7.1	Transformatoren	366
	7.1.1	Streufeldtransformator	366
	7.1.2	Stromrichtertransformator (SRT)	367
	7.2	Wechselstrommaschinen	371
	7.2.1	Einphasen-Reihenschlussmotor und Universalmotor	371
	7.2.2	Repulsionsmotor	373
	7.2.3	Drehstrom-Kollektormotor	373
	7.2.4	Energiesparmotoren	374
	7.2.4.1	Der Reluktanzmotor	376
	7.2.4.2	Synchron-Reluktanzmotor	377
	7.2.4.3	Drehstromsynchronmotor mit permanenterregtem Läufer	378
	7.2.4.4	Torquemotoren	379
	7.2.5	Asynchroner Linearmotor	380
	7.3	Windenergieanlagen (WEA) zur Stromerzeugung	382
	7.3.1	Wirkungsweise der WEA	383
	7.3.2	Anlagenkonstruktion	384
	7.3.3	Konzepte von WEA zur Stromeinspeisung	385
	7.3.4	Generatoren in WEA	387
	7.3.5	Windenergieanlangen und Netzintegration	390
8 Explosionsgeschützte Motoren	8.1	Explosionsschutz – Maßnahmen und Ziele	391
	8.2	Rechtsgrundlagen und Normen	391
	8.3	Begriffsbestimmungen	392
	8.4	Gerätekennzeichnungen und Zertifizierungsverfahren in Europa (ATEX) und international (IEC Ex)	398
	8.5	Explosionsgeschützte Drehstrom-Käfigläufermotoren	402
	8.5.1	Besondere Konstruktionsmerkmale	402
	8.5.2	Zündschutzarten von Elektromotoren	402
	8.5.2.1	Druckfeste Kapselung – Ex „d“	403
	8.5.2.2	Überdruckkapselung – Ex „p“	405
	8.5.2.3	Erhöhte Sicherheit – „e“-Schutzniveau „eb“	407
	8.5.2.4	Erhöhte Sicherheit Ex „e“ – Schutzniveau – „ec“	413
	8.5.2.5	Zündschutzart – Ex „db eb“	413

			Seite
8 Explosionsgeschützte Motoren Fortsetzung	8.5.2.6	Motoren mit doppelter Zündschutzart – Ex „db eb+eb"	414
	8.5.2.7	Staub-Zündschutzart – Schutz durch Gehäuse – Ex „t"	414
	8.5.2.8	Staub-Zündschutzart – Schutz durch Überdruckkapselung – Ex „p"	415
	8.5.2.9	Zusammenfassungen	415
	8.6	Explosionsgeschützte Asynchronmotoren im Frequenzumrichterbetrieb	416
	8.6.1	Allgemeines	416
	8.6.2	Leistungsbegrenzung und Drehmomentreduktion	418
	8.6.3	Motorverluste im FU-Betrieb	419
	8.6.4	Lagerbelastungen	420
	8.6.5	U/f-Verhältnis und Motorerwärmung	421
	8.6.6	Spannungsfälle im FU-Motorabzweig	421
	8.6.7	Wicklungsbelastung durch Impulsspannungen	422
	8.6.8	Störungen im FU-Betrieb und Schutzfunktionen	422
	8.6.9	Maßnahmen zum sicheren Betrieb von Ex-Motoren am Frequenzumrichter	423
	8.6.10	Projektierung eines Ex-Antriebs mit Frequenzumrichter	424
	8.7	Anforderungen an den Schutz von Ex-Motoren	426
	8.7.1	Rechtliche und normative Vorgaben	426
	8.7.2	Schutzprinzipien und Schutzgeräte für Ex–Motoren	427
	8.7.2.1	Stromabhängiger Schutz	427
	8.7.2.2	Temperaturabhängiger Motorschutz	428
	8.7.2.3	Schutz durch Strombegrenzung	429
	8.7.3	Auswahl eines Motorschutzkonzepts	430
	8.7.4	Mechanischer Schutz	432
	8.7.5	Kurzschlussschutz	432
	8.7.6	Kennzeichnung, Installation und Inbetriebnahme von Motor-Schutzgeräten	433
	8.7.7	Motorschutz für Ex-Motoren im Frequenzumrichterbetrieb	434
	8.7.8	Motorschutz in Abhängigkeit von der Betriebsart	435
	8.8	Wartung und Instandsetzung von Ex-Motoren und elektrischen Geräten	437
	8.8.1	Rechtlicher und normativer Rahmen	437
	8.8.2	Instandsetzung von Ex-Motoren	437
	8.9	Begriffsdefinitionen (Glossar)	439
9 Prüfen der Maschinen	9.1	Elektrische Prüfung	441
	9.1.1	Körperschluss (Prüfung der Isolation)	441
	9.1.2	Stoßspannungsprüfung	443
	9.1.3	Prüfungen von Maschinen im Umrichterbetrieb	443
	9.2	Erwärmungsprüfung	448
	9.3	Strom- und Drehmomentüberlastbarkeit	451
	9.4	Mechanische Prüfung	453
10 Normung der Maschinen	10.1	Übersicht über die einschlägigen Normen elektrischer Maschinen	454
	10.2	Bauformen und Baugröße	455
	10.3	Schutzarten	458
	10.4	Bemessung und Betrieb	459
	10.5	Betriebsarten, Bemessungsklassen	460
	10.6	Erwärmung – Thermische Klassen, Wärmeklassen	466
	10.7	Kühlung, Umgebungs- und Kühlmitteltemperatur	467
	10.8	Bemessungsspannungen	470
Anhang		**Bildquellenverzeichnis**	474
		Sachwortverzeichnis	475

Hinweise auf DIN-Normen in diesem Werk entsprechen dem Stand der Normung bei Abschluss des Manuskripts. Maßgebend sind die jeweils neuesten Ausgaben der Normblätter des DIN Deutsches Institut für Normung e.V. im Format A4, die durch die Beuth-Verlag GmbH, Berlin Wien Zürich, zu beziehen sind. – Sinngemäß gilt das Gleiche für alle in diesem Buch herangezogenen amtlichen Richtlinien, Bestimmungen, Verordnungen usw.

1 Grundlagen

Die physikalischen Grundlagen sowie die Grundlagen der Leistungselektronik werden in diesem Buch nur so weit wiederholt bzw. neu erarbeitet, wie sie für die Vorgänge in elektrischen Maschinen und deren Steuerung nötig sind.

Alle elektrischen Maschinen nutzen magnetische Erscheinungen, die als Folge von Elektronenbewegungen auftreten.

Für umlaufende Maschinen sind zwei Wirkungen des magnetischen Felds von Bedeutung: die Erzeugung einer elektrischen Spannung und eines Drehmoments.

Spannungserzeugung. Zugeführte mechanische Energie kann Leitungselektronen in eine bestimmte Richtung drängen. Damit entsteht eine elektrische Spannung, die in Generatoren erzeugt wird.

Drehmoment. Auf stromdurchflossene Leiter, die sich in einem Magnetfeld befinden, werden mechanische Kräfte ausgeübt[1]. Es entsteht ein Drehmoment, das in Motoren erzeugt wird.

Für nichtumlaufende Maschinen gilt: In Leiterschleifen (Spulen), die einen sich *ändernden* magnetischen Fluss umfassen, wird eine Spannung induziert, wie z. B. in Transformatoren.

1.1 Magnetisches Feld

Der stromdurchflossene Leiter[2] bildet um sich ein konzentrisches Feld, dessen Richtung von der Stromrichtung abhängt. Die festgelegten Strom- und Feldrichtungen zeigen die Bilder **1**.1 und **1**.2. Werden mehrere Leiter so angeordnet, dass sie eine Spule bilden, vervielfacht sich die magnetische Wirkung des Stroms (**1**.3 und **1**.4).

Durchflutung. Das Produkt aus der Stromstärke I und der Windungszahl N einer Spule heißt Durchflutung Θ (Theta). Ihre Einheit ist das Ampere (A), weil die Windungszahl N keine Einheit hat.

$$\boldsymbol{\Theta} = \boldsymbol{I} \cdot \boldsymbol{N} \qquad (1.1)$$

Die Durchflutung ist die Ursache aller magnetischen Erscheinungen. Sie ist vergleichbar mit der Quellenspannung U_q oder U_0 des elektrischen Stromkreises und wird deshalb auch häufig als magnetische Spannung V bezeichnet (DIN EN 1325).

Feldstärke. Die Gesamtdurchflutung eines „magnetischen Kreises" muss oft in Teildurchflutungen oder magnetische Teilspannungen aufgeteilt werden. Man spricht dann von einer Durchflutung je Feldlinienlänge und nennt diese Größe die magnetische Feldstärke H. Die Aufteilung in Teildurchflutungen ist immer dann notwendig, wenn der gesamte magnetische Kreis nicht aus einem einheitlichen Material besteht, sondern (wie bei den umlaufenden elektrischen Maschinen) aus Eisen und einem Luftspalt. Für die Feldstärke gilt also:

$$\boldsymbol{H} = \frac{\boldsymbol{\Theta}}{\boldsymbol{l}} \qquad (1.2)$$

Die Länge einer „mittleren Feldlinie" wird in der Einheit Meter (m) angegeben. Damit ist die Einheit der Feldstärke A/m.

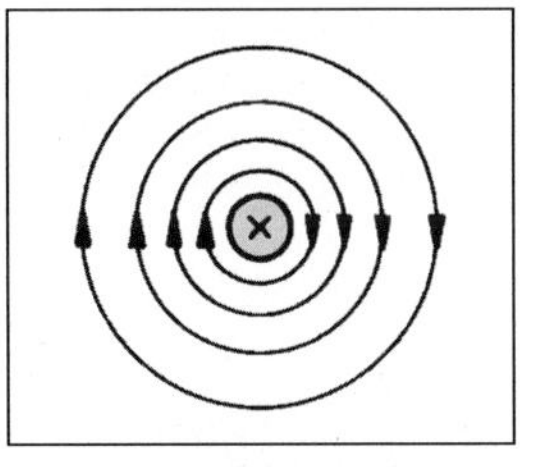

1.1 Strom fließt vom Betrachter weg ⊗, Feldverlauf im Uhrzeigersinn.

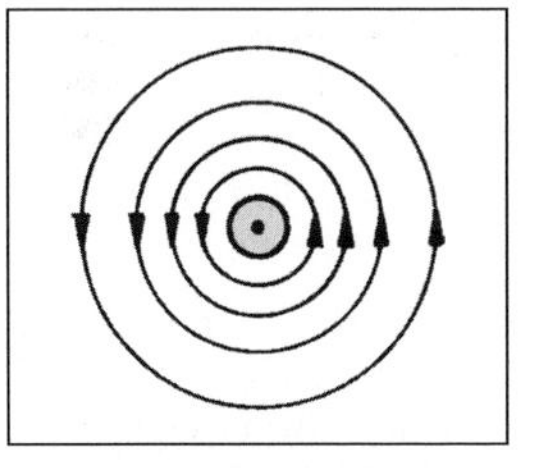

1.2 Strom fließt auf den Betrachter zu ⊙, Feldverlauf gegen den Uhrzeigersinn.

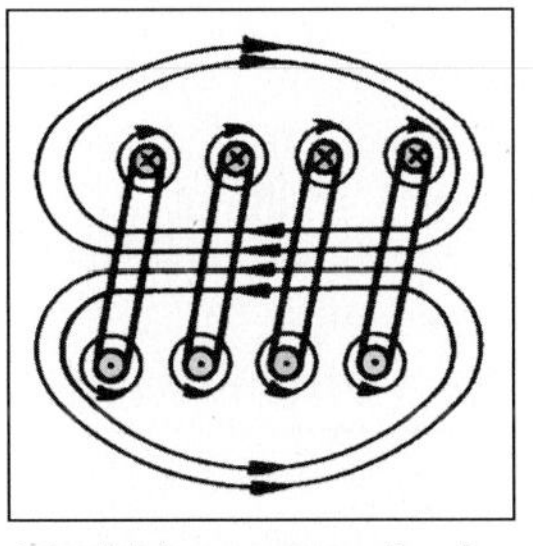

1.3 Mehrere stromdurchflossene Leiter bilden ein gemeinsames Magnetfeld. Das Feld einer Spule gleicht dem eines Stabmagneten.

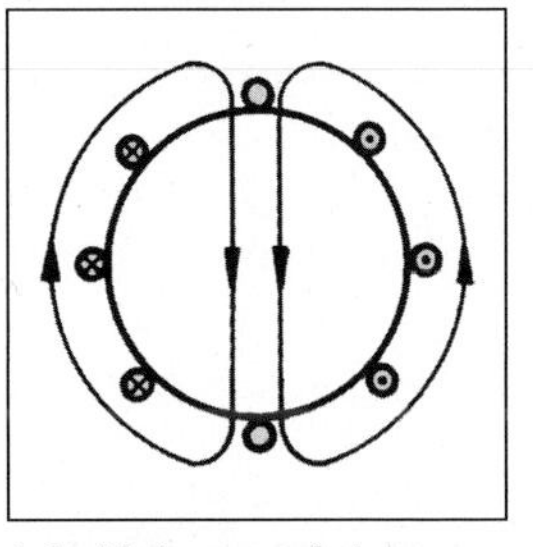

1.4 Mehrere auf einem Anker angeordnete stromdurchflossene Leiter bilden ein gemeinsames Magnetfeld.

[1] Für „Drehmoment" (nach DIN EN 1301) stehen häufig auch „Kraftmoment" oder „Moment einer Kraft".
[2] Genau genommen können durch „Leiter" keine Ströme fließen, weil Leiter bereits mit den Anschlussleitungen zusammen eine Leiterschleife oder Spule bilden. Wir werden auch in diesem Buch vorwiegend die Ausdrücke „Leiterschleife" oder „Spule" verwenden.

Die Flussdichte oder magnetische Induktion ist eine weitere wichtige Größe des magnetischen Felds. Sie hat das Formelzeichen B und die Einheit Vs/m^2 oder Tesla (T)[1]. Für jeden Punkt im magnetischen Feld hat die Flussdichte B eine bestimmte Richtung und eine bestimmte Größe, deren Kraftwirkung gemessen werden kann. Damit ergeben sich sowohl für die Feldstärke H als auch für die Flussdichte B Vektoreigenschaften. Veranschaulicht wird die Flussdichte üblicherweise mit Feldlinien.

Permeabilität. Flussdichte B und Feldstärke H unterscheiden sich nur durch den Faktor $\mu = \mu_0 \cdot \mu_r$ voneinander. Man versteht unter μ (my) die Permeabilität (lat. permeare = durchlassen), unter μ_0 die magnetische Feldkonstante oder auch Induktionskonstante und unter μ_r die relative Permeabilität. μ_r kann für alle nichtferromagnetischen Stoffe (also alle Stoffe außer Eisen, Nickel und Kobalt) mit 1 angenommen werden. Die magnetische Feldkonstante hat den Wert

$$\boldsymbol{\mu_0 = 4 \cdot \pi \cdot 10^{-7} \frac{Vs}{Am}}. \tag{1.3}$$

Die relative Permeabilität als reine *Verhältniszahl*, die praktisch angibt, wievielmal ein Stoff den „Magnetismus besser leitet" als Luft, ist für ferromagnetische Stoffe keine konstante Größe. Sie hängt ab von der Feldstärke H und kann sehr hohe Werte erreichen (mehr als 100000). Als *Rechengröße* ist sie meist uninteressant, weil die Abhängigkeit zwischen B und H aus den Magnetisierungskennlinien der einzelnen Werkstoffe unmittelbar abzulesen ist. Es gilt also der Zusammenhang

$$\boldsymbol{B = \mu \cdot H} \quad \text{oder} \quad \boldsymbol{B = \mu_0 \cdot \mu_r \cdot H}. \tag{1.4}$$

Stromdurchflossene Leiter sind von einem Magnetfeld ringförmig umgeben. Die Richtung des Felds hängt von der Stromrichtung ab.

Die Durchflutung nimmt bei gleichen Spulenabmessungen im gleichen Verhältnis wie die Stromstärke und wie die Windungszahl der Spule zu.

Die Feldstärke nimmt im Verhältnis der Durchflutung und im umgekehrten Verhältnis wie die mittlere Feldlinienlänge zu.

Die Flussdichte eines Magnetfelds nimmt mit der Feldstärke und der Permeabilität zu, wenn $H =$ konst.

Die relative Permeabilität ist eine Verhältniszahl, die angibt, wievielmal ein Stoff den Magnetismus besser leitet als Luft.

[1] *Nicola Tesla*, 1856–1943

Beispiel 1.1 Im 3 mm langen Luftspalt einer Maschine soll die Flussdichte 0,8 T betragen. Die magnetische Feldstärke H und die Durchflutung Θ sind zu berechnen.

Lösung $B = \mu \cdot H$ oder: $H = \frac{B}{\mu_0 \cdot \mu_r}$ $\quad \mu_r = 1$

$$H = \frac{0{,}8\,\text{Vs} \cdot 10^7\,\text{Am}}{\text{m}^2 \cdot 12{,}56\,\text{Vs}} = \mathbf{637000\,\frac{A}{m}} \text{ (gerundet)}$$

$$\Theta = H \cdot l = 637000\,\frac{\text{A}}{\text{m}} \cdot 3 \cdot 10^{-3}\,\text{m} = \mathbf{1911\,A}$$

Beispiel 1.2 In dem in Bild **1**.5 dargestellten Ring aus Stahlguss mit kreisförmigem Querschnitt soll die Flussdichte 1,3 T betragen. Die notwendige Durchflutung ist zu berechnen.

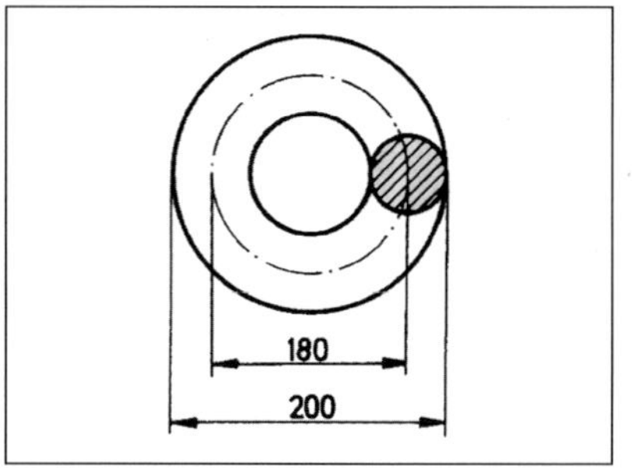

1.5 Stahlgussring

Lösung Zur Lösung wird zunächst die Länge einer mittleren Feldlinie bestimmt. Sie entspricht der mittleren Länge des Eisenwegs.

$$l = d_m \cdot \pi = 0{,}18\,\text{m} \cdot 3{,}14 = 0{,}565\,\text{m}$$

Die zur Flussdichte B = 1,3 T gehörende Feldstärke H entnimmt man der Magnetisierungskennlinie für Stahlguss nach Bild **1**.6. Sie zeigt 600 A/m an. Damit lautet die Gleichung:

$$\Theta = H \cdot l = 600\,\frac{\text{A}}{\text{m}} \cdot 0{,}565\,\text{m} = \mathbf{339\,A}$$

Je nach Windungszahl der Erregerspule lässt sich die notwendige Stromstärke berechnen. So ist für eine Spule mit 339 Windungen die Stromstärke 1 A erforderlich, um die Durchflutung 339 A zu erhalten.

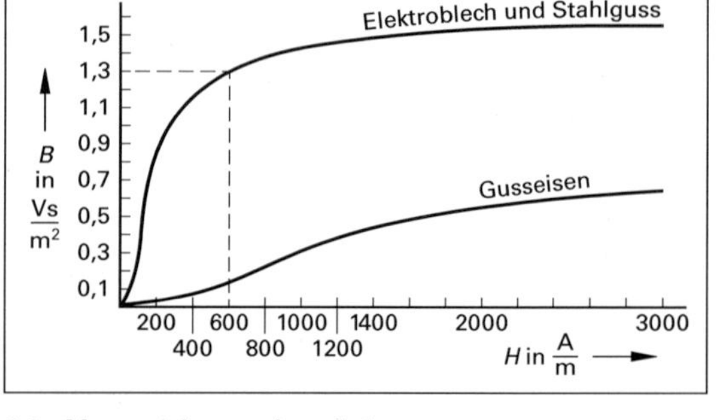

1.6 Magnetisierungskennlinien

Beispiel 1.3 Der Eisenring aus Beispiel 1.2 soll einen Luftspalt von 3 mm erhalten, die Flussdichte im Luftspalt 1,3 T betragen. Zu berechnen ist die Gesamtdurchflutung.

Lösung In diesem Fall müssen zwei Teildurchflutungen berechnet werden, eine für den Eisenweg, die andere für den Luftspalt. Die Ergebnisse werden addiert.

Für den Eisenweg haben wir die Berechnung bereits durchgeführt. Der um den Luftspalt verkürzte Eisenweg ändert an dem Ergebnis nur sehr wenig und braucht daher nicht berücksichtigt zu werden. Berechnen wir nun die Durchflutung für den Luftspalt.

$B = \mu_0 \cdot \mu_r \cdot H$

nach H umgestellt: $H = \dfrac{B}{\mu_0 \cdot \mu_r}$

$$H = \frac{1{,}3\ \text{Vs} \cdot 10^7\ \text{Am}}{12{,}56\ \text{Vs m}^2 \cdot 1} = 1{,}035 \cdot 10^6\ \frac{\text{A}}{\text{m}}$$

Damit wird die Durchflutung für den Luftspalt:

$$\Theta = H \cdot l = 1{,}035 \cdot 10^6\ \frac{\text{A}}{\text{m}} \cdot 3 \cdot 10^{-3}\ \text{m} = 3105\ \text{A}$$

Beide Teildurchflutungen addiert ergeben

$\Theta_g = \mathbf{3444\ A}$.

Grob gesehen zeigt das Ergebnis, dass der Luftspalt im Eisenring etwa die zehnfache Durchflutung gegenüber dem „reinen" Eisenweg nötig macht.

Magnetischer Fluss. Das Produkt aus der Flussdichte B und der Fläche A, die von den Feldlinien senkrecht durchsetzt wird, ist der magnetische Fluss Φ (Phi), seine Einheit die Voltsekunde (Vs) oder das Weber (Wb)[1]. Zum Berechnen ist zu beachten, dass das magnetische Feld, wie bei elektrischen Maschinen üblich, homogen (gleichmäßig) ist.

Es gilt also

$$\boldsymbol{\Phi = B \cdot A}. \tag{1.5}$$

Beispiel 1.4 Die Polaustrittsfläche eines Magneten beträgt 3 cm × 3 cm. Es herrscht die Flussdichte 1,1 T. Wie groß ist der magnetische Fluss?

Lösung

$$\Phi = B \cdot A = 1{,}1\ \frac{\text{Vs}}{\text{m}^2} \cdot 9 \cdot 10^{-4}\ \text{m}^2 = \mathbf{9{,}9 \cdot 10^{-4}\ Vs}$$

[1] *Wilhelm Eduard Weber*, deutscher Physiker, 1804–1891

Beispiel 1.5 Im Feld eines Magneten aus Dynamoblech mit dem Füllfaktor 0,9 und dem Querschnitt 5 cm × 5 cm befindet sich entsprechend Bild **1**.7 ein massives Stück Eisen. Der Streufluss im Luftspalt beträgt 10 %, der magnetische Fluss 2,5 · 10^{-3} Vs. Wie groß ist die Flussdichte im Magneteisen, im Luftspalt und im massiven Eisenstück?

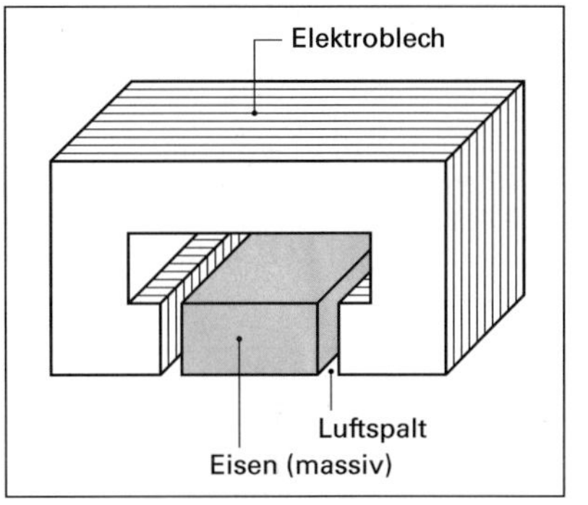

1.7 Magnet mit Eisenstück

Lösung Der Füllfaktor 0,9 gibt an, dass nur 90 % des Gesamtquerschnitts aus Eisen bestehen – 10 % demnach aus einer Isolierschicht, die die Bleche des Magneten voneinander trennt. Die Flussdichte im Magneten ist:

$$B = \frac{\Phi}{A} = \frac{2{,}5 \cdot 10^{-3}\ \text{Vs}}{25 \cdot 10^{-4}\ \text{m}^2 \cdot 0{,}9} = \mathbf{1{,}1\ \frac{Vs}{m^2}}$$

(für das Magneteisen)

$$B = \frac{\Phi}{A} = \frac{2{,}5 \cdot 10^{-3}\ \text{Vs}}{25 \cdot 10^{-4}\ \text{m}^2 \cdot 1{,}1} = \mathbf{0{,}909\ \frac{Vs}{m^2}}$$

(für den Luftspalt)

Die Flussdichte im Eisen ergibt sich aus

$$B = \frac{\Phi}{A} = \frac{2{,}5 \cdot 10^{-3}\ \text{Vs}}{25 \cdot 10^{-4}\ \text{m}^2} = \mathbf{1\ \frac{Vs}{m^2}}$$

(für das massive Eisen).

Elektrischer Stromkreis/magnetischer Kreis. Aus den bisherigen Ausführungen ist zu ersehen, dass zwischen dem elektrischen Stromkreis und dem magnetischen Kreis eine Analogie besteht. Die Gegenüberstellung in Tabelle **1**.8 auf S. 12 zeigt dies deutlich.

Bei diesem Vergleich ist noch folgendes zu beachten: Die elektrische Leitfähigkeit γ kennzeichnet eine Materialeigenschaft, die in einem gewissen Temperaturbereich als konstant angenommen wird. Die „magnetische Leitfähigkeit" oder Permeabilität μ ist dagegen keine Konstante, sondern abhängig von der Feldstärke H (s. Magnetisierungskennlinien). Deshalb wäre es auch sehr umständlich, mit der Gleichung $R_m = l(\mu \cdot A)$ zu rechnen. Man benutzt statt dessen die schon bekannte Gleichung $\Theta = H \cdot l$. Dabei kann man die Feldstärke H der Eisenwege für die gewünschte Flussdichte B unmittelbar den Magnetisierungskennlinien

Tabelle 1.8 **Elektrischer Stromkreis und magnetischer Kreis**

Elektrischer Stromkreis	Magnetischer Kreis
Elektrische Spannung (Quellenspannung) U_q in V	Durchflutung (magnetische Spannung) Θ in A
Wirkung der Spannung U_q ist die Stromstärke I	Wirkung der Durchflutung Θ ist der magnetische Fluss Φ
I hängt ab von U und R (ohmsches Gesetz) $I = \frac{U}{R}$	Φ hängt ab von Θ und R_m, dem magnetischen Widerstand (ohmsches Gesetz des magnetischen Kreises) $\Phi = \frac{\Theta}{R_m}$
R hängt ab von Leiterlänge l, Leiterquerschnitt A und elektrischer Leitfähigkeit γ $R = \frac{l}{\gamma \cdot A}$	R_m hängt ab von mittlerer Feldlinienlänge l, feldliniendurchsetztem Querschnitt A und magnetischer Leitfähigkeit (Permeabilität) μ $R_m = \frac{l}{\mu \cdot A}$
Stromdichte J in A/mm² $J = \frac{I}{A}$	Flussdichte B in Vs/m² $B = \frac{\Phi}{A}$
Teilspannungen werden zur Gesamtspannung addiert $U = U_1 + U_2 + U_3 + \ldots$	Teildurchflutungen werden zur Gesamtdurchflutung addiert $\Theta = \Theta_1 + \Theta_2 + \Theta_3 + \ldots$

oder den Tabellen entnehmen. Für Luftwege ist die Feldstärke H entsprechend den Beispielen 1.1 und 1.3 zu ermitteln. Die Summe der Teildurchflutungen ergibt dann die wichtige Gesamtdurchflutung.

Auf die elektrischen Maschinen bezogen, lautet das Ergebnis: Mit möglichst geringer Durchflutung soll ein möglichst großer magnetischer Fluss erzeugt werden. Dies bedeutet, dass der magnetische Widerstand R_m des gesamten magnetischen Kreises klein gehalten werden muss. Das ist nur möglich, wenn der gesamte Kreis eine große Permeabilität aufweist, d. h. vorwiegend aus Eisen besteht und die Luftwege mit ihrer geringen Permeabilität so kurz wie möglich gehalten werden. Leider lassen sich bei allen umlaufenden Maschinen die Luftspalte für den magnetischen Fluss nie ganz vermeiden.

1.2 Bewegte Leiterschleife im Magnetfeld

Induktion. Wird eine Leiterschleife (Spule) mit der Geschwindigkeit v = konst. in einem magnetischen Feld mit der Flussdichte B bewegt, ändert sich der von der Spule umfasste magnetische Fluss. Nach dem Induktionsgesetz muss in der Spule eine Spannung induziert werden. Es soll dieser Induktionsvorgang anhand Bild **1.9** näher angesehen werden.

In diesem Bild ist symbolisch ein Magnetpol dargestellt, in den – von oben kommend – „Feldlinien" eintreten (×). An die Spule mit der *einen* wirksamen Spulenseite der Länge l ist ein Spannungsmesser angeschlossen. Die Spule hat eine Windung. Wird nun diese Leiterschleife aus der Stellung 1 heraus gleichmäßig senkrecht zu den Feldlinien bis in die

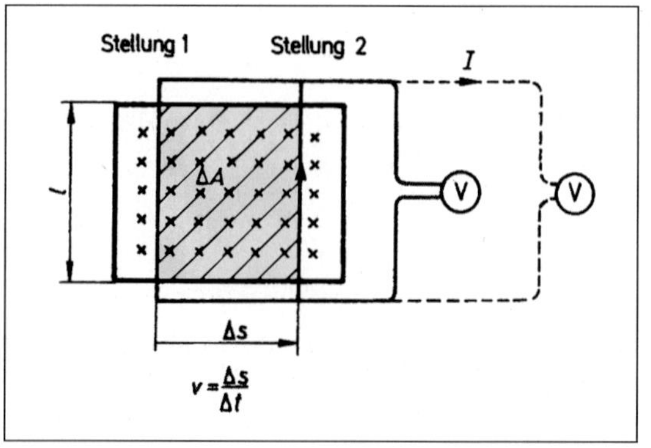

1.9 Leiterschleife im Magnetfeld

Stellung 2 bewegt, legt sie den Weg Δs in der Zeit Δt zurück. In diesem Vorgang $v = \Delta s / \Delta t$ ist die von der Spule umfasste Flussänderung $\Delta \Phi$ gleich dem Produkt aus der Flussdichte B, der Länge l der einen Spulenseite und dem zurückgelegten Weg Δs.

Das Produkt $l \cdot \Delta s$ aber ist nichts anderes als die schraffierte Fläche ΔA. Das Produkt $B \cdot \Delta A$ wiederum ist die Flussänderung $\Delta \Phi$. Die nach dem Induktionsgesetz in der Spule induzierte Spannung U_q oder U_0 (Quellenspannung) lässt sich dann nach diesen Gleichungen berechnen:

$$\boldsymbol{U_q(U_0) = \frac{\Delta \Phi}{\Delta t}}\text{ [1]} \quad \text{oder} \quad \boldsymbol{U_q(U_0) = B \cdot l \cdot v} \qquad (1.6)$$

Besteht die Spule nur aus einer Windung, ist die induzierte Spannung meist sehr gering. Höhere Spannungen ergeben sich, wenn man Spulen mit mehreren Windungen verwendet. Die Summe der Einzelspannungen in den wirksamen Spulenseiten ist dann die Gesamtspannung. In diesem Fall ist die Gleichung (1.6) mit der Windungszahl der Spule zu multiplizieren. Die Gleichungen (1.6) zeigen aber auch, dass noch andere Möglichkeiten gegeben sind, größere Spannungen zu erzeugen. So kann man z. B. die Flussdichte B oder die wirksame Leiterlänge l größer wählen oder aber die Spulen mit größerer Geschwindigkeit (d. h. bei umlaufenden Maschinen mit größerer Drehzahl[2]) durch das Magnetfeld bewegen.

Beispiel 1.6 Eine Spule mit der wirksamen Leiterlänge 20 cm und der Windungszahl 400 wird mit gleichbleibender Geschwindigkeit von 40 cm/s durch ein homogenes Magnetfeld mit der Flussdichte 0,6 Vs/m² bewegt. Die erzeugte Quellenspannung U_q ist zu berechnen.

Lösung

$$U_q = B \cdot l \cdot N \cdot v$$

$$U_q = 0{,}6\,\frac{\text{Vs}}{\text{m}^2} \cdot 0{,}2\,\text{m} \cdot 400 \cdot 0{,}4\,\frac{\text{m}}{\text{s}} = \mathbf{19{,}2\,V}$$

Beispiel 1.7 In einer Spule mit der Windungszahl 1000 soll die Spannung 125 V induziert werden. Die wirksame Leiterlänge beträgt 25 cm, die „Flussänderungsgeschwindigkeit" 0,5 m/s. Wie groß muss die Flussdichte für ein homogenes Magnetfeld sein?

Lösung

$$B = \frac{U_q}{l \cdot v \cdot N} = \frac{125\,\text{V}}{0{,}25\,\text{m} \cdot 0{,}5\,\text{m/s} \cdot 1000} = \mathbf{1\,\frac{Vs}{m^2}}$$

Spannungsrichtung. Bild **1**.9 ist auch geeignet, die Richtung der in der Spule induzierten Spannung zu ermitteln. Nach der Lenz'schen Regel[3] hat jede physikalische Wirkung eine Richtung, in der sie ihre Ursachen zu hemmen sucht. Auf unser Beispiel übertragen bedeutet dies, dass der durch die induzierte Spannung verursachte Strom ein Magnetfeld erzeugt, das der Flussänderung entgegenwirkt – die Bewegung also „hemmt" (**1**.10 und **1**.11). Das „Hemmnis" muss an der rechten Seite des bewegten Leiters in Form eines verstärkten magnetischen Felds auftreten. Dies ist nur möglich, wenn das Leiterfeld, dessen Ursache der fließende Strom ist, an der rechten Seite die gleiche Richtung hat wie das Hauptmagnetfeld. Das Leiterfeld muss demnach im Uhrzeigersinn verlaufen; die Strom- bzw. Spannungsrichtung ist mit dem Symbol × festgelegt.

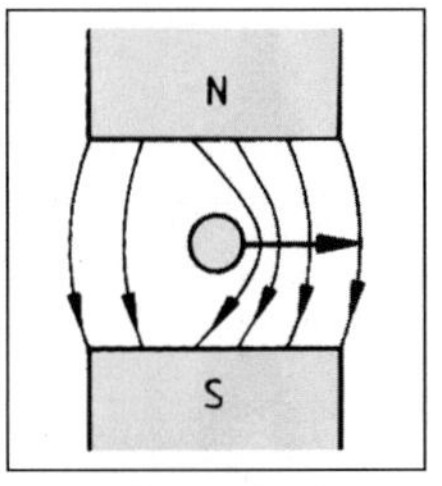

1.10 Bewegter Leiter im Magnetfeld

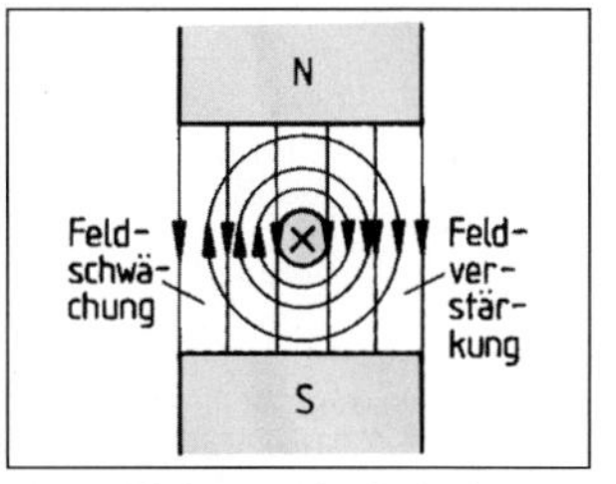

1.11 Richtung der induzierten Spannung

Ankerwicklung. Bild **1**.12 zeigt den Ausschnitt einer elektrischen umlaufenden Maschine. Die Spulen, in denen Spannungen induziert werden sollen, sind gleichmäßig auf den gesamten Rotor-(Anker-) Umfang verteilt. Aber nicht alle vorhandenen Spulenseiten nehmen im dargestellten Zustand an der Spannungserzeugung teil. Vielmehr wird nur in den Leitern eine Spannung induziert, die sich „unter" den Magnetpolen befinden. Zur Berechnung der Quellenspannung ist daher der *Polbedeckungsfaktor* α zu berücksichtigen. Man versteht darunter den Quotienten aus dem Polbogen b und der Polteilung τ_p. Der Faktor wird oft in Prozenten angegeben. Außerdem ist zu beachten,

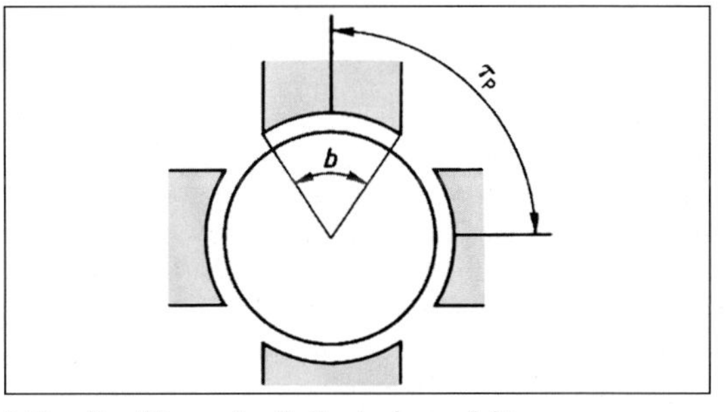

1.12 Ermittlung des Polbedeckungsfaktors

---

[1] s. DIN 1323 und Steffen/Bausch, Elektrotechnik, Teubner-Verlag
[2] Aus praktischen Gründen wird der Begriff „Drehzahl" hier verwendet, obwohl er nicht richtig ist. Wegen der Einheit der „Drehzahl" 1/s oder meist 1/min müsste es eigentlich „Drehfrequenz" oder „Umdrehungsfrequenz" heißen. Siehe auch DIN EN 60034-1.
[3] *Heinrich Lenz*, Physiker, 1804–1865

dass sich der Strom in der Ankerwicklung (Ankerstrom) – abhängig von der Wicklungsart – in zwei oder mehr parallele Ankerzweige aufteilt. Es wird also bei keiner Maschine, gleichgültig ob Motor oder Generator, die induzierte Spannung so groß, wie sie sich aus der Gesamtzahl der Ankerleiter berechnen ließe.

Wir wollen für das folgende Beispiel annehmen, dass zwei parallele Ankerzweige vorhanden sind. Damit wird nur die Hälfte der insgesamt vorhandenen Ankerleiter für die Spannungserzeugung wirksam. Berücksichtigen wir außerdem den Polbedeckungsfaktor α, lässt sich die in einer Ankerwicklung induzierte Spannung nach folgender Gleichung berechnen:

$$\boldsymbol{U}_\mathbf{q} = \alpha \cdot \frac{\boldsymbol{N}}{\mathbf{2}\boldsymbol{a}} \cdot \boldsymbol{B} \cdot \boldsymbol{l} \cdot \boldsymbol{v} \qquad (1.7)$$

Unter $2\,a$ ist die Anzahl der parallelen Ankerzweige zu verstehen.

Beispiel 1.8 Die Flussdichte im Luftspalt einer Maschine beträgt 0,8 Vs/m². Die Ankerlänge (d. h. die wirksame Länge jedes einzelnen Ankerleiters) wird mit 24 cm, der Ankerdurchmesser mit 58 cm ermittelt. Die Antriebsdrehzahl soll 500 1/min betragen, die Gesamtzahl aller Ankerleiter ist 236. Der Polbedeckungsfaktor beträgt 66,7 %, die Anzahl der parallelen Ankerzweige 2. Zu berechnen ist die Größe der induzierten Spannung.

Lösung Zunächst muss die Umfangsgeschwindigkeit in m/s berechnet werden.

$$v = d \cdot \pi \cdot n$$

$$v = \frac{0{,}58\ \text{m} \cdot 3{,}14 \cdot 500\ \text{min}^{-1}}{60\ \text{s/min}} = 15{,}2\ \text{m/s}$$

Dieser Wert wird eingesetzt in die Gleichung

$$U_\text{q} = \alpha \cdot \frac{N}{2a} \cdot B \cdot l \cdot v.$$

$$U_\text{q} = 0{,}667 \cdot \frac{236}{2} \cdot 0{,}8\,\frac{\text{Vs}}{\text{m}^2} \cdot 0{,}24\ \text{m} \cdot 15{,}2\,\frac{\text{m}}{\text{s}}$$

$$U_\text{q} = \mathbf{230\ V}$$

Phasenverschiebung. Gehen wir mit unseren Betrachtungen noch einen Schritt weiter. Wird eine Spule in einem magnetischen Gleichfeld nicht bewegt, so wird in ihr auch keine Spannung induziert, weil keine von ihr umfasste Flussänderung auftritt. Ganz anders liegen die Verhältnisse, wenn eine Spule in einem *homogenen* Magnetfeld mit konstanter Geschwindigkeit (Drehzahl) *gedreht* wird (**1**.13).

In der Ausgangsstellung 1 umfasst die Spule den gesamten magnetischen Fluss Φ. In der Stellung 2

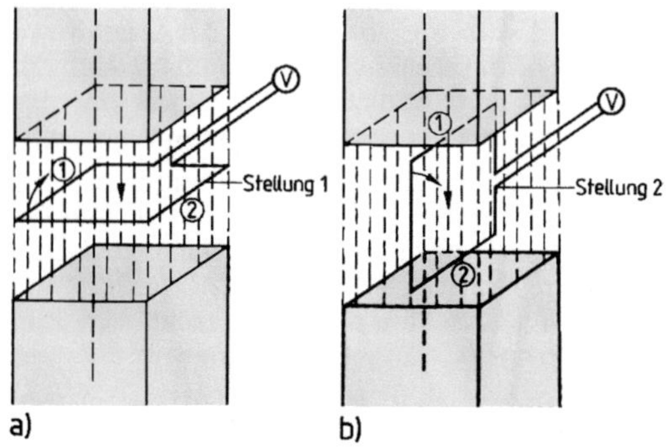

1.13 Änderung des von einer Spule umfassten magnetischen Flusses
a) Fluss durchsetzt die ganze Spule
b) Fluss durchsetzt die Spule nicht

ist dagegen der umfasste Fluss Φ = 0 Vs. Die gedrehte Spule hat dabei den Winkel $\alpha = \omega \cdot t = 90°$ zurückgelegt. ω (Omega) bezeichnet die Kreisfrequenz oder Winkelgeschwindigkeit. Sie wird berechnet nach der Gleichung $\omega = 2\pi \cdot f$. Für die Dauer eines Umlaufs (360°) ist die Frequenz f = 1/T. Demnach ist $\omega = 2\pi/T$. Für einen beliebigen Drehwinkel α ist die Zeit dann $t = \alpha/\omega$. Die Änderung des von der Spule umfassten magnetischen Flusses geschieht in diesem 90°-Drehwinkel von Φ_t = Maximalwert auf Φ_t = 0 Vs. Nach dem Induktionsgesetz $U_\text{q} = \Delta\Phi/\Delta t$ muss während dieser Zeit der Spulendrehung eine Spannung in der Spule induziert werden. Aus dem Verlauf der Flussänderungskurve ist zu sehen, dass die Flussänderungsgeschwindigkeit von 0° an zunächst noch gering ist (geringer Steigungswinkel), dann immer größer wird und mit dem größten Steigungswinkel die Zeitachse im Zeitpunkt 90° schneidet. Im weiteren Verlauf nimmt der Steigungswinkel wieder ab und wird im Zeitpunkt 180° null. Die Richtungsumkehr der Flussänderungskurve zeigt Bild **1**.14.

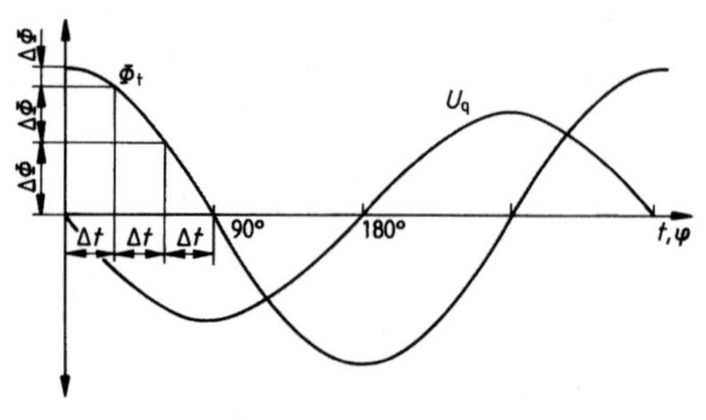

1.14 Flussänderung und Quellenspannung

Je steiler die Flussänderungskurve verläuft, umso größer wird die induzierte Spannung. Nach dem Induktionsgesetz und der Lenz'schen Regel ergibt sich demnach eine „Phasenverschiebung" von 90° zwischen der Spannungskennlinie und der „Flusskurve". Der Maximalwert oder Scheitelwert der Spannung wird berechnet mit der Gleichung $\hat{u}_q = \omega \cdot N \cdot \hat{\Phi}$ (sprich Phi Dach). Allgemein ist es aber üblich, mit dem Effektivwert zu rechnen, also $U_q = \hat{u}_q/\sqrt{2}$. Damit erhält man die Induktionsgleichung:

$$\boldsymbol{U_q = \frac{2\pi}{\sqrt{2}} \cdot f \cdot \hat{\Phi} \cdot N} \text{ oder } \boldsymbol{U_q = 4{,}44 \cdot f \cdot \hat{\Phi} \cdot N} \quad (1.8)$$

Außen- und Innenpolgeneratoren. Diese Ausführungen gelten auch für den Fall, dass sich das Magnetfeld „bewegt" und die Wicklung, in der die Spannung induziert wird, feststeht. Richtung und Größe der induzierten Spannung lassen sich nach den gleichen Regeln bestimmen.

In Außenpolgeneratoren läuft die spannungserzeugende Wicklung um und stehen deren Pole außen fest (**1**.15).

In Innenpolgeneratoren steht die spannungserzeugende Wicklung fest und laufen deren Pole innen um (**1**.16).

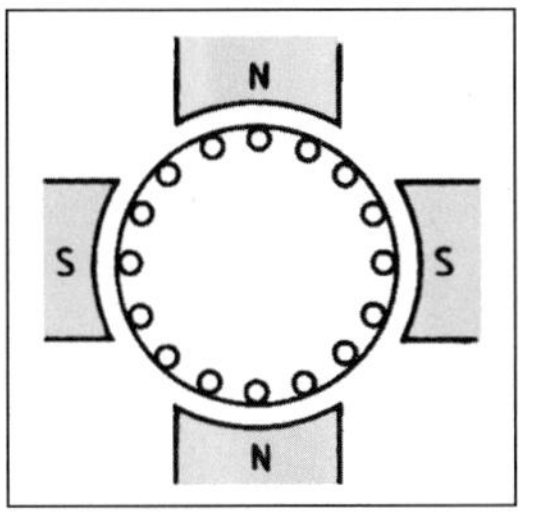

1.15 Außenpolmaschine

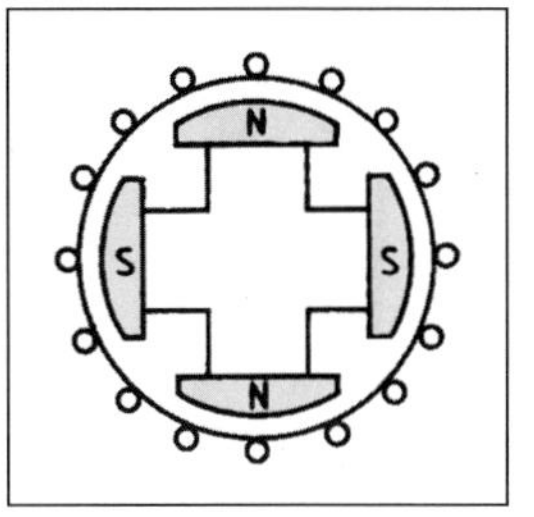

1.16 Innenpolmaschine

1.3 Ruhende Leiterschleife im magnetischen Wechselfeld

Wie im Abschnitt 1.2 erwähnt, wird in einer ruhenden Spule keine Spannung induziert, wenn sie sich in einem „Gleichfeld" befindet. Anders ist es, wenn die Spule von einem magnetischen Wechselfluss durchsetzt wird. Wir wollen diesen Vorgang der Spannungsinduktion anhand des Bildes **1**.17 erläutern.

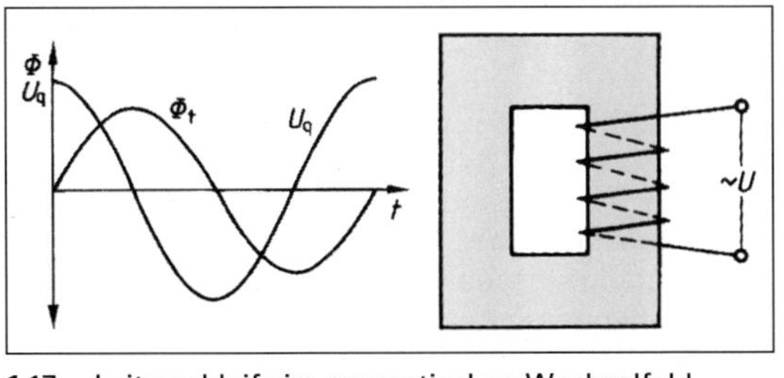

1.17 Leiterschleife im magnetischen Wechselfeld

In dem Feld eines von einem sinusförmigen Wechselstrom gespeisten Magneten befindet sich eine Leiterschleife. Links in **1**.17 ist der Zeitabschnitt dargestellt, in dem der magnetische Wechselfluss sinusförmig von null auf seinen positiven Höchstwert ansteigt. Die Änderung des von der Spule umfassten Flusses ist zunächst „kräftig", weil die Sinuskurve von null an den steilsten Verlauf hat. Die in der Spule induzierte Spannung hat somit nach der Lenz'schen Regel eine solche Richtung, dass der Strom mit seinem Magnetfeld den Flussanstieg zu verhindern sucht. Die Richtung der in der Spule induzierten Spannung ist also festgelegt: Der Strom „baut" ein Magnetfeld auf, das im Spuleninnern gegen den verursachenden Wechselfluss gerichtet ist. Im weiteren Verlauf wird der Flussanstieg je Zeitabschnitt immer geringer. Damit wird auch die in der Spule induzierte Spannung geringer und schließlich 0 V, wenn der magnetische Wechselfluss den Scheitelwert erreicht hat. Nun nimmt der Wechselfluss wieder ab. Auch dies aber versucht nach der Lenz'schen Regel die induzierte Spannung durch das Magnetfeld ihres Stroms zu verhindern. Gegenüber dem ersten Zeitabschnitt 0° bis 90° kehrt sich die Spannungsrichtung um. Die induzierte Spannung ist zunächst gering, steigt aber mit steiler werdendem Verlauf der Flussänderungskurve an und erreicht bei 180° den höchsten Wert. Die Abhängigkeit zwischen der Flussänderungskurve und der Spannungskurve für den weiteren Verlauf dürfte einsichtig sein.

Ein Vergleich der Bilder **1**.14 und **1**.17 zeigt die Gemeinsamkeiten. Die Höhe der induzierten Spannung kann demnach auch hier mit der Gleichung $U_q = 4{,}44 \cdot f \cdot \hat{\Phi} \cdot N$ berechnet werden.

Beispiel 1.9 In einem magnetischen Wechselfeld mit $\hat{B} = 0{,}5\ \text{Vs/m}^2$ befindet sich eine Spule mit der Windungszahl 1200. Der Magnetkern hat den Querschnitt 4 cm², die Frequenz der speisenden Wechselspannung beträgt 50 Hz. Wie groß ist die in der Spule induzierte Wechselspannung U_q?

Lösung

$$U_q = 4{,}44 \cdot f \cdot \hat{\Phi} \cdot N$$

$$U_q = 4{,}44 \cdot 50\,\frac{1}{\text{s}} \cdot \frac{4\ \text{cm}^2 \cdot 0{,}5\,\frac{\text{Vs}}{\text{m}^2}}{10^4\,\frac{\text{cm}^2}{\text{m}^2}} \cdot 1200$$

$$U_q = \mathbf{53{,}3\ V}$$

Beispiel 1.10 Ein magnetisches Wechselfeld hat die maximale Flussdichte 0,9 Vs/m². Dieses Feld wird erzeugt von einem Wechselstrom mit der Frequenz 50 Hz. Der Kernquerschnitt beträgt 9 cm². Zu berechnen ist die Windungszahl einer Spule, in der die Spannung 220 V induziert werden soll.

Lösung

$$N = \frac{U_q}{4{,}44 \cdot f \cdot \hat{\Phi}}$$

$$N = \frac{220\ \text{V}}{4{,}44 \cdot 50\,\frac{1}{\text{s}} \cdot \dfrac{9\ \text{cm}^2 \cdot 0{,}9\,\dfrac{\text{Vs}}{\text{m}^2}}{10^4\,\dfrac{\text{cm}^2}{\text{m}^2}}} = \mathbf{1223}$$

Transformator. Die Tatsache, dass in einer ruhenden Leiterschleife, die sich in einem magnetischen Wechselfeld befindet, eine Spannung induziert wird, nutzt man u. a. in den Transformatoren. Ein Transformator besteht meist aus einem geschlossenen Eisenkern, auf dessen Schenkeln zwei getrennte Wicklungen angeordnet sind (**1**.18). Eine Wicklung (die Eingangs- oder Primärwicklung) wird an die speisende Netzspannung angeschlossen, nimmt Strom auf und erzeugt das magnetische Wechselfeld. Die andere Wicklung (die Ausgangs- oder Sekundärwicklung) umfasst den magnetischen Wechselfluss. In dieser Wicklung wird eine Spannung induziert, die „nutzbringend" an Verbraucher abgegeben werden kann.

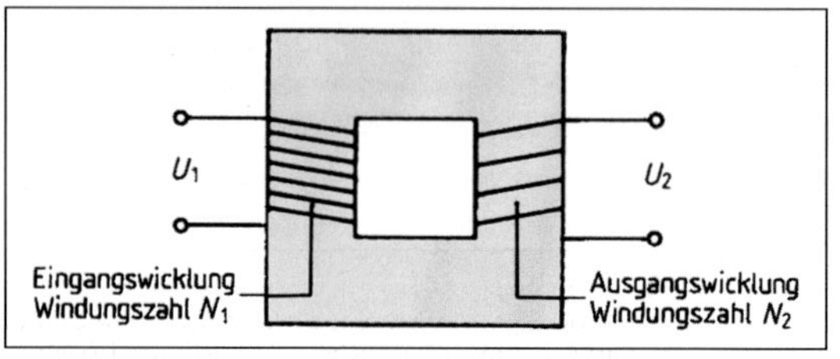

1.18 Transformator mit zwei Wicklungen

Auch die Eingangswicklung umfasst den magnetischen Wechselfluss. In ihr muss nach der Lenz'schen Regel ebenfalls eine Spannung induziert werden, die der angelegten (Netz-)Spannung entgegengerichtet ist. Diese Spannung heißt Selbstinduktionsspannung (s. Abschn. 1.4).

1.4 Stromdurchflossene Leiterschleife im Magnetfeld

Selbstinduktionsspannung. Nach der Lenz'schen Regel ist jede physikalische Wirkung so gerichtet, dass sie ihre Ursache zu hemmen versucht. Auf die Spannungserzeugung angewendet heißt das: Ein von einer induzierten Spannung hervorgerufener Strom ist so gerichtet, dass sein Magnetfeld der Flussänderung entgegenwirkt. Ursache der Spannungsinduktion ist die Flussänderung. Dieses Gesetz lässt sich auch auf die stromdurchflossene Leiterschleife im Magnetfeld anwenden. Wir wollen dies anhand des Bildes **1**.19 näher untersuchen.

Bringt man in das homogene Feld eines Dauermagneten einen stromdurchflossenen Leiter, wird auf diesen eine Kraft ausgeübt. Die Ursache für die Kraftwirkung ist darin begründet, dass das Feld des Magneten und das Feld des stromdurchflossenen Leiters ein gemeinsames (resultierendes) Feld bilden, das auf der einen Seite des Leiters stärker ist als auf der anderen Seite. Die Kraft *F* wirkt dann stets so auf den Leiter, dass er in den „feldliniengeschwächten" Raum auszuweichen versucht – sie wirkt also senkrecht zur Feldrichtung und zur Stromrichtung. Der sich so im Magnetfeld bewegende Leiter wird in sich selbst eine Spannung erzeugen, die nach der Lenz'schen Regel gegen die Ursache der Bewegung – also gegen den Strom – gerichtet ist. Diese Spannung, die man auch als Selbstinduktionsspannung bezeichnen kann, ist also immer gegen die angelegte Spannung gerichtet. Sie wirkt einer Stromänderung entgegen (Gegenspannung). Auf die umlaufenden Maschinen bezogen bedeutet dies, dass jeder in Betrieb befindliche Motor auch gleichzeitig ein Generator ist (s. Abschn. 2.3 und 2.4).

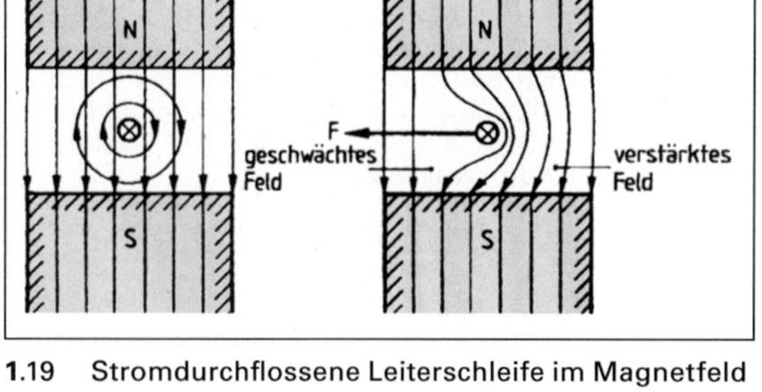

1.19 Stromdurchflossene Leiterschleife im Magnetfeld

Kraftwirkung. Die auf eine stromdurchflossene Leiterschleife wirkende Kraft *F* hängt ab von der Flussdichte *B*, der Stromstärke *I* im Leiter und der wirksamen Länge *l* eines Spulenleiters. Die Kraftwirkung auf bewegte elektrische Ladung im magnetischen Feld wird als **Lorentzkraft** bezeichnet. Mehrere Spulenleiter im Magnetfeld vergrößern die Kraftwirkung. Für umlaufende Maschinen darf man allerdings nicht mit der Gesamtzahl der Spulenleiter *N* rechnen. Zu berücksichtigen sind nämlich der Polbedeckungsfaktor α und die Anzahl der parallelen Ankerzweige (s. Abschn. 1.2). Für die Berechnung der Kraft F, mit der ein Leiter im Magnetfeld bewegt wird, gilt demnach

$$\boldsymbol{F = B \cdot l \cdot I}. \qquad (1.9)$$

Beispiel 1.11 Wie groß ist die Kraft, die auf einen Leiter mit der wirksamen Länge 30 cm ausgeübt wird, wenn er sich in einem Magnetfeld mit der homogenen Flussdichte 0,9 Vs/m² befindet und von 10 A durchflossen wird?

Lösung

$$F = B \cdot l \cdot I$$

$$F = 0{,}9\,\frac{\text{Vs}}{\text{m}^2} \cdot 0{,}3\ \text{m} \cdot 10\,\frac{\text{Nm}}{\text{s} \cdot \text{V}}^{1} = \mathbf{2{,}7\ N}$$

Beispiel 1.12 Von einem Gleichstrommotor sind folgende Werte bekannt: mittlere Flussdichte im Luftspalt 0,8 Vs/m², Ankerlänge im Magnetfeld 24 cm, Ankerdurchmesser 40 cm, Gesamtleiterzahl des Ankers 180, Polbedeckungsfaktor 0,75, Wellenwicklung mit zwei parallelen Ankerzweigen, Bemessungsstrom ≈ Ankerstrom 10 A, Bemessungsdrehzahl 1400 min⁻¹. Zu berechnen ist das Bemessungsdrehmoment $M = F \cdot r$.

Lösung Zunächst berechnet man die mittlere Umfangskraft nach der Gleichung

$$F = \alpha \cdot \frac{N}{2\,a} \cdot B \cdot l \cdot I$$

$$F = 0{,}75 \cdot \frac{180}{2} \cdot 0{,}8\,\frac{\text{Vs}}{\text{m}^2} \cdot 0{,}24\ \text{m} \cdot 10\,\frac{\text{Nm}}{\text{s} \cdot \text{V}}$$

$$\boldsymbol{F = 130\ N,}$$

dann das Drehmoment

$$M = F \cdot r = 130\ \text{N} \cdot 0{,}2\ \text{m}\ \text{(Ankerradius)}$$

$$= \mathbf{26\ Nm}.$$

Zusätzlich soll die in der Ankerwicklung induzierte Gegenspannung bei Bemessungsdrehzahl berechnet werden.

$$U_g = \alpha \cdot \frac{N}{2\,a} \cdot B \cdot l \cdot v$$

$$v = \frac{0{,}4\ \text{m} \cdot 3{,}14 \cdot 1400\ \text{min}^{-1}}{60\,\frac{\text{s}}{\text{min}}} = 29{,}3\,\frac{\text{m}}{\text{s}}$$

$$U_g = 0{,}75 \cdot \frac{180}{2} \cdot 0{,}8\,\frac{\text{Vs}}{\text{m}^2} \cdot 0{,}24\ \text{m} \cdot 29{,}3\,\frac{\text{m}}{\text{s}}$$

$$\boldsymbol{U_g = 380\ V}$$

Wird eine Leiterschleife im magnetischen Feld senkrecht zum Feldlinienverlauf bewegt, wird in ihr eine Quellenspannung U_q induziert, deren Größe für *einen* wirksamen Leiter berechnet wird nach der Gleichung (1.6):

$$U_q = B \cdot l \cdot v$$

Befindet sich eine ruhende Leiterschleife im magnetischen Wechselfeld bzw. umfasst eine Spule einen magnetischen Wechselfluss, wird in ihr eine Spannung induziert, deren effektiver Wert für eine Spulenwindung berechnet wird nach Gleichung (1.8):

$$U_q = 4{,}44 \cdot f \cdot \hat{\Phi}$$

Befindet sich eine stromdurchflossene Leiterschleife in einem Magnetfeld, wird auf ihre Seiten eine Kraft ausgeübt, deren Größe für einen Leiter mit der wirksamen Länge berechnet wird nach Gleichung (1.9):

$$F = B \cdot l \cdot I$$

Befindet sich eine stromdurchflossene Leiterschleife im Magnetfeld, wird in ihr eine Gegenspannung U_g induziert, die der angelegten Netzspannung entgegengerichtet ist. Die Größe dieser Spannung für einen Leiter mit der wirksamen Länge wird entsprechend berechnet nach Gleichung (1.6):

$$U_g = B \cdot l \cdot v$$

In allen betrachteten Fällen kann die Richtung der physikalischen Größe (Spannungen oder Kraft) mit der Lenz'schen Regel bestimmt werden.

Aufgaben zu Abschnitt 1.1 bis 1.4

1. Berechnen Sie aus der Magnetisierungskennlinie (Bild **1**.6) für Dynamoblech die relative Permeabilität für folgende Feldstärken: 100 A/m, 200 A/m, 600 A/m, 1600 A/m.
2. Der in Bild **1**.20 dargestellte Eisenkörper eines Magneten besteht aus Dynamoblech mit dem Füllfaktor 0,9. Der „Anker" ist aus massivem Gusseisen hergestellt. Im Eisenkern aus Dynamoblech soll die Flussdichte 0,67 T herrschen. Der Streufluss im Luftspalt wird mit 10 % angenommen. Berechnen Sie die Erregerstromstärke für eine Spule mit 4000 Windungen.

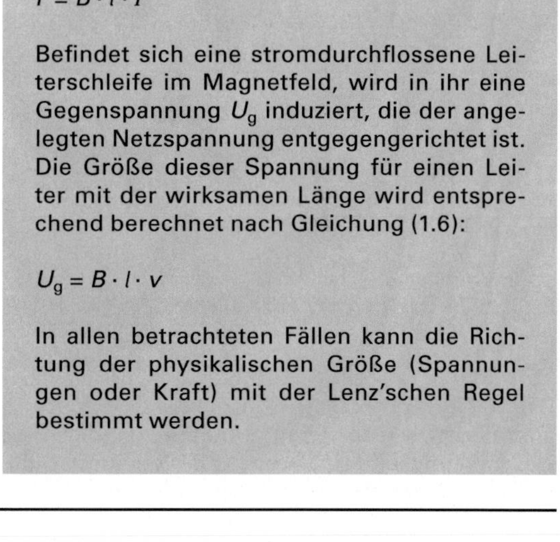

1.20 Eisenkörper eines Magneten

[1] $1\ \text{A} = \frac{1\ \text{W}}{1\ \text{V}} \quad 1\ \text{W} = 1\,\frac{\text{Nm}}{\text{s}} \quad$ also: $\quad 1\ \text{A} = 1\,\frac{\text{Nm}}{\text{s} \cdot \text{V}}$

3. Bestimmen Sie die Größe und den Verlauf der induzierten Spannungen für die „Flussänderungskurven" entsprechend den Bildern **1**.21 a bis c.
4. In der Wicklung eines vierpoligen Ankers mit 4 parallelen Ankerzweigen soll die Spannung 220 V induziert werden. Folgende Werte sind bekannt: Flussdichte im Luftspalt 1,1 T, wirksame Leiterlänge im Anker 30 cm, Ankerdurchmesser 40 cm, Polbedeckungsfaktor 75 %, Antriebsdrehzahl 1200 min^{-1}. Die Gesamtleiterzahl für den Anker ist zu berechnen.
5. In einer Spule mit 1000 Windungen soll die Spannung 500 V induziert werden. Die Spule umfasst einen magnetischen Wechselfluss mit der maximalen Flussdichte 1,1 Vs/m^2. Der Kernquerschnitt beträgt 12 cm^2. Wie groß muss die Frequenz der speisenden Wechselspannung sein?
6. Von einem Gleichstrommotor (Nebenschlussmaschine) sind folgende Werte bekannt: mittlere Flussdichte im Luftspalt 1 Vs/m^2, Länge des Ankers im Magnetfeld 30 cm, Ankerdurchmesser 36 cm, Gesamtleiterzahl der Ankerwicklung 336, vierpolige Schleifenwicklung mit vier parallelen Ankerzweigen, Polbedeckungsfaktor ⅔, Bemessungsstrom ≈ Ankerstrom 12 A, Widerstand der Ankerwicklung 1,33 Ω, Bemessungsspannung 320 V. Berechnen Sie das Bemessungsmoment des Motors und die Größe der in der Ankerwicklung induzierten Gegenspannung.

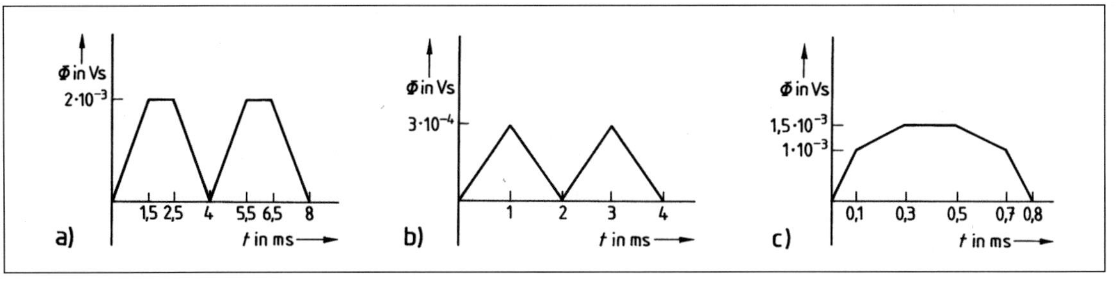

1.21 Flussverläufe

1.5 Grundlagen der Antriebstechnik

Einführung

Der elektromotorische Antrieb ist immer so auszulegen, dass Drehmomente, Drehzahlen, Geschwindigkeiten, Zeiten und Leistungen die Anforderungen des technischen Prozesses erfüllen, für den sie arbeiten.

Bei der Vielzahl von verschiedenen Antriebsaufgaben scheint kein Bewegungsablauf dem anderen zu gleichen. Nach eingehender Vergleichsanalyse lassen sich jedoch alle Antriebsfälle auf drei typische Bewegungsvorgänge reduzieren:

- Bewegungen in der Horizontalen, z. B. Massen-Verschiebungen auf horizontalen oder geneigten Ebenen mit Transportbändern
- Bewegungen in der Vertikalen, z. B. Heben von Lasten in Aufzug- und Krananlagen
- Drehbewegung rotierender Massen, z. B. Schwungmassen, Transportwalzen, Schleifscheiben

In elektromotorischen Antrieben treten die genannten Grundbewegungen meistens miteinander kombiniert auf. Eine Ausnahme bildet z. B. der Antrieb mit Linearmotor.

Antriebsprojektierungen haben u. a. folgende wesentliche Anforderungen zu berücksichtigen:

- Hohe Effizienz des technischen Prozesses
- Hohe Wirkungsgrade bei der Umwandlung und Übertragung der Antriebsenergie
- Hohe Lebensdauer und Betriebsbereitschaft der Anlage
- Einhaltung der Grenzdaten von Motoren und mechanischen Übertragungselementen
- Möglichkeiten zur Einbindung des ausgewählten Antriebs in automatisierte Fertigungssysteme

Um die gestellten Forderungen erfüllen zu können, werden zur Antriebsprojektierung zunächst alle Last-/Arbeitsmaschinendaten wie Massen, Gegenkräfte, Geschwindigkeiten, Schalthäufigkeiten, Betriebsarten, Geometrien rotierender Massen, usw. zusammengetragen. Mit diesen Daten werden dann der Leistungs- oder Drehmomentbedarf, unter Berücksichtigung aller Systemwirkungsgrade, berechnet und die Motordrehzahl festgelegt. Nach den berechneten Ergebnissen wird dann der nach seinen Bemessungsdaten und Betriebseigenschaften (AC- oder DC-Motor) günstigste Motor ausgewählt.

1.5.1 Drehmomenterzeugung in Elektromotoren

In einem Elektromotor kann ein Drehmoment, die Drehwirkung einer Kraft, in einem Magnetfeld durch zwei unterschiedliche Prinzipien erzeugt werden, durch die Lorentzkraft und durch die Reluktanzkraft.

Drehmoment durch die Lorentzkraft: Durch die Kraftwirkung auf einen drehbar gelagerten stromdurchflossenen Leiter im magnetischen Feld (s. Abschn. 1.4) entsteht eine Kraftwirkung. In Bild 1.22 ist die Drehwirkung auf eine Ankerspule dargestellt.

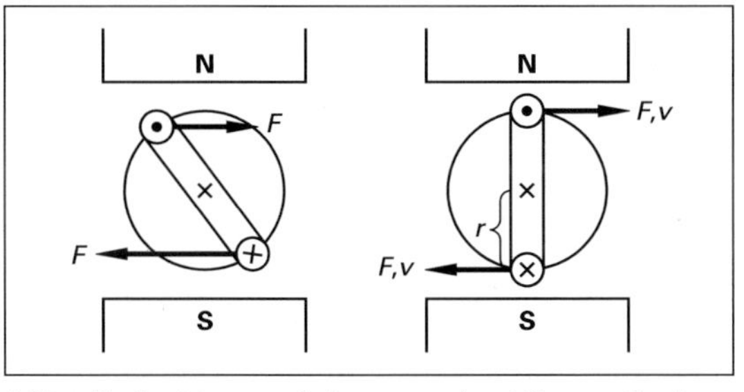

1.22 Kraftwirkung auf eine stromdurchflossen Spule im magnetischen Feld

Auf einen stromdurchflossenen Leiter wirkt in einem magnetischen Feld die Kraft $F = B \cdot l \cdot I$. Ordnet man eine oder mehrere Spulen auf einem drehbar gelagerten Anker so an, dass die Stromrichtung in den Ankerspulen unter *einem* Pol immer gleich ist, ergibt sich eine kontinuierliche Drehbewegung des Ankers. Die Leistung eines Motors kann allgemein berechnet werden nach der Gleichung

$P = F \cdot v.$

Setzt man für F die Umfangskraft am Anker in der Einheit Newton (N) und die Umfangsgeschwindigkeit der Ankerleiter v in m/s ein, ergibt sich die Leistung P in Nm/s.

1 Nm/s = 1 W.

Die Umfangsgeschwindigkeit der Ankerleiter, die vom Wellenmittelpunkt den Abstand r (Radius) haben, wird in Verbindung mit der Drehzahl n berechnet nach der bekannten Gleichung

$v = d \cdot \pi \cdot n$ oder $v = 2r \cdot \pi \cdot n.$

Setzt man dieses in obige Gleichung ein, erhält man

$P = F \cdot r \cdot 2 \cdot \pi \cdot n.$

Den Ausdruck $F \cdot r$ nennt man das Drehmoment (Drehwirkung einer Kraft) und bezeichnet es mit dem Kurzzeichen M. Der Ausdruck $2 \cdot \pi \cdot n$ wird Winkelgeschwindigkeit ω genannt.

Es gilt also:

$P = M \cdot 2 \cdot \pi \cdot n = M \cdot \omega$

Nach M umgestellt ergibt sich:

$$\boldsymbol{M = \frac{P}{2 \cdot \pi \cdot n} = \frac{P}{\omega}} \qquad (1.10)$$

In einem Motor steht dieses Drehmoment M an der Motorwelle nutzbringend zur Verfügung. Besteht zwischen dem Motormoment M_M und dem anzutreibenden Lastmoment oder Gegenmoment M_L ein Gleichgewichtszustand, bleibt die Drehzahl des Motors unverändert, der Motor „pendelt" sich auf die entsprechende Drehzahl ein.

Das in Motoren erzeugte Drehmoment ändert sich bei gleicher Leistung umgekehrt mit der Drehzahl. Motor- und Lastmoment der anzutreibenden Maschine wirken gegeneinander.

In einem Generator wirkt das entstehende Drehmoment bremsend, also dem antreibenden Moment der Antriebsmaschine entgegen.

Beispiel 1.13 Ein Motor hat die Bemessungsleistung 5 kW und die Bemessungsdrehzahl 1200 min^{-1}. Wie groß ist sein Bemessungsmoment?

Lösung $$M = \frac{P}{2 \cdot \pi \cdot n} = \frac{5000 \, \frac{\text{Nm}}{\text{s}} \cdot 60 \, \frac{\text{s}}{\text{min}}}{2 \cdot 3{,}14 \cdot 1200 \, \frac{1}{\text{min}}}$$

$M = \mathbf{39{,}8\ Nm}$

Das Drehmoment lässt sich aber auch anders berechnen. Wir hatten im Abschnitt 1.4 die Kraft eines stromdurchflossenen Leiters im Magnetfeld nach der Gleichung $F = B \cdot l \cdot I$ berechnet. Ist der Abstand r der Ankerleiter vom Wellenmittelpunkt bekannt, lässt sich für die Maschine mit $M = F \cdot r$ folgende Gleichung aufstellen:

$$\boldsymbol{M = B \cdot l \cdot I \cdot r} \qquad (1.11)$$

Setzt man in diese Gleichung die Flussdichte B in $\mathrm{Vs/m^2}$, die wirksame Leiterlänge l in m, den Abstand der Ankerleiter vom Wellenmittelpunkt r in m und die Stromstärke I in Nm/sV (1 A = 1 W/V = 1 Nm/sV) ein, ergibt sich das Drehmoment M in der Einheit Nm. Das Drehmoment einer Maschine wird größer, wenn man im Magnetfeld mehrere Ankerleiter anordnet.

Beispiel 1.14 Die Flussdichte im Luftspalt eines Gleichstrommotors beträgt 0,8 $\mathrm{Vs/m^2}$, die wirksame Leiterlänge 30 cm, der Leiterstrom 10 A, der Abstand eines Ankerleiters von der Wellenmitte 20 cm. Wie groß ist das auf einen Leiter ausgeübte Drehmoment?

Lösung $M = B \cdot l \cdot I \cdot r$

$$M = 0{,}8\,\frac{\mathrm{Vs}}{\mathrm{m^2}} \cdot 0{,}3\ \mathrm{m} \cdot 10\,\frac{\mathrm{Nm}}{\mathrm{sV}} \cdot 0{,}2\ \mathrm{m}$$

$M =$ **0,48 Nm**

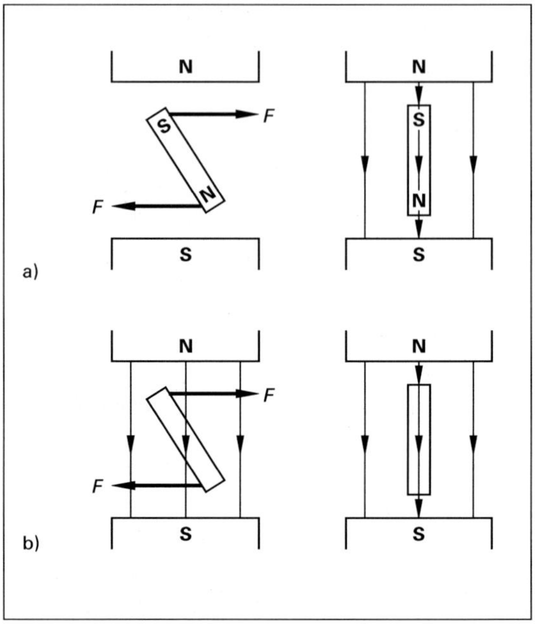

1.23 Reluktanzkraft
a) Drehbar gelagerter Magnet im magnetischen Feld
b) Drehbar gelagerter Blechstreifen im magnetischen Feld

Drehmoment durch die Reluktanzkraft: Durch die An- und Abstoßungskräfte von Magneten wie auch durch die Richtwirkung auf einen drehbargelagerten Magneten oder auf einen drehbargelagerten Streifen ferromagnetischen Materials im magnetischen Feld entstehen Kraftwirkungen. Die Kraftwirkung wird auch als Maxwellsche Kraft bezeichnet.

Der drehbar gelagerte Magnet (**1**.23) oder der Blechstreifen wollen sich in Richtung der Feldlinien drehen, um den magnetischen Widerstand zu verringern und um den Zustand möglichst geringer magnetischer Feldenergie zu erreichen. Der Begriff Reluktanz bezeichnet den magnetischen Widerstand, der umgekehrt proportional zur Permeabilität ist. Je besser die Flussführung in der magnetischen Vorzugsrichtung und je schlechter in der flusssperrenden Richtung ist, desto größer ist die Reluktanzkraft.

Dieses Wirkungsprinzip wird in Motoren mit dauermagnetischen Läufern, z. B. Servomotoren (Abschn. 6) oder im magnetfeldfreien Läufer des Reluktanzmotors (Abschn. 7.2.4) mit magnetisch gut und schlecht leitenden Läuferpositionen angewandt.

1.5.2 Gleichungen zur Antriebsberechnung

In den folgenden Abschnitten werden zunächst die grundlegenden Gleichungen vorgestellt, die anschließend für einige ausgewählte Antriebsberechnungen angewandt werden. Das geschieht in einer *Gegenüberstellung* der jeweils analogen translatorischen und rotatorischen Größen.

Translation/geradlinige Bewegung		**Rotation/Kreisbewegung**	
Bei konstanter Beschleunigung a bzw. Winkelbeschleunigung α gilt für:			
die Geschwindigkeit v		die Winkelgeschwindigkeit ω	
$v = a \cdot t$	(1.12)	$\omega = \alpha \cdot t$	(1.13)
den Weg s		den Drehwinkel	
$s = \frac{1}{2} \cdot a \cdot t^2$	(1.14)	$\varphi = \frac{1}{2} \cdot \alpha \cdot t^2$	(1.15)

Bezüglich der Rotation arbeitet man in der Antriebstechnik anstelle der Winkelgeschwindigkeit mit der Drehzahl n.

$$\omega = 2 \cdot \pi \cdot n = \frac{v}{r} \qquad (1.16)$$

Bewegungen bzw. Änderungen von Bewegungszuständen/Beschleunigungen erfordern Kräfte oder Drehmomente. Für die Anteile von Antriebskraft F und Antriebsmoment M gilt mit der Gegen-/Widerstandkraft F_g und der beschleunigenden Kraft F_b bzw. dem Gegen-/Widerstandsmoment M_g und dem Beschleunigungsmoment M_b:

$$F = F_g + F_b \qquad (1.17) \qquad M = M_g + M_b \qquad (1.18)$$

In den folgenden Bildern sind Beispiele für Gegenkräfte und Gegenmomente aufgezeigt, wie sie beim Verschieben bzw. beim Heben einer Masse auftreten.

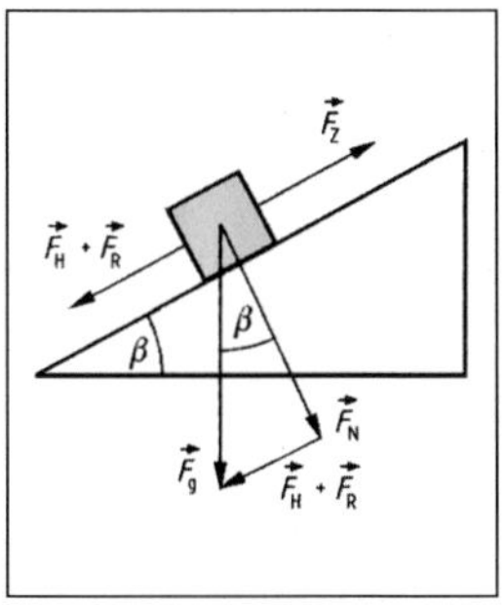

1.24 Kräfte bei linearer Aufwärtsbewegung auf geneigten Ebenen

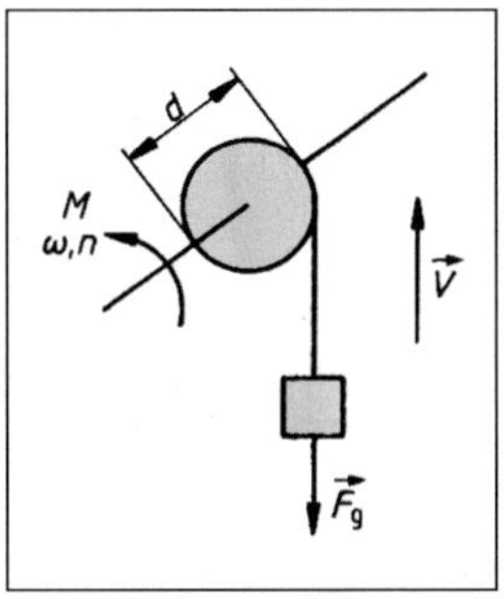

1.25 Umwandlung linearer Bewegung in Rotation über eine Seilscheibe

Zum Heraufziehen mit konstanter Geschwindigkeit benötigt man die Zugkraft F_z:

$$F_z = m \cdot g\,(\sin\beta + \mu \cdot \cos\beta) \qquad (1.19)$$

Zum Heben mit konstanter Geschwindigkeit benötigt man das Antriebsmoment M_h:

$$M_h = m \cdot g \cdot \frac{d}{2} \qquad (1.20)$$

Massenträgheitsmoment. Ein Körper der Masse m hat bei der Momentangeschwindigkeit v die Bewegungsenergie (kinetische Energie) $W_{kin} = 1/2\, m \cdot v^2$. Rotiert ein starrer Körper um eine Achse (z. B. der Rotor eines Elektromotors), haben die Teilchen mit dem größeren Abstand vom Rotationsmittelpunkt die höhere Bahngeschwindigkeit (s. Gl. 1.16) und folglich die größere kinetische Energie. Das i-te Teilchen mit dem Massenanteil Δm_i hat die Bewegungsenergie $1/2\ \Sigma m_i \cdot v^2$. Ersetzt man die vom Bahnradius abhängige Bahngeschwindigkeit durch $v_i = \omega \cdot r_i$ (Gl. 1.16) mit ω als der allen Punkten eines rotierenden Körpers gemeinsamen Winkelgeschwindigkeit, erhält man für die Rotationsenergie des i-ten Teilchens

$$W_{roti} = \frac{1}{2}\,\Delta m_i \cdot \omega^2 \cdot r_i^2.$$

Die Rotationsenergie der gesamten Masse ist dann

$$W_{rot} = \Sigma W_{roti} = \Sigma \frac{1}{2}\,\Delta m_i \cdot \omega^2 \cdot r_i^2.$$

Mit dem Massenträgheitsmoment $J = \Sigma m_i \cdot r_i^2$ ergibt sich

$$\boldsymbol{W_{rot} = \frac{1}{2}\, J \cdot \omega^2}. \qquad (1.21)$$

Das Massenträgheitsmoment ist nicht nur vom Betrag der rotierenden Massen abhängig, sondern speziell von der Massenverteilung um die Achse. Aus $J = \Sigma\Delta m_i \cdot r_i^2$ wird deutlich, dass es bei Verminderung des Massenradius r_i proportional zu r_i^2 abnimmt. Folglich wird das Trägheitsmoment eines Körpers von der jeweiligen Lage der Rotationsachse bestimmt.

In Tabelle **1**.26 sind die Bestimmungsgleichungen zur Berechnung der Trägheitsmomente von Standardkörpern für unterschiedliche Rotationsachsen angegeben.

Bei der Berechnung von Trägheitsmomenten zerlegt man den vorliegenden Rotationskörper nach Möglichkeit in einzelne Standardkörper, deren Trägheitsmomente nach vorzeichenbehafteter Addition das Gesamtträgheitsmoment ergeben (s. Bild **1**.27). Lässt sich dieses Verfahren für komplizierte Körper nicht hinreichend genau berechnen, muss es messtechnisch bestimmt werden.

Befindet sich zwischen Motor und Arbeitsmaschine ein Getriebe (s. Bild **1**.28), sind alle Trägheitsmomente der Lastseite J_2 auf die Motorwelle umzurechnen. Weil die kinetische Energie rotierender Körper, unabhängig von der Welle, auf die ihre Trägheitsmomente bezogen sind, gleich bleibt, gilt unter Berücksichtigung des Getriebewirkungsgrads η_G für das Verhältnis der kinetischen Energien:

$$\boldsymbol{W_{kin1} = \frac{W_{kin2}}{\eta_G}} \qquad (1.22)$$

Mit $W_{kin1} = \frac{1}{2}\, J_1 \cdot \omega_1^2$ und $W_{kin2} = \frac{1}{2}\, J_2 \cdot \omega_2^2$ sowie $\omega_1 = 2\pi \cdot n_1$; $\omega_2 = 2\pi \cdot n_2$ erhält man nach Umformung:

$$\boldsymbol{J_1 = \frac{J_2}{\eta_G} \cdot \left(\frac{n_2}{n_1}\right)^2 = \frac{J_2}{\eta_G \cdot i^2}} \qquad (1.23)$$

Tabelle **1**.26 **Formeln zur Berechnung von Trägheitsmomenten**

J bezogen auf die Drehachse a–a	J bezogen auf die Drehachse b–b	Die Drehachsen a–a und b–b verlaufen durch den Körperschwerpunkt
Zylinder $J = \frac{1}{2} m \cdot r^2$	$J = \frac{m}{12} (3 r^2 + l^2)$	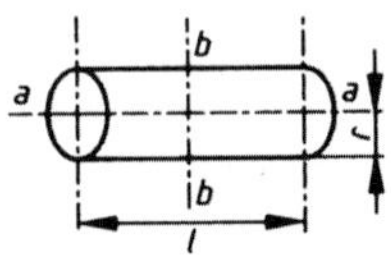
Hohlzylinder $J = \frac{1}{2} m (R^2 + r^2)$	$J = \frac{m}{12} (3 R^2 + 3 r^2 + l^2)$	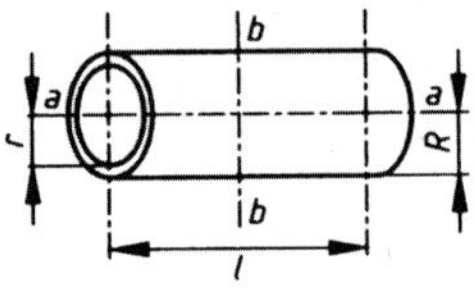
Kegel $J = \frac{3}{10} m \cdot r^2$	$J = \frac{3}{80} m (4 r^2 + l^2)$	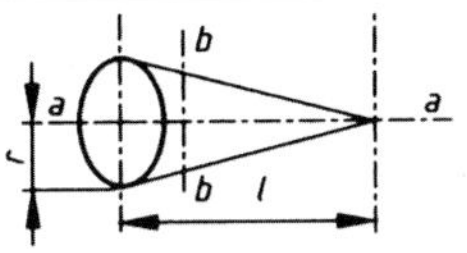
Kugel $J = \frac{2}{5} m \cdot r^2$	$J = \frac{2}{5} m \cdot r^2$	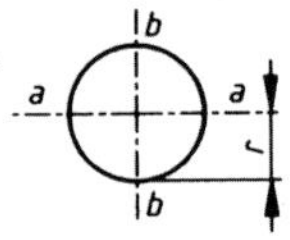
Kreisring $J = m \left(R^2 + \frac{3}{4} r^2\right)$	$J = m \left(\frac{4 R^2 + 5 r^2}{8}\right)$	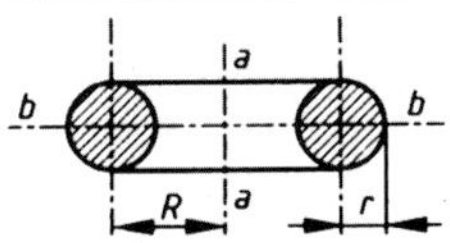
Stab $J = \frac{1}{12} m \cdot l^2$	$J = \frac{m}{12} (h^2 + l_2^2)$	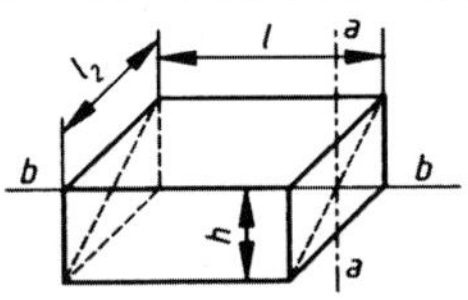

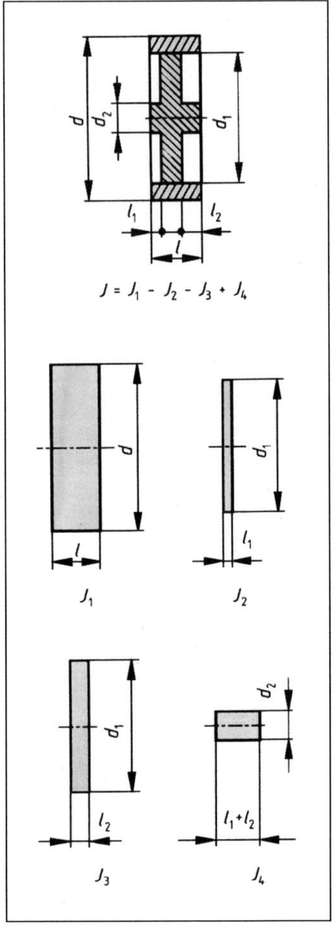

1.27 Bestimmung des Gesamtträgheitsmoments durch Addition der Komponenten nach Zerlegung in Standardkörper

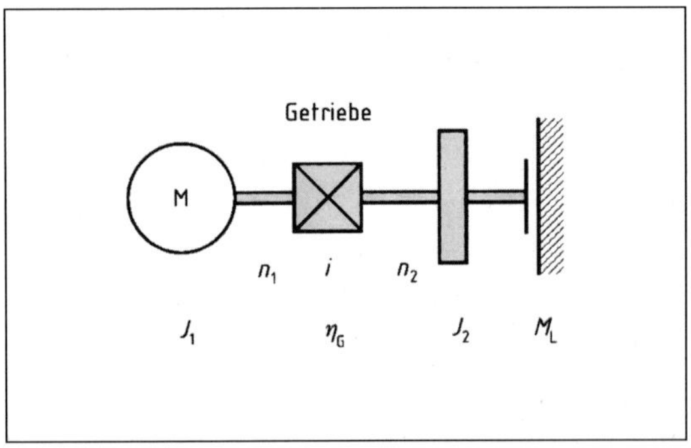

1.28 Motor mit Getriebe und rotierender Masse

Gleichung (1.23) verdeutlicht, dass die Summe aller Lastträgheitsmomente durch ein Getriebe mit dem Übersetzungsverhältnis i, auf die Motorseite bezogen, proportional $1/i^2$ reduziert wird. Diese Tatsache ist von besonderer Bedeutung für Beschleunigungsantriebe (z. B. Servoantriebe), weil sich deren Hochlaufzeit (s. Gl. 1.29) in gleicher Weise vermindert. In derartigen Antrieben werden Getriebe u. a. nur deshalb eingesetzt, um $J_1 = J_2$ zu erhalten, weil dann die optimale Beschleunigung realisiert ist.

Beschleunigungskraft und Beschleunigungsmoment. Laufen die beiden beschriebenen Bewegungsvorgänge *gleichförmig beschleunigt* ab, ist eine beschleunigende Kraft bzw. ein Beschleunigungsmoment erforderlich. Es gilt jeweils:

$$F_b = m \cdot a = m \cdot \frac{\Delta v}{\Delta t} \quad (1.24)$$

$$M_b = J \cdot \alpha = J \cdot \frac{\Delta \omega}{\Delta t} \quad (1.25)$$

J Massenträgheitsmoment in kgm^2, Berechnung s. Tabelle (**1**.26)

Zur Bestimmung der Beschleunigungskraft bzw. des Beschleunigungsmoments müssen alle bewegten Massen bzw. die Trägheitsmomente aller rotierenden Massen eines Antriebs berücksichtigt werden. Aufgrund des Kräfte- bzw. Drehmomentgleichgewichts gilt für die beschleunigenden Größen:

$$F_b = F - F_g = m \cdot a = m \cdot \frac{\Delta v}{\Delta t} \quad (1.26)$$

$$M_b = M - M_g = J \cdot \alpha = J \cdot \frac{\Delta \omega}{\Delta t} \quad (1.27)$$

Je nach Antriebsaufgabe können die Widerstandskräfte und Widerstandsmomente *konstant* oder *zeit-, weg-, geschwindigkeits-* und *drehzahlabhängig* sein (s. Bild **1**.29).

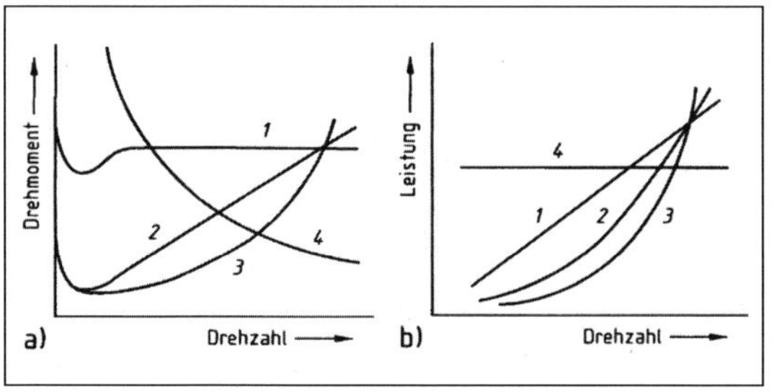

1.29 Kennlinien von Arbeitsmaschinen
a) Drehmoment abhängig von der Drehzahl,
b) Leistung abhängig von der Drehzahl

Erläuterungen zu den Kennlinien 1 bis 4 in Bild 1.29 a und b

Kennlinien 1. Weil das Drehmoment praktisch konstant ist, verhält sich die Leistung proportional zur Drehzahl.

Arbeitsmaschinen mit einer derartigen Kennlinie sind z. B. Hebezeuge, Kolbenpumpen und Verdichter bei Förderung gegen konstanten Druck, Kapselgebläse, Walzwerke, Förderbänder, Mühlen ohne Lüfterwirkung, Werkzeugmaschinen mit gleichbleibender Schnittkraft; manchmal auch Scheren, Stanzen und Holzschleifmaschinen.

Kennlinien 2. Weil das Drehmoment proportional zur Drehzahl ansteigt, wächst die Leistung proportional zum Quadrat der Drehzahl. Das ist der Fall in Kalandern, in Maschinen zum Glätten von Geweben und Papier sowie in Heißmangeln.

Kennlinien 3. Das Drehmoment steigt proportional zum Quadrat der Drehzahl, deshalb steigt die Leistung proportional zur dritten Potenz der Drehzahl. Derartige Kennlinien gelten für Kreiselpumpen, Ventilatoren, Kolbenmaschinen für ein offenes Rohrnetz, Zentrifugen, Schiffsantriebe und Rührwerke.

Kennlinien 4. Das Drehmoment verläuft umgekehrt proportional zur Drehzahl, dabei bleibt die Leistung konstant. Derartige Kennlinien treten auf, wenn Arbeitsmaschinen z. B. durch eine im Feldschwächebereich geregelte fremderregte Gleichstrommaschine angetrieben werden wie z. B. Plandrehmaschinen, Haspeln und andere Wickler sowie Rundschälmaschinen für Furniere.

Das mittlere Drehmoment M_{mi} wird für die Kennlinien 1 bis 4 aus dem nach erfolgtem Hochlauf wirkenden Drehmoment M_e wie folgt berechnet:

1: $M_{mi} = M_e$ 2: $M_{mi} = M_{e/2}$
3: $M_{mi} = M_{e/3}$ 4: M_{mi} vgl. Bild **1**.31

Die Beschleunigungs-/Hochlaufzeit $\Delta t = t_H$ ergibt sich nach Umstellung der Gln. (1.26) und (1.27).

$$t_H = \Delta t = \frac{m \cdot \Delta v}{F_b} \quad (1.28)$$

$$t_H = \Delta t = J \cdot \frac{\Delta \omega}{M_b} = J \cdot 2\pi \frac{\Delta n}{M_b} \quad (1.29)$$

In die Gln. (1.28) und (1.29) ist die Summe aller beschleunigten Massen bzw. die Summe aller auf die Motorwelle bezogenen Massenträgheitsmomente einzusetzen. In Positionierantrieben ist Δv meistens die Eilganggeschwindigkeit v_{Eil}; Δn ist dann die Eilgangdrehzahl n_{Eil}. Im allgemeinen Hochlauffall ist die Bemessungsdrehzahl n_N einzusetzen. Ist das Beschleunigungsmoment M_b während des Hochlaufvorgangs nicht konstant, weil das Last- oder/und das Motormoment drehzahlabhängig ist (s. Bild **1**.30), arbeitet man mit dem mittleren Beschleunigungsmoment M_{bmi}.

1.30
Mittleres Beschleunigungsmoment M_{bmi} bei nicht konstantem Lastmoment M_L und veränderlichem Motormoment M_m.
n_b ist die Drehzahl im Arbeitspunkt.

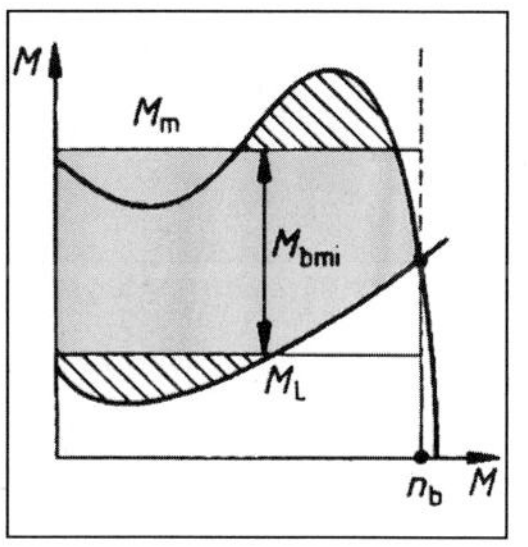

Beispiel 1.15 Ein DC-Servomotor hat die in Bild **1**.31 dargestellte Kommutierungsgrenzkennlinie. Er treibt eine Stahlwalze mit dem Massenträgheitsmoment $J_{Last} = 9{,}8 \cdot 10^{-3}$ kgm² direkt an. Das Trägheitsmoment des Motors ist $J_{mot} = 20 \cdot 10^{-3}$ kgm². Während des Hochlaufs sind die Reibungsverluste konstant. Sie betragen $M_R = 3$ Nm.

Weil das Motormoment über den zu durchfahrenden Drehzahlbereich nicht konstant ist, sondern mit zunehmender Drehzahl abnimmt, ist die Hochlaufzeit durch Addition der Teilhochlaufzeiten t_{H1} und t_{H2} zu berechnen. Während dieser Zeiten wirkt jeweils ein konstantes mittleres Drehmoment (s. Bild **1**.31), wodurch der Motor nicht überlastet wird.

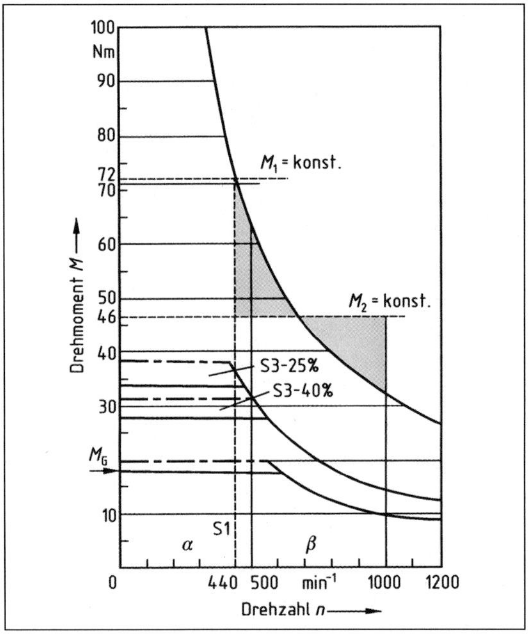

1.31 Kommutierungsgrenzkennlinie eines DC-Servomotors

Lösung

Die Kennlinienwerte sind:

$M_1 = 72$ Nm, $n_1 = 440$ min^{-1};

$M_2 = 46$ Nm, $n_2 = 560$ min^{-1}

Die Hochlaufzeit ist: $t_H = t_{H1} + t_{H2}$

$$t_H = J_{ges} \cdot 2\pi \left(\frac{\Delta n_1}{M_{B1}} + \frac{\Delta n_2}{M_{B2}}\right) \quad \text{mit: } M_{B1} = M_1 - M_R \quad \text{und: } M_{B2} = M_2 - M_R$$

$$J_{ges} = 10^{-3}\,\text{kgm}^2\,(9{,}8 + 20) = 0{,}0298\,\text{kgm}^2$$

$$\left(\frac{\Delta n_1}{M_{B1}} + \frac{\Delta n_2}{M_{B2}}\right) = \left(\frac{440\,\text{min}^{-1}}{69\,\text{Nm}} + \frac{560\,\text{min}^{-1}}{43\,\text{Nm}}\right) = 19{,}4\,\frac{\text{min}^{-1}}{\text{Nm}}$$

$$t_H = 2\pi \cdot 0{,}0298\,\text{kgm}^2 \cdot 19{,}4\,\frac{\text{min}^{-1}}{\text{Nm}}$$

$$t_H = 3{,}63\,\frac{\text{kgm}^2}{\text{min} \cdot \text{Nm}} = \mathbf{60{,}5\,ms}$$

Für die verrichtete Arbeit gilt bei konstanter Antriebskraft bzw. konstantem Drehmoment:

$$W = F \cdot s \tag{1.30}$$

$$W = M \cdot \varphi \tag{1.31}$$

Mit

$$s = v \cdot t$$

$$\varphi = \omega \cdot t$$

erhält man für die zu verrichtende Beschleunigungsarbeit in Abhängigkeit von der momentanen Geschwindigkeit bzw. Winkelgeschwindigkeit:

$$W = F \cdot v \cdot t, \quad F = \text{konst.} \tag{1.32}$$

$$W = M \cdot \omega \cdot t, \quad M = \text{konst.} \tag{1.33}$$

Die Antriebsleistung ist dann wegen $P = W/t$:

$$P = F \cdot v \tag{1.34}$$

$$P = M \cdot \omega = M \cdot 2\pi \cdot n \tag{1.35}$$

Mit der Drehzahl in min^{-1} ergibt sich die zugeschnittene Größengleichung:

$$\boldsymbol{P = \frac{M \cdot n}{9{,}55}} \tag{1.36}$$

Beispiel 1.16 Ein Drehstrommotor hat die Bemessungsdaten 11 kW und 1440 min^{-1}. Berechnen Sie das Bemessungsmoment M_N.

Lösung $$M_N = \frac{11\,\text{kW} \cdot 9{,}55\,\frac{\text{s}}{\text{min}}}{1440\,\text{min}^{-1}} = \mathbf{72{,}95\,Nm}$$

Effektive Leistung und effektives Drehmoment. Im Schaltbetrieb wechseln Anlauf, Beharrungszustand und elektrische Bremsung laufend (Bild **1**.32). Bei dieser Betriebsweise stellt sich die Frage, für welche Leistung der Motor unter Berücksichtigung der zulässigen Motorerwärmung auszulegen ist.

Motoren werden hauptsächlich durch die Stromwärmeverluste Q in den Wicklungen erwärmt. Bei konstanter Spannung ist die Verlustwärme

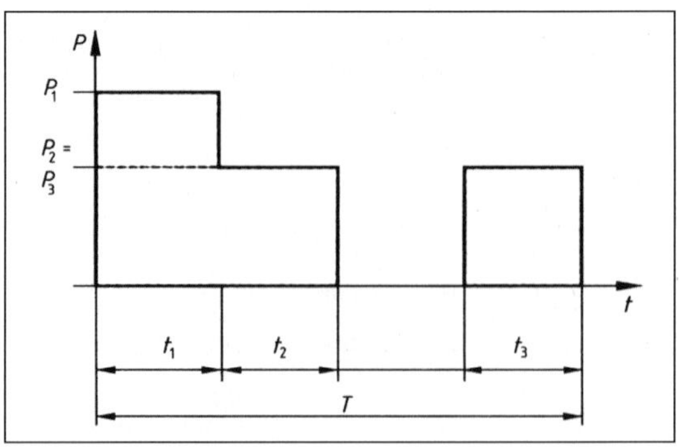

1.32 Belastungsspiel mit wechselnder Leistung

$Q = P \cdot t = I^2 \cdot R \cdot t$ proportional I^2.

Setzt man in obige Gleichung $I = P/U$ ein, ergibt sich:

$$Q = \frac{P^2}{U^2} \cdot R \cdot t$$

Die Gleichung verdeutlicht, dass die Motorerwärmung quadratisch mit der Leistung zunimmt. Für Schaltbetrieb addiert man die Wärmemengen, die in den einzelnen Belastungsabschnitten entstehen. Dabei nimmt man an, dass die gesamte Verlustwärme während eines Belastungsspiels durch den quadratischen Mittelwert/Effektivwert P_{eff} erzeugt wird. Unter der Bedingung, dass R/U^2 = konstant ist, gilt mit der Spieldauer T und den Belastungszeiten t_1, t_2 und t_3 (vgl. Abschn. 10.5):

$$\boldsymbol{Q_{ges} = P_{eff}^2 \cdot T = P_1^2 \cdot t_1 + P_2^2 \cdot t_2 + P_3^2 \cdot t_3}$$

Für den Effektivwert der Leistung gilt dann:

$$\boldsymbol{P_{eff} = \sqrt{\frac{P_1^2 \cdot t_1 + P_2^2 \cdot t_2 + P_3^2 \cdot t_3}{T}}} \quad (1.37)$$

Weil das Motormoment proportional zur Leistung ist, lässt sich analog zu Gl. (1.37) auch das effektive Drehmoment M_{eff} nach folgender Gleichung bestimmen.

$$\boldsymbol{M_{eff} = \sqrt{\frac{M_1^2 \cdot t_1 + M_2^2 \cdot t_2 + M_3^2 \cdot t_3}{T}}} \quad (1.38)$$

Um eine Überlastung des Motors zu vermeiden, muss P_{eff} kleiner als die Bemessungsleistung des Motors sein (s. a. Abschn. 10.4 und 10.5).

Beispiel 1.17 Für das in Bild **1**.33 dargestellte Belastungsspiel gelten die folgenden Werte: T = 50 s, $t_1 = t_3$ = 5 s, t_2 = 10 s, M_1 = 20 Nm, M_2 = 10 Nm, M_3 = –20 Nm.

a) Berechnen Sie das effektive Drehmoment.

b) Welche Spieldauer T_1 müsste unter den genannten Gegebenheiten vorliegen, damit ein Motor mit dem Bemessungsmoment M_N = 5 Nm nicht überlastet wird?

Lösung:

a) $M_{eff} = \sqrt{\frac{M_1^2 \cdot t_1 + M_2^2 \cdot t_2 + M_3^2 \cdot t_3}{T}}$

$M_{eff} = \sqrt{\frac{400 \cdot 5 + 100 \cdot 10 + 400 \cdot 5}{50}}$ Nm

M_{eff} = **10 Nm**

b) $T_1 = \frac{M_1^2 \cdot t_1 + M_2^2 \cdot t_2 + M_3^2 \cdot t_3}{M_N^2}$

$T_1 = \frac{20^2 \cdot 5 + 10^2 \cdot 10 + (-20)^2 \cdot 5}{5^2}$ s

T_1 = **200 s**

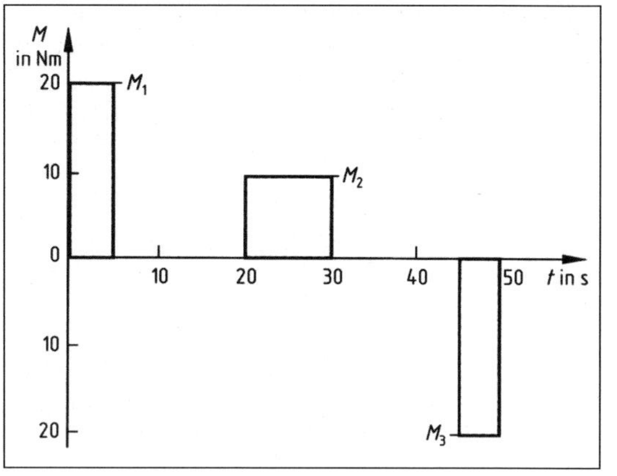

1.33 Belastungsspiel mit wechselndem Drehmoment

Die Lösungen verdeutlichen, dass Motoren im Schaltbetrieb wesentlich höher belastbar sind, als es ihre Bemessungsdaten erkennen lassen (s. S. 466). Daraus ergeben sich kleinere Bauleistungen, geringere Einbaumassen und ggf. geringere Kosten für den Motor.

Die Bewegungsenergie in der jeweiligen bewegten Masse ist:

$$W_{kin} = \frac{1}{2} \cdot m \cdot v^2 \quad (1.39)$$

$$W_{kin} = \frac{1}{2} \cdot J \cdot \omega^2 \quad (1.40)$$

Zur Beschleunigung ist erforderlich:

$\Delta W_{kin} = \frac{1}{2} \cdot m\,(v_2^2 - v_1^2)$, $\quad v_2 > v_1$

$\Delta W_{kin} = \frac{1}{2} \cdot J\,(\omega_2^2 - \omega_1^2)$; $\quad \omega_2 > \omega_1$

Mit $\omega = 2\pi \cdot n$

erhält man die in der Antriebstechnik übliche Bestimmungsgleichung

$$\boldsymbol{\Delta W_{kin} = 2 \cdot \pi^2 \cdot J(n_2^2 - n_1^2)}. \quad (1.41)$$

Die Änderung der kinetischen Energie ist gleich dem Betrag der Beschleunigungsarbeit Gl. (1.33), die zum Beschleunigen auf die momentane Winkelgeschwindigkeit (Drehzahl) $\omega = \alpha \cdot \Delta t$ zu verrichten ist. Beim Abbremsen steht dieser Energiebetrag als elektrische Energie zur Verfügung.

Rotation und Translation treten in der Antriebstechnik meistens kombiniert auf. Weil die Berechnung elektromotorischer Antriebe meistens hinsichtlich der Rotation erfolgt, sind die translatorischen Größen auf die jeweils äquivalenten rotatorischen

Größen umzurechnen. Beispielsweise ist die Trägheitskraft einer linear bewegten Masse in das äquivalente fiktive Massenträgheitsmoment umzurechnen. Dabei wird gleichzeitig die gegebene lineare Geschwindigkeit in die gleichwertige Winkelgeschwindigkeit oder Drehzahl umgerechnet. Die ermittelten Werte sind dann auf die Motorwelle zu beziehen.

Die gleichwertigen Größen sind in Tabelle 1.34 gegenübergestellt.

Tabelle **1**.34 **Gegenüberstellung äquivalenter Größen in Translation und Rotation (s. Text)**

Translation	**Rotation**
Bahn-/Umfangsgeschwindigkeit	Winkelgeschwindigkeit oder Drehzahl
Antriebskraft	Drehmoment
träge Masse	Massenträgheitsmoment
kinetische Energie der Translation	kinetische Energie der Rotation

Die Herleitung der äquivalenten Beziehungen erfolgt an einigen technischen Beispielen.

In Anlehnung an die in Bild **1**.35 dargestellten Größen gilt für den Zusammenhang zwischen Translations-/Bahngeschwindigkeit v und Winkelgeschwindigkeit ω:

$$v = \omega \cdot r = \omega \cdot \frac{d}{2} \qquad (1.42)$$

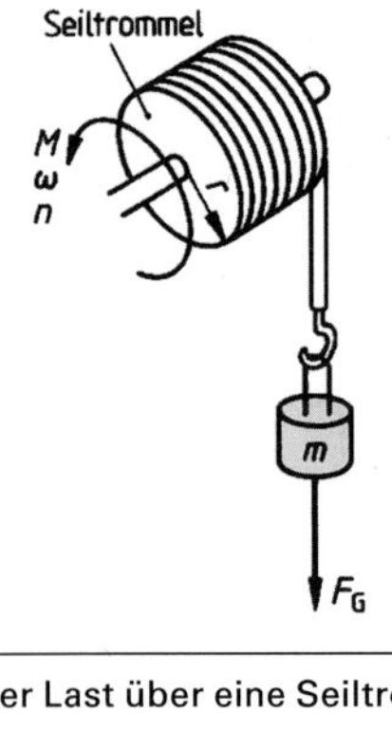

1.35 Heben einer Last über eine Seiltrommel

Mit $\omega = 2\pi \cdot n$ erhält man unter Einbeziehung der Drehzahl n

$$v = \pi \cdot d \cdot n. \qquad (1.43)$$

Beim Heben arbeitet der Antriebsmotor gegen die Gewichtskraft F_G. Zwischen Gegenkraft und Antriebsmoment M gilt die Beziehung

$$M = F_G \cdot \frac{d}{2} = m \cdot g \cdot \frac{d}{2}. \qquad (1.44)$$

Unter der Annahme, dass die Hubeinrichtung den Wirkungsgrad 100 % hat, müssen nach dem Energieerhaltungssatz die Bewegungsenergien der Translation W_{kint} und der Rotation W_{kinr} gleich groß sein.

$$W_{kint} = W_{kinr} \Leftrightarrow \frac{1}{2} \cdot m \cdot v^2 = \frac{1}{2} \cdot J \cdot \omega^2$$

Das in der Gleichung auftretende Trägheitsmoment J entspricht dem fiktiven Ersatzträgheitsmoment J_t, das durch die Trägheit der linear bewegten Masse m hervorgerufen wird. Bezogen auf die Motorwelle hat es dieselbe Wirkung wie eine äquivalente rotierende Masse.

$$J_t = J = m \cdot \frac{v^2}{\omega^2} \qquad (1.45)$$

Nach Einsetzen von

$$v = \omega \cdot \frac{d}{2}$$

in die vorausgegangene Gleichung, ergibt sich für das Ersatzträgheitsmoment der gehobenen Masse

$$J_t = m \cdot \frac{d^2}{4}. \qquad (1.46)$$

Das Gesamtträgheitsmoment J_{ges} des o. g. Aufzugs setzt sich unter Vernachlässigung der Seilmasse aus dem Trägheitsmoment der Seilscheibe J_S und dem Ersatzträgheitsmoment J_t zusammen.

$$\mathbf{J_{ges} = J_S + J_t = J_S + m \cdot \frac{d^2}{4}} \qquad (1.47)$$

Das Trägheitsmoment der Scheibe wird nach der entsprechenden Gleichung in Tabelle **1**.24 berechnet.

Beispiel 1.18 Die in Bild **1**.35 dargestellte Seilscheibe besteht aus Stahl, hat den Durchmesser $d = 0{,}1$ m und die Gesamtlänge $l = 200$ mm. Die Masse 100 kg wird unter Vernachlässigung der Seilmasse gehoben. Berechnen Sie das Gesamtträgheitsmoment des Systems und die Antriebsdrehzahl, bei einer Hubgeschwindigkeit von 10 m/min.

Lösung $J_t = m \cdot \frac{d^2}{4} = 100\ \text{kg} \cdot \frac{0{,}1^2\ \text{m}^2}{4} = \mathbf{0{,}25\ kgm^2}$

Das Trägheitsmoment der als Vollzylinder angenommenen Seilscheibe ist nach Tabelle **1**.24:

$$J_S = \frac{m}{2} \cdot r^2$$

Die Masse des rotierenden Stahlzylinders ist:

Lösung

Fortsetzung $m = V \cdot \varrho = A \cdot l \cdot \varrho = \frac{d^2}{4} \cdot \pi \cdot l \cdot \varrho$

$$m = \frac{0{,}1^2\ \text{m}^2}{4} \cdot \pi \cdot 0{,}2\ \text{m} \cdot 7{,}85 \cdot 10^3\ \frac{\text{kg}}{\text{m}^3}$$

$m = \mathbf{12{,}33\ kg}$

Dann ist:

$$J_S = \frac{12{,}33\ \text{kg}}{2} \cdot 0{,}05^2\ \text{m}^2 = \mathbf{0{,}015\ kgm^2}$$

$$J_{ges} = J_S + J_t = 0{,}015\ \text{kgm}^2 + 0{,}25\ \text{kgm}^2 = 0{,}27\ \mathbf{kgm^2}$$

Berechnung der Drehzahl:

$$v = \omega \cdot r = 2\pi \cdot n \cdot r$$

$$n = \frac{v}{2\pi \cdot r} = \frac{10\ \text{m}}{\text{min} \cdot 2\pi \cdot 0{,}05\ \text{m}} = \mathbf{31{,}84\ min^{-1}}$$

Bewegung einer Last über eine Kugelgewindespindel

Das in Bild **1**.36 dargestellte Spindelsystem wird in Positioniereinrichtungen, wie sie z. B. in Handhabungssystemen und CNC-Werkzeugmaschinen auftreten, zur Umwandlung von Rotation in Translation genutzt.

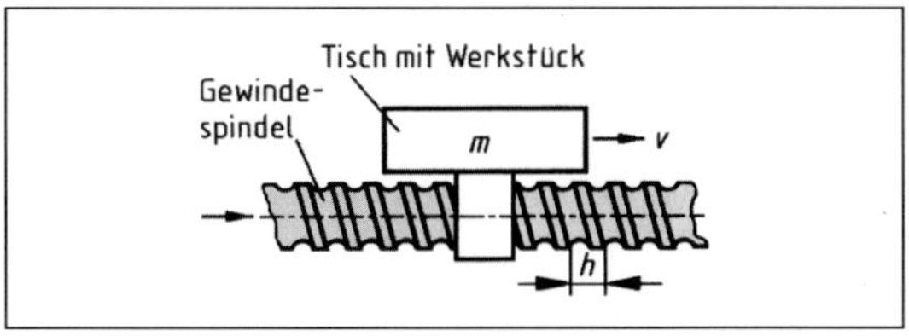

1.36 Kugelgewindespindel zur Umwandlung von Translation in Rotation

Für die Verfahrgeschwindigkeit v der über eine Spindel mit der Steigung h verfahrenen Masse gilt bei der Drehzahl n

$$v = n \cdot h. \quad (1.48)$$

Für das Ersatzträgheitsmoment gilt nach Gl. (1.45):

$$J_t = \frac{m}{4\pi^2} \cdot \frac{v^2}{n^2}$$

Nach Kombination der beiden letzten Gleichungen erhält man für die Berechnung des Ersatzträgheitsmoments aller linear bewegten Massen im Spindelantrieb:

$$\boldsymbol{J_t = m \left(\frac{h}{2\pi}\right)^2} \quad (1.49)$$

Für die Masse ist die Summe aller Massen einzusetzen. Im Antrieb eines Kreuztisches für eine Fräsmaschine ist das die Summe aus Tisch- und Werkstückmasse.

Beispiel 1.19 In einer Werkzeugmaschine wird der Koordinatentisch über eine Spindel aus Stahl mit $h = 10$ mm, $l = 800$ mm und $d = 30$ mm angetrieben. Um die Spindel als Zylinder betrachten zu können, wird zum Ausgleich der Gewindeaussparungen die reduzierte Dichte $\varrho = 7{,}7 \cdot 10^3\ \text{kg/m}^3$ zugrunde gelegt. Die Summe aller linear bewegten Massen beträgt 220 kg. Berechnen Sie das Gesamtträgheitsmoment aller Systemkomponenten sowie die erforderliche Antriebsdrehzahl, wenn im Eilgang mit $v_{Eil} = 15$ m/min verfahren werden soll.

Lösung Berechnung des Ersatzträgheitsmoments:

$$J_t = m\left(\frac{h}{2\pi}\right)^2 = 220\ \text{kg} \cdot \left(\frac{10^2\ 10^{-6}\ \text{m}^2}{4\pi^2}\right)$$

$$= \mathbf{5{,}57 \cdot 10^{-4}\ kgm^2 = 5{,}57\ kgcm^2}$$

Berechnung des Massenträgheitsmoments der Spindel:

$$J_S = \frac{m}{2} \cdot r^2$$

Mit der Spindelmasse

$$m = \varrho \cdot l \cdot \frac{d^2 \cdot \pi}{4}$$

$$m = 7{,}7 \cdot 10^3\ \frac{\text{kg}}{\text{m}^3} \cdot 0{,}8\ \text{m} \cdot \frac{0{,}03^2\ \text{m}^2 \cdot \pi}{4}$$

$m = \mathbf{4{,}35\ kg}$

beträgt das Massenträgheitsmoment der Spindel:

$$J_S = \frac{4{,}35\ \text{kg}}{2} \cdot 0{,}015^2\ \text{m}^2$$

$$= \mathbf{4{,}9 \cdot 10^{-4}\ kgm^2 = 4{,}9\ kgcm^2}$$

Das Gesamtträgheitsmoment beträgt dann:

$$J_{ges} = J_t + J_S = (5{,}57 + 4{,}9)\ \text{kgcm}^2$$

$$= \mathbf{10{,}47\ kgcm^2}$$

Die Eilgangdrehzahl ist in diesem System:

$$n = \frac{v_{Eil}}{h} = \frac{15\ \text{m}}{\text{min} \cdot 10 \cdot 10^{-3}\ \text{m}} = \mathbf{1500\ min^{-1}}$$

Stationäre Belastung von Antriebsmotoren. Hat ein Motor nach dem Hochlauf-/Beschleunigungsvorgang seine Betriebsdrehzahl erreicht, wird kein Beschleunigungsmoment mehr benötigt. Das gesamte Motormoment steht dann zur Überwindung der Verlust-/Reibungskräfte und der Nutz-/Bearbeitungskräfte zur Verfügung.

Im stationären Betrieb (n = konstant) gilt für die Beziehung zwischen Motormoment M_M, Lastmoment M_L, Reibmoment M_R und Bearbeitungs-/Nutzmoment M_W:

$$\boldsymbol{M = M_L = \Sigma M_R + M_W} \quad (1.50)$$

Das auf die Motorwelle bezogene Lastmoment bestimmt zusammen mit der Belastungsdauer die Motorerwärmung.

Am Beispiel einer Vorschubachse Bild **1**.37 einer Fräsmaschine soll die Summe aller auf die Motorwelle bezogenen Drehmomente ermittelt werden. Die Kraftübertragung erfolgt über eine Kugelgewindespindel, deren Lager und Mutter nicht vorgespannt sind.

Übertragungsverluste entstehen in den Spindellagern, der Spindelmutter, der Schlittenführung und im ggf. vorhandenen Getriebe. Als Nutzkomponente tritt die Schnittkraft F_C auf.

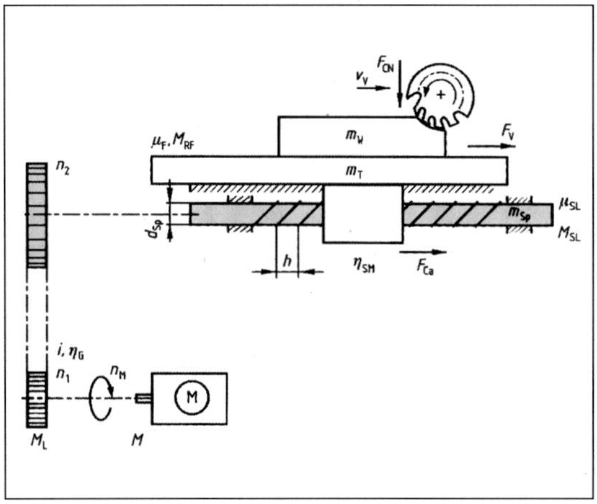

1.37 Vorschubachse einer Fräsmaschine

Das äquivalente Reibmoment der Schlittenführung M_{RF} wird durch die Gewichtskraft F_G von Schlitten und Werkstückmasse und die Vertikalkomponente der Schnittkraft F_{CN}, hervorgerufen, weil diese als drückende Kraft auf die Führungsbahnen wirkt. Für die Verlustleistungsanteile der Translation P_{Rt} und der Rotation P_{Rr} gilt:

$$P_{Rt} = F_{RF} \cdot v \Leftrightarrow P_{Rr} = M_{RF} \cdot \omega$$

Weil im stationären Betrieb $v = s/t =$ konst. ist, gilt mit der Spindelumlaufzeit T und der Spindelsteigung h als zurückgelegtem Weg:

$$P_{Rt} = F_{RF} \cdot \frac{h}{T} \Leftrightarrow P_{Rr} = M_{RF} \cdot \frac{2\pi}{T}$$

Unter Vernachlässigung des Spindelmutterwirkungsgrads sind die Leistungen für Translation und Rotation gleich groß. Für das auf die Motorwelle bezogene Reibmoment der Schlittenführung gilt dann nach Gleichsetzen und Umstellen der vorherigen Gleichungen:

$$M_{RF} = F_{RF} \cdot \frac{h}{2\pi} \tag{1.51}$$

Für die Komponenten von F_{RF} gilt:

$$F_{RF} = \mu_F \, [(m_W + m_T) \cdot g + F_{CN}] \tag{1.52}$$

Nach Einsetzen von Gl. (1.52) in Gl. (1.51) erhält man:

$$M_{RF} = \mu_F \cdot \frac{h}{2\pi} \, [(m_W + m_T) \cdot g + F_{CN}] \tag{1.53}$$

Die geschwindigkeitsabhängigen Gleitreibungsbeiwerte betragen für Gleitführungen $\mu_F = 0{,}05$ bis 0,1 und für Wälzführungen $\mu_F = 0{,}003$ bis 0,01.

Beispiel 1.20 Für das System in Bild (**1**.37) gelten folgende Werte: Bewegte Werkstück- und Tischmasse 800 kg, $\mu_F = 0{,}1$, $h = 10$ mm, $F_{CN} = 300$ N, $g = 10$ m/s². Berechnen Sie das auf die Motorwelle bezogene Reibmoment für $i = 1$.

Lösung

$$M_{RF} = \mu_F \cdot \frac{h}{2\pi} \, [(m_W + m_T) \cdot g + F_{CN}]$$

$$M_{RF} = 0{,}1 \cdot \frac{0{,}01 \text{ m}}{2\pi} \left(800 \text{ kg} \cdot 10 \frac{\text{m}}{s^2} + 300 \text{ N}\right)$$

$$M_{RF} = \mathbf{1{,}32 \text{ Nm}}$$

Die Reibungsverluste in der Spindellagerung werden für axiale Rollenlager mit dem mittleren Lagerdurchmesser d_{mL} und dem Reibungsbeiwert μ_{SL} nach Herstellerangaben nach folgender Gleichung berechnet:

$$M_{RSL} = \mu_{SL} \cdot \frac{1}{2} \cdot d_{mL} \cdot F_{Ca} \tag{1.54}$$

F_{Ca} ist die axiale Komponente der Bearbeitungskraft, die von den nicht vorgespannten Lagern aufzunehmen ist und die Lagerreibung verursacht.

Die Leistungsverluste in der Spindelmutter werden durch deren Wirkungsgrad η_{SM} gekennzeichnet. Dessen Werte sind vom Spindeldurchmesser und von der Spindelsteigung abhängig. Sie werden entweder vom Spindelhersteller angegeben oder näherungsweise nach der folgenden Gleichung berechnet. Übliche Werte liegen bei 0,85 bis 0,95.

$$\eta_{SM} = \frac{1}{1 + 0{,}02 \cdot \dfrac{d_{SP}}{h}} \tag{1.55}$$

Der Getriebewirkunsgrad η_G kennzeichnet die Übertragungsverluste im Getriebe. Je nach Getriebeart liegen die Wirkungsgrade üblicher Vorschubachsengetriebe zwischen 0,8 und 0,95.

Um den Vorschubachsenantrieb auslegen zu können, sind alle Verlust-/Reibmomente nach $P_1 = P_2/\eta_G$ auf die Motorwelle zu beziehen. Für die Verlustmomente gilt entsprechend:

$$\frac{M_{R1} \cdot n_1}{9{,}55} = \frac{M_{R2} \cdot n_2}{9{,}55 \cdot \eta_G}$$

$$M_{R1} = \frac{M_{R1}}{\eta_G} \cdot \frac{n_2}{n_1} = \frac{M_{R1}}{\eta_G} \cdot \frac{1}{i} \qquad (1.56)$$

Für die Summe aller Verlustmomente auf der Lastseite gilt nach Umrechnung auf die Motorwelle:

$$\Sigma \boldsymbol{M}_{\mathbf{R1}} = \frac{\frac{\boldsymbol{M}_{\mathbf{RF}}}{\eta_{\mathbf{SM}}} + \boldsymbol{M}_{\mathbf{RSL}}}{\eta_{\mathbf{g}} \cdot \boldsymbol{i}} \qquad (1.57)$$

Gl. (1.57) kennzeichnet den Drehmomentanteil, den der Motor zur Überwindung der Systemverluste aufzubringen hat.

Die stationäre Nutzbelastung resultiert aus der Axial-/Nutzkomponente der Bearbeitungskraft F_{Ca} Nach Umrechnung von Translation auf Rotation gilt für das auf die Motorwelle bezogene Nutz-/Bearbeitungsmoment und für die entsprechende Leistung:

$$P_{Rot} = \frac{P_{Trans}}{\eta_G \cdot \eta_{SM} \cdot i} \qquad (1.58)$$

Für das vom Motor aufzubringende Nutzmoment folgt dann wegen

$P_{Rot} = M \cdot \omega \Leftrightarrow P_{Trans} = F \cdot v$:

$$\boldsymbol{M}_{\mathbf{W}} = \frac{\boldsymbol{F}_{\mathbf{Ca}} \cdot \boldsymbol{h}}{\eta_{\mathbf{G}} \cdot \eta_{\mathbf{SM}} \cdot \boldsymbol{i} \cdot \mathbf{2\pi}} \qquad (1.59)$$

1.5.3 Antriebsquadranten

Anspruchsvolle Antriebsaufgaben erfordern die stetige Einstellung der Drehzahl oder des Drehmoments von Antriebsmotoren. Die antriebstechnischen Größen elektrischer Maschinen müssen in den Betriebszuständen Antreiben/Motorbetrieb und Bremsen/Generatorbetrieb prozessorientiert kontinuierlich einstellbar sein. Alle Möglichkeiten der Beziehung zwischen Drehzahl und Drehmoment zeigt das Bild **1**.38 mit den vier Betriebsquadranten einer elektrischen Maschine.

Motorbetrieb und Generatorbetrieb. Definitionsgemäß ist das obere rechte Feld der I. Quadrant. Das positive Vorzeichen der Drehzahl kennzeichnet die Rechtsdrehung des Motors bei Blick auf das antriebsseitige Wellenende.

Das Betriebsverhalten bei Drehzahleinstellung $M = f(n)$ oder bei Verstellung des Lastmoments $n = f(M)$ wird allgemein in der Vierquadrantendarstellung der jeweiligen Kennlinie verdeutlicht. Beide Darstellungen sind üblich.

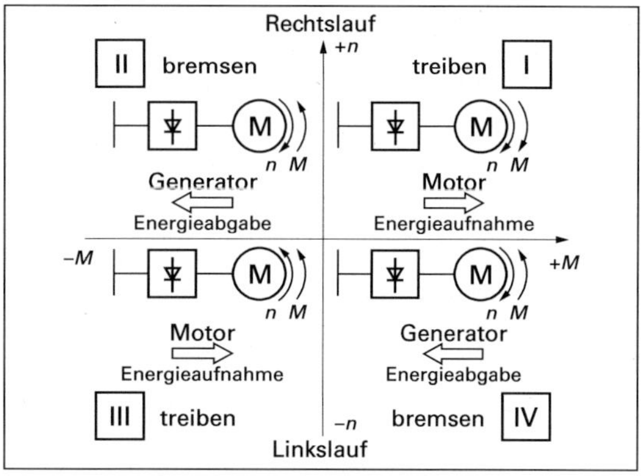

1.38 Betriebsquadranten von Elektromotoren

Anstelle des Betriebsverhaltens der Maschine kann die Zuordnung der Quadranten auch nach Bewegungsrichtung und Energieflussrichtung bzw. dem Vorzeichen der umgesetzten Wirkleistung (s. Gl. 1.35) erfolgen.

Alle positiven Leistungen $P = M \cdot \omega = -M \cdot (-\omega)$ sind Antriebsleistungen (I. bzw. III. Quadrant); die elektrische Maschine nimmt elektrische Energie aus dem Netz auf und gibt sie unter Berücksichtigung ihres Wirkungsgrads als mechanische Leistung an die Arbeitsmaschine ab.

Im II. und IV. Quadranten kehrt sich die Energieflussrichtung um. Die im Antriebssystem vorhandene mechanische Energie wird unter Einfluss des Systemwirkungsgrads in der elektrischen Maschine in elektrische Energie umgewandelt. In diesem Betriebszustand arbeitet die Maschine als Generator. Er wird deshalb auch Generator/Bremsbetrieb oder bei Gleichstrommaschinen Wechselrichterbetrieb genannt.

Für den Übergang in den Bremsvorgang muss sich dementsprechend entweder das Lastmoment (Bergabfahrt eines Elektrofahrzeugs) oder die Winkelgeschwindigkeit (Senkbremsung bei Hebezeugantrieben) in der Richtung ändern. Die jeweilige Richtungsänderung führt nach $P = -M \cdot \omega$ oder $P = -\omega \cdot M$ zu einem negativen Vorzeichen der Leistung; die Last treibt die elektrische Maschine an. Diese wirkt generatorisch und speist unter Berücksichtigung des Gesamtwirkungsgrads des Antriebs elektrische Energie in das Netz oder zwischengeschaltete Energiespeicher, wie Kondensatoren oder Induktivitäten, zurück. Diese Art der Rückspeisung wird als generatorische Bremsung oder Nutzbremsung bezeichnet, da die Bremsenergie z. B. für weitere Antriebsaufgaben nutzbar ist. Wird die Bremsenergie über Bremswiderstände in Wärme umgewandelt, liegt Widerstandsbremsung vor.

Energierückspeisung ist in vielen Prozessen der Widerstandbremsung unter den Aspekten Energieeffizienz und Vermeidung zusätzlicher Erwärmung der Umgebung von Fertigungsprozessen vorzuziehen. Zu hohe Umgebungstemperaturen müssen eventuell durch zusätzlichen Klimatisierungsaufwand reduziert werden, um die geforderten Qualitätsanforderungen einhalten zu können.

Einquadrantenbetrieb liegt im I. und III. Quadranten vor. Die elektrische Maschine nimmt aus dem speisenden Netz elektrische Energie auf und wandelt sie im Links- oder Rechtslauf in mechanische Energie um. Dieser Betriebszustand heißt Motorbetrieb oder bei Gleichstrommaschinen Gleichrichterbetrieb.

Zweiquadrantenbetrieb liegt vor, wenn der Antriebsmotor jeweils bei Links- oder Rechtslauf unter Beibehaltung seiner Drehrichtung im Motorbetrieb antreiben und im Generatorbetrieb bremsen kann.

Vierquadrantenantriebe können in beiden Drehrichtungen antreiben und bremsen. Ein kontinuierlicher Übergang zwischen zwei Drehmomenten und zwei Drehrichtungen ist möglich.

Tabelle **1**.39: **Zuordnung von Betriebsquadranten**

Betriebszustand	Quadranten	Beispiele
Einquadranten-betrieb	I oder/und III	Transportbänder Pumpen, Lüfter
Zweiquadranten-betrieb	I und II oder III und IV I und IV oder III und II	Zentrifugen Hebezeuge
Vierquadranten-betrieb	I bis IV	Vorschubantriebe Fahrantriebe

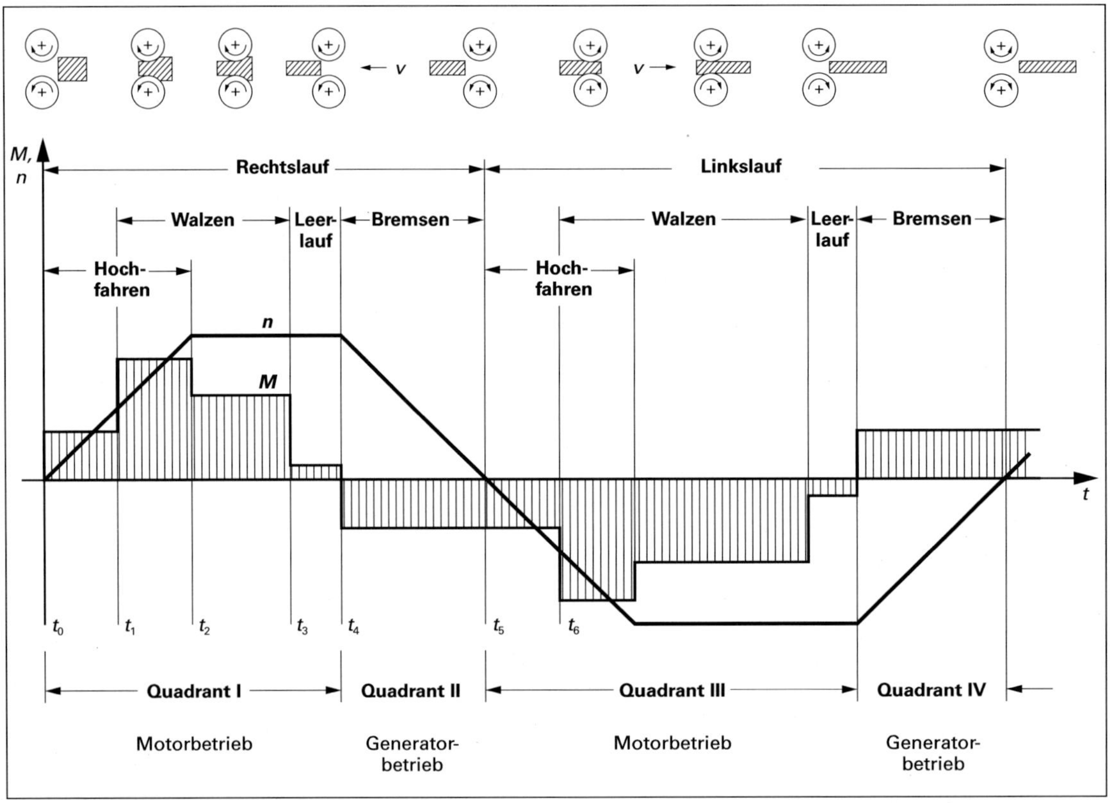

1.40 Grundsätzlicher Verlauf des Belastungsdiagramms eines Vierquadranten-Walzenantriebs in einem Umkehrwalzwerk

Im Ablauf von zwei Walzstichen durchfährt dieser Antrieb alle vier Quadranten. Der einzelne Walzstich umfasst dabei die Abschnitte Hochfahren/Beschleunigen, Walzen, Leerlauf und Bremsen. Da der eigentliche Walzvorgang bereits in der Beschleunigungsphase beginnt, überlappen sich die Abschnitte Hochfahren und Walzen. Der Motor arbeitet gegen das Massenträgheitsmoment des Gesamtantriebs $J_{ges} = J_{Mot} + J_{Last}$, die Summe aller Reibmomente M_R sowie gegen das Widerstandsmoment der Last M_{Last}. Infolge Überlagerung der einzelnen Momentanteile für das vom Antrieb aufzubringende Drehmoment M_{Mot} gilt demnach folgende Konstellation:

$t_0 - t_1$ $M_{Mot} = M_B + M_R$

$t_1 - t_2$ $M_{Mot} = M_B + M_R + M_{Last}$

$t_2 - t_3$ $M_{Mot} = M_R + M_{Last}$

$t_3 - t_4$ $M_{Mot} = M_R$

$t_4 - t_5$ $-M_{Mot}$; generatorische und Reibbremsung

$t_5 - t_6$ $-M_{Mot} = -M_B + M_R$

Aufgaben zu Abschnitt 1.51 bis 1.53

1.a) Zeichnen Sie in Bezug auf das Belastungsdiagramm des Walzwerkantriebs den zeitlichen Verlauf der Wirkleistung. b) Beschreiben Sie die Verluste, die bei der Umwandlung der kinetischen Energie des Gesamtantriebs im II. und IV. Quadranten auftreten.

2. Bild **1**.41 zeigt das Fahrdiagramm und das Lastzyklusdiagramm eines Spindelantriebs dessen Reibung vernachlässigbar ist. Das auf die Motorwelle bezogene Massenträgheitsmoment von Motor und Last beträgt $J_{ges} = 0{,}2$ kgm^2.

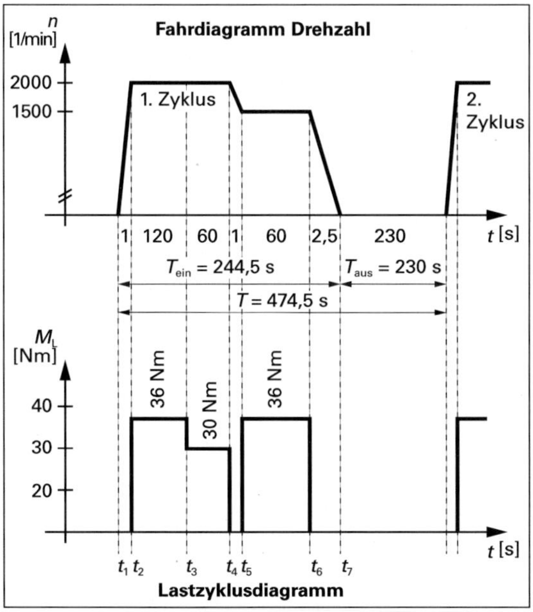

1.41 Fahr- und Lastzyklusdiagramm

a) Berechnen Sie das Beschleunigungsmoment, die auftretenden Bremsmomente und das effektive Drehmoment.

b) Zeichnen Sie das Diagramm $M_{Mot} = f(t)$.

c) Berechnen Sie das Verhältnis von M_{max}/M_{eff} und begründen Sie, warum der Antrieb nicht auf das maximale Drehmoment auszulegen ist.

3. Ein Kran soll die Masse m = 1000 kg mit der Geschwindigkeit v = 2 m/s heben. Er hat ein Getriebe mit einem Wirkungsgrad von $\eta_G = 0{,}8$.

a) Bei der angegebenen Geschwindigkeit dreht sich die Seiltrommel mit 50 min^{-1}. Welches Drehmoment tritt an der Seiltrommel auf und wie groß ist ihr Durchmesser? Wie groß ist die erforderliche Leistung des Antriebsmotors?

b) Wie groß muss das Übersetzungsverhältnis n_M/n_L des Getriebes sein, wenn ein Motor unter den obigen Bedingungen mit seiner Bemessungsdrehzahl n = 1400 min^{-1} läuft? Welches Drehmoment muss er dabei abgeben?

4. Die dargestellte Wickelvorrichtung in Bild **1**.42 dient beispielsweise dem Aufwickeln von Seilen, Kunststoffschläuchen, Kabeln oder Leitungen. Sie bietet sich auch als Lagenwickelmaschine im Transformatorenbau an.

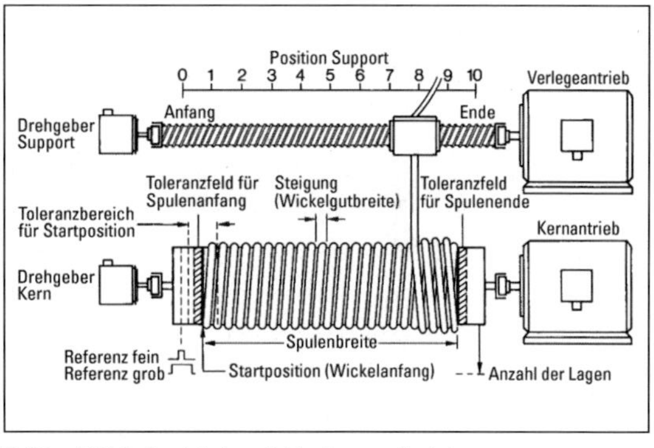

1.42 Wickelantrieb mit Verlegespindel

Die Wickelgutbreite beträgt b = 60 mm, seine Höhe h = 60 mm. Die Produktionsgeschwindigkeit der Fertigungsmaschine beträgt 60 m/min. Die Supportspindel hat eine Steigung von 10 mm, der Kerndurchmesser des leeren Wickelkörpers beträgt 200 mm. Es sollen fünf Lagen übereinander gewickelt werden.

a) Berechnen Sie jeweils die maximalen und die minimalen Drehzahlen des Verlegeantriebs und die entsprechenden Drehzahlen, mit denen sich der Kernantrieb für die erste und letzte Lage jeweils drehen muss.

b) Die Zugkraft im Wickelmaterial beträgt je nach Wickelgut F_{Zmin} = 250 N bis F_{Zmax} = 2200 N. Berechnen Sie das jeweilige Lastmoment und die zugehörige Leistung, die der Motor für den

Kernantrieb abgeben muss, wenn die Reibungsverluste im rotierenden System 10 % vom Nettomoment betragen.

5. Ein Servomotor ist an ein Schwungrad aus Eisen (ϱ = 7,8 kg/dm³) angekoppelt (siehe Bild **1**.43). Vom Motor sind folgende Daten bekannt:

Bemessungsdrehzahl	3000 min^{-1}
Maximales Drehmoment	225 Ncm
Rotorträgheitsmoment	0,35 $kgcm^2$

a) Berechnen Sie das Trägheitsmoment des Schwungrads in $kgcm^2$.

b) Wie groß ist die Winkelbeschleunigung während der Beschleunigungsphase?

c) Berechnen Sie die Hochlaufzeit bis zum Erreichen der Bemessungsdrehzahl.

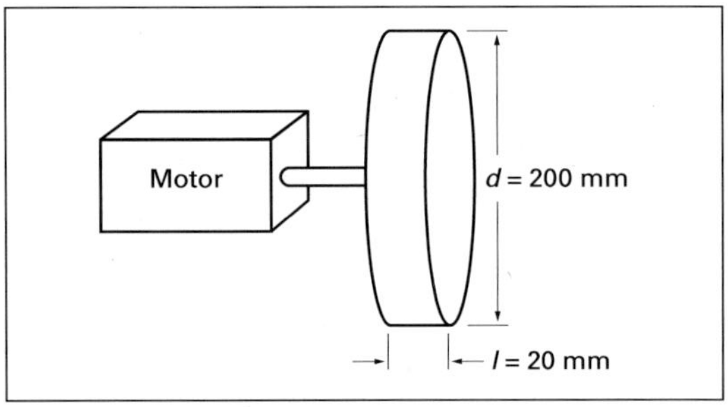

1.43 Servomotor mit Schwungmasse

6. Der in Bild **1**.44 dargestellte Wickler wird über ein Getriebe mit $i = 20:1$ und $\eta_G = 0{,}9$ durch einen Asynchronmotor angetrieben.

a) Berechnen Sie den Bereich, in dem die Motordrehzahl für den Wickelvorgang einstellbar sein muss.

b) Wie hoch ist das vom Motor aufzubringende minimale und das maximale Drehmoment und die jeweils erforderliche Motorleistung?

c) Berechnen Sie das Massenträgheitsmoment der vollen Rolle und die in ihr zu Beginn des Bremsvorgangs gespeicherte Rotationsenergie.

d) Berechnen Sie das vom Motor aufzubringende Bremsmoment im Falle eines Schnellhalts der vollen Rolle. Der Wickler weist folgende Daten auf:

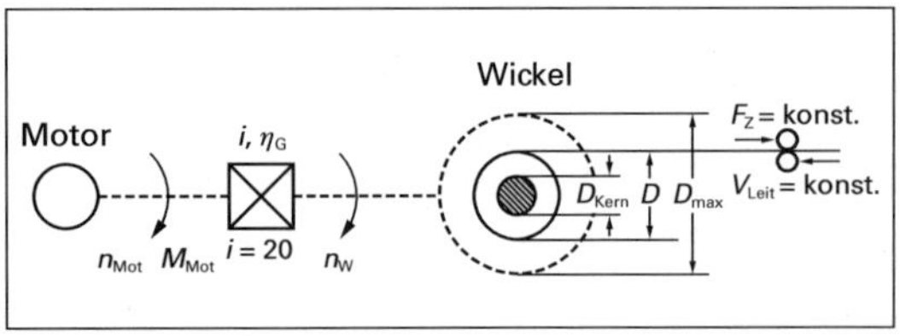

1.44 Wickelantrieb mit Getriebe

Max. Rollendurchmesser	$D_{max} = 1$ m
Kerndurchmesser	$D_{Kern} = 0{,}12$ m
Max. Rollenmasse	$m_W = 870$ kg
Max. Bahngeschwindigkeit	$v_{max\,B} = 50$ m/min
Bahnbreite	$b = 1{,}5$ m
Bahnzug	$F_Z = 600$ N
Schnellhaltzeit der vollen Rolle	$t_{Br} = 2$ s

7. Mit den Berechnungsunterlagen eines Werkzeugmaschinenherstellers soll ein Vorschubantrieb für eine Fräsmaschine projektiert werden. Die Herstellerangaben lauten:

Massen aller linear bewegten Teile		$m = 1050$ kg
Schnittkraft		$F_C = 8500$ N
Drückende Komponente von F_C		$F_{CN} = 1000$ N
Reibungsbeiwert der Schlittenführung		$\mu = 0{,}15$
Spindelwirkungsgrad		$\eta_{Sp} = 0{,}9$
Max. Eilganggeschwindigkeit		$v_{Eil} = 10$ m/min
Gewindespindel:	Länge	$l = 1500$ mm
	Durchmesser	$D = 50$ mm
	Spindelsteigung	$h_{Sp} = 10$ mm

Der Motor soll direkt an die Gewindespindel gekoppelt werden; das Trägheitsmoment der Kupplung und die Reibung der Spindellagerung werden vernachlässigt. Das maximale Schnittmoment beträgt $M_C = 15{,}04$ Nm.

Berechnen Sie unter Bezug auf Bild **1**.37

a) das erforderliche Motormoment,

b) die Eilgangdrehzahl,

c) das Gesamtträgheitsmoment inklusive $J_{Mot} = 20 \cdot 10^{-3}$ kgm^2 und

d) die Hochlaufzeit für den Eilgang bei konstantem Beschleunigungsmoment M_B.

1.5.4 Energieeffizienz und Wirkungsgrad

Energieeffizienz. Ursache des menschgemachten Klimawandels sind Treibhausgase wie Kohlendioxid, die durch das Verbrennen fossiler Energien wie Kohle und Öl in die Atmosphäre gelangen und zur Erderwärmung führen. Ziel der Klimapolitik ist es daher die Emissionen von Treibhausgasen zu senken und langfristig eine weitestgehend Treibhausgas neutrale Gesellschaft zu erreichen. Ein wichtiges Mittel zur Erreichung dieses Zieles ist die Verbesserung der Energieeffizienz.

Die Energieeffizienz ist ein Maß für den Aufwand (Verbrauch) von Energie zur Erreichung eines bestimmten Nutzens.

Die Energieeffizienz spielt heute und insbesondere in Zukunft eine wichtige Rolle beim Energiesparen, da die Steigerung der Effizienz bei gleicher oder steigender Energienachfrage zu Energieeinsparung und zur Verringerung der laufenden Energiekosten führt. Die EU-Verordnung über die Anforderungen an die umweltgerechte Gestaltung von Elektromotoren geht davon aus, dass auf die Antriebssysteme in Produktionsprozessen etwa 70 % des Stromverbrauches der Industrie entfallen. Daher soll die Energieeffizienz von Antriebssystemen kostengünstig um 20 % bis 30 % gesteigert werden, was bezogen auf die Lebensdauer von Motoren zu Energieeinsparungen in Höhe von 135 TWh im Vergleich zum Szenario ohne Maßnahmen führen wird.

Der Wirkungsgrad beschreibt die Effizienz einer technischen Einrichtung oder Anlage zur Energieumwandlung als dimensionslose Verhältniszahl oder Prozentsatz, und zwar in der Regel das Verhältnis der abgegebenen Nutzenergie Wab zur zugeführten Energie Wzu. Sofern keine Verfälschung durch gespeicherte Energie erfolgt, kann genauso mit der Leistung gerechnet werden als Verhältnis der abgegebenen Nutzleistung zur zugeführten Leistung. Der Wirkungsgrad wird mit dem griechischen Buchstaben (eta) bezeichnet. Da bei jeder Energieumwandlung Verluste entstehen, kann der Wirkungsgrad nur Werte zwischen 0 und < 1 (< 100 %) annehmen.

$$\eta = \frac{W_{ab}}{W_{zu}} = \frac{P_{ab}}{P_{zu}} \leq 1 \qquad (1.60)$$

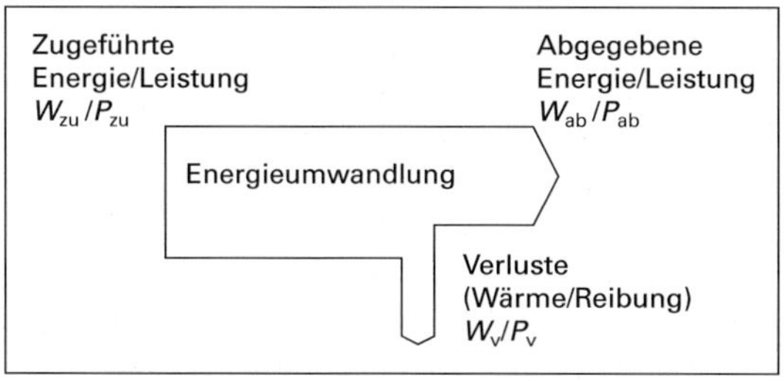

1.45 Energieumwandlung

In Bild 1.45 ist die Energieumwandlung dargestellt. Ein Teil der zugeführten Energie (100 %) wird nicht in Nutz-Energie (< 100 %) umgewandelt sondern stellt die Verlustenergie z. B. Wärme- oder Reibungsverluste dar.

> Der Wirkungsgrad ist das Verhältnis der abgegebenen Nutzenergie/Leistung zur aufgenommenen Energie/Leistung. Wegen der immer bei Energieumwandlungen entstehenden Verluste ist er stets kleiner als 1 (< 100 %).

Elektromotoren haben im Vergleich mit anderen Geräten einen relativ hohen Wirkungsgrad. Einige typische Wirkungsgrade der Technik sind als Richtwert angegeben:

Tabelle 1.46 **Typische Wirkungsgrade**

Dampfmaschine	10 %	Elektromotor	bis 95 %
Dampfturbine	40 %	Solarzelle	bis 15 %
Ottomotor	25 %	Glühlampe	5 %
Dieselmotor	30 %	LED-Lampe	bis 40 %

MEPS:
Minimum Energy Performance Standard

Die MEPS-Regelungen gelten weltweit und wurden zuerst in weltweiten Normen IEC 60034-30-1 definiert und dann weitgehend in gesetzlichen Anforderungen umgesetzt. In der EU wurde die Verordnung (EU) 2019/1781 der Kommission vom 1. Oktober 2019 erlassen. Sie erweitert die Richtlinie von 2009 und gilt spätestens ab dem 1. Juli 2021.

IE:
Effizienzklassen (Wirkungsgradklassen)

Es sind Wirkungsgradklassen bzw. Effizienzklassen IE (International Efficiency) als Mindestwirkungsgrade definiert:

- IE1 Standard Efficiency
- IE2 High-Efficiency
- IE3 Premium Efficiency
- IE4 Super Premium Efficiency

Eine weitere Verbesserung der Mindestwirkungsgrade Ultra Premium IE5 ist in der Norm IEC TS 60034-30-2 von 12.2016 für drehzahlverstellbare Motoren festgelegt. In dieser Klasse werden erste Motoren angeboten, z. B. Synchron-Reluktanzmotoren (Abschn. 7.2.4.2).

Bild 1.47 zeigt die Mindestwirkungsgrade nach der Norm und der Verordnung (EU) 2019/1781 beispielhaft für einen 4-poligen Motor, 50 Hz.

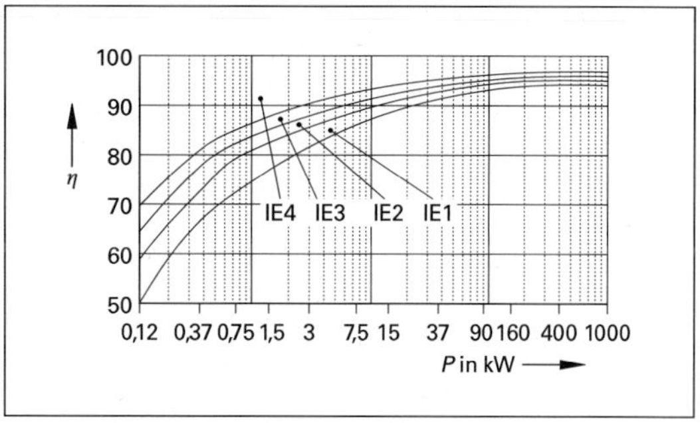

1.47 Wirkungsgradklassen eines 4-poligen Motors für 50 Hz

In der EU-Verordnung ab dem 1. Juli 2019 werden alle Standardanwendungen[1] mit einer Drehzahl bei 50 Hz und 60 Hz mit folgenden Kriterien erfasst:

a) Induktionsmotoren ohne Kohlebürsten, Kommutatoren, Schleifringe oder elektrischen Rotoranschlüsse für sinusförmige Spannung und
– 2, 4, 6 und 8 Pole
– U_N = 50 V – 1000 V
– P_N = 0,12 kW – 1000 kW
– Dauerbetrieb S1
– Anschluss direkt an das öffentliche Stromnetz

b) Drehzahlregelungen mit einem Dreiphasen-Eingang
– für einen Motor der Kriterien nach a) und
– U_N = 100 V – 1000 V (AC)
– P_N = 0,12 kW – 1000 kW des Motors
– nur ein AC-Ausgang der Drehzahlregelung

Umgesetzt werden die Energieeffizienzanforderungen der Motoren nach der EU-Verordnung mit folgendem Zeitplan:

Tabelle 1.48 **Termine der EU-Verordnung**

Termin	Motorart	Forderung
1. Juli 2021	3 ~ Motor 0,75 kW – 1000 kW 2, 4, 6 und 8 Pole nicht Ex-eb Motoren	IE3
	3 ~ Motor 0,12 kW – 0,75 kW 2, 4, 6 und 8 Pole nicht Ex-eb Motoren	IE2
1. Juli 2023	Ex-eb Motoren 0,12 kW – 1000 kW 1 ~ Motoren ≥ 0,12 kW	IE2
	3 ~ Motoren 0,75 kW – 200 kW 2, 4, 6 und 8 Pole nicht Ex-eb und andere Ex-Motoren nicht Bremsmotoren	IE4

Auf dem Leistungsschild des Motors müssen u. a. folgende Angaben dauerhaft kenntlich gemacht werden:

- Bemessungseffizienz bei 100 %, 75 % und 50 % der Bemessungslast und Bemessungsspannung
- Effizienzniveau: „IE2“, „IE3“ oder „IE4“
- Herstellungsjahr

[1] Einige Gerätetypen, die für den Betrieb unter bestimmten Bedingungen bestimmt sind, sind von einigen der Anforderungen an die Energieeffizienz und die Produktinformationen ausgenommen, siehe Document 32019R1781 der EU.

Das Streben nach besserer Energieeffizienz ist einer der Treiber für neue Maschinenentwicklungen wie der Energiesparmotor (s. Abschn. 7.2.4).

Beispiel 1.21 Ein 75 kW-Motor treibt in einem Industriebetrieb im Dauerbetrieb (24 h) ganzjährig eine Pumpe an. Der vorhandene IE2-Motor mit η_1 = 94 % soll durch einen IE4-Motor mit η_2 = 96,2 % ersetzt werden.

Wie groß ist die in einem Jahr eingesparte Energie, wie groß sind die jährlich eingesparten Kosten, bei einem Verbrauchspreis von 15 ct/kWh?

Lösung Die aufgenommenen Leistungen sind

$$P_{zu1} = \frac{P_{ab}}{\eta_1} = \frac{75\ \text{kW}}{0{,}94} = 79{,}787\ \text{kW}$$

$$P_{zu2} = \frac{P_{ab}}{\eta_2} = \frac{75\ \text{kW}}{0{,}962} = 77{,}963\ \text{kW},$$

dann ist die eingesparte Leistung

$$\Delta P = P_1 - P_2 = 79{,}787\ \text{kW} - 77{,}963\ \text{kW} = 1{,}824\ \text{kW}$$

und die im Jahr eingesparte Energie

$$\Delta W = \Delta P \cdot t = 1{,}824\ \text{kW} \cdot 24\ \text{h} \cdot 365 = 15\,978\ \text{kWh}$$

Die eingesparten jährlichen Kosten sind

$$\Delta K = \Delta W_{Preis} = 15\,978\ \text{kWh} \cdot 0{,}15\ € = 2\,397\ €.$$

Geht man von der heutigen CO_2-Menge von ca. 470 g je kWh elektrischer Energie aus, dann vermindert sich der CO_2-Ausstoß durch den Energiesparmotor jährlich um 7,5 Tonnen.

Anlagen und Maschinen werden vielfach so ausgelegt, dass sie in bestimmten Bereichen, z. B. bei Volllast den größten Wirkungsgrad aufweisen, besonders bei geringfügiger Teillast und bei Überlast ist der Wirkungsgrad dagegen geringer.

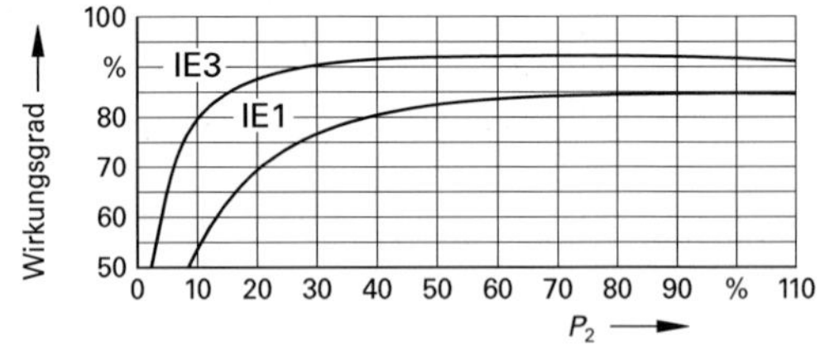

1.49 Wirkungsgrad in Abhängigkeit von der Belastung

Wie Bild **1.49** zeigt, betrifft dies in diesem Maß nicht mehr die energieeffizienteren Elektromotoren der Effizienzklasse IE3, sondern eher die älteren Maschinen der Klasse IE1. Die IE3-Motoren weisen im Teillastbereich einen relativ hohen Wirkungsgrad auf.

Zur Beurteilung des **Gesamtsystems** eines Antriebs ist die Internationale Norm IEC 61800-9 entwickelt worden. Der Motor wird nicht isoliert betrachtet, sondern z. B. der Antriebsstrang aus Ansteuergerät, Motor und Übertragungseinheit. Hier führt die Beurteilung über die Gesamtsumme der Einzelverluste der Systemeinheiten.

Gesamtwirkungsgrad einer Anlage. Werden mehrere Geräte/Anlagenteile zusammengeschaltet, lässt sich der Gesamtwirkungsgrad statt über die Summe der Einzelverluste auch über das Produkt der Einzelwirkungsgrade ermitteln.

$$\eta = \eta_1 \cdot \eta_2 \dots \cdot \eta_n \qquad (1.61)$$

Beispiel 1.22 Der Gesamtwirkungsgrad der in Bild **1**.50 dargestellten Bohrmaschine ist zu berechnen.

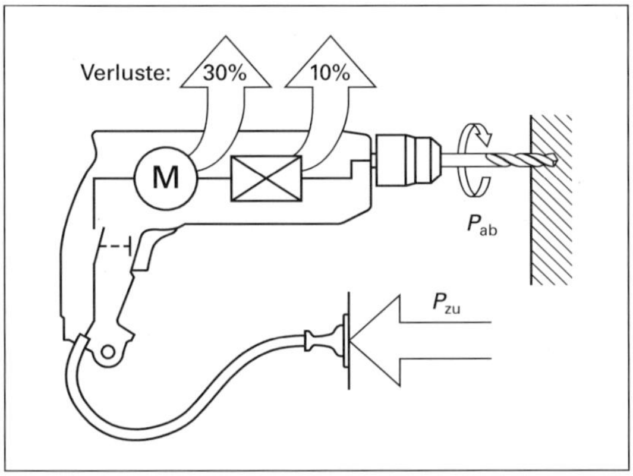

1.50 Wirkungsgrad Handbohrmaschine

Lösung Der Motorwirkungsgrad beträgt $\eta_M = 0{,}7$ wegen 30 % Motorverluste und der Getriebewirkungsgrad $\eta_G = 0{,}9$ wegen 10 % Getriebeverluste. Dann ist der Gesamtwirkungsgrad $\eta = \eta_M \cdot \eta_G = 0{,}7 \cdot 0{,}9 = 0{,}63 = 63\,\%$.

Würde man den Wirkungsgrad eines Kohlekraftwerkes mit 35 % einbeziehen, wäre der Gesamtwirkungsgrad von der Verstromung bis zur Bohrspindel $\eta = 0{,}35 \cdot 0{,}7 \cdot 0{,}9 = 0{,}22 = 22\,\%$

1.5.5 Antriebe 4.0

Industrie 4.0 ist die Bezeichnung für ein in Teilen schon realisiertes Zukunftsprojekt zur umfassenden Digitalisierung und Vernetzung der industriellen Produktion. Die industrielle Produktion soll mit moderner Informations- und Kommunikationstechnik verzahnt werden.

Das heutige traditionelle grundlegende Konzept der industriellen Datenerfassung wird durch eine hierarchische Automatisierungspyramide dargestellt. Sie hat das Ziel, die Komplexität der industriellen Fertigung durch die Unterteilung der anfallenden Prozesse der Datenerhebung, -verarbeitung und der Steuerung in einzelne hierarchische Ebenen übersichtlich zu visualisieren. Bild **1**.51 zeigt eine der möglichen differenzierten Aufteilungen des industriellen Prozesses.

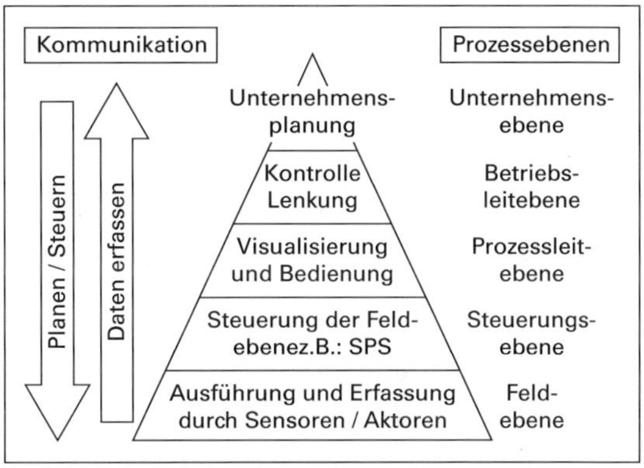

1.51 Automatisierungshierarchie

- Die Feldebene beschreibt den Produktionsbereich mit den Sensoren wie Temperaturfühler, Lichtschranken usw. und den Aktoren wie Motoren, Schaltgeräte, Zylindern usw. Sie liefert und verarbeitet produktionsrelevante Ein- und Ausgangssignale und kommuniziert mit der Steuerungsebene über einen Feldbus.
- Die Steuerungsebene wertet über eine SPS Eingangssignale aus, verarbeitet sie entsprechend der Programmierung und sendet Steuerbefehle an die Feldebene.
- Die Prozessleitebene kommuniziert mit der Steuerungsebene und dient unter anderem zur Visualisierung der produktionsrelevanten Vorgänge. Sie kann als Mensch-Maschine-Schnittstelle die Funktion des Bedien- und Beobachtungssystems übernehmen.
- Die Betriebsleitebene umfasst Betriebs-, Maschinen- und Personalerfassung als Basis für die Steuerung, Lenkung und Kontrolle der Produktion. Sie ist Bindeglied zwischen der Maschinensteuerung und der Unternehmensebene.
- Die Unternehmensebene ist zuständig für die Produktionsgrobplanung und die Bestellabwicklung in der industriellen Fertigung. Die Leitebenen und die Unternehmensebene kommunizieren z. B. über den Ethernetbus.

Für die Industrie 4.0 sind die technischen Grundlagen intelligente und digital vernetzte Systeme, mit deren Hilfe eine weitestgehend selbstorganisierte Produktion möglich werden soll. Menschen, Maschinen, Anlagen, Logistik und Produkte kommunizieren und kooperieren in intelligenten Fabriken – **Smart Factories** – direkt miteinander. Die Zielsetzung von Industrie 4.0 ist gekennzeichnet durch Flexibilität und Wandlungsfähigkeit und vollständige Vernetzung der Produktion. Eine solche Vernetzung bedeutet gleichzeitig die schrittweise Auflösung der klassischen Automatisierungspyramide mit streng hierarchischer

Informationsstruktur. Es entsteht eine Automatisierungscloud in der intelligente Geräte und Dienste miteinander kommunizieren und vermögen, sich selbst zu organisieren (Bild **1**.52)

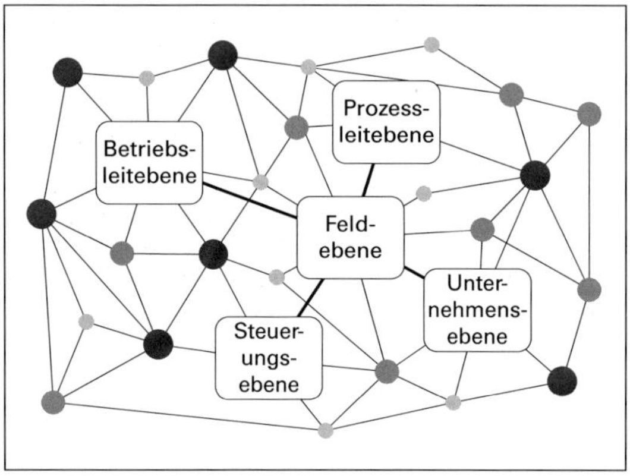

1.52 Smart Factory – Vernetzte Industrie 4.0

Elemente der Smart Factories sind:

- **Intelligente Produkte (Smart Products)** können z. B. mit einem kleinsten RFID-Chip Daten über Betriebs- und Produktionszustände als eigenes virtuelles Abbild mitführen und der bearbeitenden Maschine mitteilen, welcher Produktionsschritt nötig ist. Sie speichern den gesamten Lebenszyklus von der Entwicklung bis zur Entsorgung des Produktes.
- **Zustandsüberwachung von Maschinen und Anlagen (Condition Monitoring)** beinhaltet die Online-Verfügbarkeit aller Maschinenwerte in Echtzeit wie Werkzeugverschleiß, Vibrationen, Temperaturwerte, Grenzwertüberschreitungen, Ausfälle usw. So können Arbeitsaufträge zur Fehlersuche, Instandhaltung virtuell geplant und simuliert werden.
- **Vorausschauende Instandhaltung (Predictive Maintance)** ist die Nutzung der Zustandsüberwachung, um die voraussichtliche Entwicklung des künftigen Maschinen-/Motorzustands zu erkennen und die Instandhaltungs- und Austauschmaßnahmen zu planen.
- **Ein virtuelles Abbild** der realen Fabrik existiert neben der realen Produktionsstätte als „digitaler Zwilling" samt aller Produkte und Resourcen. Zielsetzung ist die Koppelung der realen Fabrik und des virtuellen Abbilds in Echtzeit.
- **Simulation und Überwachung** der Produktion werden durch das virtuelle Abbild – dem digitalen Zwilling – der realen Fabrik ermöglicht. Änderungen des Produktionsprozesses, alternative Abläufe und Optimierungen können simuliert werden und ggf. in Echtzeit die reale Fabrik aus der Ferne steuern, verändern und überwachen.
- **Intelligente Dienstleistungen (Smart Services)**. Nach der Auslieferung an den Kunden sollen intelligente Produkte weiterhin während der Nutzungsdauer mit dem Internet der Dinge verbunden und in einer Datencloud gespeichert sein. Dank der gewonnenen Daten können die Produkte optimiert werden und dem Kunden können neben dem Produkt auch individuelle Dienstleistungen und Service angeboten werden.

Verbindliche Standards sind entscheidend für die Kommunikation und das Funktionieren der Smart Factory. Eine Arbeitsgruppe des ZVEI (Zentralverband Elektrotechnik- und Elektronikindustrie) erarbeitet zur Zeit Standards der Kommunikation, um die verschiedensten Produktionsmittel wie z. B. elektrische Antriebe, zu vernetzen.

Dabei sind entsprechend Bild **1**.53 Gegenstände – Assets – und Informationen in der sogenannten Verwaltungsschale zu unterscheiden. Der Gegenstand gibt Zugriff auf die Verwaltungsschale und das übergeordnete IT-System gibt Zugriff auf die Verwaltungsschale.

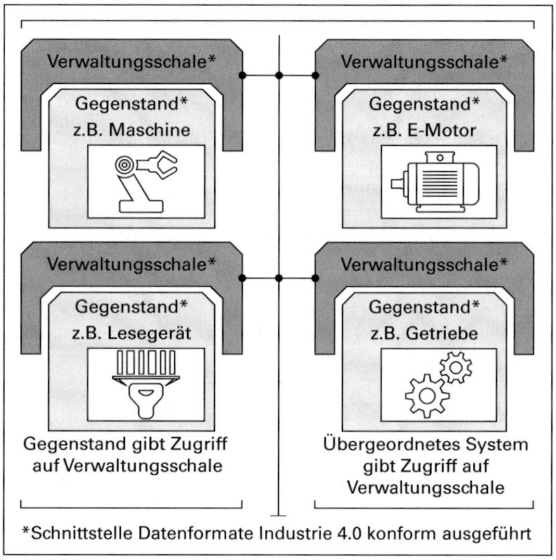

1.53 Industrie 4.0 Komponenten und Verwaltungsschale

Ein Asset stellt die physikalische Welt dar, z. B. eine Maschinenachse aber auch die zugehörige Normung und Konstruktion und deren Eigenschaften usw. Diese Daten müssen über den gesamten Lebenszyklus digitalisiert werden und der Informationswelt von Industrie 4.0 zur Verfügung gestellt werden. Sie werden in der sogenannten Verwaltungsschale gesammelt und über die Vernetzung dem Gesamtsystem zur Verfügung gestellt.

Es ist wesentlich, dass nicht nur ganze Maschinen, sondern auch die Informationen zu wichtigen Maschinenteilen und -komponenten in der Verwaltungsschale mitgeführt werden. So bestimmen beispielsweise die Eigenschaften eines Antriebsstranges wesentlich die Qualität der Maschinenfunktionen. Auch die Eigenschaftsinformationen sollen künftig direkt von dem zentralen Wartungssystem erfasst werden können.

Durch die Vernetzung soll es möglich werden, nicht mehr nur einen Produktionsschritt, sondern eine ganze Wertschöpfungskette zu optimieren. Das Netz soll zudem alle Phasen des Lebenszyklus des Produktes einschließen – von der Idee eines Produkts über die Entwicklung, Fertigung, Nutzung und Wartung bis zum Recycling.

Abbild des Lebenszyklus am Beispiel eines Motors 4.0

- Bei der Entwicklung werden *Funktionalitäten* geplant, z. B. ein Motor mit einem bestimmten Drehmoment und einer bestimmten Wellenhöhe. Die definierten Eigenschaften des Motors werden digital in die Verwaltungsschale übernommen
- Im nächsten Schritt wird ein bestimmter *Motortyp* eines Herstellers ausgewählt. Weitere Informationen zu diesem Motortyp werden der Verwaltungsschale hinzugefügt
- Der Motorhersteller liefert eine Komponente, um den Motor zu berechnen und zu simulieren, die Auswahl kann simuliert und bestätigt werden
- Der Motor wird bestellt und in Betrieb genommen, der *Motortyp* wird zu einer *Motorinstanz*, mit Seriennummer und spezifischen Daten für diesen einzelnen Motor. Die Daten werden in der Verwaltungsschale übernommen.
- Der mit Sensoren ausgerüstete Motor liefert während des Betriebs die Betriebsparameter (Temperatur, Vibration, ...) Das wird in der Verwaltungsschale aufgezeichnet.
- Die vorausschauende Wartung erfolgt am Motor und wird in der Verwaltungsschale erfasst
- Nach Ablauf der Lebensdauer wird der Motor durch einen neuen ersetzt. Diese Änderungen und alle Informationen über den neuen Motortyp und die neue Instanz werden gespeichert.
- Informationen in der Verwaltungsschale können zwischen allen Partnern der Wertschöpfungskette ausgetauscht werden: Lieferanten, Entwicklungspartnern, Systemintegratoren, Betreibern und Servicepartnern.

Besonderheiten der Antriebe 4.0

In der Antriebstechnik setzt man im Allgemeinen auf Systemlösungen, auf individuell aufeinander abgestimmte Einheiten aus Motor, ggf. Getriebe und Antriebselektronik. Diese Antriebe sind nur dann 4.0-fähig, wenn sie intelligent sind und zukünftig direkt mit IT-Systemen kommunizieren können.

Kommunikation. Die Intelligenz sitzt in eigenen Steuerungssystemen, z. B. in SPS'n. Sie können sich in Gruppen vernetzen und Steuerungsaufgaben übernehmen. Auf diese Weise werden autarke Fertigungsinseln möglich, die Ablaufsteuerungen einleiten und bestimmte Störungen selbständig beheben können. Antriebe sollen sich einfach in IT-Umgebungen einbinden lassen, um ein reibungsloses Zusammenspiel zwischen der Fertigung und der Informationstechnologie sicher zu stellen. Dazu müssen sie mit integrierten Schnittstellen der üblichen Ethernet basierten Feldbussysteme ausgerüstet sein.

Einheitliche Standards. Entscheidend ist die einheitliche, herstellerunabhängige Datenbereitstellung. Der ZVEI hat dazu in einem ersten Schritt, das auf internationale Standards aufbauende Klassifizierungssytem „eCL@ss" ausgewählt, in dem viele Merkmale verschiedener Bereiche der Antriebstechnik bereits definiert sind.

Sensorik. Die Motoren werden mit Sensorik ausgerüstet um die Betriebsdaten im Sinne einer Zustandsüberwachung zu erfassen und zu kommunizieren. Nicht nur die Betriebsdaten wie Schwingungen, Temperatur, Betriebsdauer, Drehzahlen usw. werden gesammelt, sondern sie werden auch dem digitalen Zwilling in der Cloud zur Verfügung gestellt. Die Bestellinformationen, Produktdaten, Dokumentationen, Service-Instruktionen, Ersatzteilinformationen werden u. a. für den Kunden in einer App verfügbar. Es ist möglich, vorausschauende Simulationen des Betriebsverhaltens zu erlauben und Serviceangebote wie die vorausschauende Instandhaltung (Predictive Maintance), z. B. Reinigung der Luftfilter, Wechsel der Schmierstoffe, Austausch der Lager, zu nutzen. Kostenintensiven Ausfällen von Antrieben wird vorgebeugt.

1.6 Bauelemente der Leistungselektronik

Mit der Entwicklung der modernen Leistungshalbleiter konnte die Leistungselektronik in alle Gebiete der Elektrotechnik eindringen, verbunden mit der wachsenden Notwendigkeit zur Energieeinsparung, der Nutzung erneuerbarer Energien wie der Windenergie und der Photovoltaik sowie der Substitution fossiler Brennstoffe, z. B. in Fahrzeugantrieben. Die Aufgaben der Leistungselektronik umfasst das kontaktlose Schalten, Steuern, Regeln und Umformen elektrischer Energie. Im Rahmen dieses Buchs werden wir uns hauptsächlich mit den Leistungshalbleitern und den Schaltungen der Leistungselektronik befassen, soweit sie für die Anwendung auf elektrische Maschinen von Bedeutung sind.

Die Leistungselektronik umfasst in der Antriebstechnik den Leistungsteil, den eigentlichen Stromrichter, sowie die zugehörigen Steuerungs- und Regelungsteile (**1**.54).

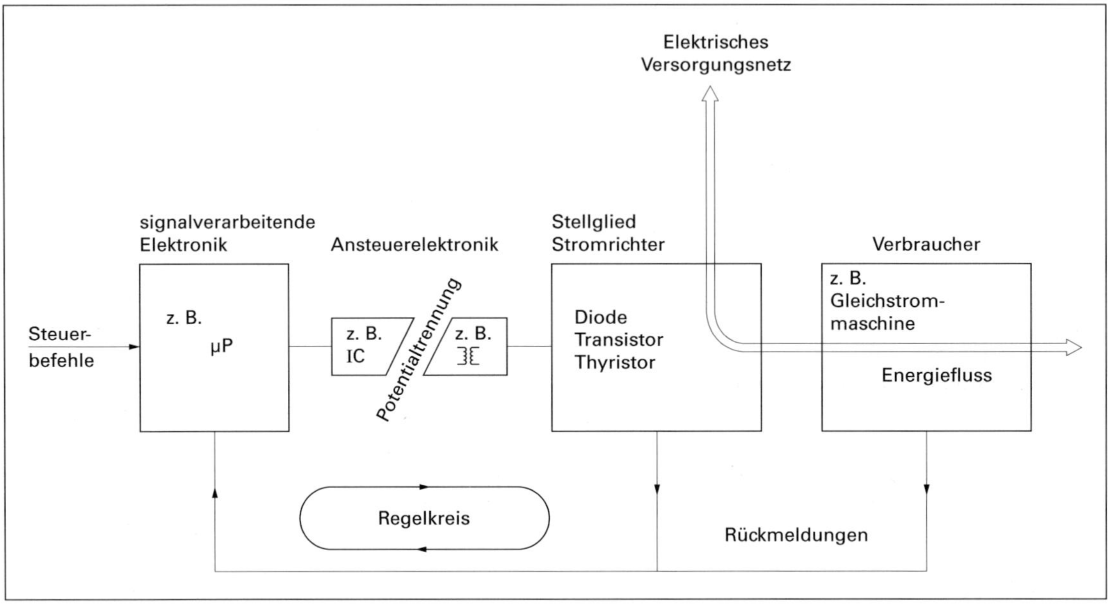

1.54 Aufbau leistungselektronischer Geräte

Der breite Einsatz der Leistungselektronik (Power Electronics) begann Anfang der sechziger Jahre mit dem Einsatz von Siliziumdioden und Thyristoren (SCR), die nicht an der Steuerelektrode abschaltbar waren. Mit diesen Bauelementen wurden zwei Jahrzehnte lang vielfach Stromrichtergeräte und -anlagen für den Einsatz von Gleichstrommaschinen gebaut. Fast ausschließlich in netzgeführten Stromrichtern wird der Thyristor weiter seine Bedeutung haben. Bis zu einer gewissen Leistung werden bei Wechselstromanwendungen antiparallele Thyristoren TRIAC eingesetzt. Mit der Entwicklung der aktiv abschaltbaren Bauelemente Mitte der 80er Jahre, begann die Bedeutung für die breite Masse der Antriebe mit Netzanschluss und heutigen Schaltleistungen bis in den MW-Bereich. Der Einsatz von Leitungshalbleitern ist mit der Entwicklung moderner Bauelemente sprunghaft gestiegen: zunächst der Abschaltthyristor GTO (**G**ate-**T**urn-**O**ff) und in neuerer Entwicklung der Abschaltthyristor IGCT (**I**ntegrated **G**ate **C**ommutated **T**hyristor), dann insbesondere der IGBT (**I**nsulated-**G**ate-**B**ipolar-**T**ransistor). Er stellt für Frequenzumrichter und andere Anwendungen heute den Standard in der Antriebstechnik dar. Neben dem IGBT hat der Leistungs-MOSFET

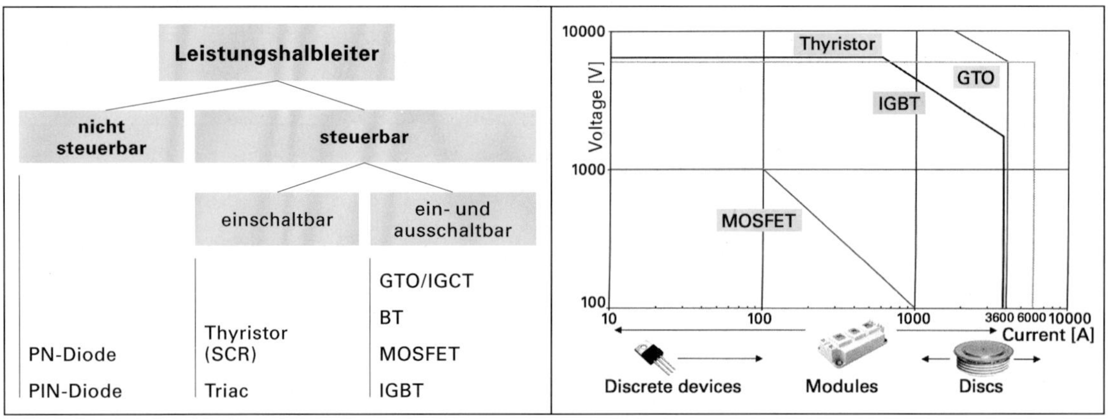

1.55 Leistungshalbleiter

a) Übersicht über z. Zt. eingesetzte Leistungshalbleiter

b) Strom- und Spannungsgrenzen nach Semikron, 2010

(**M**etal-**O**xide-**S**emiconductor-**F**ield-**E**ffect-**T**ransistor) besondere Bedeutung in Anwendungen mit hohen Schaltfrequenzen von 50 bis 500 kHz wie in Schaltnetzteilen, in Niederspannungs-Schalteranwendungen und in der Automobilindustrie. Der **b**ipolare **T**ransistor (BT) wird nur in speziellen Schaltungen genutzt. Die Übersicht in Bild **1**.55a zeigt die z. Zt. im Wesentlichen verwendeten Leistungshalbleiter. In Bild **1**.55b sind deren heutige Strom- und Spannungsgrenzen dargestellt. Für Ströme ab einigen 10 A sind heute Siliziumchips in der Mehrzahl als potentialfreie, intelligente und integrierte Module eingesetzt. Bei größeren Strömen werden wegen der besseren Kühlmöglichkeiten Scheibenzellen (Discs) verwendet.

Neben den Strom- und Spannungsgrenzen bestimmt die Schaltfrequenz den Einsatzbereich **1**.56. Er reicht von der Lichttechnik mit relativ geringen Stromstärken über die Automobiltechnik und über die Stromversorgungen z. B. durch Schaltnetzteile sowie über die Antriebstechnik bis in den Megawattbereich, wo sehr große Leistungen in der Höchstspannungs-Gleichstromübertragung (HGÜ) umgesetzt werden. Die Frequenzbereiche machen deutlich, dass der MOSFET für besonders hohe Schaltfrequenzen geeignet ist. Spezielle Entwicklungen wie der SJ-MOS (**S**uper-**J**unction **MOS**FET) können dabei auch Leistungen bis an die Grenze des Kilowattbereichs schalten. Die High-Power-Thyristoren PCT (**P**hase-**C**ontrolled-**T**hyristor) können bei Netzfrequenz Leistungen im Gigawattbereich kontrollieren.

Für die Weiterentwicklung der Leistungshalbleiter sind die Zielsetzungen:

- Erhöhung der Stromtragfähigkeit und der Spannungsfestigkeit,
- Verringerung der Verluste im Halbleiter sowie in deren Ansteuer- und Schutzbeschaltung,
- Erweiterung des Betriebstemperaturbereichs,
- Erhöhung der Lebensdauer, Robustheit und Zuverlässigkeit,
- Verringerung des Ansteuer- und Schutzaufwands,
- Kostensenkung.

Ein weiterer wichtiger Gesichtspunkt ist die Erhöhung der Komplexität von Leistungsmodulen und die Integration von Ansteuer-, Überwachungs- und Schutzfunktionen. Dies führt zur

- Optimierung der inneren Verbindungen und des Anschlusslayouts hinsichtlich parasitärer Elemente gegenüber dem Einzelaufbau,
- anwenderfreundlichen Optimierung der Gehäuse der Anschlusstechnik und zur Vereinfachung der Gerätekonstruktion.

Die verschiedenen Integrationsstufen zeigt Tabelle **1**.57

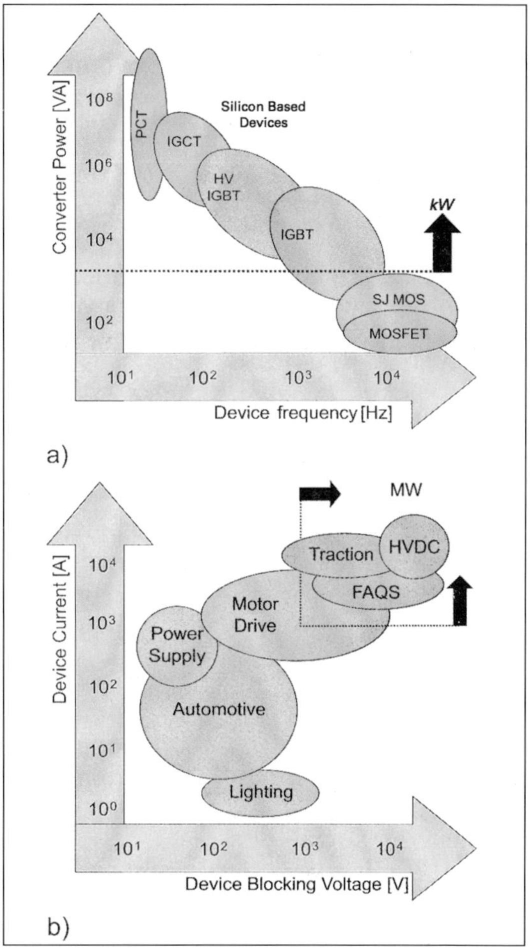

1.56 Stand der Entwicklung
a) Schaltfrequenzbereiche verschiedener Leistungshalbleiter
b) Einsatzgebiete nach Semikron, 2010

Tabelle **1**.57 **Integrationsstufen von Leistungsmodulen**

Standard-Module	Schaltfunktionen, Isolation	z. B. isolierter Aufbau einer Halbbrücke
Intelligente Power Module (IPM)	Standardmodul + Treiber u. Schutz	z. B. IGBT-Modul mit Treiber u. Strom-, Spannungs- u. Temperatursensor
Sub-System	IPM + Zwischenkreis + Controller	z. B. IPM mit Bus-Schnittstelle

Schaltverhalten. In der Leistungselektronik hat in den letzten Jahren der Schaltbetrieb der Bauelemente eine große Bedeutung gewonnen. So muss z. B. in Frequenzumformern mit Zwischenkreis die Gleichspannung bzw. der Gleichstrom sehr schnell geschaltet werden (s. Abschn. 1.7.5). Hohe Schaltfrequenzen sind hier erforderlich, um einen möglichst sinusförmigen Motorstrom zu erzielen und um die mit dem Schaltbetrieb verbundenen Geräusche oberhalb der Hörschwelle (etwa 16 kHz) zu legen. Besonders bei hohen Schaltfrequenzen sind sehr kurze Schaltzeiten zwingend, um die mit dem Schaltbetrieb verbundenen Verluste zu vermindern. Geringe Schaltverluste verbessern den Wirkungsgrad der Geräte und reduzieren den Aufwand für das Kühlkörpervolumen beträchtlich. Damit kann die Gerätegröße weiter miniaturisiert werden.

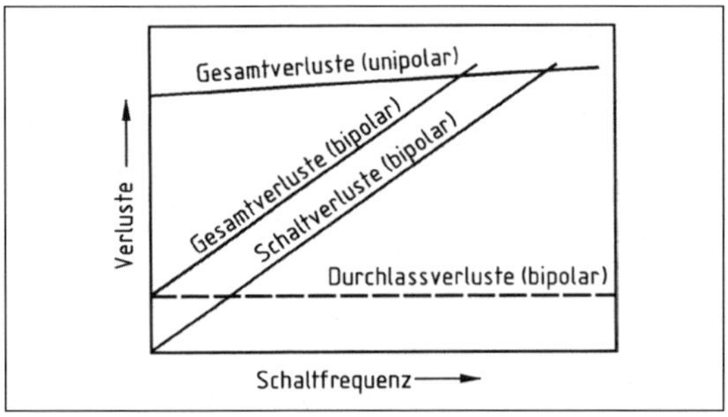

1.58 Verluste im Schaltbetrieb

Die Gesamtverluste (**1**.58) in einem Halbleiterbauelement setzen sich aus den Durchlassverlusten und den Schaltverlusten zusammen, dazu kommen Verluste der Ansteuerung und einer eventuellen Beschaltung der Bauteile. Die Verluste im Sperrzustand des Bauelements sind dagegen nahezu vernachlässigbar.

Die Durchlassverluste errechnen sich aus dem Produkt von Durchlassspannung und Durchlassstrom.

Die Schaltverluste beim Ein- und Ausschalten des Bauelements ergeben sich aus dem zeitlichen Verlauf des Schaltstroms und der Durchlassspannung während des Schaltvorgangs. In Bild **1**.59 sind beispielhaft der Ein- und Ausschaltvorgang eines IGBT für 1000 V und 100 A dargestellt. Die dabei entstehenden Verläufe der Einschaltverluste p_{ve} und der Ausschaltverluste p_{va} sind grau unterlegt. Im Einschaltaugenblick entsteht hier eine Spitzenleistung von etwa 40 kW. Die vom Kühlkörper aufzunehmende Wärmeenergie $W = p_v \cdot t$, ist umso größer, je größer die Schaltzeit der Bauelemente und die Schaltfrequenz sind. Daraus resultiert die Forderung nach kurzen Ein- und Ausschaltzeiten besonders bei hohen Schaltfrequenzen. In Bild **1**.58 ist die grundsätzliche Abhängigkeit der Gesamtverluste bei einem bipolaren und einem unipolaren Bauelement in Abhängigkeit von der Schaltfrequenz dargestellt.

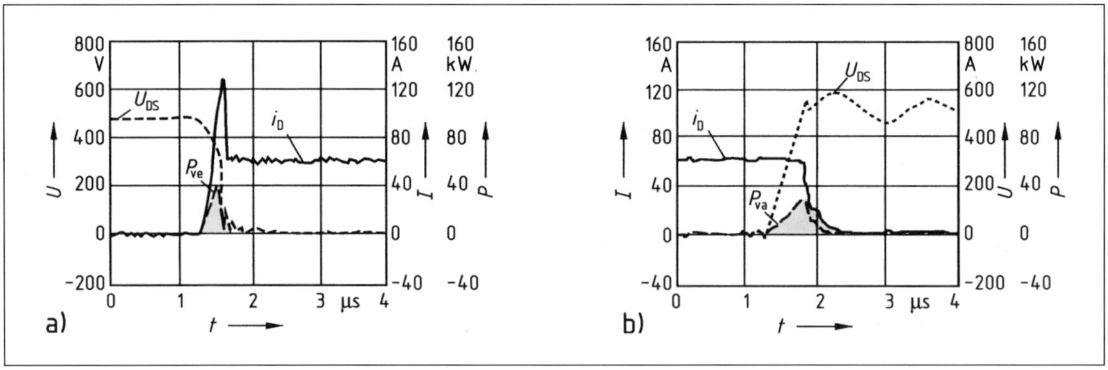

1.59 Schaltverluste eines IGBT für 1000 V und 100 A a) Einschalt- b) Ausschaltvorgang

Die Steuerverluste sind in den durch das elektrische Feld gesteuerten Bauelementen MOSFET, IGBT und IGCT gering.

Unipolare Bauelemente haben wegen der hohen Durchlassspannung bzw. des hohen Durchlasswiderstands relativ große, von der Schaltfrequenz unabhängige Durchlassverluste und Schaltverluste, die nur mäßig mit der Schaltfrequenz ansteigen (**1**.58). Daher sind unipolare Bauelemente bei hohen Schaltfrequenzen bis zu 50 kHz besonders gut einsetzbar.

Bipolare Bauelemente liegen im Niederfrequenzbereich dank der geringeren Durchlassverluste günstiger als unipolare Bauelemente. Ihre

Schaltverluste nehmen jedoch mit steigender Schaltfrequenz stark zu. Sie werden daher im Schaltbetrieb nur bis zu mittleren Schaltfrequenzen von etwa 20 kHz eingesetzt.

Hinweis: In der EUROPATHEK sind der Aufbau, die Wirkungsweise und das Betriebsverhalten der Leistungshalbleiter – Dioden, Transistoren und Thyristoren – im Einzelnen dargestellt (siehe vordere Umschlaginnenseite).

1.7 Grundschaltungen der Leistungselektronik

Nach der äußeren Wirkungsweise unterscheidet man Gleichrichter, Gleichstromumrichter, Wechselrichter und Wechselstromumrichter. Die Richtung des Energieflusses für die einzelnen Umformarten ist in Bild **1**.60 mit den entsprechenden Schaltzeichen symbolisch dargestellt.

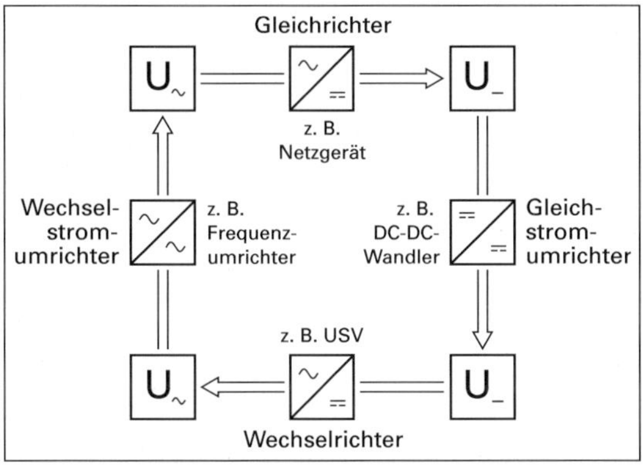

1.60 Umformung elektrischer Energie

Gleichrichter formen eine beliebige Einphasen- oder Dreiphasenwechselspannung (Drehstrom) in eine Gleichspannung um. Die Energie fließt dabei im Mittel von der Wechselstrom- zur Gleichstromseite.

Gleichstromumrichter formen eine Gleichspannung in eine andere beliebige Gleichspannung um. Die Umformung kann über einen Wechselstrom-Zwischenkreis erfolgen.

Wechselrichter formen eine Gleichspannung in eine beliebige Wechselspannung um. Die elektrische Energie fließt dabei im Mittel von der Gleichstrom- zur Wechselstromseite.

Wechselstromumrichter formen eine Wechselspannung in eine andere beliebige Wechselspannung um. Weitgehend unabhängig von der Eingangs-Wechselspannung arbeiten Wechselstromumrichter mit einem Gleichstrom-Zwischenkreis oder einem Gleichspannungs-Zwischenkreis.

Bei den Schaltungen der Leistungselektronik sind zwei Bereiche mit fließenden Übergängen zu unterscheiden:

- schaltender Einsatz der Bauteile, vergleichbar mit mechanischen Schaltern,
- stellender Einsatz der Bauteile zur kontinuierlichen Steuerung und Umformung der elektrischen Energie.

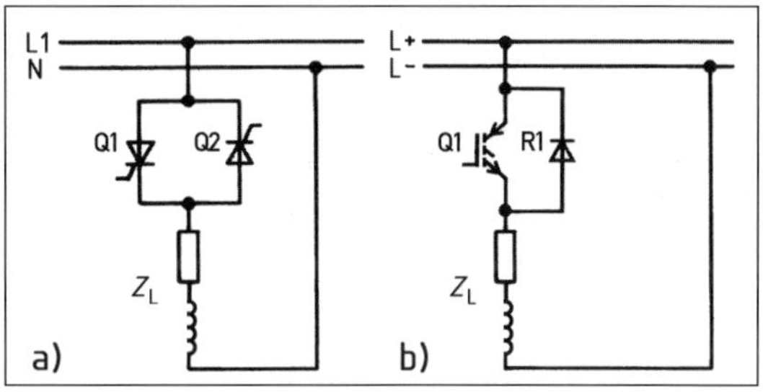

1.61 Elektronischer Schalter
a) Wechselstromschalter mit Thyristoren
b) Gleichstromschalter mit IGBT

Im Schalteinsatz ist zwischen den Wechselstromschaltern **1**.61 a und den Gleichstromschaltern **1**.61 b zu unterscheiden. Der Gleichstromschalter ist hier mit einem IGBT und einer Freilaufdiode aufgebaut. Bei sehr großen Leistungen können auch Thyristoren verwendet werden, die dann einen eigenen Löschkreis benötigen.

Diese Schaltungen können aber auch zur kontinuierlichen Steuerung des Energieflusses eingesetzt werden. Sie gehören dann zu den gesteuerten Stromrichterschaltungen und heißen Wechselstrom-, Drehstrom- und Gleichstromsteller. Andere Schaltungen formen z. B. Wechsel- in Gleichstrom entsprechend Bild **1**.60 um.

Fremd- und selbstgeführte Schaltung. Nach der Funktionsweise unterscheidet man fremd- und selbstgeführte Schaltungen. Dieser Unterschied

Tabelle **1**.62 **Kommutierungsarten**

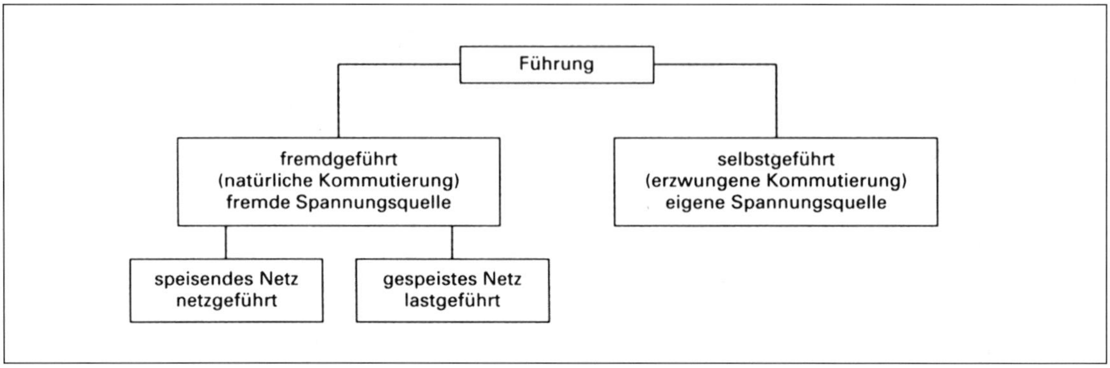

bezieht sich auf die Ursache der Kommutierung, d. h. auf die Ursache des Stromübergangs von einem Stromrichterzweig auf den anderen. In fremdgeführten Schaltungen ergibt sich die Kommutierung aufgrund einer Kommutierungsspannung, die außerhalb des eigentlichen Stromrichters vorhanden ist. Dies kann die Netzspannung sein (netzgeführte Kommutierung) oder die Spannung eines Verbrauchers, wie Synchronmaschine, Schwingkreis (lastgeführte Kommutierung). Beim Wechselstromschalter in Bild **1**.61a bestimmt bei vorhandenen Steuerimpulsen die Anschlusswechselspannung den Stromübergang von einem zum anderen Thyristor. Diese Schaltung gehört zu den netzgeführt kommutierten Schaltungen. Bei den selbstgeführten Schaltungen erzwingt, wie beim Gleichstromschalter Bild **1**.61b, der Stromrichter den Übergang selbst, z. B. über den Steueranschluss. Tab. **1**.62 zeigt einen Überblick über die Kommutierungsarten.

1.7.1 Netzgeführte Stromrichter

1.7.1.1 Einpuls-Mittelpunktschaltung M1

Die Einpuls-Mittelpunktschaltung M1 (früher Einwegschaltung E) ist die einfachste Stromrichterschaltung. Mittelpunktschaltungen sind dadurch gekennzeichnet, dass die gleichpoligen Anschlüsse der Stromrichterzweige miteinander verbunden sind und einen Gleichstromanschluss bilden. Der zweite Gleichstromanschluss wird vom Mittelpunkt des Wechselstromsystems gebildet. Mittelpunktschaltungen erhalten den Kennbuchstaben M, die Ziffer gibt die *Pulszahl* an. Man versteht darunter die Anzahl der Spannungsblöcke der gleichgerichteten Spannung während einer Periode der Wechselspannung.

Wird in die M1-Schaltung eine Diode eingesetzt, ist die Schaltung ungesteuert, sie kann ergänzend den Kennbuchstaben U erhalten und heißt dann M1U. Durch den Einsatz eines Thyristors ist die Schaltung voll gesteuert, erhält ergänzend den Kennbuchstaben C (controlled) und heißt M1C.

Wegen der geringen Pulszahl und anderer ungünstiger Eigenschaften wird die M1-Schaltung in der Praxis wenig angewendet. Wir wollen sie dennoch ausführlich besprechen, um die grundlegenden Eigenschaften der Stromrichterschaltungen übersichtlich kennenzulernen.

In der ungesteuerten Einpuls-Mittelpunktschaltung M1U 1.63a mit ohmscher Last ist die eigentliche Stromrichterschaltung über einen Stromrichtertransformator an das Wechselspannungsnetz mit der Netzspannung U_L angeschlossen. Die zeitlichen Verläufe von Spannung und Strom zeigt Bild **1**.63b. Während der positiven Halbwelle der speisenden Wechselspannung u_S (Index S = Strang) ist die Diode in Durchlassrichtung gepolt. Es fließt über den Lastwiderstand R_L der Gleichstrom i_d, der gleichzeitig der Durchlassstrom i_V des Ventils und der Strangstrom i_S des Stromrichtertransformators ist. Die Gleichspannung u_d des Verbrauchers und der Gleichstrom liegen in Phase. Berücksichtigt man die Durchlassspannung u_V des Ventils nicht , heißt sie *ideelle Gleichspannung* u_{di}. Ihr Maximalwert ist gleich dem Scheitelwert der Spannung u_s. Für die praktische Anwendung in der Energietechnik setzt man

Unabhängig von der Betriebsmittelkennzeichnung z. B. Q für Leistungsschalter wollen wir die Ströme und Spannungen der Ventile, wie in der Leistungselektronik üblich, mit dem Index V schreiben, z. B. I_V.

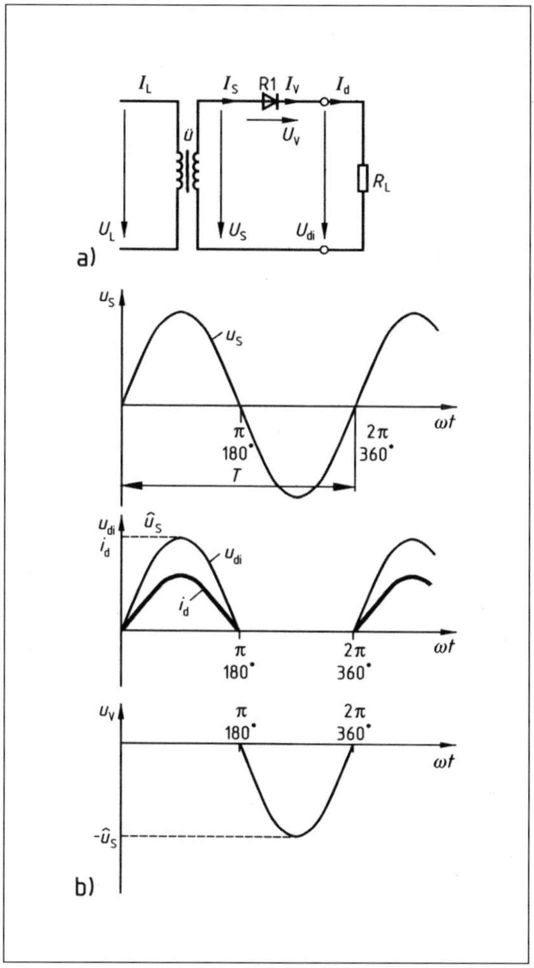

1.63 Einpuls-Mittelpunktschaltung M1U
a) Schaltung mit Stromrichtertransformator
b) zeitlicher Verlauf von Gleichspannung und Gleichstrom

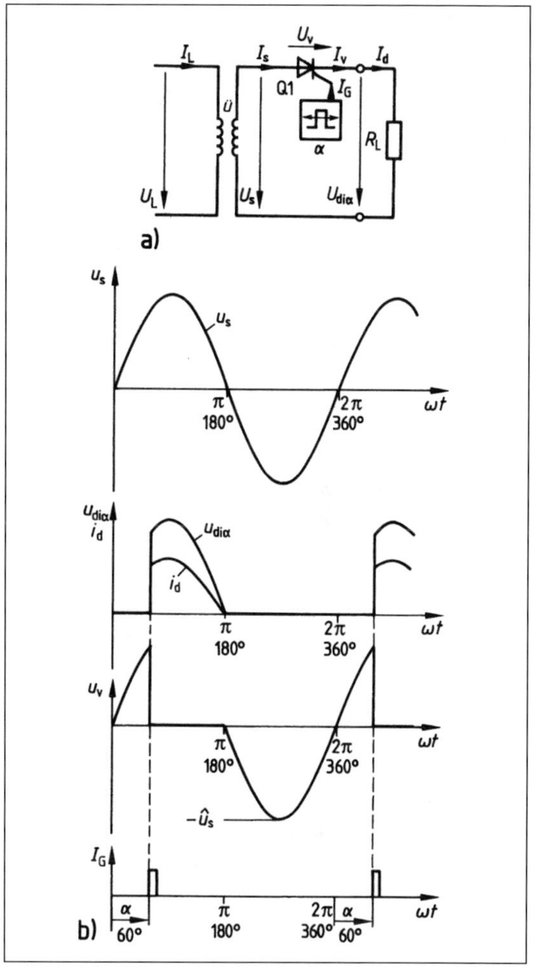

1.64 Einpuls-Mittelschaltung M1C
a) Schaltung
b) zeitlicher Verlauf von Spannung und Strom

$u_d = u_{di}$, weil die Durchlassspannung der Ventile mit maximal 2 V nur ein Bruchteil der speisenden Wechselspannung beträgt.

Während der negativen Halbwelle der Wechselspannung ist die Spannung u_V an der Anode des Ventils negativer als an der Kathode – die Diode sperrt. Die Scheitelsperrspannung beträgt

$|\hat{u}_R| = \sqrt{2} \cdot U_S$.

In der gesteuerten Einpuls-Mittelpunktschaltung M1C 1.64a mit ohmscher Last ist die Diode durch einen Thyristor mit Zündschaltung ersetzt. Mit Hilfe dieser Schaltung lässt sich der Steuerwinkel von $\alpha \approx 0°$ bis $\approx 180°$ einstellen. Bei $\alpha = 0°$ wird der Thyristor jeweils zu Beginn der positiven Halbwelle gezündet. Der zeitliche Verlauf von Spannung und Strom entspricht dem der ungesteuerten Schaltung.

Phasenanschnitt. Für den Steuerwinkel $\alpha = 60°$ zeigt Bild **1**.64b den zeitlichen Verlauf der Größen. Von $\omega t = 0°$ bis zur Zündung blockiert der Thyristor, die Anschlussspannung u_S fällt am Ventil ab. Durch den Zündimpuls beim Steuerwinkel $\alpha = 60°$ wird der Thyristor leitend ($u_V \approx 0$ V). Bei ohmscher Last „springt" der Durchlassstrom auf den Wert $i_d = u_S/R_L$, am Verbraucher liegt die Spannung $u_{di\alpha}$. Spannung und Strom haben den gleichen zeitlichen Verlauf, die Halbwellen sind angeschnitten: Phasenanschnittsteuerung. Bei $\alpha = 180°$ wird der Haltestrom des Thyristors unterschritten – das Ventil sperrt. In der negativen Halbwelle liegt die Wechselspannung als Sperrspannung am Thyristor.

Messen der Ausgangswerte. Wird die Ausgangsspannung bzw. der Ausgangsstrom des Stromrichters gemessen, ergeben sich je nach Messgerätetyp zwei verschiedene Mittelwerte.

Das Drehspulinstrument und „normale" digital anzeigende Vielfachmessgeräte zeigen den arithmetischen Mittelwert an.

Zur Anzeige des Effektivwerts verwendet man Dreheiseninstrumente oder „Echteffektivwert-Messgeräte" mit digitaler Anzeige.

Den arithmetischen Mittelwert (Gleichrichtwert) einer beliebigen Spannungs- oder Stromkennlinie bestimmt man, indem die Fläche unter der Kurve für eine Periodendauer in ein flächengleiches Rechteck umgewandelt wird (in Bild **1**.65 grau unterlegt und schraffiert). Mathematisch kann diese Umwandlung durch die Integralrechnung erfolgen (Näherungsweise Lösung s. mathematische Grundlagenwerke).

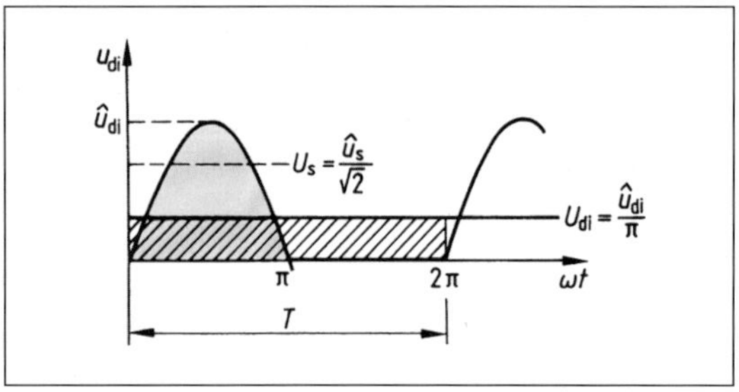

1.65 Arithmetischer Mittelwert, Gleichrichtwert

Für die ungesteuerte Einpuls-Mittelpunktschaltung M1U ist der arithmetische Mittelwert der Spannung

$$\boldsymbol{U_{di}} = \frac{\boldsymbol{\hat{u}_{di}}}{\pi} = \frac{\sqrt{2} \cdot \boldsymbol{U_S}}{\pi} = \mathbf{0{,}45} \cdot \boldsymbol{U_S}. \qquad (1.62)$$

U_{di} entspricht in der gesteuerten Gleichrichterschaltung dem arithmetischen Mittelwert bei Vollaussteuerung ($\alpha = 0°$). Wir bezeichnen die Größen bei Teilaussteuerung ($\alpha > 0°$) mit dem Index α und die Größen bei Vollaussteuerung ($\alpha = 0°$) ohne weiteren Index. In der Literatur finden wir für den arithmetischen Mittelwert auch die Schreibweise $\overline{u}$ oder U_{AV}; die letzte gilt nach DIN für die Angabe an den Ventilen selbst. Für den Strom gilt mit $\hat{i}_d = \hat{u}_S / R_L$

$$\boldsymbol{I_d} = \frac{\boldsymbol{\hat{i}_d}}{\pi} = \frac{\boldsymbol{\hat{u}_S}}{\boldsymbol{R_L} \cdot \pi} = \frac{\sqrt{2} \cdot \boldsymbol{U_S}}{\boldsymbol{R_L} \cdot \pi} = \frac{\boldsymbol{U_{di}}}{\boldsymbol{R_L}}. \qquad (1.63)$$

Bedeutung hat der arithmetische Mittelwert in der Stromrichtertechnik besonders für zwei Anwendungsfälle:

- In der Elektrochemie ist die transportierte Masse abhängig von der transportierten Ladungsmenge $Q = I_d \cdot t$, das entspricht dem Flächeninhalt unter der Stromkurve.
- Nach Gleichung (2.17) ergibt sich das Drehmoment von Gleichstrommaschinen aus $M = k_T \cdot I \cdot \Phi$. Wird die Maschine mit pulsierendem Strom gespeist, entwickelt sie ein pulsierendes Moment $M_{(\omega t)} = k_T \cdot i_{d(\omega t)} \cdot \Phi$, dessen Mittelwert M dem arithmetischen Mittelwert des Stroms I_d proportional ist. Ebenso ist entsprechend Gl. (2.21) die Leerlaufdrehzahl dem arithmetischen Mittelwert der Gleichspannung U_d proportional.

Drehmoment bzw. Leerlaufdrehzahl von Gleichstrommaschinen sind bei konstantem magnetischen Fluss den arithmetischen Mittelwerten von Gleichstrom bzw. Gleichspannung proportional.

Steuerkennlinie für ohmsche Last. In der gesteuerten Schaltung mit dem Steuerwinkel α verringert sich die Ausgangsspannung $U_{di\alpha}$ gegenüber der Ausgangsspannung U_{di} der ungesteuerten Schaltung. Mithilfe der Integralrechnung (auf die hier verzichtet wird) ergibt sich die Gleichung

$$\boldsymbol{U_{di\alpha}} = \boldsymbol{U_{di}} \frac{\mathbf{1 + cos}\,\alpha}{\mathbf{2}} \quad \textbf{für ohmsche Last.} \qquad (1.64)$$

Der Quotient $(1 + \cos \alpha)/2$ beträgt beispielhaft für verschiedene Steuerwinkel:

0°	30°	60°	90°	120°	150°	180°
1	0,933	0,75	0,5	0,25	0,067	0

Die Ergebnisse sind in der Steuerkennlinie in Bild **1**.66 dargestellt.

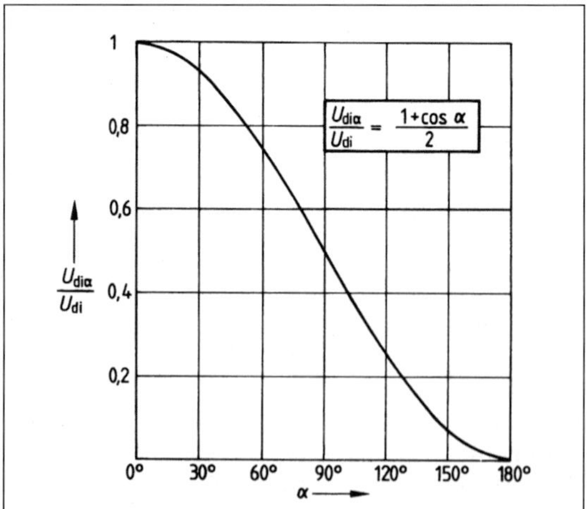

1.66 Steuerkennlinie für netzgeführte Stromrichter M1C mit ohmscher Last, arithmetische Mittelwerte

Bei einem kleinen Steuerwinkel verringert sich die Ausgangsspannung gegenüber der ungesteuerten Schaltung kaum, denn nur ein kleiner Teil der Spannungs-Zeit-Fläche wird von der Halbwelle „abgeschnitten". Einsichtig ist auch, dass beim Steuerwinkel 90° die Ausgangsspannung genau um die Hälfte verringert wird, da unter der Halbwelle nur die halbe Fläche wirksam ist.

Der Effektivwert (quadratischer Mittelwert) einer zeitlich veränderlichen Größe von Spannung und Strom setzt als Mittelwert in einem Widerstand während einer Periode die gleiche elektrische Leistung in Wärme um wie die veränderlichen Größen. Die Leistung ergibt sich aus den Quadratwerten von Spannung und Strom mit $p = u^2/R = i^2 \cdot R$. Entsprechend bestimmt man den Effektivwert für eine beliebige Kurvenform, indem man die Fläche unter der Quadratkurve von Spannung und Strom für eine Periodendauer in ein flächengleiches Rechteck aus $U_{\mathrm{deff}}^2 \cdot T$ bzw. $I_{\mathrm{deff}}^2 \cdot T$ umwandelt (grau unterlegt und schraffiert in Bild **1**.67). Die Wurzel aus dem Quadratwert ist nun der Effektivwert U_{deff} bzw. I_{deff} von Spannung und Strom. Für die ungesteuerte Einpuls-Mittelpunktschaltung M1U ist der Effektivwert der Spannung

$$\boldsymbol{U_{\mathrm{deff}}} = \frac{\boldsymbol{\hat{u}_S}}{\mathbf{2}} \;. \tag{1.65}$$

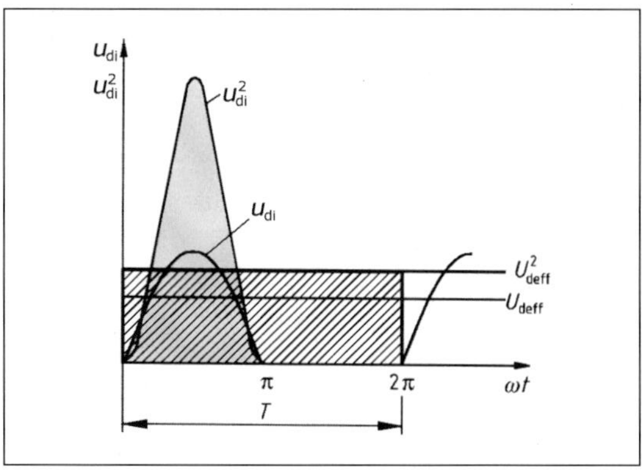

1.67 Effektivwert

Der Effektivwert des Laststroms wird berechnet nach

$$\boldsymbol{I_{\mathrm{deff}}} = \frac{\boldsymbol{U_{\mathrm{deff}}}}{\boldsymbol{R_L}}. \tag{1.66}$$

In der Literatur stehen je nach Anwendungsgebiet unterschiedliche Schreibweisen: In der Wechselstromtechnik die Großbuchstaben U und I, für die Ventilberechnung U_{RMS} und I_{RMS} und für die Stromrichterschaltung die Schreibweise U_{deff} und I_{deff}.

Bedeutung. Der Effektivwert definiert sich aus der elektrischen Leistung, die einem Verbraucher zugeführt und die in dem Verbraucher in andere Energieformen umgesetzt wird.

> Die einer Maschine zugeführte elektrische Leistung wird aus den Effektivwerten bestimmt. Diese sind für Gleichstrommaschinen nicht maßgebend für Drehmoment und Drehzahl.

Die zugeführte elektrische Leistung einer Gleichstrommaschine wird aus den Effektivwerten von Spannung und Strom errechnet. Die Antriebsleistung ergibt sich jedoch, abgesehen von den üblichen Verlusten der Maschine, aus den arithmetischen Mittelwerten. Bei stromrichtergespeisten Gleichstrommaschinen ist der Effektivwert der Mischspannung wegen des Wechselspannungsgehalts stets größer als der arithmetische Mittelwert. Dadurch entstehen zusätzliche Verluste, die die Maschine zusätzlich erwärmen.

Formfaktor. Das Verhältnis von Effektivwert zu arithmetischem Mittelwert heißt Formfaktor F. Der günstigste Formfaktor ist $F = 1$, er tritt nur bei Speisung einer Gleichstrommaschine mit reiner Gleichspannung (z. B. Akkuspeisung) oder vollkommener Stromglättung auf und ist bei Stromrichterspeisung nicht zu erreichen.

Für die Schaltung M1U mit ohmscher Last ist der Formfaktor

$$\boldsymbol{F} = \frac{\boldsymbol{U_{\mathrm{deff}}}}{\boldsymbol{U_{\mathrm{di}}}} = \frac{\boldsymbol{\hat{u}_S/2}}{\boldsymbol{\hat{u}_S/\pi}} = \frac{\pi}{\mathbf{2}} = \mathbf{1{,}57}. \tag{1.67}$$

Im Vergleich dazu beträgt der weitaus günstigere Formfaktor einer ungesteuerten Drehstrom-Brückenschaltung mit ohmscher Last $F = 1{,}02$. Wird der Thyristor nicht zu Beginn der Halbwelle, sondern bei einem bestimmten Steuerwinkel α gezündet, verringern sich der Effektivwert und der arithmetische Mittelwert der Ausgangsspannung. Mithilfe der Integralrechnung lässt sich die Gleichung für die M1C-Schaltung mit ohmscher Last ableiten.

$$\boldsymbol{U_{\mathrm{deff}\alpha}} = \frac{\boldsymbol{\hat{u}_S}}{\sqrt{\mathbf{2}}} \cdot \sqrt{\frac{\mathbf{1}}{\mathbf{2}} - \frac{\alpha}{\mathbf{360°}} + \frac{\sin 2\alpha}{4\pi}} \tag{1.68}$$

Der Effektivwert kann für die gesteuerte Schaltung nicht mit dem Formfaktor $F = 1{,}57$ aus Gleichung (1.67) ermittelt werden, weil F abhängig ist vom Steuerwinkel α (s. Beispiel 1.23).

Ausgangsleistung der M1-Schaltung. Die Ausgangsleistung des Stromrichters kann einmal aus den arithmetischen Mittelwerten, den Gleichrichtwerten, zum anderen aus den Effektivwerten bestimmt werden.

Die Gleichstromleistung P_d

$$P_d = U_{di\alpha} \cdot I_{d\alpha} = \frac{U_{di\alpha}^2}{R_L} \tag{1.69}$$

berechnet aus den arithmetischen Mittelwerten, hat an ohmschen Widerständen als Wärmeleistung keine Bedeutung. Ein Maß für deren Energieumsatz ist die Leistung *P*, berechnet aus den Effektivwerten.

$$P = U_{deff\alpha} \cdot I_{deff\alpha} = \frac{U_{deff\alpha}^2}{R_L} \tag{1.70}$$

P ist zahlenmäßig größer als P_d und wird im Verbraucherwiderstand in Wärme umgesetzt. Aus Gründen der Energieerhaltung wird sie auch eingangsseitig der Schaltung zugeführt (**1**.72). Die Leistung aus den Effektivwerten ist größer als die Gleichstromleistung, weil die Ausgangsspannung $u(t)$ des Stromrichters eine *Mischspannung* ist, die einen Gleich- und einen Wechselspannungsanteil enthält (**1**.68). Beide Spannungsanteile bilden einen Beitrag zur elektrischen Leistung *P*. Der Gleichspannungsanteil ist der arithmetische Mittelwert $U_{di\alpha}$, er bildet die Gleichstromleistung P_d. Die überlagerte Wechselspannung $u_{\sim}(t)$ heißt auch Brummspannung, ihr Effektivwert wird mit $U_{w\alpha}$ oder $U_{rms\alpha}$ bzw. $U_{br\alpha}$ bezeichnet.

Die Leistung des Wechselstromanteils $P_W = U_{w\alpha}^2 / R_L$ bildet zusammen mit der Gleichstromleistung P_d nach Gleichung (1.74) die gesamte Leistung.

$$P = P_d + P_W$$

$$\frac{U_{deff\alpha}^2}{R_L} = \frac{U_{di\alpha}^2}{R_L} + \frac{U_{w\alpha}^2}{R_L} \tag{1.71}$$

Wechselspannungsgehalt und Spannungswelligkeit. Wird die Gleichung (1.71) mit R_L multipliziert, erhält man nach Umstellung den Effektivwert des Wechselspannungsgehalts (der Brummspannung)

$$U_{w\alpha} = \sqrt{U_{deff\alpha}^2 - U_{di\alpha}^2}\,. \tag{1.72}$$

Nach der *Fourieranalyse* setzt sich jede von der Sinusform abweichende periodisch verlaufende Spannungs- bzw. Stromkurve aus einer Grundwelle mit der Grundfrequenz der Spannungs- bzw. Stromkurve, einer unendlichen Anzahl von höherfrequenten Oberwellen und gegebenenfalls einem Gleichanteil zusammen. Die Amplituden der Oberwellen werden mit steigender Frequenz geringer. In Bild **1**.69 ist die Gleichspannung $u_{d\alpha}$ der Schaltung M1C mit dem Steuerwinkel $\alpha = 60°$ dargestellt. Der Spannungsverlauf wird nach der Fourieranalyse in einen Gleichanteil U_{di} (arithmetischer Mittelwert der Gleichspannung), in die Grundwelle u_1 sowie eine große Zahl von Oberwellen zerlegt. Hier sind die zweite Oberwelle u_2 und die dritte u_3 eingezeichnet. Sowohl die Grundwelle als auch die Oberwellen weisen zur Netzspannung Phasenverschiebungen auf. Die Addition der dargestellten Anteile ergibt die gestrichelte Spannungssummenkurve, die mit den wenigen dargestellten Oberwellen schon eine gute Annäherung an den Gleichspannungsverlauf ergibt. Bezieht man den Effektivwert des Wechselspannungsanteils $U_{w\alpha}$ (Brummspannung) auf den Gleichspannungsanteil $U_{di\alpha}$, erhält man ein Maß für den gesamten Wechselspannungsgehalt – Grundwelle und Oberwellen – der Ausgangsgröße. Man bezeichnet das Verhältnis als Spannungswelligkeit *w*.

$$w_{u\alpha} = \frac{U_{w\alpha}}{U_{di\alpha}} \tag{1.73}$$

Die Wechselstromanteile verursachen in Gleichstrommaschinen zusätzliche Eisenverluste. Aus diesem Grund wird auch das Poleisen geblecht ausgeführt.

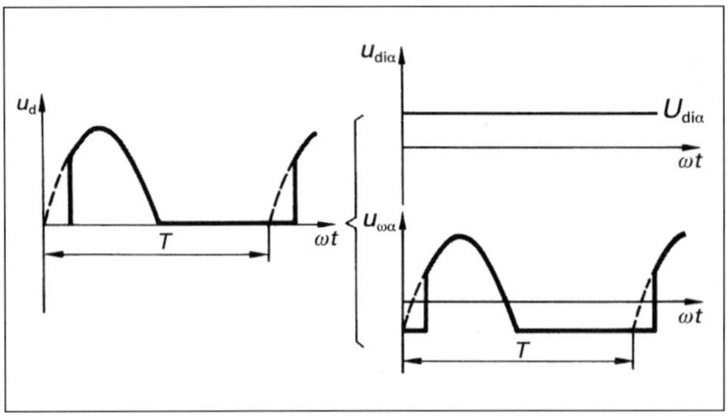

1.68 Mischspannung u_d aus Gleichspannung $U_{di\alpha}$ und Wechselspannungsgehalt $U_{w\alpha}$

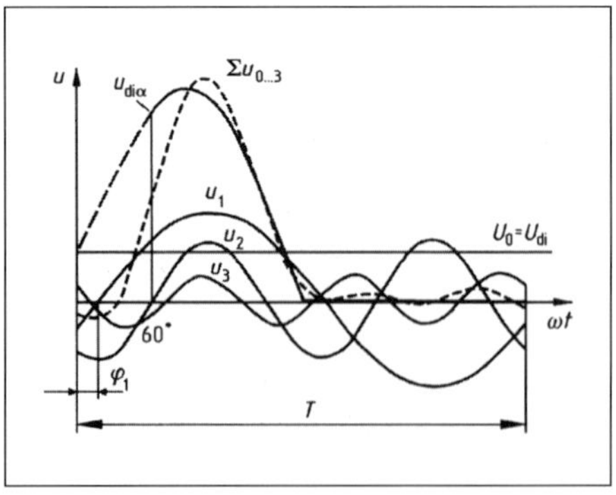

1.69 Gleichspannung der M1C, 60°, mit Gleichanteil U_{di}, Grundwelle u_1, 2. und 3. Oberwelle u_2 und u_3

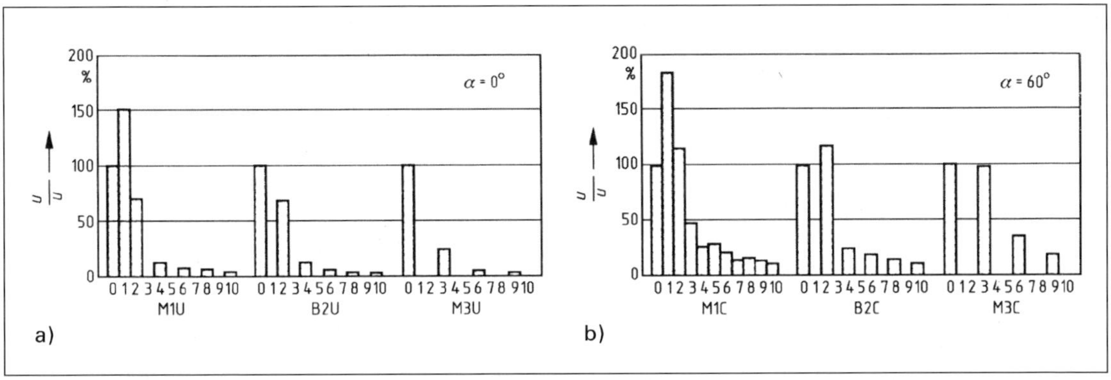

1.70 Amplituden des Wechselspannungsgehalts der Gleichspannung von Stromrichterschaltungen bezogen auf den Gleichspannungsanteil; Gleichanteil (0), Grundwelle (1), Oberwellen (2 bis 10), a) ungesteuert, b) gesteuert $\alpha = 60°$

Je geringer die Welligkeit umso „glatter" sind Ausgangsspannung bzw. -strom und umso besser eignet sich die Schaltung mit der entsprechenden Spannungskurve für den Betrieb einer Gleichstrommaschine. Der Wechselspannungsgehalt der Ausgangsspannung trägt nicht zur Maschinenleistung bei, er verursacht lediglich zusätzliche Verluste.

In der M1-Schaltung ist die Spannungswelligkeit im Vergleich mit anderen Stromrichterschaltungen am größten (Tab. **1**.100). Der in Beispiel 1.23 berechnete Wert der Spannungswelligkeit beträgt für die ungesteuerte Schaltung M1U $w_u = 121$ % und wird in der gesteuerten Schaltung noch größer.

Bild **1**.70 zeigt die Wechselspannungsanteile der Gleichspannung der Schaltungen M1, B2 und M3 bei Vollaussteuerung sowie für den Steuerwinkel $\alpha = 60°$. Es sind jeweils bezogen auf den Gleichanteil (0) die Amplituden der Grundwelle (1) sowie die Amplituden bis zur 10. Oberwelle dargestellt.

Der Wechselspannungsgehalt ist in der Einpulsschaltung am größten und nimmt mit steigender Pulszahl ab. Der Vergleich zeigt auch, dass der Wechselspannungsanteil mit zunehmendem Steuerwinkel größer wird. Wegen der großen Welligkeit hat die M1-Schaltung in der Praxis keine große Bedeutung. Wir betrachten sie dennoch, weil hier die Verhältnisse einfach dargestellt werden können.

Beispiel 1.23 Der Lastwiderstand $R_L = 23\ \Omega$ wird an das 230-V-Wechselspannungsnetz a) direkt, b) über eine Diode, c) über einen Thyristor mit $\alpha = 90°$ angeschlossen. Zu bestimmen sind die Spannungen, Ströme und Leistungen des Verbrauchers.

Lösung a) Direkter Anschluss (**1**.71 a)
Die Spannung ist $U_S = 230$ V,

der Strom $I_S = \frac{U_S}{R_L} = \frac{230\ \text{V}}{23\ \Omega} = \mathbf{10\ A}$,

die Wirkleistung $P = U_S \cdot I_S = 230\ \text{V} \cdot 10\ \text{A} =$ **2300 W**.

Die Wirkleistung entspricht bei $\cos\varphi = 1$ der Scheinleistung.

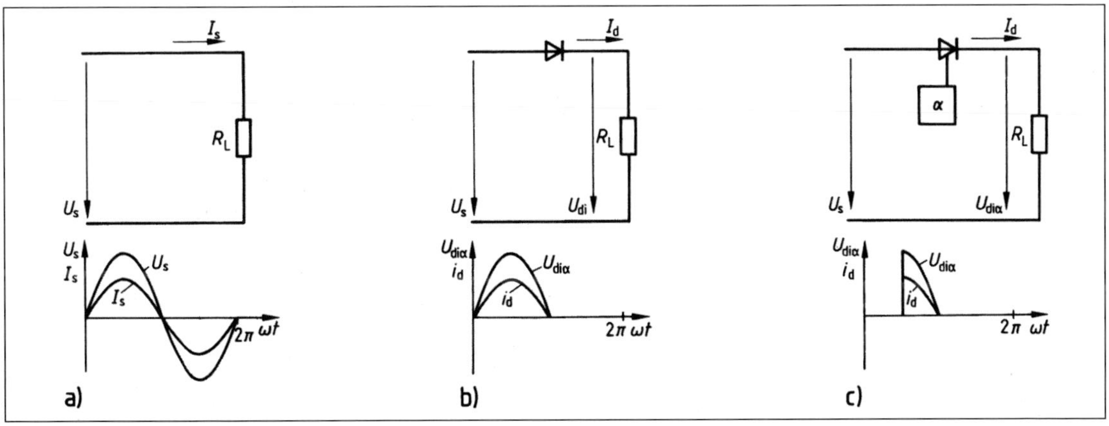

1.71 Beispiel 1.23

Beispiel 1.23
Fortsetzung

b) c) Anschluss über	Diode (**1**.71 b, ≙ Thyristor mit $\alpha = 0°$)	Thyristor (**1**.71 c, $\alpha = 90°$)
Arithmetischer Mittelwert der Gleichspannung Gl. (1.62) u. (1.64)	$U_{di} = U_{d0} = 0{,}45 \cdot U_S$ $U_{di} = U_{d0} = 0{,}45 \cdot 230\ V$ $U_{di} = U_{d0} = \mathbf{103{,}5\ V}$	$U_{di\alpha} = U_{di}\ \frac{1 + \cos\alpha}{2}$ $U_{di\alpha} = 103{,}5\ V\ \frac{1 + \cos 90°}{2}$ $U_{di\alpha} = \mathbf{51{,}75\ V}$
Arithmetischer Mittelwert des Gleichstroms Gl. (1.63)	$I_d = \frac{U_{di}}{R_L} = \frac{103{,}5\ V}{23\ \Omega} = \mathbf{4{,}5\ A}$	$I_{d\alpha} = \frac{U_{di}}{R_L} = \frac{51{,}75\ V}{23\ \Omega} = \mathbf{2{,}25\ A}$
Effektivwert der Ausgangsspannung Gl. (1.65) Gl. (1.68)	$U_{deff} = \frac{\hat{u}_S}{2} = \frac{\sqrt{2} \cdot U_S}{2}$ $U_{deff} = \frac{\sqrt{2} \cdot 230\ V}{2} = \mathbf{163\ V}$	$U_{deff\alpha} = \frac{\hat{u}_S}{\sqrt{2}} \sqrt{\frac{1}{2} - \frac{\alpha}{360°} + \frac{\sin 2\alpha}{4\pi}}$ $U_{deff\alpha} = 230\ V \sqrt{\frac{1}{2} - \frac{90°}{360°} + \frac{\sin 2 \cdot 90°}{4\pi}} = \mathbf{115\ V}$
Effektivwert des Stroms Gl. (1.66)	$I_{deff} = \frac{U_{deff}}{R_L}$ $I_{deff} = \frac{163\ V}{23\ \Omega} = \mathbf{7{,}07\ A}$	$I_{deff\alpha} = \frac{U_{deff\alpha}}{R_L}$ $I_{deff\alpha} = \frac{115\ V}{23\ \Omega} = \mathbf{5\ A}$
Formfaktor Gl. (1.67)	$F = \frac{U_{deff}}{U_{di}}$ $F = \frac{163\ V}{103{,}5\ V} = \mathbf{1{,}57}$	$F = \frac{U_{deff\alpha}}{U_{di\alpha}}$ $F = \frac{115\ V}{51{,}75\ V} = \mathbf{2{,}2}$
Wechsel-spannungsgehalt Gl. (1.72)	$U_{wv} = \sqrt{U_{deff}^2 - U_{di}^2}$ $U_w = \sqrt{(163\ V)^2 - (103{,}5\ V)^2}$ $U_w = \mathbf{126\ V}$	$U_{w\alpha} = \sqrt{U_{deff\alpha}^2 - U_{di\alpha}^2}$ $U_{w\alpha} = \sqrt{(115\ V)^2 - (51{,}75\ V)^2}$ $U_{w\alpha} = \mathbf{102{,}7\ V}$
Spannungs-welligkeit Gl. (1.73)	$w_u = \frac{U_w}{U_{di}} = \frac{126\ V}{103{,}5\ V} = 1{,}21$ $w_u = \mathbf{121\ \%}$	$w_{u\alpha} = \frac{U_{w\alpha}}{U_{di\alpha}} = \frac{102{,}7\ V}{51{,}75\ V} = 1{,}98$ $w_{u\alpha} = \mathbf{198\ \%}$
Leistung (Leistungsumsatz im Verbraucher) Gl. (1.70)	$P = U_{deff} \cdot I_{deff} = \frac{U_{deff}^2}{R_L}$ $P = \frac{(163\ V)^2}{23\ \Omega} = \mathbf{1155\ W}$	$P_\alpha = U_{deff\alpha} \cdot I_{deff\alpha} = \frac{U_{deff\alpha}^2}{R_L}$ $P_\alpha = \frac{(115\ V)^2}{23\ \Omega} = \mathbf{575\ W}$

Durch den Einsatz der Diode geht die Leistung gegenüber dem direkten Betrieb an Wechselspannung auf die Hälfte zurück. Dies ist auch einsichtig, denn es „fehlt" die negative Halbwelle zur Leistungsübertragung. Wird ein Thyristor mit dem Steuerwinkel $\alpha = 90°$ eingesetzt, verringert sich die Leistung wiederum auf die Hälfte, sodass sie nur noch ¼ der Wechselstromleistung beträgt. Dabei betragen die Effektivwerte von Spannung und Strom jeweils den halben Wechselstromwert. Damit erhält man $P = ½\ U \cdot ½\ I = ¼\ P_W$.

Netzrückwirkungen. Netzgeführte Stromrichter haben störende Rückwirkungen auf das speisende Netz, abhängig von der Schaltung und der Ansteuerung:

- Blindleistung auch bei ohmscher Last
- Oberschwingungsströme im Netz
- Verzerrung der Netzspannung

Aus diesem Grunde sind in den Technischen Anschlussbedingungen (TAB) nach dem Mustervorschlag der BDEW von 2007 Grenzwerte der Anschlussleistung bei symmetrischer Anschnittsteuerung und Gleichrichtung festgelegt wie „geregelte Gleichrichter mit induktiver Glättung" (z. B. in geregelten Gleichstromantrieben).

Blindleistung und Leistungsfaktor. Wird die aufgenommene Leistung einer Stromrichterschaltung mit einem Wirkleistungsmesser gemessen, zeigt er Wirkleistung P an. Abgesehen von den inneren Verlusten des Stromrichters, ist sie die im Verbraucher in eine andere Energieform umgesetzte elektrische Leistung (**1**.72). Bei einem rein ohmschen Widerstand wird sie vollständig in Wärme umgewandelt.

Erstaunlicherweise zeigt ein vor dem Stromrichter angeschlossener Blindleistungsmesser auch bei rein ohmscher Last die Aufnahme von induktiver Blindleistung an. Bevor wir die Ursache erläutern,

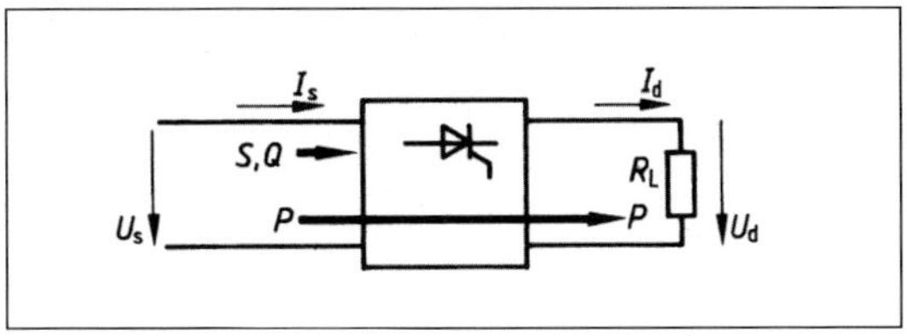

1.72 Leistungen einer Stromrichterschaltung

soll an einem Rechenbeispiel die Blindleistung nachgewiesen werden.

Beispiel 1.24 Im Beispiel 1.23 wurde der ohmsche Widerstand 23 Ω der M1-Schaltung an das 230-V-Netz über eine Diode bzw. einen Thyristor mit dem Steuerwinkel α = 90° angeschlossen. Die aufgenommene Blindleistung und der Leistungsfaktor sollen ermittelt werden.

Lösung Mit der M1-Schaltung ist der Effektivwert des Eingangsstroms I_S gleich dem Effektivwert des Gleichstroms I_{deff}, da nur ein Strom vorhanden ist. Die Werte sind dem Beispiel 1.23 entnommen.

Das Beispiel 1.24 bestätigt die Messung, dass der M1-Stromrichter eine Blindleistung aufnimmt, obwohl keine Energiespeicher in Form von Induktivitäten oder Kapazitäten vorhanden sind. Wie in der Wechselstromtechnik lässt sich das Verhältnis von Wirkleistung und Scheinleistung bilden; es wird als *Gesamtleistungsfaktor* λ bezeichnet.

Bei ohmscher Last entspricht in der M1C-Schaltung der Verlauf des Netzstroms I_S dem Spannungsverlauf der Gleichspannung U_d. Wie in Bild **1**.69 für die Spannung dargestellt, kann auch der Netzstrom in einen Gleichanteil, eine Grundwelle und eine große Anzahl von Oberwellen nach der Fourieranalyse zerlegt werden.

Dies gilt grundsätzlich für alle netzgeführten gesteuerten Stromrichterschaltungen. Beispielhaft ist in Bild **1**.73a der Netzstrom einer gesteuerten Zweipuls-Brückenschaltung B2C für den Steuerwinkel 90° mit seinen Anteilen bis zur 5. Oberwelle dargestellt. Das Spektrum in Bild **1**.73b zeigt, dass die Amplituden der Oberwellen mit

Schaltung M1	Diode ≙ Thyristor mit α = 0°	Thyristor mit α = 90°
Aufgenommene Scheinleistung	$S = U_S \cdot I_S$ S = 230 V · 7,07 A = **1626 VA**	$S_\alpha = U_S \cdot I_S$ S_α = 230 V · 5 A = **1150 VA**
Wirkleistung	P = **1155 W**	P_α = **575 W**
Blindleistung	$Q = \sqrt{S^2 - P^2}$ $Q = \sqrt{(1626\ \text{VA})^2 - (1155\ \text{W})^2}$ Q = **1145 Var**	$Q_\alpha = \sqrt{S_\alpha^2 - P_\alpha^2}$ $Q_\alpha = \sqrt{(1150\ \text{VA})^2 - (575\ \text{W})^2}$ Q_α = **996 Var**
Gesamtleistungsfaktor	$\lambda = \frac{P}{S} = \frac{1155\ \text{W}}{1626\ \text{Var}} = \mathbf{0{,}707}$	$\lambda_\alpha = \frac{P_\alpha}{S_\alpha} = \frac{575\ \text{W}}{1150\ \text{Var}} = \mathbf{0{,}5}$

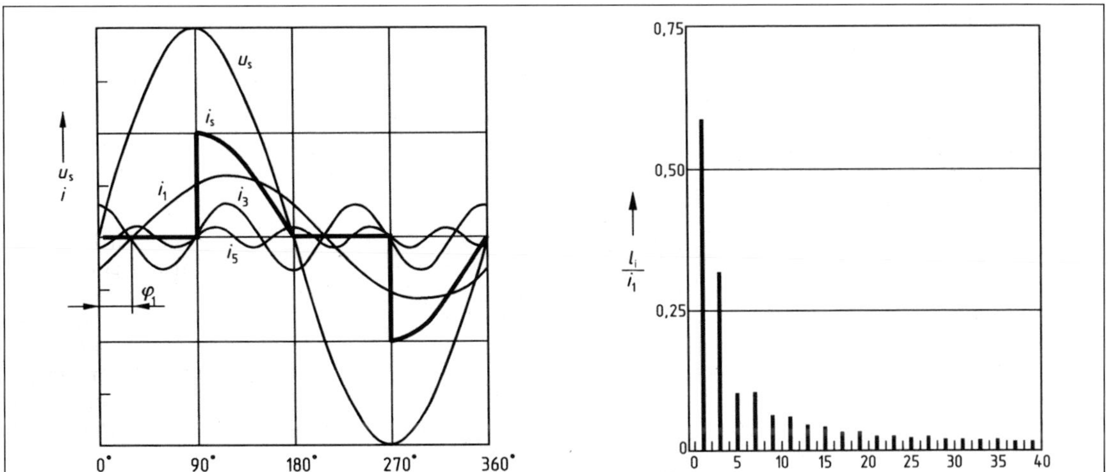

1.73 B2C mit ohmscher Last

a) Netzstrom i_S zerlegt in Grundwelle i_1, 3. Oberwelle i_3 und 5. Oberwelle i_5

b) Spektrum des Netzstroms bis zur 40. Oberwelle

steigender Frequenz geringer werden. Um jedoch in der Addition den ursprünglichen Kurvenverlauf des Netzstroms zu erhalten, ist theoretisch eine unendliche Zahl von Oberwellen erforderlich.

Kennzeichnend ist:

- die Grundwelle i_1 weist gegenüber der Netzspannung U_S eine Phasenverschiebung φ_1 auf,
- die Amplituden der Oberwellen werden mit steigender Frequenz geringer.

Sowohl die Phasenverschiebung der Grundschwingung als auch die Oberschwingungen sind Ursache der Gesamtblindleistung $Q = \sqrt{Q_1^2 + D^2}$. Sie setzt sich zusammen aus der Grundschwingungs-Blindleistung Q_1 und der Verzerrungsblindleistung D.

Die Grundschwingungs-Blindleistung Q_1 entsteht durch die Phasenverschiebung φ_1 zwischen der Grundschwingung des Stroms I_1 und der Netzspannung U_S. Sie heißt daher auch *Verschiebungsblindleistung*. Bei bekannter Größe I_1 lässt sie sich nach der uns bekannten Gleichung $Q_1 = U_S \cdot I_1 \cdot \sin \varphi_1$ berechnen. In der ungesteuerten Schaltung ist diese Art der Blindleistung nicht vorhanden, da sich die Phasenverschiebung erst aufgrund des Phasenanschnitts mit dem Steuerwinkel ergibt; man nennt sie deshalb auch Steuerblindleistung. Mit zunehmendem Steuerwinkel nimmt die Phasenverschiebung der Grundschwingung zu.

Die Verzerrungsblindleistung D entsteht durch die Oberschwingungen des Stroms. Nur durch die Strom-Grundschwingung wird Energie über den Stromrichter zum Verbraucher übertragen. Zwar belasten die Oberschwingungen das Netz und den Stromrichter, erzeugen aber (wie in Bild **1**.74 für die 3. Oberschwingung i_3 des Stroms dargestellt) keine Wirkleistung, sondern nur Blindleistung. Das Produkt $u_S \cdot i_3$ bildet gleiche positive und negative Flächen. Damit ist der Mittelwert der Wirkleistung null.

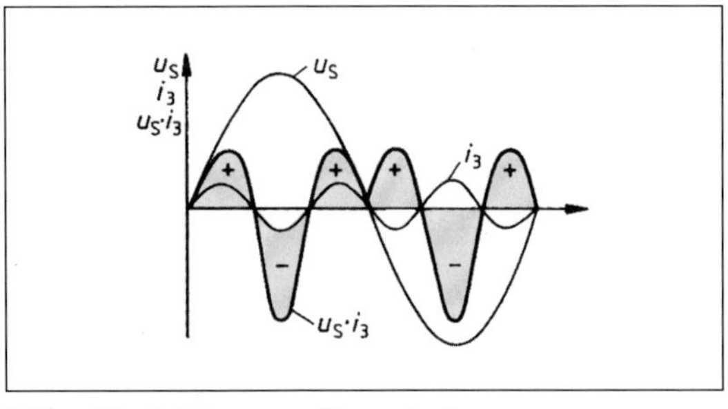

1.74 Blindleistung von Oberschwingungen

Gesamtleistungsfaktor. Das Verhältnis der Wirkleistung P und der aufgenommenen Scheinleistung $S = \sqrt{P^2 + Q^2}$ heißt Gesamtleistungsfaktor

$$\lambda = \frac{P}{S}. \tag{1.74}$$

Er ist nicht zu verwechseln mit dem Leistungsfaktor $\cos \varphi_1$ der Grundschwingung. Da bei Vollaussteuerung (α = 0°) keine Grundschwingungs-Blindleistung durch Ansteuerung entsteht, gilt allgemein für alle netzgeführten Stromrichter: Der Gesamtleistungsfaktor λ hat seinen Höchstwert bei Vollaussteuerung und nimmt bei Teilaussteuerung ab. Bei induktiver Last wird der Leistungsfaktor weiter verringert. Hier kann er durch eine halbgesteuerte Schaltung oder durch eine Schaltung mit Freilaufdiode verbessert werden. Der Mangel besteht jedoch darin, dass kein Wechselrichterbetrieb möglich ist.

Die Leistungen lassen sich in einem dreidimensionalen Leistungsdreieck nach Bild **1**.75 darstellen. Die einzelnen Größen werden wie in der Wechselstromtechnik errechnet. Dies ist in Beipiel 1.25 für gemessene Größen der gesteuerten Einpuls-Mittelpunktschaltung durchgeführt.

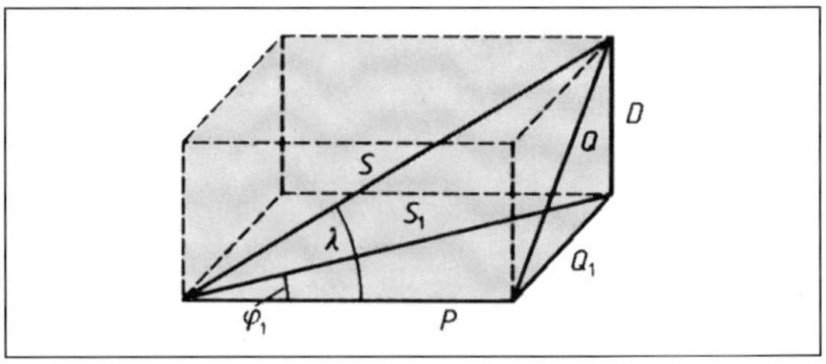

1.75 Leistungsdreieck (dreidimensional) netzgeführter Stromrichter

Beispiel 1.25 In einer gesteuerten Einpuls-Mittelpunktschaltung wurden bei dem Steuerwinkel α = 90° folgende Größen gemessen: Netzspannung U_S = 230 V, Netzstrom I_S = 0,461 A, Wirkleistung P = 52 W, induktive Blindleistung Q_1 = 40 Var. Die mit dem Blindleistungsmesser gemessene Leistung ist die Grundschwingungsblindleistung Q_1. Die Phasenverschiebung der Grundschwingung φ_1, die Verzerrungsblindleistung D und der Gesamtleistungsfaktor λ sollen bestimmt werden.

Lösung Aus Netzspannung und Netzstrom wird die Gesamtscheinleistung S bestimmt.

$S = U_S \cdot I_S = 230\ \text{V} \cdot 0{,}461\ \text{A} = \mathbf{106\ VA}$

Die Scheinleistung S_1 der Grundwelle berechnet man aus der gemessenen Wirk- und Blindleistung.

$S_1 = \sqrt{P^2 + Q_1^2} = \sqrt{(52\ \text{W})^2 + (40\ \text{Var})^2}$
$= \mathbf{65{,}6\ VA}$

und damit

$\cos \varphi_1 = \frac{P}{S_1} = \frac{52\ \text{W}}{65{,}6\ \text{VA}} = 0{,}793,\ \varphi_1 = \mathbf{37{,}5°}$

$D = \sqrt{S^2 - S_1^2} = \sqrt{(106\ \text{VA})^2 - (65{,}6\ \text{VA})^2}$
$= \mathbf{83{,}3\ Var}$

$\lambda = \frac{P}{S} = \frac{52\ \text{W}}{106\ \text{VA}} = \mathbf{0{,}49}$

Kommutierungsblindleistung. In Schaltungen mit zwei oder mehreren Stromrichterzweigen geht der Strom von einem stromführenden Zweig auf den anschließend stromführenden Zweig über (s. M3-Schaltung); man sagt: „Der Strom kommutiert." Wegen der stets vorhandenen Induktivitäten geschieht die Kommutierung nicht sprunghaft, sondern in endlicher Zeit. Dadurch wird jeder „Stromblock" und damit auch seine Grundschwingung um etwa den halben Überlappungswinkel phasenverschoben. Ähnlich wie bei der Entstehung der Grundschwingungs-Blindleistung durch Aussteuerung wird sie hier durch Kommutierung hervorgerufen. Man nennt sie Kommutierungsblindleistung. Ihre Größe ist bei Endaussteuerung wesentlich geringer als die Steuerblindleistung.

Die durch den Stromrichter erzeugte Blindleistung ist im ungesteuerten Stromrichter am kleinsten und nimmt mit zunehmendem Steuerwinkel zu.

Stromoberschwingungen im speisenden Netz. Neben Blindleistung erzeugen Stromrichter Oberschwingungsströme im Netz, die sich aus der Fourieranalyse ermitteln lassen. Für die Schaltung B2C mit ohmscher Last und dem Steuerwinkel 90° zeigt Bild **1**.73 die Anteile der mit Netzfrequenz auftretenden Stromgrundschwingung und die einzelnen Stromoberschwingungen des Netzstroms. Die Amplituden der Stromoberschwingungen gehen mit steigender Ordnungszahl, bzw. steigender Frequenz zurück, bestimmte Oberschwingungen treten gar nicht in Erscheinung. Ebenso nimmt die Netzrückwirkung mit steigender Pulszahl des Stromrichters ab. Zu vergleichbaren Ergebnissen kommt man bei anderen Belastungsarten des Stromrichters.

Verzerrung der Netzspannung. Die Stromoberschwingungen breiten sich von der Stromrichteranschlussstelle ins Netz aus – vgl. Abschn. 5.8 – und bewirken im Netz zusätzliche Verluste und verzerren die Kurvenform der Netzspannung. Die Wirkung nimmt mit der Stromrichterleistung zu. In Netzen mit Kompensationsanlagen können dadurch Spannungsüberhöhungen – durch Reihenresonanzen angeregt – auftreten, sodass die Kompensationsanlagen „verdrosselt" werden müssen. Mit abgestimmten Filterkreisen können einzelne Oberströme „abgesaugt" werden.

Nicht nur die Oberschwingungsströme tragen zur Verzerrung der Netzspannung bei, sondern auch die periodisch auftretenden Spannungseinbrüche, die sich durch die Kommutierung mehrpulsiger Stromrichter ergeben (s. Bild **1**.88). Die während der Kommutierung auftretenden Strangkurzschlüsse im Stromrichter verursachen Spannungseinbrüche, deren Höhe abhängig ist vom Verhältnis der Netzinduktivität zur Induktivität der Kommutierungsmittel. Wie Stromrichtertransformatoren haben Kommutierungsdrosseln neben der Aufgabe die Kommutierungs(kurzschluss)-ströme im Stromrichter zu begrenzen, die Aufgabe, parallel geschaltete Verbraucher zu schützen.

Die Transformatorbauleistung (Typenleistung) ist der Mittelwert von primärer und sekundärer Scheinleistung

$$S_{Tr} = \frac{S_{1\,Tr} + S_{2\,Tr}}{2} . \tag{1.75}$$

Nur bei sinusförmigen Größen und unter Annahme eines verlustfreien Transformators sind die Eingangs- und Ausgangsscheinleistungen gleich. In Stromrichterschaltungen trifft die Annahme sinusförmigen Stroms nicht zu: Der Strom enthält Gleich- und Wechselspannungsanteile, deren Verlauf und Größe zudem schaltungsabhängig sind; nur der Wechselstromanteil wird vom Transformator übertragen. Daher muss die Bauleistung der Stromrichter-Transformatoren einzeln in Abhängigkeit von der Schaltung dimensioniert werden. Ausführlicher wird darüber im Abschn. 7.1.2 berichtet. Ein Vergleich mit anderen Schaltungen zeigt, dass bei der M1-Schaltung die Bauleistung, bezogen auf die Gleichstromleistung, am größten ist und daher der Transformator am schlechtesten ausgenutzt ist.

Einpuls-Mittelpunktschaltung mit induktiver Last. Bild **1**.76 zeigt vergleichend den zeitlichen Verlauf der Spannungen und Ströme bei rein ohmscher und rein induktiver Last. Wichtige Unterschiede sind feststellbar:

- Im Zündaugenblick steigt bei ohmscher Belastung der Strom sprunghaft auf den zugehörigen Augenblickswert. Bei induktiver Belastung beginnt der Stromfluss bei null und steigt „verzögert" an.
- Im Spannungsnulldurchgang bei 180° ist der Strom bei ohmscher Belastung null, bei induktiver Last erreicht er seinen Höchstwert.
- Während der negativen Halbwelle der Netzspannung sperrt der Thyristor bei ohmscher Last den Strom, bei induktiver Last leitet er weiterhin, bis der Haltestrom unterschritten wird.
- Da der gezündete Thyristor eine „leitende Verbindung" bildet, folgt die Ausgangsspannung u_{dL} bei induktiver Last auch in der negativen Halbwelle dem Verlauf der Netzspannung. Die Ausgangsspannung zeigt bei rein induktiver Last gleich große positive und negative Spannungs-Zeit-Flächen. Der arithmetische Mittelwert der Ausgangsspannung ist über den gesamten Steuerbereich null.

Die Ursache für das vom ohmschen Widerstand abweichende Verhalten der Induktivität liegt in der Selbstinduktionsspannung bzw. in der Energiespeicherfähigkeit der Induktivität. Beim Aufbau des magnetischen Felds wirkt die Selbstinduktionsspannung dem ansteigenden Strom

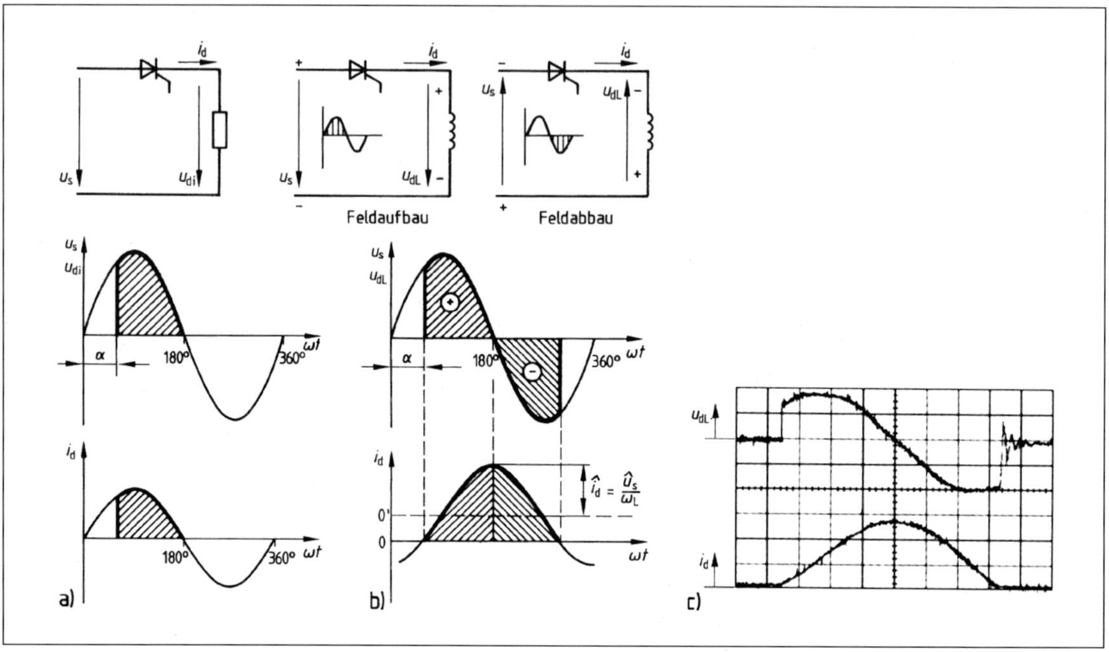

1.76 M1-Schaltung
a) mit rein ohmscher Last, b) mit rein induktiver Last, c) Oszillogramm

entgegen, sodass dieser von null an verzögert ansteigt. Im Scheitelwert des Stroms kehrt die Selbstinduktionsspannung ihre Richtung um; sie treibt während der negativen Halbwelle der Netzspannung den Strom weiterhin in gleiche Richtung. Da bei einer reinen Induktivität keine Energieumwandlung in Wärme stattfindet, ist die Stromleitphase während des Auf- und Abbaus des magnetischen Felds gleich groß, sodass auch gleich große positive und negative Spannungs-Zeit-Flächen entstehen.

Der Stromverlauf ist wie an der Wechselspannung sinusförmig, sein Maximum tritt 90° nacheilend zur Wechselspannung in deren Nulldurchgang auf. Die „verschobene Nulllinie" 0' des Stroms ist durch einen Gleichstromanteil gegenüber der „eigentlichen Nulllinie" 0 so angehoben, dass der Strom im Zündaugenblick bei null beginnt. Das Strommaximum, von der Achse 0' gemessen, wird wie in der Wechselstromtechnik berechnet mit

$$\hat{i}_d = \frac{\hat{u}_S}{\omega \cdot L}. \tag{1.76}$$

Bild **1**.76c zeigt das Oszillogramm von Spannung und Strom bei fast rein induktiver Last. Wegen des immer vorhandenen ohmschen Anteils ist die Stromflussdauer während der negativen Halbwelle der Netzspannung etwas geringer als während der positiven. Sperrt der Thyristor am Ende der Stromflussdauer, zeigt sich in der Spannungskurve eine abklingende Schwingung. Sie wird von

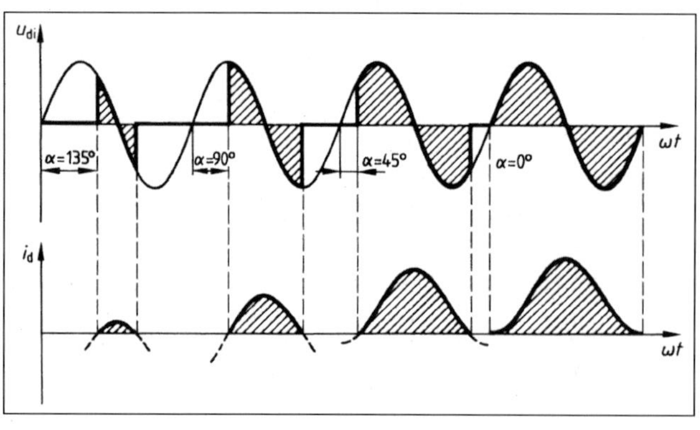

1.77
Strom- und Spannungsverlauf der M1-Schaltung mit rein induktiver Last bei verschiedenen Steuerwinkeln

der RC-TSE-Schutzbeschaltung des Thyristors zusammen mit der Induktivität der Last verursacht.

Bild **1**.77 zeigt den Spannungs- und Stromverlauf für verschiedene Steuerwinkel α. Bei einem Thyristor mit dem Steuerwinkel 0° oder beim Einsatz einer Diode fließt im Lastkreis ein *„nichtlückender" Strom*, d. h., es treten keine Strompausen auf. Die Spannung der Last ist eine reine Wechselspannung. Dies widerspricht nicht dem Einsatz von Thyristor oder Diode, denn diese Bauteile sind Stromrichter und sorgen nur für den Stromfluss in vorgegebene Richtung. Mit zunehmendem Steuerwinkel wird die Amplitude des Stroms geringer, es kommt zu einem lückenden Strom. Die Ausgangsspannung des Stromrichters mit dem arithmetischen Mittelwert null ist dann eine zweifach angeschnittene Wechselspannung.

Bei gemischt ohmsch-induktiver Last wird ein Teil der in der positiven Halbwelle der Netzspannung zugeführten elektrischen Energie in Wärme umgewandelt, sodass die Stromflussdauer beim Abbau des magnetischen Felds in der negativen Halbwelle der Netzspannung kürzer ist als in der positiven. Wie Bild **1**.78 zeigt, ist damit auch die negative Spannungs-Zeit-Fläche kleiner als die positive. Die genaue Ermittlung des Stromverlaufs bei ohmsch-induktiver Last ist durch die Überlagerung eines eingeschwungenen Wechselstroms und eines Gleichstrom-Ausgleichsglieds mit der Zeitkonstanten $\tau = L/R$ möglich; hier sei auf Spezialliteratur verwiesen.

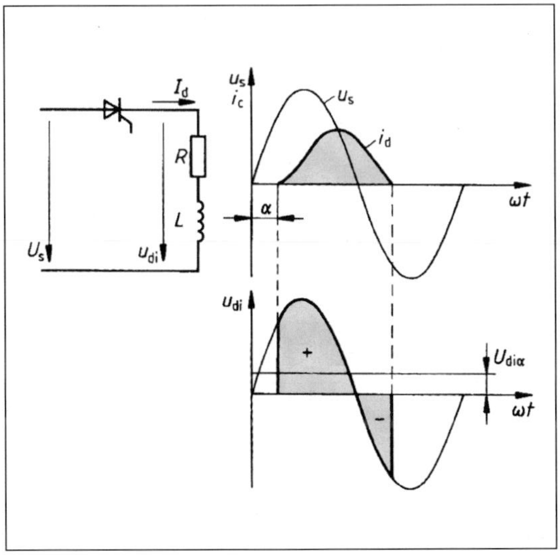

1.78 M1-Schaltung mit ohmsch-induktiver Last

Induktive Last mit Freilaufzweig. Wird parallel zur induktiven Last wie in Bild **1**.79 eine Diode (in Sonderfällen auch ein Thyristor) geschaltet hat dies in der positiven Halbwelle der Netzspannung keinen Einfluss. Während der negativen Halbwelle jedoch treibt die Selbstinduktionsspannung u_L den Strom über die Freilaufdiode. Im Freilaufzweig klingt der Strom $i_d = i_{V2}$ mit der Zeitkonstante $\tau = L/R$ ab. Der Gleichstrom i_d kommutiert im Nulldurchgang der Wechselspannung vom Thyristor auf den Freilaufzweig, sodass während der negativen Halbwelle kein Strom über den Thyristor und über das Netz fließt. Ist im Netz die Stromflusszeit verkürzt, wird im Verbraucher die Stromflusszeit mit einem nach einer e-Funktion abklingenden Strom verlängert. Da der Thyristor in der negativen Halbwelle sperrt, ergibt sich auch keine negative Spannungs-Zeit-Fläche bei Stromrichtern mit Freilaufzweig.

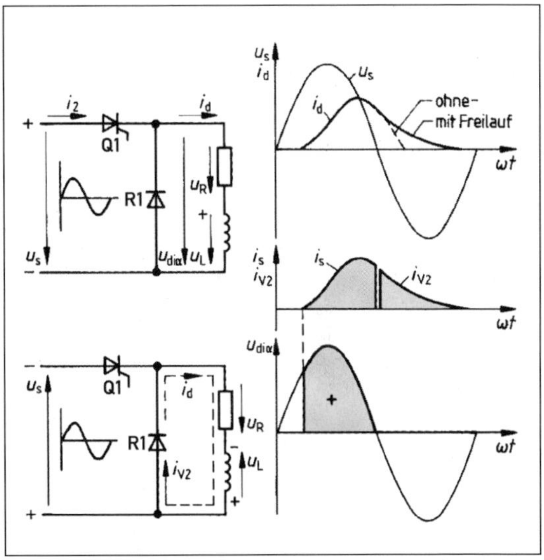

1.79 M1-Schaltung mit Freilauf

Die Verlängerung der Stromflusszeit im Verbraucher hat eine größere Wirkleistung, deren Verkürzung eine Verringerung der Scheinleistung im Netz zur Folge. Damit verbessert sich der Leistungsfaktor $\lambda = P/S$ durch den Freilaufzweig. Dieser Vorteil wird durch die fehlende negative Spannungs-Zeit-Fläche erkauft, sodass ein netzgeführter Wechselrichterbetrieb (Abschn. 1.7.2) mit Freilaufschaltungen nicht möglich ist.

Wird in der M1-Schaltung der Freilauf durch ein zusätzliches Ventil erreicht, haben halbgesteuerte Schaltungen einen „integrierten" Freilauf. Auch damit ist kein Wechselrichterbetrieb möglich. Bild **1**.80 zeigt eine kathodenseitig halbgesteuerte zweipulsige Brückenschaltung B2HK. In der negativen Netzhalbwelle ergibt sich der Freilaufzweig über die Diode R2 und den Thyristor Q2, der in der positiven Halbwelle den Strom geführt und noch nicht gelöscht hat.

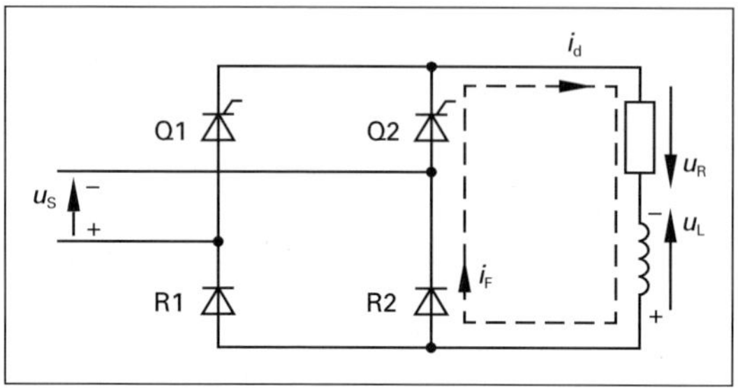

1.80 Kathodenseitig halbgesteuerte zweipulsige Brückenschaltung

Einpuls-Mittelpunktschaltung mit Gleichstrommotor. Wird der Anker eines fremderregten Gleichstrommotors nach Bild **1**.81 in der gesteuerten M1-Schaltung an das Wechselstromnetz angeschlossen, fließt durch den Anker ein Gleichstrom. Bei Bemessungsbelastung, Bemessungserregerstrom und Ankerbemessungsspannung

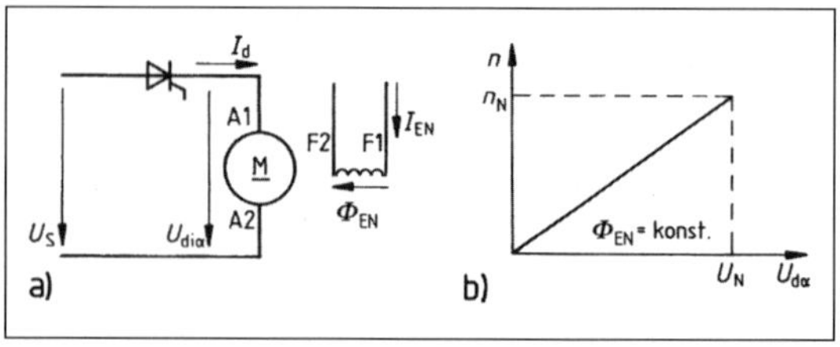

1.81 M1-Schaltung mit Gleichstrommotor
a) Schaltung, b) *n*-*U*-Kennlinie

stellt sich die Bemessungsdrehzahl n_N (Grunddrehzahl n_{Gr}) ein. Mit zunehmendem Steuerwinkel α wird die Ausgangsspannung $U'_{d\alpha}$ nahezu verlustlos verringert, der Motor dreht bei verminderter Ankerspannung mit verringerter Drehzahl. Nach Abschn. 2.12 ist die im Anker induzierte Quellenspannung U_0 bzw. Gegenspannung U_g zur Drehzahl *n* proportional.

Die gesteuerte Einpuls-Mittelpunktschaltung bildet die einfachste Stromrichterschaltung zur Drehzahlsteuerung eines Gleichstrommotors. Trotz der unten aufgeführten entscheidenden Mängel wollen wir sie hier besprechen, weil einige Grundlagen an ihr übersichtlich darzustellen sind.

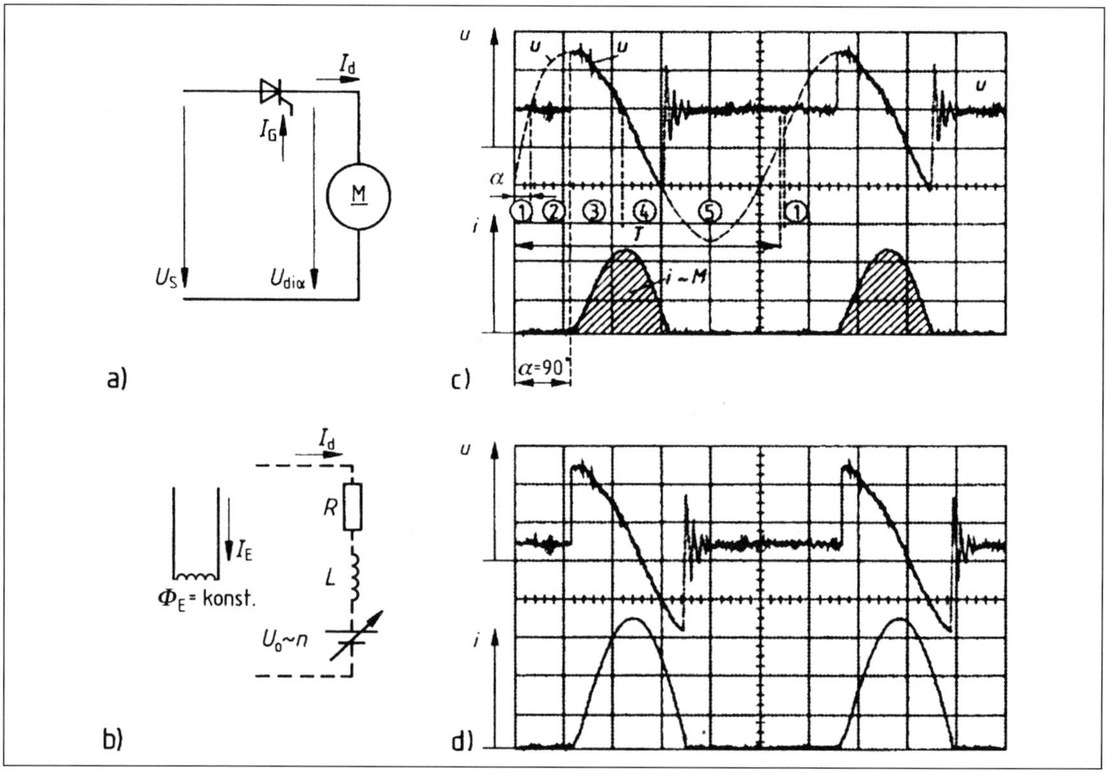

1.82 M1-Schaltung mit Gleichstrommotor
a) Schaltung, b) Ersatzschaltbild, c) und d) Spannungs- und Stromverlauf abhängig vom Lastmoment

Beim Betrieb der Gleichstrommaschine mit konstanter Gleichspannung reicht es aus, den ohmschen Widerstand des Ankers und die induzierte Spannung U_0 zu betrachten. Beim Betrieb über einen Stromrichter mit pulsierender Gleichspannung muss zusätzlich die Induktivität der Ankerwicklung berücksichtigt werden. Daher setzt sich die Ersatzschaltung des Ankers nach Bild **1**.82b aus dem ohmschen Widerstand R, der Ankerinduktivität L und der dem Ankerstrom entgegenwirkenden induzierten Gegenspannung U_0 zusammen. Die induzierte Spannung ist bei konstanter Erregung der Drehzahl proportional.

Betrachten wir nun den zeitlichen Verlauf von Spannung und Strom für ein bestimmtes Belastungsmoment M_1 (**1**.82c), lässt sich der Spannungsverlauf in fünf Abschnitte gliedern. In Abschnitt ① ist die im drehenden Anker induzierte Spannung U_0 größer als die Augenblickswerte der Netzspannung u_S. Die Kathode des Thyristors ist positiver als seine Anode, er kann nicht gezündet werden. Die Abschnitte ② und ③ stellen den *möglichen Steuerbereich* des Thyristors dar, weil hier die Augenblickswerte der Netzspannung u_S größer als die induzierte Spannung U_0 sind. Im Abschnitt ② blockiert der Thyristor bis zum Steuerwinkel $\alpha = 90°$, in dem der Zündimpuls gebildet wird. Im Abschnitt ③ treibt die Differenz zwischen der Netzspannung und der induzierten Spannung den Strom i_d über den Thyristor und den Anker.

Wegen der Induktivität steigt der Ankerstrom i_d verzögert an und fließt auch noch im Abschnitt ④, in dem die induzierte Spannung bereits wieder größer als die Netzspannung ist. Der Ankerstrom erreicht das Maximum, wenn der Augenblickswert der „angeschnittenen" Wechselspannung gleich der induzierten Spannung U_0 ist. Der Spannungsverlauf folgt bis zum Löschen des Thyristors der Netzspannung. Bei größerer Belastung ergibt sich eine größere negative Spannungs-Zeit-Fläche (**1**.82d). Ist der Strom auf null abgeklungen, sperrt der Thyristor, und in Abschnitt ⑤ ist die Spannung gleich der im Anker induzierten Spannung.

Wird das Belastungsmoment auf M_2 erhöht, ändert sich der Verlauf von Spannung und Strom (**1**.82d). Für ein größeres Moment ist ein größerer Strom erforderlich, der nur fließen kann, wenn die Drehzahl n und damit die induzierte Spannung U_0 geringer werden. Die größer gewordene Spannungsdifferenz zwischen Netzspannung und induzierter Spannung treibt den größeren Strom.

Die Gleichrichtertrittgrenze α_G kennzeichnet den kleinstmöglichen Steuerwinkel; sie begrenzt in Bild **1**.82c den Bereich ①. Bei kleineren Steuerwinkeln ist keine Zündung möglich, da der Augenblickswert der Wechselspannung kleiner oder gleich der induzierten Ankerspannung U_0 ist. Der Motor würde die Drehzahl verringern und somit auch die induzierte Spannung, bis der Thyristor wieder gezündet werden kann. Für wenige Perioden treten Stromstöße auf, die den Anker beschleunigen, sodass bei höherer Drehzahl bzw. induzierter Spannung das Zünden des Thyristors wiederum nicht möglich ist. Der Betrieb des Antriebs ist unregelmäßig – pulsierend –, und es treten im stromführenden Zustand größere Stromwerte auf. In der Praxis wird für einen störungsfreien und regelmäßigen Betrieb des Motors der kleinste Steuerwinkel am Steuergerät auf die Gleichrichtertrittgrenze α_G begrenzt.

Nachteile von pulsierenden Ankerströmen. Grundsätzlich fließt bei Stromrichterspeisung im Anker der Gleichstrommaschine kein gleichbleibender, sondern ein pulsierender Strom, der Wechselstromanteile enthält. Bei Speisung der Maschine über die Schaltung M1C nach Bild **1**.82 ist der Strom besonders stark pulsierend. Er weist zudem Lücken (Pausen) auf, die bei kleiner Belastung auch bei mehrpulsigen Schaltungen auftreten können. Stark pulsierender Strom, insbesondere der lückende, hat gegenüber reinem Gleichstrom Nachteile:

- Das entstehende Drehmoment ist ebenfalls pulsierend, was sich besonders bei großen Anschnittwinkeln bzw. kleinen Drehzahlen störend bemerkbar macht. Der gesamte Antrieb wird zum Schwingen angeregt. Es treten Pendelmomente und zusätzliche Geräusche auf.
- Der Formfaktor F ist bei stark pulsierendem Strom, besonders bei lückendem, größer als bei kontinuierlichem. Wegen des nicht zum Drehmoment beitragenden Wechselstromgehalts ist der Effektivwert größer als der arithmetische Mittelwert des Stroms, der das Drehmoment hervorruft. Der Wechselstromgehalt des Maschinenstroms erzeugt zusätzliche Verluste und verringert den Wirkungsgrad des Antriebs. Wegen der erhöhten Verluste muss die Maschinenleistung reduziert werden.
- Die Stromwendung der Maschine wird schwieriger, weil die hierfür maßgeblichen maximalen Stromstärken größer sind als der drehmomentbildende arithmetische Mittelwert des Stroms.
- Gegenüber kontinuierlich fließendem Strom geht bei lückendem Betrieb die Drehzahl bei Belastung mehr zurück. Bei geringer Stromflussdauer muss die den Strom treibende Spannungs-Zeit-Fläche in kürzerer Zeit als beim nichtlückenden Betrieb entstehen. Dazu muss die induzierte Spannung verhältnismäßig stark zurückgehen, was einer stark verringerten Drehzahl entspricht.
- Je mehr der Strom pulsiert bzw. lückt, umso schwieriger wird die Regelung des Antriebs. Es müssen adaptive Regler eingesetzt werden, die die Regelparameter beim Erreichen der Lückgrenze selbstständig ändern.

> Wegen der Nachteile von pulsierenden Ankerströmen muss der Ankerstrom weitgehend geglättet werden. Dies geschieht durch Einsatz von mehrpulsigen Schaltungen und durch den Einsatz von Glättungsdrosseln im Ankerkreis.

Glättungsdrossel. Neben dem Einsatz von mehrpulsigen Schaltungen wird der Ankerstrom durch den Einbau von Glättungsdrosseln L_d im Ankerkreis (s. z. B. Bild **1**.86a) geglättet. Die erforderliche Induktivität L_d der Glättungsdrosseln im Bereich von einigen hundert mH ist dabei umso geringer, je größer die Pulszahl der Schaltung ist. Bei der Sechspuls-Brückenschaltung B6 wird üblicherweise auf den zusätzlichen Einbau einer Glättungsdrossel verzichtet. Hier ist die Ankerinduktivität ausreichend. Die Glättungsdrosseln werden bei größeren Antriebsleistungen (etwa P_N > 5 kW) so ausgelegt, dass sich auch bei geringer Last und bei festgelegtem Steuerwinkel gerade kein lückender Betrieb ergibt.

In der besprochenen M1-Schaltung ist ein nichtlückender Betrieb unmöglich. Sogar bei reiner Induktivität (Bild **1**.77) wird gerade die Lückgrenze erreicht.

1.7.1.2 Zweipuls-Mittelpunktschaltung M2

Bei den Zweipulsschaltungen werden beide Halbwellen der Netzwechselspannung zur Gleichrichtung genutzt. Die Zweipuls-Mittelpunktschaltung **1**.83 lässt sich als Parallelschaltung zweier M1-Schaltungen auffassen, bei der meist die Kathoden den gemeinsamen positiven Anschluss bilden, während der Mittelpunkt des Transformators den negativen Anschluss darstellt. An den Teilwicklungen (im Vergleich zum Dreiphasensystem auch Stränge genannt) liegen die Strangspannungen U_S.

In der Leistungselektronik wird die Zweipuls-Mittelpunktschaltung wegen der schlechten Ausnutzung des Transformators und der für die volle Netzspannung (2 U_S) auszulegenden Ventile kaum angewendet. Hier hat als zweipulsige Schaltung die Brückenschaltung B2 Bedeutung.

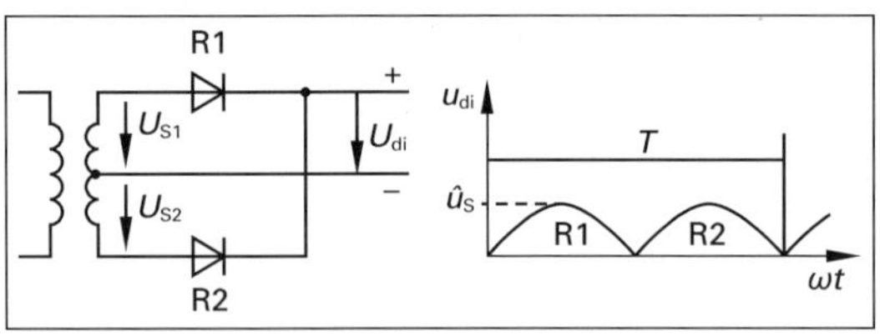

1.83 M2 Zweipuls-Mittelpunktschaltung

1.7.1.3 Dreipuls-Mittelpunktschaltung M3

Die ungesteuerte Dreipuls-Mittelpunktschaltung M3U zeigt Bild **1**.84a. Den Pluspol des Lastwiderstands R_L bilden die elektrisch miteinander verbundenen Kathoden der drei Dioden, der Minuspol wird vom Sternpunkt des Stromrichtertransformators gebildet. Über die jeweils leitende Diode liegt die Strangspannung u_s am Lastwiderstand, wobei der Maximalwert der Gleichspannung $\hat{u}_S = \sqrt{2} \cdot U_S$ beträgt. Die positive Strangspannung des leitenden Stromrichterzweigs liegt auch an der Kathode der beiden anderen Dioden. Da an diesen Anoden die jeweilige Strangspannung u_S der beiden anderen Stränge herrscht, sperren sie, solange die Strangspannung des leitenden Zweigs ein höheres positives Potential aufweist. Es leitet also jeweils die Diode mit dem höchsten positiven Anodenpotential.

Die Kommutierung (Stromübergabe) auf das folgende Ventil erfolgt in der ungesteuerten Schaltung im „natürlichen Phasenschnittpunkt", in dem die Strangspannung des nächsten Strangs größer zu werden beginnt als die vorherige. Wie Bild **1**.84b zeigt, tritt dieser natürliche Kommutierungspunkt (auch natürlicher Zündzeitpunkt genannt) bei 30° el nach dem positiven Nulldurchgang der drei Strangspannungen auf.

Nichtlückender Strom. Der Gleichstrom fließt im Verbraucher auch bei ohmscher Last ohne Unterbrechung, d. h. nichtlückend. Er setzt sich

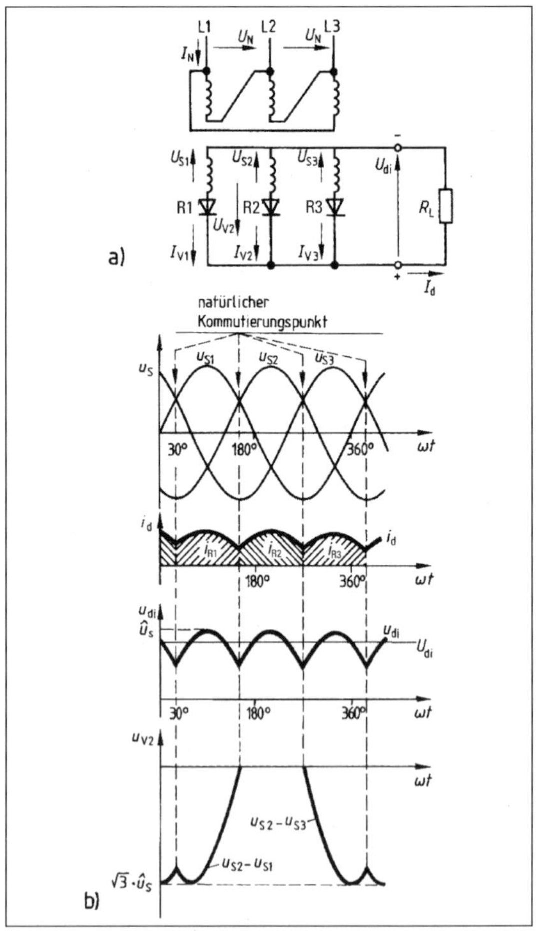

1.84 Dreipuls-Mittelpunktschaltung M3U
a) Schaltung, b) Spannungs- und Stromverlauf

während einer Periode der Wechselspannung aus drei Stromblöcken von je 120° el zusammen, die Schaltung ist dreipulsig. Jedes Ventil führt ⅓ Periodendauer (2 π/3 = 360°/3) den Strom, der Stromflusswinkel beträgt je Ventil $\varphi_F = 120°$ el.

Gleichspannungsbildung. Die Gleichspannung u_d hat bei ohmscher Last den gleichen Verlauf wie der Gleichstrom. Sie wird aus den drei Kuppen der Strangspannungen gebildet. Der arithmetische Mittelwert ergibt sich nach den gleichen Verfahren, die bei der M1-Schaltung erläutert wurden. Für die ungesteuerte M3-Schaltung ist

$$\boldsymbol{U_{di} = \frac{\sqrt{3} \cdot 3 \cdot \hat{u}_S}{2 \cdot \pi} = 1{,}17\ U_S.} \qquad (1.77)$$

Ventilspannung. Bild **1**.84 b zeigt den Spannungsverlauf u_{V2} des Ventils R 2. Während seiner Stromleitdauer ist die Durchlassspannung nahezu null. Im Sperrzustand liegen an der Anode die Strangspannung u_{S2} und an der Kathode die Strangspannung des leitenden Ventils. Leitet z. B. das Ventil R 1, ist die Sperrspannung u_{V2} gleich der Differenz $u_{S1} - u_{S2}$. Das aber ist die „verkettete" Spannung der Stränge mit dem Maximalwert $\sqrt{3} \cdot \hat{u}_S$. So muss beim Sicherheitsfaktor $k = 2$ die Diode für den Anschluss an das 230/400-V-Netz die periodische Spitzensperrspannung $U_{RRM} = \sqrt{3} \cdot \hat{u}_S \cdot k = \sqrt{3} \cdot U_S \cdot \sqrt{2} \cdot k = \sqrt{3} \cdot 230\ \text{V} \cdot \sqrt{2} \cdot 2 = 1127\ \text{V}$ aufweisen.

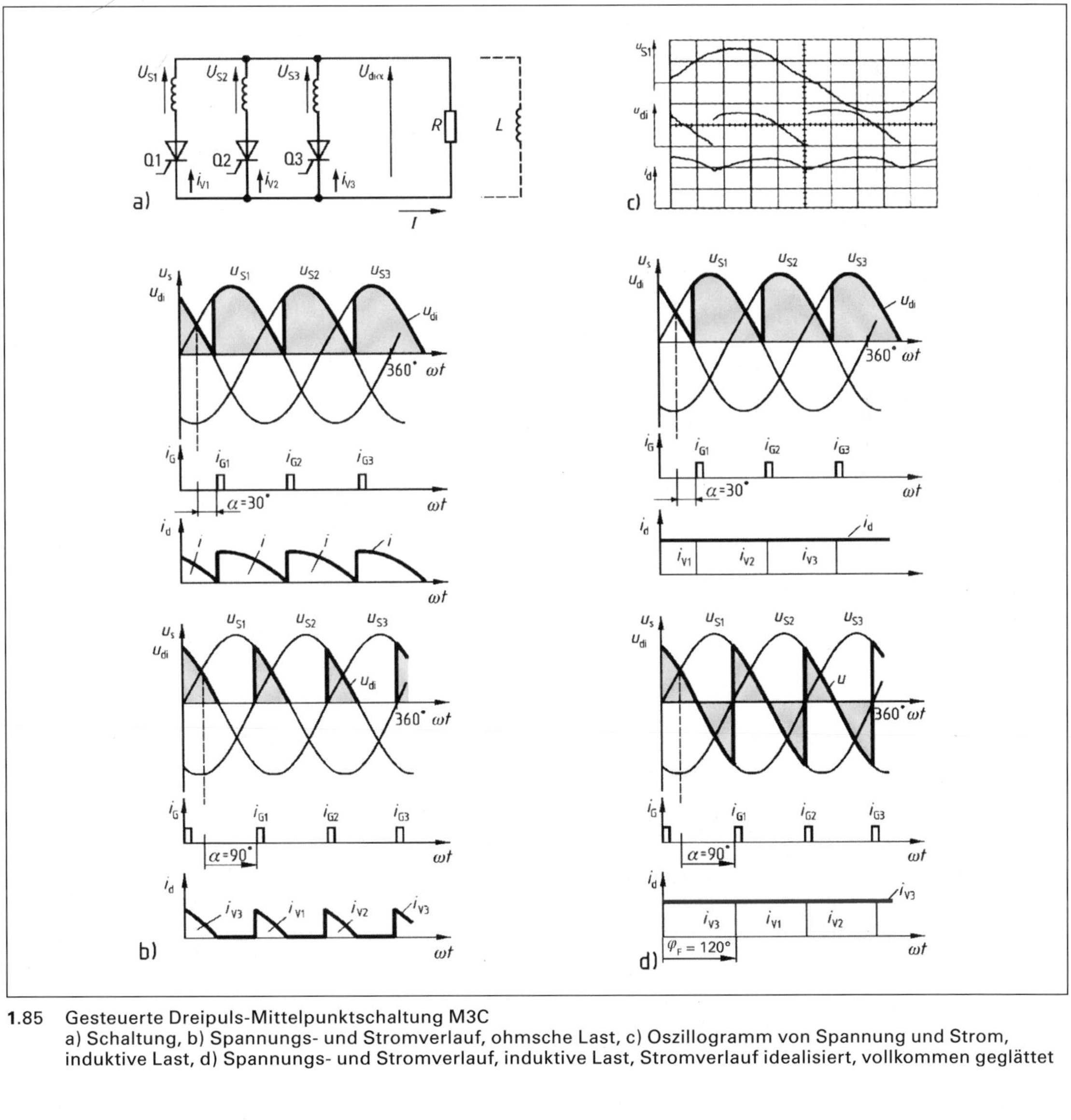

1.85 Gesteuerte Dreipuls-Mittelpunktschaltung M3C
a) Schaltung, b) Spannungs- und Stromverlauf, ohmsche Last, c) Oszillogramm von Spannung und Strom, induktive Last, d) Spannungs- und Stromverlauf, induktive Last, Stromverlauf idealisiert, vollkommen geglättet

Die gesteuerte Dreipuls-Mittelpunktschaltung M3C zeigt Bild **1**.85. Hier sind vergleichend Spannungs- und Stromverlauf mit ohmscher und induktiver Last für die Steuerwinkel 30° und 90° dargestellt. Die Winkel werden vom natürlichen Kommutierungspunkt aus gezählt. Beim Steuerwinkel 0° ist der arithmetische Mittelwert der Gleichspannung U_{d0} bei beiden Lastarten gleich der Spannung der ungesteuerten Schaltung. Mit Vergrößerung des Zündwinkels wird die Ausgangsspannung des Stromrichters geringer. Der Zusammenhang ist der Steuerkennlinie **1**.87 zu entnehmen.

Bei ohmscher Last (Bild **1**.85b) ist der maximale Steuerwinkel 150°. Hier würde der Zündimpuls am Ende der positiven Halbwelle auftreten, die Gleichspannung u_d wäre dann null. Der Strom ist bis zum Steuerwinkel 30° nichtlückend, mit zunehmendem Steuerwinkel werden die Stromflusswinkel der Ventile geringer und die Stromlücken des Laststroms größer.

Induktive Last (idealisierte Darstellung). Bild **1**.85c zeigt die Oszillogramme von Strangspannung u_{S1}, Gleichspannung $u_{di\alpha}$ und Gleichstrom i_d einer M3C bei induktiver Last. Der Gleichstrom fließt kontinuierlich, d. h. weist keine Lücken auf, ist aber wellig. Im untenstehend gezeichneten Diagramm **1**.85d ist derselbe Sachverhalt idealisiert dargestellt. Auf die Darstellung der Stromwelligkeit wird verzichtet. Der Stromverlauf wird idealisiert (wie in der Literatur üblich) vollkommen geglättet dargestellt. Auch wir wollen nachfolgend bei rein induktiver Last, bei ohmsch-induktiver Last und bei Anschluss eines Gleichstromankers mit Glättungsdrossel den Gleichstrom idealisiert als vollkommen geglättet darstellen. Bis zum Steuerwinkel 30° ist der Spannungsverlauf für ohmsche und induktive Last gleich, mit größer werdendem Steuerwinkel bilden sich negative Spannungszeitflächen aus, die bei 90° so groß sind wie die positiven. Der arithmetische Mittelwert der Gleichspannung ist bei der Aussteuerungsgrenze 90° dann null.

In den Ventilen fließen im Bereich α = 0° bis 90° bei induktiver Last idealisiert rechteckförmige Ströme mit dem Stromflusswinkel φ_F = 120°.

Betrieb mit Gleichstrommotor (0° $\leqq \alpha \leqq$ 90°). In Bild **1**.86 ist eine Dreipuls-Mittelpunktschaltung M3C für einen Hubantrieb dargestellt. Der Anker der Gleichstrommaschine ist über eine Glättungsdrossel L_d am Stromrichter angeschlossen, sodass im Anker ein vollkommen geglätteter Strom angenommen werden kann. Die Ankerklemme A1 ist mit dem gemeinsamen Kathodenanschluss der drei Thyristoren verbunden und positiv; die Ankerklemme A2 ist negativ. Bei der vorgegebenen Richtung des Erregerstroms I_E in der fremderregten Feldwicklung von F1 nach F2 arbeitet die Maschine im Rechtslauf. Aufgrund der Stromrichterwirkung kann der Ankerstrom nur von A1 nach A2 fließen. Abhängig von der Ankerstromrichtung entwickelt die Maschine ein rechtsdrehendes Drehmoment M_i; die Last wird gehoben. Auch bei anders gearteter Belastung kann der Antrieb wegen der vorgegebenen Stromrichtung nur ein rechtsdrehendes Moment entwickeln, wohl aber beim Absenken der Last seine Drehrichtung umkehren (s. Abschn. 1.7.2).

Die Drehzahl des Motors wird bei konstanter Erregung vom arithmetischen Mittelwert der Gleichspannung U_d bestimmt, die sich mithilfe des Steuerwinkels α einstellen lässt. Bild **1**.86b zeigt den Spannungsverlauf für die Steuerwinkel 0° und 60°. Er entspricht wegen des geglätteten,

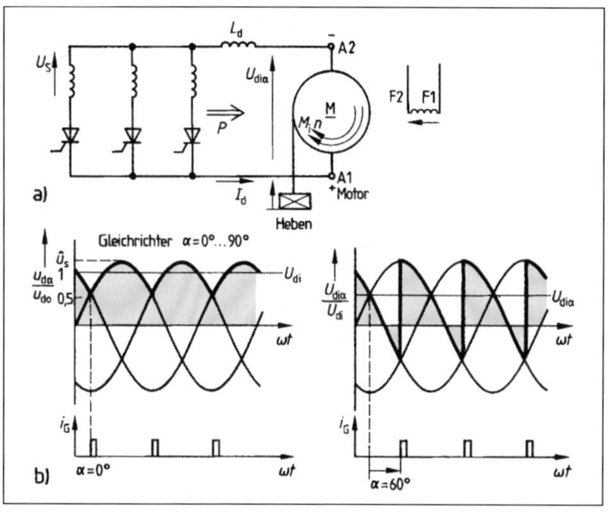

1.86
Betrieb eines Gleichstrommotors mit M3C
a) Schaltung
b) Spannungs- und Stromverlauf

nichtlückenden Stroms dem Verlauf bei induktiver Last. Auch hier ist der Mittelwert der Gleichspannung beim Steuerwinkel $\alpha = 90°$ null. Wie noch im Abschnitt 1.7.2 zu zeigen ist, werden die negativen Spannungszeitflächen bei Steuerwinkeln $\alpha > 90°$ größer als die positiven, die Richtung der Spannung kehrt sich um, die Maschine arbeitet dann beim Absenken der Last im Generatorbereich (aktive Last), und der Stromrichter arbeitet als Wechselrichter.

Die Steuerkennlinie stellt die Abhängigkeit der Ausgangsspannung $U_{d\alpha}$ der gesteuerten Schaltung vom Steuerwinkel α dar. Die Spannung U_{di} beim Steuerwinkel 0° ist gleich der Spannung der ungesteuerten Schaltung. Da der Spannungsverlauf für lückenden und nichtlückenden Strom unterschiedlich ist, sind diese beiden Fälle auch beim Ermitteln der Ausgangsspannung zu unterscheiden. Mithilfe der Integralrechnung – worauf hier verzichtet wird – ergeben sich die folgenden Gleichungen:

Nichtlückender Strom
- induktive Last im Steuerbereich $0° \leqq \alpha \leqq 90°$
- ohmsche Last im Steuerbereich $0° \leqq \alpha \leqq 30°$
- Gleichstrommaschine im Steuerbereich
  $0° \leqq \alpha \leqq 90°$ (Gleichrichterbetrieb)
  $\alpha > 90°$ (Wechselrichterbetrieb)

$$U_{di\alpha} = U_{di} \cdot \cos \alpha \quad (1.78)$$

Lückender Strom
- ohmsche Last im Steuerbereich $30° \geqq \alpha \geqq 150°$

$$U_{di\alpha} = \frac{U_{di}}{\sqrt{3}} \cdot [1 + \cos(\alpha + 30°)] \quad (1.79)$$

Bild **1**.87 stellt die Verhältnisse $U_{d\alpha}/U_{d0}$ für die verschiedenen Belastungsfälle in den Steuerkennlinien grafisch dar. Die Steuerkennlinie für induktive Last und für aktive Last sowie die zugehörige Gleichung (1.79) lassen sich verallgemeinern; sie gelten für alle vollgesteuerten Stromrichterschaltungen bei nichtlückendem Strom.

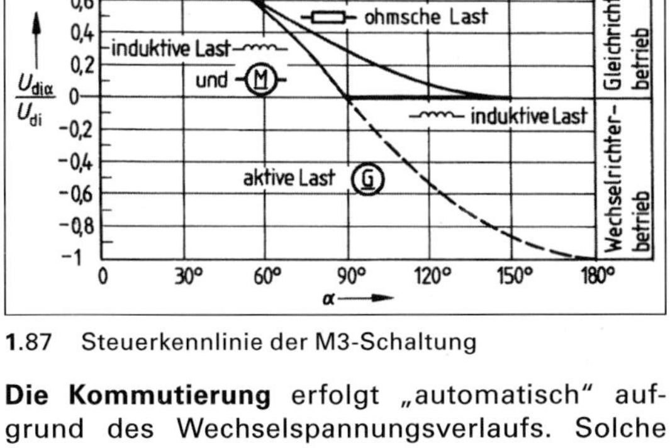

1.87 Steuerkennlinie der M3-Schaltung

Die Kommutierung erfolgt „automatisch" aufgrund des Wechselspannungsverlaufs. Solche Stromrichter heißen deshalb *netzgeführte* Stromrichter. Bislang haben wir nicht beachtet, dass der Stromübergang vom leitenden Ventil auf das folgende leitende – die Kommutierung – wegen der stets vorhandenen Induktivitäten eine bestimmte Zeit in Anspruch nimmt.

Die maßgeblichen Induktivitäten sind die des Stromrichtertransformators, der Leitungen und der evtl. zur Begrenzung der Stromanstiegsgeschwindigkeit eingesetzten Kommutierungsdrosseln. Die Glättungsdrossel L_d des Lastkreises hat keinen Einfluss, da sie nicht zum Kommutierungskreis gehört.

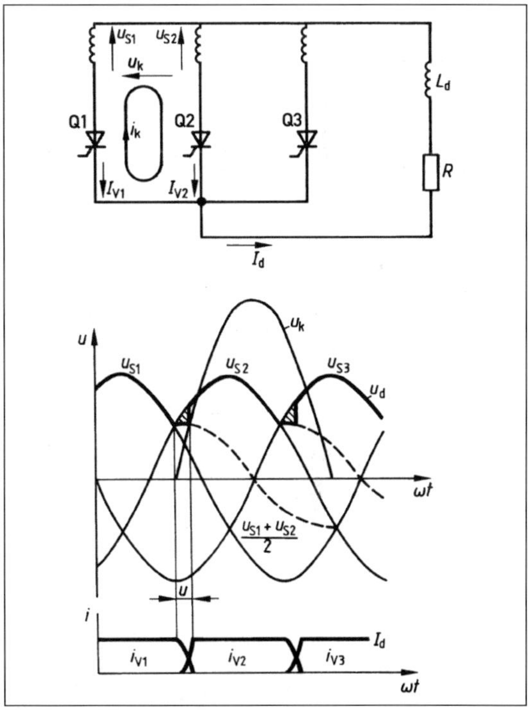

1.88 Kommutierungsvorgang in der M3-Schaltung

Wir nehmen an, dass in der M3-Schaltung **1**.88 der Thyristor Q1 leitend ist. Über ihn fließt der Strom i_{V1}, der gleich dem vollkommen geglätteten konstanten Gleichstrom I_d ist. Im natürlichen Kommutierungszeitpunkt ($\alpha = 0°$) wird der Thyristor Q2 gezündet, sodass Q1 und Q2 gleichzeitig leiten, was zu einem Kurzschlussstrom i_K über die beteiligten Stränge führt. Treibende Spannung ist die Kurzschlussspannung $u_K = u_{S2} - u_{S1}$, die vom natürlichen Kommutierungszeitpunkt an positive Werte aufweist und die Stromübernahme auf das Ventil Q2 bewirkt. Der in die Schaltung eingetragene Kurzschlussstrom $i_K = u_K/X_K$ steigt von null auf I_d an, sodass nach Ablauf der Kommutierung $i_{V2} = I_d$ ist. In dem zu löschenden Thyristor fließt der Kurzschlussstrom i_K dem Ventilstrom i_{V1} entgegen. Nach der Knotenpunktregel ist $i_{V1} = I_d - i_{V2}$, und mit $i_{V1} = i_K$ nimmt der Ventilstrom $i_{V1} = I_d - i_K$ mit ansteigendem Kurzschlussstrom ab. Er wird null, wenn i_K den Wert des Gleichstroms I_d erreicht hat. In diesem Augenblick sperrt der Thyristor Q1, weil sein Haltestrom unterschritten ist, und im Thyristor Q2 fließt der Strom $i_{V2} = I_d$. Der Kommutierungsvorgang ist abgeschlossen. Entsprechend dem Verlauf der eingezeichneten Kommutierungsspannung u_K wird die Kommutierung beim Steuerwinkel 0° verhältnismäßig langsam eingeleitet. Mit wachsendem Steuerwinkel läuft sie schneller ab, bis sie bei $\alpha = 90°$ unter dem Maximum der Kommutierungsspannung mit großer Stromsteilheit vor sich geht. Bei weiterer Vergrößerung des Steuerwinkels verläuft die Kommutierung im Wechselrichterbereich wieder langsamer. Ist nach der Kommutierung die Freiwerdezeit im Wechselrichterbetrieb der Thyristoren nicht groß genug, kommt es zu kurzschlussartigen Betriebsstörungen, dem Wechselrichterkippen (s. Abschn. 1.7.2).

Da in der M3-Schaltung wie auch bei den anderen mehrpulsigen Gleichrichterschaltungen die Differenz der Netzspannungen (z. B. $u_{S2} - u_{S1}$) für die Kommutierung verantwortlich ist, spricht man von netzgeführter oder auch von fremdgeführter Kommutierung, weil diese Spannung außerhalb der Stromrichterschaltung vorhanden ist.

Während der Kommutierungszeit bzw. des Überlappungswinkels u (s. Bild **1**.88) liegt bei symmetrischem Aufbau der Stromrichterzweige am positiven Gleichspannungsanschluss (+) die halbe Summe der Strangspannungen (z. B. $(u_{S1} + u_{S2})/2$). Während der Kommutierung verläuft die Gleichspannung u_d auf der in Bild **1**.88 zwischen den Strangspannungen gestrichelt eingezeichneten Spannungskurve. Nach Abschluss der Kommutierung bis zum Beginn der nächsten verläuft die Gleichspannung auf der Strangspannung des stromführenden Ventils. Durch die Kommutierung verringert sich die Gleichspannung entsprechend den zugehörigen, schraffiert eingezeichneten Spannungszeitflächen.

1.7.1.4 Vollgesteuerte Brückenschaltungen

Während bei den Mittelpunktschaltungen innerhalb einer Periode der Wechselspannung die ventilseitige Wicklung des Stromrichtertransformators nur einmal in eine Richtung vom Strom durchflossen wird, führt die Wicklung bei den Brückenschaltungen zweimal Strom mit wechselnder Richtung. Wegen der besseren Ausnutzung des Transformators sind die Brückenschaltungen die am häufigsten eingesetzten netzgeführten Schaltungen.

Wir unterscheiden für den Anschluss an das Wechselstromnetz die zweipulsige Brückenschaltung B2 und für den Betrieb am Drehstromnetz die sechspulsige Brückenschaltung B6. Für die ungesteuerte Schaltung werden Dioden, für die gesteuerte Schaltung Thyristoren eingesetzt. In bestimmten Schaltungen findet man auch IGBTs. Sind alle Dioden durch Thyristoren oder IGBTs ersetzt, spricht man von vollgesteuerten Schaltungen. Diese wollen wir zunächst betrachten. Um die aufgenommene Blindleistung der Schaltung zu verringern, werden halbgesteuerte Brückenschaltungen eingesetzt, bei denen man je zur Hälfte Dioden und gesteuerte Ventile verwendet.

Vollgesteuerte Zweipuls-Brückenschaltung B2C. Stromrichter in Brückenschaltungen können wir als gleichstromseitige Reihenschaltung zweier Mittelpunktschaltungen mit gemeinsamem Transformator auffassen. Bild **1**.89a zeigt die Zweipuls-Brückenschaltung B2C, entwickelt aus zwei Zweipuls-Mittelpunktschaltungen M2. Die Gleichspannung u_{di} ergibt sich aus der Addition der Teilspannungen u_{diA} der anodenseitigen Kommutierungsgruppe (Q1, Q3) und der Teilspannung u_{diK} der kathodenseitigen Kommutierungsgruppe (Q2, Q4). Damit ist die Gleichspannung $u_{di} = u_{diA} + u_{diK}$.

Bei Vollaussteuerung ($\alpha = 0°$) oder bei der ungesteuerten Schaltung ist der arithmetische Mittelwert der Gleichspannung U_{di} doppelt so groß wie bei der Zweipuls-Mittelpunktschaltung $U_{di} = 2 \cdot 0{,}9 \cdot U_S$, wobei U_S die halbe Klemmenspannung U_V der Sekundärseite des Transformators ist. Der arithmetische Mittelwert der Gleichspannung ist damit

$$\boldsymbol{U_{di} = 0{,}9 \cdot U_V}. \qquad (1.80)$$

In der Brückenschaltung B2 leiten jeweils gleichzeitig die diagonal angeordneten Ventile: während der positiven Halbwelle der Transformator-Klemmenspannung U_V die Ventile Q1 und Q2 und während der negativen Halbwelle die Ventile Q3 und Q4. Das Steuergerät muss zwei um 180° verschobene Impulspaare erzeugen. Die Ventile führen jeweils den halben Laststrom, sodass sie mit dem halben arithmetischen Mittelwert des Gleichstroms belastet sind.

$$I_{TAV} = \frac{1}{2} \cdot I_d \qquad (1.81)$$

Die Liniendiagramme der Systemgrößen bei Teilaussteuerung mit dem Steuerwinkel $\alpha = 60°$ sind für ohmsche Last in Bild **1**.89b und für induktive Last bei idealer Glättung in Bild **1**.89c dargestellt. Bei ohmscher Last entstehen Stromlücken entsprechend dem Steuerwinkel α. Bei induktiver Last fließt bis zum Steuerwinkel $\alpha = 90°$ ein nichtlückender Strom, sodass die Thyristoren auch in der negativen Halbwelle leitend bleiben. Es entstehen negative Spannungs-Zeit-Flächen.

Wird als Last eine Gleichstrommaschine angeschlossen, sind bei geglättetem Stromverlauf und beim Steuerwinkel $\alpha > 90°$ die negativen Spannungs-Zeit-Flächen größer als die positiven, die Ausgangsspannung polt um, der Stromrichter arbeitet als Wechselrichter (s. Abschn. 1.7.2). Den Ventilspannungsverlauf U_{V1} des Thyristors Q1 zeigt das Liniendiagramm **1**.89. Im Blockierzustand teilt sich bei gleichzeitig gesperrtem Thyristor Q3 die Transformator-Wechselspannung auf die in Reihe geschalteten Thyristoren Q1 und Q2 auf; an jedem Ventil liegt die halbe Wechselspannung.Während der Stromleitdauer ist die Ventilspannung nahezu null. Im Sperrzustand teilt sich bis zum Zünden des Thyristors Q3 wiederum die negative Spannung auf die Ventile Q1 und Q2 auf. Wird Q3 gezündet liegt die Anschlusswechselspannung direkt an Q1. Bei ohmscher Belastung ergibt sich dann ein Sprung im Verlauf der Sperrspannung.

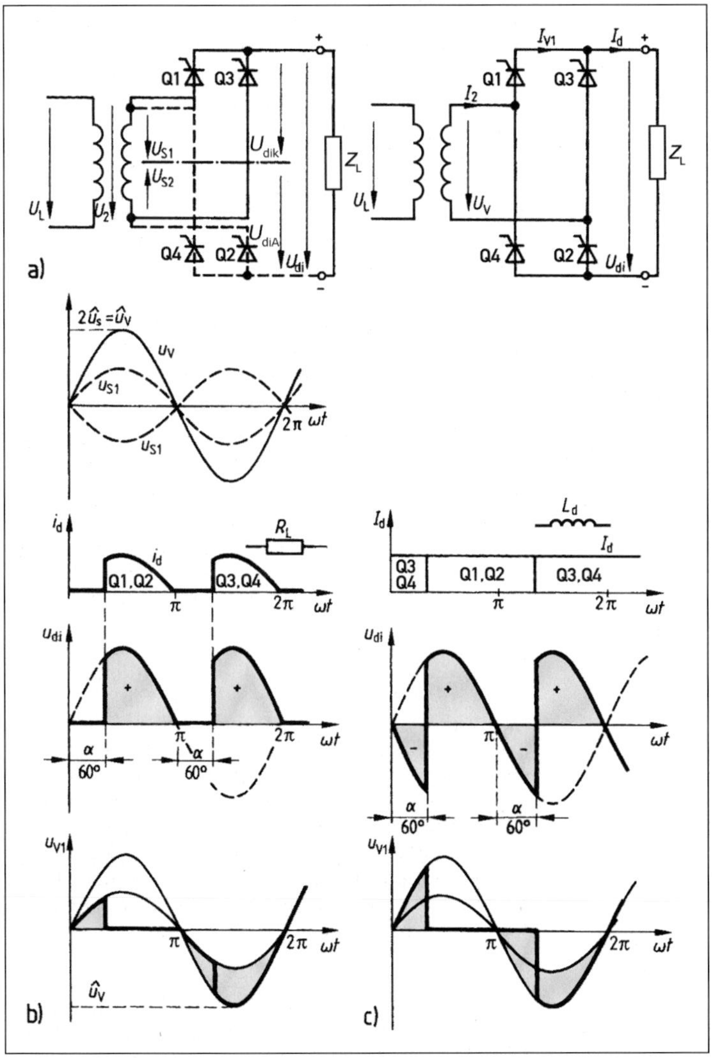

1.89
Vollgesteuerte Zweipuls-Brückenschaltung B2C
a) Entwicklung des Schaltplans aus zwei M2-Schaltungen
b) Systemgrößen bei ohmscher Last
c) bei induktiver Last

IGBT-Brückenschaltung. In Bild **1**.90a ist ein Brückenaufbau mit IGBT-Verarmungstyp dargestellt. Ohne Ansteuerung sind die Ventile leitend (B2U), mit Ansteuerung können Sie paarweise gesperrt werden (B2C).

Gegenüber einer mit Thyristoren gesteuerten Brücke ergeben sich erweiterte Möglichkeiten der Steuerung: Bild **1**.90b zeigt für Widerstandslast die Anschnittsteuerung (1), die Sektorsteuerung (2) und die Abschnittsteuerung (3). Zu bemerken ist, dass die Phasenverschiebung der Grundwelle des Wechselstroms zwischen induktiv und

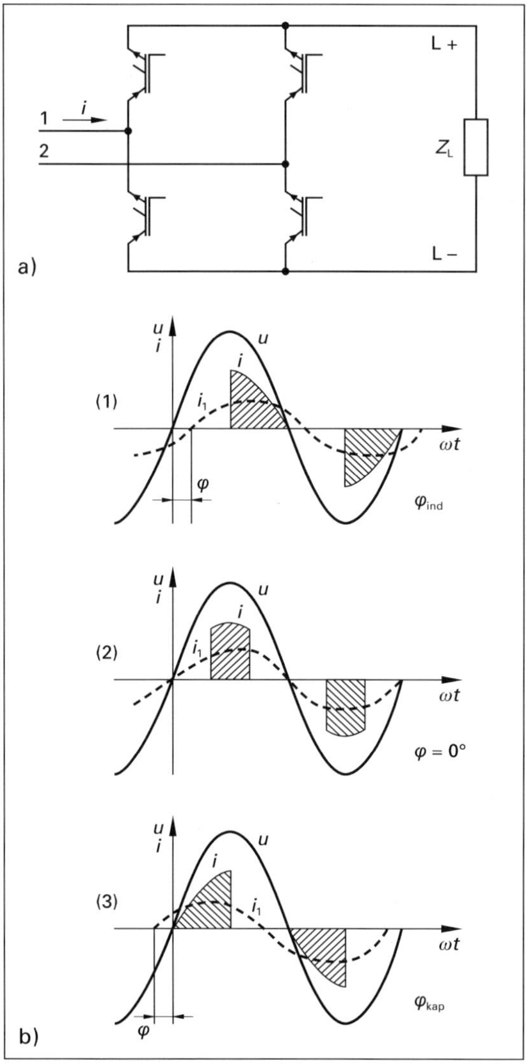

1.90 Zweipuls-Brückenschaltung mit IGBT
a) Schaltung
b) Steuerung mit Widerstandslast, Phasenverschiebung der Grundwelle
(1) Anschnittsteuerung → ind.
(2) Sektorsteuerung → keine Phasenverschiebung
(3) Abschnittsteuerung → kap.

kapazitiv – je nach Steuerungsart – verändert werden kann. Wegen der schnellen Schaltmöglichkeiten des IGBT kann während der geplanten Stromleitdauer der IGBT so getaktet werden, dass die Stromform der Sinusform angeglichen und eine vorbestimmte Phasenverschiebung erreicht wird. Wird eine IGBT-Brücke als Eingangsstromrichter eines Frequenzumrichters genutzt, spricht man von einer **aktiven Brückenschaltung** mit der sich die Phasenverschiebung des Eingangskreises einstellen lässt.

Die vollgesteuerte Sechspuls-Brückenschaltung B6C (Drehstrombrückenschaltung) nach Bild **1**.91 a ist eine bei großen Leistungen häufig eingesetzte Gleichrichterschaltung. Sie weist gegenüber den bisher besprochenen Schaltungen die geringste Spannungswelligkeit w_u und Transformator-Typenleistung auf. Auch sie kann als gleichstromseitige Reihenschaltung zweier Mittelpunktschaltungen mit gemeinsamem Transformator betrachtet werden. Die pulsierenden Spannungen der kathodenseitigen Dreipuls-Mittelpunktschaltung M3K und der anodenseitigen Mittelpunktschaltung M3A sind um 60° el gegeneinander versetzt. Die Gleichspannung u_{di} ergibt sich aus der Addition der kathodenseitigen Teilspannung u_{diK} und der anodenseitigen u_{diA}.

$u_{di} = u_{diK} + u_{diA}$

Wie aus dem zeitlichen Verlauf der Spannungen (**1**.91) ersichtlich, sind bei Vollaussteuerung ($\alpha = 0°$) oder bei der ungesteuerten Schaltung der niedrigste Wert der Gleichspannung $u_{di} = 1{,}5\ \hat{u}_S = 1{,}5 \cdot \sqrt{2} \cdot U_S = 2{,}12 \cdot U_S$ und der höchste Wert $u_{di} = 2 \cdot \hat{u}_S \sin 60° = \sqrt{3} \cdot \sqrt{2} \cdot U_S = 2{,}45 \cdot U_S$. Der arithmetische Mittelwert liegt zwischen diesen Werten und beträgt

$$\boldsymbol{U_{di} = 2{,}34 \cdot U_S}. \quad (1.82)$$

Die periodische Spitzensperrspannung ist gleich dem Höchstwert der Gleichspannung u_{di} und beträgt $\hat{u}_R = 2{,}45 \cdot U_S$. Sie ist nur um 5 % größer als die Gleichspannung U_{di}.

Zündung. In der B6-Schaltung sind die Ventile wie in der M3-Schaltung jeweils über ⅓ Periode = 120° el stromführend. Es müssen die Ventile gezündet werden, an denen anodenseitig das positivste Netzspannungspotential bzw. kathodenseitig das negativste Netzspannungspotential ansteht. Damit der Gleichstrom fließen kann, müssen gleichzeitig zwei Ventile leiten, z. B. Q1 und Q2 bei $\omega t = \pi/2 = 90°$. Soll zu diesem Zeitpunkt eingeschaltet werden, sind gleichzeitig zwei Zündimpulse erforderlich, in Bild **1**.91 die Zündimpulse 1' und 2. Für den „normalen" Betrieb ist am Ventil Q1 aber schon 60° früher der „normale" Zündimpuls erforderlich. Das Steuergerät der B6-Schaltung muss daher für jedes Ventil Doppelimpulse mit dem Abstand 60° el erzeugen. Nicht nur beim Einschalten, sondern auch bei lückendem Betrieb sind diese Impulse nötig.

Nach Bild **1**.91 verringert sich bei Teilaussteuerung die Gleichspannung. Für nichtlückenden Strom gilt auch hier $U_{di\alpha} = U_{di} \cdot \cos \alpha$. Bei $\alpha = 90°$ ist demnach die Ausgangsspannung der Schaltung null und kehrt im Wechselrichterbetrieb bei $\alpha = 90°$ die Richtung um.

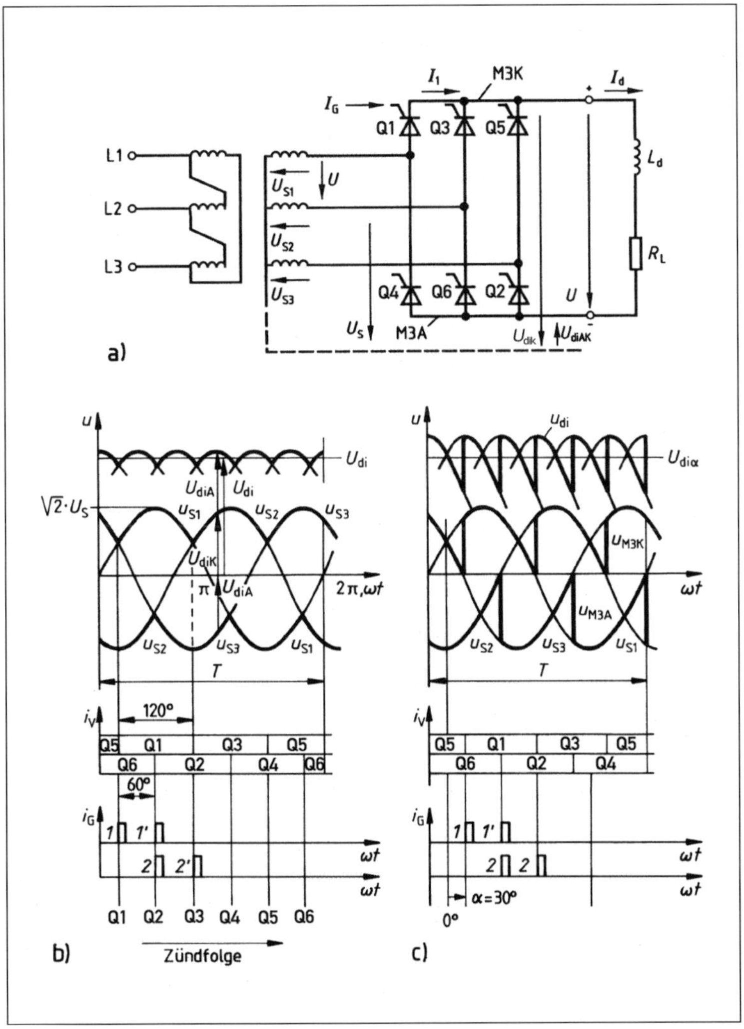

1.91
Vollgesteuerte Sechspuls-Brückenschaltung B6C (Drehstrom-Brückenschaltung)
a) Schaltplan
b) Systemgrößen bei Vollaussteuerung ($\alpha = 0°$)
c) bei Teilaussteuerung ($\alpha = 30°$)

1.7.1.5 Zwölfpuls-Brückenschaltung

Beim Betrieb von netzgeführten Gleichrichterschaltungen für große Leistungen ist es besonders wichtig, dass die Welligkeit der erzeugten Gleichspannung gering ist und der Netzstrom nur einen kleinen Oberschwingungsgehalt besitzt.

Am 3-Phasen-Netz kann die Schaltung z. B. durch einen Drei-Wicklungs-Transformator in Dd0y5-Schaltung realisiert werden, der zwei um 30° phasenverschobene Ausgangsspannungen bereitstellt. Bild **1**.92 zeigt eine Anordnung der beiden Sechspuls-Brückenschaltungen in Reihenschaltung. Auf diese Weise addieren sich in Bild **1**.92 die um 30° phasenverschobenen sechspulsigen Teilspannungen u_{dI} und u_{dII} zur zwölfpulsigen Gesamtspannung u_{d}. Der Oberwellengehalt des Netzstroms auf der Primärseite des Transformators ist deutlich geringer als bei einer B6-Schaltung.

Zur Erzeugung hoher Gleichströme können die beiden B6-Schaltungen auch parallel geschaltet werden. Die Ausgangsspannung ist dann halb so groß wie bei der Reihenschaltung. Die parallel geschalteten Brückengleichrichter müssen über eine Drossel (Saugdrossel) verbunden werden, damit wegen der unterschiedlichen Augenblickswerte der beiden Gleichspannungen, Ausgleichsströme verringert werden.

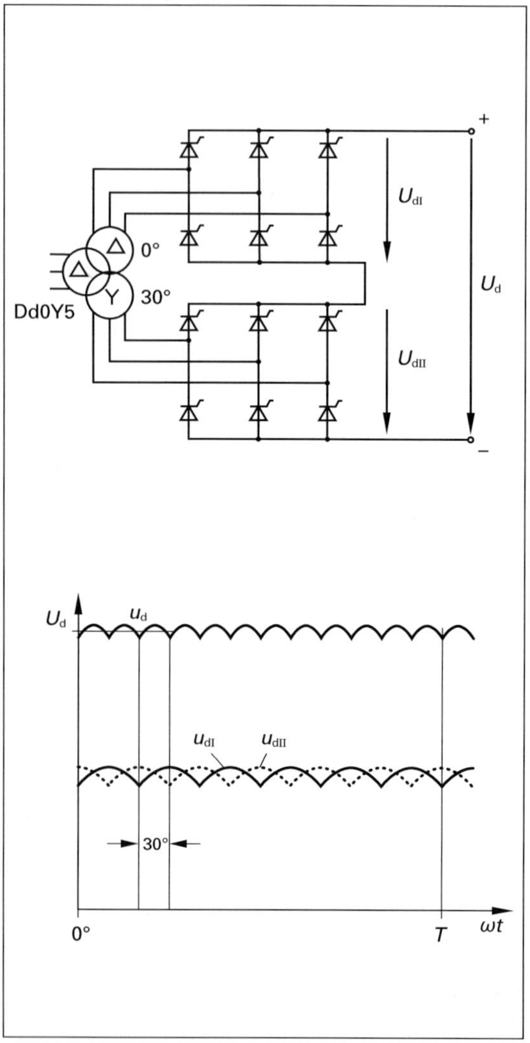

1.92 Zwölfpuls-Schaltung a) B6 Reihenschaltung b) Liniendiagramm der Ausgangsspannung

1.7.1.6 Halbgesteuerte Brückenschaltungen

Wir stellten fest, dass in ungesteuerten Gleichrichterschaltungen Blindleistung entsteht, die sich wesentlich als Grundschwingungs-Blindleistung Q_1 durch die Aussteuerung und die dadurch entstehende Phasenverschiebung der Stromgrundwelle gegenüber der Spannung ergibt. Mit steigendem Aussteuerungsgrad $U_{di\alpha}/U_{di}$ wird im Teillastbetrieb der Leistungsfaktor stark herabgesetzt. Dies ist ein Mangel der netzgeführten Stromrichterschaltungen. Zur Verminderung der dem Wechselstromnetz entnommenen Blindleistung gibt es bei geglättetem Gleichstrom verschiedene, die Phasenverschiebung verringernde Maßnahmen: Folgesteuerung von Teilstromrichtern, Schaltungen mit Freilauf, wie halbgesteuerte Brückenschaltungen oder Schaltungen mit zusätzlichem Freilaufzweig. Die Verbesserung des Leistungsfaktors durch eine Freilaufdiode in der M1-Schaltung (Bild **1**.79) haben wir bereits besprochen. Bei den halbgesteuerten Brückenschaltungen besteht die Brücke je zur Hälfte aus gesteuerten und ungesteuerten Ventilen. Der Vorteil der halbgesteuerten Brückenschaltungen besteht einmal im Verringern der Netzblindleistung, zum anderen in der geringeren Zahl der erforderlichen steuerbaren Ventile und deren Ansteuerungen. Die Anwendungsmöglichkeiten von „Blindleistung sparenden Schaltungen" sind jedoch eingeschränkt, weil mit ihnen kein Wechselrichterbetrieb möglich ist, den der Vierquadrantenbetrieb (4-Q-Betrieb) erfordert.

Halbgesteuerte Zweipuls-Brückenschaltung B2H. In Bild **1**.93 sind die Schaltung und die Systemgrößen der vollgesteuerten Brückenschaltung B2C mit vier Thyristoren und einer halbgesteuerten Zweipuls-Brückenschaltung gegenübergestellt; Spannungs- und Stromverläufe gelten für vollkommene Glättung des Gleichstroms. Bei der vollgesteuerten Brückenschaltung **1**.93a durchfließt der Strom immer gleichzeitig zwei diagonal gegenüberliegende Ventile. Bis zur Zündung der beiden folgenden Thyristoren bleiben die Strom führenden Ventile leitend, sodass sich positive und negative Spannungs-Zeit-Flächen ergeben. Im Stromrichter-Transformator fließt ein rechteckförmiger Wechselstrom i_2 ohne Lücken, ebenso im Wechselstromnetz. Die die Steuerblindleistung hervorrufende Phasenverschiebung φ_1 der eingezeichneten Stromgrundwelle i_{21} ist so groß wie der Steuerwinkel α.

In der halbgesteuerten Schaltung **1**.93b sind die Ventile eines Zweigs steuerbare Thyristoren; der andere Zweig besteht aus ungesteuerten Dioden. Die Schaltung heißt zweigpaargesteuerte Brückenschaltung B2HZ. In einer weiteren Ausführung der halbgesteuerten Schaltung B2HK sind die beiden kathodenseitig zu einem Gleichstromanschluss zusammengefassten steuerbaren Thyristoren (Zusatz K), die beiden anderen Ventile ungesteuerte Dioden. In jeder der B2H-Schaltungen kann in beiden Halbwellen der Wechselspannung der Zündzeitpunkt festgelegt werden, da jeweils eines der beiden in Vorwärtsrichtung in Reihe geschalteten Ventile ein steuerbarer Thyristor ist. Der Freilaufzweig wird in der B2HZ-Schaltung durch die in Reihe geschalteten Dioden R1 und R2 gebildet. Kommutiert der Strom auf den Freilaufzweig, schließt dieser die Last kurz, sodass die Gleichspannung null wird und keine negativen Spannungs-Zeit-Flächen entstehen können.

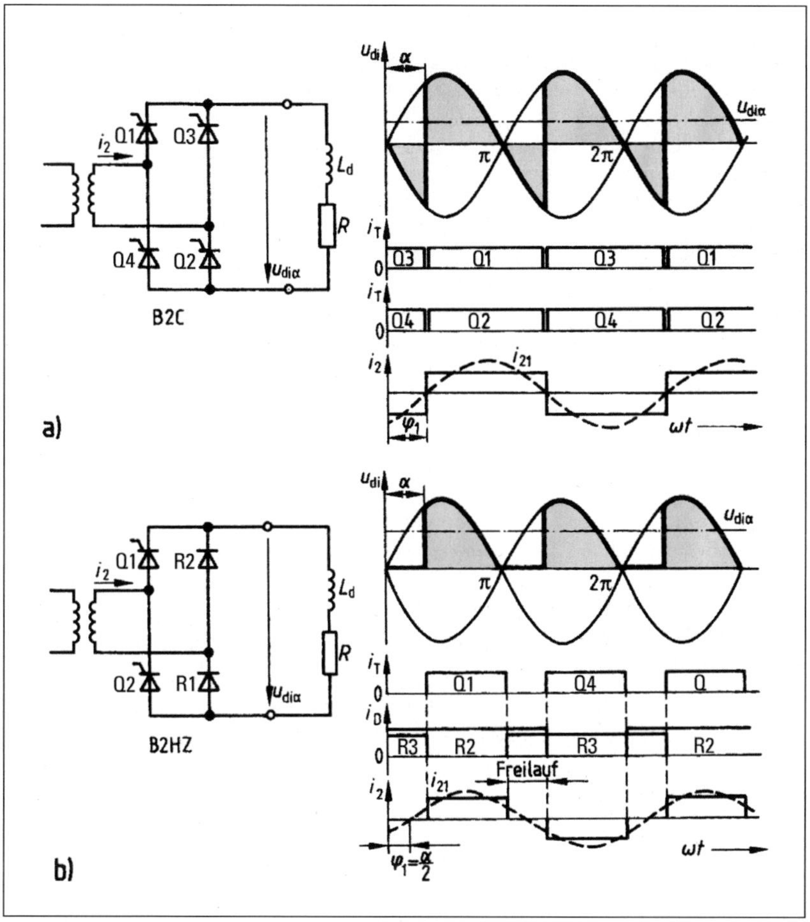

1.93
Voll- und halbgesteuerte Zweipuls-Brückenschaltungen, Spannungs- und Stromverlauf für $\alpha = 60°$
a) vollgesteuerte Brückenschaltung B2C
b) zweigpaargesteuerte Brückenschaltung B2HZ (unsymmetrisch halbgesteuerte Brückenschaltung)

In der B2HZ-Schaltung fließen bei vollkommener Glättung auch bei Anschnittsteuerung rechteckförmige Stromblöcke mit unterschiedlicher Stromflussdauer in den gesteuerten und ungesteuerten Ventilen. Die Phasenlage der Thyristorströme wird durch den Steuerwinkel bestimmt. Die Grundschwingung des rechteckförmigen Transformatorstroms i_{21} ist wie auch bei der anderen Ausführungsform der halbgesteuerten Schaltung gegenüber der Netzspannung mit $\varphi_1 = \alpha/2$ weniger stark verschoben als bei der vollgesteuerten Schaltung. Dadurch ergibt sich eine Einsparung der Netzblindleistung um etwa die Hälfte.

Wie in der vollgesteuerten Brücke, können die Steuerventile auch durch IGBTs ausgeführt werden. Die möglichen Varianten, zweigpaargesteuert B2HZ und kathodenseitig gesteuert B2HK, sind in Bild **1**.94 mit N-Kanal – IGBT, Verarmungstyp dargestellt. Zur Steuerung muss an der Basis jeweils ein Signal anstehen, damit die Transistoren sperren.

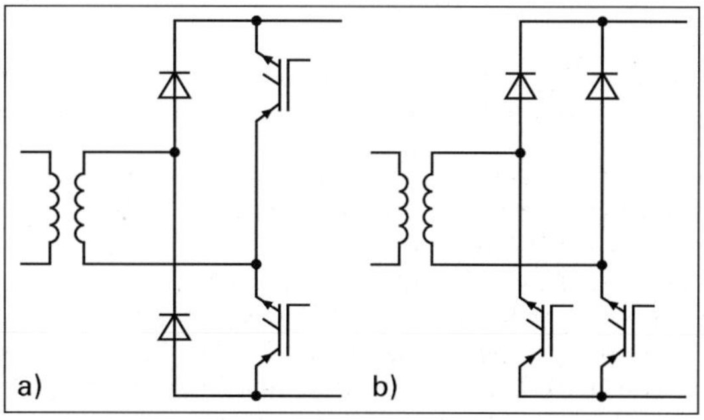

1.94 Halbgesteuerte Brückenschaltung mit IGBT,
a) Zweigpaargesteuert B2HZ,
b) Kathodenseitig gesteuert B2HK

Die halbgesteuerte Sechspuls-Brückenschaltung B6H (**1**.95) ist die dreiphasige Erweiterung der B2HK-Schaltung. Vorteilhaft ist wiederum die Einsparung an Netzblindleistung gegenüber der vollgesteuerten Schaltung. Auf die Darstellung des Strom- und Spannungsverlaufs wird hier verzichtet, doch sei erwähnt, dass in der halbgesteuerten

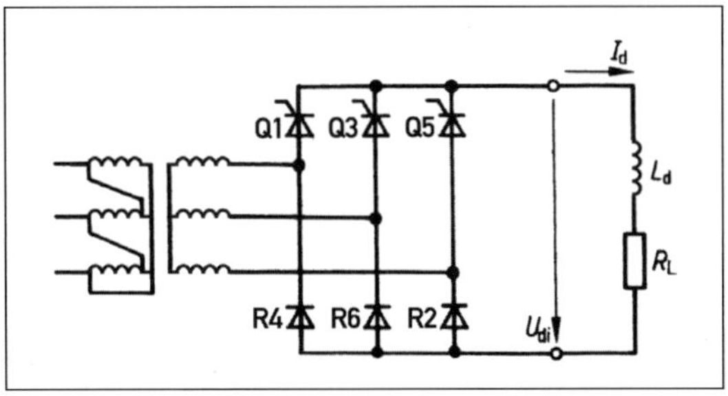

1.95 Halbgesteuerte Sechspuls-Brückenschaltung B6H

Schaltung die Gleichspannung ab dem Steuerwinkel α = 60° dreipulsig wird. Wie auch bei den anderen halbgesteuerten Schaltungen ergeben sich keine negativen Spannungs-Zeit-Flächen. Damit ist ein Wechselrichterbetrieb ebenfalls nicht möglich.

Aufgaben zu Abschnitt 1.7.1

1. In einer Zweipuls-Brückenschaltung B2 wird mit einem Dreheiseninstrument die Gleichspannung 230 V und mit einem Drehspulinstrument die Gleichspannung 207 V gemessen. Erläutern Sie die beiden Messwerte.
2. a) Was versteht man unter der Steuerkennlinie einer Stromrichterschaltung? b) Durch welche Gleichung wird sie bei nichtlückendem Strom beschrieben?
3. Erläutern Sie die Ursachen für das Entstehen von Blindleistung in gesteuerten Stromrichterschaltungen auch bei rein ohmscher Belastung. Prüfen Sie, ob in der ungesteuerten B2-Schaltung Blindleistung auftritt.
4. Welche Vor- und Nachteile haben Stromrichterschaltungen mit Freilauf gegenüber Schaltungen ohne Freilauf?
5. Erläutern Sie die Ausdrücke lückender und nichtlückender Strom.
6. Welche Unterschiede ergeben sich in der gesteuerten M3-Schaltung im Gleichspannungs- und Gleichstromverlauf bei rein induktiver und rein ohmscher Belastung? Zeichnen und erläutern Sie beide Verläufe für den Steuerwinkel $\alpha = 45°$.
7. In der mit ohmscher Belastung betriebenen ungesteuerten M3-Schaltung hat die Diode R2 (**1**.84) eine Unterbrechung. Zeichnen Sie den Gleichspannungs- und Gleichstromverlauf.
8. Ein Gleichstrommotor wird mit lückendem Ankerstrom an einer gesteuerten Zweipuls-Brückenschaltung B2C betrieben. Zeichnen Sie für den Steuerwinkel α = 60° den Verlauf der Ankerspannung und des Ankerstroms.
9. Warum wird in der Antriebstechnik lückender Ankerstrom weitgehend vermieden?

1.7.2 Netzgeführte Wechselrichter

Die netzgeführten Stromrichterschaltungen beziehen ihre Kommutierungsspannung aus dem Wechselstromnetz; der Verlauf der Netz-Wechselspannung ist jeweils für den Stromübergang von einem Ventil auf das folgende gezündete maßgebend. Wir unterscheiden die Betriebsarten Gleichrichter- und Wechselrichterbetrieb. Unterscheidungsmerkmal ist die Energieflussrichtung.

Im Gleichrichterbetrieb wird die elektrische Energie im Mittel aus dem Wechselstromnetz über den Stromrichter der Gleichstromseite zugeführt.

Im Wechselrichterbetrieb wird die elektrische Energie im Mittel von der Gleichstromseite über den Stromrichter dem Wechselstromnetz zugeführt. Hierzu muss auf der Gleichstromseite ein Energielieferant z. B. eine Gleichstrommaschine im Generatorbetrieb vorhanden sein.

Gleichrichterbetrieb. Bild **1**.96a zeigt den Schaltplan einer fremderregten Gleichstrommaschine, die über eine vollgesteuerte Zweipulsbrückenschaltung B2C aus dem Wechselstromnetz gespeist wird. Die zugehörigen Oszillogramme zeigen Netzspannung U_V, Gleichspannung $U_{di\alpha}$ und Gleichstrom I_d. Die Oszillogramme sind mit unterschiedlicher Last aufgenommen. Bei geringerer Last ist der Ankerstrom kleiner und lückt, bei größerer Last steigt der Ankerstrom an und fließt kontinuierlich. Auch der Verlauf der Gleichspannung ist unterschiedlich. Während der Stromlücke nimmt die Ankerspannung den Wert der induzierten Spannung U_0 an (vgl. Bild **1**.82), dagegen folgt im nichtlückenden Betrieb die Ankerspannung direkt der Netzspannung. In beiden Fällen ist die positive Spannungszeitfläche größer als die negative, sodass bei positiver Ankerstromrichtung im Mittel das Leistungsprodukt $p = u_{di\alpha} \cdot i_\alpha$ positiv ist und die elektrische Leistung dem Wechselstromnetz entnommen und der Gleichstrommaschine zugeführt wird. Der Stromrichter arbeitet im Gleichrichterbetrieb und die Gleichstrommaschine im Motorbetrieb. Im

Motorbetrieb wirken das innere Drehmoment M_i und der Drehsinn stets in gleiche Richtung. Hier sind beide rechtswirkend, die Gleichstrommaschine arbeitet im I. Quadranten.

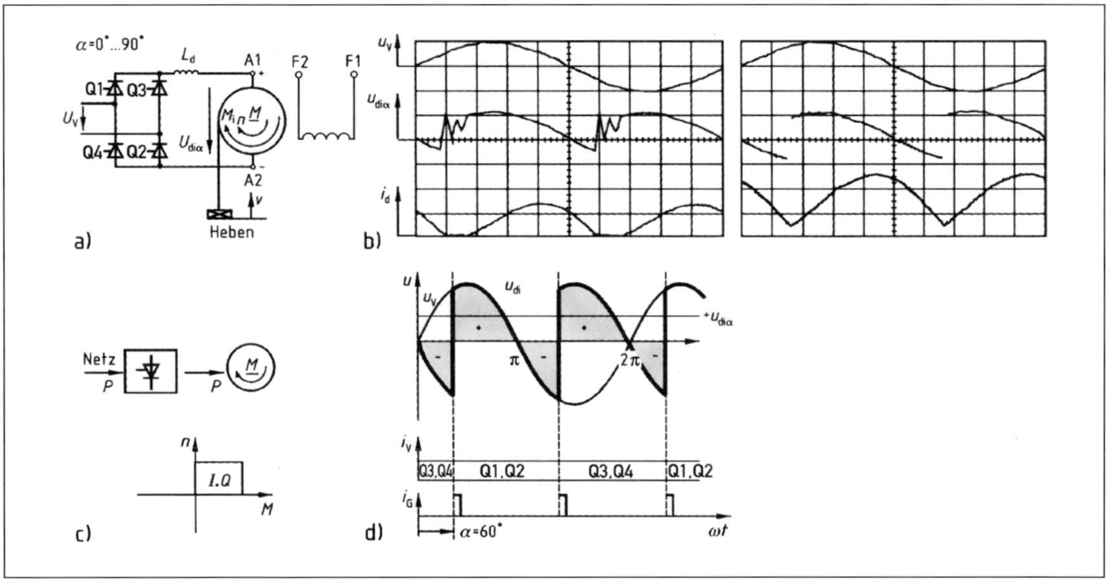

1.96 Gleichrichterbetrieb: Gleichstrommotor mit vollgesteuerter Zweipuls-Brückenschaltung

a) Schaltplan, b) Oszillogramm der Systemgrößen bei gleichbleibendem Steuerwinkel und unterschiedlicher Last, c) Leistungsfluss, Betriebsquadrant, d) Systemgrößen für $\alpha = 60°$, idealisiert

Steuerkennlinie. Der Praxis größerer belasteter Antriebe entsprechend, wird von nichtlückenden Strömen ausgegangen. In den Prinzipdarstellungen in Bild **1.**96d ist der Strom idealisiert als vollkommen geglättet dargestellt. Der Ankerspannungsverlauf entspricht dem dargestellten Oszillogramm bei nichtlückendem Strom. Die

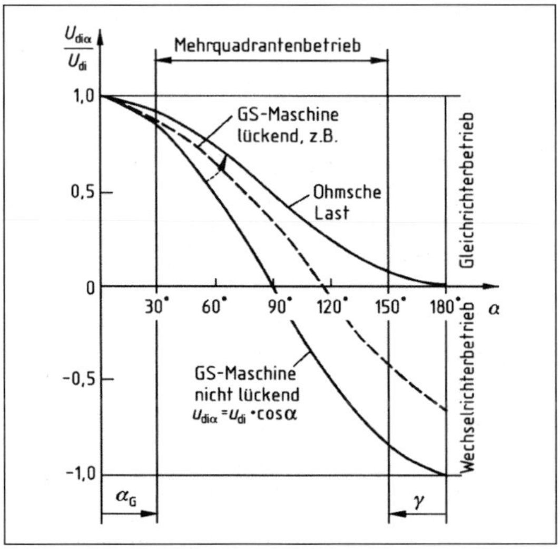

1.97 Steuerkennlinien der B2C, α_G Gleichrichtertrittgrenze, γ Löschwinkel

zugehörige Steuerkennlinie der Ankerspannung $U_{di\alpha} = U_{di} \cdot \cos\alpha$ zeigt Bild **1.**97 als vollausgezogene Kennlinie. Sie gilt für alle vollgesteuerten Stromrichter bei nichtlückendem Betrieb. Im Steuerwinkelbereich $\alpha = 0°$ bis $\alpha = 90°$ arbeiten die Schaltungen als Gleichrichter; beim Steuerwinkel 90° ist der arithmetische Mittelwert der Ankerspannung null, da die positiven und negativen Spannungszeitflächen gleich groß sind.

Im lückenden Betrieb ändert sich der Ankerspannungsverlauf. Hier gelten je nach Dauer der Stromlücke andere Kennlinien, die sich in Richtung der Steuerkennlinien für ohmsche Last verschieben. In Bild **1.**97 ist eine mögliche Kennlinie eingezeichnet für die sich keine Gleichung angeben lässt.

Wechselrichterbetrieb. Bild **1.**98a zeigt den Schaltplan einer fremderregten Gleichstrommaschine, die über eine vollgesteuerte Zweipuls-Brückenschaltung B2C an das Wechselstromnetz angeschlossen ist. Im Senkbetrieb wandelt die Gleichstrommaschine als Generator mechanische Leistung in elektrische um. Die absinkende Last treibt die Maschine in Linksdrehung an, wobei das innere Drehmoment M_i der absinkenden Last entgegenwirkt. Da sich die Richtung des Drehmoments gegenüber dem Motorbetrieb bei gleichbleibender Erregung nicht ändert, sind die

Richtungen des Ankerstroms I_d beim Heben im Motor- und beim Senken im Generatorbetrieb gleich. Wir können daher in beiden Betriebsarten für diesen Antriebsfall dieselbe Stromrichterschaltung verwenden.

Wegen der gegenüber dem Motorbetrieb umgekehrten Drehrichtung, muss sich die Polarität der Ankerspannung ändern. Die Schaltung B2C muss nun bei gleichem Aufbau eine negative Spannung $U_{di\alpha}$ bereitstellen. Dies geschieht durch Vergrößern des Steuerwinkels.

Die Oszillogramme in Bild **1**.98 b zeigen die Wechselspannung U_V, die Gleichspannung $U_{di\alpha}$ und den Ankerstrom I_d. Sowohl bei kleiner Last im lückenden Betrieb als auch bei größerer im nichtlückenden ist Wechselrichterbetrieb möglich. In beiden Fällen ist die negative Spannungs-Zeit-Fläche größer als die positive. Der Mittelwert der Spannung $U_{di\alpha}$ ist negativ. Unsere Forderung nach Umkehr der Polarität der Ankerspannung gegenüber dem Motorbetrieb ist erfüllt.

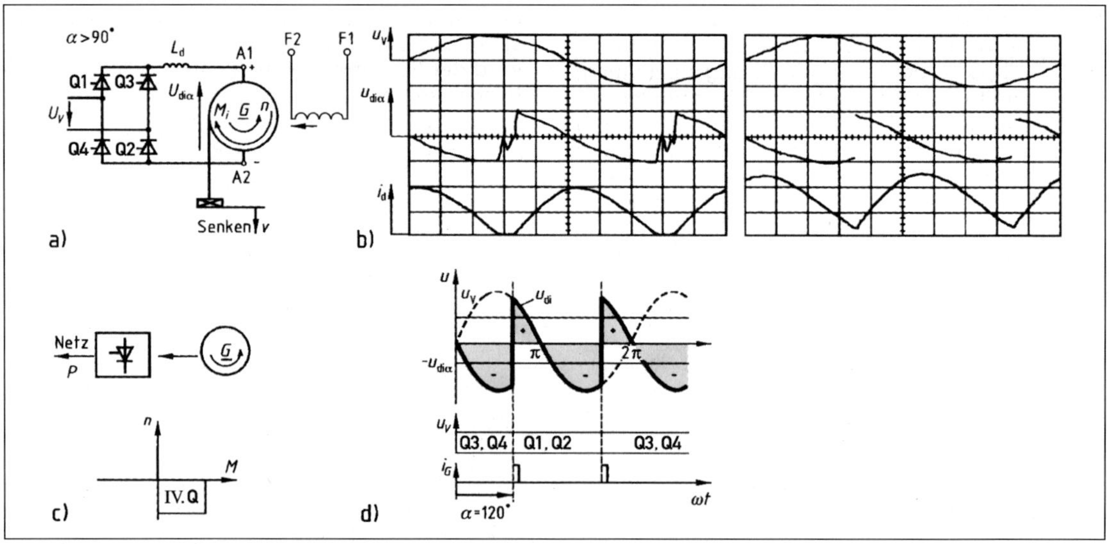

1.98 Wechselrichterbetrieb: Gleichstromgenerator mit vollgesteuerter Zweipuls-Brückenschaltung

Leistungsbetrachtung. Im Gleichrichterbetrieb ist bei positivem Mittelwert der Spannung $U_{di\alpha}$ und positiv gezähltem Strom I_d das Produkt auf der Gleichstromseite des Stromrichters ebenfalls positiv. Die Leistung wird dem Wechselstromnetz entnommen und dem Gleichstromverbraucher (Motor) zugeführt. Im Wechselrichterbetrieb ist der Mittelwert der Spannung $U_{di\alpha}$ negativ bei weiterhin positiv gezähltem Strom I_d. Das mittlere Leistungsprodukt wird negativ, auf der Gleichstromseite wird elektrische Energie abgegeben und über den Stromrichter ins Wechselstromnetz eingespeist. Auf der Gleichstromseite muss dazu eine aktive Last vorhanden sein, z. B. eine als Generator arbeitende Gleichstrommaschine. Bei Linkslauf arbeitet die Maschine im IV. Quadranten.

Die Steuerkennlinie nach Bild **1**.97 für den Wechselrichterbetrieb gilt für den Spannungsverlauf, der sich bei nichtlückendem Betrieb ergibt. Hier stellt sich bei aktiver Last der Wechselrichterbetrieb bei Steuerwinkeln > 90° ein. Dies entspricht den Antriebsbedingungen unter größerer Last. Ist die Maschine gering belastet wird der Ankerstrom lückend und wie im zugehörigen Oszillogramm ersichtlich, ändert sich auch der Verlauf der Ankerspannung. Bei lückendem Betrieb ist der Wechselrichterbetrieb erst bei Steuerwinkeln möglich, die je nach Dauer der Stromlücke über 90° liegen. Eine beispielhafte Kennlinie ist in Bild **1**.97 gestrichelt eingezeichnet.

Einschränkungen. Mit halbgesteuerten Brückenschaltungen, die einen „integrierten" Freilauf aufweisen sowie mit vollgesteuerten Schaltungen mit Freilaufzweig sind keine negativen Spannungs-Zeit-Flächen und damit kein Wechselrichterbetrieb möglich.

Vollgesteuerte netzgeführte Stromrichter arbeiten bei nichtlückendem Strom mit Steuerwinkeln α = 0° bis 90° als Gleichrichter und mit Steuerwinkeln α > 90° als Wechselrichter.

Bei lückendem Strom gelten andere Steuerwinkelbereiche.

Wechselrichterbetrieb ist auch bei Umkehrung des Ankerstroms möglich. Dann ist z. B. ein zweiter antiparalleler Stromrichter einzusetzen. Siehe dazu Abschn. 2.12.3.3.

Wechselrichterkippen. Das Umsteuern vom Gleichrichter- in den Wechselrichterbetrieb einer Dreipuls-Mittelpunktschaltung mit Gleichstrommaschine ist in Bild **1**.99 dargestellt. Mit zunehmendem Steuerwinkel α wird die negative Spannung U_{di} größer. Der theoretisch größte Wert wird bei α = 180° erreicht, doch würden hier Kurzschlussströme fließen, die die Thyristoren zerstören können. Dieses Wechselrichterkippen kommt so zustande: Wir nehmen an, dass das Ventil Q2 leitet. Im Schnittpunkt der negativen Strangspannungen u_S wird mit α = 180° das Ventil Q3 gezündet. An der Anode des Ventils Q2 liegt die Strangspannung u_{S2} und an der Kathode – über das leitende Ventil Q3 – die Strangspannung u_{S3}. Nach der Zündung ist augenblicklich u_{S2} positiver als u_{S3}, sodass der Thyristor Q2 nach dem vorgesehenen Kommutierungsaugenblick sofort mit einer positiven Spannung in Vorwärtsrichtung versehen ist. Ihm fehlt eine ausreichende Freiwerdezeit, sodass er nicht löscht, die volle Blockierfähigkeit nicht erreicht und leitend bleibt. Über die nun leitenden Ventile Q2 und Q3 sind, zumindest für eine Halbwelle, die Strangspannungen u_{S2} und u_{S3} kurzgeschlossen.

Löschwinkel γ. Um einen genügenden Sicherheitsabstand zu gewährleisten, darf der Steuerwinkel α nicht bis 180° gesteigert werden. Vielmehr muss im Wechselrichterbetrieb ein Sicherheitsabstand zum Schnittpunkt der negativen Strangspannungen eingehalten werden – der Löschwinkel γ, der die erforderliche „Schonzeit" sicherstellt. Er ist abhängig vom Belastungsstrom, von der Netzspannung und Impedanz des Netzes. In der Praxis wird der Steuerwinkel meist auf „sichere" Werte beschränkt, z. B. α_{max} = 150°.

In der Steuerkennlinie **1**.97 ist der Löschwinkel 30° eingezeichnet. Soll im Gleich- und Wechselrichterbetrieb mit gleicher maximaler Spannung gearbeitet werden, ist auch der Gleichrichterbetrieb um 30° eingeschränkt, sodass im Mehrquadrantenbetrieb der gekennzeichnete Steuerbereich zur Verfügung steht.

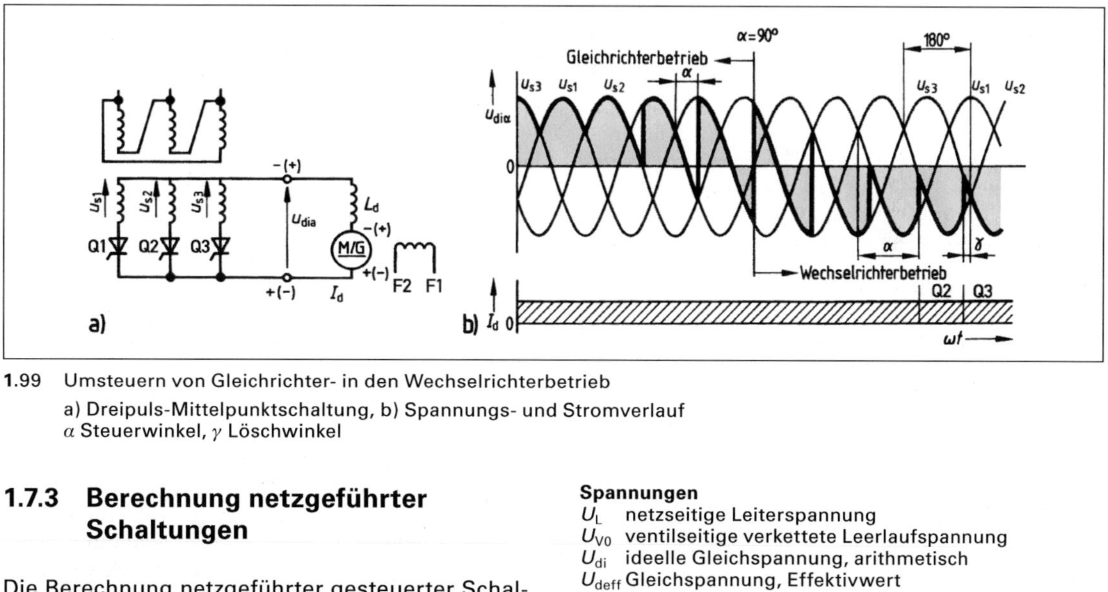

1.99 Umsteuern von Gleichrichter- in den Wechselrichterbetrieb
a) Dreipuls-Mittelpunktschaltung, b) Spannungs- und Stromverlauf
α Steuerwinkel, γ Löschwinkel

1.7.3 Berechnung netzgeführter Schaltungen

Die Berechnung netzgeführter gesteuerter Schaltungen erfolgt in zwei Schritten. Zunächst werden die Werte mithilfe der Kennwerte der ungesteuerten Gleichrichterschaltungen nach Tabelle **1**.100 ermittelt. Dann können für die gesteuerten Schaltungen die Werte mithilfe der Steuerkennlinien **1**.101 oder der zugehörigen mathematischen Formeln ermittelt werden. In den Normen für leistungselektronische Bauteile und für leistungselektronische Schaltungen haben die Größen unterschiedliche Indizes. Wir wollen die Größen wie nachfolgend bezeichnen.

Spannungen
U_L netzseitige Leiterspannung
U_{V0} ventilseitige verkettete Leerlaufspannung
U_{di} ideelle Gleichspannung, arithmetisch
U_{deff} Gleichspannung, Effektivwert
$\hat{u}_R$ Scheitelsperrspannung des Ventils
Ströme
I_L netzseitiger Leiterstrom, effektiv
I_V ventilseitiger Leiterstrom des Transformators, effektiv
I_d Gleichstrom, arithmetisch
I_{deff} Gleichstrom, effektiv
I_{AV} Ventilstrom, arithmetisch
I_{RMS} Ventilstrom, effektiv
Leistungen
P_d Gleichstromleistung
S_{Tr} Transformatoren-Bauleistung
Welligkeit
w_U Spannungswelligkeit (Brummspannung)
U_W Wechselspannungsgehalt, effektiv

Tabelle 1.100a **Kennwerte von Gleichrichterschaltungen**

Kennzeichen Name	Schaltung	Pulszahl p	$\frac{U_{di}}{U_{V0}}$	$\frac{U_{deff}}{U_{V0}}$	$\frac{I_V}{I_d}$	$\frac{I_L}{I_{di}}$	$\frac{\hat{u}_R}{U_{di}}$	$\frac{I_{AV}}{I_d}$	$\frac{I_{RMS}}{I_d}$	$\frac{S_{Tr}}{U_{di} \cdot I_d}$	$w_U = \frac{U_w}{U_{di}}$
M1U Einpuls-Mittelpunktschaltung	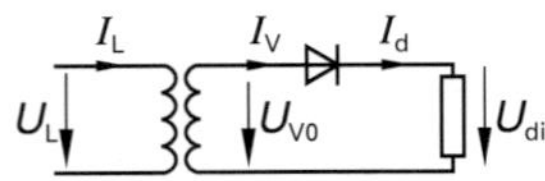	1	0,45	0,707	1,571	$\frac{1{,}211}{ü}$	3,142 6,28*	1,0	1,57	3,09	121 %
M2U Zweipuls-Mittelpunktschaltung	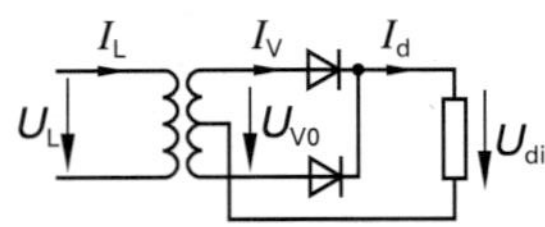	2	0,45	0,5	0,785 (0,707)	$\frac{0{,}555}{ü}$ $\left(\frac{0{,}5}{ü}\right)$	3,142 3,142*	0,5	0,785 (0,707)	1,48 (1,341)	48,3 %
M3U Dreipuls-Mittelpunktschaltung	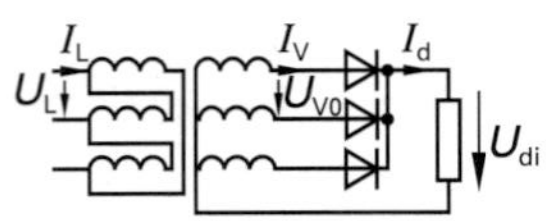	3	0,675	0,686	0,588 (0,577)	$\frac{0{,}478}{ü}$ $\left(\frac{0{,}472}{ü}\right)$	2,094	0,333	0,588 (0,577)	1,35	18,3 %
B2U Zweipuls-Brückenschaltung	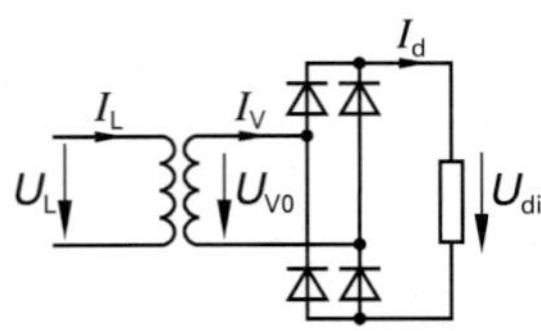	2	0,9	1	1,11 (1,0)	$\frac{1{,}11}{ü}$ $\left(\frac{1{,}0}{ü}\right)$	1,571 1,571*	0,5	0,785 (0,707)	1,23 (1,11)	48,3 %
B6U Sechspuls-Brückenschaltung	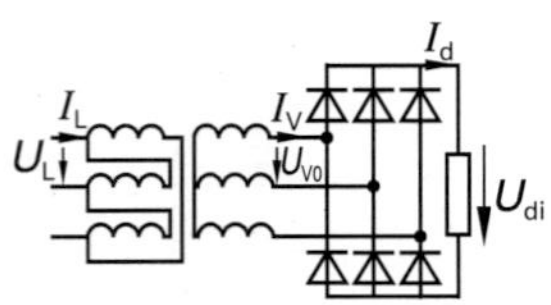	6	1,350	1,352	0,820 (0,816)	$\frac{0{,}820}{ü}$ $\left(\frac{0{,}816}{ü}\right)$	1,047	0,333	0,58 (0,577)	1,05	4,2 %

* mit Ladekondensator; ( ) induktive Last;

Die Abhängigkeit des arithmetischen Mittelwerts $U_{di\alpha}$ bezogen auf den ungesteuerten Wert der Ausgangsspannung ist für die netzgeführten gesteuerten Stromrichter in Steuerkennlinien Bild **1**.101 darstellt. In der Tabelle **1**.100 sind neben der Zuordnung der netzgeführten Schaltungen und Lastarten die Formeln zur Berechnung des Verhältnisses der gesteuerten Spannung $U_{di\alpha}$ zur ungesteuerten U_{di} aufgeführt.

Tabelle 1.100 b **Formeln zur Berechnung gesteuerter Gleichrichterschaltungen**

Nr.	Schaltung	Lastart	Formel: $U_{di\alpha}/U_{di}$
①	B2H, B6H,	alle Lastarten	$\frac{1 + \cos\alpha}{2}$
	M1C, M2C, B2C	lückender Strom, z. B. Widerstandslast,	
②	M3C		$\cos\alpha$ $0° < \alpha < 30°$ $\frac{1}{\sqrt{3}} \cos(\alpha + 30°)$ $30° < \alpha < 150°$
③	B6C		$\cos\alpha$ $0° < \alpha < 60°$ $1 + \cos(\alpha + 60°)$ $60° < \alpha < 120°$
④	alle Gleichrichter	nicht lückender Strom, z. B. geglättet durch Induktivität	$\cos\alpha$
⑤	Alle Wechselrichter		

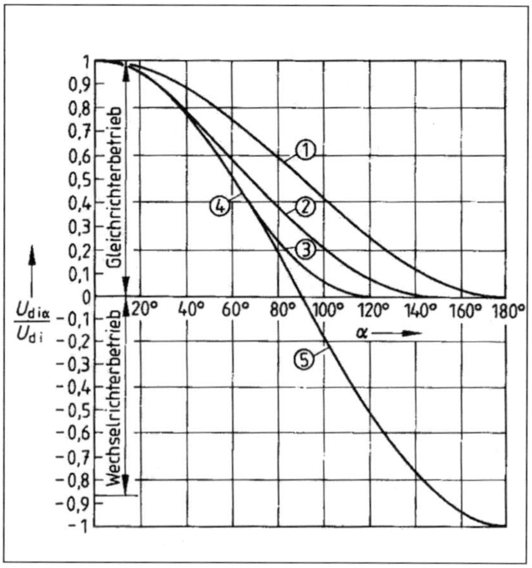

1.101 Steuerkennlinien netzgeführter Stromrichterschaltung

Beispiel 1.26 Eine Dreipuls-Mittelpunktschaltung M3 (ungesteuert mit Dioden bzw. Vollaussteuerung $\alpha = 0°$ mit Thyristoren) ist über einen Transformator Dy5 an das 400-V-Drehstromnetz angeschlossen. Sie erzeugt die Gleichspannung $U_{di} = 110$ V und ist mit dem Gleichstrom $I_d = 20$ A bei ohmscher Last belastet.

Zu berechnen sind: Lastwiderstand R_L, Ausgangsstrangspannung U_S, Übersetzungsverhältnis $ü$ und Typenleistung S_{Tr} des Transformators, die im Lastwiderstand umgesetzte Leistung P sowie Höchstwert $\hat{i}_T$, arithmetischer Mittelwert I_{TAV} und maximale periodische Sperrspannung U_{TRRM} der Ventile mit dem Spannungssicherheitsfaktor $k = 2{,}2$.

Lösung Der Lastwiderstand beträgt

$$R_L = \frac{U_{di}}{I_d} = \frac{110\ \text{V}}{20\ \text{A}} = \mathbf{5{,}5\ \Omega}.$$

Für den Transformator gelten:

$$U_{V0} = \frac{U_{di}}{0{,}675} = \frac{110\ \text{V}}{0{,}675} = \mathbf{163\ V}$$

$$U_S = \frac{U_{V0}}{\sqrt{3}} = \frac{163\ \text{V}}{\sqrt{3}} = \mathbf{94\ V}$$

$$ü = \frac{U_L}{U_2} = \frac{U_L}{U_2 \cdot \sqrt{3}} = \frac{400\ \text{V}}{94\ \text{V} \cdot \sqrt{3}} = \mathbf{2{,}47}$$

Die Typenleistung des Transformators kann mit genügender Genauigkeit für die M3-Schaltung bei ohmscher und bei induktiver Belastung mit den gleichen Faktoren berechnet werden.

$$S_{Tr} = 1{,}345 \cdot U_{di} \cdot I_d = 1{,}345 \cdot 110\ \text{V} \cdot 20\ \text{A} = \mathbf{2959\ VA}$$

Für die im Widerstand umgesetzte Leistung ist der Effektivwert der Gleichspannung maßgebend.

$$U_{deff} = 1{,}189 \cdot U_S = 1{,}189 \cdot 94\ \text{V} = 111{,}8\ \text{V}$$

Damit ist die Leistung

$$P = \frac{U_{deff}^2}{R_L} = \frac{(111{,}8)^2}{5{,}5\ \Omega} = \mathbf{2271\ W}.$$

Für die Ventile gelten:

$$\hat{i}_T = \frac{\hat{u}_S}{R_L} = \frac{U_S\sqrt{2}}{R_L} = \frac{94\ \text{V} \cdot \sqrt{2}}{5{,}5\ \Omega} = \mathbf{24{,}2\ A}$$

$$I_{TAV} = \frac{I_d}{3} = \frac{20\ \text{A}}{3} = \mathbf{6{,}67\ A}$$

$$U_{TRRM} = \hat{u}_R \cdot k = U_S \cdot \sqrt{3} \cdot \sqrt{2} \cdot k = 94\ \text{V} \cdot \sqrt{3} \cdot \sqrt{2} \cdot 2{,}2 = \mathbf{507\ V}$$

Beispiel 1.27 Die Schaltung des Beispiels 1.26 wird mit den Steuerwinkeln a) $\alpha = 20°$ und b) $\alpha = 90°$ betrieben.

Lösung Die gesteuerte Gleichspannung beträgt dann bei ohmscher Belastung

a) $U_{di\alpha} = U_{di} \cdot \cos\alpha = 110\ \text{V} \cdot \cos 20° = 103\ \text{V}$,

b) $U_{di\alpha} = U_{di} \cdot \frac{1}{\sqrt{3}} [1 + \cos(\alpha + 30°)]$

$= 110\ \text{V} \cdot \frac{1}{\sqrt{3}} = [1 + \cos(90° + 30°)]$

$= \mathbf{31{,}8\ V}$.

Beispiel 1.28 Eine fremderregte Gleichstrommaschine mit der Ankerbemessungsspannung $U_N = 400$ V und dem Ankerbemessungsstrom $I_{AN} = 110$ A wird über einen Stromrichtertransformator Dy5 und eine gesteuerte Dreipuls-Mittelpunktschaltung M3U am 400-V-Drehstromnetz betrieben. Der Strom ist vollkommen geglättet, bei $\alpha = 0°$ herrscht Ankerbemessungsspannung.

Die Thyristoren sind bezüglich der Kenndaten arithmetischer Mittelwert I_{TAV} und dem Effektivwert I_{TRMS} des Stroms sowie der Sperrspannung U_{TRRM} mit $k = 2{,}5$ zu dimensionieren. Für den Steuerwinkel $\alpha = 60°$ ist die Gleichspannung zu berechnen. Für den Stromrichtertransformator sind die Typenleistung und die Leiterströme zu bestimmen.

Lösung Die Thyristoren sind

$I_{TAV} = 0{,}333 \cdot I_d = 0{,}333 \cdot 110\ \text{A} = \mathbf{36{,}6\ A}$,

$I_{TRMS} = 0{,}577 \cdot I_d = 0{,}577 \cdot 110\ \text{A} = \mathbf{63{,}5\ A}$.

Die Ausgangsspannung des Transformators ist

$$U_{V0} = \frac{U_{di}}{0{,}675} = \frac{400\ \text{V}}{0{,}675} = 593\ \text{V}$$

$$U_S = \frac{U_{V0}}{\sqrt{3}} = \frac{593\ \text{V}}{\sqrt{3}} = \mathbf{342\ V},$$

die periodische Spitzensperrspannung

$$U_{RRM} = \hat{u}_R \cdot k = \sqrt{2} \cdot \sqrt{3} \cdot U_S \cdot k$$
$$= \sqrt{2} \cdot \sqrt{3} \cdot 342\ \text{V} \cdot 2{,}5 = \mathbf{2094\ V}.$$

Beim Steuerwinkel $\alpha = 60°$ beträgt die Gleichspannung

$$U_{di\alpha} = U_{di} \cdot \cos\alpha = 400\ \text{V} \cdot \cos 60° = \mathbf{200\ V}.$$

Damit ergibt sich überschlägig die halbe Bemessungsdrehzahl (s. Abschn. 2.12).

Der Stromrichtertransformator muss für Vollaussteuerung bemessen sein. Die Typenleistung ist

$$S_{Tr} = 1{,}345 \cdot U_{di} \cdot I_d$$
$$= 1{,}345 \cdot 400\ \text{V} \cdot 110\ \text{A} = \mathbf{59{,}2\ kVA},$$

das Übersetzungsverhältnis

$$\ddot{u} = \frac{U_L}{U_2} = \frac{U_L}{U_2 \cdot \sqrt{3}} = \frac{400\ \text{V}}{342\ \text{V} \cdot \sqrt{3}} = \mathbf{0{,}675}$$

der ventilseitige Leiterstrom

$I_S = 0{,}577 \cdot I_d = 0{,}577 \cdot 110\ \text{A} = \mathbf{63{,}5\ A}$,

und der netzseitige Leiterstrom beträgt

$$I_L = \frac{0{,}472}{\ddot{u}} \cdot I_d = \frac{0{,}472}{0{,}675} \cdot 110\ \text{A} = \mathbf{76{,}9\ A}.$$

Beispiel 1.29 Eine ungesteuerte Zweipuls-Brückenschaltung B2U ist über einen Stromrichtertransformator an das 230-V-Wechselstromnetz angeschlossen und mit ohmscher Last belastet. Die Gleichspannung beträgt $U_d = 110$ V, der Gleichstrom $I_d = 18$ A.

Die Transformatorkenndaten Übersetzungsverhältnis $\ddot{u}$ und Typenleistung S_{Tr}, die ventil- und netzseitigen Leiterströme I_2 und I_1 sowie die Kenndaten der Dioden I_{TAV} und U_{RRM} sind zu bestimmen.

Lösung Die ausgangsseitige Wechselspannung des Transformators beträgt

$$U_V = \frac{U_{di}}{0{,}9} = \frac{110\ \text{V}}{0{,}9} = \mathbf{122{,}2\ V}.$$

Damit ist das Übersetzungsverhältnis

$$\ddot{u} = \frac{U_L}{U_V} = \frac{230\ \text{V}}{122{,}2\ \text{V}} = \mathbf{1{,}88}.$$

Typenleistung und Ströme sind bei ohmscher Belastung

$$S_{Tr} = 1{,}23 \cdot U_{di} \cdot I_d = 1{,}23 \cdot 110\ \text{V} \cdot 18\ \text{A}$$
$$= \mathbf{2435\ VA},$$

$I_2 = 1{,}1 \cdot I_d = 1{,}1 \cdot 18\ \text{A} = \mathbf{19{,}8\ A}$,

$$I_1 = \frac{I_2}{\ddot{u}} = \frac{19{,}8\ \text{A}}{1{,}88} = \mathbf{10{,}5\ A}.$$

Die Kenndaten der Dioden sind mit $k = 2{,}4$

$I_{TAV} = 0{,}5 \cdot I_d = 0{,}5 \cdot 18\ \text{A} = \mathbf{9\ A}$,

$$U_{RRM} = \hat{u}_R \cdot k = \sqrt{2} \cdot U_V \cdot k$$
$$= \sqrt{2} \cdot 122{,}2\ \text{V} \cdot 2{,}4 = \mathbf{414\ V}.$$

Beispiel 1.30 Für einen innengekühlten Gleichstrom-Nebenschlussmotor gibt der Hersteller diese Bemessungsdaten an: $P_N = 50$ kW, $n_N = 990\ \text{min}^{-1}$, Ankerspannung $U_{AN} = 460$ V, Ankerstrom $I_{AN} = 123$ A, Erregerspannung $U_{EN} = 310$ V, Erregerleistung $P_{EN} = 1800$ W. Der Anker wird vom 400 V-Drehstromnetz über eine vollgesteuerte Sechspuls-Brückenschaltung B6C gespeist, die Erregerwicklung über eine halbgesteuerte Zweipuls-Brückenschaltung B2H, die an 400 V Wechselspannung angeschlossen ist.

a) Wie groß sind die Steuerwinkel α für den Bemessungsbetrieb des Motors und für die minimale Drehzahl n_{min}, wenn dafür eine Ankerspannung von 36 V erforderlich ist?

b) Die Thyristorkenndaten I_{TAV} und U_{TRRM} mit dem Spannungssicherheitsfaktor $k = 2{,}2$ sind zu ermitteln.

Die Ströme werden als vollkommen geglättet angenommen.

Lösung a) Für die Brücke B6C der Ankerspannungssteuerung sind die Gleichspannung bei Vollaussteuerung

$$U_{di} = 1{,}35 \cdot U_V = 1{,}35 \cdot 400\ \text{V} = 540\ \text{V}$$

und der Steuerwinkel für die Ankerbemessungsspannung

$$\alpha_N = \arccos \frac{U_{di\alpha\,N}}{U_{di}} = \arccos \frac{460\ \text{V}}{540\ \text{V}} = \mathbf{31{,}6°}.$$

Der Steuerwinkel für die minimale Drehzahl beträgt

$$\alpha_{min} = \arccos \frac{U_{di\alpha\,min}}{U_{di}} = \arccos \frac{36\ \text{V}}{540\ \text{V}} = \mathbf{86{,}2°}.$$

Für die halbgesteuerte Brücke B2H der Erregungssteuerung gilt:

$$U_{di} = 0{,}9 \cdot U_V = 0{,}9 \cdot 400\ \text{V} = 360\ \text{V}$$

$$\alpha_N = \arccos \left(\frac{2 \cdot U_{di\alpha\,N}}{U_{di}} - 1\right)$$

$$\alpha_N = \arccos \left(\frac{2 \cdot 310\ \text{V}}{360\ \text{V}} - 1\right) = \mathbf{43{,}8\ V}.$$

Bei der minimalen Drehzahl n_{min} bleibt die Bemessungserregung mit α_N unverändert.

b) Die Thyristordaten der Brücke B6C der Ankerspannungssteuerung sind

$I_{TAV} = 0{,}333 \cdot I_d = 0{,}333 \cdot 123\ \text{A} = \mathbf{41\ A}$ und

$$U_{TRRM} = \hat{u}_R \cdot k = \sqrt{2} \cdot U_V \cdot k = \sqrt{2} \cdot 400\ \text{V} \cdot 2{,}2 = \mathbf{1245\ V}.$$

Der Erregerstrom beträgt

$$I_{EN} = \frac{P_{EN}}{U_{EN}} = \frac{1800\ \text{W}}{310\ \text{V}} = 5{,}81\ \text{A}.$$

Damit sind die Ventilkenndaten der halbgesteuerten Brücke für die Erregung

$I_{TAV} = 0{,}5 \cdot I_d = 0{,}5 \cdot 5{,}81\ \text{A} = \mathbf{2{,}9\ A}$ und

$$U_{TRRM} = \hat{u}_R \cdot k = \sqrt{2} \cdot U_V \cdot k = \sqrt{2} \cdot 400\ \text{V} \cdot 2{,}2 = \mathbf{1245\ V}.$$

Der Nebenschlussmotor muss als fremderregte Maschine betrieben werden.

Aufgaben zu Abschnitt 1.7.2 und 1.7.3

1. Erläutern Sie den Ausdruck netzgeführter Wechselrichter.
2. Warum lässt sich nur mit einer aktiven Last (z. B. einer Gleichstrommaschine) der netzgeführte Wechselrichterbetrieb erreichen?
3. Erläutern Sie das Wechselrichterkippen.
4. Eine M1U-Schaltung ist über einen Transformator mit dem Übersetzungsverhältnis 5,48 an das 230-V-Netz angeschlossen. Der ohmsche Lastwiderstand beträgt 68 Ω. Berechnen Sie den arithmetischen Mittelwert und den Effektivwert der Gleichspannung und des Gleichstroms, die Wirkleistung und die Transformatorenbauleistung.
5. Mit einem Drehspulinstrument werden am Ausgang eine Zweipuls-Brückenschaltung B2U die Spannung 207 V und der Strom 2 A gemessen. Wie groß sind die Anschlussspannung, der ohmsche Lastwiderstand und die Wirkleistung.
6. Die Schaltungen M3U und B6U mit der Gleichspannung U_{di} = 440 V sollen jeweils über einen Stromrichtertransformator mit der Bauleistung 12 kVA angeschlossen werden. Vergleichen Sie für beide Schaltungen Scheitelsperrspannung und Diodenstrom sowie die Gleichstromleistung und die Wirkleistung.
7. In einer gesteuerten Zweipuls-Brückenschaltung wurden bei dem Steuerwinkel α = 90° die Netzspannung 230 V und der Netzstrom 0,655 A gemessen. Der Leistungsmesser zeigt die aufgenommene Wirkleistung 104 W und die Blindleistung 68 Var an. Ermitteln Sie die Phasenverschiebung der Grundwelle des Netzstroms, die Verzerrungsblindleistung und den Gesamtleistungsfaktor λ. Vergleichen Sie die Phasenverschiebung der Netzstrom-Grundwelle mit Bild **1**.73.
8. Vergleichen Sie bei Widerstandslast die Steuerwinkel der gesteuerten Gleichrichterschaltungen B2C, M3C und B6C, damit die Gleichspannung 30 % der Gleichspannung bei Vollaussteuerung beträgt.
9. Bei induktiver Last werden die Schaltungen a) B2C, b) B2H und c) M1C mit dem Steuerwinkel α = 60° betrieben. Wie groß ist die gesteuerte Gleichspannung wenn die Spannung bei Vollausteuerung jeweils 210 V beträgt.
10. Der Anker einer Gleichstrommaschine wird bei Stromglättung über eine vollgesteuerte Sechspuls-Brückenschaltung mit der Bemessungsspannung 460 V betrieben. Der Stromrichter ist ans 400-V-Netz angeschlossen. Wie groß ist der Steuerwinkel?
11. Die Wirbelstrombremse am Drehwerk eines Krans ist über eine halbgesteuerte Zweipuls-Brückenschaltung an die Wechselspannung 400 V angeschlossen. Beim Steuerwinkel 60° beträgt die Stromaufnahme 12 A. Wie groß sind Gleichspannung und Stromaufnahme bei Vollausteuerung und beim Steuerwinkel 100°?
12. Berechnen Sie für die M1-Schaltung mit der Anschlusswechselspannung U_S = 230 V den Formfaktor F und die Welligkeit w für die Steuerwinkel α_1 = 60° und α_2 = 120° bei ohmscher Belastung.
13. In einer gesteuerten B2-Schaltung mit ohmscher Belastung wird mit dem Drehspulinstrument bei α = 150° der Gleichstrom 12 A gemessen. Für welchen Grenzgleichstrom müssen die Thyristoren bemessen sein?
14. Mit dem in Beispiel **1**.30 angegebenen Gleichstrom-Nebenschlussmotor soll eine Last abgesenkt werden. Dazu ist eine negative Ankerspannung von 440 V erforderlich. Der B6C-Stromrichter hat bei Vollaussteuerung die Gleichspannung U_{di} = 540 V.
    a) Ermitteln Sie den erforderlichen Steuerwinkel.
    b) Prüfen Sie, ob die negative Ankerspannung 504 V eingestellt werden kann.

1.7.4 Wechselstrom- u. Drehstromsteller

1.7.4.1 Wechselstromsteller

Um die Leistung eines Wechselstromverbrauchers verlustfrei zu steuern, nutzt man die Schaltungen **1**.102. Bei sehr großen Leistungen werden antiparallele Thyristoren und bei kleineren und mittleren Leistungen TRIACs eingesetzt. Die Steuerprinzipien sind:

- die Schwingungspaket-
- die Phasenanschnitt-
- die Phasenabschnitt-
- die Sektorsteuerung

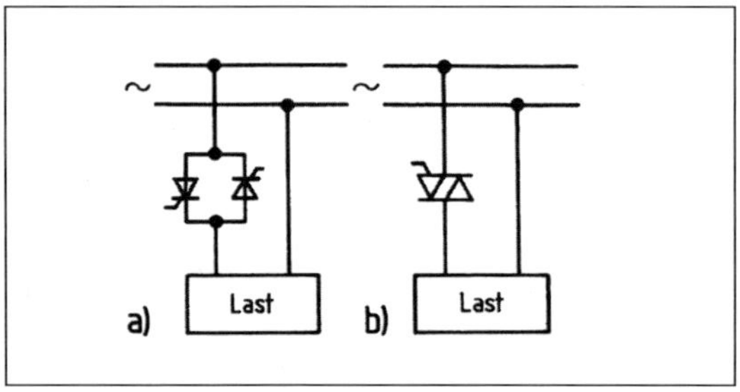

1.102 Stellen von Wechselstrom
a) gegensinnig parallele Thyristoren
b) Zweirichtungsthyristor (TRIAC)

Die Schwingungspaketsteuerung wird auch *Vollwellen- oder Vielperiodensteuerung* (engl. Multicycle Control) genannt. Ein Nullpunktschalter schaltet die Last periodisch jeweils für eine oder mehrere Perioden des Wechselstroms ein bzw. aus. Ist die Zahl der geschalteten positiven gleich der der negativen Halbwellen, spricht man nach DIN von der symmetrischen Schwingungspaketsteuerung (**1**.103). Durch Verändern des Tastgrads $g = t_E/T_S$ mit der Einschaltdauer t_E und der

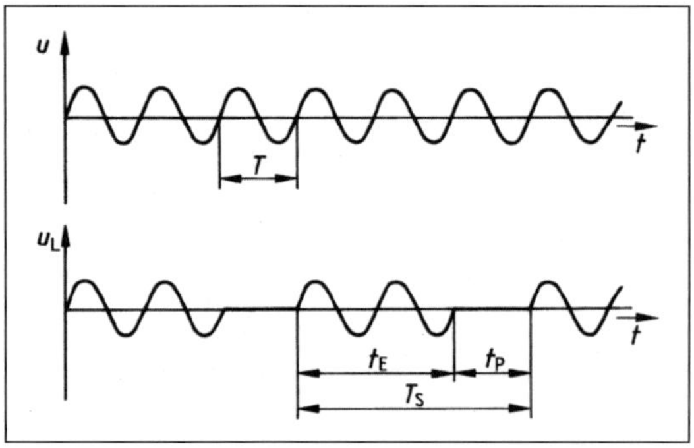

1.103 Symmetrische Schwingungspaketsteuerung
T Periodendauer der Wechselspannung
T_S Dauer der Schaltperiode
t_E Einschaltdauer
t_P Pausendauer

Schaltperiodendauer T_S kann man die mittlere Leistung eines Verbrauchers in weiten Grenzen einstellen. Bezeichnen wir die größtmögliche Leistung eines Verbrauchers bei direktem Anschluss an das Netz mit P_{max}, ist die mittlere Leistung P bei der Schwingungspaket-Steuerung

$$\boldsymbol{P = \frac{t_E}{T_S} \cdot P_{max}}. \qquad (1.83)$$

Für den in Bild **1**.103 dargestellten Fall ist die Leistung $^2\!/_3\ P_{max}$.

Diese Steuerart eignet sich wegen der geringen Schaltfrequenz nicht zum Steuern von Motoren, aber zum Steuern von Widerstandsheizungen. Vorzüge sind die geringe Funkstörung wegen des Nullspannungsschalters und keine Oberwellenbelastung des Netzes bei reiner Wirkleistungsaufnahme mit $\cos\varphi = 1$.

Die Phasenanschnittsteuerung **1**.104 dient zur Drehzahlsteuerung von Universalmotoren, zum Sanftanlassen von Käfigläufermotoren und zur Helligkeitssteuerung von Lampen.

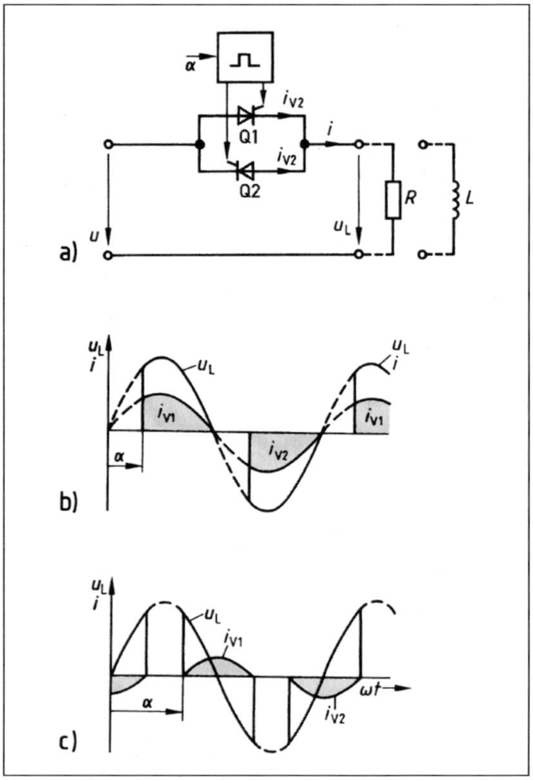

1.104 Wechselstromsteller
a) Schaltung mit gegensinnig parallel geschalteten Thyristoren
b) Spannungs- und Stromverlauf für ohmsche Last bei Steuerwinkel $\alpha = 60°$
c) Spannungs- und Stromverlauf für induktive Last bei Steuerwinkel $\alpha = 120°$

Im vollgesteuerten Wechselstromsteller mit einem TRIAC oder wie in Bild **1**.104a mit zwei gegensinnig parallel geschalteten Thyristoren werden diese periodisch in jeder Halbwelle gezündet. Dabei sind die Zündimpulse jeweils um den Steuerwinkel α gegenüber dem Nulldurchgang der Wechselspannung verschoben. Der Halbleiter sperrt bis zum Zünden, an ihm fällt dann die Netzspannung ab.

Bei ohmscher Last *R* (**1**.104b) springt der Strom jeweils auf den Augenblickswert des Dauerstroms und verläuft dann sinusförmig bis zum Nulldurchgang. Durch Verändern des Steuerwinkels von $\alpha = 0°$ bis $\alpha = 180°$ kann man den Strom vom Maximalwert $I_{0\,\text{eff}} = U/R$ bis null steuern.

Bei induktiver Last *L* können wir uns den Spannungs- und Stromverlauf in Bild **1**.104c aus zwei Abschnitten zusammengesetzt denken, die wir von der Einpuls-Mittelpunktschaltung M1 kennen. Wird in der positiven Halbwelle der Thyristor Q1 gezündet, steigt der Strom i_{V1} von null als sinusförmige Stromkuppe an und fließt auch nach dem Spannungsnulldurchgang weiter. In der Ausgangsspannung ergeben sich positive und negative Spannungs-Zeit-Flächen. Der Thyristor Q2 wird im zweiten Abschnitt in der negativen Halbwelle gezündet; es fließt der Strom i_{V2}. Die Ströme i_{V1} und i_{V2} bilden zusammen den Laststrom i. Beim Steuerwinkel $\alpha = 180°$ sind Ausgangsspannung und Strom null. Durch Verringern des Steuerwinkels lässt sich der Strom einstellen. Der maximale Strom $I_{0\,\text{eff}} = U/X_L$ wird schon bei $\alpha = 90°$ erreicht, Spannungs- und Stromverlauf sind vollkommen sinusförmig wie beim direkten Anschluss an Wechselspannung.

Die Steuerkennlinien des Wechselstromstellers sind in Bild **1**.105 als Verhältnisse der Effektivwerte des gesteuerten Stroms I_{eff} zum größtmöglichen Effektivwert $I_{0\,\text{eff}}$ aufgetragen. Parameter für die Kennlinien ist der Leistungsfaktor cos φ der Last. Für ohmsch-induktive Lasten ergeben sich Steuerkennlinien zwischen den beiden dargestellten.

Blindleistung. In Abschn. 1.7.1.1 wurde für die M1-Schaltung festgestellt, dass bei Anschnittsteuerung auch bei rein ohmscher Last eine induktive Blindleistung auftritt. Dies gilt ebenso für den Wechselstrom- und den noch zu besprechenden Drehstromsteller. Auch hier kommt es zu nichtsinusförmigen Strömen und damit zu den gleichen Wirkungen: der Grundschwingungs-Blindleistung durch Phasenverschiebung der Grundwelle und der Verzerrungs-Blindleistung durch eine Anzahl von Oberwellen, die sich durch die Fourieranalyse oder durch ein Oberwellen-Analysemessgerät ermitteln lassen.

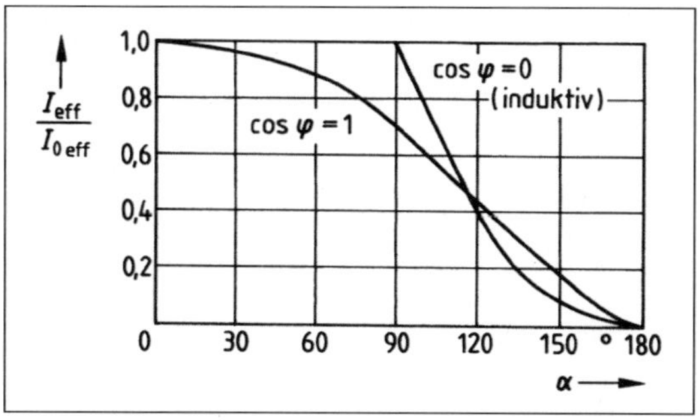

1.105 Steuerkennlinien des Wechselstromstellers

Phasenabschnitt und Sektorsteuerung. Versieht man die Grundschaltungen des Wechselstromstellers mit abschaltbaren Leistungshalbleitern z. B. IGBTs (**1**.106), so kann der Strom auch vor dem Nulldurchgang beliebig ausgeschaltet werden. Nimmt man die Einschaltung jeweils am Beginn der Halbwelle vor und die Ausschaltung vor dem nachfolgenden Spannungs- bzw. Stromnulldurchgang, so ergibt sich für ohmsche Last das Liniendiagramm **1**.106b.

Die Phasenabschnittsteuerung kann bei induktiver Last nicht verwendet werden, da Abschalt-Spannungsspitzen auftreten. Erzeugt die Phasenanschnittsteuerung auch bei ohmscher Last

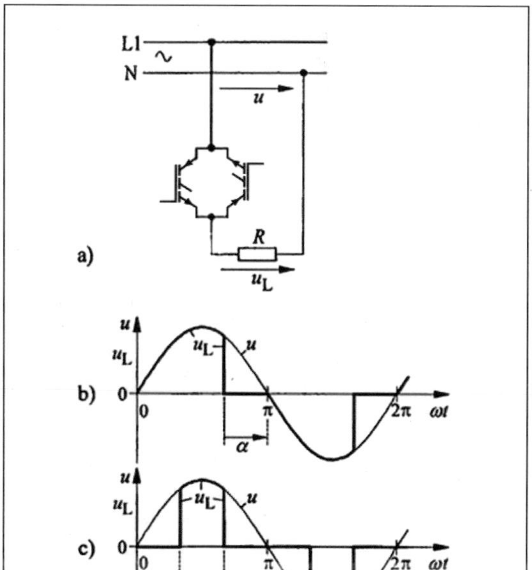

1.106 Wechselstromsteller
a) mit IGBT-Schaltung
b) Phasenabschnittsteuerung
c) Sektorsteuerung

induktive Blindleistung, so tritt bei der Abschnittsteuerung kapazitive Blindleistung auf. Hier können Steller kombiniert werden, um Blindleistung zu vermeiden. Eine Kombination ist die Sektorsteuerung (**1**.106c).

1.7.4.2 Drehstromsteller

Zum Stellen von Drehstrom benutzt man die Grundschaltung **1**.107 mit drei gegensinnig parallel geschalteten Thyristoren. Es gelten die gleichen Bedingungen wie beim Wechselstromsteller. Durch Ändern des Steuerwinkels α kann man auch hier die Leistungsaufnahme in der Anschnittsteuerung verändern. Der Steuerwinkel ist wieder der Winkel zwischen dem Nulldurchgang einer Phasenspannung – das ist bei ohmscher Last auch der Nulldurchgang des ungesteuerten Stroms und dem zugehörigen Zündimpuls. Für ohmsche und induktive Last zeigen die Steuerkennlinien **1**.108 die Verhältnisse des Effektivwerts des gesteuerten Stroms I_{eff} zu dem größtmöglichen Effektivwert $I_{0\,eff}$ in Abhängigkeit vom Steuerwinkel α.

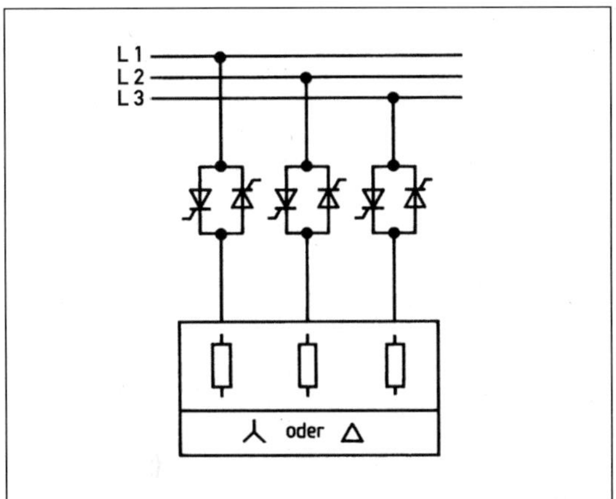

1.107 Drehstromsteller

Der Drehstromsteller dient zur Temperaturregelung von Heizungsanlagen, zur Helligkeitssteuerung umfangreicher Beleuchtungsanlagen und in Elektrolyseanlagen zur Stromeinstellung. Hier wird die Eingangsspannung des Elektrolysetransformators gesteuert, während auf der Ausgangsseite mit den hohen Strömen ungesteuerte Gleichrichterschaltungen verwendet werden. Sie werden vielfach in Sanftanlassern für Drehstrom-Asynchronmotoren eingesetzt. Bis in den mittleren Leistungsbereich sind sie dann mit TRIACs aufgebaut. Zur Drehzahlsteuerung von Drehstrommotoren sind sie wegen großer Schlupfverluste des Asynchronmotors nicht einsetzbar.

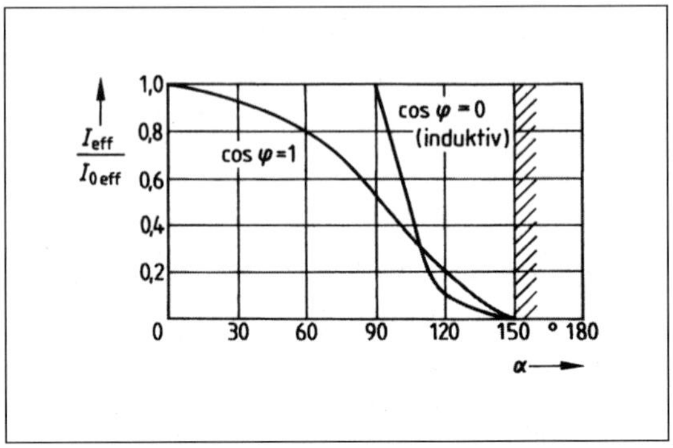

1.108 Steuerkennlinie des Drehstromstellers

Aufgaben zu Abschnitt 1.7.4

1. Welche schaltungstechnische Vereinfachung ergibt sich durch den TRIAC gegenüber zwei antiparallelen Thyristoren?
2. Warum verwendet man Nullspannungsschalter in der Ansteuerung der Wechselwegschaltung?
3. Erläutern Sie den Unterschied zwischen der Phasenanschnittsteuerung und der Schwingungspaketsteuerung (Vollwellensteuerung) und nennen Sie die Vor- und Nachteile im Vergleich der Steuerungen.
4. Zeichnen Sie den Spannungs- und Stromverlauf der Last eines Wechselwegstellers W1 für den Steuerwinkel α = 90° mit a) rein ohmscher und b) rein induktiver Belastung. Bewerten Sie das Ergebnis.
5. Welcher Steuerwinkel eines Wechselstromstellers für eine ohmsche Last ist einzustellen, damit die Leistung 70 % beträgt?
6. Der Sanftanlasser eines Drehstrom-Asynchronmotors für 400 V, 50 Hz soll den Anlassstrom um 40 % herabsetzen. Welcher Steuerwinkel ist einzustellen, wenn der Motor als rein induktive Last betrachtet wird?
7. Die Leistung einer 2-kW-Heizung für 230 V, 50 Hz soll durch a) eine Schwingungspaketsteuerung und b) eine Phasenanschnittsteuerung um 2/3 reduziert werden. Welche Steuerwerte sind jeweils einzustellen?
8. Ein Heizofen 3 kW, 230 V wird mit Schwingungspaketsteuerung betrieben. Die Schaltfrequenz beträgt f_S = 5 Hz, die Einschaltdauer t_E = 40 ms. Ermitteln Sie die Heizleistung und die Anzahl der ein- und ausgeschalteten Perioden der Wechselspannung 50 Hz.

1.7.5 Selbstgeführte Stromrichter

Selbstgeführte Stromrichter sind wesentliche Bestandteile, z. B. in Schaltnetzteilen, Frequenzumrichtern sowie Steuerschaltungen für Gleichstrommotoren am Gleichspannungsnetz und für elektronisch kommutierte Servomotoren. In allen Fällen muss der Gleichspannungskreis geschaltet werden. Die verschiedenen in Abschn. 1.6 besprochenen Bauteile unterscheiden sich hauptsächlich in ihrem Ausschaltverhalten. Während beim Wechselstromschalter der Strom im natürlichen Nulldurchgang erlischt oder in den Gleichrichterschaltungen aufgrund einer von außen anliegenden Kommutierungsspannung (z. B. Netzwechselspannung) auf einen anderen Zweig kommutiert, muss er im Gleichstromschalter durch eine zusätzliche Schalthandlung unterbrochen werden (selbstgeführt). Dabei ist zwischen löschbaren und nichtlöschbaren Bauelementen zu unterscheiden.

Die löschbaren Bauelemente sind an der Steuerelektrode ein- und abschaltbar. Heute werden vornehmlich IGBT eingesetzt. Die Abschaltthyristoren GTO, IGCT und MCT werden nur bei Hochstromanwendungen, z. B. bei den Bahnantrieben und der HGÜ (Hochspannungs-Gleichstrom-Übertragung), eingesetzt.

Die nicht löschbaren Halbleiterschalter symmetrisch sperrender Thyristoren (SCR) werden abgeschaltet, indem der Strom auf einen Hilfszweig kommutiert, sodass der Haltestrom unterschritten wird. Zur Kommutierung ist eine Spannung erforderlich, die ein zum Stromrichter gehörender Energiespeicher (meist ein Löschkondensator) zur Verfügung stellt. Wegen dieses hohen Schaltungsaufwands werden SCR nur in Sonderfällen verwendet.

1.7.5.1 Gleichstromsteller (Chopper)

Die in der Energietechnik bekannten Gleichstromsteller sind Gleichspannungswandler, auch DC-DC-Wandler und englischsprachig DC-DC-Converter genannt. Es sind Schaltungen, die eine am Eingang zugeführte Gleichspannung in eine Ausgangsgleichspannung mit anderem Wert umformen. Die Umformung erfolgt mithilfe periodisch schaltender Bauteile und mindestens eines Energiespeichers. Gleichspannungswandler sind Bestandteil von Schaltnetzteilen, mit denen z. B. PC-Netzteile, Notebooks, Mobiltelefone, Hifi-Geräte uvm. betrieben werden. In der Energietechnik werden die Gleichstromsteller vornehmlich zur Drehzahlsteuerung von Gleichstrommotoren eingesetzt. Für akkubetriebene Handwerkszeuge sind sie massenhaft im Einsatz. Zu unterscheiden ist, ob die Spannung herunter- (Tiefsetzsteller) oder heraufgesetzt (Hochsetzsteller) wird. Für den Betrieb mit Gleichstrommaschinen ist hierbei auch die Energieflussrichtung wesentlich: Gleichstrommaschine im Motor- oder im Generatorbetrieb.

Tiefsetzsteller. Bei den zunächst besprochen Schaltungen ist die Ausgangsspannung kleiner als die Eingangsspannung. Man spricht vom Tiefsetzsteller. Mit dem Gleichstromsteller, auch Chopper genannt, werden Verbraucher im Gleichstromkreis periodisch ein- und ausgeschaltet. Dadurch lässt sich die Leistung einer Last steuern bzw. „stellen“. Gleichstromsteller erfüllen die Grundfunktion *Gleichstromumrichten*, wobei die Gleichspannung mit einer Stromrichterschaltung in eine Gleichspannung mit anderem Mittelwert umgerichtet wird. Für die Aufgabenstellung eignen sich die verschiedenen erwähnten Bauelemente (**1**.109). In der Antriebstechnik spielen außer der Streuinduktivität L_σ der Gleichstromquelle und der Zuleitung, der ohmsche Lastwiderstand R und die Lastinduktivität L eine Rolle. Eine Freilaufdiode ist wegen der Lastinduktivität vorzusehen.

Das Einschalten erfolgt durch Ansteuern des Halbleiterschalters. Die Spannung geht dabei am Schalter auf nahezu null zurück, der Strom steigt nach einer e-Funktion. Im Allgemeinen ist die Induktivität des Lastkreises groß genug, um die Stromanstiegsgeschwindigkeit auf zulässige Werte zu begrenzen. Bei rein ohmschen Verbrauchern sind zusätzliche Drosseln erforderlich.

Beim Ausschalten mit Transistor oder Abschaltthyristor lässt sich der Gleichstrom über den Steueranschluss unterbrechen. Das Ausschalten mit Thyristoren erfordert einen beträchtlichen Schaltaufwand, weil der Thyristor nicht über den Steueranschluss gelöscht werden kann.

Freilaufzweig. Nur bei ohmschen Verbrauchern und vernachlässigbarer Streuinduktivität (z. B. durch Leitungen) ist eine momentane Stromunterbrechung möglich. Bei induktiven Verbrauchern ist in der Induktivität die magnetische Energie $W_m = 1/2\ (L \cdot I^2)$ gespeichert, die beim Abschalten frei wird. Damit es dabei am Halbleiterschalter nicht zu unzulässigen Überspannungen und Verlusten kommt, schaltet man im einfachsten Fall eine Freilaufdiode parallel zur Last. Sie wird durchlässig, sobald beim Abschalten die Spannung am Halbleiterschalter auf die Anschlussspannung U_1 gestiegen ist. Der Strom im Stromkreis aus Last- und Freilaufdiode (**1**.110) klingt nach einer e-Funktion ab.

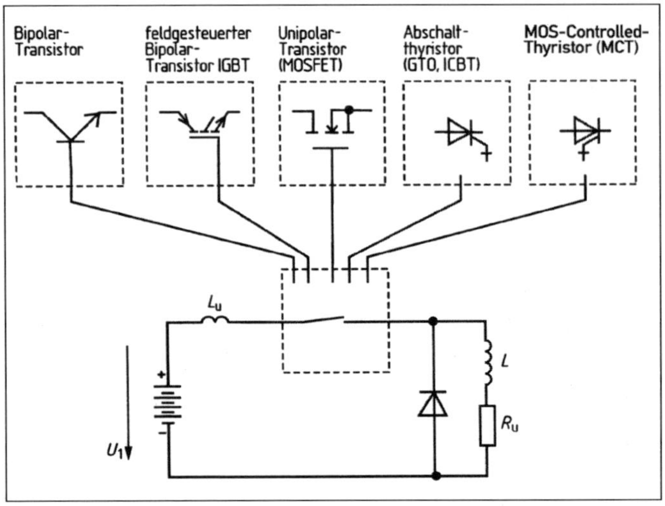

1.109 Gleichstromschalter

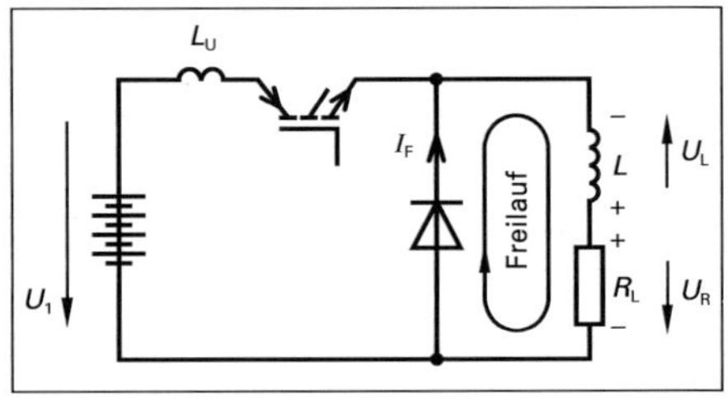

1.110 Freilauf des Laststroms beim Abschalten

Gleichstromsteller mit löschbaren Bauelementen

Als Bauelement für den Gleichstromsteller werden heute vielfach Transistoren, insbesondere der feldgesteuerte bipolare Transistor IGBT, eingesetzt. Bild **1**.111 zeigt einen Einquadranten-Gleichstromsteller (1Q) mit dem IGBT-Schalttransistor Q1, der eine ohmsche Last schaltet. Wahlweise kann dasselbe Stellglied auch für ohmsch-induktive Last oder für Gleichstrommotoren benutzt werden. In beiden letztgenannten Fällen ist die Freilaufdiode R2 wegen des induktiven Anteils der Last zwingend. Die RCD-Schutzbeschaltung aus R1, C1 und R3 des Schalttransistors Q1 soll einerseits den IGBT vor schaltbedingten Spannungsspitzen schützen und andererseits die Ausschaltverluste des Transistors vermindern.

Schaltverluste. Neben den Sperr- und Durchlassverlusten spielen im Schaltbetrieb die Schaltverluste eine große Rolle. Sie können bei großen Schaltfrequenzen, z. B. 20 kHz, bedeutend größer als die Sperr- und Durchlassverluste sein. Bild **1**.112a zeigt schematisch den Ein- und Ausschaltvorgang bei ohmscher Last ohne Schutzbeschaltung. Während des Ein- und Ausschaltens fallen bzw. steigen Ventilspannung u_{V1} oder -strom i_1 in endlicher Zeit. Das Produkt aus u_{V1} und i_1 ergibt die eingezeichneten Schaltverluste p_{V1}, die zu starker Erwärmung des Bauteils führen.

Im Einschaltaugenblick kann durch Vorschaltung einer kleinen Induktivität die Stromanstiegsgeschwindigkeit im Bauelement vermindert werden. Die Einschaltverluste werden reduziert (Bild **1**.112b). Im Ausschaltaugenblick sorgt die RC-Kombination der Schutzbeschaltung für einen verlangsamten Anstieg der Sperrspannung u_{V1} und damit für verminderte Ausschaltverluste.

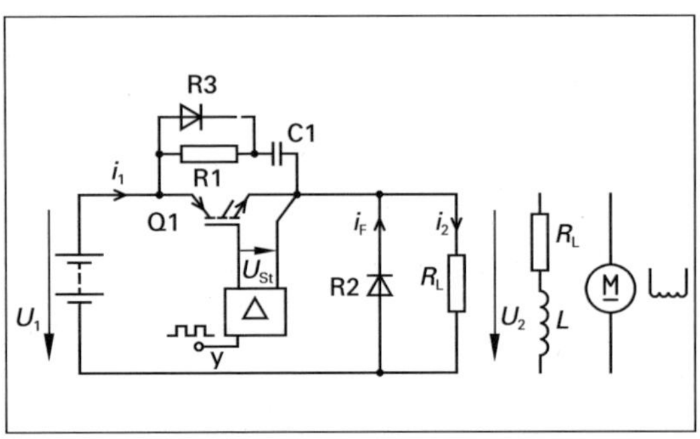

1.111 Gleichstromsteller mit Schutzbeschaltung für ohmsche, ohmsch-induktive und Motorlast

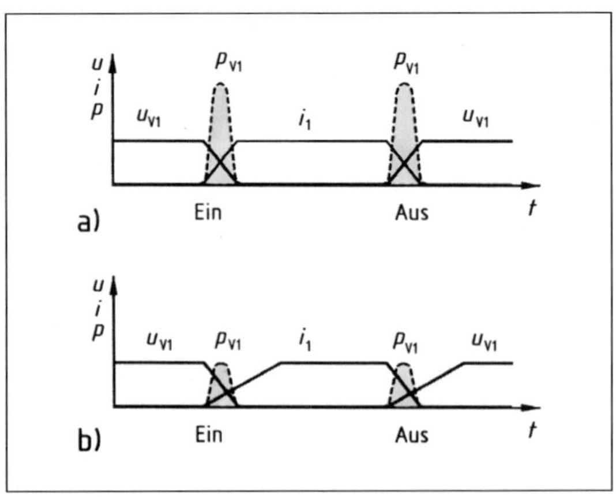

1.112 Reduzierung der Schaltverluste, schematisch
a) ohne Zusatzinduktivität
b) mit Zusatzinduktivität

Tastgrad. Die Systemgrößen des Gleichstromstellers zeigt Bild **1**.113. Ein Rechteckgenerator gibt an den Stelleingang *Y* des Steuergeräts Rechteckimpulse. Bei vorgewählter Frequenz *f* bzw. Periodendauer *T* ist der Tastgrad

$$g = \frac{t_i}{T} \qquad (1.84)$$

durch die Wahl der Pulsbreite veränderbar.

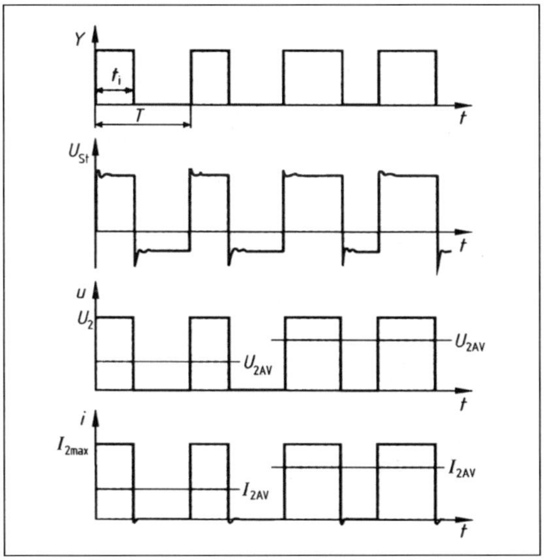

1.113 Systemgrößen des Gleichstromstellers bei ohmscher Last

Bei einem anderen Steuerverfahren kann der Tastgrad bei vorgewählter Pulsbreite durch die veränderbare Schaltfrequenz *f* bzw. der Periodendauer *T* variiert werden. Entsprechend der Einstellung des Tastgrads ändern sich der Verlauf der Gate-Steuerspannung U_{St} für die Ein- und Ausschaltzeit des IGBT. Die im Oszillogramm erkennbaren Spitzen in den Schaltaugenblicken entstehen durch Überschwingen, was sich nicht störend auf die Funktion auswirkt.

Ohmsche Last. Die Lastspannung u_2 sowie der Transistorstrom i_1 und der Laststrom i_2 entsprechen bei ohmscher Last dem zeitlichen Verlauf der Stellgröße *Y*. Die Freilaufdiode R2 ist wegen der nicht vorhandenen Lastinduktivität stromlos. Die Amplitude der Ausgangsspannung u_2 ist gleich der Eingangsspannung U_1. Die Stromamplitude berechnet sich aus $I_{2max} = U_1/R_L$. Bei Veränderung des Tastgrads bleiben die Augenblickswerte von Spannung und Strom während der Einschaltphase konstant.

Mittelwerte. Mit dem Tastgrad ändern sich jedoch die Mittelwerte von Spannung und Strom. Zu unterscheiden sind der arithmetische Mittelwert U_{2AV} bzw. I_{2AV} und der Effektivwert U_{2RMS} bzw. I_{2RMS}.

Die arithmetischen Mittelwerte sind dem Tastgrad proportional und berechnen sich aus

$$U_{2AV} = \frac{t_i}{T} \cdot U_1 = g \cdot U_1 \quad \text{und}$$

$$I_{2AV} = \frac{t_i}{T} \cdot I_{2max} = g \cdot I_{2max}. \qquad (1.85)$$

Die Effektivwerte ergeben sich aus dem Leistungsumsatz. Dieser ist dem Quadrat von Spannung bzw. Strom proportional. Sie errechnen sich zu

$$U_{2RMS} = \sqrt{\frac{t_i}{T}} \cdot U_1 = \sqrt{g} \cdot U_1 \quad \text{und}$$

$$I_{2RMS} = \sqrt{\frac{t_i}{T}} \cdot I_{2max} = \sqrt{g} \cdot I_{2max}. \qquad (1.86)$$

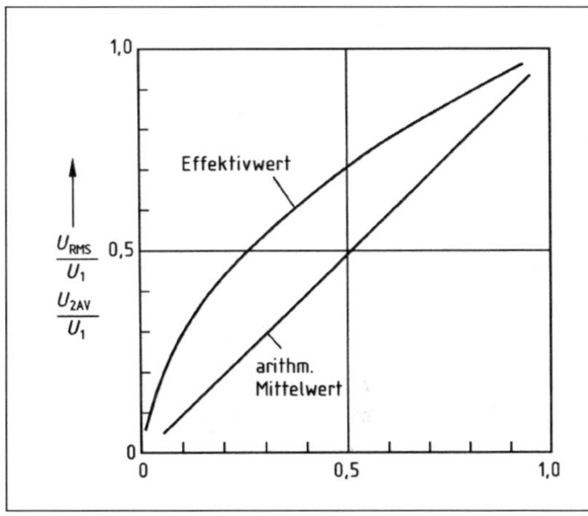

1.114 Steuerkennlinien des Gleichstromstellers

Die entsprechenden Steuerkennlinien der Spannungen zeigt Bild **1**.114. Bei ohmscher Last gelten sie wegen des gleichen Verlaufs auch für die Ströme.

Ohmsch-induktive Last. Hier wird der Strom aufgrund der Induktivität geglättet.

Für kleine Schaltfrequenzen zeigt Bild **1**.115 den Stromverlauf für verschiedene Tastgrade. Während der Einschaltphase steigt der Strom nach einer e-Funktion mit der Zeitkonstanten $\tau = L/R_L$ an. Nach 5 τ würde bei ausreichend langer Einschaltzeit der max. Endwert des Stroms $I_{2max} = U_1/R_L$ erreicht. Während der Einschaltzeit sind Last- und Transistorstrom i_2 und i_1 gleich. In der Induktivität wird magnetische Energie gespeichert.

Zum Zeitpunkt des Sperrens kommutiert der Strom vom Schalttransistor auf die Freilaufdiode R2;

der Strom nimmt nach einer e-Funktion ab und wird bei ausreichend großer Ausschaltzeit nach 5 τ zu null. Die magnetische Energie der Induktivität wird abgebaut. Der Laststrom i_2 ist gleich dem Freilaufstrom i_F.

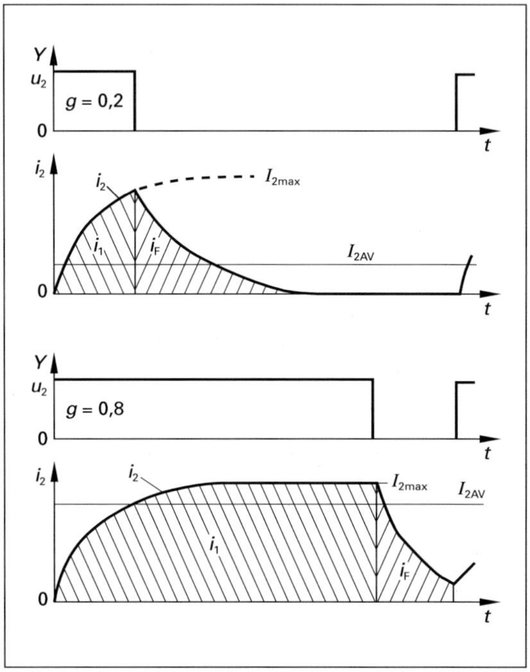

1.115 Systemgrößen des Gleichstromstellers für ohmsch-induktive Last bei kleinen Schaltfrequenzen

Bei kleinem Tastgrad ist in Bild **1**.115 der Laststrom lückend, durch Vergrößern des Tastgrads wird die Welligkeit geringer, wir erreichen einen nichtlückenden Strom. Dann erfolgt im Einschaltzeitpunkt des Transistors das Kommutieren des noch nicht auf null zurückgegangenen Stroms von der Freilaufdiode auf den Schalttransistor. Die Halbleiterventile sind in diesem Fall mit steil ansteigenden und abfallenden Stromflanken belastet.

Bei Erhöhung der Schaltfrequenz und gleichbleibendem Tastgrad nach Bild **1**.116 verringern sich die Stromschwankungen Δi_2 des Laststroms, es wird eine bessere Glättung bewirkt. Bei noch höheren Schaltfrequenzen fließt nahezu reiner Gleichstrom, die Welligkeit wird fast null. Auch bei kleinen Tastgraden wird bei hohen Schaltfrequenzen die Lückgrenze nicht erreicht, es tritt kein Lücken des Laststroms auf. Die Ströme i_1 des Schalttransistors und i_F der Freilaufdiode sind dann annähernd rechteckförmig. Mit größerer Induktivität nehmen die Stromglättung zu und die Welligkeit ab.

Die Welligkeit des Laststroms nimmt mit größerem Tastgrad, mit höherer Schaltfrequenz und mit größerer Induktivität ab.

Die arithmetischen Mittelwerte von Lastspannung U_{2AV} und Laststrom I_{2AV} sind unabhängig von der Schaltfrequenz und der Induktivität, sie errechnen sich über den Tastgrad: $U_{2AV} = g \cdot U_1$ und $I_{2AV} = U_{2AV}/R_L$. Für die arithmetischen Mittelwerte gilt auch hier die Steuerkennlinie nach Bild **1**.114. Der Effektivwert der Spannung ist wegen des gleichen Verlaufs der Spannung bei ohmsch-induktiver und rein ohmscher Last gleich. Es gilt die Steuerkennlinie nach Bild **1**.114. Der Effektivwert des Stroms ist aufgrund des enthaltenen Wechselstromanteils auch größer als der arithmetische Mittelwert. Mit zunehmender Glättung verringert sich die Welligkeit des Stroms. So bleibt z. B. bei fest eingestelltem Tastgrad in Bild **1**.116 bei vergrößerter Schaltfrequenz der arithmetische Mittelwert des Stroms konstant, die Welligkeit wird jedoch geringer. Damit gleicht sich der Effektivwert dem arithmetischen Mittelwert des Stroms an, sodass bei vollkommener Glättung (reinem Gleichstrom) der Effektivwert des Stroms gleich dem arithmetischen Mittelwert wäre.

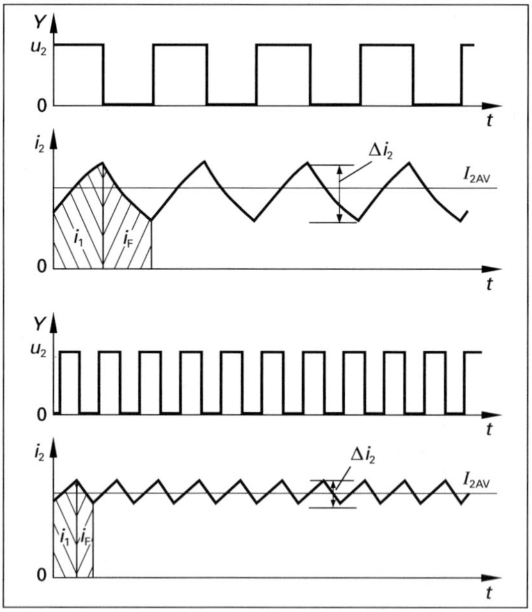

1.116 Systemgrößen des Gleichstromstellers mit ohmsch-induktiver Last bei größeren Schaltfrequenzen im Vergl. zu Bild **1**.115

Motorlast. Über den Tastgrad kann die Ausgangsspannung des Gleichstromstellers und damit die Drehzahl eines Gleichstrom-Nebenschlussmotors eingestellt werden. Die Gleichspannung ist dem

Tastgrad proportional und damit auch die Leerlaufdrehzahl nach Bild **1**.117a. Die Belastungskennlinien **1**.117b zeigen, dass der Motor wie an reiner Gleichspannung Nebenschlussverhalten aufweist.

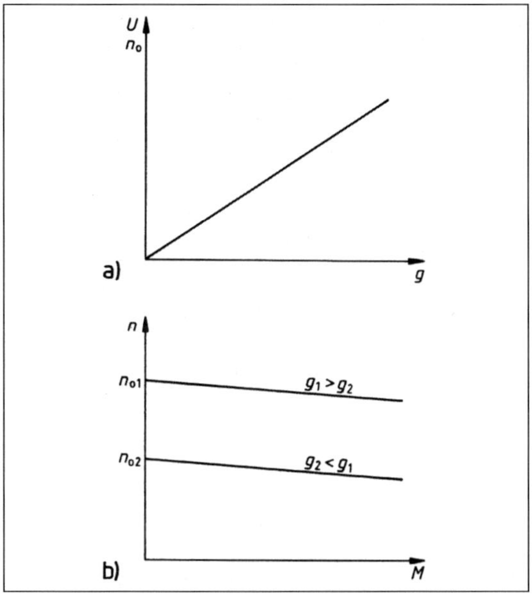

1.117 Verhalten der Gleichstrom-Nebenschlussmaschine mit Gleichstromsteller

Bild **1**.118 zeigt den Verlauf von Spannung und Strom einer niederfrequenten Ansteuerung bei kleinem Tastgrad für Leerlauf des Motors. Wegen des lückenden Stroms ist die Gegenspannung U_0 des Motors im Zeitraum 3 deutlich zu erkennen.

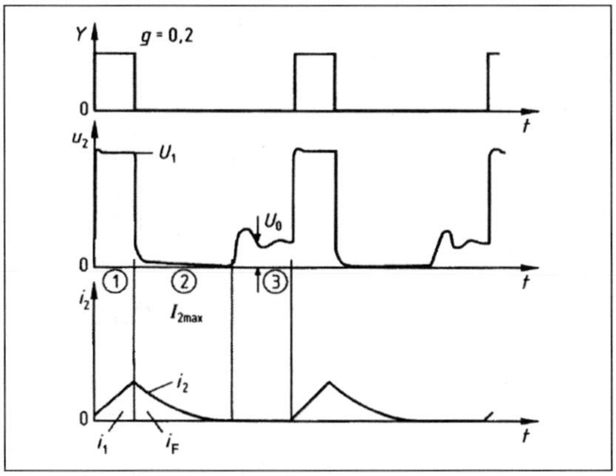

1.118 Systemgrößen des Gleichstromstellers am Gleichstromnebenschlussmotor im Leerlauf bei kleinem Tastgrad und kleiner Schaltfrequenz

In Zeitraum 1 ist der Transistor durchgeschaltet und legt die Anschlussspannung U_1 an den Anker, der Strom steigt an. Ist der Transistor gesperrt, treibt die Ankerinduktivität den Strom über die Freilaufdiode, bis der Strom im Zeitraum 2 zu null geworden ist. Bei vergrößerter Belastung, größerem Tastgrad oder größerer Schaltfrequenz lückt der Strom nicht mehr (Bild **1**.119). In der Spannungskurve „verschwindet" der Verlauf der Gegenspannung. Mit weiter steigender Belastung wird die Stromkurve zu größeren Werten angehoben.

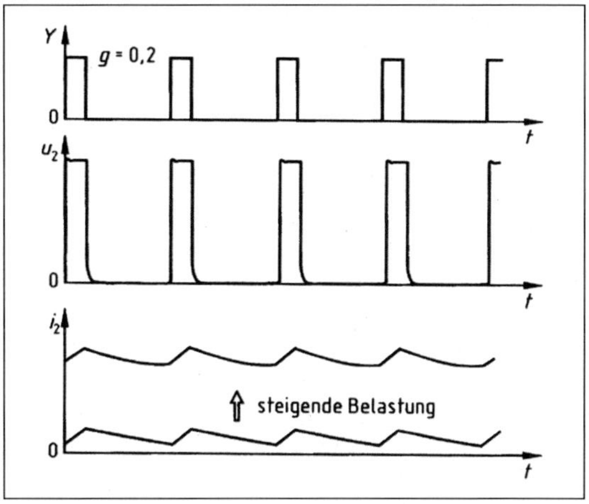

1.119 Systemgrößen des Gleichstromstellers mit Gleichstrom-Nebenschlussmotor bei höheren Schaltfrequenzen

Für Gleichstrommotoren arbeiten Gleichstromsteller mit Schaltfrequenzen bis zu 20 kHz. Dabei ist ein sehr schnelles regelungstechnisches Eingreifen möglich, da bis zum nächsten Schaltimpuls nur $T = 1/f$ z. B. 5 µs vergehen. Dagegen ist bei einer B6-Schaltung an 50 Hz ein Eingreifen erst nach 1/6 T = 1/6 · 1/50 Hz = 3,3 ms möglich. Auch aus diesem Grunde werden Gleichstromsteller nicht nur bei Antrieben eingesetzt, die eine Gleichstromquelle aufweisen, z. B. Akku betriebene Fahrzeuge, sondern auch im Wechselstromnetz-Betrieb. Hier wird die Wechselspannung erst gleichgerichtet, geglättet und dann dem Gleichstromsteller zugeführt.

Gleichstromsteller mit nichtlöschbaren Bauelementen

Bild **1**.120 zeigt einen Gleichstromsteller mit Thyristoren (SCR) und macht den schaltungstechnischen Aufwand deutlich, der für die Löschung des Thyristors am Gleichstromkreis notwendig ist. Aus diesem Grunde wird der Thyristor nur für Sonderanwendungen eingesetzt.

Gleichstromsteller mit Umschwingkreis. Über den Gleichstromsteller **1**.120 ist ein Gleichstrommotor an ein Netz fester Gleichspannung angeschlossen. Der Löschkreis arbeitet nach dem Umschwingverfahren. Vor der ersten Zündung des Hauptthyristors Q1 wird der Löschthyristor Q2 gezündet. Dabei lädt sich der Kondensator auf die eingetragene Polarität auf. Wird nun der Hauptthyristor Q1 gezündet lädt sich der Kondensator über die Umschwinginduktivität L_K auf die in Klammern eingetragene Polarität um, die für das folgende Löschen des Hauptthyristors erforderlich ist. Ein Zurückschwingen der Energie verhindert Diode R2. Durch Zündung des Löschthyristors wird der Löschvorgang eingeleitet. Der Kondensator treibt einen Strom gegen den Strom des Hauptthyristors Q1, sodass der Haltestrom unterschritten wird. Der Kondensator erhält wieder die Polarität die erforderlich ist, damit seine Energie beim nachfolgenden Zünden des Hauptthyristors umschwingen kann.

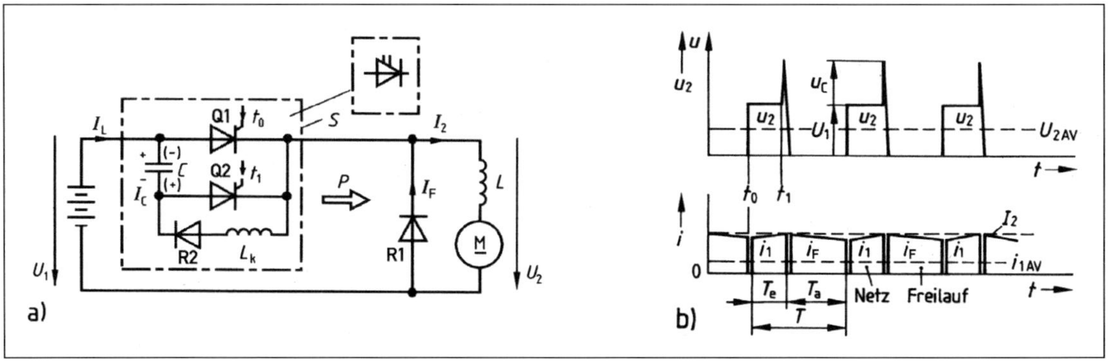

1.120 Thyristor-Gleichstromsteller mit Umschwingkreis
a) Schaltplan mit Schaltkurzzeichen, b) Spannungs- und Stromverlauf

Steuerverfahren. Gleichstromsteller werden periodisch nach verschiedenen Verfahren angesteuert: Pulsfolgesteuerung, Pulsbreitensteuerung und Zweipunktregelung.

Bei der Pulsfolgesteuerung wird die Einschaltdauer t_i zwischen Zünden und Sperren des Gleichstromschalters konstant gehalten, während die Periodendauer T verändert wird (**1**.121 a). Bei niedrigen Frequenzen kommt es bei diesem Verfahren zu störenden Schaltgeräuschen der Drosseln im hörbaren Bereich.

Bei der Pulsweitensteuerung (PWM) ist die Periodendauer T und dadurch die Frequenz konstant. Die Einschaltdauer t_i, zwischen Ein- und Ausschalten des Gleichstromschalters wird verändert (**1**.121 b). Die konstante Frequenz hat Vorteile bei der Bemessung der Bauelemente.

Bei der Zweipunktregelung (**1**.121 c) werden Einschaltzeit t_i und Periodendauer T verändert. Die Ein- und Ausschaltpunkte sind abhängig von den Augenblickswerten des Stroms und der Spannung der Last. Die Zweipunktregelung ist nur anwendbar, wenn im Lastkreis ein Energiespeicher vorhanden ist.

Der Hochsetzsteller (Aufwärtswandler) wandelt eine Eingangsspannung in eine höhere Ausgangsspannung um. Er wird in vielen batteriegespeisten Geräten eingesetzt, in denen eine höhere Spannung als die Batteriespannung benötigt wird.

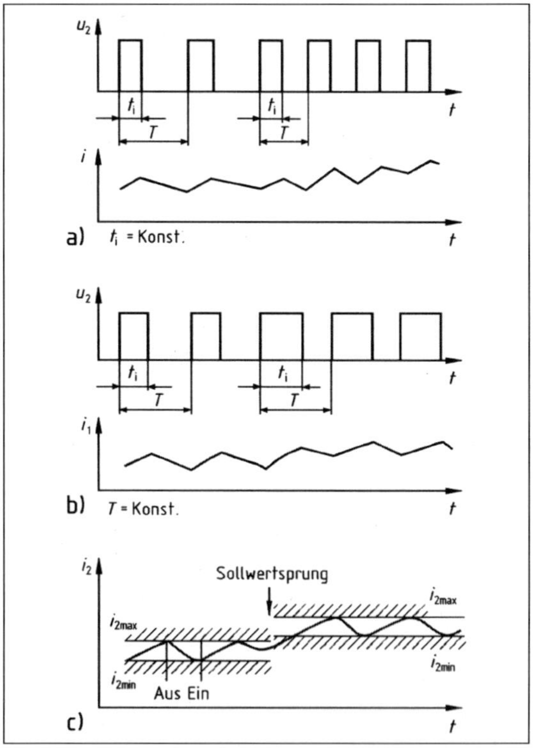

1.121 Steuerverfahren für Gleichstromsteller
a) Pulsfolgesteuerung
b) Pulsweitensteuerung
c) Zweipunktregelung des Stroms

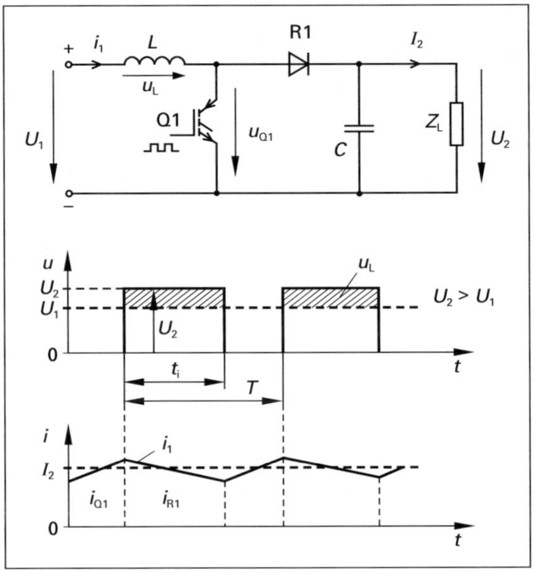

1.122 Hochsetzsteller

Bild **1**.122 zeigt das prinzipielle Schaltbild mit einem IGBT als Schalter, der z. B. pulsbreitengesteuert ein- und ausgeschaltet wird.

Der Kondensator der Schaltung dient zur Glättung der am Lastwiderstand anliegenden Spannung U_2. Die Kapazität wird so groß angenommen, dass die Spannung vollkommen geglättet ist. Beim Betrieb des Hochsetzstellers wird der Transistor Q1 in schneller Folge ein- und ausgeschaltet. Im eingeschalteten Zustand fällt die Eingangsspannung U_1 an der Induktivität ab, der Strom i_1 steigt an und baut das Magnetfeld der Drossel auf. Schaltet der Transistor ab, treibt die Selbstinduktionsspannung u_L der Drossel den Strom über die Diode und lädt den Ausgangskondensator auf die Spannung $U_2 > U_1$. Der Strom i_1 nimmt ab, bis der Transistor wieder eingeschaltet wird. Die Diode R1 verhindert die Entladung des aufgeladenen Kondensators. Im nicht lückenden (stationären) Betrieb ist die Ausgangsspannung nur abhängig von der Eingangsspannung und dem Tastverhältnis.

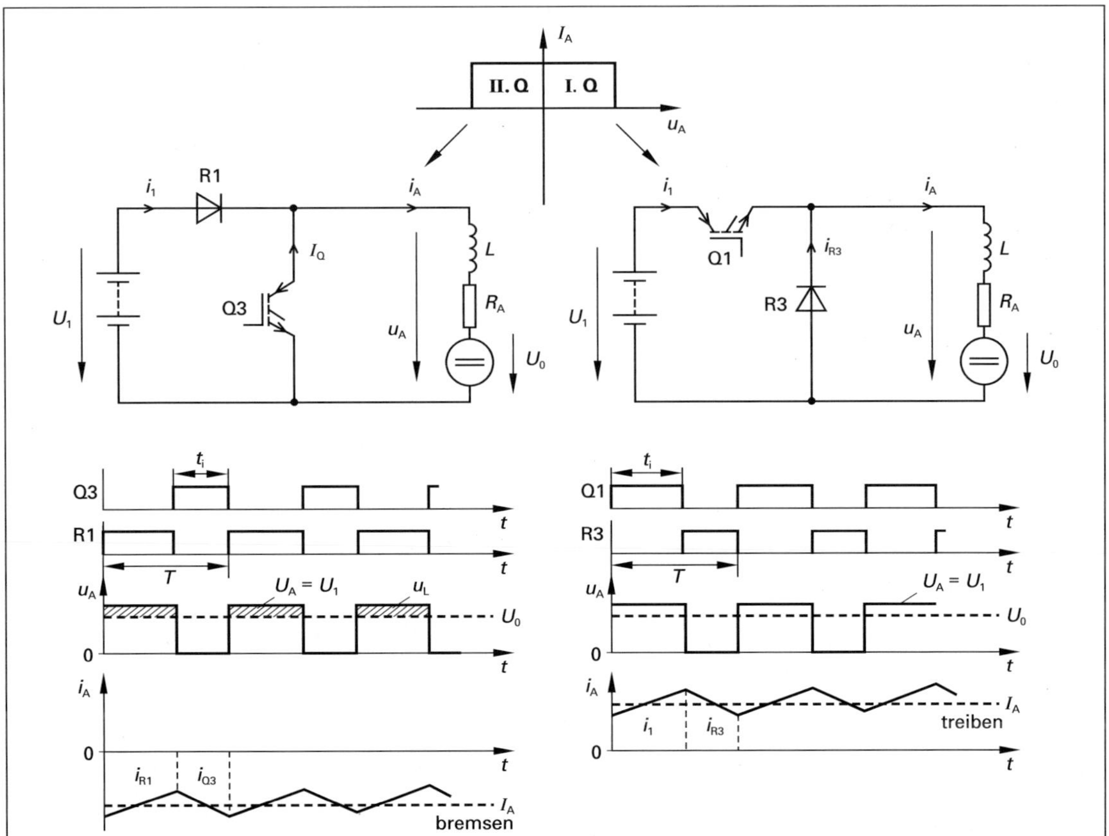

1.123 Gleichstromsteller mit Stromumkehr
a) I. Quadrant, Motorbetrieb b) II. Quadrant, Generatorbetrieb

Zwei-Quadranten-Betrieb. Ein Fahrzeug wird mit einer Gleichstrommaschine am Gleichstrombordnetz betrieben. Im Motorbetrieb **1**.123 a treibt die Maschine das Fahrzeug an. Energie liefert der Gleichstromsteller vom Bordakku zum Motor. Mit dem Tastgrad des Gleichstromstellers kann die Ankerspannung des Motors eingestellt werden. Es leiten abwechselnd der Transistor mit dem Eingangsstrom i_1 und die Diode mit dem Freilaufstrom i_{R3}. Gegenüber dem Treiben des Fahrzeugs kehren sich beim Bremsen das Maschinendrehmoment und damit die Richtung des Ankerstroms ($i_A < 0$) um. Die Drehrichtung und Polarität der Ankerspannung bleiben erhalten. Die Gleichstrommaschine wird zum Generator und arbeitet im II. Betriebsquadranten. Es muss dann Strom aus der Gleichstrommaschine mit kleinerem Mittelwert U_0 in den Bordakku mit größerer Spannung U_1 fließen.

Diese Aufgabe übernimmt der als Aufwärtswandler geschaltete Gleichstromsteller **1**.123 b. Die Ankerinduktivität, die eventuell durch eine Zusatzinduktivität ergänzt wird, lädt sich während der Einschaltphase des Transistors Q3 magnetisch auf. Sie stellt beim Ausschalten des Transistors die zusätzliche Selbstinduktionsspannung u_L zur Verfügung, die zur Quellenspannung U_0 der Gleichstrommaschine addiert, die Energie zum Bordakku treibt.

Vier-Quadranten-Betrieb – H-Schaltung. Bild **1**.124 a zeigt die Schaltung für den Vier-Quadranten-Betrieb einer Gleichstrommaschine mit der beide Drehrichtungen und beide Stromrichtungen möglich sind. Zur Ansteuerung sind verschiedene Pulsmuster möglich. Wir wollen die in Bild **1**.124 b dargestellten Möglichkeiten betrachten, die in entsprechenden integrierten Schaltungen (IC) programmiert sind. Dabei muss sichergestellt werden, dass die Transistoren eines Zweigs, z. B. Q1 und Q3 nicht gleichzeitig geschaltet werden.

Für den Motorbetrieb, Rechtslauf im I. Quadranten, werden zunächst die diagonalen Transistoren Q1 und Q2 eingeschaltet. Der Motorstrom I_A steigt an und lädt die Ankerinduktivität magnetisch auf. Ist der maximal eingestellte Ankerstrom erreicht, schaltet Q2 aus und die Ankerinduktivität treibt den Freilaufstrom über Q1 und die Freilaufdiode R4 im oberen Bereich der Schaltung. Beim eingestellten Minimalwert des Ankerstroms wird der Transistor Q2 wieder eingeschaltet, der Ankerstrom steigt wieder an, bis jetzt der Transistor Q1 ausgeschaltet wird. Der Freilaufstrom fließt über Q2 und die Freilaufdiode R3 jetzt im unteren Bereich der Schaltung. Der Schaltvorgang würde sich nun wiederholen. Während der beschriebenen Schaltperiode der H-Schaltung sind im Ankerstrom zwei Stromanstiege und zwei Stromabfälle zu verzeichnen gewesen. Die Pulsfrequenz des Ankerstroms ist also doppelt so hoch wie die Schaltfrequenz. Dies führt zur guten Glättung des Laststroms auch bei vergleichsweise geringer Schaltfrequenz.

Vergleichbar sind die Schaltvorgänge für den Motorbetrieb Linkslauf im III. Quadranten. Hier sind die schaltenden diagonalen Transistoren Q3 und Q4. Die Freilaufströme fließen wieder abwechselnd im oberen und unteren Bereich der Schaltung.

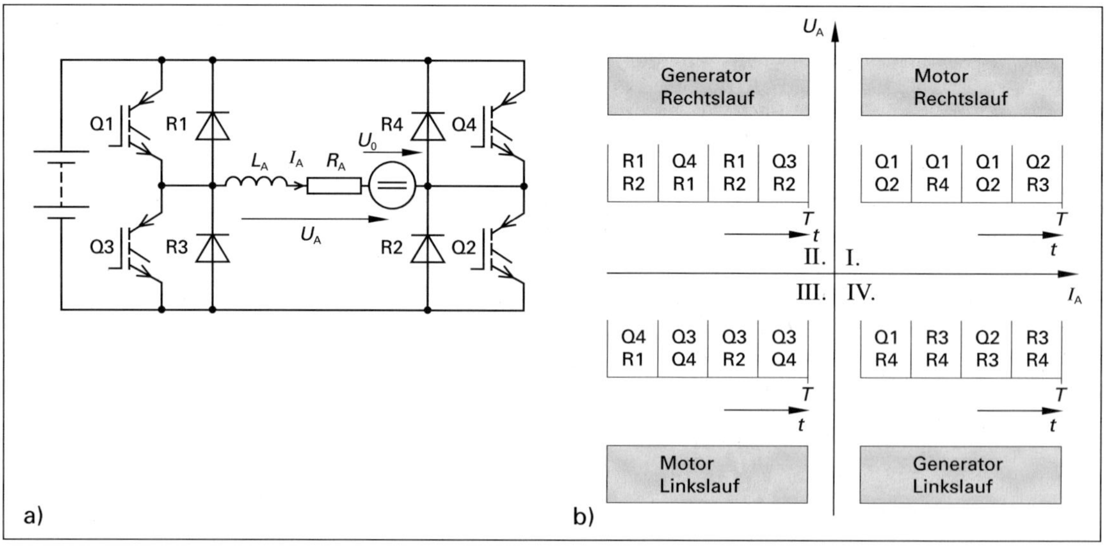

1.124 H-Schaltung für den 4Q-Betrieb
a) Schaltung, b) Schaltschema der vier Betriebsquadranten

Ist die Gleichstrommaschine der Energielieferant z. B. während des Bremsvorgangs oder weil sie angetrieben wird, arbeitet die Maschine als Generator im Rechtslauf im II. Quadranten und im Linkslauf im IV. Quadranten. Hier gilt jeweils das angegebene Schaltschema, wobei zu beachten ist, dass die Quellenspannung U_0 der Gleichstrommaschine die treibende Spannung ist. Im II. Quadranten fließt der Ankerstrom über die Diode R1 und den Transistor Q4. Wird Q4 abgeschaltet, treibt die Selbstinduktionsspannung den Strom durch die Diode R1, den Akku und die Diode R2. Die Energie wird in den Akku gespeist. Anschließend wird Q3 geschaltet, sodass der Ankerstrom über Q3 und die Diode R2 fließt. Beim Ausschalten von Q3 treibt die Induktivität den Strom über R1 und R2 in den Akku.

Bei Generatorbetrieb im Rechtslauf im IV. Quadranten sind die Verhältnisse vergleichbar. Auch hier wird die Energie von der Gleichstrommaschine zum Akku geliefert.

1.7.5.2 Selbstgeführte Wechselrichter

Selbstgeführte Wechselrichter formen im Mittel die elektrische Energie eines Gleichstromnetzes in die eines Wechselstromnetzes um. Aus dem Gleichstrom ist ein Wechselstrom zu formen, wobei die Stromrichterzweige in einem bestimmten Takt anzusteuern sind, um die gewünschte Frequenz zu erzielen. Häufig muss gleichzeitig die Höhe der Spannung gesteuert werden. Die Kommutierung erfolgt in allen Fällen durch den Wechselrichter selbst.

Anwendung finden die selbstgeführten Wechselrichter für die gesicherte Stromversorgung aus Akkumulatoren (z. B. in Krankenhäusern, zur Speisung von Bordnetzen in Schiffen und Flugzeugen und in EDV-Anlagen). Sehr bedeutend sind die Wechselstromumrichter mit Zwischenkreis zur Drehzahlsteuerung von Asynchronmaschinen, wobei IGBT-bestückte selbstgeführte Wechselrichter standardmäßig eingesetzt werden. Nur für größte Leistungen werden Thyristoren verwendet.

Prinzip. Bild **1**.125 zeigt das Prinzip eines einphasigen Wechselrichters in Brückenschaltung, bei dem die Umschaltung vereinfacht durch Kontakte erfolgt. Die Gleichspannung U_d wird mit wechselnder Polarität durch abwechselndes paarweises Schalten der diagonalen Schalter Q1 und Q2 bzw. Q3 und Q4 an den Wechselstromverbraucher R gelegt. An ihm entsteht eine rechteckförmige Wechselspannung u_2 mit der Amplitude U_d; die Frequenz mit der Periodendauer T lässt sich durch den Schalttakt steuern. Bei ohmschen Verbrauchern R ist der Laststrom i_2 in Phase mit der Spannung u_2 und ebenfalls rechteckförmig. Die Zeitwerte der Leistung $p = u_2 \cdot i_2$ sind für alle Zeitabschnitte positiv, sodass die Leistung durchgehend nur von der Gleichstromseite zum Wechselstromverbraucher transportiert wird. Zur Speisung von Blindleistungsverbrauchern ist die Schaltung zu erweitern, da zwischenzeitlich auch die Rücklieferung der Leistung möglich sein muss.

Rückstromdioden. In der Brückenschaltung **1**.126 dienen Transistoren als schaltende Bauteile, die paarweise diagonal angesteuert werden. Antiparallel zu ihnen ist jeweils eine Rückstromdiode geschaltet. Spannungs- und Stromverlauf mit ohmsch-induktivem Verbraucher sollen schrittweise untersucht werden.

In Bild **1**.126a sind die Transistoren Q1 und Q2 leitend, am Verbraucher liegt die Spannung $u_2 = U_d$ mit der eingezeichneten Polarität. Der Strom i_2 steigt von null nach einer e-Funktion mit der Zeitkonstanten $\tau = L/R$ an. Während dieser Phase wird die elektrische Leistung $p = +u_2 \cdot +i_2$ von der Gleichspannungsquelle zum Verbraucher transportiert. Werden die Transistoren Q1 und Q2 gesperrt (**1**.126b), treibt die Induktionsspannung

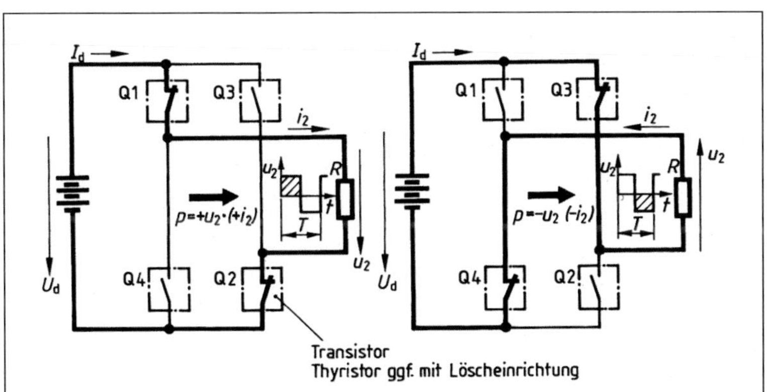

1.125
Selbstgeführter Wechselrichter in Brückenschaltung mit ohmscher Last

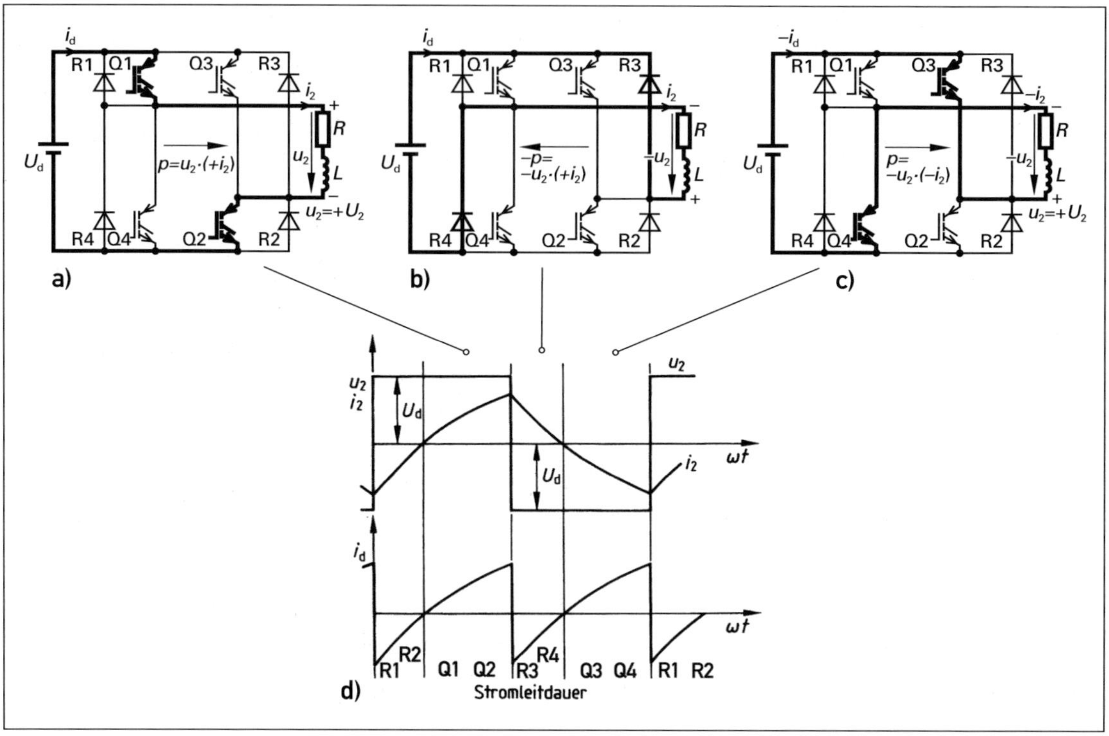

1.126 Wechselrichter in Brückenschaltung für ohmsch-induktive Last
a) bis c) Schaltzustände mit Stromführung der Transistoren bzw. der Rückstromdioden,
d) Spannungs- und Stromverlauf

der Induktivität L den Strom in gleiche Richtung weiter. Dabei werden die Rückstromdioden R3 und R4 leitend, sodass der Gleichstrom i_d seine Richtung umkehrt und die abnehmende magnetische Energie der Induktivität in die Quelle zurückgespeist wird. Der Verbraucherstrom i_2 nimmt nach einer e-Funktion auf null ab. In dieser Phase liegt über den leitenden Rückstromdioden die Spannung $-u_2 = U_d$ mit der eingetragenen Polarität am Verbraucher. Trotz der Ansteuerung sind die Transistoren Q3 und Q4 stromlos, sie werden von den Rückstromdioden überbrückt. Ist der Strom null geworden, sperren die Dioden, und die angesteuerten Transistoren Q3 und Q4 legen weiterhin die Speisespannung $-u_2 = U_d$ an den Verbraucher (**1**.126c). Im Verbraucher kehrt der Strom seine Richtung um und steigt auf den negativen Maximalwert. Dabei nimmt der Verbraucher wieder eine Leistung $p = -u_2 \cdot -i_2$ auf. Werden im weiteren Verlauf die Transistoren Q3 und Q4 gesperrt, übernehmen die Rückstromdioden R1 und R2 den abklingenden Laststrom und speisen Strom in die Quelle zurück.

Die Rückstromdioden ermöglichen Wechselstrom beliebiger Phasenlage und haben die Aufgabe, jeweils beim Abbau des Felds die Energie zur Gleichstromquelle zurückzuführen. Das ist immer dann der Fall, wenn die Wechselspannung u_2 und der Wechselstrom i_2 unterschiedliche Polarität aufweisen.

Eingeprägte Spannung. Am Verbraucher liegt während einer Periode bei induktiver wie auch bei ohmscher Last eine Rechteckspannung mit der Amplitude U_d der Gleichspannung. Der Stromverlauf ist unterschiedlich, je nach Art des Verbrauchers. Bei ohmscher Last ist er wie die Spannung rechteckförmig, bei ohmsch-induktiver Last ergibt er sich aus Abschnitten einer e-Funktion und hätte bei reiner Induktivität einen dreieckförmigen Verlauf. Ist der Spannungsverlauf lastunabhängig vom Wechselrichter fest vorgegeben und ergibt sich der Stromverlauf unterschiedlich nach Art der Belastung, spricht man von eingeprägter Spannung, bei umgekehrten Verhältnissen vom eingeprägten Strom. Diese Unterscheidung ist wichtig für die Wechselstromumrichter mit Spannungs- bzw. Strom-Zwischenkreis (Abschn. 1.7.5.3).

Thyristorwechselrichter. Normalerweise werden in Umrichtern als schaltende Bauteile IGBT eingesetzt. Für größte Ströme und Spannungen verwendet man Thyristoren: GTO, IGCT, MCR

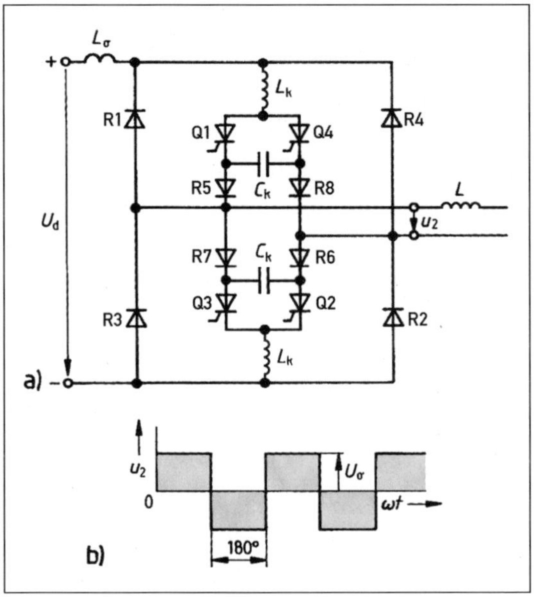

1.127 Wechselrichter mit Thyristoren in Zweipuls-Brückenschaltung

oder SCR. Bild **1**.127 zeigt einen Wechselrichter in Zweipuls-Brückenschaltung mit SCR-Thyristoren und zugehöriger Kommutierungseinrichtung. Da die beiden Löschkondensatoren C_K parallel zur Last angebracht sind, heißt diese Schaltung auch Parallelwechselrichter in Zweipuls-Brückenschaltung. Gelöscht werden die stromführenden Thyristoren durch das Zünden der nachfolgend leitenden. Die Sperrdioden R5 bis R8 verhindern während der Stromleitphase eine Entladung der Löschkondensatoren. Die Rückstromdioden R1 bis R4 ermöglichen wiederum Wechselstrom beliebiger Phasenlage. Die Kommutierungsdrosseln L_K begrenzen die Stromanstiegsgeschwindigkeit in den Thyristoren. Die Frequenz der erzeugten Wechselspannung wird (wie schon die Pulsfrequenz beim Gleichstromsteller) wesentlich durch die erforderliche Schonzeit der Thyristoren begrenzt. Bild **1**.127 zeigt den Aufwand, der für Thyristoren benötigt wird. Auch bei Abschaltthyristoren ist der Steuerwand größer als bei Transistoren, z. B. den IGBTs, die daher möglichst eingesetzt werden.

Dreiphasenwechselrichter. Als Schaltung des Dreiphasenwechselrichters hat sich die Sechspuls-Brückenschaltung bewährt (**1**.128). Wir betrachten

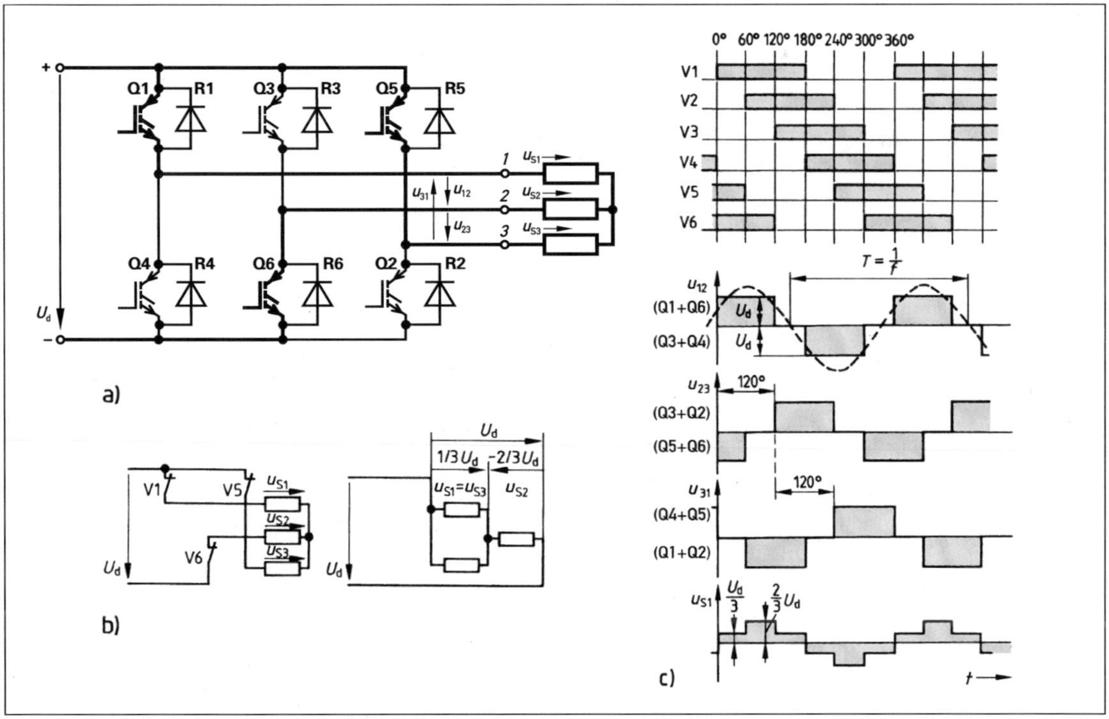

1.128 Dreiphasenwechselrichter in Sechspuls-Brückenschaltung

a) Schaltung, b) Spannungsaufteilung am Verbraucher für $\alpha_t = 60°$,
c) Steuerungsschema und Verlauf der Leiter- und Strangspannungen

hier die Stromleitdauer der Ventile von 180°, bei der jeweils gleichzeitig drei Transistoren durchgeschaltet sind. Damit liegt in jedem Augenblick das Potential aller drei Anschlussklemmen des Verbrauchers fest. Die Kurvenform der Ausgangsspannung ist belastungsunabhängig, während sie bei der auch möglichen Stromleitdauer von 120° von der Art der Belastung beeinflusst wird. Die Steuersignale der Ventile sind um jeweils 60° versetzt. Die Kurvenform der Spannungen lässt sich mit dem Steuerungsschema **1**.128c ermitteln. Im Winkelbereich $0° < \omega t < 60°$ sind die Transistoren Q1 und Q5 der „oberen" und Q6 der „unteren" Brückenhälfte durchgeschaltet. Der Stromweg ist in der Schaltung **1**.128a gekennzeichnet. An den Klemmen 1 und 3 des Drehstromverbrauchers liegt der positive Pol der Gleichspannung. Damit ergeben sich die Leiterspannungen $u_{12} = U_d$, $u_{23} = -U_d$ und $u_{31} = 0$. Der weitere Verlauf der drei um jeweils 120° verschobenen Leiter-Wechselspannungen mit der Amplitude U_d ergibt sich in gleicher Weise. Die Strangspannung hat bei Sternschaltung einen zweistufigen rechteckförmigen Verlauf mit den Amplituden ⅓ U_d und ⅔ U_d. Die Aufteilung zeigt Bild **1**.128b, wiederum für den Winkelbereich $0° < \omega t < 60°$. Die dargestellte Strangspannung u_{S1} ist zu den anderen um 120° verschoben. Der Verlauf des Wechselstroms entspricht bei ohmschen Verbrauchern dem der Spannung. Bei ohmsch-induktiven Verbrauchern setzt sich der Stromverlauf wie beim Einphasenwechselrichter aus Abschnitten von e-Funktionen zusammen (**1**.129). Bei jedem Spannungssprung ergibt sich auch ein Sprung in der Stromkurve. An der Stromführung sind auch hier die Rückstromdioden beteiligt, sodass Wechselstrom beliebiger Phasenlage fließen kann.

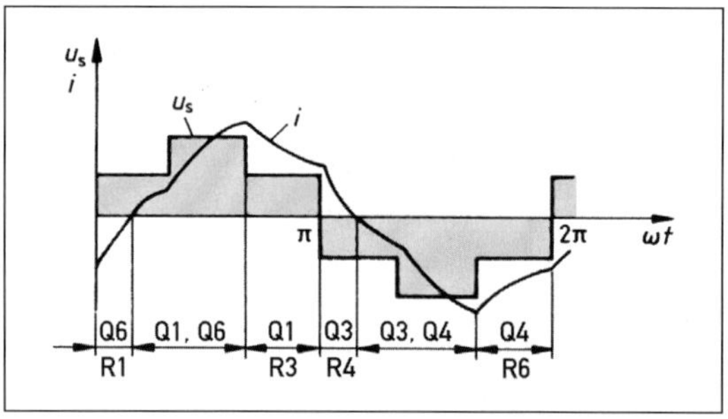

1.129 Spannungs- und Stromverlauf des Dreiphasen-Wechselrichters bei ohmsch-induktiver Belastung

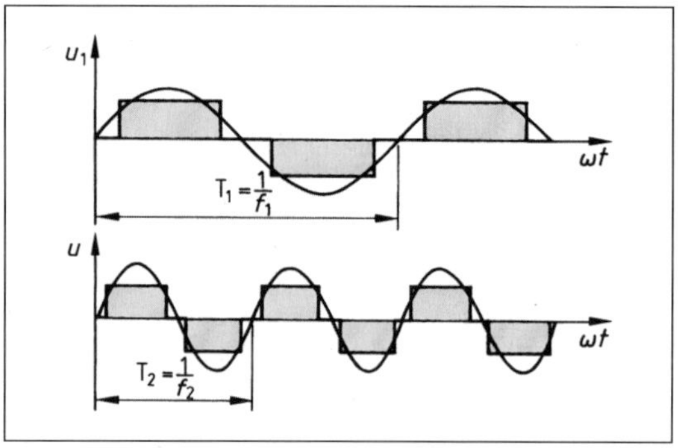

1.130 Ausgangsspannung eines Wechselrichters mit unterschiedlicher Frequenz bei gleichbleibender Spannung

Die Frequenz der Ausgangsspannung lässt sich durch die Stromleitdauer der einzelnen Stromrichterzweige steuern. Sie ist abhängig vom Taktrhythmus der Ventilansteuerung. Bild **1**.130 zeigt die Ausgangsspannung eines Wechselrichters mit den Periodendauern der Grundschwingung T_1 und $T_2 = ½\ T_1$. Die Höhe der Ausgangsspannung bleibt hier erhalten.

1.7.5.3 Grundlagen der Frequenzumrichter

Frequenzumrichter werden zur Drehzahlsteuerung und -regelung von Drehstrommotoren eingesetzt. Anwendungsbeispiel sind Maschinen, in denen über die Drehzahl die Materialdicke beeinflusst wird wie in Papiermaschinen, Walzstraßen, Drahtziehmaschinen, Folienmaschinen usw. Weitere Anwendungsbeispiele für drehzahlveränderliche Antriebe sind Fahr- und Hubwerksantriebe sowie Lüftungs- und Pumpantriebe. In vielen Bearbeitungsmaschinen werden drehzahlveränderliche Antriebe mit Asynchronmaschinen als Zentralantrieb eingesetzt. Bei den statischen Frequenzumrichtern sind zwei Gruppen zu unterscheiden:

- Direktumrichter ohne Zwischenkreis
- Zwischenkreisumrichter mit Gleichstrom- oder Gleichspannungs-Zwischenkreis

Direktumrichter haben keinen Energiespeicher (Drossel oder Kondensator) und bestehen z. B. in Drehstromausführung aus sechs vollgesteuerten Drehstrom-Brückenschaltungen mit insgesamt $2 \cdot 3 \cdot 6 = 36$ Ventilen. Jede Phase wird von je zwei Brücken gespeist, von denen die eine als Gleich-, die andere als Wechselrichter arbeitet (**1**.131a).

Die drei einzelnen Umkehrstromrichter benötigen eine Potentialtrennung. Dies kann durch die Netztransformatoren erfolgen. In diesem Fall kann der zu speisende Motor wie üblich in Stern oder Dreieck geschaltet werden. Werden die einzelnen Umkehrstromrichter nur über Kommutierungsdrosseln direkt am Netz betrieben, müsste die Potentialtrennung motorseitig durch aufgelöste Wicklungen hergestellt werden.

Man unterscheidet in Abhängigkeit von der Ansteuerart zwei Ausführungen, den *Steuer*- und den *Trapezumrichter* (**1**.131 c). Der letzte hat seine Bezeichnung von der Kurvenform der Ausgangsspannung. Ohne zusätzlichen Phasenanschnitt ist mit dem Trapezumrichter nur eine stufige Drehzahlverstellung über definierte Ausgangsfrequenzen möglich. Im Steuerumrichter bewirkt eine ständige Verstellung der Steuerwinkel durch Phasenanschnitt (hoher Blindleistungsbedarf), dass sich die jeweiligen Gleichspannungsmittelwerte mit der gewünschten Frequenz zeitlich annähernd sinusförmig ändern (**1**.131 b). In diesem System lassen sich Ausgangsspannung U_2 und Ausgangsfrequenz f_2 unabhängig voneinander stetig verstellen, wobei die Spannungsfrequenz-Kennlinie der Motorcharakteristik anzupassen ist. Weitere Eigenschaften des Steuerumrichters:

- **Der Frequenzstellbereich** umfasst 0 Hz bis 0,5 · f_1. Eine gute sinusförmige Nachbildung der Ausgangsspannung ist jedoch nur bis etwa 0,4 · f_1 möglich. Die Ausgangsfrequenz lässt sich bis null reduzieren, sodass ein Anlauf unter hohen Lastmomenten problemlos möglich ist. Die Umkehr der Energieflussrichtung lässt einen Vierquadrantenbetrieb zu.
- **Ähnliches dynamisches Verhalten wie Gleichstromantriebe**, d. h. Stillstandsmoment gleich Bemessungsmoment, hohe Überlastbarkeit, lastabhängige Netzblindleistung. Bei typischen Leistungsbereichen von 1 MW bis 15 MW und einem Drehzahlstellbereich von 1:100 kommen sie z. B. in langsam drehenden Einzelantrieben für Zement- und Erzmühlen, Fördermaschinen und Walzwerkhauptantrieben zum Einsatz.

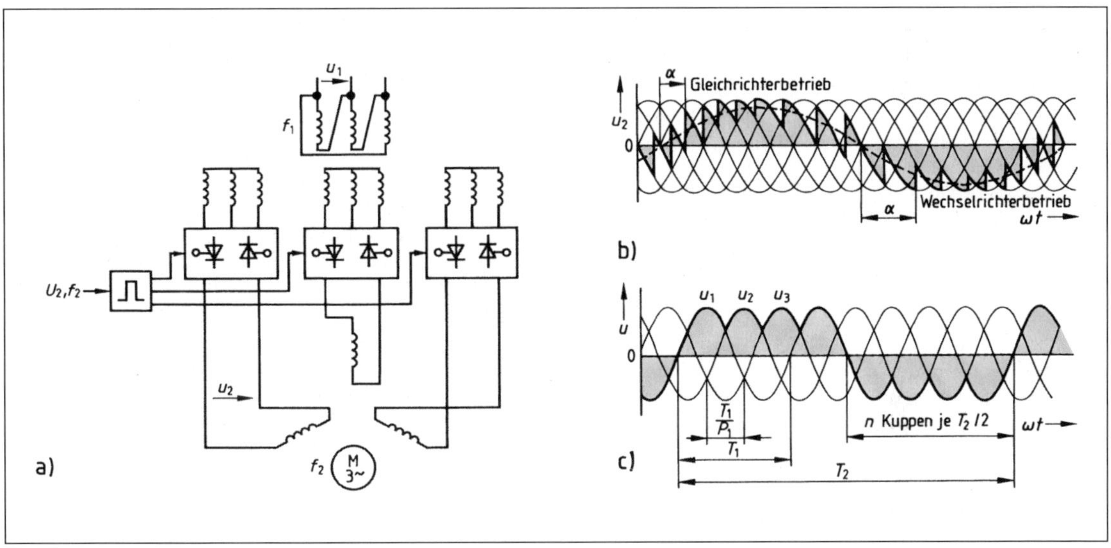

1.131 Direktumrichter zur Speisung eines Drehstrommotors
a) Prinzipschaltung,
b) Spannungsverlauf mit Steuerumrichter,
c) Spannungsverlauf mit Trapezumrichter

In Zwischenkreisumrichtern sind der netzseitige und der maschinenseitige Stromrichter über Glättungsglieder wie Drosseln und Kondensatoren entkoppelt. Die Bauelemente des Zwischenkreises sind gleichzeitig Energiespeicher, und somit Energiepuffer zwischen der Einspeiseeinheit und dem Wechselrichter. Führt der Zwischenkreis einen eingeprägten Strom, handelt es sich um einen *Strom*zwischenkreis-Umrichter; die eingeprägte Spannung kennzeichnet den *Spannungs*zwischenkreis-Umrichter. Kennzeichen der Umrichter mit Gleichstromzwischenkreis (*I*-Umrichter) ist die Glättungsdrossel im Zwischenkreis. Zur Versorgung von Käfigläufer-, Schleifringläufer- und Synchronmotoren gibt es spezielle Ausführungen.

Umrichter mit Gleichstrom-Zwischenkreis (*I*-Umrichter) für Käfigläufermotoren (**1**.132). Der vollgesteuerte Netzgleichrichter GR speist stromgeregelt auf den Stromzwischenkreis mit Glättungsdrossel L_d, die für den eingeprägten Strom (lastabhängiger Maschinenstrom) ausgelegt sein muss.

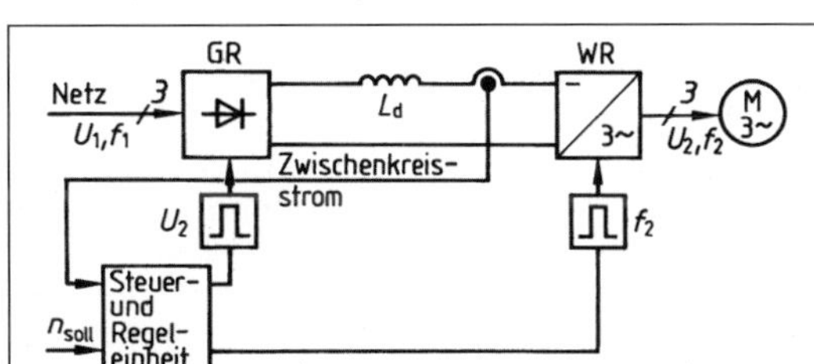

1.132 Drehstromantrieb mit Gleichstrom-Zwischenkreisumrichter

Die Leistungshalbleiter im selbstgeführten Wechselrichter WR schalten den eingeprägten Gleichstrom im Takt der vorgegebenen Frequenz auf die Wicklungsstränge des Motors. Pulsdauer und Amplitude der eingeprägten Stromblöcke bestimmen den Effektivwert der Maschinenstrangspannung, die sich (sinusähnlich) frei ausbilden kann. Der Frequenzstellbereich umfasst Ausgangsfrequenzen von 5 bis 100 Hz. Daraus ergibt sich ein Drehzahlstellbereich von 1:20, der über Ständerfrequenz und -strom ausgesteuert wird. Treiben und Nutzbremsen sind in beiden Drehrichtungen möglich. Die Drehrichtungsumkehr erfolgt durch Umpolen der Zwischenkreisspannung.

Motor und Umrichter müssen aufeinander abgestimmt sein, weil die Kapazität und die Spannung der Kommutierungskondensatoren im selbstgeführten Wechselrichter in hohem Maß von der Streuinduktivität des Käfigläufermotors abhängen.

Das Prinzip der Drehzahlverstellung beruht auf der Regelung der Ständerfrequenz über den maschinenseitigen, selbstgeführten Wechselrichter. Der Ständerstrom wird dabei durch den vollgesteuerten netzgeführten Stromrichter eingeprägt.

Weitere typische Merkmale sind hohes Anzugsmoment des Motors und bei entsprechender Regelung kippsicher; geringer Stromrichteraufwand, auch bei Umkehr der Energieflussrichtung; lastabhängige Netzblindleistung und guter Antriebswirkungsgrad. Aufgrund des eingeprägten Stroms ist dieser Umrichtertyp nicht leerlauffest, sodass nur eine Speisung von dauernd eingeschalteten Einzellasten zulässig ist. Als Standardgeräte stehen *I*-Umrichter für Leistungen von 15 bis 2500 kVA zur Verfügung. Sie werden bevorzugt in Einzelantrieben, aber auch für Mehrmotorenantriebe mit begrenzter Motorzu- und -abschaltung eingesetzt. Neben dem Pulsumrichter sind *I*-Umrichter für Käfigläufermotoren am häufigsten im Einsatz.

***I*-Umrichter für Synchronmotoren („Stromrichtermotor").** Bild **1**.133 zeigt das Schaltbild eines Stromrichtermotors. Von dem bisher beschriebenen Stromrichter unterscheidet sich dieser dadurch, dass sein Wechselrichter bei hohen Drehzahlen lastgeführt ist. Im Bereich niedriger Drehzahlen reicht die von der Maschine gelieferte Kommutierungsspannung nicht aus, sodass eine Selbstführung empfehlenswert ist. Die Hauptthyristoren des maschinenseitigen Stromrichters werden über einen Polrad-Lagegeber in Abhängigkeit von der Polradstellung gesteuert. Daraus ergibt sich eine Bestromung der drei Wicklungsstränge; es entsteht ein umlaufendes Ständerfeld. Gleichzeitig sorgt der gesteuerte Netzgleichrichter dafür, dass der erforderliche Strom eingeprägt wird. Der Wechselrichter hat in diesem System praktisch dieselbe Wirkung wie der Kommutator eines Gleichstrommotors, er übernimmt die Weiterschaltung des Ankerstroms (hier im Stator, da die Erregung im Polrad erfolgt). Derartig betriebene Synchronmotoren weisen das Betriebsverhalten eines fremderregten Gleichstrommotors auf und können auch bei Laststößen nicht „außer Tritt" fallen.

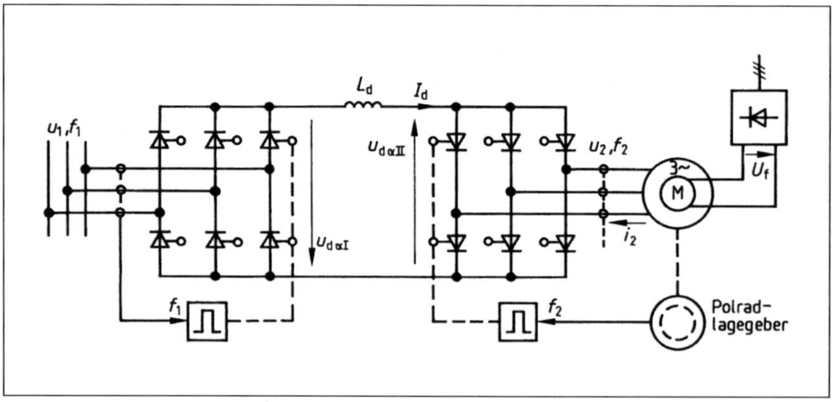

1.133
Stromrichtermotor

Das Prinzip der Drehzahlverstellung beruht auf der Regelung der Zwischenkreisspannung durch den gesteuerten netzgeführten Stromrichter, sodass der jeweils geforderte Strom eingeprägt wird. Drehzahlbestimmende Größe ist die Maschinenspannung.

Weitere typische Merkmale. Treiben und Nutzbremsen ist in beiden Drehrichtungen möglich. Die Drehrichtungsumkehr erfolgt durch Umpolung der Zwischenkreisspannung bei Ausgangsfrequenzen von 0 bis 200 Hz; das ist ein Drehzahlstellbereich von > 1:10. Die Netzblindleistung ist lastabhängig. Im typischen Leistungsbereich von

400 bis etwa 20000 kVA dient der Stromrichtermotor nur als Einzelantrieb z. B. für Kesselspeisepumpen, Kompressoren, Extruder, Kneter und Förderbänder.

Der *I*-Umrichter für Schleifringläufermotoren (untersynchrone Stromrichterkaskade) besteht nach Bild **1**.134 maschinenseitig aus einem ungesteuerten Stromrichter, der die Schlupfleistung des Schleifringläufermotors gleichrichtet und den Gleichstrom in den Zwischenkreis einprägt. Netzseitig speist ein netzgeführter Wechselrichter den größten Teil der Schlupfleistung in das Netz zurück.

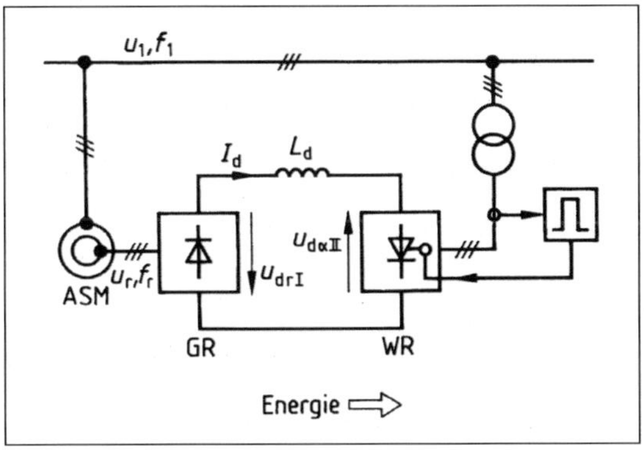

1.134 Untersynchrone Stromrichterkaskade

Eine Glättungsdrossel entkoppelt die unterschiedlichen Augenblickswerte von Läuferspannung U_{drI} und Wechselrichtergegenspannung $U_{d\alpha II}$, die über den Zündwinkel α einstellbar ist. Über die Steuerung der Wechselrichter-Gegenspannung wird die Zwischenkreisfrequenz und damit die Drehzahl beeinflusst. Die Drehzahl stellt sich dabei auf den Wert ein, bei dem die gleichgerichtete Läuferspannung der Gegenspannung des Wechselrichters entspricht. Da sich die Spannung des Gleichrichters nicht umkehren lässt, ist nur untersynchroner Betrieb, d. h. Treiben in eine Drehrichtung möglich. Mit Zusatzmaßnahmen lässt sich die Maschine in beiden Drehrichtungen betreiben.

Das Prinzip der Drehzahlverstellung beruht auf der Regelung der Läufergegenspannung durch den netzgeführten Wechselrichter (s. Abschn. 4.5.11.4).

Umrichter mit Gleichspannungs-Zwischenkreis (*U*-Umrichter) weisen als besonderes Merkmal zusätzlich zur evtl. Drossel einen Kondensator im Spannungszwischenkreis auf, der mit eingeprägter Spannung arbeitet. Der Stromverlauf bildet sich nach dem Spannungsverlauf und der Last. Weil sie mit geregelter Ausgangsspannung arbeiten, die lastunabhängig ist, eignen sie sich gleichermaßen für die Drehzahlverstellung von Asynchron- und Synchronmotoren. Drehzahlbestimmende Größen sind Ständerfrequenz und -Spannung. Neben den Einzelantrieben werden sie auch für Mehrmotorenantriebe eingesetzt, deren Leistungsbedarf und Anzahl sich ändern und für die hohe Drehzahlen und ein hoher Feldschwächebereich gefordert werden. Wegen ihrer universellen Einsetzbarkeit sind *U*-Umrichter die gebräuchlichsten Umrichter.

Nach Bild **1**.135 oder Bild **1**.136 wird die Wechselspannung gleichgerichtet in einem Zwischenkreis geglättet und dann im Wechselrichter in Dreiphasen-Wechselspannung variabler Frequenz umgeformt. Der Kondensator dient gleichzeitig als Energiespeicher. Den Spannungs-Zwischenkreisumrichter wollen wir mit seinen verschiedenen Modulationsformen betrachten. Die Hauptkomponenten sind gesteuerte Halbleiter, die paarweise in drei Halbbrücken-Zweigen angeordnet sind. Für den Betrieb eines Asynchronmotors mit Frequenzumrichter muss die Spannung an den Motorklemmen und damit die Ausgangsspannung des Frequenzumrichters im Grunddrehzahlbereich annähernd proportional mit der Frequenz verstellt werden. Dies ist notwendig, damit der Motor mit Bemessungsfluss arbeitet und somit bei Bemessungsstrom auch mit seinem Bemessungsmoment belastet werden kann.

Die **Höhe der Ausgangsspannung** kann verändert werden

- durch Stellen der Zwischenkreisspannung des Wechselrichters (Bild **1**.135),
- durch Pulsung des Wechselrichters bei konstanter Zwischenkreisspannung (Bild **1**.136).

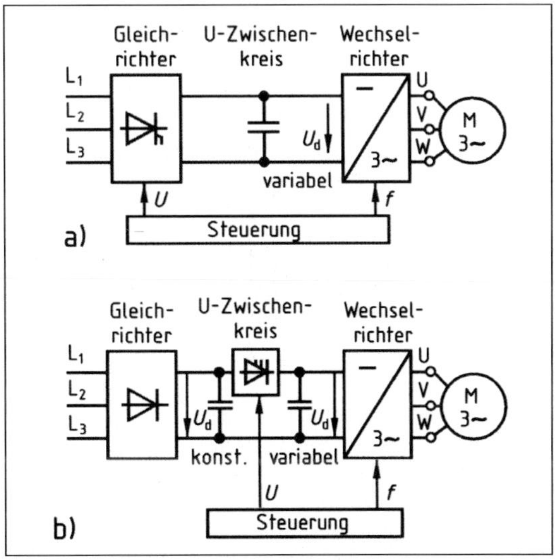

1.135 Blockumrichter, Spannungseinstellung durch
a) gesteuerten Eingangsgleichrichter,
b) Gleichstromsteller (Chopper).

1.7.5.4 Modulation der Ausgangsspannung

Durch die geschichtliche Entwicklung der Frequenzumrichter sind unterschiedliche Prinzipien der Modulation entstanden.

- Blockumrichter
- Pulsamplitudenmodulation
- Pulsweitenmodulation (PWM)
- Sinusbewertete Pulsweitenmodulation (Sinusmodulation)
- Voltage-Vector-Control (VVC) Steuerung
- Raumzeigermodulation

Blockumrichter als geschichtlich älteste Frequenzumrichter erzeugen eine blockförmige Motor-Klemmenspannung nach Bild **1**.128. Die Höhe der Ausgangsspannung wird nach Bild **1**.135 a durch den gesteuerten Eingangsgleichrichter verändert, sodass die Zwischenkreisspannung variabel ist. Vorteilhaft kann ein 400-V-Motor bei Bemessungsfrequenz mit dem vollen Effektivwert der Bemessungsspannung betrieben werden, wenn der Eingangsgleichrichter mit einer B6C-Schaltung ausgelegt ist. Die Nachteile des Blockumrichters, wie Notwendigkeit eines gesteuerten Eingangsgleichrichters und geringe Dynamik der Spannungsverstellung führten zum Chopperumrichter und zum Pulsumrichter.

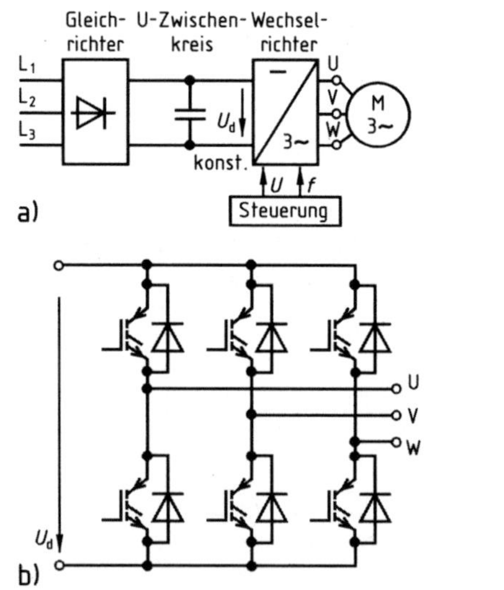

1.136 Pulsumrichter mit Pulsweitenmodulation (PWM)
a) Blockschaltbild, b) Wechselrichter mit IGBT

Der Chopperumrichter erzeugt nach Bild **1**.135 b die variable Zwischenkreisspannung über einen schnell schaltenden Gleichstromsteller im Zwischenkreis. Der Eingangsgleichrichter kann dann ungesteuert ausgeführt werden.

Pulsamplitudenmodulation PAM. Dieses Verfahren arbeitet mit variabler Spannung im Zwischenkreis. Die Zeiten, in denen einzelne Halbleiter leiten oder sperren, sind in einem Muster hinterlegt. Am häufigsten sind ein 6-Puls- oder ein 18-Puls-Verfahren eingesetzt. Beim 6-Puls-Verfahren werden die 6 Halbleiter des Wechselrichters mit je einem Puls und beim 18-Puls-Verfahren mit je drei Pulsen je Halbperiode gesteuert. Die Frequenz wird durch den Sollwert der Zwischenkreisspannung vorgegeben, ein spannungsgesteuerter Oszillator erzeugt abhängig von der Spannung die gewünschte Frequenz. Verglichen mit dem Blockumrichter erzeugt schon das 18-Puls-Verfahren einen sinusförmigeren Motorstrom und verringert die Pendelmomente und die Zusatzverluste der Asynchronmaschine.

Pulsweitenmodulation PWM. Mit der Entwicklung der modernen, schnell schaltenden Leistungshalbleiter wurden eine sehr schnelle Pulsung des Wechselrichters und damit auch die Spannungseinstellung durch den Wechselrichter selbst möglich. Heute wird ausschließlich diese Technik mit dem sehr einfachen Aufbau des Leistungsteils angewendet. Der netzseitige Stromrichter ist ungesteuert und erzeugt somit keine Steuerblindleistung. Eine Netzrückspeisung ist jedoch ohne Zusatzaufwand nicht möglich. Im Gleichspannungszwischenkreis mit nahezu kontanter Zwischenkreisspannung werden Kondensatoren und zusätzlich auch Glättungsdrosseln eingesetzt. Im Wechselrichtern sind als Schaltglieder bevorzugt IGBT eingesetzt. Bei der Pulsweitenmodulation wird nach Bild **1**.136 dem Wechselrichter eine konstante Zwischenkreisgleichspannung zugeführt. Frequenz und Ausgangsspannung werden mit dem Wechselrichter gesteuert. Der Mittelwert der Wechselspannung wird durch Veränderung der Pulsweite (bei konstanter Taktfrequenz) und die Frequenz von Ausgangsspannung und -strom über die Periodendauer des Gesamtblocks gesteuert.

Die Steuersignale des Wechselrichters werden heute durch Mikrocontroller vorgegeben. In herkömmlicher analoger Technik wurden sie mit einem Komparator erzeugt. Wegen der Anschaulichkeit ist dies nachfolgend zunächst dargestellt. An den Eingangsklemmen des Komparators liegen ein Dreieck-Modulationssignal und eine einstellbare Referenz-Gleichspannung (Bild **1**.137 a) an. Durch die vorgegebene Größe der Referenzspannung verändert sich der Tastgrad $g = t_e/T$ des gepulsten Steuersignals für die Halbleiterleistungsschalter des Wechselrichters. Die Höhe der Referenzspannung bestimmt den Mittelwert der Ausgangsspannung des Wechselrichters, die Taktfrequenz des Dreieck-Modulationssignals die

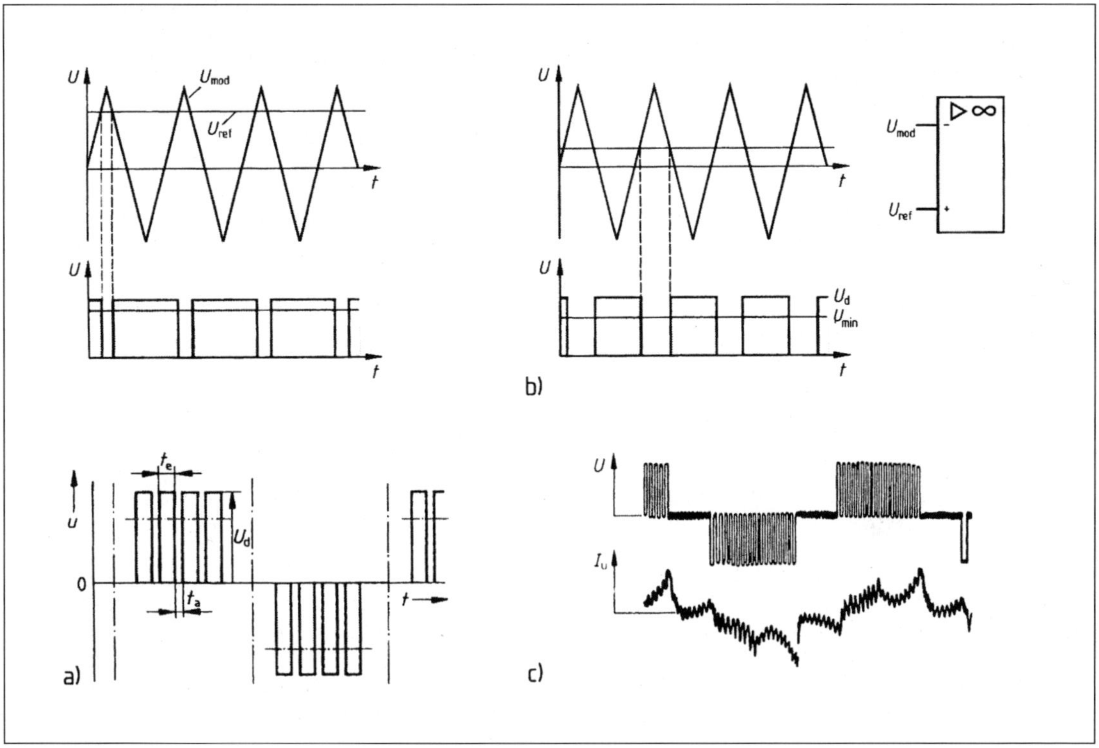

1.137 Pulsweitenmodulation (PWM)
a) analoge Erzeugung des PWM-Signals, b) Ausgangsspannungsverlauf,
c) Oszillogramm von Motorspannung und -strom

Frequenz der Pulsung. Die Frequenz der Ausgangsspannung wird durch die Dauer der Blöcke bestimmt die hier jedoch mit konstanter Schaltfrequenz gepulst sind.

Bild **1**.137c zeigt das Oszillogramm von Motorspannung und -strom eines Asynchronmotors. Der Strom enthält wie auch beim Blockumrichter ein hohes Maß an Oberwellen, die zum unbefriedigenden Verhalten der Asynchronmaschine mit Pendelmomenten, starker Geräuschbildung, zusätzlichen Wärmeverlusten und schlechtem Wirkungsgrad führen.

Sinusmodulation. Die Entwicklung von besser geeigneten Pulsmustern soll die Oberwellen des Stroms vermindern. Weit verbreitet ist die sinusbewertete Modulation. Wird den Eingängen des Komparators das Dreieck-Modulationssignal und ein sinusförmiges Referenzsignal aufgeschaltet, entspricht der gemittelte Wert der einzelnen Pulse der Ausgangsspannung einer sinusförmigen Grundwelle und zwar umso mehr, je größer die Frequenz des Modulationssignals ist. In Bild **1**.138a sind zwei um 120° phasenverschobene sinusförmige Referenzspannungen für die Motoranschlüsse U und V von einer Dreieck-Modulationsspannung überlagert. Ist die Referenzspannung größer als die Modulationsspannung, wird durch Ansteuern der entsprechenden Ventile die Zwischenkreisspannung U_d an die Motorklemme U bzw. V geschaltet. Liegt die Referenzspannung darunter, wird die Zwischenkreisspannung abgeschaltet. Die Differenz der Potentiale an den Klemmen U und V ergibt die Spannung U_{UV}. Die Größe und die Frequenz der Motorspannung werden durch Größe und Frequenz der sinusförmigen Referenzspannung bestimmt. Maßgebend für die Flussbildung im Asynchronmotor ist die eingezeichnete Grundschwingung, die in Bild **1**.138 wegen der niederfrequenten Modulationsspannung noch ein hohes Maß an Oberwellen aufweist. Eine höhere Taktfrequenz vermindert die Oberwellen durch die Pulsung. Bild **1**.139 zeigt das Oszillogramm von Motorspannung und -strom bei unterschiedlicher Taktfrequenz. Der Motorstrom ist sinusförmig und mit Oberwellen überlagert, die mit erhöhter Taktfrequenz deutlich geringer werden.

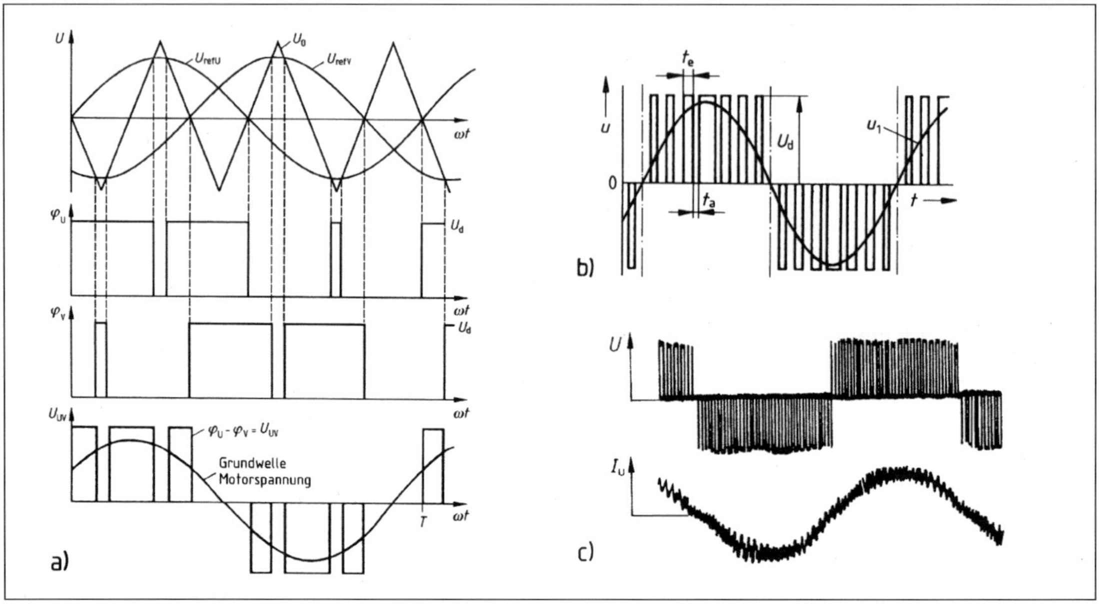

1.138 Sinusmodulation

a) analoge Erzeugung des Steuersignals (niedrige Modulationsfrequenz), b) Ausgangsspannungsverlauf, c) Oszillogramm von Motorspannung und -strom

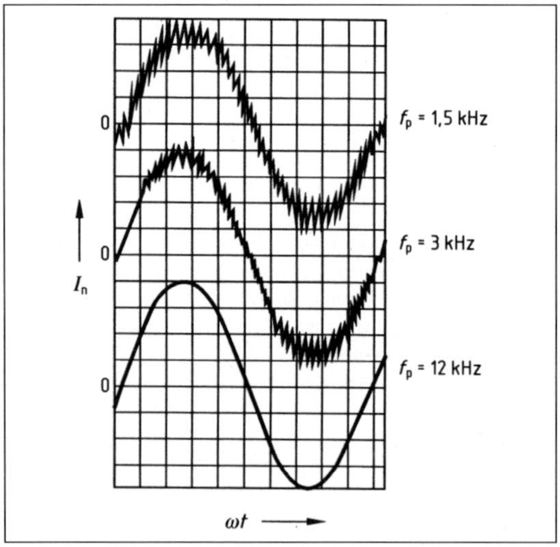

1.139 Einfluss der Taktfrequenz auf den Motorstrom

Pulsfrequenz der Umrichter. Im Industriebereich, wo Geräusche nicht so sehr stören, werden die Umrichter mit 4 bis 8 kHz getaktet, in geräuscharmen Anwendungen (Lüfter, Wohn- und Bürobereichen) ist die Pulsfrequenz höher mit 16 bis 20 kHz.

Höhere Pulsfrequenz wirkt positiv:
- bessere Angleichung an die Grundschwingung
- geringerer Oberschwingungsverluste
- bessere Motordynamik
- bessere Rundlaufeigenschaften
- geringere Geräuschpegel

negativ sind hingegen:
- höhere Schaltverluste des Umrichters
- höhere EMV-Emissionen
- aufwendigere EMV-Maßnahmen

VVC-Steuerung, Voltage-Vector-Control. Im Gegensatz zu Blockumrichtern können Wechselrichter mit reiner Sinusmodulation bei Bemessungsfrequenz nicht die übliche Motor-Bemessungsspannung (theoretisch 0,84 U_N) und damit nicht den Bemessungsfluss bis zum Typenpunkt bereitstellen. Bei der VVC-Steuerung **1**.140 wird ausgehend von der Raumzeigerdarstellung in der Mitte der gepulsten Halbschwingung ein Spannungsblock über 60° eingefügt, der die Pulszahl und damit die Schaltverluste verringert.

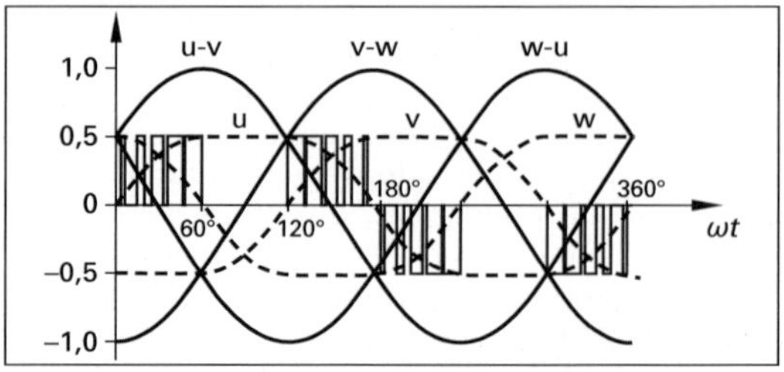

1.140 VVC-Vektorsteuerung, Motorspannung normiert

Die Außenleiterspannung ist auch hier nahezu sinusförmig und bei Frequenzen über 42 Hz bis zum Typenpunkt höher als beim Sinus-PWM-Verfahren, um den Bemessungsfluss zu erreichen.

Mikrocontroller. Die mathematische Behandlung der Ansteuerung des Wechselrichters und auch des Asynchronmotors hat sich durchgesetzt. Die Ansteuerung der Transistoren übernimmt ein Mikrocontroller gesteuerter Pulsweiten-Modulator, in dessen ROM verschiedene Wellenformen der Referenzspannung durch eine Anzahl Stützstellen tabellarisch hinterlegt sind bzw. werden können. Auch sind Mikrocontroller verfügbar, die integrierte PWM-Ausgänge beinhalten. Der Prozessor übernimmt weiter die Überwachung und bearbeitet die vom Benutzer eingestellten Drehzahlsollwerte, Drehrichtungen und Beschleunigungs- bzw. Bremsvorgaben. Die hohe Rechenleistung moderner Mikrocontroller ermöglicht auch mathematisch aufwendige Verfahren, wie die Raumzeigermodulation, die Standard vieler Pulsumrichter ist.

Raumzeigermodulation. Das Drehfeld einer Asynchronmaschine läuft im Luftspalt der Maschine gleichmäßig um. Die Amplitude der möglichst sinusförmigen Induktion $\hat{B}$ kann man sich als umlaufenden Zeiger (Raumzeiger) vorstellen, der mit konstanter Größe und konstanter Kreisfrequenz senkrecht zur Motorwelle rotiert. Werden dreiphasige sinusförmige Größen eingespeist, beschreibt der Endpunkt des Zeigers einen Kreis (vgl. Bild **4**.15), sodass man dieses Drehfeld als Kreisdrehfeld bezeichnet. Jede Abweichung in der Einspeisung führt zu Abweichungen von der Kreisform (vgl. elliptisches Drehfeld in Abschn. 4.6.2). Letztlich wird in der Maschine mit den drei um 120° versetzten Wicklungen dieser magnetische Raumzeiger von drei um 120° phasenverschobenen Spannungen erzeugt, die in der geometrischen Addition auch einen entsprechenden kreisförmigen Spannungs-Raumzeiger darstellen. Mit der Stromrichterspeisung wird bei der Raumzeigermodulation versucht den Spannungsraumzeiger des Netzbetriebs nachzubilden. Betrachten wir den Wechselrichter in Bild **1**.141, der eine in Dreieck geschaltete Maschine speist. Durch Ansteuern z. B. der Transistoren 1, 5 und 6 wird an Klemme U das positive Potential und an die Klemmen V und W das negative Potential der Zwischenkreisspannung U_d geschaltet. Damit sind die Spannungen U_{UV} positiv, U_{WU} negativ und U_{VW} null. In Bild **1**.141 b sind die Spannungen entsprechend der Wickelachse der Spulen addiert und bilden den Grundzeiger 1. Ebenso sind die Spannungen für die Bildung des Grundzeigers 2 eingezeichnet. Insgesamt können nach Tabelle **1**.141 c acht Zeiger gebildet werden, sechs Zeiger

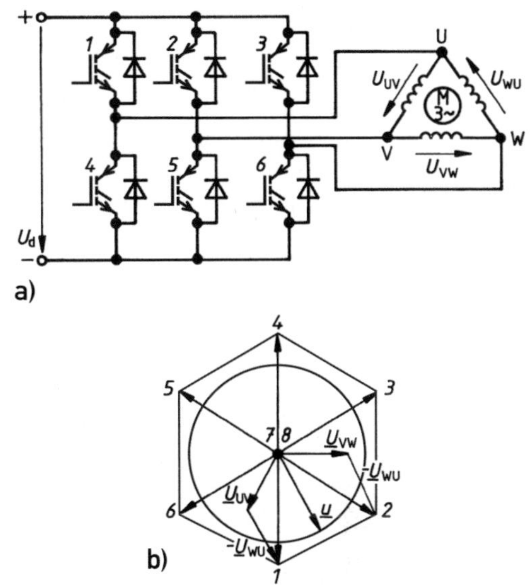

c)

Zeiger Nr.	Ventile	Klemme U	V	W	Spannungen
1	1-5-6	+	–	–	U_{UV} – U_{WU}
2	1-2-6	+	+	–	U_{VW} – U_{WU}
3	4-2-6	–	+	–	U_{VW} – U_{UV}
4	4-2-3	–	+	+	U_{WU} – U_{UV}
5	4-5-3	–	–	+	U_{WU} – U_{VW}
6	1-5-3	+	–	+	U_{UV} – U_{VW}
7	1-2-3	+	+	+	0 Nullzeiger
8	4-5-6	–	–	–	0 Nullzeiger

1.141 Bildung der Grund-Raumzeiger bei Stromrichterspeisung
a) Schaltung Wechselrichter mit Motor in Dreieckschaltung
b) Grund-Raumzeigerdarstellung
c) Zustände der Grundzeiger

mit Richtungen und zwei Nullzeiger (7 + 8) bei denen jeweils drei Transistoren auf der positiven bzw. der negativen Seite der Zwischenkreisspannung gleichzeitig durchgesteuert sind.

Der Grundgedanke der Raumzeigermodulation besteht darin, zwischen den Grundzeigern mehrere Soll-Raumzeiger zu bilden, die im Mittel angenähert werden. In Bild **1**.141 b ist ein beliebiger Raumzeiger $\underline{u}$ eingezeichnet. Er wird durch die Grundzeiger 1, 2 und 7 gebildet und damit durch eine entsprechende Pulsung der zugehörigen Transistoren. Nach Ablauf der vorgesehenen Zeit für diese Stellung des Raumzeigers wird ein neuer Raumzeiger vorgegeben. Bei der

Raumzeigermodulation stellt man also zu einer vorgegebenen Lage des Raumzeigers die dazu notwendigen Klemmenspannungen ein. Ausgehend von einem Anfangswinkel springt der Raumzeiger dann fortlaufend um einen gewissen Winkel auf einem Kreisbogen. Diese Form der Modulation liefert günstigere Ergebnisse als andere Modulationsformen, wenn die Zeigerzahl groß genug ist. In der Praxis sind für einen Umlauf über 600 Zeiger üblich, sodass die Raumzeiger jeweils um z. B. 2° weiterspringen.

Im Vergleich mit der Sinusmodulation ist bei der Raumzeigermodulation der Oberwellengehalt der Motorströme und des Drehfelds geringer und der Rundlauf verbessert. Durch die Raumzeigermodulation lassen sich in die Ständerwicklung der Drehfeldmaschine Ströme einprägen, wie sie u. a. bei der feldorientierten Regelung benötigt werden.

1.7.5.5 Steuerung/Regelung der Ausgangsspannung

Skalare Regelung, *U/f*-Kennlinie. Im einfachsten Fall folgt die Modulation und die Größe der Ausgangsspannung der *U/f*-Kennlinie **1**.142.

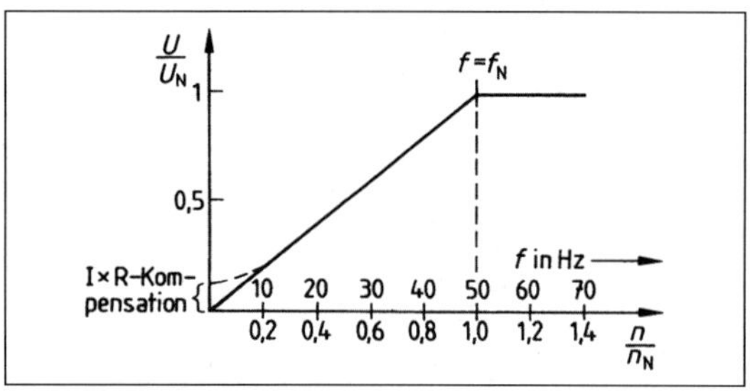

1.142 *U/f*-Kennlinie,
Spannung in Abhängigkeit von Speisefrequenz und Drehzahl eines Asynchron-Käfigläufermotors

Proportional mit der Frequenz wird die Ausgangsspannung geändert. Ziel ist es, den Magnetisierungsstrom und damit das magnetische Luftspaltfeld konstant zu halten. Dann kann das Bemessungsdrehmoment von geringer Frequenz bis zur Bemessungsfrequenz der Asynchronmaschine ohne Überschreitung der Bemessungsströme voll ausgenutzt werden. Über den Typenpunkt ist im Allgemeinen eine Erhöhung der Spannung nicht möglich, sodass die Maschine im Bereich der Feldschwächung mit abnehmendem Drehmoment arbeitet. Im unteren Drehzahlbereich muss der Spannungsfall am ohmschen Anteil der Wicklung durch die $I \times R$-Kompensation kompensiert werden. Gute Ergebnisse werden auch bei kleiner Drehzahl erreicht durch eine dynamische, der Belastung entsprechende Spannungsanhebung. Ist die Asynchronmaschine z. B. mit einem Inkrementalgeber ausgestattet, ist die Drehzahlregelung mit einem Regelkreis mit PI-Regler möglich. Zur Anpassung der *U/f*-Kennlinie s. auch Abschn. 4.8. Für besondere Anforderungen bezüglich Drehzahlgenauigkeit, Rundlauf bei niedriger Frequenz, Dynamik des Antriebs usw. werden heute die feldorientierte Vektor-Regelung oder die direkte Drehmoment-Regelung eingesetzt.

Bei der **feldorientierten Regelung (FOR)**, der **Vektorregelung**, wird der Asynchronmaschine ein der Gleichstrommaschine vergleichbares Verhalten eingeprägt. Bei der fremderregten Gleichstrommaschine stehen der Erregerfluss und die Ankerdurchflutung durch die Wirkung des mechanischen Kommutators immer senkrecht aufeinander (**1**.143).

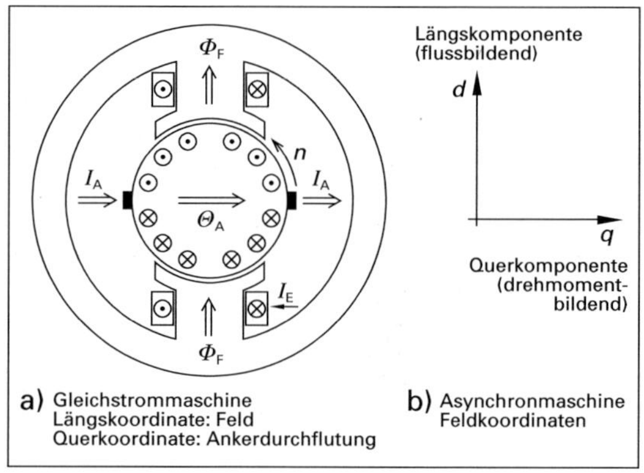

1.143 Feldorientierung
a) Gleichstrommaschine b)Angepasste Feldkoordinaten der Asynchronmaschine

Der Erregerfluss ist bei der vollkompensierten Maschine von der Ankerdurchflutung unabhängig. Das Drehmoment ist den beiden senkrecht aufeinander stehenden Größen – Erregerfluss und Ankerstrom – proportional. Beide Komponenten können unabhängig voneinander geregelt werden und verleihen der Gleichstrommaschine die hohe Dynamik und den guten Rundlauf auch bei kleinsten Drehzahlen. Die Eigenschaften der Gleichstrommaschine sollen bei der FOR auf die Asynchronmaschine übertragen werden. Um ein regelbares Modell der Asynchronmaschine zu erhalten, muss von den tatsächlich vorhanden dreiphasigen Stromgrößen und deren Raumzeigern in der Ständerwicklung letztlich in ein zweiachsiges Ersatzsystem mit Längskoordinate d, Querkoordinate q und den Stellgrößen i_{1d} (Fluss bildender Strom) und i_{1q} (Moment bildender Strom) umgewandelt werden. Zur mathematischen Beschreibung benutzt man Koordinatensysteme und deren Umwandlung:

- Ständerdrehfeld **mit umlaufendem Raumzeiger** gebildet aus den drei Strangströmen und deren Durchflutungen.
- Das **zweiachsige ortsfeste Koordinatensystem** ist mit dem Ständer der Asynchronmaschine fest verbunden und steht still. Die Achsen sind mit α und β bezeichnet. Die Komponenten werden durch eine Koordinatentransformation aus dem dreiphasigen System einschließlich der Maschinenparameter, der Ströme und der Spannungen gewonnen. In der Literatur wird dieses mathematische Verfahren als *Clarke-Transformation* beschrieben.
- Das **feldorientierte Koordinatensystem** dreht sich mit der Winkelgeschwindigkeit des Läufers und ist auf das den Läufer durchsetzende Magnetfeld ausgerichtet. Die Achsen sind mit d-Komponente (Längskomponente) und q-Komponente (Querkomponente) bezeichnet. Die auftretenden Ströme, Spannungen und die Flussverkettung sind Gleichgrößen. Sie werden mithilfe einer weiteren Koordinatentransformation aus dem obigen α-, β-Koordinatensystem umgeformt. In der Literatur wird dieses mathematische Verfahren als *Park-Transformation* bezeichnet.

Die nun gewonnenen Komponenten sind keine realen Größen, sondern mathematische, die unabhängig voneinander in der Regelung verarbeitet werden können. Damit die Größen korrekt gewonnen werden können, müssen die Motordaten in das Motormodell impliziert werden. Sie werden eingegeben oder vom Frequenzumrichter selbst erkannt (adaptiert). Im feldorientierten Koordinatensystem weist der Stromzeiger zwei Komponenten auf:

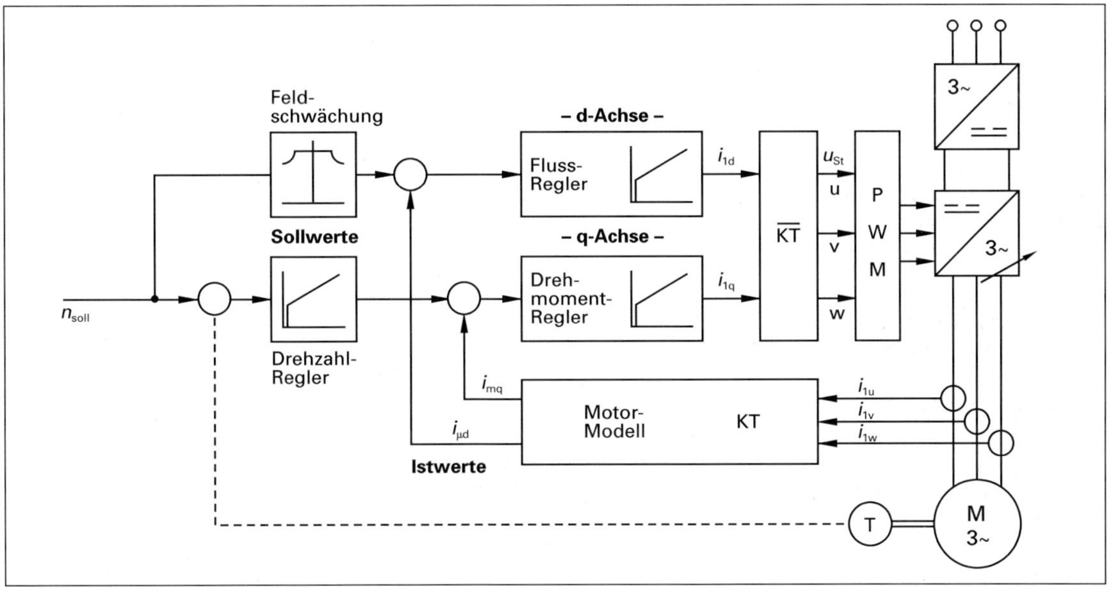

1.144 Struktur der feldorientierten Regelung (FOR)

- Die feldbildende Komponenten $i_{\mu d}$ steht für die Flussverkettung des Läufers der Asynchronmaschine. Sie baut das Magnetfeld ähnlich dem Erregerfeld der Gleichstrommaschine auf.
- Die drehmomentbildende Komponente i_{mq} steht bei der gegebenen Flussverkettung für das Drehmoment der Asynchronmaschine und hat damit die gleiche Wirkung wie der Ankerstrom der Gleichstrommaschine.

Bild **1**.144 zeigt die dreistufige Reglerstruktur der feldorientierten Vektor-Regelung:

1. Die gemessenen Motorstromwerte werden mit Hilfe des Motormodells und der Koordinatentransformation (KT) in die feld- und drehmomentbildende Komponente (d-q-System) umgesetzt.
2. Wie in der Gleichstrommaschine werden die feld- und drehmomentbildenden Komponenten mit den Ist- und Sollwerten verglichen und geregelt. Über den gesamten Grunddrehzahlbereich ist somit der magnetische Fluss, wie angestrebt, konstant.

Die so gewonnenen Größen (Feldstellgröße i_{1d}) und (Drehmomentstellgröße i_{1q}) müssen in inverser Koordinatentransformation ($\overline{KT}$) zurückgewonnen werden um sie dem Pulsweitenmodulator (PWM) zuzuführen, der das Leistungsteil steuert. Der Istwert der Drehzahl kann intern aus den gewonnen Größen bestimmt werden. Bei hohen Anforderungen an die Genauigkeit und bei kleinen Drehzahlen ist der Motor mit einem Drehzahlgeber versehen. Wegen des hohen Aufwands an Informationsverarbeitung sind für den FOR-Frequenzumrichter leistungsfähige Mikrocontroller erforderlich.

Direkte Drehmoment- und Feldregelung (DTC). Dieses Regelverfahren ist auch unter „Direkte Selbstregelung“ (DSR) bzw. „Direct Torque

Control" (DTC) bekannt. Das Prinzip beruht darauf, ohne Pulsweitenmodulator über die Wahl der Spannungszeiger direkt den Fluss und das Drehmoment der Maschine zu beeinflussen. In einer Auswahltabelle sind die sechs Grund-Spannungsraumzeiger 1–6 nach Bild **1**.141 und die beiden Nullspannungszeiger 7 und 8 mit bestimmten Auswahlbedingungen festgelegt. Die Struktur der Direkt-Regelung ist in Bild **1**.145 dargestellt. Maßgeblich für die Funktion der direkten Selbstregelung sind die Kenntnisse über die aktuellen Istwerte des Maschinenflusses und des Drehmoments. Diese Werte werden dem mathematischen komplexen Motormodell entnommen, dessen Parameter wie Statorwiderstand, Koeffizienten für gegenseitige Induktanz und Sättigung sowie die Trägheit des Motors über einen selbstadaptierenden Identifikationslauf erfasst werden. Dem Motormodell werden im Betrieb die Informationen über die aktuellen Stromwerte, die Zwischenkreisspannung und der Spannungszeiger zugeführt. Über den Soll-Istwert-Vergleich werden die Regelabweichungen den Hysterese-Reglern für Fluss und Drehmoment, ähnlich getrennt wie bei der feldorientierten Regelung, zugeführt. Aus dem aktuellen Ausgangszustand der beiden

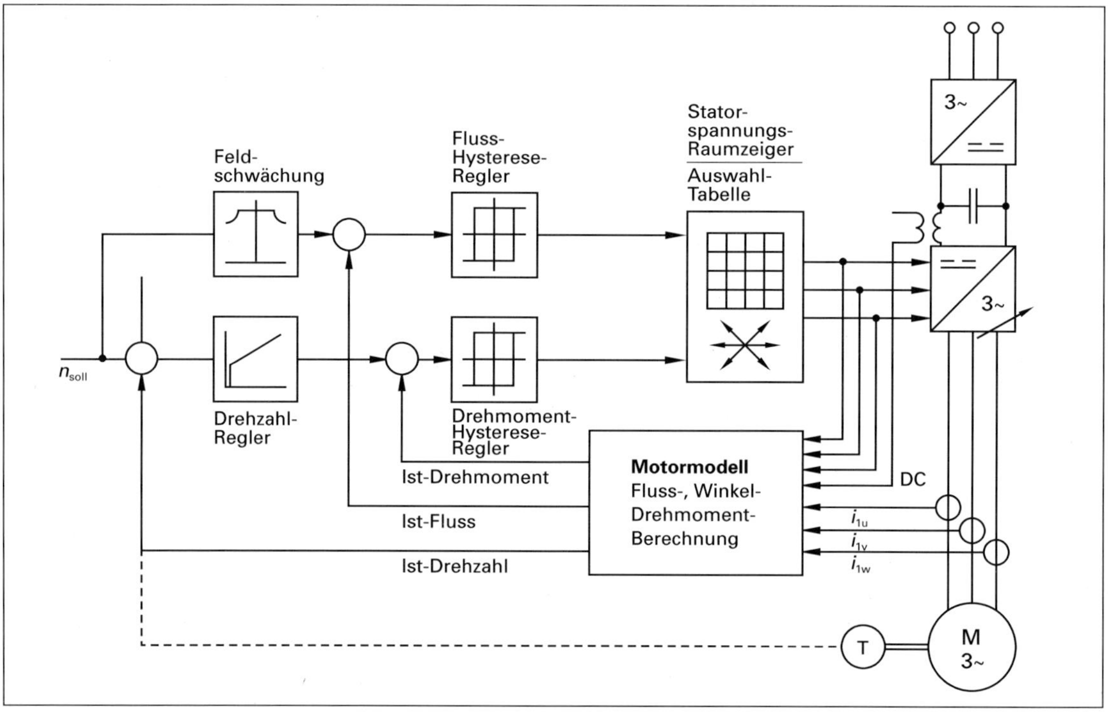

1.145 Struktur der Direkt-Regelung (DTC)

Hysterese-Regler „1" oder „–1" ergibt sich über die Auswahltabelle, dass der eingestellte Spannungsraumzeiger passend ist oder auf den folgenden Wert umgeschaltet werden muss. Bei den herkömmlichen Modulationsarten werden die Spannungsraumzeiger zyklisch geschaltet; bei der direkten Selbstregelung dagegen nur dann, wenn der Zustand nicht passend ist. Dadurch wird die Schaltfrequenz deutlich reduziert, das führt aber dazu, dass der Oberwellengehalt gegenüber den herkömmlichen Modulationsarten größer wird. Der Vorteil der Direkt-Regelung besteht darin, dass der zyklische Rechenaufwand gegenüber der feldorientierten Regelung wegen der fehlenden Koordinatentransformationen geringer ist. Nach Herstellerangaben ermöglicht die hohe Verarbeitungsgeschwindigkeit eine statische Drehzahlgenauigkeit von ±0,5 % ohne Drehgeber und eine Drehmomentanregelzeit von weniger als 2 ms.

Vergleich. In DIN VDE 0530-25 werden die drei Verfahren Skalare Regelung, Feldorientierte Vektorregelung und Direkt-Regelung verglichen:

- Alle drei Regelverfahren sind brauchbar für konstantes Drehmoment und bei mit der Drehzahl ansteigenden Drehmomenten wie z. B. Zentrifugalpumpen oder Lüftern.
- Der signifikante Unterschied besteht in der Regeldynamik.

- Vektorregelung oder Direkt-Regelung kann erforderlich sein, bei Betrieb in der Nähe des Stillstands, präziser Drehmomentregelung, hohem Spitzendrehmoment bei kleiner Drehzahl.
- Vektorregelung und Direkt-Regelung können im Mehrmotorenbetrieb nur für Motoren mit identischen Bemessungsdaten verwendet werden.
- Die Eigenschaften der Vektorregelung und Direkt-Regelung sind nahezu äquivalent, weil in beiden Fällen mathematische Modellberechnungen des Motors mit oder ohne Fluss- oder Drehzahlsensoren angewandt werden.

Aufgaben zu Abschnitt 1.7.5

1. Was versteht man unter einem selbstgeführten Stromrichter?
2. Erläutern Sie die Aufgabe des Löschkondensators eines thyristorbestückten Gleichstromschalters.
3. Welchen Vorteil hat beim Gleichstromsteller der Einsatz eines Transistors statt eines SCR-Thyristors?
4. Welcher Unterschied besteht zwischen den Steuerverfahren Pulsfolgesteuerung und Pulsbreitensteuerung des Gleichstromstellers?
5. Skizzieren Sie die Schaltung eines Gleichstromstellers mit Stromumkehr für den III. und IV. Quadranten.
6. Ein Gleichstromsteller mit der Eingangsspannung 60 V arbeitet mit der Frequenz 3 kHz. Wie groß sind der arithmetische Mittelwert und der Effektivwert der Ausgangsspannung, wenn die Einschaltdauer 0,2 ms beträgt?
7. Der Bremschopperwiderstand 200 Ω eines Frequenzumrichters mit der Zwischenkreisspannung U_Z = 320 V wird mit dem Tastgrad $t_E/T_S = 1:3$ während des Bremsvorgangs an die Zwischenkreisspannung geschaltet. Berechnen Sie die mittlere Leistung, die im Bremswiderstand umgesetzt wird.
8. Erläutern Sie den Unterschied zwischen einem netzgeführten und einem selbstgeführten Wechselrichter.
9. Welche Aufgaben erfüllen die Rückstromdioden eines selbstgeführten Wechselrichters?
10. Wodurch erfolgen in Umrichtern mit PAM bzw. PWM die Spannungs- und die Frequenzeinstellung?
11. Erläutern Sie die Spannungssteuerung eines Wechselrichters durch das Pulsverfahren und geben Sie die Vorteile gegenüber der PAM an.
12. a) Beschreiben Sie die Baugruppen von Gleichstrom- und Gleichspannungs-Zwischenkreisumrichtern und deren Aufgaben, b) Was versteht man unter der $I \times R$-Kompensation eines Umrichterantriebs? c) Warum muss zur Erlangung von M = konst. das Verhältnis U/f konstant gehalten werden?
13. Die Drehzahl eines vierpoligen Asynchronmotors mit den Leistungsschildangaben 400 V Dreieck, 50 Hz, 5,5 kW soll mithilfe der Frequenzverstellung drehzahlgesteuert werden. Die synchrone Drehzahl soll zwischen 500 min^{-1} und 2500 min^{-1} eingestellt werden können. In welchem Bereich müssen die Frequenz und die zugehörigen Spannungen bei linearer U/f-Kennlinie verändert werden?
14. Beschreiben Sie den grundlegenden Aufbau eines Frequenzumrichters mit feldorientierter Regelung.

2 Gleichstrommaschinen

In unserem „technischen Zeitalter" ist ein Leben ohne elektrische Maschinen praktisch undenkbar. Waschmaschinen, Staubsauger, Rasierapparate, Bohrmaschinen, Kranmotoren, Rollgangantriebe, Walzenmotoren, Lichtmaschinen im Kraftfahrzeug sowie Generatoren und Transformatoren in Kraftwerken und Umspannstationen sind nur einige Beispiele. Eine nähere Betrachtung zeigt, dass sich alle elektrischen Maschinen in drei große Gruppen einordnen lassen: in Generatoren, Motoren und Transformatoren als Umformer.

Tabelle **2**.1 **Übersicht über die elektrischen Maschinen**

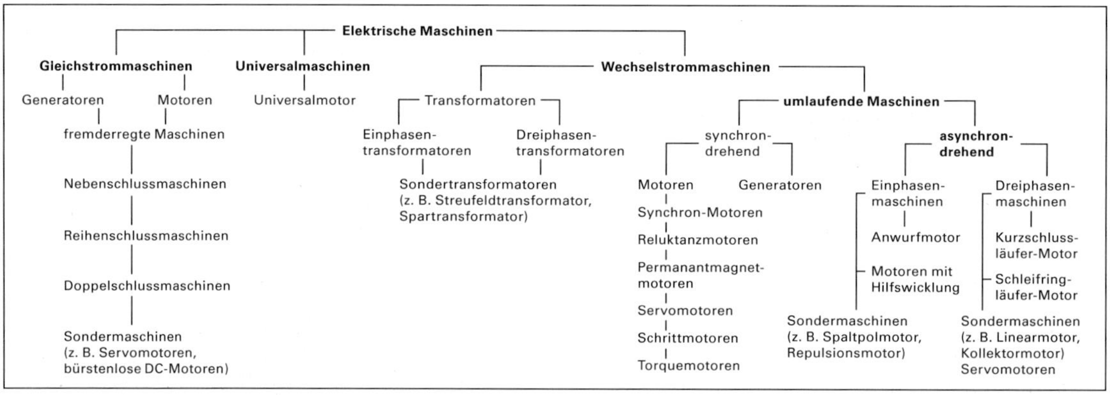

Generatoren wandeln zugeführte mechanische Energie in elektrische Energie um. Man unterscheidet Wechselstromgeneratoren als Einphasen- und Dreiphasen-(Drehstrom-) und Gleichstromgeneratoren. Gleichstromgeneratoren haben stark an Bedeutung verloren, weil die Entwicklung der Halbleitertechnik (besonders der Stromrichtertechnik) einfachere Möglichkeiten der Gleichstromerzeugung geschaffen hat. Deshalb wird auch das Betriebsverhalten der Gleichstromgeneratoren in diesem Buch nur kurz behandelt.

Motoren wandeln zugeführte elektrische Energie in mechanische Energie um. Entsprechend den Generatoren unterscheidet man auch hier Wechselstrommotoren als Einphasen- und Dreiphasen-(Drehstrom-)motoren und Gleichstrommotoren. Die Drehstrommotoren mit Frequenzumrichter-Steuerung haben durch die Weiterentwicklung der Leistungselektronik und der Mikroprozessortechnik stark an Bedeutung gewonnen.

An Bedeutung gewinnen Motoren, die kompakt und massearm gebaut sind sowie energieeffizient arbeiten. Hierzu gehören die Servomotoren, der Reluktanzmotor in den verschiedenen Ausführungen, der Permanentmagnetmotor sowie der Torquemotor für große Drehmomente.

Alle Maschinen dienen zur Energieumwandlung. Dabei ist zu beachten, dass Energieumwandlungen stets mit „Energieverlusten" in Form von Wärme verbunden sind. Stromwärmeverluste in den Wicklungen und Reibungsverluste in Lagern und Lüftern sind nicht zu vermeiden. Im Gegensatz zu anderen Kraftmaschinen wie Verbrennungsmotoren oder Turbinen sind die Verluste in elektrischen Maschinen jedoch so gering, dass Wirkungsgrade bis zu 99 % zu erzielen sind. Das Angebot der heutigen Maschinen reicht von Kleinstmotoren mit wenigen Milliwatt Leistung bis zu größten Generatoren und Transformatoren mit mehr als 1000 Megawatt.

2.1 Aufbau der Gleichstrommaschine

Den prinzipiellen Aufbau einer Gleichstrommaschine zeigt Bild **2**.2. Zwischen den Polen **N** und **S** eines Magneten befindet sich ein drehbar gelagerter zylindrischer Rotor (Anker). Die Ankerwicklung mit den beiden Spulenseiten *a* und *b* liegt in zwei Nuten. Anfang und Ende der Ankerwicklung sind an die beiden Lamellen *c* und *d* des Kollektors angeschlossen. Über die Bürsten *e* und *f* kann der Ankerwicklung Spannung zugeführt oder abgenommen werden. Im ersten Fall arbeitet die Maschine als Motor, im zweiten Fall als Generator. Wenn sich der Anker aus der dargestellten Ausgangsstellung um etwa eine halbe Umdrehung über die strichpunktierte Linie hinweg gedreht hat, gelangt die Spulenseite *a* unter den Südpol und die Spulenseite *b* unter den Nordpol.

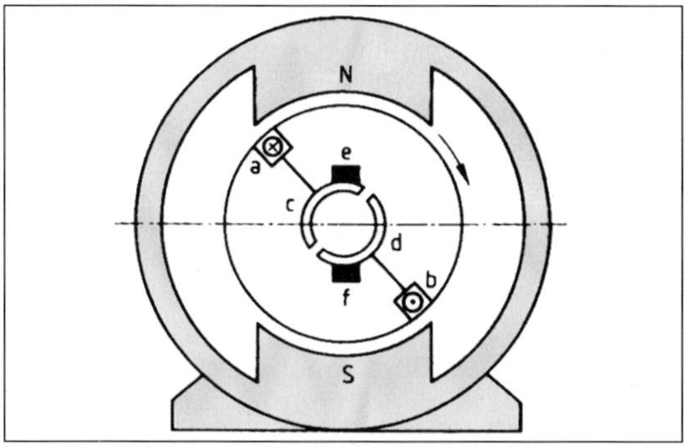

2.2 Prinzipieller Aufbau einer Gleichstrommaschine

Die beiden Kollektorlamellen *c* und *d* werden dabei mitgedreht. Die Stromrichtung in den beiden Ankerspulenseiten kehrt sich um, *a* erhält das Symbol ⊙, *b* das Symbol ⊗. Der Strom in der Ankerwicklung wechselt daher nach jeder halben Umdrehung seine Richtung, wenn sich der Anker mit kontinuierlicher Drehzahl dreht. Die Ankerwicklung wird daher von Wechselstrom durchflossen – gleichgültig ob Motor- oder Generatorbetrieb vorliegt. Der Kollektor, auch Kommutator oder Stromwender genannt, dient daher bei Gleichstromgeneratoren als „Gleichrichter" der induzierten Wechselspannung und bei Gleichstrommotoren als „Wechselrichter" der zugeführten Gleichspannung. Weil die induzierte Spannung stark schwankt (pulsiert), werden in der praktischen Ausführung der Anker meist mehrere Spulen angebracht.

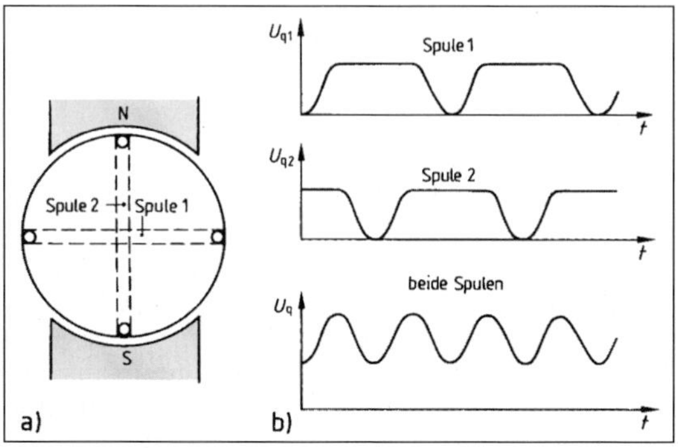

2.3 Spulen im Magnetfeld
a) zwei um 90° versetzt angeordnete Spulen
b) induzierte Einzelspannungen und Gesamtspannung

Bild **2**.3a zeigt das Prinzip mit zwei um 90° versetzt angeordneten Spulen, Bild **2**.3b die induzierten Einzelspannungen und die Gesamtspannung aus beiden Spulen, wie sie im Generatorbetrieb an den Bürsten abgenommen werden kann.

Der mechanische Aufbau der kleineren und mittleren Serienmaschinen besteht überwiegend aus Bauteilen von Drehstrom-Normmotoren (**2**.4). Größere Maschinen werden als mantellose Gleichstrommaschinen (**2**.5) gebaut.

2.1.1 Stator – Ständer

Die Statoren (Bauteil *1* in Bild **2**.4 und **2**.5) sind vollgeblecht als Blechpaket ausgeführt, um bei hohen Stromänderungsgeschwindigkeiten nur geringe Wirbelstromverluste zu verursachen.

2.4 Aufbau eines Gleichstrommotors überwiegend aus Bauteilen von Drehstrom-Normmotoren:
1 Ständer, 2 Rotor, 3 Kommutator, 4 Lagerschilde

Bei kleineren und mittleren Serienmaschinen ist das runde Blechpaket in ein mit Kühlrippen versehenes Gehäuse eingepresst. Für größere Maschinen wird dagegen seit Jahren des geringeren Gewichts und der höheren mechanischen Festigkeit wegen, die geschweißte mantellose Stahlbauweise bevorzugt. Je größer die Maschinenleistung ist, umso größer muss auch der magnetische Fluss sein. Die erforderlichen Eisenquerschnitte lassen sich einfach berechnen, wenn die Flussdichte bzw. magnetische Induktion des Eisens festliegt. Die Statoren werden aus ökonomischen Gründen meist vierpolig ausgeführt.

Die Erregerspulen werden bei den Maschinen nach **2**.4 in die Nuten des Blechpakets ähnlich wie bei Drehstrommaschinen eingelegt; ebenso die Wendepol- und ggf. die Kompensationswicklung. Die einzelnen Erregerspulen werden meist so in Reihe geschaltet, dass unabhängig von der Polzahl Nord- und Südpole abwechselnd aufeinander folgen.

Polkern und Polschuh. In der mantellosen Ausführung nach Bild **2**.5 werden die Polkerne aus magnetisch hochwertigem Material hergestellt, um die Erregerspulen klein zu halten. Die Polschuhe verbreitern die Austrittsfläche für den magnetischen Fluss, womit sich für die Maschine ein besserer Polbedeckungsfaktor α ergibt. Meist werden die Polschuhe aus Blechen zusammengesetzt, die durch Isolierschichten elektrisch voneinander getrennt sind. Diese Maßnahme ist notwendig, weil durch die Nutung des Ankers und das „Pulsieren" des magnetischen Felds in den Polschuhen Induktionsspannungen erzeugt werden. Sie hätten in einem massiven Polschuh große Wirbelstromverluste zur Folge. In den Polkernen sind diese Flussänderungen nur noch selten wirksam, sodass sie – wenigstens bei größeren Maschinen – auch aus einem massiven Eisenblock gefertigt werden. Bei kleineren Maschinen stellt man häufig auch die Polkerne aus Blechen her, weil es schwierig ist, sie separat zu blechen und am massiven Polkern zu befestigen. Die Pole können vom Gehäuse abgetrennt werden, um die Erregerspulen auf den Polkernen unterzubringen.

Zu den feststehenden Teilen einer Maschine gehören außerdem die Lagerschilde, die Bürstenbrücke mit den Bürstenbolzen, Bürstenhaltern und Bürsten. Nur bei sehr großen Maschinen stehen die Lager frei (Stehlager) auf einer mit dem Gehäuse verbundenen Grundplatte.

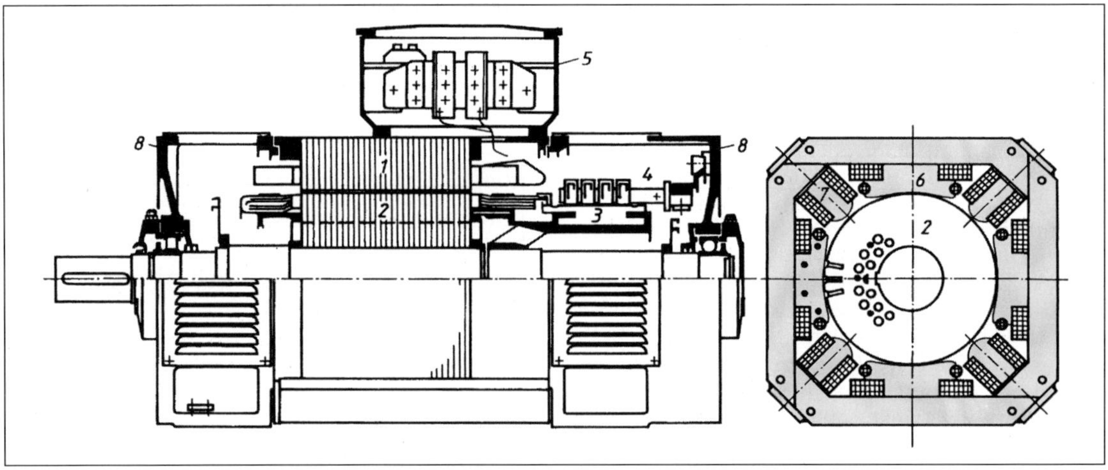

2.5 Längs- und Querschnitt eines 4-poligen Gleichstrommotors in mantelloser Bauweise
1 Ständer, 2 Rotor (Anker), 3 Kommutator, 4 Bürstenhalter, 5 Klemmenkasten, 6 Hauptpole, 7 Wendepole, 8 Lagerschild

2.1.2 Rotor – Anker

Der Rotor – wir wollen ihn Anker nennen, weil sich dieser Begriff weitgehend durchgesetzt hat – ist der umlaufende Teil jeder Gleichstrommaschine (Bauteil 2 in Bild **2**.4 und **2**.5). Um den Luftspalt zwischen den Polschuhen und der Ankeroberfläche möglichst gering zu halten, wird die Ankerwicklung – von wenigen Ausnahmen abgesehen – in Nuten eingelegt. Dreht sich der Anker im Magnetfeld, ändert sich der vom Ankereisen umfasste magnetische Fluss. Im Eisen wird daher eine Spannung induziert. Damit die Wirbelstromverluste gering bleiben, besteht das Eisen des Ankers aus einem „Blechpaket". Wie bei den Polschuhen müssen auch hier die Bleche durch eine Lackschicht oder Oxidschicht voneinander isoliert werden. Die Blechstärken betragen 0,5 mm oder 0,35 mm. Noch dünnere Bleche werden wegen des hohen Preises und des schlechten Füllfaktors nicht mehr verwendet. Um eine Verbindung der einzelnen Bleche untereinander auszuschließen, werden die Nuten nicht aus dem vollen Material ausgefräst (Gratbildung!), sondern in die einzelnen Bleche gestanzt. Neben den Wirbelstromverlusten treten im Ankereisen auch Ummagnetisierungs- oder Hystereseverluste auf. Sie ergeben sich dadurch, dass die einzelnen Eisenteilchen während der Ankerdrehung ummagnetisiert werden. Entsprechend nehmen die Ummagnetisierungsverluste im Ankereisen mit der Drehzahl zu. Die Ankernutschrägung und große Kollektorlamellenzahl sichern hohes Drehmoment und guten Rundlauf bei Drehzahlen von fast null.

Die Ankernuten sind bei größeren Maschinen meist an der Außenseite offen, damit sich die vorher geformten Ankerspulen als Ganzes in die Nuten einlegen lassen (**2**.6). Bei kleineren

Maschinen findet man häufig „halboffene" Nuten, in die die Wicklung „eingeträufelt" wird (**2**.7). In jedem Fall werden die Nuten nach dem Einlegen der Wicklung mit Fiberkeilen, Holzkeilen oder dergleichen verschlossen.

2.6 Offene Nut mit Zweischichtwicklung (Schnitt)

2.7 Halboffene Nut mit eingeträufelter Wicklung (Schnitt)

Kollektor. Auf der Welle mit dem Blechpaket wird auch der Kollektor (Stromwender, Kommutator) befestigt. Er besteht aus einer Anzahl Hartkupferlamellen, die mittels Glimmerschichten (Mikanit) voneinander isoliert sind. Der Kollektor dient einerseits bei Generatoren zum Abnehmen der in der Ankerwicklung induzierten Spannung, andererseits bei Motoren zum Zuführen der Netzspannung. Beides geschieht über die Bürsten. Vom Kollektor wird eine erhebliche mechanische Festigkeit verlangt. Die wechselnden, oft hohen Beanspruchungen infolge Fliehkraft und unterschiedlicher Wärmeausdehnung der Baustoffe wie Eisen, Kupfer, Isoliermaterial führen dazu, dass der Kollektor im Betrieb leicht unrund wird. Es entstehen dann Unwuchterscheinungen und Bürstenfeuer durch „tanzende" Bürsten. Kollektoren hoch beanspruchter Maschinen müssen daher von Zeit zu Zeit „abgedreht" werden. Da die Glimmerschicht zwischen den Kollektorlamellen sehr hart ist, nutzen sich die weicheren Bürsten schnell ab. Dieser Bürstenabrieb wird vermindert, wenn man die Glimmerschicht etwa 0,5 bis 1 mm tief ausschabt oder ausfräst. Dann besteht nur noch die Reibung zwischen den Bürsten und den relativ weichen Kupferlamellen.

Bürsten. Die zur Stromabnahme bzw. -zuführung erforderlichen Bürsten werden in den Bürstenhaltern mittels Federkraft gegen den Kollektor gedrückt. Die Bürstenhalter sitzen auf den Bürstenbolzen, die isoliert in eine häufig drehbare Bürstenbrücke eingesetzt sind. Die Bürsten bestehen meist aus Kohle, weil Kohle wegen des relativ hohen Widerstands weniger leicht „feuert". Die Strombelastbarkeit der Bürsten ist unterschiedlich. Sie liegt etwa zwischen 8 A/cm^2 bei hartem und 15 A/cm^2 bei weichem Material. Sind höhere Stromstärken zu erwarten, reicht häufig ein Bürstenhalter auf jedem Bürstenbolzen nicht mehr aus. Dann muss man mehrere Bürstenhalter anbringen, um den gesamten Bürstenquerschnitt zu vergrößern. Die Bürsten sind auf den verschiedenen Bürstenbolzen gegeneinander versetzt, damit in den empfindlichen Kollektor keine Rillen geschliffen werden. Der Anpressdruck der Bürsten auf den Kollektor soll nicht zu groß sein (das verursacht erhebliche Reibungsverluste), aber auch nicht zu gering (weil das leicht zum „Feuern" der Bürsten führen kann). Man rechnet etwa mit einem Druck von 2 bis 2,5 N/cm^2. Mithilfe der drehbaren Bürstenbrücke werden die Bürsten in eine Lage gebracht, in der Bürstenfeuer nicht auftritt oder nur gering ist. Die „richtige" Lage der Bürstenbrücke ist häufig mit einem Farbstrich markiert. Mittels einer Schraube lässt sich die Bürstenbrücke in dieser Stellung fixieren.

Wicklung. In die Ankernuten wird die Wicklung eingelegt. Gebräuchlich für fast alle Gleichstrommaschinen ist heute die „Trommelwicklung", die in den Trommelanker eingelegt wird. Der Ausdruck „Trommel" ist hergeleitet aus der Form des Ankers (auch Zylinderanker genannt). Die Wicklung selbst wird entweder als Schleifenwicklung oder als Wellenwicklung ausgeführt. Jede Ankerwicklung muss zwei Forderungen erfüllen:

- Die Wicklung muss in sich geschlossen sein, d. h. dass das Ende der letzten zu schaltenden Spule wieder an den Anfang der ersten Spule geführt wird.
- Der Abstand der Spulenseiten einer Spule im Anker muss etwa der Polteilung der Maschine entsprechen.

In den Kollektorlamellen sind die einzelnen Ankerspulen untereinander verbunden. Die Lamellen sind dazu entweder mit kleinen Schlitzen versehen (**2**.8) oder – besonders bei größeren Maschinen – mit „Lötfahnen" aus verzinntem Flachkupfer, in die die Drahtenden der Spulen oder Kupferstäbe eingelegt und verlötet werden (**2**.9).

2.8 Kollektor mit ausgefrästen Schlitzen

2.9 Kollektor mit Lötfahnen

2.2 Schaltungen der Gleichstrommaschinen

Für die Gleichstrommaschinen werden folgende Anschlussbezeichnungen (**2**.10) verwendet, wobei die nachgestellte Ziffer 1 jeweils für den Spulenanfang und die Ziffer 2 für das Spulenende stehen.

Tabelle **2**.10 **Anschlussbezeichnungen**

Wicklung	Anschluss-bezeichnung
Ankerwicklung	A1 – A2
Wendepolwicklung	B1 – B2
Kompensationswicklung	C1 – C2
Reihenschluss-Erregerwicklung	D1 – D2
Nebenschluss-Erregerwicklung	E1 – E2
Fremderregte Erregerwicklung	F1 – F2

Arten der Gleichstrommaschinen. Das Betriebsverhalten der Gleichstrommaschinen wird neben den konstruktiven Eigenschaften wie z. B. der Maschinenkonstanten maßgeblich durch die Schaltungsart der Erregerwicklung bestimmt. Daneben können die Maschinen dauermagnetisch erregt sein, wie bei den Gleichstrom-Servomotoren. Nach der Schaltungsart werden die Maschinen bezeichnet.

In der Tabelle **2**.11 sind wichtige Schaltungen der Maschinen dargestellt, die für den Motor- und für den Generatorbetrieb gelten. Die Drehrichtung kann bei den dargestellten Schaltungen je nach Betriebsart jedoch unterschiedlich sein.

Tabelle **2**.11 **Schaltungen der Gleichstrommaschinen**

Schaltung	Bezeichnung / Erläuterung	Schaltung	Bezeichnung / Erläuterung
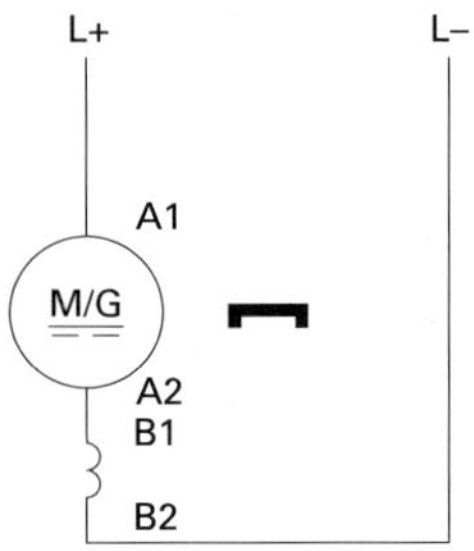	**Dauermagnetisch erregte Maschine** A1 – A2 Ankerwicklung B1 – B2 Wendepole (s. Abschn. 2.7.2)	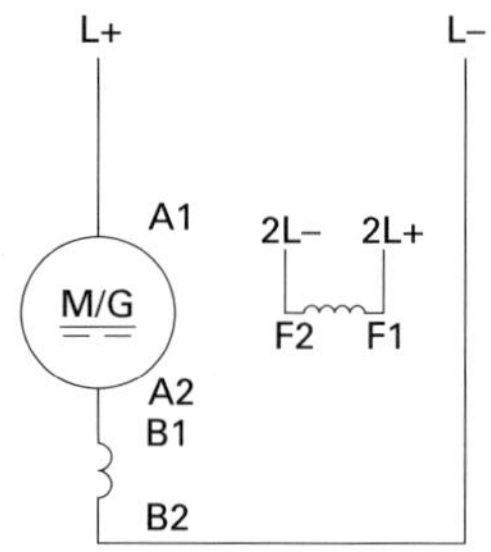	**Fremderregte Maschine** Erregerspannung vom separaten Netz; unabhängig von der Ankerspannung einstellbar. A1 – A2 Ankerwicklung B1 – B2 Wendepolwicklung F1 – F2 fremderregte Erregerwicklung
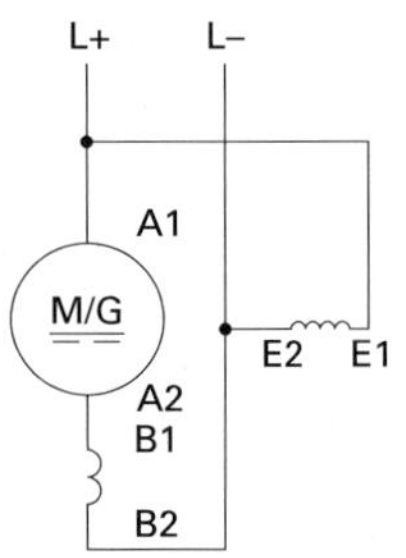	**Nebenschluss-Maschine** Die Erregerspannung wird von der Ankerspannungsquelle bezogen. A1 – A2 Ankerwicklung B1 – B2 Wendepolwicklung E1 – E2 Nebenschluss-Erregerwicklung	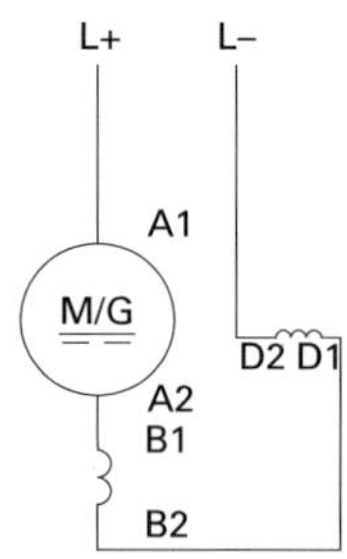	**Reihenschluss-Maschine** Erregerwicklung und Anker sind in Reihe geschaltet (auch Hauptschluss). Der Ankerstrom und der Erregerstrom sind gleich groß. A1 – A2 Ankerwicklung B1 – B2 Wendepolwicklung D1 – D2 Reihenschluss-Erregerwicklung
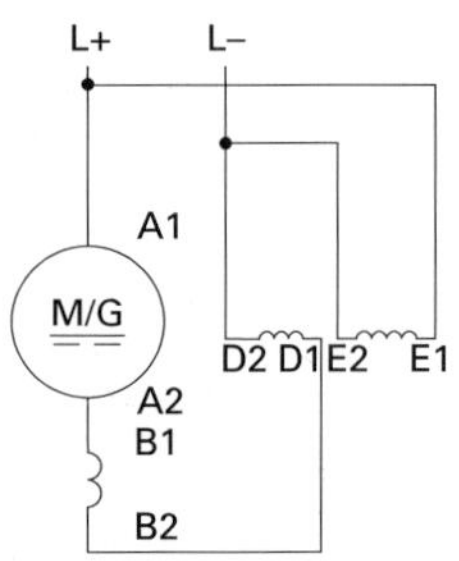	**Doppelschluss-Maschine** Reihenschluss feldverstärkend (kompoundiert). A1 – A2 Ankerwicklung B1 – B2 Wendepolwicklung D1 – D2 Reihenschluss- E1 – E2 Nebenschluss-Erregerwicklung	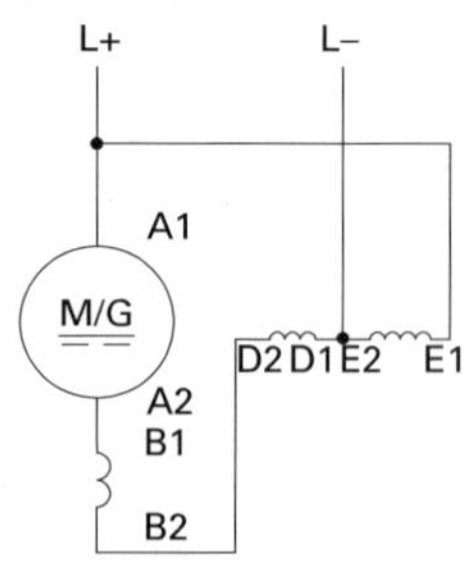	**Doppelschluss-Maschine** Reihenschluss feldschwächend (gegenkompoundiert). A1 – A2 Ankerwicklung B1 – B2 Wendepolwicklung D1 – D2 Reihenschluss- E1 – E2 Nebenschluss-Erregerwicklung

Fremderregte Erregerwicklungen und Nebenschluss-Erregerwicklungen sind relativ hochohmig, weil sie an der Ankerspannung bzw. an einer separaten Spannungsquelle betrieben werden. Die für drehzahlgesteuerte Antriebe mit Abstand wichtigste Schaltungsart ist die fremderregte

Maschine, da hier die Ankerspannung und das Erregerfeld getrennt einstellbar sind. Reihenschlussmaschinen haben eine niederohmige Erregerwicklung, die für die Serienschaltung mit dem Ankerkreis dimensioniert ist.

Bei aufgeteilten Wicklungen wird für die erste Teilwicklung die Ziffer 1 und für die zweite Teilwicklung die Ziffer 2 vorangestellt (Bild **2**.12). Auf dem Klemmenbrett werden allgemein nur A1 und A2 angegeben. Die Ankerwicklung kann auch mit Bürsten dargestellt werden.

Drehsinn. Die Gleichstrommaschinen haben Rechtslauf, wenn die Ankerklemme A1 ein positives Potential aufweist und der Erregerstrom der dominierenden Erregerwicklung vom Spulenanfang (1) zum Spulenende (2) fließt (Bild **2**.13). Dies gilt für die Gleichstromgeneratoren wie für die Gleichstrommotoren. Zum Linkslauf gehört entweder eine umgekehrte Ankerpolarität **oder** eine Umkehr des Erregerstroms.

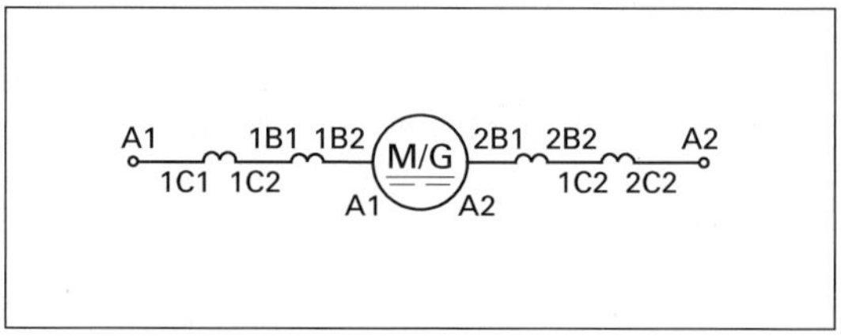

2.12 Ankerkreis mit aufgeteilten Kompensations- und Wendepolwicklungen

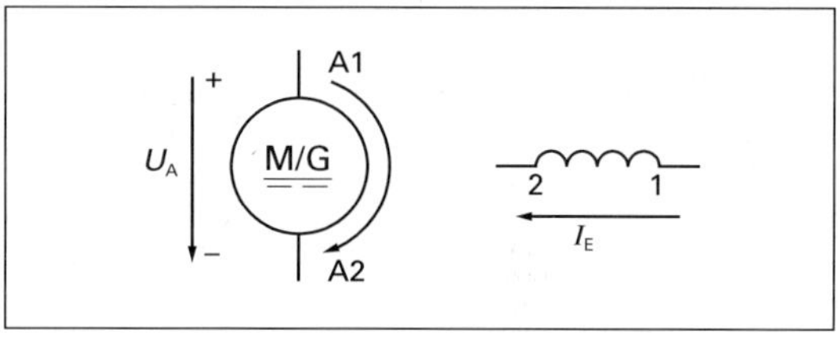

2.13 Drehsinn der Gleichstrommaschinen

Aufgaben zu Abschnitt 2.1 bis 2.2

1. Warum müssen Anker von Gleichstrommaschinen aus voneinander isolierten Blechen hergestellt werden?
2. Welche Aufgaben hat der Kollektor (Kommutator, Stromwender) für Gleichstromgeneratoren und -motoren?
3. Warum werden bei größeren Ankern meist Kollektoren mit „Lötfahnen" verwendet?
4. Nennen Sie die Forderungen, die alle Ankerwicklungen erfüllen müssen.
5. Warum werden die Hystereseverluste einer umlaufenden Gleichstrommaschine mit zunehmender Drehzahl größer?
6. Warum werden größere Gleichstrommaschinen meist „mehrpolig" gebaut, kleinere Maschinen dagegen zweipolig?
7. Warum werden Nebenschluss-Wicklungen mit vielen Windungen und relativ geringem Drahtdurchmesser und Reihenschluss-Wicklungen mit geringerer Windungszahl und größerem Drahtdurchmesser hergestellt?
8. Erläutern Sie den Unterschied zwischen einer kompoundierten und einer gegenkompoundierten Gleichstrommaschine.
9. Bei einer Gleichstrommaschine werden der Anker- und die Erregerwicklung umgepolt. Erläutern Sie das Ergebnis.
10. Ermitteln Sie die Drehrichtung, wenn die Reihenschlussmaschine der Tabelle **2**.11 als Generator betrieben wird.

2.3 Spannungserzeugung

Induzierte Spannung. Dreht sich der Anker – gleichgültig ob infolge Motorwirkung oder von einer fremden Antriebsmaschine im Generatorbetrieb – wird nach dem Induktionsgesetz in den beiden Ankerleitern eine Spannung (U_g, Gegenspannung eines Gleichstrommotors) bzw. (U_q, Quellenspannung eines Gleichstromgenerators) induziert, deren Größe sich nach Gleichung (1.7) berechnen lässt. Sieht man von der Zuordnung Motor bzw. Generator ab, kann die induzierte Spannung auch als Leerlaufspannung U_0 bezeichnet werden. Traditionell wird diese Spannung auch als **EMK, elektromotorische Kraft** bezeichnet. Die Bezeichnung ist bei den Servomaschinen heute international üblich. Die induzierte Spannung ist nach Gleichung (1.7) der Flussdichte B und damit dem magnetischen Fluss Φ sowie der Geschwindigkeit v und damit der Drehzahl n proportional. Die anderen Größen der Gleichung sind bei gegebener Maschine konstant. Damit können wir für die induzierte Spannung die Proportion

$$\boldsymbol{U_0 \sim n \cdot \Phi} \qquad (2.1)$$

schreiben, aus der hervorgeht, dass die induzierte Spannung einer Gleichstrommaschine der Drehzahl n und dem magnetischen Fluss Φ proportional ist.

Leerlaufspannung. Betrachten wir zunächst das Verhalten der Generatoren im Leerlauf. Nach Gleichung (1.6) ist die in der Ankerwicklung induzierte Spannung U_q der Flussdichte B und damit dem magnetischen Fluss Φ proportional. Hält man die Antriebsdrehzahl n und damit die Flussänderungs-Geschwindigkeit v konstant, kann man die Gleichung so umschreiben:

$$\boldsymbol{U_q = k_E \cdot \Phi} \qquad \textit{(für n = konst.)} \qquad (2.2)$$

k_E enthält alle konstanten Maschinengrößen.

Legt man an die Erregerwicklung eines fremderregten Generators bzw. Nebenschlussgenerators oder an die Nebenschlusswicklung eines Doppelschlussgenerators eine veränderbare Gleichspannung, kann man die Leerlaufkennlinie eines Generators experimentell aufnehmen, wenn man ab $I_E = 0$ den Erregerstrom immer mehr erhöht. Den Erregerstrom trägt man in einem Diagramm in der waagerechten Achse (Abszisse), die in der Ankerwicklung induzierte Spannung in der senkrechten Achse (Ordinate) auf.

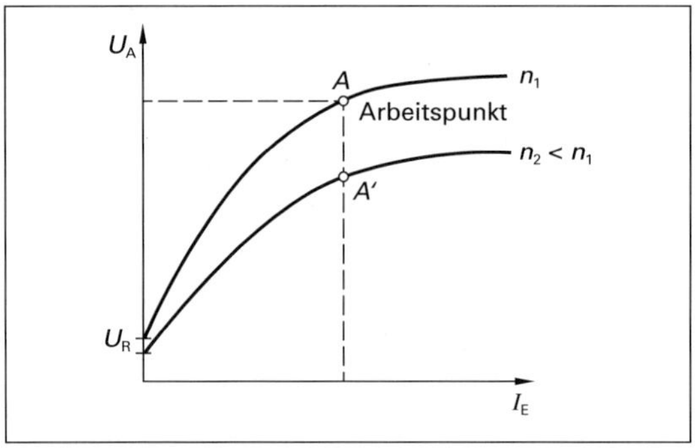

2.14 Leerlaufkennlinie (fremderregter und Nebenschlussgenerator)

Es ergibt sich nach der Verbindung aller Messpunkte eine „induzierte" Spannungskurve ähnlich einer Magnetisierungskennlinie. Wurde das Eisen schon einmal magnetisiert, ist bei $I_E = 0$ bereits eine geringe Spannung vorhanden, die Remanenzspannung U_R der Maschine. Bei „richtiger" Polung der speisenden Gleichspannung erhält man die in Bild **2**.14 dargestellte Leerlaufkennlinie eines Generators. Wird die Kennlinienaufnahme mit einer zweiten niedrigen Drehzahl $n_2 < n_1$ wiederholt, erhält man eine zweite Kennlinie mit geringerer Quellenspannung. Für einen Reihenschlussgenerator gilt diese Kennlinie nicht. Wegen der Reihenschaltung der Erregerwickung mit der Ankerwicklung ist die Leerlaufspannung immer gleich der Remanenzspannung.

Damit lässt sich für die induzierte Spannung allgemein schreiben:

$$\boldsymbol{U_0 = k_E \cdot n \cdot \Phi} \qquad (2.3)$$

Dynamoelektrisches Prinzip. 1866 stellte *Werner von Siemens* fest, dass sich ein Gleichstromgenerator auch selbst erregen kann, d. h. keine fremde Spannungsquelle braucht, um an seinen Klemmen Spannung abgeben zu können. Das Prinzip dieser „Selbsterregung" ist unter der Bezeichnung *dynamoelektrisches* Prinzip bekannt. Den Selbsterregungsvorgang verdeutlicht das Schaltbild des Nebenschlussgenerators in Tabelle **2**.11.

Obwohl im Leerlauf kein Verbraucher an die Ankerwicklung angeschlossen ist, kann durch die Ankerwicklung Strom fließen, und zwar über die Erregerwicklung. Geht man davon aus, dass das Eisen schon einmal magnetisiert worden ist, reicht der geringe Restmagnetismus aus, um in der Ankerwicklung eine kleine Spannung – die Remanenzspannung U_R – zu induzieren. Diese treibt bei richtiger Polung einen Strom durch die Erregerwicklung, verstärkt das Magnetfeld und vergrößert die Ankerspannung. Der Selbsterregungsvorgang läuft kontinuierlich weiter ab, bis die Spannung einen „höchsten" Wert erreicht hat. Zwischen der induzierten Spannung U_q und dem Erregerstrom I_E des Generators bestehen zwei Abhängigkeiten:

- die durch die Maschineneigenschaften bedingte Leerlaufkennlinie (**2**.14),
- die durch das ohmsche Gesetz gegebene Abhängigkeit $U = I_E \cdot R_E$

R_E ist in diesem Fall der Gesamtwiderstand des Erregerstromkreises. Diese zweite Abhängigkeit ist durch eine Widerstandsgerade gekennzeichnet. Wenn die induzierte Spannung U_q beiden Abhängigkeiten folgt, muss sie sich zwangsläufig auf den Punkt A, der in Bild **2**.15 dargestellten Leerlaufkennlinie eines Nebenschlussgenerators einstellen. Die Steilheit der Geraden ist bestimmt durch den Winkel α.

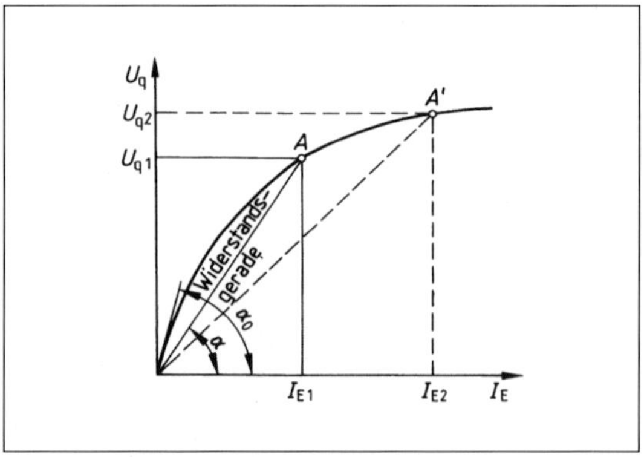

2.15 Abhängigkeit der induzierten Spannung vom Erregerstrom

Es ist dann

$$\tan\alpha = \frac{U_{q1}}{I_{E1}} = R_E. \tag{2.4}$$

Ein Verringern des Widerstands der Erregerwicklung R_E bewirkt eine Verschiebung des Arbeitspunkts von A nach A'. Verbunden ist dieser Vorgang mit einer Zunahme der Spannung U_{q1} auf den Wert U_{q2}. Eine Vergrößerung des Widerstands R_E lässt die Widerstandsgerade steiler verlaufen, bis zu einem Grenzwinkel α_0. Dies ist der größte Widerstandswert, bei dem gerade noch Selbsterregung möglich ist. Die Überlegungen zeigen, dass eine Maschine „ohne Sättigung" keinen stabilen Arbeitspunkt hat.

Mit der Entdeckung des dynamoelektrischen Prinzips begann praktisch der Siegeszug der Elektrotechnik, denn nun konnte man größere Leistungen aus den Generatoren „herausholen".

Schaltet man die Erregerwicklung so, dass infolge des Restmagnetismus keine unterstützende Stromwirkung zustande kommt, wird sich die Maschine nicht selbst erregen, sondern die Remanenz zum Verschwinden bringen. (Diese Schaltung wird auch gelegentlich „Selbstmordschaltung" genannt.) Sollte dieser Fall einmal eintreten, kann man die Remanenz durch einen Stromimpuls an den Klemmen der Erregerwicklung wiederherstellen. Dazu muss Gleichstrom verwendet werden.

Auch ein Reihenschluss- bzw. Hauptschlussgenerator erregt sich bis zu seiner höchstmöglichen Spannung – aber nur dann, wenn er belastet wird, d. h. an seine Anschlussklemmen Verbraucher angeschlossen werden, die einen Stromfluss durch die Ankerwicklung und damit durch die Erregerwicklung gewährleisten.

Einfluss der Belastung. Wird ein Generator belastet, fließt durch seinen Anker ein Belastungsstrom I_A. Aus zwei Gründen ändert sich dabei die Klemmenspannung:

- Der Ankerstrom erzeugt ein Ankerquerfeld und ruft damit eine Ankerrückwirkung (Feldschwächung) hervor.
- Der Ankerstrom verursacht in der Ankerwicklung den Spannungsfall $U_A = I_A \cdot R_i$.

Die Spannung des belasteten Generators kann unter Berücksichtigung beider Faktoren aus der Leerlaufkennlinie **2**.14 zeichnerisch ermittelt werden. Die Ankerrückwirkung ist im Allgemeinen nicht der dominierende Faktor, sie wird zudem durch Kompensation nach Abschn. 2.7.2 weitgehend vermindert. Dann kann die Klemmenspannung bei Belastung auch rechnerisch ermittelt werden.

Im Ankerkreis mit dem ohmschen Widerstand R_i verursacht die durchfließende Stromstärke einen Spannungsfall $I_A \cdot R_i$. Die Klemmenspannung U eines Generators wird daher stets um diesen Spannungsfall $I_A \cdot R_i$ kleiner sein als die in der Ankerwicklung induzierte Quellenspannung $U_q = U_0$. Es gilt daher für den Generator:

$$U = U_q - I_A \cdot R_i \tag{2.5}$$

Diese Gleichung nach I_A umgestellt ergibt dann $I_A = (U_q - U)/R_i$. Daraus geht hervor, dass die Stromstärke I_A von der Differenz $U_q - U$ abhängt. Damit ein Generator für eine geringe Spannungsdifferenz $U_q - U$ eine möglichst große Stromstärke I_A an das Netz (Verbraucher) abgibt, muss sein Ankerwiderstand R_i (der innere Widerstand) klein gehalten werden. Das gilt auch für alle anderen Spannungsquellen.

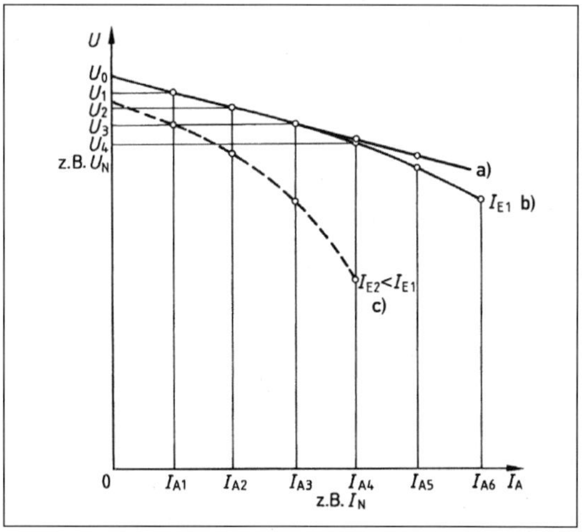

2.16 Belastungskennlinien eines fremderregten Generators

Die Belastungskennlinie eines fremderregten Generators ist in Bild **2**.16 dargestellt. Wird nur der ohmsche Spannungsfall am Innenwiderstand des Ankerkreises berücksichtigt, erhält man nach Gl. (2.5) eine Gerade a). Die reale Kennlinie b) ist wegen der Feldschwächung durch die Ankerrückwirkung leicht nach unten gebogen. Wird der Generator mit geringerem Erregerstrom $I_{E2} < I_{E1}$ ergibt sich die Kennlinie c).

Gleichspannungs-Tachogeneratoren (Tachodynamos) werden zur Drehzahlmessung in Verbindung mit Drehzahlregelungen eingesetzt. Im Gegensatz zu Drehstrom-Tachogeneratoren mit nachgeschaltetem Gleichrichter ist die Spannungspolarität der Gleichstrom-Tachogeneratoren von der Drehrichtung des Antriebs abhängig. Daher eignen sie sich für Antriebe mit Drehrichtungsumkehr wie in CNC-Maschinen. Gleichstrom-Tachogeneratoren sind permanent erregte Generatoren, deren Spannung der Drehzahl in einem weiten Drehzahlbereich (0,1 min^{-1} bis 10000 min^{-1}) hochgenau proportional ist. Eine hohe Regelgüte oder hohe Drehzahlkonstanz während einer Umdrehung des Antriebs ist auf einen sehr geringen Oberschwingungsanteil (kleiner 0,5 %) der Tachospannung angewiesen. Dies wird u. a. durch eine hohe Lamellenzahl des Kollektors erreicht. Bürstenlose Tachogeneratoren können nur schwer die Eigenschaften der bürstenbehafteten erreichen.

Für einen Kollektor-Gleichstrom-Tachogenerator werden beispielhaft folgende Herstellerwerte angegeben:

EMK-Konstante	20 V/1000 min^{-1}
Bemessungsstrom	10 mA
Max. Drehzahl	6000 min^{-1}
Ankerwiderstand	170 Ω
Polarität	drehrichtungsabhängig
Polpaarzahl	2 = 4-polig
Nut-, Lamellenzahl	29
Nutenfrequenz	$f_N = 29/30 \cdot n$
Reversierfehler	$\leq \pm 0{,}1$ %
Restwelligkeit	$\leq 0{,}4$ %
Linearitätsfehler	$\leq 0{,}15$ %
Regelbereichsuntergrenze	$n_R = 0$ min^{-1}
Temperaturdrift (–10 °C bis 100 °C)	±0,1 %/10 K
Kohlebürstenstandzeit	ca. 20000 Betriebsstunden

Für den Gleichstrommotor gilt folgendes: Wird an die Bürsten *e* und *f* nach Bild **2**.2 die Netzspannung U gelegt, fließt zunächst ein Einschaltstrom I, dessen Größe sich nach dem ohmschen Gesetz $I = U/R$ berechnen lässt. Wegen des geringen Ankerkreiswiderstands R_i und der voll wirksamen Netzspannung U können „Einschaltströme" beträchtliche Werte annehmen. Anlassmaßnahmen nach Abschnitt 2.10 sind notwendig. Nimmt nach dem Einschalten der Netzspannung die Drehzahl des Ankers zu, wird eine immer größer werdende Gegenspannung $U_g = U_0$ in der Ankerwicklung induziert. Diese Spannung ist nach der Lenz'schen Regel gegen die angelegte Netzspannung gerichtet. Mit zunehmender Drehzahl des Ankers werden daher die „wirksame" Spannung $U - U_g$ und die Stromaufnahme I_A des Motors verringert. Die Stromaufnahme der in Betrieb befindlichen Maschine lässt sich berechnen nach

$$I_A = \frac{U - U_g}{R_i}. \qquad (2.6)$$

Auch hier ist also die Differenz zweier Spannungswerte $U - U_g$ für die Stromaufnahme einer Maschine maßgebend. Wird diese Gleichung nach U umgestellt, ergibt sich analog zu (2.5) die Gleichung:

$$U = U_g + I_A \cdot R_i \qquad (2.7)$$

Die Zusammenhänge sind in der Ersatzschaltung in Bild **2**.17 dargestellt.

Der Ankerkreiswiderstand R_i einer Gleichstrommaschine besteht nicht allein aus dem Ankerwiderstand, vielmehr aus dem „reinen" Ankerwiderstand R_A, dem Übergangswiderstand zwischen den Bürsten und dem Kollektor $R_Ü$ und gegebenenfalls den Widerständen einer Reihenschlusswicklung bei Reihen- und Doppelschlussmaschinen R_R sowie den Widerständen einer Wendepolwicklung R_W und einer evtl. vorhandenen Kompensationswicklung R_K. Da alle diese Widerstände in Reihe geschaltet werden, gilt für den inneren Widerstand R_i der Maschine:

$$R_i = R_A + R_Ü + R_R + R_W + R_K \qquad (2.8)$$

Der Einfluss der hochohmigen Nebenschlusswicklung bei Neben- und Doppelschlussmaschinen muss nicht berücksichtigt werden, weil sich der Gesamtwiderstand wegen der Parallelschaltung nur unwesentlich ändert. Auf die Bedeutung der einzelnen Wicklungen kommen wir später zurück. Hingewiesen sei aber darauf, dass sich alle Widerstände mit der Temperatur ändern, R_i deshalb keinen konstanten Wert hat.

Stromwärmeverluste. Die an den Klemmen eines Gleichstromgenerators abgegebene Leistung $P = U \cdot I$ ist um die Stromwärmeverluste $P_{VA} = I_A^2 \cdot R_i$ bzw. $P_{VA} = I_{ARMS}^2 \cdot R_i$ kleiner als die erzeugte innere Leistung $P_i = U_q \cdot I_A$. Außer diesen Stromwärmeverlusten ergibt sich bei Maschinen auch im Eisen ein Verlustbetrag (Eisenverluste). Um einen guten Wirkungsgrad zu erzielen, muss man besonders die Stromwärmeverluste gering halten (s. Abschn. 2.13.2). Das ist wiederum nur möglich durch Geringhaltung des inneren Widerstands R_i und damit des inneren Spannungsfalls $I_A \cdot R_i$. Grundsätzlich gilt für Gleichstrommaschinen: Je größer die Maschinenleistung, umso kleiner der innere Spannungsfall.

Beispiel 2.1

Maschinenleistung	Innerer Spannungsfall bei Bemessungslast
1 kW bis 5 kW	8 % bis 5 %
5 kW bis 20 kW	5 % bis 3 %
20 kW bis 100 kW	3 % bis 2 %
über 100 kW	2 % bis 1 %

Generator
- Spannungserzeugung durch Induktion $(U_q) U_0 \sim n \cdot \Phi$
- Gegendrehmoment $M_i \sim I_A \cdot \Phi$

Motor
- Drehmomenterzeugung $M_i \sim I_A \cdot \Phi$
- Gegenspannung durch Induktion $(U_g) U_0 \sim n \cdot \Phi$

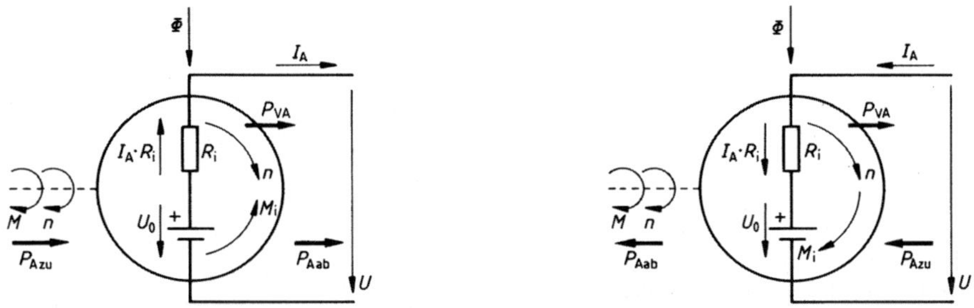

2.17 Ersatzschaltung des Ankers einer Gleichstrommaschine, Reibungsverluste sind vernachlässigt

Generator
$U = U_q - I_A \cdot R_i$ somit U kleiner als U_q
Stromrichtung gleich Richtung der induzierten Quellenspannung $U_q = U_0$

Motor
$U = U_q + I_A \cdot R_i$ somit U größer als U_q
Stromrichtung entgegen Richtung der induzierten Gegenspannung $U_q = U_0$

Beispiel 2.2 Die Klemmenspannung einer Gleichstrommaschine soll 500 V betragen. Der Bemessungsstrom ≈ Ankerstrom ist auf dem Leistungsschild mit 25 A angegeben, der Ankerwiderstand wurde mit 0,5 Ω. ermittelt. Zwischen den Bürsten und dem Kollektor wird ein Übergangswiderstand mit 0,3 Ω angenommen. Wie groß sind die in der Ankerwicklung induzierten Spannungen im Generator- und im Motorbetrieb?

Lösung Motorbetrieb:

$U_q = U + I \cdot R_i = 500\text{ V} + 25\text{ A} \cdot 0{,}8\ \Omega = \mathbf{520\ V}$

Generatorbetrieb:

$U_q = U - I \cdot R_i = 500\text{ V} - 25\text{ A} \cdot 0{,}8\ \Omega = \mathbf{480\ V}$

Beispiel 2.3 Ein Gleichstromgenerator mit der Bemessungsleistung 50 kW und der Bemessungsspannung 460 V hat in der Ankerwicklung den Spannungsfall 3 % von der Bemessungsspannung. Wie groß sind der Ankerwiderstand und die Stromwärmeverluste in der Ankerwicklung?

Lösung $I = \frac{P}{U} = \frac{50\,000\text{ W}}{460\text{ V}} = 109\text{ A}$

3 % von 460 V = 13,8 V

$R_i = \frac{13{,}8\text{ V}}{109\text{ A}} = \mathbf{0{,}127\ \Omega}$

$P_{VA} = I^2 \cdot R_i = (109\text{ A})^2 \cdot 0{,}127\ \Omega = \mathbf{1509\ W}$

Beispiel 2.4 Ein Gleichstromgenerator mit den Bemessungswerten 120 kW, 500 V, 240 A liefert im Leerlauf ($I \approx 0$ A) die Spannung 506,5 V. Wie groß ist der Innenwiderstand der Maschine?

Lösung $R_i = \frac{U_q - U}{I} = \frac{506{,}5\text{ V} - 500\text{ V}}{240\text{ A}} = \mathbf{0{,}027\ \Omega}$

Aufgaben zu Abschnitt 2.3

1. Was versteht man unter Remanenzspannung?
2. Was besagt das „dynamoelektrische Prinzip"?
3. Warum hat ein Gleichstromgenerator „ohne Sättigung" keinen stabilen Arbeitspunkt?
4. Warum sinkt bei Belastung eines Generators seine Klemmenspannung?
5. Beschreiben Sie den Verlauf der Spannungskennlinie eines fremderregten Gleichstromsgenerators und geben Sie eine Erklärung für diesen Verlauf.
6. Was könnte geschehen, wenn der Erregerstrom eines Nebenschlussgenerators plötzlich abgeschaltet wird? Geben Sie eine Begründung!
7. Ein Gleichstromgenerator erregt sich nicht, d. h., er liefert keine Spannung. Nennen Sie mindestens fünf mögliche Ursachen.
8. Warum ist der Ankerwiderstand von Gleichstrommaschinen verhältnismäßig klein?
9. Der Innenwiderstand eines Gleichstromgenerators für 5 kW/220 V beträgt 0,49 Ω. Wie groß ist die bei Bemessungslast erzeugte Quellenspannung U_q?

10. Ein 10-kW-Gleichstrommotor für 220 V nimmt bei Bemessungslast die Anker-Stromstärke 56,8 A auf. Wie groß ist die bei Bemessungslast induzierte Gegenspannung U_g, wenn der Innenwiderstand R_i der Maschine 0,155 Ω beträgt? Wie groß ist der Spannungsfall in Prozent der Netzspannung?
11. Berechnen Sie für die Maschinen der Aufgaben 9 und 10 die Stromwärmeverluste im Anker bei Bemessungslast.
12. Die Erregerwicklung einer Gleichstrommaschine für 220 V nimmt den Erregerstrom 0,3 A auf. Nach längerer Betriebszeit ist die Stromaufnahme auf 0,26 A gesunken. Wie groß ist die Temperaturzunahme der Wicklung?
13. Ein Gleichspannungs-Tachogenerator mit der EMK-Konstante k_E = 30 V/1000 min^{-1} erzeugt eine Spannung von 81,2 V. Berechnen Sie die Drehzahl des Antriebs.

2.4 Drehmomenterzeugung und Leistungsumsatz

Drehmoment. Auf einen stromdurchflossenen Ankerleiter wirkt nach Gl. (1.9) in einem magnetischen Feld die Kraft $F = B \cdot l \cdot I_A$. Ist der Abstand r der Ankerleiter vom Wellenmittelpunkt bekannt, lässt sich für die Gleichstrommaschine mit $M_i = F \cdot r$ die Gleichung $M_i = B \cdot l \cdot I_A \cdot r$ aufstellen. Setzt man in diese Gleichung die Flussdichte B in Vs/m^2, die wirksame Leiterlänge l in m, den Abstand der Ankerleiter vom Wellenmittelpunkt r in m und die Stromstärke I_A in Nm/Vs (1 A = 1 W/V = 1 Nm/Vs) ein, ergibt sich das Drehmoment M in der Einheit Nm. Das innere Drehmoment einer Maschine wird größer, wenn man mehrere Ankerleiter parallel anordnet.

Beispiel 2.5 Die Flussdichte im Luftspalt eines Gleichstrommotors beträgt 0,8 Vs/m^2, die wirksame Leiterlänge 30 cm, der Leiterstrom 10 A, der Abstand eines Ankerleiters von der Wellenmitte 20 cm. Wie groß ist das auf einen Leiter ausgeübte Drehmoment?

Lösung

$$M_i = B \cdot l \cdot I \cdot r = 0{,}8\,\frac{\text{Vs}}{\text{m}^2} \cdot 0{,}3\,\text{m} \cdot 10\,\frac{\text{Nm}}{\text{Vs}} \cdot 0{,}2\,\text{m} = \mathbf{0{,}48\,Nm}$$

Beispiel 2.6 Die Flussdichte im Luftspalt eines Gleichstrommotors beträgt 1,1 Vs/m^2, die wirksame Leiterlänge 40 cm, der Abstand der Ankerleiter vom Wellenmittelpunkt 10 cm und die wirksame Zahl der Ankerleiter 120. Wie groß muss die Stromaufnahme des Motors sein, damit das innere Drehmoment 40 Nm beträgt?

Lösung

$$I = \frac{M_i}{B \cdot l \cdot r \cdot z} = \frac{40\,\text{Nm}}{1{,}1\,\frac{\text{Vs}}{\text{m}^2} \cdot 0{,}4\,\text{m} \cdot 0{,}1\,\text{m} \cdot 120} = 7{,}6\,\frac{\text{Nm}}{\text{Vs}} = \mathbf{7{,}6\,A}$$

Setzen wir für die Flussdichte B den magnetischen Fluss Φ ein und betrachten für eine bestimmte Maschine die wirksame Leiterlänge l, Ankerradius und Windungszahl N als konstant, können wir für das Drehmoment einer Gleichstrommaschine die Proportion

$$\boldsymbol{M_i \sim \Phi \cdot I_A} \tag{2.9}$$

schreiben, aus der hervorgeht, dass das erzeugte Drehmoment dem magnetischen Fluss Φ und dem Ankerstrom I_A im linearen Bereich der Erregerkennlinie *proportional* ist.

Das im Anker der Gleichstrommaschine entwickelte Drehmoment wollen wir als inneres Drehmoment M_i der Maschine bezeichnen. Bei gleichbleibender Flussrichtung ist seine Richtung abhängig von der Richtung des Ankerstroms, der nach Bild **2**.17 im Motor- und Generatorbetrieb unterschiedliche Richtungen aufweist.

Motorbetrieb. Im Motorbetrieb wirkt das erzeugte innere Drehmoment M_i treibend in Drehrichtung. Das innere Drehmoment M_i ist in Richtung gleich dem Drehmoment M an der Welle des Motors, das zum Antrieb einer Arbeitsmaschine zur Verfügung steht.

Generatorbetrieb. Der Generator wird vom äußeren Drehmoment M in Drehrichtung angetrieben. Da gegenüber dem Motorbetrieb die Ankerstromrichtung geändert ist, wirkt das erzeugte innere Drehmoment M_i dem Antriebsmoment bremsend entgegen. Drehrichtung und Richtung des inneren Drehmoments M_i wirken entgegen.

Leistungsumsatz. Dem Anker der Gleichstrommaschine wird die Leistung P_{Azu} zugeführt, die im Motortrieb in mechanische Leistung umgewandelt wird. Bei der Umwandlung entstehen Eisenverluste P_{Fe} und Reibungsverluste P_{Vreib} sowie Stromwärmeverluste P_{VA} die am inneren Ankerwiderstand entstehen. Die Stromwärmeverluste

$$\boldsymbol{P_{VA} = I_A^2 \cdot R_i} \tag{2.10}$$

sind vom Quadrat des Ankerstroms abhängig.

Vernachlässigen wir die Eisen- und Reibungsverluste des Ankers, so gilt jeweils für den Motor- und den Generatorbetrieb:

Motorbetrieb
Die mechanische Leistung ist die abgegebene Ankerleistung:

$P_{mech} = P_{Azu} - P_{VA}$

Mit $P_{VA} = I_A^2 \cdot R_i$ kann die Gleichung weiter umgeformt werden.

$P_{mech} = U \cdot I_A - I_A^2 \cdot R_i$

$P_{mech} = I_A \cdot (U - I_A \cdot R_i)$

Der Ausdruck $U - I_A \cdot R_i$ entspricht der induzierten Gegenspannung $U_q(U_0)$ im Motorbetrieb. Damit gilt:

$$\mathbf{P_{mech} = I_A \cdot U_q = I_A \cdot U_0} \quad (2.11)$$

Generatorbetrieb
Die mechanische Leistung ist die zugeführte Ankerleistung:

$P_{mech} = P_{Aab} + P_{VA}$

Mit $P_{VA} = I_A^2 \cdot R_i$ kann die Gleichung weiter umgeformt werden.

$P_{mech} = U \cdot I_A + I_A^2 \cdot R_i$

$P_{mech} = I_A \cdot (U + I_A \cdot R_i)$

Der Ausdruck $U + I_A \cdot R_i$ entspricht der induzierten Quellenspannung $U_q(U_0)$ im Generatorbetrieb. Damit gilt für die Quellenleistung:

$$\mathbf{P_i = I_A \cdot U_q = I_A \cdot U_0} \quad (2.11)$$

Für Gleichstrommaschinen (Motor wie auch Generator) ist das Produkt $P_i = U_0 \cdot I_A$ aus Ankerstrom und induzierter Spannung der äquivalente Ausdruck für die innere mechanische Leistung.

Inneres Drehmoment. Für die innere Leistung der Gleichstrommaschine gelten die Gl. (1.10) und Gl. (2.11):

$P_i = M_i \cdot \omega = M_i \cdot 2 \cdot \pi \cdot n = U_0 \cdot I_A$

Damit lässt sich das innere Drehmoment auch errechnen mit

$$\mathbf{M_i = U_0 \cdot I_A/\omega}. \quad (2.12)$$

Analog dazu entsteht ein Anker-Verlustmoment durch die Stromwärmeverluste des Ankers:

$$\mathbf{M_{VA} = P_{VA}/\omega} \quad (2.13)$$

Beispiel 2.7 Der Anker eines Gleichstrommotors mit dem Ankerstrom 10 A erzeugt bei der Drehzahl 1200 min^{-1} das innere Drehmoment 16,1 Nm. Wie groß sind induzierte Gegenspannung und angelegte Ankerspannung, wenn der Widerstand des Ankers 1,77 Ω beträgt? Überprüfen Sie das innere Drehmoment mithilfe der Gl. (2.12) und ermitteln Sie den Drehmomentverlust aufgrund der Stromwärmeverluste des Ankers und die Wellenleistung des Motors.

Lösung Die mechanische Leistung beträgt

$P_{mech} = M_i \cdot \omega$

$P_{mech} = 16{,}1\ \text{Nm}\ (2 \cdot \pi \cdot 1200/60\ \text{s}^{-1})$

$P_{mech} = \mathbf{2023\ W}$

Damit sind die induzierte Gegenspannung

$U_g = U_0 = \frac{P_{mech}}{I_A} = \frac{2023\ \text{W}}{10\ \text{A}} = \mathbf{202{,}3\ V}$

und die angelegte Ankerspannung

$U = U_g + I_A \cdot R_i$

$U = 202{,}3\ \text{V} + 10\ \text{A} \cdot 1{,}77\ \Omega = \mathbf{220\ V}.$

Das innere Drehmoment beträgt:

$M_i = U_0 \cdot I_A/\omega = 202{,}3\ \text{V} \cdot 10\ \text{A}/(2 \cdot \pi \cdot 1200/60\ \text{s}^{-1})$
$= \mathbf{16{,}1\ Nm}$

Das Anker-Verlustmoment ist

$M_{VA} = I_A^2 \cdot R_i/\omega =$
$(10\ \text{A})^2 \cdot 1{,}77\ \Omega/(2 \cdot \pi \cdot 1200/60\ \text{s}^{-1}) = \mathbf{1{,}4\ Nm}.$

Damit ist das Wellendrehmoment ohne Berücksichtigung der Eisen- und Reibungsverluste:

$M = M_i - M_{VA} = 16{,}1\ \text{Nm} - 1{,}4\ \text{Nm} = \mathbf{14{,}7\ Nm}.$

2.5 Generatorbetrieb und Motorbetrieb

Die Verwandtschaft zwischen einem Motor und einem Generator ist deutlich geworden. Es liegt also nahe zu untersuchen, ob ein Übergang vom „laufenden" Generator in den Motorbetrieb oder umgekehrt möglich ist. Wir wollen für diese Untersuchungen davon ausgehen, dass mehrere Gleichstromgeneratoren ein Gleichstromnetz speisen.

Generator – Motor. Damit Generatoren Strom an das Netz abgeben, muss nach Gleichung (2.5) die in den Maschinen induzierte Spannung U_q größer sein als die Netzspannung U. Fällt die Antriebsmaschine eines Generators aus, wird die Drehzahl geringer, der Generator will „stehenbleiben". Mit dem Absinken der Drehzahl wird aber auch die induzierte Spannung geringer. Ist U_q so groß geworden wie die Netzspannung U, heben sich beide Spannungen auf; es fließt also weder ein Strom vom Generator ins Netz noch vom Netz in die Maschine. Ein weiteres Absinken der Drehzahl vermindert die induzierte Spannung noch weiter, U_q sinkt unter den Wert der Netzspannung U. Jetzt wird von der Netzspannung ein Strom in die Maschine „gedrückt" – es entsteht ein Drehmoment, der Generator ist zum Motor geworden und treibt nun seinerseits die ehemalige Antriebsmaschine. Äußerlich hat sich nichts verändert bis auf die abgesunkene Drehzahl der Maschine.

Motor – Generator. Betrachten wir den umgekehrten Fall. Ein Gleichstrommotor (Nebenschlussmaschine) treibt einen Aufzug im Senksinn an. In diesem Fall addieren sich die Drehmomente des Motors und der „absinkenden" Last. Bedingt durch die sich ergebende Drehzahlzunahme wird die Gegenspannung U_g in der Ankerwicklung größer und erreicht zunächst eine mit der Netzspannung übereinstimmende Größe. Die Stromaufnahme des Motors und damit sein Drehmoment werden null. Von diesem Augenblick an wirkt als treibendes Moment nur noch die abwärts sinkende Last und treibt den Anker weiter im Senksinn an. Die in der Ankerwicklung induzierte Spannung U_g wird größer als die Netzspannung U und treibt daher einen Strom ins Netz. Der Motor ist zum Generator geworden und wirkt „bremsend". Die Bremswirkung wird umso größer, je mehr die Drehzahl des „Motors" über seine Leerlaufdrehzahl hinaus zunimmt.

G-Generatoren und G-Motoren sind gleich aufgebaut und haben die gleiche Schaltung. Ein Übergang von Generatorbetrieb in den Motorbetrieb und umgekehrt ist möglich.

Betriebsbereiche im Vierquadrantenfeld. Wir hatten in den bisherigen Ausführungen festgestellt, dass ein Übergang vom Motorbetrieb in den Generatorbetrieb möglich ist. Das Beispiel des im Senksinn betriebenen Motors eines Hebezeugs, der zum Generator wird, zeigt dieses deutlich. Je nach Anforderung an Drehrichtung und der Drehmomentrichtung können Maschinen für verschiedene Betriebsbereiche eingesetzt werden. Man unterscheidet dabei den *Einquadranten-* und den *Mehrquadrantenbetrieb*. Das Bezugsfeld in der Drehzahl-Drehmoment-Ebene ist in der Regel der I. Quadrant, in dem bei Motorbetrieb alle Größen positiv gezählt werden, die auf das Betriebsverhalten Einfluss nehmen (**2**.18). Also $+U$, $+I_A$, $+\Phi$. Dann gelten für die Drehzahl und das Drehmoment *Rechtsdrehsinn* $+n$ und $+M$.

Wird z. B. ein Motor nur zum Antrieb in eine Richtung (z. B. Rechtslauf) eingesetzt – etwa ein Lüfter- oder Förderbandantrieb – handelt es sich um einen Einquadrantenbetrieb. Werden dabei U und I_A positiv angenommen, ist auch die aufgenommene Leistung P_{el} positiv. Das bedeutet, dass auch n und M positiv zu zählen sind und damit die abgegebene mechanische Leistung P_{mech} ebenfalls ein positives Vorzeichen erhält. Geht jedoch ein solcher Motor z. B. durch Absenken der Netzspannung in den generatorischen Bremsbetrieb über (Nachlaufbremsung), kehrt sich bei gleicher Drehrichtung die Drehmomentrichtung um. Der Motor arbeitet dann als Generator im II. Quadranten der Drehzahl-Drehmoment-Ebene.

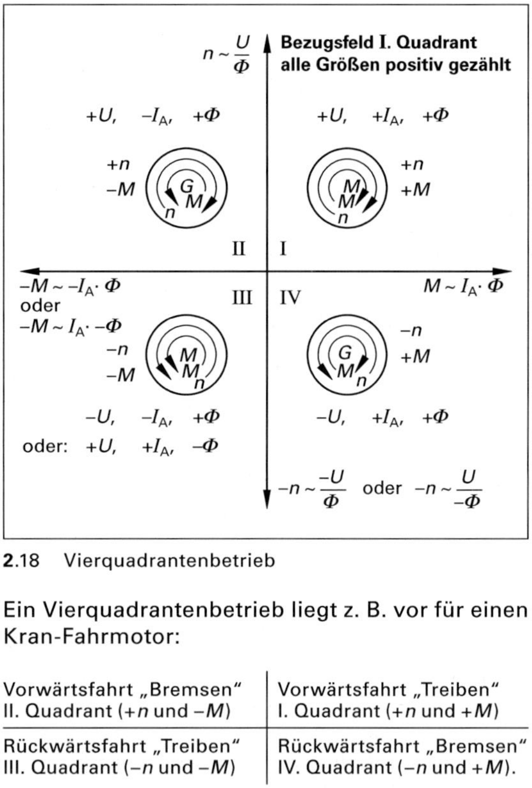

2.18 Vierquadrantenbetrieb

Ein Vierquadrantenbetrieb liegt z. B. vor für einen Kran-Fahrmotor:

Vorwärtsfahrt „Bremsen" II. Quadrant (+*n* und −*M*)	Vorwärtsfahrt „Treiben" I. Quadrant (+*n* und +*M*)
Rückwärtsfahrt „Treiben" III. Quadrant (−*n* und −*M*)	Rückwärtsfahrt „Bremsen" IV. Quadrant (−*n* und +*M*).

Bei Bremsung durch äußere Hilfsmittel (z. B. mechanische Bremse) handelt es sich stets um einen Einquadrantenbetrieb. Voraussetzung für den „echten" Mehrquadrantenbetrieb sind also Motorbetrieb „Treiben" und Generatorbetrieb „Bremsen".

Von großer Bedeutung ist der Betrieb von Gleichstrommotoren, die über Stromrichter gespeist werden. Je nach Anforderungen an den Motor- und Generatorbetrieb sind hierbei die „richtigen" Schaltungen auszuwählen.

Beispiel 2.8 In der Ankerwicklung eines Gleichstromgenerators wird die Quellenspannung 230 V induziert. Der Bemessungsstrom ≈ Ankerstrom beträgt 10 A, die Bemessungsdrehzahl ist mit 1500 min^{-1} angegeben, der Ankerkreis hat den Widerstand 0,5 Ω. Auf welchen Wert muss die Drehzahl absinken, damit die Gleichstrommaschine im Motorbetrieb 10 A aus dem Netz aufnimmt? (Angenommen konstantes Magnetfeld und Proportionalität zwischen Quellenspannung und Drehzahl).

Lösung $U = U_q - I \cdot R_i = 230\ \text{V} - 10\ \text{A} \cdot 0{,}5\ \Omega = 225\ \text{V}$

$U_q - U = 230\ \text{V} - 225\ \text{V} = 5\ \text{V}$

Damit der Generator im Motorbetrieb die Stromstärke 10 A aus dem Netz aufnimmt, muss die Differenz $U - U_g$ ebenfalls 5 V betragen, also:

$U_g = 225\ \text{V} - 5\ \text{V} = 220\ \text{V}$

1500 min^{-1} entsprechen der Quellenspannung 230 V.

Entsprechend der Gegenspannung 220 V ist die Drehzahl $\boldsymbol{n = 1435\ \text{min}^{-1}}$.

Beispiel 2.9 Ein Gleichstrommotor nimmt an 220 V den Bemessungsstrom ≈ Ankerstrom 15 A auf. Der Ankerkreis hat den Widerstand 0,2 Ω. Die Bemessungsdrehzahl ist auf dem Leistungsschild mit 1450 min^{-1} angegeben. Beim Absenken einer Last erhöht sich die Motordrehzahl auf 1490 min^{-1}. Wie groß ist die Stromstärke, die der Motor jetzt als Generator an das Netz abgibt? (Auch hier sollen die Voraussetzungen aus Beispiel 2.8 gelten).

Lösung $U_g = U - I \cdot R_i = 220\ \text{V} - 15\ \text{A} \cdot 0{,}2\ \Omega = 217\ \text{V}$

1450 min^{-1} entsprechen der Gegenspannung 217 V.

1490 min^{-1} entsprechen der Quellenspannung U_q.

Quellenspannung: $U_q = 223\ \text{V}$

Damit ist $I = \frac{U_q - U}{R_i} = \frac{223\ \text{V} - 220\ \text{V}}{0{,}2\ \Omega} = \mathbf{15\ A}$.

Aufgaben zu Abschnitt 2.4 bis 2.5

1. Ein fremderregter Gleichstrommotor wird an 220 V angeschlossen und nimmt den Bemessungsstrom 10 A auf. Der Widerstand der Ankerwicklung beträgt 0,6 Ω, der Übergangswiderstand zwischen Bürsten und Kollektor 0,4 Ω. Wie groß sind die in der Ankerwicklung induzierte Gegenspannung im Bemessungsbetrieb und der Einschaltstrom des Motors? Berechnen Sie auch die reduzierte Ankerspannung, damit der Einschaltstrom auf das Zweifache des Bemessungsstroms begrenzt wird.
2. Von einem Gleichstrommotor mit P = 10 kW wird das Drehmoment 67,3 Nm verlangt. Wie groß muss bei Bemessungsleistung die Drehzahl der Maschine sein?
3. a) Wie groß sind das innere Drehmoment und das Anker-Verlustmoment des Gleichstrommotor aus dem Beispiel 2.9?

   b) Mit welchem Drehmoment wird die Maschine im Beispiel 2.9 durch das Absenken der Last angetrieben?
4. Das auf einen Ankerleiter ausgeübte Drehmoment in einem Gleichstrommotor soll durchschnittlich 0,54 Nm betragen. Die Flussdichte im Luftspalt ist 0,9 Vs/m^2, die wirksame Leiterlänge 25 cm, der Ankerdurchmesser 40 cm. Wie groß muss die Stromstärke im Ankerleiter sein?
5. Wie viel Ankerleiter müssen angebracht werden, wenn die Maschine der Aufgabe 8 zwei parallele Ankerzweige hat und der Polbedeckungsfaktor mit ⅔ angenommen wird, um das Bemessungsmoment 64,8 Nm zu erzeugen?
6. Stellen Sie in zwei Diagrammen die Abhängigkeit der Quellenspannung U_q bzw. der Gegenspannung U_g von der Drehzahl des Ankers entsprechend den Beispielen 2.8 und 2.9 dar und legen Sie die Arbeitspunkte fest.

   Maßstab: 20 V ≙ 5 mm, 100 min^{-1} ≙ 5 mm

   Erläutern Sie die Abhängigkeit der induzierten Spannungen von der Ankerdrehzahl.
7. Ein mit einem Gleichstrommotor betriebenes Fahrzeug fährt im Rechtslauf über eine Bergkuppe in eine Station ein. In welchen Betriebsquadranten arbeitet die Maschine bergauf und bergab?
8. Ein fremderregter Gleichstrommotor mit der Ankerspannung 220 V, dem Ankerstrom 10 A und dem Ankerkreiswiderstand 1,77 Ω hebt mit der Bemessungsdrehzahl 1200 min^{-1} eine Last im Linkslauf. Beim Absenken einer Last ergibt sich der Ankerstrom 10 A. Ermitteln Sie

   a) die Betriebsquadranten beim Heben und Absenken der Last,

   b) die induzierte Ankerspannung und die Drehzahl beim Absenken der Last.

2.6 Magnetische Felder

In den heute üblichen Maschinen (außer in Servomotoren) wird das Hauptfeld von Elektromagneten erzeugt. Dauermagnete sind für die meisten Generatoren und Motoren unwirtschaftlich, weil die damit erzeugbaren Leistungen zu gering sind und die Dauermagnete bei Stromentnahme nicht ausgleichbar geschwächt würden (vgl. Abschn. 2.7) Betrachten wir nun die Felder der Gleichstrommaschine.

2.6.1 Hauptfeld

Der Verlauf des Hauptfelds oder Erregerfelds ist einfach zu erklären. Wird ein völlig glatter Anker (also ohne Nuten) vorausgesetzt, verläuft der aus dem Nordpol austretende Fluss – in Bild **2**.19 dargestellt durch Feldlinien – im Bereich zwischen den Polschuhen und dem Ankereisen radial.

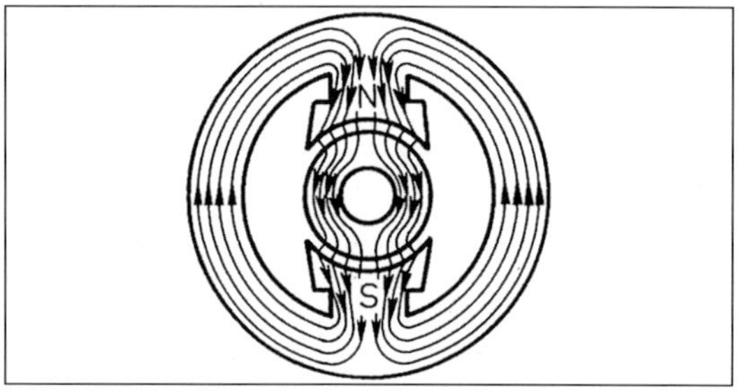

2.19 Feldverlauf in einer zweipoligen Maschine

D. h. er tritt senkrecht zur Ankeroberfläche aus den Polschuhen aus und durchsetzt den Luftspalt auf dem kürzesten Weg. Der Luftspalt zwischen dem Ankereisen und dem Südpol muss entsprechend „überwunden" werden. Der Feldverlauf im Anker ist nicht geradlinig, weil die magnetische Leitfähigkeit der Ankerbleche besser ist als die der Welle.

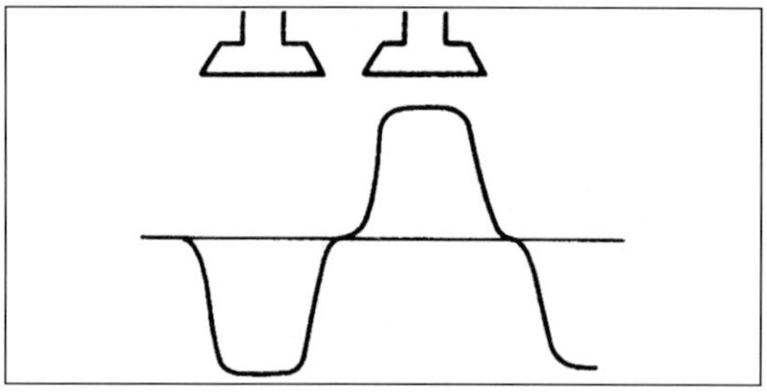

2.20 Verlauf der Feldkurve (Hauptfeld, zweipolig)

Denkt man sich die Erregerwicklung in der Ebene „ausgebreitet" (man nennt diese Art der Darstellung „Abwicklung"), lässt sich die Induktionsverteilung im Luftspalt der Maschine übersichtlicher darstellen (**2**.20).

2.21 Feldverlauf in einer vierpoligen Maschine

Die magnetische Induktion oder Flussdichte erreicht unter den Polen den größten Wert und ist zwischen den Polen null. Dieser Bereich heißt Neutrale Zone (NZ).

Eine Gegenüberstellung der Bilder **2**.19 und **2**.21 zeigt, dass die Querschnitte der magnetisch leitenden Teile einer Maschine in mehrpoliger Ausführung geringer gehalten werden können als in zweipoliger Ausführung, weil die Pole und die Joche des Gehäuses nur Teilflüsse zu führen brauchen.

Die Flussdichte des Hauptfelds hat unter den Polen den größten Wert und hat im Bereich der Neutralen Zone den Wert null.

2.6.2 Ankerfeld

Komplizierter als beim Hauptfeld liegen die Verhältnisse beim Ankerfeld. Jeder stromdurchflossene Leiter ruft um sich ein magnetisches Feld hervor, parallelliegende Leiter bilden, wenn sie in gleicher Richtung vom Strom durchflossen werden, ein gemeinsames Feld. Deshalb wird die Ankerwicklung im Belastungsfall ein magnetisches Feld erzeugen, das quer zum Hauptfeld der Maschine liegt und darum Ankerquerfeld Φ_A genannt wird (**2**.22).

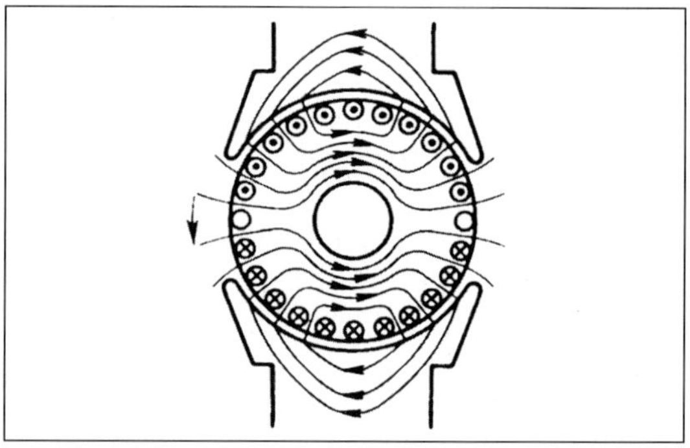

2.22 Ankerquerfeld

Verlauf. Sehen wir uns die Abwicklung an. Eine gleichmäßige Verteilung der Ankerleiter am Ankerumfang hätte normalerweise einen dreieckförmigen Verlauf a der Feldkurve zur Folge (**2**.23). Tatsächlich zeigt sich aber ein ganz anderer Verlauf b (**2**.23). Die größte „Stärke" des Gesamtankerfelds liegt genau in der Pollücke, d. h. in der Neutralen Zone – vorausgesetzt, dass auch hier die Bürsten angebracht sind. An dieser Stelle aber befindet sich kein Polschuheisen des Hauptfelds, die Permeabilität ist gering und der magnetische Widerstand groß. Die Folge ist der dargestellte tiefe „Einbruch" der Ankerfeldkurve zwischen den Polen im Bereich der Pollücken.

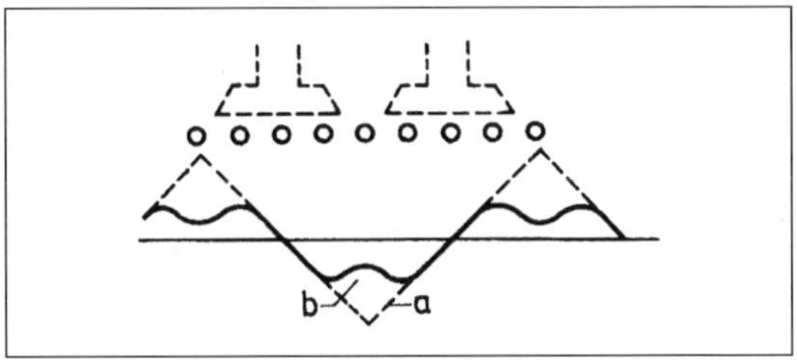

2.23 Verlauf der Feldkurve (Ankerfeld)

2.6.3 Gesamtfeld (Resultierendes Feld)

Die Feldkurven des Haupt- und Ankerfelds erzeugen in der Maschine das Gesamtfeld. Dieses Feld kann aus den Bildern **2**.20 und **2**.23 konstruiert werden, indem man ihre jeweiligen Augenblickswerte addiert (**2**.24). Es ist deutlich zu erkennen, dass der magnetische Fluss unter den Polen nicht mehr homogen bzw. die Flussdichte nicht mehr überall gleich groß ist. Die Kurve ist stark verzerrt. Die „quermagnetisierende" Wirkung des Ankerstroms bewirkt aber nicht nur die Verzerrung des Gesamtfelds, sondern hat auch eine Verschiebung der Neutralen Zone zur Folge (s. Abschn. 2.7).

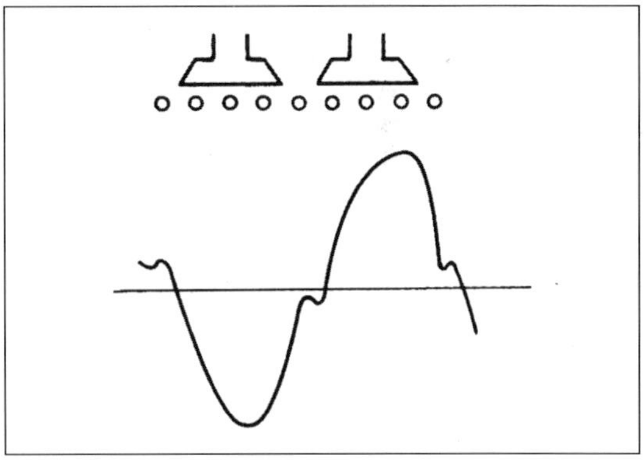

2.24 Verlauf der Feldkurve (Hauptfeld und Ankerfeld)

2.7 Ankerrückwirkung

2.7.1 Entstehung

Ungesättigte Maschine. Aus dem im vorigen Abschnitt beschriebenen Zusammenwirken von Anker(quer-)Feld und Hauptfeld ergibt sich eine Verzerrung des Hauptfelds, d. h. ein Teil der Feldlinien verlagert sich von einer Polkante zur anderen. Das Hauptfeld der Maschine ist im unbelasteten Zustand ein symmetrisches Feld (**2**.20). Wird die Maschine belastet, erzeugt der fließende Ankerstrom ein Ankerquerfeld, das trotz der Ankerdrehung räumlich stillsteht und im Winkel von 90° zum Hauptfeld angeordnet ist. Es zeigt sich nun nach Bild **2**.24, dass beim angenommenen Generator eine scheinbare Verdrehung des Felds in Drehrichtung eingetreten ist. An der „ablaufenden" Polkante tritt eine Feldverstärkung, an der „auflaufenden" Polkante eine Feldschwächung auf. Die Durchflutung des Ankers wirkt auf der einen Seite des Polfelds ebenso sehr verstärkend wie auf der anderen Seite schwächend, wenn das Poleisen infolge eines geringen Erregerstroms magnetisch noch nicht gesättigt ist. In diesem Fall kann sich die Verstärkung des Felds an der ablaufenden Polkante besonders ungünstig auswirken. Die vergrößerte Flussdichte bewirkt eine starke Zunahme der Stromdichte in der Bürste. Es kann zu einem *Bürstenfeuer* mit all seinen schädlichen Folgen kommen (verstärkter Bürstenabbrand, verschlechterter Bürstensitz, größerer Übergangswiderstand zwischen Bürste und Kollektor, höhere Wärmeentwicklung).

Die Ankerwicklung einer belasteten Gleichstrommaschine bildet ein Magnetfeld aus, das quer zum Hauptfeld liegt und deshalb Ankerquerfeld genannt wird.

Gesättigte Maschine. Arbeitet die Maschine jedoch im Bereich der Eisensättigung, was normalerweise der Fall ist, ergibt sich insgesamt gesehen eine Schwächung des Hauptfelds. Die Schwächung des Felds an der auflaufenden Polkante kann durch eine Verstärkung an der ablaufenden Polkante infolge der Eisensättigung nicht kompensiert werden. In diesem Fall werden die Feldschwächung und die Verzerrung des Hauptfelds umso größer, je höher die Maschine belastet ist.

Man bezeichnet die Auswirkung der stromdurchflossenen Ankerwicklung auf das Hauptfeld als Ankerrückwirkung. Daraus ergeben sich für den Betrieb einer Gleichstrommaschine zwei Folgerungen:

a) Infolge der Feldverzerrung stehen die Bürsten nicht mehr in der Neutralen Zone, d. h. nicht mehr im Winkel von 90° zum resultierenden Feld der Maschine. Deshalb wird auch nicht mehr die maximal mögliche Spannung abgenommen (Generator) bzw. das maximal mögliche Drehmoment erzeugt (Motor).

b) Die notwendige Stromwendung in den einzelnen Ankerspulen erfolgt nicht mehr in der „spannungslosen" Neutralen Zone, sondern in einer Stellung, in der in den Spulen eine Spannung induziert wird. Jede Stromwendung in den Spulen bedeutet aber zunächst einen Kurzschluss der in der Neutralen Zone liegenden Spule. Tritt dieser Kurzschluss in einem Zeitpunkt auf, in dem in der Spule Spannung indiziert wird, ergibt sich ebenfalls ein Bürstenfeuer mit allen schädlichen Folgen.

Je nach Größe des Belastungsstroms müssten damit die Bürsten eines Generators in Drehrichtung verschoben werden. Das ist in der Praxis unmöglich. Die Ankerrückwirkung tritt aber auch bei Motoren auf (**2**.25). Hier müssten die Bürsten mit zunehmender Belastung entgegengesetzt zur Drehrichtung des Ankers verschoben werden, um die schädliche Wirkung der Ankerrückwirkung wenigstens zum Teil aufzuheben. Auch das ist in der Praxis unmöglich.

Das Ankerquerfeld der belasteten Gleichstrommaschine verdreht die Neutrale Zone und schwächt das Hauptfeld. Diese Erscheinung nennt man Ankerrückwirkung.

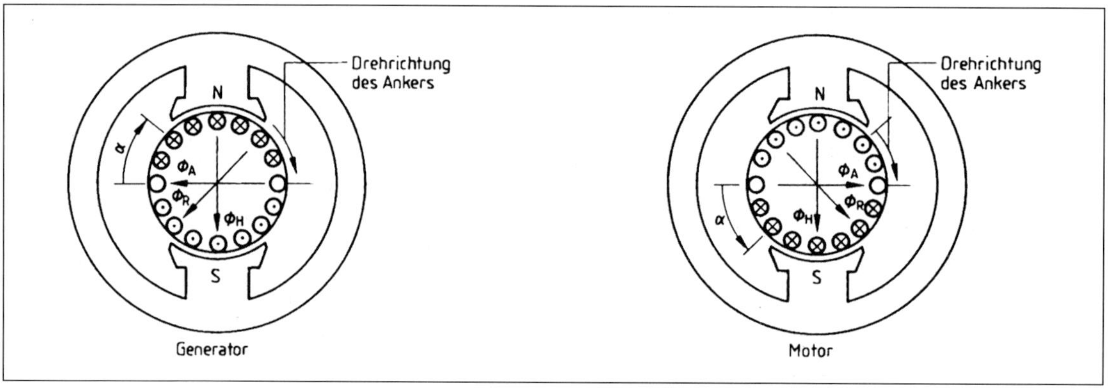

2.25 Verschiebung der Neutralen Zone

2.7.2 Reduzierung der Ankerrückwirkung

Wendepole. Die schädlichen Folgen der Ankerrückwirkung lassen sich am einfachsten vermeiden, wenn man bei den Maschinen in der Lücke zwischen den Hauptpolen, also in der Neutralen Zone, Wendepole (Hilfspole) anbringt. Sie setzen dem Ankerquerfeld ein mindestens gleich großes Wendefeld entgegen (**2**.26). Damit Ankerquerfeld und Wendefeld für jede Belastungsstromstärke gleich sind, müssen die Ankerwicklung und die Wendepolwicklung in Reihe geschaltet werden. Mit dieser Maßnahme erreicht man, dass das Ankerquerfeld in der Stromwendezone kompensiert wird und daher eine Bürstenverstellung mit wechselnder Belastung nicht mehr erforderlich ist.

Kompensationswicklung. Es hat sich aber gezeigt, dass bei schnelllaufenden, hochbeanspruchten und großen Maschinen Wendepole allein nicht ausreichen, um alle Stromwendeschwierigkeiten zu vermeiden. Bei diesen Maschinen muss man möglichst am Ankerumfang die Feldverzerrung und damit die Ankerrückwirkung beseitigen. Das erreicht man weitgehend mit einer Kompensationswicklung, die entsprechend Bild **2**.27 in den Polschuhen der Maschine untergebracht wird.

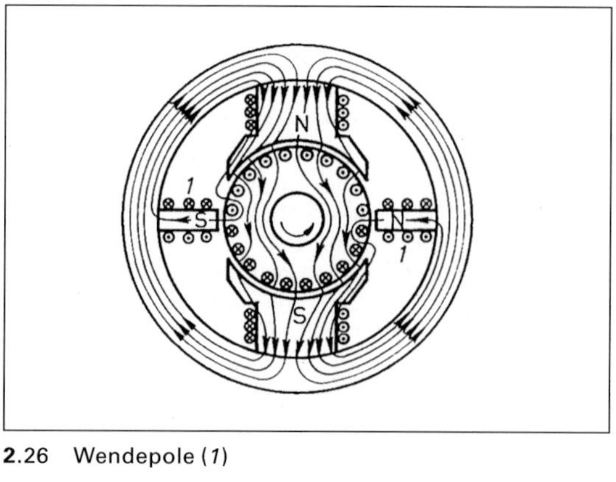

2.26 Wendepole (*1*)

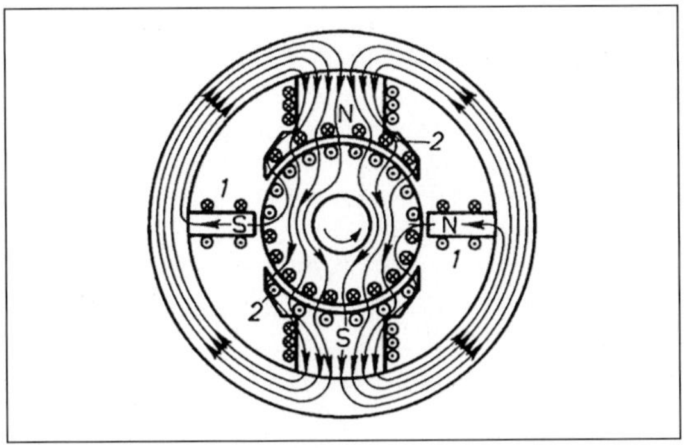

2.27 Wendepole (*1*) und Kompensationswicklung (*2*)

Auch diese Wicklung muss mit der Anker- und der Wendepolwicklung in Reihe geschaltet werden, und zwar so, dass ihre Stromrichtung der Stromrichtung in den Ankerleitern unter den Polen entgegengesetzt ist. Eine „falsche" Schaltung der Wendepol- und Kompensationswicklung würde die Ankerrückwirkung mit allen Folgen noch verstärken. So wie in Abschn. 2.5 das Hauptfeld und das Ankerquerfeld „abgewickelt" wurden, lassen sich auch das Wendefeld und das Kompensationsfeld in der Ebene ausbreiten (**2**.28). Das resultierende Feld aus dem Erregerfeld der Hauptpole, dem Ankerquerfeld, dem Wendepolfeld und dem Feld der Kompensationswicklung zeigt Bild **2**.29. Die Feldverzerrung ist durch die beschriebene Maßnahme deutlich geringer geworden.

Wendepole heben das Ankerquerfeld in der Neutralen Zone auf. Die Kompensationswicklung beseitigt das Ankerquerfeld im Bereich der Hauptpole.

Aufgaben zu Abschnitt 2.6 und 2.7

1. Die Luftspalte unter den Polen einer Gleichstrommaschine sind unterschiedlich groß. Was ist zu tun? Welche Folge haben die unterschiedlich großen Luftspalte?
2. Auf welche Ursache ist die Ankerrückwirkung bei Gleichstrommaschinen zurückzuführen?
3. Welche Rückwirkung übt das Ankerquerfeld bei Gleichstromgeneratoren und -motoren aus?
4. Beschreiben Sie die Wirkung der Wendepole und der Kompensationswicklung.
5. Warum sind die Wendepole mit der Ankerwicklung in Reihe zu schalten?
6. Geben Sie an, bei welchen Gleichstrommaschinen auf das Anbringen von Wendepolen nicht verzichtet werden kann.
7. Welche Folgen ergeben sich, wenn die Wendepolwicklung „falsch" geschaltet wird, d. h. so, dass das Ankerquerfeld in der Neutralen Zone bei Belastung durch das Wendefeld noch unterstützt wird?

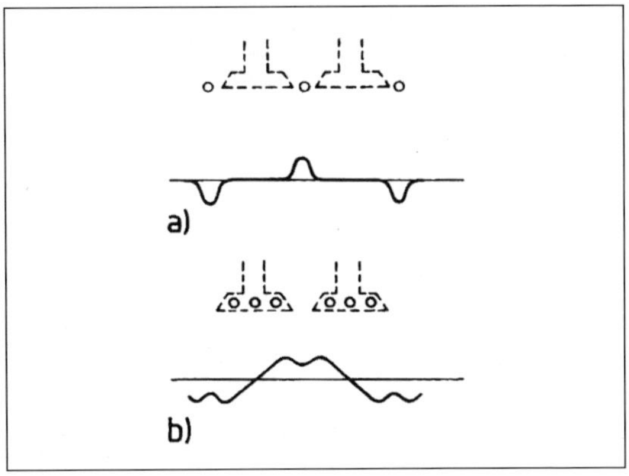

2.28 Feldkurven
a) Wendepolfeld
b) Feld der Kompensationswicklung

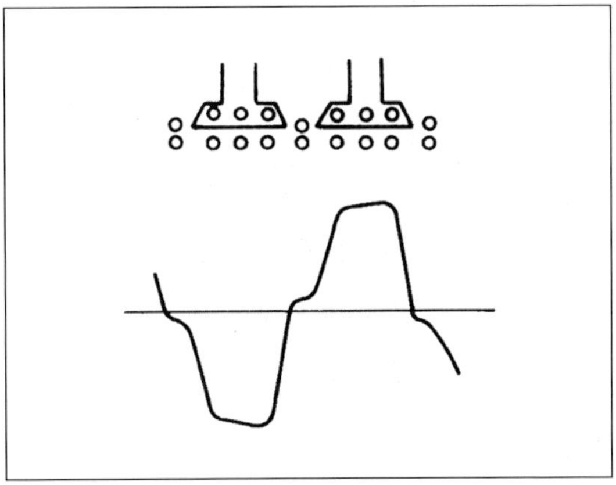

2.29 Feldkurve aus Hauptfeld, Ankerfeld, Wendepolfeld und Feld der Kompensationswicklung

2.8 Stromwendung (Kommutierung)

2.8.1 Ursachen des Bürstenfeuers

Einige Ursachen für die Entstehung des Bürstenfeuers wurden schon erwähnt.

Mechanische Ursachen

- Der Kollektor ist wegen seines empfindlichen Aufbaus im Betrieb unrund geworden.
- mangelhafter Kontakt der Bürsten mit der Kollektoroberfläche durch überstehende Isolierschichten zwischen den Lamellen
- zu geringer Bürstendruck auf den Kollektor
- fehlerhafte Bauart der Bürstenhalter (Bürsten passen nicht in die Halterung)

- Schwingungen der Bürstenbolzen oder der ganzen Maschine (rauer Betrieb)

Elektrische Ursachen

- Bürsten stehen nicht in der Neutralen Zone.
- zu hohe Stromdichten unter den Bürsten (besonders an der ablaufenden Polkante)
- zu hohe Spannung zwischen den einzelnen Kollektorlamellen (Stegspannung)

Stromwendezeit. Die elektrischen Ursachen wollen wir näher untersuchen. Wie schon mehrfach erwähnt, fließt in jeder Ankerwicklung ein Wechselstrom. Dies bedeutet, dass die Stromrichtung in den einzelnen Ankerspulen beim Durchgang durch die Neutrale Zone umgekehrt werden muss – der Strom muss „gewendet" (Stromwender) bzw. „kommutiert" (Kommutator) werden. Die Stromumkehr in einer Ankerspule ist aber nur über einen Spulenkurzschluss möglich. Bild **2**.30 zeigt die Stromaufteilung hinter Lamelle *1*; die Spule *1* wird in der dargestellten Richtung vom Strom durchflossen.

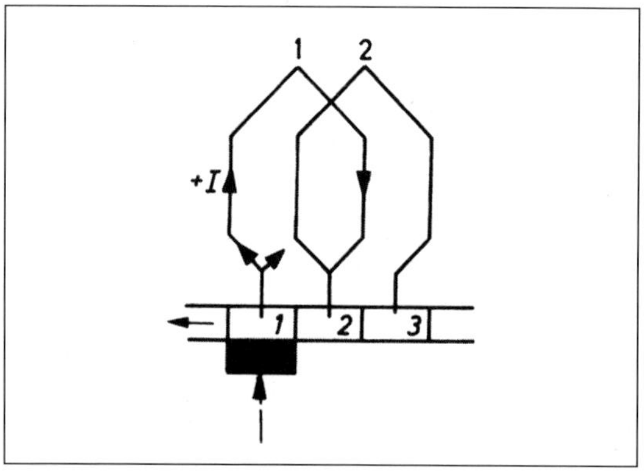

2.30 Stromaufteilung hinter Lamelle *1*

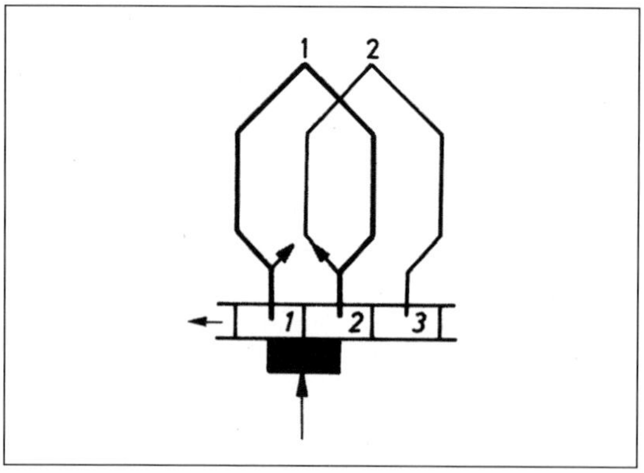

2.31 Kurzgeschlossene Spule *1*

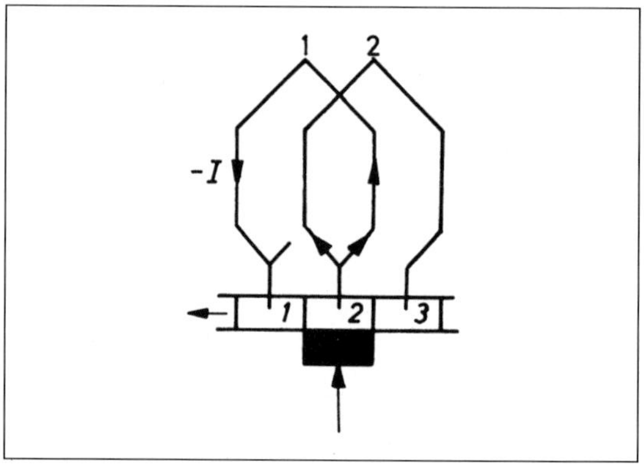

2.32 Stromaufteilung hinter Lamelle *2*

Bild **2**.31 zeigt die kurzgeschlossene Spule *1*. Die Bürste hat die Kollektorlamellen *1* und *2* überbrückt, in der Spule *1* kann kein Strom fließen.

In Bild **2**.32 ist der Spulenkurzschluss aufgehoben. Die Bürste befindet sich auf der Lamelle *2*. Nun teilt sich der Strom hinter Lamelle *2* auf, die Spule *1* wird in umgekehrter Richtung vom Strom durchflossen wie in der Ausgangsstellung nach Bild **2**.30. Sehen wir uns den Vorgang noch genauer an. Nach Bild **2**.33 ist die Spule *1* über die Bürste gerade kurzgeschlossen; in ihr fließt kein Strom. Dieser Kurzschluss wird bei Bewegung des Ankers im nächsten Augenblick aufgehoben und dafür die Spule *2* kurzgeschlossen, bis diese wieder von der Bürste „abläuft" und die entgegengesetzte Stromrichtung annimmt. „Ideal" wäre die Stromumkehr nach Kurve a) in Bild **2**.33. Hier zeigen sich eine geradlinige Abnahme des Stromverlaufs von $+I$ auf null und ein ebenso geradliniger Anstieg von null auf $-I$.

Stromwendespannung. Dieser geradlinige Stromübergang fände nur statt, wenn in der kurzgeschlossenen Spule keine Spannung induziert wird. Leider aber hat die Stromumkehr in der Ankerspule eine Flussänderung zur Folge, sodass in der kurzgeschlossenen Spule eine Spannung induziert wird, die nach der Lenz'schen Regel ihrer Ursache entgegenwirkt. Diese Selbstinduktions- oder Stromwendespannung kann erhebliche Werte annehmen. In jedem Fall verzögert sie das Absinken des Stroms vom Wert $+I$ auf null. Da die Stromwendezeit $t \triangleq$ Kurzschlusszeit der Spule durch die Drehzahl der Maschine fest liegt, muss der Strom schneller von null auf $-I$ ansteigen als bei dem geradlinigen Übergang. Werden keine Gegenmaßnahmen ergriffen, erfolgt die Stromwendung etwa nach der Kurve b). Die Folge der schnellen „Beendigung" des Stromwendevorgangs führt an der ablaufenden Bürstenkante

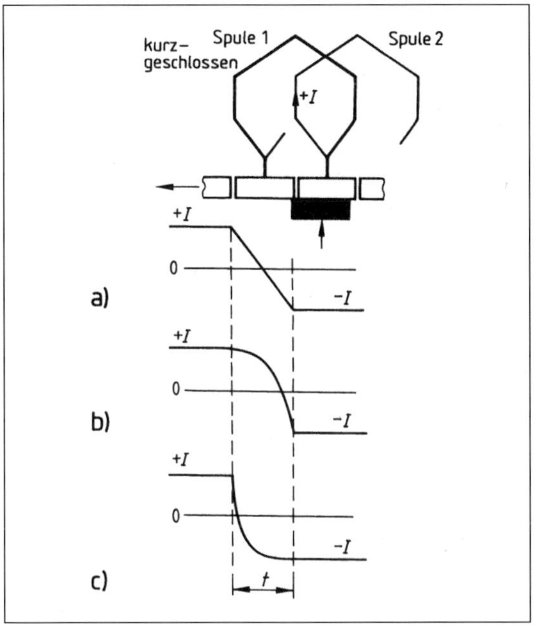

2.33 Stromwendevorgang

zu einer erhöhten Stromdichte und ist damit ein weiterer Anlass für die Entstehung eines Bürstenfeuers.

Abhilfe kann man auf verschiedene Weise schaffen:

a) **durch Wendepole.** In diesem Fall wird durch das Wendefeld in der Neutralen Zone in den jeweils kurzgeschlossenen Spulen eine „Wendefeldspannung" induziert. Diese ist der Reaktanz- oder Stromwendespannung entgegen gerichtet, lässt sie nicht zur Geltung kommen und „beschleunigt" den gesamten Stromwendevorgang (Kurve c). Mit dieser Maßnahme wird die Stromdichte unter den Bürsten von der ablaufenden Bürstenkante gleichmäßig auf den gesamten Querschnitt der Bürste verteilt und – je nach Stärke des Wendepolfelds – sogar bis zur auflaufenden Bürstenkante hin verschoben.

b) **durch verlängerte Gesamtzeit des Stromwendevorgangs.** Dazu vergrößert man die Bürstenbreite in tangentialer Richtung, d. h., es werden in der Neutralen Zone mehrere Spulen kurzgeschlossen.

c) **durch Verstellen der Bürsten.** Die Stromwendezeit kann beibehalten werden. Man verstellt die Bürsten aber aus der geometrisch Neutralen Zone über die feldfreie Zone bis in einen Bereich, in dem in der kurzgeschlossenen Spule bereits eine Spannung induziert wird, wie bei Wendepolen. Diese Methode eignet sich aber nur für Maschinen, deren Drehrichtung nicht verändert wird und die ziemlich konstant belastet sind. Sonst ändert sich sowohl die Felderregerkurve als auch die Höhe der Stromwendespannung. Die Bürsten müssten deshalb mit wechselnder Drehrichtung und wechselnder Belastung ständig nachgestellt werden.

d) **durch verringerte Spuleninduktivität.** Um die Stromwendespannung zu verringern, wird in einigen Maschinen mit sehr schwierigen Stromwendeverhältnissen eine kurzgeschlossene „Dämpferwicklung" in die Nuten gelegt. Diese bewirkt eine Gegeninduktion und vermindert dadurch die Induktivität der Ankerspulen.

In diesem Zusammenhang sei noch einmal auf die Bedeutung der Wendepole hingewiesen. Eine *einmal* richtig durchgeführte Schaltung der Wendepol- bzw. Kompensationswicklung mit der Ankerwicklung ist *immer* richtig – gleichgültig, ob eine Maschine als Generator oder als Motor im Rechtslauf oder Linkslauf betrieben wird. Diese Wicklungen schaltet man daher nicht am Klemmenbrett der Maschine, sondern im „Innern". An das Klemmenbrett werden nur zwei Leitungen geführt, die eine von der Ankerwicklung und die andere von der Wendepol- bzw. Kompensationswicklung.

Das Bürstenfeuer einer Gleichstrommaschine lässt sich vermindern durch Anbringen von Wendepolen, Verlängern der Stromwendezeit, Verstellen der Bürsten und Verringern der Spuleninduktivität.

2.8.2 Stegspannung (Lamellenspannung)

Im vorigen Abschnitt wurde darauf hingewiesen, dass eine Ursache für das Bürstenfeuer eine zu hohe Stegspannung oder Lamellenspannung sein kann. Man versteht darunter die Spannung zwischen zwei Kollektorlamellen. Sie hängt ab von der Größe der Maschinenspannung und der Anzahl der Kollektorlamellen. Wird eine gleichmäßige Verteilung der Gesamtspannung über die Kollektorlamellen zwischen den Bürsten angenommen, kann man den Mittelwert der Stegspannung berechnen nach der Gleichung:

$$U_S = \frac{2p \cdot U}{K} \qquad (2.14)$$

In dieser Gleichung bedeutet $2p$ die Polzahl der Maschine, U die Gesamtspannung und K die Anzahl der Kollektorlamellen. Die Gleichung berücksichtigt nicht, dass von den Bürsten immer einige Lamellen überbrückt werden und deshalb nicht mitgezählt werden dürfen. Für Überschlagsrechnungen reicht die Gleichung aus.

Lichtbogen – Rundfeuer. Wird die Stegspannung einer Maschine zu groß, bildet sich zwischen den einzelnen Lamellen ein Lichtbogen, der sich bis zum „Rundfeuer" um den gesamten Kollektor ausweiten kann. Die Folgen eines derartigen Rundfeuers sind leicht einzusehen. Vom Schweißvorgang her ist bekannt, dass zum Aufrechterhalten eines Lichtbogens eine Spannung von etwa 30 V ausreicht. Eine Verbreiterung der Isolierschicht zwischen den einzelnen Lamellen ist praktisch ohne

Bedeutung, weil ein einmal gezogener Lichtbogen mehrere Millimeter lang sein kann. Es kommt also bei den Maschinen darauf an, die Stegspannung nicht zu groß werden zu lassen. Im Mittel können folgende Maximalwerte zugelassen werden:

- Maschinen ohne Wendepol- und Kompensationswicklung 16 V
- Maschinen mit Wendepol- und Kompensationswicklung 20 V

Wie aus Gleichung (2.14) hervorgeht, muss auch die Lamellenzahl einer Maschine für große Spannung groß sein. Damit aber sind einer Gleichstrommaschine gewisse Spannungsgrenzen gesetzt. Das gilt für jede Neuberechnung, aber auch für jede Umwicklung einer Maschine auf eine größere Betriebsspannung.

Beispiel 2.10 Der vierpolige Anker einer Gleichstrommaschine für 220 V hat 24 Nuten und 48 Kollektorlamellen. In den Anker ist eine Schleifenwicklung eingelegt. Wie groß ist die mittlere Lamellenspannung?

Lösung $U_S = \frac{2p \cdot U}{K} = \frac{4 \cdot 220\ \text{V}}{48} = \mathbf{18{,}33\ V}$

Beispiel 2.11 Die mittlere Lamellenspannung eines sechspoligen Gleichstrommotors für 440 V soll 20 V nicht überschreiten. Wie viele Lamellen muss der Kollektor wenigstens haben?

Lösung $K = \frac{2p \cdot U}{U_S} = \frac{6 \cdot 440\ \text{V}}{20\ \text{V}} = \mathbf{132}$

2.9 Motoren

Die Entwicklung der Stromrichtertechnik hat zwischenzeitlich zu wachsender Anwendung der Gleichstrommotoren in der Antriebstechnik geführt. Gleichstrommotoren werden noch heute in sehr unterschiedlichen Baugrößen angefertigt. Ihr Anwendungsbereich reicht von Kleinstmotoren wie „Nullmotoren" bis zu großen Walzenantriebsmotoren mit Leistungen von 10 MW und mehr.

Gegenspannung. Jeder in Betrieb befindliche Motor ist *gleichzeitig* ein Generator. Diese wichtige Aussage bedeutet, dass in der Ankerwicklung eines „laufenden" Motors eine Spannung induziert wird, die gegen die angelegte Netzspannung gerichtet ist und Gegenspannung U_g genannt wird. Nach dem allgemeinen Induktionsgesetz hängt die Größe der Gegenspannung ab von der Flussänderung je Zeiteinheit und von der Windungszahl der Spule, also $U_g = N \cdot \Delta\Phi/\Delta t$ oder $U_g = N \cdot B \cdot l \cdot v$. Setzt man für v den Ausdruck $d \cdot \pi \cdot n$ und für $B = \Phi/A$ ein, ist zu sehen, dass die Größe der induzierten Spannung nur von den beiden Variablen n und Φ abhängt. Fassen wir die nicht veränderlichen Größen A, l, d, π und N zu einer Konstanten k_E zusammen, lässt sich die Gleichung so schreiben:

$$\boldsymbol{U_g = k_E \cdot \Phi \cdot n} \qquad (2.15)$$

In der umgestellten Gleichung nach $n = U_g/(k_E \cdot \Phi)$ zeigt sich, dass die Drehzahl n der Gegenspannung U_g proportional und dem magnetischen Fluss Φ umgekehrt proportional ist. Anders ausgedrückt: Je größer die Gegenspannung und je kleiner der magnetische Fluss sind, desto größer ist die Drehzahl des Motors. Da sich im „normalen" Betrieb (das ist etwa der Bereich zwischen Leerlauf und Vollast) die Gegenspannung U_g von der Netzspannung U nur durch den geringen Spannungsfall im Anker unterscheiden, kann für U_g mit genügender Näherung auch U gesetzt werden. Dann lautet die Gleichung $n = U/(k_E \cdot \Phi)$.

Unter dem Betriebsverhalten eines Motors versteht man im Wesentlichen das Drehzahl- und Drehmomentverhalten bei unterschiedlichen Belastungen. Unter Belastung wollen wir zunächst die vom Motor erforderliche Stromaufnahme verstehen, um eine Last (anzutreibende Maschine) „durchzuziehen". Je größer demnach die Belastung, umso größer die Stromaufnahme. Zwischen beiden Größen wird Proportionalität angenommen. Wie ändern sich nun die Drehzahlen und Drehmomente der einzelnen Motorenarten, wenn sich bei konstanter Netzspannung die Belastung ändert?

2.9.1 Nebenschlussmotor und fremderregter Motor

Hier liegt die Erregerwicklung jeweils an der konstanten Netzspannung U. Sehen wir zunächst vom Einfluss der Ankerrückwirkung ab, ist auch der Erregerstrom und damit das magnetische Feld Φ konstant. Um das Drehzahlverhalten zu untersuchen, gehen wir von der Gleichung (1.7) aus. Wir setzen für U_q hier U_g ein, fassen die konstanten

Größen unter k_E zusammen und stellen die Gleichung nach n um.

$$n = \frac{U_g}{k_E \cdot \Phi} = \frac{U - I_A \cdot R_i}{k_E \cdot \Phi}$$

Daraus geht hervor, dass die Drehzahl mit zunehmender Belastung $I_A \cdot R_i = U_A$ abnehmen muss. Diese Abnahme ist wegen $U_A \sim I_A$ ebenfalls proportional. Nun wird aber mit zunehmender Belastung auch die Ankerrückwirkung größer und damit das Erregerfeld geschwächt ($\Phi_0 - \Delta\Phi$). Wir können daher die obige Gleichung ohne Berücksichtigung der Konstanten k_E so ändern:

$$n \sim \frac{U - I_A \cdot R_i}{\Phi - \Delta\Phi} \qquad n \sim \frac{U_g}{k_E \cdot \Phi}$$

Eine Auswertung der beiden Gleichungen zeigt: **Ohne Berücksichtigung der Ankerrückwirkung** ändert sich die Drehzahl des Nebenschlussmotors und des fremderregten Motors proportional mit der induzierten Gegenspannung $U_g = U - U_A$. Da sich diese nach früheren Ausführungen nur unwesentlich von der Netzspannung unterscheidet, sind die Drehzahlen der beiden Motorenarten nahezu konstant (**2**.34a). Die Schwankungen zwischen n_0 und n_N liegen je nach Maschinengröße zwischen 10 % und 1 %.

Mit Berücksichtigung der Ankerrückwirkung ist zu beachten: Im Leerlauf sind U_A und $\Delta\Phi$ null, daher gilt $n_0 \sim U/\Phi_0$. Setzen wir beide Abhängigkeiten – nämlich $n \sim (U - U_A)/(\Phi_0 - \Delta\Phi)$ und $n_0 \sim U/\Phi_0$ – ins Verhältnis, ergibt sich nach mathematischer Umformung die Gleichung

$$\boldsymbol{n = n_0 \frac{1 - \frac{U_A}{U}}{1 - \frac{\Delta\Phi}{\Phi}}}. \qquad (2.16)$$

Es zeigt sich, dass bei Belastung sowohl der Zähler als auch der Nenner des Bruchs kleiner werden. Ist der Quotient $\Delta\Phi/\Phi_0$ kleiner als der Quotient U_A/U, wird der Bruch kleiner als 1 und damit $n < n_0$, d. h. die Lastdrehzahl ist kleiner als die Leerlaufdrehzahl. Andererseits wird die Lastdrehzahl größer als die Leerlaufdrehzahl, wenn der Quotient $\Delta\Phi/\Phi_0$ größer wird als der Quotient U_A/U.

Das Verhältnis U_A/U ist eine Funktion des Ankerstroms I_A und somit eine Widerstandsgerade durch den Nullpunkt (**2**.34b). Das Verhältnis $\Delta\Phi/\Phi_0$ ist bei konstanter Erregung ebenfalls von I_A abhängig, jedoch entsteht beim Einwirken der Ankerrückwirkung ein parabelähnlicher Verlauf. Im Schnittpunkt A beider Kurven ist $U_A/U = \Delta\Phi/\Phi_0$ und damit $n = n_0$. Links von diesem Schnittpunkt ist $n < n_0$, rechts davon $n > n_0$. Im zweiten Fall würde daher bei Belastung des Motors die Drehzahl immer weiter ansteigen (Kurve b in Bild **2**.34a); der Motor neigt zum „Durchgehen".

Verhindert werden kann dieses ungünstige Verhalten durch Beseitigen der Ankerrückwirkung nach Abschn. 2.7.2 und durch Vergrößern des Ankerwiderstands R_i. Die Widerstandsgerade verläuft dann steiler, sodass die Kurve $\Delta\Phi_0/\Phi_0$ diese Gerade nicht mehr schneidet. Der Konstrukteur muss einen Kompromiss finden: Einerseits soll der Ankerwiderstand einen geringen Wert aufweisen, um die Verluste $P = I_A^2 \cdot R_i$ gering zu halten und ein „hartes" Drehzahlverhalten zwischen Leerlauf und Volllast zu erreichen, andererseits darf der Ankerwiderstand aus den eben erwähnten Gründen nicht zu klein sein. Nebenschlussmotoren und fremderregte Motoren werden noch dort eingesetzt, wo trotz unterschiedlicher Belastung nahezu konstante Drehzahlen gefordert werden (z. B. Antriebe für Werkzeugmaschinen, Aufzüge, Transportbänder) und wo Drehzahlen in weiten Grenzen gesteuert werden sollen (Abschn. 2.12).

Um das Drehmomentverhalten zu untersuchen, gehen wir von der Gleichung $M = B \cdot l \cdot I_A \cdot r$ (s. S. 127) aus. Setzen wir darin für die Flussdichte B den magnetischen Fluss Φ ein und ersetzen alle Konstanten durch die Drehmomentkonstante k_T, so ergibt sich für das innere Moment

$$\boldsymbol{M_i = k_T \cdot \Phi \cdot I_A}. \qquad (2.17)$$

Da die Erregerwicklung, wie angenommen, an der konstanten Netzspannung U liegt, ist das magnetische Feld Φ eines Nebenschlussmotors und fremderregten Motors ebenfalls konstant, wenn man von Widerstandsänderungen mit der Temperatur der Erregerwicklung sowie von Schwankungen der Netzspannung und vom Einfluss der Ankerrückwirkung absieht. Daher kann der magnetische Fluss auch in die Konstante k_T eingehen, und wir können sagen:

$$\boldsymbol{M_i \sim I_A} \qquad (2.18)$$

Die Drehmoment-Kennlinie beider Motoren ist damit eine Gerade (**2**.35). Besonders jedoch unter dem Einfluss der Ankerrückwirkung entsteht mit zunehmender Belastung die Flussverringerung $\Delta\Phi_0$. Die Drehmomentkennlinie wird demnach in der Praxis den gestrichelten Verlauf in Bild **2**.35 annehmen. Diese Abweichung ist jedoch zwischen Leerlauf und Bemessungslast verhältnismäßig gering.

Wegen der weitgehenden Proportionalität zwischen Drehmoment und Ankerstrom eignen sich diese Motoren besonders gut für geregelte Antriebe.

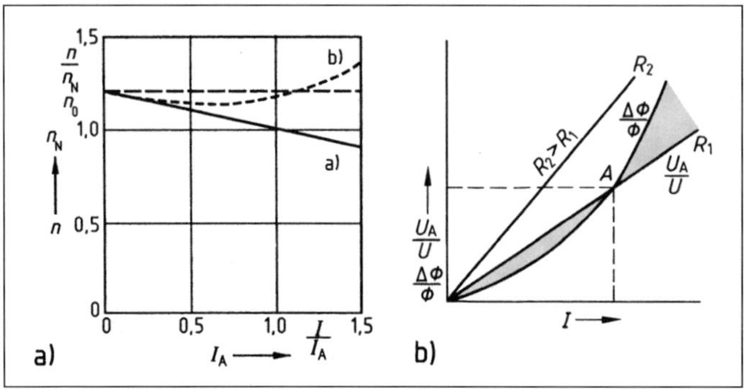

2.34 Abhängigkeit der Drehzahl von der Belastung bei fremderregten und Nebenschlussmotoren

a) Drehzahlkennlinien, b) Ermitteln der Drehzahl

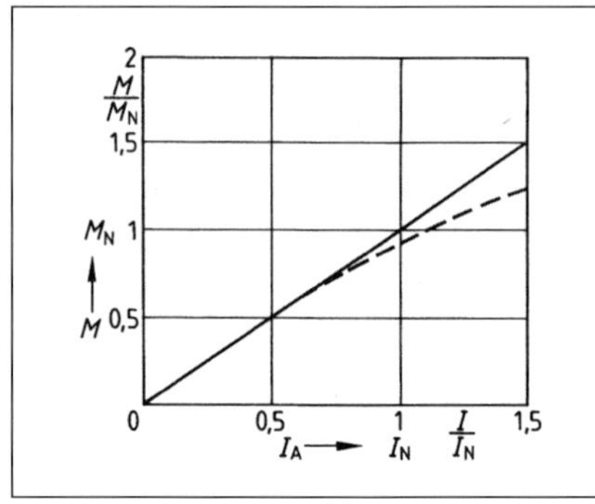

2.35 Drehmomentverhalten des Gleichstrom-Nebenschlussmotors

Wir wollen aber das Drehmomentverhalten noch weiter untersuchen. In jedem Rotor einer elektrischen Maschine entsteht ein Drehmoment, wenn ein Magnetfeld Φ vorhanden ist und ein Ankerstrom I_A fließt. Diesem „elektrischen" oder inneren Drehmoment M_i stehen das „mechanische" oder Nutzmoment M_n und das Verlustmoment M_v (hervorgerufen z. B. durch Reibungsverluste und Ankerstromwärme-Verluste) gegenüber. Ist das innere (treibende) Drehmoment M_i des Motors größer als die Summe aus Nutzmoment M_n und Verlustmoment M_v, wird der Motor seine Drehzahl erhöhen, d. h. beschleunigen. Das Beschleunigungsmoment M_b eines Motors ist damit die Differenz aus M_i und $(M_n + M_v)$.

$$\boldsymbol{M_b = M_i - (M_n + M_v)} \qquad (2.19)$$

Für die Größe des Nutzmoments M_n ist in jedem Fall die Momentenkennlinie der anzutreibenden Maschine maßgebend, z. B. linear oder quadratisch von der Drehzahl abhängig.

Wie aus Bild **2**.35 hervorging, ist das innere Drehmoment des Motors dem Ankerstrom (Laststrom) I_A proportional. Dieser Strom ist aber bestimmt durch die Gleichung $U - U_g = U_A = I_A \cdot R_i$. Für das innere Drehmoment M_i des Motors gilt daher auch $M_i \sim U - U_g$. Unter der Voraussetzung, dass $n \sim U_g$ ist, kann das innere Drehmoment M_i in Abhängigkeit von n als Kennlinie aufgetragen werden (**2**.36). Das Drehmoment nimmt vom Höchstwert an (U_g; $n = 0$) – das ist etwa das Anzugsmoment M_A des Motors – linear ab bis auf null ($U_g = U$; n_0). Diese Kennlinie gibt den Verlauf des inneren Drehmoments für den Anlauf des Motors ohne Hilfsmittel wieder (z. B. Anlasser).

Außer dem inneren Drehmoment des Motors ist in Bild **2**.36 die Momentensumme $(M_n + M_v)$ eingezeichnet. Hier ist eine lineare Abhängigkeit des Nutzmoments M_n von der Drehzahl n angenommen. Es zeigt sich, dass das Beschleunigungsmoment $M_b = M_i - (M_n + M_v)$ nach dem Einschalten erheblich größer ist als $(M_n + M_v)$, aber mit zunehmender Drehzahl n immer kleiner wird, bis sich im Arbeitspunkt A ein „Gleichgewichtszustand" zwischen M_i und $(M_n + M_v)$ eingestellt hat. Die sich ergebende Drehzahl ist z. B. die Bemessungsdrehzahl n_N beim Bemessungsdrehmoment M_N.

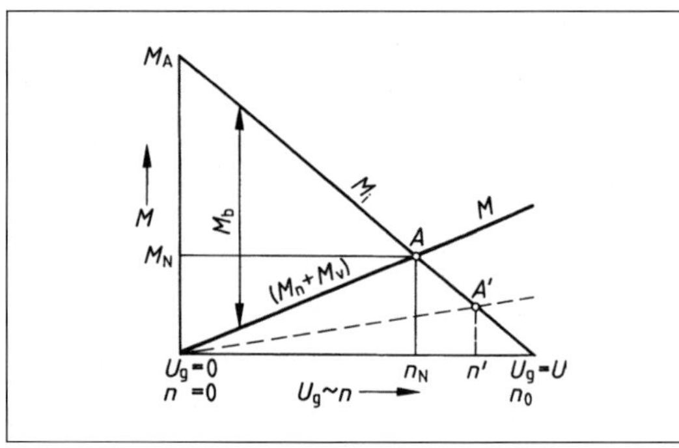

2.36 Einstellen des Arbeitspunkts

Wird der Motor entlastet, d. h. das Nutzmoment M_n geringer, verläuft die $(M_n + M_v)$-Gerade flacher, der Motor wird seine Drehzahl n' auf den neuen Arbeitspunkt A' einstellen. Zu einem „Bremsvorgang" käme es, wenn die Belastung größer wird. Der Arbeitspunkt verschöbe sich dann auf der Momentenlinie M nach oben. In diesem Fall gibt der Motor die als Drehbewegung „gespeicherte" kinetische Energie an die Last ab, seine Drehzahl sinkt.

Jede Laständerung bewirkt eine Änderung der Stromaufnahme des Motors, da sich bei Zu- oder Abnahme der Drehzahl auch die Gegenspannung U_g proportional ändert. Diese Zu- oder Abnahme der in der Ankerwicklung induzierten Gegenspannung U_g mit der Belastung bedeutet eine selbsttätige Regelung der zugeführten

Energie. Im Gegensatz zu anderen Kraftmaschinen sind bei elektrischen Motoren keine Hilfsmittel nötig, um die Energieaufnahme den Belastungsverhältnissen anzupassen.

> Die Drehzahl des Nebenschlussmotors und die des fremderregten Motors ist unabhängig von der Belastung fast konstant. Das innere Drehmoment nimmt bei beiden Maschinenarten proportional mit der Belastungsstromstärke zu.

Beispiel 2.12 Die Bemessungsleistung eines Gleichstrom-Nebenschlussmotors für 220 V beträgt 3 kW, der Bemessungsstrom 20,5 A. Der Widerstand des Ankerkreises wird mit 2,57 Ω, der der Erregerwicklung mit 440 Ω ermittelt. Bei Belastung des Motors mit Bemessungsleistung beträgt die Bemessungsdrehzahl 1150 min^{-1}. Der Motor wird zum Antrieb eines Förderbands eingesetzt, d. h., das Nutzmoment (Lastmoment M_L) ist abhängig von der Drehzahl konstant. Das Verlustmoment und der Einfluss der Ankerrückwirkung sollen nicht berücksichtigt werden.

a) Wie ändern sich die Drehzahl n' und der Ankerstrom I'_A, wenn vom Motor das doppelte Lastmoment verlangt wird? Wie ändern sich Drehzahl n'' und Ankerstrom I_A'' bei halben Lastmoment?

b) Welche Auswirkungen ergeben sich, wenn in den Ankerkreis ein zusätzlicher Festwiderstand mit 1,1 Ω eingeschaltet wird?

c) Zeichnen Sie in Anlehnung an Bild **2**.36 alle Kennlinien und bestimmen Sie das Anzugsmoment M_A des Motors ohne und mit Zusatzwiderstand im Ankerkreis.

Lösung a) Der Erregerstrom I_E fließt nicht durch den Anker. Zum Berechnen des Drehmoments ist nur der Ankerbemessungsstrom I_{AN} erforderlich.

$$I_{AN} = I_N - I_E = 20{,}5\ \text{A} - \frac{220\ \text{V}}{440\ \Omega} = 20\ \text{A}$$

Ausgehend von der Gleichung (1.10) ergibt sich für das Bemessungsmoment M_N des Motors bei Bemessungsdrehzahl n_N und Bemessungsleistung P_N

$$M_N = \frac{P_N}{2 \cdot \pi \cdot n_N} = \frac{3000\ \text{Nms}^{-1}}{2 \cdot 3{,}14 \cdot 19{,}17\ \text{s}^{-1}} = 25\ \text{Nm}$$

(die Drehzahl 19,17 s^{-1} ergibt sich aus 1 150 min^{-1}/60 s/min).

Das Bemessungsmoment des Motors entspricht dem Lastmoment.

Bei Bemessungslast I_{AN} = 20 A ist der Spannungsfall im Anker

$$U_A = I_{AN} \cdot R_i = 20\ \text{A} \cdot 2{,}57\ \Omega = 51{,}4\ \text{V}.$$

Dann ist die Gegenspannung

$$U_g = U - U_A = 220\ \text{V} - 51{,}4\ \text{V} = 168{,}6\ \text{V}.$$

Wegen der Proportionalität $n \sim U_g$ wäre die Leerlaufdrehzahl

$$n_0 = \frac{n_N \cdot U}{U_g} = \frac{1150\ \text{min}^{-1} \cdot 220\ \text{V}}{168{,}6\ \text{V}} \approx \mathbf{1500\ min^{-1}}.$$

Um das doppelte Drehmoment abzugeben, muss der Ankerstrom auf den doppelten Wert steigen. Das ist aber nur möglich, wenn die Drehzahl abnimmt, d. h. die Gegenspannung kleiner und damit der Spannungsfall im Ankerkreis größer werden.

$$U'_A = I'_A \cdot R_i = 40\ \text{A} \cdot 2{,}57\ \Omega = 102{,}8\ \text{V}$$

$$U'_g = U - U'_A = 220\ \text{V} - 102{,}8\ \text{V} = 117{,}2\ \text{V}$$

Der Motor nimmt daher folgende neue Drehzahl n' an:

$$n' = \frac{n_0 \cdot U'_g}{U} = \frac{1500\ \text{min}^{-1} \cdot 117{,}2\ \text{V}}{220\ \text{V}} = \mathbf{800\ min^{-1}}$$

Bei halben Drehmoment verringert sich der Ankerstrom auf $I_A'' = ½\ I_{AN}$ = **10 A**. Dann sind

$$U''_g = U - I_A'' \cdot R_i = 220\ \text{V}\ (10\ \text{A} \cdot 2{,}75\ \Omega) = 192{,}5\ \text{V}$$

und

$$n'' = \frac{n_0 \cdot U''_S}{U} = \frac{1500\ \text{min}^{-1} \cdot 192{,}5\ \text{V}}{220\ \text{V}} = \mathbf{1313\ min^{-1}}.$$

b) Durch Einschalten eines Festwiderstands in den Ankerkreis erhöht sich der Ankerkreiswiderstand auf R_i' = 2,57 Ω + 1,1 Ω = 3,67 Ω. Damit ergeben bei Bemessungsstrom I_{AN} = 20 A der Spannungsfall im Anker U_{AZ} = 20 A · 3,67 Ω = 73,4 V und die Gegenspannung

$$U_{gZ} = U - U_{AZ} = 220\ \text{V} - 73{,}4\ \text{V} = 146{,}6\ \text{V}.$$

Dann wird die Drehzahl mit Zusatzwiderstand

$$n_Z = \frac{n_0 \cdot U_{gZ}}{U} = \frac{1500\ \text{min}^{-1} \cdot 146{,}6\ \text{V}}{220\ \text{V}}$$

$$n_Z = \mathbf{1000\ min^{-1}}.$$

c) Zur Bestimmung des Anzugsmoments M_A berechnen wir den Einschaltstrom des Motors, den Anzugsstrom I_{AA}. Er beträgt ohne Zusatzwiderstand

$$I_{AA0} = \frac{U}{R_i} = \frac{220\ \text{V}}{2{,}75\ \Omega} = \mathbf{85{,}6\ A}$$

mit Zusatzwiderstand

$$I_{AAZ} = \frac{U}{R_i + R_Z} = \frac{220\ \text{V}}{3{,}67\ \Omega} = \mathbf{60\ A}.$$

Wegen der Proportionalität $M \sim I_A$ ergibt sich das Anzugsmoment für die beiden Betriebsfälle ohne Zusatzwiderstand

$$M_{A0} = \frac{I_{AA0} \cdot M_N}{I_{AN}} = \frac{85{,}6\ \text{A} \cdot 25\ \text{Nm}}{20\ \text{A}} = \mathbf{107\ Nm,}$$

mit Zusatzwiderstand

$$M_{AZ} = \frac{I_{AAZ} \cdot M_N}{I_{AN}} = \frac{60\text{ A} \cdot 25\text{ Nm}}{20\text{ A}} = \mathbf{75\ Nm}.$$

Bild **2**.37 zeigt die rechnerisch ermittelten Kennlinienverläufe.

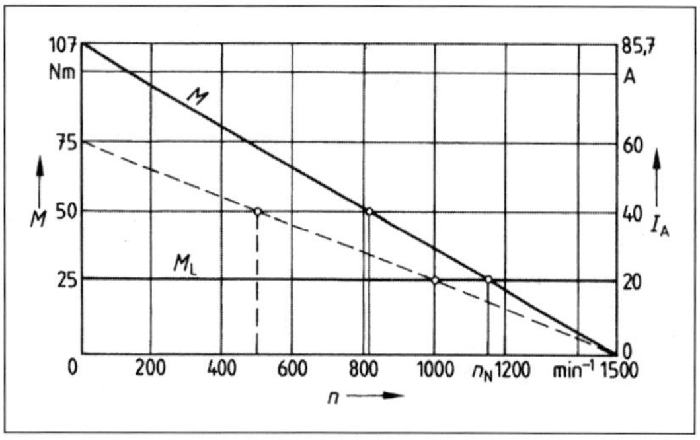

2.37 Drehzahl-Drehmoment-Kennlinie

2.9.2 Reihenschlussmotor (Hauptschlussmotor)

Hier ist die Erregerwicklung mit der Ankerwicklung in Reihe geschaltet. Die Klemmenbezeichnungen entsprechen denen des Reihenschlussgenerators. Da in einer Reihenschaltung von Widerständen die Stromstärke an jeder Stelle des Stromkreises den gleichen Wert hat, ist der Ankerstrom und damit der Belastungsstrom dieses Motors genauso groß wie der Erregerstrom. Für das Drehzahlverhalten ergibt sich daher: Große Belastung bedeutet großen Ankerstrom und großen Erregerstrom, damit großen magnetischen Fluss. Nach der Gleichung $n = U/(k_E \cdot \Phi)$ wird mit zunehmendem Fluss der Nenner des Bruches größer und damit die Drehzahl mit zunehmender Belastung geringer. Wird – umgekehrt – die Belastung einer Maschine verringert, sinken mit dem Ankerstrom auch der Erregerstrom und der magnetische Fluss. Die Drehzahl wird also ansteigen. Eine völlige Entlastung des Motors – also Leerlauf – bewirkt nur noch eine geringe Stromaufnahme, ein schwaches magnetisches Feld und eine hohe Drehzahl. Ein Betrieb dieses Motors im Leerlauf ist deshalb gefährlich, weil die Maschine infolge der großen entstehenden Fliehkräfte zerstört werden kann. Gefährdet sind besonders die Wickelköpfe, die Bandagen, der Kollektor, aber auch die Lager. Die Gefahr der mechanischen Zerstörung ist für große Maschinen größer als für kleine Maschinen.

Eine geringfügige Überlastung der Maschine führt nur selten zu einer wesentlich geringeren Drehzahl als im Bemessungsbetrieb, weil ein größerer Belastungsstrom das magnetische Feld wegen der Eisensättigung nicht mehr erheblich verstärken kann. Die Drehzahlkennlinie zeigt Bild **2**.38. Wegen der stark schwankenden Drehzahl bei wechselnder Belastung eignet sich dieser Motor nicht für Antriebe, die konstante Drehzahlen erfordern.

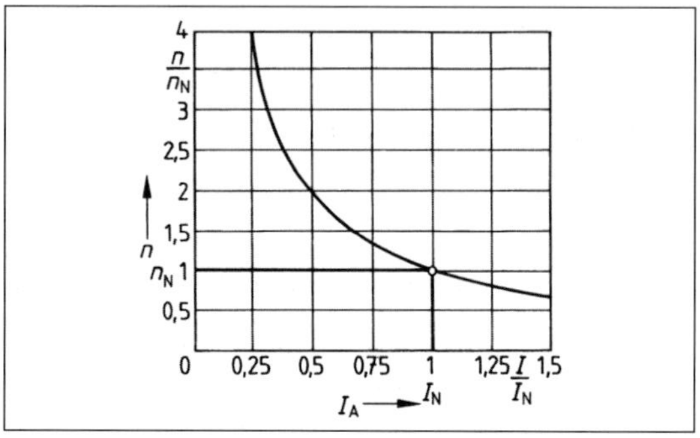

2.38 Drehzahlkennlinie eines Gleichstrom-Reihenschlussmotors

Man fand ihn deshalb in erster Linie in Fahrzeugen (z. B. Straßenbahnen) und als Hubmotoren für Aufzüge und Kräne.

Betrachten wir auch hier die Abhängigkeit des Drehmoments vom Belastungsstrom. Nach der Gleichung $M = B \cdot l \cdot I \cdot r$ sind wieder l und r konstant, B bzw. Φ und I veränderlich. Infolge der Reihenschaltung von Anker- und Erregerwicklung ändert sich im Belastungsfall nicht nur der Ankerstrom I, sondern auch der magnetische Fluss Φ. Damit aber besteht zwischen der Stromstärke I und dem Drehmoment M eine quadratische Abhängigkeit. Doppelte Belastungsstromstärke bewirkt doppelten magnetischen Fluss und damit vierfaches Drehmoment. Bild **2**.39 zeigt die Drehmoment-Belastungsstromkennlinie des Reihenschlussmotors. Im Überlastbereich wird aus der quadratischen Abhängigkeit eine proportionale Abhängigkeit, weil infolge der Eisensättigung der magnetische Fluss nicht mehr zunehmen kann.

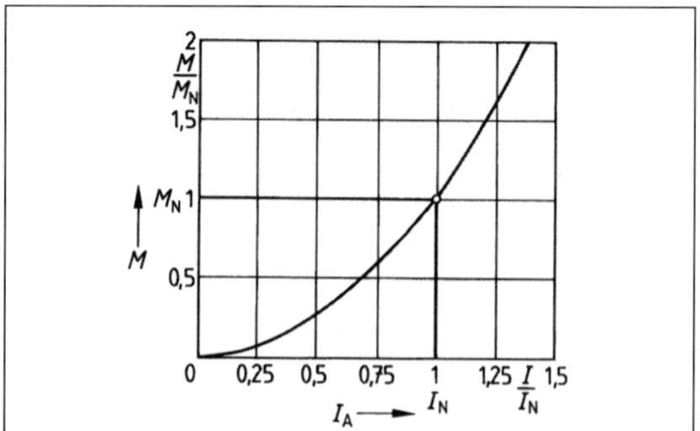

2.39 Drehmomentkennlinie eines Gleichstrom-Reihenschlussmotors

Die Drehzahl der Reihenschlussmotors ändert sich umgekehrt proportional mit der Belastung. Leerlauf ist zu vermeiden. Das Drehmoment nimmt quadratisch mit der Belastungsstromstärke zu.

2.9.3 Doppelschlussmotor

Er ist eine Kombination des Reihenschlussmotors mit dem Nebenschlussmotor. Sein Betriebsverhalten liegt demnach „zwischen" beiden Motoren. Ob er in seinem Betriebsverhalten mehr zum einen oder zum anderen neigt, ist eine Frage der Motorkonstruktion. Ein dominierender Nebenschlussanteil bewirkt eher Nebenschlussverhalten, ein dominierender Reihenschlussanteil mehr Reihenschlussverhalten. Von seltenen Ausnahmen abgesehen, sind Doppelschlussmotoren so ausgelegt, dass die Nebenschlusswicklung dominiert und die Reihenschluss oder Hauptschlusswicklung nur eine mehr oder weniger unterstützende Wirkung hat. Daher können die meisten Doppelschlussmotoren auch als Nebenschlussmotoren betrieben werden. Ein Betrieb als Reihenschlussmotor ist gefährlich, weil die Reihenschlusswicklung nicht für die „volle" Netzspannung berechnet ist und daher wegen der hohen Stromaufnahme leicht verbrennen kann. Das Drehzahl-Belastungsverhalten des Doppelschlussmotors mit unterschiedlichen Wicklungsanteilen im Vergleich zum Nebenschlussmotor (N) und zum Reihenschlussmotor (R) zeigt Bild **2**.40. Auch das Drehmoment-Belastungsverhalten des Doppelschlussmotors liegt zwischen dem des Nebenschluss- und dem des Reihenschlussmotors (**2**.41).

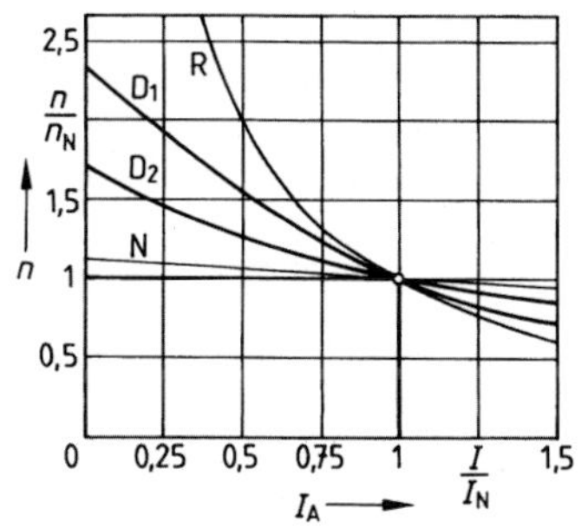

2.40 Drehzahlkennlinien von Gleichstrom-Doppelschlussmotoren

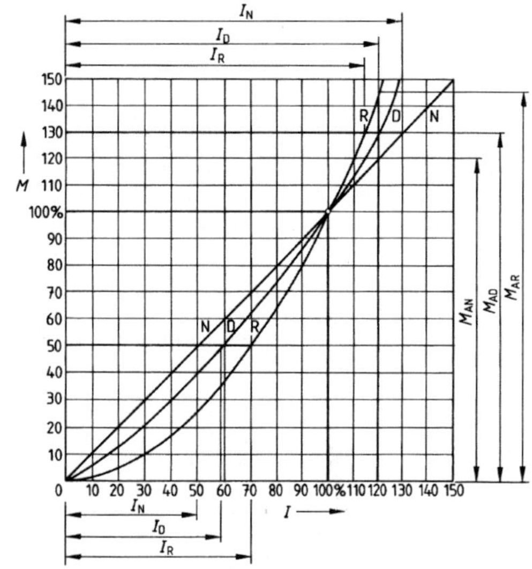

2.41 Drehmomentkennlinien von Nebenschluss-, Reihenschluss- und Doppelschlussmotoren im Vergleich

Vergleichen wir die drei Motorerarten – Nebenschlussmotor (N), Reihenschlussmotor (R) und Doppelschlussmotor (D) – gleicher Drehzahl, gleicher Leistung, also auch gleichem Drehmoment miteinander, zeigt sich folgendes (**2**.41):

Im Unterlastbereich (Belastungsstrom und Drehmoment < 100 %) nimmt ein Nebenschlussmotor von den drei Arten den geringsten Strom auf (I_N), um ein bestimmtes Drehmoment zu erzeugen (hier angenommen $M = 50$ %).

Im Überlastbereich (Belastungsstrom und Drehmoment > 100 %) verzeichnet der Reihenschlussmotor die geringste (I_R) und der Nebenschlussmotor (I_N) die größte Stromaufnahme für ein bestimmtes Drehmoment (130 %).

In beiden Fällen liegt der Doppelschlussmotor in seinem Verhalten zwischen den anderen Motorenarten.

Noch etwas zeigt sich: Legen wir einen bestimmten Einschaltstrom zugrunde (z. B. 120 % I_{AN}), liefert der Reihenschlussmotor das größte Anzugsmoment (M_{AR}) und der Nebenschlussmotor (M_{AN}) das kleinste. Auch hier nimmt der Doppelschlussmotor (M_{AD}) eine Zwischenstellung ein.

Die dargestellten Kennlinien sind idealisiert. Nicht berücksichtigt wurden hier z. B. die Einflüsse der Ankerrückwirkung und der magnetischen Sättigung bei großer Stromaufnahme des Reihenschlussmotors.

Eingesetzt wird der Doppelschlussmotor für spezielle Antriebe. Häufig ist er anzutreffen für den Antrieb von Pressen, Stanzen und Walzen in Verbindung mit Schwungmasse und für Pinchantriebe in Windkraftanlagen. Die im Betrieb in den Schwungmassen „gespeicherte“ kinetische Energie wird bei Stoßbelastungen der Maschine (z. B. Walzen) wieder abgegeben und unterstützt damit das Motormoment. In den Leerlaufzeiten verhindern die Schwungmassen ein zu schnelles „Hochfahren“ und wirken damit bremsend.

Der Doppelschlussmotor ähnelt in seinem Drehzahl- bzw. Drehmomentverhalten je nach Auslegung der Reihenschlusswicklung mehr dem des Nebenschluss- oder mehr dem des Reihenschlussmotors. Leerlauf ist möglich, weil eine unzulässig hohe Drehzahl nicht zu befürchten ist.

Drehrichtungsumkehr. Bei allen Gleichstrommaschinen wird die Drehrichtung umgekehrt, indem man *entweder* die Stromrichtung in der Ankerwicklung oder die Stromrichtung in der Erregerwicklung umkehrt (bei Doppelschlussmotoren in beiden Erregerwicklungen). Ein Vertauschen der Zuleitungen hat keine Drehrichtungsumkehr zur Folge. Im Normalfall wird die Umkehr der Stromrichtung in der Ankerwicklung bevorzugt.

2.10 Anlassvorgang

Stellen wir die Gleichung $U = U_g + I_A \cdot R_i$ nach I_A um, erhalten wir $I_A = (U - U_g)/R_i$. Aus dieser Gleichung ist folgendes zu ersehen: Die Stromaufnahme eines Motors wird berechnet aus der Spannungsdifferenz Netzspannung – induzierter Gegenspannung, dividiert durch den Innenwiderstand der Maschine.

Einschalten. Betrachten wir zunächst den Einschaltaugenblick einer Maschine. Die Ankerwicklung und die Erregerwicklung werden an die „volle“ Netzspannung gelegt, die Drehzahl des Ankers ist im ersten Moment noch null. In diesem Betriebszustand – also dem Einschaltaugenblick – wird in der Ankerwicklung noch keine Gegenspannung U_g induziert, die volle Netzspannung wird an der Ankerwicklung wirksam. Weil aber der Widerstand der Ankerwicklung relativ klein ist, fließt nach dem ohmschen Gesetz $I_A = U/R_i$ ein großer Einschaltstrom. Wird der Anker infolge des auftretenden Drehmoments in Drehbewegung versetzt, wird nach der Gleichung $U_g = k_E \cdot \Phi \cdot n$ in seiner Wicklung eine Gegenspannung induziert, wodurch die Spannungsdifferenz $U - U_g$ und damit die Stromaufnahme des Motors verringert werden. Erreicht der Motor seine Bemessungsdrehzahl, fließt der Bemessungsstrom, der nur noch 1/10 bis 1/20 des Einschaltstroms beträgt.

Beispiel 2.13 Ein fremderregter Gleichstrommotor mit dem Ankerstrom $I_A = 12$ A der Ankerspannung $U_A = 220$ V und dem Innenwiderstand $R_i = 0{,}9\ \Omega$ wird

a) ohne Anlassmaßnahmen direkt angelassen. Berechnen Sie das Verhältnis I_A/I_N.

b) Der Anlassstrom soll den 2-fachen Bemessungsstrom nicht überschreiten. Wie groß darf die Anlassspannung höchstens sein?

Lösung a) ohne Anlassmaßnahmen

$I_A = U_A/R_i = 220\ \text{V}/0{,}9\ \Omega = 244$ A

Das ist der **20,4-fache** Bemessungsstrom.

b) $I_{an} = 2\ I_{AN} = 24$ A, damit ist die zulässige Spannung

$U_{an} = I_{an} \cdot R_i = 24\ \text{A} \cdot 0{,}9\ \Omega = \mathbf{21{,}6\ V}$.

Herabsetzen der Ankerspannung. Der hohe Einschaltstrom eines Motors führt zu einer großen Erwärmung der Wicklungen und damit der ganzen Maschine. Außerdem treten Spannungsschwankungen im Netz auf. Aus diesen Gründen dürfen auch nur Motoren mit verhältnismäßig kleiner Bemessungsleistung direkt an die volle Netzspannung angeschlossen werden. Für öffentliche Versorgungsnetze sind unbedingt die „Technischen Anschlussbedingungen (TAB)“ der Verteilungsnetzbetreiber (VNB) zu beachten. Größere Motoren müssen in jedem Fall mit einer Anlassvorrichtung versehen werden (s. a. Mustervorschlag der BDEW, 2007). Grundsätzlich haben alle Anlassvorrichtungen die Aufgabe, den Anlaufspitzenstrom oder Einschaltstrom auf den von den VNB festgesetzten zulässigen Wert herabzusetzen. Erreicht wird das, indem man für den Einschaltaugenblick der Ankerwicklung eine gegenüber der Netzspannung verringerte Spannung zuführt und diese mit zunehmender Ankerdrehzahl stufenweise oder stufenlos bis zur vollen Netzspannung erhöht.

Anlasser. In früheren Jahren erfolgte das Herabsetzen der Ankerspannung ausschließlich mit Hilfe eines Widerstands, der mit der Ankerwicklung in Reihe geschaltet wurde; man nannte diesen Widerstand „Anlasser“. Zur Bestimmung des Anlasserwiderstands und seiner Abstufung müssen der Anlassspitzenstrom, z. B. $1{,}3 \cdot I_N$ und der Schaltstrom, z. B. $1{,}1 \cdot I_N$ festgelegt werden.

Heute kommen weitgehend Gleichstromsteller zum Einsatz. Vorteil gegenüber dem Anlasser: Mit DC-Stellern lässt sich die Ankerspannung verlustarm einstellen; dagegen wandelt der Anlasswiderstand „nutzlos“ elektrische Energie in Wärmeenergie um (**2**.42).

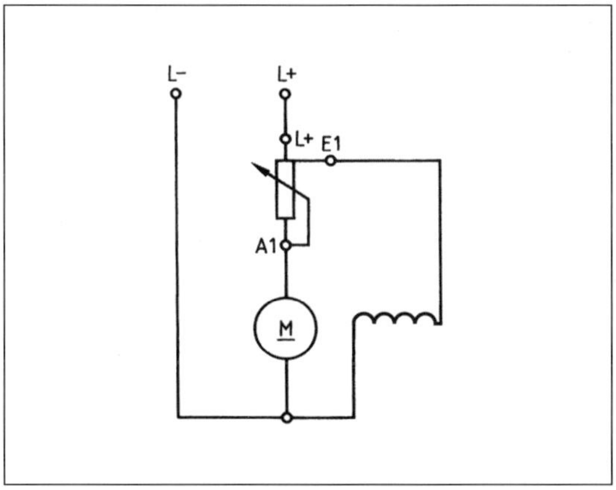

2.42 Anlassschaltungen mit Widerstand (Anlasser) für Nebenschlussmotor

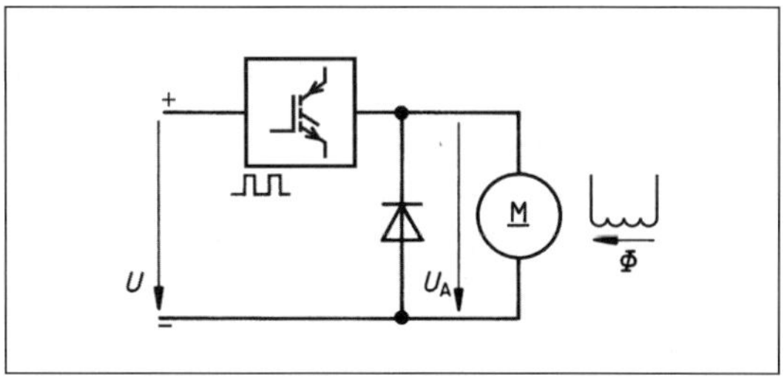

2.43 Gleichstrommotor und Gleichstromsteller mit IGBT

Anlassen über Stromrichter. Wir hatten festgestellt, dass dem Anlassen von Gleichstrommotoren praktisch eine Steuerung der Ankerspannung zugrunde liegt (s. Abschn. 2.11). Dazu hat sich heute weitgehend das Anlassen mittels Stromrichter durchgesetzt. Gegenüber dem Anlassverfahren mit Widerständen im Ankerkreis bietet es diese Vorteile:

- Es entsteht praktisch keine Verlustwärme.
- Es ist kein Gleichstromnetz erforderlich.
- Der Raumbedarf für Stromrichter ist gering.
- Die Stromrichterspannung folgt dem Steuersignal trägheitslos.
- Eine Überlastung der Stromrichter ist praktisch ausgeschlossen.

Gleichstromsteller. Bei Anschluss an Gleichspannung oder über netzgeführte Stromrichter bei Anschluss an Wechselspannung, werden zum Anlassen von Gleichstrommotoren Stromrichter eingesetzt. Die Gleichstromsteller nach Abschn. 1.7.5.1 sind meist mit Transistoren aufgebaut. Bild **2**.43 zeigt den Schaltplan eines Gleichstromstellers mit Gleichstrommotor. Über den Tastgrad kann die Größe der zum Anlassen erforderlichen Ankerspannung eingestellt werden. Mit zunehmendem Tastgrad wird der Antrieb hochgefahren, bis die Bemessungsspannung erreicht ist.

Nachfolgend wollen wir das Anlassverfahren mit netzgeführten Stromrichtern am Beispiel der vollgesteuerten B6-Schaltung erläutern.

Die vollgesteuerte B6-Brücken-Schaltung besteht aus den Thyristoren V1 bis V6. Die zur Versorgung der Maschine erforderliche Energie kann unmittelbar dem Drehstromnetz entnommen werden (Anker). Die Erregerwicklung wird meist über ungesteuerte Gleichrichter gespeist (**2**.44a). Mittels Anschnittsteuerung können die Thyristoren zu beliebigen Zeitpunkten gezündet werden, womit sich der Mittelwert der Ausgangs-Gleichspannung $U_{di\alpha}$ zwischen null und einer maximalen Spannung $+U_{di}$ oder $-U_{di}$ stufenlos einstellen lässt (U_{di} ist die ideelle Leerlaufspannung bei Vollaussteuerung, $\alpha = 0°$). Die Steuerkennlinie **2**.44b zeigt, dass mitzunehmendem Steuerwinkel α das Verhältnis $U_{di\alpha}/U_{di}$ kleiner wird und bei $\alpha = 90°$ den Wert null erreicht. Wie Bild **2**.44c zeigt, treten bei $\alpha = 90°$ positive und gleich große negative Spannungs-Zeit-Flächen auf. Der Mittelwert der Gleichspannung ist daher null. Zum Anlassen wird man von $\alpha = 90°$ ausgehen, den Steuerwinkel nach den Betriebsanforderungen kontinuierlich verringern und damit die Ankerspannung $U_{di\alpha}$ entsprechend erhöhen. Vergrößert man den Steuerwinkel über 90° hinaus, wird der Mittelwert der Gleichspannung negativ, d. h., die negativen Spannungs-Zeit-Flächen werden größer als die positiven. Eine volle Aussteuerung mit $\alpha = 180°$ lässt sich nicht erreichen, weil zum einwandfreien Arbeiten Rücksicht auf die Wechselrichtertrittgrenze genommen werden muss, sie liegt etwa bei 150° (s. Abschn. 1.7.2).

Der Verlauf der Ausgangs-Gleichspannung (Spannungs-Zeit-Flächen) für verschiedene Zündzeitpunkte zeigt Bild **2**.44c. Der Mittelwert dieser Gleichspannung $U_{di\alpha}$ kann bei Stromglättung berechnet werden nach der Gleichung

$$\boldsymbol{U_{di\alpha} = U_{di} \cdot \cos\alpha}. \qquad (2.20)$$

Die ideelle Leerlaufspannung U_{di} wird für die Dreiphasenwechselspannung berechnet aus der

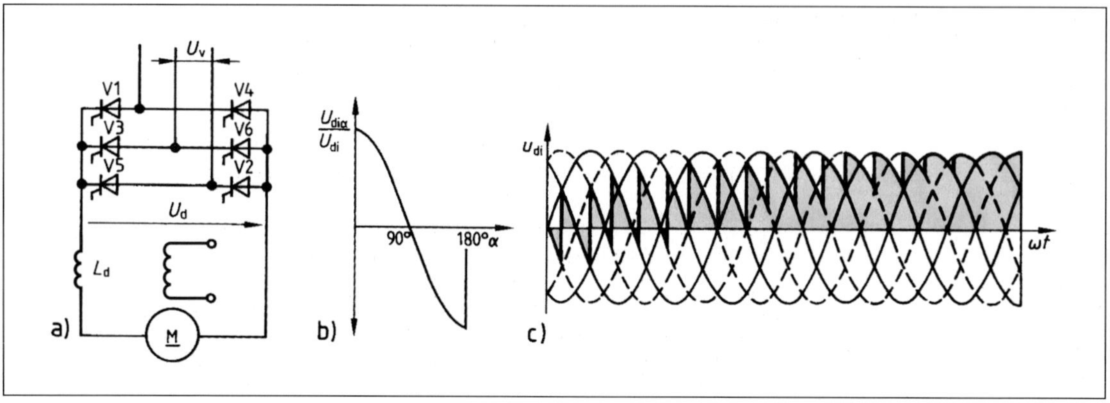

2.44 Vollgesteuerte B6-Schaltung a) Schaltung, b) Steuerkennlinie, c) Spannungsverlauf

„Hüllkurve" der Netzwechselspannung U_v nach der Gleichung

$$\boldsymbol{U_{di}} = \frac{3\sqrt{2}}{\pi} \cdot \boldsymbol{U_v}. \tag{2.21}$$

Der Ausdruck $3\sqrt{2}/\pi = 1{,}35$ ist der bekannte Faktor zum Umrechnen der Netzwechselspannung $U_\sim$ in die Gleichspannung U_- für eine Dreiphasen-Brückenschaltung.

Mit einem Einfachstromrichter in vollgesteuerter Schaltung ist auch ein Mehrquadrantenbetrieb durch Umschalten der Ankerstrom- oder Erregerstromrichtung möglich (s. Abschn. 2.12).

Beispiel 2.14 Wie groß sind die Mittelwerte der Ausgangsgleichspannung $U_{di\alpha}$ einer vollgesteuerten B6-Schaltung für die Steuerwinkel $\alpha = 90°$, 60°, 30° und 0°, wenn der Effektivwert der verketteten Wechselspannung 400 V beträgt?

Lösung

$$U_{di} = \frac{3\sqrt{2}}{\pi} \cdot U_v = \frac{3 \cdot 1{,}4142}{3{,}14} \cdot 400\ \text{V} = \mathbf{540\ V}$$

$$U_{di\alpha} = U_{di} \cdot \cos\alpha = 540\ \text{V} \cdot 0 = \mathbf{0\ V}\ (\alpha = 90°)$$

$$U_{di\alpha} = U_{di} \cdot \cos\alpha = 540\ \text{V} \cdot 0{,}5 = \mathbf{270\ V}\ (\alpha = 60°)$$

$$U_{di\alpha} = U_{di} \cdot \cos\alpha = 540\ \text{V} \cdot 0{,}866 = \mathbf{468\ V}\ (\alpha = 30°)$$

$$U_{di\alpha} = U_{di} \cdot \cos\alpha = 540\ \text{V} \cdot 1 = \mathbf{540\ V}\ (\alpha = 0°)$$

Anlassvorrichtungen haben die Aufgabe, den Anzugsstrom (Einschaltstrom) auf einen zulässigen Wert zu begrenzen.

Aufgaben zu Abschnitt 2.9 und 2.10

1. Beschreiben Sie das Betriebsverhalten von Reihenschluss-, Nebenschluss- und Doppelschlussmotoren.
2. Auf welche Weise wirken sich Netzspannungsänderungen auf das Betriebsverhalten eines Reihenschlussmotors aus?
3. Ein Nebenschlussmotor soll an der halben Netzspannung betrieben werden und dennoch sein volles Drehmoment liefern. Was ist zu tun?
4. Was ist zu tun, um die Drehrichtung von Gleichstrommotoren umzukehren?
5. Was bedeutet die Abhängigkeit $n \sim \frac{U - U_A}{\Phi_0 - \Delta\Phi}$?
6. Warum darf der Ankerwiderstand eines Gleichstrommotors nicht zu klein gewählt werden?
7. Von welchen Größen hängt das Drehmoment eines Motors ab?
8. Welcher Zusammenhang besteht zwischen dem inneren Drehmoment eines Motors und dem Nutzmoment?
9. Von einem G-Nebenschlussmotor sind folgende Bemessungswerte bekannt: U = 220 V, P = 7,5 kW, I = 40 A, R_E = 110 Ω, R_i = 1,3 Ω und n_N = 1250 min^{-1}. Der Motor soll zum Antrieb eines Förderbandes eingesetzt werden.
   Wie ändern sich die Drehzahl und der Ankerstrom, wenn vom Motor das doppelte Lastmoment verlangt wird? Bestimmen Sie das Anzugsmoment des Motors (vgl. Beispiel 2.12).
10. Warum ändert sich das Drehmoment eines Reihenschlussmotors quadratisch mit der Belastung?
11. Warum treten beim direkten Einschalten von Gleichstrommotoren große Einschaltströme auf?

12. Geben Sie eine Begründung dafür, warum sich der Einschaltstrom während des „Hochlaufens" von Motoren allmählich auf die Stromstärke verringert, die dem verlangten Drehmoment entspricht.
13. Welche Wirkung hat der Anlassvorgang auf den Motor und das speisende Netz?
14. a) Berechnen Sie für den Nebenschlussmotor mit der Bemessungsleistung 20 kW, 220 V, $R_i = 0{,}25\ \Omega$ und $n = 1500\ \text{min}^{-1}$ die Anfangsspannung einer Stromrichterschaltung für $I_{an} = 2 \cdot I_{AN}$. Der Wirkungsgrad wird mit 80 % angenommen.
b) Der Motor wird mit der Schaltung nach Bild **2**.44 an der Netzspannung 400 V angelassen. Welcher Steuerwinkel ist für die Anfangsspannung einzustellen?

2.11 Elektrische Bremsung

Elektrische Maschinen lassen sich mechanisch und elektrisch abbremsen. Gegenüber der mechanischen Bremsung hat die elektrische Bremsung die Vorteile, dass kein Verschleiß infolge Reibung eintritt, die Bremsenergie als Wärme leicht abgeführt werden kann (u. U. ist sogar eine „Rückgewinnung" möglich) und eine gute Regelung der Bremsung möglich ist. Man kann Bremsenergie in Widerständen in Wärme umwandeln (Widerstandsbremsung) oder als elektrische Energie wieder dem Netz oder DC-Zwischenkreisen zuführen (Nutzbremsung). Beim Absenken von Lasten spricht man von einer *Senkbremsung*, beim Stillsetzen von Fahrzeugen von einer *Nachlaufbremsung*. Beim Senkbremsen wird die Drehmomentrichtung gegenüber dem Heben nicht umgekehrt, wobei sich die Drehrichtung ändert. Dagegen ändert sich bei der Nachlaufbremsung gegenüber dem Motorbetrieb die Drehmomentrichtung und die Drehrichtung bleibt gleich.

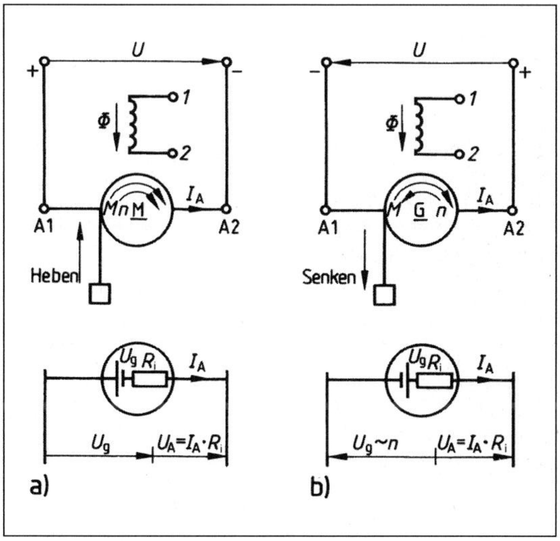

2.45 Senkbremsung
a) Heben der Last, b) Senken der Last

2.11.1 Senkbremsung

Heben im Rechtslauf. Schon im Abschnitt 2.5 haben wir das Verhalten eines Gleichstrommotors besprochen, der eine Last absenkt. Gehen wir bei unseren weiteren Überlegungen von einem Nebenschluss- oder einem fremderregten Motor aus, der eine Last im Rechtslauf hebt (**2**.45a). Der Erregerstrom hat beim Heben und Senken gleiche Richtung von Klemme 1 nach Klemme 2 und wird als konstant angenommen. Beim Heben wirken das vom Ankerstrom I_A erzeugte Drehmoment M und der Drehsinn in gleiche Richtung. Dabei gibt die Gleichstrommaschine im Motorbetrieb mechanische Leistung ab. Der Ankerstrom fließt von A1 nach A2. Bei Rechtsdrehung des Ankers mit der Drehzahl n wird in der Ankerwicklung die Gegenspannung (Quellenspannung) $U_g = k_E \cdot n \cdot \Phi$ induziert die dem Stromfluss entgegenwirkt. Dabei ist die Ankerklemme A1 positiv. Im Motorbetrieb ist die Gegenspannung $U_g = U - I_A \cdot R_i$ um den Spannungsfall $U_A = I_A \cdot R_i$ geringer als die Netzspannung U.

Beim Senken im Linkslauf (**2**.45b) muss das Maschinen-Drehmoment M der Last bremsend entgegenwirken und behält die gleiche Richtung wie beim Heben im Motorbetrieb. Damit muss der Drehmoment erzeugende Ankerstrom I_A weiterhin in gleiche Richtung von A1 nach A2 fließen. Die Drehrichtung hat sich jedoch umgekehrt und damit auch die Polarität der induzierten Anker-Quellenspannung U_q. Dabei ist die Klemme A2 positiv. Die Quellenspannung $U_q = U + I_A \cdot R_i$ in diesem Fall um den Spannungsfall $U_A = I_A \cdot R_i$ geringfügig größer als die an den Ankerklemmen anliegende Spannung U.

Bei unterschiedlicher Richtung von Maschinen-Drehmoment M und Drehsinn des Ankers wird mechanische Leistung an der Welle zugeführt. Es ist nun zu unterscheiden, ob die im Generatorbetrieb umgeformte Energie ins Netz zurückgeführt (Nutzbremsung) oder im Bremswiderstand in Wärme umgesetzt wird (Widerstandsbremsung).

Wirken bei einer elektrischen Maschine Drehsinn und Drehmoment in gleiche Richtung gibt sie mechanische Leistung ab. Bei unterschiedlicher Richtung wird mechanische Leistung an der Welle zugeführt. Bei gleich bleibender Feldrichtung ist die Richtung des erzeugenden Drehmoments abhängig von der Richtung des Ankerstroms und die Polarität der Quellenspannung abhängig vom Drehsinn der Maschine.

Zur Widerstandsbremsung wird die Ankerwicklung über einen Widerstand kurzgeschlossen und die Erregerwicklung fremderregt (**2**.46). Selbsterregung scheidet aus, weil das zur Bremsung erforderliche starke Magnetfeld bei kleinen Drehzahlen nicht erzielt werden kann. Die Bremswirkung ist umso größer, je kleiner der Bremswiderstand ist, weil dann mit kleiner Spannung ein genügend großer Bremsstrom fließen kann. Zu klein darf der Widerstand aber nicht sein, weil sonst die Verlustwärme den Motor gefährdet.

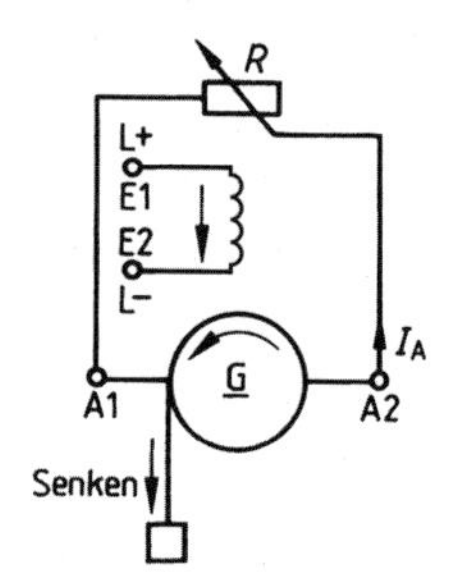

2.46 Widerstandsbremsung einer Nebenschlussmaschine im Generatorbetrieb

Bei der Nutzbremsung wird die elektrische Energie ins Netz zurückgespeist und dient dabei zum Laden von Kondensatoren oder zur Speisung anderer Verbraucher. Der Nutzen einer solchen „Energierückgewinnung" darf nicht überschätzt werden, wie im folgenden Beispiel erläutert werden soll:

Beispiel 2.15 Ein Nebenschlussmotor braucht zum Heben einer Last 7,5 kW. Sein Wirkungsgrad beträgt 85 %, der Wirkungsgrad der Seilwinde 50 %. Wie groß ist die Leistungsaufnahme des Motors beim Heben? Wie groß ist die Nutzleistung, die der Motor als Generator im Senkbetrieb an das Netz zurückgibt, wenn gleicher Maschinenwirkungsgrad vorausgesetzt wird?

Lösung Heben, Leistungsaufnahme:

$$P_{auf} = \frac{7{,}5\ \text{kW}}{0{,}85 \cdot 0{,}5} = \mathbf{17{,}6\ kW}$$

Lösung Fortsetzung Senken, Leistungsabgabe:

$$P_{ab} = 7{,}5\ \text{kW} \cdot 0{,}88 \cdot 0{,}5 = \mathbf{3{,}2\ kW}$$

Senkbremsung am Netz fester Gleichspannung. Betrachten wir nun den Fall, dass die absenkende Last an einem „starren" Gleichspannungsnetz abgebremst werden soll. Da sich die Ankerspannung beim Senken gegenüber dem Heben wegen der geänderten Drehrichtung umpolt, müssen die Anschlussleitungen zum Anker ebenfalls umgepolt werden (**2**.47).

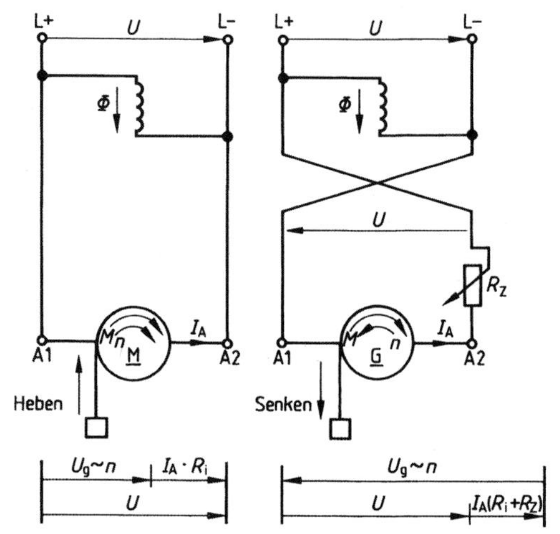

2.47 Heben und Senken einer Last am Netz mit fester Gleichspannung

Die Drehzahl wird im Bremsbetrieb nur wenig größer als die Leerlaufdrehzahl des Motors sein, weil die induzierte Quellenspannung $U_q = U + I_A \cdot R_i$ auch nur wenige Prozente größer ist als die Netzspannung U. Vielfach herrscht die irrige Meinung vor, dass die Senkgeschwindigkeit um einen größeren Betrag verringert wird, wenn mit der Ankerwicklung noch ein Widerstand R_Z in Reihe geschaltet wird. Das Gegenteil ist der Fall! Die Senkgeschwindigkeit wird größer, weil die Ankerwicklung einen um diesen Spannungsfall im Widerstand vergrößerte Spannung erzeugen muss, um den erforderlichen Bremsstrom zu liefern. Das aber ist nur möglich, wenn sich die Drehzahl erhöht. Dieses soll an einem Beispiel nachgewiesen werden.

Beispiel 2.16 Von einem Gleichstrom-Nebenschlussmotor sind folgende Bemessungsdaten bekannt: 7,5 kW, 220 V, Ankerstrom = 40 A, Erregerstrom 1 A. Ankerkreiswiderstand 0,4 Ω, Drehzahl = 1390 min^{-1}.

a) Wie groß ist die Leerlaufdrehzahl n_0 des Motors?

b) Wie groß wird die Drehzahl n' im Senkbetrieb ohne zusätzlichen Widerstand im Ankerkreis, wenn die „Stromabgabe" 20 A betragen soll?

c) Wie groß wird die Drehzahl n'' bei ebenfalls 20-A-Stromabgabe, wenn in den Ankerkreis der Zusatzwiderstand $R_Z = 2\ \Omega$ geschaltet wird?

Lösung a) Die Gegenspannung U_g des Motors beträgt bei Bemessungsbelastung

$$U_g = U - I_A \cdot R_i = 220\ \text{V} - 40\ \text{A} \cdot 0{,}4\ \Omega = 204\ \text{V}.$$

Da $n \sim U_g$ ist, gilt für n_0:

$$n_0 = \frac{n_N \cdot U}{U_g}$$

$$n_0 = \frac{1390\ \text{min}^{-1} \cdot 220\ \text{V}}{204\ \text{V}} = \mathbf{1500\ min^{-1}}$$

b) Die Quellenspannung U'_q muss im Bremsbetrieb betragen

$$U'_q = U + I_A \cdot R_i = 220\ \text{V} + 20\ \text{A} \cdot 0{,}4\ \Omega = 228\ \text{V}.$$

Das entspricht der Drehzahl

$$n' = \frac{n_0 \cdot U'_q}{U}$$

$$n' = \frac{1500\ \text{min}^{-1} \cdot 228\ \text{V}}{220\ \text{V}} = \mathbf{1555\ min^{-1}}.$$

c) Mit dem Zusatzwiderstand R_Z ergibt sich die Quellenspannung

$$U''_g = U + I_A\,(R_i + R_Z)$$
$$= 220\ \text{V} + 20\ \text{A}\,(0{,}4\ \Omega + 2\ \Omega) = 268\ \text{V}$$

und damit die Drehzahl

$$n'' = \frac{n_0 \cdot U''_q}{U}$$

$$n'' = \frac{1500\ \text{min}^{-1} \cdot 268\ \text{V}}{220\ \text{V}} = \mathbf{1827\ min^{-1}}.$$

Im Motorbetrieb nimmt die Drehzahl mit eingeschaltetem Zusatzwiderstand stärker ab als ohne ihn (gestrichelte Linie). Bei Bemessungsstrom $I_N = 40$ A würde sich die Drehzahl n'_N einstellen (**2**.48).

Beim Senkbremsen am Netz mit fester Netzspannung kann die Drehzahl also nicht unter die Leerlaufdrehzahl sinken. Bei Hebezeugen wird häufig zur thermischen Entlastung des Antriebsmotors zum Bremsen eine vom Motor getrennte Wirbelstrombremse auf gleicher Achse angebaut. Auch hier kann nicht vollkommen bis zum Stillstand gebremst werden. Soll bis zum Stillstand gebremst werden, ist eine Verringerung der Anschlussspannung erforderlich. Dazu dient eine gesteuerte Stromrichterschaltung.

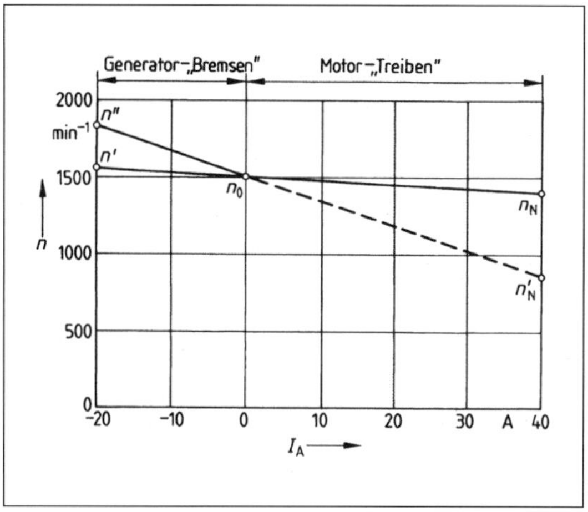

2.48 Drehzahlverhalten eines Gleichstrom-Nebenschlussmotors beim Heben und Senken einer Last

Senkbremsung mit Stromrichtern. Bild **2**.49 zeigt einen fremderregten Gleichstrommotor, der zunächst eine Last hebt. Drehzahl n, Gleichspannung U_d, Drehmoment M und Motorstrom I_d (Ankerstrom I_A) erhalten ein positives Vorzeichen; die Maschine arbeitet daher als Motor im I. Quadranten. Die Ankerspannung U_d wird aus dem Wechselstromnetz über einen vollgesteuerten Stromrichter – hier symbolisch dargestellt – dem Motor zugeführt. Der Stromrichter arbeitet bei Steuerwinkeln zwischen 0° und 90° im Gleichrichterbetrieb. Im Senkbetrieb arbeitet die Maschine im Linkslauf ($-n$). Bei gleicher Feldrichtung und Momentrichtung M wie im Motorbetrieb, kehrt sich die in der Ankerwicklung induzierte Quellenspannung und damit auch die Gleichspannung um ($-U_d$). Die Maschine ist zum Generator geworden und arbeitet im IV. Quadranten.

Der „Generatorstrom" I_d hat im Senkbetrieb die gleiche Richtung wie der Motorstrom beim Heben, da die Momentrichtung unverändert bleibt. Daher kann derselbe Stromrichter ohne Umschaltung im Motor- und im Generatorbetrieb verwendet werden, jedoch muss er im Wechselrichterbetrieb mit Steuerwinkeln $\alpha > 90°$ betrieben werden, damit er die Spannung umpolt. In das speisende Netz kann durch die Nutzbremsung Energie zurückgespeist werden, denn die negative Leistung $-P = -U_d \cdot I_d$ bedeutet Abgabe elektrischer Leistung. Der Vorteil der Bremsschaltung über Stromrichter gegenüber der Bremsung am starren Netz besteht darin, dass durch Herabsetzen der Ankerspannung $-U_d$ des Stromrichters ein Abbremsen bis zum Stillstand möglich ist. Die negative Gleichspannung hat im Wechselrichterbetrieb ihren höchsten Betrag bei der Wechselrichtertrittgrenze

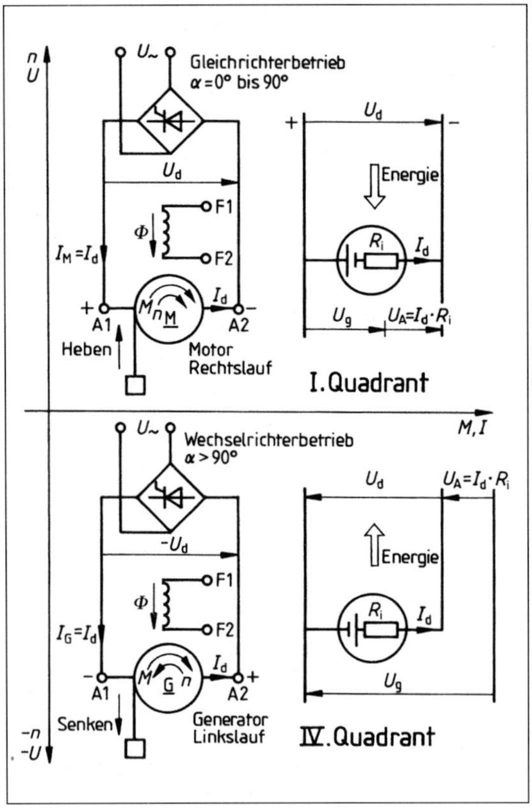

2.49 Zweiquadrantenbetrieb
I. Quadrant Heben, IV. Quadrant Senken

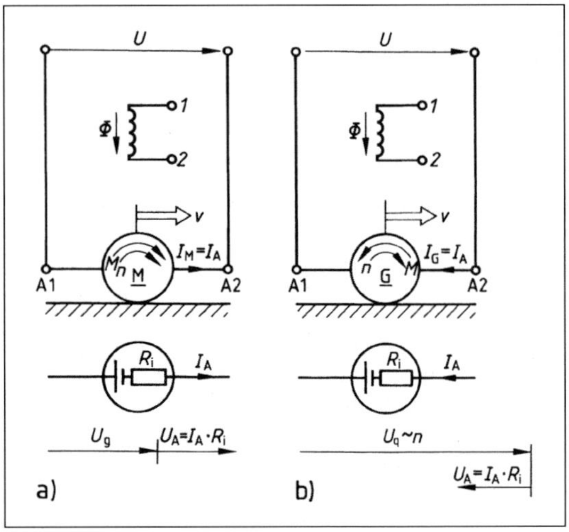

2.50 Nachlaufbremsung
a) Treiben, b) Bremsen

($\alpha \approx 150°$), ebenso die Drehzahl. Beim Steuerwinkel $\alpha = 90°$ sind Ankerspannung und Drehzahl null. Sind für den Stillstand keine selbsthemmenden Getriebe vorhanden, müssen mechanische Bremsen eingesetzt werden.

Entsprechende Verhältnisse ergeben sich beim Heben im Linkslauf (III. Quadrant) und Senken im Rechtslauf (II. Quadrant). Auch hier ist ein vollgesteuerter Stromrichter erforderlich, der beim Heben im Gleichrichterbetrieb und beim Senkbremsen im Wechselrichterbetrieb arbeitet.

2.11.2 Nachlaufbremsung

Eine Nachlaufbremsung gibt es bei Fahrzeugen, Förderbändern, Walzen und ähnlichen Antrieben. Kennzeichnend ist der gleichbleibende Drehsinn beim Treiben und Bremsen und damit auch bei gleicher Feldrichtung die unveränderte Polarität der Ankerspannung in beiden Betriebsarten. Doch muss sich das Maschinen-Drehmoment umkehren, damit es beim Treiben in Drehrichtung (Motorbetrieb) und beim Bremsen (Generatorbetrieb) gegen die Drehrichtung wirkt (**2**.50). Wegen der Drehmomentumkehr ist auch die Umkehrung der Ankerstromrichtung erforderlich. Beim Bremsen treibt die induzierte Ankerspannung $U_q = U + I_A \cdot R_i$ im Generatorbetrieb den Ankerstrom. Sie muss um den Spannungsfall des Ankers $U_A = I_A \cdot R_i$ größer als die Klemmenspannung sein. Am Netz mit fester Gleichspannung U ist daher bei gleichbleibender Erregung immer eine Drehzahl oberhalb der Leerlaufdrehzahl erforderlich. Ein Abbremsen bis zum Stillstand ist also so nicht möglich.

Widerstandsbremsung. Eine Widerstands-Nachlaufbremsung ist für den Nebenschlussmotor mit der Schaltung nach Bild **2**.46 möglich. Dabei muss der Motor im Normalbetrieb mit geschwächtem Feld betrieben und dieses Feld kurz vor dem Stillsetzen auf seinen höchsten Wert gebracht werden. Sonst reicht bei kleiner werdender Stromstärke das Drehmoment nicht aus. Ein solcher, im Normalbetrieb feldgeschwächter Motor ist schlecht ausgenutzt.

Die Nachlaufbremsung mit Stromrichtern soll an Bild **2**.51 gezeigt werden. Dargestellt ist ein fremderregter Motor, der ein Fahrzeug antreibt. Wie in Bild **2**.49 sind auch hier Drehzahl n, Spannung U_d, Drehmoment M und Motorstrom I_M (I_A) positiv, d. h., die Maschine arbeitet als Motor im I. Quadranten. Die Ankerspannung wird auch hier über einen gesteuerten Stromrichter dem Wechselstromnetz entnommen. Soll das Fahrzeug „generatorisch" gebremst werden, muss bei positiver Drehrichtung ($+n$) ein negatives

Bremsmoment ($-M$) aufgebracht werden. Dies ist nur möglich, wenn durch die Ankerwicklung ein umgekehrt gerichteter Strom $-I_A = I_G$ fließt wie im Motorbetrieb. Der Stromrichter würde aber in der „Motorschaltung" diesen Generatorstrom sperren, denn die Stromrichterventile wirken wie ein offener Schalter und verhindern den Stromfluss. Um durch eine solche Nutzbremsung Energie ins Netz zurückzuliefern, muss der Stromfluss durch den Stromrichter gewährleistet sein. In Bild **2**.51 sind die Ankeranschlüsse vertauscht worden. Am Stromrichter muss dann jedoch die Polarität der Gleichspannung U_d gegenüber dem Motorbetrieb geändert werden, sodass beim Bremsen im Wechselrichterbetrieb mit Steuerwinkeln $\alpha > 90°$ eine negative Gleichspannung $-U_d$ abgegeben wird. An den Anschlussklemmen des Ankers bleibt die Polarität der Ankerspannung beim Treiben und Bremsen jedoch gleich. Es gilt also:

Motorbetrieb (Treiben)

$+n$, $+U$, $+M$ und $+I_A$ (I. Quadrant),

Generatorbetrieb (Bremsen)

$+n$, $+U$, $-M$ und $-I_A$ (II. Quadrant)

Beim Linkslauf würde der Antrieb im III. Quadranten treiben und im IV. Quadranten bremsen. Möglich ist auch eine „Feldumschaltung". Der Bremsstrom hat dann die gleiche Richtung wie der Motorstrom beim „Treiben". Von dieser Möglichkeit wird seltener Gebrauch gemacht, weil die Zeitkonstante des Felds erheblich größer ist als die des Ankers, womit zwischen Treibbetrieb und Bremsbetrieb eine größere Pause entsteht als bei der Ankerumschaltung.

Ein ständiger Übergang von Motor- in den Generatorbetrieb und umgekehrt ist ohne Anker- bzw. Feldumschaltung durch Verwendung eines zweiten Stromrichters möglich. Beide Stromrichter arbeiten dann dauernd gegenparallel, der eine im Gleichrichterbetrieb, der andere im Wechselrichterbetrieb. Näheres darüber im Abschn. 2.12.3.3.

Eine Nutzbremsung liegt vor, wenn eine Antriebsmaschine in den Generatorbetrieb übergeht und damit Energie ins Netz zurückspeist. Werden für Gleichstrom-Umkehrantriebe Stromrichter verwendet, erfolgt die Nutzbremsung durch Umsteuern des Stromrichters in den Wechselrichterbetrieb und damit Rückspeisung elektrischer Energie in das Wechselstromnetz.

Eine Widerstandsbremsung liegt vor, wenn zum Bremsen eines Gleichstrommotors in den Ankerkreis ein Bremswiderstand geschaltet wird. Die Maschine arbeitet dann zwar auch als Generator, setzt aber ihre mechanische (kinetische) Energie im Bremswiderstand in Wärme um. Während der Auslaufzeit kann der Bremswiderstand stufenlos abgeschaltet werden, wodurch sich die Bremszeit verringert.

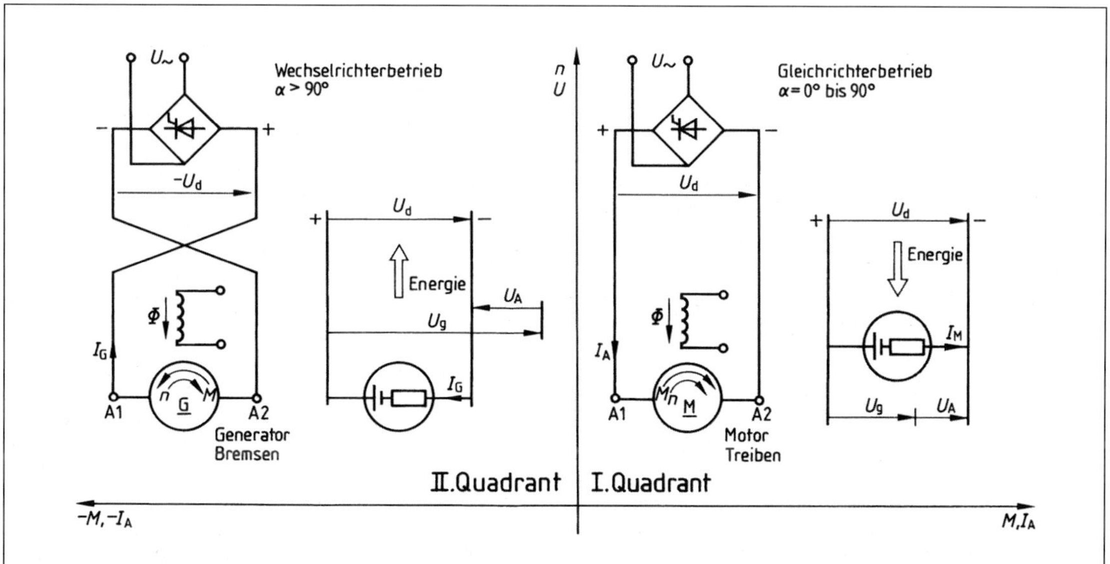

2.51 Zweiquadrantenbetrieb
I. Quadrant Treiben, II. Quadrant Bremsen

Aufgaben zu Abschnitt 2.11

1. Erläutern Sie die Anforderungen an Drehrichtung und Drehmomentrichtung beim Treiben und beim Bremsen mit einer Gleichstrommaschine a) für einen Hubantrieb, b) für einen Walzenantrieb.
2. Ein Gleichstrom-Nebenschlussmotor ist zum Heben einer Last nach Bild **2**.47 angeschlossen. Zum Senken wird nicht der Anker, sondern die Erregerwicklung umgepolt. Prüfen Sie, ob die Schaltung zum Senkbremsen geeignet ist.
3. Der Gleichstrom-Nebenschlussmotor des Beispiels 2.17 soll beim Senkbremsen mit halbem Bemessungsmoment die Drehzahl $n_{br} = 1600\ \text{min}^{-1}$ annehmen. Welchen Widerstandswert muss der Zusatzwiderstand R_Z haben?
4. Ein fremderregter Gleichstrommotor mit den Bemessungsdaten $U_{AN} = 160$ V, $P_N = 1{,}5$ kW, $I_{AN} = 12{,}3$ A und $n_N = 3000\ \text{min}^{-1}$ hat im Bemessungsbetrieb den Spannungsfall 12 % von U_{AN} im Ankerkreis. Die Maschine ist nach Bild **2**.49 zum Heben und Senken über eine vollgesteuerte Zweipuls-Brückenschaltung B2C an 230 V angeschlossen.

   a) Wie groß ist der Steuerwinkel α für den Bemessungsbetrieb des Motors beim Heben einzustellen?

   b) Eine Last soll mit Bemessungsmoment und der Drehzahl $n_{br} = 1200\ \text{min}^{-1}$ abgesenkt werden. Berechnen Sie den Steuerwinkel α.

   c) In welchen Betriebsarten arbeiten im Fall b) die Gleichstrommaschine und der Stromrichter?
5. Ein fremderregter Gleichstrommotor treibt nach Bild **2**.51 eine Walze. Zur beabsichtigten Nachlaufbremsung werden weder die Anschlüsse des Ankers noch die der Erregerwicklung vertauscht. Welche Wirkung tritt ein, wenn der Stromrichter in den Wechselrichterbetrieb gesteuert wird?

2.12 Drehzahlsteuerung

Die Drehzahlsteuerung der Gleichstrommotoren – besonders die des fremderregten Motors und des Nebenschlussmotors – ist im Gegensatz zur Steuerung der Wechselstrom-Drehfeldmaschinen verhältnismäßig einfach. Entsprechend früheren Ausführungen gibt es nach Gl. 2.22 grundsätzlich zwei Möglichkeiten, Drehzahlen von Gleichstrommotoren zu beeinflussen; entweder durch Ändern der Ankerspannung U_A oder des magnetischen Flusses Φ.

$$n = \frac{U_A}{k_E \cdot \Phi} \qquad (2.22)$$

2.12.1 Ankerstellbereich

Aus Gleichung (2.22) geht hervor, dass sich die Drehzahl n einer Gleichstrommaschine proportional mit der Ankerspannung (genauer mit der in der Ankerwicklung induzierten Gegenspannung U_g) ändert, wenn der magnetische Fluss Φ konstant bleibt, was beim Nebenschlussmotor und fremderregten Motor der Fall ist, wenn man von der Ankerrückwirkung und dem Einfluss der Temperatur absieht. Dabei ist es gleichgültig, auf welche Weise dem Anker einer Gleichstrommaschine eine veränderliche Spannung zugeführt wird. So kann z. B. in den Ankerkreis ein Vorwiderstand geschaltet werden, in dem ein Teil der Netzspannung „vernichtet" wird; es kann aber auch die Ankerspannung einem steuerbaren Stromrichter entnommen werden, mit dem die Ankerspannung nahezu verlustlos einzustellen ist.

Da jede Maschine nur für eine höchstzulässige Spannung gebaut ist, lässt sich die Ankerspannungssteuerung in der Regel nur *unterhalb* einer bestimmten Drehzahl – *der Grunddrehzahl* n_{Gr} – anwenden. Nach Gl. (2.9) ist das Drehmoment M dem Belastungsstrom I proportional. Da die Maschine, unabhängig von der Ankerspannung U_A, den vollen Belastungsstrom aus dem Netz aufnehmen kann, kann sie auch das volle Drehmoment an der Motorwelle abgeben. Allerdings ist zu bedenken, dass die Motorkühlung bei verminderter Drehzahl geringer wird und sich die Maschine daher bei länger fließendem großen Belastungsstrom unzulässig erwärmen kann. Nach der Gleichung $P = U \cdot I$ ändert sich die Aufnahmeleistung bei konstantem Belastungsstrom (Drehmoment) proportional mit der Ankerspannung. Die Abgabeleistung steigt deshalb – etwa gleicher Wirkungsgrad vorausgesetzt – mit zunehmender Drehzahl auch etwa linear an (**2**.52). Wir wollen hier noch einige weitere Überlegungen anstellen und untersuchen, welche Auswirkungen das Herabsetzen der Ankerspannung mittels eines Vorwiderstands hat. Nach Bild **2**.42 ist mit der Ankerwicklung ein Vorwiderstand (hier Anlasser) in Reihe geschaltet. An diesem Vorwiderstand tritt, wenn er ganz eingeschaltet ist, der Spannungsfall $U_V = I_A \cdot R_V$ auf, wodurch sich am

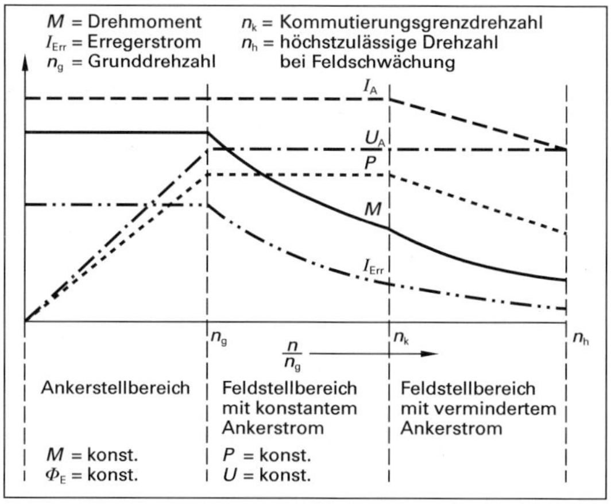

2.52 Grenzwerte von Leistung und Drehmoment

Anker der Maschine die Spannung $U_A = U - I_A \cdot R_V$ ergibt, die eine entsprechend geringere Drehzahl der Maschine zur Folge hat. *Ohne* Vorwiderstand verliefe die *n*/*M*-Kennlinie nach Bild **2**.53 Kennl. a. Dabei kann wegen der Proportionalität $M \sim I$ für den Belastungsstrom I auch das Drehmoment $+M$ (Motorbetrieb) eingesetzt werden. *Mit* Vorwiderstand tritt nach dem oben angegebenen Zusammenhang $U_A = U - I_A \cdot R_V$ mit zunehmender Belastung ein erheblicher Drehzahlabfall auf (Kennl. b). Diese Art der Drehzahlsteuerung hat deshalb zwei entscheidende Mängel:

- Die große Drehzahländerung mit der Belastung ist im praktischen Einsatz meist unerwünscht.
- Im (veränderlichen) Vorwiderstand wird elektrische Energie in Wärme umgewandelt.

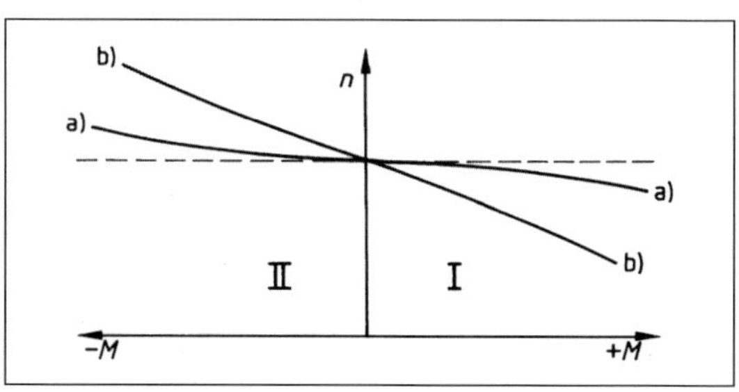

2.53 Drehzahl-Drehmomentverlauf
a) ohne, b) mit Vorwiderstand

Noch einige Überlegungen zum Verlauf der *n*/*M*-Kennlinie im negativen Bereich (II. Quadrant). Dieser Fall tritt z. B. ein, wenn die Last eines Fahrantriebs den bei Bergabfahrt eingeschalteten Nebenschlussmotor noch unterstützt und ihn über die Leerlaufdrehzahl hinaus zum Generator werden lässt. Die nun in der Ankerwicklung erzeugte Gegenspannung U_g ist größer als die Netzspannung U, womit der umgekehrt gerichtete Strom ein negatives Drehmoment $-M$ (Generatorbetrieb) zur Folge hat. Damit steigt die Drehzahl umso *höher* an, je *größer* das Lastmoment und je *größer* der vorgeschaltete Widerstand R_V sind (s. Abschn. 2.11).

Wegen der aufgeführten Mängel der Steuerung mit Widerständen werden heute üblicherweise Stromrichterschaltungen eingesetzt, mit denen wir uns in den folgenden Abschnitten (ab 2.12.3) ausführlich auseinandersetzen.

Beispiel 2.17 Gegeben sei ein Gleichstrom-Nebenschlussmotor mit den Bemessungsdaten 220 V, Ankerstrom 6 A und Bemessungsleistung 1 kW. Der Ankerkreiswiderstand beträgt 3 Ω, die ideelle Leerlaufdrehzahl 1 500 min^{-1}. Wie wird sich die Drehzahl des Motors in Abhängigkeit vom Belastungsstrom verhalten, wenn in den Ankerkreis ein Vorwiderstand 20 Ω eingeschaltet wird?

Lösung Der Spannungsfall U_A bei Bemessungslast beträgt

$$U_A = I_A \cdot R_i = 6\,\text{A} \cdot 3\,\Omega = 18\,\text{V}.$$

Dann ist die Gegenspannung

$$U_g = U - U_A = 220\,\text{V} - 18\,\text{V} = 202\,\text{V}.$$

Die Bemessungsdrehzahl n_N, die der Gegenspannung U_g proportional ist, beträgt

$$n_N = \frac{n_0 \cdot U_g}{U}$$

$$n_N = \frac{1\,500\,\text{min}^{-1} \cdot 202\,\text{V}}{220\,\text{V}} = 1\,377\,\text{min}^{-1}.$$

Der Vorwiderstand $R_V = 20\,\Omega$ ruft bei dem Ankerstrom I_A den zusätzlichen Spannungsfall $U_V = I_A \cdot R_V = 6\,\text{A} \cdot 20\,\Omega = 120\,\text{V}$ hervor.

Dann betragen die Gegenspannung U'_g nur noch

$$U'_g = U - (U_A + U_V)$$

$$U'_g = 220\,\text{V} - (18\,\text{V} + 120\,\text{V}) = 82\,\text{V}$$

und die neue Drehzahl

$$n' = \frac{n_0 \cdot U'_g}{U}$$

$$n' = \frac{1\,500\,\text{min}^{-1} \cdot 82\,\text{V}}{220\,\text{V}} = \mathbf{560\,min^{-1}}.$$

Da die Spannungsfälle den jeweils fließenden Strömen proportional sind, muss sich auch die neue Drehzahl mit dem Belastungsstrom proportional ändern. Der Motor nimmt also mit Vorwiderstand im Ankerkreis ein wesentlich „weicheres" Drehzahlverhalten an (**2**.54).

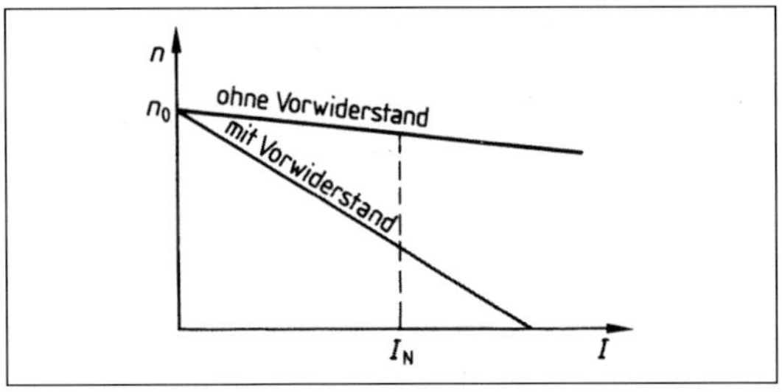

2.54 Drehzahl-Stromverlauf

2.12.2 Feldstellbereich

Nach der Gleichung $n = U_A/(k_E \cdot \Phi)$ kann auch $U_A = U$ (Netzspannung) als konstant angenommen werden. Es ändert sich die Drehzahl n umgekehrt proportional mit dem magnetischen Fluss Φ.

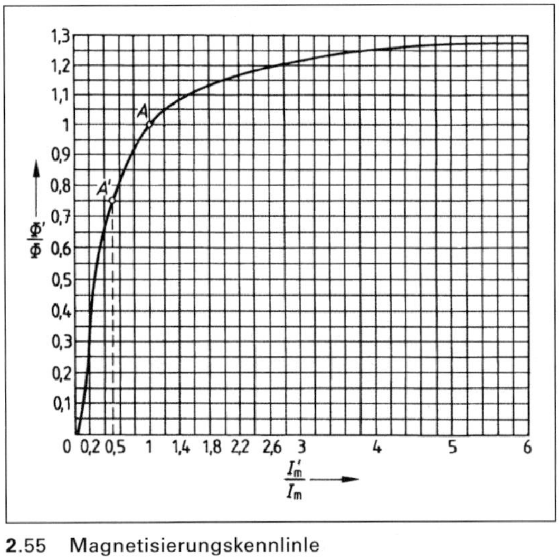

2.55 Magnetisierungskennlinie

Wir wollen an dieser Stelle wichtige Zusammenhänge näher untersuchen und fragen zunächst nach dem Zusammenhang zwischen dem Erreger- oder Magnetisierungsstrom I_m und dem magnetischen Fluss Φ. Bild **2**.55 zeigt eine normierte Magnetisierungskennlinie. Wichtig ist zunächst der Betriebspunkt des Motors. Liegt dieser z. B. im Punkt A, also im Anfangsbereich der magnetischen Sättigung, wird ein auf 50 % verringerter Magnetisierungsstrom den magnetischen Fluss nur auf etwa 76 % verringern (A'). Ein größerer Magnetisierungsstrom „treibt" das Eisen weiter in den Sättigungsbereich, sodass sich eine Änderung des Magnetisierungsstroms kaum noch als Flussänderung auswirken kann. Linearität, d. h. $\Phi \sim I_m$, gibt es nur im Anfangsbereich der Magnetisierungskennlinie. Würde man den Betriebspunkt in diesen Linearbereich legen, wäre die Maschine „ungesättigt" und daher schlecht ausgenutzt. Man wählt deshalb den Arbeitspunkt meist dort, wo der Sättigungsbereich des Eisens beginnt, und kann darum nur die Drehzahl über die *Feldschwächung* steuern. Eine Feldverstärkung ist so gut wie ausgeschlossen.

Ob man eine Feldschwächung herbeiführt, indem man der Erregerwicklung nach Bild **2**.56 einen Widerstand (Feldsteller) vorschaltet und damit den Erregerstrom beeinflusst oder Stromrichter im Erregerkreis zur Steuerung des Magnetisierungsstroms verwendet, ist im Prinzip gleichgültig. Schwächen wir das Feld eines Gleichstrom-Nebenschlussmotors oder eines fremderregten Motors, werden zunächst die in der Ankerwicklung induzierte Gegenspannung $U_g = \Delta\Phi/\Delta t$ kleiner und die Differenz $U - U_g = U_A$ größer. Der Motor entnimmt dem Netz einen größeren Strom und beschleunigt – abhängig vom Lastmoment – so lange, bis durch die größere Drehzahl wieder die ursprüngliche Gegenspannung $U_g \approx U$ erreicht wird. Die Stromaufnahme geht damit ebenfalls auf den „Normalwert" zurück. Insgesamt darf natürlich die Stromaufnahme des Motors auch im Feldstellbereich nicht größer werden als sie der Konstrukteur zugrunde gelegt hat.

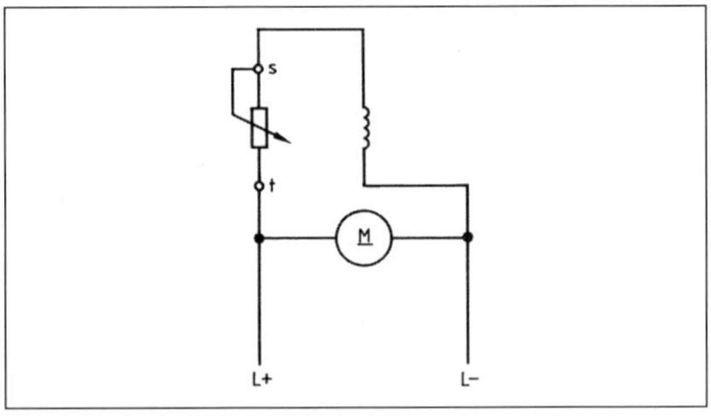

2.56 Schaltung eines Feldstellers

Damit kann die Maschine in diesem Betrieb bei konstanter Spannung die volle Leistung $P = U \cdot I$ umsetzen. Eine leicht vergrößerte Leistungsabgabe ist evtl. wegen der bei größerer Drehzahl besseren Wärmeabfuhr möglich. Nehmen wir I als konstant an, gilt nach Gl. (2.9) unter Berücksichtigung aller Konstanten $M \sim \Phi$. Ein Verringern des Flusses Φ bedeutet daher ebenfalls ein Verringern des Drehmoments M (**2**.52). Diese Zusammenhänge lassen sich auch aus der Gl. (2.9) herleiten.

Beispiel 2.18 Gegeben seien die Werte des Gleichstrom-Nebenschlussmotors aus Beispiel 2.17. Der Widerstand der Erregerwicklung beträgt 800 Ω. Auf welchen Wert erhöht sich die Drehzahl, wenn ein Feldsteller mit 500 Ω in den Erregerkreis geschaltet wird?

Lösung Der normale Magnetisierungsstrom (Erregerstrom) ohne Feldsteller ist

$$I_m = \frac{U}{R_m} = \frac{220\ \text{V}}{800\ \Omega} = 0{,}275\ \text{A}.$$

Mit dem Feldsteller wird

$$I'_m = \frac{U}{R_m + R_F} = \frac{220\ \text{V}}{800\ \Omega + 500\ \Omega} = 0{,}169\ \text{A}.$$

I'_m ist der $\frac{0{,}169\ \text{A}}{0{,}275\ \text{A}} = 0{,}615$-fache Wert des normalen Magnetisierungsstroms. Nach Bild **2**.55 bewirkt I'_m eine Schwächung des magnetischen Flusses Φ auf den 0,83-fachen Wert. Die neue Drehzahl n' wird dann $\frac{1}{0{,}83} = 1{,}2$-mal so groß wie die Leerlaufdrehzahl n_0, also

$$n' = n_0 \cdot 1{,}2 = 1500\ \text{min}^{-1} \cdot 1{,}2$$

$$n' = \mathbf{1800\ min^{-1}}.$$

und der Widerstand des Feldstellers

$$R_F = R_E - R_m = 285{,}7\ \Omega - 100\ \Omega = \mathbf{185{,}7\ \Omega}.$$

Der Ankerstrom I_A beträgt ohne eingeschalteten Feldsteller $I_A = I_N - I_m = 50{,}5\ \text{A} - 2{,}2\ \text{A} = 48{,}3\ \text{A}$.

Eine Herabsetzung der Drehzahl auf $n'' = 1000\ \text{min}^{-1}$ müsste von der Gegenspannung U_g hervorgerufen werden, ausgehend vom Leerlauf bei n_0 mit $U_{g0} = U_N$.

$$U''_g = \frac{n'' \cdot U_{g0}}{n_0}$$

$$U''_g = \frac{1000\ \text{min}^{-1} \cdot 220\ \text{V}}{1500^{-1}} = 146{,}66\ \text{V}$$

Daraus wird der neue Spannungsfall U_A im Ankerkreis berechnet.

$$U''_A = U_N - U''_g$$

$$U''_A = 220\ \text{V} - 146{,}66\ \text{V} = 73{,}33\ \text{V}$$

Nehmen wir an, dass der volle Ankerstrom auch in diesem Bereich fließen soll, dann gilt für den Gesamtwiderstand

$$R_i + R_V = \frac{U''_A}{I_A} = \frac{73{,}33\ \text{V}}{48{,}3\ \text{A}} = 1{,}52\ \Omega$$

und für den Vorwiderstand

$$R_V = 1{,}52\ \Omega - R_i$$

$$R_V = 1{,}52\ \Omega - 0{,}2\ \Omega = \mathbf{1{,}32\ \Omega}.$$

Beispiel 2.19 Gegeben sei ein Gleichstrom-Nebenschlussmotor mit $U = 220$ V, $P = 10$ kW, $I_N = 50{,}5$ A, $n_0 = 1500\ \text{min}^{-1}$, $R_i = 0{,}2\ \Omega$, $R_m = 100\ \Omega$. Welche Widerstandswerte müssen ein Feldsteller R_F und ein Vorwiderstand R_V aufweisen, wenn die Drehzahlen auf 2500 min^{-1} herauf- und auf 1000 min^{-1} herabgesetzt werden sollen?

Lösung Der Magnetisierungsstrom I_m beträgt ohne Feldsteller

$$I_m = \frac{U}{R_m} = \frac{220\ \text{V}}{100\ \Omega} = 2{,}2\ \text{A}.$$

(Dieser Wert soll dem Arbeitspunkt A in der Magnetisierungskennlinie 2.55 entsprechen).

Um die Drehzahl $n' = 2500\ \text{min}^{-1}$ zu erhalten, muss das Feld auf das 1500 min^{-1}/2500 min^{-1} = 0,6-fache geschwächt werden. Dies erreichen wir durch Ändern des Magnetisierungsstroms I'_m auf den 0,35-fachen Wert. Also:

$$I'_m = I_m \cdot 0{,}35 = 2{,}2\ \text{A} \cdot 0{,}35 = 0{,}77\ \text{A}$$

Damit werden der Gesamtwiderstand R_E des Erregerstromkreises

$$R_E = \frac{U}{I_m} = \frac{220\ \text{V}}{0{,}77\ \text{A}} = 285{,}7\ \Omega$$

Grenzwerte. Drehzahlsteuerungen oberhalb der Grunddrehzahl durch Feldschwächung haben mechanisch und elektrisch bedingte Grenzen.

Mechanisch:

- Infolge der mit steigender Drehzahl zunehmenden Fliehkräfte können Maschinen zerstört werden. Gefährdet sind vor allem die Wickelköpfe der Ankerwicklung, die Bandagen und der Kollektor, aber auch die Lager und eingebaute Lüfter.

Elektrisch:

a) Eine Steigerung der Drehzahl bewirkt eine immer schwieriger werdende Stromwendung, weil die Stromwendezeit kürzer wird. Ein evtl. auftretendes „Rundfeuer" kann den Kollektor zerstören.

b) Die Zunahme der Drehzahl auf große Werte setzt eine entsprechend starke Herabsetzung des magnetischen Flusses voraus. Ein so geschwächtes Feld wird (besonders bei Belastungsstößen) wesentlich von der Ankerrückwirkung beeinflusst, womit ein stabiler Lauf des Motors fraglich wird.

Maschinen für Steuerbereiche von etwa 1:2 bis 1:5 (Grenzwert) erfordern deshalb unbedingt Wendepole bzw. eine Kompensationswicklung. Oberhalb einer bestimmten Drehzahl kann die Maschine wegen der beschriebenen Probleme nur mit verringertem Ankerstrom betrieben werden, vgl. Bild **2**.52.

Wenn auch die Erregerleistungen von Nebenschlussmotoren und fremderregten Motoren relativ gering sind, wird doch bei größeren Maschinen ein erheblicher Anteil der elektrischen Energie in Feldstellern „nutzlos" in Wärmeenergie umgewandelt. Hier können ebenfalls die fast „verlustlos" arbeitenden Stromrichter Abhilfe schaffen (ab Abschn 2.12.3).

2.12.3 Betrieb am Wechselstromnetz

Soll eine fremderregte Gleichstrommaschine am Einphasen- oder Dreiphasen-Wechselstromnetz drehzahlgesteuert betrieben werden, bedarf es Stromrichterschaltungen zur getrennten Steuerung der Anker- und der Erregerwicklung. Der Anschluss einer Nebenschlussmaschine muss auch über getrennte Stromrichter erfolgen, sodass sie einer fremderregten Maschine entspricht. Bild **2**.57 zeigt einen entsprechenden Antrieb, wobei Anker und Erregerwicklung zur Spannungsanpassung und zur Potentialtrennung über einen zusätzlichen Stromrichtertransformator angeschlossen sind. Drehzahlgesteuerte DC-Reihenschlussmotoren haben geringe Bedeutung, auf ihre Darstellung wird hier verzichtet. Die Stromrichterschaltungen sind von der Antriebsaufgabe abhängig. Wesentlich sind die Anforderungen an die Drehrichtung und die Drehmomentrichtung. Bei Antrieben mit Momentenrichtungswechsel ist die maximale Dauer der momentfreien Pause ein weiterer Gesichtspunkt. Tabelle **2**.58 gibt einen Überblick über die gebräuchlichen stromrichtergespeisten Gleichstromantriebe.

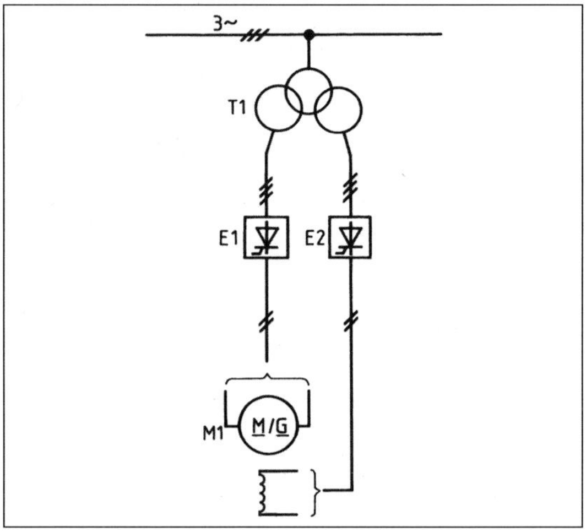

2.57 Stromrichtergespeiste fremderregte Gleichstrommaschine

Tabelle **2**.58 **Stromrichtergespeiste Gleichstromantriebe**

Einquadrantenantriebe mit Einfachstromrichter		Mehrquadrantenantriebe mit			
		Einfachstromrichter/vollgesteuert		Zweifachstromrichter/vollgesteuert	
halbgesteuert	vollgesteuert	Umschaltung im Ankerkreis	Umschaltung im Erregerkreis	z. B. kreisstromfreie Gegenparallelschaltung	z. B. kreisstromführende Kreuzschaltung
	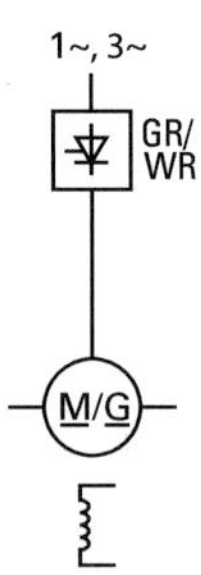	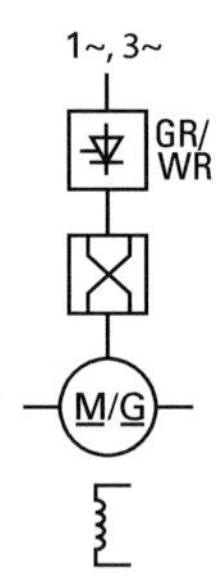	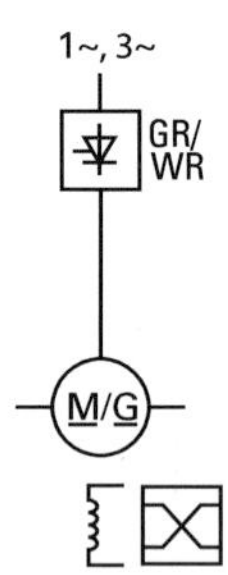	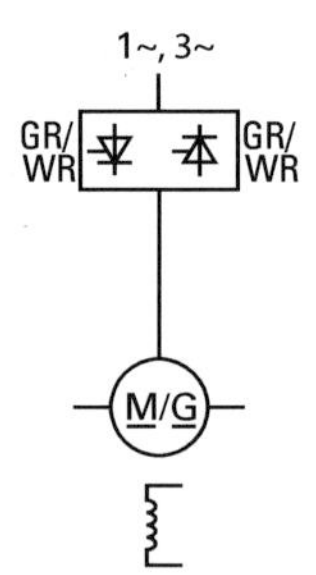	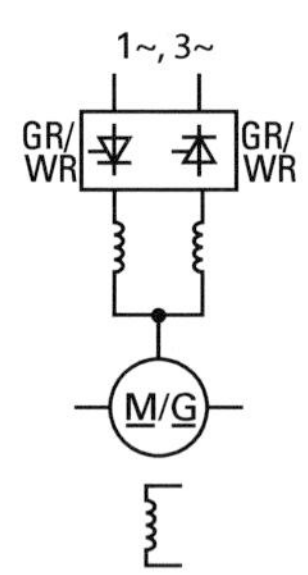
Betriebsbereiche 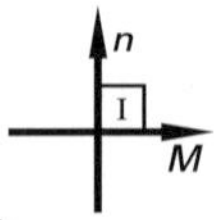 oder 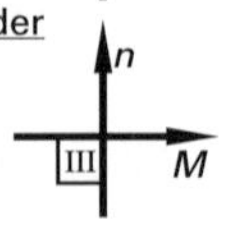	Betriebsbereiche  oder 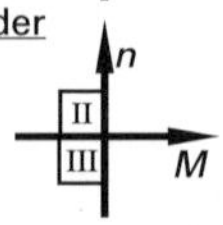	Betriebsbereiche 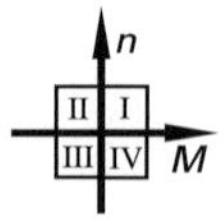 Momentfreie Pause: 0,1 bis 0,2 s	Betriebsbereiche 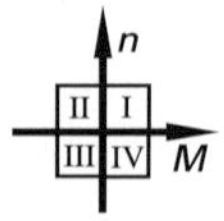 Momentfreie Pause: 0,5 bis 2 s	Betriebsbereiche 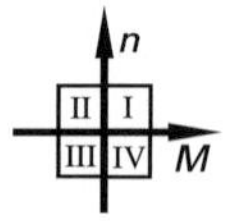 Momentfreie Pause: 2 bis 10 ms	Betriebsbereiche 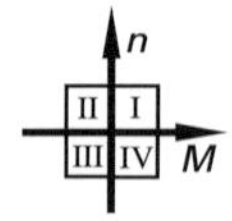 Momentfreie Pause: keine

GR = Gleichrichterbetrieb, WR = Wechselrichterbetrieb

Die Erregerwicklung kann von einem Stromrichter versorgt werden, der nur in der Betriebsart Gleichrichterbetrieb arbeiten kann (z. B. die halbgesteuerte Zweipuls-Brückenschaltung B2H). Verzichtet man auf eine Drehzahlerhöhung durch Feldschwächung, kann der Feldstromrichter ungesteuert ausgeführt werden. Eine Umkehr der Erregerstromrichtung erfolgt – falls erforderlich – durch Schütze. Die unterschiedlichen Betriebsquadranten des Antriebs werden im Wesentlichen durch Ankersteuerung erreicht.

2.12.3.1 Einquadrantenbetrieb (I-Q-Betrieb)

Bei einer Pumpe ist z. B. nur der Motorbetrieb im Rechtslauf (I. Quadrant) oder im Linkslauf (III. Quadrant) erforderlich. Hier ist ein Einfachstromrichter ausreichend. Er muss nur im Gleichrichterbetrieb arbeiten können und wird häufig zur Verringerung des Blindleistungsbedarfs in halbgesteuerter Schaltung ausgeführt.

Drehmoment-Drehzahl-Kennlinie. Im Einquadrantenbetrieb arbeitet die Gleichstrommaschine als Motor und der Stromrichter als Gleichrichter. Bild **2**.59 zeigt die normierte Drehmoment-Drehzahl-Kennlinien im I. Quadranten. Zu unterscheiden sind die Bereiche der Ankerspannungssteuerung und der Feldsteuerung.

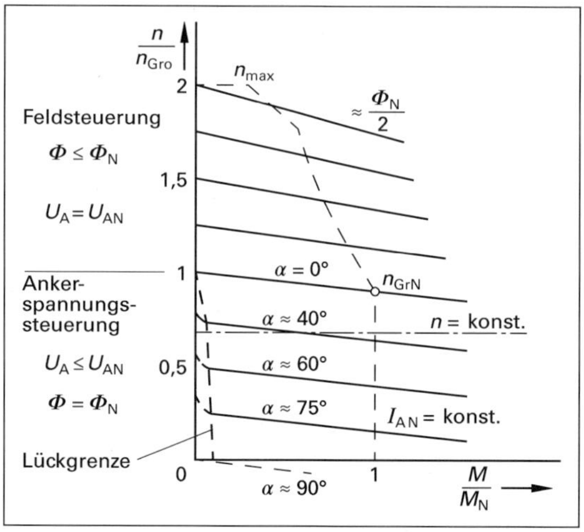

2.59 Normierte Drehmoment-Drehzahl-Kennlinien eines stromrichtergesteuerten fremderregten Gleichstrommotors

Im Bereich der Ankerspannungssteuerung wird die Ankerspannung durch Verändern des Steuerwinkels eingestellt. Die Bemessungserregung Φ_N ist konstant. Bei Ankerbemessungsspannung (häufig $\alpha \approx 0°$) erreicht der Motor im Leerlauf die Leerlauf-Grunddrehzahl n_{Gr0}. Mit zunehmendem Belastungsmoment M verringert sich die Drehzahl wegen des Spannungsfalls $I_A \cdot R_i$ im Anker. Ohne Berücksichtigung der Ankerrückwirkung ist die Kennlinie eine Gerade. Wird die Ankerspannung verringert, ergeben sich parallele Kennlinien mit kleineren Drehzahlen. Die Ausgangsspannung eines vollgesteuerten Stromrichters beträgt für nichtlückenden Betrieb $U_{d\alpha} = U_{d0} \cdot \cos \alpha$. Bei $\alpha = 60°$ haben sich Ankerspannung und Drehzahl gegenüber Vollaussteuerung um die Hälfte verringert. Die Glättungsdrosseln sind meist so bemessen, dass es bei geringer Belastung zum lückenden Strom kommt. Dabei nehmen Ankerspannung und Drehzahl zu. In ausgeführten Antrieben kann der Lückbetrieb mit einer entsprechenden Regelung (adaptive Stromregelung) genutzt werden. Im Dauerbetrieb wird der nutzbare, grau unterlegte Bereich des Kennlinienfelds durch den Ankerstrom begrenzt, der bei der Belastung mit Bemessungsmoment fließt.

Im Bereich der Feldsteuerung wird bei Ankerbemessungsspannung das Erregerfeld des Motors z. B. mit einem gesteuerten Stromrichter geschwächt. Die Drehzahl steigt nach der Gleichung $n = U_A/(k_E \cdot \Phi)$ an. Bei halbem Bemessungsfluss $\Phi_N/2$ erreicht man im Leerlauf die doppelte Leerlauf-Grunddrehzahl n_{Gr0}. Mit zunehmender Feldschwächung verlaufen die Drehmoment-Drehzahl-Kennlinien steiler, da der Strom bei gleichem Drehmoment infolge der Feldschwächung zunimmt. Im Dauerbetrieb wird man den Ankerbemessungsstrom nicht überschreiten; die Maschine kann bei Feldschwächung nur mit verringertem Drehmoment gefahren werden. Bei sehr großen Drehzahlen wird aufgrund von Kommutierungsproblemen (vgl. Abschn. 2.8) mit geringerem Ankerstrom als dem Bemessungsstrom „gefahren", sodass das Drehmoment nochmals verringert wird (**2**.59).

Typenleistung. Die Bemessungsleistung von Gleichstrommotoren wird für Bemessungsspannung und Bemessungsstrom bei vollkommen geglättetem Gleichstrom angegeben. Pulsierender Gleichstrom enthält Wechselstromanteile, die die Maschine zusätzlich erwärmen. Daher geben die Hersteller für den Betrieb an Stromrichtern einen Zuschlagfaktor F an, für eine zweipulsige Schaltung z. B.: $F = 1{,}4$ ohne Anker-Glättungsdrossel, $F = 1{,}2$ mit Anker-Glättungsdrossel. Damit ist die Typenleistung

$$P_T = M_N \cdot \omega_{Gr} \cdot F = M_N \cdot 2 \cdot \pi \frac{n_{Gr}}{60} \cdot F$$

aus dem Bemessungsmoment M_N und der Grunddrehzahl n_{Gr} zu berechnen. In sechspulsigen Schaltungen ist der Strom so weit geglättet, dass kein Zuschlagfaktor mehr angegeben wird.

Gesteuerter Betrieb. Bei einer Steuerung liegt ein offener Wirkungsablauf vor. D. h., die Ausgangsgröße wird nicht auf den Eingang zurückgeführt (**2**.60). Als *Führungsgröße w* wird am Steuer-Potentiometer eine Steuerspannung eingestellt. Die Grunddrehzahl n_{Gr} wird bei der maximalen Steuerspannung (10 V) erreicht. Der Steuersatz erzeugt in Abhängigkeit von der Steuerspannung die Steuerimpulse mit den Steuerwinkeln zwischen z. B. α = 0° und 90°. Die Steuerwinkel entsprechen der *Stellgröße y*. Der Stromrichter und der Motor mit der Arbeitsmaschine bilden die Steuerstrecke. Der Stromrichter als Stellglied ist hier mit zur Strecke gerechnet. Die Drehzahl *n* des Antriebs ist die *Steuergröße x*. *Störgrößen z*, die die eingestellte Drehzahl beeinflussen, sind z. B. die Belastung des Motors, die Netzspannung oder die Betriebstemperatur. Da es keine Rückführung und Beeinflussung der Steuergröße „Drehzahl" vom Ausgang zum Eingang gibt, ändert sich die eingestellte Drehzahl unter dem Einfluss von Störgrößen.

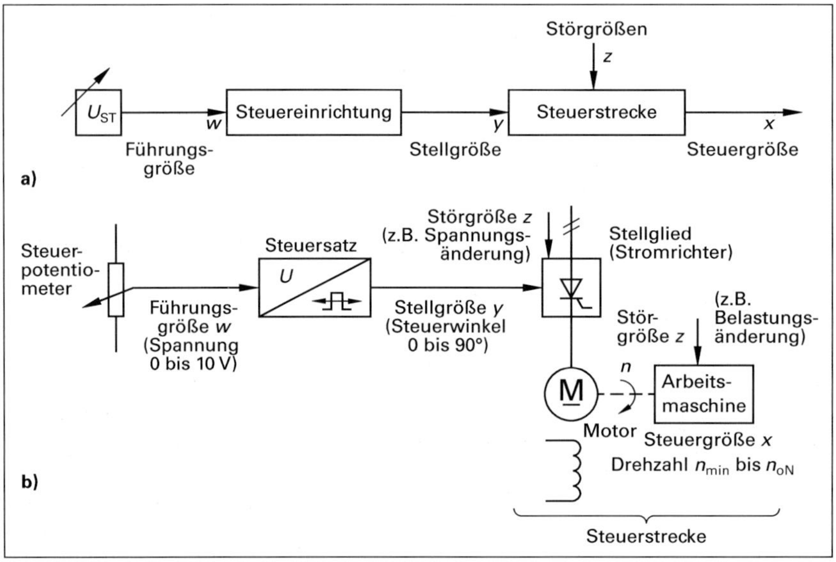

2.60 Drehzahl gesteuerter Gleichstromantrieb
a) Signalflussplan
b) Blockschaltbild

Geregelter Betrieb. In der Regelungstechnik wird eine physikalische Größe, die *Regelgröße x* (z. B. der Istwert der Drehzahl), mit einer anderen Größe (z. B. dem Sollwert der Drehzahl) verglichen und Übereinstimmung angestrebt. Die Regelung hat die Aufgabe, die Ausgangsgröße konstant zu halten. Der Beeinflussung der Regelgröße durch *Störgrößen z* wird durch die *Stellgröße y* entgegengewirkt. Den Sollwert der Regelgröße bestimmt die *Führungsgröße w*. Den typischen Wirkungsplan einer Regelung zeigt Bild **2**.61 a. Kennzeichen der Regelung ist der Regelkreis, d. h. eine Rückführung der Regelgröße *x* vom Ausgang der *Regelstrecke* auf den Eingang. Am Eingang wird der zurückgeführte und in die Einheitsspannung 0 bis 10 V umgeformte Istwert der Regelgröße x_R mit dem Sollwert (Führungsgröße *w*) verglichen. Die Regeldifferenz $e = w - x_R$ wird dem Regelglied zugeführt. Vergleichsglied und Regelglied bilden zusammen den *Regler* (Regeleinrichtung). Entsprechend seinem Verhalten gibt der Regler ein Signal y_R an den Steller, der daraus die Stellgröße *y* bildet. In unserem Beispiel des drehzahlgeregelten Antriebs (**2**.61 b) entsprechen der Steller dem Steuersatz und die Stellgröße *y* dem Steuerwinkel α. Die Stellgröße greift am Stellglied (Stromrichter) ein und beeinflusst durch Phasenanschnitt den Energiefluss in der Regelstrecke, die hier aus dem Gleichstrommotor mit der Arbeitsmaschine und dem Steller besteht (Steller und Stellglied werden begrifflich auch zur Stelleinrichtung zusammengefasst). Der Istwert der Regelgröße (Drehzahl) wird hier mit einem Tachogenerator gemessen. Er gibt eine der Drehzahl proportionale Spannung ab, die umgeformt dem Vergleichsglied des Eingangs zugeführt wird. Der Regelkreis ist geschlossen.

Verhalten der Regelglieder. Für die Genauigkeit einer Regelung und eine optimale Störgrößen-Ausregelung ist eine Anpassung des Reglers an das Zeitverhalten der Regelstrecke erforderlich.

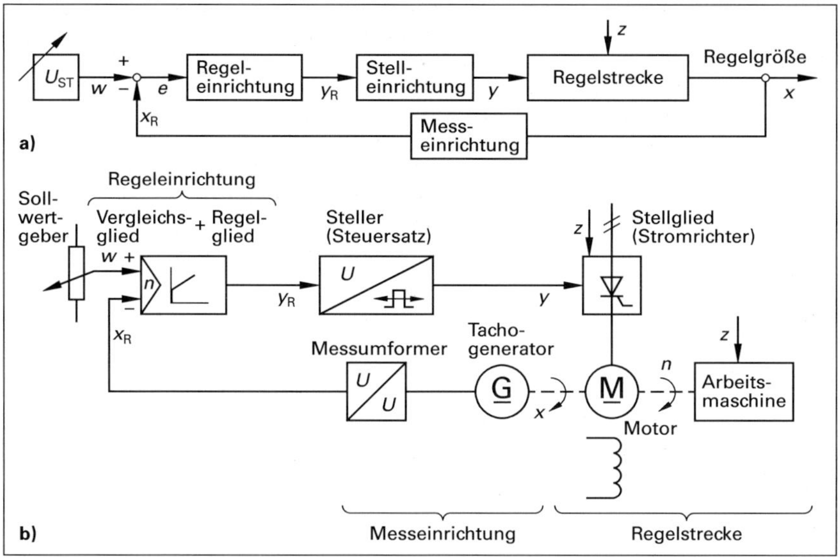

2.61 Geregelter Gleichstromantrieb
a) Signalflussplan eines Regelkreises
b) Drehzahlgeregelter Gleichstromantrieb mit Tachogenerator

Traditionell bedient man sich hierbei z. B. bestimmter Beschaltungen von Operationsverstärkern (OP), die je nach Schaltung Porportional-Verhalten (P), Proportional-Differential-Verhalten (PD), Proportional-Integral-Verhalten (PI) oder Proportional-Integral-Differential-Verhalten (PID) aufweisen. In der Antriebstechnik werden meist PI-Regler eingesetzt, deren einfachste Schaltung und zugehörige Sprungantwort Bild **2**.62 zeigt. Wird auf den Reglereingang eine Sprungfunktion gegeben, entsteht am Ausgang eine Sprungantwort. Diese setzt sich beim PI-Regler aus dem Proportionalteil (P) und dem Integralteil (I) zusammen. PI-Regler haben gegenüber den reinen P-Reglern den Vorteil, dass die Regelgröße nach dem Einschwingen keine „bleibende Regelabweichung" gegenüber dem Sollwert zeigt. Heute werden vorwiegend digitalisierte Regler eingesetzt, die das gleiche Verhalten wie analoge aufweisen.

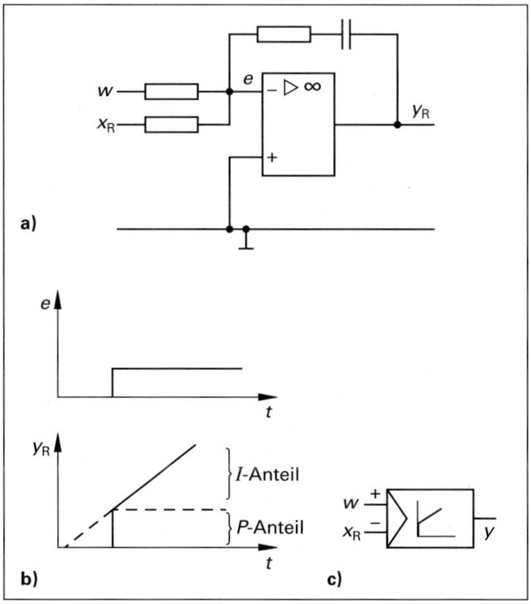

2.62 PI-Regler
a) Schaltung, b) Sprungantwort, c) Symbol

Verfahren der Drehzahlregelung. Die ausgeführten geregelten Einquadrantenantriebe unterscheiden sich

- nach dem Umfang der Stellmöglichkeiten (Ankerspannungseinstellung oder Feldschwächung),
- nach der direkten Drehzahlmessung durch einen Tachogenerator,
- nach der indirekten Drehzahlmessung über die Ankerspannung,
- durch Einsatz von Zusatzeinrichtungen wie Hochlaufgeber, unterlagerte Stromregelung usw.

Drehzahlregelung mit Tachogenerator. Die entsprechende Regelung wurde schon in Bild **2**.61 b vorgestellt. Den Drehzahl-Istwert bildet der Tachogenerator. Er gibt eine der Drehzahl proportionale Spannung ab, die meist zwischen ±24 V und ±180 V liegt. Diese Spannung muss (z. B. mit einem Spannungsteiler) auf das Einheitssignal ±10 V heruntergeteilt werden. Gleichstrom-Tachomaschinen werden wegen ihrer Güte bevorzugt eingesetzt. Für einfache Ansprüche genügen Wechselstrom-Tachogeneratoren.

Ankerspannungsregelungen mit *I × R*-Kompensation. In Anlagen, in denen der Einsatz eines Tachogenerators nicht möglich ist, lässt sich die

Drehzahl indirekt über die Ankerspannung regeln. Bei konstantem Fluss Φ ist die Drehzahl der induzierten Quellenspannung proportional $n \sim U_g = U - I_A \cdot R_i$. Von der gemessenen Ankerspannung U muss also der Betrag $I_A \cdot R_i$ subtrahiert werden, um einen der Drehzahl proportionalen Istwert zu erhalten. Das Verfahren heißt $I \times R$-Kompensation. Zur Regelung erfasst man nach Bild **2**.63 die Ankerspannung und den Ankerstrom. Die Subtraktion des $I \times R$-Anteils erfolgt am Regler. Die Drehzahlregelung über die Ankerspannung ist ungenauer als über einen Tachogenerator, da sie z. B. die Ankerrückwirkung und Temperaturänderungen nicht erfasst.

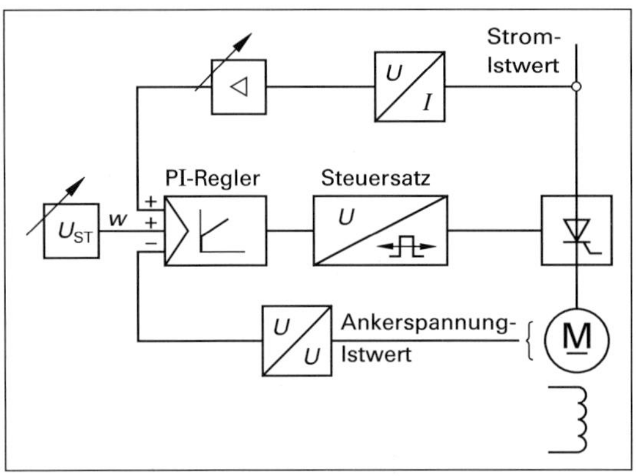

2.63 Ankerspannungsregelung mit $I \times R$-Kompensation

Die stromunterlagerte Drehzahlregelung ist die am häufigsten eingesetzte Regelschaltung der Antriebstechnik. Sie ist eine Reihenschaltung (Kaskadenschaltung) von Drehzahlregler und untergeordnetem Stromregler, der das Signal zum Steuersatz leitet (**2**.64a). Der Drehzahlregler gibt dem Stromregler den für die Einhaltung der gewünschten Drehzahl erforderlichen Strom-Sollwert vor. Der Stromregler führt entsprechend den Ankerstrom nach. Am Eingang des Stromreglers kann der Stromwert z. B. auf den Bemessungsstrom begrenzt werden. Durch den unterlagerten Stromregler lässt sich der Ankerstrom zum Schutz von Maschine und Stromrichter auf den eingestellten Wert begrenzen. Zudem bewirkt die zusätzliche Ankerstromregelung ein besseres dynamisches Verhalten der Regelstrecke und minimale Ausregelzeiten.

Das Anfahrdiagramm eines Gleichstromantriebs mit stromunterlagerter Regelung zeigt Bild **2**.64b. Aufgrund des Sollwertsprungs auf n_{soll} steigt die Stromaufnahme steil auf die Stromgrenze I_{max} (z. B. Bemessungsstrom) an. Der Strom erzeugt ein ihm proportionales Drehmoment, das den Antrieb beschleunigt. Eine zusätzliche Funktionseinheit kann beim Anlassen auch höhere Stromgrenzwerte als im Betrieb zulassen. Hat die Drehzahl den Sollwert erreicht, gehen Stromaufnahme und Drehmoment auf einen Wert zurück, der der Belastung bei der vorgegebenen Drehzahl entspricht. Im Drehmoment-Drehzahl-Diagramm ergibt die Verfolgung der Betriebspunkte einen rechtwinkligen Verlauf vom Stillstand St bis zum Arbeitspunkt A.

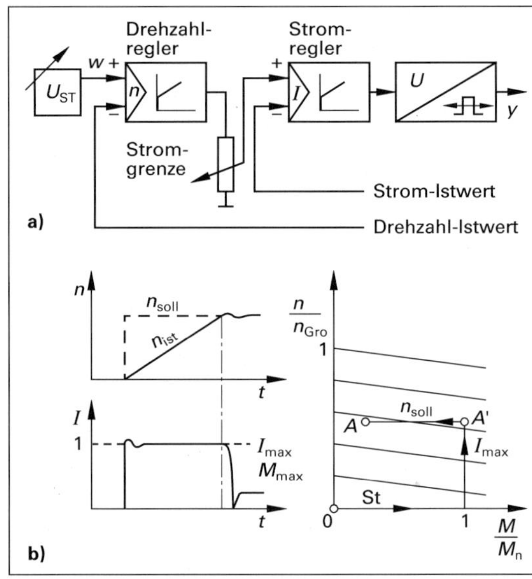

2.64 Stromunterlagerte Drehzahlregelung
a) Reglerschaltung, b) Anfahrdiagramm

Drehzahlregelung im Ankerspannungs- und Feldstellbereich. Im Bereich oberhalb der Grunddrehzahl ist z. B. bei Hauptspindelantrieben von Werkzeugmaschinen nur ein geringes Drehmoment erforderlich. Hier kann man wirtschaftlich im Bereich der Feldschwächung fahren. Der gesamte Drehzahlbereich wird in einen Anker- und einen Feld-Stellbereich unterteilt. Bis zur Grunddrehzahl geschieht die Verstellung bei Bemessungserregung im Ankerspannungsbereich und oberhalb durch Feldschwächung bei Ankerbemessungsspannung.

2.12.3.2 Zweiquadrantenbetrieb (2-Q-Betrieb)

Hier ist zu unterscheiden, ob ein Drehrichtungs- oder ein Drehmomentwechsel erforderlich ist. **Hubantriebe** mit den Antriebsaufgaben Heben (Motorbetrieb) und Senken (Generatorbetrieb) arbeiten mit einer *Drehmomentrichtung* bei unterschiedlicher Drehrichtung im I. und IV. Quadranten oder im III. und II. Quadranten. Für eine Drehmomentrichtung und damit auch nur eine

Stromrichtung reicht ein Einfachstromrichter aus, der jedoch vollgesteuert sein muss. Beim Heben arbeitet er im Gleichrichterbetrieb mit α = 0° bis 90°, beim Senkbremsen im Wechselrichterbetrieb mit α > 90°. Eine Umschaltung im Anker- oder Feldkreis erfolgt nicht.

Fahrantriebe, Walzen u. a. arbeiten beim Treiben (Motorbetrieb) und beim Nachlaufbremsen (Generatorbetrieb) mit einer Drehrichtung bei unterschiedlicher Drehmomentrichtung im I. und II. Quadranten oder im III. und IV. Quadranten. Wegen des Drehmomentrichtungswechsels ist der gleiche gerätetechnische Aufwand wie beim Vierquadranten-Betrieb erforderlich. Es können vollgesteuerte Einfachstromrichter mit Schützumschaltung im Anker- oder Erregerstromkreis oder vollgesteuerte Zweifachstromrichter verwendet werden.

2.12.3.3 Vierquadrantenbetrieb (4-Q-Betrieb)

Dieser Antriebsfall liegt bei einem Umkehrwalzgerüst oder dem Fahrantrieb eines Krans vor, der z. B. bei Vorwärtsfahrt (I. Q.) und Rückwärtsfahrt (III. Q.) im Motorbetrieb treibt und beim Bremsen aus der Vorwärtsfahrt (II. Q.) oder Rückwärtsfahrt (IV. Q.) im Generatorbetrieb arbeitet. Hier sind Drehrichtungswechsel und Drehmomentrichtungswechsel erforderlich, die durch vollgesteuerte Einfachstromrichter mit mechanischer Umschaltung oder durch vollgesteuerte Zweifachstromrichter realisiert werden.

Ankerkreisumschaltung. Die Speisung der Gleichstrommaschine erfolgt in den vier Quadranten über einen vollgesteuerten Einfachstromrichter und eine Ankerkreisumschaltung mit Wendeschützen (**2**.65). Die Erregerwicklung wird mit unveränderter Feldrichtung betrieben. Wir wollen annehmen, dass die Gleichstrommaschine eine Walze im Rechtslauf antreibt. Der Stromrichter arbeitet dann als Gleichrichter im I. Quadranten mit z. B. α = 60°; das Schütz Q1 ist eingeschaltet. Die Walze soll abgebremst werden (II. Quadrant) und im Linkslauf (III. Quadrant) wieder hochlaufen. Um Schaltüberspannungen und Drehmomentstöße zu vermeiden, sollen die Schütze Q1 und Q2 stromlos umgeschaltet werden. Hierzu ist der Strom zu messen und als Istwert dem Stromregler und einer Umschalt-Steuereinheit zuzuführen. Der Umschaltvorgang läuft in folgenden Stufen ab:

- Zu Beginn der Umschaltung wird der Steuerwinkel auf die Wechselrichterendlage (α ~ 150°) gebracht.
- Im Wechselrichterbetrieb polt sich die Spannung des Stromrichters um; der durch die Induktivitäten im Ankerkreis weitergetriebene Strom klingt schnell auf null ab.
- Im Stromnulldurchgang werden die Zündimpulse gesperrt; es erfolgt die Schützumschaltung.
- Bei angezogenem Schütz Q2 werden die Zündimpulse im Wechselrichterbetrieb bei α ~ 150° wieder freigegeben.
- Durch Verringern des Steuerwinkels auf α = 90° bremst der Antrieb bis zum Stillstand ab. Der Bremsvorgang wird vom Stromregler gesteuert, sodass während des Bremsens z. B. der Bemessungsstrom konstant bleibt.
- Im Gleichrichterbetrieb mit Steuerwinkeln α < 90° kann der Antrieb nun im Linkslauf wieder hochfahren. Die momentfreie Pause dauert während des Umschaltens etwa 0,1 bis 0,2 s.

Erregerkreisumschaltung. Eine Umkehrung des Drehmoments ist nach der Gleichung $M = k_T \cdot \Phi \cdot I_A$ auch durch Umpolung des Erregerfelds bei unveränderter Ankerstromrichtung möglich. Infolge der großen Induktivität der Erregerwicklung dauern die Stromänderungen und Schaltvorgänge etwa 2 s. Wegen dieser wesentlich längeren Pause gegenüber der Ankerkreisumschaltung wird die Erregerkreisumschaltung auf wenige Sonderfälle beschränkt wie z. B. beim Antrieb von Fördermaschinen.

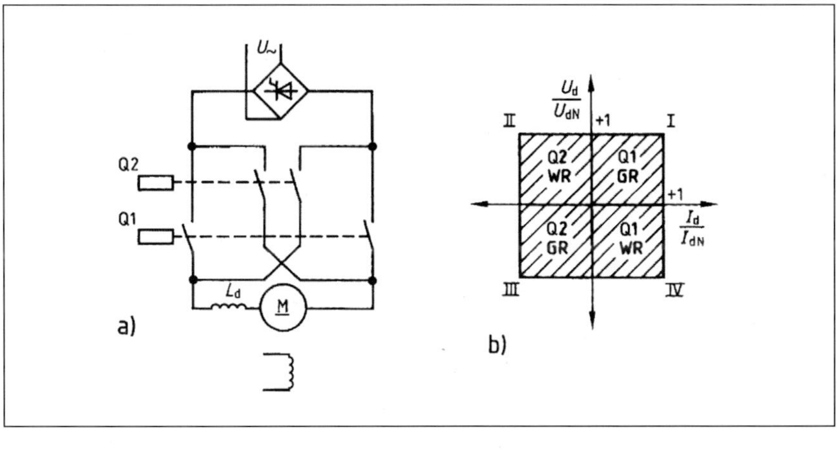

2.65
Ankerkreisumschaltung
a) Schaltplan
b) Betriebsquadranten

Doppelstromrichter, Umkehrstromrichter ermöglichen die Umkehr der Gleichstromrichtung und damit eine Drehmomentumkehr. Es sind zwei Schaltungsarten zu unterscheiden:

- **die Antiparallelschaltung (A)** der Thyristorgruppen. In Bild **2**.66a die Schaltung (M3)A(M3),
- **die Kreuzschaltung (X)** der Thyristorgruppen. In Bild **2**.66b die Schaltung (M3)X(M3).

Beide Schaltungen werden in der Praxis bei größeren Leistungen in der B6C-Brückenschaltung ausgeführt. Sie lassen sich kreisstromführend oder kreisstromfrei betreiben.

In der kreisstromführenden Schaltung werden beide Stromrichter I und II gleichzeitig betrieben. Ihre Zündwinkel sind in jedem Betriebszustand so zu wählen, dass die Gleichspannungen $U_{d\alpha I}$ und $U_{d\alpha II}$ im zeitlichen Mittel den gleichen Betrag, aber unterschiedliches Vorzeichen aufweisen (**2**.67). Dazu wird der eine Stromrichter mit dem Steuerwinkel α_I im Gleichrichterbetrieb (GR) und der andere mit dem Steuerwinkel $\alpha_{II} = 180° - \alpha_I$ im Wechselrichterbetrieb (WR) gesteuert. Da die Momentanwerte der Gleichspannung differieren, bleibt eine Wechselstromkomponente $U_{d\alpha I} + U_{d\alpha II}$

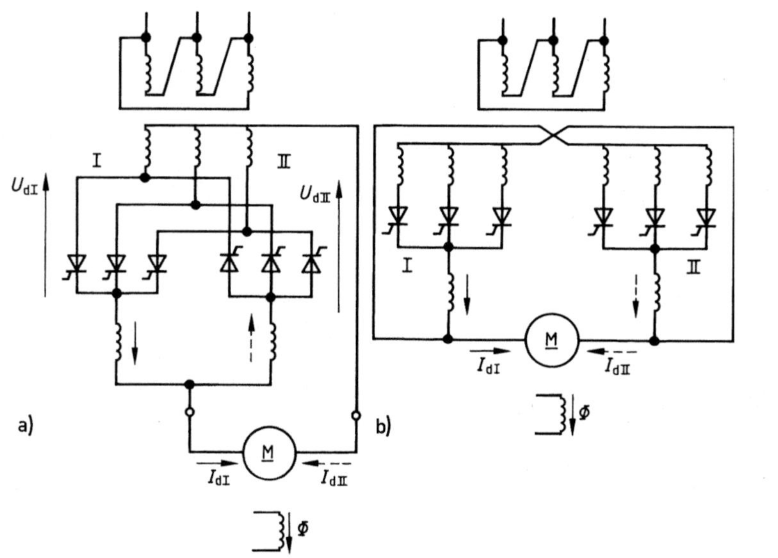

2.66
Umkehrstromrichter
a) Antiparallelschaltung (M3)A(M3)
b) Kreuzschaltung (M3)X(M3)

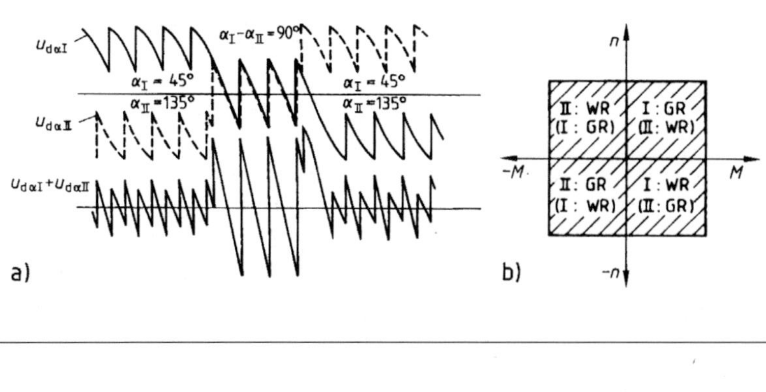

2.67
Schaltung mit Kreisstrom
a) Spannungsverlauf
b) Betriebsbereiche

übrig, die einen Kreisstrom über beide Stromrichter zur Folge hat, der durch Kreisstromdrosseln begrenzt wird. Den Motorstrom liefert stets ein „Haupt-Stromrichter", während der „Neben-Stromrichter" mit seiner Spannung dem Haupt-Stromrichter folgt und dabei den Kreisstrom führt (in Bild **2**.67b in Klammern dargestellt). Da ständig beide Stromrichter im Einsatz sind, entfällt beim Reversieren (Umschalten) die momentfreie Pause.

In der kreisstromfreien Schaltung dürfen die Teilstromrichter I und II nicht gleichzeitig angesteuert werden oder stromführend sein. Deshalb ist eine Steuerlogik (**2**.68) erforderlich, die den Gleichstrom und die gewählte Stromrichtung auswertet und damit die Ansteuerung des entsprechenden Teilstromrichters freigibt. Die Ansteuerung erfolgt entweder mit einem Steuergerät durch Umschaltung der Steuerimpulse oder mit zwei Steuergeräten. Der Regelungsteil besteht aus einer stromunterlagerten Drehzahlregelung. Dabei wird der Stromregler zum Begrenzen des Ankerstroms verwendet. Zur spannungsgerechten Anpassung der Regelkreise aneinander setzt man einen Betragsbildner ein. Da nicht beide Teilstromrichter gleichzeitig im Eingriff sind, entsteht bei der Umschaltung eine momentfreie Pause von etwa 2 bis 10 ms.

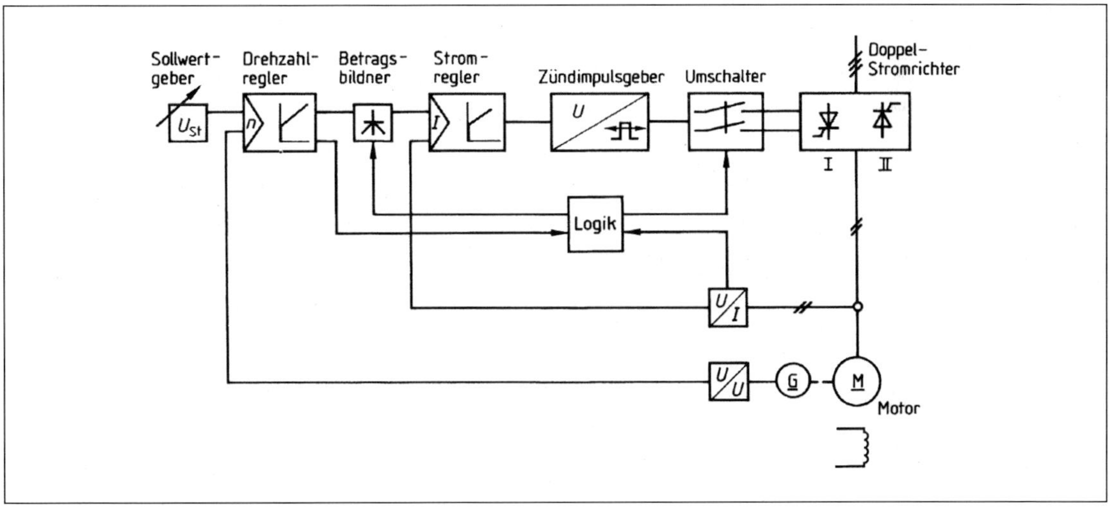

2.68 Kreisstromfreie Schaltung

2.12.4 Betrieb am Gleichstromnetz

Damit eine Gleichstrommaschine drehzahlgesteuert am Gleichstromnetz betrieben werden kann, verändert man den Mittelwert einer gepulsten Gleichspannung (**2**.69). In Abschn. 1.7.5.1 ist dieses Verfahren ausführliche beschrieben. Wie beim Betrieb am Wechselstromnetz mit netzgeführten Stromrichtern sind bei den selbstgeführten Stromrichtern je nach Schaltungsaufwand Ein- und Mehrquadrantenbetrieb möglich.

Für den Mehrquadranten-Betrieb ist die **H-Schaltung** mit IGBT nach Bild **1**.124 ein Standard.

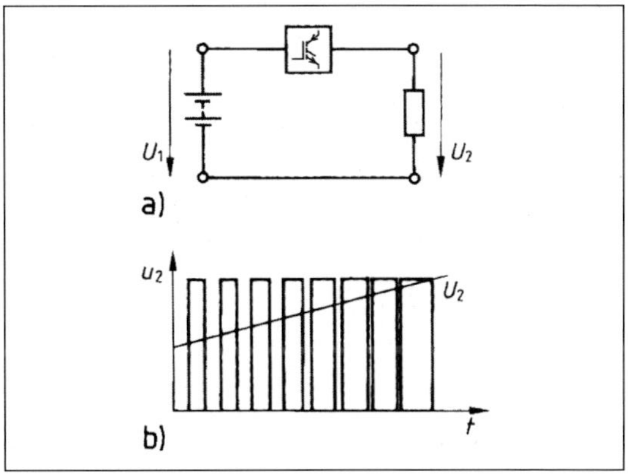

2.69
Gleichstromsteller
a) Schaltung, b) gepulste Ausgangsspannung

Aufgaben zu Abschnitt 2.12

1. Welche Verfahren der Drehzahlsteuerung werden bei Gleichstrommotoren angewendet?
2. Warum dürfen Feld- oder Drehzahlsteller den Erregerstromkreis von Neben- und Doppelschlussmotoren nicht unterbrechen?
3. Was ist zu tun, um bei Reihenschlussmotoren eine Feldschwächung durchzuführen?
4. Welche Faktoren begrenzen die Drehzahlerhöhung durch Feldschwächung?
5. Beschreiben Sie den Einfluss der Drehzahlerhöhung durch Feldschwächung auf die Leistung und das Drehmoment eines Nebenschlussmotors.
6. Welchen Einfluss hat die Drehzahleinstellung mittels Anlasssteller auf die Leistung und das Drehmoment bei Gleichstrommotoren?
7. Welche Nachteile hat die Drehzahleinstellung mit Anlassstellern gegenüber der mit Thyristoren?
8. Warum muss bei einem über Stromrichter nach Bild **2**.60 – gesteuerter Gleichstromantrieb (ohne Regelung) – die Steuerspannung U_{St} (Führungsgröße w) bei Belastung vergrößert werden, um die Drehzahl konstant zu halten?
9. Wie muss der Steuerwinkel α eines Stromrichterantriebs nach Bild **2**.61 geändert werden, damit bei zunehmender Belastung die Drehzahl des Antriebs im III. und II. Quadranten konstant bleibt?
10. Welcher Fehler liegt bei der $I \times R$-Kompensation nach Bild **2**.63 vor, wenn die Drehzahl des Motors mit zunehmender Belastung größer wird?
11. Welche Vorteile weist die Drehzahlregelung mit unterlagerter Stromregelung nach Bild **2**.64a gegenüber der Drehzahlregelung **2**.61 auf?
12. Warum ist beim Zweiquadranten-Fahrantrieb der gerätetechnische Aufwand des Vierquadrantenantriebs erforderlich?
13. Von einem luftgekühlten fremderregten Gleichstrommotor sind die folgenden Bemessungsdaten bekannt: Leistung 73,5 kW, Ankerspannung 460 V, Ankerstrom 175 A, Drehmoment 462 Nm, Erregerspannung 310 V, Erregerleistung 1,8 kW, Drehzahl 1 500 min^{-1}, minimale Drehzahl bei Bemessungsmoment 50 min^{-1}, maximale Drehzahl bei Bemessungsleistung 3900 min^{-1}. Der Widerstand des Ankerkreises beträgt 0,13 Ω. Für die Bemessungserregung gilt nach Kennlinie **2**.55 der Arbeitspunkt A.
    a) Wie groß sind im Motorbetrieb Drehmoment, Ankerstrom, Ankerspannung und Erregerstrom bei der minimalen und maximalen Drehzahl unter den gegebenen Bedingungen?
    b) Wie groß ist die Drehzahl, wenn bei der Nachlaufbremsung mit Bemessungsmoment die Ankerspannung momentan 300 V beträgt?
14. Der Anker des fremderregten Gleichstrommotors der Aufgabe 13 ist über eine vollgesteuerte Sechspuls-Brückenschaltung B6C und die Erregerwicklung über eine halbgesteuerte Zweipuls-Brückenschaltung B2H an das 400-V-Drehstromnetz angeschlossen. Beide Stromrichter sind Einfachstromrichter.
    a) Wie groß sind im Motorbetrieb die Steuerwinkel der beiden Stromrichter für Bemessungsbetrieb, für die min. Drehzahl bei Bemessungsmoment und der max. Drehzahl bei Bemessungsleistung einzustellen?
    b) Wie groß sind die Steuerwinkel für Bemessungsdrehzahl im Motorbetrieb bei 50 % und bei 25 % des Bemessungsmoments einzustellen?
    c) Wie groß ist der Steuerwinkel für die Bedingung der Aufgabe 13 b? Untersuchen Sie, ob die Schaltung gegenüber dem Motorbetrieb geändert werden muss.

2.13 Verluste und Wirkungsgrad

In jeder Maschine entstehen unvermeidbare „Verluste", sodass die abgegebene Nutzleistung stets kleiner ist als die aufgenommene Leistung. Man bezeichnet das Verhältnis der abgegebenen Nutzleistung zur aufgenommenen Leistung als Wirkungsgrad.

2.13.1 Verlustarten

Mechanische Verluste (Reibungsverluste). Alle umlaufenden Maschinen, also Motoren und Generatoren, müssen Reibung überwinden in Form von Lagerreibung, Reibung zwischen den Bürsten und dem Kollektor sowie Reibung zwischen den umlaufenden Teilen der Maschine und der Luft. Zu den Verlusten der Maschine zählen nicht die durch Riemenzug oder Druck von Zahnrädern hervorgerufenen. Die Luftreibung ist besonders bei älteren Maschinen sehr gering, weil sie nur selten einen eingebauten Lüfter haben. Wird eine Maschine „eigenbelüftet", steigen diese Verluste mit der Drehzahl meist in der zweiten oder dritten Potenz an, bleiben aber im Verhältnis zu den übrigen Verlusten immer noch gering.

Magnetische Verluste, auch häufig „Eisenverluste" genannt, setzen sich aus den im Ankereisen auftretenden Wirbelstrom- und den Hystereseverlusten zusammen. Wirbelstromverluste entstehen dadurch, dass bei der Drehung des Ankers im Magnetfeld in den Blechen eine Spannung induziert wird, die in den einzelnen Blechen Wirbelströme zur Folge haben. Die Größe der Wirbelströme hängt vom spezifischen Widerstand des Eisens ab. Da die im Ankereisen mit zunehmender Drehzahl entstehende höhere Spannung auch entsprechend höhere Wirbelströme zur Folge hat, nehmen die Wirbelstromverluste mit dem Quadrat der Drehzahl zu ($R_m \cdot I_{Wi}^2$). Auch die Hystereseoder Ummagnetisierungsverluste werden mit der Drehzahl größer. Eisen- und Reibungsverluste fasst man als Leerlaufverluste zusammen.

Stromwärmeverluste, oft auch Kupfer- oder Wicklungsverluste genannt, treten in Ankerwicklungen und Erregerwicklungen auf. Stromwärmeverluste in den Erregerwicklungen heißen auch Erregerverluste. Zu den Verlusten in der Ankerwicklung werden auch diejenigen gezählt, die in der Wendepol- bzw. Kompensationswicklung sowie als Übergangsverluste zwischen den Bürsten und dem Kollektor auftreten. Mit den letzten sind nicht die Reibungsverluste gemeint, sondern die Verluste, die sich aus dem Bürstenübergangswiderstand ergeben, wenn die Maschine belastet wird. Alle Stromwärmeverluste steigen mit dem Quadrat des Belastungsstroms ($P_v = I^2 \cdot R$). Für Reihenschlussmaschinen muss zu den übrigen erwähnten Widerständen noch der der Erregerwicklung addiert werden. Für Nebenschlussmaschinen sind die Erregerverluste meist konstant, weil diese Wicklung an der gleichbleibenden Netzspannung liegt und daher von einem konstanten Strom durchflossen wird. Widerstandsänderungen durch steigende Maschinentemperatur müssen u. U. berücksichtigt werden.

Zusatzverluste lassen sich nur schwer erfassen. Sie treten an verschiedenen Stellen einer Maschine auf, z. B. als Wirbelstromverluste in Kupfer- oder anderen Leitungsteilen. Bisher wurden Zusatzverluste durch einen pauschalen Zuschlag von 0,5 % der Bemessungsleistung berücksichtigt. Nach der jetzigen DIN EN 60034-2-1 sind die Zusatzverluste zu messen oder alternativ durch einen deutlich höheren „Strafzuschlag" bis zu 3 % der Bemessungsleistung abhängig von der Maschinenleistung zu berücksichtigen.

2.13.2 Wirkungsgrad

Wie schon erwähnt, ist der Wirkungsgrad η das Verhältnis aus der abgegebenen Nutzleistung und der aufgenommenen Leistung. Der Wirkungsgrad einer Maschine ist stets kleiner als 1 bzw. 100 %, weil sie infolge der Verluste mehr Leistung aufnimmt als abgibt. Die Abgabeleistung eines Generators ist das Produkt aus Spannung und Stromstärke ($P_{ab} = U \cdot I$), die Aufnahmeleistung daher $P_{auf} = P_{ab} + P_v$. Die Aufnahmeleistung eines Motors ist $P_{auf} = U \cdot I$, seine Abgabeleistung daher $P_{ab} = P_{auf} - P_v$. Es gelten also:

Wirkungsgrad η für einen Generator:

$$\eta_{Gen} = \frac{U \cdot I}{U \cdot I + P_v} \quad (2.23)$$

Wirkungsgrad η für einen Motor:

$$\eta_{Mot} = \frac{U \cdot I - P_v}{U \cdot I} \quad (2.24)$$

Bestimmung. Wirkungsgrade lassen sich auf zwei verschiedene Arten bestimmen: durch Abbremsung oder Verlustbestimmung.

Abbremsung. Die zu untersuchende Maschine wird belastet, indem sie abgebremst wird. Zum Abbremsen verwendet man Wirbelstrombremsen, Wasserwirbelbremsen und zunehmend umrichtergespeiste aktive Leistungsbremsen. Bei *Wirbelstrombremsen* wird eine Metallscheibe durch ein starkes, aber veränderbares Magnetfeld bewegt. Dabei werden in der Scheibe Induktionsspannungen erzeugt, die große Wirbelströme zur Folge haben und daher auf die anzutreibende Maschine bremsend winken. Die Bremskraft lässt sich durch das veränderbare Magnetfeld variieren.

Bei *Wasserwirbelbremsen* wird der Motor über die Verwirbelung von Wasser (z. B. über ein Schaufelrad) abgebremst. Das Wasser dient in diesem Fall gleichzeitig als Kühlmedium. Hierbei ist das Lastmoment $M_L \sim n^2$.

Umrichtergespeiste aktive Leistungsbremsen ermöglichen einen viel effektiveren Energieeinsatz. Sie bestehen im Prinzip aus einem Frequenzumrichter bzw. Gleichstromsteller für den Prüfmotor und einem Frequenzumrichter für den als Last wirkenden Generator. Verwendet werden Drehstrom-Servomotoren in Synchron- oder Asynchronausführung. Der Prüfling wird durch den Servomotor abgebremst. Die dabei anfallende elektrische Energie wird von dem Servoumrichter in einen gemeinsamen Zwischenkreis eingespeist, die von dem Umrichter oder Gleichstromsteller nun wiederum dem Prüfmotor zugeführt werden kann. Durch den direkten Energieaustausch müssen lediglich die anfallenden Verluste aus dem Versorgungsnetz gedeckt werden. Dies ist besonders bei großen Leistungen von Vorteil.

Die mechanische Leistung einer Maschine ist das Produkt aus der Umfangskraft F und der Umfangsgeschwindigkeit v des Rotors ($P = F \cdot v$). Ersetzen wir in dieser Gleichung v durch $d \cdot \pi \cdot n$ und berücksichtigen die Einheiten, ergibt sich:

$P = F \cdot d \cdot \pi \cdot n$ oder $P = F \cdot 2 \cdot r \cdot \pi \cdot n$

oder

$$P = M \cdot n \frac{2 \cdot \pi}{60}$$

$$\boldsymbol{P = M \cdot n \cdot 0{,}105} \qquad (2.25)$$

An allen Bremsen muss demnach das von der zu untersuchenden Maschine aufgebrachte Drehmoment über $M = F \cdot r$ gemessen werden. Wird die Maschine bis zu ihren Bemessungswerten (also Bemessungsstrom und Bemessungsdrehzahl) abgebremst, kann die Abgabeleistung und demnach die Bemessungsleistung bestimmt werden.

Beispiel 2.20 Ein Gleichstrommotor entwickelt an einer Bremse das Drehmoment 50,3 Nm. Die Bemessungsdrehzahl beträgt 1420 min^{-1}. Die Maschine nimmt während des Bremsversuchs an 220 V den Bemessungsstrom 42,6 A auf. Wie groß ist der Bemessungs-Wirkungsgrad?

Lösung Die Abgabeleistung ist $P = M \cdot n \cdot 0{,}105 = 50{,}3\ \text{Nm} \cdot 1420\ \text{min}^{-1} \cdot 0{,}105 = 7500\ \text{W}$ und die Aufnahmeleistung $P = U \cdot I = 220\ \text{V} \cdot 42{,}6\ \text{A} = 9372\ \text{W}$.

Der Wirkungsgrad beträgt demnach

$$\eta = \frac{P_{ab}}{P_{auf}} = \frac{7500\ \text{W}}{9372\ \text{W}} = \mathbf{0{,}8}.$$

Die Messung kann auch durchgeführt werden, indem man den zu untersuchenden Motor mit einem Generator koppelt, dessen Wirkungsgrad für *alle* Belastungen bekannt ist. In diesem Fall wird die vom Generator abgegebene Leistung durch den Wirkungsgrad dividiert. Die so erhaltene „Generatorleistung" ist gleichzeitig die Abgabeleistung des Motors. Ein Generator-Wirkungsgrad lässt sich entsprechend mit einem Antriebsmotor bestimmen, dessen Wirkungsgrad ebenfalls bei *allen* Belastungen bekannt ist.

Verlustbestimmung. Entsprechend den Gleichungen (2.23) und (2.24) lassen sich die Wirkungsgrade von Maschinen auch erfassen, indem man die Verluste bestimmt. „Überschlagsmäßig" kann angenommen werden: Reibungsverluste : Erregerverluste : Eisenverluste : Stromwärmeverluste = 1 : 1 : 2 : 4 für den Bemessungslastfall. Recht einfach ist die Messung der Leerlaufverluste, die sich aus den Reibungsverlusten und den Eisenverlusten zusammensetzen. Man betreibt die zu untersuchende Maschine im Leerlauf und misst die aufgenommene Leistung. Dabei ist aber zu beachten, dass diese „Leerlaufverluste" denen der belasteten Maschine entsprechen, d. h., die Drehzahl im Leerlauf muss auf *Bemessungsdrehzahl* eingestellt werden. Ferner muss der Erregerstrom dem der belasteten Maschine entsprechen, damit die Eisenverluste „richtig" in die Messung eingehen. Außerdem müssen alle Widerstände zur Berechnung der Verlustleistung für die „erwärmte" Maschine gelten. Die Addition aller Verluste ergibt die Gesamtverluste. Damit kann der Wirkungsgrad berechnet werden.

Wirkungsgrad bei veränderlicher Belastung. Die Bemessung der elektrischen Maschinen liegt grundsätzlich in der Hand des Konstrukteurs. Er kann die Einzelverluste der Maschine festlegen und damit den Wirkungsgrad der Maschine vorgeben. Damit eine Maschine möglichst wirtschaftlich arbeitet, sollte sie in der Nähe des besten Wirkungsgrads betrieben werden. Dieser Arbeitspunkt liegt etwa bei Bemessungslast. Eine ständig mit Unterlast betriebene Maschine hat meist auch einen schlechten Wirkungsgrad. Die oben angeführte Verlustverteilung gilt als Anhaltspunkt nur für Bemessungslast.

Nebenschlussmotor. Betrachten wir zunächst den Nebenschlussmotor. Bekanntlich ist seine Drehzahl bei allen Belastungen fast konstant. Damit sind auch die Reibungsverluste, die Erregerverluste und die Eisenverluste von der Belastung ziemlich unabhängig. Die einzigen abhängigen Verluste sind demnach die Stromwärmeverluste, die sich mit dem Quadrat des Belastungsstroms ändern ($I^2 \cdot R$). In Bild **2**.70 sind die Verluste in Abhängigkeit von dem Belastungsstrom I aufgetragen. Addiert man zu der Abgabeleistung die augenblicklichen Verluste, ergibt sich der Verlauf der Aufnahmeleistung P_{auf}. Aus dem Verhältnis beider Leistungen lässt sich der Verlauf der Wirkungsgradkurve konstruieren. Es ist zu sehen, dass der Wirkungsgrad etwa bei Bemessungsstrom seinen größten

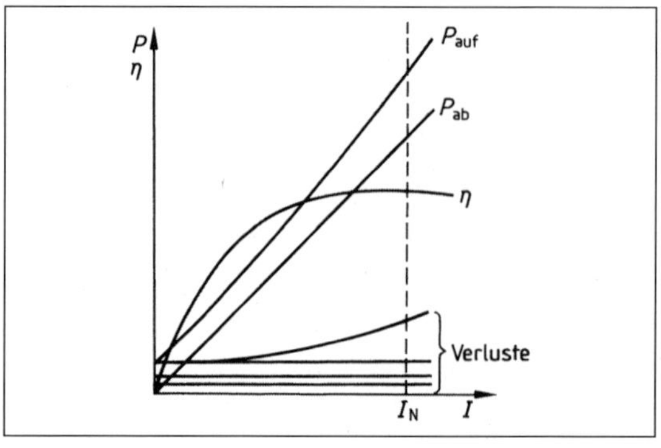

2.70 Verluste der Nebenschlussmaschine

Wert hat. Aber auch Halblastbetrieb und geringe Überlastung machen sich, auf den Wirkungsgrad bezogen, kaum bemerkbar. Dieses Wirkungsgradverhalten der Elektromotoren ist ein wesentlicher Vorteil gegenüber anderen Motoren, deren Wirkungsgrad bei Unterlastung meist sehr gering ist.

Beim **Reihenschlussmotor** ist zu beachten, dass die Maschine mit abnehmender Belastung die Drehzahl erhöht. Damit erhöhen sich die Reibungsverluste. Wegen gegenläufiger Verhältnisse bei den Hysterese- und den Wirbelstromverlusten bleiben die Eisenverluste nahezu gleich. Die Erregerverluste und Stromwärmeverluste nehmen mit dem Quadrat der Belastung zu. Daher hat die Wirkungsgrad-Kennlinie eines Reihenschlussmotors einen etwas anderen Verlauf als die des Nebenschlussmotors. Ihr Maximum liegt etwas unterhalb des Bemessungsstroms, weil die veränderlichen Verluste (Reibung-, Erreger- und Stromwärmeverluste) stark gegenüber den konstanten Eisenverlusten überwiegen.

Wirkungsgrad in Abhängigkeit von der Maschinengröße. Grundsätzlich kann gesagt werden, dass der Wirkungsgrad von Gleichstrommaschinen umso besser ist, je größer die Maschinenleistung ist. Als Anhaltspunkte gelten:

1-kW-Maschinen etwa 0,75
5-kW-Maschinen etwa 0,85
10-kW-Maschinen etwa 0,88
20-kW-Maschinen etwa 0,90
50-kW-Maschinen etwa 0,92
100-kW-Maschinen etwa 0,93
1000-kW-Maschinen etwa 0,95

Begründung – Wachstumsgesetze. Wir denken uns eine Maschine bestimmter Leistung und bestimmter Abmessungen. Verdoppeln wir alle linearen Abmessungen, lassen aber die elektrischen und magnetischen Verhältnisse sowie die Drehzahl konstant, wird sich das Gewicht der Maschine mit der dritten Potenz (also $2 \cdot 2 \cdot 2 = 2^3$) ändern. Der Querschnitt jedes Magnetpols und der Querschnitt jedes Ankerleiters aber haben sich vervierfacht. Die Leistungsfähigkeit dieser Maschine muss daher auf das $2^2 \cdot 2^2 = 16$-fache gestiegen sein (s. Abschn. 2.3 u. 2.4). Die doppelt so große Maschine leistet also im Verhältnis zu ihrem Gewicht doppelt so viel. Anders ausgedrückt: Durch den Bau einer doppelt so großen Maschine wird die Hälfte an Baumaterial eingespart. Da wir die gleichen elektrischen und magnetischen Verhältnisse sowie gleiche Drehzahl vorausgesetzt haben, steigen die Verluste der Maschine bei doppelter Größe oder dem 8-fachen Volumen ebenfalls auf das 8-fache, die Leistung dagegen auf das 16-fache. Allerdings ist dabei zu berücksichtigen, dass die Wärmeabgabe einer Maschine von der „abkühlenden" Oberfläche bestimmt wird und sich diese bei einer doppelt so großen Maschine nur vervierfacht. Im Verhältnis zur Verlustleistung ist daher die Oberfläche auf die Hälfte gesunken. Dieser Mangel muss durch bessere Kühlung ausgeglichen werden.

Ein weiterer Grund für den besseren Energieumsatz der großen Maschine und damit den besseren Wirkungsgrad liegt in der günstigeren Raumausnutzung. Kleinere Maschinen erfordern mit ihren verhältnismäßig dünnen Wicklungsdrähten einen größeren Raum als große Maschinen. Anders ausgedrückt: Der Füllfaktor ist für „dünne" Drähte bei gleicher Isolationsstärke wesentlich schlechter als für „dicke" Drähte. Das soll an einem Beispiel nachgewiesen werden.

Beispiel 2.21 Gegeben seien zwei Drähte mit gleicher Isolationsstärke:

$d_i = 1{,}0$ mm ohne Isolation
$d_i = 4{,}0$ mm ohne Isolation
$d_a = 1{,}1$ mm mit Isolation
$d_a = 4{,}1$ mm mit Isolation

Der „reine" Kupferanteil ist für diese beiden Drähte:

$A_{Cu} = 0{,}785 \text{ mm}^2$
$A_{Cu} = 12{,}56 \text{ mm}^2$

Der „beanspruchte" Raum (Fläche) ist für diese beiden Drähte jeweils das Quadrat um den äußeren Durchmesser (**2**.71):

$A_{Bed} = 1{,}21 \text{ mm}^2$
$A_{Bed} = 16{,}81 \text{ mm}^2$

Der Füllfaktor ist das Verhältnis aus „reinem" Kupferanteil und Raumbedarf.

$$f = \frac{0{,}785 \text{ mm}^2}{1{,}21 \text{ mm}^2} = \mathbf{0{,}64}$$

$$f = \frac{12{,}56 \text{ mm}^2}{16{,}81 \text{ mm}^2} = \mathbf{0{,}75}$$

Bei dem dünnen Draht werden also 64 % des zur Verfügung stehenden Wickelraums mit leitendem Kupfermaterial ausgefüllt, bei dem dickeren Draht dagegen 75 %.

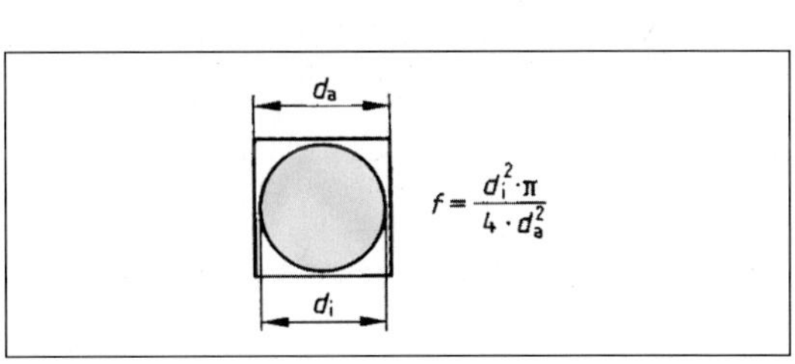

2.71 Berechnen des Füllfaktors

2.14 Gleichstrom-Ankerwicklungen

Damit die Spannung eines Gleichstromgenerators nicht zu stark pulsiert bzw. das abgegebene Drehmoment eines Gleichstrommotors für jede Ankerstellung möglichst gleichmäßig ist, besteht jede Ankerwicklung aus mehreren Spulen, die gleichmäßig auf dem Ankerumfang verteilt angeordnet werden. Von Bedeutung ist heute fast ausschließlich die Trommelwicklung, die als Schleifenwicklung oder als Wellenwicklung vorkommt. Beide können als eingängige oder als mehrgängige Wicklungen ausgeführt werden.

Grundsätzliches über die Ankerwicklung lässt sich besser an der Ringwicklung als an der Trommelwicklung erläutern. Daher wollen wir zunächst diese Ankerwicklung näher betrachten.

2.14.1 Ringwicklung

Aufbau. Der Ringanker wurde um 1868 von Pacinotti entwickelt. Er besteht aus einem geblechten Eisenring, der mit Speichen aus einem magnetisch nichtleitenden Material (Messing oder Kupfer) auf eine Welle befestigt ist, und einem Kollektor (**2**.72). Wird ein solcher Ring in ein Magnetfeld gebracht, verlaufen die Feldlinien nur durch diesen Ring; im Innern entsteht ein feldfreier Raum (magnetische Abschirmung). Die Ankerwicklung selbst wird um diesen Ring „gefädelt“. Dabei entstehen einzelne Spulen, von denen sich nach Bild **2**.73 nur die äußeren Spulenseiten *1* bis *12* im Magnetfeld befinden, nicht aber die inneren Spulenseiten *1'* bis *12'*. Das gesamte Wicklungsmaterial eines solchen Ringankers wird schlecht ausgenutzt (etwa 50 %). Schon deshalb ist diese Wicklung heute nicht mehr anzutreffen.

Die Spulen werden wie bei allen anderen Ankerwicklungen in den Kollektorlamellen miteinander verbunden, sodass eine in sich geschlossene Wicklung entsteht. In der Prinzipdarstellung (**2**.73) ist die Wicklung bereits in sich geschlossen, hier wird lediglich noch eine Leitung an jeweils eine Kollektorlamelle geführt.

Wirkungsweise. Geht man davon aus, dass die Maschine als Generator arbeitet, werden in den einzelnen Spulenseiten *1* bis *12* Spannungen mit der angegebenen Richtung induziert. Stehen die Bürsten auf den Kollektorlamellen *12–1* und *6–7*, werden die Spulen *12* und *6* überbrückt, d. h. kurzgeschlossen. Diese Kurzschlüsse sind das Problem jedes Kommutierungsvorgangs (s. Abschn. 2.8).

Nimmt man an, dass in jeder Spulenseite im Magnetfeld die Spannung 1 V induziert wird, stehen an den Bürsten 5 V zur Verfügung, weil fünf Spulen in Reihe geschaltet sind. Der Kollektor „sammelt“ gewissermaßen diese Einzelspannungen; daher auch sein Name: Kollektor = Sammler. In den inneren Spulenseiten wird wegen des nicht vorhandenen magnetischen Felds keine Spannung induziert.

Stromaufteilung. Aus Bild **2**.73 ist auch zu ersehen, dass sich der Belastungsstrom der Maschine hinter der „Minusbürste“ (linke Bürste) in zwei Teilströme mit jeweils *I*/2 aufteilt. Dies bedeutet, dass die zweipolige Maschine zwei parallele Ankerzweige aufweist. Vor der „Plusbürste“

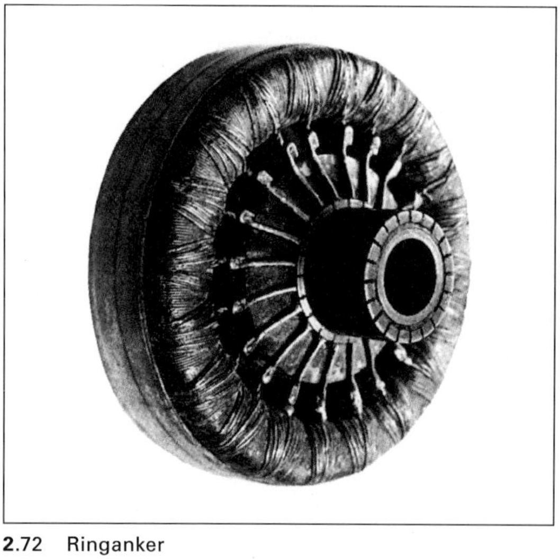

2.72 Ringanker

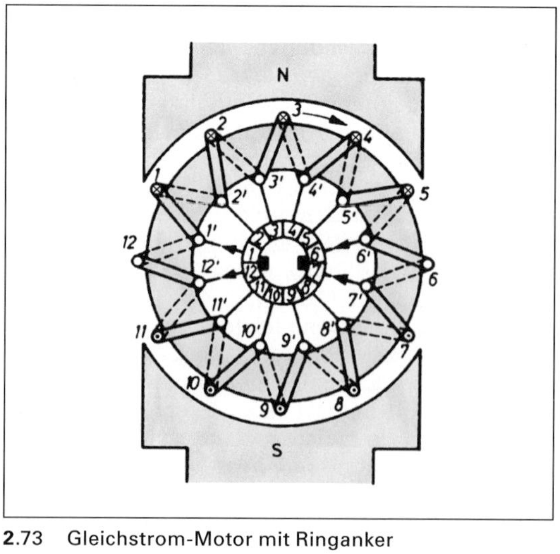

2.73 Gleichstrom-Motor mit Ringanker

vereinigen sich die Teilströme, von den Spulenseiten *6'* und *7'* kommend, wieder zum Gesamtstrom. Jeder einzelne Ankerleiter wird daher nur von der Hälfte des Gesamtstroms durchflossen.

Die Bürsten der Maschine müssen in der gezeichneten Lage angebracht werden, weil so an ihnen die höchste Spannung abgenommen werden kann, bzw. weil der Spulenkurzschluss in dieser Neutralen Zone erfolgen muss. Dies wird noch deutlicher, wenn man sich die Bürsten um den Winkel α verschoben vorstellt, sodass sie die Spulen *2'–2* und *8'–8* überbrücken (**2**.74). In diesem Fall würden sich die in den Spulen *1* und *11* sowie *5* und *7* induzierten Spannungen aufheben und unwirksam werden. Die abnehmbare Spannung wäre auf 2 V gesunken. Außerdem erfolgte der Spulenkurzschluss zu einem Zeitpunkt, in dem in den Spulen *2* und *8* Spannung induziert würde. Das hätte ein starkes Bürstenfeuer zur Folge.

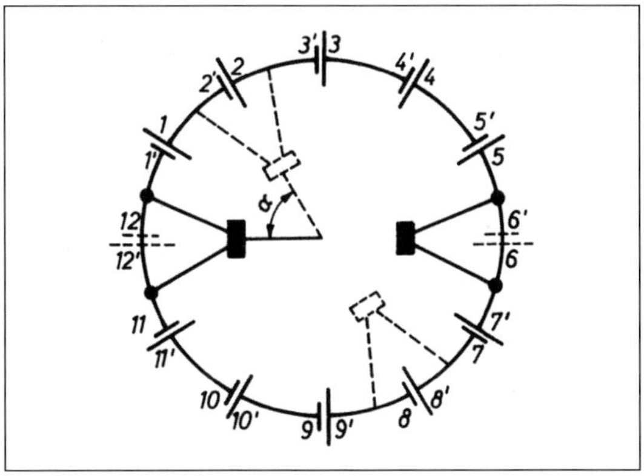

2.74 Bürstenverstellung

Neben der schon erwähnten Tatsache, dass das Wicklungsmaterial eines Ringankers schlecht ausgenutzt wird, bereitet auch das Anbringen der Wicklung – also das „Durchfädeln" durch den Ring – gewisse handwerkliche Schwierigkeiten. Dies ist der zweite Grund dafür, dass Maschinen mit Ringankern heute nicht mehr eingesetzt werden.

2.14.2 Trommelwicklung

Der „moderne" Trommelanker mit der Trommelwicklung in verschiedenen Ausführungsmöglichkeiten ist über 100 Jahre alt. Er wurde um 1873 von *Hefner-Alteneck* entwickelt und nutzt im Gegensatz zur Ringwicklung das Wicklungsmaterial optimal aus. Beide Seiten einer Spule befinden sich im magnetischen Feld, also wird auch in beiden Seiten eine Spannung induziert. Die Konstruktion des Ankers lässt die Möglichkeit zu, die erforderlichen Ankerspulen „für sich" herzustellen und einzeln in den Anker einzulegen (für mittlere und größere Anker bevorzugt); in kleinere Anker werden die Spulen häufig von Wickelmaschinen „eingelegt". Die Trommelwicklung kommt in zwei Arten vor:

- als Schleifenwicklung (auch Parallelwicklung genannt) in eingängiger oder mehrgängiger Ausführung
- als Wellenwicklung (auch Reihenwicklung genannt) in eingängiger oder mehrgängiger Ausführung

Eingängige Schleifenwicklung. Für jede Trommelwicklung müssen zwei Grundbedingungen erfüllt sein:

- Die Wicklung muss in sich geschlossen sein (s. Ringwicklung).
- Der Abstand der Spulenseiten einer Spule muss etwa der Polteilung τ_p entsprechen (s. Abschn. 1.2).

Dazu legt man die einzelnen Spulen so in den Anker ein, dass entweder eine Durchmesserwicklung oder eine gesehnte Wicklung entsteht. Bei der Durchmesserwicklung ist der Abstand der zu einer Spule gehörenden Spulenseiten genau Polteilung. Bei der gesehnten Wicklung ist dieser Abstand (meist etwas) kleiner als Polteilung.

Nutschritt. Bezeichnet man den Abstand der Spulenseiten nach Nuten gerechnet als den Nutschritt y_n, die Anzahl der Nuten mit N und die Polzahl der Maschine mit $2 \cdot p$, lässt sich der Nutschritt berechnen nach der Gleichung:

$$\boldsymbol{y_n = \frac{N}{2 \cdot p}} \qquad (2.26)$$

Die Sehnung ε (epsilon) ist das Verhältnis der Spulenweite W und der Polteilung τ_p (tau). Meist wird die Sehnung als Quotient angegeben. Man spricht dann von einer ⅔ gesehnten Wicklung oder einer ¾ Sehnung usw. Es gilt also für eine gesehnte Wicklung:

$$\boldsymbol{y_n = \frac{N}{2 \cdot p} \cdot \varepsilon} \quad \text{oder} \quad \boldsymbol{y_n = \frac{N \cdot W}{2 \cdot p \cdot \tau_p}} \qquad (2.27)$$

Beispiel 2.22 Ein Trommelanker hat 16 Nuten. Er soll mit einer zweipoligen Trommelwicklung versehen werden. Wie groß muss der Nutschritt für eine Durchmesserwicklung sein?

Lösung $y_n = \frac{N}{2 \cdot p} = \frac{16}{2} = \mathbf{8}$

Diese Angabe bedeutet, dass eine Spulenseite in die erste Nute und die dazugehörige Spulenseite derselben Spule um acht Nuten versetzt eingelegt werden, also in Nute *9*. Deshalb wird auch häufig angegeben:

$y_n = 8(1–9)$ (sprich: *8* oder *1* nach *9*)

Beispiel 2.23 Ein Gleichstromanker hat 72 Nuten. Es soll eine sechspolige Wicklung eingelegt werden. Wie groß ist der Nutschritt für eine Durchmesserwicklung und für eine 5/6 gesehnte Wicklung?

Lösung Durchmesserwicklung:

$$y_n = \frac{72}{6} = \mathit{12(1\text{–}13)}$$

Bei einer gesehnten Wicklung wird der Nutschritt gegenüber dem der Durchmesserwicklung kleiner (verkürzt). In diesem Fall also auf 5/6.

$$y_n = \frac{72 \cdot 5}{6 \cdot 6} = \mathit{10(1\text{–}11)}$$

Durchmesserwicklung – gesehnte Wicklung. Wir wollen die Durchmesserwicklung und die gesehnte Wicklung (Sehnenwicklung) näher untersuchen. Ist z. B. der Nutschritt nach Bild **2**.75 für den zweipoligen Anker mit 16 Nuten (Beispiel 2.22) y_n = *8(1–9)*, sind die Spulenseiten einer Spule um den halben Umfang des Ankers versetzt angeordnet. Eine direkte Spulenverbindung von Nute *1* nach Nute *9* kennzeichnet daher rechnerisch den Durchmesser des Ankers (Durchmesserwicklung). Ein verkürzter Nutschritt (Wickelschritt) – z. B. y_n = *6(1–7)* – im Bild gestrichelt – wäre als direkte Verbindung der Spulenseiten auf den Anker bezogen eine Sehne (gesehnte Wicklung).

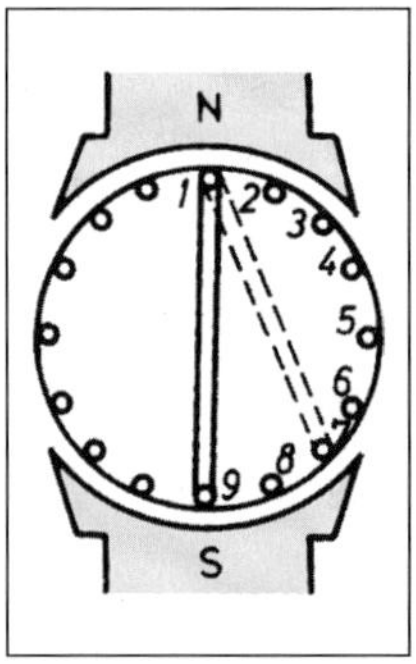

2.75 Zweipoliger Anker im Magnetfeld

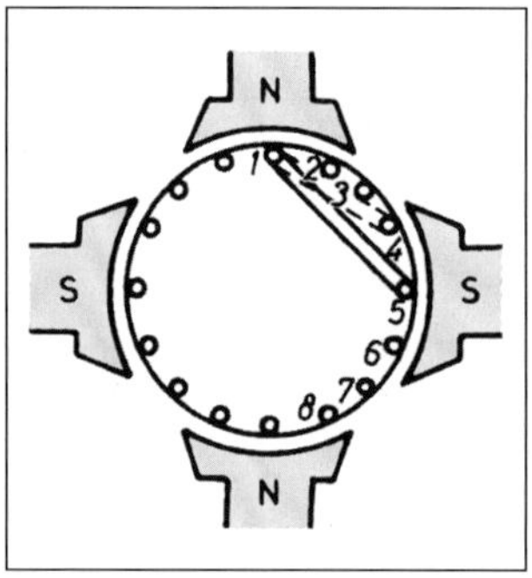

2.76 Vierpoliger Anker im Magnetfeld

In Bild **2**.76 ist ein Anker mit 16 Nuten im vierpoligen Magnetfeld dargestellt. Es mutet eigenartig an, dass die Wicklung mit dem Nutschritt y_n = *4(1–5)* eine Durchmesserwicklung sein soll, obwohl auch hier die direkte Verbindungslinie von Nute *1* nach Nute *5* eine Sehne am Kreis bildet. Dass es sich dennoch um eine Durchmesserwicklung handelt, ist „elektrisch" zu begründen: Bei einer zweipoligen Maschine sind 360° geometr. (Vollkreis) mit 360° elektrisch (eine Periode) gleichzusetzen. Man kann, auf die zweipolige Maschine bezogen, auch sagen: Eine Polteilung (180° el) entspricht einem Halbkreis mit dem gestreckten Winkel 180°. Bei einer vierpoligen Maschine aber wird eine Periode (360° el) bereits nach einer halben Ankerumdrehung von 180° geometr. erreicht. Demnach ist bei einer vierpoligen Maschine eine Polteilung zwar 90° räumlich, aber ebenso 180° el (halbe Periode). Die vierpolige Maschine mit dem Nutschritt y_n = *4(1–5)* entspricht also elektrisch der zweipoligen Maschine mit dem Nutschritt y_n = *8(1–9)*.

Zweischichtwicklung. Die Anker moderner Gleichstrommaschinen werden heute fast alle mit einer Zweischichtwicklung ausgerüstet. Bei dieser Wicklung liegen in einer Nute zwei Schichten (zwei Spulenseiten verschiedener Spulen) isoliert übereinander. Befindet sich in jeder Nute je Schicht nur eine Spulenseite, sind so viele Kollektorlamellen nötig, wie Nuten im Anker vorhanden sind. Meist aber sind in einer Nute je Schicht mehrere Spulenseiten untergebracht. Die Begründung liegt darin, dass eine bestimmte Spulenzahl je Maschine vorhanden sein muss, aber nicht jede Spule eine „eigene Nute" erhalten kann, weil sonst das Ankereisen am Umfang zu sehr geschwächt würde (s. Abschn. 2.82).

Beispiel 2.24 Ein Anker hat 16 Nuten und 16 Lamellen. Es befindet sich dann in jeder Nute je Schicht eine Spulenseite.

Ein Anker hat 29 Nuten und 87 Lamellen. Es befinden sich in jeder Nute je Schicht drei Spulenseiten.

Ein Anker hat 20 Nuten und 100 Lamellen. Es befinden sich in jeder Nute je Schicht fünf Spulenseiten.

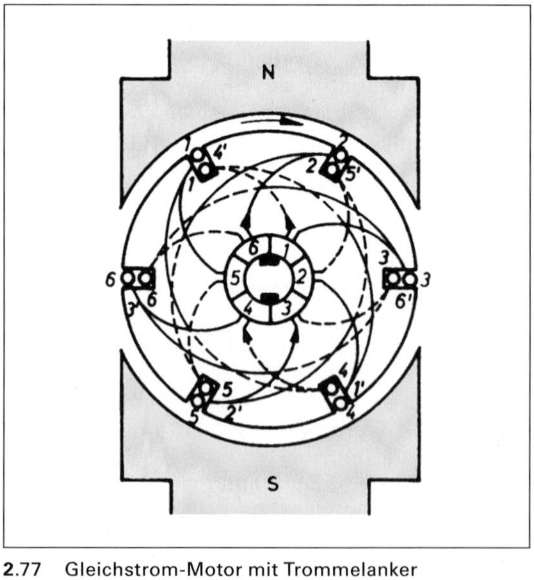

2.77 Gleichstrom-Motor mit Trommelanker

Im Folgenden gehen wir wegen der besseren Übersichtlichkeit von dem Fall aus, dass in jeder Nute je Schicht nur eine Spulenseite liegt, dazu je Spule immer nur eine Windung.

Bild **2**.77 zeigt einen Anker mit 6 Nuten und 6 Kollektorlamellen im zweipoligen Magnetfeld. Verfolgt man den Wicklungsverlauf von Lamelle *1* an (gestrichelt), gelangt man in die untere (innere) Schicht von Nute *1*. Der „Wickelkopf" (unten gestrichelt, oben voll ausgezogen) verbindet die beiden wirksamen Spulenseiten dieser ersten Spule miteinander. Die zu Spulenseite *1'* in Nute *1* gehörende Spulenseite *1* liegt bei der Durchmesserwicklung in der Oberschicht (äußere Schicht) von Nute *4*. Der obere Schaltdraht von Spulenseite *1* führt an die Kollektorlamelle *2* und verbindet hier die erste Spule mit der zweiten. Von Lamelle *2* führt der Schaltdraht nach Unterschicht *2'* in Nute *2*, Wickelkopfverbindung *2'* nach Spulenseite *2* in Nute *5* und weiter nach Lamelle *3*, von hier nach Spulenseite *3'* in Nute *3* usw., bis zuletzt der obere Schaltdraht von Nute *3* zur Kollektorlamelle *1* zurückkehrt und die Wicklung schließt.

Abwicklung. Diese Wicklungsdarstellung ist recht unübersichtlich, besonders wenn der Anker viele Nuten und viele Kollektorlamellen hat. Man bevorzugt deshalb für die Darstellung von Ankerwicklungen eine „Abwicklung" des Ankers und des Kollektors. Dazu denkt man sich den Anker und den Kollektor „aufgeschnitten" und in der Ebene „abgerollt". Bild **2**.78 zeigt die Abwicklung der vorher beschriebenen zweipoligen Trommelwicklung mit 6 Nuten und 6 Lamellen. Da sich in dieser Darstellungsart Ober- und Unterschichten nicht unterscheiden, sind beide Schichten nebeneinander dargestellt, Unterschicht gestrichelt, Oberschicht voll ausgezogen.

Bürstenstellung. Sehen wir uns aber noch einmal Bild **2**.77 an. Nimmt man auch hier wie beim Ringanker an, dass es sich um einen Generator für Rechtslauf handelt, wird in den Spulenseiten *1–4'* (Nute *1*), *2–5'* (Nute *2*), *4–7'* (Nute *4*) und *5–2'* (Nute 5) jeweils eine Spannung mit der angegebenen Richtung induziert. Die beiden Spulen in den Nuten *3* und *6* müssen nun kurzgeschlossen sein, d. h., die Bürsten müssen in der dargestellten Lage stehen, damit die höchste Spannung abgenommen werden kann und (möglichst) kein Bürstenfeuer entsteht.

Ausnutzung. Wir nehmen weiterhin an: In jeder Spulenseite, die sich im Magnetfeld befindet, wird die Spannung 1 V induziert. Für diesen Fall liefert die Maschine 4 V, die man an den Bürsten abnehmen kann. Diese Spannung ergibt sich aus der Reihenschaltung der Spulenseiten *1'–1*, *2'–2* bzw. für den anderen Ankerzweig *5'–5* und *4'–4*. Ein Vergleich der Trommelwicklung mit der Ringwicklung zeigt, dass mit 50 % weniger Aufwand an Wicklungsmaterial (6 statt 12 Spulen) nur 20 % weniger Spannung (4 statt 5 V) geliefert werden. Damit ist eindeutig das Wicklungsmaterial besser ausgenutzt als bei der Ringwicklung.

Kollektorschritt. Kennzeichen der eingängigen Schleifenwicklung ist der Kollektorschritt (Schaltschritt) y_k. Man versteht darunter den Abstand von Anfang und Ende einer Spule, bezogen auf die Anschlüsse am Kollektor. Bei der bisher besprochenen Trommelwicklung liegen Anfang und Ende einer Spule in benachbarten Kollektorlamellen. Dieser Kollektorschritt y_k ist bei jeder eingängigen Schleifenwicklung auszuführen. Es gilt also:

$$y_k = 1(1-2) \qquad (2.28)$$

Die Schaltung ist möglich mit $y_k = +1$ (offene Schaltung, **2**.79a) oder $y_k = -1$ (gekreuzte Schaltung,

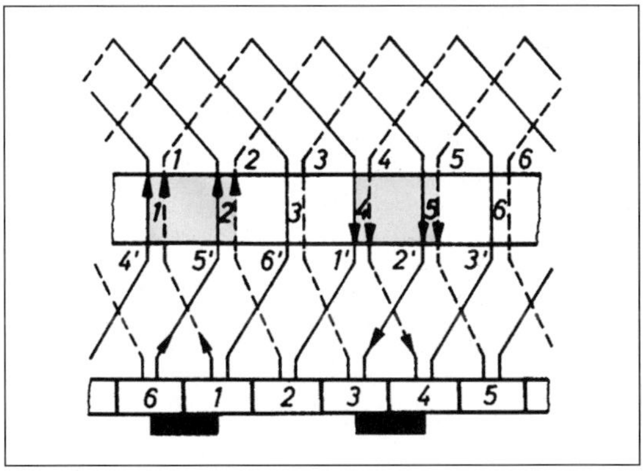

2.78 Abwicklung einer zweipoligen Trommelwicklung

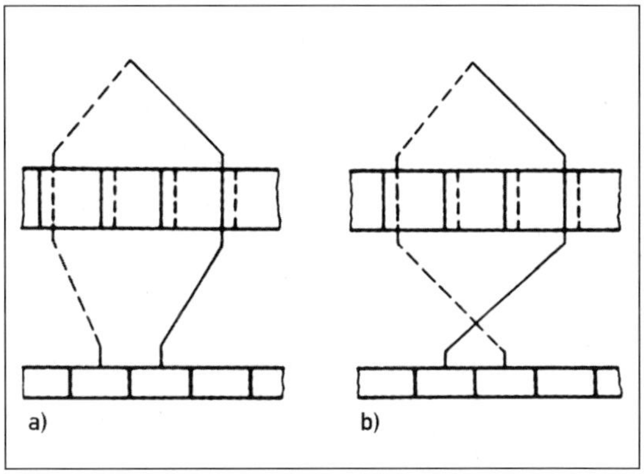

2.79 Kollektorschritt
a) offene Wicklung, b) gekreuzte Wicklung

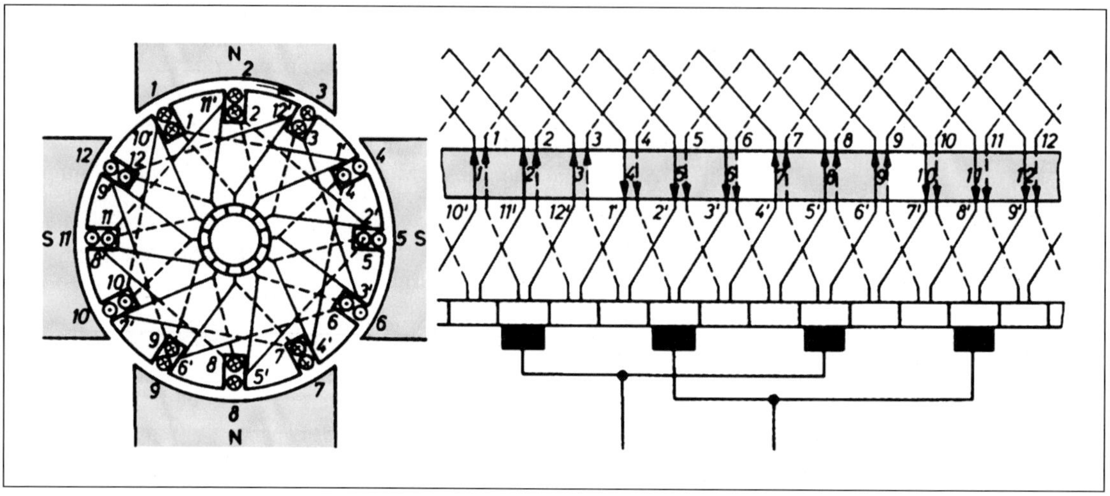

2.80 Vierpolige eingängige Schleifenwicklung

2.79b). Elektrisch gesehen sind beide Schaltungen gleichwertig.

Der Name „Schleifenwicklung" ist entstanden aus dem schleifenförmigen Aussehen, das die Wicklung in der abgewickelten Darstellung zeigt. Die außerdem gebräuchliche Bezeichnung „Parallelwicklung" ergibt sich aus der Anzahl der parallelen Ankerzweige. Jede eingängige Schleifenwicklung hat nämlich so viele parallele Ankerzweige, wie die Maschine Pole hat. So muss z. B. eine vierpolige Gleichstrommaschine mit einem Anker, der eine eingängige Schleifenwicklung hat, auch mit vier Bürsten ausgerüstet sein. Bild **2**.80 zeigt eine solche Schleifenwicklung mit 12 Nuten und 12 Kollektorlamellen. Der Nutschritt der Durchmesserwicklung ist $y_n = 3(1–4)$, der Kollektorschritt $y_k = +1(1–2)$. Die vier Bürsten sind gleichmäßig auf dem Kollektorumfang zu verteilen, wobei in der Reihenfolge „positive" und „negative" Bürsten abwechseln. Aus dem Bild ist zu ersehen, wie sich der Strom zunächst in der Zuleitung zu den Bürsten so aufteilt, dass jede Bürste nur den halben Gesamtstrom führt. Hinter jeder Bürste teilt sich der Strom noch einmal je zur Hälfte auf. Damit aber ist jeder Ankerleiter nur mit einem Viertel des Gesamtstroms belastet; der Anker hat vier parallele Ankerzweige.

Mehrgängige Schleifenwicklung. Diese Wicklungsart unterscheidet sich von der eingängigen Schleifenwicklung durch den Kollektorschritt und damit auch durch die Zahl der parallelen Ankerzweige. So wird der Kollektorschritt für eine zweigängige Schleifenwicklung $y_k = 2(1–3)$, für eine dreigängige Wicklung $y_k = 3(1–4)$ usw.

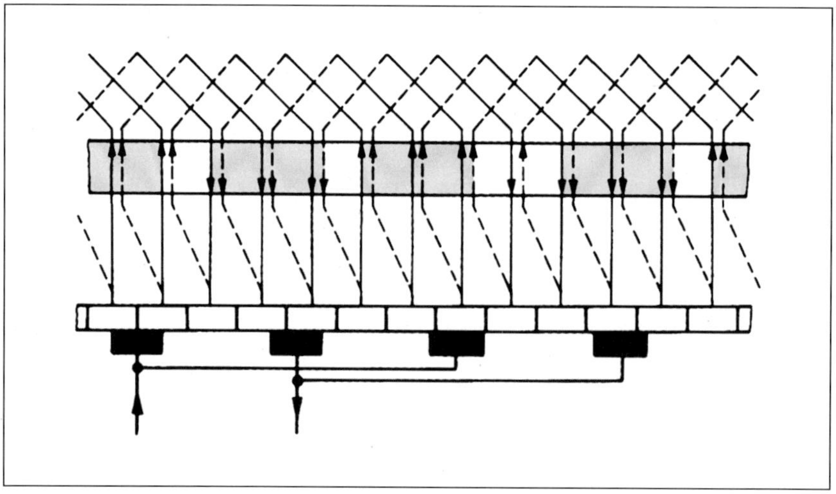

2.81
Einfach geschlossene Schleifenwicklung

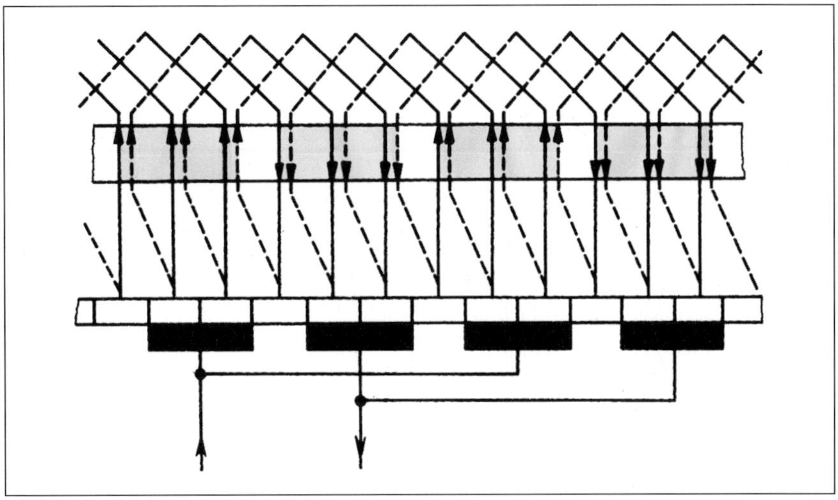

2.82
Doppelt geschlossene Schleifenwicklung

Mehrgängige Schleifenwicklungen kommen vor als „einfach" geschlossene oder „mehrfach" geschlossene Wicklungen (**2**.81 und **2**.82 – Verfolgen Sie den Wicklungsverlauf, die Lage der Bürsten und die Stromrichtungen!). Wie aus der Stromaufteilung (besonders in Bild **2**.82) zu ersehen ist, wird die Zahl der parallelen Ankerzweige für eine zweigängige Schleifenwicklung gegenüber der eingängigen verdoppelt, für eine dreigängige demnach verdreifacht usw.

Da bei jeder Schleifenwicklung, vor allem bei mehrgängigen Wicklungen, jeder Ankerleiter nur mit einem Teil des Gesamtstroms belastet wird, verwendet man Maschinen mit Schleifenwicklungen in erster Linie für relativ kleine Spannungen und große Strombelastbarkeit.

Ausgleichsverbindungen. Der Gesamtstrom verteilt sich nur dann gleichmäßig auf die einzelnen Ankerleiter, wenn nicht nur die Wicklung symmetrisch ausgelegt ist, sondern auch die magnetischen Verhältnisse unter den Polen vollkommen gleich sind. Das lässt sich in der Praxis leider nur sehr selten erreichen. Infolge nicht ganz gleicher Luftspalte zwischen dem Poleisen und dem Anker sowie verschieden starker magnetischer Flüsse der einzelnen Pole (leicht unterschiedliche Materialien, nicht ganz gleiche Windungszahlen der einzelnen Erregerspulen u. a.) werden in den Ankerspulen häufig verschieden hohe Spannungen induziert. Die sich daraus ergebende unterschiedliche Belastung der einzelnen Ankerdrähte führt leicht zum Bürstenfeuer.

Abhilfe bringen Ausgleichsleiter (Ausgleichsverbindungen) im Anker. Sie verbinden solche Kollektorlamellen miteinander, die im Betrieb gleiche Ströme führen sollen. Die Drahtstärke der Ausgleichsleiter kann geringer sein als die der Ankerleiter, da sie ja nur von Ausgleichsströmen, nicht aber vom entsprechenden Ankerstrom durchflossen werden.

Der Ausgleichsschritt y_a, bezogen auf den Kollektor, beträgt bei mehrpoligen Schleifenwicklungen doppelte Polteilung und entspricht damit dem Abstand zweier Bürsten gleicher Polarität. In der Praxis verbindet man nicht alle Kollektorlamellen durch Ausgleichsverbindungen, sondern nur jede zweite, dritte oder vierte Lamelle. Das hängt weitgehend von der Ausnutzung der Maschine ab. Bild **2**.83 auf S. 173 zeigt eine vierpolige eingängige Schleifenwicklung mit 20 Nuten und 20 Kollektorlamellen mit Ausgleichsverbindungen.

Der Nutschritt y_n jeder Schleifenwicklung beträgt etwa Polteilung.

Der Kollektorschritt y_k der eingängigen Schleifenwicklung ist ± 1.

Die Anzahl der parallelen Ankerstromzweige ist bei jeder eingängigen Schleifenwicklung gleich der Polzahl.

Die Anzahl der erforderlichen Bürsten ist bei jeder eingängigen Schleifenwicklung gleich der Polzahl.

Ausgleichsverbindungen sind möglich. Der Ausgleichsschritt y_a ist gleich der doppelten Polteilung nach Lamellen gerechnet.

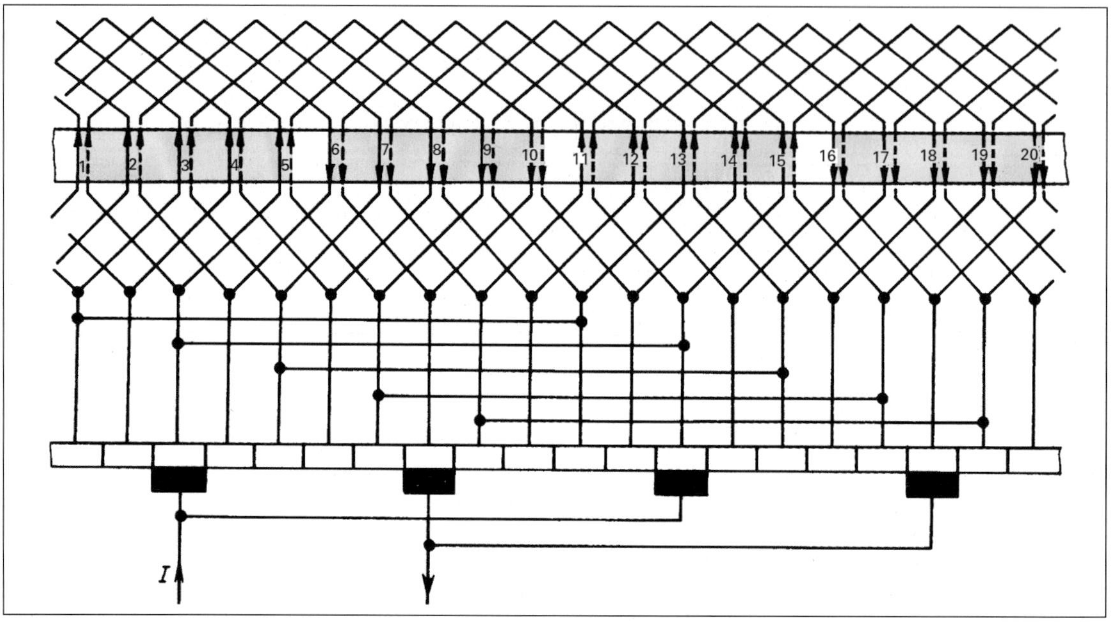

2.83 Vierpolige Schleifenwicklung mit Ausgleichsverbindungen

Eingängige Wellenwicklung. Auch die Wellenwicklung hat ihren Namen nach dem „Aussehen" in der Abwicklung erhalten. Die Bilder **2**.84 und **2**.85 zeigen deutlich das „schleifenförmige" und das „wellenförmige" Aussehen. Das Kennzeichen dieser Wicklungsart ist ebenfalls der Kollektorschritt. Er muss hier etwa doppelte Polteilung betragen. Die Bilder zeigen auch, dass bei der Schleifenwicklung Spulen miteinander verbunden werden, die zum gleichen Polpaar gehören. Bei der Wellenwicklung aber wird die erste Spule, zum ersten Polpaar gehörend, verbunden mit der zweiten Spule, die unter dem zweiten Polpaar liegt. Hat die Maschine vier Pole (zwei Polpaare), gelangt man mit der dritten Spule wieder unter das erste Polpaar, mit der vierten Spule unter das zweite Polpaar usw. Für eine sechspolige Maschine gilt: 1. Spule gehört zum 1. Polpaar, 2. Spule zum 2. Polpaar, 3. Spule zum 3. Polpaar, 4. Spule zum 1. Polpaar usw. Für acht- und mehrpolige Maschinen gilt das Entsprechende.

Eine zweipolige Maschine hat nur ein Polpaar. Man kann deshalb auch nicht von einer zweipoligen Wellenwicklung sprechen. Zweipolige Schleifenwicklungen kann es ebenso wenig geben, weil der Kollektorschritt $y_k = 1$ sowohl der einfachen als auch der doppelten Polteilung entspricht. Der Ausdruck „zweipolige Schleifenwicklung" ist daher nicht korrekt, wird aber in der Praxis häufig verwendet. Der eigentliche Unterschied zwischen einer Schleifen- und Wellenwicklung beginnt erst bei Maschinen mit mehr als einem Polpaar, also bei vier- und mehrpoligen Maschinen.

Der Kollektorschritt y_k der Wellenwicklung muss für alle Spulen gleich sein. Daraus ergibt sich,

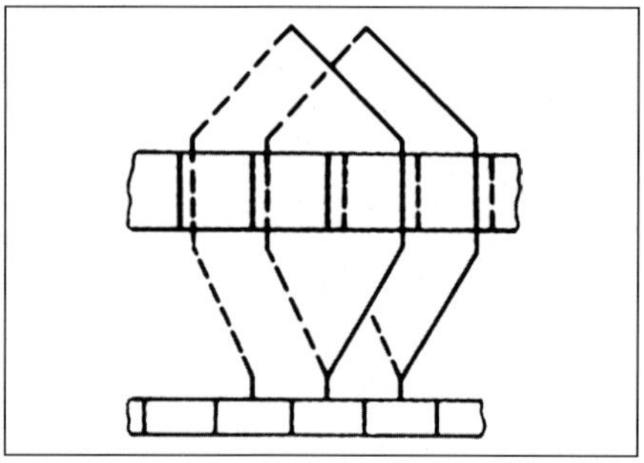

2.84 Schleifenwicklung (2 Spulen geschaltet)

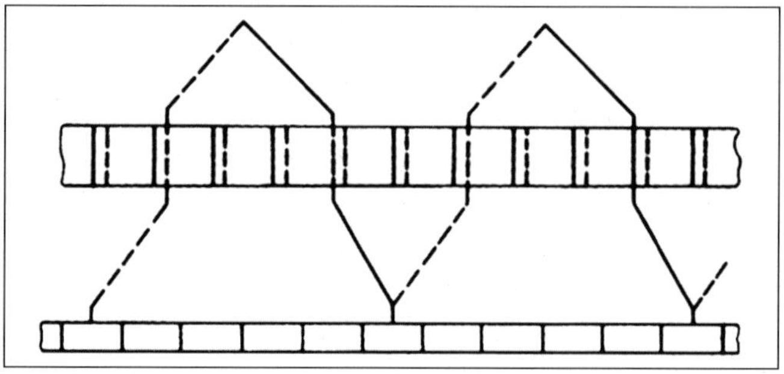

2.85 Wellenwicklung (2 Spulen geschaltet)

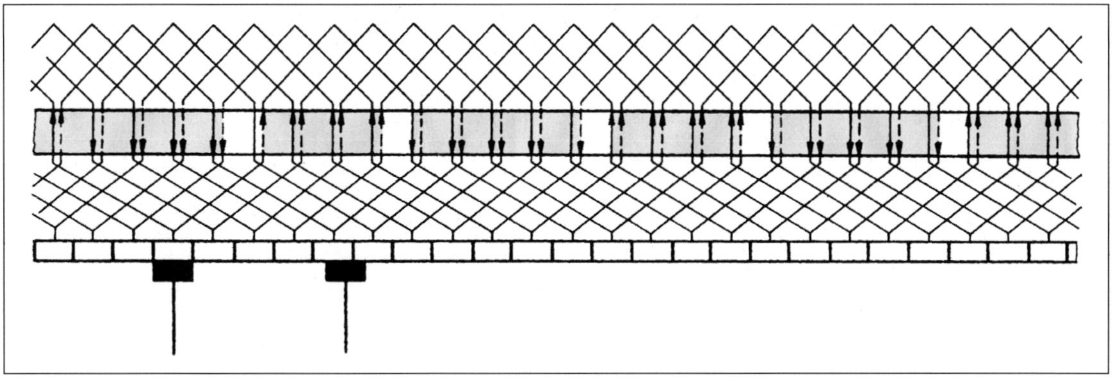

2.86 Sechspolige Wellenwicklung

dass man z. B. vierpolige Wellenwicklungen nur dann „normal" ausführen kann, wenn der Kollektor eine *ungerade* Lamellenzahl hat. Bei einer geraden Lamellenzahl träfe man nach „einem Umlauf" wieder auf die Ausgangslamelle, womit jeder einzelne Umlauf in sich kurzgeschlossen wäre. (Vollziehen Sie das an einer Zeichnung z. B. eines vierpoligen Ankers mit Wellenwicklung 16 Nuten und 16 Lamellen nach). Man kann, wenn man nach einem Umlauf wieder auf die Ausgangslamelle trifft, zwar den Kollektorschritt für die zweite Spule erweitern oder verkürzen, hat dann aber keine „reine" Form der Wellenwicklung mehr, sondern eine „künstlich geschlossene" Wicklung (s. Bild **2**.88).

Wellenwicklungen sind wie die Schleifenwicklungen meist in offener oder gekreuzter Schaltung ausführbar. Während dies für Schleifenwicklungen uneingeschränkt gilt, ist in manchen Fällen die Wellenwicklung nur offen oder nur gekreuzt möglich. Bild **2**.86 zeigt, dass z. B. eine sechspolige Wicklung für einen Anker mit 26 Nuten und 26 Kollektorlamellen nur gekreuzt ausführbar ist.

Der Kollektorschritt y_k wird berechnet, indem man die Lamellenzahl K durch die Polpaarzahl p dividiert.

$$\mathbf{y_k = \frac{K}{p}} \qquad (2.29)$$

Diese Gleichung auf die Wicklung nach Bild **2**.86 angewendet:

$$y_k = \frac{26}{3} \approx \mathbf{9(1–10)}$$

Beispiel 2.25 Ein vierpoliger Gleichstromanker hat 33 Nuten und 99 Kollektorlamellen. Nutschritt und Kollektorschritt sollen berechnet werden.

Lösung

$$y_n = \frac{N}{2 \cdot p} = \frac{33}{4} \approx \mathbf{8(1–9)}$$

$$y_k = \frac{K}{p} = \frac{99}{2} = 49{,}5$$

y_{k1} = **49(1–50)** ist eine *offene* Wicklung

y_{k2} = **50(1–51)** ist eine *gekreuzte* Wicklung

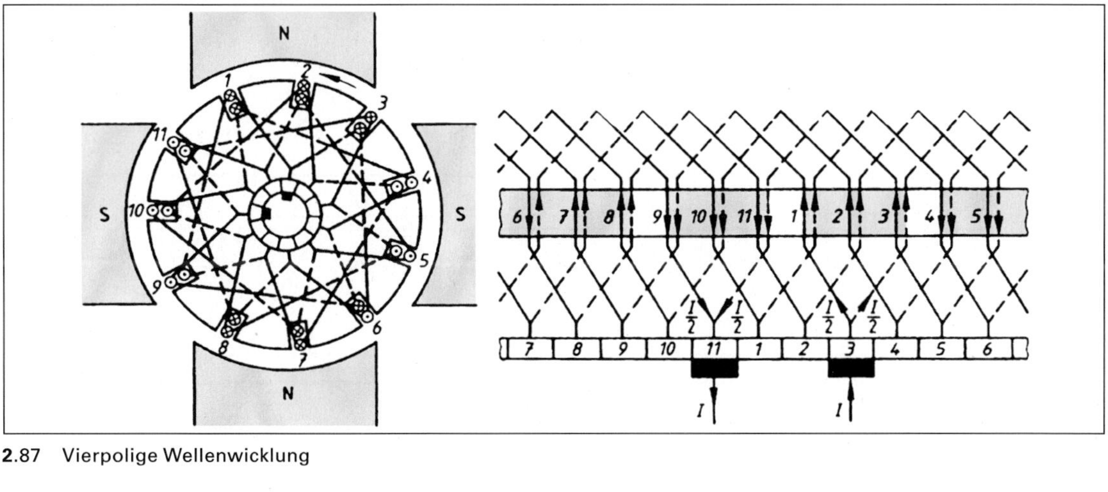

2.87 Vierpolige Wellenwicklung

Parallele Ankerzweige. Im Gegensatz zu einer Schleifenwicklung hat die eingängige Wellenwicklung stets nur zwei parallele Ankerzweige, unabhängig von der Polzahl der Maschine. Damit genügen auch zwei Bürsten zur Stromabnahme (Generator) oder Stromzuführung (Motor, **2**.87). Aus der Bürstenzahl einer Maschine lässt sich aber nicht unbedingt auf die Wicklungsart im Anker schließen. Man findet nämlich sehr oft Maschinen mit Wellenwicklungen im Anker, die mehr als zwei Bürsten aufweisen. In diesem Fall sind wegen der Strombelastung mehrere Bürsten parallel geschaltet.

Da alle eingängigen Wellenwicklungen nur zwei parallele Ankerzweige haben, eignen sie sich besonders gut für Maschinen mit relativ hohen Spannungen und geringer Stromstärke. Weil keine Ausgleichsverbindungen anzubringen sind, bevorzugt man für große Maschinen Wellenwicklungen.

Künstlich geschlossene Wicklungen. Es kommt vor, dass sich in einen Anker keine „reine" Wicklung einlegen lässt. Dieser Fall könnte z. B. eintreten, wenn die Schleifenwicklung eines vierpoligen Ankers mit 16 Nuten und 16 Kollektorlamellen durch eine vierpolige Wellenwicklung ersetzt werden soll. Eine reine Wellenwicklung, vierpolig, ist aber nicht ausführbar, weil sich ein wechselnder Kollektorschritt ergibt. In djesem Fall muss die Wicklung „künstlich geschlossen" werden. Ein Beispiel zeigt Bild **2**.88.

Wicklungen mit Blindspulen. Hin und wieder tauchen Gleichstrommaschinen auf, bei denen im Anker eine von der Nutzahl abweichende Lamellenzahl vorhanden ist und beide keinen gemeinsamen Teiler haben. In diesem Fall legt man in den Anker entweder eine „Blindspule" ein oder schließt die Wicklung künstlich. Auf Blindspulen kann man verzichten – allerdings zeigt dann der Anker starke „Unwucht". Eingelegte Blindspulen nehmen nicht an der Spannungserzeugung (Generatoren) bzw. Drehmomentbildung (Motoren) teil. Ihre Enden dürfen nicht kurzgeschlossen werden, weil sonst während des Betriebs ein Kurzschlussstrom durch die Spule fließen würde, der eine starke Erwärmung des Ankereisens zur Folge hätte.

Der Nutschritt y_n jeder Wellenwicklung beträgt etwa Polteilung.

Der Kollektorschritt y_k der eingängigen Wellenwicklung ist etwa gleich der doppelten Polteilung nach Lamellen gerechnet.

Die Anzahl der parallelen Ankerstromzweige ist bei der eingängigen Wellenwicklung immer 2.

Für die eingängige Wellenwicklung sind immer nur zwei Bürsten erforderlich.

Ausgleichsverbindungen für die eingängige Wellenwicklung sind nicht möglich.

2.14.3 Umschalten bzw. Umwickeln einer Maschine

Es kommt in der Praxis verhältnismäßig häufig vor, dass eine Gleichstrommaschine für eine andere Spannung oder andere Drehzahl umgerüstet werden soll. Dabei ist grundsätzlich zu überlegen, ob eine teure Umwicklung erforderlich oder eine einfache Umschaltung möglich ist.

Beispiel 2.26 Gegeben ist ein Gleichstrommotor für 5,5 kW, 440 V, 4-polig. Der Motor soll an 220 V betrieben werden. Eine nähere Untersuchung ergibt, dass die vier Spulen der Erregerwicklung in Reihe geschaltet sind, der Anker 20 Nuten und 20 Kollektorlamellen hat und mit einer künstlich geschlossenen Wellenwicklung ausgestattet ist.

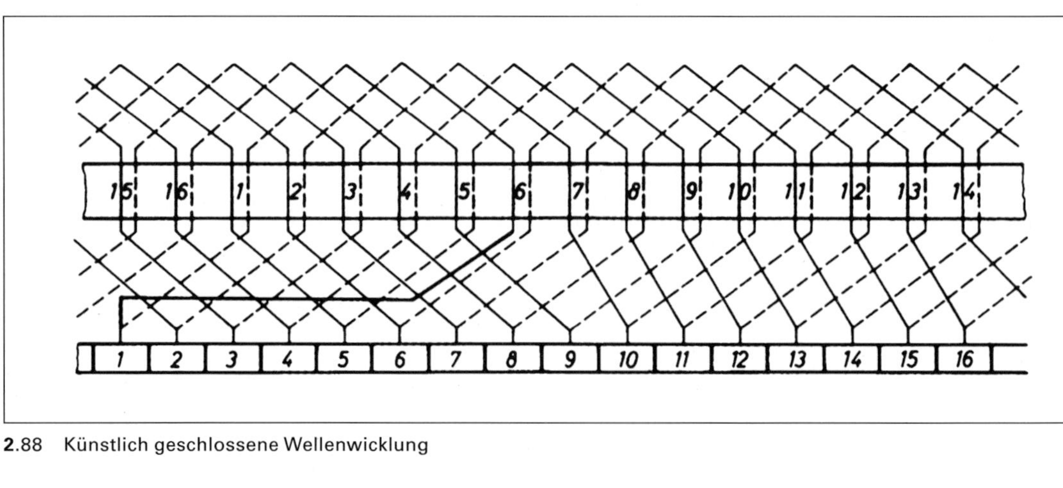

2.88 Künstlich geschlossene Wellenwicklung

Beispiel 2.26 Fortsetzung

Zur Erregerwicklung: Da Reihenschaltung der vier Erregerspulen vorliegt, fallen bei der Originalwicklung für 440 V an jeder Spule 110 V ab. Die Maschine soll an 220 V betrieben werden. Deshalb sind jeweils zwei Spulen in Reihe und diese Reihenschaltungen zueinander parallel zu schalten. Eine Umschaltung der Erregerwicklung ist also möglich. Windungszahl und Drahtquerschnitt für jede Spule bleiben erhalten (**2**.89 und **2**.90).

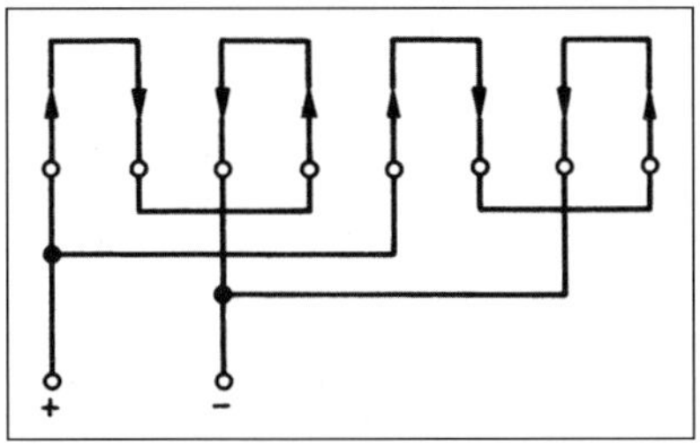

2.89 Zwei Spulen in Reihe, zueinander parallel geschaltet

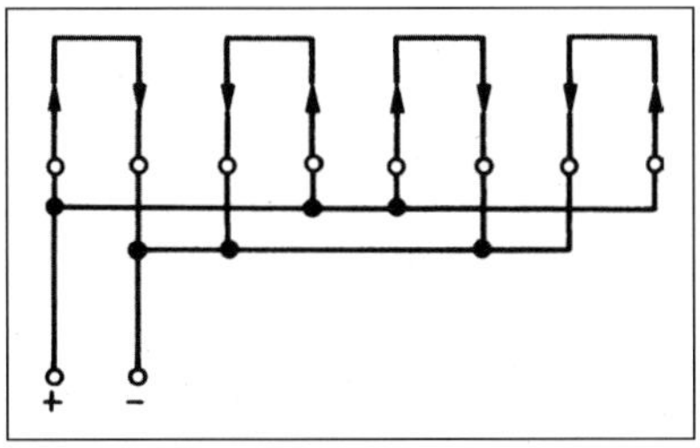

2.90 Alle Spulen parallel geschaltet

Zur Ankerwicklung: Die eingängige, künstlich geschlossene Wellenwicklung hat zwei parallele Ankerzweige. Eine Umschaltung auf eine vierpolige Schleifenwicklung vermindert die in Reihe liegenden je Ankerzweig vorhandenen Spulen auf die Hälfte. Es entstehen daher vier parallele Ankerzweige, und die Maschine kann somit an 220 V betrieben werden. Allerdings ist zu prüfen, ob auch die erforderlichen vier Bürsten in der Maschine angebracht werden können.

Eine zweite Möglichkeit, die Ankerwicklung umzuschalten, besteht darin, die eingängige Wellenwicklung durch eine zweigängige zu ersetzen. Dazu entfernt man den „künstlichen Schluss" und ändert den Kollektorschritt.

Zu einer solchen Umschaltung sind einige Überlegungen erforderlich. Die Umschaltung einer Maschine auf halbe Betriebsspannung bedeutet, dass nicht nur die Erregerwicklung (wegen der magnetischen Verhältnisse) insgesamt mehr Strom aufnehmen, sondern auch der Ankerstrom doppelt so groß werden muss, damit sich die Leistung der Maschine nicht ändert. Dabei ändert sich jedoch die Stromaufnahme im einzelnen Ankerleiter nicht. Zu beachten ist vielmehr der doppelte Ankerstrom. Es ist zu prüfen, ob die Bürstenschleiffläche ausreicht, den zweifachen Strom zu übertragen (Angaben der Bürstenhersteller beachten!). Ferner darf die Kollektortemperatur etwa 100 C° nicht überschreiten.

Beispiel 2.27 Gegeben ist ein vierpoliger Gleichstrommotor mit 2,2 kW für 110 V. Der Motor soll an 220 V betrieben werden. Die Spulen der Erregerwicklung sind in Reihe geschaltet. Der Anker hat 24 Nuten und 24 Kollektorlamellen; er ist mit einer eingängigen Schleifenwicklung ausgestattet.

Zur Erregerwicklung: Da Reihenschaltung der vier Spulen vorliegt, fällt an jeder Spule die Spannung 110 V : 4 = 27,5 V ab. Damit ist eine Umschaltung auf 220 V nicht möglich. Die alte Wicklung muss entfernt, die Erregerwicklung „umgewickelt" werden.

Die magnetischen Verhältnisse der Maschine dürfen sich nicht ändern, d. h., die Durchflutung muss nach der Umwicklung den gleichen Wert haben wie vorher. Weil aber die Bemessungsspannung verdoppelt werden soll, darf der Erregerstrom nur noch halb so groß sein, damit sich die Erregerleistung nicht ändert.

$$110\ \text{V} \cdot I = 220\ \text{V} \cdot \frac{I}{2}$$

Wird der „alte" Erregerstrom mit 1 A angenommen, ist die Erregerleistung:

$$110\ \text{V} \cdot 1\ \text{A} = 220\ \text{V} \cdot 0{,}5\ \text{A} = 110\ \text{W}$$

Doppelte Spannung und halbe Stromstärke bedeuten aber auch, dass der Widerstand der Erregerwicklung viermal so groß sein muss wie der Widerstand der Ursprungswicklung.

Ursprungswicklung: $\frac{110\ \text{V}}{1\ \text{A}} = 110\ \Omega$

neue Wicklung: $\frac{220\ \text{V}}{0{,}5\ \text{A}} = 440\ \Omega$

Dies lässt sich in unserem Beispiel nur erreichen, wenn die Windungszahl je Spule im Verhältnis der Spannungen (also verdoppelt) und gleichzeitig der Drahtquerschnitt im umgekehrten Verhältnis der Spannungen (also halbiert) geändert werden.

Es gilt daher grundsätzlich für die Umwicklung einer Maschine auf eine andere Spannung:

$$\frac{U_1}{U_2} = \frac{N_1}{N_2} \quad (2.30) \qquad \frac{U_1}{U_2} = \frac{A_2}{A_1} \quad (2.31)$$

U_1 Spannung vor Umwickeln
U_2 Spannung nach Umwickeln
N_1 Windungszahl vor Umwickeln
N_2 Windungszahl nach Umwickeln
A_1 Drahtquerschnitt vor Umwickeln
A_2 Drahtquerschnitt nach Umwickeln

Beispiel 2.27 Fortsetzung

Eine Nachrechnung nach der Gleichung $\Theta = I \cdot N$ zeigt, dass die Durchflutung nach dem Umwickeln den gleichen Wert hat wie vor dem Umwickeln.

Zur Ankerwicklung: Die vierpolige Schleifenwicklung hat vier parallele Ankerzweige (6 Spulen je Ankerzweig). Eine eingängige Wellenwicklung hätte aber nur zwei parallele Ankerzweige (12 Spulen je Ankerzweig) und ließe sich daher an die doppelte Spannung legen. Eine Umwicklung ist daher nicht nötig. Allerdings muss die Wellenwicklung künstlich geschlossen werden, d. h. die Schaltung der Wicklung geändert werden. Die Änderung ist nicht ohne Schwierigkeiten durchzuführen, weil die Schaltdrähte am Kollektor zu „kurz" sind.

Beispiel 2.28

Die Maschine aus Beispiel 2.27 soll mit doppelter Drehzahl arbeiten. Z. B. bisher 1500 min^{-1}, jetzt 3000 min^{-1}. Die Spannung 440 V wird nicht geändert.

Die Erregerwicklung braucht nicht umgeschaltet oder umgewickelt zu werden, weil sich die Spannung nicht ändert. Damit bleiben Erregerstrom und Durchflutung konstant.

Zur Ankerwicklung: Die in der Ankerwicklung induzierte Gegenspannung U_g darf sich nicht ändern. Demnach ist:

$U_{g1} = U_{g2}$ oder:

$N_1 \cdot B_1 \cdot l \cdot v_1 = N_2 \cdot B_1 \cdot l \cdot v_2$

Kürzt man $B_1 \cdot l$ und setzt $v_1 = d \cdot \pi \cdot n_1$

und $v_2 = d \cdot \pi \cdot n_2$,

ergibt sich:

$d \cdot \pi \cdot n_1 \cdot N_1 = d \cdot \pi \cdot n_2 \cdot N_2$

oder durch $d \cdot \pi$ gekürzt und die Gleichung umgestellt:

$$\frac{n_1}{n_2} = \frac{N_2}{N_1} \qquad (2.32)$$

Die Windungszahlen verhalten sich also umgekehrt wie die Drehzahlen. Für die Maschine bedeutet dies, dass die halbe Windungszahl nötig ist. Man erreicht es durch Umschalten der Ankerwicklung wie in Beispiel 2.26. Somit entstehen vier parallele Ankerzweige gegenüber zwei der Originalwicklung mit einer auf die Hälfte verminderten Spulenzahl je Ankerzweig.

Beim Umschalten bzw. Umwickeln auf höhere Bemessungsdrehzahlen ist für den Betrieb der Maschine zu berücksichtigen, ob Lager, Wickelköpfe, Bandagen für die höhere Drehzahl und damit größere Umfangsgeschwindigkeit geeignet sind. Ferner ist zu prüfen, ob die Kommutierung keine Schwierigkeiten bereitet. Stromwendeschwierigkeiten könnten sich ergeben durch kürzere Kommutierungszeit und durch die größere Maschinenleistung.

Beispiel 2.29

Die Maschine aus Beispiel 2.27 soll bei unveränderter Spannung statt mit 2000 min^{-1} nur noch mit 1500 min^{-1} arbeiten.

Zur Erregerwicklung: Da sich die Spannung nicht ändert, bleibt die Erregerwicklung im Original erhalten.

Zur Ankerwicklung: Eine Umschaltung der Wicklung ist nicht möglich, da sich kein Drehzahlverhältnis von 1:2 oder 2:1 ergibt. Der Anker muss also umgewickelt werden. Gehen wir davon aus, dass die Windungszahl je Spule 18 beträgt mit dem Querschnitt 1 mm^2, lässt sich folgende Berechnung durchführen:

$$N_2 = N_1 \cdot \frac{n_1}{n_2} = 18 \cdot \frac{2000\ \text{min}^{-1}}{1500\ \text{min}^{-1}} = \mathbf{24}$$

Die neue Windungszahl je Spule beträgt also 24. Nur selten ist es jedoch möglich, in einer Nute mehr Drähte unterzubringen, ohne gleichzeitig den Querschnitt des verwendeten Drahts zu verringern. Gehen wir davon aus, dass die Nute schon bei der Originalwicklung „sehr voll" war, ist der Drahtquerschnitt im umgekehrten Verhältnis der Windungszahlen zu verringern. Es gilt also:

$$A_2 = A_1 \cdot \frac{N_1}{N_2} = 1\ \text{mm}^2 \cdot \frac{18}{24} = \mathbf{0{,}75\ mm^2}$$

Zu beachten ist, dass sich die Leistung der Maschine ändert (Leistungsschildangaben ändern!).

Nicht immer lässt sich eine neu berechnete Ankerwicklung in den Nuten unterbringen. Wenn sich auch der „aktive" Kupfergesamtquerschnitt nicht ändert, nimmt doch eine Wicklung mit mehr Windungen und dünnerem Draht einen insgesamt größeren Querschnitt in Anspruch als eine Wicklung mit geringerer Windungszahl und größerem Drahtquerschnitt. Der Grund liegt in dem schlechteren „Füllfaktor" des dünneren Drahts bei gleicher Isolationsstärke (s. Abschn. 2.13.2).

Soll eine Maschine mit einer anderen Bemessungsspannung betrieben werden, ist zu prüfen, ob statt einer Umwicklung nur eine Umschaltung der Erreger- bzw. Ankerwicklung ausreichend ist. Es gilt:

$$N_2 = N_1 \frac{U_2}{U_1} \qquad A_2 = A_1 \frac{U_1}{U_2}$$

Soll eine Maschine für eine andere Bemessungsdrehzahl umgewickelt werden, ist zu prüfen, ob die Leistungsschilddaten geändert werden müssen. Es gilt:

$$N_2 = N_1 \frac{n_1}{n_2} \qquad A_2 = A_1 \frac{N_1}{N_2}$$

Aufgaben zu Abschnitt 2.14

1. Ein zwölfpoliger Gleichstromanker hat 96 Nuten. In den Anker ist eine Wicklung mit dem Nutschritt $y_n = 6(1-7)$ eingelegt. Wie groß ist die Sehnung der Wicklung?
2. In einen Anker mit 48 Nuten ist eine Wicklung mit dem Nutschritt $y_n = 7(1-8)$ eingelegt. Ermitteln Sie die Polzahl der Maschine und die Sehnung der Wicklung.
3. Wodurch können Sie (äußerlich) eine Schleifenwicklung und eine Wellenwicklung erkennen?
4. Eine vierpolige Gleichstrommaschine hat vier Bürsten. Wie können Sie ohne Ausbau des Ankers ermitteln, ob eine Schleifenwicklung oder Wellenwicklung in den Anker eingelegt ist?
5. Zeichnen Sie die Abwicklung einer sechspoligen Schleifenwicklung mit 24 Nuten (Durchmesserwicklung) und 24 Kollektorlamellen. Deuten Sie die Lage der Bürsten an und tragen Sie die Stromrichtungen in den Spulenseiten ein.
6. Entwerfen Sie das Wicklungsbild (Abwicklung) einer sechspoligen Schleifenwicklung mit 36 Nuten und 36 Kollektorlamellen als Durchmesserwicklung. Zeichnen Sie für jede zweite Lamelle die entsprechenden Ausgleichsverbindungen ein, deuten Sie die Lage der Bürsten an und tragen Sie die Stromrichtung in die einzelnen Ankerleiter (Spulenseiten) ein.
7. Ermitteln Sie den Kollektorschritt einer sechspoligen Wellenwicklung mit 32 Nuten und 32 Kollektorlamellen und stellen Sie fest, ob diese Wicklung nur offen oder nur gekreuzt ausführbar ist.
8. Entwerfen Sie das Wicklungsbild einer vierpoligen Wellenwicklung mit 21 Nuten und 21 Kollektorlamellen in offener Schaltung. Deuten Sie die Lage der zwei Bürsten an und tragen Sie die Stromrichtungen in den einzelnen Spulenseiten ein.
9. Gegeben ist ein vierpoliger Gleichstrommotor für 320 V mit der Bemessungsleistung 5 kW. Er soll auf 220 V umgewickelt werden.

   Erregerwicklung: Vier Spulen in Reihe geschaltet. Je Spule 820 Windungen mit dem Drahtdurchmesser 0,56 mm.

   Ankerwicklung: Eingängige Wellenwicklung mit 33 Nuten und 99 Kollektorlamellen. In jeder Nute liegen 36 Drähte (Zweischichtwicklung) mit dem Durchmesser 1,6 mm.

   Berechnen Sie die neuen Windungszahlen und Drahtdurchmesser für die Wicklungen sowie den Nutschritt und den Kollektorschritt für den Anker. Achten Sie auf die Windungszahl der einzelnen Ankerspule.
10. Ein vierpoliger Gleichstrommotor für 3,3 kW und 220 V hat die Bemessungsdrehzahl 2175 min^{-1}. Der Motor soll bei unveränderter Spannung für die Bemessungsdrehzahl 1450 min^{-1} umgewickelt werden.

    Erregerwicklung: Vier Spulen in Reihenschaltung. Jede Spule hat 1100 Windungen mit dem Drahtdurchmesser 0,4 mm. Die mittlere Windungslänge beträgt 70 cm.

    Ankerwicklung: Eingängige Wellenwicklung mit 29 Nuten und 87 Kollektorlamellen. In jeder Nute liegen 54 Drähte mit 1,1 mm Durchmesser (Zweischichtwicklung).

    Berechnen Sie die neuen Wickeldaten sowie Nutschritt und Kollektorschritt der Ankerwicklung. Wie groß ist die Bemessungsleistung der Maschine nach dem Umwickeln? Wie groß sind der Widerstand der Erregerwicklung und der Erregerstrom?

3 Transformatoren

Transformatoren (auch Umspanner genannt) übertragen elektrische Energie aus elektrischen Systemen gegebener Wechselspannung in Netze mit gewünschter Wechselspannung bei gleichbleibender Frequenz. Dabei liegt die gegebene Spannung U_1 an der Eingangswicklung an. Auf der Ausgangsseite wird die gewünschte Spannung U_2 (Induktionsspannung) an den Klemmen der Ausgangswicklung abgegriffen (**3**.1).

Die Wicklung, der elektrische Energie zugeführt wird, heißt *Primär*- oder Aufnahmewicklung; die, der die Energie entnommen wird, heißt *Sekundär*wicklung oder Abgabewicklung. Die Wicklungen sind auf dem Eisenkern i. d. Regel eines luftspaltfreien magnetischen Kreises angeordnet. Er koppelt sie über ein magnetisches Wechselfeld, sodass sie (außer beim Spartransformator) galvanisch voneinander getrennt sind.

Wirkungsgrad und Energieverluste. Transformatoren haben gegenüber rotierenden elektrischen Maschinen einen relativ hohen Wirkungsgrad (etwa 96 bis 99 %). Bei den großen Leistungen der Transformatoren zur Energieversorgung ist der elektrische Energieverlust, der ausschließlich in Wärme umgewandelt wird, dennoch erheblich.

Grenzleistung. Der wohl bedeutendste Transformator ist der Drehstromtransformator. Er wurde 1890 erfunden, die heute noch übliche Bauart mit drei Kernen in einer Ebene entstand 1891. Der Transformator ist so weit entwickelt und verbessert worden, dass heute ausgereifte Konstruktionen bis zu einer Leistung von 2400 MVA technisch realisierbar sind. Probleme bestehen nur noch bei der Geräuschentwicklung infolge der Magnetostriktion, die man aber durch kornorientierte, vorzugsgerichtete Transformatorbleche und besondere Schichtungsverfahren teilweise verringern konnte.

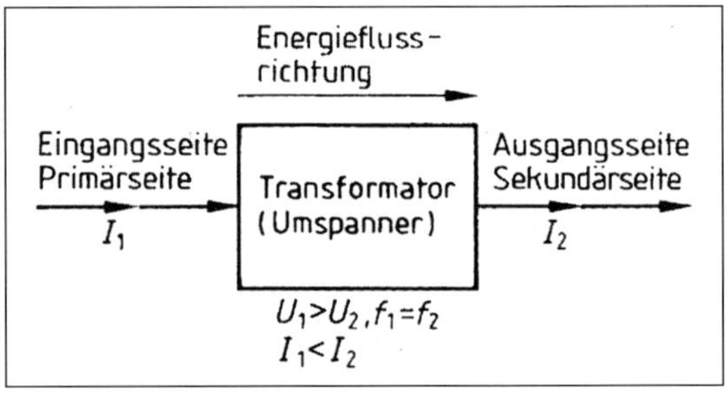

3.1 Schema eines Transformators als Element in der Übertragung elektrischer Energie

3.1 Aufgaben und Arten

Transformatoren werden in Einphasen- und Dreiphasen-Wechselstromnetzen eingesetzt. Man unterscheidet daher Einphasen- und Dreiphasentransformatoren. Transformatoren haben wichtige Aufgaben in der Energieversorgung, aber auch in der Messtechnik und Nachrichtentechnik.

Energieübertragung. In der Landesversorgung mit elektrischer Energie bilden Transformatoren die Verbindungsglieder zwischen Erzeugern und Verbrauchern der verschiedenen Spannungsebenen. Ihr Einsatz ist in unseren Versorgungssystemen – mit Kraftwerksleistungen bis 1,4 GVA und Generatorspannungen bis 25 kV – unverzichtbar. Sie erst ermöglichen eine rationelle/ökonomische Energieübertragung zwischen Erzeugern und Nutzern. Sie erzeugen Hochspannungen bis 750 kV, unter denen erst die hohen Energien bei relativ kleinen Stromstärken und somit geringen Energieverlusten auf langen Transportwegen übertragbar sind. Das Optimierungsproblem sieht im Schema so aus:

Es gibt dabei eine optimale Spannung, für die ein Minimum an Gesamtkosten entsteht. Erfahrungsgemäß verhalten sich die zu wählende Spannung und die zu übertragende Leistung proportional zueinander. Daraus ergibt sich die Notwendigkeit verschiedener Spannungsebenen in der Landesversorgung.

Schutzmaßnahmen. Die galvanische Trennung zwischen Ein- und Ausgangswicklung nutzt man auch als Schutzmaßnahme gegen zu hohe Berührungsspannungen. In diesem Fall verbinden Trenntransformatoren zwei elektrische Systeme gleicher Spannungen.

Messtechnik. Auch bei starkstromtechnischen Messungen nutzt man das Transformatorprinzip. Ströme und Spannungen werden hier unter galvanischer Trennung von Messobjekt und Mess-

Spannung	·	Stromstärke	→	Leistung/Energie	}	Gesamtkosten
↓		↓		je Zeiteinheit		je übertragbarer
Kosten für Isolationsmaterial	+	Kosten für Leitermaterial	→	Leitungskosten		Leistungseinheit

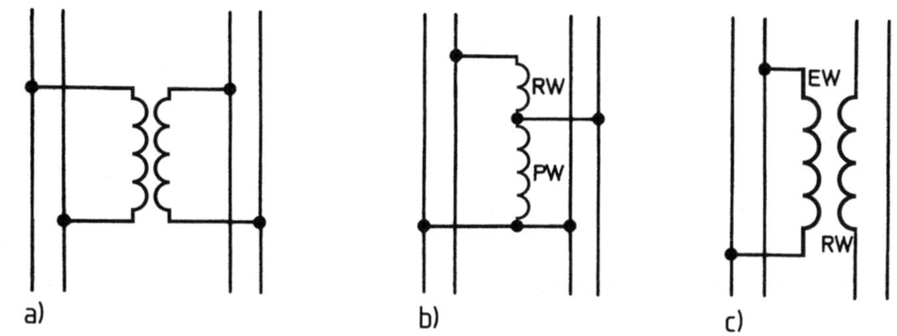

3.2 Transformatorarten nach der Arbeitsweise
a) Leistungs- oder Volltransformator
b) Spartransformator (RW ≙ Reihenwicklung, PW ≙ Parallelwicklung)
c) Zusatztransformator (EW ≙ Erregerwicklung, RW ≙ Reihenwicklung)

anzeige auf bequeme und einheitliche Werte transformiert. Derartig genutzte Transformatoren heißen Strom- bzw. Spannungswandler.

Nachrichtentechnik. Als Impedanzwandler oder Übertrager arbeiten Transformatoren häufig in elektronischen Schaltungen, um die Leistungsanpassung herzustellen.

Nach der Arbeitsweise unterscheidet man Leistungs-, Spar- und Zusatztransformatoren.

Bei Leistungstransformatoren oder Volltransformatoren sind die Wicklungen parallel zu den zugehörigen Systemen geschaltet. Die Systeme sind galvanisch getrennt, sodass die gesamte Leistung induktiv übertragen wird (**3**.2a).

Bei Spartransformatoren haben mindestens zwei Wicklungen einen gemeinsamen Teil. Die Durchgangsleistung wird teils induktiv, teils leitend übertragen (**3**.2b).

Zusatztransformatoren haben galvanisch getrennte Wicklungen. Die eine wird parallel (EW, Erregerwicklung), die andere (RW, Reihenwicklung) in Reihe zu dem Stromkreis geschaltet, dessen Spannung geändert werden soll. Die Zusatzleistung wird rein induktiv übertragen (**3**.2c).

Nach dem Verwendungszweck unterscheidet man Energieversorgungs-, Industrie-, Bahn- und Sondertransformatoren.

Energieversorgungstransformatoren sind Verteilungs- oder Netztransformatoren, Maschinen- und Netzkupplungstransformatoren.

Industrietransformatoren sind Schweiß-, Ofen-, Anlass- und Stromrichtertransformatoren.

Bahntransformatoren sind Lokomotivenhaupt-, Hilfs- und Steuertransformatoren.

Sondertransformatoren sind z. B. Prüf-, Schutz- und Steuertransformatoren.

Nach Kühl- und Isoliermittel unterscheidet man Öl- und Trocken-/Gießharztransformatoren.

Bei Öltransformatoren befinden sich die Kerne und Wicklungen in Silikonöl, das zugleich Kühl- und Isoliermittel ist.

In Askarel-Transformatoren, die bis 1984 in Verkehr gebracht wurden und seit dem 1.1.2000 verboten sind, befinden sich die Wicklungen und Kerne zur Verminderung der Brandgefahr in einer nicht brennbaren Isolierflüssigkeit (Clophen). Im Aufbau unterscheiden sie sich nur unwesentlich von den billigeren Öltransformatoren. Askarele sind Gemische von PCB und mehrfach chloriertem Benzol. Da z. B. Clophen stark gesundheitsschädlich ist (es sammelt sich im menschlichen Körper und wird nicht wieder ausgeschieden), verwendet man Trockentransformatoren oder ersetzt die Askarele. Je nach Einsatz, Ort und Zweck werden Ersatzstoffe eingesetzt, die sich nach ihrem Brennpunkt kleiner/größer 300 °C unterscheiden.

Bei Trockentransformatoren befinden sich Kerne und Wicklungen nicht in einer Isolierflüssigkeit. Die in ihnen entstehende Verlustwärme wird direkt an die Umgebungsluft abgegeben. Das bedingt eine große Oberfläche und ermöglicht nur kleine Stromdichten. Trockentransformatoren sind heute als Gießharztransformatoren bis zu Leistungen von etwa 40 MVA und Spannungen bis zu 150 kV realisierbar (s. Bild **3**.53b).

Nach der Baugröße gibt es Klein- und Großtransformatoren.

Kleintransformatoren sind Einphasen- und Drehstromtrockentransformatoren bis zu einer Leistung von 16 kVA die für Eingangs- und Ausgangswechselspannungen bis 1000 V und Netzfrequenz bis 500 Hz bestimmt sind.

Großtransformatoren sind Ein- und Dreiphasentransformatoren mit Leistungen über 16 kVA und Ein- und Ausgangsspannungen über 1000 V. Die Großtransformatoren mit Einheitenleistungen an der oberen Leistungsgrenze, die nach dem jeweiligen Stand der Technik für festgelegte Transportbedingungen ausführbar sind, heißen Grenzleistungstransformatoren.

3.2 Einphasentransformator

In einem realen Transformator treten Stromwärmeverluste in den Wicklungen sowie Ummagnetisierungs- und Wirbelstromverluste im Eisenkern auf (s. Abschn. 3.3). Die Analyse der Wirkungsweise eines Transformators wird vereinfacht, wenn man seine Verluste zunächst vernachlässigt und den idealen/verlustlosen Transformator betrachtet.

Idealer Transformator. Ein Transformator ist ideal, wenn seine Werkstoffe folgende Eigenschaften aufweisen:

- elektrischer Widerstand des Wicklungsmaterials $R_{Cu} = 0$
- elektrischer Widerstand des Eisenkerns $R_{Fe} = \infty$
- Permeabilität des Eisenkerns $\mu_{Fe} = \infty$
- Permeabilität der umgebenden Luft $\mu_{Luft} = 0$

Wegen $R_{Cu} = 0$ sind die Ströme in den beiden Wicklungen reine induktive Blindströme, die nur zur magnetischen Durchflutung des magnetischen Kreises beitragen. In den Wicklungen des idealen Transformators treten somit keine Stromwärmeverluste auf. Weil $R_{Fe} = \infty$ ist, können im Material des magnetischen Kreises keine Wirbelströme fließen. Wirbelstromverluste können folglich nicht entstehen.

Wenn $\mu_{FE} = \infty$, ist die Durchflutung und somit die magnetische Feldstärke überall im luftspaltfreien magnetischen Kreis gleich null. Weil die magnetische Feldstärke gleich null ist, ist sie unabhängig vom Betrag der in den einzelnen Punkten herrschenden magnetischen Induktion, und es können im magnetischen Kreis keine magnetischen Spannungsfälle auftreten. Außerdem ist keine Hysterese vorhanden, sodass auch keine Hystereseverluste auftreten können.

Mit $\mu_{Luft} = 0$ erreicht man, dass außerhalb des magnetischen Kreises keine magnetischen Streufelder entstehen können. Beide Wicklungen sind deshalb von demselben magnetischen Fluss durchsetzt. Außerdem treten keine Streufeldverluste bzw. Zusatzverluste auf.

Im idealen – also streuungs- und verlustlosen – Transformator ist die abgebbare Scheinleistung S_2 gleich der aufgenommenen Scheinleistung S_1. Sein Wirkungsgrad beträgt also immer 100 %, da $\cos \varphi_1 = \cos \varphi_2$.

3.2.1 Wirkungsweise des idealen Transformators

Leerlaufbetrieb. Schließt man an die Eingangswicklung mit der Windungszahl N_1 eine Wechselspannung U_1 an, wird sie vom Leerlaufstrom durchflossen (**3**.3). Da der Strom I_0 die elektrische Durchflutung $\Theta_0 = I_0 \cdot N_1$ bildet, werden Ein- und Ausgangswicklung von einem magnetischen Wechselfeld durchsetzt. Weil wegen $\mu_{Luft} = 0$ keine magnetischen Streufelder entstehen können, umfassen beide Wicklungen denselben, gleichstarken magnetischen Fluss

$$\boldsymbol{\Phi}_{10} = \boldsymbol{\Phi}_{20} = \boldsymbol{\Phi}. \qquad (3.1)$$

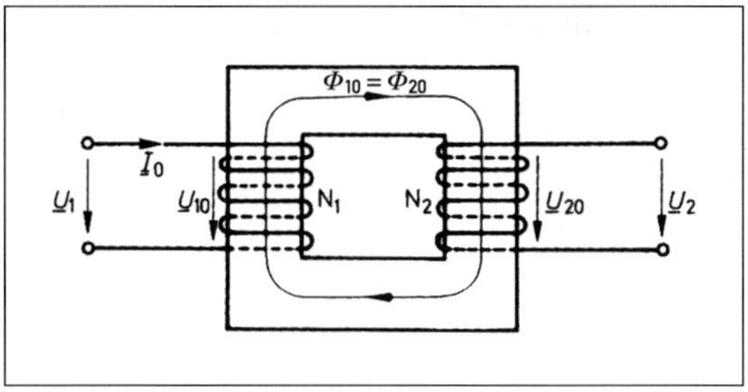

3.3 Idealer Einphasentransformator im Leerlauf mit den Leerlaufgrößen

Da sich das von den beiden Spulen umfasste Magnetfeld mit der Netzfrequenz periodisch ändert, wird nach dem Induktionsgesetz in beide Wicklungen eine Wechselspannung induziert.

In der Eingangswicklung mit der Induktivität L_1 und dem Wicklungswiderstand $R_1 = 0$ entsteht die Selbstinduktionsspannung U_{10}, die nach der Lenz'schen Regel der angelegten Wechselspannung U_1 entgegenwirkt. Die Eingangswicklung wirkt im Leerlauf deshalb wie eine ideale Drosselspule mit dem induktiven Blindwiderstand $X_{L1} = \omega \cdot L_1$ und dem Wirkwiderstand $R_1 = 0$. Zeiger- und Liniendiagramm des unbelasteten idealen Transformators mit $N_1 \neq N_2$ zeigt Bild **3**.4.

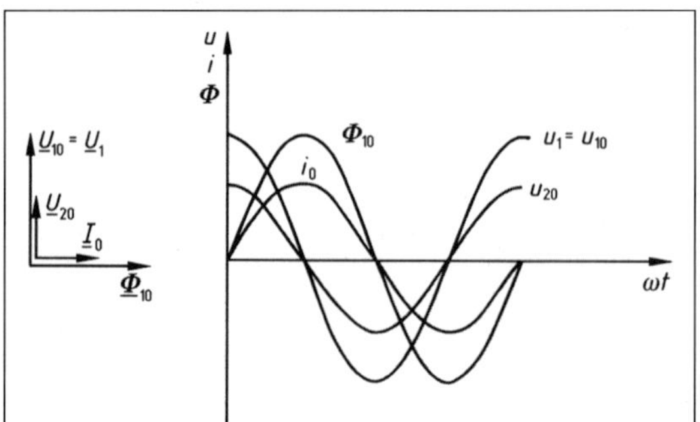

3.4 Zeiger- und Liniendiagramm der Leerlaufgrößen eines idealen Einphasentransformators

Der Momentanwert der Selbstinduktionsspannung u_{10} ergibt sich aus dem Induktionsgesetz

$$u_{10} = N_1 \frac{\Delta\Phi_{10}}{\Delta t}. \quad (3.2)$$

Die Selbstinduktionsspannung u_{10} ist proportional der Änderungsgeschwindigkeit $\Delta\Phi_{10}/\Delta t$ des magnetischen Flusses Φ_{10} im Leerlauf bzw. des Leerlaufstroms I_0. Folglich ist sie auch proportional der Frequenz von U_1.

Wegen $R_1 = 0$ ist $I_1 \cdot R_1 = 0$. Deshalb ergibt die Anwendung des Maschensatzes auf den Eingangsstromkreis in Bild **3**.3 für den Leerlaufbetrieb des idealen Transformators

$$U_1 - U_{10} = 0 \quad \text{bzw.} \quad U_1 = U_{10}. \quad (3.3)$$

Da die Differenz zwischen anliegender Spannung und induktiver Gegenspannung gleich null ist, bringt die Gleichung (3.3) auch zum Ausdruck, dass kein Leerlaufstrom I_0 fließt. $I_0 = 0$ ist durch die Annahme $\mu_{Fe} = \infty$ bedingt, denn damit ist zur Bildung des Felds Φ_{10} wegen $H_{Fe} = 0$ keine Durchflutung erforderlich.

In der Ausgangswicklung mit der Induktivität L_2 und dem Wicklungswiderstand $R_2 = 0$ wird wegen $\Phi_{20} = \Phi_{10}$ die Spannung U_{20} induziert. Für den Momentanwert u_{20} der ausgangsseitigen Induktionsspannung U_{20} ergibt das Induktionsgesetz

$$u_{20} = N_2 \frac{\Delta\Phi_{20}}{\Delta t}. \quad (3.4)$$

u_{20} ist abhängig von der Windungszahl der Ausgangswicklung und von der Flussänderungsgeschwindigkeit $\Delta\Phi_{20}/\Delta t$ des magnetischen Flusses im Leerlauf. Sie hat dieselbe Richtung wie U_{10} und ist im Leerlauf gleich der an den Klemmen der Ausgangswicklung anliegenden Spannung U_2, weil der Spannungsfall $I_2 \cdot Z_2$ wegen $I_2 = 0$ ebenfalls gleich null ist.

$$U_2 = U_{20} \quad (3.5)$$

Unter der Voraussetzung, dass I_0 ein sinusförmiger Wechselstrom ist, weist auch das magnetische Feld Φ_{10} einen sinusförmigen Verlauf auf.

$$\Phi_{10}(t) = \hat{\Phi}_{10} \sin \omega t \quad (3.6)$$

Φ_{10} ist gerade so groß, dass die zugehörige induktive Spannung U_{10} gleich der angelegten Spannung U_1 ist. Entsprechend den Gleichungen (3.2) und (3.4) treten die positiven Maximalwerte von u_{10} und u_{20} zu den Zeitpunkten auf, in denen jeweils die größte positive Flussänderungsgeschwindigkeit $\frac{\Delta\Phi_{10}}{\Delta t}$ wirksam ist (**3**.4). Über eine ganze Periode betrachtet, ergibt ein sinusförmiger Strom i_0 für u_{10} und u_{20} einen cosinusförmigen Verlauf.

Zur Belastung schließt man die Ausgangsklemmen des Transformators an einen Verbraucher an. Infolge der Induktionsspannung U_{20} fließt dann der Belastungsstrom I_2 (**3**.5). Er erzeugt die elektrische Durchflutung

$$\Theta_2 = I_2 \cdot N_2. \quad (3.7)$$

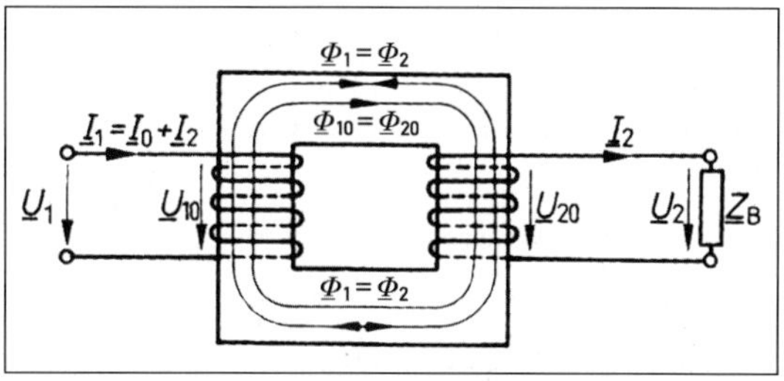

3.5 Transformatorische Rückwirkung im belasteten idealen Transformator

Θ_2 erzeugt das magnetische Wechselfeld Φ_2, das nach der Lenz'schen Regel dem magnetischen Hauptfeld der Eingangswicklung Φ_1 entgegengerichtet ist und zu dessen Schwächung führt. Der magnetische Kreis wird demnach nur noch durch die Differenz durchflutet:

$$\Theta_1 - \Theta_2 = \Theta_{res} \quad (3.8)$$

Mit $\Theta_1 = I_1 \cdot N_1$ und $\Theta_2 = I_2 \cdot N_2$ folgt aus dieser Gleichung

$$\Theta_{res} = I_1 \cdot N_1 - I_2 \cdot N_2. \quad (3.9)$$

Ist U_1 konstant, ist im idealen Transformator mit $\mu_{Fe} = \infty$ auch $I_1 \cdot N_1$ konstant, und für die resultierende Durchflutung folgt schließlich wegen $I_0 = 0$

$$\boldsymbol{\Theta_{res} = I_1 \cdot N_1 - I_2 \cdot N_2 = 0 = \textbf{konstant.}} \quad (3.10)$$

Transformatorische Rückwirkung. Damit das Durchflutungsgleichgewicht für jeden Belastungszustand erhalten bleibt, muss mit steigender Belastung und damit steigendem I_2 auch der Strom I_1 ansteigen. D. h., die Leistung, die ausgangsseitig zusätzlich entnommen wird, muss eingangsseitig aufgenommen werden. Die Vergrößerung von I_1 wird möglich, weil infolge der Schwächung von Φ_1 durch Φ_2 der Unterschied zwischen der konstanten Spannung U_1 und U_{10} (Gleichung 3.3) ungleich null wird. Dieses Ungleichgewicht zwischen U_1 und U_{10} treibt einen Strom I_1 an, der so lange zunimmt, bis das Durchflutungsgleichgewicht nach Gleichung (3.10) wiederhergestellt ist. Bei der Entlastung des Transformators läuft der beschriebene Vorgang umgekehrt ab. Man spricht in diesem Zusammenhang von der transformatorischen Rückwirkung der Ausgangsseite auf die Eingangsseite.

3.2.2 Grundgleichungen

3.2.2.1 Spannungsübersetzung

Die Gleichungen (3.1) bis (3.5) kennzeichnen die Wirkungsweise des idealen Transformators. Da beide Spulen von demselben magnetischen Fluss Φ_{10} durchsetzt sind, ergibt sich nach Einführung der Effektivwerte der Induktionsspannungen U_{10} und U_{20} für den Quotient aus den Gleichungen (3.2) und (3.4)

$$\frac{U_{10}}{U_{20}} = \frac{N_1}{N_2}. \qquad (3.11)$$

Im idealen unbelasteten Transformator sind die induzierten Spannungen den zugehörigen Windungszahlen proportional.

Setzt man in Gleichung (3.11) $U_{10} = U_1$ (3.3) und $U_{20} = U_2$ (3.5) ein, ergibt sich für die Spannungstransformation des idealen Transformators im Leerlauf

$$\frac{U_1}{U_2} = \frac{N_1}{N_2}. \qquad (3.12)$$

Im Leerlauf verhalten sich die Klemmenspannungen proportional zu den Windungszahlen.

Im realen unbelasteten Transformator sind $U_{20} = U_2$ und $U_{10} \approx U_1$. Deshalb gilt für die Spannungstransformation in ihm Gleichung (3.12) nur näherungsweise (für die Praxis hinreichend genau).

Übersetzungsverhältnis. Das ungekürzte Verhältnis der Bemessungsspannungen U_{1N} einer Wicklung zu der niedrigeren oder gleichen Bemessungsspannung U_{2N} einer zweiten Wicklung bezeichnet man nach DIN EN 60076 als Bemessungsübersetzung oder Übersetzungsverhältnis

$$ü = \frac{U_{1N}}{U_{2N}}. \qquad (3.13)$$

Die Bemessungsspannungen U_{1N} und U_{2N} sind in Großtransformatoren mit $S_N > 16$ kVA Leerlaufspannungen. Sie werden auf dem Leistungsschild eines Transformators angegeben. Bei Kleintransformatoren ist die Bemessungsspannung U_{2N} gleich der Ausgangsspannung bei ohmscher Bemessungslast.

Außerdem gilt nach Gleichung (3.12)

$$ü = \frac{N_1}{N_2}. \qquad (3.14)$$

Beispiel 3.1 Von einem Einphasentransformator sind bekannt: $S_N = 175$ kVA, $U_{1N} = 5{,}8$ kV, $N_1 = 540$, $N_2 = 96$, $f = 50$ Hz. Zu berechnen sind die ausgangsseitige Bemessungsspannung und das Übersetzungsverhältnis.

Lösung

$$\frac{U_{1N}}{U_{2N}} = \frac{N_1}{N_2}$$

$$U_{2N} = \frac{U_{1N} \cdot N_2}{N_1} = \frac{5{,}8\ \text{kV} \cdot 96}{540} = \mathbf{1030\ V}$$

$$ü = \frac{U_{1N}}{U_{2N}} = \mathbf{5800\ V/1030\ V}$$

3.2.2.2 Stromübersetzung

Für den idealen belasteten Transformator gilt nach Gleichung (3.10)

$$I_1 \cdot N_1 = I_2 \cdot N_2. \qquad (3.15)$$

Aus dieser Gleichung folgt für die Stromtransformation des idealen Transformators.

$$\frac{I_1}{I_2} = \frac{N_2}{N_1}. \qquad (3.16)$$

Die Ströme verhalten sich umgekehrt proportional zu den Windungszahlen der zugehörigen Wicklungen.

Für sein Übersetzungsverhältnis der Ströme gilt unter Berücksichtigung von Gleichung (3.14)

$$\frac{1}{ü} = \frac{I_1}{I_2}. \qquad (3.17)$$

Bezogen auf den belasteten realen Transformator ist das Verhältnis in Gleichung (3.16) ungenau, weil der Leerlaufstrom I_0 in I_1 mit 2 bis 10 % des Bemessungsstroms I_{1N} enthalten ist. Nur bei vernachlässigbar kleinem Leerlaufstrom – also z. B. bei starker Belastung oder im Kurzschlussfall – ist das Stromübersetzungsverhältnis I_1/I_2 gleich dem umgekehrten Windungszahlverhältnis N_2/N_1.

Beispiel 3.2 Der Transformator aus Beispiel 3.1 hat $I_{2N} = 170$ A. Zu berechnen ist der Bemessungsstrom der Eingangsseite.

Lösung Nach Umstellung von Gleichung (3.16) erhält man

$$I_{1N} = \frac{I_{2N} \cdot N_2}{N_1} = \frac{170\ \text{A} \cdot 96}{540} = \mathbf{30{,}22\ A}.$$

3.2.2.3 Widerstandstransformation

Neben der Strom- und Spannungstransformation gibt es noch die Widerstandstransformation. Für den idealen Transformator kann man die Gleichungen (3.12) und (3.16) gleichsetzen und erhält dann

$$\frac{U_1}{U_2} = \frac{I_2}{I_1}. \tag{3.18}$$

$$\text{Mit} \quad I_1 = \frac{U_1}{Z_1} \quad \text{und} \quad I_2 = \frac{U_2}{Z_2} \tag{3.19}$$

folgt für die Beziehung zwischen den Spannungen und den zugehörigen Scheinwiderständen

$$\frac{\mathbf{U_1^2}}{\mathbf{U_2^2}} = \frac{\mathbf{Z_1}}{\mathbf{Z_2}} \tag{3.20}$$

oder

$$\ddot{u} = \sqrt{\frac{Z_1}{Z_2}}. \tag{3.21}$$

> Die Widerstände in den Transformatorstromkreisen verhalten sich proportional zum Quadrat der zugehörigen Spannung.

Technisch wird die Widerstandstransformation genutzt, um Verbraucherwiderstände an die Innenwiderstände von Spannungsquellen anzupassen. In der Nachrichtentechnik bezeichnet man Transformatoren deshalb auch als Impendanzwandler.

Beispiel 3.3 Ein Transformator mit $S_N = 315$ kVA und $\ddot{u} = 5$ kV/400 V hat eingangsseitig den Scheinwiderstand $Z_1 = 9{,}51\ \Omega$. Zu berechnen ist die Impedanz des Ausgangskreises.

Lösung Nach Umstellen der Gleichung (3.20) erhält man

$$Z_2 = \frac{Z_1 \cdot U^2_{2N}}{U^2_{1N}}$$

$$= \frac{9{,}51\ \Omega \cdot 400^2\ \text{V}^2}{5^2 \cdot 10^6\ \text{V}^2} = \mathbf{0{,}0609\ \Omega}.$$

3.2.2.4 Transformatoren-Hauptgleichung

Für den Ausgangsstromkreis gilt $U_2 = U_{20}$. Aus Gleichung (3.3) folgt unter Anwendung des ohmschen Gesetzes für den Betrag von $|\hat{u}_{10}|$

$$|\hat{u}_{10}| = \hat{i}_0 \cdot X_{L1} \quad \text{bzw.} \quad |\hat{u}_{10}| = \hat{i}_0 \cdot \omega \cdot L_1. \tag{3.22}$$

$$\text{Mit } \omega = 2\pi \cdot f \quad \text{und} \quad L_1 = N_1 \cdot \frac{\hat{\Phi}_{10}}{\hat{i}_0} \tag{3.23}$$

folgt aus Gleichung (3.22)

$$|\hat{u}_{10}| = 2\pi \cdot N_1 \cdot f \cdot \hat{\Phi}_{10}. \tag{3.24}$$

Da $\hat{\Phi}_{10} = \hat{B}_1 \cdot A$ ist, ergibt sich aus dieser Gleichung

$$|\hat{u}_{10}| = 2\pi \cdot N_1 \cdot f \cdot \hat{B}_1 \cdot A. \tag{3.25}$$

Ist u_1 eine sinusförmige Wechselspannung, berechnet man den Effektivwert von u_{10} mit

$$U_{10} = \frac{2\pi}{\sqrt{2}} \cdot N_1 \cdot f \cdot \hat{B}_1 \cdot A \tag{3.26}$$

oder $\left(\text{da } \frac{2\pi}{\sqrt{2}} = 4{,}44 \text{ ist}\right)$ als zugeschnittene Größengleichung

$$\mathbf{U_{10} = 4{,}44 \cdot N_1 \cdot f \cdot \hat{B}_1 \cdot A}. \tag{3.27}$$

Weil vorausgesetzt ist, dass beide Wicklungen vom selben magnetischen Wechselfluss (Φ_{10}) durchsetzt sind, folgt in Analogie zu Gleichung (3.27) für den Effektivwert der Induktionsspannung auf der Ausgangsseite

$$\mathbf{U_{20} = 4{,}44 \cdot N_2 \cdot f \cdot \hat{B}_1 \cdot A}. \tag{3.28}$$

Die Gleichungen (3.27) und (3.28) bezeichnet man als Transformatoren-Hauptgleichungen, da sie die Basis für die Berechnung von Transformatoren bilden (s. auch Abschn. 1.3).

Beispiel 3.4 Ein Drehstromtransformator für 50 Hz mit $S_N = 50$ kVA hat einen Schenkel- und Jochquerschnitt von $A = 1{,}15 \cdot 10^{-2}\ \text{m}^2$ für $\hat{B} = 1{,}37$ T. Die Wicklungen mit $N_1 = 1660$ und $N_2 = 66$ sind beide in Sternschaltung verkettet. Zu berechnen sind die ein- und ausgangsseitigen Induktionsspannungen und die Bemessungsspannungen.

Lösung

$U_{10} = 4{,}44 \cdot N_1 \cdot f \cdot \hat{B} \cdot A$

$U_{10} = 4{,}44 \cdot 1660 \cdot 50\ \text{Hz} \cdot 1{,}37\ \text{T} \cdot 1{,}15 \cdot 10^{-2}\ \text{m}^2$

$U_{10} = \mathbf{5806\ V}$

$U_{20} = 4{,}44 \cdot N_2 \cdot f \cdot \hat{B} \cdot A$

$U_{20} = 4{,}44 \cdot 66 \cdot 50\ \text{Hz} \cdot 1{,}37\ \text{T} \cdot 1{,}15 \cdot 10^{-2}\ \text{m}^2$

$U_{20} = \mathbf{230{,}84\ V}$

Weil die Induktionsspannungen Strangspannungen sind, die Bemessungsspannungen aber in Form der Leiterspannungen anzugeben sind, berechnet man sie nach:

$U_{1N} = \sqrt{3} \cdot U_{10} = \sqrt{3} \cdot 5806\ \text{V} = \mathbf{10056\ V}$

$U_{2N} = \sqrt{3} \cdot U_{20} = \sqrt{3} \cdot\ 231\ \text{V} = \mathbf{400\ V}$

3.3 Betriebsverhalten

3.3.1 Ersatzschaltung des realen Transformators

In Bild **3**.6 sind die Maschen des belasteten realen Transformators dargestellt. Sein Netzwerk besteht aus zwei Maschen mit einem gemeinsamen Zweig. Hierfür soll schrittweise eine Ersatzschaltung entwickelt werden, die bei Anlegen der Spannung U_1 das eingangsseitige Netz genauso belastet wie ein realer Einphasentransformator.

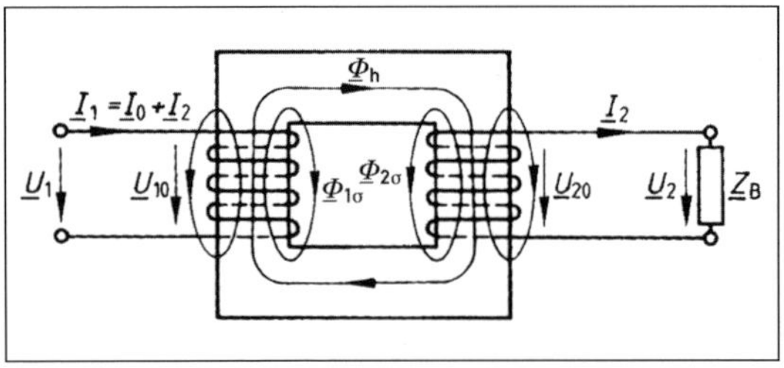

3.6 Magnetisches Hauptfeld und Streufelder im belasteten realen Transformator

1. Schritt: Zur Vereinfachung legt man einen Einphasentransformator mit $N_1 = N_2$ zugrunde, wie er z. B. als Trenn- oder Schutztransformator eingesetzt wird.

2. Schritt: Die beiden Wicklungswiderstände R_1 und R_2 denkt man sich aus dem Transformator heraus und legt sie als Vorwiderstände zu den beiden Wicklungen in die Zuleitungen. Die Spulen sind dann reine Induktivitäten.

3. Schritt: Im realen Transformator ist die Permeabilität der Luft größer als null, sodass zwischen seinen beiden Wicklungen der magnetische Streufluss Φ_σ auftritt. Für den Sonderfall, dass sämtliche Windungen beider Wicklungen vom gleichen Hauptfluss Φ_h durchsetzt sind und die Einzelstreufelder allein vom jeweils eigenen Strom erzeugt werden, ist eine Aufteilung des Gesamtstreufelds Φ_σ in den Primärstreufluss $\Phi_{1\sigma} \sim I_1$ und den Sekundärstreufluss $\Phi_{2\sigma} \sim I_2$ zulässig. Diese Bedingungen sind nur dann annähernd erfüllt, wenn die beiden Wicklungen (wie in Bild **3**.6) auf verschiedenen Schenkeln angeordnet sind. Da die beiden getrennten Streufelder jeweils nur in die Spule eine Gegenspannung induzieren, von der sie erzeugt werden, ist die Streufeldtrennung gleichbedeutend mit der Einführung der primärseitigen Streuinduktivität $L_{1\sigma}$ und der sekundarseitigen Streuinduktivität $L_{2\sigma}$ Die Trennung geschieht willkürlich. Deshalb setzt man meist

$$L_{1\sigma} = L_{2\sigma}, \quad \text{wobei} \quad N_1 = N_2 \quad \text{ist.} \tag{3.29}$$

4. Schritt: Die beiden Streuinduktivitäten denkt man sich ebenfalls aus dem Transformator heraus und bringt sie als induktive Vorwiderstände in die Zuleitungen ein. Mit dieser Maßnahme spaltet man vom Gesamtfluss den Hauptfluss Φ_h ab. Φ_h ist proportional dem Magnetisierungsstrom I_μ. Er ist somit der einzige Fluss im Eisenkern und durchsetzt beide Spulen gleich stark (**3**.7a).

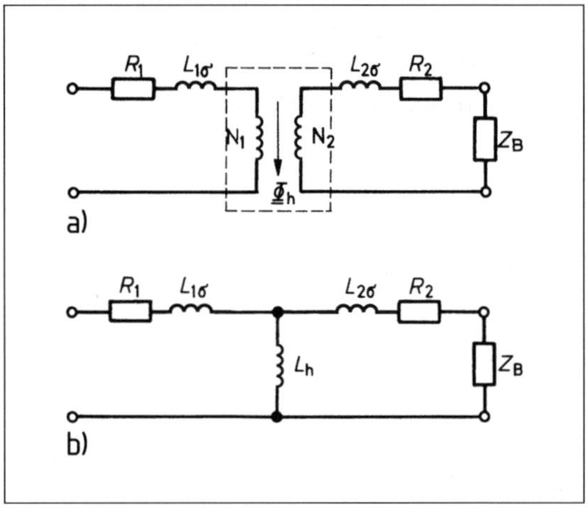

3.7 Ersatzschaltbild eines Transformators mit $N_1 = N_2$ ohne Eisenverlustwiderstand
a) mit getrennten Wicklungen, b) mit gemeinsamer Wicklung

Aufgrund der vorausgegangenen Schritte ist ein idealer Übertrager mit widerstandslosen Spulen entstanden, die man sich unmittelbar übereinandergewickelt denken muss. In diese Spulen induziert der Hauptfluss Φ_h die gleichgerichteten und wegen $N_1 = N_2$ gleichgroßen Spannungen U_h, sodass man Anfänge und Enden der beiden Wicklungen gefahrlos miteinander verbinden darf. Es entsteht so eine Spule, die aus zwei parallelen Leitern besteht und vom Magnetisierungsstrom $\underline{I}_\mu = \underline{I}_1 - \underline{I}_2$ durchflossen wird. Sie ist vom Hauptfluss Φ_h durchgesetzt, sodass sie die Hauptinduktivität L_h aufweist (**3**.7b).

5. Schritt: Die Spule mit der Hauptinduktivität L_h befindet sich auf dem Eisenkern, der von dem Hauptfluss Φ_h durchsetzt ist. Im Eisenkern des realen Transformators entstehen Eisenverluste (Ummagnetisierungs- und Wirbelstromverluste). Ein Maß für die Höhe dieser Verluste ist der Wert des zur Hauptinduktivität parallel zu schaltenden Eisenverlustwiderstands R_{Fe}.

6. Schritt: Einführung transformierter Größen. Der Entwicklung der Ersatzschaltung lag ein Transformator mit $N_1 = N_2$ zugrunde. Wenn $N_1 : N_2$ klein oder groß gegenüber 1 ist, ergeben sich für die Darstellung des Zeigerdiagramms Schwierigkeiten, weil die Zeiger von Eingangs- und Ausgangsspannung in ihrer Länge große Unterschiede aufweisen. Außerdem soll die oben gefundene Ersatzschaltung auch für $N_1 \neq N_2$ anwendbar sein. Aus diesen beiden Gründen ist es ratsam, eine Transformation der Beträge der ausgangsseitigen Größen auf die Eingangsseite vorzunehmen, die eine vom Übersetzungsverhältnis unabhängige Darstellung von Ersatzschaltung und Zeigerdiagramm ermöglicht.

Die umgerechneten/transformierten Beträge der sekundärseitigen Größen werden mit (′) gekennzeichnet. Für den transformierten Betrag des Ausgangswicklungswiderstands gilt

$$R'_2 = R_2 \left(\frac{N_1}{N_2}\right)^2 \quad \text{oder} \quad R'_2 = R_2 \cdot \ddot{u}^2. \tag{3.30}$$

Da die Induktivitäten proportional dem Quadrat der zugehörigen Windungszahl sind, gilt für die sekundäre Streuinduktivität

$$L'_{2\sigma} = L_{2\sigma} \left(\frac{N_1}{N_2}\right)^2 \tag{3.31}$$

oder für die Streureaktanz (Streublindwiderstand)

$$X'_{2\sigma} = X_{2\sigma} \cdot \ddot{u}^2. \tag{3.32}$$

Für den Strom in der Ausgangswicklung ergibt sich

$$I'_2 = I_2 \frac{N_2}{N_1} \quad \text{oder} \quad I'_2 = I_2 \cdot \frac{1}{\ddot{u}}. \tag{3.33}$$

Aus der Spannungstransformation erhält man

$$U'_2 = U_2 \frac{N_1}{N_2} \quad \text{oder} \quad U'_2 = U_2 \cdot \ddot{u}. \tag{3.34}$$

Die Belastungsimpedanz (Scheinwiderstand) ist umzurechnen in

$$Z'_2 = Z_2 \left(\frac{N_1}{N_2}\right)^2 \quad \text{oder} \quad Z'_2 = Z_2 \cdot \ddot{u}^2. \tag{3.35}$$

Ist $N_1 \neq N_2$ sind alle Spannungen mit dem Übersetzungsverhältnis $\ddot{u}$, alle Ströme mit $1/\ddot{u}$ und alle Widerstände mit $\ddot{u}^2$ auf $N_1 = N_2$ und somit in die auf die Primärseite bezogenen Beträge der Ausgangsgrößen zu transformieren.

Die aus den vorausgegangenen Schritten entstandene Ersatzschaltung zeigt Bild **3**.8.

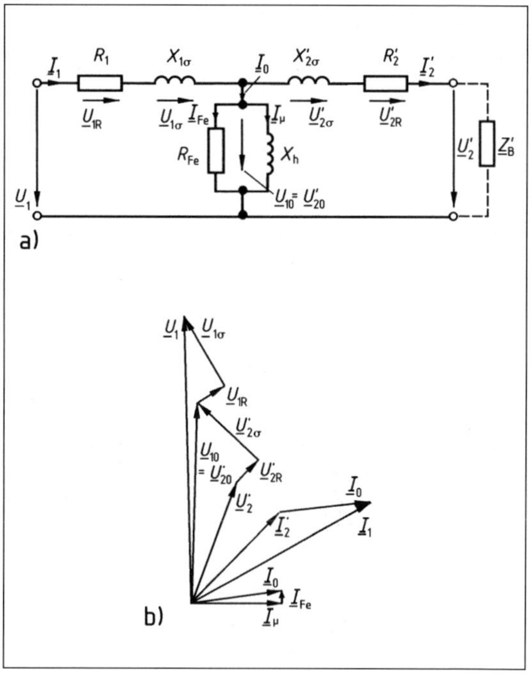

3.8 Vollständige Ersatzschaltung (a) und vollständiges Zeigerdiagramm (b) eines Transformators mit $N_1 \neq N_2$ nach Einführung transformierter Größen

Beispiel 3.5 Beide Wicklungen eines 50-kVA-Drehstromtransformators sind in Stern geschaltet. Er hat $\ddot{u}$ = 10 kV/400 V, I_{2N} = 72 A, $N_1 = 1950$, $N_2 = 78$, $R_1 = 26{,}7\ \Omega$, $R_2 = 0{,}04275\ \Omega$, $X_{1\sigma} = 26{,}2\ \Omega$, $X_{2\sigma} = 0{,}042\ \Omega$. Zu berechnen sind die Beträge der auf die Eingangsseite transformierten Ausgangsgrößen.

Lösung

$$U'_{2N} \frac{N_1}{N_2} = \frac{1950 \cdot 400\ \text{V}}{78 \cdot 1{,}73} = \mathbf{5780\ V}$$ Strangspannung

$$I'_{2N} = I_{2N} \frac{N_2}{N_1} = \frac{78 \cdot 72\ \text{A}}{1950} = \mathbf{2{,}88\ A}$$

$$R'_2 = R_2 \left(\frac{N_1}{N_2}\right)^2 = \frac{0{,}04275\ \Omega \cdot 1950^2}{78^2} = \mathbf{26{,}7\ \Omega}$$

$$X'_{2\sigma} = X_{2\sigma} \left(\frac{N_1}{N_2}\right)^2 = \frac{0{,}042\ \Omega \cdot 1950^2}{78^2} = \mathbf{26{,}2\ \Omega}$$

$$U'_{2R} = I'_{2N} \cdot R'_2 = 2{,}88\ \text{A} \cdot 26{,}7\ \Omega = \mathbf{76{,}8\ V}$$

$$U'_{2\sigma} = I'_{2N} \cdot X'_{2\sigma} = 2{,}88\ \text{A} \cdot 26{,}2\ \Omega = \mathbf{75{,}4\ V}$$

3.3.2 Leerlaufbetrieb

Im Leerlaufversuch wird das Leerlaufbetriebsverhalten von Transformatoren untersucht. Man misst in ihm die Bemessungsspannung U_{1N}, den

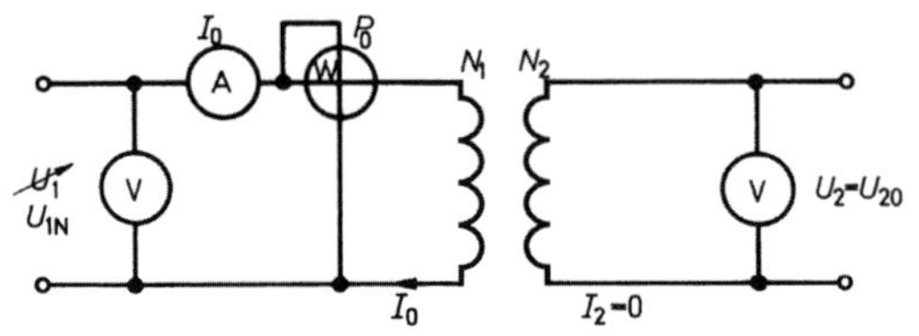

3.9
Schaltung zum Leerlaufversuch mit einstellbarer Eingangsspannung

Leerlaufstrom I_{0N} und die im Leerlauf aufgenommene Leistung P_{0N}. Eine zweckmäßige Messschaltung zeigt Bild **3**.9. Bei Drehstromtransformatoren arbeitet man am günstigsten mit zwei Leistungsmessern in Aronschaltung, um den Stromfehler möglichst gering zu halten.

Der Versuch ist mit Spannung von Bemessungsfrequenz durchzuführen. Je nach Aufgabenstellung arbeitet man mit der Bemessungsspannung U_{1N} oder mit einer veränderlichen Eingangsspannung. Der Leistungsmesser ist in jedem Fall direkt an die Klemmen der Eingangswicklung anzuschließen, um P_{0N} möglichst genau bestimmen zu können. Bei sehr kleinen Transformatoren sollte man den Eigenverbrauch der Messgeräte in der Auswertung der Messergebnisse berücksichtigen.

Leerlaufbetriebsverhalten

Leerlaufscheinleistung S_{0N}. Im Leerlaufbetrieb fließt der Leerlaufstrom I_{0N} durch die Eingangswicklung und der Transformator nimmt die Leerlaufscheinleistung S_{0N} auf.

$$S_{0N} = I_{0N} \cdot U_{1N} \qquad (3.36)$$

Sie kann nur in ihm selbst umgesetzt werden, da er wegen $I_2 = 0$ ausgangsseitig keine Leistung abgibt. Ihr Wirkleistungsanteil ist deshalb eine reine Verlustleistung, die in den Transformatorbauteilen in Wärme umgewandelt wird. Bei Vernachlässigung der Transformatorkapazitäten dient die aufgenommene Blindleistung ausschließlich dem Aufbau des magnetischen Flusses Φ_{10}.

Der Leistungsfaktor im Leerlauf $\cos\varphi_0$ lässt sich aus den im Leerlaufversuch gemessenen Größen P_{0N} und $I_{0N} \cdot U_{1N} = S_{0N}$ berechnen.

$$\cos\varphi_0 = \frac{P_{0N}}{I_{0N} \cdot U_{1N}} \qquad (3.37)$$

Über diese Gleichung lässt sich der Phasenverschiebungswinkel φ_0 zwischen Bemessungsspannung und Leerlaufstrom bestimmen. In der Praxis ist $\cos\varphi_0 = 0{,}1$ bis $0{,}4$.

Beispiel 3.6 Ein Drehstromtransformator, dessen Eingangswicklung in Dreieck und dessen Ausgangswicklung in Stern geschaltet ist, hat die Bemessungsleistung $S_N = 315$ kVA bei $ü = 5$ kV/400 V. Er nimmt im Leerlaufversuch $P_{0N} = P_{FeN} = 770$ W auf. Der Leerlaufstrom I_{0N} beträgt 2 % von $I_{1N} = 36{,}4$ A (Leiterstrom). Zu berechnen ist der Leistungsfaktor im Leerlauf.

Lösung Die Leerlaufwirkleistung ist bei Drehstrom $P_{0N} = U_{1N} \cdot I_{0N} \cdot \sqrt{3} \cdot \cos\varphi_0$. Mit $I_{0N} = 0{,}02 \cdot I_{1N}$ erhält man

$$\cos\varphi_0 = \frac{P_{0N}}{U_{N1} \cdot 0{,}02 \cdot I_{1N} \cdot \sqrt{3}}$$

$$= \frac{770\ \text{W}}{5000\ \text{V} \cdot 0{,}728\ \text{A} \cdot \sqrt{3}} = \mathbf{0{,}1223}.$$

Leerlaufverluste. Die im Leerlaufbetrieb aufgenommene Wirkleistung P_0 deckt die Verluste im Wicklungswiderstand R_1 sowie die im magnetischen Kreis entstehenden Hysterese- und Wirbelstromverluste.

$$P_0 = P_{0Cu} + P_{Hy} + P_{Wi} \qquad (3.38)$$

Die während einer Periode entstehenden Hystereseverluste P_{Hy} entsprechen dem beim einmaligen Durchlaufen der Hystereseschleife aufgenommenen Energiebetrag, der im Transformatorenkern in Wärme umgewandelt wird. Sie sind deshalb abhängig von der magnetischen Flussdichte B und von der Frequenz der Eingangsspannung. Da die Hystereseschleife im Takt der Frequenz durchlaufen wird, ist $P_{Hy} \sim f$. Der Flächeninhalt der Hystereseschleife ist ein Maß für die verrichtete Hysteresearbeit und deshalb auch für einen Teil der im Eisenkern des Transformators in Wärme umgewandelten Energie. Für die in Transformatoren verwendeten Magnetwerkstoffe kann man in guter Näherung davon ausgehen, dass sich der Flächeninhalt ihrer Hystereseschleife proportional zu B^2 ändert. Damit gilt für Transformatoren mit gleichen Eisenvolumen

$$P_{Hy} \sim f \cdot B^2. \qquad (3.39)$$

> Die Hystereseverluste verhalten sich proportional zur Frequenz und etwa zum Quadrat der magnetischen Flussdichte B.

Da die Bemessungsfrequenz durch das gegebene Netz festliegt, kann man die Hystereseverluste nur durch die Wahl von Magnetwerkstoffen vermindern, die eine Auslegung von Transformatoren mit niedrigen magnetischen Flussdichten ermöglichen.

Die Wirbelstromverluste betragen häufig 60 bis 70 % der Eisenverluste P_{Fe}. Der magnetische Kreis eines Transformators ist von einem magnetischen Wechselfeld durchsetzt. Dadurch werden in seinen elektrisch leitenden Teil Spannungen induziert, die in ihm gleichmäßig verteilte Wirbelströme senkrecht zum magnetischen Wechselfluss hervorrufen, da der Eisenkern einen kurzgeschlossenen Stromweg darstellt. Das entstehende magnetische Wirbelfeld wirkt der magnetischen Induktion entgegen, verdrängt das magnetische Feld aus dem Kerninneren und führt dadurch zur Verringerung des wirksamen Kernquerschnitts sowie zu Wirbelstromverlusten in Form von Wärme.

Die Wirbelströmung ist eine räumliche elektrische Strömung im magnetischen Kreis, deren analytische Behandlung mit einfachen mathematischen Mitteln unmöglich ist. Um den Einfluss der Wirbelströme aber wenigstens näherungsweise zu erfassen, muss man mit einem stark vereinfachten Modell arbeiten, in dem für niedrige Frequenzen und in einem engen Frequenzbereich der Wirbelstromwiderstand R_{Wi} definiert wird. Dann gilt für $P_{Wi} = U^2_{Wi}/R_{Wi}$ oder mit Gleichung (3.27)

$$P_{Wi} \sim f^2 \cdot B^2. \tag{3.40}$$

Die Wirbelstromverluste verhalten sich proportional zum Quadrat der Frequenz und verändern sich etwa quadratisch mit der magnetischen Flussdichte B.

Um den Einfluss der Wirbelströme zu vermindern, führt man den magnetischen Kreis als Blechpaket aus, dessen einzelne Bleche gegeneinander isoliert sein müssen. Wie in Bild **3**.10 angedeutet,

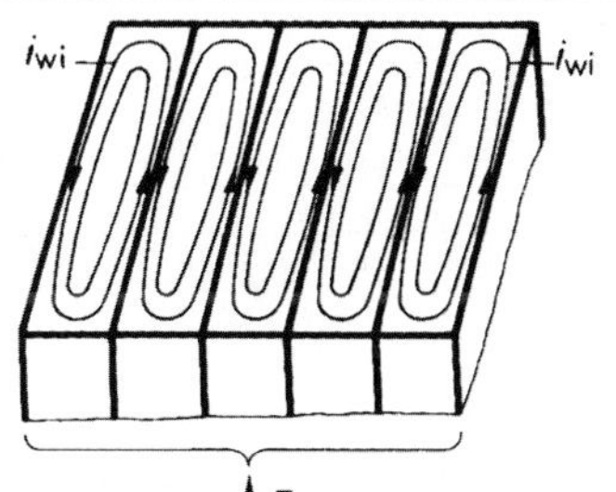

3.10 Wirbelströme in einem geblecht ausgeführten magnetischen Kreis

können die Wirbelströme dann nur noch innerhalb eines jeden einzelnen Blechs fließen, sodass ihre Intensität wegen des kleineren „Leiterquerschnitts" sinkt. Folglich sinkt auch die Verlustleistung, die im Transformatorkern in Wärme umgewandelt wird. Verminderte Wirbelstromverluste erhält man außerdem durch Legierungszusätze, die den spezifischen elektrischen Widerstand des Magnetwerkstoffs erhöhen.

Hysterese- bzw. Ummagnetisierungsverluste und Wirbelstromverluste fasst man als Eisenverluste P_{Fe} zusammen. Daraus folgt für Gleichung (3.38)

$$\boldsymbol{P_0 = P_{0Cu} + P_{Fe}}. \tag{3.41}$$

Nach dieser Gleichung deckt die im Leerlaufbetrieb aufgenommene Wirkleistung P_0 die Wicklungs- und Eisenverluste im Leerlauf. Die Wicklungsverluste des Transformators im Bemessungsbetrieb ($I^2_{1N} \cdot R_1 + I^2_{2N} \cdot R_2$) liegen in der Größenordnung der Eisenverluste P_{Fe} im Leerlauf. Da I_{0N} nur etwa 2 bis 5 % bzw. 15 % des Bemessungsstroms I_{1N} ausmacht und im Leerlauf $I_2 = 0$ ist, sind die Wicklungsverluste des Leerlaufstroms gegenüber jenen im Bemessungsbetrieb und somit gegenüber den Eisenverlusten P_{Fe} vernachlässigbar klein.

$$P_{0Cu} \ll P_{Fe} \tag{3.42}$$

Weil P_{0Cu} sehr viel kleiner ist als P_{Fe}, gilt nach Gleichung (3.41) im Leerlauf näherungsweise

$$P_0 = P_{Fe}. \tag{3.43}$$

D. h., mit der im Leerlaufversuch gemessenen Wirkleistung P_0 ermittelt man faktisch die Eisenverluste P_{Fe} eines Transformators, die man als Leerlaufverluste bezeichnet.

Wie aus Gleichung (3.10) hervorgeht, ändert sich das Magnetfeld im Transformator zwischen Leerlauf und Bemessungsbetrieb betragsmäßig nur wenig. Abgesehen von inneren Spannungsfällen an den Wicklungen und infolge der magnetischen Streufelder wird das magnetische Feld im Transformator wegen $\Phi_{10} \sim I_0 \cdot N_1$ und $I_0 \sim U_1$ in jedem Belastungsfall durch die angelegte Spannung U_1 diktiert. Bei konstanter Frequenz ist das Feld Φ_{10} nach Abschn. 3.3.1 für die Eisenverluste verantwortlich. Deshalb sind bei jeweils gleicher Spannung U_1 auch die gleichen Eisenverluste zu erwarten, und zwar unabhängig vom Belastungsstrom I_2. Daraus folgt, dass man mit der bei Bemessungsspannung U_{1N} im Leerlauf gemessenen Wirkleistung P_{0N} näherungsweise die Eisenverluste bei Bemessungsbetrieb P_{FeN} misst.

$$P_{0N} \approx P_{FeN} \tag{3.44}$$

Die im Leerlaufversuch mit $U_1 = U_{1N}$ gemessene Wirkleistung P_{0N} ist ungefähr so groß wie die Eisenverluste im Bemessungsbetrieb.

Leerlaufstrom. Der Leerlaufversuch mit veränderlicher Eingangsspannung ergibt, dass I_0 in Abhängigkeit von U_1 nach einer Magnetisierungskennlinie ansteigt (**3**.11). Der Leerlaufstrom beträgt in großen Transformatoren 2 bis 5 %, in Kleintransformatoren bis 15 % des eingangsseitigen Bemessungsstroms I_{1N}. Weil I_0 von der Bemessungsleistung und somit vom Bemessungsstrom eines Transformators abhängig ist, arbeitet man in der Praxis mit dem relativen Leerlaufstrom

$$i_{0N} = \frac{I_{0N}}{I_{1N}}. \qquad (3.45)$$

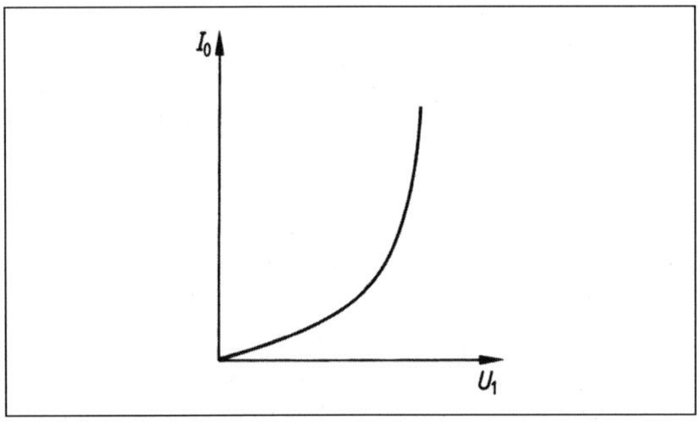

3.11 Leerlaufstrom I_0 in Abhängigkeit der Eingangsspannung mit dem Verlauf einer Magnetisierungskurve

Seine Abhängigkeit von der Bemessungsleistung ist in Bild **3**.12 für einige genormte Transformatoren dargestellt.

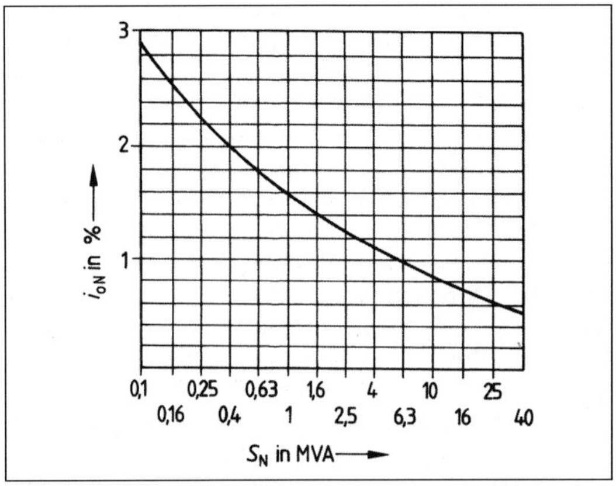

3.12 Relativer Leerlaufstrom in Abhängigkeit von der Bemessungsleistung S_N genormter Transformatoren

Der Leerlaufstrom eilt der Eingangsspannung um den Phasenverschiebungswinkel $\varphi_0 < 90°$ nach; in Großtransformatoren ist $\varphi_0 < 50°$. Bei Bemessungsspannung erhält man das Zeigerdiagramm nach Bild **3**.13.

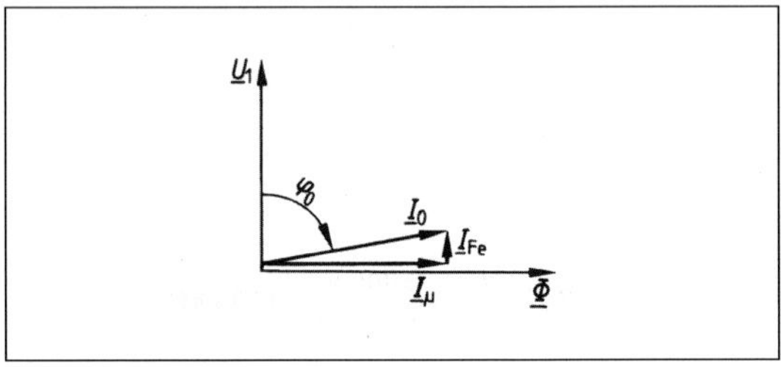

3.13 Zeigerdiagramm der Effektivwerte eines realen Transformators im Leerlauf

Der Eisenverluststrom I_{Fe} bildet die Wirkkomponente von I_0, da die Wicklungsverluste im Leerlauf vernachlässigbar sind. Man berechnet ihn mit

$$I_{Fe} = I_{0N} \cdot \cos \varphi_0. \qquad (3.46)$$

Der Eisenverlustwiderstand R_{Fe} in der Ersatzschaltung des Transformators ist ein fiktiver Widerstand, dessen Wert ein Maß für die Eisenverluste ist. In ihm wird die im Leerlauf aufgenommene Wirkleistung P_{0N} in Wärme umgewandelt. Er ergibt sich nach

$$R_{Fe} = \frac{U^2_{1N}}{P_{0N}} \quad \text{oder} \quad R_{Fe} = P_{0N}/I^2_{Fe}\,. \qquad (3.47)$$

Der Magnetisierungsstrom I_μ bildet die induktive Blindstromkomponente des Leerlaufstroms. Er lässt sich berechnen nach

$$I_\mu = I_{0N} \cdot \sin \varphi_0. \qquad (3.48)$$

In neuzeitlichen Transformatoren ist er sehr klein gegenüber dem Bemessungsstrom, weil die in ihnen verwendeten kornorientierten Bleche relativ hohe magnetische Flussdichten mit kleinen Magnetisierungsströmen ermöglichen. Sein zeitlicher

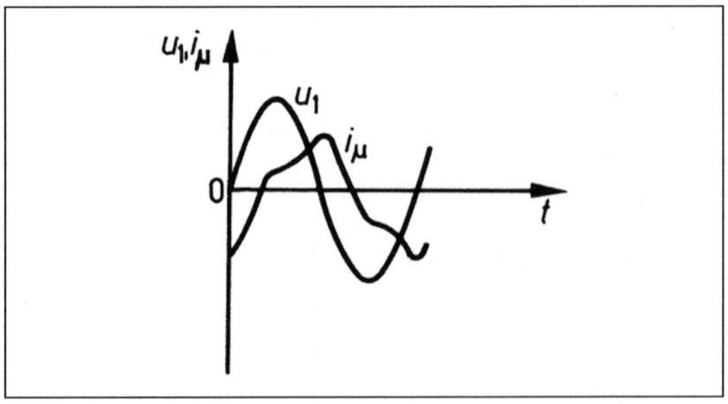

3.14 Zeitlicher Verlauf des Magnetisierungsstroms i_μ eines Einphasentransformators bei sinusförmiger Eingangsspannung

Verlauf weicht wegen der nichtlinearen Magnetisierungskennlinie stark von der Sinusform der Eingangsspannung ab (**3**.14).

Beispiel 3.7 Für den Transformator aus Beispiel **3**.6 sind der Eisenverluststrom, der Eisenverlustwiderstand und der Magnetisierungsstrom zu berechnen.

Lösung

$$I_{Fe} = \frac{I_{0N} \cdot \cos \varphi_0}{\sqrt{3}}$$

$$I_{Fe} = \frac{0{,}728\ A \cdot 0{,}124}{\sqrt{3}} = \mathbf{52{,}14\ mA}$$

$$R_{Fe} = \frac{U_{1N}}{I_{Fe}} = \frac{5000\ V}{0{,}052\ A} = \mathbf{96{,}15\ k\Omega}$$

$$I_{\mu} = \frac{I_{0N} \cdot \sin \varphi_0}{\sqrt{3}} = \frac{0{,}728\ A \cdot 0{,}99}{\sqrt{3}} = \mathbf{0{,}417\ A}$$

Probe

$$I_{0N} = \sqrt{3}\ \sqrt{I^2_{Fe} + I^2_{\mu}}$$

$$= \sqrt{3}\ \sqrt{0{,}052^2 + 0{,}417^2}\ A = \mathbf{0{,}728\ A}$$

3.3.3 Lastbetriebsverhalten

Bemessungskurzschlussspannung. Mit dem Kurzschlussversuch prüft man das Betriebsverhalten des belasteten Transformators (**3**.15). Gemessen werden die Eingangsspannung U_1, der Strom I_1 und die aufgenommene Wirkleistung P_K. Die Spannung U_2 ist wegen der kurzgeschlossenen Ausgangswicklung gleich null.

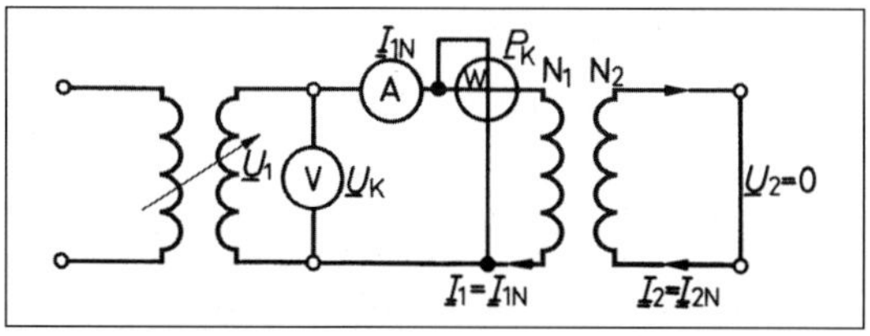

3.15 Schaltung für den Kurzschlussversuch mit einem Einphasentransformator

Im Allgemeinen interessiert nur der Betriebspunkt, bei dem in der Eingangswicklung der Bemessungsstrom I_{1N} fließt. Um diesen Betriebszustand einzustellen, erhöht man die Spannung U_1 von null an so weit, bis $I_1 = I_{1N}$ ist. Die dabei an der Eingangswicklung anliegende Spannung heißt Bemessungskurzschlussspannung U_{KN}.

> Die Bemessungskurzschlussspannung U_{KN} ist gleich dem Anteil der Eingangsspannung, der bei kurzgeschlossener Ausgangswicklung eingangsseitig anliegen muss, damit der Bemessungsstrom I_{1N} fließt.

Die relative Bemessungskurzschlussspannung u_{KN} erhält man, wenn man die Bemessungskurzschlussspannung auf die Bemessungsspannung U_{1N} bezieht. Sie ist auf dem Leistungsschild des Transformators in Prozent der Bemessungsspannung U_{1N} angegeben. Man bestimmt sie nach der Gleichung

$$u_{KN} = \frac{U_{KN}}{U_{1N}} \cdot 100\ \%. \qquad (3.49)$$

Für kleine und mittlere Transformatoren ist u_{KN} = 3 bis 6 %, bei großen 8 bis 12 % von U_{1N}. Kurzschlussfeste Transformatoren (z. B. Klingel- und Schweißtransformatoren) haben eine $u_{KN} > 50\ \%$.

In kleinen Verteilungsnetzen werden vorzugsweise Transformatoren mit $u_{KN} = 4\ \%$ eingesetzt, um den Spannungsfall in ihnen gering zu halten. Für Industrienetze und Verteilungsnetze großer Leistung verwendet man hauptsächlich Transformatoren mit $u_{KN} = 6\ \%$, weil sie die Kurzschlussströme stärker begrenzen als solche mit $u_{KN} < 6\ \%$. Um für Großtransformatoren eine ausreichende Kurzschlussfestigkeit zu erzielen, wählt man für sie auch $u_{KN} > 6\ \%$.

Bezieht man die Kurzschlussspannung auf eine andere Leistung als die Bemessungsleistung eines Transformators, ändert sich ihr Betrag proportional zur Leistung, weil dann auch ein anderer Bemessungsstrom I_{1N} zugrunde liegt. Hat z. B. ein 100-kVA-Transformator eine $u_{KN} = 4\ \%$, hat er bei einer Belastung mit 60 kVA die Kurzschlussspannung $u_K = 0{,}6 \cdot 4\ \% = 2{,}4\ \%$. Dieser Zusammenhang ist bei der Parallelschaltung von Transformatoren von großer Bedeutung.

Kurzschlussverluste P_K. Da im Kurzschlussfall die Ausgangsspannung $U_2 = 0$ ist, wird dem Transformator in diesem Betriebszustand keine Energie entnommen. Somit muss die aufgenommene Leistung vollständig im Transformator umgesetzt werden. Sie deckt die Wicklungs- und Eisenverluste bei Kurzschluss sowie gewisse zusätzliche Verluste ab, die von magnetischen Streufeldern in den äußeren Bauteilen des Transformators hervorgerufen werden.

Wie bei der Behandlung der Stromtransformation (Gleichung 3.16) nachgewiesen wurde, verhält sich der belastete Transformator hinsichtlich der Ströme annähernd ideal. D. h., wenn in der Eingangswicklung $I_1 = I_{1N}$ fließt, fließt in der Ausgangswicklung der Bemessungsstrom I_{2N} (transformatorische Rückwirkung). Ein Teil der im Kurzschlussversuch aufgenommenen Wirkleistung P_K entspricht wegen $I_1 = I_{1N}$ und $I_2 = I_{2N}$ somit den gesamten Wicklungsverlusten P_{CuN} bei Bemessungsbetrieb des Transformators. Für P_{CuN} gilt:

$$P_{CuN} = I^2_{1N} \cdot R_1 + I^2_{2N} \cdot R_2 \qquad (3.50)$$

Die Kurzschlussspannung U_{KN} hat den Bemessungsstrom I_{1N} zur Folge. Weil $U_{KN} \ll U_{1N}$ ist, wird im Eisenkern des Transformators auch nur ein entsprechend kleineres Magnetfeld aufgebaut. Deshalb kann man die in P_K enthaltenen Eisenverluste vernachlässigen – sie sind wesentlich geringer als im Bemessungsbetrieb.

Aus diesen Überlegungen folgt, dass man im Kurzschlussversuch mit der Wirkleistung P_K (die man auch als Kurzschlussverluste bezeichnet) die Wicklungsverluste bei Bemessungsbetrieb hinreichend genau misst.

$$P_K \approx P_{CuN} = I_{1N}^2 \cdot R_1 + I_{2N}^2 \cdot R_2 \qquad (3.51)$$

Somit ist ein zweiter Teil der Gesamtverluste einer direkten Messung zugänglich.

Aus den Messergebnissen des Kurzschlussversuchs lässt sich der Phasenwinkel zwischen U_{KN} und I_{1N} bestimmen:

$$\cos \varphi_K = \frac{P_K}{S_{KN}} \qquad (3.52)$$

oder

$$\cos \varphi_K = \frac{P_K}{I_{1N} \cdot U_{KN}} \qquad (3.53)$$

Der Phasenwinkel zwischen Kurzschlussspannung U_K und Bemessungsstrom I_{1N} wird durch die Wirk- und Blindkomponente der Kurzschlussspannung bestimmt. Für U_R gilt

$$U_R = U_K \cdot \cos \varphi_K \qquad (3.54)$$

oder als prozentualer Spannungsfall

$$u_R = u_K \cdot \cos \varphi_K. \qquad (3.55)$$

Der induktive Blindspannungsanteil errechnet sich nach der Gleichung

$$U_\sigma = U_K \cdot \sin \varphi_K \qquad (3.56)$$

oder prozentual ausgedrückt

$$u_\sigma = u_K \cdot \sin \varphi_K. \qquad (3.57)$$

Streuspannungsfall. Mit U_σ bzw. u_σ bezeichnet man den Streuspannungsfall bzw. den relativen Streuspannungsfall, der durch Rückwirkung der magnetischen Streufelder $\Phi_{1\sigma}$ und $\Phi_{2\sigma}$ (**3**.5) auf die Spannungen U_1 und U_{20} beim belasteten Transformator zur Geltung kommt. Da die Streufelder $\Phi_{1\sigma}$ und $\Phi_{2\sigma}$ jeweils die Spule umschließen, von der sie erzeugt werden, wird durch sie in diese Spulen jeweils eine Spannung induziert, die nach der Lenz'schen Regel ihren Ursachen – den Spannungen U_1 und U_{20} – entgegengerichtet ist.

Beispiel 3.8 Der Transformator aus Beispiel 3.6 nimmt im Kurzschlussversuch $P_{CuN} = P_{KN} = 3{,}9$ kW auf. Seine relative Bemessungskurzschlussspannung ist $u_{KN} = 4\,\%$. Zu berechnen sind der Leistungsfaktor im Kurzschluss, die Bemessungskurzschlussspannung sowie die inneren Spannungsfälle U_R und U_σ.

Lösung

$$U_{KN} = \frac{u_{KN} \cdot U_{1N}}{100\,\%} = \frac{4\,\% \cdot 5000\text{ V}}{100\,\%} = \mathbf{200\text{ V}}$$

Für den Drehstromtransformator gilt:

$$\cos \varphi_K = \frac{P_{0N}}{U_{KN} \cdot I_{1N} \cdot \sqrt{3}}$$

$$\cos \varphi_K = \frac{770\text{ W}}{200\text{ V} \cdot 36{,}4\text{ A} \cdot \sqrt{3}} = \mathbf{0{,}31}$$

$$U_R = U_{KN} \cdot \cos \varphi_K = 200\text{ V} \cdot 0{,}31 = \mathbf{62\text{ V}}$$

$$U_\sigma = U_{KN} \cdot \sin \varphi_K = 200\text{ V} \cdot 0{,}95 = \mathbf{190\text{ V}}$$

Probe

$$U_{KN} = \sqrt{U^2{}_R + U^2{}_\sigma} = \sqrt{62^2 + 190^2}\text{ V} = \mathbf{200\text{ V}}$$

Vereinfachtes Ersatzschaltbild und Zeigerdiagramm. Aus dem Zeigerdiagramm in Bild **3**.8b geht hervor, dass die beiden ohmschen und induktiven Spannungsfälle jeweils andere Phasenlage aufweisen. Die Phasenlagen von U_{R1} gegen $U_{1\sigma}$ und U_{R2} gegen $U_{2\sigma}$ hängen von der Phasenlage des Ausgangsstroms I_2 gegen U_2 ab und sind wegen des Anteils des Leerlaufstroms I_0 im Primärstrom I_1 in beiden Wicklungen unterschiedlich. Weil I_0 zwischen Leerlauf und Bemessungsbetrieb konstant ist, wird er bei steigender Belastung im Vergleich zu I_1 immer kleiner. Bei starker Belastung – z. B. Kurzschluss – ist $I_0 \ll I_1$ und kann deshalb vernachlässigt werden. Damit haben I_1 und I_2 dieselbe Phasenlage. Weil I_1 und I_2 keine Phasenunterschiede aufweisen, haben auch U_{R1} und U_{R2} sowie $U_{1\sigma}$ und $U_{2\sigma}$ jeweils dieselbe Phasenlage, sodass sich die beiden Anteile von Wirk- und Blindspannungskomponente arithmetisch zusammenfassen lassen. Unter den Bedingungen $I_0 = 0$ und $I_1 = I_2'$ (alle Werte der Ausgangsgrößen werden auf $N_1/N_2 = 1$ transformiert) erhält man für die:

a) Wirkspannung

$$U_R = I_1 \cdot R_1 + I_2' \cdot R_2' = I_1 \cdot (R_1 + R_2') = I_1 \cdot R_K \qquad (3.58)$$

Der Kurzschlusswirkwiderstand (Kurzschlussresistanz) R_K ist der Ersatzwiderstand für die Wicklungswiderstände R_1 und R_2 an dem die Wirkspannung U_R im Transformator anliegt.

Aus den Messergebnissen des Kurzschlussversuchs errechnet man

$$R_K = \frac{P_K}{I^2{}_{1N}}. \qquad (3.59)$$

b) Streuspannung

$$U_\sigma = I_1 \cdot X_{1\sigma} + I_2' \cdot X_{2\sigma}' = I_1 \cdot (X_{1\sigma} + X_{2\sigma}') = I_1 \cdot X_{K\sigma} \qquad (3.60)$$

Die Kurzschlussreaktanz $X_{K\sigma} = X_\sigma$ resultiert aus der Streuinduktivität L_σ die ein Maß für den Streuspannungsfall U_σ ist.

Die Widerstände $R_K = R_1 + R'_2$ und $X_{K\sigma} = X_\sigma = X_{1\sigma} + X'_{2\sigma}$ lassen sich in einfacher Weise durch den Kurzschlussversuch bestimmen. In der Praxis rechnet man mit $R_1 \approx R'_2$.

Die Kurzschlussimpedanz Z_K erhält man aus der geometrischen Addition von R_K und $X_{K\sigma}$.

$$Z_K = \sqrt{R_K^2 + X_{K\sigma}^2} \quad (3.61)$$

An Z_K liegt die

c) Kurzschlussspannung

$$U_K = I_1 \cdot \sqrt{R_K^2 + X_{K\sigma}^2} = I_1 \cdot Z_K \text{ an.} \quad (3.62)$$

Da U_R und U_σ einen rechten Winkel einschließen, erhält man den Betrag der Kurzschlussspannung nach

$$U_K = \sqrt{U_R^2 + U_\sigma^2}\,. \quad (3.63)$$

Kapp'sches Dreieck. Das aus diesen drei Spannungen gebildete rechtwinklige Dreieck heißt *Kapp'sches Dreieck* oder Kurzschlussdreieck (**3**.17). Es ist ein Teil des vereinfachten Zeigerdiagramms eines belasteten Transformators, dessen vereinfachtes Ersatzschaltbild sich aus den Gleichungen (3.58) bis (3.63) ableiten lässt (**3**.16).

> Die Seitenlängen des Kapp'schen Dreiecks sind ein Maß für die Teilspannungen im Transformator. Unter den Bedingungen $I_0 \ll I_1$ und $I_1 = I'_2$ bietet es einen für die Praxis hinreichend genauen Überblick über das Spannungsverhalten des Transformators.

Dauerkurzschlussstrom I_{Kd}. Bei vorgegebener Bemessungsspannung U_{1N} diktiert die Kurzschlussimpedanz Z_K den Dauerkurzschlussstrom I_{Kd}. Das ist der Strom, der bei kurzgeschlossener Ausgangswicklung (Kurzschlussbetrieb) in der Eingangswicklung fließt, wenn an dieser die Bemessungsspannung U_{1N} anliegt.

$$I_{Kd} = \frac{U_{1N}}{Z_K} \quad (3.64)$$

> Aus dieser Gleichung geht hervor, dass Transformatoren entsprechend ihrer Kurzschlussimpedanz den Kurzschlussstrom in Energieverteilungsnetzen begrenzen.

$$\text{Mit} \quad Z_K = \frac{U_{KN}}{I_{1N}} \quad (3.65)$$

folgt aus Gleichung (3.64)

$$I_{Kd} = I_{1N} \cdot \frac{U_{1N}}{U_{KN}}\,. \quad (3.66)$$

$$\text{Weil} \quad \frac{U_{1N}}{U_{KN}} = \frac{1}{u_{KN}}$$

ist, folgt aus Gleichung (3.66)

$$\boldsymbol{I_{Kd} = \frac{I_{1N}}{u_{KN}}}\,. \quad (3.67)$$

Aus dieser Gleichung ergibt sich mit dem relativen Kurzschlussstrom

$$i_K = \frac{I_{Kd}}{I_{1N}} \quad (3.68)$$

die Beziehung zwischen i_K und u_{KN}

$$i_K = \frac{1}{u_{KN}}\,. \quad (3.69)$$

> Der relative Dauerkurzschlussstrom ist gleich dem Kehrwert der relativen Kurzschlussspannung. Ist also z. B. $u_{KN} = 4\,\%$, erreicht I_{Kd} das 25-fache des Bemessungsstroms I_{1N}. Daraus lässt sich ableiten, dass die Kurzschlussfestigkeit von Transformatoren proportional der relativen Kurzschlussspannung ist.

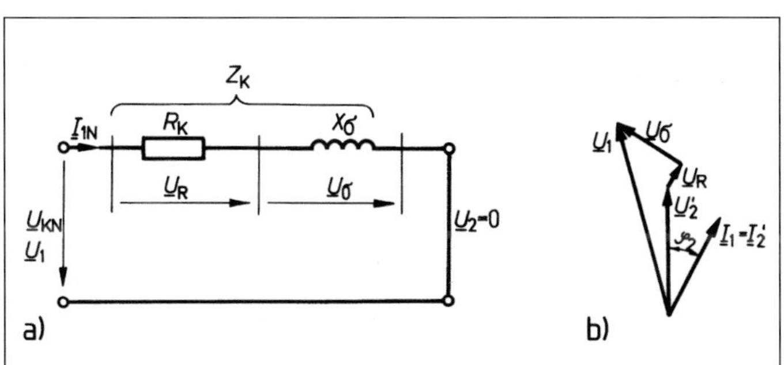

3.16 Ersatzschaltung (a) des Transformators für den Kurzschlussversuch und vereinfachtes Zeigerdiagramm (b)

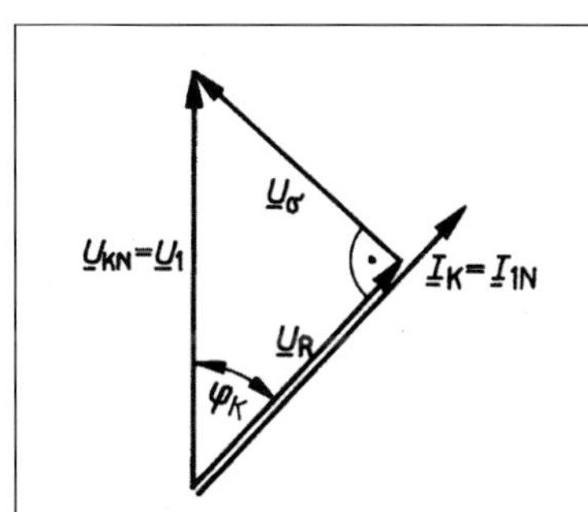

3.17 Kapp'sches Dreieck für $U_1 = U_{KN}$

Beispiel 3.9 Für den Transformator aus Beispiel 3.6 sind die Kurzschlussresistanz, die Kurzschlussreaktanz und der Dauerkurzschlussstrom zu berechnen.

Lösung In einem Wicklungsstrang wird die Leistung $P_{KN}/3$ umgesetzt. Jeder Strang wird von dem Strom $I_{1N}/\sqrt{3}$ durchflossen. Somit gilt:

$$R_K = \frac{P_{KN} \cdot 3}{3 \cdot I_{1N}^2} = \frac{P_{KN}}{I_{1N}^2} = \frac{3900\ \text{W}}{36{,}4^2\ \text{A}^2} = \mathbf{2{,}94\ \Omega}$$

$$Z_K = \frac{U_{KN} \cdot \sqrt{3}}{I_{1N}} = \frac{200\ \text{V} \cdot \sqrt{3}}{36{,}4\ \text{A}} = \mathbf{9{,}51\ \Omega}$$

$$X_{K\sigma} = X_\sigma = \sqrt{Z^2{}_K - R^2{}_K} = \sqrt{9{,}51^2 - 2{,}94^2}\ \Omega$$

$$= \mathbf{9{,}04\ \Omega}$$

$$I_{Kd} = \frac{U_{1N} \cdot \sqrt{3}}{Z_K} = \frac{5000\ \text{V} \cdot \sqrt{3}}{9{,}51\ \Omega} = \mathbf{910\ A}$$

Bei u_{KN} = 4 % ist der Dauerkurzschlussstrom

$I_{Kd} = 25 \cdot I_{1N} =$ **910 A**.

3.3.4 Spannungsverhalten bei normaler Belastung

Wie in jeder anderen Spannungsquelle ist auch die Ausgangsspannung eines Transformators infolge des Innenwiderstands belastungsabhängig. Bild **3**.18 zeigt die Zeigerdiagramme eines Transformators mit $ü \neq 1:1$ für die drei Belastungsarten. Ihnen liegt das vereinfachte Ersatzschaltbild des Kurzschlussversuchs nach Bild **3**.16 zugrunde, in dem lediglich die Kurzschlussbrücke durch die Belastungsimpedanz Z_B ersetzt wurde. Die Zeigerdiagramme verdeutlichen, dass die geometrische Differenz zwischen U_1 und U_2' in Betrag und Richtung gleich der Kurzschlussspannung U_K ist. Dieser Zeiger ist die Hypotenuse des Kapp'schen Dreiecks, das für konstante Belastungsströme gleich groß ist und lediglich seine Lage in der Ebene in Abhängigkeit des Phasenverschiebungswinkels φ_2 (somit von der Belastungsart) ändert.

Kapazitive Last lässt die Ausgangsspannung von Transformatoren auf Werte ansteigen, die höher als die Leerlaufspannung sein können. Dieser Effekt wird verständlich, wenn man die Kurzschlussbrücke in Bild **3**.16a durch einen Kondensator ersetzt. Im so entstandenen Reihenschwingkreis kann, je nach Anpassung zwischen X_L und X_C, Spannungsresonanz auftreten. In Energieverteilungsnetzen entsteht kapazitive Belastung z. B. durch Freileitungen und Kabel für Hochspannungen. Diese haben Kapazitäten, die hauptsächlich von deren Länge und dem Abstand der Einzelleiter abhängig sind. Wegen dieser sogenannten kapazitiven Leitungsbeläge kann die Netzspannung insbesondere bei geringer Belastung deutlich ansteigen.

Spannungsdifferenz. Von noch größerer Bedeutung als die Kurzschlussspannung ist für den Transformatorbetrieb die algebraische Differenz zwischen Eingangs- und Ausgangsspannung.

$$\Delta U' = U_{1N} - U_2' \tag{3.70}$$

Man berechnet sie nach Messung der beiden Klemmenspannungen und nach Transformation des Betrags von U_2 auf die Eingangsseite zu U_2'. Hierbei ist auf eine konstante Eingangsspannung von Bemessungsfrequenz zu achten. Wegen $ü \neq 1:1$ ist $U_{1N} \neq U_{20}$. Somit ergibt sich aus Gleichung (3.70) die nach DIN EN 60076 als „Spannungsdifferenz bei Belastung" definierte Spannungsänderung

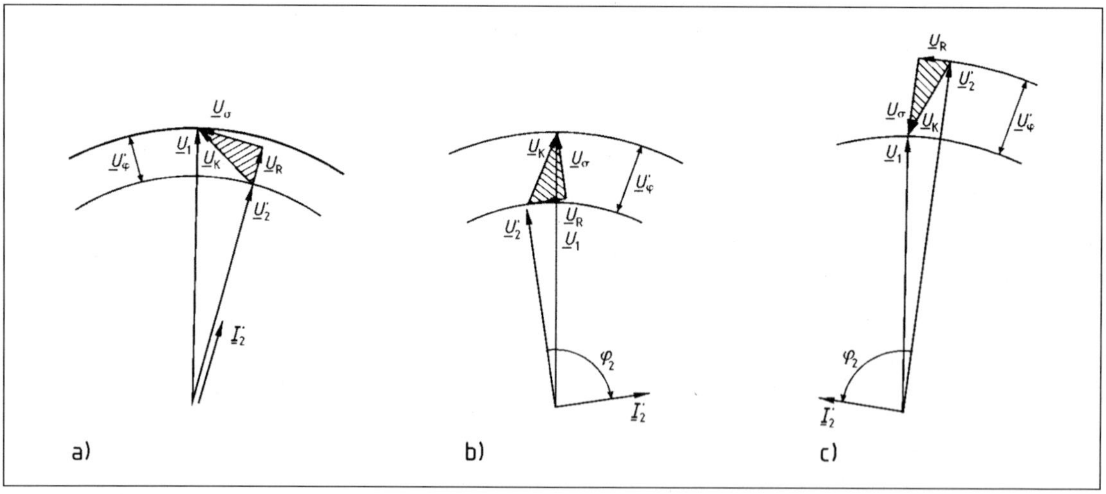

3.18 Vereinfachtes Zeigerdiagramm eines Transformators für
a) reine Wirklast, b) rein induktive Last, c) rein kapazitive Last

$$U'_\varphi = U'_{20} - U'_2. \quad (3.71)$$

Hebt man die Transformation auf die Eingangsseite auf, ist

$$U_\varphi = U_{20} - U_2. \quad (3.72)$$

Darin ist U_2 der Betrag der Ausgangsspannung, die bei Bemessungsbelastung und bei beliebigem cos φ_2 an den Klemmen der Ausgangswicklung anliegt. Durch den Index „φ" soll die Abhängigkeit der Spannungsdifferenz von der Belastungsart hervorgehoben werden.

Nach DIN EN 60076 ist die Spannungsdifferenz in Prozent der ausgangsseitigen Bemessungsspannung anzugeben. Aus Gleichung (3.72) folgt für die relative Spannungsdifferenz

$$u_\varphi = \frac{U_\varphi}{U_{2N}} 100\,\% = \frac{U_{20} - U_2}{U_{20}} 100\,\%. \quad (3.73)$$

Die tatsächliche Spannung an den Klemmen der Ausgangswicklung wird dann

$$U_2 = U_{20}\left(1 - \frac{u_\varphi}{100\,\%}\right). \quad (3.74)$$

Um die Spannungsänderung rechnerisch zu erfassen, zeichnet man das Kapp'sche Dreieck vergrößert heraus und projiziert den Zeiger der Eingangsspannung auf die Wirkungslinie des Zeigers der Ausgangsspannung (**3**.19). Unter Vernachlässigung der meist sehr kleinen Fehlerspannung U_f ergibt sich dann für die Spannungsänderung U'_φ die Bestimmungsgleichung

$$U'_\varphi = U_R \cdot \cos\varphi_2 + U_\sigma \cdot \sin\varphi_2. \quad (3.75)$$

Da U_R im Allgemeinen sehr klein ist ($X_\sigma \geqq 3 \cdot R_K$), folgt aus der Gleichung, dass die Spannungsänderung im Fall rein ohmscher und schwach induktiver Belastung gering ist. Ferner zeigt sich, dass U'_φ im Gebiet induktiver Belastung ($\varphi_2 \to -\pi/2$) groß und positiv ist, während im Bereich kapazitiver Belastung ($\varphi_2 \to \pi/2$) große und negative Werte von U'_φ auftreten. Letzteres wird in der Praxis zur Spannungsstellung ausgenutzt, indem man je nach gewünschter Spannung die Blindleistung des Transformators einstellt.

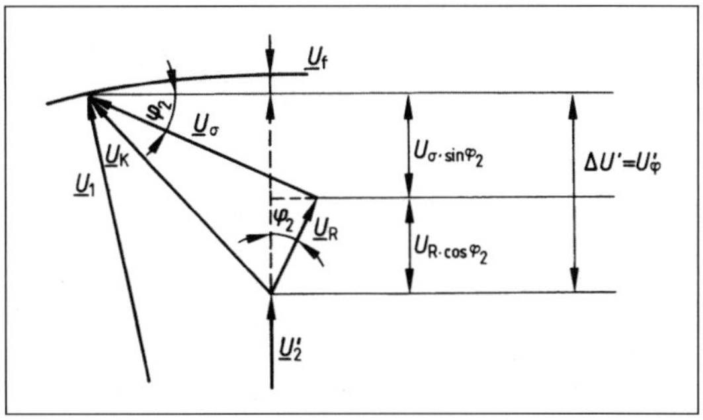

3.19 Spannungsänderung beim Transformator infolge der Belastung

Beispiel 3.10 Für den Transformator aus Beispiel 3.6 sind für cos φ_2 = 0,75 bei Belastung mit Bemessungsleistung die Spannungsänderung U'_φ und die Klemmenspannung U_2 zu berechnen.

Lösung Da die Ausgangswicklung sterngeschaltet ist, muss man die Strangspannung $U_{2N}/\sqrt{3}$ einsetzen. Mit U_R = 62 V und U_σ = 190 V (s. Beispiel 3.8) erhält man:

$$U'_\varphi = U_R \cdot \cos\varphi_2 + U_\sigma \cdot \sin\varphi_2$$
$$= 62\text{ V} \cdot 0{,}75 + 190\text{ V} \cdot 0{,}66 = \mathbf{172\text{ V}}$$

Hebt man die Transformation auf die Eingangsseite auf, sind

$$U_\varphi = \frac{U'_\varphi}{\ddot{u}} = U_{20} - U_2 \Rightarrow$$

$$U_2 = U_{20} - U_\varphi = U_{20} - \frac{U'_\varphi}{\ddot{u}}$$

$$U_2 = 400\text{ V} - \frac{172\text{ V} \cdot 400\text{ V}}{5000\text{ V}}$$

$$= 400\text{ V} - 13{,}75\text{ V} = \mathbf{386{,}25\text{ V}}.$$

3.4 Parallelschaltung von Transformatoren

Wenn man die Leistung einer Anlage erweitern will, schaltet man zu vorhandenen Transformatoren parallel weitere zu. Man unterscheidet Sammelschienen- und Netzparallelbetrieb. Im letzten Fall werden Transformatoren parallel geschaltet, die in Energieverteilungsnetzen räumlich weit voneinander entfernt stehen.

Parallelschaltbedingungen. Damit eine Überschreitung der Bemessungsströme bzw. Überlastung einzelner Transformatoren ausgeschlossen ist, müssen für die Parallelschaltung von zwei oder mehr Transformatoren folgende Bedingungen eingehalten werden:

- gleiche Bemessungsfrequenzen und Bemessungsspannungen
- annähernd gleiche Kurzschlussspannungen
- Bemessungsleistungsverhältnis höchstens 3:1
- gleiche Schaltgruppenkennzahlen (z. B. 6) bei Drehstromtransformatoren
- phasenrichtiger Anschluss

Gleiche Bemessungsfrequenzen. Da die Transformatorimpedanzen bzw. -induktivitäten sowie der

Eisenkern für eine bestimmte Frequenz ausgelegt sind, könnte z. B. die Eingangswicklung Schaden nehmen, wenn ein Transformator nicht an eine Spannung von seiner Bemessungsfrequenz angeschlossen wird.

Gleiche Bemessungsspannungen auf der Ober- und Unterspannungsseite, sonst stimmen die Ausgangsspannungen im Leerlauf nicht überein. Die Forderung nach gleichen Übersetzungsverhältnissen ist nicht ausreichend, da z. B. $\ddot{u}_1 = \ddot{u}_2 = 10:1$ aus 1000 V : 100 V und aus 100 kV : 10 kV resultieren können.

Die der Übersetzungsabweichung proportionale Spannungsdifferenz Δu hat in beiden Wicklungsseiten der parallel geschalteten Transformatoren einen Ausgleichstrom zur Folge, der sich den Bemessungsströmen I_{2NA} und I_{2NB} überlagert. Er addiert sich zum Bemessungsstrom des Transformators mit der höchsten Bemessungsspannung. Vernachlässigt man einen möglichen Unterschied zwischen den Kurzschlussphasenwinkeln φ_{KA} und φ_{KB}, ist der Ausgleichstrom

$$I_a = \frac{\Delta u}{\frac{u_{KNA}}{I_{2NA}} + \frac{u_{KNB}}{I_{2NB}}} . \qquad (3.76)$$

Beispiel 3.11 Zwei parallel geschaltete Transformatoren mit $u_{KNA} = u_{KNB} = 4\ \%$ weisen die Spannungsdifferenz $\Delta u = 3\ \%$ auf. Sie haben die Bemessungsströme $I_{2NA} = 30{,}3$ A und $I_{2NB} = 48{,}2$ A. Zu berechnen ist der Ausgleichstrom.

Lösung

$$I_a = \frac{\Delta u}{\frac{u_{KNA}}{I_{2NA}} + \frac{u_{KNB}}{I_{2NB}}} = \frac{3\ \%}{\frac{4\ \%}{30{,}3\ \text{A}} + \frac{4\ \%}{48{,}2\ \text{A}}}$$

$$= \mathbf{13{,}95\ A}$$

$I_a =$ **13,95 A** überlagern sich dem Bemessungsstrom des Transformators mit der größten ausgangsseitigen Bemessungsspannung.

Annähernd gleiche Kurzschlussspannungen $u_{KNA} \cong u_{KNB}$. Weichen die Kurzschlussspannungen um mehr als ±10 % voneinander ab, ist eine den Bemessungsleistungen proportionale Teillastübernahme der einzelnen Transformatoren nicht gewährleistet. Weil sich die Teilströme der einzelnen parallel geschalteten Transformatoren umgekehrt proportional zu den Kurzschlussimpedanzen Z_K verhalten, könnte der Transformator mit der kleinsten Bemessungskurzschlussspannung u_{KN} überlastet werden. Bei größeren Abweichungen zwischen den Kurzschlussspannungen kann man vor den Transformator mit der kleineren relativen Kurzschlussspannung eine Induktivität (Drosselspule) schalten.

Wenn $\varphi_{KA} = \varphi_{KB}$ ist, gilt

$$\frac{I_{1A}}{I_{1B}} = \frac{Z_{KB}}{Z_{KA}} . \qquad (3.77)$$

Damit erhält man für das Verhältnis der bei $U_1 = U_{1N}$ von den Transformatoren A und B übertragenen Scheinleistungen

$$\frac{S_A}{S_B} = \frac{U_{1N} \cdot I_{1A}}{U_{1N} \cdot I_{1B}} = \frac{Z_{KB}}{Z_{KA}} . \qquad (3.78)$$

Mit $Z_K = U_{KN}/I_{1N}$ und $U_{KN} = u_{KN} \cdot U_{1N}$ ergibt sich daraus

$$\frac{S_A}{S_B} = \frac{u_{KNB} \cdot U_{1N} \cdot I_{1NA}}{u_{KNA} \cdot U_{1N} \cdot I_{1NB}} . \qquad (3.79)$$

Daraus erhält man mit $S_N = U_N \cdot I_N$

$$\frac{S_A}{S_B} = \frac{u_{KNB} \cdot S_{NA}}{u_{KNA} \cdot S_{NB}} . \qquad (3.80)$$

Bei gleichen Kurzschlussspannungen ($u_{KNA} = u_{KNB}$) verhalten sich die einzelnen übertragenen Scheinleistungen wie die zugehörigen Bemessungsleistungen.

Demnach teilt sich die auftretende Gesamtlast S im Verhältnis der Scheinleistungen auf:

$$\frac{S_A}{S} = \frac{S_{NA}}{S_{NA} + S_{NB}} \quad \text{und} \quad \frac{S_B}{S} = \frac{S_{NB}}{S_{NA} + S_{NB}} \qquad (3.81)$$

Die von den Transformatoren mit $u_{NA} = u_{NB}$ übernommenen Scheinleistungen S_A und S_B erhält man aus

$$S_A = S \cdot \frac{S_{NA}}{S_{NA} + S_{NB}} \quad \text{und} \quad S_B = S \cdot \frac{S_{NB}}{S_{NA} + S_{NB}} . \qquad (3.82)$$

Wenn die Kurzschlussspannungen gleich sind, wird keiner der parallel geschalteten Transformatoren überlastet, solange die Gesamtlast des Netzes nicht größer wird als die Summe der Bemessungsleistungen. Nach Gleichung (3.80) gilt für parallel geschaltete Transformatoren mit $u_{KNA} \neq u_{KNB}$:

Bei $u_{KNA} \neq u_{KNB}$ verteilt sich die Gesamtlast des Netzes auf die einzelnen Transformatoren proportional zur jeweiligen Bemessungsleistung, aber umgekehrt proportional zur zugehörigen Kurzschlussspannung.

$$S_A \sim \frac{S_{NA}}{u_{KNA}} \quad \text{und} \quad S_B \sim \frac{S_{NB}}{u_{KNB}}$$

D. h., dass der Transformator mit der kleinsten Kurzschlussspannung den größten Lastanteil übernimmt und dabei überlastet werden kann.

Stellt man sich die parallel geschalteten Transformatoren als einen „resultierenden Transformator" vor mit der resultierenden Kurzschlussimpedanz $Z_K = Z_{KA} \| Z_{KB}$ und der resultierenden Kurzschlussspannung u_K, dann übernimmt dieser die Leistung

$$S = S_A + S_B. \qquad (3.83)$$

Bezieht man in diese Gleichung die Aussagen des vorstehenden Merksatzes ein, erhält man für die Lastaufteilung

$$\frac{S}{u_K} = \frac{S_{NA}}{u_{KNA}} + \frac{S_{NB}}{u_{KNB}}. \qquad (3.84)$$

Da in der Praxis bis auf die resultierende Kurzschlussspannung u_K alle Größen bekannt sind, ist Gleichung (3.84) zu deren Bestimmung geeignet.

Setzt man in die Gleichung (3.84) die Gleichung (3.83) ein und zergliedert die Summengleichung in die Einzelgleichungen, erhält man die Gleichungen zur Bestimmung der von den einzelnen Transformatoren übernommenen Leistungen.

$$S_A = S_{NA} \cdot \frac{u_K}{u_{KNA}}; \quad \text{also} \quad S_B = S_{NB} \frac{u_K}{u_{KNB}} \qquad (3.85)$$

Beispiel 3.12 Es sollen drei Transformatoren parallel geschaltet werden.

Transformator A:

$S_{NA} = 160$ kVA, $u_{KNA} = 4$ %

Transformator B:

$S_{NB} = 400$ kVA, $u_{KNB} = 6$ %

Transformator C:

$S_{NC} = 250$ kVA, $u_{KNC} = 4$ %

Die Belastung durch das Netz betrage $S = 810$ kVA. Zu berechnen sind die resultierende relative Kurzschlussspannung, die von den einzelnen Transformatoren übernommenen Teilleistungen und die maximal zulässigen Teilleistungen, damit kein Transformator überlastet wird.

Lösung Nach Umstellen der Gleichung (3.84) bezogen auf drei Transformatoren erhält man:

$$u_K = \frac{S}{\frac{S_{NA}}{u_{KNA}} + \frac{S_{NB}}{u_{KNB}} + \frac{S_{NC}}{u_{KNC}}}$$

$$u_K = \frac{810 \text{ kVA}}{\frac{160 \text{ kVA}}{4\,\%} + \frac{400 \text{ kVA}}{6\,\%} + \frac{250 \text{ kVA}}{4\,\%}}$$

$\mathbf{u_K = 4{,}79\,\%}$

Nach Gleichung (3.85) übernehmen die einzelnen Transformatoren die Leistungen:

$$S_A = S_{NA} \frac{u_k}{u_{kNA}}$$

$$= 160 \text{ kVA} \frac{4{,}79\,\%}{4\,\%} = \mathbf{191{,}6\ kVA}$$

$$S_B = S_{NB} \frac{u_k}{u_{kNB}}$$

$$= 400 \text{ kVA} \frac{4{,}79\,\%}{6\,\%} = \mathbf{319{,}33\ kVA}$$

$$S_C = S_{NC} \frac{u_k}{u_{kNC}}$$

$$S_C = 250 \text{ kVA} \frac{4{,}79\,\%}{4\,\%} = \mathbf{299{,}38\ kVA}$$

$$S_{ges} = S_A + S_B + S_C = \mathbf{810\ kVA}$$

Würde man diese Transformatoren bei einer Netzbelastung von $S = 810$ kVA parallel schalten, wären Transformator A um 19,75 % und Transformator C um 19,75 % überlastet.

Für eine Neuberechnung der Lastverteilung ist es erforderlich, den Transformator mit der kleinsten Bemessungsleistung und der geringsten relativen Kurzschlussspannung zu Grunde zu legen.

$$S'_A = S_{NA} \frac{u_{kNA}}{u_{kNA}} = 160 \text{ kVA} \frac{4\,\%}{4\,\%} = \mathbf{160\ kVA}$$

$$S'_B = S_{NB} \frac{u_{kNA}}{u_{kNB}} = 400 \text{ kVA} \frac{4\,\%}{6\,\%} = \mathbf{266\ kVA}$$

$$S'_C = S_{NC} \frac{u_{kNA}}{u_{kNC}} = 250 \text{ kVA} \frac{4\,\%}{4\,\%} = \mathbf{250\ kVA}$$

$$S'_{ges} = S'_A + S'_B + S'_C = \mathbf{676\ kVA}$$

Dies bedeutet, dass die drei Transformatoren nur mit insgesamt 676 kVA belastet werden dürfen, damit keiner von ihnen überlastet wird. Man müsste deshalb für die vorliegende Netzlast von 810 kVA einen vierten Transformator mit $u_{KN} = 4$ % und $S_N = 160$ kVA parallel schalten.

Das Verhältnis der Bemessungsleistungen sollte nicht größer sein als 3:1. Der Leistungsfaktor im Kurzschlussfall ($\cos \varphi_K$) richtet sich nach dem Wirk- und induktiven Blindanteil der Kurzschlussimpedanz. Infolge der Spannungsfälle im Transformator kann eine Phasendrehung der Ausgangsspannungen – und somit eine Veränderung der Phasenlage – auftreten. Eine $\Delta\varphi_K \leqq 20°$ bringt in der Praxis noch keine nennenswerte Verschiebung der Lastverteilung. Stehen die Bemessungsleistungen der parallel geschalteten Transformatoren höchstens im Verhältnis 3:1, ist die Bedingung $\Delta\varphi_K \leqq 20°$ erfüllt.

Gleiche Schaltgruppenkennzahl bei Drehstromtransformatoren. Wird diese Bedingung nicht erfüllt, fließen zwischen den Transformatoren schädliche Ausgleichsströme, weil die Phasenlage der einzelnen parallel geschalteten Spannungsquellen unterschiedlich wäre. Durch Umklemmen von Stranganfängen und -enden können die Kennzahlen 5 in 11 und 6 in 0 und jeweils umgekehrt geändert werden.

Phasenrichtiger Anschluss. Phasenrichtig ist der Anschluss, wenn nur Anschlussklemmen miteinander verbunden werden, zwischen denen keine Spannung besteht. Das gilt für Drehstrom- und für Einphasentransformatoren, da die beiden Ausgangswicklungen einen Kurzschlusskreis bilden, wenn die Sekundärwicklung des zweiten Transformators nicht phasenrichtig angeschlossen ist.

Vor dem Parallelschalten von Transformatoren sollte man sich stets durch Messungen davon überzeugen, dass die an den Klemmen angebrachten Bezeichnungen richtig sind. Weil die eventuell auftretenden Summenspannungen hohe Kurzschlussströme zur Folge haben könnten, sollte man hierauf nicht verzichten, auch wenn alle Parallelschaltbedingungen erfüllt scheinen.

3.5 Energieumsatz im Transformator

3.5.1 Verluste

Transformatoren wandeln elektrische Energie in elektrische Energie mit anderen Strom- und Spannungswerten um. Bei diesem Energieumwandlungsprozess gibt es jedoch Verluste. Nach Abschnitt 3.3 sind es lastabhängige Wicklungs- oder Kupferverluste P_{Cu} sowie spannungs- und frequenzabhängige Ummagnetisierungs- oder Eisenverluste P_{Fe}. Außerdem treten Zusatzverluste P_Z auf, die als Wirbelstromverluste in den nicht zum magnetischen Kreis gehörenden Bauteilen (z. B. Transformatorgehäuse) und als dielektrische Verluste (z. B. in der Wicklungsisolation) entstehen (**3**.20). Für die Summe aller Transformatorverluste gilt

$$P_V = P_{Cu} + P_{Fe} + P_Z. \tag{3.86}$$

In der Praxis geht man davon aus, dass die Zusatzverluste P_Z zwei Komponenten haben. Der eine Anteil ist spannungsabhängig, wie die im Leerlaufversuch gemessenen Eisenverluste P_{Fe}; der zweite Anteil hängt wie die Kupferverluste P_{Cu} vom Belastungsstrom ab. Entsprechend geht er in die im Kurzschlussversuch gemessene Wirkleistung P_K ein. Damit lassen sich die im Bemessungsbetrieb auftretenden Verluste summieren zu

$$P_{VN} = P_{FeN} + P_{CuN} = P_{0N} + P_{KN}. \tag{3.87}$$

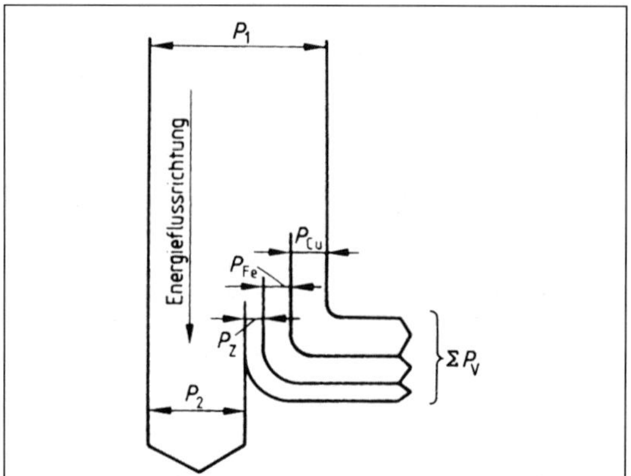

3.20 Schema der Energieverluste und des Leistungsflusses im Transformator

Relative Verlustleistungen. Für Untersuchungen der Wirtschaftlichkeit interessieren nicht die absoluten Werte der Verluste, sondern die prozentualen Verluste in Abhängigkeit der Bemessungsscheinleistung S_N.

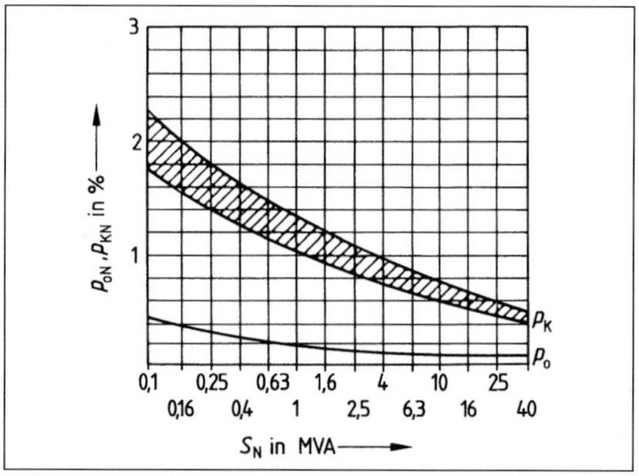

3.21 Relative Leerlauf- und Kurzschlussverluste in Abhängigkeit der Bemessungsleistung S_N

Leerlaufverluste lassen sich nach neueren Entwicklungen, z. B. durch Verwendung amorphen Kernmaterials, um bis zu 60 % reduzieren. Wegen ihrer besseren magnetischen Eigenschaften und der physikalischen Abmessungen des Materials sind die spezifischen Hysterese- und Wirbelstromverluste geringer. Kurzschlussverluste sinken durch geringere Stromdichten (größere Leiterquerschnitte, mehr Leitermaterial).

Verteilungstransformatoren sind bezüglich ihrer Leerlauf- und Lastverluste z. B. nach DIN EN 50541 durch Lastverlustlisten A_K bis D_K und Leerlaufverlustlisten A_0 bis E_0 klassifiziert. Für eine verlustoptimierte Transformatorauswahl ist die Kenntnis des dominierenden Lastprofils für eine optimale Verlustdatenkonstellation unverzichtbar. Abhängig vom Lastprofil sollten P_0, P_K oder beide minimiert werden. Für Anwender resultieren daraus reduzierte Kosten für die gesamte Lebensdauer.

Als relative Verluste für den Bemessungsbetrieb erhält man dabei

$$p_{VN} = \frac{P_{0N}}{S_N} + \frac{P_{KN}}{S_N} = p_{0N} + p_{KN}. \tag{3.88}$$

p_{0N} und p_{KN} sind die relativen Leerlauf- bzw. Kurzschlussverluste bei Bemessungsbetrieb. Sie werden in Prozent der Bemessungsscheinleistung angegeben. In Bild **3**.21 sind die relativen Verluste für einige genormte Zweiwicklungstransformatoren dargestellt.

Lastfaktor. Ist ein Transformator nicht mit Bemessungsstrom belastet, liegt aber nach wie vor an $U_1 = U_{1N}$, verändern sich nach Gleichung (3.51) die gesamten stromabhängigen Verluste mit dem Quadrat des Quotienten aus Teil- und Bemessungsstrom (I_1/I_{1N}). Wegen $U_1 = U_{1N}$ = konst. bleiben die spannungsabhängigen Verluste konstant. Unter Anwendung von Gleichung (3.87) ergeben sich die Gesamtverluste bei Teilbelastung aus

$$P_V = P_{0N} + P_{KN}\left(\frac{I_1}{I_{1N}}\right)^2. \tag{3.89}$$

Erweitert man Zähler und Nenner des Klammerausdrucks in dieser Gleichung mit U_{1N}, erhält man den Quotienten aus Teilscheinleistung S und Bemessungsscheinleistung S_N. Für diesen Ausdruck hat man in der Technik den Lastfaktor a eingeführt.

$$a = \frac{S}{S_N} \tag{3.90}$$

Mit diesem Ausdruck ergibt sich aus Gleichung (3.89) für die Bestimmung der Verluste bei beliebiger Belastung

$$P_V = P_{0N} + a^2 \cdot P_{KN} = P_{FeN} + a^2 \cdot P_{CuN}. \tag{3.91}$$

Beispiel 3.13 Ein Transformator mit S_N = 315 kVA weist die Verluste P_{KN} = 3900 W und P_{0N} = 770 W auf. Zu berechnen sind die Verluste bei einer Teilbelastung mit 250 kVA.

Nach Gleichung (3.90) erhält man den Lastfaktor

Lösung $a = \frac{S}{S_N} = \frac{250\ \text{kVA}}{315\ \text{kVA}} = \mathbf{0{,}79}.$

Für die Summe der Verluste bei Teilbelastung ergibt sich dann:

$P_V = P_{0N} + a^2 \cdot P_{KN}$
$= 770\ \text{W} + 0{,}79^2 \cdot 3900\ \text{W} = \mathbf{3204\ W}$

Zur größeren Genauigkeit werden die Transformatorverluste im Einzelverlustverfahren gemessen. Hierbei ermittelt man die verschiedenen Verluste einzeln für bestimmte Betriebszustände (z. B. bei einer bestimmten Wicklungstemperatur). Das Einzelverlustverfahren wird für fast alle Maschinen über 10 kW Leistung angewendet. Seine Messfehler sind geringer, der Wirkungsgrad ist somit genauer bestimmbar als bei der direkten Messung mit Leistungsmessern.

3.5.2 Volllastwirkungsgrad/ Bemessungslastwirkungsgrad

Wirkungsgrad. In Hinsicht auf die Wirtschaftlichkeit eines Transformators interessieren nicht seine absoluten Verluste, sondern ein auf die umgesetzte Wirkleistung bezogener Wert, der Wirkungsgrad η. Er ist als Verhältnis von abgegebener zu zugeführter Wirkleistung eines Energieumwandlers definiert. Für den Transformator lässt er sich unter Anwendung der Gleichung (3.87) so formulieren:

$$\eta = \frac{P_{ab}}{P_{zu}} = \frac{P_{ab}}{P_{ab} + \Sigma P_V} \tag{3.92}$$

Ist die Belastung teilweise induktiv oder kapazitiv ($\cos\varphi \neq 1$), muss zunächst die Wirkleistung

$$P_2 = S_2 \cdot \cos\varphi_2 \tag{3.93}$$

berechnet werden. Der so errechnete Wirkungsgrad

$$\eta = \frac{S_{2N} \cdot \cos\varphi_2}{S_{2N} \cdot \cos\varphi_2 + \Sigma P_V} \tag{3.94}$$

ist kein Bemessungslastwirkungsgrad, obwohl der Transformator mit Bemessungsleistung belastet ist. Gleichung (3.94) und Bild **3**.22 verdeutlichen die Abhängigkeit des Transformatorwirkungsgrads

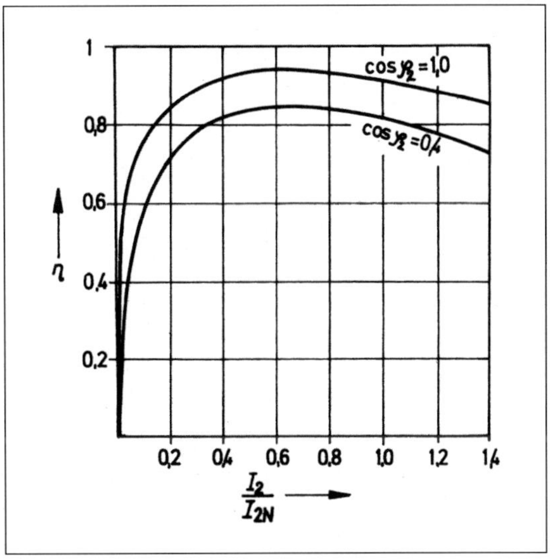

3.22 Wirkungsgrad in Abhängigkeit des relativen Belastungsstroms bei verschiedenen Leistungsfaktoren der Belastung

vom Leistungsfaktor cos φ_2 der Belastungsart. Eine Übersicht über die Bemessungslastwirkungsgrade von Transformatoren bietet Tabelle **3**.23.

Tabelle **3**.23 **Bemessungslastwirkungsgrade von Transformatoren**

S_{2N}	100 VA	1 kVA	10 kVA	100 kVA	1 MVA	10 MVA
η	0,88	0,9	0,96	0,97	0,98	0,99

Beispiel 3.14 Der Transformator aus Beispiel 3.13 ist a) mit Bemessungslast und b) mit $S = 250$ kVA Teillast belastet. Zu berechnen sind die Wirkungsgrade bei cos $\varphi_2 = 0{,}75$.

Lösung Nach Einsetzen der Werte in Gleichung (3.94) erhält man:

$$\eta_a = \frac{315\ \text{kVA} \cdot 0{,}75}{315\ \text{kVA} \cdot 0{,}75 + 0{,}77\ \text{kW} + 3{,}9\ \text{kW}}$$

$$= \mathbf{0{,}9806 \mathrel{\hat=} 98{,}06\ \%}$$

Den Wirkungsgrad für beliebige Teillast bestimmt man hinreichend genau mit

$$\eta = 1 - \frac{P_{0N} + a^2 \cdot P_{KN}}{a \cdot S_N \cdot \cos\varphi_2 + P_{0N} + a^2 \cdot P_{KN}}.$$

Für $a = 0{,}79$ erhält man hier

$$a \cdot S_N \cdot \cos\varphi_2 = 0{,}79 \cdot 315\ \text{kVA} \cdot 0{,}75$$

$$= 187\ \text{kW}$$

$$a^2 \cdot P_{KN} = 0{,}79^2 \cdot 3{,}9\ \text{kW} = 2{,}43\ \text{kW}$$

$$\eta = 1 - \frac{0{,}77\ \text{kW} + 2{,}43\ \text{kW}}{187\ \text{kW} + 0{,}77\ \text{kW} + 2{,}43\ \text{kW}}.$$

$$\eta_b = 1 - 0{,}01684 = \mathbf{0{,}983 = 98{,}3\ \%}$$

Der Vergleich von η_a und η_b zeigt, dass der maximale Wirkungsgrad nicht bei Bemessungsbelastung erreicht ist. Deshalb ist es anschaulicher, die Verluste und ihre Aufteilung an Stelle des Wirkungsgrads zu bewerten (**3**.21). Der Wirkungsgrad ist maximal bei $P_{Cu} = P_{Fe}$.

3.5.3 Jahreswirkungsgrad

Transformatoren in der Energieversorgung unterliegen einer von der Tages- und Jahreszeit abhängigen Belastung. Sie arbeiten somit nicht ständig mit Bemessungslast und daher auch nicht mit ihrem Bemessungslastwirkungsgrad. Um die Wirtschaftlichkeit eines Transformators besser zu beurteilen, kennzeichnet man die Güte seines Energieumformungsprozesses mit dem Jahreswirkungsgrad η_a.

$$\eta_a = \frac{W_2}{W_2 + W_{Cu} + W_{Fe}} \tag{3.95}$$

Der Energieverlust in den Wicklungen während der Belastungszeit t_B ergibt sich zu

$$W_{Cu} = P_{Cu} \cdot t_B. \tag{3.96}$$

Da die Eisenverluste während der gesamten Einschaltzeit t_E (d. h. auch im Leerlauf) auftreten, bestimmt man sie mit

$$W_{Fe} = P_{Fe} \cdot t_E. \tag{3.97}$$

Transformatoren, die das ganze Jahr eingangsseitig an Spannung liegen, sollten deshalb nur geringe Eisenverluste aufweisen.

Die abgegebene Nutzenergie wird während der Belastungszeit t_B abgegeben. Für sie gilt die Bestimmungsgleichung

$$W_2 = P_2 \cdot t_B \quad \text{oder} \quad W_2 = S_2 \cdot t_B \cdot \cos\varphi_2. \tag{3.98}$$

Für den Jahreswirkungsgrad gilt demnach

$$\eta_a = \frac{P_2 \cdot t_B}{(P_2 + P_{Cu}) \cdot t_B + P_{Fe} \cdot t_E}. \tag{3.99}$$

Er hängt also nicht nur von den Verlusten des Transformators, sondern auch von der Art der Belastungsspiele ($I/I_N = f[t]$ und $\varphi_2 = f[t]$) ab. Deshalb lassen sich keine allgemeinen Angaben über η_a machen.

Um Leerlaufverluste z. B. während des Nachtbetriebs herabzusetzen, empfiehlt sich die Aufteilung der gesamten Transformatorbemessungsleistung eines Netzes auf mehrere Transformatoren. Zu lastarmen Zeiten können dann einzelne Transformatoren abgeschaltet werden.

Ist zur Bereitstellung einer höheren Netzleistung ein weiterer Transformator zuzuschalten, so geschieht das in der Praxis nicht nach dem Gesichtspunkt einer hohen Auslastung der einzelnen Transformatoren, sondern nach der geringsten Verlustleistung aller in Betrieb befindlichen Transformatoren. Demnach ist für die Zuschaltung des $(n + 1)$ten Transformators die Gleichheit der Verluste $P_{Vn} = P_{V(n+1)}$ maßgebend. In der Praxis orientiert man sich deshalb an der Faustformel, dass die Zuschaltung des $(n + 1)$ten Transformators etwa bei Halblast der bereits in Betrieb befindlichen Transformatoren erfolgen sollte. Im Normalbetrieb ist daher eine hohe Auslastung der Transformatoren nicht wirtschaftlich.

Aufgaben zu Abschnitt 3.1 bis 3.5

1. Ein Einphasentransformator mit der Bemessungsleistung 2,5 kVA transformiert von 1 kV auf 230 V. Der Leistungsfaktor auf der Ausgangsseite beträgt 0,96, der Wirkungsgrad 80 %. Wie groß sind die Bemessungsströme und die abgegebene Wirkleistung?

2. Ein Steuertransformator mit der Bemessungsleistung 1 kVA hat 80 W Leerlaufverluste und 31 W Kurzschlussverluste (Lastverluste). Der Leistungsfaktor beträgt 1. Wie groß sind die Stromaufnahme bei Anschluss an 230 V und der Wirkungsgrad?

3. Auf dem Leistungsschild eines kleinen Steuertransformators stehen u. a. folgende Angaben: 400 VA, 230 V/125 V, 50 Hz. Seine Leerlaufverluste betragen 15 W, die Kurzschlussverluste 8 W und der Leistungsfaktor 0,75. Zu berechnen sind der eingangsseitige Bemessungsstrom, der ausgangsseitige Bemessungsstrom, der Wirkungsgrad und das Übersetzungsverhältnis.

4. Von einem Einphasentransformator sind bekannt: $S_N = 150$ kVA, $U_{1N} = 5800$ V, $N_1 = 540$, $N_2 = 96$, $u_{KN} = 1{,}8$ %, $P_{KN} = 1{,}8$ kW, $f = 50$ Hz, $\hat{B} = 1{,}2$ T, $\cos \varphi_2 =$ 0,707 ind.

   Zu berechnen sind die ausgangsseitige Leerlaufspannung, die ausgangsseitige Klemmenspannung, die Ströme in der Eingangs- und Ausgangswicklung, die Kurzschlussresistanz, die Kurzschlussimpedanz, der Wirkspannungsfall U_R und die Bemessungskurzschlussspannung.

5. Bei einem Einphasentransformator mit 20 kVA und 6000 V/230 V wurden bei voller Belastung der ohmsche Spannungsverlust der Eingangswicklung zu 92 V und der der Ausgangswicklung zu 3 V gemessen. Die Streuspannung betrug hochspannungsseitig 210 V, niederspannungsseitig 6,85 V. Zu berechnen ist die sekundärseitige Klemmenspannung bei $\cos \varphi_2 = 0{,}8$ ind.

6. Der eingangsseitige Bemessungsstrom eines Einphasentransformators beträgt 3 A, die relative Bemessungskurzschlussspannung 3,6 %. Zu berechnen ist der Dauerkurzschlussstrom.

7. Ein Einphasentransformator für 101 kVA, 6 kV/400 V ist mit Bemessungslast belastet. Der Leistungsfaktor der Sekundärseite ist $\cos \varphi_2 = 0{,}8$. Die Wicklungsverluste des Transformators betragen 2 % der Bemessungsleistung. Die Leerlaufverluste sind mit 600 W angegeben. Zu berechnen sind die Wicklungsverluste, die aufgenommene Wirkleistung, die abgegebene Wirkleistung und der Wirkungsgrad bei der vorliegenden Belastung.

8. Beschreiben Sie den grundsätzlichen Aufbau eines Einphasentransformators.

9. Warum ist der magnetische Kreis eines Transformators aus einzelnen gegeneinander isolierten Blechen aufgebaut? Warum verwendet man hierfür magnetisch weiches Eisen?

   Beschreiben Sie die Wirkungsweise eines belasteten Einphasentransformators.

10. Welche Zusammenhänge bestehen zwischen Spannungen und Windungszahlen, Spannungen und Stromstärken, Stromstärken und Windungszahlen sowie Spannungen und Widerständen in einem Transformator?

11. Warum muss sich auch der Strom in der Eingangswicklung eines Transformators ändern, wenn sich sein Belastungsstrom ändert?

12. Warum funktioniert ein Transformator bei Anschluss an Gleichspannung nicht?

13. Warum nimmt ein unbelasteter Transformator einen Leerlaufstrom auf? Von welchen Größen ist dessen Betrag abhängig? Wofür wird er im Transformator gebraucht? Warum wird sein Betrag größer, wenn der magnetische Kreis eines Transformators einen Luftspalt aufweist?

14. Welche Größen beeinflussen den Betrag der Ausgangsspannung eines belasteten Transformators? Warum ist ihr Betrag von der Belastungsart abhängig?

15. Warum wird die Bemessungsleistung von Transformatoren in Form der abgebbaren Scheinleistung angegeben?

16. Was versteht man unter der Leerlaufspannung, der absoluten und relativen Kurzschlussspannung, dem Spannungsunterschied, dem Übersetzungsverhältnis, dem Dauerkurzschlussstrom, dem Lastfaktor und dem Kapp'schen Dreieck eines Transformators?

17. Warum begrenzen Transformatoren den Kurzschlussstrom in elektrischen Anlagen?

18. Warum wird die Kurzschlussspannung eines Transformators in Prozent der Eingangsbemessungsspannung angegeben?

19. Wie verhält sich die Ausgangsspannung eines Transformators mit niedriger relativer Kurzschlussspannung im Vergleich zu der eines mit einer höheren relativen Kurzschlussspannung bei jeweils gleicher Belastung?

20. Durch welche konstruktiven Maßnahmen kann man die Höhe der relativen Kurzschlussspannung eines Transformators beeinflussen? Begründen Sie Ihre Angaben.

21. Unter welcher Bedingung ist ein Transformator als kurzschlussfest zu bezeichnen? Für welche Zwecke werden kurzschlussfeste Transformatoren z. B. verwendet?

22. Warum darf ein Transformator mit z. B. u_{KN} = 3 % nicht im Kurzschluss betrieben werden?

23. Warum haben Transformatoren in der Energieversorgung kleine relative Kurzschlussspannungen?

24. Warum ist der Wirkungsgrad eines Transformators von Höhe und Art seiner Belastung abhängig?

25. Nennen Sie die in einem belasteten Transformator auftretenden Verluste und deren Ursachen. Warum sind im Leerlaufversuch die Wicklungsverluste und im Kurzschlussversuch die Eisenverluste vernachlässigbar?

26. Durch welche konstruktiven Maßnahmen lassen sich die Eisenverluste eines Transformators klein halten?

27. Unter welchen Bedingungen dürfen Einphasentransformatoren parallel geschaltet werden?

28. Zwei gleiche Einphasentransformatoren werden eingangs- und ausgangsseitig parallel geschaltet. Der phasenrichtige Anschluss ist mittels Spannungsmesser und Glühlampe zu prüfen. Skizzieren Sie die hierfür erforderliche Messschaltung.

29. Die Bemessungsdaten eines Netzanschlusstransformators sind u. a. 80 VA, 230 V/24 V. Seine Wicklungswiderstände betragen $R_1 = 30{,}7\ \Omega$ und $R_2 = 540\ \mathrm{m}\Omega$. Im Kurzschlussversuch werden gemessen: $U_{KN} = 28{,}3$ V, $I_{1N} = 0{,}38$ A, $I_{2N} = 3{,}3$ A und $P_{KN} = 10{,}4$ W. Berechnen Sie die relative Kurzschlussspannung, die primär- und sekundärseitigen Kupferverluste und den Leistungsfaktor. Warum sind die Eisenverluste vernachlässigbar klein?

30. Um die Gesamtverluste eines Transformators im Bemessungsbetrieb zu erfassen, wird ein Trenntransformator mit den Wicklungswiderständen $R_1 = 3{,}7\ \Omega$ und $R_2 = 1{,}55\ \Omega$, den Bemessungsströmen $I_{1N} = 1{,}85$ A und $I_{2N} = 3{,}15$ A durch ohmsche Widerstände belastet. Dabei zeigen Leistungsmesser $P_1 = 428$ W und $P_2 = 388$ W an.
Berechnen Sie die primär- und sekundärseitigen Kupferverluste, den Anteil der Eisenverluste und den Wirkungsgrad bei ohmscher Belastung.

31. Ein Schutztransformator untersetzt von a) 230 V, b) 400 V, c) 500 V auf 42 V. Damit bei kurzgeschlossener Ausgangswicklung in der Eingangswicklung der Bemessungsstrom fließt, müssen 20 V anliegen.
Berechnen Sie die relative Kurzschlussspannung.

32. Zwei Transformatoren mit 230 V und 400 V primärseitiger Bemessungsspannung und gleicher Bemessungsleistung haben die Kurzschlussspannung 12 V. Warum unterscheiden sich die beiden Transformatoren in ihrem Spannungsverhalten?

33. Der primärseitige Bemessungsstrom eines Trenntransformators für 230 V/230 V beträgt 11 A. Seine relative Kurzschlussspannung ist a) 1,8 %, b) 4,4 %, c) 18 %. Berechnen Sie die Kurzschlussspannung und den Dauerkurzschlussstrom, der netzseitig auftritt.
Wodurch unterscheiden sich die Transformatoren a) bis c) hinsichtlich ihrer Fähigkeit, den Kurzschlussstrom in Netzen zu begrenzen?

34. Die Transformatoren in Aufgabe 33 speisen über einen Gleichrichter den Gleichspannungszwischenkreis eines Frequenzumrichters. Die ungeladenen Zwischenkreiskondensatoren wirken ähnlich einem Kurzschluss. Der hohe Anfangsladestrom soll auf $10 \cdot I_{1N}$ begrenzt werden.
a) Den wievielfachen Wert des Kurzschlussscheinwiderstands des Transformators müsste ein Widerstand zur Einschaltstrombegrenzung haben?
b) Bei welchem Transformator kann auf eine externe Einschaltstrombegrenzung verzichtet werden? Skizzieren Sie eine geeignete Schaltung für eine externe Einschaltstrom-Begrenzungseinrichtung.

35. Nach Herstellerangaben soll für einen 1-kVA-Einphasentransformator ein primärseitiger Kurzschlussschutz mit Diazed-Schmelzsicherungen erfolgen. Die eingangsseitige Bemessungsspannung ist 230 V, die relative Kurzschlussspannung beträgt 2,5 %. Zur Verfügung stehen Diazed-Sicherungseinsätze mit den Bemessungsströmen 6 A, 10 A und 16 A der Betriebsklasse gG (alt: gL).
Bestimmen Sie den geeigneten Sicherungseinsatz.

36. Ein Netzanschlusstransformator hat folgende Bemessungsdaten: 230 V/24 V, 0,46 A/4,16 A, $u_{KN} = 8{,}2$ %.
a) Berechnen Sie die Bemessungskurzschlussströme.
b) Bestimmen Sie den Bemessungsstrom eines Diazed-Sicherungseinsatzes der Betriebsklasse gG/gL für einen primärseitigen Kurzschlussschutz.

37. Laut Hersteller hat ein Steuertransformator 1,6 kVA, 230 V/230 V, $u_{KN} = 5{,}1$ % und einen relativen Spannungsfall bei ohmscher Bemessungslast von 5 %.
a) Berechnen Sie die Kurzschluss- und die Leerlaufspannung.
b) Warum unterscheiden sich die beiden prozentualen Spannungsangaben?

38. Mit einem 200-VA-Transformator ergeben sich an konstanter Eingangsspannung und unterschiedlicher ohmscher Belastung folgende Werte: $P_1 = 44$ W, $U_2 = 22{,}9$ V, $I_2 = 1{,}5$ A und $P_1 = 80$ W, $U_2 = 22$ V, $I_2 = 3$ A.
Berechnen Sie die beiden Wirkungsgrade und geben Sie an, warum sie sich unterscheiden.

39. Ein 120-VA-Transformator hat bei $\cos\varphi_2 = 1$ den Bemessungslastwirkungsgrad 88 %. Berechnen Sie die Summe aller Transformatorverluste und den Wirkungsgrad bei $\cos\varphi_2 = 0{,}6$ und Bemessungsleistung.

40. Ein 220-VA-Steuertransformator für 230 V/25 V hat die Wicklungswiderstände $R_1 = 4{,}86\ \Omega$ und $R_2 = 0{,}13\ \Omega$. Messungen ergaben diese Werte:

U_1 in V	I_1 in A	P_1 in W	$\cos\varphi_1$
230	0,657	148	0,98
230	1,13	256	0,995

U_2 in V	I_2 in A	P_2 in W	$\cos\varphi_2$
25,9	5,04	130	0,997
25,3	9,06	227	1

Berechnen Sie
a) die Kupfer- und Eisenverluste und begründen Sie, warum die Kupferverluste unterschiedlich sind;
b) den Wirkungsgrad für die beiden Belastungen und begründen Sie, warum sich die Werte unterscheiden.

41. Die 930 m^2 Grundfläche eines Verwaltungsgebäudes werden mit der Verlustwärme eines 31,5-MVA-Transformators einer Umspannanlage beheizt. Die Verlustenergie wird dem Transformatoröl mit Wärmepumpen entzogen. Bei Belastung mit 50 % von S_N betragen die Verluste 66 kW, bei 90 % von S_N treten 150 kW Verlustleistung auf.
a) Berechnen Sie den Wirkungsgrad bei den angegebenen Belastungen.
b) Die mittlere Verlustleistung von 108 kW wird im Jahr während 1500 Stunden mit dem Anlagenwirkungsgrad 62 % genutzt. Wieviel Liter leichtes Heizöl mit dem mittleren Heizwert $H = 42{,}7$ MJ/kg und der Dichte 0,84 kg/l werden durch die Verlustwärmenutzung jährlich eingespart, wenn der Ölheizkessel den Wirkungsgrad 90 % hat?
c) Wie viel kg CO_2 spart diese Anlage ein, wenn bei der Verbrennung von einem kg Heizöl 2,7 kg CO_2 entstehen?

42. Ein 1-MVA-Gießharztransformator hat den Bemessungslast-/Gerätewirkungsgrad 98,7 %. Bei ohmscher Bemessungsbelastung ist $\cos\varphi_1 = 0{,}985$.
Berechnen Sie die aufgenommene Scheinleistung und die Magnetisierungsblindleistung.

43. Ein 10-MVA-Transformator für 20 kV/6,6 kV hat 12,5 kW Eisenverluste und 47,5 kW Kupferverluste.
Berechnen Sie
a) den Bemessungsleistungswirkungsgrad,
b) die aufgenommene Scheinleistung bei $\cos\varphi_1 = 0{,}98$.
c) Nennen Sie drei technische Maßnahmen, mit denen in Transformatoren dieser Leistung die Eisenverluste im Verhältnis zu den Kupferverlusten gering zu halten sind.

44. 1960 wurden die Verluste eines 1600-kVA-Transformators mit 26,5 kW angegeben; heute betragen die Verluste eines vergleichbaren Transformators nur noch 17,5 kW.
Berechnen Sie die beiden Bemessungslastwirkungsgrade und leiten Sie aus einem Vergleich drei Auswirkungen auf die Gesamtenergiebilanz unserer Landesversorgung ab, die ein Ersatz der alten Transformatoren durch verlustärmere hätte.

45. Der Wirkungsgrad eines Transformators ist maximal, wenn seine Eisen- und Kupferverluste gleich sind. Im Bemessungsbetrieb hat ein 20-kVA-Transformator folgende Daten: $P_{FeN} = 150$ W, $P_{CuN} = 620$ W, $R_1 = 27{,}75\ \Omega$ und $R_2 = 0{,}123\ \Omega$, 20 kV/400 V.
Berechnen Sie
a) den Bemessungslastwirkungsgrad bei $\cos \varphi_2 = 1$ und $\cos \varphi_2 = 0{,}7$,
b) die Ströme, bei denen der Wirkungsgrad maximal ist.
c) Leiten Sie aus den Ergebnissen zu b) ab, warum es unter energiewirtschaftlichen Gesichtspunkten nicht immer sinnvoll ist, Transformatoren mit ihrer Bemessungsleistung zu belasten.

46. Ein 100-kVA-Transformator hat 440 W Eisenverluste und 1700 W Kupferverluste. In einer Konstruktion mit reduzierten Leerlaufverlusten hat er bei gleichen Kupferverlusten den Bemessungsleistungswirkungsgrad 98 %. Um wieviel Prozent wurden die Eisenverluste reduziert?

47. Ein 160-kVA-Transformator hat $P_{Fe} = 640$ W und $P_{Cu} = 1900$ W. Er bleibt das ganze Jahr am Netz und wird während dieser Zeit mit ohmscher Bemessungsleistung belastet.
Berechnen Sie den Jahreswirkungsgrad.

48. Die Kupferverluste eines 50-kVA-Transformators betragen 1,1 kW, seine Eisenverluste 320 W. Bei einer jährlichen Einschaltzeit von 8760 Stunden hat er den Jahreswirkungsgrad
a) 70 %, b) 80 %, c) 90 %.
Berechnen Sie die Zeit der Belastung mit ohmscher Bemessungslast.

49. Ein 75-kVA-Transformator hat 330 W Eisenverluste und 1550 W Kupferverluste. Bei einer jährlichen Einschaltzeit von 8760 Stunden wird er während 5670 Stunden mit Bemessungsleistung belastet. Sein Jahreswirkungsgrad beträgt 82 %.
Berechnen Sie den mittleren Leistungsfaktor.

50. Zwei Transformatoren mit je 10 kVA Bemessungsleistung und dem Bemessungslastwirkungsgrad 96 % sollen hinsichtlich ihres Jahreswirkungsgrads verglichen werden. Beide werden täglich vier Stunden lang mit Volllast betrieben. Transformator A soll den höchsten Wirkungsgrad bei Bemessungsleistung haben, sodass für ihn $P_{CuN} = P_{FeN}$ gilt. Bei Transformator B gilt dagegen $P_{CuN} : P_{FeN} = 3:1$.
Berechnen Sie
a) die Summe aller Verluste von den Transformatoren A und B,
b) die Bemessungskupfer- und Bemessungseisenverluste beider Transformatoren,
c) den Jahreswirkungsgrad beider Transformatoren, wenn beide jährlich 8760 Stunden eingeschaltet sind,
d) die jährlich durch den Transformator mit dem höheren Jahreswirkungsgrad eingesparte Energie.

3.6 Drehstromtransformator

Aus verschiedenen Gründen wird zur Erzeugung und Verteilung elektrischer Energie das Dreiphasensystem genutzt. Daraus ergibt sich die Notwendigkeit, Drehstromtransformatoren einzusetzen, die Dreiphasensysteme unterschiedlicher Spannungsniveaus miteinander koppeln. Die folgenden Abschnitte befassen sich mit den hierfür verwendeten Dreiphasentransformatoren.

3.6.1 Transformatorenbank

Im Dreiphasensystem sind drei um 120° gegeneinander phasenverschobene Wechselspannungen gleichzeitig zu transformieren. Hierzu fasst man eine Gruppe von drei Mantel- oder Kerntransformatoren zu einer Transformatorenbank zusammen (**3**.24). Ihre Ein- und Ausgangswicklungen werden den Betriebsanforderungen entsprechend in Stern- oder Dreieckschaltung untereinander verkettet. Transformatorenbänke sind nur noch für Leistungen über 2400 MVA rentabel, da sich Drehstrom-Transformatoreneinheiten kleinerer Leistung bereits heute als bahn- und schifftransportfähig erwiesen haben.

Zudem wird diese Entwicklung durch verfeinerte Entwurfs- und Berechnungsmethoden und verbesserte Technologien beschleunigt, die das Argument „billige Reservehaltung" (nur ein Einphasentransformator ist für Schadensfälle bereitzuhalten) entkräften.

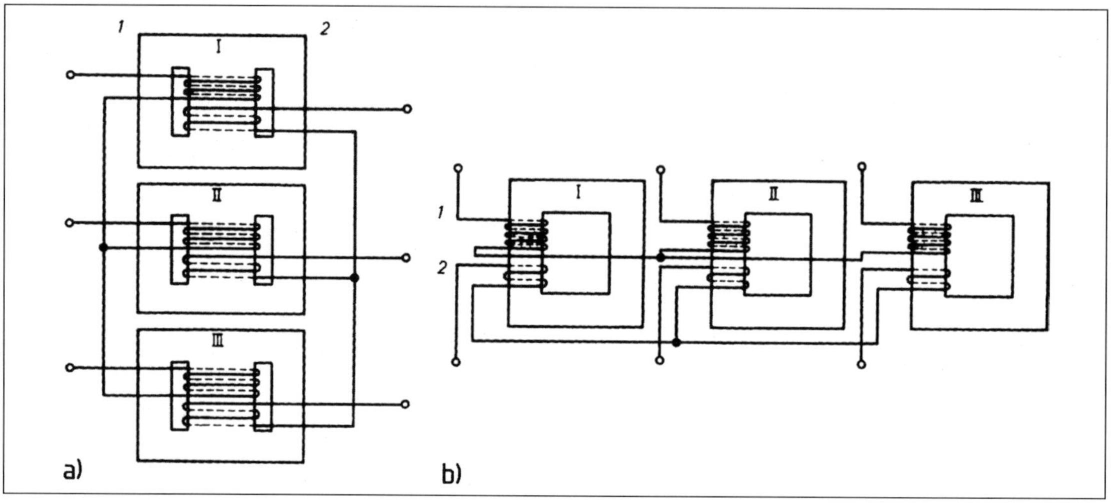

3.24 Transformatorenbänke a) aus drei Manteltransformatoren, b) aus drei Kerntransformatoren

3.6.2 Konstruktive Vereinigung von drei Einphasentransformatoren zu einem Drehstromtransformator

Vereinigung von drei Manteltransformatoren. Die magnetischen Kreise von Einphasen-Manteltransformatoren lassen sich nach zwei technisch sinnvollen Methoden miteinander verketten. Hierbei werden je ein Joch (**3**.25a) oder je ein Schenkel (**3**.25b) zweier Transformatoren gemeinsam genutzt. In beiden Fällen ergeben sich neben dem Kern bzw. den Schenkeln zwei Rückschlussjoche. Sie ermöglichen einen freien magnetischen Rückschluss. Dieser Rückschluss ist wegen der Magnetisierungserscheinung in unsymmetrisch belasteten Drehstromtransformatoren großer Bemessungsleistung unentbehrlich, um die Symmetrie der Dreiphasensysteme zu wahren. Deshalb werden Verteilungstransformatoren großer Bemessungsleistung als Fünfschenkeltransformatoren oder Drehstrom-Manteltransformatoren ausgeführt.

Vereinigung von drei Kerntransformatoren. Es liegt nahe, die magnetischen Kreise der drei Einphasen-Kerntransformatoren aus Bild **3**.24b so miteinander zu verketten, dass die drei unbewickelten Schenkel gemeinsam genutzt werden (**3**.26a). Wenn der magnetische Fluss Φ_m im

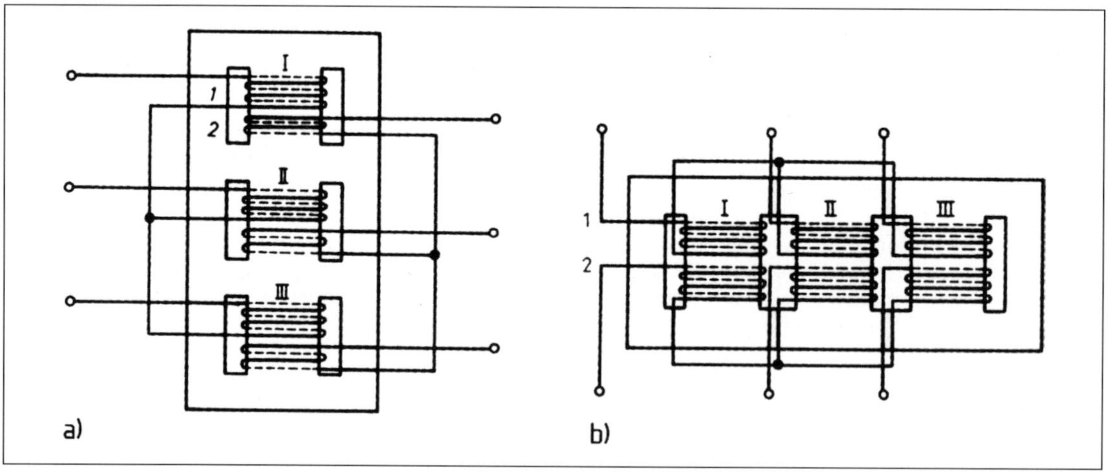

3.25 Vereinigung von drei Manteltransformatoren
a) durch Verketten je eines Jochs, b) durch Verketten je eines Schenkels

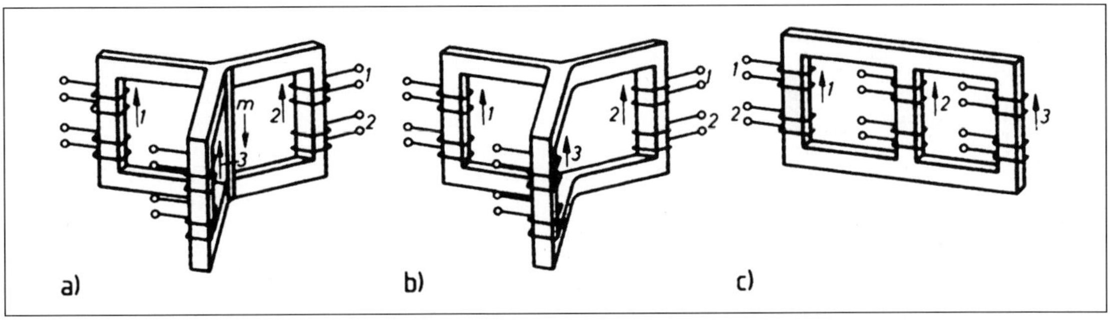

3.26 Vereinigung von drei Kerntransformatoren
a) Tempeltype mit Mittelschenkel, b) Tempeltype ohne Mittelschenkel, c) Dreischenkel-Kerntransformator

gemeinsamen Schenkel – dem Knotenpunkt der magnetischen Kreise – null ist, gilt für die Summe der Flüsse in den Schenkeln die Beziehung

$$\Phi_m = \Phi_1 + \Phi_2 + \Phi_3. \quad (3.100)$$

Wird der Transformator symmetrisch belastet, bilden auch die Ausgangsspannungen, die Ströme und Flüsse der wicklungstragenden Schenkel ein symmetrisches Dreiphasensystem. Entsprechend dem Liniendiagramm der Flüsse gilt dann für die Summe der Augenblickswerte der einzelnen Schenkelflüsse in Bild **3**.27

$$\Phi_m(t) = \Sigma\Phi_i(t) = 0. \quad (3.101)$$

Tempeltype. Deshalb kann man – wie in Bild **3**.26b dargestellt – auf einen freien magnetischen Rückschluss verzichten (s. Sternpunktleiter im symmetrisch belasteten Drehstromnetz). Der so entstandene Dreiphasen-Kerntransformator (Tempeltype) wird als magnetisch symmetrisch bezeichnet, weil die drei magnetischen Teilflüsse gleich lange magnetische Feldlinienlängen aufweisen. Folglich sind für die drei Teilflüsse auch drei gleich große Durchflutungen bzw. Magnetisierungsströme erforderlich. Trotz dieser für den Betrieb sehr positiven Eigenschaften wird die Tempeltype wegen ihres aufwendigen und deshalb teueren Aufbaus nicht mehr hergestellt.

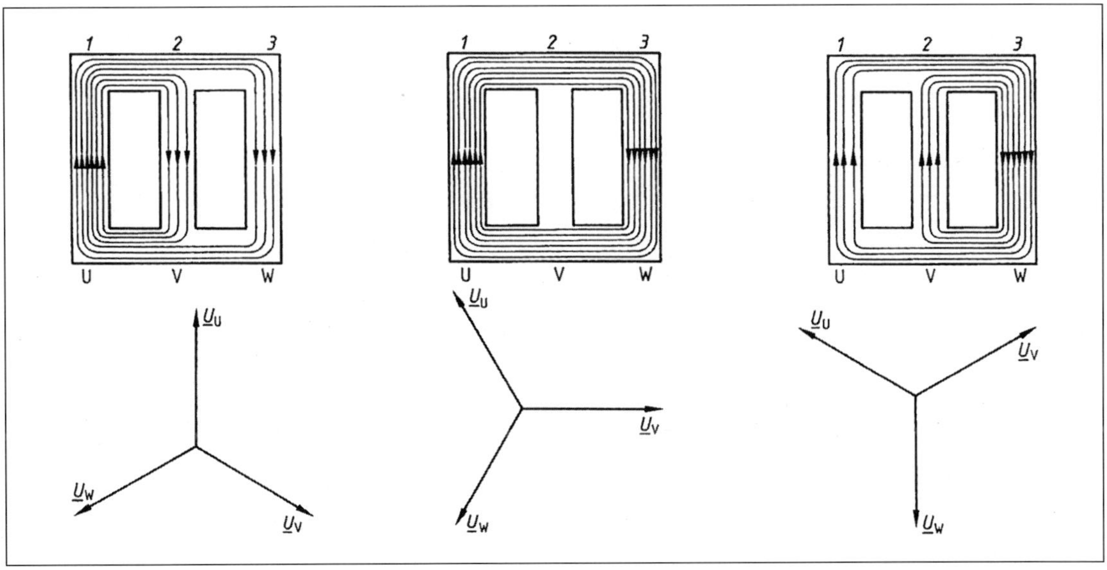

3.27 Flussverlauf im Dreischenkel-Kerntransformator zu drei verschiedenen Zeitpunkten mit den zugehörigen Zeigerdiagrammen aus den Effektivwerten der Strangspannungen

Der Dreischenkel-Kerntransformator ist der Drehstromtransformator mit dem geringsten Konstruktionsaufwand, weil seine wicklungstragenden Schenkel in einer Ebene angeordnet sind (**3**.26c). Infolge dieser konstruktiven Vereinfachung entsteht eine starke magnetische Unsymmetrie, die durch die Lage des Knotenpunkts der vereinigten magnetischen Kreise bedingt ist. Zur Verdeutlichung dieser Unsymmetrie ist in Bild **3**.27 der Feldverlauf im Eisenkern für drei aufeinanderfolgende charakteristische Augenblickswerte der Strangspannungen dargestellt, wie er unter der Bedingung $\Phi_m(t) = 0$ gilt. Wegen der unterschiedlichen mittleren Feldlinienlängen der Einzelfelder lässt sich die oben genannte Bedingung nur durch verschieden große Durchflutungen bzw. Magnetisierungsströme erfüllen. Durch eine Messung ließe sich nachweisen, dass zur Durchflutung des mittleren Schenkels zum Zeitpunkt $T/2$ ein um 10 bis 30 % geringerer Magnetisierungsstrom erforderlich ist, als für die beiden äußeren Schenkel.

Beiden Ausführungsformen des Dreiphasen-Kerntransformators fehlt der freie magnetische Rückschluss. Deshalb muss die Bedingung $\Phi_m(t) = 0$ nach Möglichkeit in jedem Betriebszustand erfüllt sein, damit nicht zusätzliche magnetische Streufelder zwischen den Jochen entstehen. Derartige Streufelder sind jedoch zu vermeiden, weil sie sich, durch Luft oder das Transformatorgehäuse verlaufend, von Joch zu Joch zu schließen versuchen. Bei unsymmetrischer Belastung entständen so zusätzliche Verluste und Streuspannungsfälle, die Spannungsunsymmetrien im Netz zur Folge hätten. Wegen der oben genannten Betriebseigenschaft des Dreiphasen-Kerntransformators sind die in den folgenden Abschnitten erläuterten Bedingungen für einen störungsfreien Betrieb einzuhalten.

3.6.3 Schaltgruppen

Für die Verkettung der Wicklungsstränge von Dreiphasentransformatoren gibt es folgende Grundschaltungen:

- Sternschaltung (Y, y)
- Dreieckschaltung (D, d)
- Offene Schaltung (III, iii)
- Zickzackschaltung (Z, z)

Insgesamt ergeben sich zwölf Kombinationen für die Schaltung von Ober- und Unterspannungs-Wicklungssträngen, von denen man die vier in Tabelle **3**.28 genannten bevorzugt. Eine vollständige Übersicht gibt DIN EN 60076.

Tabelle **3**.28 **Übersicht über die wichtigsten Schaltgruppen (n: mit herausgeführtem *N*-Leiter)**

Schaltung		Zeigerbild		Schaltgruppe	hauptsächlicher Verwendungszweck
Oberspannungswicklung	Unterspannungswicklung	Oberspannungswicklung	Unterspannungswicklung		
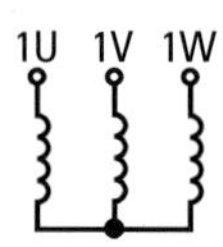	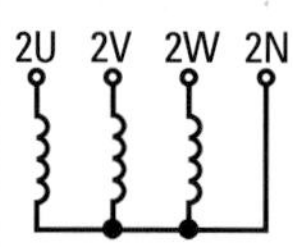	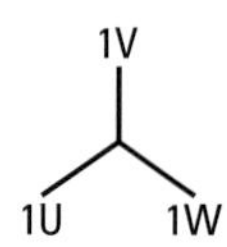	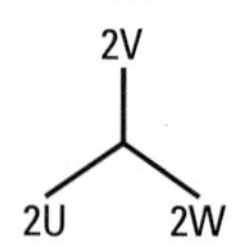	Yyn0	Transformatoren, die nicht zur Verteilung dienen
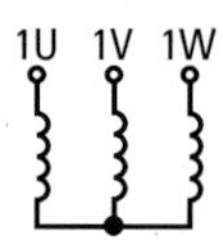	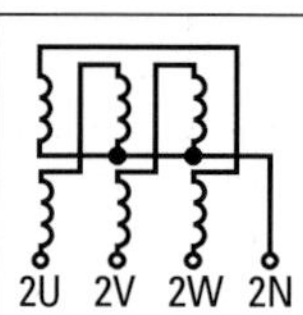	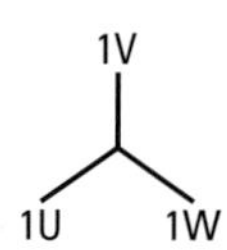	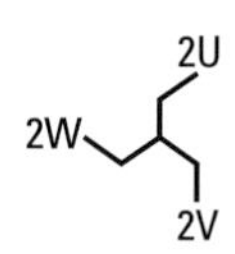	Yzn5	Kleine Verteilungstransformatoren mit sekundär voll belastbarem Sternpunktleiter
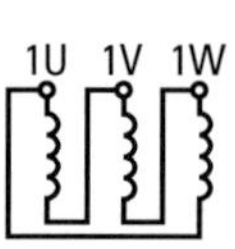	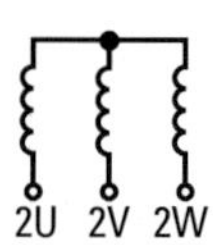	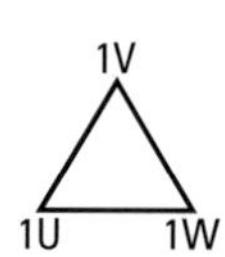	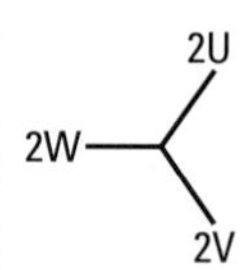	Dy5	Große Verteilungstransformatoren mit voll belastbarem Sternpunktleiter
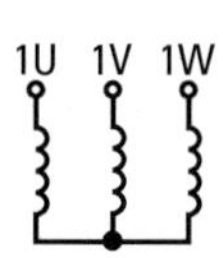	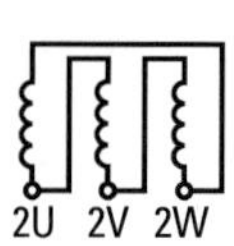	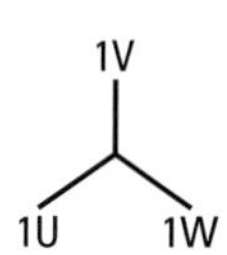	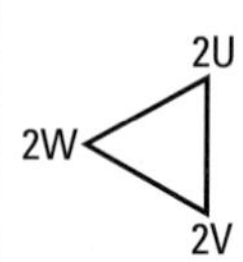	Yd5	Maschinentransformatoren für Generatoren großer Leistung

Schaltgruppenkennzahl. Die Verkettung der Ober- und Unterspannungs-Wicklungsstränge wird durch Angabe der jeweiligen Schaltgruppe gekennzeichnet. Sie besteht aus einem kleinen und einem großen Kennbuchstaben sowie einer Kennziffer (z. B. Dy5). Große Buchstaben (Y, D, Z, III) kennzeichnen die Schaltung der Oberspannungs-Wicklungsstränge, kleine Kennbuchstaben (y, d, z, iii) die der Unterspannungswicklung. Multipliziert man die Kennzahl mit 30°, erhält man den Winkel, um den die Sternspannung der Unterspannungsseite der Sternspannung des entsprechenden Strangs auf der Oberspannungsseite nacheilt. Bezugsgröße ist nach DIN EN 60076 immer der Zeiger der Sternspannung der Oberspannungswicklung, auch wenn diese in Dreieck geschaltet ist (**3**.29).

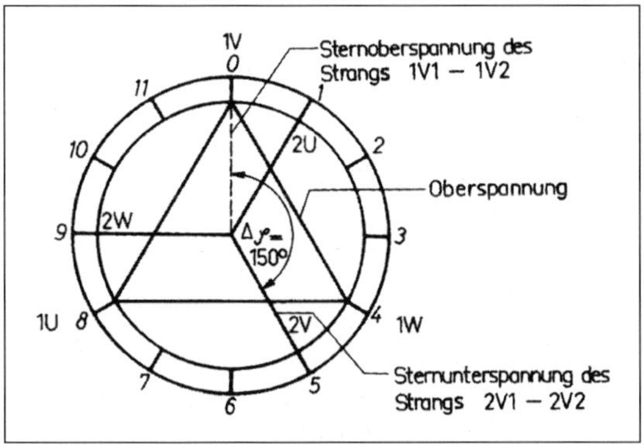

3.29 Schaltgruppenuhr zum Ermitteln der Kennzahl am Beispiel der Schaltgruppe Dy5

Der Phasenverschiebungswinkel zwischen Ober- und Unterspannung ist in 30°-Stufen von 0 bis 360° einstellbar. Man ermittelt ihn, indem man das Zeigerbild der Oberspannung mit einem Uhrzifferblatt so zur Deckung bringt, dass der Zeiger der Sternspannung ihres Strangs 1V1–1V2 auf die Ziffer 12 fällt. An dem mit 2V1 oder 2V2 gekennzeichneten Punkt des Zeigerdiagramms für die Sternspannungen der Unterspannungswicklung wird dann die Schaltgruppenkennziffer abgelesen (**3**.29).

Kriterien für die Auswahl der Schaltgruppen. Maßgebend für das Betriebsverhalten von Drehstromtransformatoren ist die Schaltgruppe, weil in sie die Eigenschaften und Gesetzmäßigkeiten der Verkettung von Drehstrom in Stern- oder Dreieckschaltungen eingehen.

Hohe Leiterspannungen. Unter Voraussetzung gleicher Leiterspannungen ($U_\curlywedge = U_\Delta$) und gleicher Bemessungsleistung in Stern- und Dreieckschaltung ($P_\curlywedge = P_\Delta$) ist wegen des Verkettungsfaktors $\sqrt{3}$ der Strom in den Strängen der sterngeschalteten Transformatorwicklung 1,73 mal so groß wie in der Dreieckschaltung ($I_{Str\curlywedge} = 1{,}73\ I_{Str\Delta}$). Umgekehrt verhalten sich hingegen die Strangspannungen. Für sie gilt $U_{Str\Delta} = 1{,}73\ U_{Str\curlywedge}$. Für Transformatorwicklungen an Netzen mit hoher Leiterspannung ist die Sternschaltung daher von vornherein günstiger als die Dreieckschaltung, da sie bei gleicher Leiterspannung einen geringeren Isolationsaufwand erfordert. Bei gleichem Isolationsgrad kann dieselbe Transformatorwicklung bei Verkettung in Sternschaltung an eine 1,73mal so hohe Spannung angeschlossen werden wie in Dreieckschaltung.

Hohe Leiterströme. Sind in einem Netz hohe Leiterströme zu erwarten, bietet sich wegen $I_{Str\Delta} = I_{Str\curlywedge}/\sqrt{3}$ von vornherein die Dreieckschaltung an. Wegen der Stromverzweigung erfordert sie bei gleichen Leiterströmen ($I_\curlywedge = I_\Delta$) geringere Leiterquerschnitte als eine sterngeschaltete Transformatorwicklung gleicher Leistung. Bei gleichen Leiterquerschnitten können in einem Drehstromnetz, an das eine Transformatorwicklung in Dreieckschaltung angeschlossen ist, 1,73mal so große Leiterströme fließen, als wenn dieselbe Wicklung sterngeschaltet wäre.

Sternpunktbelastbarkeit. Ein weiteres Auswahlkriterium ist die Sternpunktbelastbarkeit infolge unsymmetrischer Netzbelastung. Dieses Problem muss besonders in Niederspannungsnetzen mit Neutralleiter und Hochspannungsnetzen bei Erdung des Transformators über Petersen-Spulen berücksichtigt werden.

3.6.4 Betriebsverhalten von Drehstromtransformatoren unter einphasiger oder extrem unsymmetrischer Belastung

Symmetrische Belastung. Jeder belastete Transformator soll in einem elektrischen und magnetischen Gleichgewicht sein. Elektrisches Gleichgewicht ist gleichbedeutend mit einem symmetrischen Dreiphasensystem. Es setzt das magnetische Gleichgewicht voraus, das erreicht ist, wenn der magnetische Nutzfluss aller Schenkel durch die zusätzliche Durchflutung der Belastungsströme nicht gestört wird. Diese Bedingung ist erfüllt, wenn die Ströme in der Ausgangswicklung eine gleichstarke transformatorische Rückwirkung (höhere Stromaufnahme) auf alle drei Stränge der Eingangswicklung ausüben.

Einphasige oder extrem unsymmetrische Belastung von Dreiphasentransformatoren bestimmter Schaltungskombinationen sind gefährlich, wenn der von der belasteten Eingangswicklung zusätzlich aufgenommene Belastungsstrom durch die Stränge auf den unbelasteten Schenkeln zurückfließt. Die magnetische Flussdichte in diesen Schenkeln steigt wegen der fehlenden transformatorischen Rückwirkung stark an. Weil das

Eisen aber durch die Leerlaufflüsse magnetisch schon nahezu gesättigt ist, treten Feldlinien in die Luft aus. Es entstehen magnetische Streufelder, aus denen sich zusätzlich Energieverluste, Spannungsfälle und somit Spannungsunsymmetrien ergeben.

Eine einphasige oder extrem unsymmetrische Belastung von Drehstromtransformatoren bestimmter Schaltungskombinationen sind deshalb nur unter bestimmten Bedingungen zulässig. In den folgenden Abschnitten wird das Betriebsverhalten einiger Drehstromtransformatoren untersucht.

Stern-Stern-Schaltung (Yy). Sind alle drei Stränge des Transformators gleich belastet, treten keine Probleme in seinem Betriebsverhalten auf. Weil aber in normalen Verteilungsnetzen der Neutralleiter auf der Eingangsseite entfällt, auf der Ausgangsseite jedoch mitgeführt wird, können Probleme auftreten, wenn ein Wicklungsstrang wesentlich stärker belastet wird als die beiden anderen. Zur Verdeutlichung soll hier eine so extreme Unsymmetrie angenommen werden, dass nach Bild **3**.30 nur der Strang 2U1-2U2 von einem Belastungsstrom durchflossen ist.

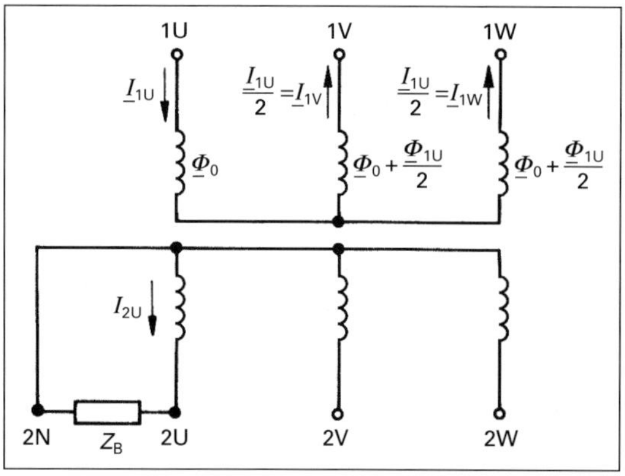

3.30 Einphasig belasteter Drehstromtransformator in Yy-Schaltung

Belastet man einen Drehstromkerntransformator nach Bild **3**.26c derartig, fließt der eingangsseitige Belastungsstrom $\underline{I}_{1U}$ in Form der Belastungsströme $\underline{I}_{1V} = \underline{I}_{1U}/2$ und $\underline{I}_{1W} = \underline{I}_{1U}/2$ über die beiden unbelasteten Wicklungsstränge zurück. Da die zugehörigen Schenkel durch die Magnetisierungsströme $\underline{I}_{\mu V}$ und $\underline{I}_{\mu W}$ aber bereits gesättigt sind, haben die zusätzlichen Magnetisierungsströme $\underline{I}_{1V}$ und $\underline{I}_{1W}$ wegen der fehlenden transformatorischen Rückwirkung ($\underline{\Phi}_{2V} = \underline{\Phi}_{2W} = 0$, weil $\underline{I}_{2V} = \underline{I}_{2W} = 0$) magnetische Streufelder zur Folge. Diese schließen sich wegen der fehlenden freien magnetischen Rückschlüsse von Joch zu Joch über Luft

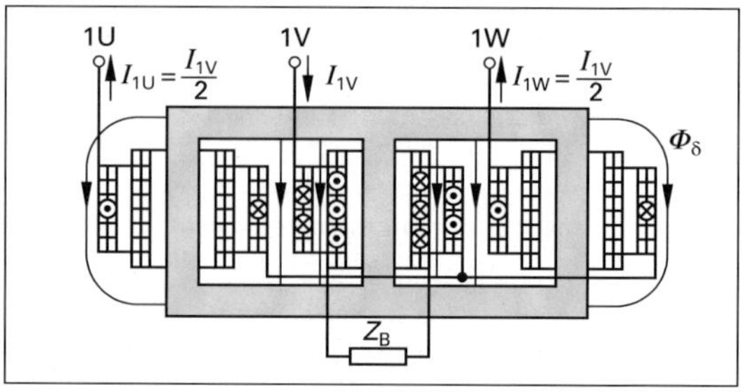

3.31 Streufeldlinien im normalen Streuraum der beiden Mittelschenkelspulen und zusätzliche Streufeldlinien zwischen den Jochen, wie sie im einphasig belasteten Drehstromtransformator in Yy-Schaltung auftreten

oder über ferromagnetische Konstruktionsteile des Transformators (**3**.31).

Da sich die zusätzlichen Streufelder im Wesentlichen über ferromagnetische Konstruktionsteile (z. B. Transformatorenkessel) schließen, ist wegen der als Wärme auftretenden zusätzlichen Verluste nach DIN EN 60076 eine Belastung des ausgangsseitigen Neutralleiters 2N nur mit 10 % des Bemessungsstroms erlaubt.

Belastet man einen Drehstromtransformator mit freiem magnetischen Rückschluss (z. B. **3**.26a) extrem unsymmetrisch, entsteht eine starke Spannungsunsymmetrie auf der Ausgangsseite. Dabei kann z. B. U_{2U} fast null werden; U_{2V} und U_{2W} werden extrem überhöht. Letzteres kann zu Isolationsschäden und zu anderen Spannungsüberschlägen führen. Deshalb ist eine starke Unsymmetrie in der Belastung von Drehstromtransformatoren mit freiem magnetischen Rückschluss bei Yy-Schaltung verboten.

Dreieck-Stern-Schaltung (Dyn). Für Netze mit geerdetem Neutralleiter eignen sich nur Transformatoren, die auch bei extrem unsymmetri-

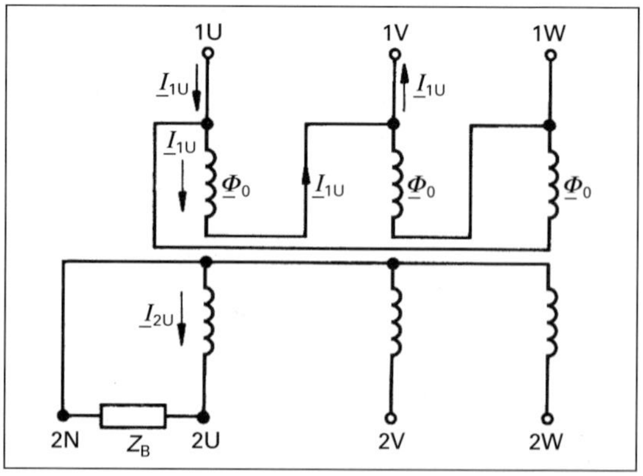

3.32 Einphasig belasteter Drehstromtransformator in Dy-Schaltung

scher Belastung die Spannungssymmetrie der Netze gewährleisten. Damit die erforderlichen Ausgleichsströme fließen können, muss die Ausgangswicklung in Stern geschaltet und ihr Sternpunkt zu 100 % belastbar sein (**3**.32).

Für die Eingangswicklung ist nur die Dreieckschaltung geeignet, weil nur sie das erforderliche Durchflutungsgleichgewicht garantiert. Das liegt daran, dass der ausgangsseitige Belastungsstrom I_{2U} nur im Strang 1U1-1U2 der Eingangswicklung infolge der transformatorischen Rückwirkung einen zusätzlichen Stromfluss I_{1U} und somit einen Fluss Φ_{1U} verursacht. Dem Fluss Φ_{1U} ist der Fluss Φ_{2U} entgegengerichtet. Dadurch ist das magnetische Gleichgewicht hergestellt. Da der eingangsseitige Belastungsstrom I_{1U} nur durch den Strang 1U1-1U2 fließt, wird die Durchflutung in den beiden anderen Schenkeln nicht gestört. Deswegen können auch keine zusätzlichen magnetischen Streufelder entstehen, die eine Spannungsunsymmetrie in den Netzen entstehen ließen.

Als Verteilungstransformatoren in Niederspannungsnetzen bevorzugt man solche der Schaltgruppe Dyn5, wenn Leistungen über 400 kVA zu übertragen sind. Für kleinere Leistungen setzt man Transformatoren der Schaltgruppe Yzn5 ein, weil die Dreieckschaltung auf der Eingangsseite eine Wicklung erfordert, die hinsichtlich Windungszahl und Wicklungsisolation für die volle Netzspannung, d. h. für die Leiterspannung ($U = 1{,}73 \cdot U_{Str}$) auszulegen ist.

Stern-Zickzack-Schaltung (Yz). Die Zickzackschaltung ähnelt im Prinzip der Sternschaltung. Ihre einzelnen Wicklungsstränge sind jedoch auf je zwei Schenkeln angeordnet. Dadurch ist eine um 15,5 % höhere Windungszahl je Strang erforderlich als in der Sternschaltung. Wegen der entsprechend höheren Wicklungsverluste wird die Zickzackschaltung aus wirtschaftlichen Gründen nur noch für Transformatoren einer Leistung bis etwa 400 kVA und für dreiphasige Stromrichterschaltungen eingesetzt. Für Netze, die extrem unsymmetrisch belastet werden und deshalb einen Neutralleiter erfordern, verwendet man bis zu Leistungen von etwa 400 kVA Verteilungstransformatoren der Schaltgruppe Yzn5.

Die sterngeschaltete Eingangswicklung braucht bezüglich Windungszahl und Isolation nur für die Spannung $U_{Str} = U/1{,}73$ ausgelegt zu sein. Die Zickzackschaltung der Ausgangswicklung entsteht dadurch, dass jeder ihrer Wicklungsstränge in zwei gleiche Teilspulen aufgeteilt ist. Diese werden auf zwei Schenkel verteilt und dann in Gegenreihenschaltung miteinander verbunden (**3**.33a). Die beiden induzierten Spannungen sind deshalb um 60° gegeneinander phasenverschoben. Aus der geometrischen Summe dieser beiden Spannungen entsteht die jeweilige ausgangsseitige Strangspannung. Wie aus Bild **3**.33b ersichtlich, ist die in jede Wicklungshälfte induzierte Spannung gleich einem Drittel der zugehörigen Leiterspannung. Weil die beiden Teilspannungen um 60° gegeneinander phasenverschoben sind, beträgt die resultierende Strangspannung nur das 0,866-fache des Wertes, der bei gleichen Wicklungsdaten an einem in Stern geschalteten Strang anliegen würde. Damit an dem in Zickzack geschalteten Strang aber dieselbe Spannung zur Verfügung steht wie in Sternschaltung, muss man ihre Windungszahl um etwa 15 % erhöhen. Das ist mit einer 7,5%igen Steigerung der erforderlichen Bauleistung verbunden.

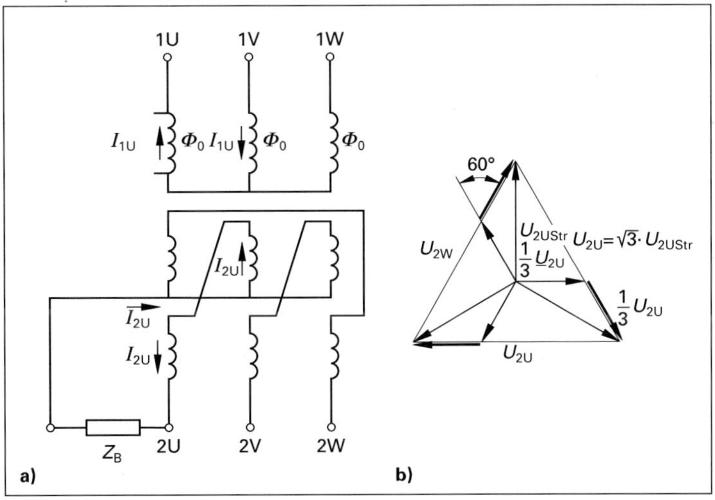

3.33
Einphasig belasteter Drehstromtransformator in Yz-Schaltung

a) Schaltbild
b) Zeigerdiagramm der Spannungen

Dreiwicklungstransformator. Ein Transformator in Stern-Stern-Schaltung wird einphasig voll belastbar durch die Anordnung einer dritten Wicklung, der Ausgleichs- oder Tertiärwicklung. Sie ist grundsätzlich in Dreieck geschaltet und hat im Normalfall keinerlei Verbindungen nach außen. Wird der Transformator unsymmetrisch belastet, fließen durch alle drei Stränge infolge ihrer Dreieckschaltung Kurzschluss- bzw. Ausgleichströme. Sie symmetrieren das Dreiphasensystem der Schenkelflüsse und sorgen somit für das magnetische Gleichgewicht (**3**.34).

In manchen Fällen speist die (dann offene) Ausgleichswicklung ein zweites Netz, z. B. die Eigenversorgung eines Kraftwerks. Für symmetrische Belastung kann der Dreiwicklungstransformator dann wie zwei Einzeltransformatoren behandelt werden.

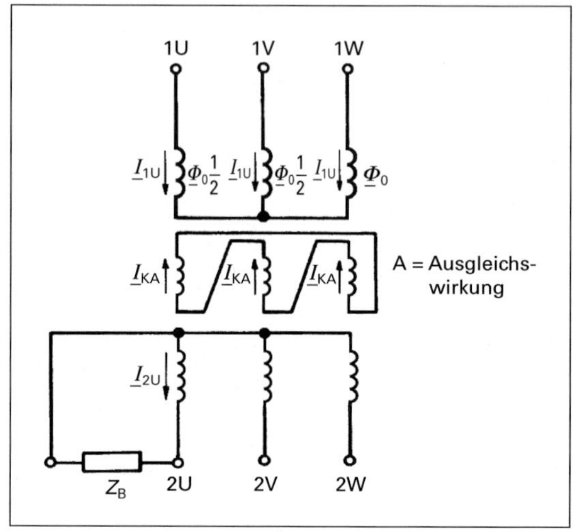

3.34 Dreiwicklungstransformator mit einphasiger Belastung

Aufgaben zu Abschnitt 3.6

1. Ein Drehstromtransformator der Schaltgruppe Dy5 untersetzt von 3 kV auf 230 V. Wie groß muss die Windungszahl je Strang der Eingangswicklung sein, wenn die Ausgangswicklung je Strang 600 Windungen hat?
2. Ein Drehstromtransformator der Schaltgruppe Yz5 untersetzt von 1 kV auf 400 V. Die Eingangswicklung hat je Strang 800 Windungen. Wie groß ist die Windungszahl je Halbstrang der Ausgangswicklung?
3. Ein Verteilungstransformator der Schaltgruppe Dy5 hat die Bemessungsleistung 200 kVA. Er transformiert von 10 kV auf 400 V. Seine Leerlaufverluste betragen 5 kW, die Kurzschlussverluste 3 kW. Wie groß sind der ausgangsseitige Bemessungsstrom, der aufgenommene Strom und der Wirkungsgrad bei Bemessungsbelastung, wenn cos φ_2 = 0,84 ist?
4. Ein Drehstromtransformator mit der Bemessungsleistung 200 kVA und u_{KN} = 3 % soll zu einem Drehstromtransformator mit der Bemessungsleistung 300 kVA und der relativen Bemessungskurzschlussspannung 4 % parallel geschaltet werden. Zu berechnen ist die Verteilung der Gesamtlast 500 kVA auf die beiden Transformatoren.
5. Ein Drehstromtransformator hat 20 kVA Bemessungsleistung bei $ü$ = 6 kV/400 V in Schaltgruppe Yz5. Seine Kurzschlussverluste betragen 0,62 kW und sind 4,13 mal so groß wie die Leerlaufverluste. Seine relative Bemessungskurzschlussspannung beträgt 4,1 %. Zu berechnen sind die Kurzschlussimpedanz, der Dauerkurzschlussstrom, die Bemessungskurzschlussspannung, der eingangsseitige Bemessungsstrom, der Wicklungswiderstand der beiden Wicklungen (je Strang), der Wirkungspannungsfall im Kapp'schen Dreieck, die Kurzschlussresistanz, die Leerlaufverluste, der Leistungsfaktor bei Kurzschluss und der Wirkungsgrad bei cos φ_2 = 1.
6. Der Transformator aus Beispiel 3.5 hat einen Magnetisierungsstrom von 0,2 A und den Eisenverluststrom 0,02 A. Zeichnen Sie des vollständige Zeigerdiagramm für cos φ_2 = 0,707. Wählen Sie für die Spannungen den Maßstab 500 V/cm und den Strommaßstab 0,5 A/cm.
7. Ein Drehstromtransformator mit der Bemessungsleistung 50 kVA und $ü$ = 10 kV/400 V hat die Schaltgruppe Yy0. Er wird im Kurzschlussversuch untersucht, wobei die Messungen nur an einem Strang erfolgen. Die Bemessungskurzschlussspannung beträgt 220 V, die Kurzschlussverluste 450 W. Zu berechnen sind die Impedanz des Eingangskreises, die relative Bemessungskurzschlussspannung, die Wirk- und die Streuspannung im Kapp'schen Dreieck.
8. Beschreiben Sie den grundsätzlichen Aufbau von Drehstromtransformatoren.
9. Welche Daten enthält die Schaltgruppenbezeichnung von Drehstromtransformatoren? Erklären Sie die Schaltgruppe Dy5 anhand einer Skizze.
10. Nennen Sie die Bedingungen für die Parallelschaltung von Drehstromtransformatoren. Begründen Sie die Notwendigkeit der Parallelschaltung von Drehstromtransformatoren.
11. Unter welcher Bedingung können Transformatoren mit den Schaltgruppenbezeichnungen Dy5 und Dy11 parallel geschaltet werden, wenn die restlichen Parallelschaltbedingungen erfüllt sind?
12. Was bedeuten die Schaltgruppen-Bezeichnungen Yzn5 und Dy11?
13. Warum sind Transformatoren der Schaltgruppen Yd5, Dy5 und Yz5 einphasig mit Bemessungsstrom belastbar?
14. Womit kann man die Übersetzung eines Drehstromtransformators einstellen? Beschreiben Sie das Einstellverfahren.

15. Bild **3**.35a zeigt den Übersichtsschaltplan eines Kraftwerkblocks mit der zugehörigen Eigenbedarfsanlage,

    a) Beschreiben Sie die speziellen Aufgaben der Transformatoren T1 bis T9.

    b) Ordnen Sie den Transformatoren eine geeignete Schaltgruppe zu. Begründen Sie Ihre Angaben anhand der Kriterien Isolationsaufwand, Leiterquerschnitte und unsymmetrische Belastung.

    c) Wenden Sie die Aufgabeninhalte in a) und b) auf die Transformatoren T1 bis T4 in Bild **3**.35b an.

16. Ein D-Transformator hat primärseitig eine Wicklung für die Strangspannung 230 V; sekundärseitig hat er je Strang zwei gleiche Wicklungen für je 55 V. Für welche Bemessungsspannungen ist er unter Ausnutzung aller Schaltungsmöglichkeiten verwendbar?

17. Ein Drehstromtransformator in Yy-Schaltung mit der Bemessungsleistung 50 kVA hat einen Schenkel- und Jochquerschnitt von $A_{Fe} = 115\ cm^2$ und $\hat{B} = 1{,}5$ T. Berechnen Sie die Windungszahlen für die Bemessungsspannungen 10 kV/400 V zum Betrieb am a) 50-Hz-Netz, b) 60-Hz-Netz.

18. Ein Drehstromtransformator für 50 Hz mit $S_N = 50$ kVA hat einen Schenkel- und Jochquerschnitt von $A_{Fe} = 126 \cdot 10^{-4}\ m^2$ für $\hat{B} = 1{,}37$ T. Die Wicklungen mit $N_1 = 1600$ und $N_2 = 66$ sind in Sternschaltung miteinander verkettet. Berechnen Sie die ein- und ausgangsseitigen Induktions- und die Bemessungsspannungen.

19. Auf dem Leistungsschild eines Drehstromtransformators der Schaltgruppe Yy0 steht die Spannungsangabe a) 6 kV/400 V, b) 10 kV/3 kV, c) 1,2 kV/0,4 kV. Die Ausgangswicklung hat je Wicklungsstrang 620 Windungen. Wie groß ist die Windungszahl je Wicklungsstrang der Eingangswicklung?

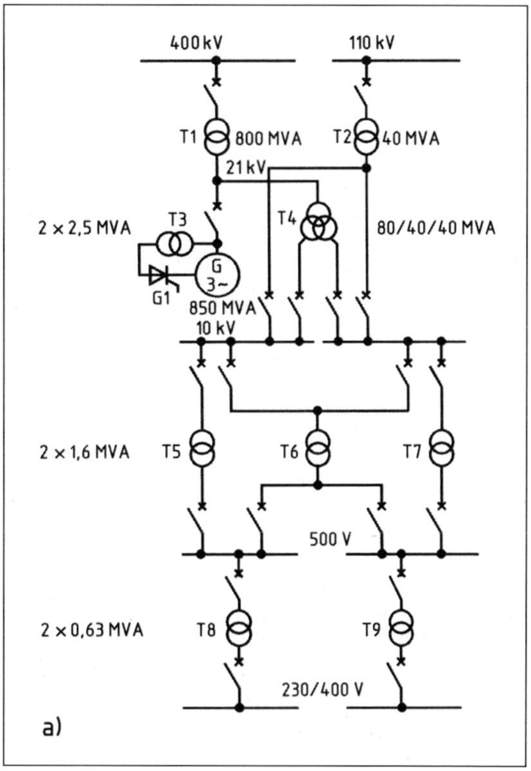

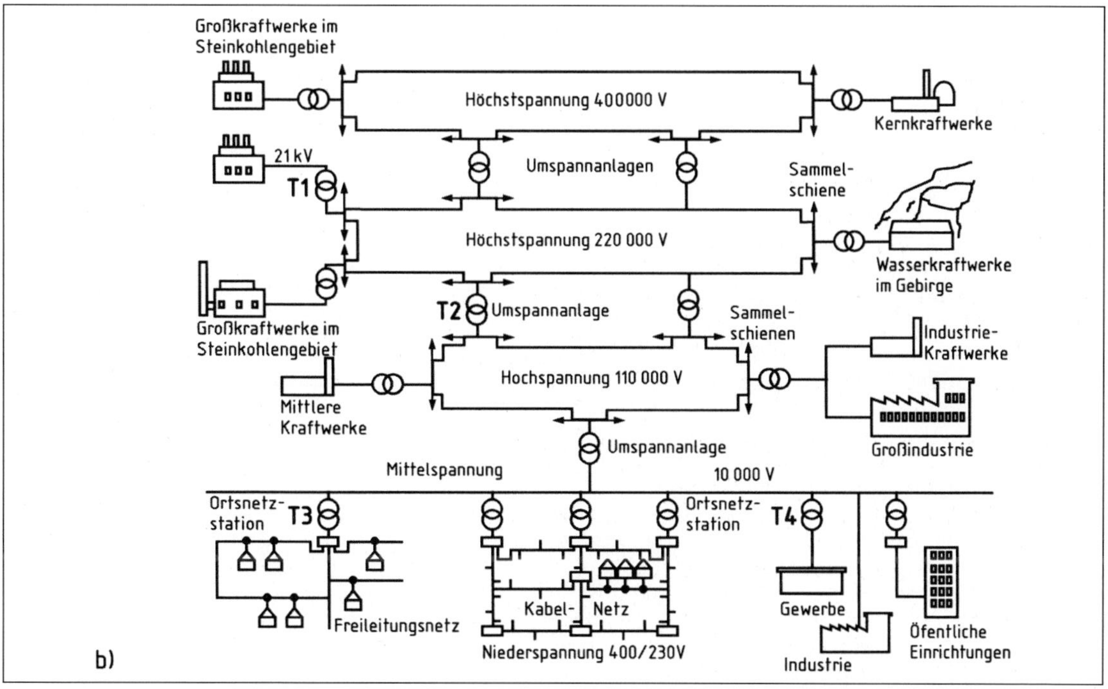

3.35 Anwendungen verschiedener Transformatoren a) in einem Kraftwerksblock mit Eigenbedarfsanlage und b) im Netz zur Landesversorgung

20. Ein Drehstromtransformator mit der Bemessungsleistung a) 80 kVA, b) 120 kVA, c) 150 kVA untersetzt von 10 kV auf 400 V. Die Eingangswicklung des in Yy6 geschalteten Transformators hat je Wicklungsstrang a) 820 Windungen, b) 1250 Windungen, c) 1650 Windungen.
Wie groß ist die Windungszahl je Strang der Ausgangswicklung unter Berücksichtigung von 5 % Spannungsfall?
21. Ein 250-kVA-Drehstromtransformator in Yyn0-Schaltung hat 30 kV + 2,5 %/400 V 50 Hz. Sein Eisenkernquerschnitt beträgt 105 cm², magnetisiert ist er mit $\hat{B}$ = 1,5 T. Berechnen Sie die Windungszahlen der Primär- und der Sekundärwicklung. Bei welchen Windungszahlen liegen die Anzapfungen zur Umschaltung der Primärwicklung?
22. Die Bemessungsleistung eines Drehstromtransformators der Schaltgruppe Yy6 beträgt a) 250 kVA, b) 150 kVA, c) 180 kVA. Die Spannungsangabe auf dem Leistungsschild lautet 6 kV/400 V. Der Wirkungsgrad wird vom Hersteller mit 94 % angegeben. Wie groß sind der Bemessungsstrom und die Stromaufnahme bei Bemessungsbelastung?
23. Ein Verteilungstransformator der Schaltgruppe Dy5 hat die Bemessungsleistung 200 kVA. Der Transformator untersetzt von 10 kV auf 400 V. Die Leerlaufverluste betragen 3 kW, die Kurzschlussverluste 5 kW. Wie groß sind Bemessungsstrom, Aufnahmestrom und Wirkungsgrad bei Bemessungsbelastung, wenn der Leistungsfaktor a) 0,84, b) 0,86, c) 0,88 beträgt?
24. Ein Drehstromtransformator hat 9600 kVA, 13,8 kV, 815 V, 60 Hz, Schaltgruppe Dy5, u_{KN} = 8,5 %, P_{FeN} = 15,9 kW, P_{CuN} = 49,5 kW. Berechnen Sie die Strang- und Leiterwerte der Bemessungsströme, den Wirkungsgrad bei cos φ_2 = 0,8 und die Kurzschlussströme.
25. In einem Steinkohlekraftwerk erzeugt der 850-MVA-Drehstromgenerator die Spannung 21 kV, die in einem Maschinentransformator mit 800 MVA auf 220 kV hochgespannt und in einem Eigenbedarfstransformator mit 80/40/40 MVA auf 10 kV heruntertransformiert wird. Berechnen Sie für den Maschinentransformator
a) die Bemessungsströme,
b) die Summe seiner Verluste, wenn der Wirkungsgrad 99,9 % beträgt.
c) Begründen Sie anhand der Strangströme und Strangspannungen, warum Maschinentransformatoren in Yd- und nicht in Dy-Schaltung betrieben werden.
d) Berechnen Sie die Kurzschlussströme des Maschinentransformators, dessen relative Kurzschlussspannung 11,8 % beträgt.
26. Ein 50-kVA-Drehstromtransformator in Yy-Schaltung hat die Bemessungsspannungen 10 kV/400 V. Durch primärseitige Anzapfungen sind 9,6/10/10,4 kV Eingangsspannung möglich. Berechnen Sie die Bemessungsströme, die prozentuale Spannungsänderung beim Übergang von der Normalstufe auf eine der beiden anderen Stufen und die einstellbaren Ausgangsspannungen.
27. Ein 5-kVA-Drehstromtransformator in YNy0-Schaltung für 400 V/165 V, 7,45 A/17,5 A, u_{KN} = 2,5 % hat im Bemessungsbetrieb die Verluste P_{CuN} = 124 W und P_{FeN} = 95 W. Berechnen Sie die Kurzschlussspannung, den Dauerkurzschlussstrom in der Primärwicklung, den Scheinwiderstand und den Widerstand eines Wicklungsstrangs.

3.7 Besondere Ausführungsformen des Transformators

3.7.1 Spartransformator

Gegenüber dem Spartransformator nennt man die normalen Transformatoren Volltransformatoren. Volltransformatoren haben die Aufgabe, von einem gegebenen Netz aus eine höhere oder niedrigere Spannung zur Verfügung zu stellen. Die Eingangsspannung liegt dabei an der Eingangswicklung, die Ausgangsspannung an der Ausgangswicklung. Soll z. B. die Ausgangsspannung höher sein als die Eingangsspannung, liegt der Gedanke nahe, der Gesetzmäßigkeit der Reihenschaltung von Spannungsquellen zu folgen und Ein- und Ausgangswicklung in Reihe zu schalten. Hierbei ergibt sich die Ausgangsspannung U_2 aus der Eingangsspannung U_1 und der Induktionsspannung, die an der zweiten Wicklung anliegt. Eine derartige Anordnung bezeichnet man als Spar- oder Autotransformator (wegen seiner Ähnlichkeit mit der Zündspule eines Kfz). Sein Prinzip zeigt Bild **3**.36.

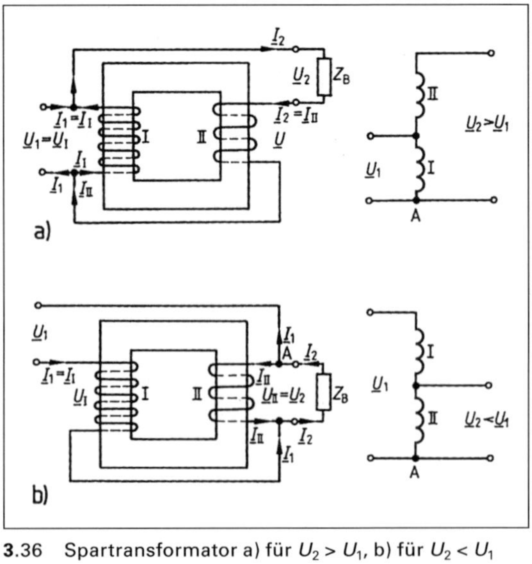

3.36 Spartransformator a) für $U_2 > U_1$, b) für $U_2 < U_1$

Es verdeutlicht, dass es sich beim Spartransformator keineswegs nur um einen induktiven Spannungsteiler handelt. Da U_2 größer als U_1 sein kann, muss das Transformatorprinzip im Spartransformator zur Anwendung kommen. Für ihn gelten dieselben Gesetzmäßigkeiten wie für den Volltransformator, wobei allerdings zu berücksichtigen ist, dass eine Wicklung z. T. in der anderen enthalten ist. Der Begriff Spartransformator rührt nicht nur daher, dass durch die gemeinsame Nutzung eines Wicklungsteils als Ein- und Ausgangswicklung Wicklungsmaterial eingespart wird. Sein Prinzip ermöglicht vielmehr auch, die Baugröße bezüglich der Leistung herabzusetzen. Das soll in den folgenden Abschnitten nachgewiesen werden.

Bau- und Durchgangsleistung. Man unterscheidet beim Spartransformator die Bauleistung S_B und die Durchgangsleistung S_D. Beim Volltransformator wird die gesamte abgebbare Scheinleistung über ein magnetisches Feld von der Eingangs- zur Ausgangsseite transportiert. Deshalb ist seine Bauleistung so groß wie die gewünschte Durchgangsleistung ($S_B = S_D$). Unter Vernachlässigung aller Verluste und des Leerlaufstroms ist die gesamte von der Eingangs- zur Ausgangsseite bzw. umgekehrt je Zeiteinheit fließende Energie gleich der Durchgangsleistung

$$S_D = U_1 \cdot I_1 = U_2 \cdot I_2. \tag{3.102}$$

Die Bauleistung und somit die Baugröße eines Transformators werden durch die über das magnetische Feld von der Eingangs- zur Ausgangsseite zu transportierende Scheinleistung bestimmt. Diese „induzierte" Leistung heißt daher Typen- oder Bauleistung S_B. Beim Spartransformator ist diese Leistung in beiden Teilwicklungen gleich groß. Für ihn gilt die Gleichung

$$S_B = U_1 \cdot I_1 = U_{II} \cdot I_{II}, \tag{3.103}$$

wobei die Indizes I und II die beiden Teilwicklungen kennzeichnen.

Da der Spartransformator Spannungen hoch- und heruntertransformieren kann, müssen für die Beziehung zwischen Ein- und Ausgangsspannung die Fälle $U_1 < U_2$ und $U_1 > U_2$ unterschieden werden. Weil im Spartransformator keine Phasenverschiebungen zwischen den einzelnen Spannungen auftreten, ergibt die Anwendung des Maschen- bzw. Knotenpunktsatzes auf Bild **3**.36a

$$U_{II} = U_2 - U_1 \quad \text{und} \tag{3.104}$$

$$I_{II} = I_2. \tag{3.105}$$

Für den Quotienten aus Bau- und Durchgangsscheinleistung gilt bei Anwendung der Gleichungen (3.102) und (3.103)

$$\frac{S_B}{S_D} = \frac{U_{II} \cdot I_{II}}{U_2 \cdot I_2}. \tag{3.106}$$

Setzt man die Gleichungen (3.104) und (3.105) in diese Gleichung ein, erhält man unter Berücksichtigung von $U_1/U_2 = ü$

$$\boldsymbol{S_B = S_D \cdot (1 - ü) \quad \text{für } U_2 > U_1.} \tag{3.107}$$

Wendet man Knotenpunkt- und Maschensatz auf Bild **3**.36b an, erhält man

$$U_{II} = U_2 \quad \text{und} \tag{3.108}$$

$$I_{II} = I_2 - I_1. \tag{3.109}$$

Setzt man diese Gleichungen in Gleichung (3.106) ein, ergibt sich mit $I_1/I_2 = 1/ü$ für die Beziehung zwischen Bau- und Durchgangsleistung

$$\boldsymbol{S_B = S_D \cdot \left(1 - \frac{1}{ü}\right) \quad \text{für } U_2 < U_1.} \tag{3.110}$$

Vorteile. Die Gleichungen (3.107) und (3.110) beweisen, dass die Bauleistung eines Transformators immer kleiner ist als die geforderte Durchgangsleistung ($S_B < S_D$). Das ist nur möglich, wenn ein Teil der Leistung direkt, d. h. nicht über den magnetischen Fluss von der Eingangs- zur Ausgangsseite bzw. umgekehrt gelangen kann. Die Lastaufteilung erfolgt in den mit A gekennzeichneten Knotenpunkten in Bild **3**.36. Mit dem Spartransformator spart man Wicklungs- und Kernmaterial.

Entsprechend den Gleichungen (3.107) und (3.110) wird die Bauleistung und somit die Baugröße eines Spartransformators umso kleiner, je weniger sich U_1 und U_2 unterscheiden. D. h., je mehr sich $ü$ dem Verhältnis 1:1 nähert, desto weniger Baugröße erfordert die Durchgangsleistung S_D. Deshalb verwendet man Spartransformatoren hauptsächlich da, wo Spannungen nur um kleine Beträge herauf- oder herunterzusetzen sind (z. B. zum Ausgleich von Spannungsfällen an bestimmten Punkten von Energieverteilungsnetzen, etwa an Netzausläufern in Ortsnetzen).

Beispiel 3.15 Ein Volltransformator hat $U_{1N} = 120$ V, $U_{2N} = 160$ V, $I_{1N} = 16$ A, $I_{2N} = 12$ A. Bei Vernachlässigung seiner Verluste hat er die Bemessungsleistung

$$S_N = U_{1N} \cdot I_{1N} = U_{2N} \cdot I_{2N} = 1920 \text{ VA}.$$

Als Spartransformator nach Bild **3**.36a hätte der Transformator die Zusatzspannung

$$U_{II} = U_{2N} - U_{1N}$$

$$U_{II} = 160 \text{ V} - 120 \text{ V} = 40 \text{ V}$$

zu erzeugen.

Beispiel 3.15 Fortsetzung

Da $I_{2N} = I_{II}$ ist, hätte er als Spartransformator die Bauleistung

$$S_B = U_{II} \cdot I_{II} = 40\ \text{V} \cdot 12\ \text{A} = \mathbf{480\ VA}.$$

Mit $S_D = S_N = U_{1N} \cdot I_{1Nv} = 1920$ VA erhält man

$$S_B = S_D \cdot (1 - ü)$$

$$S_B = 1920\ \text{VA} \left(1 - \frac{120\ \text{V}}{160\ \text{V}}\right) = \mathbf{480\ VA}.$$

Aus dem Eisengerüst das Volltransformators mit $S_D = S_N = 1920$ VA könnte man als Spartransformator die vierfache Leistung (1920 VA/480 VA) herausholen.

Für die Schaltung nach Bild **3**.36b ($U_2 < U_1$) gilt für die Bauleistung das Spartransformators mit $U_{II} = U_{2N} = 120$ V und $I_{II} = I_{2N} - I_{1N} = 16\ \text{A} - 12\ \text{A} = 4\ \text{A}$:

$$S_B = U_{II} \cdot I_{II} = 120\ \text{V} \cdot 4\ \text{A} = 480\ \text{VA},$$

oder nach Gleichung (3.110)

$$S_B = U_{1N} \cdot I_{1N} \left(1 - \frac{1}{ü}\right)$$

$$S_B = 1920\ \text{VA} \cdot 0{,}25 = \mathbf{480\ VA}.$$

Nachteile. Bei allen wesentlichen Vorteilen gegenüber dem Volltransformator hat der Spartransformator auch entscheidende Nachteile. So ist sein Anwendungsbereich in Niederspannungsnetzen wegen der fehlenden galvanischen Trennung zwischen Eingangs- und Ausgangsseite auf Spannungen bis 250 V gegen Erde begrenzt. Ein- und Ausgangsspannungen in Hochspannungsnetzen dürfen nur um 25 % voneinander differieren, wenn ein Spartransformator angewendet werden soll.

Wegen der fehlenden galvanischen Trennung kann im Fall einer Unterbrechung der gemeinsamen Wicklung besonders bei Betrieb mit Energieflussrichtung von Seite 2 nach Seite 1 die Oberspannung in das Unterspannungsnetz eindringen. In Extremfällen kann das zu Isolationsdurchschlägen führen.

Eine weitere unangenehme Eigenschaft des Spartransformators ist seine im Vergleich zum Volltransformator sehr geringe Kurzschlussspannung. Daher trägt er in viel geringerem Maß zur Begrenzung von Kurzschlussströmen in Energieverteilungsnetzen bei als ein Volltransformator.

Spartransformatoren werden in Ein- und Dreiphasenausführung mit festen und einstellbaren Übersetzungsverhältnissen hergestellt. Einstellbare Spartransformatoren heißen auch Stelltransformatoren. Sie werden dort eingesetzt, wo man auf eine galvanische Trennung von Ein- und Ausgangsseite verzichten kann und eine einstellbare Ausgangsspannung gefordert ist (z. B. Anlasstransformatoren für Einphasenmotoren, Bahnmotoren und Drehstrommotoren).

3.7.2 Stelltransformator

Als Stelltransformator bezeichnet man Ein- oder Dreiphasentransformatoren, deren Übersetzungsverhältnis bzw. Ausgangsspannung stetig oder stufenweise in einem mehr oder weniger großen Bereich mittels Stellorgan verändert werden kann. Das Stellorgan bzw. Stellprinzip ist je nach Transformatorleistung unterschiedlich.

Windungsstelltransformator. Kleine Stelltransformatoren werden häufig als Spartransformatoren ausgeführt. Wenn es aber auf die galvanische Trennung zwischen Ein- und Ausgangsseite ankommt, verwendet man Windungsstelltransformatoren. Bei ihnen ist die Ausgangswicklung als einschichtige Zylinderwicklung ausgeführt (s. Abschn. 3.9.4), deren Windungen zwar zwischen den einzelnen Leitern, nicht aber an der äußeren Zylinderoberfläche gegeneinander isoliert sind.

Bild **3**.37 verdeutlicht das Verstellprinzip, bei dem eine zwischen Wicklungsanfang und Wicklungsende verstellbare Kontaktrolle aus Kohle als Stellorgan dient. Falls die Kohlerolle gleichzeitig zwei Windungen berührt, fließt ein Kurzschlussstrom. Dieser wird nur durch die Übergangswiderstände zwischen Kontaktrolle und Windungen begrenzt.

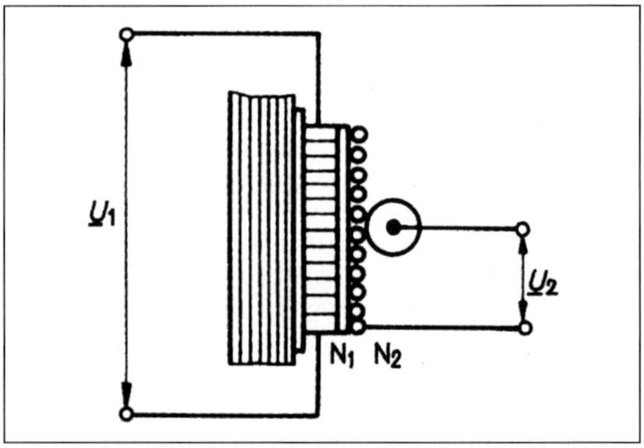

3.37 Windungsstelltransformator

Weil die Windungsspannung großer Transformatoren beträchtliche Werte aufweist, ist dieses Stellprinzip wegen der dann fließenden hohen Kurzschlussströme nur auf Transformatoren kleiner Leistung anwendbar. Windungsstelltransformatoren verwendet man z. B. für Labor- und Prüffeldnetzgeräte sowie für die Speisung von Spielzeugeisenbahnen, weil hier aus Sicherheitsgründen eine galvanische Trennung von Eingangs- und Ausgangsseite erforderlich ist.

Stelltransformator mit Stufenschalter. Um bei Transformatoren größerer Leistung das Übersetzungsverhältnis ändern zu können, braucht man besondere Stellorgane. Dazu versieht man die Wicklung der Transformatoren mit entsprechenden Anzapfungen, über die man mithilfe eines Stufenschalters das gewünschte Übersetzungsverhältnis einstellt.

Stufenschalter müssen so konzipiert sein, dass während des Umschaltens unter Last keine Unterbrechung und kein unmittelbarer Kurzschluss der zu- oder abzuschaltenden Windung auftreten können. Das Schaltbild einer Transformatorwicklung mit Stufenschaltung zeigt Bild **3**.38. In Anlehnung daran soll der Umschaltmechanismus beschrieben werden. Für die Umschaltung sind verschiedene Stufenschaltersysteme entwickelt worden, die jedoch alle nach demselben Prinzip arbeiten.

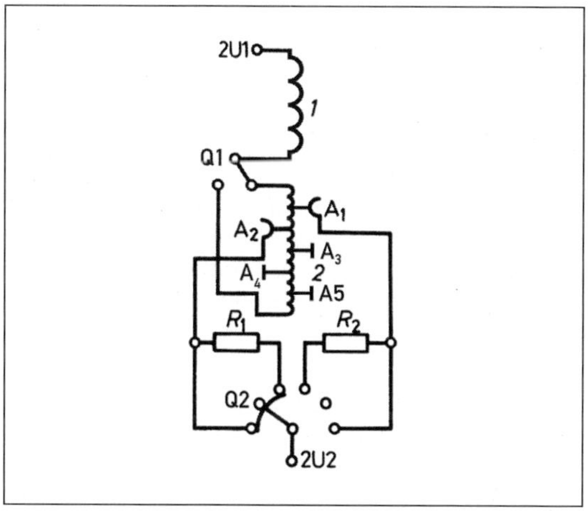

3.38 Schaltbild eines Transformators mit Stufenschalter
1 Stammwicklung, *2* Stufenwicklung

In der Regel genügt es, wenn sich das Übersetzungsverhältnis nur in einem kleinen Bereich um den Bemessungswert ändern lässt. Dies kann dadurch geschehen, dass nur ein Teil der vorgesehenen Transformatorwicklung mit Anzapfungen versehen wird. Diesen Wicklungsteil bezeichnet man als Stufenwicklung, den anzapfungsfreien Teil als Stammwicklung. Durch den Wendeschalter Q1 lassen sich Stufen- und Stammwicklung in Reihen- oder Gegenreihenschaltung zueinander schalten, wodurch sich grundsätzlich die Spannung erhöhen oder vermindern lässt. Eine verfeinerte Spannungseinstellung erfolgt über die Zu- und Abschaltung von Windungen der Stufenwicklung mittels des Lastschalters Q2.

Der Umschaltvorgang beginnt damit, dass in den angeschlossenen Zweig mit der Anzapfung A_2 der Begrenzungswiderstand R_1 zugeschaltet wird. Über den gleich großen Widerstand R_2 stellt man anschließend die Verbindung mit dem Anzapfpunkt A_1 her. In diesem Schaltzustand sind die zu schaltenden Windungen zwischen den Anzapfpunkten A_1 und A_2 kurzgeschlossen. Der Kurzschlussstrom wird aber durch die im Kurzschlusskreis liegenden Begrenzungswiderstände R_1 und R_2 begrenzt.

Wenn nun die Anzapfstelle A_2 durch Weiterdrehen des Schalters Q2 abgeschaltet wird, ist die Anzapfung A_1 schon angeschlossen. Schließlich wird der Widerstand R_2 abgeschaltet und die direkte Verbindung zur äußeren Zuleitung ist hergestellt.

Stelltransformatoren mit Stufenschaltung setzt man in der Energieversorgung ein, um belastungsabhängige Spannungsfälle auf Leitungen auszugleichen. Sie sind erforderlich, weil heute eine konstante Netzspannung nicht mehr durch die Regelung der speisenden Generatoren möglich ist.

3.7.3 Transformatoren für Messzwecke

Hierzu gehören Spannungswandler und Stromwandler.

Spannungswandler sind Transformatoren, in denen das Prinzip der Spannungstransformation (Gleichung 3.12) genutzt wird. Man setzt sie für Spannungsmessungen in Hochspannungsnetzen der Energieversorgung sowie zur Überwachung und Prüfung von Hochspannungsmaschinen ein. Ihre Aufgabe besteht darin, hohe Wechselspannungen auf Werte umzuspannen, die eine günstige Messgerätekonzeption ermöglichen (**3**.39).

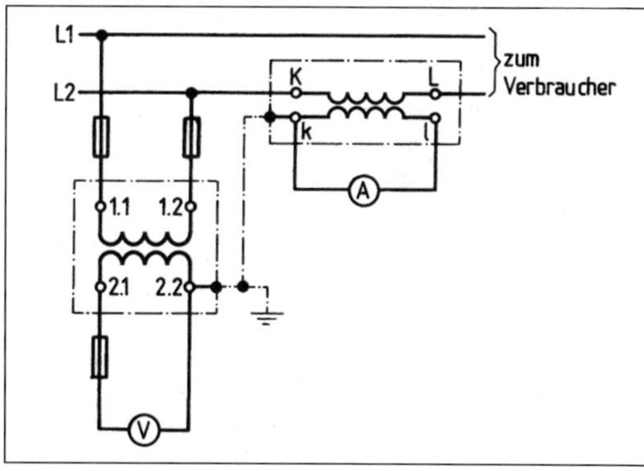

3.39 Schaltplan zum Anschluss von Strom- und Spannungswandlern

Infolge der galvanischen Trennung zwischen Messobjekt und Messinstrument gewährleisten sie einen Schutz vor zu hohen Berührungsspannungen. Aus Sicherheitsgründen muss die Ausgangswicklung von Spannungswandlern dennoch geerdet werden, damit im Fall einer elektrischen Verbindung zwischen Ein- und Ausgangsseite sofort hohe Erdschlussströme fließen, die eine kurzfristige Trennung des Wandlers vom Hochspannungsnetz bewirken.

Spannungswandler sind für eine hochohmige Belastung ausgelegt. Man betreibt sie nahezu im Leerlauf, damit eine Änderung des Übersetzungsverhältnisses (s. Gleichung 3.13) und somit Messfehler vermieden werden. Hinsichtlich des zulässigen Messfehlers sind Spannungswandler in Fehlerklassen eingeteilt. Ihr Übersetzungsverhältnis ist so ausgelegt, dass bei eingangsseitiger Bemessungsspannung ausgangsseitig immer 100 V anliegen. Unabhängig von der Höhe der jeweiligen Messspannung können daher gleiche Spannungsmesser mit einheitlichen Spannungspfaden verwendet werden.

Stromwandler arbeiten nach dem Prinzip der Stromtransformation (s. Gl. 3.16). Unter Potentialtrennung zwischen Messobjekt und Messinstrument transformiert der Stromwandler hohe Wechselströme auf Werte herunter, für die sich Messgeräte günstig auslegen lassen. Man braucht ihn für Messzwecke in Sammelschienenverteilungsanlagen und anderen energietechnischen Einrichtungen.

Genormte Stromwandler sind so ausgelegt, dass ihre Ausgangswicklung von 1 A oder 5 A durchflossen ist, während in der Eingangswicklung Bemessungsstrom fließt (**3**.39). Dadurch wird u. a. der Einsatz einheitlicher Strommesser und von Leistungsmessern mit gleichen Strompfaden ermöglicht.

Eingangsseitig sind Stromwandler elektrisch leitend (Stab-, Schienenstromwandler) oder induktiv (Durchsteck-, Zangenstromwandler) in den Stromkreis gekoppelt, dessen Stromstärke zu messen ist. Ihre Ausgangswicklung ist durch den niedrigen Innenwiderstand des angeschlossenen Strommessers nahezu kurzgeschlossen. Stromwandler müssen in Nähe des Kurzschlusses betrieben werden damit der Einfluss des Innenwiderstands der gesamten Messordnung auf den zu untersuchenden Stromkreis möglichst klein bleibt. Nur dann liegt der auftretende Messfehler innerhalb der für Stromwandler festgelegten Fehlergrenze.

Bürde. Die Belastung, die der Strommesser für den Wandler bildet, heißt Bürde. Sie wird durch ihren Scheinwiderstand und ihre Scheinleistung gekennzeichnet. Aus Sicherheitsgründen dürfen Stromwandler niemals bei geöffnetem Ausgangsstromkreis (ohne Bürde) betrieben werden. Deshalb sichert man ihre Ausgangsstromkreise auch nicht ab. Sonst ergäbe sich eine gefährlich hohe Ausgangsspannung U_{20}, weil kein Belastungsfluss Φ_2 auftritt, während der Fluss Φ_1 wegen des starken zu messenden Stroms I_1 sehr groß ist, sodass auch der Eisenkern infolge hoher Wirbelströme überlastet wird.

Falls eine elektrische Verbindung zwischen Ein- und Ausgangswicklung auftritt, dürfen keine gefährlich hohen Berührungsspannungen entstehen. Daher muss die Ausgangswicklung eines Stromwandlers geerdet werden.

Aufgaben zu Abschnitt 3.7

1. Beschreiben Sie den grundsätzlichen Aufbau eines Spartransformators. Nennen Sie die Vor- und Nachteile des Spartransformators gegenüber dem Volltransformator.
2. Warum dürfen Spartransformatoren nicht als Schutz- oder Trenntransformatoren verwendet werden?
3. Unter welcher Bedingung ist der Einsatz eines Spartransformators in Energieverteilungsnetzen besonders wirtschaftlich?
4. Was versteht man unter einem Strom- und einem Spannungswandler? Warum müssen die Ausgangswicklungen beider Messwandler geerdet werden? Warum dürfen Sie einen Stromwandler niemals ohne Bürde betreiben?
5. Die Bemessungs-/Durchgangsleistung eines idealen Spartransformators beträgt 1 kVA, seine Übersetzung ist a) 230 V/200 V, b) 230 V/260 V. Berechnen Sie die Bemessungsströme, die Bauleistung und das Verhältnis von Durchgangsleistung zu Bauleistung. Skizzieren Sie die Ersatzschaltbilder der Transformatoren a) und b), tragen Sie die Stromverteilung ein und berechnen Sie die jeweilige Stromstärke im gemeinsamen Wicklungsteil.
6. Ein Zweiwicklungstransformator für 230 kV/115 kV hat die Bauleistung 100 MVA. Welche Durchgangsleistung hätte er, wenn er bei gleicher Baugröße und sonst gleichen Abmessungen als Spartransformator hergestellt worden wäre?
7. Ein Volltransformator hat folgende Bemessungswerte: U_{1N} = 230 V, I_{1N} = 20 A, U_{2N} = 120 V und I_{2N} = 38,3 A. Bei Vernachlässigung aller Verluste hat er die Bemessungsleistung 4600 VA.

   a) Welche Bauleistung müsste ein Spartransformator für dieselben Bemessungsdaten haben?

   b) Welche Durchgangsleistung könnte man aus demselben Eisengerüst des 4600-VA-Volltransformators bei Verwendung in einem Spartransformator erzielen?
8. Ein idealer Spartransformator liegt eingangsseitig an 120 V und hat ausgangsseitig die Leerlaufspannung 160 V. Er wird mit 12 A belastet. Berechnen Sie den Primärstrom und den Strom im gemeinsamen Wicklungsteil. Skizzieren Sie das Ersatzschaltbild und tragen Sie die Stromverteilung ein.
9. Die Spannungsübersetzung eines idealen Spartransformators ist 230 V/200 V, seine Bemessungsströme betragen I_{1N} = 2 A und I_{2N} = 2,3 A. Berechnen Sie die Durchgangs-/Bemessungsleistung, die Bauleistung und die Stromstärke im gemeinsamen Wicklungsteil.
10. Der UI114a-Kern ist bei Verwendung in einem Volltransformator für die Bemessungsleistung 820 VA geeignet.

    a) Welche Bemessungsleistung hätte ein Spartransformator mit diesem Kern, dessen Bemessungsspannungsverhältnis 230 V/200 V ist?

b) Berechnen Sie alle Stromstärken des Spartransformators bei ohmscher Bemessungsbelastung und dem Wirkungsgrad 90 %.

11. Ein idealer Spartransformator hat N_1 = 50 Windungen und N_2 = 60 Windungen; er liegt an der Eingangsspannung 200 V und überträgt die Durchgangsleistung 720 VA.
Berechnen Sie die Bemessungsströme und die ausgangsseitige Learlaufspannung. Für welche Bauleistung müsste ein Volltransformator unter den gegebenen Bedingungen ausgelegt werden?

12. In einem Labortransformator liegt netzseitig ein Trenntransformator mit $\ddot{u}$ = 230 V/230 V. Zur Einstellung der Ausgangsspannung dient der nachgeschaltete Spartransformator mit den Bemessungsdaten 0 bis 250 V/4 A und der Windungsspannung 0,5 V. Berechnen Sie:
a) Die Windungszahl des Spartransformators und sein Windungszahlverhältnis bei U_2 = 200 V,
b) den induktiv übertragenen Leistungsanteil unter Belastung mit 200 V/4 A,
c) die resultierende Kurzschlussspannung, wenn der Trenntransformator u_{kN} = 4,9 % und der Spartransformator u_{kN} = 3 % hat.

13. Ein Transistorpulsumrichter zur Versorgung eines Hauptspindelantriebs in einer CNC-Drehmaschine hat die Anschlussspannung 3 × AC 165 V. Um ihn an ein Drehstromnetz mit 3 × AC 400 V anschließen zu können, wird a) ein Spartransformator, b) ein Trenntransformator als Anpasstransformator zwischengeschaltet (**3**.40). Die Transformatoren haben die Bemessungsspannungen 400 V/165 V. Beide haben die Bemessungsleistung 24 kVA.
Berechnen Sie das Verhältnis der Bauleistungen von Voll- und Spartransformatoren zueinander.
Warum müssen Transformatoren dieser Bemessungsleistung in dem genannten Anwendungsfall über externe Einschaltstrombegrenzungen in Betrieb genommen werden?

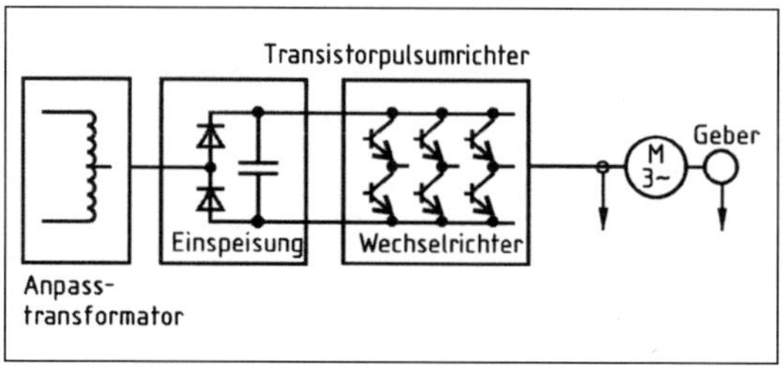

3.40 Spartransformator für Pulsumrichter

14. Drei Spartransformatoren mit U_{1N} = 3 × AC 400 V und U_{2N} = 3 × AC 165 V haben folgende weitere Bemessungsdaten:
a) S_N = 5 kVA P_{FeN} = 71 W
P_{CuN} = 108 W u_{kN} = 2,2 %
b) S_N = 12 kVA P_{FeN} = 55 W
P_{CuN} = 232 W u_{kN} = 1,9 %
c) S_N = 16 kVA P_{FeN} = 79 W
P_{CuN} = 396 W u_{kN} = 2,5 %
Berechnen Sie die Bemessungsströme, den Strom im gemeinsamen Wicklungsteil und den Wirkungsgrad bei ohmscher Bemessungslast.

15. Ein Spartransformator in YNa0-Schaltung (**3**.41) hat die Bemessungsspannungen 415 V/165 V und die Bemessungsleistung a) 24 kVA, b) 28 kVA, c) 32 kVA. Berechnen Sie seine Bauleistung.

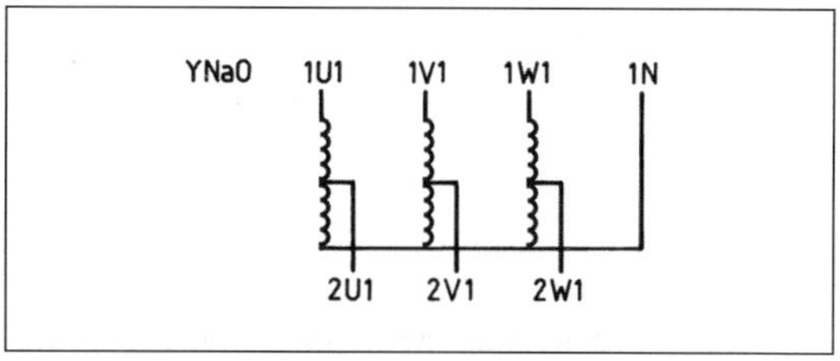

3.41 Drehstrom-Spartransformator

16. Die Durchgangsleistung eines idealen Spartransformators für U_{1N} = 230 V mit S_B = 700 VA beträgt 2100 VA. Berechnen Sie die ausgangsseitige Bemessungsspannung und alle Ströme. Kontrollieren Sie Ihre Ergebnisse, indem Sie die auftretenden Leistungen mit der Bauleistung vergleichen.

17. Das Eisengestell des Spartransformators in Aufgabe 16 wird für einen Spartransformator mit 230 V/115 V verwendet.
a) Berechnen Sie die übertragbare Durchgangsleistung und alle Ströme bei Belastung mit ohmscher Bemessungslast.
b) Vergleichen Sie Ihre Lösungen mit denen aus Aufgabe 16 und begründen Sie die Abweichungen.
c) Leiten Sie aus dem Ergebnisvergleich eine Bedingung ab, die eindeutig für den Einsatz eines Spartransformators spricht, wenn man auf Potentialtrennung verzichten kann.

18. Zur Reduzierung des Einschaltstroms eines Drehstrom-Käfigläufermotors mit 500 kW Bemessungsleistung wird ein Anlasstransformator in Sparschaltung verwendet. Bei direkter Einschaltung am 500-V-Drehstromnetz beträgt der Anlaufstrom $I_A = 4 \cdot I_N$. Der als ideal anzusehende Spartransformator wird zum Anlassen auf 250 V eingestellt. Berechnen Sie den relativen Anlaufstrom auf der Motorseite und ebenso auf der Netzseite.

19. Ein Drehstrom-Netzausläufer versorgt einen abgelegenen Bauernhof mit elektrischer Energie. Der Anschlusswert beträgt 65 kVA. Infolge Spannungsfalls auf der Leitung beträgt die Spannung am Speisepunkt statt 400 V nur noch 380 V. Berechnen Sie die Bauleistung des hierfür eingesetzten Spartransformators und begründen Sie, warum in diesem Fall ein Spartransformator einem Volltransformator vorzuziehen ist.

20. Ein Drehstrom-Spartransformator in YNa0-Schaltung hat die Bemessungsdaten 400 V/165 V und 5 kVA. Im Kurzschluss nimmt er 339 A auf.
a) Berechnen Sie die relative Kurzschlussspannung und den sekundärseitigen Kurzschlussstrom.
b) Skizzieren Sie das Ersatzschaltbild des Kurzschlusskreises und begründen Sie, warum der gemeinsame Wicklungsteil dieses kurzgeschlossenen Spartransformators nicht überlastet wird.

21. Die Bestell- und Projektierungsdaten eines Drehstrom-Spartransformators in YNa0-Schaltung lauten: 3 × 400 V/3 × 165 V, 32 kVA, P_{FeN} = 151 W, P_{CuN} = 491 W, u_{KN} = 1,6 %.

a) Berechnen Sie die Bauleistung, die Bemessungsströme, die Kurzschlussspannung und den Wirkungsgrad bei ohmscher Bemessungslast.

b) Kontrollieren Sie die Werte der von Ihnen berechneten Ströme, indem Sie mit ihnen die Bauleistung berechnen.

c) Warum haben Spartransformatoren eine geringe relative Kurzschlussspannung? Leiten Sie aus Ihrer Antwort eine Begründung über des Spannungsverhalten von Spartransformatoren ab.

d) Berechnen Sie den Dauerkurzschlussstrom des vorliegenden Spartransformators.

22. Ein sekundärseitig umschaltbarer Stromwandler hat die Angaben (100/75/50 A) : 1 A. Der 1-A-Messbereich des Strommessers hat 50 Skalenteile. Berechnen Sie die drei Primärströme, wenn jeweils 40 Skalenteile angezeigt werden.

23. Ein Kilowattstundenzähler hat die Bemessungsdaten 3 × 100 V/5 A; der vorgeschaltete Spannungswandler hat k_U = 20 kV/100 V, der verwendete Stromwandler k_I = 300 A/5 A. Welche Wirkarbeit wurde einem Drehstrom-Dreileiternetz entnommen, wenn sich der Zählerstand um 200 kWh verändert hat?

24. Ein primärseitig umschaltbarer Stromwandler hat die Übersetzungsverhältnisse (400/300/200 A) : 5 A.
Berechnen Sie den Netzstrom, wenn der Strommesser in den drei Bereichen jeweils 4 A anzeigt.

25. Die Bemessungsdaten eines Spannungswandlers lauten: k_U = 400 V/100 V und 15 VA/100 VA. Berechnen Sie den Bürdenwiderstand, bei dem die Grenzleistung des Wandlers nicht überschritten wird.

26. Die Überwachung der Stromaufnahme eines Drehstrommotors mit den Bemessungsdaten 400 V, 7,5 kW, cos φ = 0,82 und dem Wirkungsgrad 82 % soll mit einem Strommesser mit 1 A Messbereich erfolgen. Zur Auswahl stehen zwei Durchsteck-Stromwandler mit k_{Ia} = 400 A/1 A und k_{Ib} = 150 A/5 A. Die Anzeige des Strommessers soll möglichst hoch sein. Wählen Sie den geeigneten Wandler aus und geben Sie an, wie oft der Außenleiter auf der Primärseite durchzufädeln ist, um einen großen Zeigerausschlag zu erhalten.

27. Ein Summenstromwandler für drei Hauptwandler (**3**.42) hat den Sekundärbemessungsstrom 1 A. Die Teilströme werden über drei Hauptwandler mit k_{I1} = 200 A/1 A und k_{I2} = k_{I3} = 400 A/1 A gemessen. In den drei Stromkreisen der Anlage fließen I_1 = 100 A, I_2 = 300 A und I_3 = 400 A. Wie viel Skalenteile umfasst der Zeigerausschlag des Strommessers, dessen Skalenteilung/Empfindlichkeit 20 Skt/A beträgt?

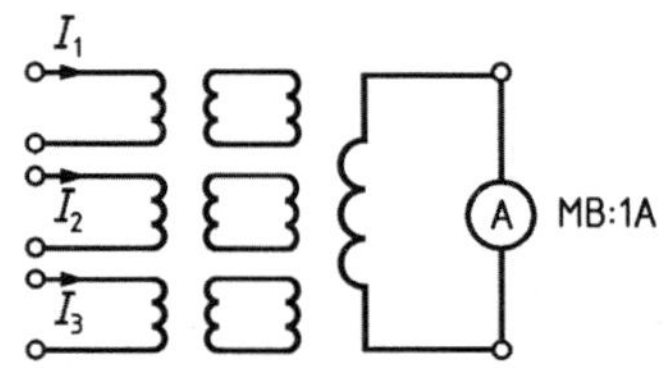

3.42 Summenstromwandler

3.8 Konstruktive und technologische Gestaltung der aktiven Transformatorbauteile

3.8.1 Anordnung der aktiven Bauteile

Das Eisengestell besteht aus dem aktiven Eisenkern (magnetischer Kreis) und einem Press- und Traggestell. Je nach Leistung und Phasenzahl wird der magnetische Kreis mit zwei bis fünf Schenkeln in Kern- oder Mantelbauweise ausgeführt.

In Kerntransformatoren (**3**.43a) sind die Schenkel des Eisenkerns von den Wicklungen umgeben und oben und unten durch je ein Joch miteinander verbunden, um einen guten magnetischen Rückschluss zu erzielen. Die Kernbauweise bevorzugt man für Einphasentransformatoren großer Leistung und für Drehstromtransformatoren.

Bei Manteltransformatoren (**3**.43b) sind die Wicklungen auf einen Schenkel aufgebracht. Der magnetische Rückschluss erfolgt über zwei Joche und zwei Rückschlussschenkel, die den mittleren Schenkel wie ein Mantel umgeben. Da sie den

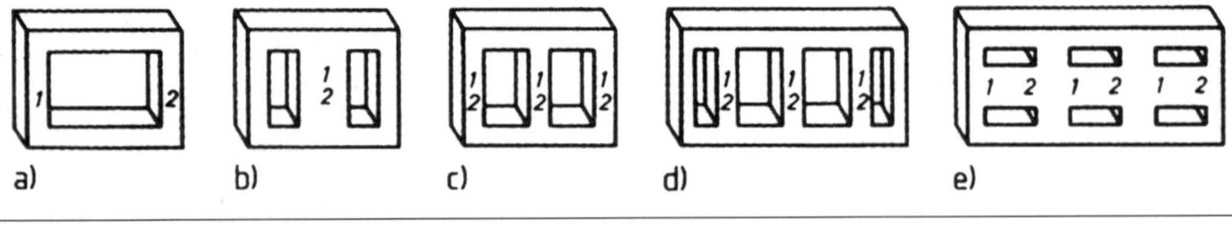

3.43 Konstruktion der magnetischen Kreise für
a) Einphasen-Kerntransformatoren, b) Einphasen-Manteltransformatoren, c) Dreischenkel-Kerntransformatoren, d) Fünfschenkel-Kerntransformatoren, e) Drehstrom-Manteltransformatoren

magnetischen Gesamtfluss teilen, brauchen sie nur etwa den halben Querschnitt des wicklungstragenden Schenkels zu haben. Dadurch erhält man neben einer kleineren Bauhöhe einen kürzeren mittleren Durchflutungsweg als bei einem Kerntransformator gleicher Leistung. Wegen des daraus resultierenden kleineren Leerlaufstroms wird die Mantelbauweise für Kleintransformatoren bevorzugt. Wenn viele Anzapfungen großen Querschnitts erforderlich sind (z. B. Regeltransformatoren für Lokomotiven und Schmelzöfen), wird die Mantelbauart auch für größere Leistungen angewendet.

Den Dreischenkelkern verwendet man meist für Drehstromtransformatoren (**3**.43c). Gegenüber den beiden anderen Typen hat er den Nachteil, dass bei gleichen, durch das starre Netz geforderten Schenkelflüssen in den einzelnen Strängen ungleich große Magnetisierungsströme auftreten. Zur Vermeidung dieses Nachteils werden magnetisch symmetrische Dreiphasen-Manteltransformatoren (s. Abschn. 3.6; **3**.43d) oder Fünfschenkel-Kerntransformatoren (**3**.43e) gebaut.

Im Fünfschenkel-Kerntransformator erfolgt der magnetische Rückschluss – ähnlich wie beim Manteltransformator – nicht nur über die Joche, sondern auch über beide äußere Schenkel, die Rückschlussschenkel. Wegen der daraus resultierenden Teilung des magnetischen Flusses sind die Eisenquerschnitte seines Ober- und Unterjochs sowie die der Rückschlussschenkel nur etwa halb so groß wie die der wicklungstragenden Schenkel. Dadurch erhält man eine geringere Bauhöhe und kürzere mittlere Durchflutungswege. Daraus ergibt sich ein geringerer Magnetisierungsstrom als bei einem Dreischenkel-Kerntransformator gleicher Leistung. Beide Vorteile werden in Großtransformatoren ausgenutzt, wobei besonders die kleine Bauhöhe die Anpassung an das jeweilige Transportwegprofil erleichtert.

3.8.2 Werkstoffe und Aufbau des Eisenkerns

Der Eisenkern – ein Eisenblechpaket oder ein Bandwickelkern – sorgt als Träger des magnetischen Flusses dafür, dass möglichst der gesamte in der Wicklung erzeugte magnetische Fluss auch die andere Wicklung durchsetzt. Die Streuung soll (meist) gering sein, und für die Erzeugung des zur Energieübertragung nötigen Flusses soll ein möglichst kleiner Magnetisierungsstrom ausreichen. Um die Ummagnetisierungs- und Wirbelstromverluste und somit die Magnetisierungsscheinleistung klein zu halten, stehen heute spezielle Transformatorenbleche und technische Verfahren zur Verfügung.

Phosphatisolierte Bleche. Wegen der Forderung nach möglichst kleinen Wirbelströmen wird der magnetische Kreis eines Transformators aus Blechen aufgebaut, die beidseitig mit einer dünnen Phosphatschicht isoliert sind. Das früher hierfür übliche warmgewalzte Transformatorenblech von 0,35 mm Dicke und einem Siliziumgehalt von 4 bis 4,5 % wies bei einer magnetischen Induktion von $B = 1{,}5$ Tesla eine Eisenverlustziffer von etwa 2 W/kg auf. Die Verluste bestanden etwa zu zwei Dritteln aus Hysterese- und zu einem Drittel aus Wirbelstromverlusten. Die Hystereseverluste galt es also besonders zu verkleinern.

Kaltgewalztes, kornorientiertes Blech. Im heutigen Transformatorenbau verwendet man fast ausschließlich kaltgewalztes, kornorientiertes Transformatorenblech (mit Goss-Textur) in einer Dicke von etwa 0,2 mm und mit einer Verlustziffer von maximal 0,60 W/kg bei einer Induktion von 1,5 Tesla in Walzrichtung. Diese kornorientierten Transformatorenbleche erfordern in Walzrichtung geringere Feldstärken als herkömmliche Bleche und weisen außerdem weniger Ummagnetisierungsverluste auf. Grund für die geringeren Verluste ist die bei Kornorientierung mögliche kleinere Koerzitivfeldstärke und Schleifenbreite der Hystereseschleife. Damit verkleinern sich ihre Flächeninhalte um mehr als die Hälfte. Durch das Kaltwalzen erzielt man infolge der wesentlich glatteren Oberflächen der einzelnen Bleche eine viel größere Packungsdichte der Kernpakete. Wegen der fürs Kaltwalzen erforderlichen geringeren Siliziumanteile (unter 3,5 %) sind die Wirbelstromverluste bei Kornorientierung etwas höher als bei stark silizierten Blechen. Zum Ausgleich geht man heute auf geringere Blechdicken bis 0,2 mm herunter.

Wegen der Kornorientierung in Walzrichtung sind die Magnetisierungseigenschaften senkrecht zur Walzrichtung dieser Bleche schlechter als die der herkömmlichen. Bereiche mit einem derartigen Feldverlauf (z. B. an den Stoßkanten zwischen Jochs und Schenkeln) müssen im Sinn geringer Eisenverluste möglichst klein gehalten werden.

Amorphes Kernmaterial entsteht aus einer Schmelze, die fein zerstäubt auf eine rotierende Walze gesprüht wird. Dabei kühlt es sich mit 10^6 K/s extrem schnell ab. Das entstandene 25 µm dicke, biegsame Band ist eine Legierung aus Fe-Si-B ohne kristalline Struktur. Während eines Temperprozesses in einem Magnetfeld wird es magnetisch optimiert. Wegen fehlender Korngrenzen und dank fehlender kristalliner Anisotropie ist die Ummagnetisierung einfacher und die entsprechenden Verluste sind geringer als bei Elektroblech. Nachteilig ist die niedrigere Sätti-

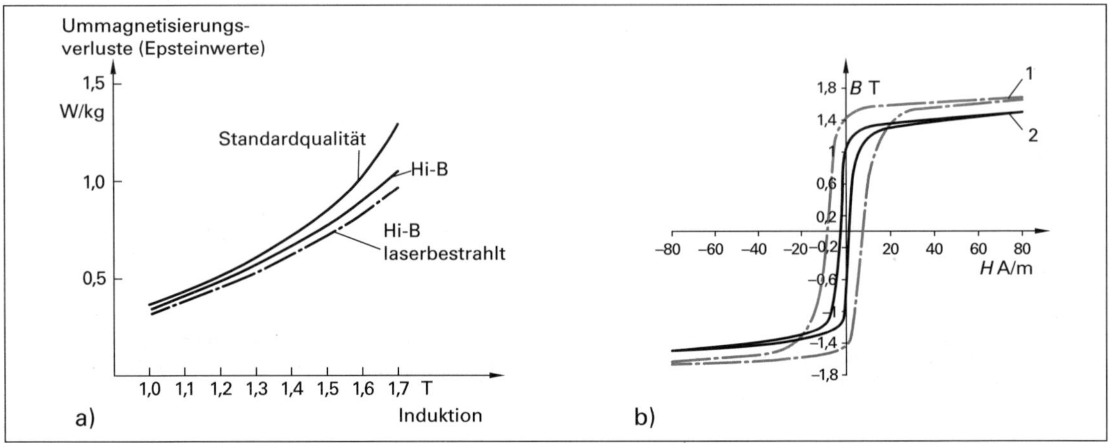

3.44 a) Veränderung der Ummagnetisierungsverluste (Epsteinwerte) infolge Verfeinerung der magnetischen Bereiche am Beispiel eines 0,3-mm-Blechs bei 50 Hz
b) Hystereseschleife von Elektroblech 1 und amorphem Blech 2

gungsinduktion von 1,35 T im Vergleich zu 1,8 T bei Elektroblech (**3**.44b); ebenso sein um 3 bis 5 dB höherer Lärmpegel.

Der Transformator wird entsprechend der geringeren Induktion größer, schwerer und teurer. Wegen eingesparter Betriebskosten amortisieren sich die höheren Anschaffungskosten nach drei bis fünf Jahren, sodass sich bei einer Lebensdauer von 30 Jahren der teurere Transformator sechs- bis zehnmal bezahlt macht.

3.8.3 Blechschnitte und konstruktive Zusammenfassung der Kernbleche

Die Parallelblechung ist die einfachste und gebräuchlichste Art der Eisenkern-Schichtung. Alle Bleche liegen in parallelen Ebenen. Für Transformatoren sehr kleiner Leistung werden sie entsprechend der Form des magnetischen Kreises als Ganzes oder zweiteilig (z. B. E-I-Kombination) ausgestanzt. Die komplizierten Stanzwerkzeuge und die schlechte Blechausnutzung machen dieses Verfahren aber bald unwirtschaftlich oder wegen der eventuell zu großen Abmessungen technisch sogar unmöglich. Schon für Transformatoren von einigen hundert Watt Leistung werden die Eisenkerne deshalb aus einzelnen Blechstreifen zusammengeschichtet. Hierbei sind die Schenkelquerschnitte kleiner Transformatoren quadratisch. Zur besseren Nutzung des meist kreisförmigen Querschnitts innerhalb der Wicklungen wird es mit zunehmender Leistung wirtschaftlich, die Schenkelbreite der entsprechenden Bleche abzustufen (**3**.45). Damit der magnetische Fluss an den Übergangsstellen zwischen Jochen und Schenkeln

Tabelle **3**.45 **Schenkel- und Jochquerschnitte der magnetischen Kreise**

	Kernquerschnitte ohne Kühlschlitze			Kernquerschnitte mit Kühlschlitzen		
	Quadrat-querschnitt	Kreuz-querschnitt	Stufen-querschnitt	parallel zur Blechebene	senkrecht zur Blechebene	parallel und senkrecht zur Blechebene
Schenkel	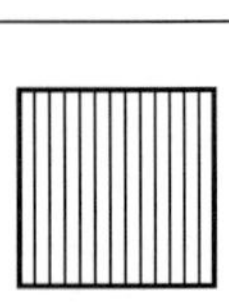	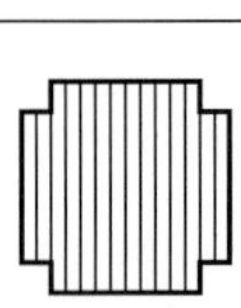	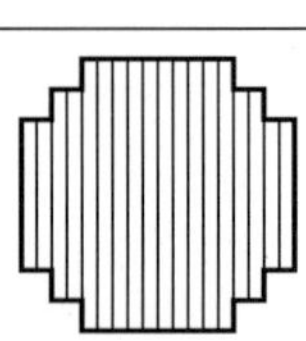	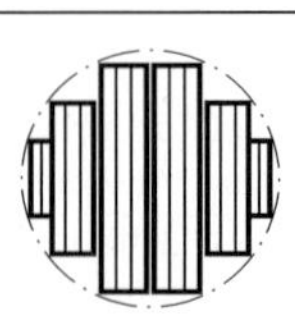	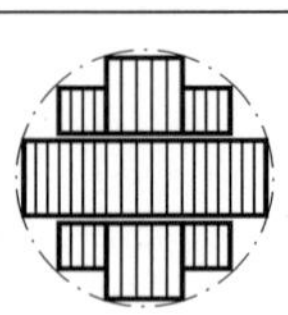	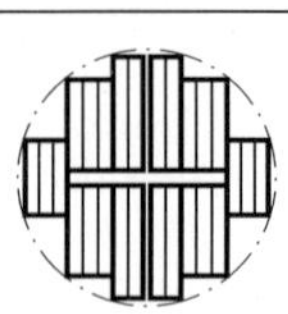
Joch	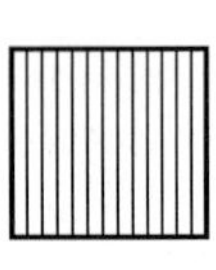	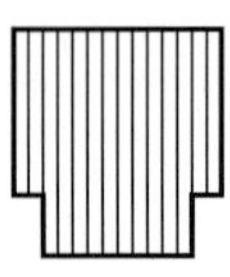	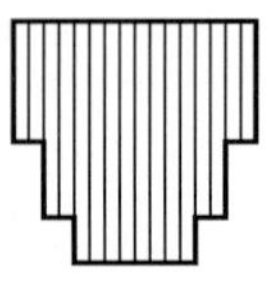			

nicht den Kern quer zur Schichtebene durchsetzen muss (wodurch zusätzliche Wirbelstromverluste entstünden), erhalten die Joche dieselben Querschnittsverteilungen wie die Schenkel.

Kerne von Transformatoren mit mehr als 16 MVA Leistung haben zur Vergrößerung der wärmeabgebenden Oberfläche Kühlkanäle parallel zu den Blechebenen.

Konstruktion. Der Luftspalt zwischen den Blechen soll in Flussrichtung möglichst gering sein. Der Übergang vom Schenkel zum Joch sowie zwischen den Teilblechen langer Schenkel wird deshalb als verzapfter oder stumpfer Stoß ausgeführt (**3**.46). Dabei ist ein Kompromiss zwischen verminderter Magnetisierungsscheinleistung und steigenden Fertigungskosten für den Blechschnitt zu schließen. Der verzapfte Stoß kann im 90°-, 45°- und 30°/60°-Schnitt gefertigt werden. Für warmgewalzte Bleche und den Mittelschenkel von Drehstromtransformatoren wird ein 90°-Schnitt an der Verzapfungsstelle bevorzugt. Bei Verwendung kornorientierter Bleche muss man wegen deren Vorzugsrichtung Schrägschnitte vorsehen.

Bei kleinen Transformatoren bis etwa 1 MVA halten Glasfaserbandagen oder Unterspannungswicklung die Schenkel zusammen. Alte Ausführungen parallel geblechter magnetischer Kreise aus warm gewalztem hochsiliziertem Blech für Transformatoren größerer Leistung werden mit isolierten Bolzen durch Joche und Schenkel hindurch zusammengehalten.

Heute werden die magnetischen Kreise von Transformatoren aus kalt gewalztem Texturblech (zunehmend amorphe Materialien) hergestellt. Wegen dessen schlechter Magnetisierungseigenschaft senkrecht zur Walzebene würde der Eisenquerschnitt zwischen Bolzen kaum genutzt. Man verzichtet deshalb auf die Bolzen zum Pressen von Jochen und Schenkeln. Die Schenkel großer Eisenkerne werden mit imprägnierten Glasfaserbandagen und durch Verkleben zusammengehalten. Über die Joche greifen nachstellbare Zuganker und pressen sie über Schichtholzbalken oder Stahlendbleche zusammen. Kräftige Zugstangen verbinden Ober- und Unterjoch starr miteinander und bilden ein stabiles Gestell. Es nimmt die Kräfte zum Pressen der fertigen Wicklungen und zum Anheben des Eisengerüsts auf, ebenso die axialen Kräfte der Wicklungen, die im Kurzschlussfall auftreten. Damit ist das aktive Blechpaket als Träger des magnetischen Flusses von mechanischen Beanspruchungen weitgehend entlastet.

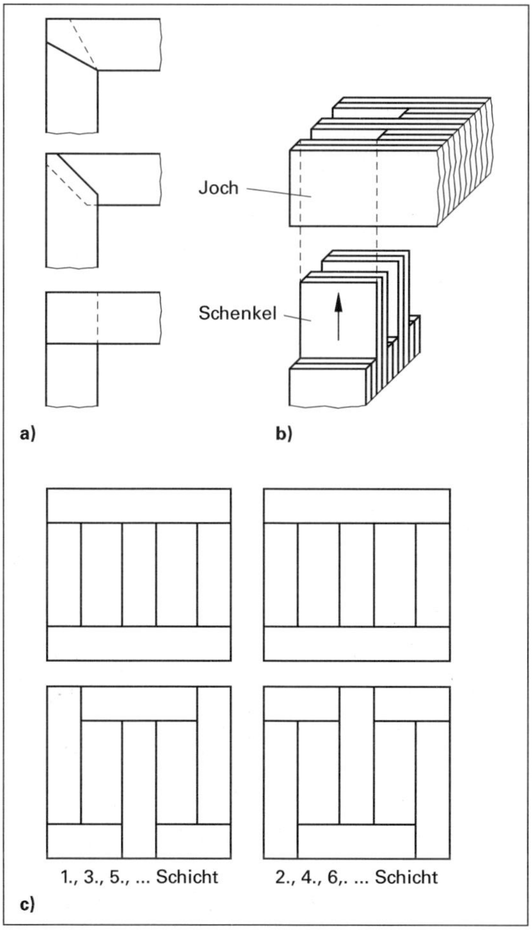

3.46 Schenkel- und Jochübergänge

a) 30°/60°-, 45°- und 90°-Schnitt, b) Schenkel- und Jochverzapfung im 90°-Schnitt, c) Blechschichtung im Kern mit stumpfem Stoß (oben) und verzapftem Stoß (unten)

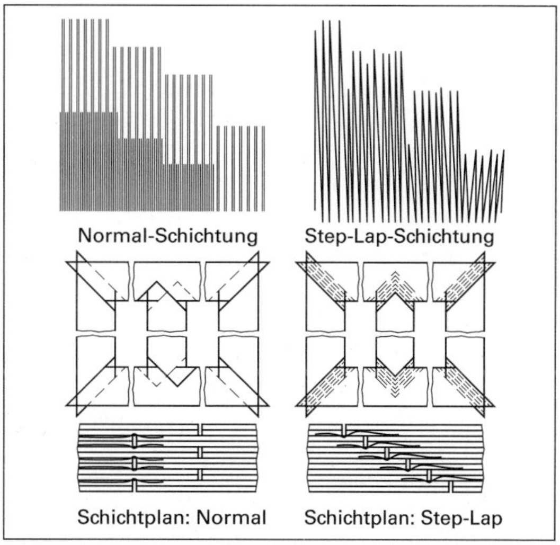

3.47 Step-lap-Schichtverfahren

Um regionale Überhitzungen im Streufeldbereich zu vermeiden und Zusatzverluste zu vermindern, bestehen Joch-Endbalken und die Auflagen zur Pressung der fertigen Wicklungen aus Schichtholz.

Das Step-lap-Schichtverfahren (s. Bild **3**.47) wurde durch den Einsatz von CNC-gesteuerten Blechstanzanlagen für die Kerne von Verteilungs- und Leistungstransformatoren ökonomisch sinnvoll. Während im herkömmlich gefertigten Transformatorkern die Stoßstellen der einzelnen Bleche, jeweils um ihre Überlappungsbreite versetzt, in Linien nebeneinander liegen, sind diese im step-lap-geschichteten Kern in bis zu sechs Schritten im Bereich der Überlappungsbreite fortlaufend seitlich verschoben. Diese Art der Schachtelung vermindert den negativen Einfluss des Luftspalts an den Stoßstellen. Folglich wird die magnetische Sättigung im Schachtelbereich reduziert, die Leerlaufverluste sinken um bis zu 6 %, die Magnetisierungsleistung und damit der Leerlaufstrom gehen auf etwa 50 % zurück und der Transformator wird um ca. 4 dB leiser.

3.8.4 Wicklungen

Transformatorenwicklungen bezeichnet man

- nach der Spannungshöhe (Ober- und Unterspannungswicklung)
- nach der Anordnung bezüglich des Energieflusses (Aufnahme- und Abgabewicklung)
- nach der Anordnung der Wicklungen zueinander (Zylinder- und Scheibenwicklung, **3**.48)
- nach dem Spulenaufbau (z. B. Lagen-, Wendel- und Scheibenspule)

Lagen- und Windungsspannung. Die Art der Wicklung und der Spulenaufbau hängen von der Transformatorleistung und der geforderten Spannungs- und Stromfestigkeit ab. Zwischen nebeneinanderliegenden Leitern einer Spule dürfen keine zu hohen Spannungen auftreten. Besonders gefährlich ist die Lagenspannung. Das ist die Spannung, die zwischen benachbarten Windungen verschiedener Lagen eines Wicklungsstrangs anliegt. Die Spannung zwischen zwei aufeinanderfolgenden Windungen einer Spulenlage heißt Windungsspannung.

Meist soll die Streuung bzw. die Kurzschlussspannung nicht zu groß werden. Deshalb müssen die beiden magnetisch miteinander gekoppelten Wicklungsstränge möglichst nahe beieinander auf einem Schenkel angeordnet sein. Schon deshalb ist für einen optimalen Betrieb von Transformatoren die Wahl der Wicklungsart und ihrer speziellen Anordnung auf den Schenkeln von großer Bedeutung.

Der Kerntransformator bietet zwei Möglichkeiten zur Anordnung von Ein- und Ausgangswicklung. Werden beide Wicklungen auf je einem Schenkel getrennt angeordnet, treten starke Streufelder auf, sodass die Wicklungen nur von einem Teil des von der jeweils anderen Wicklung erzeugten Flusses durchsetzt werden (**3**.49a). Daraus ergibt sich eine hohe Kurzschlussspannung u_k und somit ein spannungsweiches Verhalten des Transformators. Diese Bauart erhöht daher die Kurzschlussfestigkeit von Transformatoren.

Ordnet man auf beiden Schenkeln des Kerns je die Hälfte der Eingangs- und Ausgangswicklung an, vermeidet man starke Streufelder und erhält einen Kerntransformator mit kleiner Kurzschlussspannung (**3**.49b). Derartige Kerntransformatoren weisen ein spannungssteifes Betriebsverhalten auf.

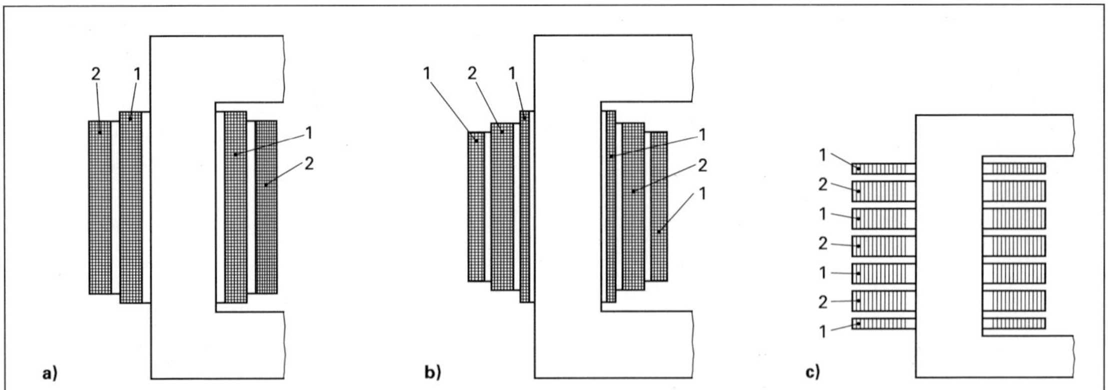

3.48 Wicklungsarten

a) Zylinderwicklung, b) Doppelzylinderwicklung, c) Scheibenwicklung

1 Unterspannungswicklung
2 Oberspannungswicklung

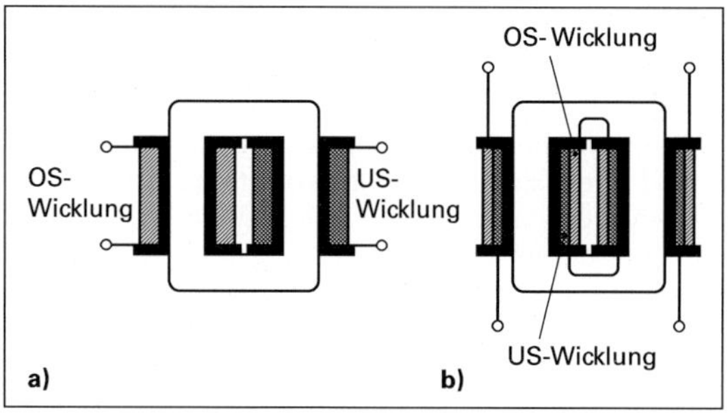

3.49 Wicklungsanordnung im Einphasen-Kerntransformator

a) spannungsweiches Verhalten
b) spannungssteifes Verhalten

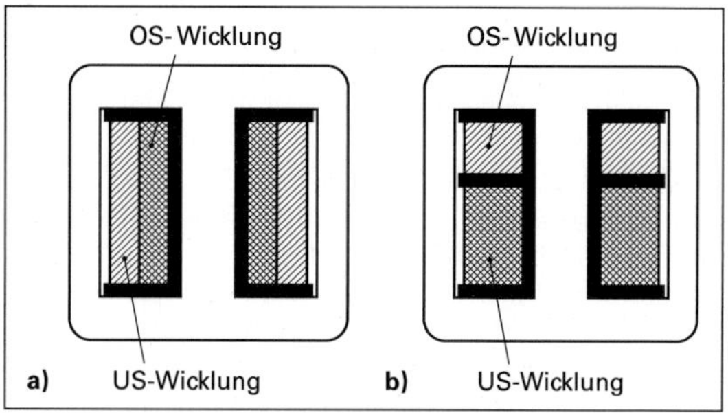

3.50 Wicklungsanordnung im Einphasen-Manteltransformator

a) spannungssteifes Verhalten
b) spannungsweiches Verhalten

Für Manteltransformatoren gibt es ebenfalls zwei Möglichkeiten zur Anordnung der Wicklungen. Sind die beiden Wicklungen wie zwei ineinander gesetzte Zylinder radial übereinander gewickelt, treten nur schwache Streufelder und folglich kleine relative Kurzschlussspannungen auf (**3**.50a). Daraus resultiert ein spannungssteifes Betriebsverhalten, wie es z. B. in Netz-, Kleinspannungs- und Gleichrichtertransformatoren gefordert wird.

Ein Manteltransformator mit spannungsweichem Betriebsverhalten entsteht, wenn man Eingangs- und Ausgangswicklung auf dem Mittelschenkel des Eisenkerns axial nebeneinander anordnet, weil sich dabei starke Streufelder ausbilden können (**3**.50b). Kurzschlussfeste Transformatoren mit einer derartigen Wicklungsanordnung werden z. B. als Klingeltransformatoren eingesetzt.

Kleintransformatoren. Die Wicklungen von Kleintransformatoren bestehen meist aus lackisoliertem Kupferdraht, selten aus Aluminiumleitern. Es werden Runddrähte bis 3 mm Durchmesser oder (für höhere Ströme) Leiter mit rechteckigem Querschnitt verarbeitet. Runddrähte lassen sich auf Wickelmaschinen zwar einfacher verarbeiten, bieten aber auch eine geringere Wickelraumausnutzung (50 bis 60 %) als solche mit Rechteckquerschnitt.

Das Leitermaterial wird auf vorgefertigte Spulenkörper aufgewickelt. Diese bestehen meist aus einem im Spritzgussverfahren bearbeiteten thermoplastischen Kunststoff. Ist eine höhere mechanische Festigkeit gefordert, stellt man sie aus glasfaserverstärktem Polyamid oder aus vorgefertigten Hartpapierteilen her.

Mit Ausnahme der Hochspannungs-Kleintransformatoren werden die Wicklungen von Kleintransformatoren wegen der einfachen und billigen Herstellbarkeit ausschließlich als Zylinderwicklungen ausgeführt. In Niederspannungs-Kleintransformatoren liegt dagegen die Oberspannungswicklung auf dem inneren Wicklungszylinder. Hier können die isolationstechnischen Probleme den Problemen, die bei der Ausführung der (meist zahlreichen) Wicklungsanzapfungen aus dickem Leitermaterial entstehen, untergeordnet werden.

Je nach Leiterquerschnitt und Windungszahl wickelt man die einzelnen Windungen ungeordnet oder lagenweise auf den Spulenkörper. Könnte eine auftretende Lagenspannung die Lackisolation des Leitermaterials durchschlagen, isoliert man die einzelnen Lagen einer Wicklung z. B. mit Papier gegeneinander. Ober- und Unterspannungswicklung werden durch eine stärkere Isolationsschicht (Pressspan oder Kunststofffolie) gegeneinander isoliert, damit die gewünschte galvanische Trennung zwischen Ober- und Unterspannung (besonders bei extremer Erwärmung der Wicklungen) gewährleistet ist.

Die fertigen Wicklungen oder die gesamten fertigen Transformatoren werden mit aushärtbaren Tränklacken getränkt oder mit Gießharz vergossen. Dadurch erhöhen sich die Stabilität gegenüber Stromkräften und der Schutz gegen Eindringen von Feuchtigkeit. Die Brummgeräusche werden geringer. An vergossenen Wicklungen bzw. Eisenkernen ist eine spätere Reparatur jedoch unmöglich.

Großtransformatoren. Die Wicklungen von Großtransformatoren liegen entweder an hohen Spannungen (Oberspannungswicklungen) oder leiten große Ströme (Unterspannungswicklungen). Alle Wicklungen werden als koaxiale Zylinder ausgeführt und auf vertikalen oder horizontalen Wickelbänken gefertigt. Ihre Anordnung auf dem Eisenkern erfolgt nach Möglichkeit einfach konzentrisch, bei Grenzleistungstransformatoren auch doppelt konzentrisch. Aus isolationstechnischen Gründen ordnet man den inneren Wicklungszylinder der Unterspannungswicklung zu.

Die Wicklungen werden auf Isolierzylinder aufgebracht, die aus Hartpapier oder auf Weichpapier bzw. Transformatorenpressspan bestehen. Weichpapier und Transformatorenpressspan verwendet man wegen ihrer guten Durchtränkbarkeit hauptsächlich in ölgekühlten Transformatoren für höhere Spannungen.

Die Leiterisolierung in flüssigkeitsgekühlten Transformatoren besteht meist aus Papier. Für Trockentransformatoren verwendet man lackisoliertes oder umsponnenes Leitermaterial. Spulen aus baumwollisolierten Drähten erreichen nach dem Tränken mit aushärtbaren Tränklacken wegen der guten Saugfähigkeit der Baumwolle eine hohe mechanische Festigkeit.

Spulen- und Wicklungsarten. Eine Wicklung setzt sich im Allgemeinen aus mehreren Spulen zusammen, die einen unterschiedlichen Aufbau haben können (**3**.51).

Eine Lagenspule erhält man, wenn man einen oder mehrere parallele Leiter zu einer ein- oder mehrgängigen Schraube axial nebeneinander aufwickelt. Ist eine Zylinderwicklung aus mehreren ineinander liegenden Lagenspulen aufgebaut, bezeichnet man sie als Lagenwicklung. Die einzelnen Lagen können fortlaufend oder gleichsinnig gewickelt werden.

Bei Verwendung als Oberspannungswicklung treten in der Lagenwicklung hohe Lagenspannungen auf. Speziell bei fortlaufenden Wicklungen ist deshalb eine keilförmige Lagenisolation erforderlich.

Wendelspule. Hohe Stromstärken erfordern große Leiterquerschnitte. Da massive Leiter schwer zu verarbeiten sind und in ihnen infolge der Stromverdrängung Zusatzverluste auftreten, wickelt man mit einem Leiterbündel, das auch radial übereinander aus mehreren Leitern besteht. Werden die Leiter parallel geschaltet, müssen die einzelnen Drähte während des Wickelns mehrmals ausgekreuzt werden. Damit erzwingt man eine gleichmäßige Stromverteilung über den Querschnitt des Leiterbündels, sodass zwischen den Einzelleitern keine Ausgleichsströme fließen können und keine ungleiche Spannungsinduktion auftreten kann. Werden die Leiterbündel axial nebeneinander gewickelt, entsteht die Wendelwicklung.

Drillleiter. Dieselbe Wirkung wie bei der Wendelwicklung erzielt man mit den einfacher zu verarbeitenden Drillleitern. In ihnen verteilt sich der Strom gleichmäßig auf eine Anzahl paralleler, fortlaufend verdrillter Einzelleiter. Die Drillleiter werden während des Wickelns mehrmals untereinander ausgekreuzt. Ein Drillleiter besteht aus maximal 35 parallelen lackisolierten Einzeldrähten. Er wird während des Wickelns zu einem papierumsponnenen Leiterbündel zusammengefasst.

Tabelle **3**.51 **Spulen- und Wicklungsarten**

	Lagenwicklung	Scheibenspulenwicklung
Spulenart	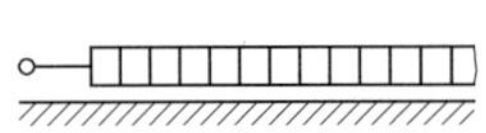 Lagenspule	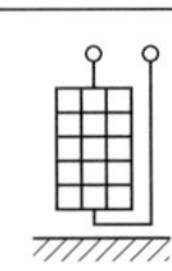 Scheibenspule 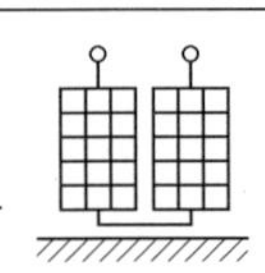 Doppelscheibenspule
	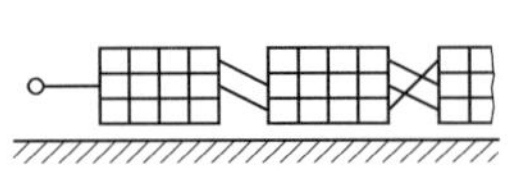 Wendelspule	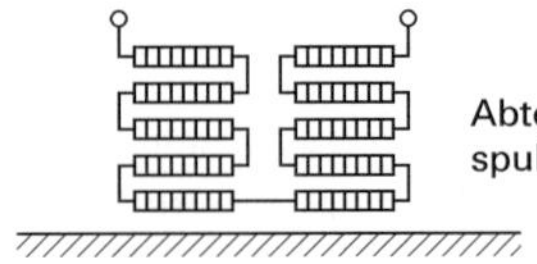 Abteilungsspule
Wicklungsaufbau	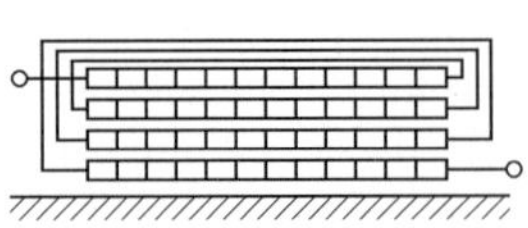 Gleichsinnig gewickelte Lagenwicklung	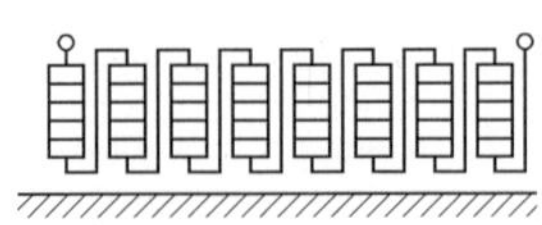 Aufbau aus Scheibenspulen
	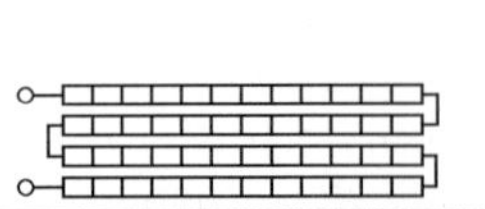 Fortlaufend gewickelte Lagenwicklung	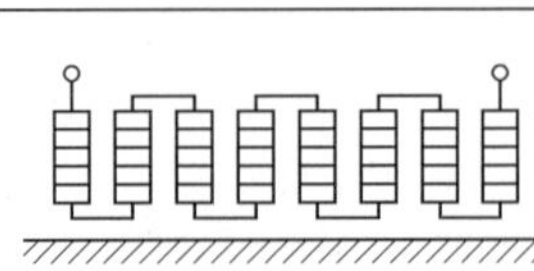 Aufbau aus Doppelscheibenspulen

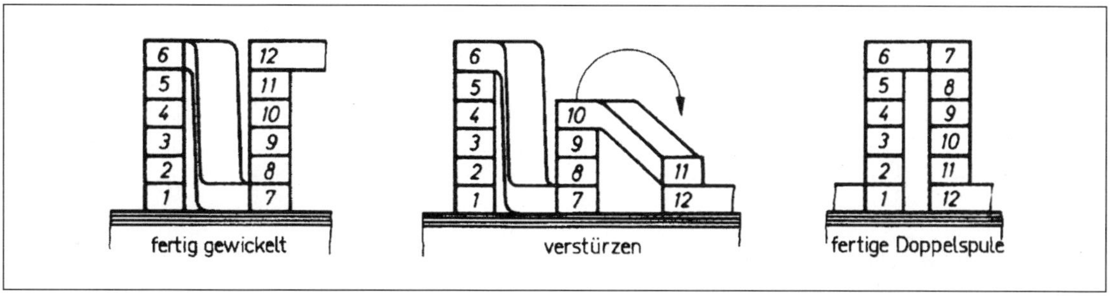

3.52 Verstürzen einer fertig gewickelten Spule

Bandwicklung. Für Spezial- und Verteilungstransformatoren (z. B. Gießharztransformatoren) wählt man unter gleichen Voraussetzungen oft eine Bandwicklung, deren Breite der gesamten Höhe des Wicklungszylinders entspricht.

Scheibenspule. Mittel- und Hochspannungswicklungen werden als Scheibenspulenwicklungen ausgeführt. Eine Scheibenspule entsteht, wenn ein Leiter oder ein Leiterbündel als ein- oder mehrgängige Spirale radial übereinander gewickelt wird. Man unterscheidet den Aufbau aus einfachen Scheibenspulen und Doppelscheibenspulen. Besteht eine Doppelscheibenspule aus mehreren Lagen, heißt sie Abteilungsspule. Sie wird meist aus Leitern mit kleinem Querschnitt gewickelt.

Für große Ströme verwendet man rechteckige Profildrähte. Um einen fortlaufenden Wickelsinn ohne zusätzliche Schaltverbindungen zu erreichen, wird eine *verstürzte* Wicklung hergestellt. Dazu wickelt man die Rechteckdrähte scheibenförmig radial von innen nach außen – bei jeder zweiten Spule zunächst provisorisch. Da nämlich jede zweite Spule im Endzustand von außen nach innen durchlaufen werden muss, werden ihre Windungen dann umgeschichtet (verstürzt, **3**.52).

Scheibenspulenwicklungen weisen eine gleichmäßige Spannungsverteilung über die gesamte Wicklungslänge auf. Weil sie sich stirnseitig gut pressen lassen, haben sie eine hohe mechanische Festigkeit und lassen sich auch durch hohe Kurzschlussströme nicht verformen. Die einzelnen Scheibenspulen werden durch Distanzstücke voneinander isoliert, sodass gleichzeitig Kühlkanäle für die Kühlflüssigkeit entstehen.

Die Wicklungen von Großtransformatoren sind überwiegend flüssigkeitsgekühlt (Öl, Esterverbindungen). Deshalb werden sie weder getränkt noch vergossen. Durch die Flüssigkeitskühlung erreicht man eine bessere Isolation bei hohen Spannungen, eine bessere Wärmeabfuhr bei großen Leistungen und einen Feuchtigkeitsschutz bei Aufstellung im Freien.

Aktivteilmontage. Bei der Montage der Aktivteile werden zunächst die Wicklungsblöcke (dazu gehören alle Wicklungen, Isolationssysteme und Pressringe einer Säule) auf den Eisenkern montiert. Nach Einschichten des Oberjochs werden die Wicklungen hydraulisch gepresst und mit Pressschrauben fixiert. Anschließend verlegt man die Schaltverbindungen zwischen den einzelnen Wicklungen und Durchführungen bzw. Stufenschalter und Umsteller.

Den Aktivteilen von Großtransformatoren entzieht man die Feuchtigkeit. Das geschieht in einem Trocknungsprozess unter Vakuum. Durch diesen Vorgang werden die Wicklungen so weit stabilisiert, dass sie im Betrieb nicht schwinden und nicht nachgespannt werden müssen. Danach baut man den Aktivteil in den vormontierten und mit Überwachungsgeräten ausgerüsteten Kessel ein. Nach einer Phase der Entgasung unter Vakuum wird getrocknetes und entgastes Öl eingezogen. Erst nach einer von der Bemessungsspannung abhängigen Wartezeit, die zur Durchtränkung aller verwendeten Isoliermaterialien nötig ist, wird der Transformator zur Spannungsprüfung freigegeben.

3.8.5 Äußere Gestaltung

Kleintransformatoren für Niederspannung erfordern keine besonderen Konstruktionsmaßnahmen zu ihrer äußeren Gestaltung. Sie werden in ein einfaches Gehäuse, in einen Schrank oder in das von ihnen zu versorgende Gerät eingebaut.

Der äußere Aufbau von Trockentransformatoren hängt vor allem davon ab, in welchem Umfang ein Schutz gegen zu hohe Berührungsspannungen und gegen Wassereinfluss bestehen soll.

Großtransformatoren und solche für höhere Spannungen sind in einem mit Öl oder Esterverbindungen als Ersatz für Clophen[1] gefüllten Kes-

[1] Wurden wegen der auf Seite 180 beschriebenen Problematik durch Gießharztransformatoren ersetzt.

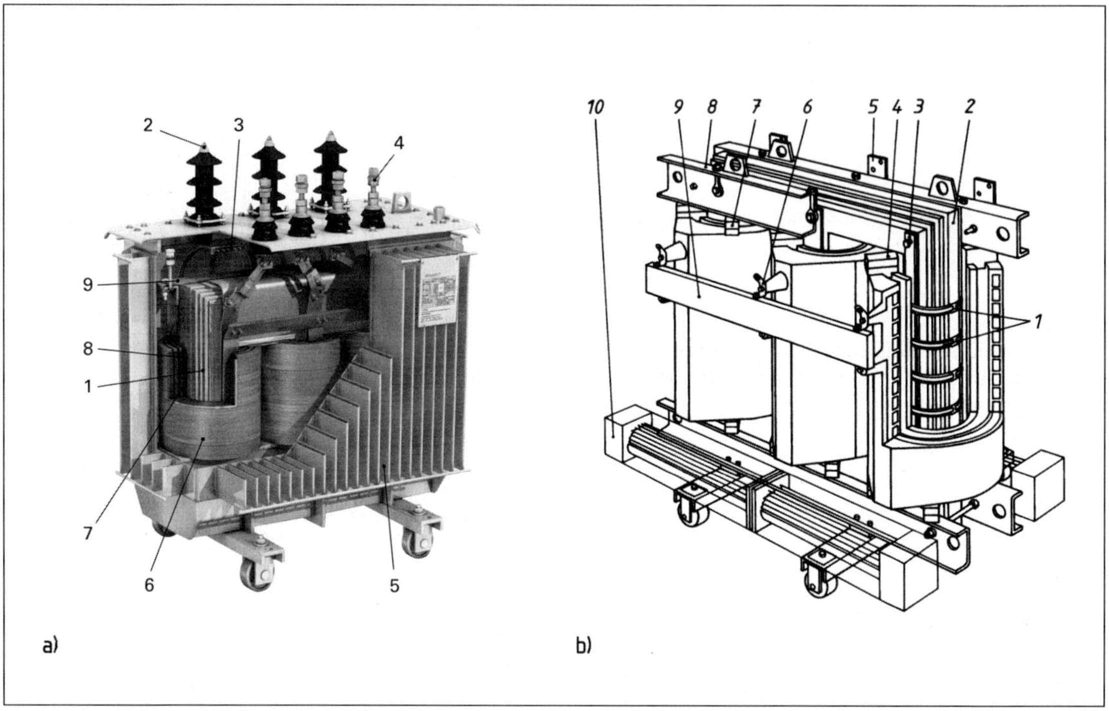

3.53 a) Drehstrom-Öl-Kerntransformator, b) Gießharztransformator

a)
1 Dreischenkelkern
2 Oberspannungsanschlüsse
3 Spannungsumsteller
4 Unterspannungsanschlüsse
5 Faltwellenkessel
6 Oberspannungswicklung
7 Unterspannungswicklung
8 Isolation
9 Pressgestell

© Siemens AG 2019, Alle Rechte vorbehalten

b)
1 Kernbandagen
2 Kern
3 US-Spule
4 OS-Spule
5 US-Anschluss
6 OS-Anschluss
7 Schwingungsentkoppler
8 Pressrahmen
9 Schaltleiste
10 Querstromlüfter (Zusatzeinrichtung)

sel untergebracht, der mit Kühlrippen versehen ist. Bei großen Leistungen ist eine künstliche Kühlung durch Ölumlauf mittels Ölumlaufpumpe und evtl. zusätzlichen Ölrückkühlvorrichtungen erforderlich (**3**.53a).

Über dem Kessel befindet sich häufig ein Ölausdehnungsgefäß, sodass der Kessel selbst immer mit Öl gefüllt ist. Eingedrungene Luft oder im Kessel entstandene Gase strömen in das Ausdehnungsgefäß. Dessen Fassungsvermögen berücksichtigt die sich aus der gesamten Ölfüllung ergebende Volumenänderung. Eine Luftentfeuchtungsvorlage ist erforderlich, weil infolge der temperaturabhängigen Schwankungen des Ölstands im Ausdehnungsgefäß ein ständiger Luftwechsel stattfindet. Die eindringende Luft muss getrocknet werden. Zur Füllung der Entfeuchtungsvorlage verwendet man hygroskopische Stoffe, z. B. die Handelsprodukte Blaugel oder Silikagel.

Als Verteilungstransformatoren werden in jüngster Zeit auch Transformatoren mit hermetisch abgeschlossenem Kessel ohne Druckausgleich eingesetzt.

Um Zusatzverluste zu vermeiden, werden an den Innenseiten der Kessellängswände aus Transformatorenblech geschichtete Blechpakete (Saugbleche) angebracht, die den Streufluss verlustarm führen.

Weitere Elemente der äußeren Gestaltung sind die Durchführungen. Sie haben die Aufgabe, die Zuleitungsanschlüsse spannungssicher in das Gefäß hineinzuführen. Ihr konstruktiver Aufbau ist deshalb von der auftretenden Spannung abhängig.

3.9 Transformatorenschutz

3.9.1 Innere Fehler

Transformatoren übertragen große Energieflüsse. Im ungestörten Betrieb erwärmt nur der geringe Verlustteil den Transformator. Treten innere Fehler auf, kann sich der im Transformator in Wärme umgesetzte Energieanteil stark erhöhen, was zu einer unzulässig hohen Erwärmung des Eisenkerns, der Wicklungen und der Kühlflüssigkeit führt. Aufgabe der Schutztechnik ist es, innere Fehler schnell zu erkennen und solche Betriebszustände abzustellen, die die Ursache innerer Fehler sein können. Das können Wicklungs-, Eisen- oder Kühlungsfehler sein.

Wicklungsfehler sind Wicklungs- und Windungsschlüsse als Folge von Schäden an der Wicklungs- bzw. Windungsisolation. Hierbei entstehen zunächst Vorentladungen, die sich unter ständiger Energiezufuhr zu einem Lichtbogen ausweiten können, der die Isolationsschäden vergrößert. Ursache ist oft Materialalterung infolge extremer Erwärmung und mechanischer Beanspruchung durch Kurzschlussströme. Auslösendes Moment für einen Windungs- oder Wicklungsschluss sind meist Überspannungen, die von Schaltvorgängen im angeschlossenen Netz oder von einem Gewitter herrühren.

Eisenfehler treten im Eisengestell auf. Ursache ist, dass einzelne Bleche verschiedener Schichten (z. B. infolge zerstörter Bolzen- oder Blechisolation) elektrisch gut leitend miteinander verbunden werden. In diese von (großen Flüssen durchsetzten) niederohmigen Kurzschlusskreise werden hohe Spannungen induziert. An diesen Stellen mit undefinierten Übergangswiderständen, z. B. zwischen Bolzen- und Blechpaket, können Lichtbögen entstehen. Da sie Kernmaterial abschmelzen können, spricht man vom Eisenbrand, der sich besonders nachteilig auf Transformatoren auswirkt.

Wegen der relativ hohen Übergangswiderstände zwischen den zum Betriebsstromkreis gehörenden und den nicht dazu gehörenden leitenden Teilen treten Körper- bzw. Gehäuseschlüsse in Transformatoren nicht so häufig auf wie bei rotierenden elektrischen Maschinen.

Fehler in der Ölkühlanlage sind eine weitere Gefahr. Da sämtliche inneren elektrischen Fehler auf das Öl einwirken – es erwärmen, vergasen oder zerstören – hilft der Ölzustand bei der Fehleranalyse. Gasentwicklungen im Öl sind besonders gefährlich, da dieses Gas brennbar ist und es somit bei Entzündung zur Explosion des Transformatorkessels kommen kann.

3.9.2 Schutzeinrichtungen

Überwachung. Die Öltemperatur wird mit einem Stockthermometer im Kesseldeckel oder (bei Umlaufkühlung) in der Rohrleitung überwacht, außerdem über Gefahrenmelder oder Wärmewächter mit einstellbarer Ansprechtemperatur. Eine Nahanzeige erfolgt durch Zeigerthermometer mit Maximalwertkontakt; eine genaue Temperaturüberwachung geschieht durch Widerstandsthermometer mit Übertragung der Messwerte in die Schaltwarte. Die Temperaturfühler dieser Geräte werden in den Thermometertaschen des Transformatorendeckels untergebracht.

Die Kontrolle des Ölspiegels im Ausdehnungsgefäß geschieht durch Ölstandsanzeiger oder Ölstandswächter mit Meldekontakt. In bestimmten Zeitabständen erfolgt die Güteprüfung des Öls durch Ölprobenentnahme.

Wärmewächter. Unzulässig hohe Erwärmungen können mit einem einfachen Schutz, dem Wärmewächter, erfasst werden. Er wird in großem Umfang zum Schutz von Verteilungstransformatoren auf der 10-kV- und 20-kV-Spannungsebene als Überlastschutz eingesetzt. Ein Wärmewächter besteht aus einem Bimetallstreifen, der fest in eine Blechpatrone eingespannt ist. Er wird direkt unter den Deckel von Transformatoren eingebaut und ist somit von dem Kühlöl umgeben. Wird die höchstzulässige Öltemperatur überschritten, biegt sich der Bimetallstreifen weit durch und schließt einen Kontakt.

In bewachten Anlagen wird dadurch ein Alarmsignal ausgelöst. Sind die Anlagen unbewacht, ist es nur sinnvoll, den Transformator von den angeschlossenen Netzen zu trennen.

Die Transformatorvollschutzeinrichtung für Großtransformatoren besteht aus drei Temperaturfühlern und einem Auslösegerät (s. Bild **3**.54). Die Fühler sind PTC-Widerstände, die in Reihe geschaltet in die drei Stränge der Unterspannungswicklung eingefügt sind. Ihre bei Ansprechtemperatur sprunghaft ansteigende Widerstandserhöhung bewirkt eine Umschaltung eines Wechslerkontakts im Auslösegerät. Kühlt sich die Wicklung beispielsweise um 6 K unter die Bemessungsansprechtemperatur ab, wird die Relaisspule des Auslösegeräts wieder voll erregt und der Wechslerkontakt schaltet zurück.

Derartige Vollschutzeinrichtungen arbeiten in einer selbstüberwachenden Ruhestromschaltung. Folglich sind sie in der Lage, Leitungsbruch und Spannungsausfälle im Relaiskreis zu erkennen.

Bild **3**.54 zeigt ein Auslösegerät, für das die Versorgungsspannung der Ausgangwicklung des zu schützenden Transformators entnommen wird. In diesem Fall ist ein Zeitrelais erforderlich, das die Zeit überbrückt, die vom Augenblick des Zuschaltens des Transformators bis zum Anziehen des Relais im Auslösegerät vergeht, weil dann dessen Auslöseleitung unterbrochen ist.

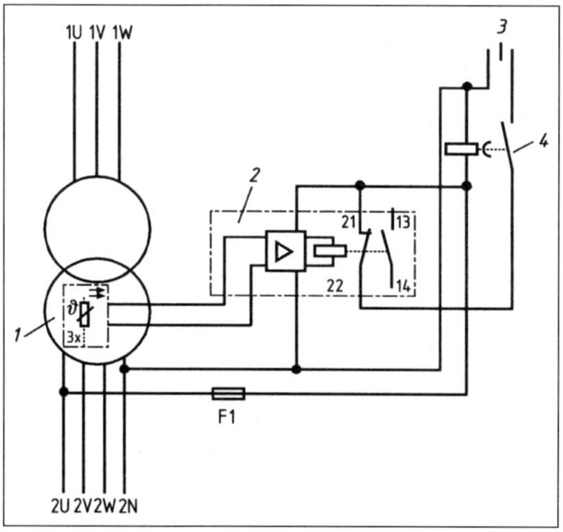

3.54 Auslösegerät für Großtransformatoren
1 Kaltleiter-Temperaturfühler
2 Schaltverstärker
3 Warnung oder Abschaltung
4 Anzugsverzögertes Zeitrelais

Buchholzschutz. Das Buchholzrelais ist ein spezieller Transformatorschutz zur stetigen Überwachung des Transformatorenöls. Es wird in die Rohrleitung zwischen Kessel und Ölausdehnungsgefäß eingebaut. In seinem Aufbau ist es recht einfach und meldet zuverlässig (**3**.55):

- Gasbildung durch örtliche Übererwärmung des Kessels infolge von Eisenbrand, Windungs- und Wicklungsschluss, Durchschlag, Phasenunterbrechung und schleichende Erdfehler
- Druckwellen durch plötzliche Gasbildung, z. B. bei energiereichen Über- und Durchschlägen in den Wicklungen
- Lufteintritt in den Transformatorkessel, z. B. durch eine undichte Stopfbuchse in der Ölumwälzpumpe
- Unzulässiges Absinken des Ölspiegels, z. B. durch ein Leck in der Ölkühlanlage

Buchholzrelais werden in Ein- und Zweischwimmerausführung hergestellt.

Einschwimmerrelais baut man in unbewachte Anlagen mit Leistungen von 250 bis 1600 kVA ein. Sprechen sie an, wird der Transformator ober- und unterspannungsseitig vom Netz getrennt.

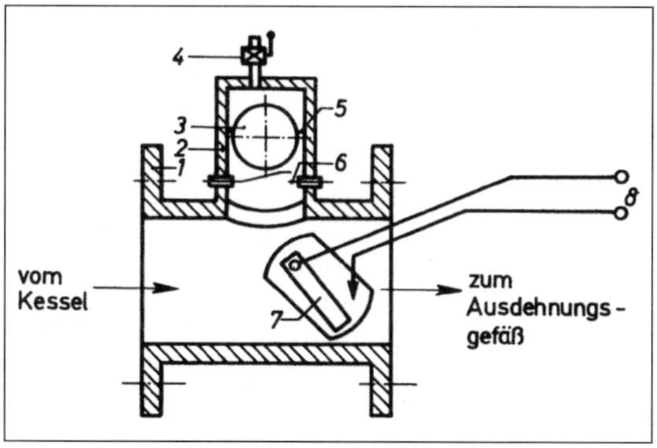

3.55 Buchholzrelais (Zweischwimmerrelais)
1 Gehäuse mit Flanschen
2 Gasfangdom
3 (oberer) Schwimmer
4 Hahn zur Entnahme von Gasproben
5 Ölstand
6 Schaltkontakt
7 (unterer) Schwimmer mit Schaltkontakt
8 Meldevorrichtung

Zweischwimmerrelais nimmt man für bewachte Anlagen. Bei leichten Fehlern spricht nur der obere Schwimmer an und löst über einen Kontakt ein Warnsignal aus. Treten schwere Fehler auf, muss der untere Schwimmer sofort die Abschaltung des Transformators auslösen.

Die im Fehlerfall aus dem Öl aufsteigenden Gasblasen sammeln sich im Gasfangdom und verdrängen darin das Öl, sodass der obere Schwimmer absinkt. Dadurch wird ein Schaltkontakt betätigt und ein Warnsignal ausgelöst.

Wird das Öl z. B. durch energiereiche Wicklungsdurchschläge örtlich stark erwärmt, entstehen durch die plötzliche Gasbildung Druckwellen im Öl und somit eine starke Ölströmung in der Rohrleitung zum Ausdehnungsgefäß. Dadurch wird der als Stauklappe ausgebildete untere Schwimmer bewegt. Er schließt einen Kontakt und löst so den ober- und unterspannungsseitigen Leistungsschalter aus. Die Ursache wird gesondert angezeigt.

Hat der Buchholzschutz angesprochen, prüft man zunächst, ob tatsächlich ein Fehler vorliegt oder ob nur Luft eingedrungen ist. Fehler erkennt man bedingt an der graugrünen Färbung und an der Brennbarkeit des Gases, das dem Gasfangdom über den Gasablasshahn entnommen wird. Die genaue Prüfung erfolgt mit einem Gasanalysator für Buchholzrelais. Aus den Ergebnissen der Gasanalyse lassen sich Erkenntnisse über die Art der aufgetretenen Fehler gewinnen. Die im Buchholzschutz auftretenden brennbaren Gase sind Wasserstoff, Methan, Azetylen, Äthylen und Äthan.

Da das Öl auch im ungestörten Betrieb eine geringe Gasentwicklung zeigt, muss die im Buchholzrelais entstandene Gasblase in regelmäßigen Zeitabständen abgelassen werden.

Differentialschutz. Für größere Transformatoren wird neben den genannten Schutzeinrichtungen zusätzlich der Differentialschutz eingesetzt. Er erfasst innere Fehler und Fehler in den äußeren Anlageteilen, die im Schutzbereich der Messwandler liegen (besonders die Durchführungen). Auf diese Weise werden auch Klemmenkurzschlüsse erfasst, auf die der Buchholzschutz nicht reagiert (**3**.56).

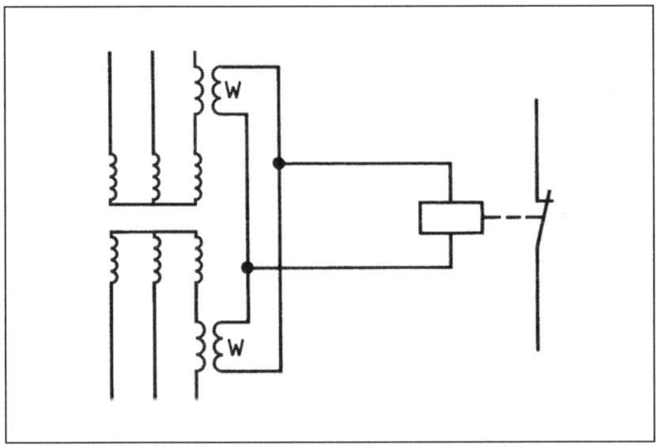

3.56 Aufbau und Schaltung eines Differentialschutzes

Im Differentialschutz arbeiten Stromwandler mit gleichen Sekundärstromstärken auf der Ober- und Unterspannungsseite in Gegenreihenschaltung auf die Erregerspule eines Differentialrelais. Die Stromwandler werden dem Übersetzungsverhältnis des Transformators angepasst und gegebenenfalls miteinander abgeglichen. Wird nun z. B. durch einen Windungsschluss das Übersetzungsverhältnis eines Transformators verändert, fließt in den Sekundärkreisen der beiden Wandler ein Ausgleichs- bzw. Differenzstrom, der das Differentialrelais auslöst. Daraufhin wird der Transformator ober- und unterspannungsseitig vom Netz getrennt.

Um Fehlauslösungen zu vermeiden, müssen folgende Bedingungen erfüllt sein:

- Der Einschaltstromstoß des Transformators darf den Schutz nicht auslösen. Das Relais ist zu blockieren, darf aber hierdurch bei Transformatorenfehlern nicht am Ansprechen gehindert werden. Günstig ist es, die Auslösung mithilfe eines Zeitrelais zu verzögern, bis der Einschaltstrom abgeklungen ist.
- Das Relais darf auf die bei Transformatoren mit Stufeneinstellung unvermeidlichen Differenzströme nicht ansprechen.
- Toleranzen der Stromwandler dürfen auch bei schweren Netzkurzschlüssen nicht zum Abschalten des intakten Transformators führen.

Numerische Differentialschutzgeräte (Trafocontroller) übernehmen die Überwachung von Großtransformatoren. Deren zu- und abschaltbare Funktionsmodule sind durch Parametrierung für die jeweiligen Einsatzbedingungen und Kontrollanforderungen aktivierbar. Individuell aktivierbare Kontrollfunktionen sind u. a.:

- Schaltgruppenkorrektur
- Unterscheidung zwischen Einschaltvorgang und Kurzschluss des Transformators
- Erfassung der Stufenschalterstellung und deren jeweiliger Einstellzeit
- Strom und Temperaturmessungen
- Überlastschutz
- Online-Ölüberwachung
- Abschaltung bei Wandlersättigung infolge innerer und äußerer Fehler
- Betriebsmessung und Störschreibung mit Einbindung der erfassten Daten in die übergeordnete Leittechnik

Bild **3**.57 zeigt den Anschluss eines numerischen Differentialschutzes mit Erdstromerfassung eines Sternpunktbildners an einen Zweiwicklungstransformator.

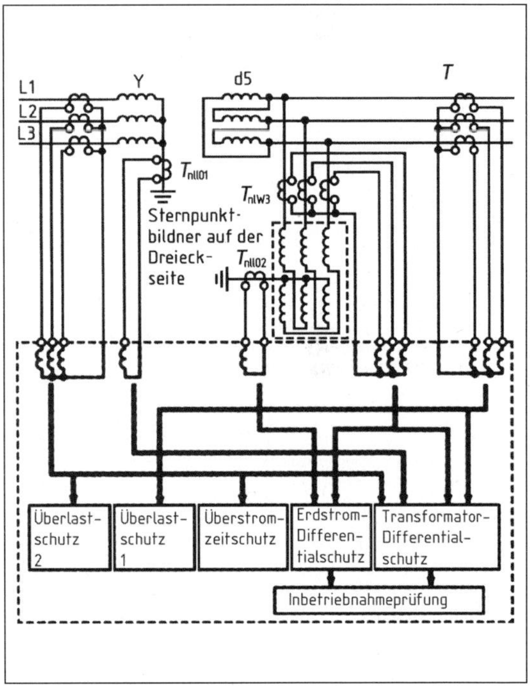

3.57 Zweiwicklungstransformator mit numerischem Differentialschutz

Überlast- und Überspannungsschutz. Bei kleinen Transformatoren bis 250 kVA dienen Sicherungen oder Hochleistungssicherungen als Überlastungsschutz. Wird ihr Abschaltvermögen überschritten, baut man Leistungsschalter mit integriertem Überstromschutz ein. Größere Transformatoren erhalten einen unabhängigen Überstromzeitschutz. Er besteht aus einem vom Leistungsschalter getrennten Überstromzeitrelais, das ober- und unterspannungsseitig auslöst.

Durch Gewitter oder Schalthandlungen im übrigen Netz können Überspannungen im Transformator auftreten. Um sie auf einen der inneren Isolation entsprechenden Wert zu begrenzen, bringt man möglichst in Nähe der Eingangsklemmen des Transformators Überspannungsableiter an. Nach VDE müssen auch Reihenwicklungen von Spar- und Zusatztransformatoren durch parallel liegende Überspannungsableiter vor Überspannungen geschützt werden.

Schutzfunkenstrecken parallel zu den Transformatorausführungen werden bei Spannungen ab 10 kV eingebaut. Sie schützen nur die Isolierkörper der Durchführungen vor Beschädigungen durch Lichtbogeneinwirkungen und sind deshalb kein Ersatz für Überspannungsableiter.

Aufgaben zu Abschnitt 3.8 und 3.9

1. Mit welchen Schutzeinrichtungen sind Öltransformatoren großer Leistung ausgerüstet?
2. Welche Aufgaben übernehmen das Buchholzrelais, der Differentialschutz und Überspannungsableiter in einem Öltransformator?
3. Welche Vorteile bieten Gießharztransformatoren gegenüber Öltransformatoren?
4. Vergleichen Sie Scheiben- und Zylinderwicklung miteinander. Heben Sie die Vorzüge der beiden Wicklungen jeweils im Vergleich zu der anderen hervor.
5. Welcher Kernwerkstoff wird heute im Transformatorenbau bevorzugt verwendet? Heben Sie seine besonderen Eigenschaften hervor.

4 Wechselstrommaschinen

4.1 Grundlagen der Drehstromwicklungen

Die Ständerwicklungen der asynchronen und synchronen Drehstrommaschinen sind grundsätzlich gleich ausgeführt. Der Aufbau lässt sich am einfachsten an einem zweipoligen Drehstromgenerator nach Bild **4**.1 erläutern.

Zweipolige Maschine. Der feststehende Teil einer Maschine, der Stator oder Ständer St enthält drei gleiche, räumlich versetzt angeordnete Induktionswicklungen, Stränge genannt. Zur besseren Übersichtlichkeit ist die in den Ständernuten eingebettete Wicklung mit einer Windung im Schnitt dargestellt (**4**.1a). Außerdem besteht jeder Wicklungsstrang nur aus einer Spule mit zwei Spulenseiten. Die Erregerwicklung des Läufers (Rotor) L erzeugt ein zweipoliges Magnetfeld, das wegen der Form der Läuferpolschuhe eine angenähert sinusförmige Induktionsverteilung längs des Luftspalts aufbauen soll. Nach den Ausführungen im Abschn. 1.2 induziert ein sinusförmiger Wechselfluss mit dem Scheitelwert $\hat{\Phi}$ und der Frequenz f, der eine Spule mit der Windungszahl N durchsetzt, in dieser Spule eine sinusförmige Wechselspannung $U_q = 4{,}44 \cdot f \cdot N \cdot \hat{\Phi}$. Dabei ist es gleichgültig, ob dieser Wechselfluss durch eine zeitliche Änderung des Flusses (Transformator) oder durch eine räumliche Bewegung des umlaufenden Läufers (Generator) entsteht.

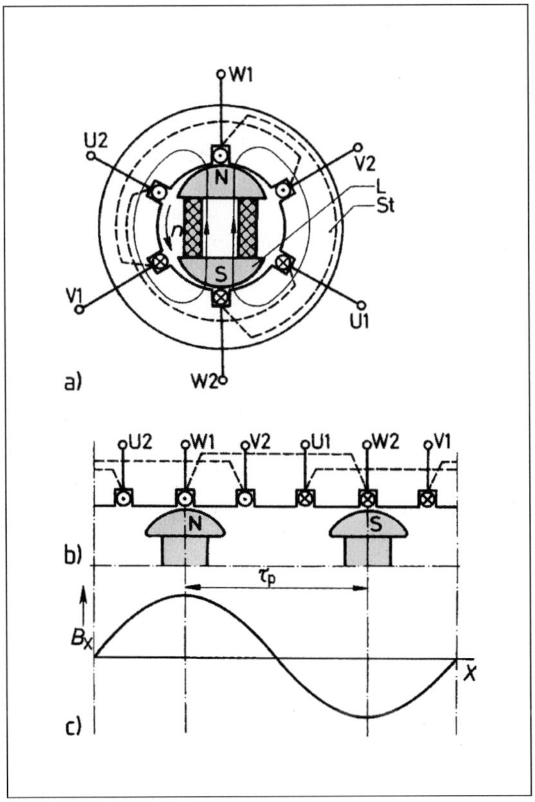

4.1 Zweipoliger Drehstromgenerator
a) Schnitt
b) Abwicklung
c) Feldkurve

Im Strang W der Ständerwicklung wird im dargestellten Augenblick in beiden Spulenseiten die Spannung U_{max} induziert, da die Spulenseiten W1 und W2 um 180° geometrisch gegeneinander versetzt sind und in der Läuferachse liegen. Der Winkel 180° entspricht bei der zweipoligen Maschine der Phasenverschiebung der induzierten Spannungen in den Spulenseiten von 180° el (s. Abschn. 2.14.2). Die beiden induzierten Spannungen in den Spulenseiten W1 und W2 sind über den Wickelkopf in Reihe geschaltet. Die Gesamtspannung im Wicklungsstrang W ist daher doppelt so groß wie die Spannung in einer Spulenseite. Die drei Wicklungsstränge U, V und W sind um jeweils 120° el und geometrisch gegeneinander versetzt. In diesem herausgegriffenen Augenblick induziert der Läufer in den Wicklungssträngen U und V nicht die Maximalspannung, sondern (sinusförmige Induktionsverteilung im Luftspalt vorausgesetzt) nur die Hälfte der maximalen Spannung.

Die abgebildete Maschine weist einen Nordpol und einen Südpol auf. Da magnetische Pole immer paarweise auftreten, eine Ausführung daher nur mit geraden Polzahlen möglich ist, arbeitet man vorwiegend mit der Polpaarzahl p. Für diese Maschine ist daher $p = 1$. Um die Flussverteilung im Ständer und im Läufer zu verbessern, ist es üblich, Wechselstrommaschinen auch mehrpolig auszuführen.

Die vierpolige Maschine nach Bild **4**.2 (also mit der Polpaarzahl p = 2) hat abwechselnd zwei

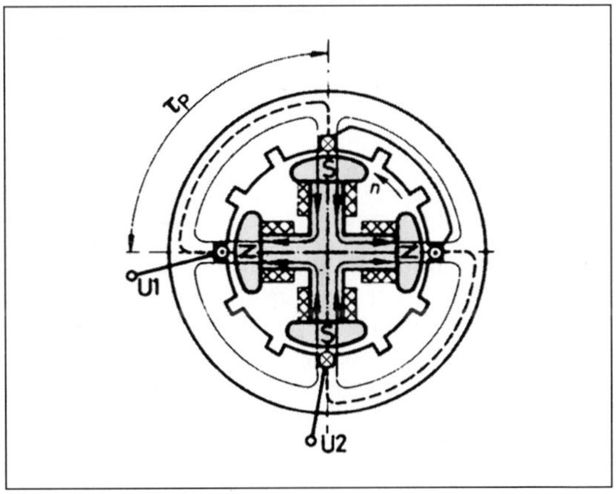

4.2 Vierpoliger Generator

Nordpole und zwei Südpole. Bezeichnet man den Bohrungsdurchmesser des Ständerblechpakets mit D, induzieren die um Polteilung

$$\tau_p = \frac{D \cdot \pi}{2\,p} \tag{4.1}$$

versetzten Pole des Läufers in den Spulenseiten um 180° phasenverschobene Spannungen. Eine Polteilung τ_p entspricht bei der vierpoligen Maschine dem geometrischen Winkel $\alpha_r = 360° / 2p = 90°$ und dem elektrischen Winkel $\alpha_{el} = 180°$. Allgemein gilt die Beziehung:

$$\alpha_{el} = p \cdot \alpha \tag{4.2}$$

Der in Bild **4**.2 eingezeichnete Strang der Drehstromwicklung besteht aus zwei Spulen. In den unter gleichnamigen Polen befindenden Spulenseiten werden phasengleiche Spannungen induziert. Werden die Spulen – wie normalerweise üblich – in Reihe geschaltet, ist die induzierte Strangspannung gleich der Summe der in den vier Spulenseiten induzierten Spannungen. In die freien Ständernuten werden die beiden anderen Stränge der Drehstromwicklung eingelegt, wobei die Anfänge bzw. Enden der Spulen um 120° el = 60° räumlich gegeneinander versetzt sind. Die Anfänge der drei Wicklungsstränge bezeichnet man mit U1, V1 und W1, die dazugehörenden Enden mit U2, V2 und W2.

Einphasen-Wechselstrommaschinen sind mit nur einem Arbeits-Wicklungsstrang ausgestattet. Zur weiteren Betrachtung setzen wir eine zweipolige Maschine voraus. Da hierbei elektrische und räumliche Winkelgrade übereinstimmen, soll auf die Kennzeichnung „el" verzichtet werden.

4.2 Wicklungsfaktoren

4.2.1 Verteilte Wicklung – Zonenfaktor

Nutzahl. Die Wicklung eines Strangs ist nur selten – wie in Bild **4**.1 – auf eine einzige Spule konzentriert (konzentrierte Wicklung), sondern meist am Umfang der Ständerbohrung auf mehrere Nuten verteilt (verteilte Wicklung). Spulen desselben Wicklungsstrangs, die in benachbarten Nuten liegen, fasst man zu Spulengruppen zusammen. Diese Nutzahl je Pol und Phase (s. Abschn. 4.4.1) wird mit q abgekürzt und berechnet nach der Gleichung:

$$q = \frac{N}{2 \cdot p \cdot m} \tag{4.3}$$

In dieser Gleichung bedeuten N = Nutenzahl, $2 \cdot p$ = Polzahl und m = Phasenzahl.

Ist q eine ganze Zahl (z. B. 1, 2, 3 usw.), spricht man von einer *Ganzlochwicklung.* Diese wollen wir auf den folgenden Seiten ausschließlich betrachten.

Beispiel 4.1 Für den Stator eines vierpoligen Drehstrommotors mit 36 Nuten ist die Anzahl der Nuten je Pol und Phase zu berechnen.

Lösung $q = \frac{N}{2 \cdot p \cdot m} = \frac{36}{2 \cdot 2 \cdot 3} = \mathbf{3}$

Eine entsprechende Wicklung ist in Bild **4**.33 dargestellt.

Zonenfaktor. Bild **4**.3 zeigt einen Wechselstromgenerator mit einer über drei Nuten a, b und c verteilten Strangwicklung. Das zweipolige Läuferdrehfeld erreicht während der Drehbewegung die Leiter in den benachbarten Nuten mit einer geringen Zeitdifferenz und induziert daher drei zeitlich gegeneinander verschobene Spannungen. Die Einzelspannungen liegen nicht „in Phase" und müssen daher zur Spannungssumme geometrisch

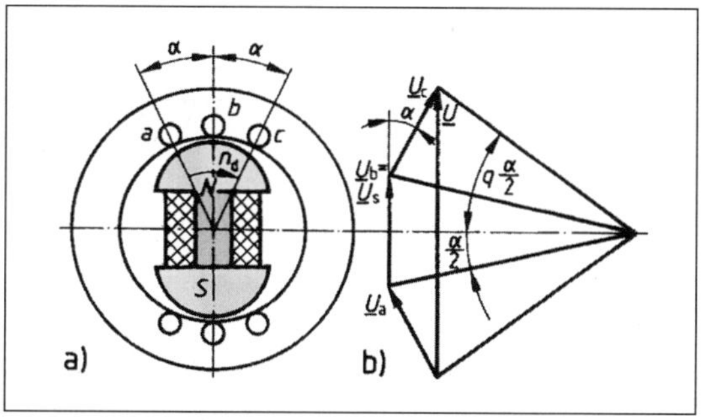

4.3 Wechselstromgenerator mit verteilter Wicklung
a) Schnitt, b) Zeigerdiagramm

addiert werden. Die geometrische Spannungssumme ist geringer als die algebraische. Der Faktor, um den sich die Gesamtspannung gegenüber der algebraischen Spannungssumme verringert, heißt Zonenfaktor ξ_z.

$$\xi_z = \frac{\textbf{geometrische Spannungssumme}}{\textbf{algebraische Spannungssumme}} \leqq 1 \tag{4.4}$$

Daraus geht hervor, dass die gesamte Spannung in einer solchen Gruppenspule umso kleiner ist, je öfter man die Spule unterteilt. Die Ausnutzung der Wicklung nimmt also mitzunehmender Anzahl der Nuten je Pol und Phase ab. Wenn die Nutenzahl q sehr groß ist und die nötigen Nuten so dicht beieinander liegen, dass sie einen Bogen bilden, ist die Ausnutzung der Wicklung am schlechtesten.

Nach den bisherigen Ausführungen bedeckt jede Gruppenspulenseite einer Dreiphasenmaschine jeweils ein Drittel eines Pols (60°); bei einer Zweiphasenmaschine wären es 90°, bei einer Einphasenmaschine 180°. Betrachten wir nun diese drei Fälle nach Bild **4**.4 und ermitteln daraus den (schlechtesten) Zonenfaktor ξ_z.

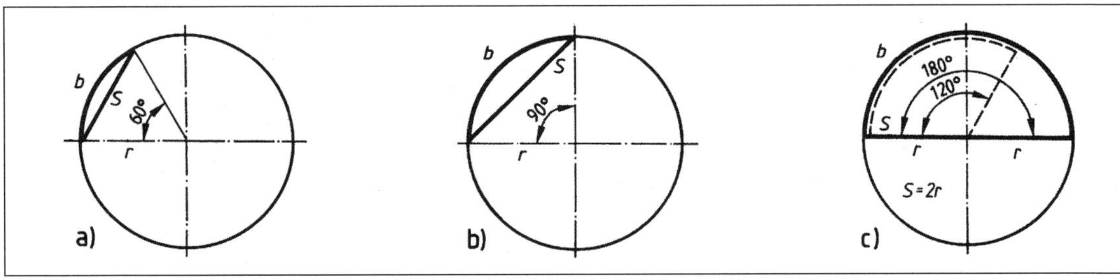

4.4 Berechnen des Zonenfaktors
a) Dreiphasenwicklung, b) Zweiphasenwicklung, c) Einphasenwicklung

Wandeln wir die Gleichung (4.4) etwas ab, können wir nach Bild **4.4** auch schreiben:

$$\xi_z = \frac{\text{geometrische Spannungssumme}}{\text{algebraische Spannungssumme}}$$

$$\xi_z = \frac{\text{Sehne}}{\text{Bogen}} = \frac{s}{b}$$

Damit ergeben sich für die drei Wicklungen folgende Zonenfaktoren:

Dreiphasenwicklung (**4.**4a): Der Bogen ist ein Sechstel des Umfangs, die Sehne von ⅙ Bogen ist der Radius r.

Demnach: $\xi_z = \frac{s}{b} = \frac{r}{\frac{2r \cdot \pi}{6}} = \frac{6r}{2r \cdot \pi} = \frac{3}{\pi} = \mathbf{0{,}955}$

Zweiphasenwicklung (**4.**4b): Der Bogen ist ein Viertel des Umfangs, die Sehne von ¼ Bogen ist $\sqrt{2} \cdot r$.

Demnach: $\xi_z = \frac{s}{b} = \frac{\sqrt{2} \cdot r}{\frac{2r \cdot \pi}{4}} = \frac{4 \cdot \sqrt{2} \cdot r}{2 \cdot r \cdot \pi} = \frac{2 \cdot \sqrt{2}}{\pi} = \mathbf{0{,}9}$

Einphasenwicklung (**4.**4c): Der Bogen ist die Hälfte des Umfangs, die Sehne ist $2 \cdot r$.

Demnach: $\xi_z = \frac{s}{b} = \frac{2r}{\frac{2r \cdot \pi}{2}} = \frac{2 \cdot 2 \cdot r}{2 \cdot r \cdot \pi} = \frac{2}{\pi} = \mathbf{0{,}637}$

Die Anzahl der Nuten je Pol und Phase q hat praktisch keinen Einfluss auf die Größe des Zonenfaktors ξ_z. Eine Nachrechnung für $q = 2$ ergäbe z. B. für eine Dreiphasenwicklung den Zonenfaktor von etwa 0,966. Es ist daher ausreichend, wenn man unabhängig von der Anzahl der Nuten je Pol und Phase bei Dreiphasenwicklungen den Zonenfaktor mit etwa 0,96 annimmt.

Hinweis für die Einphasenwicklung. Der Zonenfaktor für die Einphasenwicklung ist verhältnismäßig schlecht (0,637). Deshalb belegt man meist bei Einphasenmaschinen nur zwei Drittel der Gesamtnutzahl mit der Arbeitswicklung, also nur 120° statt der in der Berechnung angegebenen 180°. Der Zonenfaktor wird dann so berechnet (vgl. die gestrichelte Darstellung in Bild **4.**4c):

Der Bogen ist ein Drittel des Umfangs, die Sehne ist $2r \cdot \cos 30°$.

Demnach: $\xi_z = \frac{s}{b} = \frac{2r \cdot \cos 30°}{\frac{2r \cdot \pi}{3}} = \frac{3 \cdot 2r \cdot 0{,}866}{2r \cdot \pi} = \mathbf{0{,}827}$

Der Zonenfaktor wird also wesentlich besser.

4.2.2 Gesehnte Wicklung – Sehnungsfaktor

Sind die Spulenseiten einer Spule mit der Weite W um genau eine Polteilung τ_p = 180° gegeneinander versetzt, heißt die Wicklung Durchmesserwicklung. Ist dagegen die Spulenweite kleiner als die Polteilung, nennt man die Wicklung auch eine gesehnte Wicklung (s. Abschn. 2.14.2 und 4.4). Das Spannungs-Zeigerdiagramm für die gesehnte Wicklung zeigt Bild **4.**5c. Auch hier dürfen die

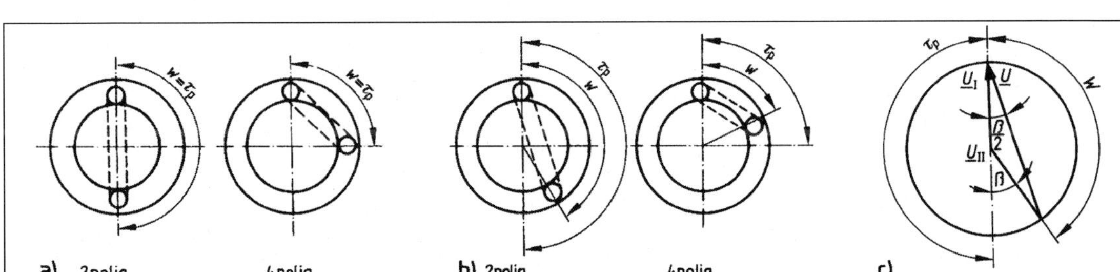

4.5 a) Durchmesserwicklung, b) gesehnte Wicklung, c) Zeigerdiagramm der Spannungen für die gesehnte Wicklung

Teilspannungen U_{I} und U_{II} der beiden Spulenseiten nicht algebraisch addiert werden. Infolge des Phasenverschiebungswinkels zwischen den beiden Spannungen ist eine geometrische Spannungsaddition erforderlich. Die Verringerung der geometrischen Spannungssumme gegenüber der der algebraisch addierten Spannungen drückt man durch den Sehnungsfaktor ξ_s aus.

$$\xi_s = \frac{\textbf{geometrische Spannungssumme}}{\textbf{algebraische Spannungssumme}} \leqq \mathbf{1} \quad (4.5)$$

Es zeigt sich, dass die Gesamtspannung einer gesehnten Wicklung umso kleiner wird, je stärker die Wicklung gesehnt ist. Ähnlich wie beim Berechnen des Zonenfaktors kann man auch vorgehen, um den Sehnungsfaktor zu berechnen.

Beispiel 4.2 Gegeben sei ein zweipoliger Drehstrommotor. Der Stator hat 24 Nuten. Legt man in den Stator eine Durchmesserwicklung mit dem Nutschritt $y_n = N/2 \cdot p = 24/2 = 12(1–13)$ ein, wird in allen Nuten, die zu einer Spule gehören, gleichzeitig die entsprechende Spannung erzeugt. Die geometrische Spannungssumme wird also so groß wie die algebraische Spannungssumme und daher der Sehnungsfaktor $\xi_s = 1$. Wird dagegen die Wicklung um eine Nute gesehnt (**4**.6), entsprechen die geometrische Spannungssumme der Sehne *s* und die algebraische Spannungssumme dem Durchmesser *d*. Wandeln wir die Gleichung (4.5) wieder ab, können wir schreiben:

$$\xi_s = \frac{\text{Sehne}}{\text{Durchmesser}} = \frac{s}{d}$$

Der Sehnungsfaktor wird dann so berechnet:

$$\xi_s = \frac{s}{d} = \frac{d \cdot \cos 7{,}5°}{d} = \cos 7{,}5° = \mathbf{0{,}99}$$

Der Winkel β beträgt 180° : 12 = 15°, der Winkel $\beta/2$ daher 7,5°.

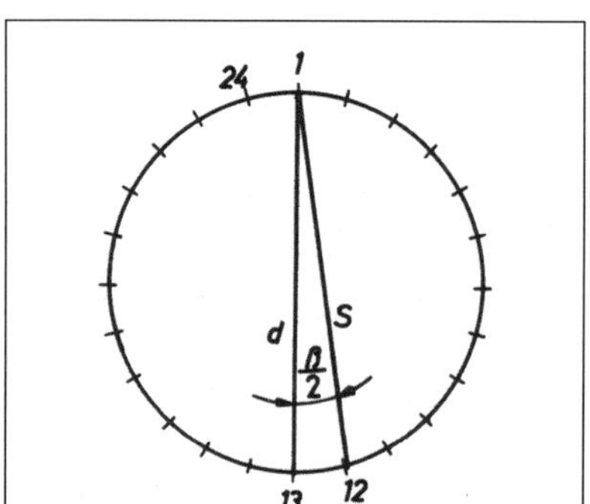

4.6 Berechnen des Sehnungsfaktors

Bei stärker gesehnter Wicklung wird, wie schon angedeutet, der Sehnungsfaktor kleiner. Bei Dahlanderwicklungen (s. Abschn. 4.4.5) ist zu berücksichtigen, dass (auf die kleine Polzahl bezogen) die Wicklung um die Hälfte gesehnt wird. Der Sehnungsfaktor ist dann $\xi_s = \cos 45° = 0{,}707$. Auch der Zonenfaktor wird (auf die große Polzahl bezogen) schlechter, weil bei Zweischichtwicklungen *q* der kleinen Polzahl entspricht. Er beträgt etwa 0,827. Diese geringen Sehnungsfaktoren bzw. Zonenfaktoren sind auch der Grund dafür, dass Dahlanderwicklungen so „schlecht" ausgenutzt sind.

In der Praxis wird die Sehnung häufig als Bruch angegeben, z. B. 5/6 oder 3/4 gesehnt. Die Tabelle **4**.7 soll einen Überblick über die einzelnen gesehnten Wicklungen geben. Wir gehen dabei wieder von unserem Beispiel des Drehstrommotors mit 24 Nuten aus:

Tabelle **4**.7 **Gesehnte Wicklungen, 24 Nuten 2-polig**

Nutschritt y_n	Sehnung	Sehnungsfaktor ξ_s
12(1–13)	nicht gesehnt	1
11(1–12)	11/12	0,9914
10(1–11)	5/6	0,966
9(1–10)	3/4	0,924
8(1– 9)	2/3	0,866
7(1– 8)	7/12	0,793
6(1– 7)	1/2	0,707

Bei zweipoligen Maschinen werden die Wicklungen häufig stärker gesehnt ausgeführt (etwa 3/4), weil sie sich als Durchmesserwicklung nur schwer um den halben Statorumfang versetzt anbringen lassen. Bei Zweischichtwicklungen werden die Spulen meist 5/6 bis 3/4 gesehnt (s. Abschn. 4.4.2).

Induzierte Spannung. Die in der Wicklung einer Wechselstrommaschine induzierte Quellenspannung U_q verringert sich gegenüber der nach Gleichung $U_q = 4{,}44 \cdot f \cdot \hat{\Phi} \cdot N$ (Abschn. 1.2 und 1.3) zu berechnenden Spannung

a) durch die Verteilung der Wicklung in Nuten auf eine Zone des Umfangs und evtl.

b) durch die Sehnung der Wicklung.

Für die gesamte Spannungsverringerung gilt der resultierende Wicklungsfaktor, kurz Wicklungsfaktor ξ genannt. Er ist das Produkt aus dem Zonenfaktor ξ_z und dem Sehnungsfaktor ξ_s.

$$\xi = \xi_z \cdot \xi_s$$

Somit wird die in einer drehenden Wechselstrommaschine induzierte Quellenspannung berechnet nach der Gleichung:

$$\boldsymbol{U_q = 4{,}44 \cdot f \cdot \hat{\Phi} \cdot N \cdot \xi} \quad (4.6)$$

Beispiel 4.3 Der Läufer eines vierpoligen Drehstromgenerators in Sternschaltung mit dem Fluss-Scheitelwert $\hat{\Phi} = 0{,}045$ Vs eines sinusförmigen Luftspaltfelds dreht mit 1500 min^{-1}. Die Windungszahl je Strang der Ständerwicklung beträgt $N = 24$. Der Zonenfaktor wird mit 0,955 angenommen, die Wicklung ist nicht gesehnt. Die Leiterspannung des Generators ist zu berechnen.

Lösung Mit der Drehzahl $n = 1500\ \text{min}^{-1}$ für einen vierpoligen Drehstromgenerator ist die Frequenz der erzeugten Wechselspannung bestimmt. Sie beträgt 50 Hz (Abschn. 4.3). Die Quellenspannung für jeden Wicklungsstrang U_{qS} ist dann:

$$U_{qS} = 4{,}44 \cdot f \cdot \hat{\Phi} \cdot N \cdot \xi$$

$$U_{qS} = 4{,}44 \cdot 50 \frac{1}{s} \cdot 0{,}045\ \text{Vs} \cdot 24 \cdot 0{,}955$$

$$U_{qS} = 229\ \text{V}$$

und die Leiterspannung:

$$U_{qv} = \sqrt{3}\, U_{qS} = 1{,}73 \cdot 229\ \text{V} = \mathbf{396\ V}$$

4.2.3 Bedeutung der Wicklungsfaktoren

Oberfelder. Allgemein herrscht nicht, wie bisher angenommen, längs des Luftspalts einer Maschine eine sinusförmige Induktionsverteilung. Vielmehr lässt sich infolge der geometrischen Formgebung der Läuferpole die Induktionsverteilung nur mehr oder weniger gut der Sinusform annähern. Bild **4**.8 zeigt als Beispiel ein rechteckiges Luftspaltfeld mit der Induktion B_{LX}. Dieses Rechteckfeld lässt sich zerlegen in ein sinusförmiges Grundfeld B_1 mit der Wellenlänge $\lambda \mathrel{\hat{=}} 2\,\tau_p$ und in die ungeradzahligen sinusförmigen Oberfelder B_3 und B_5 mit $1/3\,\tau_p$ bzw. $1/5\,\tau_p$. Mit geringer werdender Wellenlänge der Oberfelder verkleinern sich deren Amplituden. Die Addition dieser drei sinusförmigen Teilfelder B_1, B_3 und B_5 zeigt schon einen der Rechteckform gut angenäherten Feldverlauf. Eine „vollkommene" Rechteckform ergäbe sich, wenn wir weitere Oberfelder mit $1/7\,\tau_p$, $1/9\,\tau_p$ usw. annehmen. Diese Tatsache lässt sich mathematisch mit der *Fourieranalyse* ermitteln und gilt nicht nur für die Rechteckform, sondern:

> Jede von der Sinusform abweichende Feldkurve B_X lässt sich zerlegen in ein sinusförmiges Grundfeld B_1 mit der Wellenlänge $\lambda \mathrel{\hat{=}} 2\,\tau_p$ der Ausgangskurve und in eine praktisch unendliche Anzahl von sinusförmigen Oberfeldern B_ν mit der Ordnungszahl ν und $1/\nu\,\tau_p$.

Die Berechnung der Wicklungsfaktoren für die Oberfelder ist recht aufwendig. Das Beispiel 4.4 soll nur eine Vorstellung von den Größenverhältnissen vermitteln, nicht die Wicklungsfaktoren berechnen.

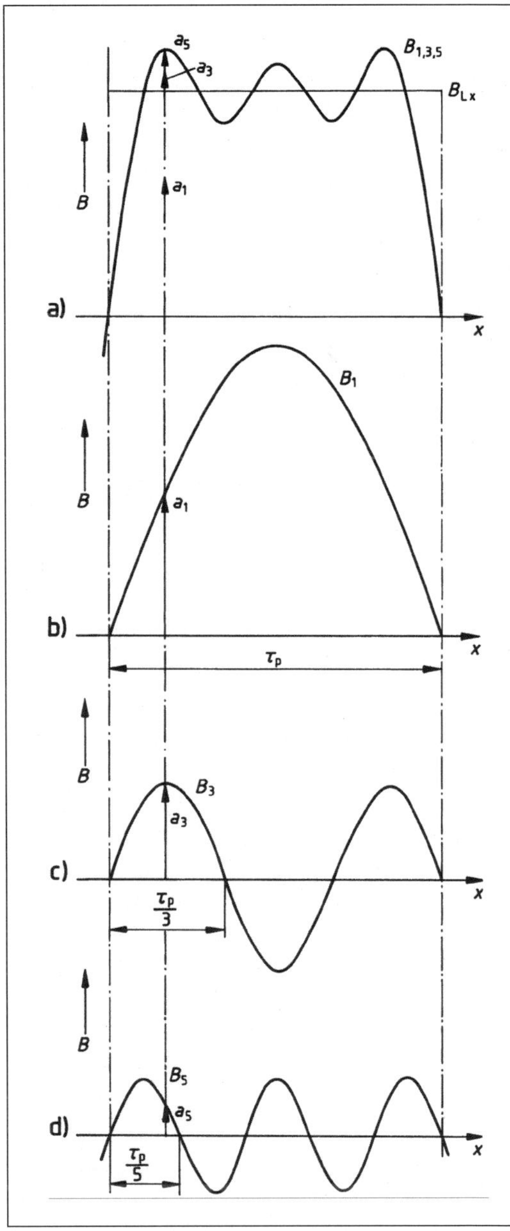

4.8 Addition von Grund- und Teilfeldern
a) Rechteckiges Luftspaltfeld B_{LX} und resultierendes Feld $B_{1,2,3}$, zusammengesetzt aus
b) Grundfeld B_1
c) 3. Teilfeld B_3
d) 5. Teilfeld B_5

Beispiel 4.4 Eine vierpolige Dreiphasenwicklung ist in einen Stator mit 60 Nuten eingelegt. Die Wicklung wird

a) als Durchmesserwicklung

b) als um zwei Nuten gesehnte Wicklung ausgeführt.

Die Wicklungsfaktoren des Grundfelds ξ_1 und des 5. Oberfelds ξ_5 werden miteinander verglichen.

Die Spulenweite (Nutschritt) der Durchmesserwicklung (a) beträgt

$$\tau_p = \frac{N}{2 \cdot p} = \frac{60}{2 \cdot 2} = 15\,(1\text{–}16)$$

und die Spulenweite der gesehnten Wicklung (b)

$$W = \tau_p - 2 = 15 - 2 = 13\,(1\text{–}14).$$

a) Durchmesserwicklung: Die Wicklungsfaktoren sind für das Grundfeld

$$\xi_1 = \xi_{z1} \cdot \xi_{s1} = 0{,}955 \cdot 1 = \mathbf{0{,}955}$$

und für das 5. Oberfeld

$$\xi_5 = \xi_{z5} \cdot \xi_{s5} = 0{,}2 \cdot 1 = \mathbf{0{,}2}.$$

b) Gesehnte Wicklung: Die Wicklungsfaktoren sind für das Grundfeld

$$\xi_1 = \xi_{z1} \cdot \xi_{s1} = 0{,}955 \cdot 0{,}978 = \mathbf{0{,}934}$$

und für das 5. Oberfeld

$$\xi_5 = \xi_{z5} \cdot \xi_{s5} = 0{,}2 \cdot 0{,}5 = \mathbf{0{,}1}.$$

Mit einer Sehnung um drei Nuten würde der Sehnungsfaktor des 5. Oberfelds zu null. In der Spannungskurve würde die 5. Oberwelle ganz „verschwinden".

Wicklungsfaktoren für Grund- und Oberwellen. Sind in dem Läuferfeld eines Wechselspannungsgenerators außer dem sinusförmigen Grundfeld B_1 noch Oberfelder B_ν enthalten, erzeugen beide Spannungen in der Wicklung des Generators. Für die konzentrierte Wicklung wären die Zonenfaktoren für die Grundwelle $\xi_z = 1$ und auch für die Oberwellen $\xi_z = 1$. Dies bedeutet, dass die Oberfelder des Läuferfelds in vollem Maß in der Spannungskurve vorhanden wären. Die Spannungskurve enthält dann erhebliche störende Oberwellen.

Bei einer verteilten Wicklung werden die Wicklungsfaktoren der Oberwellen meist sehr viel kleiner als die der Grundwelle. Für die Spannungserzeugung in einem Wechselstromgenerator bedeutet dies, dass die Oberwellen nicht in dem gleichen Maß zu der Spannungserzeugung beitragen wie das Grundfeld. So kann meist eine sinusförmige Spannung mit nur einem geringen Gehalt an Oberwellen an den Anschlussklemmen des Generators abgenommen werden.

Nach DIN EN 60034 gilt eine Spannung praktisch als sinusförmig, wenn kein Augenblickswert der Oberschwingung um mehr als 5 % des Scheitelwerts der Grundschwingung abweicht.

Ein geringer Oberwellengehalt der induzierten Spannung wird erreicht, indem man in drehenden Wechselstrommaschinen die Wicklung auf mehrere Nuten über eine Umfangszone verteilt. Will man bestimmte Oberwellen ganz vermeiden, sehnt man die Wicklung entsprechend.

Bruchlochwicklungen. Die bisherigen Ausführungen gelten nicht für Bruchlochwicklungen (s. Abschnitt 4.4.3 und 4.4.4). Dabei sind vielmehr sämtliche Teilspannungen einzeln zu berücksichtigen, weil die Spulengruppen nicht symmetrisch aufgebaut sind. Die Oberwellen der Spannungskurve werden bei dieser Wicklungsart noch weiter unterdrückt als bei einer verteilten Ganzlochwicklung. Deshalb erhalten große Synchrongeneratoren häufig eine Bruchlochwicklung.

4.3 Magnetische Felder

4.3.1 Felderregerkurve und Feldkurve

Bisher wurde die in einer drehenden Wechselstrommaschine induzierte Spannung betrachtet. Werden die Spulen von einem Strom durchflossen – gleichgültig ob auf Grund einer von außen anliegenden oder induzierten Spannung –, wird von den Spulen ein magnetisches Feld erzeugt (s. Abschn. 1.1). Für den Betrieb und für die Wirkungsweise interessieren besonders die Größe und die Verteilung des magnetischen Flusses. Eine genaue Beschreibung und Berechnung sind aber wegen der starken Inhomogenität recht schwierig (**4**.9 auf S. 219).

Für die folgenden Betrachtungen nehmen wir vereinfachend an: Die Luftspaltlänge ist konstant, das Eisen ist magnetisch nicht gesättigt und die Nuten sind geschlossen. Zunächst betrachten wir die von einem Gleichstrom, dann die von einem Wechselstrom durchflossene Wicklung.

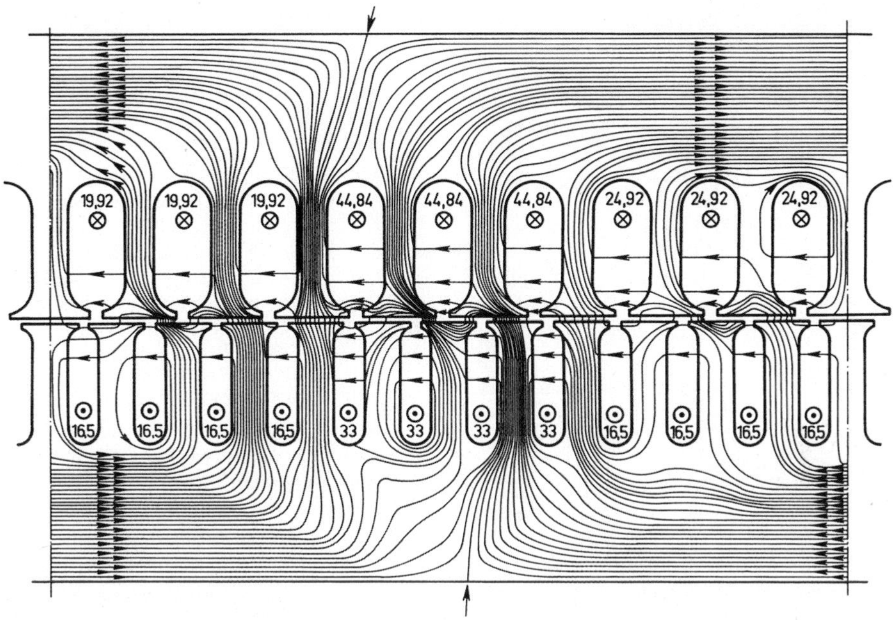

4.9 Verteilung des magnetischen Felds bei Betrieb eines Schleifringläufermotors. Die Zahlen bedeuten die Nutdurchflutung Θ_n in A. Die am Bildrand mit Pfeilen bezeichnete Feldlinie begrenzt die beiden Flüsse (nach *E. Kübler*)

4.3.1.1 Konzentrierte Wicklung

Magnetische Spannung. Bild **4**.10 zeigt den Querschnitt einer zweipoligen elektrischen Maschine. Die auf eine Spule konzentrierte Ständerwicklung ist in ein Paar Nuten eingebettet, die um eine Polteilung τ_p = 180° versetzt sind. Wird die Wicklung vom Strom I durchflossen, wird von z_n Leitern in einer Nute entsprechend Gleichung (1.1) die Nutdurchflutung $\Theta = I \cdot z_n$ erzeugt, die den magnetischen Fluss Φ zur Folge hat. Dieser durchsetzt das Ständereisen, den Luftspalt und das Läufereisen (**4**.10 und **4**.11). Die für die Eisenwege erforderliche

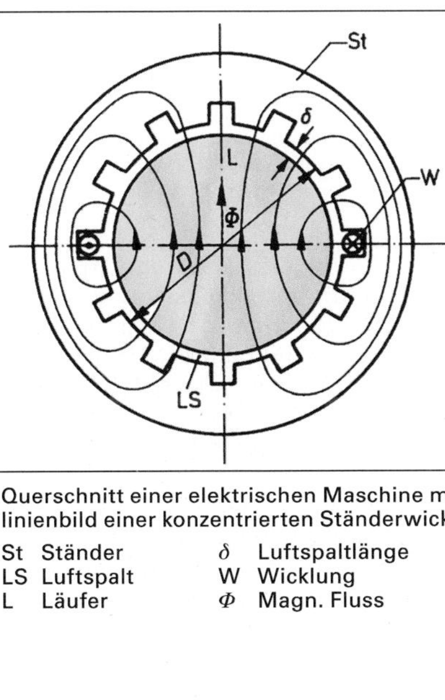

4.10 Querschnitt einer elektrischen Maschine mit Feldlinienbild einer konzentrierten Ständerwicklung

St Ständer
LS Luftspalt
L Läufer
δ Luftspaltlänge
W Wicklung
Φ Magn. Fluss

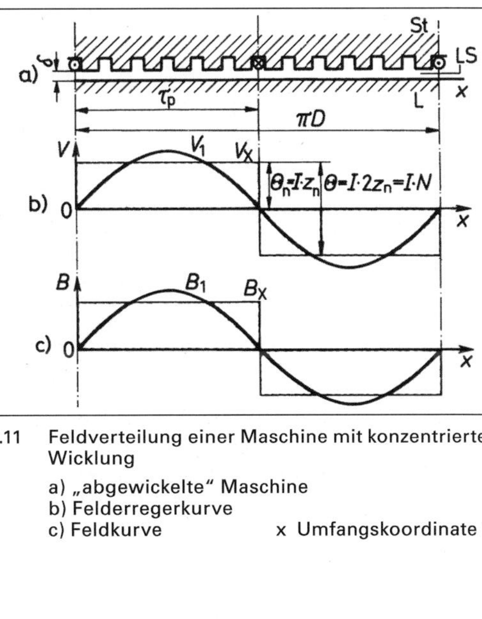

4.11 Feldverteilung einer Maschine mit konzentrierter Wicklung

a) „abgewickelte" Maschine
b) Felderregerkurve
c) Feldkurve
x Umfangskoordinate

Durchflutung ist gegenüber der des Luftspaltfelds vernachlässigbar klein. Daher können wir annehmen, dass die gesamte Nutendurchflutung zur Erzeugung des Luftspaltfelds verwendet wird. Dann ist nach Gleichung (1.2) die von einer Nute aufgebrachte Durchflutung $\Theta = I \cdot z_n = H \cdot \delta$ gleich dem Produkt aus der magnetischen Feldstärke H und der Feldlinienlänge im Luftspalt, das als *magnetische Spannung* V (Durchflutung) bezeichnet wird.

$$V = H \cdot \delta \tag{4.7}$$

Felderregerkurve. Nun können wir die Verteilung der magnetischen Spannung V_X längs des Bohrungsumfangs wie in Bild **4**.11 b zeichnen. Diese Verteilung nennt man Felderregerkurve. Die Luftspaltinduktion B wird nach Gleichung (1.4) von der magnetischen Feldstärke $H = V/\delta$ und der Induktionskonstanten μ_0 bestimmt.

$$B = \mu_0 \cdot H = \frac{V}{\delta} \cdot \mu_0 \tag{4.8}$$

Feldkurve. B ist somit bei konstanter Luftspaltlänge der magnetischen Spannung V proportional. Diese vereinfachende Betrachtung vernachlässigt, dass der magnetische Widerstand längs des Bohrungsumfangs wegen der Nutung und eines evtl. unrunden Läufers nicht konstant ist. Nehmen wir aber an, dass die Nuten vorwiegend nur wenig offen bzw. ganz geschlossen sind, können wir auch diese Einflüsse vernachlässigen und zeichnen die Verteilung der Luftspaltinduktion B_X längs des Bohrungsumfangs (**4**.11 b). Sie ist der magnetischen Spannung proportional. Diese Kurve wird Feldkurve genannt.

Die rechteckig verlaufende Feldkurve lässt sich nach Abschn. 4.2.3.1 in das eingezeichnete sinusförmige Grundfeld B_1 und in eine Anzahl Oberfelder B_ν zerlegen.

4.3.1.2 Verteilte Wicklung

Wegen des starken Oberwellengehalts der Feldkurve einer konzentrierten Wicklung, d. h. der starken Abweichung der Rechteckkurve von der idealen Sinusform, verteilt man die Wicklung auf mehrere Nuten über eine Zone des Umfangs.

In Bild **4**.12 a ist die Abwicklung einer auf $q = 3$ Nuten je Pol und Phase verteilten Strangwicklung gezeichnet. Die drei „Teilspulen" in den Nuten *1–10, 2–11* und *3–12* werden vom Strom I durchflossen und erzeugen drei Spulendurchflutungen, die eine entsprechende Felderregerkurve hervorrufen (**4**.12 b). Die resultierende Felderregerkurve setzt sich aus drei jeweils um eine Nutteilung versetzten, rechteckigen Felderregerkurven der Teilspulen zusammen.

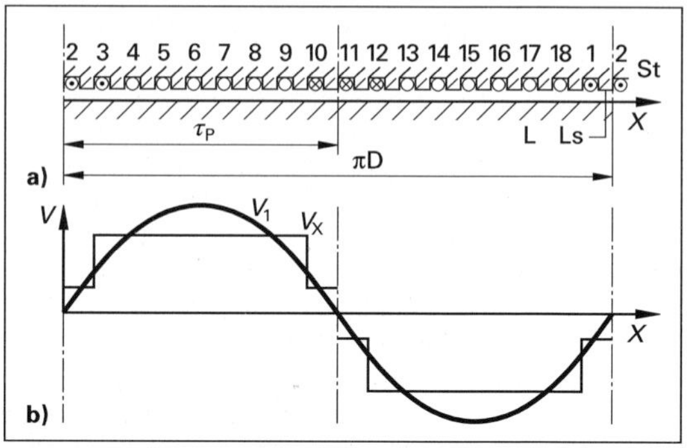

4.12 Feldverteilung einer Maschine mit einer verteilten Strangwicklung
a) „abgewickelte" Maschine
b) Felderregerkurve

Die um den Nutenwinkel α gegeneinander verschobenen Durchflutungen in Bild **4**.13 können ähnlich wie die Teilspannungen der Spulen In Abschn. 4.2.1 geometrisch zur resultierenden Strangdurchflutung addiert werden. Daher können wir auch hier mit dem Zonenfaktor ξ_z arbeiten, sodass die Windungszahl N der verteilten Wicklung der Windungszahl $\xi_z \cdot N$ der konzentrierten Wicklung entspricht.

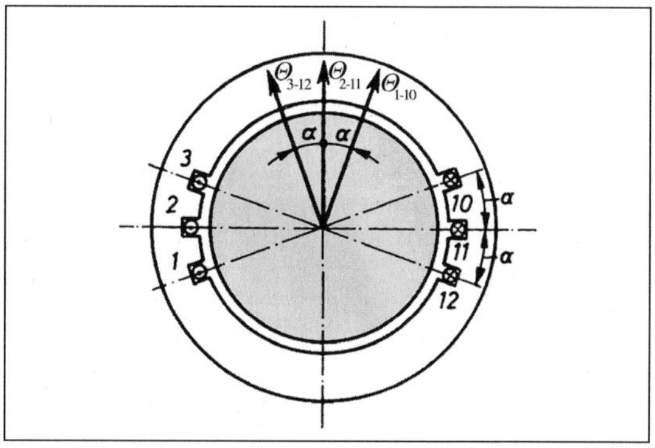

4.13 Durchflutung bei verteilter Wicklung mit den Stromdurchflutungen Θ_a, Θ_b, Θ_c

Der treppenförmigen Felderregerkurve in **4**.12 b entspricht unter Vernachlässigung der Nutung eine proportionale treppenförmige Feldkurve B_X. Man kann sie wie die rechteckförmige Feldkurve in Bild **4**.11 in ein sinusförmiges Grundfeld B_1 und eine Anzahl Oberfelder B_ν zerlegen. Für das Grundfeld B_1 mit der Polteilung τ_p gilt der Zonenfaktor nach Abschn. 4.2.1, für die Oberfelder B_ν mit der Polteilung τ_p/ν gilt der Zonenfaktor der Oberfelder. Da deren Wicklungsfaktor viel kleiner ist als der des Grundfelds, werden die Oberfelder durch die Verteilung der Wicklung unterdrückt.

Vergleicht man in den Bildern **4**.11 und **4**.12 die Abweichungen der Rechteckkurve und der Treppenkurve mit der eingezeichneten sinusförmigen Grundwelle, zeigt sich schon optisch, dass durch die Wicklungsverteilung die Felderregerkurve und damit die Feldkurve sinusförmiger werden. Ein noch mehr der Sinusform angenäherter Feldverlauf ist im Vergleich mit Abschn. 4.2.3 durch die Sehnung der Wicklung oder Verwendung einer Bruchlochwicklung zu erreichen.

Durch die Nutung des Ständers ist der magnetische Widerstand längs des Läuferumfangs nicht konstant. Die dadurch entstehenden Oberfelder in der Feldkurve nennt man *Nutungsharmonische*. Um sie möglichst klein zu halten, verwendet man (solange es die Drahtquerschnitte zulassen) besonders gern Träufelwicklungen, für die die Nuten nur wenig geöffnet sein müssen.

4.3.2 Nutzfluss und Streufluss

Die Feld- bzw. Felderregerkurven der Wechselstrommaschinen haben selten den in den Bildern **4**.11 und **4**.12 dargestellten einfachen Verlauf. Bild **4**.9 zeigt die augenblickliche Feldverteilung in Ständer, Luftspalt und Läufer eines Dreiphasen-Asynchronmotors mit Schleifringläufer. Der Verlauf der Feldlinien ist nur schwer zu verfolgen und ändert sich zudem mit der augenblicklichen Stromverteilung in den Wicklungen. Die Bedeutung der verschiedenen Flussanteile lässt sich aus der augenblicklichen Feldverteilung nicht angeben. Daher definiert man einen Nutzfluss, der die gewünschte Wirkung auslöst (z. B. die Drehmomentbildung in einem Motor). Das ist bei der Drehfeldmaschine der zur Grundwelle B_1 des Luftspaltfelds gehörende Fluss. Die übrigen Anteile des Flusses bezeichnet man als Streufluss. Die Streuflussanteile unterscheidet man meist nach dem Ort, an dem sie auftreten.

Nut-, Stirn- und Luftspaltstreuung. Zum Streufluss gehören die außerhalb des Luftspalts im Ständer und Läufer verlaufenden Feldlinien, die sich wie in Bild **4**.9 durch oder über die Nuten schließen. Sie sind nicht mit der gesamten Ständer- und Läuferwicklung verkettet und heißen Nutstreuung. In gleicher Weise treten an den Stirnseiten im Wickelkopf Streufelder auf – Stirnstreuung. Nut- und Stirnstreuung wirken wie die Streuflüsse eines Transformators (s. Abschn. 3.3.1). Außerdem sind Feldlinien zu erkennen, die den Ständer und den Läufer durchsetzen, aber nicht mit allen Windungen verkettet sind. Diese Verkettungsverminderung zählt man zur Spaltstreuung. Zu dieser Art von Streuung tragen bei Drehfeldmaschinen besonders die Oberfelder der Ständer- und Läuferwicklung bei.

Der Nutzflussanteil elektrischer Maschinen soll wegen der zu erzielenden Wirkung (Spannungserzeugung in Generatoren, Drehmomenterzeugung in Motoren) möglichst groß sein. Aber auch der Streufluss hat entscheidenden Anteil. So werden z. B. durch die Nutstreuung der Stromverdrängungsläufermotoren Anlaufstrom, Anzugsstrom, Kippmoment und Überlastbarkeit beeinflusst. Nutz- und Streufluss werden durch den Aufbau der Maschine bestimmt, wie Anzahl und Form der Nuten, Luftspaltlänge und Wicklungsart. Ändert sich z. B. die Nutzahl je Pol und Phase durch Umwickeln auf eine andere Polzahl, kann sich dies schwerwiegend auf die Eigenschaften der Maschine auswirken.

4.3.3 Drehfelder

Drehfelder in Dreiphasenmaschinen, Kreisdrehfeld. Die Wicklungen der Dreiphasenmaschinen werden nach Abschn. 4.1 aus drei jeweils um 120° gegeneinander versetzten Strängen U, V und W gebildet. Die drei Stränge erzeugen mit der wirksamen Windungszahl $\xi \cdot N$ an der Strangspannung $U_S \approx U_{qS}$ und deren Frequenz f den magnetischen Fluss

$$\hat{\Phi} = \frac{U_{qS}}{4{,}44 \cdot f \cdot \xi \cdot N}.$$

In Dreiphasenmaschinen ist dieser magnetische Fluss der Drehfluss Φ_d. Die Entstehung des Drehflusses soll näher untersucht werden.

Liegen die drei Stränge an einem symmetrischen Dreiphasennetz, fließen drei jeweils um 120° phasenverschobene, gleich große Strangströme i_U, i_V und i_W. Sie rufen die für den magnetischen Drehfluss Φ_d erforderlichen Wechseldurchflutungen $\Theta = i \cdot N$ hervor. In Bild **4**.14 ist beispielhaft die Sternschaltung der Stränge mit den Strangströmen dargestellt, deren Maximalwert i_{max} = 1 A beträgt.

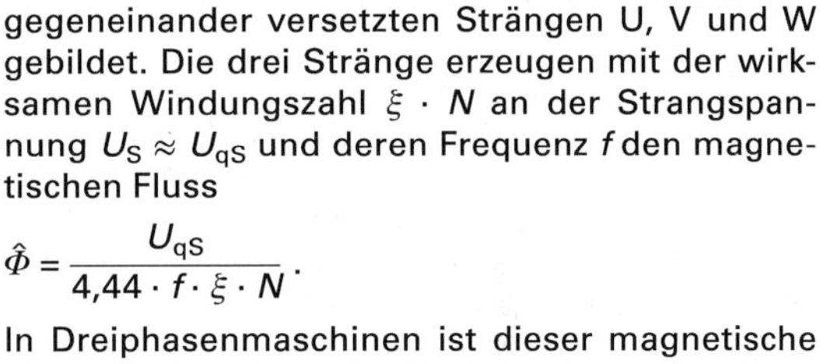

4.14 Drehstromwicklung
a) Sternschaltung, b) Strom in den drei Strängen

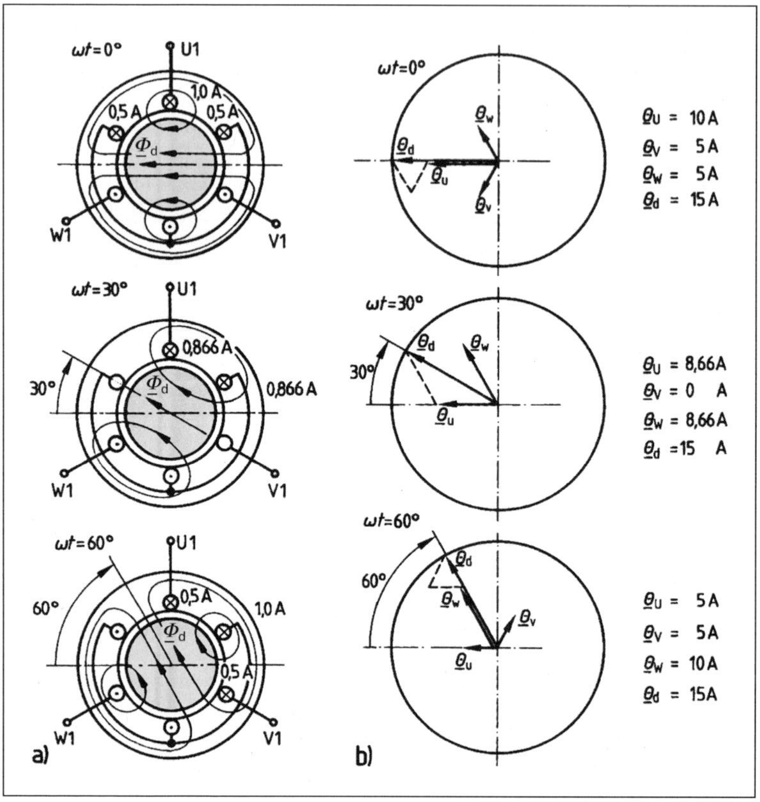

4.15
Entstehung des Drehfelds in einer Dreiphasenwicklung
a) Stromverteilung
b) resultierende Durchflutung (Augenblickswert nach Bild **4.14**)
Θ_u, Θ_v, Θ_w Strangdurchflutungen
Θ_d resultierende Durchflutung

Bild **4.15**a zeigt zu den drei Augenblicken $\omega t = 0°$, 30° und 60° die Stromverteilung in der Wicklung der Dreiphasenmaschine und die aufgebrachten Strangdurchflutungen. Im zugehörigen Zeigerdiagramm **4.15**b werden sie zur resultierenden Durchflutung Θ_d geometrisch addiert. Der Einfachheit halber arbeiten wir mit der Windungszahl $N = 10$ und der in Bild **4.14** angegebenen Stromstärke $i_{max} = 1$ A.

Zur Zeit $\omega t = 0°$ fließt der Strom $i_U = 1$ A über den Spulenanfang U1 in den Strang U hinein (Symbol Kreuz, Stromrichtung in die Bildebene hinein) und über die Stränge V und W an den Spulenanfängen V1 und W1 je zur Hälfte mit $-i_V = 0.5$ A und $-i_W = 0,5$ A wieder ab (Symbol Punkt). Die zugehörigen Strangdurchflutungen $\underline{\Theta}_U = 10$ A, $\underline{\Theta}_V = 5$ A und $\underline{\Theta}_W = 5$ A sind im Zeigerdiagramm zur resultierenden Durchflutung $\underline{\Theta}_d = 15$ A geometrisch addiert. Diese ist im Querschnitt der Maschine **4.15**a mit einem Pfeil eingezeichnet. Im Augenblick $\omega t = 30°$ ist der Strom $i_V = 0$ A. Der Strom $i_U = 0,866$ A fließt am Spulenanfang U1 in die Wicklung hinein und als $-i_W = 0,866$ A am Spulenanfang W1 wieder ab. Die geometrische Addition ergibt wiederum die resultierende Durchflutung $\underline{\Theta}_d = 15$ A, die sich jedoch gegenüber $\omega t = 0°$ um 30° gedreht hat. Bei $\omega t = 60°$ erhält man eine ähnliche Stromverteilung wie zu Beginn, jedoch hat sich die resultierende Durchflutung gegenüber $\omega t = 0°$ um 60° gedreht. Fährt man in diesem Sinn fort, stellt man fest, dass während einer Periode des Dreiphasenwechselstroms ($\omega t = 360°$) auch die resultierende Durchflutung mit konstanter Amplitude $\underline{\Theta}_d = 15$ A um 360° dreht. Die Zeigerspitze beschreibt einen Kreis: Kreisdrehfeld.

Mit der Drehdurchflutung müssen sich auch im Luftspalt das Drehfeld $\underline{B}_d$ bzw. der Drehfluss $\underline{\Phi}_d$ gedreht haben, wie auch das Feldlinienbild **4.15**a zeigt. Vertauscht man die Phasenfolge des Dreiphasenwechselstroms, indem man zwei Außenleiter (z. B. L1 und L3 an den Anschlüssen U1 und W1) vertauscht, kehrt sich auch die Drehrichtung des Drehfelds um.

Die drei Strangströme der Dreiphasen-Wechselstrommaschine erzeugen drei Wechselfelder, die sich zu einem resultierenden Drehfeld B_d mit dem Drehfluss $\underline{\Phi}_d$ überlagern. Dieses Drehfeld ist ein Kreisdrehfeld; die Zeigerspitze beschreibt einen Kreis. Der Drehsinn des Drehfelds kehrt sich um, wenn zwei beliebige Außenleiter an den Anschlüssen der Maschine vertauscht werden.

In Bild **4.15** sind die Windungszahl mit 10 und der Strangstrom mit $i = 1$ A angenommen, sodass die Strangdurchflutung $\underline{\Theta}_S = 10$ A beträgt. Die geometrische Addition der drei Strangdurchflutungen ergab die Drehdurchflutung $\underline{\Theta}_d = 15$ A. Dieses Verhältnis gilt allgemein für Dreiphasenmaschinen, sodass man schreiben kann:

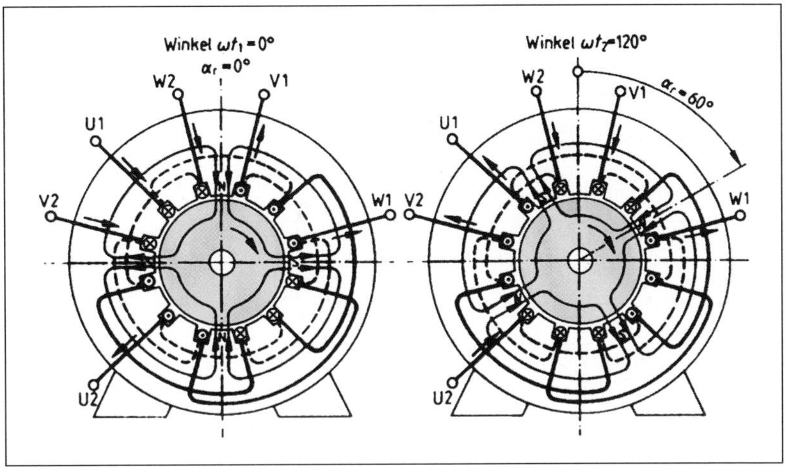

4.16
Polbildung in einer vierpoligen Dreiphasenwicklung, rückwärtige Verbindungen gestrichelt

$$\underline{\Theta}_1 = \frac{2}{3}\,\underline{\Theta}_d \qquad (4.9)$$

Daraus folgt, dass die Wechseldurchflutung in den Strangwicklungen nur ⅔ der für den Drehfluss $\underline{\Phi}_d$ erforderliche Drehdurchflutung $\underline{\Theta}_d$ betragen muss. Bei gleichen Strangspannungen und somit nach Gl. (4.5) gleichem Fluss ist der Magnetisierungsstrom der Drehstrommaschine kleiner als der der Einphasenmaschine. Aufgrund der Drehfeldbildung nennt man den Dreiphasenwechselstrom auch Drehstrom, die Dreiphasenwechselstrommaschine Drehstrommaschine. Für alle Maschinen, die mithilfe eines Drehfelds arbeiten, ist auch der Name Drehfeldmaschine gebräuchlich.

Drehfelddrehzahlen

Drehfelddrehzahlen des Grundfelds. Drehfelder zweipoliger Maschinen mit der Polpaarzahl $p = 1$ (wie in Bild **4**.15) drehen während einer Periode $\omega t = 360°$ des Wechsel- bzw. Drehstroms um den Winkel $\alpha_{el} = 360°$, der einer vollen Umdrehung $\alpha_r = 360°$ entspricht. Drehfelder mehrpoliger Maschinen führen nach Gl. (4.2) während einer Periode mit $\alpha_r = \alpha_{el}/p$ nur $1/p$ Umdrehungen aus.

Bild **4**.16 zeigt eine Maschine mit einer vierpoligen ($p = 2$) Dreiphasen-Wechselstromwicklung. Die eingezeichneten Stromrichtungen für die Zeitpunkte $\omega t_1 = 0°$ und $\omega t_2 = 120°$ des Drehstroms nach Bild **4**.14 und die sich ergebenden Feldrichtungen veranschaulichen, dass hier das Drehfeld um den Winkel $\alpha_r = 120°/2 = 60°$ weitergedreht ist. Es macht also während einer Periode des Drehstroms ($\omega t = 360°$) nur eine halbe Umdrehung. In einer Sekunde ist die Drehfelddrehzahl n_d mit der Frequenz f der angelegten Spannung

$$n_d = \frac{f}{p}. \qquad (4.10)$$

Die Drehzahl n_d wird meist in min^{-1} angegeben. Dann gilt wegen 1 min = 60 s die Gleichung:

$$n_d = \frac{f \cdot 60\,\frac{s}{min}}{p} \qquad (4.11)$$

Die Drehzahl des Drehfelds einer zweipoligen Maschine ($p = 1$) an der Netzfrequenz $f = 50$ Hz beträgt somit $n_d = 3000\ min^{-1}$. Dies ist die höchste zu erreichende Drehzahl des Drehfelds, bei der in elektrischen Netzen gebräuchlichen Frequenz 50 Hz. Für die Frequenz $f = 50$ Hz sind in der Tabelle **4**.17 weitere feste Zuordnungen zwischen Polpaarzahl und Drehfelddrehzahl n_d aufgeführt.

Tabelle **4**.17 **Polpaarzahl p und Drehfelddrehzahl n_d (in min^{-1}) von Wechselstrommaschinen für die Frequenz $f = 50$ Hz**

p	1	2	3	4	5	6	8	10	12	16
n_d	3000	1500	1000	750	600	500	375	300	250	188

Drehfelddrehzahlen der Oberfelder. Die treppenförmige Felderregerkurve der Wechselstromwicklung in Bild **4**.12 lässt sich nach Abschn. 4.2.3 in eine sinusförmige Grundwelle und eine Anzahl ungeradzahliger Oberwellen zerlegen, deren Amplituden mit steigender Ordnungszahl kleiner werden. Die Oberwellen der Felderregerkurve bilden ebenso wie die Grundwelle an Wechsel- bzw. Dreiphasenwechselspannung Drehfelder aus, deren Polteilungen τ_p/ν sind (**4**.18). Ihre Polpaarzahlen betragen somit $p_\nu = \nu \cdot p$. Nach Gleichung (4.10) sind die Drehzahlen der Oberfelder kleiner als die des Grundfelds.

$$n_{d\nu} = \frac{f}{\nu \cdot p} = \frac{n_d}{\nu} \qquad (4.12)$$

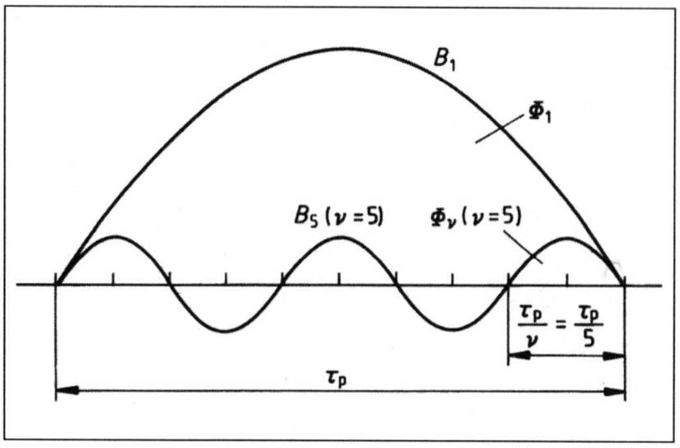

4.18 Magnetisches Feld mit Grundfeld B_1 und Oberfeld B_5

Wie hier nicht näher erklärt werden soll, verschwinden in Drehstrommaschinen alle Oberfelder $\nu = 3$ und deren Vielfache. Da die Amplituden der Oberfelder mit steigender Ordnungszahl im Allgemeinen kleiner werden, interessieren für den Betrieb der Dreiphasen-Wechselstrommaschinen hauptsächlich Oberfelder der Ordnungszahlen $\nu = -5$ und $\nu = +7$, wobei das Vorzeichen + gleichen und das Vorzeichen − entgegengesetzten Drehsinn zum Grundfeld bedeuten.

Beispiel 4.5 Der zweipolige Drehstrom-Asynchronmotor einer Holzbearbeitungsmaschine wird an der Frequenz 150 Hz betrieben. Die Drehfelddrehzahlen des Grundfelds und der Oberfelder mit den Ordnungszahlen $\nu = -5$ und $\nu = +7$ sind zu berechnen.

Lösung Die Drehfelddrehzahl des Grundfelds beträgt mit der Polpaarzahl $p = 1$:

$$n_\mathrm{d} = \frac{f \cdot 60 \dfrac{\mathrm{s}}{\mathrm{min}}}{p}$$

$$n_\mathrm{d} = \frac{150 \dfrac{1}{\mathrm{s}} \cdot 60 \dfrac{\mathrm{s}}{\mathrm{min}}}{1} = \mathbf{9000\ min^{-1}}$$

die Drehfelddrehzahl des −5. Oberfelds:

$$n_{\mathrm{d}-5} = \frac{9000\ \mathrm{min}^{-1}}{-5} = \mathbf{-1800\ min^{-1}}$$

die Drehfeldzahl des +7. Oberfelds:

$$n_{\mathrm{d}+7} = \frac{9000\ \mathrm{min}^{-1}}{7} = \mathbf{1285{,}7\ min^{-1}}$$

Das +7. Oberfeld dreht in die gleiche Richtung wie das Grundfeld, das −5. Oberfeld dagegen entgegengesetzt.

Beispiel 4.6 Die Drehzahl eines Einphasengenerators beträgt 500 min^{-1}. Die Frequenz ist 16⅔ Hz. Wie groß ist die Polzahl des Generators?

Lösung

$$p = \frac{f \cdot 60 \dfrac{\mathrm{s}}{\mathrm{min}}}{n_\mathrm{d}}$$

$$p = \frac{50 \dfrac{1}{\mathrm{s}} \cdot 60 \dfrac{\mathrm{s}}{\mathrm{min}}}{3 \cdot 500 \dfrac{1}{\mathrm{min}}} = \mathbf{2\ (vierpolig)}$$

Aufgaben zu Abschnitt 4.1 bis 4.3

1. Warum werden die Wicklungen in drehenden Wechselstrommaschinen als verteilte Wicklungen ausgeführt?
2. Warum müssen zur Berechnung der induzierten Spannung in drehenden Wechselstrommaschinen der Zonen- und eventuell der Sehnungsfaktor berücksichtigt werden?
3. Welche Verhältnisse werden durch den Zonen- und den Sehnungsfaktor berücksichtigt?
4. Zeichnen Sie zu den drei Augenblicken $\omega t = 0°$, 90° und 180° (Bild **4**.14) die Stromverteilung und die zugehörigen Feldlinienbilder einer zweipoligen Dreiphasenwicklung. Vertauschen Sie gegenüber dem Bild **4**.15a zwei Außenleiter, also: L1–U1, L2–W1, L3–V1. Beurteilen Sie das Ergebnis.
5. Mit welcher Drehzahl muss ein vierpoliger Bahngenerator angetrieben werden, der eine Wechselspannung mit der Frequenz 16⅔ Hz erzeugen soll?
6. Wie viele Pole muss ein Synchrongenerator für 50 Hz aufweisen, der von einer Wasserturbine mit der Drehzahl 60 min^{-1} angetrieben wird?
7. Ein sechspoliger Drehstromgenerator wird mit 1200 min^{-1} angetrieben. Wie groß sind die Frequenz der erzeugten Wechselspannung und der in der Spannungskurve enthaltenen 7. Oberwelle?
8. Ein sechspoliger Drehstromgenerator wird mit 1000 min^{-1} angetrieben. Der Maximalwert des Flusses im Luftspalt beträgt 0,064 Vs. Der Stator hat 54 Nuten mit einer 7/9 gesehnten Wicklung. Die Gesamtwindungszahl je Wicklungsstrang beträgt 18. Der Zonenfaktor wird mit 0,955 angenommen. Berechnen Sie die Außenleiterspannung des in Stern geschalteten Generators.
9. Ein achtpoliger Drehstromgenerator wird mit 750 min^{-1} angetrieben und soll die Strangspannung 230 V induzieren. Der Stator hat 72 Nuten und soll eine um ¾ gesehnte Wicklung erhalten. Der Maximalwert des sinusförmigen Flusses im Luftspalt beträgt 0,069 Vs. Der Zonenfaktor wird mit 0,955 angenommen. Berechnen Sie die Gesamtwindungszahl eines Wicklungsstrangs.

4.4 Entwurf von Wechselstromwicklungen

Die Ausführbarkeit der Wechselstromwicklungen ist sehr vielseitig. Eine Einteilung könnte nach den verschiedensten Gesichtspunkten vorgenommen werden, z. B.:

- Ganzlochwicklungen und Bruchlochwicklungen
- Einlochwicklungen und Mehrlochwicklungen
- Ständerwicklungen und Läuferwicklungen
- Einschichtwicklungen und Zweischichtwicklungen
- Durchmesserwicklungen und gesehnte Wicklungen.

Eine derartige Unterteilung (in diesem Fall Zweiteilung) ist problematisch, weil die Begriffe für Wicklungen nicht genormt sind. So haben sich z. B. für dieselbe Wicklung regional sehr unterschiedliche Namen entwickelt (Sprunglochwicklung, Kranzwicklung, Evolventenwicklung u. a.).

Von Bedeutung sind eigentlich nur die Wicklungen der Drehstrommaschinen. Die Wicklungen der Einphasenmaschinen sollen deshalb nur als Ergänzung angesprochen werden.

4.4.1 Einschicht-Ganzlochwicklungen

Bei dieser Wicklungsart ist die Anzahl der Nuten je Pol und Phase q eine ganze Zahl. Regional unterschiedlich wird q auch als „Anzahl der Nuten je Pol und Strang" oder als „Teilspulen" bezeichnet. Die letzte Bezeichnung ist nicht immer eindeutig, wie später noch klar wird. Der Begriff „Anzahl der Nuten je Pol und Phase" soll an einigen weiteren Beispielen erläutert werden (vgl. Beispiel 4.1).

Beispiel 4.7 Der Stator eines vierpoligen Drehstrommotors hat 24 Nuten. Wie groß ist q?

Lösung Da die Statorwicklung an eine Dreiphasen-Wechselspannung anzuschließen ist, gehören zu einer Wicklungsphase 24 : 3 = 8 Nuten. Der Motor ist vierpolig. Es ergeben sich somit je Pol und Phase 8 : 4 = **2 Nuten**.

Beispiel 4.8 Der Stator eines sechspoligen Drehstrommotors hat 54 Nuten. Wie groß ist q?

Lösung Zu einer Wicklungsphase gehören 54 : 3 = 18 Nuten. Der Motor ist sechspolig, also ist die Anzahl der Nuten je Pol und Phase 18 : 6 = **3 Nuten**.

Beispiel 4.9 Der Stator eines vierpoligen Einphasenmotors hat 24 Nuten. Zwei Drittel dieser Nutzahl ist mit der Arbeitswicklung zu versehen. Wie groß ist q?

Lösung Da der Stator 24 Nuten hat und an eine Einphasen-Wechselspannung angeschlossen werden soll, ergeben sich $24 \cdot 2/3 = 16$ „bewickelte" Nuten. Der Motor ist vierpolig. Demnach entfallen auf jeden Pol 16 : 4 = **4 Nuten**.

Aus diesen Beispielen ist zu ersehen, dass sich die Anzahl der Nuten je Pol und Phase nach der Gleichung (4.3) berechnen lässt.

Die Aufteilung der Nuten auf die einzelnen Phasen ist bei den Einschicht-Ganzlochwicklungen recht einfach. Dennoch sollten einige Grundregeln besprochen werden, damit später auch kompliziertere Wicklungen entworfen werden können.

Da die Stromsumme des Dreiphasen-Wechselstroms in jedem Augenblick null ist, reichen zum Betrieb eines Drehstrommotors immer drei Zuleitungen aus, wenn man vom Schutzleiter absieht. Zum Zeitpunkt 150° ist nach Bild **4**.19 der Augenblickswert (Momentanwert) des Stroms in der Wicklungsphase U1–U2 so groß wie der Wert des Stroms in der Wicklungsphase V1–V2. Beide haben die gleiche Richtung. Der Momentanwert des Stroms in der Wicklungsphase W1–W2 entspricht dem Höchstwert (Maximalwert oder Scheitelwert), hat aber gegenüber den Werten der ersten und zweiten Wicklungsphase entgegengesetzte Richtung.

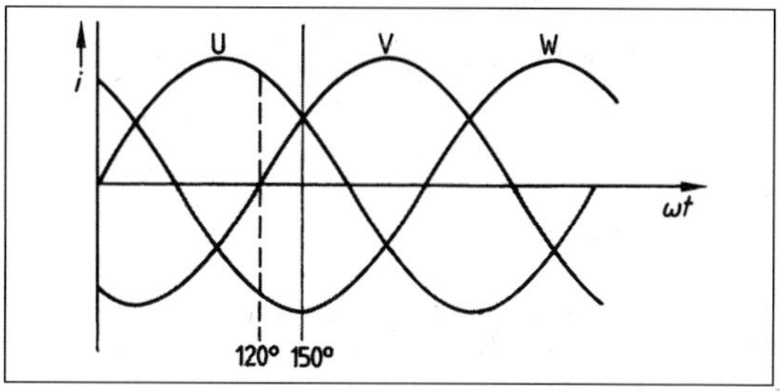

4.19 Dreiphasenwechselstrom

Dieser gewählte Zeitpunkt von 150° soll für alle weiteren Betrachtungen vorläufig beibehalten werden.

1. Wicklungsphase (U) U1 → U2
   Momentanwert = 0,5 · Scheitelwert
2. Wicklungsphase (V) V1 → V2
   Momentanwert = 0,5 · Scheitelwert
3. Wicklungsphase (W) W1 ← W2
   Momentanwert = Scheitelwert

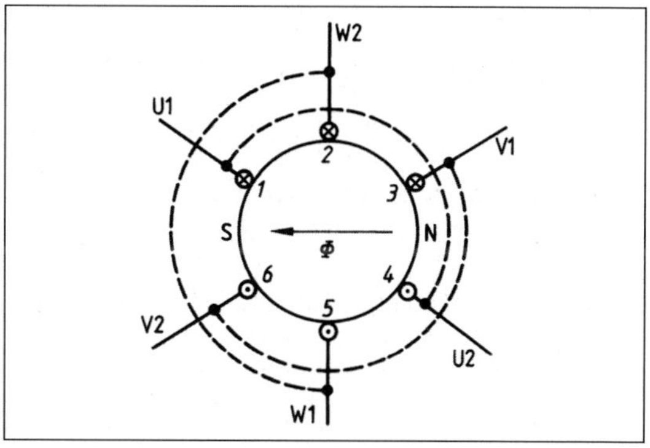

4.20 Drehstromstator mit 6 Nuten

Bild **4**.20 zeigt einen symbolisch dargestellten Drehstrommotor mit 6 Nuten (Mindestnutzahl). Die Stromrichtungen sind in die einzelnen Drähte eingetragen. Aus dem Bild ist zu erkennen:

- Es entsteht bei sechs Nuten und Drehstromanschluss ein zweipoliges Drehfeld.
- Die zusammengehörenden Seiten einer Spule (also U1–U2, V1–V2 und W1–W2) liegen um jeweils 180° versetzt (Durchmesserwicklung).
- Zwischen den Seiten einer Spule (z. B. U1–U2) sind zwei fremdphasige Spulenseiten (z. B. W2 und V1).
- Zwischen zwei Phasenanfängen (z. B. U1 und V1) befindet sich das Ende der anderen Phase (z. B. W2).
- Die Phasenanfänge bzw. -enden liegen um 120° gegeneinander versetzt.

Wie bei den Gleichstromwicklungen wird auch hier die Darstellung übersichtlicher, wenn man die Abwicklung vornimmt nach Bild **4**.21.

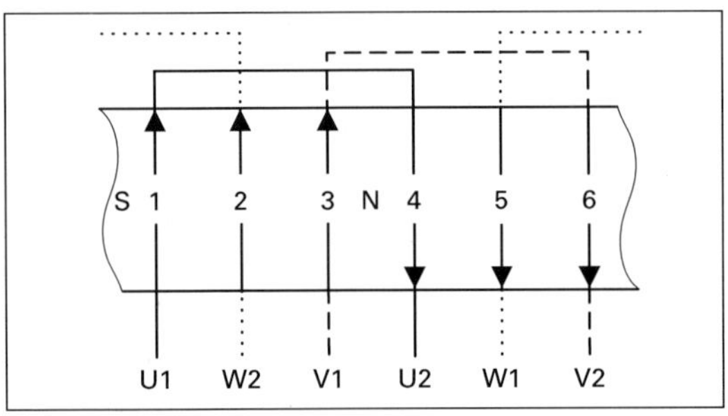

4.21 Drehstromwicklung (Abwicklung)

Man nennt diese Wicklung auch *Einlochwicklung*, weil jede Spulenseite nur eine Nute belegt. Eine Nachrechnung ergibt, dass für diese Wicklung die Anzahl der Nuten je Pol und Phase $q = 1$ ist.

Hat ein zweipoliger Stator mehr als 6 Nuten, wird $q > 1$. In Bild **4**.22 ist ein Stator mit 12 Nuten „abgewickelt" dargestellt. Um in diesem Stator eine zweipolige Wicklung unterzubringen, muss eine Spulenseite *mehrere* Nuten belegen. Man nennt eine solche Wicklung auch *Gruppenwicklung*. In diesem Beispiel besteht eine Gruppe aus zwei Teilspulen ($q = 2$).

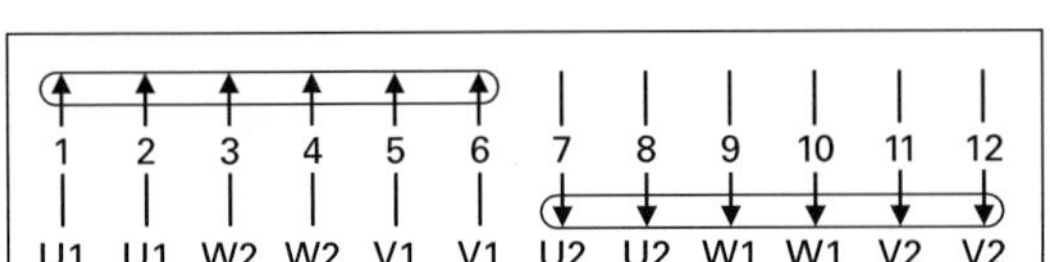

4.22 Drehstromstator, 12 Nuten 2-polig

Nutenplan. Einschicht-Ganzlochwicklungen sind meist so einfach herzustellen, dass sich die Aufstellung eines Nutenplans erübrigt. Hier sollen dennoch einige Regeln ausgeführt werden, die auch den Entwurf komplizierterer Wicklungen gestatten (**4**.23).

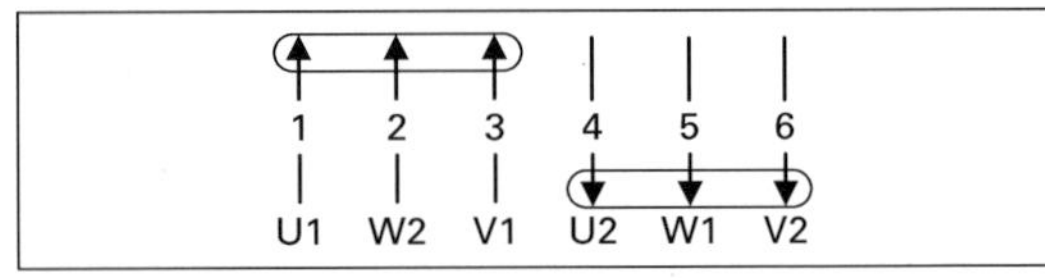

4.23 Nutenplan, 6 Nuten 2-polig

a) Man denkt sich den Stator oder Läufer einer Maschine aufgeschnitten und in der Ebene abgerollt.

b) Die Nuten 1 bis 3 (U1, W2, V1) haben in der eingelegten Wicklung die gleiche Stromrichtung in den Drähten. Entgegengesetzt dazu ist die Stromrichtung in den Drähten der Nuten 4 bis 6 (U2, W1, V2).

c) Ist $q > 1$, handelt es sich also um eine Mehrlochwicklung, belegt man von den Spulenseiten einer Spule jeweils so viele Nuten, wie q groß ist (**4**.22).

d) Hat die Maschine mehrere Polpaare (z. B. 12 Nuten und $p = 2$), wird entsprechend Bild **4**.24 die Eintragung so oft wiederholt, wie Polpaare vorhanden sind.

e) Zur Kenntlichmachung der Pole werden die an der Polausbildung beteiligten Nuten an den Pfeilspitzen „eingekreist".

f) Phase U wird mit durchgezogener, Phase V mit gestrichelter und Phase W mit gepunkteter Linie dargestellt, um eine klare Überschaubarkeit zu erhalten.

g) Oberhalb des abgerollten Blechpakets wird der Wickelkopf und unterhalb des Pakets die Schaltseite abgebildet.

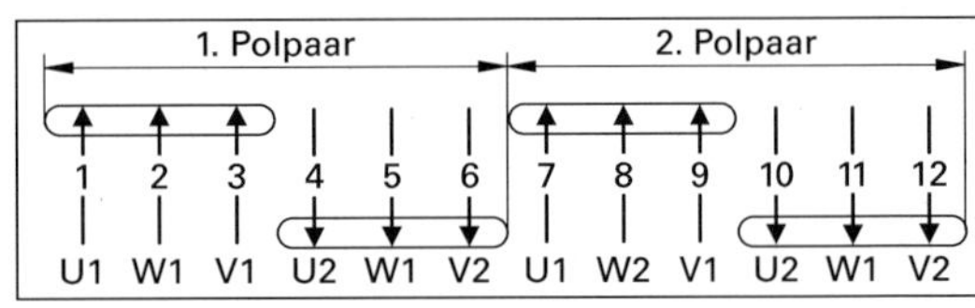

4.24 Nutenplan, 12 Nuten 4-polig

Ausführungsmöglichkeiten der Wicklung. Die folgenden Abwicklungen bilden eine zweipolige Drehstromwicklung mit 12 Nuten.

Dreietagenwicklung. Bild **4**.25 zeigt eine Wicklung mit Spulen ungleicher Weite als Dreietagenwicklung. Zur Herstellung der Spulen braucht man zwei Spulen-Schablonen, weil der Nutschritt der inneren Spule kleiner ist als der der äußeren. Eine solche Wicklung mit Spulen ungleicher Weite heißt auch „konzentrische" Gruppenwicklung. Wegen der drei Etagen ist die Wickelkopfausladung besonders groß.

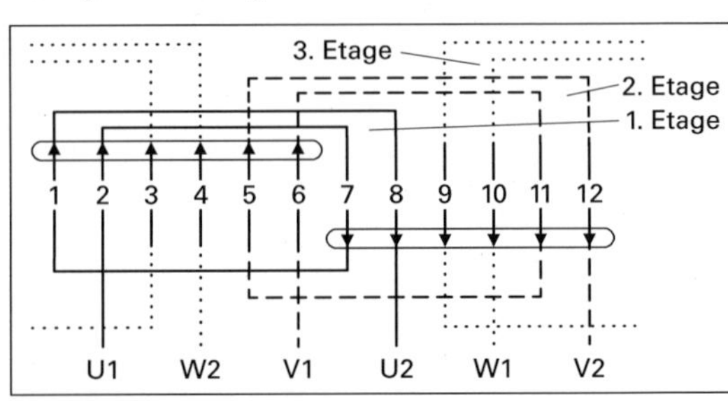

4.25 Dreietagenwicklung, 12 Nuten 2-polig

Zweietagenwicklung mit „Knickspule". Bild **4**.26 ist eine konzentrische Gruppenwicklung als Zweietagenwicklung dargestellt. Die „Knickspule" ist notwendig, weil

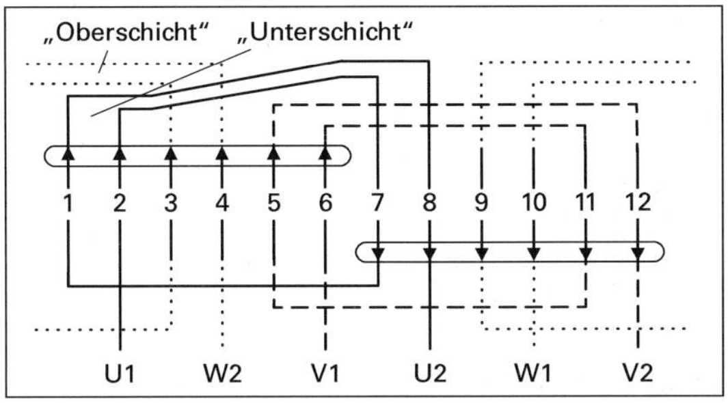

4.26 Zweietagenwicklung, 12 Nuten 2-polig („Knickspule“)

die Gruppenzahl eine ungerade Zahl ist; die Wicklung lässt sich daher nicht in zwei Etagen ausführen, ohne die letzte Spule in die erste und die zweite Etage zu legen (eine Knickspule wird auch „gekröpfte“ Spule genannt). Die Wickelkopfausladung ist geringer als bei der Dreietagenwicklung.

Die beiden genannten Wicklungsausführungen sind heute nur noch selten anzutreffen.

Dreietagen-Halbgruppenwicklung. Bild **4**.27 zeigt eine Dreietagenwicklung als „Halbgruppenwicklung“. Dazu fertigt man statt drei Gruppen mit „Doppelspulen“ sechs Einzelspulen an, die alle sechs gleiche Weite haben (nur eine Schablone). Die Wickelkopfausladung ist ebenfalls geringer als in der Wicklung nach Bild **4**.25, obwohl es sich auch hier um eine Dreietagenwicklung handelt.

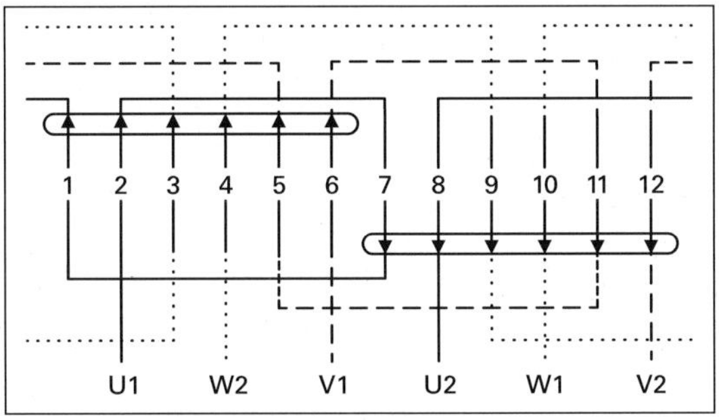

4.27 Dreietagen-Halbgruppenwicklung, 12 Nuten 2-polig

„Fortlaufende Wicklungen“. In Bild **4**.28 sind die einzelnen Spulen wieder aus Doppelspulen mit ungleicher Weite hergestellt, aber „fortlaufend“ gewickelt. Man kann sich das so vorstellen, dass alle drei Spulen Knickspulen bilden. Es liegt also immer eine Spule in der „Unterschicht“, die andere in der „Oberschicht“ des Wickelkopfs.

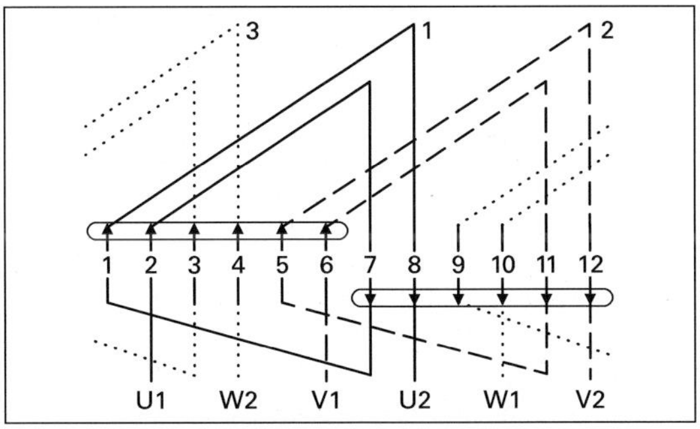

4.28 Fortlaufende Wicklung, 12 Nuten 2-polig (Spulen ungleicher Weite)

Bild **4**.29 zeigt die fortlaufende Wicklung mit Spulen gleicher Weite. Im Gegensatz zur Wicklung nach Bild **4**.28 (zwei Schablonen) braucht man für diese Wicklung nur eine Schablone, weil alle Spulen die gleiche Weite aufweisen.

Bild **4**.30 zeigt schließlich noch die „Halbgruppenwicklung“ fortlaufend gewickelt.

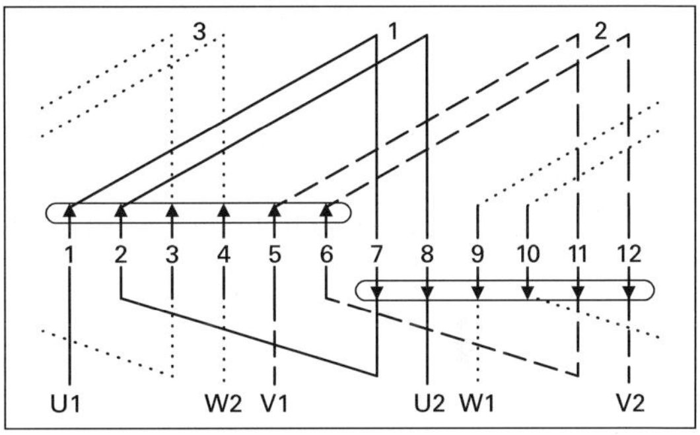

4.29 Fortlaufende Wicklung, 12 Nuten 2-polig (Spulen gleicher Weite)

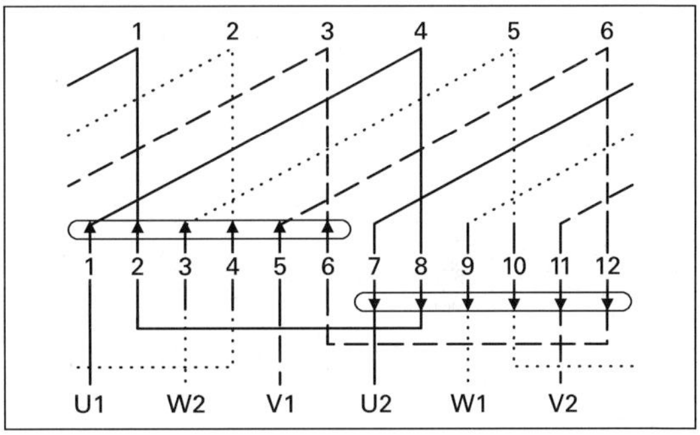

4.30 Fortlaufende Wicklung, 12 Nuten 2-polig (Halbgruppenwicklung)

Welche Ausführung für welche Maschine verwendet wird, bestimmt der Konstrukteur. Bei Reparaturen sollte die Art der vorgefundenen Wicklung möglichst nicht verändert werden. In „modernen“ Maschinen findet man fast immer die Wicklungen nach den Bildern **4**.28 bis **4**.30, weil sie besser (gleichmäßiger) gekühlt werden als die anderen angegebenen Wicklungen.

Teilspule. Im Abschnitt 4.4.2 wurde der Begriff „Teilspule“ als anderer Ausdruck für „Anzahl der Nuten je Pol und Phase“ erwähnt. Nun ist klar, dass dieser Begriff nicht korrekt ist. Für das Beispiel unserer Wicklung ist $q = 2$. In der Tat zeigen auch die Wicklungen in den Bildern **4**.25, **4**.26 und **4**.28 zwei „Teilspulen“, die Wicklungen nach **4**.27, **4**.29 und **4**.30 dagegen bestehen aus Einzelspulen. Äußerlich ist also hier das $q = 2$ nicht zu erkennen.

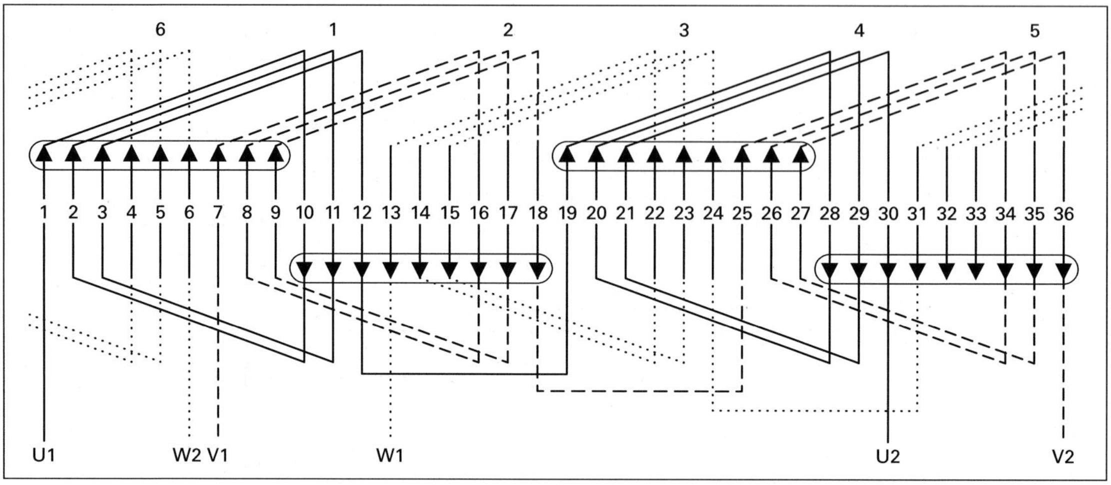

4.31 Drehstromwicklung, 36 Nuten 4-polig (Spulen gleicher Weite)

Beispiel 4.10 Bild **4**.31 zeigt die Abwicklung einer Drehstromwicklung für einen vierpoligen Stator mit 36 Nuten. Die Wicklung besteht aus Spulen gleicher Weite, fortlaufend gewickelt.

Einschicht-Kranzwicklung. Die bisher betrachtete Wicklungsart mit ihren verschiedenartigen Ausführungsmöglichkeiten wird auch Gruppenwicklung genannt. Eine Einschichtwicklung lässt sich aber auch anders ausführen. Man nennt sie dann Einschicht-Kranzwicklung, Evolventenwicklung, Sprunglochwicklung oder Korbwicklung.

Als Durchmesserwicklung ist diese Einschicht-Kranzwicklung nur ausführbar, wenn der Nutschritt

$$y_n = \frac{N}{2 \cdot p} = \textbf{ganze, ungerade Zahl}$$

ist. Um den Nutenplan aufzustellen, ermittelt man zunächst wieder die Anzahl der Nuten je Pol und Phase und verfährt dann wie bei der Gruppenwicklung.

Im Gegensatz zur Gruppenwicklung ist hier beim Einlegen der Spulen zu beachten, dass immer eine Nute „übersprungen" wird. Man legt also nicht drei Spulen hintereinander in die Nuten, sondern in der ersten Abteilung zwei Spulen und in der zweiten eine Spule.

In der Praxis werden abwechselnd Doppelspulen und Einzelspulen in die Nuten eingelegt. Man beginnt z. B. mit U1 in Nute *1* bis *10* und Nute *3* bis *12* (Doppelspule). Die nächste Spule ist eine Einzelspule von Nute *5* bis *14*, dann wieder eine Doppelspule von *7* bis *16* und *9* bis *18* usw., bis drei Doppelspulen und drei Einfachspulen eingelegt sind. Damit sich eine zweipolige Polausbildung ergibt, schaltet man die Spulen so, dass das Ende der ersten Abteilung mit dem Ende der zweiten Abteilung verbunden wird. Der Anfang der ersten Abteilung wird der Phasenanfang, der Anfang der zweiten Abteilung das Phasenende.

Bild **4**.33 stellt das vollständige Wicklungsbild einer vierpoligen ungesehnten Einschicht-Kranzwicklung mit 36 Nuten dar. Verfolgen Sie besonders die Schaltung und die wechselnde Folge von „Doppelspulen" und „Einzelspulen".

Beispiel 4.11 Vorhanden ist ein zweipoliger Drehstromstator mit 18 Nuten. Der Nutschritt y_n = *N*/2*p* = *18*/*2* = *9*(*1*–*10*) erfüllt die oben angegebene Bedingung. Die Anzahl der Nuten je Pol und Phase ist $q = N/2pm = 18/6 = 3$.

Damit kann der Nutenplan **4**.32 aufgestellt werden.

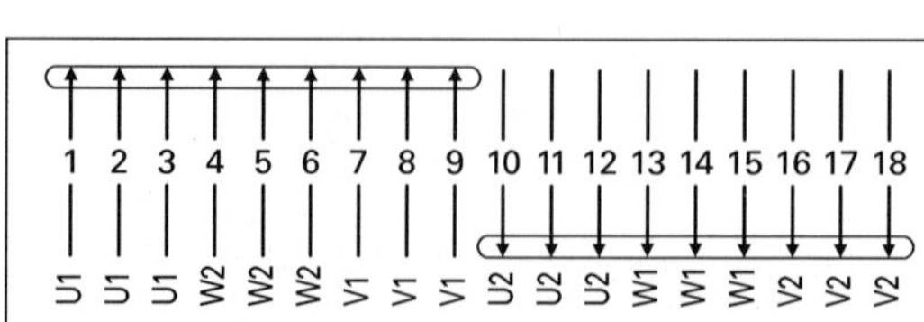

4.32 Nutenplan, 18 Nuten 2-polig

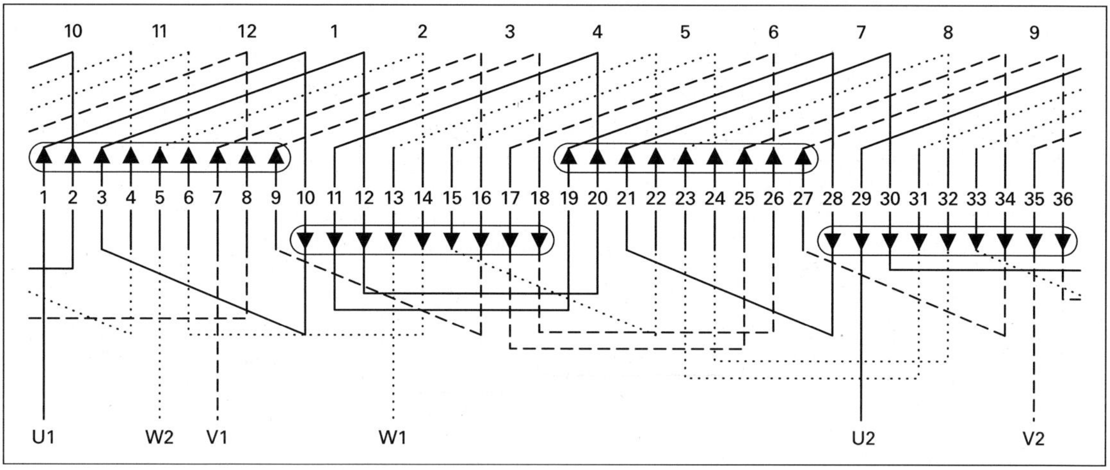

4.33 Drehstromwicklung, 36 Nuten 4-polig (Einschicht-Kranzwicklung)

Gesehnte Wicklung. Die Bedingung für die Einschicht-Kranzwicklung y_n = ganze, ungerade Zahl gilt auch für die gesehnte Wicklung. Bezeichnet man die Polteilung mit τ_p und die Spulenweite mit W, gilt:

$$y_n = \frac{N}{2 \cdot p} \cdot \frac{W}{\tau_p} = \textbf{ganze, ungerade Zahl}$$

Der Bruch W/τ_p wird auch Sehnung ε genannt.

Der Nutenplan für diese gesehnte Wicklung wird in zwei Abschnitten aufgestellt. Man belegt zunächst die „ungeraden" Nuten mit U1, W2, V1, U2, W1 und V2, dann im zweiten Abschnitt die „geraden" Nuten mit U2, W1, V2, U1, W2 und V1 dem Nutschritt entsprechend.

Beispiel 4.12 Der Nutenplan einer 7/9 gesehnten zweipoligen Einschicht-Kranzwicklung soll aufgestellt werden. Da $q = N/2pm = 18/6 = 3$ ist, werden die Nuten wie folgt belegt:

1. Abschnitt (**4**.34):

Nute *1* 1U1	Nute *2* –	Nute *3* 1U
Nute *4* –	Nute *5* 2W1	Nute *6* –
Nute *7* 1V1	Nute *8* –	Nute *9* 1V
Nute *10* –	Nute *11* 2U1	Nute *12* –
Nute *13* 1W1	Nute *14* –	Nute *15* 1W
Nute *16* –	Nute *17* 2V1	Nute *18* –

2. Abschnitt (**4**.35)

Die freigebliebenen geradzahligen Nuten werden nach Ermittlung des Nutschritts ausgefüllt. Da der Nutschritt der 7/9 gesehnten Wicklung y_n = *7(1–8)* beträgt, beginnt der zweite Abschnitt bei Nute *8* mit U2 und wird so fortgesetzt:

Nute *8* 1U	Nute *9* belegt	Nute *10* 1U2
Nute *11* belegt	Nute *12* 2W2	Nute *13* belegt
Nute *14* 1V	Nute *15* belegt	Nute *16* 1V2
Nute *17* belegt	Nute *18* 2U2	Nute *1* belegt
Nute *2* 1W	Nute *3* belegt	Nute *4* 1W2
Nute *5* belegt	Nute *6* 2V2	Nute *7* belegt

Bild **4**.36 gibt den vollständigen Nutenplan der gewählten Wicklung mit der „eingelegten" Wicklungsphase U1–U2 an.

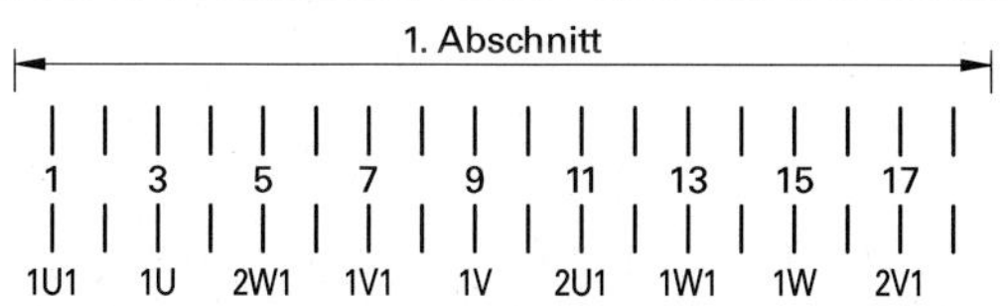

4.34 Nutenplan, 18 Nuten 2-polig (gesehnt), 1. Abschnitt

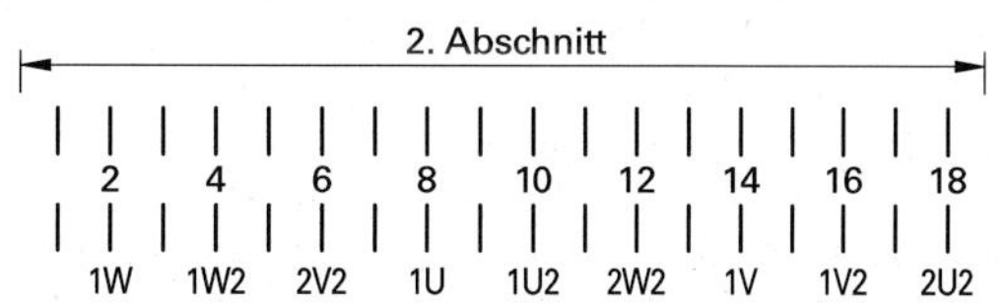

4.35 Nutenplan, 18 Nuten 2-polig (gesehnt), 2. Abschnitt

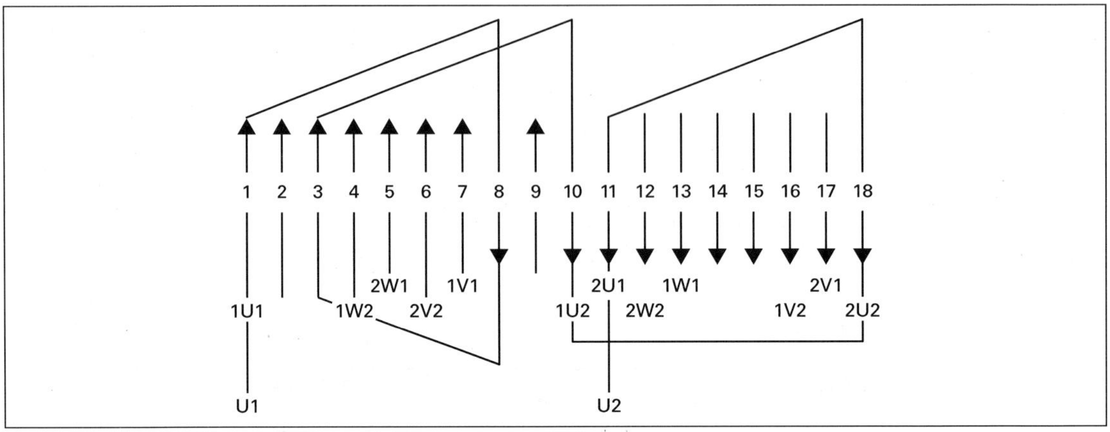

4.36 Nutenplan, 18 Nuten 2-polig (Wickelstrang U1–U2 „eingelegt")

Trägt man die Stromrichtungen in die „Nuten" ein, zeigt sich, dass die Wicklung bei Nute *8* eine Unsymmetrie in der Polausbildung aufweist. Diese Erscheinung zeigt sich bei allen gesehnten Wicklungen mit q = ungerade Zahl. Solche Wicklungen sind nach Möglichkeit zu vermeiden.

4.4.2 Zweischicht-Ganzlochwicklungen

Bei den bisher behandelten Einschichtwicklungen lag in jeder Nute eine Spulenseite. Bei den Zweischichtwicklungen liegen (wie bei den besprochenen Gleichstrom-Trommelwicklungen) in jeder Nute isoliert voneinander eine Unterschicht und eine Oberschicht. Für die Zweischicht-Ganzlochwicklung gilt die Bedingung

$$y_n = \frac{N}{2p} = \text{ganze Zahl.}$$

Nutenplan. Da bei diesen Wicklungen zwei Schichten vorhanden sind, muss der Nutenplan in zwei Abschnitten aufgestellt werden. Man stellt die beiden Schichten nebeneinander liegend dar, wobei hier die untere Schicht rechts und die obere Schicht links gezeichnet werden.

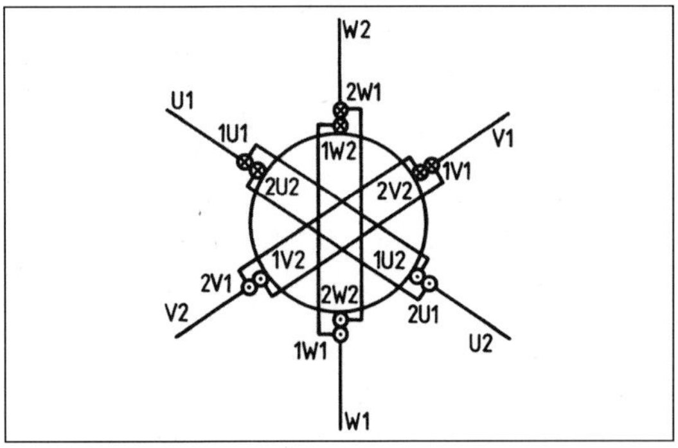

4.37 Drehstromwicklung, 6 Nuten 2-polig (Durchmesserwicklung)

In Bild **4**.37 ist eine Statorwicklung symbolisch dargestellt. Es handelt sich um eine Durchmesserwicklung mit 6 Nuten. Die Unterschichten 1U1, 2W1, 1V1, 2U1, 1W1 und 2V1 liegen außen, die Oberschichten 2U2, 1W2, 2V2, 1U2, 2W2 und 1V2 liegen innen. Die Spulen der einzelnen Stränge müssen „Ende – Ende" geschaltet werden, damit sich die richtige Polausbildung ergibt.

Im ersten Abschnitt sollen die Unterschichten, im zweiten Abschnitt die Oberschichten eingetragen werden. Zur besseren Übersicht schreibt man die Bezeichnungen für die Unterschichten unter den „abgerollten" Stator und für die Oberschichten darüber (**4**.38).

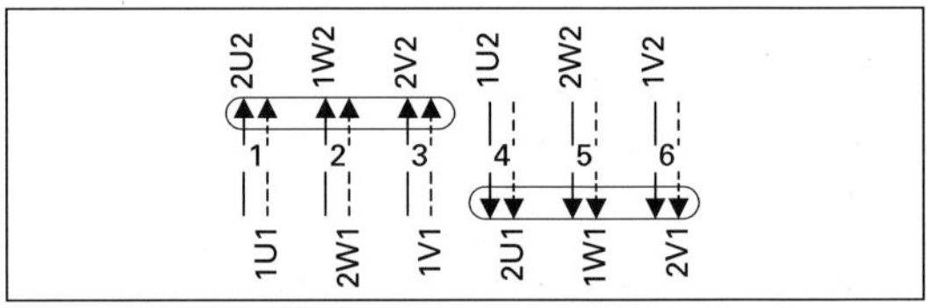

4.38 Nutenplan, 6 Nuten 2-polig (Zweischichtwicklung)

Durchmesserwicklung – gesehnte Wicklung

Beispiel 4.13 Es soll eine Dreiphasenwicklung entworfen werden für einen vierpoligen Stator mit 24 Nuten als Durchmesserwicklung.

Zunächst berechnet man den Nutschritt:

$$y_n = \frac{N}{2 \cdot p} = \frac{24}{4} = \mathbf{6(1\text{–}7)}$$

dann die Anzahl der Nuten je Pol und Phase:

$$q = \frac{N}{2 \cdot p \cdot m} = \frac{24}{2 \cdot 2 \cdot 3} = \mathbf{2}$$

Nun kann man den Nutenplan entwerfen (**4**.39).

Beispiel 4.13 Fortsetzung **1. Abschnitt:** Man beginnt mit der Zuordnung der Spulenseiten in der Unterschicht mit 1U1 in Nute *1*. Da $q = 2$ ist, ist diese Eintragung zweimal vorzunehmen, also 1U1 für Nute *1* und 1U1 für Nute *2*. Es folgen 4W1 für Nute *3*, 4W1 für Nute *4*, weiter 1V1 für Nute *5* und 1V1 für Nute *6* usw. Weil die Maschine vierpolig ist, wiederholt sich der Eintragungsverlauf von Nute *13* an für das zweite Polpaar. Damit sind die Unterschichten in den einzelnen Nuten belegt.

2. Abschnitt: Bei einer Zweischicht-Durchmesserwicklung liegen in einer Nute Schichten übereinander, die zur gleichen Wicklungsphase gehören (vgl. **4**.37 und **4**.39). Man kann deshalb mit der Zuordnung der Oberschichten ebenfalls in Nute *1* beginnen mit der Bezeichnung 4U2 und entsprechend fortsetzen mit 3W2, 4V2 usw. Die andere Möglichkeit besteht darin, dem Nutschritt entsprechend bei Nute *7* zu beginnen mit der Bezeichnung 1U2 (so wie bei der gesehnten Wicklung).

Im Bild **4**.40 ist die Wicklungsphase U1–U2 wieder „eingelegt" dargestellt worden. Daraus ergibt sich, dass die Spulen (wie bei der Einschicht-Kranzwicklung) so geschaltet werden müssen, dass man „Ende mit Ende" und „Anfang mit Anfang" verbindet. Die Spulen können auf Schablonen als „Doppelspulen" hergestellt werden.

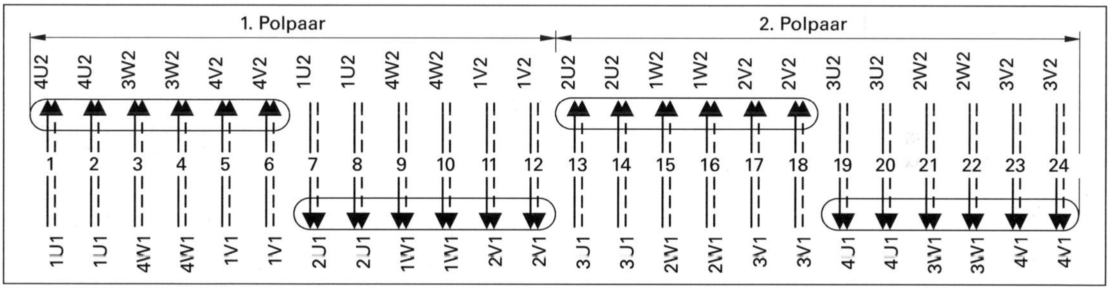

4.39 Nutenplan, 24 Nuten 4-polig

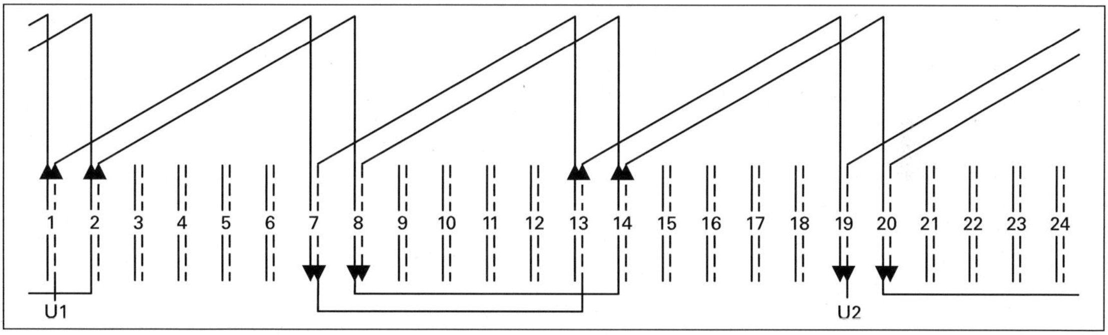

4.40 Nutenplan, 24 Nuten 4-polig (Wicklungsstrang U1–U2 „eingelegt")

Bei gesehnten Zweischichtwicklungen liegen (im Gegensatz zu den Durchmesserwicklungen) Spulenseiten in einer Nute übereinander, die zu verschiedenen Wicklungsphasen gehören (**4**.41). Dabei ist die Gefahr eines Phasenschlusses größer als bei der Durchmesserwicklung. Die beiden Schichten in einer Nute müssen daher besonders gut voneinander isoliert werden.

Bei gesehnten Zweischichtwicklungen kann gegenüber der Durchmesserwicklung die Wickelkopfausladung erheblich verringert werden. Dieses gilt besonders für zweipolige Maschinen, deren Ständerwicklungen deshalb auch in der Regel ⅔ bis ¾ gesehnt ausgeführt werden.

Es ist zu erkennen, dass sich die Polausbildung in zwei von 6 Nuten aufhebt. Eine Sehnung ist somit nur bei höheren Nutenzahlen sinnvoll.

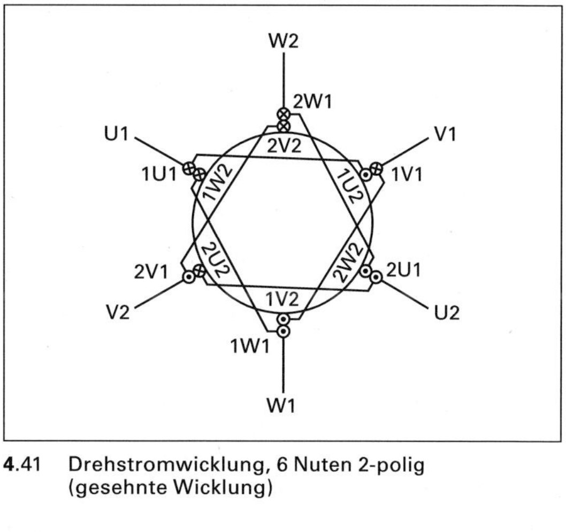

4.41 Drehstromwicklung, 6 Nuten 2-polig (gesehnte Wicklung)

Die Windungszahl der gesehnten Wicklung muss gegenüber der Durchmesserwicklung erhöht werden (s. Abschn. 4.2.3).

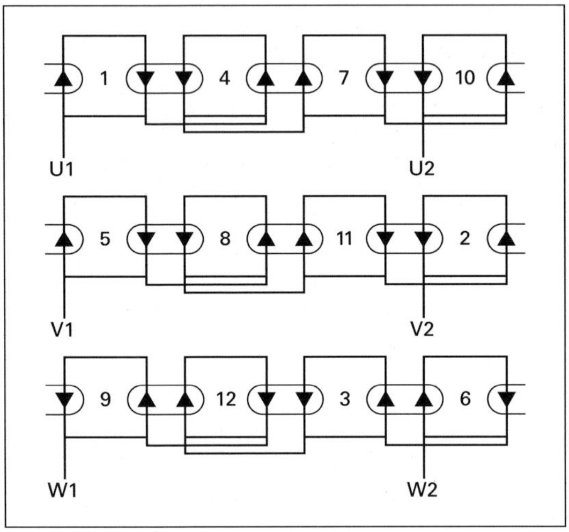

4.42 Blockschaltbild

Beispiel 4.14 Es ist eine Dreiphasen-Zweischichtwicklung für einen vierpoligen Stator mit 36 Nuten zu entwerfen, dessen Wicklung ⅔ gesehnt werden soll.

Zunächst berechnet man wieder den Nutschritt:

$$y_n = \frac{N}{2 \cdot p} \cdot \frac{W}{\tau_p} = \frac{36}{4} \cdot \frac{2}{3} = \mathbf{6(1\text{–}7)}$$

und die Anzahl der Nuten je Pol und Phase:

$$q = \frac{N}{2 \cdot p \cdot m} = \frac{36}{2 \cdot 2 \cdot 3} = \mathbf{3}$$

Ist q ganzzahlig, kann das Wickelbild relativ einfach hergestellt werden. Es bietet sich an, zuerst ein „Blockschaltbild" anzufertigen. Hierbei handelt es sich um eine einfache Skizze der drei einzelnen Stränge wie in Bild **4**.42 dargestellt. Die notwendige Schaltung der Spulen (Ende – Anfang, Ende – Ende, Anfang – Ende, Anfang– Anfang) und die Polausbildung lässt sich damit sehr einfach nachvollziehen. Für den Strang U ergibt sich in diesem Fall folgende Schaltung: U1 an Spule 1 Anfang, Spule 1 Ende an Spule 4 Ende, Spule 4 Anfang an Spule 7 Anfang, Spule 7 Ende an Spule 10 Ende, Spule 10 Anfang an U2.

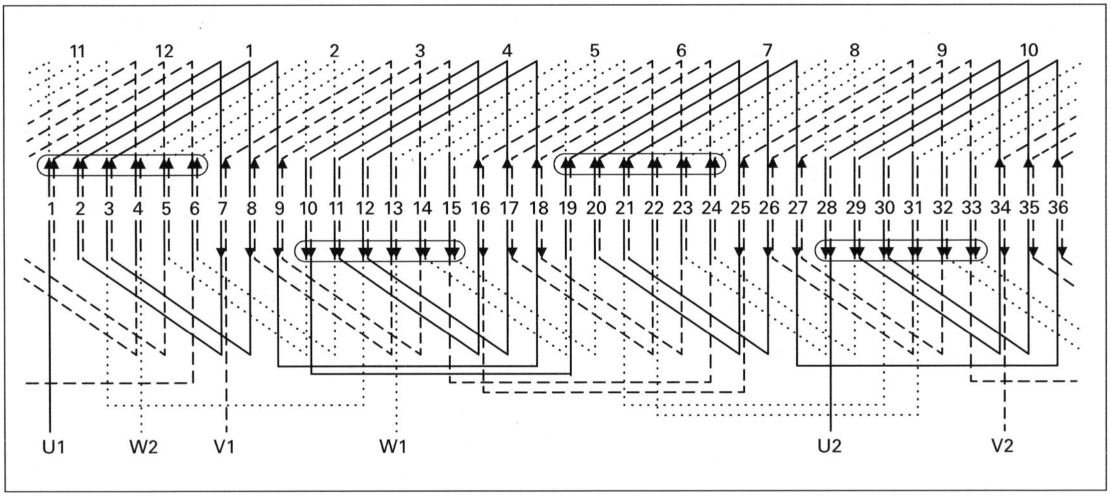

4.43 Nutenplan, 36 Nuten 4-polig (gesehnte Zweischichtwicklung)

Schleifenwicklung – Wellenwicklung. Schleifringläuferwicklungen können genauso ausgeführt werden wie Ständerwicklungen. Es gelten also allgemein die gleichen Bedingungen wie bei den bisher besprochenen Wicklungen.

Während die Wicklung für kleinere Läufer fast ausschließlich aus Runddraht besteht, erhalten größere Läufer meist eine Wicklung aus Stäben (Stabanker). Diese Stabwicklungen haben in der Ausführung große Ähnlichkeit mit den Gleichstrom-Ankerwicklungen. Man unterscheidet demnach auch hier zwischen Schleifen- und Wellenwicklungen. Bild **4**.44 zeigt den vollständigen Nutenplan einer vierpoligen Drehstrom-Schleifenwicklung mit 24 Nuten. Den Nutenplan stellt man so auf wie bei der „normalen" Zweischichtwicklung.

Die Wicklung ist als Durchmesserwicklung oder als gesehnte Wicklung ausführbar. Im gewählten Beispiel sind q = 2 und y_n = 6 – also eine

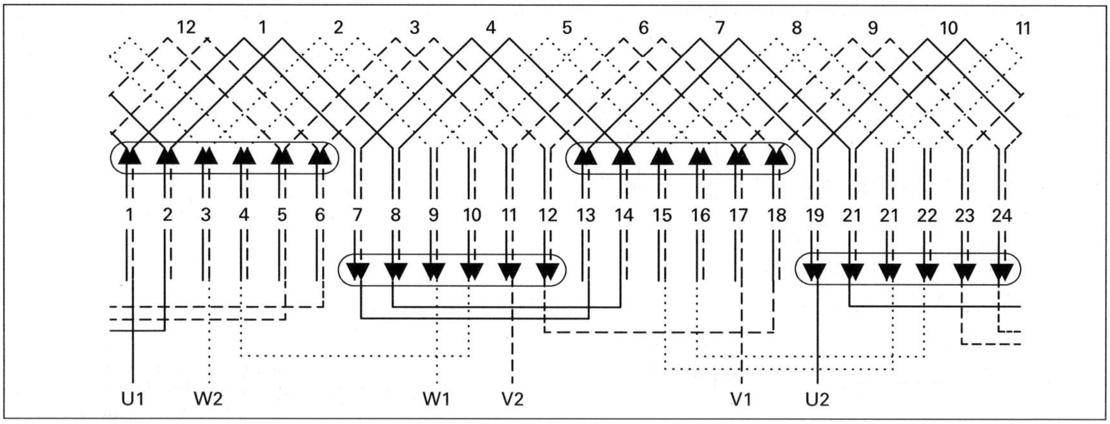

4.44 Nutenplan, 24 Nuten 4-polig (Schleifenwicklung)

Durchmesserwicklung. Die Wicklungsphase U1–U2 ist wieder „eingelegt" und geschaltet.

Hat eine derartige Schleifenwicklung wie im Beispiel mehrere Polpaare, ordnet man möglichst die Anfänge der drei Wicklungsphasen (und damit auch die Enden) gleichmäßig verteilt auf dem Läuferumfang an, um Unwuchterscheinungen gering zu halten. Bild **4**.44 zeigt die Wicklung mit der eingelegten Wicklungsphase U1–U2. Die Anfänge der zweiten und der dritten Wicklungsphase sind angedeutet in den Nuten *9* und *17*.

Bei Schleifringläufern mit mehr als zwei Polen wendet man die Wellenwicklung häufiger an als die Schleifenwicklung. Auch diese Wicklung hat viel Ähnlichkeit mit der Gleichstrom-Wellenwicklung. Die Anzahl der Wellen (Umläufe) richtet sich hier nach der Anzahl der Nuten je Pol und Phase und nach der Anzahl der „Wicklungslagen" in der Nute.

Beispiel 4.15 Ist bei einem Läufer $q = 1$ und befindet sich in jeder Nute nur ein Stab in jeder Schicht, ergibt sich für die Wicklung nur ein Umlauf.

Beispiel 4.16 Ist bei einem Läufer $q = 2$ und befindet sich in jeder Nute nur ein Stab in jeder Schicht, ergeben sich für die Wicklung zwei Umläufe. Zwei Umläufe ergeben sich aber auch dann, wenn $q = 1$ ist, aber in jeder Schicht zwei Stäbe liegen.

Der Nutenplan wird wie üblich aufgestellt. Bild **4**.45 zeigt eine vierpolige Drehstrom-Wellenwicklung mit 24 Nuten für die Wicklungsphase U1–U2. Für diese Wicklung sind $q = 2$ und $y_{nv} = 6$. Es handelt sich also um eine Durchmesserwicklung. In jeder Schicht soll nur ein Stab liegen. Damit ergeben sich zwei Umläufe für den ersten Teil der Wicklungsphase (voll ausgezogen gezeichnet) und ebenfalls zwei Umläufe für den zweiten Teil (gestrichelt). Die Verbindung der ersten beiden Umläufe erfolgt vom Anschluss in Nute *19* zum Anschluss in Nute *1*.

Bei sechspoligen Läuferwicklungen ist eine symmetrische Aufteilung der Anfänge, d. h. eine Verteilung auf ein Drittel des Umfangs nicht möglich, weil man im zweiten Polpaar wieder auf den Anfang der gleichen Phase trifft.

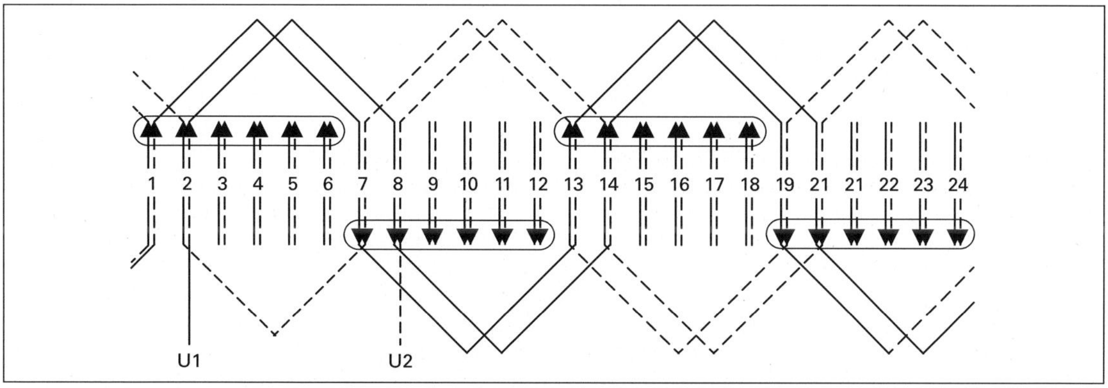

4.45 Drehstrom-Wellenwicklung, 24 Nuten 4-polig (Wicklungsstrang U1–U2 „eingelegt")

4.4.3 Einschicht-Bruchlochwicklungen

Für Bruchlochwicklungen ist die Anzahl der Nuten je Pol und Phase eine gebrochene Zahl. Man findet solche Wicklungen häufiger in großen Drehstromgeneratoren (Unterdrückung der Oberwellen). In Reparaturwerkstätten kommen sie vor bei Maschinen, die auf eine andere Polzahl umgewickelt worden sind oder umgewickelt werden sollen. Während Umwicklungen auf kleinere Polzahl (also größere Drehzahl) nicht ohne weiteres möglich sind und einer sorgfältigen „magnetischen" Durchrechnung bedürfen, bereitet die Umwicklung auf höhere Polzahl (kleinere Drehzahl) nicht in dem Maße Schwierigkeiten.

Nutenplan. Der Entwurf von Bruchlochwicklungen als Gruppenwicklungen mit der Anzahl der Nuten je Pol und Phase von 1,5–2,5–3,5 usw. (also mit dem Bruch 0,5) ist recht einfach, sodass sich ein Nutenplan eigentlich erübrigt. Er soll demnach an einem Beispiel erläutert werden.

Beispiel 4.17 Vierpolige Drehstromwicklung mit 18 Nuten. Die Anzahl der Nuten je Pol und Phase ist $q = 1{,}5$.

Je Polpaar werden die Nuten so belegt, als sei $q = 1$ in der entsprechenden Reihenfolge U1, W2, V1, U2, W1 und V2. Dazwischen aber müssen Nuten freigelassen werden, um den Bruch 0,5 zu berücksichtigen. Die Belegung der Nuten geschieht folgendermaßen:

Nute *1* mit U1 – Nute *2* mit W2 – Nute *3* bleibt frei

Nute *4* mit V1 – Nute *5* mit U2 – Nute *6* bleibt frei

Nute *7* mit W1 – Nute *8* mit V2 – Nute *9* bleibt frei

Die Eintragung für das zweite Polpaar ab Nute *10* erfolgt entsprechend. Die freigebliebenen Nuten teilen sich die sechs Spulenseiten, also Nute *3* teilen sich die Spulenseiten W2 und V1, Nute *6* die Spulenseiten U2 und W1, Nute *9* die Spulenseiten V2 und U1. Des sind jeweils die benachbarten Spulenseiten, wie aus dem Bild **4**.46 hervorgeht.

Die Ausführungsmöglichkeit der Wicklung wird später beschrieben.

Eine andere Möglichkeit, einen Nutenplan aufzustellen, zeigt Bild **4**.47. Die Nuten werden nicht gleichmäßig auf die drei Wicklungsphasen verteilt, sondern wie folgt:

Für das 1. Polpaar:

4 Nuten für die erste Phase,

2 Nuten für die zweite Phase,

3 Nuten für die dritte Phase.

Für das 2. Polpaar:

2 Nuten für die erste Phase,

4 Nuten für die zweite Phase,

3 Nuten für die dritte Phase.

Damit entfallen für die gesamte Wicklung auf jede Phase 6 Nuten. Die Wicklungsausführung wird ebenfalls später beschrieben.

Weicht die Anzahl der Nuten je Pol und Phase vom Bruch 0,5 ab (z. B. 1,25 oder 2,33), stellt man den Nutenplan nach anderen Gesichtspunkten auf.

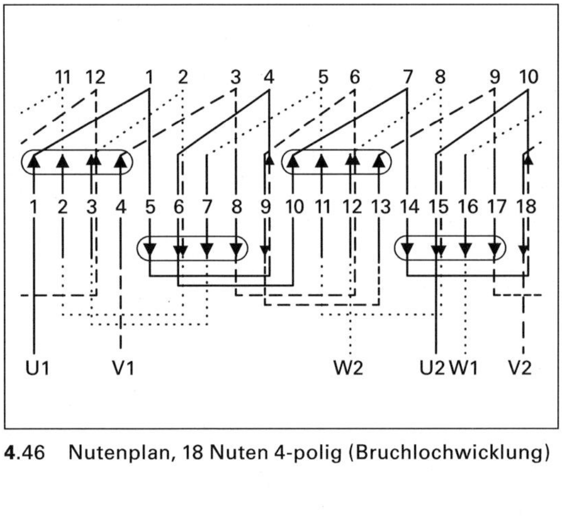

4.46 Nutenplan, 18 Nuten 4-polig (Bruchlochwicklung)

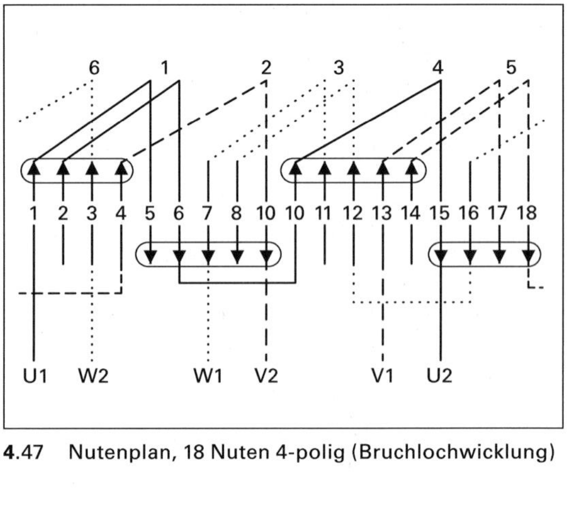

4.47 Nutenplan, 18 Nuten 4-polig (Bruchlochwicklung)

Beispiel 4.18 Sechspolige Dreiphasenwicklung mit 24 Nuten. Für diese Wicklung ist q = 1,33. (Diese Angabe wird aber zum Aufstellen des Nutenplans nicht gebraucht.)

Die Anzahl der gleichsinnigen Spulenseiten ist eine wichtige Kenngröße zum Aufstellen des Nutenplans, d. h. wie oft die Spulenseiten U1, W2, V1, U2, W1 und V2 vorhanden sein müssen. Diese Zahl ergibt sich für eine Dreiphasenwicklung immer aus der Nutzahl dividiert durch 6 (bei der Zweiphasenwicklung: Nutzahl dividiert durch 4, bei der Einphasenwicklung: Nutzahl dividiert durch 2). Für unser Beispiel ist die Anzahl der gleichsinnigen Spulenseiten daher 24 : 6 = 4.

Der Abstand der gleichsinnigen Spulenseiten muss ebenfalls festgestellt werden. Nach Nuten gezählt, ist er stets gleich dem doppelten Nutschritt oder der doppelten Polteilung. Für unser Beispiel gilt demnach: Abstand der gleichsinnigen Spulenseiten voneinander 24 : 3 = 8.

Man ordnet entsprechend Tabelle **4**.48 die erste Spulenseite in Nute *1* an. Die zweite gleichsinnige Spulenseite U1 kommt in Nute *1 + 8 = 9*, die dritte Seite U1 in Nute *9 + 8 = 17*, die vierte in *17 + 8 = 25* (oder Nute *1*, weil der Stator nur 24 Nuten hat). Die Nute *1* ist aber schon von einer Spulenseite U1 belegt. In diesem Fall muss man um eine Nute vor- oder zurückschreiten (wir zählen eine Nute weiter und legen die vierte Spulenseite U1 in Nute *2*). Fortgesetzt wird der Nutenplan mit der Spulenseite W2 in Nute *2 + 8 = 10*, dann W2 in *10 + 8 = 18* und in *18 + 8 = 26* (hier ist 26 wieder Nute *2*. Daher eine Nute weiterzählen, also nach Nute *3*) usw.

Tabelle **4**.48 **Abstand der gleichsinnigen Spulenseiten**

	Nuten			
U1	1^{+8}	9^{+8}	17^{+8}	$1^{+1} = 2^{+8}$
W2	10^{+8}	18^{+8}	$2^{+1} = 3^{+8}$	11^{+8}
V1	19^{+8}	$3^{+1} = 4^{+8}$	12	20
U2	5	13	21	6
W1	14	22	7	15
V2	23	8	16	24

Den vollständigen Nutenplan zeigt Bild **4**.49.

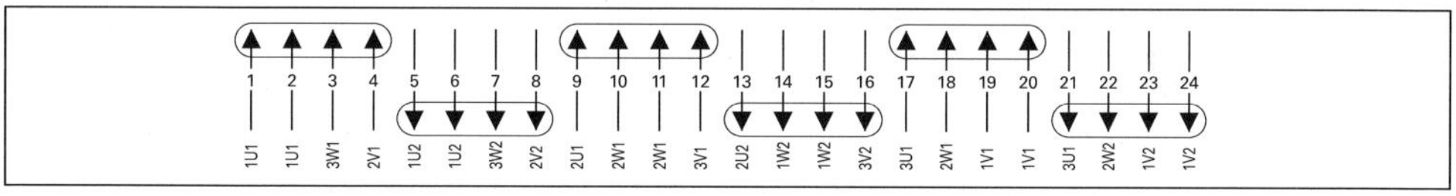

4.49 Nutenplan, 24 Nuten 6-polig (Bruchlochwicklung)

Ausführungsmöglichkeiten. Entsprechend den Nutenplänen nach den Bildern **4**.46 und **4**.47 lassen sich Bruchlochwicklungen mit dem Bruch 0,5 auf unterschiedliche Art ausführen. Nach dem Nutenplan **4**.46 so, dass man die innere Spule je Gruppe mit der vollen Windungszahl versieht, die äußere Spule dagegen mit der halben Windungszahl. Hierbei werden alle Spulengruppen gleich, jeweils zwei äußere Spulenseiten müssen sich eine Nute „teilen". Da diese Spulenseiten zu verschiedenen Wicklungsphasen gehören, müssen sie gut voneinander isoliert werden. Die Bilder **4**.50 und **4**.51 zeigen die Ausführung in konzentrischer Art mit drei „Unterspulengruppen" und drei „Oberspulengruppen" (**4**.50) und „fortlaufend" gewickelt (**4**.51).

Die andere Möglichkeit der Wicklungsausführung geht aus dem Nutenplan **4**.47 hervor. In diesem Fall werden die Gruppenspulen einmal als doppelte Spulengruppe und zum anderen als einfache Spulengruppe gewickelt aber stets mit der vollen Windungszahl. Bei dieser Herstellungsart sind die Spulen untereinander verschieden (**4**.52).

Um Bruchlochwicklungen mit dem von 0,5 abweichenden Bruch ausführen zu können, muss man unter Umständen ein wenig „probieren", um eine möglichst günstige Ausführungsmöglichkeit zu erhalten. Bild **4**.53 zeigt die Ausführung der sechspoligen Drehstromwicklung mit 24 Nuten nach Nutenplan **4**.49.

Die Eintragung an den Wickelköpfen zeigt deutlich die Anordnung von je vier Spulen je Polpaar:

1. Polpaar: Doppelspule für die erste Phase, Einzelspulen für die zweite und dritte Phase.
2. Polpaar: Doppelspule für die dritte Phase, Einzelspulen für die erste und die zweite Phase.
3. Polpaar: Doppelspule für die zweite Phase, Einzelspulen für die erste und die dritte Phase.

Die Polausbildung ist vollkommen symmetrisch.

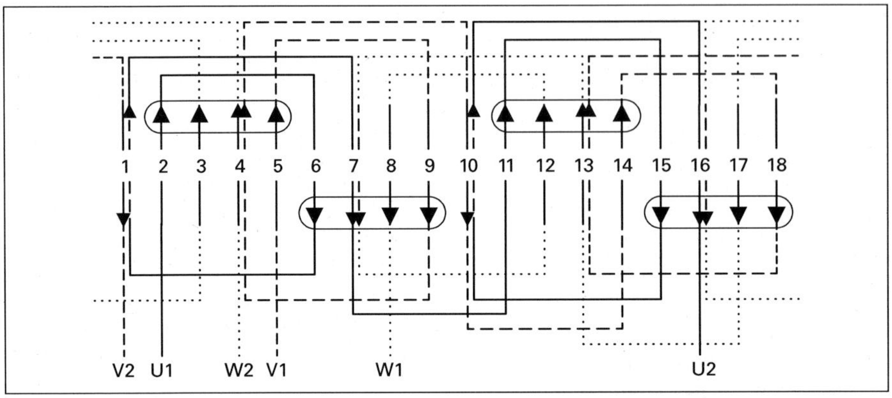

4.50 Drehstromwicklung, 18 Nuten 4-polig („konzentrisch")

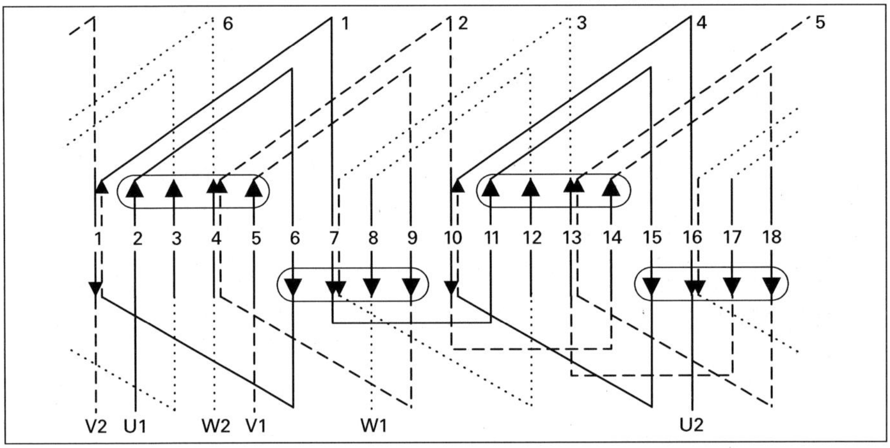

4.51 Drehstromwicklung, 18 Nuten 4-polig („fortlaufend")

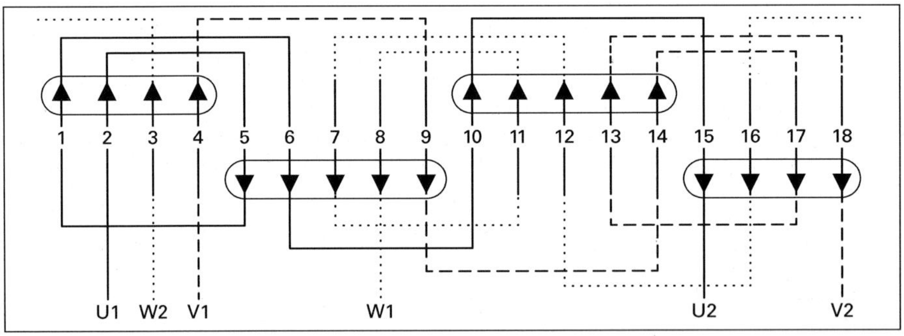

4.52 Drehstromwicklung, 18 Nuten 4-polig („konzentrisch")

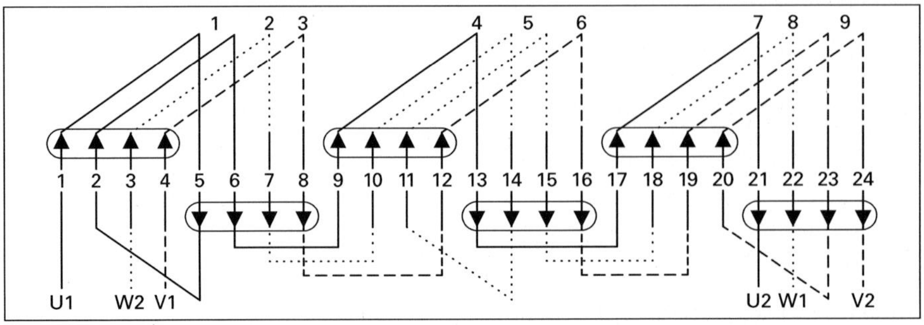

4.53 Drehstromwicklung, 24 Nuten 6-polig („fortlaufend")

4.4.4 Zweischicht-Bruchlochwicklungen

Zweischicht-Bruchlochwicklungen kommen häufiger vor bei kleinen Schleifringläuferwicklungen. Die Aufstellung des Nutenplans soll kurz erläutert werden.

Beispiel 4.19 Sechspolige Dreiphasenwicklung mit 27 Nuten. Da $q = 1{,}5$ ist. kann man in die Nuten abwechselnd doppelte und einfache Spulen einlegen.

Im Nutenplan werden zunächst wieder die Unterschichten belegt. Man zählt:

Nute *1*–1U1, Nute *2*–1U1 (Doppelspule)
Nute *3*–6W1 (Einzelspule)
Nute *4*–1V1, Nute *5*–1V1 (Doppelspule)
Nute *6*–2U1 (Einzelspule)
Nute *7*–1W1, Nute *8*–1W1 (Doppelspule)
usw.

Die Oberschichten werden wie bei der normalen Zweischichtwicklung mit Hilfe des Nutschritts eingetragen. Hier ist der Nutschritt $y_n = 27 : 6 = 4{,}5$ (gewählt wird $y_n = 4(1–5)$, womit die Wicklung leicht gesehnt ist).

Die Eintragung der Oberschichten beginnt also in

Nute *5*–1U2, Nute *6*–1U2 (Doppelspule)
Nute *7*–6W2 (Einzelspule)
Nute *8*–1V2, Nute *9*–1V2 (Doppelspule)
Nute *10*–2U2 (Einfachspule)
usw.

Den vollständigen Nutenplan dieser Wicklung mit der „eingelegten" und geschalteten Wicklungsphase U1–U2 zeigt Bild **4**.54.

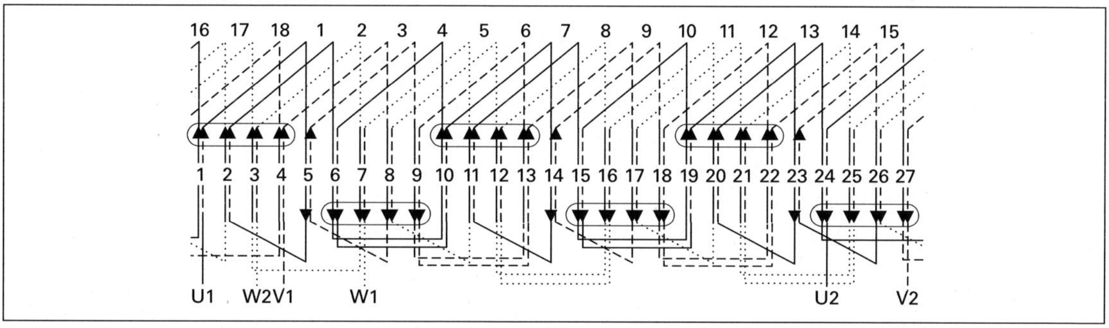

4.54 Drehstromwicklung, 27 Nuten 6-polig (Zweischichtwicklung)

Weicht bei solchen Wicklungen die Anzahl der Nuten je Pol und Phase vom Bruch 0,5 ab, kann man den Nutenplan sowohl für die Unterschichten als auch für die Oberschichten nach den früher besprochenen Regeln entwerfen.

In Bild **4**.55 sind der Nutenplan und die vollständige Wicklung einer sechspoligen Dreiphasenwicklung mit 24 Nuten dargestellt. Auch hier empfiehlt es sich, zunächst die Unterschichten zu belegen und dann – entsprechend dem Nutschritt – die Oberschichten. Vergleichen Sie diesen Nutenplan mit dem Plan **4**.49.

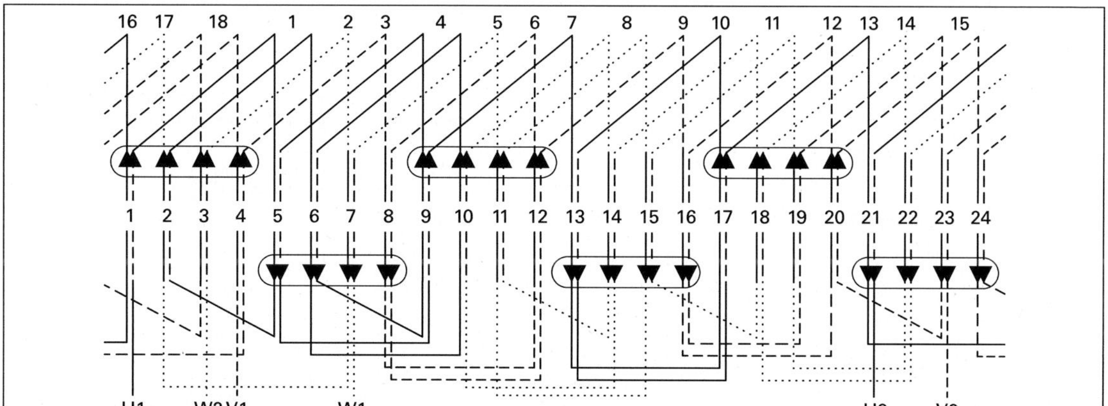

4.55 Drehstromwicklung, 24 Nuten 6-polig (Zweischichtwicklung)

4.4.5 Polumschaltbare Wicklungen (Dahlander)

Der Nachteil aller Käfigläufer- und Schleifringläufermotoren gegenüber den Gleichstrommotoren besteht darin, dass sich ihre Drehzahlen (außer im Umrichterbetrieb) nicht ohne weiteres ändern lassen, weil sie in erster Linie von der Polzahl und der Frequenz abhängen. Polumschaltbare Motoren gestatten eine Drehzahlsteuerung in groben Stufen.

Um einen Motor mit mehreren Drehzahlen zu bauen, kann man in den Stator zwei oder mehrere Wicklungen einlegen. Diese Möglichkeit besteht auch, wenn zwei Drehzahlen gebraucht werden, die nicht im Verhältnis 2:1 stehen. Für den Entwurf derartiger Wicklungen gelten die schon besprochenen Regeln.

Dahlanderwicklung. Es ist möglich, *eine* Wicklung polumschaltbar zu gestalten. Solche Wicklungen gibt es in beträchtlicher Zahl; durchgesetzt hat sich aber bisher eigentlich nur eine Art, die Dahlanderwicklung (auch Wicklung in Dahlanderschaltung genannt). Bei dieser Schaltung wird die Wicklung für die höhere Polzahl (kleinere Drehzahl) in Dreieckschaltung ausgeführt und für die kleinere Polzahl (höhere Drehzahl) in Doppelsternschaltung. Von dieser „Normalschaltung" gibt es Ausnahmen wie die Stern/Doppelsternschaltung oder Doppelsternschaltung für die kleinere Drehzahl und Dreieckschaltung für die größere Drehzahl. Wir wollen uns nur mit der Normalschaltung der Dahlanderwicklung beschäftigen (**4**.56). Da das mögliche Drehzahlverhältnis 2:1 ist, gibt es 4/2-polige, 8/4-polige und 12/6-polige Dahlanderwicklungen, seltener die 16/8-polige.

Nutenplan für die Einschichtwicklung. Den Nutenplan für eine Gruppenwicklung stellt man nach den gleichen Regeln auf wie bei einer normalen Gruppenwicklung (**4**.57). Es handelt sich hier um eine 4/2-polige Drehstromwicklung mit 12 Nuten. Ausgelegt ist sie wie eine normale vierpolige Gruppenwicklung, hier dargestellt mit Einzelspulen fortlaufend gewickelt. Für polumschaltbare Wicklungen sind zwei Gesichtspunkte wichtig:

Die Anfänge der drei Wicklungsstränge sind auf ein Drittel des Umfangs zu verteilen. Dadurch ergibt sich (für eine 4/2-polige Wicklung) folgende Anordnung: Der Anfang der ersten Wicklungsphase liegt in Nute *1*, der Anfang der dritten Phase in Nute *5*, der Anfang der zweiten in Nute *9* (ergibt sich aus dem Nutenplan).

Jeder Wicklungsstrang besteht aus zwei Hälften, wobei jeweils der Anfang der zweiten Hälfte der Anschluss für die hohe Drehzahl ist. Hierbei müssen zwei Anschlüsse gegeneinander vertauscht werden, weil das Drehfeld in zweipoliger Schaltung sonst die entgegengesetzte Drehrichtung des vierpoligen Drehfelds annähme. In einigen Fällen geschieht diese Anschlussvertauschung auch in Polumschaltern außerhalb der Maschine. Deshalb liegen der Anschluss 2V in Nute *11* mit der Angabe W1 und der Anschluss 2W in Nute *3* mit der Angabe V1. Es sind also die Anschlüsse der zweiten und der dritten Wicklungsphase miteinander vertauscht worden.

Für die zweipolige Ausbildung werden die Zuleitungen L1, L2 und L3 an 2U, 2V und 2W angeschlossen. Für die Stromrichtungen gelten die bisherigen Annahmen: 0,5 I_{max} jeweils für die Zuleitungen L1 und L2 in gleicher Richtung, I_{max} für die dritte Zuleitung in entgegengesetzter Richtung wie L1 und L2. Für die zweipolige Schaltung sind 1U, 1V und 1W in Stern zu schalten.

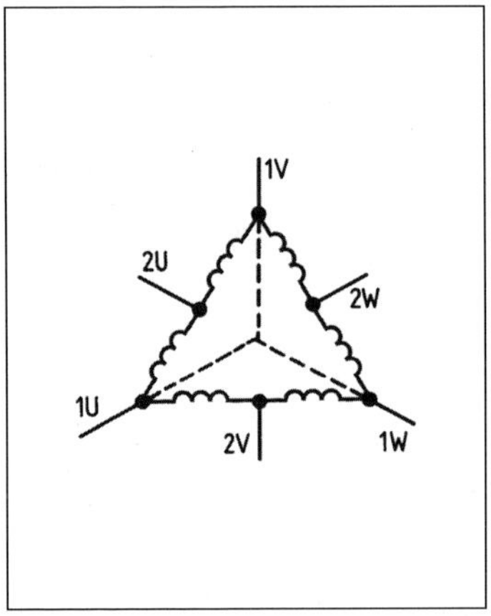

4.56 Dreieck/Doppelsternschaltung (Dahlanderwicklung)

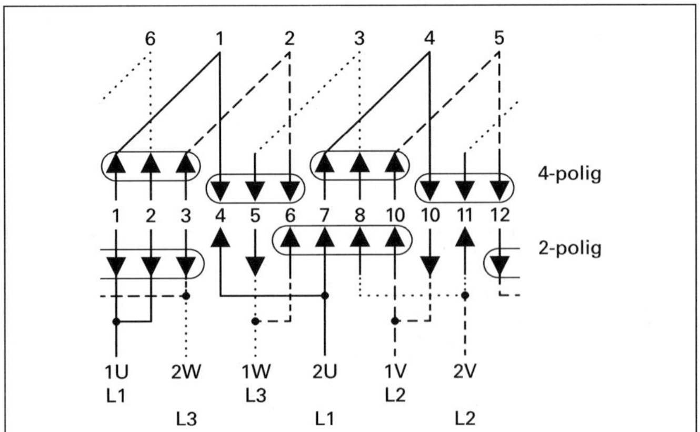

4.57 Nutenplan, 12 Nuten 4/2-polig (Dahlanderwicklung)

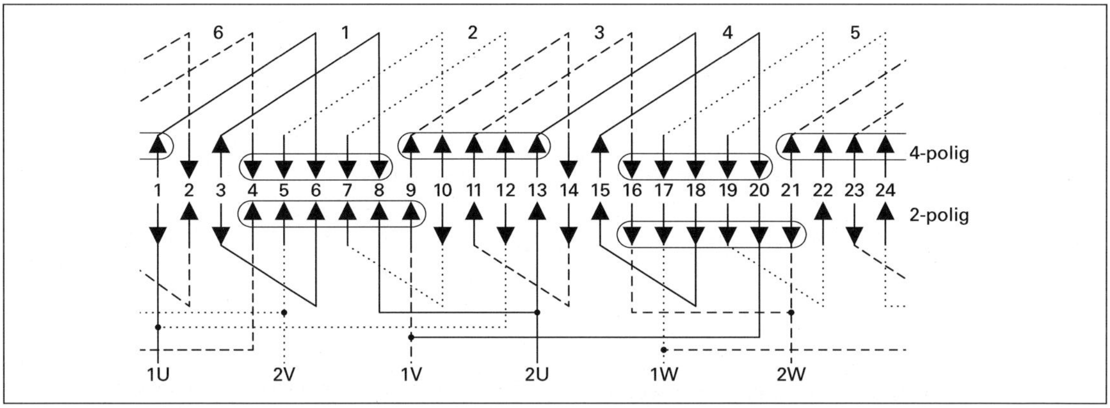

4.58 Nutenplan und Wicklung, 24 Nuten 4/2-polig (Einschicht-Kranzwicklung)

Die vierpolige Schaltung zeigt eine ganz normale Polausbildung. In der zweipoligen Schaltung dagegen nehmen nicht alle Nuten an der Polausbildung teil.

Betrachten Sie die „Aufhebung" der Ströme in den Nuten *4, 5, 10* und *11*. Infolge der starken Sehnung der Wicklung (1/2) für die zweipolige Ausführung ist das auch zu erwarten.

Polumschaltbare Einschicht-Kranzwicklung. In Bild **4**.58 sind der Nutenplan und die vollständige 4/2-polige Dreiphasenwicklung für 24 Nuten als Einschicht-Kranzwicklung dargestellt. Der Nutschritt y_n muss auf die große Polzahl bezogen werden, die Anzahl der Nuten je Pol und Phase auf die kleine Polzahl. Da die Bedingung für die Einschicht-Kranzwicklung lautet: y_n = ganze ungerade Zahl, muss die Wicklung gesehnt werden. Demnach gilt:

$$y_n = \frac{N}{2 \cdot p} \cdot \frac{W}{\tau_p} = \frac{24}{4} \cdot \frac{5}{6} = \mathbf{5(1\text{–}6)} \quad \text{und für}$$

$$q = \frac{N}{2 \cdot p \cdot m} = \frac{24}{2 \cdot 1 \cdot 3} = \mathbf{4}$$

Den Nutenplan stellt man nach den gleichen Regeln auf wie bei einer „normalen" Einschicht-Kranzwicklung. Also:

U1 in Nute *1*, Nute *2* bleibt frei, U1 in Nute *3*, Nute *4* bleibt frei

W2 in Nute *5*, Nute *6* bleibt frei, W2 in Nute *7*, Nute *8* bleibt frei

V1 in Nute *9*, Nute *10* bleibt frei, V1 in Nute *11*, Nute *12* bleibt frei usw.

Die freigebliebenen Nuten werden nach den bekannten Regeln wieder mit Hilfe des Nutschritts ausgefüllt. Also: U2 in Nute *6*, Nute *7* belegt, U2 in Nute *8*, Nute *9* belegt,

W1 in Nute *10*, Nute *11* belegt, W1 in Nute *12*, Nute *13* belegt, usw.

Beachten Sie die Angaben für Nute *1* (1U1) und Nute *7* (2U1) mit den Anschlussbezeichnungen 1U und 2U. Prüfen Sie die Schaltung und die Stromrichtungen. Viele Nuten nehmen nicht an der Polausbildung teil, das bedeutet schlechte Ausnutzung des Wicklungsmaterials. Eine Übersicht der Schaltung zeigt Bild **4**.59.

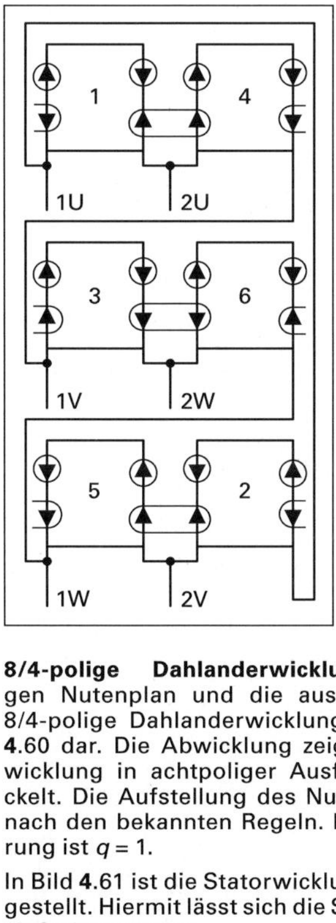

4.59 Dreieck/Doppelsternschaltung, für 4/2-polige Wicklung

8/4-polige Dahlanderwicklungen. Den vollständigen Nutenplan und die ausgeführte und geschaltete 8/4-polige Dahlanderwicklung mit 24 Nuten stellt Bild **4**.60 dar. Die Abwicklung zeigt eine normale Gruppenwicklung in achtpoliger Ausführung fortlaufend gewickelt. Die Aufstellung des Nutenplans erfolgt auch hier nach den bekannten Regeln. Für die achtpolige Ausführung ist $q = 1$.

In Bild **4**.61 ist die Statorwicklung als Blockschaltbild dargestellt. Hiermit lässt sich die Schaltung des Wickelbildes einfach umsetzen.

Die Spulen werden hier in „Ende – Anfang" geschaltet. Für Strang U ergibt sich die Reihenfolge 1 – 7 – 4 – 10, für Strang V 5 – 11 – 8 – 2 und für Strang W 9 – 3 – 12 – 6. Dadurch erreicht man für die Phasenanfänge wiederum eine Versetzung um ein Drittel des Umfangs zueinander. Um für die schnelle Drehzahl die gleiche Drehrichtung wie für die langsame Drehzahl zu erzeugen, sind die Anschlüsse für 2V und 2W wie immer zu tauschen.

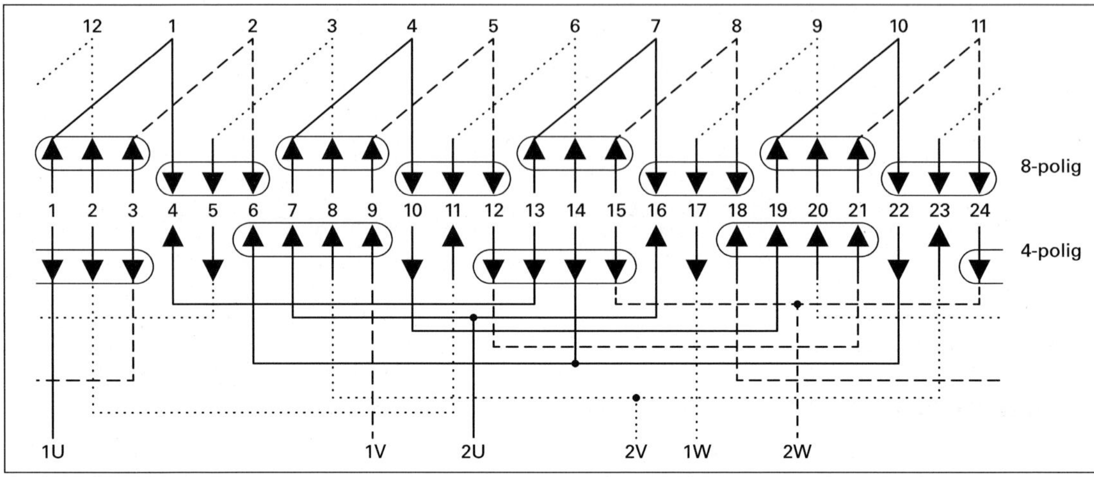

4.60 Nutenplan und Wicklung, 24 Nuten 8/4-polig

Die Mittenanzapfung für die schnelle Drehzahl erfolgt logischerweise zwischen der zweiten und der dritten Spule eines Strangs.

Studieren Sie die Bilder **4**.60 und **4**.61. Die schlechte Ausnutzung des Wicklungsmaterials für die vierpolige Schaltung ist in Bild **4**.60 ebenfalls deutlich zu erkennen.

12/6-polige Dahlanderwicklungen zeigen gegenüber der 4/2-poligen Wicklung bzw. der 8/4-poligen Wicklung insoweit eine Besonderheit, als sich die Anfänge der Wicklungsphasen nicht auf ein Drittel des Umfangs verteilen lassen. Dennoch ist die Wicklung ausführbar (**4**.62 und **4**.63). Hier

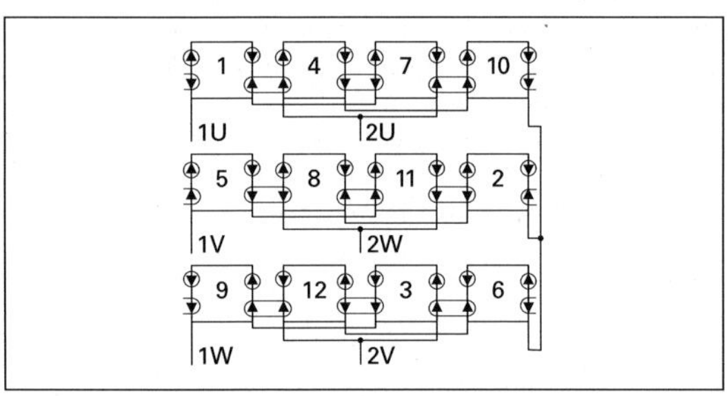

4.61 Stern/Doppelsternschaltung für 8/4-polige Wicklung

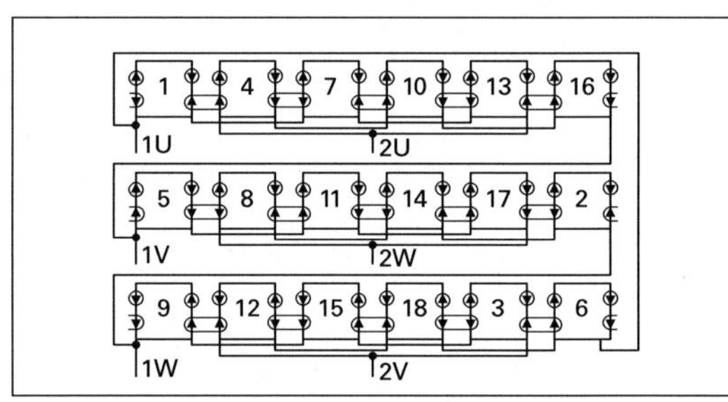

4.62 Dreieck/Doppelsternschaltung für 12/6-polige Wicklung

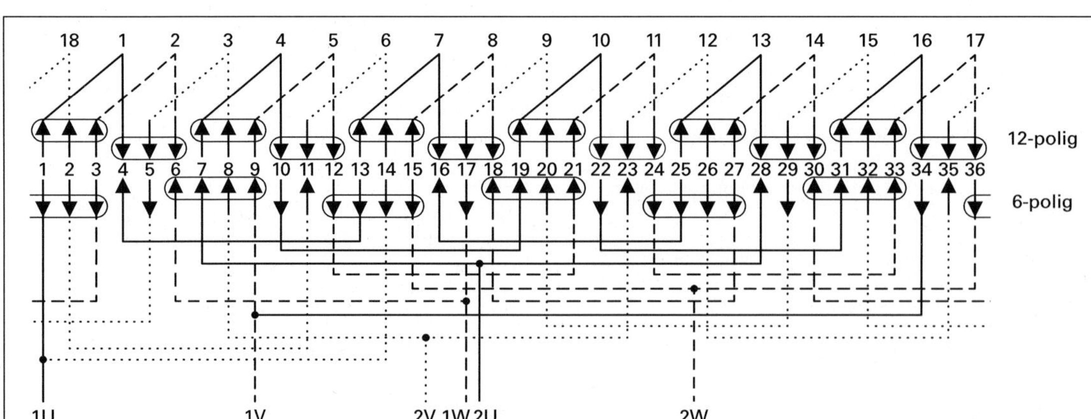

4.63 Nutenplan und Wicklung, 36 Nuten 12/6-polig

besteht jeder Wicklungsstrang aus sechs Spulen. Auch hier sind die Spulen in „Ende – Anfang" geschaltet. Über ein Blockschaltbild lässt sich die erforderliche Schaltung und die Polausbildung für beide Drehzahlen schnell nachvollziehen.

Für den ersten Strang U ergibt sich somit die Reihenfolge 1 – 7 – 13 – 4 – 10 – 16, für den zweiten Strang V 5 – 11 – 17 – 8 – 14 – 2, und für den dritten Strang W 9 – 15 – 3 – 12 – 18 – 6. Die Mittenanzapfungen für die hohe Drehzahl liegen jeweils zwischen der dritten und vierten Spule eines Strangs.

Polumschaltbare Dahlanderwicklungen sind auch als Bruchlochwicklungen ausführbar.

Nutenplan für die Zweischichtwicklung. Wie im vorigen Abschnitt angedeutet, ist für Einschicht-Kranzwicklungen und für Zweischichtwicklungen als polumschaltbare Wicklungen zu berücksichtigen: Der Nutschritt y_n bezieht sich auf die große Polzahl (kleine Drehzahl), die Anzahl der Nuten je Pol und Phase q auf die kleine Polzahl (große Drehzahl).

Beispiel 4.20 4/2-polige Dahlander-Zweischichtwicklung (**4**.64).

$$y_n = \frac{N}{2 \cdot p} = \frac{24}{2 \cdot 2} = \mathbf{6 (1–7)}$$

$$q = \frac{N}{2 \cdot p \cdot m} = \frac{24}{2 \cdot 1 \cdot 3} = \mathbf{4}$$

Der Nutenplan kann auch hier zunächst nach den bekannten Regeln aufgestellt werden. Man beginnt in der Unterschicht in Nute *1* mit der Bezeichnung 1U1. Da $q = 4$ ist, werden die ersten vier Nuten mit 1U1 belegt. In den folgenden vier Nuten liegen Unterschichten der dritten Phase (hier bezeichnet mit 2W1) und in den nächsten vier Nuten die Unterschichten der zweiten Phase 1V1. In den Nuten *13* bis *16* liegen wieder die Unterschichten der ersten Phase, bezeichnet mit 2U1, weil hier auch die zweite Hälfte der ersten Phase beginnt. In Nute *17* liegt der Anfang der dritten Phase 1W1, und in den Nuten *21* bis *24* ist die Bezeichnung 2V1. Damit sind die Anfänge wieder auf ein Drittel des Umfangs verteilt (Nuten *1*, *9* und *17*). Auf die Eintragung der Oberschichten ist verzichtet worden. Infolge der starken Sehnung der Wicklung in zweipoliger Schaltung (schlechter Sehnungsfaktor) und des geänderten Polbedeckungsfaktors (Zonenfaktor) für die vierpolige Ausführung zeigen sich sowohl in der vierpoligen als auch in der zweipoligen Schaltung eine ganze Anzahl Nuten, die nicht an der Polausbildung teilnehmen. Die schlechte Ausnutzung des Wicklungsmaterials muss auch bei der Zweischichtwicklung in Kauf genommen werden.

8/4- und 12/6-polige Zweischicht-Dahlanderwicklungen. Die Bilder **4**.65 und **4**.66 zeigen eine 8/4-polige Wicklung mit 24 Nuten bzw. eine 12/6-polige Wicklung mit 36 Nuten. Der Nutenplan für beide Wicklungen wird nach den bekannten Regeln aufgestellt. In der Wicklung nach **4**.65 wurde der Plan aber so aufgestellt, dass entsprechend dem $q = 2$ die beiden ersten Nuten mit U1 belegt wurden, die nächsten beiden mit V1 und die folgenden beiden mit W1. Damit ergibt sich beim Verteilen der Phasenanfänge um ein Drittel des Umfangs die Reihenfolge U1, V1 und W1.

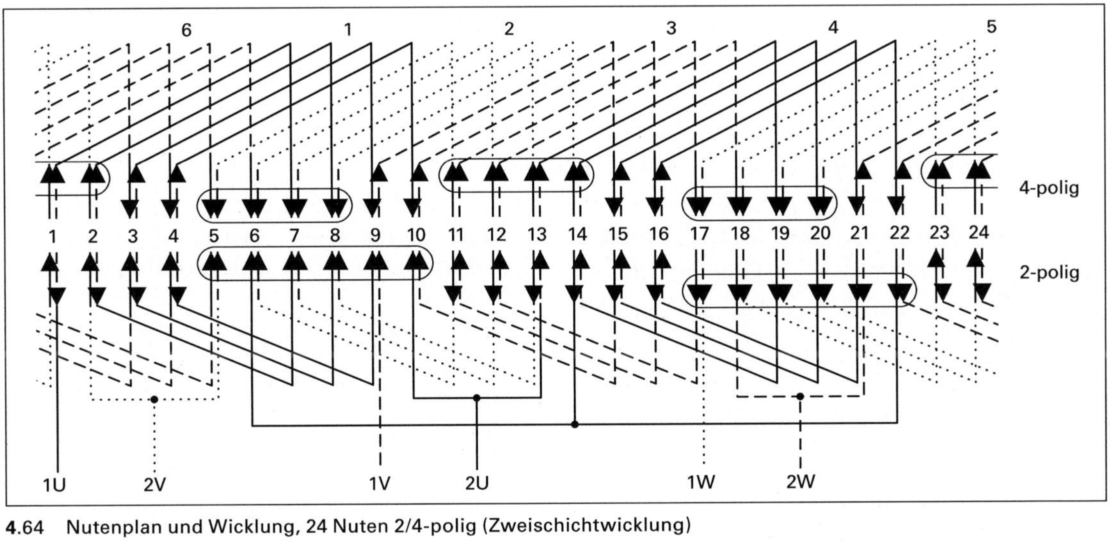

4.64 Nutenplan und Wicklung, 24 Nuten 2/4-polig (Zweischichtwicklung)

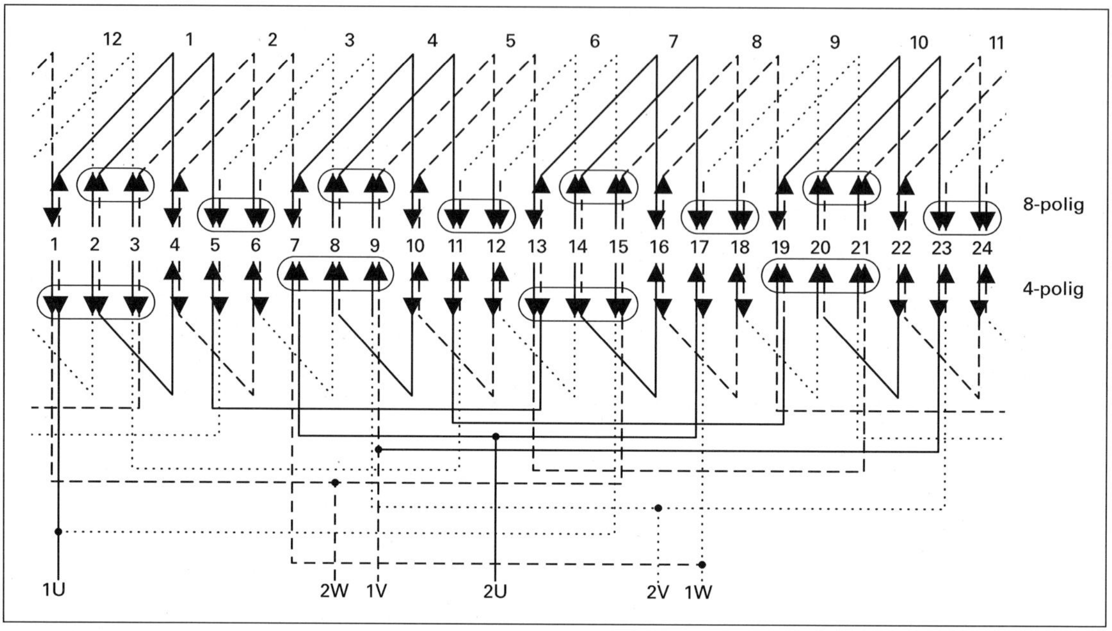

4.65 Nutenplan und Wicklung, 24 Nuten 8/4-polig (Zweischichtwicklung)

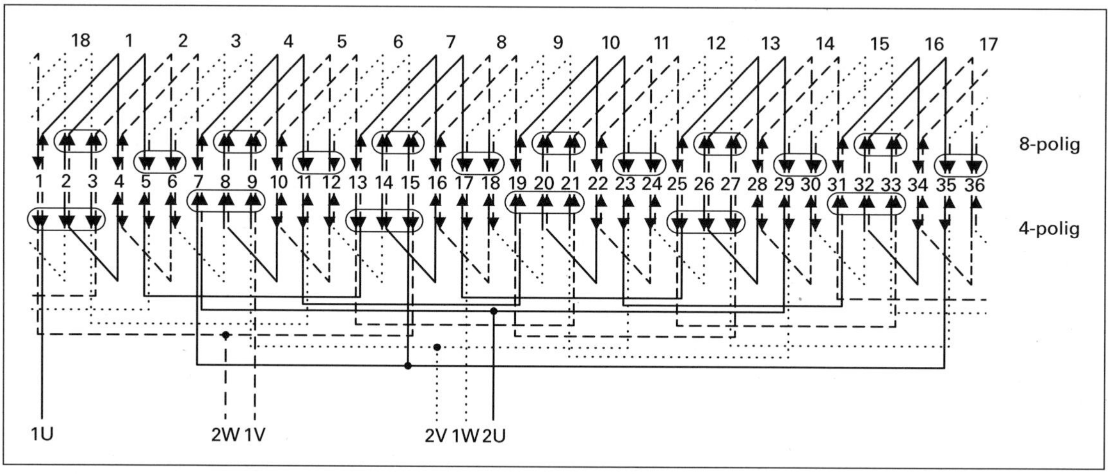

4.66 Nutenplan und Wicklung, 36 Nuten 12/6-polig (Zweischichtwicklung)

Die Dahlanderwicklung ist die am häufigsten verwendete Wicklung für polumschaltbare Motoren mit dem Drehzahlverhaltnis 2:1.

Jeder Wicklungsstrang wird in zwei Hälften aufgeteilt. Durch Umschaltung und Stromumkehr erreicht man die Polumschaltung.

Der Grund für die schlechte Ausnutzung der Wicklung ist einerseits die starke Sehnung, andererseits die große Zonenbreite. Damit ergeben sich für die große Drehzahl ein schlechter Sehnungsfaktor (0,707) und für die kleinere Drehzahl ein schlechter Zonenfaktor (0,83), weil die Zonenbreite statt 60° hier 120° beträgt.

Die Abwicklung nach Bild **4**.66 zeigt wieder die Abweichung von der 4/2-poligen bzw. der 8/4-poligen Wicklung insofern, dass sich die Spulenanfänge nicht auf ein Drittel des Umfangs legen lassen. Auch hier wurde bei den Wicklungen auf die Eintragung der Oberschichten verzichtet.

Schaltungen. Zur besseren Anpassung des Motors an das Gegenmoment der anzutreibenden Maschine gibt es Dahlanderwicklungen in verschiedenen Schaltungen (s. a. Bild **4**.150).

- **Dreieck/Doppelsternschaltung mit konstantem Moment.** Das Leistungsverhältnis ist etwa $P_{\Delta}:P_{\curlywedge\curlywedge} \approx 1:1{,}4$.
- **Doppelstern/Dreieckschaltung mit konstanter Leistung.** Also $P_{\curlywedge\curlywedge}:P_{\Delta} = 1:1$.
- **Stern/Doppelsternschaltung mit quadratischem Moment.** Das Leistungsverhältnis ist etwa $P_{\curlywedge}:P_{\curlywedge\curlywedge} = 1:4$.

Motoren in Dahlanderschaltung erhalten vom Hersteller meist sechs Anschlussklemmen:

1U – 1V – 1W für die kleinere Drehzahl
2U – 2V – 2W für die größere Drehzahl

Für Motoren in Dreieck/Doppelsternschaltung ist häufig ein Stern-Dreieck-Anlauf vorgesehen. In diesem Fall erhält die Maschine neun Anschlussklemmen.

4.4.6 Bruchlochwicklung eines Servomotors

Statorwicklungen von Drehstrom-Synchronservos unterscheiden sich im Prinzip nicht von den vorgestellten Wechselstromwicklungen. Bei der in Bild **4**.67 dargestellten Wicklung handelt es sich um eine 8-polige Bruchlochwicklung, die durch eine Kombination von 1- und 2-Schicht-Wicklung realisiert wurde.

4.4.7 Einphasenwicklungen

In der Wicklung eines Einphasenmotors wird vom fließenden Wechselstrom nur ein Wechselfeld erzeugt. Ein solcher Motor mit nur einer Arbeitswicklung läuft beim Einschalten nicht an. Wird aber eine weitere Wicklung (Hilfswicklung) um 90° el zur Arbeitswicklung versetzt im Stator untergebracht, erfolgt meist ein problemloser Anlauf. Näheres dazu im Abschnitt 4.6.2.

In Bild **4**.68 ist das Wicklungsbild eines Einphasenmotors mit Arbeitswicklung (Anschlüsse U1 und U2) und Hilfswicklung Anschlüsse Z1 und Z2 dargestellt. Es werden zwei Drittel der Nuten (hier 24 · ⅔ = 16) mit der Arbeitswicklung belegt und die restlichen 8 Nuten mit der Hilfswicklung. Die Hilfswicklung wird nach dem Anlauf des Motors abgeschaltet (z. B. über einen Fliehkraftschalter). Zum Weiterlauf reicht dann der Betrieb mit der Arbeitswicklung aus.

In Bild **4**.69 ist das Wicklungsbild eines Drehstrommotors für den Einphasenbetrieb mit Schalter und Anlaufkondensator dargestellt. Näheres über den Betrieb eines Drehstrommotors als Einphasenmotor im Abschn. 4.6.3.

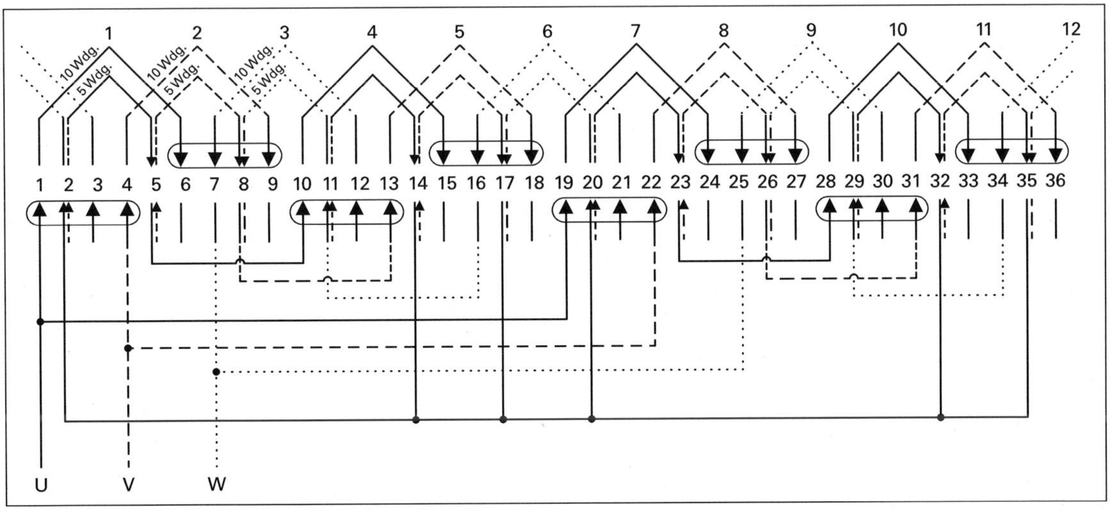

4.67 Bruchlochwicklung eines Synchronservos, 36 Nuten 8-polig

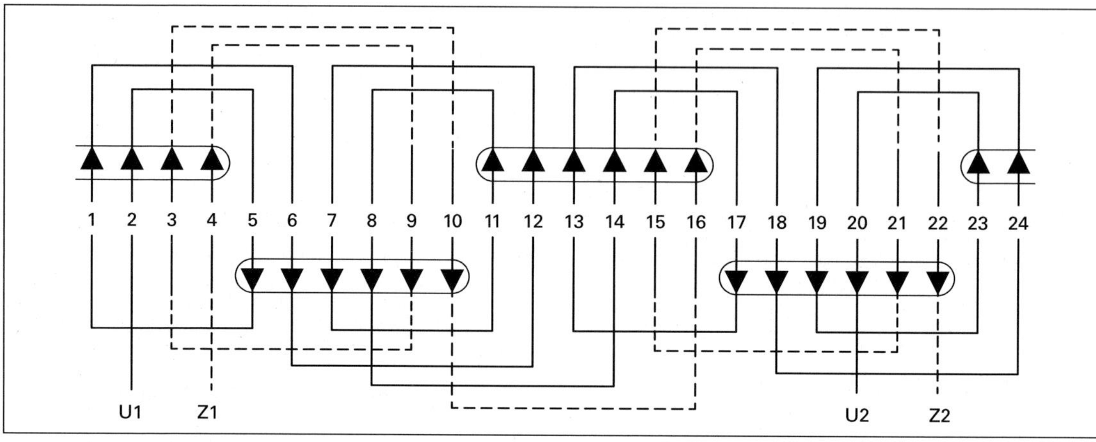

4.68 Wicklungsbild eines Einphasenmotors mit Arbeitswicklung und Hilfswicklung

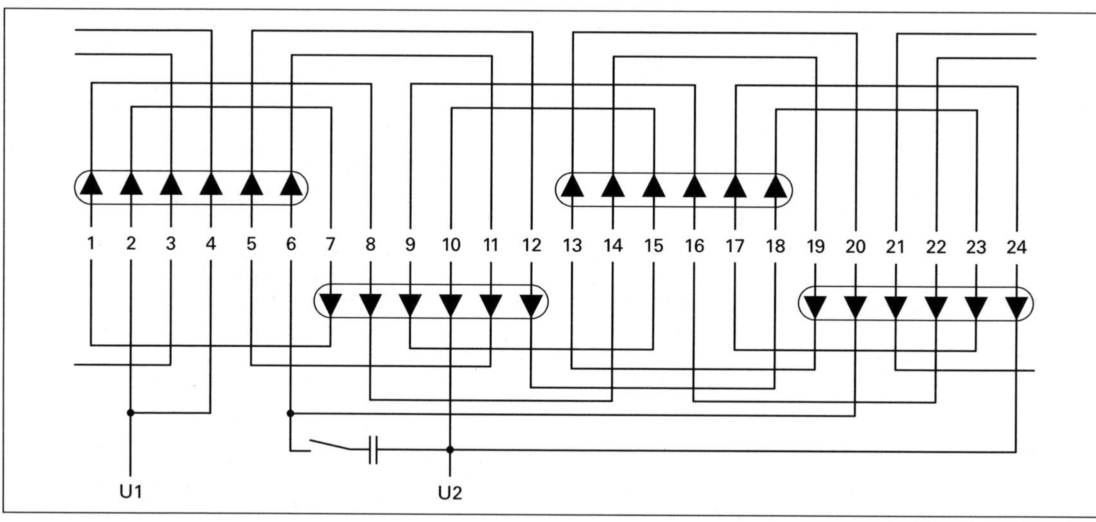

4.69 Wicklungsbild eines Drehstrommotors als Einphasenmotor mit Anlaufkondensator

4.4.8 Umwickeln von Maschinenwicklungen

Das Umwickeln von Wechselstromwicklungen für elektrische Maschinen kommt besonders in Reparaturwerkstätten vor. Folgende Umwicklungen kommen in Frage:

Umwickeln auf eine andere Spannung oder Schaltung (z. B. 690-V-Sternschaltung in 400-V-Sternschaltung oder 230/400 V in 400-V-Dreieckschaltung).

Umwickeln auf andere Drehzahl (Polzahl), wie z. B. vierpolige in sechspolige Ausführung.

Umwickeln einer polumschaltbaren Wicklung in eine „Normal"wicklung oder umgekehrt.

Umwickeln einer Durchmesserwicklung in eine gesehnte Wicklung oder umgekehrt.

Wir wollen diese Fälle an je einem Beispiel erläutern.

Beispiel 4.21 Ein vierpoliger Drehstrommotor für 230/400 V soll auf 400-V-Dreieckschaltung umgewickelt werden. Der Stator hat 36 Nuten, in jeder Nute liegen 38 Drähte (Einschichtwicklung) mit dem Durchmesser 1,5 mm. Die neue Windungszahl und der neue Drahtdurchmesser sind zu berechnen.

Lösung Es gelten wie bei den Gleichstrommaschinen:

$$\frac{U_1}{U_2} = \frac{N_1}{N_2} \quad \textbf{und} \quad \frac{U_1}{U_2} = \frac{A_2}{A_1}$$

Die Maschine soll auf 400-V-Dreieckschaltung umgewickelt werden. Also müssen wir von der Dreieckschaltung 230 V ausgehen.

Lösung, Fortsetzung

$$N_2 = N_1 \frac{U_2}{U_1} = 38 \frac{400\text{ V}}{230\text{ V}} = \mathbf{66\ Drähte/Nute}$$

$$A_2 = A_1 \frac{U_1}{U_2} = 1{,}77\text{ mm}^2 \frac{230\text{ V}}{400\text{ V}} = 1{,}02\text{ mm}^2$$

$\boldsymbol{d = 1{,}14}$ **mm**

Die Läuferwicklung – gleichgültig ob Käfig- oder Schleifringläufer – braucht nicht umgewickelt zu werden. Es ist jedoch zu prüfen, ob die Wicklung wegen des schlechteren Nutenfüllfaktors in den Nuten unterzubringen ist.

Beispiel 4.22 Ein vierpoliger Drehstrommotor für 400-V-Sternschaltung mit der Bemessungsdrehzahl 1450 min^{-1} soll als sechspoliger Motor mit $n = 950\ \text{min}^{-1}$ eingesetzt werden. Der Stator hat 36 Nuten. In jeder Nute liegen 52 Drähte (Einschichtwicklung) mit dem Durchmesser 1,1 mm. Der Läufer ist ein Käfigläufer mit 26 Nuten. Die neuen Wickeldaten sind zu berechnen.

Lösung Zunächst ist festzustellen,

a) ob die magnetischen Verhältnisse einen Betrieb für andere Drehzahl zulassen,

b) ob sich die Nutzahlen des Stators und des Läufers „vertragen“,

c) ob mechanische Schwierigkeiten auftreten können,

d) ob Bruchlochwicklungen anstelle von Ganzlochwicklungen eingelegt werden müssen.

Zu a): Je größer die Polzahl einer Maschine ist, umso häufiger teilt sich der Gesamtfiuss auf. Dies bedeutet, dass eine zweipolige Maschine den breitesten Blechrücken aufweist. Je größer die Polzahl der Maschine ist, umso schmaler wird der Blechrücken. Es ist daher grundsätzlich möglich, eine Maschine von einer kleineren auf eine größere Polzahl umzuwickeln; „magnetische Schwierigkeiten“ sind in unserem Beispiel nicht zu erwarten. Umgekehrt ist eine sorgfältige magnetische Durchrechnung erforderlich.

Der magnetische Gesamtfluss $\hat{\Phi}$ kann aus der Gleichung (4.6) berechnet werden. Er beträgt:

$$\hat{\Phi} = \frac{\frac{400\text{ V}}{\sqrt{3}}}{4{,}44 \cdot 50\ s^{-1} \cdot \frac{36}{3} \cdot \frac{52}{2} \cdot 0{,}955} = 0{,}003491\text{ Vs}$$

Dieser Gesamtfluss teilt sich bei der vierpoligen Maschine in vier Teile (0,003491 Vs : 4 = 0,0008728 Vs) und bei der sechspoligen Maschine in sechs Teile auf (0,003491 Vs : 6 = 0,0005819 Vs). Es soll hier angenommen werden, dass die Flussdichte in den „Zähnen“ nicht erhöht werden darf. Da die Spannung nicht geändert wird, gilt die Beziehung:

$$N_1 \cdot \frac{\hat{\Phi}}{4} = N_2 \cdot \frac{\hat{\Phi}}{6}$$

und damit:

$$N_2 = N_1 \frac{\hat{\Phi} \cdot 6}{\hat{\Phi} \cdot 4}$$

$$N_2 = 52 \frac{8{,}728 \cdot 10^{-4}\text{ Vs}}{5{,}819 \cdot 10^{-4}\text{ Vs}} = \mathbf{78\ Drähte/Nute}$$

Zum gleichen Ergebnis kommt man, wenn man die Windungszahlen im Verhältnis der Polzahlen/Polpaarzahlen oder umgekehrt proportional den Drehfelddrehzahlen ändert. Z. B.:

$$\boldsymbol{N_2 = N_1 \frac{p_2}{p_1}} = 52 \cdot \frac{3}{2} = \mathbf{78\ Drähte/Nute}$$

Da nur ein begrenzter Nutraum zur Verfügung steht, muss der Drahtquerschnitt für die größere Windungszahl kleiner werden. Er beträgt demnach:

$$\boldsymbol{A_2 = A_1 \frac{p_1}{p_2}} = 0{,}95\text{ mm}^2 \cdot \frac{2}{3} = 0{,}63\text{ mm}^2$$

$\boldsymbol{d = 0{,}9}$ **mm**

Die größere Windungszahl und der kleinere Drahtquerschnitt ergeben einen höheren Widerstand der neuen Wicklung gegenüber der Ursprungswicklung. Da sich die Spannung nicht ändert, wird die Leistung der Maschine nach der Umwicklung geringer. Die Leistungsschildangaben müssen geändert werden.

Zu b): Es ist allgemein bekannt, dass sich nicht alle Ständer- und Läufernutzahlen miteinander „vertragen“. In ungünstigen Fällen laufen Motoren überhaupt nicht an. Tabelle **4**.70 zeigt die Nutzahlen für Ständer und Läufer (Käfigläufer), die einen einwandfreien Anlauf gewährleisten.

Der Ständer des Motors hat 36 Nuten, der Läufer 26 Nuten. Nach der Tabelle ist ein einwandfreier Anlauf mit dem „alten“ Läufer gewährleistet.

Zu c): Mechanische Schwierigkeiten treten bei einer Umwicklung auf geringere Drehzahl in der Regel nicht auf. Es ist jedoch zu bedenken, dass bei verminderter Drehzahl die Kühlung der Maschine schlechter wird. Dies muss u. U. für die neue Leistungsangabe auf dem Leistungsschild berücksichtigt werden.

Zu d): Beim Umwickeln auf andere Drehzahl können erhebliche Schwierigkeiten auftreten, wenn sich die Nutzahlen des Stators nicht für eine Ganzlochwicklung eignen, sondern eine Bruchlochwicklung einzulegen ist. In unserem Beispiel ergeben sich keine Schwierigkeiten, weil sich für beide Wicklungen eine Ganzlochwicklung ergibt.

Tabelle **4**.70 **Ständer- und Läufernutzahlen für einwandfreien Anlauf von Käfigläufermotoren**

Polzahl	Nutzahl Ständer	Nutzahlen Läufer
2	24	10, 16, 22, 28, 34
	36	10, 16, 22, 28, 34, 40, 46, 52
4	24	18, 30, 34, 38
	36	10, 14, 22, 26, 28, 30, 42, 46, 50, 54, 58
	48	18, 30, 34, 38, 42, 54, 58, 62
6	36	20, 22, 26, 27, 28, 32, 34, 40, 44, 50, 51, 52, 56, 57, 58
	54	22, 26, 32, 33, 34, 38, 39, 40, 44, 45, 46, 50, 56, 58, 62, 63, 64, 68, 69, 70, 75, 76
	72	26, 27, 28, 32, 34, 38, 40, 44, 45, 46, 50, 51, 56, 57, 58, 62, 63, 64, 68, 70, 74, 76, 80, 81, 82, 86, 88, 92, 93, 94, 98, 99

Beispiel 4.23 Ein zweipoliger Drehstrommotor für 400-V-Dreieckschaltung und der Bemessungsleistung 5 kW soll als polumschaltbarer Motor in Dahlanderschaltung (4/2-polig) umgewickelt werden. Der Stator hat 24 Nuten. In jeder Nute liegen 60 Drähte mit dem Durchmesser 1,2 mm (Einschichtwicklung). Der Käfigläufer hat 34 Nuten. Die neuen Wickeldaten sind zu berechnen.

Lösung Auch hier ist zu prüfen, ob die Nutzahlen von Stator und Läufer einwandfreien Anlauf gewährleisten, ob sich keine Schwierigkeiten bei der Auslegung der Wicklung ergeben (Ganzlochwicklung–Bruchlochwicklung) und ob die mechanischen und magnetischen Verhältnisse einwandfreien Betrieb zulassen.

Tabelle **4**.70 zeigt, dass bei dem Nutzahlverhältnis 24/34 keine Schwierigkeiten im Anlauf zu erwarten sind. Auch lassen sich in einem Stator mit 24 Nuten sowohl eine vierpolige als auch eine zweipolige Wicklung als Ganzlochwicklung unterbringen:

2-polig: $q = \frac{24}{2 \cdot 1 \cdot 3} = 4$

4-polig: $q = \frac{24}{2 \cdot 2 \cdot 3} = 2$

Mechanische Schwierigkeiten (z. B. erhöhte Lagerreibung) sind ebenfalls nicht zu erwarten, weil die Maschine bereits für die große Drehzahl (2-polig) konstruiert wurde.

Auch magnetisch gibt es keine Schwierigkeiten, weil der Blechrücken für den größten magnetischen Fluss ausgelegt ist.

Damit können die neuen Wickeldaten für die vierpolige Wicklung entsprechend Beispiel 4.22 ermittelt werden:

$$N_2 = N_1 \frac{p_2}{p_1} = 60 \cdot \frac{2}{1} = \mathbf{120}$$

$$A_2 = A_1 \frac{p_1}{p_2} = 1{,}13\ \text{mm}^2 \cdot \frac{1}{2} = 0{,}565\ \text{mm}^2$$

$\boldsymbol{d = 0{,}85}$ **mm**

Zu beachten ist allerdings wieder die verminderte Maschinenleistung. Wenn die Normalleistung der „alten" Maschine 5 kW betrug, ist die (überschlägige) Leistung der polumschaltbarer Maschine in vierpoliger Schaltung mit der neuen Wicklung nur etwa 2,5 kW. Berücksichtigt man hierbei noch die verminderte Kühlung, kann mit etwa 2 kW Bemessungsleistung in vierpoliger Schaltung gerechnet werden. Da das Leistungsverhältnis von Dahlanderwicklungen etwa 1,4:1 beträgt (die Leistung ist in Doppelsternschaltung also etwa 1,4-mal größer als in Dreieckschaltung), ergibt sich bei der umgewickelten Maschine selbst in zweipoliger Schaltung nur eine Leistung von knapp 3 kW.

Zu prüfen ist auch hier, ob die neue Wicklung wegen des schlechteren Nutenfüllfaktors in der Nute unterzubringen ist.

Soll ein polumschaltbarer Motor in einen „normalen" Motor umgewickelt werden, sind die Überlegungen in „umgekehrter" Reihenfolge vorzunehmen.

Die Umwicklung einer Maschine von kleiner Drehzahl auf große Drehzahl (das gilt auch für die Umwicklung z. B. einer vierpoligen Maschine in eine polumschaltbare 4/2-polige Maschine) ist ohne sorgfältige magnetische Durchrechnung nicht ohne weiteres möglich (Blechrücken!). Auf eine solche Durchrechnung soll aber hier verzichtet werden.

Tabelle **4.71** **Erhöhung der Drahtzahl/Nute in Prozent gegenüber einer Durchmesserwicklung**

Polzahl	Nutzahl	Gesehnter Nutschritt y_n und Erhöhung der Leiterzahl/Nut Z_z											
		y_n	Z_z	y_n	Z_z	y_n	Z_z	y_n	Z_z	y_n	Z_z	y_n	Z_z
2	24	1–13 Durchm.	0 %	1–12	0,9 %	1–11	3,5 %	1–10	8,2 %	1–9	15,5 %	1–8	26 %
		1–7	41,4 %										
	36	1–19 Durchm.	0 %	1–18	0,4 %	1–17	1,5 %	1–16	3,5 %	1–15	6,4 %	1–14	10,3 %
		1–13	15,5 %	1–12	22,1 %	1–11	30,5 %	1–10	41,4 %				
4	24	1–7 Durchm.	0 %	1–6	3,5 %	1–5	15,5 %	1–4	41,4 %				
	36	1–10 Durchm.	0 %	1–9	1,5 %	1–8	6,4 %	1–7	15,5 %	1–6	30,5 %	1–5	55,6 %
	48	1–13 Durchm.	0 %	1–12	0,9 %	1–11	3,5 %	1–10	8,2 %	1–9	15,5 %	1–8	26 %
	60	1–16 Durchm.	0 %	1–15	0,5 %	1–14	2,2 %	1–13	5,1 %	1–12	9,5 %	1–11	15,5 %
	72	1–19 Durchm.	0 %	1–18	0,4 %	1–17	1,5 %	1–16	3,5 %	1–15	6,4 %	1–14	10,3 %
6	36	1–7 Durchm.	0 %	1–6	3,5 %	1–5	15,5 %	1–4	41,4 %				
	54	1–10 Durchm.	0 %	1–9	1,5 %	1–8	6,4 %	1–7	15,5 %	1–6	30,5 %	1–5	55,6 %
	72	1–13 Durchm.	0 %	1–12	0,9 %	1–11	3,5 %	1–10	8,2 %	1–9	15,5 %	1–8	26 %
	90	1–16 Durchm.	0 %	1–15	0,5 %	1–14	2,2 %	1–13	5,1 %	1–12	9,5 %	1–11	15,5 %
8	48	1–7 Durchm.	0 %	1–6	3,5 %	1–5	15,5 %	1–4	41,4 %				
	72	1–10 Durchm.	0 %	1–9	1,5 %	1–8	6,4 %	1–7	15,5 %	1–6	30,5 %	1–5	55,6 %
	96	1–13 Durchm.	0 %	1–12	0,9 %	1–11	3,5 %	1–10	8,2 %	1–9	15,5 %	1–8	26 %
10	60	1–7 Durchm.	0 %	1–6	3,5 %	1–5	15,5 %	1–4	41,4 %				
	90	1–10 Durchm.	0 %	1–9	1,5 %	1–8	6,4 %	1–7	15,5 %	1–6	30,5 %	1–5	55,6 %
	120	1–13 Durchm.	0 %	1–12	0,9 %	1–11	3,5 %	1–10	8,2 %	1–9	15,5 %	1–8	26 %
12	72	1–7 Durchm.	0 %	1–6	3,5 %	1–5	15,5 %	1–4	41,4 %				
	108	1–10 Durchm.	0 %	1–9	1,5 %	1–8	6,4 %	1–7	15,5 %	1–6	30,5 %	1–5	55,6 %
	144	1–13 Durchm.	0 %	1–12	0,9 %	1–11	3,5 %	1–10	8,2 %	1–9	15,5 %	1–8	26 %
	180	1–16 Durchm.	0 %	1–15	0,5 %	1–14	2,2 %	1–13	5,1 %	1–12	9,5 %	1–11	15,5 %

Beispiel 4.24 Ein vierpoliger Drehstrommotor hat 36 Nuten. Der Nutschritt beträgt $y_n = 9(1–10)$. Es handelt sich also um eine Durchmesserwicklung. In jeder Nute liegen 44 Drähte mit dem Durchmesser 1,3 mm. Zur Unterdrückung von Oberwellen soll die Wicklung geändert werden mit dem Nutschritt $y_n = 6(1–7)$. Die neuen Wickeldaten sind zu berechnen.

Lösung Bevor wir die neuen Wickeldaten berechnen, sollen die Gründe für eine derartige Umwicklung erwähnt werden. Vorteile einer gesehnten Wicklung gegenüber einer Durchmesserwicklung:

a) Schädliche Oberwellen in der Statorwicklung werden z. T. unterdrückt. Dadurch verbessert sich der Anlauf von Käfigläufermotoren und verringert sich die Geräuschbildung.

b) Bei Sehnungen bis etwa 75 % wird Leitungsmaterial eingespart, die Kupferverluste verringern sich, dadurch erhöht sich der Wirkungsgrad der Maschine.

c) Die „Wickelköpfe" an den Stirnseiten der Statorwicklung werden durch die gesehnte Wicklung kleiner, die Kühlung der Maschine wird dadurch verbessert.

d) Die Wickelarbeit wird durch die gesehnte Wicklung erleichtert; das bedeutet Kostenersparnis.

Nach der Gleichung $U_q = 4{,}44 \cdot f \cdot N \cdot \hat{\Phi} \cdot \xi$ wird bei einer gesehnten Wicklung wegen des kleineren Sehnungsfaktors und damit des Wicklungsfaktors $\xi = \xi_z \cdot \xi_s$ die induzierte Spannung U_q kleiner als bei der Durchmesserwicklung. Die Verringerung von U_q kann durch eine erhöhte Windungszahl ausgeglichen werden. Es gilt also:

$$U_{q1} = U_{q2} = 4{,}44 \cdot f \cdot N_1 \cdot \hat{\Phi} \cdot \xi_1$$
$$U_{q1} = 4{,}44 \cdot f \cdot N_2 \cdot \hat{\Phi} \cdot \xi_2$$

und gekürzt ergibt sich:

$$N_1 \cdot \xi_1 = N_2 \cdot \xi_2$$

Um die neuen Wickeldaten berechnen zu können, müssen die Wicklungsfaktoren bekannt sein.

Durchmesserwicklung:

$\xi_z = 0{,}96 \quad \xi_1 = 1 \quad \xi_2 = 0{,}96$

gesehnte Wicklung:

$\xi_z = 0{,}96 \quad \xi_s = 0{,}866 \quad \xi_2 = 0{,}831$

Daraus lässt sich die neue Windungszahl berechnen:

$$N_2 = N_1 \frac{\xi_1}{\xi_2} = 44 \cdot \frac{0{,}960}{0{,}831} = \mathbf{51}$$

Sollte sich diese um etwa 15,5 % größere Windungszahl gegen über der alten Wicklung nicht in die Nuten einlegen lassen, muss der Drahtquerschnitt entsprechend verringert werden. Das führt wieder zu einer verringerten Leistung der Maschine (zur Berechnung des Sehnungsfaktors vgl. Abschn. 4.2.2).

Tabelle **4**.71 auf Seite 247 zeigt eine Zusammenstellung der prozentualen Zunahme der Drahtzahl je Nute, wenn statt einer Durchmesserwicklung in einen Stator eine gesehnte Wicklung eingelegt wird.

Aufgaben zu Abschnitt 4.4

1. Stellen Sie entsprechend den Bildern **4**.22 bis **4**.24 den Nutenplan einer Dreiphasen-Gruppenwicklung für einen Stator mit 36 Nuten auf, der eine vierpolige Wicklung erhalten soll.
2. Zeichnen Sie die Wicklung der Aufgabe 1 mit Halbgruppen fortlaufend gewickelt.
3. Stellen Sie für einen sechspoligen Stator mit 36 Nuten den Nutenplan für eine Einschicht-Kranzwicklung auf und zeichnen Sie den Wicklungsstrang U1–U2 ein. Die Wicklung ist 5/6 zu sehnen, um die Ausführungsbedingung zu erfüllen.
4. Zeichnen Sie das vollständige Wicklungsbild der Zweischichtwicklung aus Beispiel 4.13. Beginnen Sie mit der zweiten Wicklungsphase V1 in Nute *5* und mit der dritten Wicklungsphase W1 in Nute *9*. Tragen Sie die Stromrichtungen ein.
5. Vervollständigen Sie die Wicklung nach Bild **4**.44 und tragen Sie die Stromrichtungen ein.
6. Vervollständigen Sie das Wicklungsbild der vierpoligen Wellenwicklung mit 24 Nuten (Bild **4**.45). Legen Sie die Anfänge der zweiten und dritten Wicklungsphase auf jeweils ein Drittel des Umfangs, schalten Sie die Wicklung in Stern und tragen Sie die Stromrichtungen ein.
7. Erstellen Sie für eine achtpolige Dreiphasen-Bruchlochwicklung einen Nutenplan. Der Stator hat 30 Nuten. Die Anzahl der gleichsinnigen Spulenseiten ist 30 : 6 = 5. Die doppelte Polteilung ist 30 : 4 = 7,5. (Was müssen Sie jetzt tun?)
8. Zeichnen Sie nach dem Nutenplan der Aufgabe 7 die Wicklung. Ordnen Sie die Spulen möglichst übersichtlich an; tragen Sie die Stromrichtungen ein.
9. Vervollständigen Sie das Wicklungsbild der sechspoligen Zweischichtwicklung mit 27 Nuten entsprechend dem Nutenplan **4**.54 und tragen Sie die Stromrichtungen ein.
10. Entwerfen Sie eine 2/4-polige Dahlanderwicklung als Gruppenwicklung mit 36 Nuten, fortlaufend gewickelt mit Spulen gleicher Weite.
11. Entwerfen Sie eine 4/8-polige Dahlanderwicklung als Gruppenwicklung mit 48 Nuten, fortlaufend gewickelt mit Spulen ungleicher Weite.
12. Ein Schleifringläufermotor für 690-V-Sternschaltung soll für 400-V-Sternschaltung umgewickelt werden. Der Stator hat 36 Nuten. In jeder Nute liegen 10 Drähte (Einschichtwicklung) mit 2,6 mm Durchmesser. Berechnen Sie die neuen Wickeldaten.

4.5 Drehstrom-Asynchronmaschine

Zu unterscheiden sind Kurzschlussläufer-(Käfigläufer) und Schleifringläufermaschinen. Die wichtigsten Bestandteile sind Ständer (Stator) und Läufer (Rotor). Durch das umlaufende Ständerdrehfeld wird in der Läuferwicklung eine Spannung induziert. Daraus resultiert der Läuferstrom, dessen Magnetfeld zusammen mit dem Ständerdrehfeld ein Drehmoment erzeugt, das den Läufer in eine Drehung versetzt. Im Gegensatz zur Synchronmaschine unterscheidet sich die Drehzahl des Läufers der Asynchronmaschine von der Drehfelddrehzahl des Ständers. Der Läufer dreht asynchron (= nicht zeitlich übereinstimmend) zum Ständerdrehfeld. Die Drehstrom-Asynchronmaschine kann wie die Gleichstrommaschine und die Synchronmaschine als Motor oder Generator arbeiten. Wegen der weitaus größeren Bedeutung des Drehstrom-Asynchronmotors werden wir uns hier auf den Motorbetrieb konzentrieren.

Nach den Untersuchungen von *Galileo Ferraris* und *Nicola Tesla* um 1885 über das von mehrphasigen Wechselströmen erzeugte Drehfeld gelang es 1889 *Dolivo Dobrowolski* als erstem, einen brauchbaren Asynchronmotor mit einem Kurzschlussläufer zu entwickeln. Er untersuchte besonders den Einfluss der Phasenzahl auf das Drehfeld und fand, dass sich mit dem Dreiphasensystem die wirtschaftlichsten Verhältnisse erzielen lassen. Bereits zu Beginn der neunziger Jahre des 19. Jahrhunderts wurden Drehstrommotoren mit Kurzschlussläufer und Schleifringläufer gebaut. Ein Motor mit Kurzschlussläufer von 100 PS (73,6 kW) bei 600 min^{-1} wurde schon 1891 in Betrieb genommen.

Der Drehstrom-Asynchronmotor, besonders der mit Kurzschlussläufer, ist in den folgenden Jahren, als billigster, einfachster und betriebssicherster Motor auch der gebräuchlichste geworden. Sein Hauptvorteil gegenüber dem Gleichstrommotor ist, dass er keinen empfindlichen Kollektor braucht. Das führt zu geringerem Wartungsaufwand, höheren Grenzleistungen und Drehzahlen, einem leichter durchzuführenden Explosionsschutz, geringerem Leistungsgewicht und Trägheitsmoment. Heute werden Drehstrom-Asynchronmaschinen mit Leistungen bis zu einigen Megawatt und für Spannungen bis zu 20 kV eingesetzt.

4.5.1 Aufbau

Den Aufbau der Drehstrom-Asynchronmaschine in der gebräuchlichsten Bauform B3 zeigt Bild **4**.72. Innerhalb des Ständers befindet sich – getrennt durch den Luftspalt – der drehbar gelagerte Läufer. Die beiden möglichen Ausführungsformen der Maschine mit Kurzschlussläufer (**4**.72a) und mit Schleifringläufer (**4**.72b) unterscheiden sich lediglich in der Läuferwicklung und im zusätzlichen Bürstensatz des Schleifringläufermotors.

Der Stator besteht aus dem Ständergehäuse, gefertigt aus Gusseisen, Stahlblech oder Aluminiumguss. Er ist zur besseren Wärmeabgabe mit Kühlrippen versehen. Mit den beiden Lagerschilden wird das Ständergehäuse abgeschlossen. Das Gehäuse nimmt das magnetisch aktive, aus gegeneinander isolierten Elektroblechen geschichtete Ständerblechpaket auf. Am Gehäuse sind das

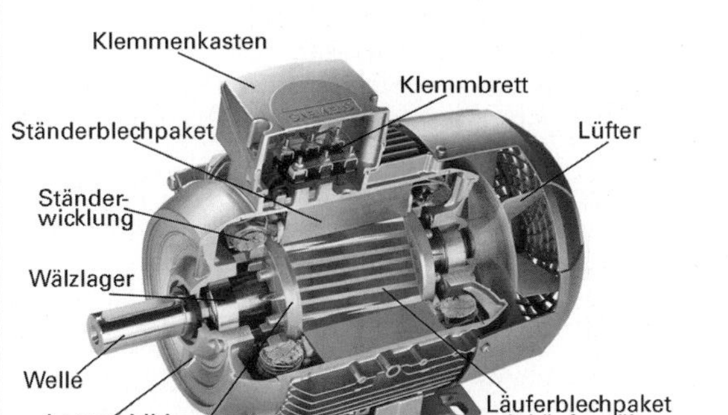

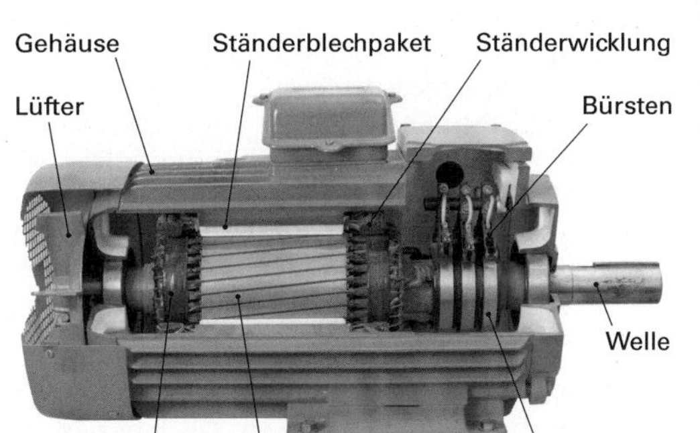

4.72 Aufbau eines Drehstrommotors, Gehäuse mit Kühlrippen für Oberflächenkühlung, Schutzart IP44
a) Motor mit Kurzschlussläufer, © Siemens AG b) Motor mit Schleifringläufer, © TU Dresden, Lasing

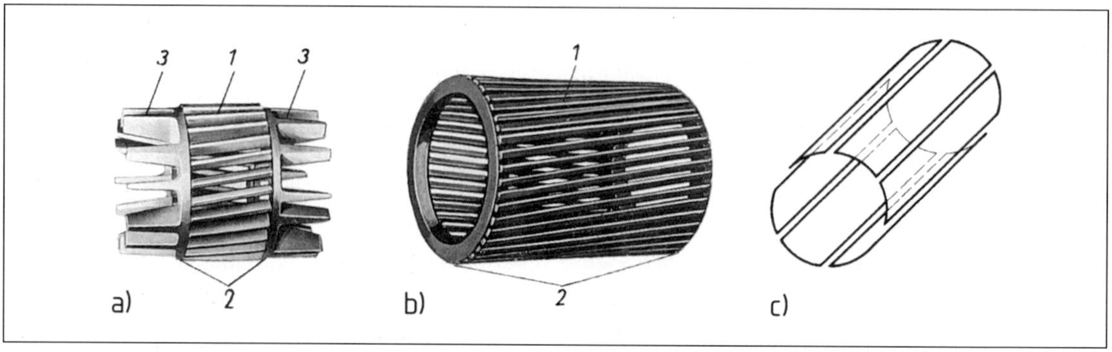

4.73 Kurzschlussläufer
a) aus Aluminium-Druckguss
b) aus Kupfer, hartgelötet
c) Entstehung des Käfigläufers

1 Läuferstäbe
2 Läuferendringe (Kurzschlussringe)
3 Lüfterflügel

Klemmenbrett und das Leistungsschild mit allen für die Maschine wichtigen Daten befestigt. In die entlang der Ständer„bohrung" verlaufenden Nuten des Blechpakets ist die aus drei Strängen bestehende Ständerwicklung mit den Anschlussklemmen U1, V1, W1 und U2, V2, W2 so eingelegt, dass die Spulenseiten vom Eisen umschlossen sind. Um die für den magnetischen Drehfluss erforderliche Durchflutung und damit den Magnetisierungsstrom möglichst gering zu halten, soll der Luftspalt zwischen Ständer- und Läuferblechpaket so klein sein, wie es die mechanischen Toleranzen zulassen. Der Luftspalt beträgt je nach Maschinengröße 0,2 bis 5 mm.

Der Läufer trägt auf seiner Welle ebenfalls ein geschichtetes Blechpaket, in dessen Nuten beim Schleifringläufer meist eine dreisträngige, in Stern geschaltete Wicklung eingelegt ist. Die Polzahl der Läuferwicklung entspricht der Polzahl der Ständerwicklung. Die drei Wicklungsanfänge K, L und M sind zu den Schleifringen geführt und über Bürsten zugänglich. So lassen sich z. B. im Motorbetrieb die Schleifringe zum Zweck des Anlaufs über Widerstände miteinander verbinden und dann kurzschließen. In Kaskadenschaltungen kann man dem Läufer von außen Spannungen zuführen oder bei rotierenden Frequenzumformern die induzierte Spannung an den Schleifringen des Läufers abnehmen.

Bei den Käfig- bzw. Kurzschlussläufern ist die Wicklung nicht mehr zugänglich. Sie besteht im einfachsten Fall aus Aluminiumprofilen, die ohne Isolation in die Läufernuten im Vakuumdruckgussverfahren eingespritzt und an den Stirnseiten durch angespritzte Kurzschlussringe verbunden sind. Für energieeffiziente Motoren wird Kupferdruckguss verwendet. Die Kurzschlussringe können gleichzeitig mit Lüfterflügeln versehen sein. Stäbe und Ringe bilden so einen Käfig (**4**.73). Man kann sich den Käfig aus einer vielsträngigen in sich kurzgeschlossenen Läuferwicklung entstanden denken. Die Stäbe bilden über die Kurzschlussringe Spulen mit der Windungszahl $N = 1$. Die Polzahl der Läuferwicklung ergibt sich entsprechend der Polzahl der Ständerwicklung, weil beliebige Spulenbildungen über die Stirnringe möglich sind (**4**.73). Daher kann im Gegensatz zum Schleifringläufer der Kurzschluss-(Käfig-) Läufer für polumschaltbare Ständerwicklungen verwendet werden.

Bei größeren Maschinen wird der Käfig aus Kupfer-, Messing- oder Bronzestäben und Ringen zusammengelötet oder -geschweißt. Käfigläufer baut man, abgesehen von Maschinen kleiner Leistung bis etwa 2 kW, als Stromverdrängungsläufer, deren Nutenformen vom einfachen Kreisquerschnitt abweichen.

Bauformen und Anschlussmaße der genormten Leistungsreihe wie Fußabmessungen, Wellenhöhe usw. sind wegen der großen Verbreitung der Drehstrommotoren genormt (s. Abschn. 7).

4.5.2 Wirkungsweise

Magnetischer Drehfluss. Im Ständer der Drehstrom-Asynchronmaschine mit drei jeweils um 120° el verschobenen Wicklungen, die an eine Dreiphasenwechselspannung angeschlossen sind, entsteht der umlaufende magnetische Drehfluss Φ_d. Die Drehfelddrehzahl $n_d = f_1/p$ wird von der Netzfrequenz f_1 und der Polpaarzahl p der Ständerwicklung bestimmt (s. Abschn. 4.3). Der magnetische Drehfluss Φ_d induziert nun wie der Wechselfluss eines Transformators in den Ständer- und Läuferwicklungen Spannungen. Betrachten wir zunächst die Vorgänge in der Ständerwicklung.

Nach der Induktionsgleichung ist mit der Netzfrequenz f_1, der Windungszahl eines Stranges N_1 der Ständerwicklung und deren Wicklungsfaktor ξ_1 sowie dem magnetischen Drehfluss $\hat{\Phi}_d$ die induzierte Strangspannung $U_{10S} = 4{,}44 \cdot f_1 \cdot N_1 \cdot \xi_1 \cdot \hat{\Phi}_d$. Für den magnetischen Drehfluss gilt damit:

$$\hat{\boldsymbol{\Phi}}_{\mathbf{d}} = \frac{\boldsymbol{U}_{\mathbf{10S}}}{\mathbf{4{,}44} \cdot \boldsymbol{f}_{\mathbf{1}} \cdot \boldsymbol{N}_{\mathbf{1}} \cdot \boldsymbol{\xi}_{\mathbf{1}}} \tag{4.13}$$

Die stromabhängigen Spannungsfälle der Ständerwicklung an dem Wirkwiderstand R_1 und dem Streublindwiderstand $X_{1\sigma}$, die wie in der Primärwicklung eines Transformators auftreten, vernachlässigen wir zunächst. Dann gilt für den magnetischen Drehfluss $\hat{\Phi}_d$:

$$\hat{\boldsymbol{\Phi}}_{\mathbf{d}} \approx \frac{\boldsymbol{U}_{\mathbf{1S}}}{\mathbf{4{,}44} \cdot \boldsymbol{f}_{\mathbf{1}} \cdot \boldsymbol{N}_{\mathbf{1}} \cdot \boldsymbol{\xi}_{\mathbf{1}}} \tag{4.14}$$

Diese Gleichung besagt, dass der magnetische Drehfluss $\hat{\Phi}_d$ von der an die Ständerwicklung angelegten Strangspannung U_{1S} und deren Frequenz f_1 bestimmt wird. Sind Spannung und Frequenz konstant, bleibt auch der magnetische Drehfluss während des Betriebs der Maschine konstant.

Im Folgenden sollen in der Ersatzschaltung Strom, Spannung und Widerstände je Strang betrachtet werden, da sich alle drei Stränge gleich verhalten und die Stranggrößen lediglich um 120° phasenverschoben sind. Leistungen und Verluste behandeln wir dagegen für die ganze Maschine unabhängig von der Schaltungsart.

Läuferstillstandsspannung. Im Stillstand induziert das Ständerfeld die Läuferquellenspannung U_{q2S}, deren Frequenz f_2 gleich der Netzfrequenz f_1 ist, da die Drehzahl des Ständerfelds für beide Wicklungen gleich ist. Die Läuferquellenspannung je Strang U_{q2S} wird ebenfalls nach der Induktionsgleichung berechnet:

$$\boldsymbol{U}_{\mathbf{q2S}} = \mathbf{4{,}44} \cdot \boldsymbol{f}_{\mathbf{2}} \cdot \boldsymbol{N}_{\mathbf{2}} \cdot \boldsymbol{\xi}_{\mathbf{2}} \cdot \hat{\boldsymbol{\Phi}}_{\mathbf{d}} \tag{4.15}$$

Die im Stillstand induzierte Quellenspannung heißt *Läuferstillstandsspannung* U_{20V} und kann zwischen den Schleifringen des Schleifringläufers bei offenem Läuferkreis gemessen werden. Ihre Größe ist auf dem Leistungsschild der Maschine als verkettete Spannung angegeben. Auch hier wollen wir in der Ersatzschaltung mit der Strangspannung arbeiten.

Netzspannung und Läuferspannung haben gleiche Phasenlage, wenn die Wicklungsachsen der Ständer- und Läuferwicklung in einer Ebene liegen. Wird der festgesetzte Läufer aus seiner Ausgangslage um den Winkel α verstellt, bleibt die Spannung des Läufers erhalten, jedoch sind Ständer- und Läuferspannung zueinander um den Winkel α phasenverschoben. Dieses Verhalten im Stillstand lässt sich beim Drehtransformator ausnutzen.

Der Drehtransformator ist eine im Stillstand arbeitende Drehstrom-Asynchronmaschine mit Schleifringläufer, deren Läuferstellung z. B. über ein Schneckengetriebe eingestellt werden kann. Er dient zur Erzeugung einer einstellbaren Spannung. Den Aufbau in einfachster Schaltung zeigt Bild **4.74**.

Der Drehfluss Φ_d der zum Netz parallel liegenden Läuferwicklung 1 induziert in der zum Netz in Reihe geschalteten Ständerwicklung 2 die Zusatzspannung $\underline{U}_2$. Diese addiert sich geometrisch mit der Netzspannung $\underline{U}_1$ unter dem Phasenwinkel α der beiden Wicklungsachsen zur Gesamtspannung $\underline{U} = \underline{U}_1 + \underline{U}_2$ für den Verbraucher. Es entsteht der Steuerbereich zwischen $\underline{U}_1 + \underline{U}_2$ und $\underline{U}_1 - \underline{U}_2$. Elektrisch gleiche Wirkung wird erzielt, wenn die Ständerwicklung als Parallel- und die Läuferwicklung als Reihenwicklung ausgeführt werden. Die induzierten Spannungen von Ständer- und Läuferwicklung verhalten sich wie:

$$\boldsymbol{\ddot{u}} = \frac{\boldsymbol{U}_{\mathbf{10}}}{\boldsymbol{U}_{\mathbf{20}}} = \frac{\boldsymbol{N}_{\mathbf{1}} \cdot \boldsymbol{\xi}_{\mathbf{1}}}{\boldsymbol{N}_{\mathbf{2}} \cdot \boldsymbol{\xi}_{\mathbf{2}}} \tag{4.16}$$

da der Drehfluss Φ_d und die Frequenzen $f_1 = f_2$ für beide Wicklungen im Stillstand gleich sind. Für überschlägige Berechnungen darf man $\xi_1 = \xi_2$ setzen und es gilt ähnlich wie bei einem Transformator mit $U_1 \approx U_{10}$ und $U_2 \approx U_{20}$:

$$\ddot{u} \approx \frac{U_1}{U_2} \approx \frac{N_1}{N_2} \tag{4.17}$$

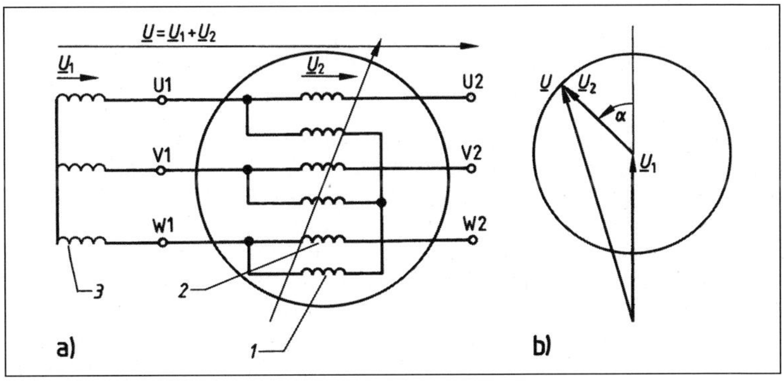

4.74
Drehtransformator am Netz

a) Schaltplan
b) einphasiges Zeigerdiagramm

1 Läuferwicklung
2 Ständerwicklung
3 Netztransformator

Beispiel 4.25 Eine vierpolige Drehstrom-Asynchronmaschine mit Schleifringläufer ist nach Bild **4**.74 an das 230/400-V-Drehstromnetz angeschlossen. In jeder der 36 Ständernuten befinden sich 20 Drähte. Im Läufer mit der Nutzahl 24 liegen in jeder Nute 39 Leiter. Alle Leiter je Wicklungsstrang sind in jeder Wicklung in Reihe geschaltet. Berechnen Sie den Einstellbereich des Drehtransformators.

Lösung Zuerst werden die Windungszahlen N je Strang der Ständer- und der Läuferwicklung berechnet. Auf jeden Strang entfällt bei Drehstromwicklungen ein Drittel der Nuten. Da jede Windung in zwei Nuten liegt, gilt für die Windungszahl je Strang:

Ständer

$$N_2 = \frac{\text{Nutenzahl}}{3 \cdot 2} \cdot z_{n1} = \frac{36}{3 \cdot 2} \cdot 20 = \mathbf{120}$$

Läufer

$$N_1 = \frac{\text{Nutenzahl}}{3 \cdot 2} \cdot z_{n2} = \frac{36}{3 \cdot 2} \cdot 39 = \mathbf{156}$$

Nach Gleichung (4.17) ist die im Ständer induzierte Zusatzspannung je Strang etwa

$$U_{2S} = U_{1S}\,\frac{N_2}{N_1} = 230\ \text{V}\,\frac{120}{156} = \mathbf{177\ V}.$$

Der Einstellbereich der Strangspannung ist damit

$$U_S = U_{1S} \pm U_{2S} = 230\ \text{V} \pm 177\ \text{V}$$

$$U_S = \mathbf{53\ bis\ 407\ V}.$$

Das entspricht der Außenleiterspannung

92 bis 705 V.

Motorbetrieb – untersynchroner Lauf. Die induzierte Läuferquellenspannung U_{q2} treibt durch die Läuferwicklung den Läuferstrom I_2. Die Wicklung des Kurzschlussläufers ist über die Kurzschlussringe, die Wicklung des Schleifringläufermotors im Anlauf über die Anlasswiderstände geschlossen. Da auf stromdurchflossene Leiter in einem magnetischen Feld die Kraft $F = B \cdot l \cdot I$ ausgeübt wird, wirkt auf den Läufer mit dem Läuferradius r treibend das innere Drehmoment M_i, das die Drehung des Läufers hervorruft. Der Läufer läuft gemäß der Lenz'schen Regel in Richtung des Drehfelds an, um die Induktionsursache (d. h. die Relativbewegung zwischen Ständerdrehfeld und Läufer) zu hemmen. Im Betrieb kann der Läufer die Drehzahl n_d des Ständerdrehfelds jedoch nicht erreichen, weil dann die Relativbewegung gleich null ist, keine Läufer-Quellenspannung, kein Läuferstrom und damit auch kein inneres Drehmoment entstehen können, das zur Überwindung der Reibung, des Trägheitsmoments usw. gebraucht wird.

Schlupf. Die Läuferdrehzahl n ist im Motorbetrieb also stets kleiner als die Drehfelddrehzahl n_d; der Läufer „schlüpft" gegenüber dem Drehfeld (**4**.75). Aus diesem grundlegenden Sachverhalt der ungleichen Drehzahlen von Ständerdrehfeld und Läufer ergibt sich der Name Asynchronmotor. Die Schlupfdrehzahl $n_s = n_d - n$ bezieht man auf die Drehfelddrehzahl und nennt diese Größe Schlupf s.

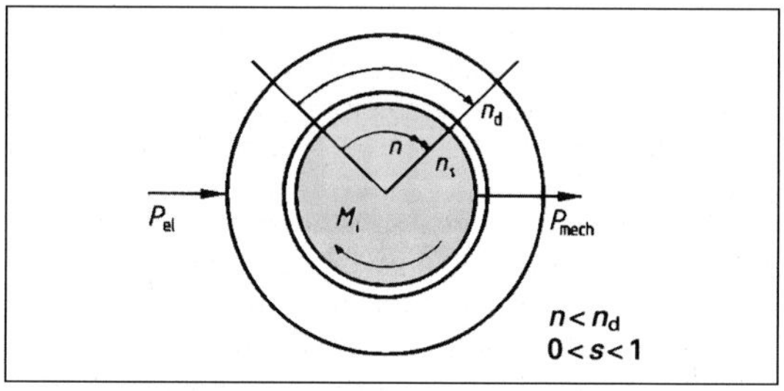

4.75 Motorbetrieb – untersynchroner Lauf

$$s = \frac{n_s}{n_d} = \frac{n_d - n}{n_d} = 1 - \frac{n}{n_d} \tag{4.18}$$

Für die Läuferdrehzahl der Asynchronmaschine gilt damit:

$$n = n_d(1 - s) \tag{4.19}$$

Der Bemessungsschlupf beträgt für Drehstrom-Asynchronmaschinen etwa 0,5 bis 4 %, bei Maschinen mit Bemessungsleistungen unter 1 kW auch mehr.

Im Motorbetrieb wird der Maschine aus dem Netz elektrische Leistung P_{el} zugeführt, die sie in mechanische Leistung P_{mech} wandelt und an der Welle abgibt.

Im Motorbetrieb, untersynchronen Lauf zwischen Stillstand (s = 1) und synchroner Drehzahl (s = 0), arbeitet die Asynchronmaschine als Motor. Es entsteht ein inneres Drehmoment, das treibend in Richtung des Ständerdrehfelds wirkt.

Beispiel 4.26 Die Bemessungsdrehzahl eines sechspoligen Drehstrom-Asynchronmotors für 400 V, 50 Hz ist $n_N = 955\ \text{min}^{-1}$. Wie groß ist der Bemessungsschlupf?

Lösung Die Drehfelddrehzahl einer sechspoligen Maschine (Polpaarzahl p = 3) an der Netzfrequenz 50 Hz beträgt

$$n_d = 1000\ \text{min}^{-1}.$$

Der Bemessungsschlupf ist nach Gleichung (4.18)

$$s_N = 1 - \frac{n_N}{n_d} = 1 - \frac{955\ \text{min}^{-1}}{1000\ \text{min}^{-1}} = \mathbf{0{,}045 = 4{,}5\ \%}.$$

Ideeller Leerlauf – synchroner Lauf. Wenn der Läufer synchron mit der Drehzahl des Ständerdrehfelds ($n = n_d$; $s = 0$) dreht, steht er zum Drehfluss Φ_d relativ still. Somit ändert sich die Flussverkettung des Läufers nicht; es wird keine Quellenspannung induziert und auch bei kurzgeschlossener Läuferwicklung entstehen kein Läuferstrom und kein Drehmoment. Diesen „Betriebszustand" bezeichnet man als ideellen Leerlauf. Er ist – wie schon erwähnt – im Motorbetrieb nicht erreichbar. Wie ein Transformator mit offener Sekundärwicklung nimmt die Asynchronmaschine im synchronen Lauf nur den Leerlaufstrom I_0 auf, den wir hier zunächst nur als Magnetisierungsstrom $I_\mu = I_0$ betrachten. Der Magnetisierungsstrom ist ein reiner Blindstrom, der für den Aufbau des magnetischen Drehfelds erforderlich ist. Er ist wegen des Luftspalts jedoch erheblich größer als beim Transformator und beträgt bei den meisten Maschinen das 0,1- bis 0,4-fache des Bemessungsstroms. In Sonderfällen kann er sogar die Größe des Bemessungsstroms erreichen.

Generatorbetrieb – übersynchroner Lauf. Dreht der Läufer der Asynchronmaschine in Drehfeldrichtung über die Drehfelddrehzahl hinaus ($n > n_d$), wird der Schlupf im übersynchronen Lauf nach Gleichung (4.18) negativ (**4**.76). Dieser

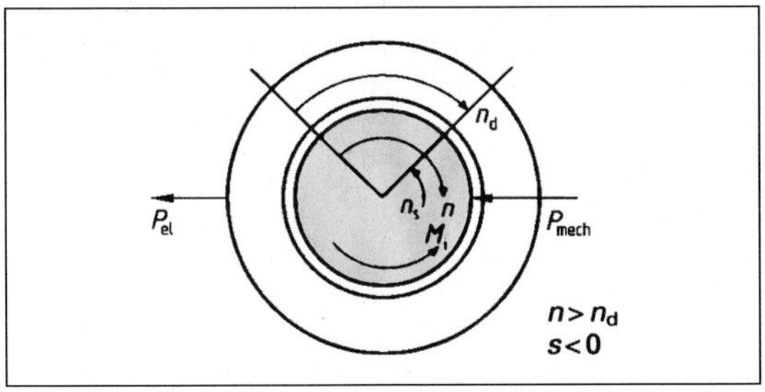

4.76 Generatorbetrieb – übersynchroner Lauf

Betriebszustand tritt ein, wenn z. B. ein polumschaltbarer Motor von der hohen Drehzahl auf die niedrige Drehzahl umgeschaltet wird. Läuferquellenspannung U_{q2} und Läuferstrom I_2 sowie das vom Ständerdrehfeld und Läuferstrom bewirkte innere Drehmoment M_i haben ihre Phasenlage gegenüber dem Motorbetrieb umgekehrt, da sich die Richtung der Relativbewegung zwischen Ständerdrehfeld und Läufer gegenüber dem Motorbetrieb umgekehrt hat. Das innere Drehmoment wirkt der Richtung des mechanischen Antriebs entgegen, d. h., es wirkt wie ein Lastmoment. Der Läufer des polumschaltbaren Motors wird aufgrund des inneren Drehmoments abgebremst, bis er die niedrige Drehzahl erreicht hat. Die Asynchronmaschine nimmt während dieser Zeit mechanische Leistung P_{mech} auf und gibt sie – abgesehen von den auftretenden Verlusten – wegen der Umkehr der Phasenlage des Stroms gegenüber dem Motorbetrieb als elektrische Leistung P_{el} ins Netz ab. Die Maschine arbeitet als Generator.

Für kleinere Notstromaggregate verwendet man auch Asynchronmaschinen, die von einem Benzin- oder Dieselmotor angetrieben, im Inselbetrieb als Generator arbeiten. Den nötigen Magnetisierungs-Blindstrom liefern parallel geschaltete Kondensatoren. Im Inselbetrieb werden Asynchrongeneratoren auch in Windkraftwerken eingesetzt.

Beispiel 4.27 Ein 2/8-poliger Drehstrom-Asynchronmotor mit den Bemessungsdrehzahlen $n_1 = 700\ \text{min}^{-1}$ und $n_2 = 2850\ \text{min}^{-1}$ wird am Netz mit der Frequenz 50 Hz von der großen auf die kleine Drehzahl umgeschaltet. Wie groß ist der Schlupf im Schaltaugenblick?

Lösung Die Drehfelddrehzahl beträgt im achtpoligen Betrieb

$$n_{d1} = \frac{f \cdot 60 \dfrac{\text{s}}{\text{min}}}{p_1} = \frac{150 \dfrac{1}{\text{s}} \cdot 60 \dfrac{\text{s}}{\text{min}}}{4}$$

$n_{d1} = \mathbf{750\ min^{-1}}$.

Der Läufer dreht noch mit der Bemessungsdrehzahl des zweipoligen Betriebs $n_2 = 2850\ \text{min}^{-1}$; somit ist der Schlupf

$$s = 1 - \left(\frac{n_2}{n_{d1}}\right) = 1 - \left(\frac{2850\ \text{min}^{-1}}{750\ \text{min}^{-1}}\right)$$

$s = \mathbf{-2{,}8}$.

Der Schlupf ist negativ, d. h. die Maschine arbeitet bis zum Erreichen der Bemessungsdrehzahl des achtpoligen Betriebs als Generator.

Bremsbetrieb – Gegenlauf. Dreht eine Asynchronmaschine z. B. im Linkslauf und wird direkt in den Rechtslauf umgeschaltet, bremst die Maschine im Linkslauf ab und läuft dann, wenn sie nicht im Stillstandsaugenblick abgeschaltet wird, im

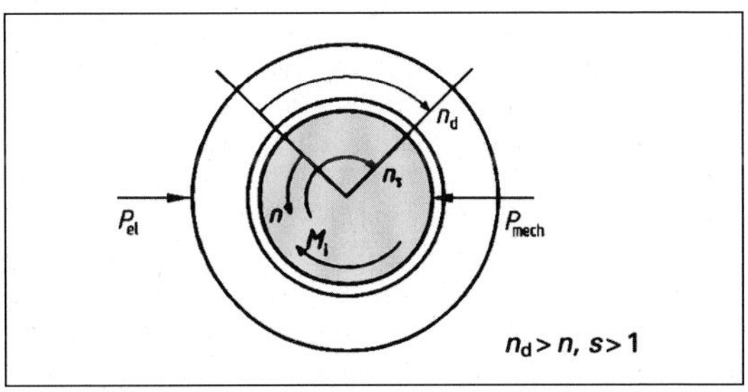

4.77 Bremsbetrieb – Gegenlauf

Rechtslauf hoch. Während des Abbremsens ist der Schlupf nach Gleichung (4.18) größer als 1. Da die Relativbewegung zwischen Ständerdrehfeld und Läufer zwar größer als im Motorbetrieb ist, aber in gleicher Richtung erfolgt, haben Läuferquellenspannung U_{q2}, Läuferstrom I_2 und das entstehende innere Drehmoment M_i die gleiche Richtung wie im Motorbetrieb (**4**.77). Das von der Asynchronmaschine entwickelte innere Drehmoment bremst Last und Maschine ab. Die Asynchronmaschine arbeitet als Bremse.

Der Asynchronmaschine wird mechanische Leistung P_{mech} zugeführt, aber auch elektrische Leistung P_{el}, da sich gegenüber dem Motorbetrieb die Phasenlage des Stroms nicht geändert hat. Dies ist wärmetechnisch ein ungünstiger Betriebsfall, weil beide Leistungen in der Maschine in Wärme umgesetzt werden.

Die Betriebszustände der Asynchronmaschine (Stillstand, Motor, ideeller Leerlauf, Generator und Bremse) sind abhängig vom Schlupf s der Maschine.

4.5.3 Läuferfrequenz und Läuferspannung

Das Ständerdrehfeld induziert in der Ständer- und der Läuferwicklung Quellenspannungen, deren Frequenzen im Stillstand gleich der Netzfrequenz ($f_1 = f_2$) sind, da die Drehfelddrehzahl n_d für beide Wicklungen gleich ist. Im Lauf entspricht die Frequenz f_2 der induzierten Läuferspannung der Schlupfdrehzahl n_s. Dann ist die Läuferfrequenz $f_2 = (n_d - n) \cdot p = n_s \cdot p$. Das Verhältnis der Läuferfrequenz f_2 zur Netzfrequenz f_1 ist der Schlupf s.

$$\frac{f_2}{f_1} = \frac{n_s \cdot p}{n_d \cdot p} = s. \qquad (4.20)$$

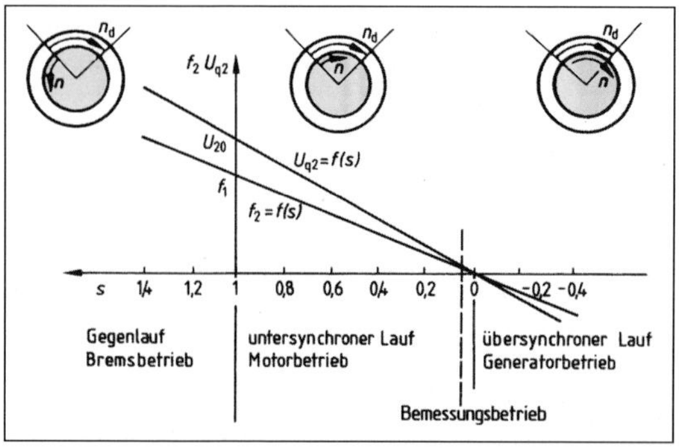

4.78 Läuferfrequenz f_2 und Läuferquellenspannung U_{q2} in Abhängigkeit vom Schlupf s

Die Läuferfrequenz ändert sich also proportional mit dem Schlupf s.

$$\boldsymbol{f_2 = f_1 \cdot s} \qquad (4.21)$$

Ebenso verhält sich die induzierte Läuferquellenspannung U_{q2}. Nach der Induktionsgleichung ist sie der Läuferfrequenz f_2 proportional. Wird im Stillstand ($s = 1$; $f_2 = f_1$) die induzierte Läuferquellenspannung als Läuferstillstandsspannung U_{20} bezeichnet, gilt für beliebige Drehzahlen n bzw. beliebigen Schlupf s:

$$\boldsymbol{U_{q2} = U_{20} \cdot s} \qquad (4.22)$$

Läuferquellenspannung und Läuferfrequenz nehmen, wie in Bild **4**.78 dargestellt, linear vom Stillstand bis zum synchronen Lauf ab und kehren ihre Richtung im Generatorbetrieb (übersynchroner Betrieb) um. Im Bremsbetrieb sind sie größer als im Stillstand, haben aber die gleiche Richtung.

Beispiel 4.28 Zwischen den Schleifringen eines zehnpoligen Drehstrom-Asynchronmotors wird die Läuferstillstandsspannung $U_{20V} = 65$ V gemessen. Am Drehstromnetz mit der Frequenz $f_1 = 50$ Hz hat der Motor die Bemessungsdrehzahl $n_N = 580\ \text{min}^{-1}$. Wie groß sind im Bemessungsbetrieb die Läuferspannung U_{q2SN} und Läuferfrequenz f_2?

Lösung Die Drehfelddrehzahl des zehnpoligen Motors beträgt $n_d = 600\ \text{min}^{-1}$. Der Bemessungsschlupf ist nach Gleichung (4.18):

$$s_N = 1 - \frac{n_N}{n_d}$$

$$s_N = 1 - \frac{580\ \text{min}^{-1}}{600\ \text{min}^{-1}} = 0{,}033 \mathrel{\hat{=}} \mathbf{3{,}3\ \%}$$

Damit sind Läuferquellenspannung je Strang und die Läuferfrequenz im Bemessungsbetrieb:

$$U_{q2SN} = \frac{U_{20V}}{\sqrt{3}} \cdot s_N = \frac{65\ \text{V}}{\sqrt{3}} \cdot 0{,}033 = \mathbf{1{,}21\ V}$$

$$f_{2N} = f_1 \cdot s_N = 50\ \text{Hz} \cdot 0{,}033 = \mathbf{1{,}66\ Hz}$$

Das Beispiel zeigt:

Im Bemessungsbetrieb des Asynchronmotors nahe der synchronen Drehzahl sind die Läuferquellenspannung U_{q2} und die Läuferfrequenz f_2 im Verhältnis zum Stillstand sehr klein.

Die Frequenzen der Ständer- und Läuferspannung sind im Betrieb der Asynchronmaschine unterschiedlich. Die Läuferfrequenz ändert sich mit der Drehzahl bzw. dem Schlupf. Dies kann zur Frequenzumformung ausgenutzt werden, um z. B. ein „Mittelfrequenznetz" zur Verfügung

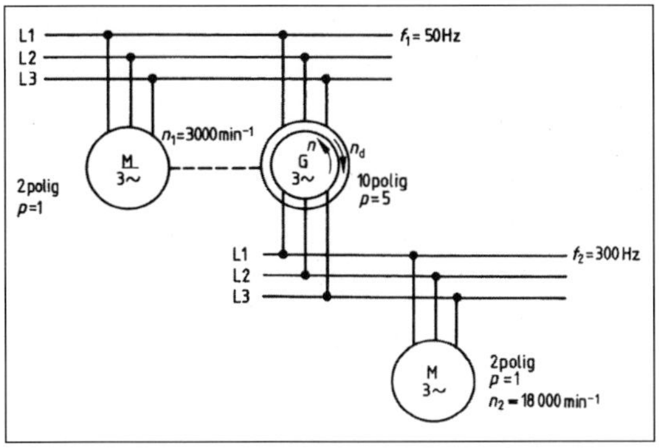

4.79 Schaltung eines asynchronen Frequenzumformers mit angeschlossener Arbeitsmaschine

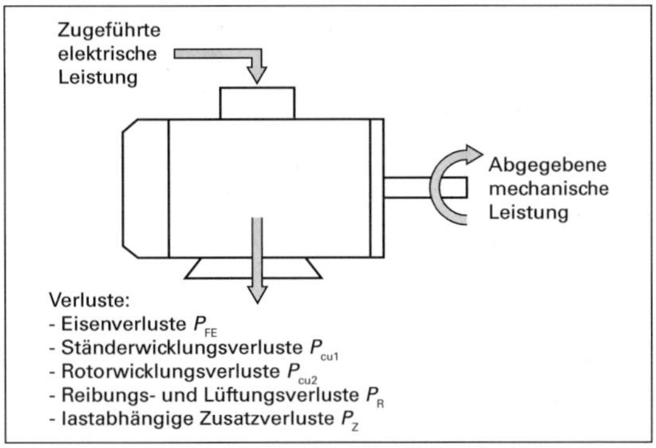

4.80 Leistungsaufteilung des Asynchronmotors

zu haben. Bild **4.**79 zeigt die Schaltung eines asynchronen Frequenzumformers. Eine Drehstrom-Asynchronmaschine mit Schleifringläufer wird von einem Asynchronmotor angetrieben. Erfolgt der Antrieb gegen das vom Ständer der Schleifringläufermaschine hervorgerufene Drehfeld, entsteht im Läufer eine entsprechende Spannung höherer Frequenz, die an den Schleifringen abgenommen werden kann.

Beispiel 4.29 Die Drehstrom-Asynchronmaschine mit Schleifringläufer aus dem Beispiel 4.28 soll als Frequenzumformer im Leerlauf die Läuferspannung mit der Frequenz f_2 = 300 Hz abgeben. Der Antrieb erfolgt mit einem Drehstrom-Asynchronmotor gegen das Drehfeld. Die Netzfrequenz des treibenden Motors ist f_1 = 50 Hz. Wie viele Pole muss der Antriebsmotor haben?

Lösung Den Schlupf s bestimmt die Läuferfrequenz $f_2 = s \cdot f_1$. Dann ist der erforderliche Schlupf

$$s = \frac{f_2}{f_1} = \frac{300\ \text{Hz}}{50\ \text{Hz}} = \mathbf{6}.$$

Nach Gleichung (4.19) ist die Drehzahl des Antriebsmotors

$$n = n_d(1 - s)$$

$$n = 600\ \text{min}^{-1}\ (1 - 6) = \mathbf{-3000\ min^{-1}}.$$

Dies ist die synchrone Drehzahl einer zweipoligen Maschine an der Netzfrequenz 50 Hz. Die im Frequenzumformer induzierte Läuferquellenspannung beträgt

$$U_{q2V} = U_{20V} \cdot s = 65\ \text{V} \cdot 6 = \mathbf{390\ V}.$$

4.5.4 Leistungsaufteilung

Verluste. Wie bei jeder Energieumwandlung treten auch in der Asynchronmaschine bei der Umwandlung elektrischer Energie in mechanische Energie und umgekehrt Verluste auf, die die Maschine erwärmen. Zu unterscheiden sind Stromwärme-, Eisen-, Reibungs- und Zusatzverluste.

Stromwärmeverluste des Ständers $3 \cdot I_{1S}^2 \cdot R_1$ und des Läufers $3 \cdot I_{2S}^2 \cdot R_2$ sind lastabhängig.

Eisenverluste (Wirbelstrom- und Hystereseverluste) werden vom magnetischen Drehfluss hervorgerufen. Sie sind abhängig von der Größe des Flusses und der Frequenz, mit der das Eisen durchsetzt wird. Da der Fluss fast unabhängig von der Belastung ist, sind die Ständereisenverluste als belastungsunabhängig anzusehen. Die Läufereisenverluste sind vernachlässigbar klein, weil die Läuferfrequenz bei Bemessungslast nur wenige Prozent der Netzfrequenz beträgt. Der magnetische Fluss wird nach Gleichung (4.14) von der Ständerspannung und der Netzfrequenz bestimmt. Daher ist bei Frequenzumrichterspeisung auf das U/f-Verhältnis zu achten.

Reibungs- und Lüftungsverluste ergeben sich durch Lager- und Lüftungsreibung; sie sind etwa der Drehzahl proportional. Für Belastungsänderungen im Bereich zwischen Leerlauf und Kippdrehzahl können sie als konstant angenommen werden. Die Reibungs- und Eisenverluste können aus der im Leerlauf mit variabler Spannung (0,3 U_N bis 1,2 U_N) gemessenen Leistung in einem bestimmten Verfahren mithilfe eines Diagramms getrennt ermittelt werden[1)].

Zusatzverluste werden lastabhängig hauptsächlich durch Stromverdrängung, Flusspulsationen durch Leitwert- und Durchflutungsschwankungen, Querströme bei geschrägten Läufernuten und Wirbelströme in massiven Konstruktionsteilen hervorgerufen. In der Vergangenheit wurden sie durch einen pauschalen Zuschlag von 0,5 % der im Bemessungsbetrieb ermittelten Leistung berücksichtigt. Nach der jetzigen DIN EN 60034-2-1 werden die Zusatzverluste gemessen oder alternativ durch einen deutlich höheren „Strafzuschlag" bis zu 3 % der Bemessungsleistung abhängig von der Maschinenleistung berücksichtigt. Bei Induktionsmaschinen stehen zu deren

[1)] Zu der Bestimmung der Verluste siehe DIN EN 60034 und Andreas Kremer, Elektrische Maschinen und Antriebe, Teubner Verlag

Bestimmung die Belastungsprüfung mit Drehmomentmessung, eine Prüfung mit ausgebautem Läufer mit Gegenfeld sowie die Eh-Stern-Prüfung zur Verfügung (Eh – **E**inphasen-**H**ilfsschaltung).

Leistungsfluss des Asynchronmotors (**4**.81). Der Ständer des Asynchronmotors nimmt die elektrische Wirkleistung

$P_1 = 3 \cdot U_{1S} \cdot I_{1S} \cdot \cos\varphi_1 = \sqrt{3} \cdot U_1 \cdot I_1 \cdot \cos\varphi_1$

aus dem Netz auf. In der Ständerwicklung und im Ständer werden die Kupferverluste $P_{Cu1} = 3 \cdot I_{1S}^2 \cdot R_1$ und die Eisenverluste P_{Fe} in Wärme umgesetzt. Auf den Läufer überträgt der magnetische Drehfluss Φ_d die Drehfeldleistung

$$\boldsymbol{P_d = P_1 - (P_{Cu1} + P_{Fe})}. \qquad (4.23)$$

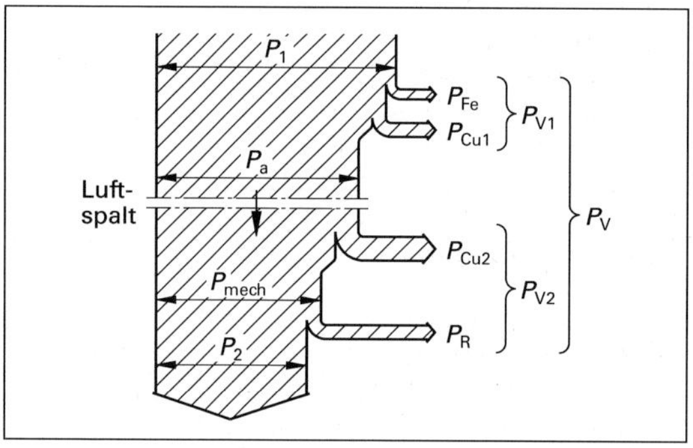

4.81 Leistungsfluss der Asynchronmaschine im Motorbetrieb ohne Zusatzverluste

Das Drehfeld ruft mit der Drehfeldleistung $P_d = 2 \cdot \pi \cdot n_d \cdot M_i$ das innere Drehmoment M_i der Maschine hervor, das mit der Drehfelddrehzahl n_d umläuft. Der Motor gibt bei der Läuferdrehzahl n die mechanische Leistung $P_{mech} = 2 \cdot \pi \cdot n \cdot M_i$ ab. Die Differenz zwischen der Drehfeldleistung und der mechanischen Leistung tritt als Stromwärmeverlust der Läuferwicklung $P_{Cu2} = 3 \cdot I_{2S}^2 \cdot R_2$ am Läuferwiderstand R_2 auf.

$P_{Cu2} = P_d - P_{mech} = 2 \cdot \pi \cdot M_i \cdot (n_d - n)$

Erweitert man die Gleichung mit $\frac{n_d}{n_d}$, ergibt sich:

$$\boldsymbol{P_{Cu2} = P_d \cdot s} \qquad (4.24)$$

Damit gilt für die mechanische Leistung:

$P_{mech} = P_d - P_{Cu2} = P_d - P_d \cdot s$

$$\boldsymbol{P_{mech} = P_d(1 - s) = 2 \cdot \pi \cdot n \cdot M_i} \qquad (4.25)$$

Der Schlupf spaltet die Drehfeldleistung P_d in die mechanische Leistung P_{mech} und in die Läuferverluste P_{Cu2} auf, sodass im Stillstand ($s = 1$) die gesamte Drehfeldleistung im Läufer in Wärme umgesetzt wird. Mit abnehmendem Schlupf s bzw. zunehmender Drehzahl n des Motors werden dann die Läuferverluste kleiner.

In der inneren mechanischen Leistung sind noch die Reibungs- und Lüftungsverluste P_R enthalten, sodass der Motor die Wellenleistung

$$\boldsymbol{P_2 = P_{mech} - P_R} \qquad (4.26)$$

der Arbeitsmaschine zur Verfügung stellt. Außerdem sind die erwähnten Zusatzverluste abzuziehen.

Der Wirkungsgrad des Motors $\eta = P_{ab}/P_{zu}$ kann direkt aus den gemessenen Werten der abgegebenen Leistung P_{ab} und der zugeführten Leistung P_{zu} ermittelt werden. Für den Bemessungsbetrieb lässt sich der Bemessungswirkungsgrad wie im Beispiel 4.30 aus den Angaben des Leistungsschilds berechnen.

Beispiel 4.30 Auf dem Leistungsschild eines vierpoligen Drehstrommotors mit 110 kW stehen u. a. die Angaben 400 V, 197 A, $\cos\varphi = 0{,}86$, 1485 min^{-1}. Der Bemessungswirkungsgrad ist zu berechnen.

Lösung $P_{1N} = \sqrt{3} \cdot U_N \cdot I_N \cdot \cos\varphi_N$

$P_{1N} = \sqrt{3} \cdot 400\ \text{V} \cdot 197\ \text{A} \cdot 0{,}86 = \mathbf{117{,}4\ kW}$

$\eta_N = \frac{P_{2N}}{P_{1N}} = \frac{110\ \text{kW}}{117{,}4\ \text{kW}} = \mathbf{0{,}94}$

Für große Maschinen wird das **Einzelverlustverfahren** bevorzugt, wobei die oben genannten Verluste zu berücksichtigen sind. Die im Leerlauf gemessene Leistung P_0 dient zur Deckung der Reibungs- und Eisenverluste sowie der (geringen) Stromwärmeverluste im Leerlauf. Mit dem gemessenen Leerlaufstrom I_0 können die Stromwärmeverluste es Leerlaufs $P_{Cu10} = 3 \cdot I_{10S}^2 \cdot R_1$ ermittelt werden. Ziehen wir sie von den gemessenen Leerlaufverlusten ab, erhalten wir die als konstant anzunehmenden Eisen- und Reibungsverluste. Die Stromwärmeverluste der Ständer- und der Läuferwicklung lassen sich für Bemessungslast aus dem Bemessungsstrom und den jeweiligen Widerständen der Wicklungen berechnen.

Zur Ermittlung des Bemessungswirkungsgrads nach dem Einzelverlustverfahren sind auch die Zusatzverluste zu berücksichtigen.

Beispiel 4.31 Für den gleichen Motor wie in Beispiel 4.30 werden folgende Einzelverluste für den Bemessungsbetrieb angegeben:

Eisenverluste
$P_{Fe} = 1{,}60$ kW

Reibungs- und Lüftungsverluste
$P_R = 2{,}50$ kW

Stromwärmeverluste des Ständers
$P_{Cu1} = 1{,}45$ kW

Stromwärmeverluste des Läufers
$P_{Cu2} = 1{,}10$ kW

Zusatzverluste, gemessen
$P_Z = 0{,}75$ kW

Nach dem Einzelverlustverfahren ist der Wirkungsgrad für Bemessungslast zu bestimmen.

Lösung Die Gesamtverluste sind die Summe der Einzelverluste.

$P_v = 7{,}4$ kW

Die Leistungsaufnahme beträgt

$$P_{1N} = P_{2N} + P_v = 110 \text{ kW} + 7{,}4 \text{ kW} = 117{,}4 \text{ kW}$$

und damit der Wirkungsgrad

$$\eta_N = \frac{P_{2N}}{P_{1N}} = \frac{110 \text{ kW}}{117{,}4 \text{ kW}} = \mathbf{0{,}94}.$$

Kann der Widerstand der Läuferwicklung wie beim Käfigläufer nicht gemessen werden, berechnet man nach Gleichung (4.28) die Läufer-Kupferverluste aus der Drehfeldleistung P_d und dem Schlupf s.

Beispiel 4.32 Die Leistungsschildangaben eines 15-kW-Drehstrom-Asynchronmotors mit Käfigläufer lauten u. a.: 400 V Δ, 29,1 A, 50 Hz, 1440 min^{-1}, $\cos \varphi = 0{,}86$. Im Leerlaufversuch wurden die Eisenverluste mit 751 W und die Reibungs- und Lüftungsverluste mit 183 W bestimmt. Der Widerstand je Strang der Ständerwicklung beträgt 0,879 Ω. Für den Bemessungsbetrieb sind die Stromwärmeverluste des Läufers zu ermitteln.

Lösung Der Motor nimmt die Leistung auf:

$$P_{1N} = \sqrt{3} \cdot U_N \cdot I_N \cdot \cos \varphi_N$$

$$P_{1N} = \sqrt{3} \cdot 400 \text{ V} \cdot 29{,}1 \text{ A} \cdot 0{,}86 = \mathbf{17\,339\ W}$$

Die Stromwärmeverluste der Ständerwicklung betragen:

$$P_{Cu1N} = 3 \cdot (I_{SN})^2 \cdot R_{1S}$$

$$P_{Cu1N} = 3 \cdot \left(\frac{29{,}1 \text{ A}}{\sqrt{3}}\right)^2 \cdot 0{,}879\ \Omega = \mathbf{744\ W}$$

Die auf den Läufer übertragene Drehfeldleistung ist:

$$P_{dN} = P_{1N} - (P_{Cu1N} + P_{Fe})$$

$$P_{dN} = 17\,339 \text{ W} - (744 \text{ W} + 751 \text{ W})$$

$$P_{dN} = \mathbf{15\,844\ W}$$

Die Stromwärmeverluste des Läufers werden über den Schlupf ermittelt. Der Bemessungsschlupf beträgt $s_N = 0{,}04$.

$$P_{Cu2N} = P_{dN} \cdot s_N = 15\,844 \text{ W} \cdot 0{,}04 = \mathbf{634\ W}$$

Typische Verlustanteile. Für einen 2-poligen 45-kW-Käfigläufermotor ist eine beispielhafte Verlustaufteilung für den Bemessungsbetrieb in Bild **4**.82 dargestellt. Große Anteile der Verluste entstehen in der Ständer- und Läuferwicklung. Durch leitfähigere Materialien oder durch größere Querschnitte können diese Verluste verringert werden.

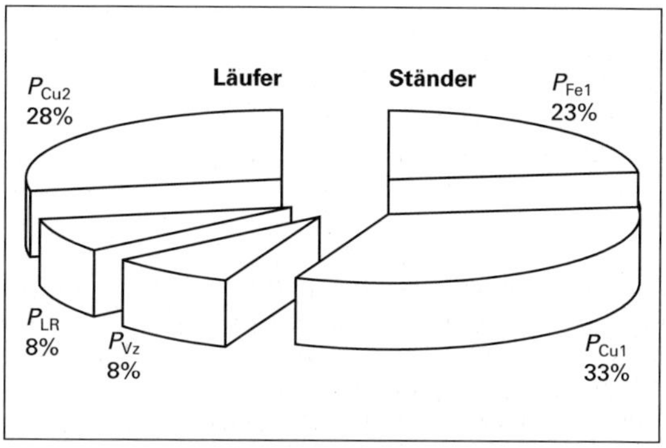

4.82 Verlustanteile, Käfigläufermotor, beispielhaft: P_{Cu1} Ständer-Kupferverluste, P_{Fe1} Ständereisenverluste, P_{Cu2} Läuferkupferverluste, P_{LR} Lüftungs- und Reibungsverluste, P_{Vz} Zusatzverluste.

Für den Betrieb der Motoren sind aus Gründen des Umweltschutzes Mindestwirkungsgrade festgelegt. Die genormten **Effizienzklassen** der Elektromotoren sind in Abschn. 1.5.4 dargestellt. Zur Erreichung dieser Vorgaben müssen die einzelnen Verluste möglichst gering gehalten werden. Motoren, die besonders verlustarm sind, werden auch als **Energiesparmotoren** bezeichnet; sie sind in Abschn. 7.2.4 beschrieben.

Verringerung der Verluste. Um die Leistungsverluste des Motors zu verringern, kommen neben dem Nutzerverhalten und der Drehzahlsteuerung folgende konstruktive Möglichkeiten in Betracht:

- „Kupferläufer". Der Aluminium-Druckguss im Läuferkäfig wird durch Kupfer-Druckguss ersetzt. Wegen des geringeren spezifischen Widerstands von Kupfer verringern sich auch die Läuferverluste, jedoch verändern sich auch die Drehmoment-Schlupf-Kennlinien. Zu bedenken ist wegen der größeren Dichte von Kupfer die Zunahme des Trägheitsmoments bei sonst gleichen Abmessungen. Für Motoren im Leistungsbereich von einigen 100 kW ist der Kupferkäfig seit jeher im Einsatz.
- Die Zusatzverluste werden durch den Einsatz einer Kupfer-Druckgusswicklung ebenfalls verringert.
- Die Verringerung des Luftspalts zwischen Ständer und Läufer führt bis zu einem bestimmten Maße zur Verbesserung des Wirkungsgrads und des Leistungsfaktors.
- Verringerung der Eisenverluste durch Eisen mit geringeren Wirbelstromverlusten (geringere Blechdicke), geringeren Hystereseverlusten (Blechsorte) und Herabsetzung der Magnetisierung.
- Lüftungs- und Reibungsverluste lassen sich durch eine verbesserte Geometrie der Luftkanäle und der Kühlrippen (geringerer Kühlluftbedarf) sowie durch die optimierte Konstruktion des Lüfterrads verbessern. Ebenso können verbesserte Lager und Dichtringe einen Beitrag leisten.

4.5.5 Ersatzschaltung und Zeigerdiagramm

Die Asynchronmaschine kann als ein Transformator mit rotierender Ausgangswicklung aufgefasst werden, der im Motorbetrieb die Sekundärleistung als mechanische Leistung abgibt. Daher ist es grundsätzlich möglich, das für den Transformator entwickelte Ersatzschaltbild für die Asynchronmaschine zu verwenden. Wir wollen wie beim Transformator mit der einphasigen Ersatzschaltung arbeiten, die für jeweils einen Primär- und Sekundärstrang gilt. Spannungen und Ströme der anderen Stränge verhalten sich genauso, sie sind lediglich um 120° phasenverschoben.

Ständer. Wie der wechselnde Magnetfluss des Transformators induziert der Drehfluss Φ_d der Asynchronmaschine im Ständer die Selbstinduktionsspannung U_{10} und im Läufer die Quellenspannung $U_{q2} = s \cdot U_{20}$. Die Asynchronmaschine gibt im Synchronverlauf mit $s = 0$ und $U_{q2} = 0$ V keine Leistung ab. Sie verhält sich dann wie ein Transformator im Leerlauf. Die Ständerwicklung nimmt den zur Erzeugung des Drehflusses Φ_d erforderlichen phasengleichen Magnetisierungsstrom $\underline{I}_\mu$ auf. Zu ihm wird der zur Deckung der Eisenverluste nötige Verluststrom $\underline{I}_{Fe}$ geometrisch addiert. Dann ist der im Zeigerdiagramm in Bild **4**.83b dargestellte Leerlaufstrom

$$\underline{I}_0 = \underline{I}_\mu + \underline{I}_{Fe}. \tag{4.27}$$

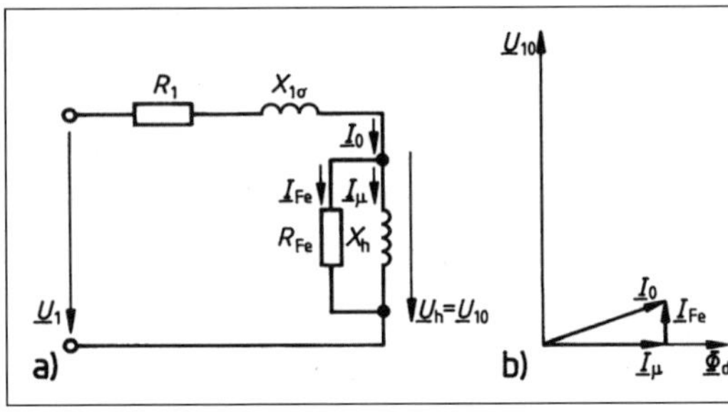

4.83 Asynchronmaschine im Synchronlauf ($s = 0$)
a) Ersatzschaltung für den Ständer
b) Zeigerdiagramm für den Ständer

Für die Eisenverluste wird im Ersatzschaltbild des Ständers in Bild **4**.83a der Ersatzwiderstand R_{Fe} gezeichnet. Die Ständerwicklung hat den Wirkwiderstand R_1 und aufgrund des Streuflusses den Streublindwiderstand $X_{1\sigma}$, die beide als Vorwiderstand zum Hauptblindwiderstand

$$X_h = \frac{U_h}{I_\mu} = \frac{U_{10}}{I_\mu} \tag{4.28}$$

in das Ersatzschaltbild des Ständers der Asynchronmaschine in Bild **4**.83a eingehen. Die Spannung U_h ist die vom Drehfluss Φ_d induzierte Selbstinduktionsspannung U_{10}.

Läufer. Im Stillstand $s = 1$ treibt die vom Drehfluss Φ_d induzierte Läuferstillstandsspannung U_{20} den nacheilenden Läuferstrom I_2 durch den Scheinwiderstand der Läuferwicklung. Der Scheinwiderstand Z_2 setzt sich aus dem Läuferwirkwiderstand R_2 und dem Streublindwiderstand $X_{2\sigma} = 2 \cdot \pi \cdot f_2 \cdot L_{2\sigma}$ zusammen. Im Motorbetrieb ist für beliebige Schlupfwerte $0 < s < 1$ die jeweilige Läuferquellenspannung $U_{q2} = s \cdot U_{20}$ mit der Frequenz $f_2 = s \cdot f_1$ zu berücksichtigen. Wegen der vom Schlupf s abhängigen Läuferfrequenz dürfen wir den Streublindwiderstand des Läufers nicht als konstant annehmen. Mit dem im Stillstand für die Frequenz $f_2 = f_1$ ermittelten Streublindwiderstand $X_{2\sigma}$ ist für beliebigen Schlupf s

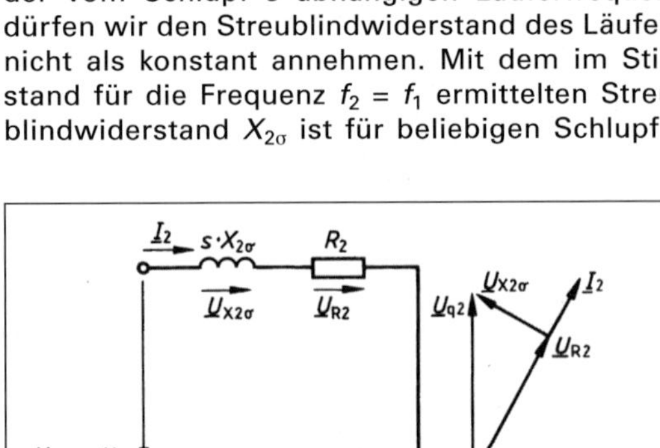

4.84 Läufer der Asynchronmaschine
a) Ersatzschaltung
b) Zeigerdiagramm

der Streublindwiderstand $X_{2\sigma} \cdot f_2/f_1 = X_{2\sigma} \cdot s$. Die Läuferquellenspannung $\underline{U}_{q2}$ und die an den Läuferwiderständen auftretenden Spannungsfälle sind im Zeigerdiagramm in Bild **4**.84b dargestellt.

Der Läuferstrom ist nach dem ohmschen Gesetz:

$$I_2 = \frac{U_{q2}}{Z_2} = \frac{s \cdot U_{20}}{\sqrt{(R_2)^2 + (s \cdot X_{2\sigma})^2}} \tag{4.29}$$

Zusammenfassung. Damit sich, wie bei der Ersatzschaltung des Transformators, die Eingangs- und Ausgangsseite in einer Schaltung zusammenfassen lassen, darf die Läuferspannung nicht schlupfabhängig sein. Wir erweitern deshalb die Gleichung (4.29) mit 1/*s* und erhalten für den Läuferstrom

$$I_2 = \frac{U_{20}}{\sqrt{\left(\frac{R_2}{s}\right)^2 + X_{2\sigma}^2}}. \tag{4.30}$$

Der Läuferstrom wird nun von der schlupfunabhängigen Läuferstillstandsspannung U_{20}, dem konstanten Streublindwiderstand $X_{2\sigma}$ und dem schlupfabhängigen Läuferwiderstand R_2/s bestimmt. Aus dieser Gleichung (4.30) lassen sich zwar die wirklichen Verhältnisse (schlupfabhängige Läuferspannung und schlupfabhängiger Streublindwiderstand) nicht direkt ersehen, sie beschreibt aber den gleichen Zusammenhang wie Gleichung (4.29).

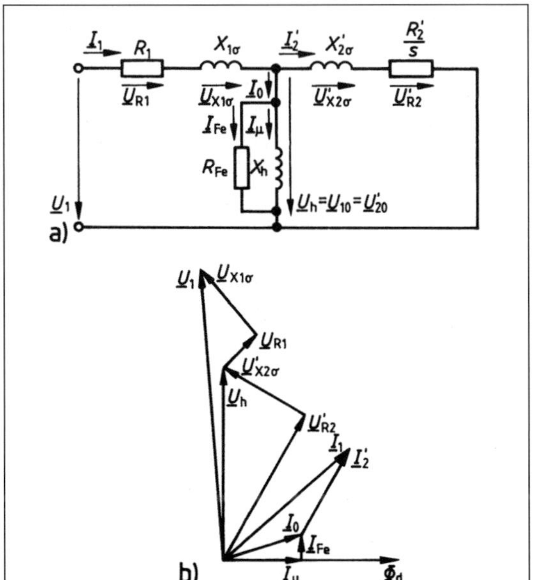

4.85 Asynchronmaschine im Motorbetrieb
a) Ersatzschaltung
b) Zeigerdiagramm

Weil wir die Ersatzschaltung des Ständers und des Läufers zu einer Ersatzschaltung zusammenfassen wollen, muss außerdem die Läuferstillstandsspannung $U_{20} = U_{10} = U_h$ sein. Dies trifft für das Übersetzungsverhältnis $ü = 1$ zu, mit dem wir hier die Asynchronmaschine betrachten. Wir dürfen nun die Ersatzschaltung des Transformators für die Asynchronmaschine wie in Bild **4**.85a verwenden, wenn wir den mit dem Schlupf *s* veränderlichen Läuferwiderstand R'_2/s einsetzen und die Läufergrößen für das angenommene Übersetzungsverhältnis $ü = 1$ mit einem Hochstrich ′ versehen.

Im Synchronlauf mit $s = 0$ erhalten wir $R'_2/s = \infty$, d. h. der Läufer ist stromlos; im Ständer fließt nur der Leerlaufstrom I_0. Im anderen Grenzfall, dem Stillstand mit $s = 1$ wird $R'_2/s = R'_2$. Der Läuferstrom kann nach Gleichung (4.30) berechnet werden. Dieser Belastungsstrom muss wie bei einem Transformator von der Eingangsseite, hier dem Ständer, aufgenommen werden. Mit dem Übersetzungsverhältnis $ü = 1$ ist der Ständerstrom $\underline{I}_1 - \underline{I}_0 + \underline{I}'_2$, die geometrische Summe aus dem Leerlaufstrom $\underline{I}_0$ und dem Läuferstrom $\underline{I}'_2$. Weicht das wirkliche Übersetzungsverhältnis von $ü = 1$ ab, werden die Läufergrößen mit Hilfe des Übersetzungsverhältnisses auf den Ständer umgerechnet (s. Abschn. 3.3.1).

Für alle Schlupfwerte *s* bzw. Drehzahlen *n* lässt sich so das Stromverhalten der Asynchronmaschine ermitteln.

Häufig wird in der Literatur der Ausdruck R'_2/s umgeschrieben in $R'_2 + R'_2 \cdot \frac{1-s}{s}$, wobei R'_2 den Läuferwiderstand mit seinen Wärmeverlusten und $R'_2 \cdot \frac{1-s}{s}$ die mit dem Schlupf veränderliche mechanische Belastung darstellen. Mit dieser Umformung lässt sich die abgewandelte Ersatzschaltung **4**.86 darstellen.

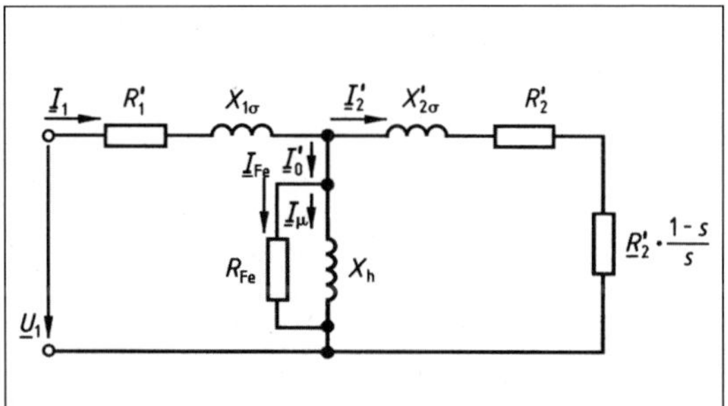

4.86 Ersatzschaltung der Asynchronmaschine mit Darstellung des Läuferwirkwiderstands R'_2 und der mechanischen Belastung $R'_2 \cdot \frac{1-s}{s}$

Läuferstrom und -leistungsfaktor. Betrachten wir die Ersatzschaltung des Läufers in Bild **4**.84. Nach dem ohmschen Gesetz wird der Läuferstrom I_2 von der schlupfabhängigen Läuferquellenspannung $U_{q2} = s \cdot U_{20}$, dem konstanten Läufer-Wirkwiderstand R_2 und dem schlupfabhängigen Läufer-Streublindwiderstand $s \cdot X_{2\sigma}$ bestimmt. Der Läuferstrom ist also zu berechnen nach Gl. (4.29).

Den Verlauf des Läuferstroms I_2 in Abhängigkeit vom Schlupf s wollen wir in Beispiel 4.33 ermitteln.

Der Leistungsfaktor $\cos \varphi_2$ des Läufers ist wegen des Streublindwiderstands $s \cdot X_{2\sigma}$ auch schlupfabhängig.

$$\cos \varphi_2 = \frac{R_2}{Z_2} = \frac{R_2}{\sqrt{R_2^2 + (s \cdot X_{2\sigma})^2}} \qquad (4.31)$$

Auch der Verlauf des Läufer-Leistungsfaktors $\cos \varphi_2$ in Abhängigkeit vom Schlupf soll im Beispiel 4.33 untersucht werden.

Beispiel 4.33 Von einem vierpoligen Drehstrom-Asynchronmotor mit Schleifringläufer sind folgende Daten bekannt: Läuferstillstandsspannung je Strang: U_{20} = 65 V, Läufer-Wirkwiderstand R_2 = 0,06 Ω. Läufer-Streublindwiderstand im Stillstand bei 50 Hz: $X_{2\sigma}$ = 0,3 Ω. Die Abhängigkeit des Läuferstroms I_2 und des Läuferleistungsfaktors $\cos \varphi_2$ vom Schlupf s ist grafisch darzustellen.

Die zu berechnenden Werte sind in Tabelle **4**.87 zusammengestellt.

Bild **4**.88 zeigt, dass der Läuferstrom I_2 im Stillstand (s = 1) gegenüber dem Bemessungsbetrieb ($s \approx 0$) um ein Vielfaches größer ist, weil die Läuferquellenspannung im Stillstand den größten Wert hat. Mit zunehmender Drehzahl n des Läufers bzw. abnehmendem Schlupf s werden Läuferspannung

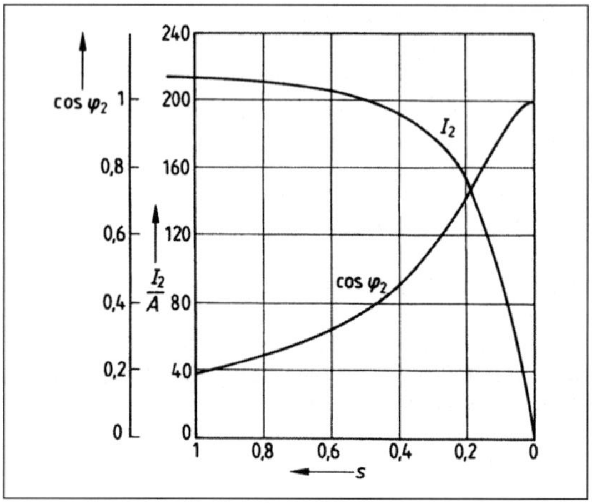

4.88 Läuferstrom I_2 und Läuferleistungsfaktor $\cos \varphi_2$ in Abhängigkeit vom Schlupf s, Werte aus Beispiel 4.33

und Läuferstrom geringer. Der Verlauf des Läuferstroms in Abhängigkeit vom Schlupf ist nicht linear, weil sich der Läufer-Streublindwiderstand auch mit dem Schlupf ändert.

Der Läufer-Leistungsfaktor $\cos \varphi_2$ ist im Stillstand sehr gering; er nähert sich im Bemessungsbetrieb ($s \approx 0$) dem Wert 1. Im Bemessungsbetrieb bei geringer Läuferfrequenz ist der Streublindwiderstand $X_{2\sigma}$ gegenüber dem Läufer-Wirkwiderstand R_2 vernachlässigbar klein. Der für die Drehmomentbildung maßgebende Läuferwirkstrom $I_{2W} = I_2 \cdot \cos \varphi_2$ ist also im Stillstand trotz des großen Läuferstroms gering. Mit zunehmender Drehzahl n verbessert sich der Läufer-Leistungsfaktor, und damit wird der Wirkstromanteil des Läuferstroms größer. Wir können deshalb auch nur ein geringes Anzugsmoment des Asynchronmotors erwarten.

Tabelle **4**.87 **Berechnung von I_2 und $\cos \varphi_2$ in Abhängigkeit vom Schlupf s** (Stranggrößen)

s	$U_{q2} = s \cdot U_{20}$ in V	$s \cdot X_{2\sigma}$ in Ω	$Z_2 = \sqrt{R_2^2 + (s \cdot X_{2\sigma})^2}$ in Ω	$I_2 = \frac{s \cdot U_{20}}{\sqrt{R_2^2 + (s \cdot X_{2\sigma})^2}}$ in A	$\cos \varphi_2 = \frac{R_2}{Z_2}$
1	65	0,3	0,3059	212,5	0,196
0,8	52	0,24	0,2474	210,2	0,24
0,6	39	0,18	0,1897	205,6	0,32
0,4	26	0,12	0,1342	193,7	0,45
0,2	13	0,06	0,0849	153,1	0,71
0,1	6,5	0,03	0,0672	96,7	0,89
0,04	2,6	0,012	0,0612	42,5	0,98
0	0	0	0,06	0	1

4.5.6 Drehmoment

Drehmomentbildung. Auf einen vom Strom I durchflossenen Leiter mit der wirksamen Leiterlänge l wird im magnetischen Feld mit der Induktion B die Kraft $F = B \cdot l \cdot I$ senkrecht zu den Feldlinien ausgeübt. Der Zeitwert der Kraft eines vom sinusförmigen Wechselstrom i durchflossenen Leiters in einem sinusförmigen magnetischen Wechselfeld gleicher Frequenz mit der Induktion B_t ist $F_t = B_t \cdot i \cdot l$. Sind wie in Bild **4**.89 die Induktion B_t und i phasengleich, ist der Scheitelwert der Kraft $\hat{F}_t = \hat{B}_t \cdot \hat{i} \cdot l$ und damit die mittlere Kraft $F_{mi} = F_t/2 = B \cdot l \cdot I$.

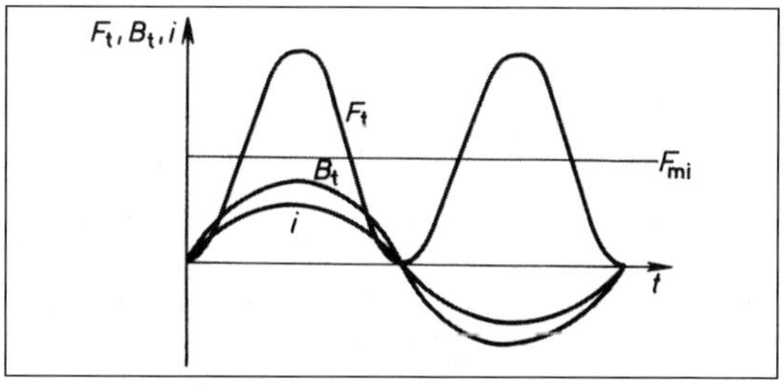

4.89 Kraftwirkung auf einen vom sinusförmigen Strom i durchflossenen Leiter im sinusförmigen Wechselfeld mit der Induktion B_t, $\varphi = 0$

Tritt eine Phasenverschiebung zwischen dem Feld und dem Strom wie bei einer Asynchronmaschine auf, ist das Produkt noch mit dem Leistungsfaktor $\cos\varphi$ zu multiplizieren, ähnlich der Wirkleistungsberechnung im Wechselstromkreis. Dann ist die entstehende Kraft:

$$F = B \cdot l \cdot I \cdot \cos\varphi \qquad (4.32)$$

Ist der Leiter wie in einer Asynchronmaschine drehbar gelagert, ergibt sich über den Läuferradius r mit dem Läuferstrom I_2 und dem Leistungsfaktor des Läufers das innere Drehmoment:

$$M_i = F \cdot r = B \cdot l \cdot r \cdot I_2 \cdot \cos\varphi_2 \qquad (4.33)$$

Für die Flussdichte B und die konstanten mechanischen Abmessungen einer Maschine kann man auch den magnetischen Drehfluss Φ_d einsetzen. Dann ist das innere Drehmoment

$$\boldsymbol{M_i \sim \Phi_d \cdot I_2 \cdot \cos\varphi_2}. \qquad (4.34)$$

Diese Gleichung besagt, dass bei gleichbleibendem magnetischen Fluss Φ_d der Läuferwirkstrom $I_{2w} = I_2 \cdot \cos\varphi_2$ mit dem verlangten inneren Drehmoment M_i ansteigt.

An der Welle des Motors steht schließlich das innere Drehmoment M_i abzüglich des Verlustmoments M_R, das zur Deckung des Reibungs- und Lüftungswiderstands erforderlich ist, als Wellenmoment zur Verfügung.

$$M = M_i - M_R \qquad (4.35)$$

Dieser geringe Unterschied wird im Folgenden vernachlässigt und $M = M_i$ gesetzt.

> Das Drehmoment der Asynchronmaschine ist dem Produkt aus dem magnetischen Drehfluss und dem Läuferwirkstrom proportional.

Drehmomentverlauf. Wir nehmen im Folgenden den magnetischen Drehfluss Φ_d als konstant an. Er ist nach Gleichung (4.15) der Läuferstillstandsspannung U_{q2} proportional. Fassen wir die konstanten Größen der Maschine zur Drehmomentkonstanten k_T zusammen, kann man die folgende Drehmomentgleichung schreiben:

$$M \sim \Phi_d \cdot I_2 \cdot \cos\varphi_2$$

$$\boldsymbol{M = k_T \cdot U_{20} \cdot I_2 \cdot \cos\varphi}$$

$$\boldsymbol{M = k_T \cdot U_{20} \cdot \frac{s \cdot U_{20}}{\sqrt{R_2^2 + (s \cdot X_{2\sigma})^2}} \cdot \frac{R_2}{\sqrt{R_2^2 + (s \cdot X_{2\sigma})^2}}} \qquad (4.36)$$

Der Verlauf des Drehmoments in Abhängigkeit vom Schlupf soll nun in einem Beispiel ermittelt werden.

Beispiel 4.34 Der vierpolige Drehstrom-Asynchronmotor mit Schleifringläufer aus Beispiel 4.33 hat die Bemessungsleistung P_N = 7,5 kW. Der Bemessungsschlupf beträgt s_N = 0,04.

a) Das Bemessungsmoment M_N ist zu berechnen.

b) Der Verlauf des Drehmoments M in Abhängigkeit vom Schlupf s ist grafisch darzustellen.

Lösung **Zu a)** Dem Bemessungsschlupf s_N = 0,04 entspricht die Bemessungsdrehzahl n_N = 1440 min^{-1}. Mit der mechanischen Leistungsgleichung $P_N = 2 \cdot \pi \cdot n_N \cdot M_N$ erhält man für das Bemessungsmoment:

$$M_N = \frac{P_N}{2 \cdot \pi \cdot n_N}$$

$$M_N = \frac{7500\,\frac{\text{Nm}}{\text{s}} \cdot 60\,\frac{\text{s}}{\text{min}}}{2 \cdot 3{,}14 \cdot 1440\ \text{min}^{-1}} = \mathbf{49{,}7\ Nm}$$

Zu b) Das Bemessungsmoment ist $M_N = k_T \cdot U_{20} \cdot I_2 \cdot \cos\varphi_2$. Man stellt die Gleichung nach k_T um und berechnet damit die Drehmomentkonstante des Motors. Die Werte für I_{2N} und $\cos\varphi_{2N}$ werden der Tabelle **4**.87 bei dem Bemessungsschlupf s_N = 0,04 entnommen.

$$k_T = \frac{M_N}{U_{20} \cdot I_2 \cdot \cos\varphi_2}$$

$$k_T = \frac{49{,}7\ \text{Nm}}{65\ \text{V} \cdot 42{,}5\ \text{A} \cdot 0{,}98} = 0{,}0184\ \frac{\text{Nm}}{\text{VA}}$$

Nun wird das Drehmoment in Abhängigkeit vom Schlupf in Tabelle **4**.88 berechnet. Die Werte für I_2 und $\cos\varphi_2$ werden wieder der Tabelle **4**.87 entnommen.

Tabelle **4**.90 **Berechnung des Drehmoments**

s	$k_T \cdot U_{20}$ in Nm/A	$I_2 = \frac{s \cdot U_{20}}{\sqrt{R_2^2 + (s \cdot X_{2\sigma})^2}}$ in A	$\cos \varphi_2 = \frac{R_2}{\sqrt{R_2^2 + (s \cdot X_{2\sigma})^2}}$	M in Nm
1	1,1935	212,5	0,196	49,7
0,8	1,1935	210,2	0,24	60,2
0,6	1,1935	205,6	0,32	78,5
0,4	1,1935	193,7	0,45	104,0
0,2	1,1935	153,1	0,71	129,8
0,1	1,1935	96,7	0,89	102,7
0,04	1,1935	42,5	0,98	49,7
0	1,1935	0	1	0

Die Drehmoment-Schlupf- bzw. Drehmoment-Drehzahl-Kennlinie des Drehstrom-Asynchronmotors aus Beispiel 4.34 zeigt Bild **4**.91.

Der Motor entwickelt im Stillstand ($s = 1$) ein relativ geringes Anzugsmoment M_A. Dies ist auf den überwiegend induktiven Läuferstrom zurückzuführen. Mit zunehmender Drehzahl steigt das Drehmoment wegen des besseren Leistungsfaktors bis zu einem Maximalwert – dem Kippmoment M_K – an, das bei der Kippdrehzahl n_K bzw. dem Kippschlupf s_K erreicht wird. Unterhalb des Kippschlupfs nimmt das Drehmoment nahezu linear ab, da auch – wie in Bild **4**.88 zu sehen – der Läuferstrom entsprechend geringer wird. Das Bemessungsmoment M_N liegt zwischen Kippmoment und Leerlauf beim Bemessungsschlupf s_N.

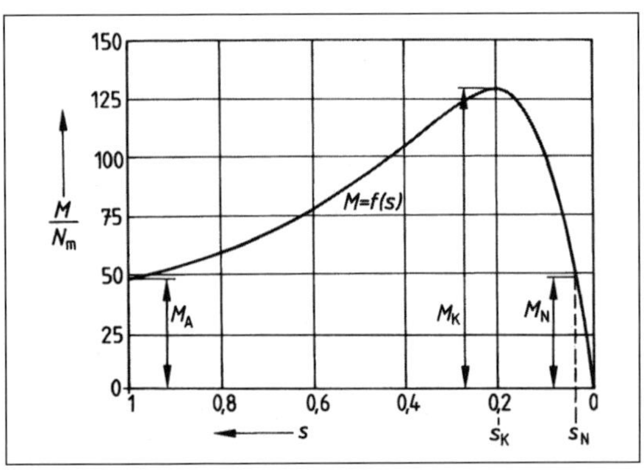

4.91 Drehmoment-Schlupf-Kennlinie eines Schleifringläufermotors, Werte aus Beispiel 4.34

M_A Anzugsmoment, M_K Kippmoment, M_N Bemessungsmoment, s_K Kippschlupf, s_N Bemessungsschlupf

Im Stillstand wird ein relativ geringes Anzugsmoment erzeugt. Das Ansteigen des Drehmoments zwischen Stillstand und Kippdrehzahl ist auf die Verbesserung des Leistungsfaktors des Läufers zurückzuführen, das Absinken des Drehmoments zwischen Kippdrehzahl und Leerlauf auf die Abnahme des Läuferstroms.

Einflussgrößen. Die in der Praxis oft erwünschte Vergrößerung des Anzugsmoments lässt sich nach den vorherigen Überlegungen durch einen verbesserten Läuferleistungsfaktor $\cos \varphi_2$ erzielen. Da die Streuinduktivität des Läufers $L_{2\sigma}$ schon durch die Wahl eines geeigneten Blechquerschnitts vom Konstrukteur möglichst gering gehalten wurde, kann nur der Wirkwiderstand der Läuferwicklung R_2 während des Anlaufvorgangs erhöht werden. Dies wird beim Schleifringläufer- und beim Stromverdrängungsläufermotor genutzt.

Um die Einflüsse des Läufer-Wirkwiderstands und des Läufer-Streublindwiderstands auf den Drehmomentenverlauf näher zu untersuchen, formt man die Drehmomentgleichung (4.36) um:

$$M = k_T \cdot U_{20}^2 \cdot \frac{s \cdot R_2}{R_2^2 + (s \cdot X_{2\sigma})^2} \tag{4.37}$$

Aus der Drehmoment-Schlupf-Kennlinie in Bild **4**.91 kann man eine weitere Gleichung ableiten. Der Kippschlupf beträgt $s_K = 0{,}2$, das entspricht dem Verhältnis $s_K = R_2/X_{2\sigma} = 0{,}06\ \Omega/0{,}3\ \Omega = 0{,}2$ des behandelten Motors. Dieses Ergebnis darf man verallgemeinern. Der Kippschlupf wird stets durch das Verhältnis von Läuferwirkwiderstand und Läufer-Streublindwiderstand bestimmt.

$$\boldsymbol{M} = \boldsymbol{M}_\mathbf{K}, \quad \textbf{wenn} \quad s_\mathrm{K} = \frac{\boldsymbol{R}_2}{\boldsymbol{X}_{2\sigma}} \tag{4.38}$$

Zum gleichen Ergebnis kommt man, wenn die Drehmomentgleichung (4.37) mithilfe der höheren Mathematik nach dem Schlupf s differenziert wird. Setzt man die Beziehung (4.38) in die Drehmomentgleichung (4.37) ein, ist das Kippmoment:

$$\boldsymbol{M}_\mathbf{K} = \boldsymbol{k}_\mathbf{T} \cdot \frac{\boldsymbol{U}_{20}^2}{2 \cdot \boldsymbol{X}_{2\sigma}} \tag{4.39}$$

Die Größe des Kippmoments ist also vom Läuferwirkwiderstand unabhängig. Vielmehr wird bei konstanter Spannung ein großes Kippmoment erreicht, wenn der Streublindwiderstand des Läufers $X_{2\sigma}$ möglichst gering gehalten wird.

Kloß'sche Gleichung. Werden die Drehmomentengleichungen (4.37) und (4.39) ins Verhältnis gesetzt, erhält man die Kloß'sche Gleichung

$$\frac{\boldsymbol{M}_\mathbf{N}}{\boldsymbol{M}_\mathbf{K}} = \frac{\mathbf{2}}{\dfrac{s}{s_\mathrm{K}} + \dfrac{s_\mathrm{K}}{s}}. \tag{4.40}$$

Mit dieser Drehmomentengleichung lassen sich unter den getroffenen Vereinfachungen annähernd die Drehmomentenverhältnisse der Drehstrom-Asynchronmaschine bestimmen.

Beispiel 4.35 Für den Drehstrom-Asynchronmotor mit Schleifringläufer der Beispiele 4.33 und 4.34 sind das Kippmoment M_K und das Anzugsmoment M_A aus dem Bemessungsschlupf $s_\mathrm{N} = 0{,}04$ und dem Bemessungsmoment $M_\mathrm{N} = 49{,}7$ Nm sowie dem Kippschlupf $s_\mathrm{K} = 0{,}2$ zu bestimmen.

Lösung Die Kloß'sche Gleichung (4.40) wird nach dem Kippmoment umgestellt:

$$M_\mathrm{K} = \frac{M_\mathrm{N}}{2} \cdot \left(\frac{s_\mathrm{N}}{s_\mathrm{K}} + \frac{s_\mathrm{K}}{s_\mathrm{N}}\right)$$

$$M_\mathrm{K} = \frac{49{,}7\ \mathrm{Nm}}{2} \cdot \left(\frac{0{,}04}{0{,}2} + \frac{0{,}2}{0{,}04}\right) = \mathbf{129{,}2\ Nm}$$

Das Anzugsmoment ist mit $s = 1$:

$$M_\mathrm{A} = 2\, M_\mathrm{K} \cdot \frac{1}{\dfrac{s}{s_\mathrm{K}} + \dfrac{s_\mathrm{K}}{s}}$$

$$M_\mathrm{A} = 2 \cdot 129{,}2\ \mathrm{Nm} \cdot \frac{1}{\dfrac{1}{0{,}2} + \dfrac{0{,}2}{1}} = \mathbf{49{,}7\ Nm}$$

Spannungsänderung. Wird bei einer gegebenen Asynchronmaschine die an der Ständerwicklung anliegende Spannung U auf den Wert U' geändert, verändert sich im gleichen Maß der magnetische Fluss und damit die Läuferstillstandsspannung U_{20} auf den Wert U'_{20}. Da nach Gleichung (4.37) das Drehmoment vom Quadrat der Läuferstillstandsspannung abhängt, ist

$$M' = M\left(\frac{U'_{20}}{U_{20}}\right)^2. \tag{4.41}$$

Der Kippschlupf s_K bleibt unverändert. Annähernd gilt:

> Die Größe des Drehmoments M verändert sich mit dem Quadrat der Ständerspannung U.
>
> $$\boldsymbol{M}' \approx \boldsymbol{M}\left(\frac{\boldsymbol{U}'}{\boldsymbol{U}}\right)^2 \tag{4.42}$$

Der Verlauf der Drehmoment-Drehzahl-Kennlinie in Abhängigkeit von der Ständerspannung ist in Bild **4**.126 dargestellt.

Abweichungen von der ermittelten Drehmomentkennlinie. Die entwickelte Drehmoment-Drehzahl-Kennlinie trifft in der Praxis weitgehend auf den Asynchronmotor mit Schleifringläufer zu.

Bild **4**.92 zeigt den typischen Verlauf der Drehmomentkennlinie eines Kurzschlussläufermotors.

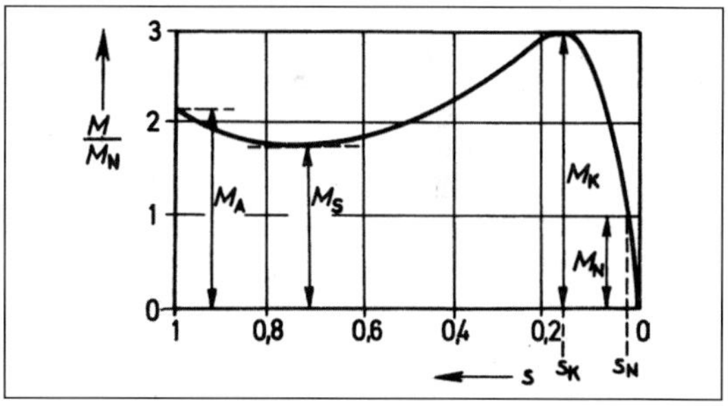

4.92 Normierte Drehmoment-Schlupf-Kennlinie für Kurzschlussläufermotoren

Gegenüber der im Beispiel 4.34 berechneten Kennlinie des Schleifringläufermotors ist die des Kurzschlussläufermotors zwischen Leerlauf und Kippdrehzahl ähnlich, dagegen zwischen Kippdrehzahl und Stillstand verändert.

Stromverdrängung. Aufgrund des Stromverdrängungsvorgangs (s. Abschn. 4.5.10.4 Stromverdrängungsläufer) ist das Anzugsmoment M_A im Verhältnis zum Bemessungsmoment M_N und zum Kippmoment M_K größer als beim Schleifringläufermotor ohne Anlasswiderstände in Bild **4**.91.

Sattelmoment. Zwischen Stillstand ($s = 1$) und dem Kippschlupf s_K steigt die Drehmoment-Kennlinie nicht stetig an; vielmehr verringert sich das Drehmoment während des Hochlaufvorgangs zunächst auf einen minimalen Wert (Sattelmoment M_S) und steigt dann wie beim Schleifringläufermotor bis zum Kippmoment an. Ist das Anzugsmoment für den Antrieb einer Arbeitsmaschine noch ausreichend, das Sattelmoment aber kleiner als das erforderliche Drehmoment, kann der Motor nicht hochlaufen, sondern verharrt bei geringer Drehzahl – er „schleicht".

Nach DIN EN 60034 ist die minimale Größe des Sattelmoments festgelegt. So muss das Sattelmoment für Motoren ohne Polumschaltung mit einer Bemessungsleistung < 100 kW mindestens das 0,5-fache Bemessungs- und Anzugsmoment haben. Diese unteren Grenzen werden bei den heute üblichen Motoren aber wesentlich überschritten.

Der Grund für das Auftreten des Sattelmoments soll im Folgenden geklärt werden. Wie in Abschnitt 4.2 und 4.3 gezeigt, ist der von der Ständerwicklung erzeugte magnetische Drehfluss Φ_d nicht sinusförmig. Er setzt sich aus einer Grundwelle mit der Ordnungszahl $\nu = 1$ und einer Anzahl Oberwellen mit den Ordnungszahlen $\nu > 1$ zusammen. Die Drehzahlen der Oberwellen sind nach Gleichung (4.12) $n_{d\nu} = n_d/\nu$ um den Faktor ν kleiner als die Drehzahl der Grundwelle. Ist z. B. die Drehzahl der Grundwelle 3000 min^{-1}, ist die Drehzahl der besonders störenden 7. Oberwelle $n_{d7} = n_d/7 = 3000\ \text{min}^{-1}/7 = 429\ \text{min}^{-1}$. Die Oberwelle ruft wie die Grundwelle des magnetischen Drehflusses zusammen mit dem Läuferstrom ein Drehmoment hervor, das zusammen mit dem Drehmoment der Grundwelle M_1 ($\nu = 1$) das Drehmoment M des Motors in Bild **4**.93 bildet. Unter Beachtung aller Oberwellen bildet sich das typische Sattelmoment wie in Bild **4**.92 heraus.

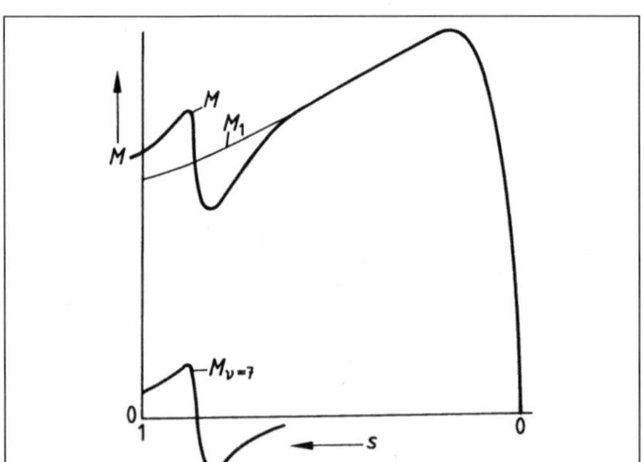

4.93 Drehmoment-Schlupf-Kennlinie eines Kurzschlussläufers, zusammengesetzt aus dem Verlauf der Drehmomente der Grundwelle M_1 und der 7. Oberwelle $M_{\nu=7}$

Pendelmomente. Außer der Einsattlung der Drehmomentkurve werden von den Oberwellen um den Mittelwert null schwankende Pendelmomente verursacht. Im resonanznahen Lauf wirken sie sich störend auf die Laufruhe aus. Diese können zu mechanischen Schäden an der Antriebseinheit führen. Pendelmomente können bei stromrichtergespeisten Käfigläufermotoren mit stark oberschwingungshaltiger Spannung zu Pendelmoment-Amplituden bis zu 10 % des Bemessungsmoments führen. Daher gingen die Bestrebungen bei der Entwicklung der Frequenzumrichter zu Umrichtern mit sinusbewerteter Spannung (s. Abschn. 4.8 und 1.7.5.4).

4.5.7 Stromaufnahme

Für Anlauf und Betrieb des Asynchronmotors interessiert außer dem Drehmoment besonders die Stromaufnahme des Motors. Dazu betrachten wir die Ersatzschaltung nach Bild **4**.85. Der Ständerstrom $\underline{I}_1$ ist aus dem Leerlaufstrom $\underline{I}_0$ und dem transformatorisch auf den Ständer rückwirkenden Läuferstrom $\underline{I}'_2$ zusammengesetzt. Da der Leerlaufstrom im Allgemeinen geringer als der vom Läufer bewirkte Belastungsstrom ist, ist für den Ständerstrom ein ähnlicher Stromverlauf wie für den Läuferstrom zu erwarten. Die jeweilige Stromaufnahme lässt sich besonders einfach mit dem Kreisdiagramm für die Drehstrom-Asynchronmaschine ermitteln (s. Abschn. 4.5.8). Die typische normierte Ständerstrom-Schlupf-Kennlinie für Motoren kleiner und mittlerer Leistung zeigt Bild **4**.94.

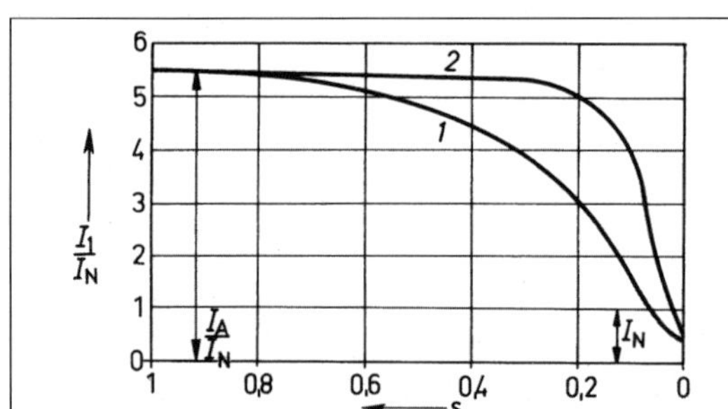

4.94 Stromaufnahme in Abhängigkeit vom Schlupf
1 4-kW-Kurzschlussläufermotor
2 200-kW-Kurzschlussläufermotor

Aus den Kennlinien in Bild **4**.94 ist abzulesen:

a) Der Anzugsstrom I_A ist viel größer als der Bemessungsstrom I_N. Er beträgt im Mittel das 4- bis 8-fache des Bemessungsstroms und wirkt sich im Einschaltaugenblick des Motors störend im Netz aus. Daher sind für Motoren ab einer bestimmten Leistung besondere Anlassverfahren erforderlich.

b) Bei Motoren kleiner Leistung sinkt der Anlaufstrom mit zunehmender Drehzahl schneller ab als bei Motoren größerer Leistung.

c) Im ideellen Leerlauf ($s = 0$) fließt zwar in der Läuferwicklung kein Strom, jedoch nimmt die Ständerwicklung den Leerlaufstrom I_0 auf, der im Wesentlichen aus dem Magnetisierungsstrom besteht. Der Leerlaufstrom beträgt bei den heute gebräuchlichen Motoren das 0,1- bis 0,4-fache des Bemessungsstroms und kann in Sonderfällen diesen sogar erreichen.

Bemessungsdaten. Tabelle **4**.95 zeigt einen Auszug aus den Auswahldaten von Käfigläufermotoren in Grundausführung eines Herstellers. Die Definition des Bemessungsbetriebs ist in DIN EN 60034-1 festgelegt. Der Bemessungsbetrieb wird vom Hersteller durch Auswahl einer definierten

Tabelle **4**.95 **Käfigläufermotoren in Grundausführung, Auswahl**

			Betriebswerte bei Bemessungsleistung							An-zugs-strom	An-zugs-mo-ment	Sattel-mo-ment	Kipp-mo-ment
Bemes-sungs-leistung	Bau-größe	Träg-heits-moment	Dreh-zahl	IE2: Wirkungsgrad η			Leis-tungs-faktor	Strom-auf-nahme bei 400 V	Dreh-moment	bei direktem Einschalten als Vielfaches des Bemessungs-			
P		J	n	bei Teillast			$\cos\varphi$	I	M	stroms	dreh-mo-ments	dreh-mo-ments	dreh-mo-ments
in kW		in $10^{-3}\cdot$ kgm²	in min⁻¹	bei 50 %	bei 75 %	100 %		in A	in Nm	I_A/I_N	M_A/M_N	M_S/M_N	M_K/M_N
3000 min⁻¹ · 2-polig · 50 Hz · Schutzart IP 55 · Wärmeklasse F													
1,5	90 S	1,56	2880	81	82,8	82,8	0,80	3,2	5,0	8,1	3,6	3,1	4,0
2,2	90 L	1,8	2860	82,5	84	84	0,85	4,4	7,3	8,5	3,5	3,2	3,7
3	100 L	4,05	2920	84,1	85,8	85,5	0,84	5,9	9,8	8,0	3,5	3,0	4,0
4	112 M	6,48	2940	85,5	87,0	86,8	0,88	7,6	13,0	8,0	2,9	2,1	3,3
5,5	132 S	14,0	2900	86,0	88,0	87,9	0,89	10,2	18,1	7,3	2,7	2,3	3,2
7,5	132 S	16,0	2900	86,3	88,6	88,4	0,89	13,8	24,7	7,5	2,8	2,5	3,3
11	160 M	51,75	2930	88,9	90,2	90,0	0,87	20,4	35,9	7,3	2,4	2,2	3,1
15	160 M	55,4	2930	90,0	91,0	90,8	0,88	27,2	48,9	7,6	2,5	2,3	3,1
18,5	160 L	59,7	2935	90,3	91,6	91,2	0,88	33,3	60,2	7,9	2,8	2,4	3,4
22	160 L	64	2935	91	91,7	91,5	0,90	38,6	71,6	8,3	3,0	2,6	3,7
1500 min⁻¹ · 4-polig · 50 HZ · Schutzart IP 55 · Wärmeklasse F													
0,75	80 Z	2,5	1430	79,2	80,3	80,2	0,76	1,8	5	5,5	2,8	2,7	3
1,1	90 S	3,73	1430	81,4	82,7	82,5	0,77	2,5	7,3	6,1	4,0	3,9	4,1
1,5	90 L	3,73	1430	82,0	83,5	83,0	0,77	3,4	10,0	6,4	3,9	3,8	4,0
2,2	100 L	5,58	1450	84,0	85,3	85,1	0,74	5,1	14,5	6,0	3,2	3,0	3,4
3	100 L	7,3	1440	85,3	86,6	86,4	0,77	6,5	19,9	6,3	3,4	3,1	3,6
4	112 M	13,3	1450	86,0	87,3	87,1	0,78	8,5	26,3	6,1	3,1	2,8	3,3
5,5	132 S	30,0	1450	87,5	88,3	88,1	0,84	10,8	36,2	7,4	3,0	2,4	3,3
7,5	132 M	36,0	1450	88,5	89,4	89,2	0,85	14,4	49,4	7,4	3,0	2,4	3,3
11	160 M	105,0	1460	89,4	90,3	90,1	0,82	22,0	71,9	6,9	2,3	2,1	2,9
15	160 L	120,7	1460	90,6	91,2	91	0,84	29,0	88,1	7,4	2,5	2,2	3,1
1000 min⁻¹ · 6-polig · 50 Hz · Schutzart IP 55 · Wärmeklasse F													
0,75	90 S	4,78	925	75,3	75,8	76,2	0,65	2,2	7,7	4,6	1,7	1,6	1,8
1,1	100 L	7,48	950	75,7	77,6	79,2	0,67	3,0	11,1	5,5	1,9	1,9	2,4
1,5	100 L	11,6	950	78,5	79,4	79,8	0,77	3,5	15,1	6,7	2,4	2,4	2,8
2,2	112 M	18,7	960	79,4	81,0	81,8	0,73	5,3	21,9	10,4	2,7	1,5	3,7
3	132 S	37,7	960	82,3	82,9	83,5	0,58	8,9	29,8	9,5	2,2	1,4	3,2
4	132 M	44,4	955	84,1	84,8	85,2	0,66	10,3	40,0	8,9	2,1	1,2	2,9
5,5	160 M	75,2	975	84,7	85,6	86,1	0,71	13,0	53,9	9,2	3,3	3,1	4,2
7,5	160 M	103	970	85,8	87,3	87,5	0,78	15,8	73,8	7,7	3,0	2,8	3,8
9,2	160 L	125	965	86,3	87,4	87,8	0,83	18,1	91,0	8,3	3,1	2,7	4,1
11	160 L	156	965	87,9	88,7	88,7	0,79	22,5	108,9	9,1	3,1	2,9	3,9

Klasse von Bemessungsbetrieben wie Dauerbetrieb, Kurzzeitbetrieb usw. festgelegt.

Maschinen für allgemeine Zwecke wie in Tabelle **4**.95 müssen für den Bemessungs-Dauerbetrieb ausgelegt sein und in der Betriebsart S1 arbeiten können. Wurde vom Betreiber die Betriebsart nicht angegeben, so gilt der Bemessungsdauerbetrieb S1 als Klasse des Bemessungsbetriebs.

Für Tabelle **4**.93 gelten die folgenden Bedingungen:

Leistung. Die Bemessungsleistung gilt für den Dauerbetrieb bei einer Frequenz von 50 Hz, einer Kühlmitteltemperatur (KT) von 40 °C und einer Aufstellungshöhe bis 1000 m über NN. Bei abweichenden Bedingungen muss die Leistung entsprechend geändert werden. Ein Hersteller gibt folgende Tabelle **4**.96 an:

Tabelle **4**.96 **Korrektur bei abweichenden Bedingungen**

Kühlmitteltemperatur KT in °C	Zulässige Leistung in % der Bemessungsleistung
10	116
15	113
20	111
25	108
30	106
35	103
40	**100**
45	96
50	92
55	87
60	82
Aufstellhöhe über NN in m	Zulässige Leistung in % der Bemessungsleistung
1000	**100**
1500	97
2000	94
2500	90
3000	88
3500	82
4000	77

Kühlmitteltemperatur und Aufstellhöhe müssen auf 5 °C bzw. 500 m aufgerundet werden.

Momentenklasse. Käfigläufermotoren werden vorzugsweise direkt eingeschaltet. Die Momentenklassifizierung des Herstellers zeigt, dass bei direktem Einschalten – auch bei 95 % U_N – ein Anlauf gegen ein Lastmoment bis zu 160 % bei KL 16, 130 % bei KL 13 usw. des Bemessungsmoments möglich sein muss.

Toleranzen. Nach DIN EN 60034-1 sind folgende Toleranzen zugelassen:

Wirkungsgrad bei

$P_N \leqq 150$ kW	$-0{,}15\,(1-\eta)$
$P_N > 150$ kW	$-0{,}1\,(1-\eta)$
Leistungsfaktor	$-\dfrac{1-\cos\varphi}{6}$

mindestens 0,02, höchstens 0,07

Schlupf	± 20 %

bei Motoren < 1 kW ± 30 % zulässig

Anzugsstrom	+20 %
Anzugsmoment	−15 bis +25 %
Kippmoment	−10 %
Trägheitsmoment	±10 %

Für alle Größen des Bemessungsbetriebs wird wie bisher der Index N z. B. P_N verwendet (früher Nennbetrieb).

Beispiel 4.36 Der 4-polige Käfigläufermotor der Momentenklasse KL 16 eines Berglifts mit der Bemessungsleistung P_N = 7,5 kW aus Tabelle **4**.95 wird in 1800 m Höhe über NN aufgestellt.

a) Mit welcher zulässigen Leistung und welchem Drehmoment darf der Motor im Dauerbetrieb belastet werden?

b) Während des Anlaufs reduziert sich die Netzspannung auf 380 V. Gegen welches Lastmoment kann der Motor noch anlaufen?

c) Auf welchen Wert reduziert sich das Kippmoment, wenn während des Hochlaufs die Spannung kurzfristig auf 350 V absinkt?

Lösung **Zu a)** Nach Tabelle **4**.96 reduziert sich die zulässige Leistung auf

$P' = 0{,}94\ P_N = 0{,}94\ 7{,}5\ \text{kW} = \mathbf{7{,}05\ kW}.$

Zu b) Die Spannung 380 V liegt innerhalb der Toleranz von 95 % der Bemessungsspannung U_N = 400 V; der Motor kann damit bei der Momentenklasse KL 16 gegen $M_A = 1{,}6 \cdot M_N = 1{,}6 \cdot 49$ Nm = **78,4 Nm** anlaufen.

Zu c) Bei der Bemessungsspannung U_N = 400 V beträgt das Kippmoment

$M_K = 3{,}3 \cdot M_N = 3{,}3 \cdot 49\ \text{Nm} = 167{,}7\ \text{Nm}$

und das quadratisch mit der Spannung verringerte Kippmoment

$$M'_K = M_K \cdot \left(\frac{U'}{U_N}\right)^2 = 161{,}7\ \text{Nm} \cdot \left(\frac{350\ \text{V}}{400\ \text{V}}\right)^2$$

$M'_K = \mathbf{123{,}8\ Nm}.$

Wird die zulässige Toleranz von −10 % berücksichtigt, beträgt das Kippmoment **111,4 Nm**.

Aufgaben zu Abschnitt 4.5.1 bis 4.5.7

1. Wie wirkt sich eine versehentliche Dreieck- statt Sternschaltung auf einen an das Netz angeschlossenen Drehstrom-Asynchronmotor aus?
2. Welche Vor- und Nachteile haben Schleifringläufer- gegenüber Kurzschlussläufermotoren?
3. Welche Fehlerursache kann vorliegen, wenn ein Schleifringläufermotor bei offenem Läuferkreis leer anläuft, unter Last mit Anlasser anläuft, sich aber stark erwärmt und nur langsam oder gar nicht auf normale Drehzahl kommt?
4. Warum wirkt sich die Stromverdrängung eines Stromverdrängungsläufers nahe der Bemessungsdrehzahl kaum aus?
5. Welche Spannungsangabe muss das Leistungsschild eines Drehstrom-Asynchronmotors aufweisen, der in Stern-Dreieck-Schaltung am 6-kV-Drehstromnetz angelassen werden soll?

   a) 6 kV Y, b) 6 kV Δ, c) 6 kV/10,4 kV, d) 10,4 kV Y.
6. Ein sechspoliger Drehstrom-Asynchronmotor mit Schleifringläufer für 400-V-Sternschaltung soll als Drehtransformator arbeiten. Die Netzspannung 230/400 V soll um ±50 % verändert werden. Die Windungszahl je Strang der Ständerwicklung beträgt N_1 = 352. Der Läufer hat 36 Nuten. Wie groß ist die Leiterzahl z_{n2} der Läuferwicklung zu wählen?
7. Der Bemessungsschlupf eines vierpoligen Einphasen-Asynchronmotors für 400 V, 50 Hz beträgt 5 %. Wie groß ist die Bemessungsdrehzahl des Motors?
8. Ein vierpoliger Drehstrommotor für 400 V, 50 Hz arbeitet als Kranmotor. Der Läufer wird von der absinkenden Last in Richtung des Drehfelds durchgezogen. Der Schlupf beträgt $s = -4{,}5$ %. Berechnen Sie die Drehzahl des Läufers.
9. Für einen Schleifringläufermotor gelten folgende Bemessungswerte: 5,5 kW, 400 V, cos φ = 0,82, $n = 920\ \text{min}^{-1}$, 50 Hz. Die Läuferstillstandsspannung beträgt U_{20} = 170 V. Mit einem Steueranlasser wird die Drehzahl $n = 750\ \text{min}^{-1}$ eingestellt. Wie groß sind Läuferspannung und Läuferfrequenz bei Bemessungsdrehzahl und bei der eingestellten Drehzahl?
10. Im Leerlauf und Belastungsversuch werden für einen vierpoligen 10-kW-Drehstrommotor für 400 V, 50 Hz mit der Bemessungsdrehzahl 1410 min^{-1} und dem Bemessungsleistungsfaktor 0,85 folgende Einzelverluste ermittelt:
    - Eisenverluste und Reibungsverluste 476 W
    - Stromwärmeverluste in der Ständerwicklung 460 W
    - Stromwärmeverluste in der Läuferwicklung 640 W
    - die Zusatzverluste betragen 50 W

    a) Ermitteln Sie für den Bemessungsbetrieb die aufgenommene Wirkleistung, den Wirkungsgrad und die Stromaufnahme.

    b) Ermitteln Sie den Wirkwiderstand je Strang der Ständerwicklung für Dreieckschaltung.
11. Auf dem Leistungsschild eines Schleifringläufermotors stehen u. a. die Angaben: 230/400 V, 15,3/8,8 A, 4 kW, cos φ = 0,8, 50 Hz, 1415 min^{-1}. Läufer: 135 V Sternschaltung, 19,6 A.

    Zwischen zwei Schleifringen wurde der Widerstand $R_2 = 0{,}438\ \Omega$ gemessen. Der Kippschlupf beträgt $s_K = 0{,}24$.

    Berechnen Sie: a) den Läuferleistungsfaktor cos φ_{2N}, b) den Läuferstrom im Stillstand bei kurzgeschlossener Wicklung, c) das Kippmoment, d) das Anzugsmoment.
12. Für den Antrieb eines Ventilators ist ein 4-poliger 11 kW-Drehstrom-Asynchronmotor der Tabelle **4**.95 eingesetzt. Der defekte Motor soll durch einen Motor der Effizienzklasse IE3 mit den Daten 11 kW, 400 V, 50 Hz, cos ϱ = 0,86 und η_{100} = 91,7 % ersetzt werden. Die Mehrkosten betragen 80 €. Prüfen Sie, nach welcher Zeit sich der IE3-Motor amortisiert, wenn der Motor bei Vollast wöchentlich 50 h in Betrieb ist und die Energiekosten 21 Cent je kWh betragen.
13. Für eine Kreissäge ist ein 2-poliger 4-kW-Käfigläufermotor der Tabelle **4**.95 eingesetzt.

    a) Erläutern Sie die Angaben zur Baugröße, Schutzart und Wärmeklasse des Motors.

    b) Der Motor soll als Flanschmotor mit waagerechter Welle bestellt werden. Geben Sie die Bauform an.

    c) Prüfen Sie die Listenangaben des Bemessungsmoments und des Wirkungsgrads.

    d) Berechnen Sie mit Hilfe der Kloß'schen Gleichung den Kippschlupf.
14. Für ein Hebezeug ist ein 6-poliger 3-kW-Käfigläufermotor nach Tabelle **4**.95 bestellt worden, jedoch mit der abweichenden Spannungsangabe 500 V.

    a) Auf welchen Strom ist der Motorschutzschalter für den Dauerbetrieb S1 einzustellen?

    b) Wie groß ist der Anzugsstrom unter Berücksichtigung der Toleranz nach DIN EN 60034?

    c) Das Hebezeug wird im Kurzzeitbetrieb S2 mit der Betriebsdauer 10 min eingesetzt, wodurch sich die Leistung gegenüber dem Bemessungsbetrieb S1 um 21 % vergrößert. Wie groß sind das zulässige Drehmoment und das Überlastungsverhältnis M_K/M_N?
15. a) Skizzieren Sie maßstäblich die Drehmoment-Drehzahlkennlinie des 4-poligen 15 kW-Käfigläufermotors der Tabelle **4**.95, wenn das Sattelmoment beim Schlupf 0,8 das 2,2-fache Bemessungsmoment beträgt.

    b) Der Motor wird über einen Drehstromsteller an 290 V betrieben. Skizzieren Sie ebenso den maßstäblichen Verlauf der Drehmoment-Drehzahlkennlinie und prüfen Sie, ob der Motor gegen $M_L = M_N$ angelassen werden kann.

4.5.8 Kreisdiagramm

Für den Ständerstrom der Drehstrom-Asynchronmaschine lassen sich bei verschiedenen Belastungen Zeigerdiagramme nach Bild **4**.85b zeichnen. Der Ständerstrom ändert mit der Belastung seine Größe und Phasenlage. Die Verbindung der Stromzeiger-Spitzen ergeben die Ortskurve des Ständerstroms; sie bilden für die Asynchronmaschine einen Kreis. Man spricht vom Kreisdiagramm, das auch als Heylandkreis bzw. als Ossannakreis bekannt geworden ist. Für die verschiedenen Belastungen lassen sich aus dem Kreisdiagramm alle wesentlichen Werte der Maschine wie Stromaufnahme, Leistungsfaktor, Drehmoment usw. ermitteln. Zur Konstruktion des Diagramms sind die Messergebnisse aus nur zwei Versuchen erforderlich, dem Leerlauf- und dem Kurzschlussversuch.

Die Läuferersatzschaltung der Drehstrom-Asynchronmaschine kann man nach Bild **4**.85a auch als Reihenschaltung eines konstanten induktiven Widerstands und eines mit dem Schlupf veränderlichen Wirkwiderstands an fester Spannung auffassen. Daher soll zunächst zur Übung die Ortskurve des Stroms einer solchen Schaltung ermittelt werden.

Beispiel 4.37 Die Reihenschaltung in Bild **4**.97 mit dem konstanten induktiven Widerstand $X_L = 0{,}4\ \Omega$ und dem zwischen $R = 0\ \Omega$ und $R = \infty\ \Omega$ veränderlichen Wirkwiderstand liegt an der Wechselspannung $U = 8$ V. Die Ortskurve des Stroms ist zu zeichnen.

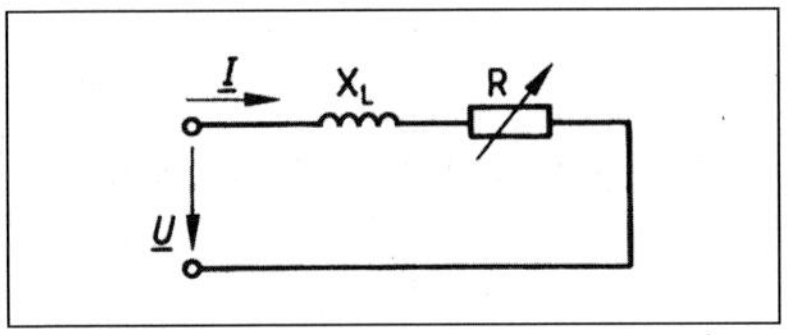

4.97 Reihenschaltung
U = konstant, X_L = konstant, R veränderbar

Lösung Mit $I = \frac{U}{Z} = \frac{U}{\sqrt{R^2 + X_L^2}}$ und $\cos\varphi = \frac{R}{Z}$ ergeben sich folgende Werte:

A	$R_A = 0\ \Omega$	$I_A = 20{,}0$ A	$\varphi_A = 90°$
B	$R_B = 0{,}2\ \Omega$	$I_B = 17{,}9$ A	$\varphi_B = 63{,}4°$
C	$R_C = 0{,}4\ \Omega$	$I_C = 14{,}1$ A	$\varphi_C = 45°$
D	$R_D = 1\ \Omega$	$I_D = 7{,}4$ A	$\varphi_D = 21{,}8°$
E	$R_E = \infty\ \Omega$	$I_E = 0$ A	$\varphi_E = 0°$

Für die Aufzeichnung der Ortskurve in Bild **4**.98 wird der Strommaßstab z. B. m_i = 0,5 A/mm gewählt.

In Bild **4**.98 ist ersichtlich, dass die Ortskurve des Stroms einer Reihenschaltung aus konstantem Blindwiderstand und veränderlichem Wirkwiderstand an fester Spannung einen Kreis ergibt. Der Durchmesser des Kreises ist der maximale Blindstrom $I_b = I_A \triangleq \overline{0A}$ ($R_A = 0\ \Omega$). Das Lot von den Zeigerspitzen auf den Durchmesser $\overline{0A}$ stellt den jeweiligen Wirkstrom $I_W = I \cdot \cos\varphi$ dar. Mit $P = U \cdot I_W$ ist der Wirkstrom und damit das Lot von den Zeigerspitzen auf den Durchmesser ein Maß für die aufgenommene Leistung der Schaltung.

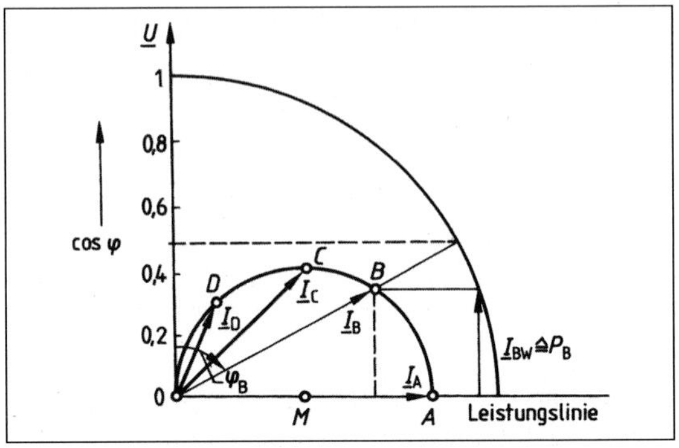

4.98 Stromortskurve zu Beispiel 4.37

Der Durchmesser bildet die Bezugslinie, von der aus die elektrische Leistung gemessen werden kann. Man bezeichnet ihn deshalb auch als elektrische Leistungslinie.

Der $\cos\varphi$ eines Winkels ist das Verhältnis von Gegenkathete zu Hypotenuse in einem rechtwinkligen Dreieck. Schlägt man einen Einheitskreis von z. B. r = 1 dm mit dem Mittelpunkt in 0, kann man den Leistungsfaktor $\cos\varphi$, wie in Bild **4**.98 eingetragen, direkt ablesen.

4.5.8.1 Leerlauf- und Kurzschlussversuch

Nun soll das vereinfachte Kreisdiagramm der Drehstrom-Asynchronmaschine gezeichnet werden. Von den geringen Leerlaufverlusten wird zunächst abgesehen, sie werden zum Schluss berücksichtigt. Den Koordinatenursprung versieht man deshalb zunächst mit einem Strich und nennt ihn 0'. Damit aus dem Kreisdiagramm direkt die Stromaufnahme des Motors abzulesen ist, zeichnet man das Diagramm für die Leiterströme.

Im Leerlauf (s = 0, ideeller Leerlauf) nimmt der Motor den Leerlaufstrom $\underline{I}_0$ auf, der als reiner Magnetisierungsstrom $\underline{I}_\mu$ der Spannung U_1 um 90° nacheilt. Im Kreisdiagramm **4**.99 stellt er die Strecke $\overline{0'L}$ dar.

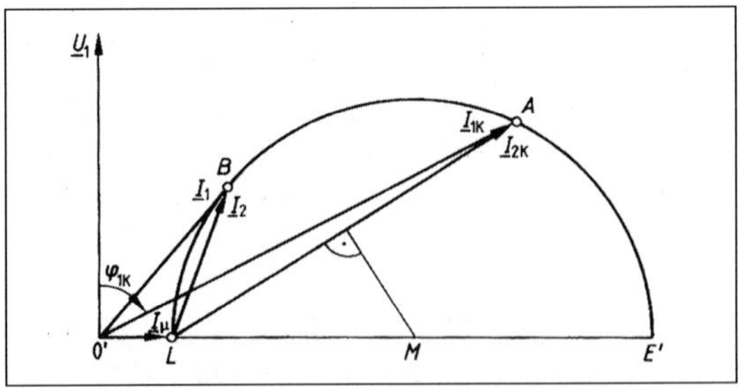

4.99 Stromortskurve eines Drehstrom-Asynchronmotors (Leerlaufverluste unberücksichtigt)

Im Kurzschlussversuch setzt man den Läufer fest. Er nimmt dann im Stillstand ($s = 1$) den Kurzschlussstrom I_{1K} und die Leistung P_{1K} auf. Aus dem Leistungsfaktor

$$\cos \varphi_{1K} = \frac{P_{1K}}{\sqrt{3} \cdot U_{1K} \cdot I_{1K}} \tag{4.43}$$

lässt sich der Winkel φ_{1K} ermitteln.

Der Kurzschlussversuch wird mit herabgesetzter Spannung U_{1K} durchgeführt, sodass nur der Bemessungsstrom I_{1N} fließt. Der Kurzschlussstrom muss dann auf die Bemessungsspannung U_{1N} umgerechnet werden. Es gilt

$$I_{1K} = I_{1N} \frac{U_{1N}}{U_{1K}}. \tag{4.44}$$

Ebenso muss die Kurzschlussleistung umgerechnet werden, und zwar mit dem Quadrat des Spannungsverhältnisses U_{1N}/U_{1K}.

Der Kurzschlussstrom setzt sich aus dem Magnetisierungsstrom $\underline{I}_{\mu}$ und dem transformatorisch auf den Ständer übertragenen Läuferstrom $\underline{I}_{2K}$ zusammen. Da der Läufer ähnlich dem Beispiel 4.37 als Ersatzschaltung aus dem konstanten Streublindwiderstand $X_{2\sigma}$ und dem schlupfabhängigen Läuferwiderstand R_2/s aufzufassen ist, ergibt sich für den Läuferstrom als Ortskurve ein Kreis, dessen Mittelpunkt durch die Mittelsenkrechte auf der Strecke $\overline{LA}$ bestimmt ist. Damit liegt mit dem Kurzschlussstrom $\underline{I}_{1K}$ und dem Phasenwinkel ϕ_{1K} der Anlaufpunkt A auf dem Ortskreis mit dem Durchmesser $\overline{LE'}$ fest.

Läuft der Motor an, ändern sich mit dem Schlupf s der Läuferwirkwiderstand und der Läuferstrom, dessen Spitze auf dem Ortskreis zum Betriebspunkt B wandert. Ebenso liegt die Spitze des Ständerstroms $\underline{I}_1$ auf dem Ortskreis in Punkt B, da sich der Ständerstrom $\overline{0'B}$ jeweils aus der geometrischen Addition des Leerlaufstroms $\overline{0'L}$ und des Läuferstroms $\overline{LB}$ ergibt.

Aus dem Leerlaufversuch kann der Leerlaufpunkt L und aus dem Kurzschlussversuch der Anlaufpunkt A festgelegt werden. Mit Hilfe dieser Punkte lässt sich die Stromortskurve der Asynchronmaschine zeichnen. Für den Betriebszustand des Motors ergibt sich ein Betriebspunkt B auf der Stromortskurve zwischen dem Anlaufpunkt A und dem Leerlaufpunkt L.

4.5.8.2 Auswertung

Stromaufnahme. Jeder Punkt der Stromortskurve in Bild **4**.100 stellt den Endpunkt des Stromzeigers $\underline{I}_1$ dar (für den Kurzschlussstrom $\underline{I}_{1K}$ der

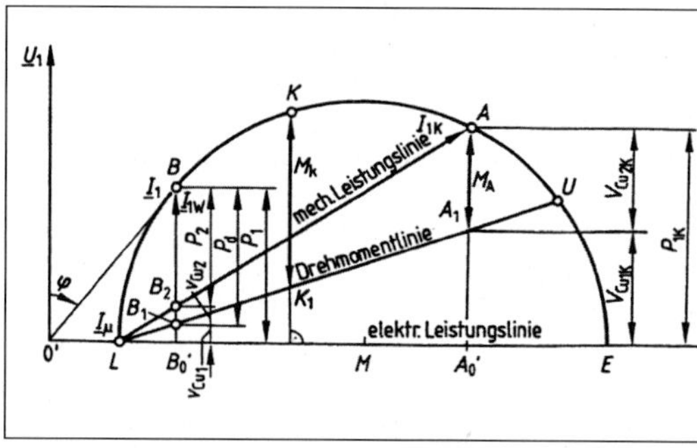

4.100 Verlustaufteilung im Kreisdiagramm (Leerlaufverluste unberücksichtigt)

Anlaufpunkt A). Der Strom kann in den Blindstrom $\underline{I}_{1b}$ und den Wirkstrom $\underline{I}_{1w}$ zerlegt werden. Der Wirkstrom ist in Phase mit der Spannung U_1 und daher im Diagramm immer das Lot auf die Grundlinie $\overline{0'E'}$.

Der Leistungsfaktor $\cos \varphi_1$ kann mithilfe des Einheitskreises wie in Bild **4**.98 direkt abgelesen werden. Der Einheitskreis soll erst nachträglich in das vollständige Kreisdiagramm **4**.101 eingetragen werden.

Leistungsaufteilung/Wirkungsgrad (s. a. Abschn. 4.5.4). Die aufgenommene Leistung ist

$$P_1 = \sqrt{3} \cdot U_1 \cdot I_{1w}. \tag{4.45}$$

Weil U_1 = konstant ist, stellt das Lot auf die Strecke $\overline{0'E'}$ nicht nur ein Maß für den Wirkstrom I_{1w}, sondern auch für die aufgenommene Leistung P_1 der Maschine dar. Die Strecke $\overline{0'E'}$, von der aus die Leistung P_1 zu messen ist, heißt daher *elektrische Leistungslinie*. Der Strommaßstab m_i in A/mm ist schon für die Aufzeichnung des Diagramms gewählt. Nach der Leistungsgleichung kann der Leistungsmaßstab m_p aus dem Strommaßstab berechnet werden:

$$m_p = \sqrt{3} \cdot U_1 \cdot m_i \tag{4.46}$$

Die aufgenommene Leistung $P_1 = P_2 + P_v \triangleq \overline{B_0'B}$ als Summe der abgegebenen mechanischen Leistung P_2 und der Verluste P_v (hier nur der Kupferverlust des Motors muss auch im Kreisdiagramm durch eine Linie aufgeteilt werden. Diese Linie muss Punkte verbinden, für die die Leistungsaufteilung bekannt ist. Im Anlaufpunkt A ($n = 0$) und im Leerlauf L ($M = 0$) gibt der Motor keine mechanische Leistung $P_2 = 2 \cdot \pi \cdot n \cdot M$ ab. Somit bildet die Verbindungslinie $\overline{LA}$ die gesuchte Linie, die die elektrische Leistung P_1 in die Verluste P_v und die mechanische Leistung P_2 teilt (**4**.100). Sie heißt *mechanische Leistungslinie*.

Für den Betriebspunkt B in Bild **4**.100 gilt dann die Zuordnung:

- aufgenommene elektrische Leistung
  $P_1 \triangleq \overline{B'_0B}$
- abgegebene mechanische Leistung
  $P_2 \triangleq \overline{B_2B}$
- Verluste (Kupferverluste des Ständers und des Läufers)
  $P_v \triangleq \overline{B'_0B_2}$

Der Wirkungsgrad kann nun bestimmt werden.

$$\eta = \frac{P_2}{P_1} \triangleq \frac{\overline{B_2B}}{\overline{B'_0B}} \tag{4.47}$$

Im Stillstand entspricht z. B. die gesamte aufgenommene Leistung P_{1K} den Kurzschlussverlusten $P_{VK} \triangleq \overline{A'_0A}$. Mechanische Leistung P_2 wird nicht abgegeben, sodass der Wirkungsgrad null ist.

Drehmoment. Die *Drehmomentlinie* als Bezugslinie für das Drehmoment ergibt sich ebenfalls durch zwei Punkte, für die das Drehmoment bekannt ist. Im Kurzschlussversuch bei festgebremstem Läufer gibt der Motor zwar keine Leistung ab, entwickelt jedoch aufgrund der auf den Läufer übertragenen Drehfeldleistung $P_{dK} = P_{1K} - P_{Cu1K} = 2 \cdot \pi \cdot n_d \cdot M$ ein Drehmoment, das Anzugsmoment M_A. Das Drehmoment ist also der Drehfeldleistung proportional. Subtrahiert man von der im Kurzschlussversuch gemessenen Leistung $P_{1K} \triangleq \overline{A'_0A}$ die Ständerkupferverluste

$$\boldsymbol{P_{Cu1K} = 3 \cdot I^2_{1KStr} \cdot R_{1Str},} \tag{4.48}$$

die sich aus dem Strangwiderstand R_{1Str} und dem Ständerkurzschlussstrom I_{1KStr} ergeben, erhält man die Drehfeldleistung $P_{dK} \triangleq \overline{AA_1}$. Diese Strecke stellt somit gleichzeitig das Anzugsmoment M_A des Motors dar.

Da im Leerlauf ($s = 0$) kein Drehmoment entwickelt wird, ist die zu zeichnende Drehmomentkennlinie die Verbindungslinie $\overline{LA_1}$. Mit $M = P_d/2 \cdot \pi \cdot n_d$ erhält man den Drehmomentmaßstab über den Leistungsmaßstab m_p und der Drehfelddrehzahl n_d:

$$m_M = \frac{m_p}{2 \cdot \pi \cdot n_d} \tag{4.49}$$

Fällt man nun von einem beliebigen Betriebspunkt B das Lot auf die elektrische Leistungslinie $\overline{0'E'}$, stellt die Strecke $\overline{BB_1}$ das Drehmoment des Motors für den Betriebspunkt dar. Das größtmögliche Drehmoment, das Kippmoment M_K, tritt im Kipppunkt K auf; dort ergibt eine Tangente an den Kreis parallel zur Drehmomentlinie den größten Abstand.

Die Eisen- und Reibungsverluste werden nun nachträglich berücksichtigt (**4**.101). Streng genommen ändern sich beide in den verschiedenen Betriebspunkten: die Eisenverluste mit dem magnetischen Fluss und der Läuferfrequenz, die Reibungsverluste mit der Drehzahl. Das Kreisdiagramm bleibt ausreichend genau, wenn man beide als konstant annimmt. Die im Leerlaufversuch gemessene Leistung P_{10} setzt sich aus den Ständerkupferverlusten

$$\boldsymbol{P_{Cu10} = 3 \cdot I^2_{10Str} \cdot R_{1Str}} \tag{4.50}$$

und den Eisenverlusten P_{Fe} sowie den Reibungsverlusten P_R zusammen. Die Ständerkupferverluste sind im Kreisdiagramm schon durch die Senkrechte zwischen der Drehmoment- und der elektrischen Leistungslinie $\overline{0'E'}$ berücksichtigt. Der den Eisen- und Reibungsverlusten entsprechende Strom ist

$$\boldsymbol{I_{ow} = \frac{P_{10} - P_{Cu10}}{\sqrt{3} \cdot U_1}}. \tag{4.51}$$

Im Kreisdiagramm berücksichtigt man diese Verluste, indem man den Strom I_{ow} als reinen Wirkstrom von Leerlaufpunkt L senkrecht nach unten abträgt. Man verschiebt nun die vorläufige Grundlinie $\overline{0'E'}$ um diese Strecke nach unten, sodass die neue elektrische Leistungslinie $\overline{0E}$ in Bild **4**.101 durch den Koordinatenursprung 0 geht. Bezieht man die Leistung auf diese Linie, sind die Eisen- und Reibungsverluste für sämtliche Betriebspunkte des Motors berücksichtigt.

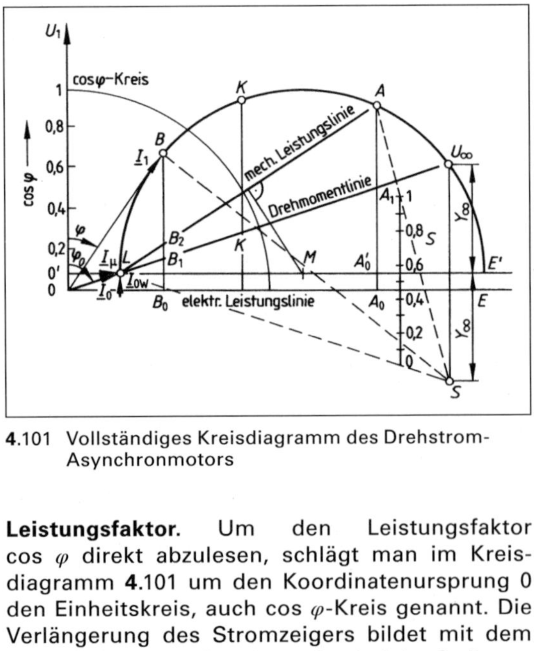

4.101 Vollständiges Kreisdiagramm des Drehstrom-Asynchronmotors

Leistungsfaktor. Um den Leistungsfaktor $\cos\varphi$ direkt abzulesen, schlägt man im Kreisdiagramm **4**.101 um den Koordinatenursprung 0 den Einheitskreis, auch $\cos\varphi$-Kreis genannt. Die Verlängerung des Stromzeigers bildet mit dem $\cos\varphi$-Kreis einen Schnittpunkt. Auf der Ordinate, die mit einer Einteilung von 0 bis 1 versehen ist, wird der Leistungsfaktor abgelesen.

Schlupf. Nach Gleichung (4.24) gilt mit den Läuferkupferverlusten P_{Cu2} und der Drehfeldleistung P_d für den Schlupf

$$s = \frac{P_{Cu2}}{P_d} \triangleq \frac{\overline{B_1B_2}}{\overline{BB_1}}. \qquad (4.52)$$

Auch den Schlupf wollen wir direkt ablesen können. Dazu ist folgende Konstruktion der Schlupflinie möglich, die hier jedoch nicht begründet werden soll. Im Kreisdiagramm **4**.101 fällt man von U_∞ das Lot auf die Linie $\overline{LE'}$ und verlängert diese nach unten um sich selbst (Y_∞) bis zum Punkt *S*. Von *S* zieht man Hilfsstrahlen durch *A* und *L*. Nun zeichnet man eine Schlupfskala von genau 100 Teilen (z. B. 100 mm) senkrecht zwischen die Hilfsstrahlen, sodass der obere Endpunkt auf dem ersten und der untere Endpunkt auf dem zweiten Hilfsstrahl liegen. Zieht man von einem beliebigen Betriebspunkt *B* eine Gerade durch *S*, gibt der Schnittpunkt mit der Schlupfskala den jeweiligen Schlupf *s* an.

Aus dem Kreisdiagramm können alle besprochenen Werte für sämtliche Betriebsbereiche der Asynchronmaschine abgelesen werden. Wir begnügen uns hier mit dem Motorbetrieb, dessen Betriebspunkte auf der Stromortskurve zwischen dem Anlaufpunkt *A* und dem Leerlaufpunkt *L* liegen.

Beispiel 4.38 Für einen älteren 10-kW-Drehstrom-Asynchronmotor mit Schleifringläufer ist das Kreisdiagramm zu zeichnen. Aus dem Kreisdiagramm sind zu ermitteln:

a) Anlaufmoment, b) Kippmoment, c) Kippschlupf, d) Bemessungsmoment, e) Bemessungsleistungsfaktor, f) Bemessungsschlupf.

Leistungsschildangaben: Y 380 V, 21 A, 1420 min^{-1}, 50 Hz, $\cos\varphi = 0{,}84$

Der Widerstand der Ständerwicklung wurde mit der Messbrücke im betriebswarmen Zustand ermittelt und beträgt je Strang $R_1 = 0{,}41\ \Omega$.

Im Leerlauf- und Kurzschlussversuch werden gemessen:

Leerlauf

$U_{1N} = 380$ V; $I_{10} = 7{,}8$ A; $P_{10} = 555$ W

Kurzschlussversuch bei festgesetztem Läufer

$U_{1K} = 95$ V, Y; $I_{1K} = 21$ A; $P_{1K} = 1180$ W

Lösung **Zur Konstruktion des Kreisdiagramms** berechnet man zuerst die Leerlauf-Kupferverluste.

$$P_{Cu10} = I_{10Str}^2 \cdot R_1$$

$$P_{Cu10} = 3 \cdot (7{,}8\ \text{A})^2 \cdot 0{,}41\ \Omega = 78{,}8\ \text{W}$$

Dann ist der den Eisen- und Reibungsverlusten entsprechende Leerlaufstrom

$$I_{10w} = \frac{P_{10} - P_{Cu10}}{U_{1N} \cdot \sqrt{3}}$$

$$I_{10w} = \frac{555\ \text{W} - 78{,}8\ \text{W}}{380\ \text{V} \cdot \sqrt{3}} = 0{,}72\ \text{A} \triangleq \overline{0'0}.$$

Da der Leistungsfaktor im Leerlauf $\cos\varphi \approx 0$ ist, darf man mit genügender Genauigkeit $I_{10} \approx I_\mu$ setzen.

$$I_\mu \approx 7{,}8\ \text{A} \triangleq \overline{0'L}$$

Damit lässt sich der Leerlaufpunkt im Diagramm **4**.102 festlegen. Den Anlaufpunkt findet man über die Werte des Kurzschlussversuchs. Auf die Bemessungsspannung U_{1N} umgerechnet, gilt für den Bemessungs-Kurzschlussstrom

$$I_{1KN} = I_{1K} \cdot \frac{U_{1N}}{U_{1K}}$$

$$I_{1KN} = 21\ \text{A} \cdot \frac{380\ \text{V}}{95\ \text{V}} = 84\ \text{A} = \overline{0'A}$$

und für die Bemessungs-Kurzschlussleistung

$$P_{1KN} = P_{1K} \cdot \left(\frac{U_{1N}}{U_{1K}}\right)^2 = 1180\ \text{W} \cdot \left(\frac{380\ \text{V}}{95\ \text{V}}\right)^2$$

$$P_{1KN} = 18\,880\ \text{W} \triangleq \overline{A_0'A}.$$

Nun legt man die Maßstäbe fest. Den Strommaßstab wählt man so, dass das Kreisdiagramm etwa ein Blatt DIN A3 im Querformat ausfüllt. Gewählt werden:

Strommaßstab

$m_i = 0{,}25$ A/mm

Leistungsmaßstab

$m_p = \sqrt{3} \cdot U_{1N} \cdot m_i$

$m_p = \sqrt{3} \cdot 380\ \text{V} \cdot 0{,}25\ \text{A/mm} = 164{,}5\ \text{W/mm}$

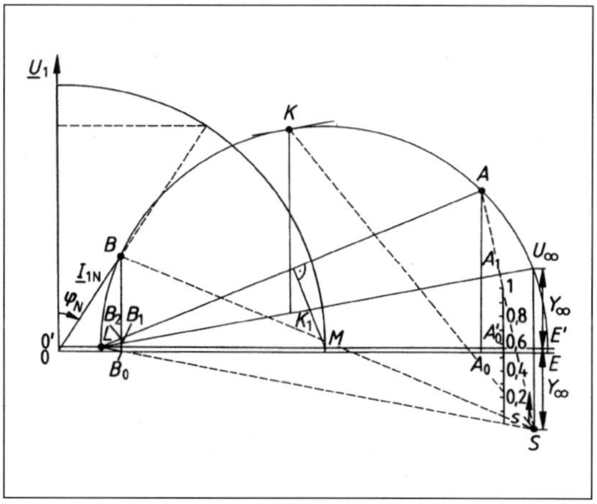

4.102 Kreisdiagramm zu Beispiel 4.38

Lösung Fortsetzung

Drehmomentmaßstab

$$m_M = \frac{m_p}{2 \cdot \pi \cdot n_d}$$

$$m_M = \frac{164{,}5 \frac{\text{Nm}}{\text{s} \cdot \text{mm}} \cdot 60 \frac{\text{s}}{\text{min}}}{2 \cdot \pi \cdot 1500 \text{ min}^{-1}}$$

$m_M = 1{,}047$ Nm

Zeichnen Sie das Diagramm im angegebenen Maßstab.

Danach lässt sich das Kreisdiagramm **4**.102 zeichnen. Vom vorläufigen Koordinatenursprung 0′ trägt man nach rechts den Magnetisierungsstrom I_μ ab und findet den Leerlaufpunkt L. Man verlängert die Strecke $\overline{0'L}$ über L hinaus bis E'. Mit der Strecke $\overline{0'A} \triangleq I_{1KN}$ schlägt man um 0′ einen Kreisbogen. Die Bemessungs-Kurzschlussverluste $P_{1KN} \triangleq \overline{A_0A}$ werden als Parallele zur Grundlinie $\overline{0'E'}$ abgetragen. Der Schnittpunkt mit dem Kreisbogen $\overline{0'A}$ ist der Anlaufpunkt A. Damit sind der Leerlaufpunkt L und der Anlaufpunkt A festgelegt. Die Mittelsenkrechte auf $\overline{LA}$ ergibt auf $\overline{0'E'}$ den Kreismittelpunkt M. Das Kreisdiagramm wird gezeichnet.

Nun muss noch die Drehmomentlinie eingetragen werden. Die Strecke $\overline{AA_0'}$ ist ein Maß für die im Kurzschluss insgesamt aufgenommenen Verluste. Substrahiert man von ihnen die Ständerkupferverluste für den Bemessungs-Kurzschlussstrom, erhält man die Läuferkupferverluste im Stillstand als Maß für das Anlaufmoment M_A. Die Ständerverluste sind im Kurzschluss

$$P_{Cu1K} = 3 \cdot I_{1KN}^2 \cdot R_1$$

$$P_{Cu1K} = 3 \cdot (84 \text{ A})^2 \cdot 0{,}41 \ \Omega = 8672 \text{ W}.$$

Das entspricht mit dem Leistungsmaßstab m_p der Strecke:

$\overline{A_0'A_1} = 8679 \text{ W} / 164{,}5 \text{ W/mm} = 52{,}76$ mm.

Die Drehmomentenlinie $\overline{LA_1}$ wird gezeichnet und bis zum Kreisbogen verlängert. Der Schnittpunkt U_∞ ist Ausgangspunkt für die Konstruktion der Schlupfskala.

Nachträglich berücksichtigt man die Eisen- und Reibungsverluste, indem man von L den für diese Verluste berechneten Strom I_{10w} senkrecht nach unten abträgt. Parallel zur vorläufigen Leistungslinie $\overline{0'E'}$ wird die elektrische Leistungslinie $\overline{0E}$ gezeichnet. Schließlich ist noch der cos φ-Kreis zu zeichnen.

Auswertung. Für den Bemessungsbetrieb wird der Betriebspunkt B festgelegt, indem man mit dem auf dem Leistungsschild angegebenen Bemessungsstrom I_N = 21 A $\triangleq \overline{0B}$ um 0 einen Kreisbogen schlägt. Zur Auswertung des Diagramms lassen sich Schlupf und Leistungsfaktor direkt ablesen. Für die übrigen Größen misst man die Strecken in mm und rechnet sie mithilfe der angegebenen Maßstäbe um.

Ergebnisse

a) Anlaufmoment $\overline{A_1A} = 62$ mm
M_A = **64,9 Nm**

b) Kippmoment $\overline{K_1K} = 136$ mm
M_K = **142,4 Nm**

c) Kippschlupf
s_K = **0,25**

d) Bemessungsmoment $\overline{B_1B} = 64$ mm
M_N = **67 Nm**

e) Bemessungsleistungsfaktor
cos φ_N = **0,84**

f) Bemessungsschlupf
s_N = **0,06**

Ebenso ist es möglich, für verschiedene vorgegebene Schlupfwerte s Drehmoment M, Stromaufnahme I, Leistungsfaktor cos φ usw. zu ermitteln. Damit lassen sich für die Maschine die Kennlinien dieser Größen in Abhängigkeit vom Schlupf s zeichnen.

4.5.8.3 Bedeutung des Kreisdiagramms

Das Verhalten der Asynchronmaschine lässt sich aus dem Kreisdiagramm für alle Belastungsfälle ermitteln. Zum Erstellen des Diagramms sind nur zwei Versuche, der Leerlauf- und Kurzschlussversuch, sowie eine Widerstandsmessung notwendig. Ebenso einfach lassen sich die Folgen von beabsichtigten Änderungen an der Maschine ableiten.

a) Es soll die Kühlung des Motors verbessert werden. Damit wird der zulässige Bemessungsstrom des Motors größer. Im Kreisdiagramm wandert der Betriebspunkt B in Richtung des Kipppunkts K. Bemessungsmoment und Bemessungsleistung sind größer geworden. Jedoch ist das Kippmoment im Verhältnis zum Bemessungsmoment nicht angewachsen, sodass die kurzzeitige Überlastungsfähigkeit des Motors geringer wird. Laststöße können den Motor zum Stillstand bringen. Der Leistungsfaktor cos φ hat sich verändert – ob vergrößert oder verkleinert lässt sich nur im Einzelfall bestimmen.

b) Der Läufer eines Motors schlägt im Blechpaket des Ständers, er soll abgedreht werden. Damit vergrößern sich der Luftspalt und der Magnetisierungsstrom. Ebenso wird der Kurzschlussstrom anwachsen (geringere Induktivität), sodass sich der Durchmesser des Kreises vergrößert und der Mittelpunkt nach rechts verschiebt. Wegen der entstehenden Stromwärme darf der Bemessungsstrom nicht überschritten werden, sodass der Bemessungsbetriebspunkt B näher zu dem Leerlaufpunkt L wandert. Der Leistungsfaktor ist „schlechter", die Bemessungsleistung geringer. Insgesamt sind die Eigenschaften des Motors verschlechtert.

c) Die Stirnringe des Käfigläufers werden abgedreht. Dadurch vergrößern sich der ohmsche Läuferwiderstand und die Läuferkupferverluste. Wegen des geringeren Anlaufstroms wandert der Anlaufpunkt A näher zum Kipppunkt K, sodass das Anlaufmoment sogar so groß wie das Kippmoment werden kann. Der Kippschlupf und der Bemessungsschlupf werden größer, sodass das Drehmoment-Drehzahlverhalten weicher wird. Außerdem ist wegen der erhöhten Läuferverluste eventuell der Bemessungsstrom herabzusetzen, sodass der Betriebspunkt B näher zum Leerlaufpunkt L wandert.

Einschränkungen. Uneingeschränkt gelten die aus dem Kreisdiagramm gewonnenen Werte nur unter ganz bestimmten Voraussetzungen. Da der Verlauf der Stromortskurve wesentlich von den Widerständen bestimmt wird, ist die wichtigste Voraussetzung, dass die Wirk- und Blindwiderstände der Maschine während des Betriebs konstant bleiben.

Der Wirkwiderstand ist wegen der verwendeten Werkstoffe Kupfer und Aluminium temperaturabhängig. Das Kreisdiagramm gilt daher nur für eine bestimmte Temperatur. Es wird für die normale Betriebstemperatur aufgenommen, sodass im kalten Zustand der Maschine andere Werte zu erwarten sind. Auch die Blindwiderstände der Maschine sind nicht konstant. Besonders im Stillstand und bei geringer Drehzahl verändert sich durch die Stromverdrängung (Abschn. 4.5.10.4) der Streublindwiderstand der Stromverdrängungsläufer (Kurzschlussläufer mit nicht kreisrundem Läuferstabquerschnitt). Weiterhin spielt die unterschiedliche Eisensättigung der Maschine während des Betriebs eine Rolle. Die Oberwellen des Ständerfelds rufen in der Maschine Drehmomente hervor, die vom Kreisdiagramm nicht erfasst werden.

Ausreichend genau ist das Kreisdiagramm für Schleifringläufermotoren, vor allem mit hoher Leistung. Für stromverdrängungsfreie Kurzschlussläufermotoren ist es zwischen Leerlauf und Kippdrehzahl gut zu verwenden. Mit größeren Ungenauigkeiten besonders im Anlauf und bei geringer Drehzahl ist bei Stromverdrängungsläufermotoren zu rechnen, da der Anlaufpunkt nicht genügend genau im Kurzschlussversuch ermittelt werden kann. Dennoch liefert das Kreisdiagramm einen guten Überblick über das Betriebsverhalten der Asynchronmaschinen.

4.5.9 Belastungskennlinien

Die in Abhängigkeit vom Schlupf aufgetragenen Kennlinien für Drehmoment und Stromaufnahme geben Auskunft über den Hochlaufvorgang, informieren aber ungenügend über den wichtigsten Arbeitsbereich des Motors zwischen Leerlauf und Vollast sowie bei Überlastung. Daher verwendet man Belastungskennlinien, die in Abhängigkeit vom Lastmoment die Kenngrößen zeigen.

Bild **4**.103 zeigt die Belastungskennlinie eines zweipoligen Drehstrom-Asynchronmotors mit der Bemessungsleistung 1 kW. Das Drehzahlverhalten ist ähnlich wie beim Gleichstromnebenschlussmotor.

Die Drehzahl n fällt bei Belastung gegenüber der Leerlaufdrehzahl nur geringfügig ab. Auch hier spricht man vom Nebenschlussverhalten.

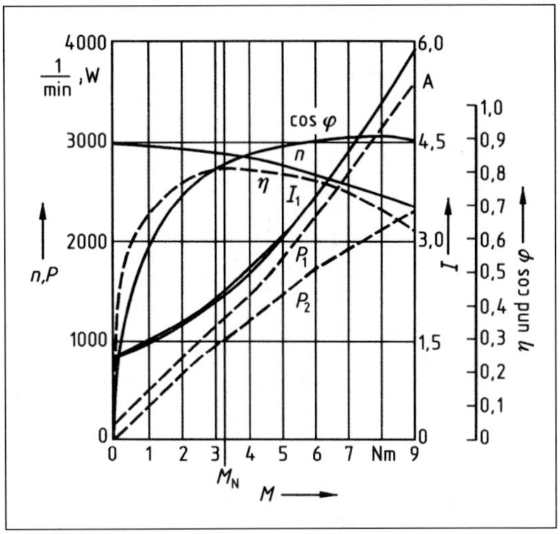

4.103 Belastungskennlinien eines 1-kW-Drehstrom-Asynchronmotors mit Kurzschlussläufer

Aufgenommene Leistung P_1, abgegebene Leistung P_2, Stromaufnahme I_1, Leistungsfaktor $\cos\varphi$, Wirkungsgrad η und Drehzahl n in Abhängigkeit vom Belastungsmoment M

Der Strom sinkt bei Entlastung nicht linear ab, sondern ist auch im Leerlauf wegen des hohen Magnetisierungsstroms verhältnismäßig groß. Wie der geringe Leistungsfaktor $\cos\varphi$ für den Leerlauf zeigt, nimmt der Motor dann im Wesentlichen Blindstrom auf. Bei Teillast sinkt der Leistungsfaktor $\cos\varphi$ rascher als der Wirkungsgrad η gegenüber dem Bemessungsbetrieb ab. Ähnliche Belastungskennlinien gelten für alle Drehstrom-Asynchronmotoren, wobei Motoren mit höherer Bemessungsleistung günstigere Werte haben (**4**.104). Ebenso sind höhere Polzahlen mit einem schlechteren Leistungsfaktor $\cos\varphi$ verbunden. Für die Mindestwirkungsgrade der Effizienzklassen s. Bild **4**.82.

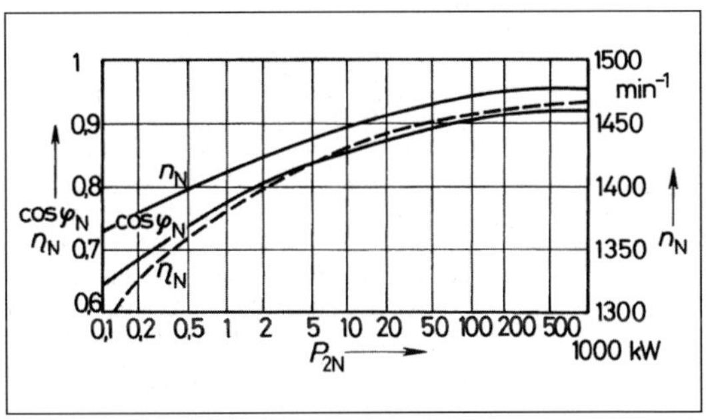

4.104 Mittlere Werte von Bemessungsdrehzahl n_N, Bemessungsleistungsfaktor $\cos\varphi_N$ und Bemessungswirkungsgrad vierpoliger Drehstrom-Asynchronmotoren mit Kurzschlussläufer für 50 Hz in Abhängigkeit von der Bemessungsleistung P_{2N}

Überlastungs- und Anzugsverhältnis. Für den Einsatz der Motoren ist es wichtig, dass Anlauf- und Kippmomente die für die Arbeitsmaschine nötigen Werte erreichen. Wechselstrommotoren sind daher gekennzeichnet durch das Überlastungsverhältnis M_K/M_N als Verhältnis von Kippmoment M_K zu Bemessungsmoment M_N und das Anzugsverhältnis M_A/M_N als Verhältnis von Anzugsmoment (Stillstand) M_A zum Bemessungsmoment M_N.

Das Überlastungsverhältnis muss nach DIN VDE für Drehstrom-Asynchronmotoren in normaler Ausführung mindestens $M_K/M_N = 1{,}6$ sein, beträgt aber bei den gebräuchlichen Motoren meist $M_K/M_N = 2$ bis 3.

Für das Anzugsmoment gelten unterschiedliche Anforderungen (s. Abschn. 4.5.10.1). Das Anlaufstromverhältnis I_A/I_N gibt Auskunft über die Belastung des Netzes und beträgt meist $I_A/I_N = 4$ bis 8.

Motoren werden nur selten dauernd mit Vollast betrieben, sondern häufig mit wechselnder Last, z. B. im Kurzzeitbetrieb S2 (s. Abschn. 7.4). Ist die Bemessungsleistung des Motors dann für die maximale Leistung ausgelegt, arbeitet er bei Teillast mit geringem Leistungsfaktor und Wirkungsgrad. Die normale Betriebstemperatur wird nicht erreicht. Daher ist es unwirtschaftlich, einen zu leistungsstarken Motor einzusetzen. Außerdem kann ein Motor kurzzeitig (etwa 15 s) bis zum Überlastungsverhältnis belastet werden.

Kompensation. Bei geringem Leistungsfaktor nehmen die Motoren einen großen Blindleistungsanteil aus dem Netz auf. In der Niederspannungsanschlussverordnung NAV, § 16 ist ein Gebrauchs-$\cos\varphi$ zwischen 0,9 ind. und 0,9 kap. vorgeschrieben. Andernfalls kann der Netzbetreiber den Einbau ausreichender Kompensationseinrichtungen verlagen. Die Kompensation der Blindleistung erfolgt im Allgemeinen mit Kondensatoren in Zentral-, Gruppen- oder Einzelkompensationsanlagen.

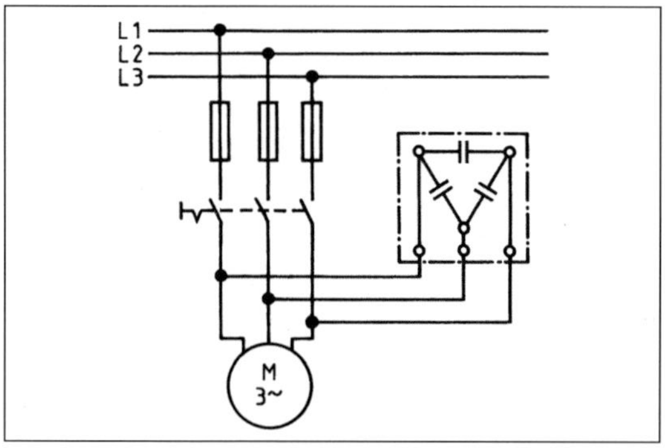

4.105 Kompensation eines Drehstrom-Asynchronmotors, Kompensationskondensatoren in Dreieckschaltung (Entladewiderstände unnötig, weil sich die Kondensatoren über die Wicklung entladen)

Beispiel 3.39 Ein Drehstrommotor für 400 V 50 Hz hat folgende Bemessungswerte: 11 kW, 21,9 A, $\cos\varphi = 0{,}82$. Mithilfe von drei in Dreieck geschalteten Kondensatoren soll der Leistungsfaktor im Netz für Bemessungslast auf 0,9 kompensiert werden (**4**.105).

a) Wie groß muss die Kapazität jedes Kondensators sein?

b) Wie groß ist der Netzstrom des kompensierten Motors?

(unkompensiert: Index 1,
kompensiert: Index 2)

Lösung a) Die Wirkleistungsaufnahme des Motors ist

$$P_{zu} = \sqrt{3} \cdot U_1 \cdot I_1 \cdot \cos\varphi_1$$
$$P_{zu} = \sqrt{3} \cdot 400\text{ V} \cdot 21{,}9\text{ A} \cdot 0{,}82 = 12442\text{ W.}$$

Die Scheinleistungsaufnahme ist

$$S_1 = \frac{P_{zu}}{\cos\varphi_1} = \frac{12\,442\text{ W}}{0{,}82} = 15\,173\text{ VA.}$$

Mit $\cos\varphi_1 = 0{,}82$ ist $\sin\varphi_1 = 0{,}57$ und damit die Blindleistung des Motors

$$Q_1 = S_1 \cdot \sin\varphi_1$$
$$Q_1 = 15173\text{ VA} \cdot 0{,}57 = 8648\text{ Var.}$$

Kompensierter Motor: Bei $\cos\varphi_2 = 0{,}9$ nimmt der Motor aus dem Netz die Scheinleistung S_2 auf.

$$S_2 = \frac{P_{zu}}{\cos\varphi_2} = \frac{12\,442\text{ W}}{0{,}9} = 13824\text{ VA}$$

Mit $\cos\varphi_2 = 0{,}9$ ist $\sin\varphi_2 = 0{,}44$ und damit die aus dem Netz aufgenommene Blindleistung

$$Q_2 = S_2 \cdot \sin\varphi_2 = 13824\text{ VA} \cdot 0{,}44 = 6083\text{ Var.}$$

Dann ist die Blindleistung der Kondensatoren

$$Q_C = Q_1 - Q_2$$
$$Q_C = 8648\text{ Var} - 6083\text{ Var} = 2565\text{ Var.}$$

Die zu kompensierende Blindleistung kann auch so ermittelt werden: Mit $Q_1 = P \cdot \tan\varphi_1$ und $Q_2 = P \cdot \tan\varphi_2$ ist die zu kompensierende Blindleistung $Q_C = P \cdot (\tan\varphi_1 - \tan\varphi_2)$.

Jeder der drei in Dreieck geschalteten Kondensatoren übernimmt ein Drittel der Blindleistung. Die notwendige Kapazität jedes Kondensators beträgt dann an der Spannung 400 V 50 Hz

$$C = \frac{\frac{Q_C}{3}}{2 \cdot \pi \cdot f \cdot U^2} = \frac{\frac{2565\text{ Var}}{3}}{2 \cdot \pi \cdot 50\text{ Hz} \cdot 400^2\text{ V}^2}$$

$C = \mathbf{17{,}6\ \mu F}$.

b) Der kompensierte Motor nimmt aus dem Netz den Strom I_2 auf.

$$I_2 = \frac{P}{\sqrt{3} \cdot U \cdot \cos\varphi_2} = \frac{12\,442\text{ W}}{\sqrt{3} \cdot 400\text{ V} \cdot 0{,}9} = \mathbf{20\ A}$$

Aufgaben zu Abschnitt 4.5.8 und 4.5.9

1. Das Kreisdiagramm ist für einen älteren 125-kW-Drehstrom-Asynchronmotor mit Schleifringläufer zu zeichnen. Leistungsschildangaben: 125 kW, 380 V Y, 232 A, 50 Hz, 6-polig, Läufer: 238 V Y. Die Wicklungswiderstände betragen je Strang R_1 = 0,0196 Ω und R_2 = 0,0126 Ω. Im Leerlauf- und Kurzschlussversuch wurden gemessen:
   Leerlauf: 4050 W, 380 V Y, 54,4 A
   Kurzschluss: 7950 W, 70 V Y, 232 A
   Ermitteln Sie aus dem Kreisdiagramm: a) die Bemessungsdrehzahl, b) das Bemessungsmoment, c) das Anzugsmoment, d) das Kippmoment, e) den Bemessungsleistungsfaktor und f) den Bemessungswirkungsgrad.
2. Ein 15-kW-Drehstrom-Asynchronmotor mit den Bemessungsdaten 500 V, 50 Hz, 1440 min^{-1}, cos φ = 0,8 und η = 80 % ist an einem Industrienetz angeschlossen. Um wieviel Prozent ist die Einstellung des Motorschutzschalters zu hoch, wenn er auf den Auslösestrom 29 A eingestellt ist?
3. Ein Drehstrom-Asynchronmotor mit der Bemessungsleistung 5,5 kW nimmt an 400 V 50 Hz den Bemessungsstrom 12,8 A auf. Der Leistungsfaktor ist im Bemessungsbetrieb 0,8. Wie groß ist der Wirkungsgrad?
4. Von einem Drehstrommotor sind die Bemessungsdaten 18,5 kW, 230 V/400 V, 960 min^{-1} bekannt. Beim Bremsversuch mit einer Wirbelstrombremse am 400-V-Netz zeigen die Messgeräte bei Bemessungsbetrieb die Werte 39,7 A und cos φ = 0,84 an.
   Wie groß sind Wirkungsgrad, Schein-, Wirk- und Blindleistung bei dieser Belastung?
5. Bild **4**.103 zeigt die Belastungskennlinien eines 1-kW-Drehstrom-Asynchronmotors.
   a) Wie groß sind Schlupf und Blindleistung im Bemessungsbetrieb?
   b) Der Motor ist über einen elektronischen Motorschutz mit den Auslösekennlinien nach Bild **4**.106 angeschlossen. Die Auslöseklasse (Trägheitgrad) ist auf CLASS 10 eingestellt. Der Motor wird kurzfristig mit 2 M_N belastet. Nach welcher Zeit löst der Motorschutz aus?
6. Der 6-polige 11-kW-Käfigläufer der Tabelle **4**.95 nimmt bei Schweranlauf über 20 s den maximalen Anzugsstrom auf. Auf welche Auslöseklasse (CLASS) ist der elektronische Motorschutz mit den Kennlinien nach Bild **4**.106 einzustellen?
7. Der 4-polige Käfigläufermotor der Baugröße 160 L der Tabelle **4**.95 wird am 400-V-Netz betrieben.
   a) Wie groß sind Anzugsmoment, Anzugsstrom und Kippmoment?
   b) Um wieviel Prozent verändern sich Anzugsmoment und Anzugsstrom, wenn bei direkter Einschaltung die Spannung auf 370 V zurückgeht?
8. Der zweipolige 15-kW-Drehstrom-Asynchronmotor mit Käfigläufer der Tabelle **4**.95 soll auf cos φ_2 = 0,95 im Bemessungsbetrieb kompensiert werden. Berechnen Sie die Kapazität der in Dreieck geschalteten Kompensationskondensatoren.
9. Von einem Drehstrommotor sind die Bemessungswerte 7,5 kW, 400 V, 50 Hz, cos φ = 0,83 und η = 0,78 bekannt. Drei Kondensatoren mit je 20 µF werden in Dreieckschaltung zur Kompensation des Blindstroms hinzugeschaltet. Wie groß ist der Leistungsfaktor nach der Kompensation? Auf welchen Betrag sinkt die Stromaufnahme aus dem Netz nach der Kompensation bei Bemessungslast?

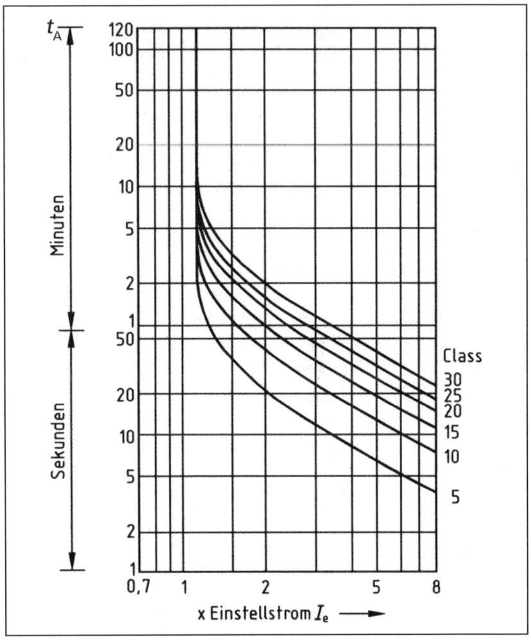

4.106 Auslösekennlinien eines elektronischen Motorschutzrelais

4.5.10 Anlauf und Anlassen

4.5.10.1 Hochlaufvorgang

Beschleunigungsmoment. Die Hochlaufzeit eines Antriebs ist nach Abschn. 1.5 von dem Beschleunigungsmoment M_B und Trägheitsmoment J der zu beschleunigenden Massen abhängig. Bild **4**.107 zeigt das Motormoment M eines Asynchronmotors mit Käfigläufer und das Lastmoment M_L eines Lüfters. Das Beschleunigungsmoment (durch Schraffur gekennzeichnet)

$$M_B = M - M_L \tag{4.53}$$

beschleunigt den Antrieb, solange das Motormoment M größer als das Lastmoment M_L ist. Bei überwiegendem Lastmoment wird der Antrieb abgebremst. Die Drehzahl bleibt im Gleichgewichtszustand $M = M_L$ unverändert, da das Beschleunigungsmoment $M_B = 0$ ist. Im Drehzahlbereich zwischen Stillstand und Bemessungsbetrieb erhält man in Bild **4**.107 ein positives Beschleunigungsmoment, sodass der Motor nach dem Einschalten bis zur Bemessungsdrehzahl n_N (Drehmomentengleichgewicht) hochläuft.

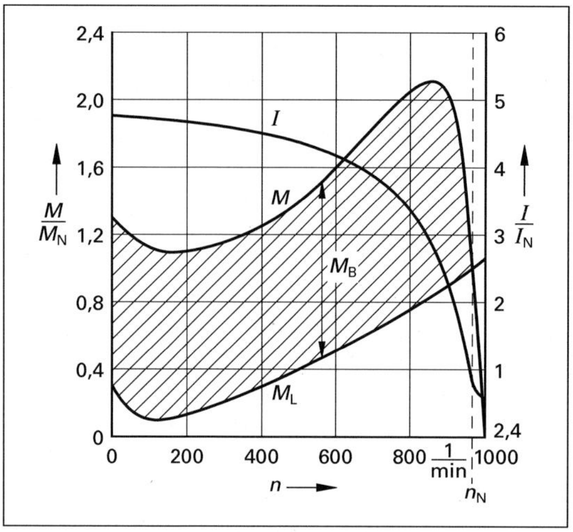

4.107 Strom- und Drehmomentverlauf eines Drehstrom-Asynchronmotors mit Kurzschlussläufer

> Damit ein Antrieb hochlaufen kann, muss das Motormoment M größer als das Lastmoment M_L sein. Dann ist das Beschleunigungsmoment M_B positiv.

Anlaufschwere. Je nach Lastkennlinie der Arbeitsmaschine unterscheiden sich die Anforderungen an das Anzugsmoment des Motors.

Man spricht von *Leeranlauf,* wenn die Belastung erst nach dem Hochlaufen des Motors zugeschaltet wird (z. B. bei Drehmaschinen, Stanzen, Pressen). Ist nur ein geringes Anzugsmoment erforderlich und steigt das Lastmoment mit zunehmender Drehzahl an, liegt *Halblastanlauf* vor (z. B. Lüfter, Kreiselpumpen, Wirbelstrombremsen).

Bei *Volllastanlauf* hat der Motor schon im Stillstand das Bemessungsmoment zu liefern (z. B. Hebezeuge, Förderbänder).

Von *Schweranlauf* spricht man schließlich, wenn das Lastmoment während des Hochlaufs größer als im Bemessungsbetrieb ist (z. B. Wickler, Plandrehmaschinen) oder der Hochlaufvorgang wegen der großen zu beschleunigenden Massen sehr lange andauert (z. B. in Walzwerken, Kugelmühlen, Zentrifugen).

Im Stillstand und bei sehr kleinen Drehzahlen kann das von der Arbeitsmaschine geforderte Drehmoment wegen der großen Reibung sehr viel größer als in den idealisierten Kennlinien sein. Dieses Losreissmoment ist im Allgemeinen 20 bis 30 % größer als das dargestellte Anlaufmoment; unter ungünstigen Bedingungen, wie z. B. bei mit Gleitlagern versehenen Papiermaschinen, kann es bis zum 3-fachen dieses Wertes ansteigen.

Mithilfe von Anlassverfahren kann die Größe des Anlaufmoments eines Motors verändert werden. Es ist zu beachten, dass das Anlaufmoment z. B. für Schweranlauf möglichst groß ist, damit das Beschleunigungsmoment den Motor schnell die Bemessungsdrehzahl erreichen lässt. Dagegen muss z. B. in der Textilindustrie das Anlaufmoment u. U. gesenkt werden, damit es nicht zum Fadenriss kommt.

4.5.10.2 Anlaufstrom

Während des Hochlaufens nehmen Asynchronmotoren einen Anlaufstrom I_A auf, der das 4- bis 8-fache des Bemessungsstroms I_N betragen kann. Mit zunehmender Drehzahl sinkt die Stromaufnahme erst im Bereich des Kippschlupfs merklich ab (vgl. Bild **4**.107). Der maximale Anlaufstrom entspricht dem Kurzschlussstrom I_{K1}, der im Stillstand auftritt; er wird von der Spannung und den Widerständen der Maschine bestimmt.

> Von der Belastung der Arbeitsmaschine ist die Höhe des Anlaufstroms unabhängig, jedoch wird die Anlaufzeit und damit die Dauer der hohen Stromaufnahme von der Schwere des Anlaufs bestimmt.

Anschlussbedingungen. Der Anlaufstrom verursacht störende Spannungsabsenkungen im Netz. Daher schreiben die Versorgungsnetzbetreiber (VNB) in ihren technischen Anschlussbedingungen (TAB) Grenzwerte der Motoren für die verschiedenen Anlassverfahren vor.

Mustervorschlag der BDEW, 2007 (Auszug)
Motoren (10.2.2)

Durch den Anlauf von Motoren dürfen keine störenden Spannungsschwankungen verursacht werden. Folgende Scheinleistungs-Grenzwerte dürfen bei gelegentlich (2x täglich) anlaufenden Motoren nicht überschritten werden: Wechselstrommotoren mit einer Scheinleistung von nicht mehr als 1,7 kVA oder Drehstrommotoren mit einer Scheinleistung von nicht mehr als 5,2 kVA oder bei höheren Scheinleistungen Motoren mit einem Anlaufstrom von nicht mehr als 60 A.

Tabelle **4**.108 **Anlassverfahren für Asynchronmaschinen (Übersicht)**

- Maßnahmen zum Verringern des Anlaufstroms
  - Erhöhung des Läuferwiderstands
    - Schleifringläufer mit Anlasswiderständen
    - Stromverdrängungsläufer
  - Vermindern der Ständerspannung
    - Stern-Dreieck-Umschaltung Polumschaltung
    - Sonstiges z. B. Anlasstransformator elektronische Sanftanlaufsteuerung

Sinngemäß heißt es weiter: Bei höheren Anlaufströmen oder bei schwerem Anlauf, häufigem Schalten, schwankender Stromaufnahme ist mit dem Netzbetreiber Einvernehmen zu erzielen.

Anlassverfahren. Um den Anlaufstrom zu verringern, gibt es zwei Möglichkeiten:

- Der Läuferwiderstand wird während des Anlaufs heraufgesetzt, sodass sich der Läuferstrom und damit auch der Anlaufstrom des Ständers verringern. Vorteilhaft ist im Allgemeinen die gleichzeitige Anhebung des Anzugsmoments.
- Die Ständerspannung wird durch Umschalten der Wicklung oder durch vorgeschaltete Stellglieder verringert. Damit setzt man den Anlaufstrom, aber auch das Anzugsmoment herab.

Tabelle **4**.108 zeigt eine Übersicht über die gebräuchlichen Anlassverfahren, die im Folgenden behandelt werden. Häufig erübrigen sich bei Antrieben mit Frequenzumrichtern weitere Anlassverfahren.

4.5.10.3 Schleifringläufer mit Anlasswiderständen

Im Einschaltaugenblick (Stillstand) nimmt der Asynchronmotor aufgrund der großen Läuferspannung (s = 1, Läuferstillstandsspannung U_{20}) einen hohen Anlaufstrom auf. Wegen des geringen Leistungsfaktors cos φ_2 ist das Anzugsmoment trotzdem niedrig. Vergrößert man den Wirkwiderstand im Läuferkreis, wird der Läuferstrom $I_2 = s \cdot U_{20}/Z_2$ und somit der Ständerstrom geringer; gleichzeitig verbessert sich der Leistungsfaktor $\cos \varphi_2 = R_2/Z_2$ und damit das Anzugsmoment. Bei einem Schleifringläufer schaltet man deshalb über die Läuferanschlussklemmen K, L, M Anlasswiderstände R_{2V} in den Läuferkreis (**4**.109). Der Anlasser besteht im Allgemeinen aus drei in Stern geschalteten Drahtwiderständen, deren Widerstandsstufen an Kontaktstücke angeschlossen sind (**4**.110).

Zum Anlassen wird zunächst der Netzschalter eingeschaltet, dann werden die Teilwiderstände stufenweise wie beim Flachbahnanlasser in Bild **4**.110 während des Hochlaufs überbrückt, sodass schließlich die Wicklung des Läufers über die Läuferanschlussklemmen kurzgeschlossen ist. Falls eine Läufer-Kurzschlusseinrichtung vorhanden ist, wird der Kurzschlusshebel am Motor eingelegt. Das Stillsetzen erfolgt in umgekehrter Reihenfolge, wobei zuerst der Netzschalter geöffnet wird. Beim selbsttätigen Anlassen kann

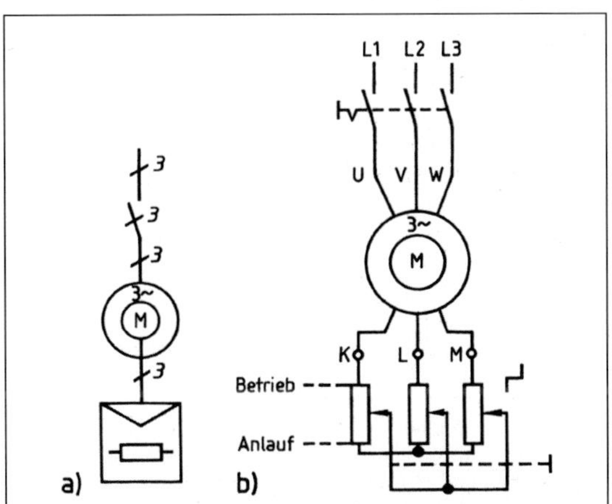

4.109 Schaltkurzzeichen a) und Schaltzeichnung b) eines Drehstrom-Asynchronmotors mit Schleifringläufer und handbetätigtem Läuferanlasser

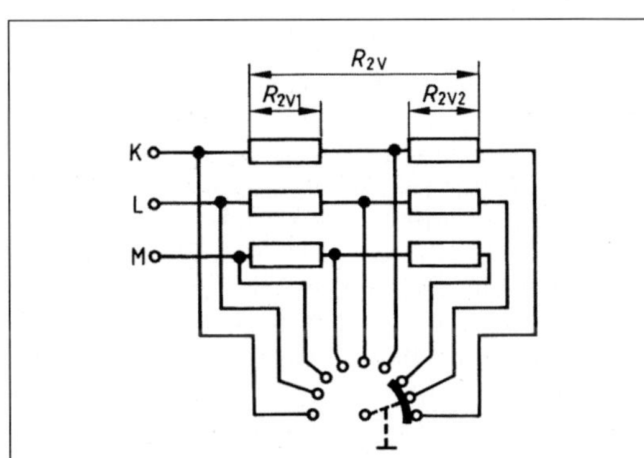

4.110 Flachbahnanlasser für einen Drehstrom-Asynchronmotor

der Kontaktfinger des Anlassers motorgetrieben sein, oder die Teilwiderstände werden mit Schützen nacheinander abgeschaltet. Motoren großer Leistung lässt man mit Flüssigkeitsanlasser an, deren sichelförmige Elektroden in eine Flüssigkeit stufenlos eintauchen. Läuferanlasser dürfen nicht völlig vom Läufer getrennt werden, weil bei offenen Läuferkreis ($I_2 = 0$) der Motor stillsteht, obwohl er an das Netz geschaltet ist. Der Ständer nimmt dann den Leerlaufstrom auf, der wegen der fehlenden Kühlung den Motor unzulässig erwärmt.

Einfluss des Anlasswiderstands. Vergrößert man den Läuferwirkwiderstand R_2 mithilfe von Anlasswiderständen auf $R_2' = R_2 + R_{2V}$, bleibt die Höhe des Kippmoments $M_K = k_T \cdot U_{20}^2/2 \cdot X_{2\sigma}$ (Gleichung 4.39) unverändert, jedoch wandert der Kippschlupf $s_K = R_2/X_{2\sigma}$ (Gleichung 4.38) linear mit der Vergrößerung des Wirkwiderstands im Läuferkreis zu größeren Schlupfwerten s_K' bzw. niedrigeren Drehzahlen. Es lässt sich das Verhältnis

$$\frac{s_K'}{s_K} = \frac{R_2 + R_{2V}}{R_2} \tag{4.54}$$

aufstellen. Damit wandern auch alle Werte der Drehmoment-Schlupf-Kennlinie zu größeren Schlupfwerten. Mit den Drehmomenten verschiebt sich auch der zugehörige Läuferstrom und damit der Ständerstrom I_1, sodass der Motor einen geringeren Anlaufstrom aufnimmt.

Durch die angeschlossenen Anlasswiderstände werden die Drehmomentschlupf-Kennlinie und die Strom-Schlupf-Kennlinie zu niedrigeren Drehzahlen verschoben. Im Stillstand kann das Anzugsmoment bei verringertem Anzugsstrom vergrößert werden.

Bild **4**.111 zeigt die Drehmoment- und Strom-Schlupf-Kennlinien eines Schleifringläufer-Motors mit Anlasswiderständen. Beträgt z. B. der Kippschlupf $s_K = 0{,}2$ und wird der Widerstand im Läuferkreis verdreifacht $R_2' = 3 \cdot R_2$, ist der Kippschlupf $s_K' = 0{,}6$. Der Motor nimmt weiterhin den für das Kippmoment notwendigen Strom I_1 auf. Dieser ist jedoch, wie das Kippmoment, zum höheren Schlupf s_K' gewandert. Durch einen entsprechenden Anlasswiderstand kann der Drehstrom-Asynchronmotor mit Schleifringläufer das Kippmoment als Anzugsmoment bei gleichzeitig verringertem Anzugsstrom zur Verfügung stellen.

Bemessung des Anlasswiderstands. Soll das Anzugsmoment gleich dem Kippmoment sein, ist $s_K' = 1$ (Stillstand). Aus Gleichung (4.54) erhält

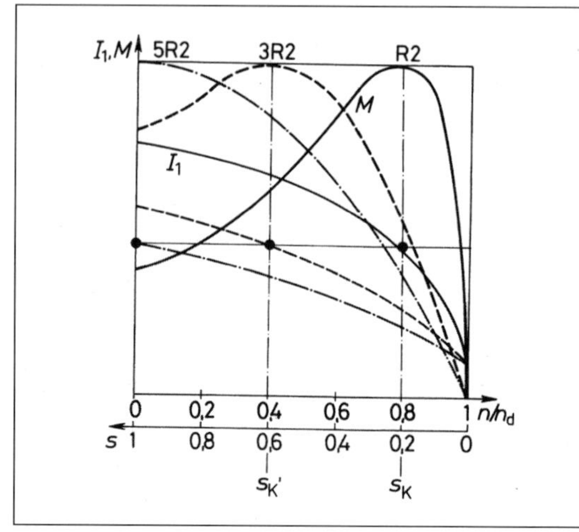

4.111 Strom- und Drehmoment-Drehzahl-Kennlinie eines Drehstrom-Asynchronmotors für verschiedene Läuferkreiswiderstände R_2 (—), 3 R_2 (– –) und 5 R_2 (– · –)

man mit $1/s_K = (R_2 + R_{2V})/R_2$ den Anlasswiderstand

$$\boldsymbol{R_{2V} = R_2\left(\frac{1}{s_K} - 1\right) \quad \text{für } M_A = M_K.} \tag{4.55}$$

Zur Berechnung müssen dann lediglich der Läuferwirkwiderstand R_2 und der Kippschlupf s_K der Maschine bekannt sein.

Beispiel 4.40 Zwischen den Schleifringen eines Drehstrom-Asynchronmotors mit Schleifringläufer wird der Läuferwiderstand $R_2 = 0{,}12\ \Omega$ gemessen. Der Kippschlupf beträgt $s_K = 0{,}15$. Das Anzugsmoment M_A soll gleich dem Kippmoment M_K werden. Der Anlasswiderstand ist zu berechnen.

Lösung Der Strangwiderstand der Läuferwicklung beträgt

$R_{2S} = 0{,}12\ \Omega/2 = 0{,}06\ \Omega$.

Nach Gleichung (4.55) ist der Anlasswiderstand je Strang

$$R_{2VS} = R_{2S}\left(\frac{1}{s_K} - 1\right)$$

$$R_{2VS} = 0{,}06\ \Omega\left(\frac{1}{0{,}15} - 1\right) = \mathbf{0{,}34\ \Omega.}$$

Der Motor nimmt dann den zum Kippmoment gehörenden Strom I_1 auf.

In der Praxis wird der Anlasswiderstand meist größer als nach Gl. 4.55 gewählt. Dadurch wird der Anlaufstrom noch mehr verringert, aber auch das Anzugsmoment wird kleiner als das Kippmoment. Zur grafischen Ermittlung der Anlasswiderstände werden der Anlassspitzenstrom I_{An} sowie der Schaltstrom I_{Sch} festgelegt. Normalwerte für das Verhältnis I_{An}/I_{2N} zeigt die Tabelle **4**.113. Für die grafische Konstruktion (**4**.112) nehmen wir vereinfachend an,

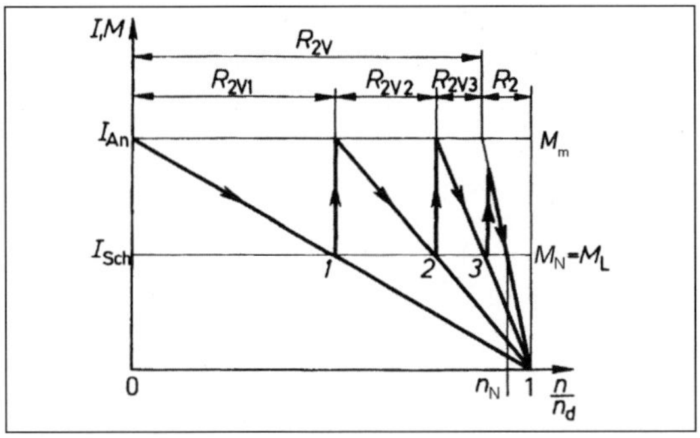

4.112 Anlassvorgang eines Drehstrommotors mit Läuferanlasser

M_m Höchstwert des Hochlaufmoments
M_N Bemessungsmoment

dass die Strom- und Drehmoment-Drehzahl-Kennlinien im Bereich des Bemessungsmoments linear verlaufen. Weiterhin setzen wir voraus, dass der Motor eine Arbeitsmaschine mit konstantem Lastmoment $M_L = M_N$ antreibt.

Beim Einschalten fließt der durch den vollen Anlasswiderstand begrenzte Anlassspitzenstrom I_{An}. Der Motor entwickelt das maximale Hochlaufmoment M_m. Aufgrund des Beschleunigungsmoments $M_B = M - M_L$ läuft der Motor bis zum Punkt *1* hoch. Dabei sinken das Drehmoment auf $M = M_L$ und die Stromaufnahme auf $I = I_{Sch}$ linear. Nun wird in der zweiten Anlassstufe der Teilwiderstand R_{2V1} abgeschaltet, der so bemessen ist, dass sich wieder der Anlassspitzenstrom I_{An} und das maximale Hochlaufmoment M_m einstellen. Der Motor läuft zum Punkt *2* hoch und der zweite Teilwiderstand R_{2V2} wird abgeschaltet. Nach weiterem Hochlauf auf Punkt *3* wird der dritte Teilwiderstand abgeschaltet, sodass der Motor im „Normalbetrieb" arbeitet. Es handelt sich hier um einen vierstufigen Anlasser mit dem Anlasswiderstand $R_{2V} = R_{2V1} + R_{2V2} + R_{2V3}$. Da für einen festen Strom z. B. I_{An} der zugehörige Schlupf s und die Widerstände im Läuferkreis einander proportional sind, können statt des Schlupfs s wie in Bild **4**.112 die Widerstände R_2 und R_{2V} sowie dessen Abstufungen aufgetragen werden. Die Anlasserstufung lässt sich durch eine geometrische Konstruktion ermitteln.

Tabelle **4**.113 **Normalwerte der Anlassschwere und des relativen Anlassspitzenstroms nach DIN 46062**

Normalwerte	Anlass-schwere $f = I_{2mi}/I_{2N}$	Anlass-spitzenstrom I_{An}/I_{2N}
Halblastanlauf	0,7	1,0
Volllastanlauf	1,4	1,8
Schweranlauf	2,0	2,5

Anlasserkennzahl k_a. Für Schleifringläufer werden nach DIN EN 60947-4-1 und DIN 46062 die Anlasser aus den üblichen Baureihen für Leistungen zwischen 1,7 und 2000 kW mit dem Läuferkennwert k

$$k = \frac{U_{20}}{\sqrt{3} \cdot I_{2N}}$$

und der Anlassschwere f nach Tabelle **4**.111 ermittelt. Die Anlasserkennzahl k_a

$$\mathbf{k_a \approx 1{,}4 \cdot \frac{k}{f}} \tag{4.56}$$

entspricht dem Strang-Widerstandswert des Anlassers, dessen Normwert dann aus der Normreihe für Anlasswiderstände gewählt wird.

Die Beanspruchbarkeit der Anlasser wird durch die Bemessung der Widerstände vom Aufbau (Flachbahn-, Trommel- oder Walzenanlasser) sowie von der Art der Kühlung (Luft oder Öl) bestimmt.

Tabelle **4**.114 **Schleifringläufermotoren, Auswahl**

Bemes-sungs-leistung P in **kW**	Bau-größe	Trägheits-moment J in kg m²	Betriebswerte bei Bemessungsleistung: Bemes-sungs-drehzahl n in min⁻¹	Wir-kungs-grad η in %	Leis-tungs-faktor $\cos\varphi$	Bemes-sungs-strom I_{1N} bei 400 V in A	Läufer-still-stands-spannung U_{20} in V	Läufer-strom I_{2N} in A	Bemes-sungs-dreh-moment M_N in Nm	Kipp-moment als Viel-faches von M_N
1500 min⁻¹ 4-polig 50 Hz IP 54										
4	132 M	0,03	1410	77	0,80	9,4	130	21	27	3,2
5,5		0,035	1410	82	0,85	11,4	170	22	37	3,1
7,5	160 M	0,068	1425	85	0,82	15,5	180	27	50	3,4
11	160 L	0,09	1440	87	0,83	22	260	26	74	3,8
15	180 L	0,15	1445	88,5	0,83	30	250	37	99	3,9
18,5	200 L	0,23	1450	88,5	0,84	36	220	52	122	4,0
22		0,26	1455	89,5	0,85	42	255	53	144	4,0
30	225 M	0,50	1460	90,5	0,86	56	300	61	196	4,3
37	250 M	0,84	1460	90,5	0,87	67	175	130	242	4,1
45		0,96	1460	91,5	0,88	81	210	132	294	4,2

Pulssteuerung. Weil die Kontakte des Anlassers besonders vom Verschleiß betroffen sind, verwendet man für Kransteuerungen oder ähnlich häufig betätigte Anlassschaltungen die kontaktlose Pulssteuerung nach Abschn. 4.5.11.3.

Tabelle **4**.114 zeigt für Schleifringläufer eine Auswahl aus den Bemessungsdaten eines Herstellers.

Beispiel 4.41 Für den Schweranlauf einer Steinmühle ist der Widerstandswert des Anlassers für den 30-kW-Schleifringläufer der Tabelle **4**.114 zu ermitteln.

Lösung Aus den Bemessungsdaten berechnen wir den Läuferkennwert

$$k = \frac{U_{20}}{\sqrt{3} \cdot I_{2N}} = \frac{300\ \text{V}}{\sqrt{3} \cdot 61\ \text{A}} = \mathbf{2{,}84}$$

und mithilfe der Anlassschwere $f = 2$ den Anlasserkennwert

$$k_a \approx 1{,}4 \frac{k}{f} = 1{,}4 \cdot \frac{2{,}84}{2} = \mathbf{1{,}988.}$$

Damit ergibt sich ein genormter Widerstandswert von 2 Ω.

4.5.10.4 Stromverdrängungsläufer

Die Vorteile des Schleifringläufers wirken sich nur bei großen Motorleistungen und bei Schweranlauf voll aus, da der Schleifringläufermotor störanfälliger und teurer als der Motor mit Kurzschlussläufer ist. Für den Kurzschlussläufer wird das gleiche Prinzip – Erhöhen des Läuferwirkwiderstands während des Anlaufs – mithilfe der Stromverdrängung ausgenutzt, indem man den Läuferwiderstand frequenz- und damit schlupfabhängig beeinflusst. Auch hier erhöht sich das Anzugsmoment bei verringertem Anzugsstrom gegenüber dem Kurzschlussläufer ohne Stromverdrängung. Bestimmend für die Stromverdrängung sind die verschiedenen Nutenformen und damit die Stabquerschnitte eines Kurzschlussläufers. Ist im einfachsten Fall der Querschnitt kreisförmig, sind die Stabquerschnitte der Stromverdrängungsläufer wie in Bild **4**.115 tiefer zur Läuferwelle ausgeformt.

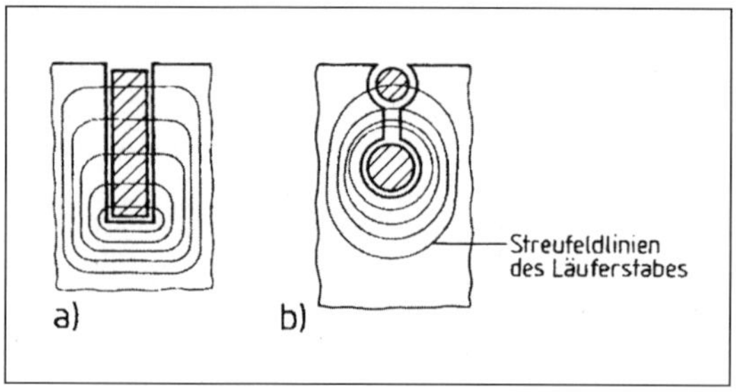

4.115 Streufeldlinien um die Läuferstäbe
a) Hochstabläufer
b) Doppelstabläufer

Prinzip der Stromverdrängung. Während sich der größte Teil der von den stromdurchflossenen Läuferstäben erzeugten Feldlinien über den Luftspalt schließt, umgibt ein kleiner Teil die Läuferstäbe im Läufereisen als Streufeldlinien. Denkt man sich den Läuferstab eines Hochstabläufers in Bild **4**.115 in viele parallele übereinander liegende Schichten zerlegt, sind die unteren Schichten von mehr Streufeldlinien umgeben als die am Umfang liegenden. Entsprechend sind auch die Streuinduktivität $L_{2\sigma}$ und der Streublindwiderstand $X_{2\sigma} = 2 \cdot \pi \cdot f_2 \cdot L_{2\sigma}$ für den tiefer liegenden Teil des Stabs groß und für den am Umfang liegenden Teil klein. Dadurch verteilt sich der Strom *nicht gleichmäßig* über den Stabquerschnitt, sondern fließt bei der verhältnismäßig hohen Läuferfrequenz ($s = 1$, $f_2 = f_1$) während des Anlaufs, vorwiegend im außenliegenden Teil der Läuferstäbe *(Stromverdrängung)*.

Weil sich der Strom im Anlauf auf einen kleineren Leiterquerschnitt beschränken muss, wirkt die Stromverdrängung, als ob in den Läufer ein Wirkwiderstand eingeschaltet wäre. Mit zunehmender Drehzahl *n* bzw. abnehmendem Schlupf *s* verringert sich die Läuferfrequenz und damit der Streublindwiderstand, sodass im Bemessungsbetrieb bei der Läuferfrequenz von 2 bis 3 Hz die Stromverdrängung praktisch wirkungslos ist. Dann verhält sich ein Stromverdrängungsläufer wie ein Rundstabläufer mit gleichmäßiger Stromverteilung.

> Durch die Stromverdrängung werden in einem Stromverdrängungsläufer – ähnlich wie bei einem Schleifringläufer durch Anlasswiderstände – das Anzugsmoment erhöht und der Anzugsstrom verringert. Mit zunehmender Drehzahl nimmt der Einfluss der Stromverdrängung ab, sodass sich die Drehmoment- und Strom-Drehzahl-Kennlinien den Werten eines Kurzschlussläufers ohne Stromverdrängung angleichen.

Die Kennlinien der Stromverdrängungsläufer zeigt Bild **4**.116. Der *Rundstabläufer R* hat wegen des geringen Anzugsmoments nur geringe praktische Bedeutung. Bei Kleinmotoren bis etwa 1 kW mit *tropfenförmiger Nut T* verzichtet man weitgehend auf die Stromverdrängung, da sie infolge des relativ hohen Läuferwiderstands ein ausreichendes Anzugsmoment und einen relativ geringen Anzugsstrom aufweisen. Ähnliche Nutenformen verwendet man für Maschinen bis zu 100 kW, jedoch ist dann das relative Anzugsmoment

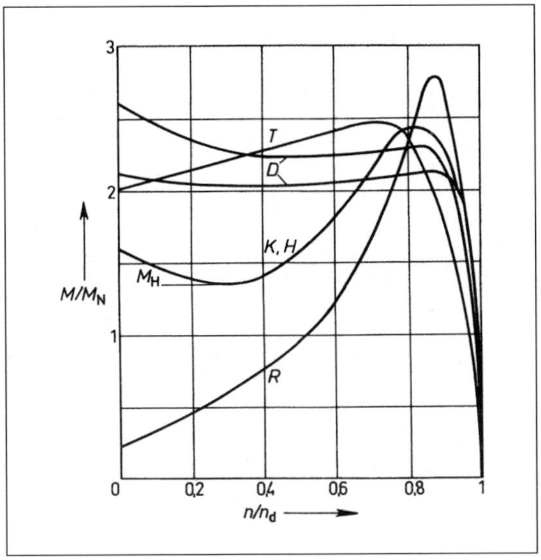

4.116 Mittlere Drehmoment-Drehzahl-Kennlinie von Drehstrom-Asynchronmotoren

R Schleifringläufer oder Rundstabläufer für Leistungen über 50 kW
K Keilstabläufer
H Hochstabläufer
D Doppelkäfigläufer
T Kleinmotor bis 1 kW mit Tropfennut

geringer als bei kleinen Bemessungsleistungen. Für größere Maschinen ab etwa 50 kW verwendet man *Hochstab- H* bzw. *Keilstabläufer K*, deren Drehmoment-Drehzahl-Kennlinien fast immer wie die Kennlinien *H, K* in Bild **4**.116 ein ausgeprägtes Sattelmoment aufweisen. Dies ist bei der Planung der Antriebe, besonders bei Volllastanlauf zu berücksichtigen. Bei dem *Doppelkäfigläufer D* ist infolge der Eisenstege zwischen den Käfigen die Streuung besonders groß. Er hat daher ein relativ hohes Anzugsmoment und ist gut für den belasteten Stern-Dreieck-Anlauf (Abschn. 4.5.10.5) verwendbar. Auch das Anzugsstromverhältnis ist mit I_A/I_N = 2 bis 3 besonders günstig. Der Oberstab des Doppelkäfigs ist meist ein Rundstab aus Kupfer oder Messing; beide Käfige werden jedoch bei Motorleistungen unter 100 kW vielfach wie auch die Käfige der anderen Stromverdrängungsläufer aus Aluminium- oder Kupferdruckguss hergestellt.

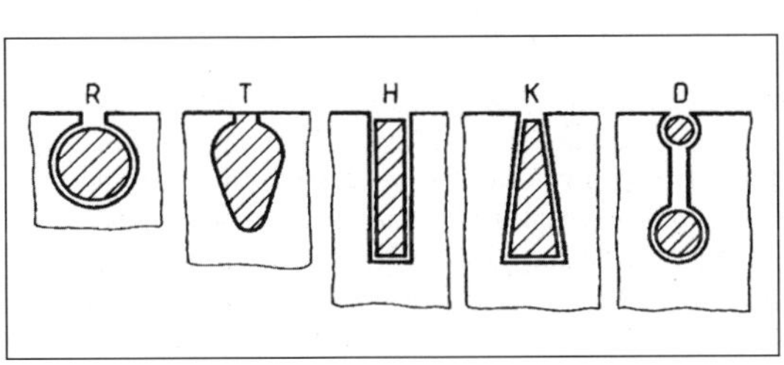

4.117 Nut- und Stabformen von Käfigläufern

R Rundstab
T Tropfennut
H Hochstab
K Keilstab
D Doppelkäfig

Durch die Formgebung der Läufernuten wie in Bild **4**.117 kann der Hersteller weitgehend das Anzugsmoment und den Anzugsstrom beeinflussen. Mit dem Anheben des Anzugsmoments durch Stromverdrängung sind im Allgemeinen ein Verringern des Kippmoments und eine geringfügige Verschlechterung des cos φ sowie ein weicheres Drehzahlverhalten verbunden. Daher ist anzustreben, dass die Maschinen nicht unter Volllast anlaufen. Andererseits verursacht ein hohes Anzugsmoment bei Arbeitsmaschinen mit geringem Anlaufmoment ruckartiges Anlaufen.

Die in Bild **4**.116 dargestellten Kennlinien stellen nur Mittelwerte dar. Die genauen Werte für Anzugsstrom, Anzugsmoment Kippmoment usw. sind den Listen der Hersteller zu entnehmen.

4.5.10.5 Stern-Dreieck-Anlaufschaltung

Die Reduzierung des Anzugsstroms durch Erhöhung der Läuferwiderstände mit Anlasswiderständen bzw. Stromverdrängung vergrößert gleichzeitig das Anzugsmoment. Um den Anzugsstrom darüber hinaus zu begrenzen, ist es besonders bei Kurzschlussläufer-Motoren üblich, die Spannung der Ständerwicklung herabzusetzen. Bei gleichbleibenden Wicklungswiderständen ändert sich der Anzugsstrom $I_A \sim U_1$ proportional mit der Ständerspannung U_1. Das Drehmoment wird vom magnetischen Fluss und vom Läuferwirkstrom erzeugt. Beide verhalten sich proportional zur Ständerspannung. Daher ändert sich nach Gleichung (4.42) das Drehmoment $M \sim U_1^2$ quadratisch mit der Ständerspannung und wird geringer. Besonders kostengünstig ist der Stern-Dreieck-Anlauf. Hierbei wird der Motor mit Hilfe eines Stern-Dreieck-Nockenschalters oder einer Schützschaltung in der *Sternschaltung* angelassen und kurz vor Erreichen der Bemessungsdrehzahl für den Dauerbetrieb in die *Dreieckschaltung* umgeschaltet (**4**.118). Die Motoren müssen betriebsmäßig für die Dreieckschaltung ausgelegt sein.

Anzugstrom, Anzugsmoment. Bild **4**.119a zeigt, dass die Strangspannung $U_S = U/\sqrt{3}$ in der Sternschaltung gegenüber der Dreieckschaltung $U_S = U$ um den Faktor $1/\sqrt{3}$ verringert ist. Dadurch sinken

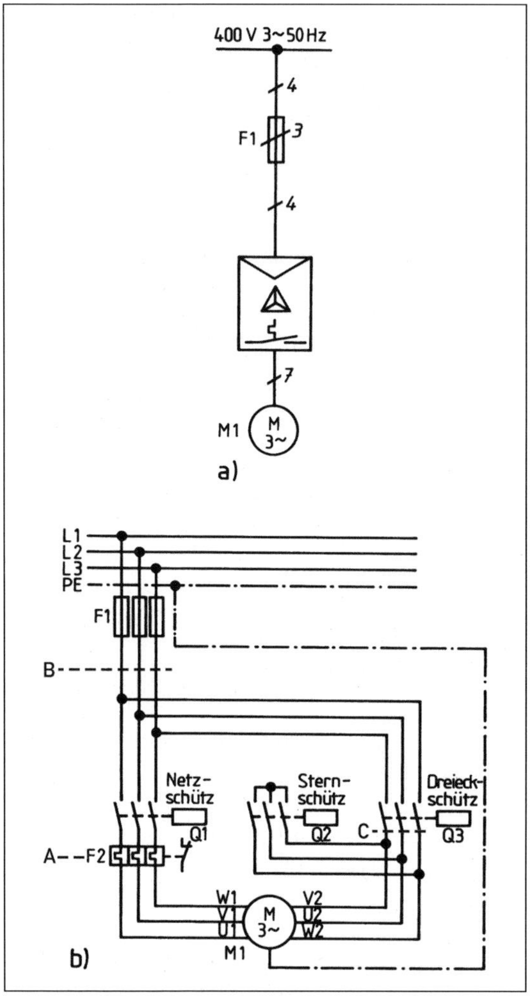

4.118 Anlassschaltung für Drehstrom-Kurzschlussläufermotor M1 mit Stern-Dreieck-Schütz und Motorschutzschalter

a) Übersichtsplan
b) Stromlaufplan
A, B, C mögliche Anordnung des Motorschutzes

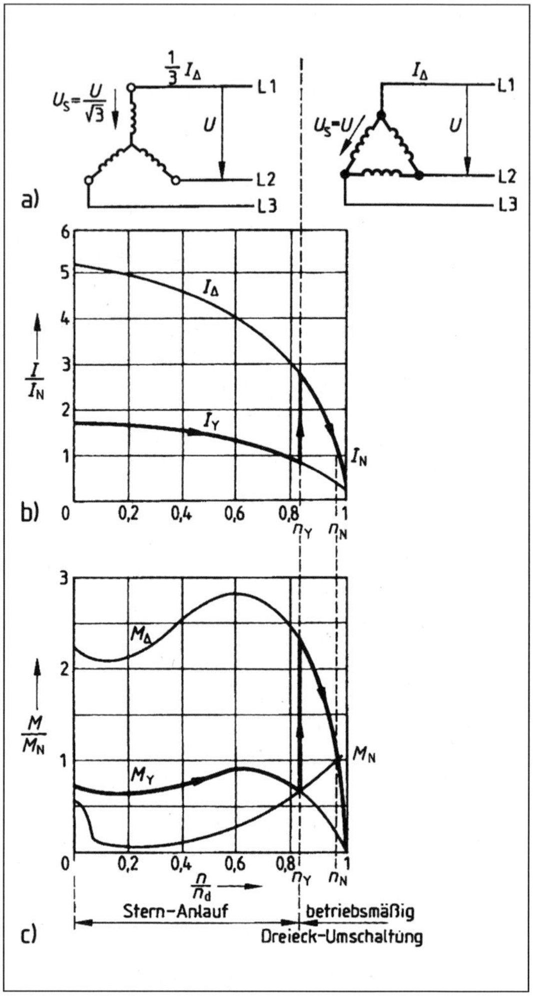

4.119 Stern-Dreieck-Anlauf eines Drehstrom-Asynchronmotors

a) Sternschaltung, Dreieckschaltung
b) Strom I
c) Drehmoment M in Abhängigkeit von der Drehzahl und Schaltung

in der Sternschaltung der Strangstrom auf $1/\sqrt{3}$ und der Leiterstrom auf ein Drittel des Anzugsstroms in der Dreieckschaltung.

$$I_{A\curlywedge} = \frac{1}{3} I_{A\Delta} \tag{4.57}$$

Obwohl die Strangspannung nur auf $1/\sqrt{3}$ im Sternanlauf herabgesetzt wird, verringert sich der Leiterstrom, wegen der Stern-Dreieck-Umschaltung, günstigerweise auch auf ein Drittel. Das Drehmoment ändert sich quadratisch mit der Strangspannung. Daher beträgt das Anzugsmoment in der Sternschaltung ein Drittel des Anzugsmoments in der Dreieckschaltung.

$$M_{A\curlywedge} = \frac{1}{3} M_{A\Delta} \tag{4.58}$$

Der Hochlaufvorgang eines Antriebs in Stern-Dreieck-Schaltung ist in Bild **4**.119 dargestellt. Das Motormoment M überwiegt zunächst, bis der Motor seine volle Drehzahl $n_{\curlywedge}$ erreicht. Mit der Umschaltung in Dreieck springen der Strom $I_{\curlywedge}$ auf I_{Δ} und das Drehmoment $M_{\curlywedge}$ auf M_{Δ}, das den Antrieb auf die Bemessungsdrehzahl n_N beschleunigt. Im Umschaltaugenblick steigt der Strom in der dargestellten Kennlinie auf den Maximalwert $2{,}7 \cdot I_N$. Ist das geforderte Belastungsmoment M_L zu groß und bleibt der Motor bei niedriger

Drehzahl „hängen“ oder wird zu früh auf Dreieck umgeschaltet, werden größere Maximalwerte des Stroms erreicht und der Stern-Dreieck-Anlauf wäre sinnlos. Wegen der Verringerung des Anzugsmoments auf ein Drittel, wobei es meist geringer als das Bemessungsmoment ist, kann die Stern-Dreieck-Umschaltung nur für leichte Anlaufbedingungen genutzt werden. Besonders vorteilhaft ist die Verwendung eines Doppelstabläufers, der hohe Anzugsmomente liefert.

In der Stern-Dreieck-Anlaufschaltung verringert sich der Anzugsstrom auf ein Drittel seines Wertes bei direkter Einschaltung. Da sich auch das Anzugsmoment auf ein Drittel verringert, kann sie nur bei leichten Anlaufbedingungen verwendet werden.

Motorschutz. Jedem Motor sollte ein Motorschutzschalter vorgeschaltet werden, der den Motor vor Überlastung, Einphasenlauf usw. schützt. Der Motorschutz wird für normale Anlaufzeiten bis ca. 15 s nach Bild **4**.118 im Anbauort *A* in die Wicklungsstränge geschaltet. und auf 0,58 I_N eingestellt. So ist ein Motorschutz für die Stern- und Dreieckschaltung erreicht.

Für längere Anlaufzeiten zwischen ca. 15 s und 40 s wird der Motorschutz nach Bild **4**.118 im Anbauort *B* zwischen Sicherungen und Netzschütz angeordnet und auf Motorbemessungsstrom I_N eingestellt. In der Sternschaltung ist der Antrieb dann nicht im Dauerbetrieb geschützt.

Beträgt die Anlaufzeit mehr als 40 s, wird in Bild **4**.118 der Anbauort *C* gewählt und der Motorschutz auf 0,58 I_N eingestellt. Hier besteht kein Motorschutz in der Sternstufe, durch zusätzliche Maßnahmen ist für einen ausreichenden Schutz in der Sternschaltung zu sorgen. Da die Stränge betriebsmäßig für die Dreieckschaltung mit dem Strangstrom $I_N/\sqrt{3}$ ausgelegt sind, ist der Motorschutzschalter bei diesem Anschluss auf $I_N/\sqrt{3} = 0{,}58 \cdot I_N$ einzustellen. Im Betrieb darf die Maschine bis I_{SN} belastet werden. Daher sind die Bemessungsleistungen für Dreieckschaltung $P_{\Delta N} = 3 \cdot U \cdot I_{SN} \cdot \cos\varphi$ und für Sternschaltung $P_{\curlywedge N} = 3 \cdot U/\sqrt{3} \cdot I_{SN} \cdot \cos\varphi$. Dann gilt für das Verhältnis der Bemessungsleistungen

$$\boldsymbol{P_{\curlywedge N} = \frac{1}{\sqrt{3}} P_{\Delta N}}. \qquad (4.59)$$

Dies ist von Bedeutung, wenn die Maschine bei Teillast zur Verbesserung von Leistungsfaktor und Wirkungsgrad in Stern- statt in der betriebsmäßigen Dreieckschaltung betrieben wird.

Beispiel 4.42 Ein Drehstrom-Asynchronmotor hat laut Herstellerliste die Kenndaten 15 kW, 400 V, 1460 min^{-1}, $\cos\varphi = 0{,}88$, 27,5 A, $M_N = 98$ Nm. Relative Werte: $M_A/M_N = 2{,}2$, $I_A/I_N = 8$, $M_K/M_N = 2{,}9$. Er soll eine Arbeitsmaschine mit der Lastkennlinie $M \sim n$ und dem Losreißmoment $M_{LA} = 0{,}55\ M_N$ antreiben. Es ist zu untersuchen, ob für diesen Betrieb Stern-Dreieck-Umschaltung möglich ist. Der Anlaufstrom in Sternschaltung ist zu bestimmen.

Lösung Das Anzugsmoment beträgt in der Dreieckschaltung

$$M_A = 2{,}2\ M_N.$$

In der Sternschaltung verringert sich das Anzugsmoment auf ein Drittel.

$$M_A = \frac{2{,}2}{3} M_N = 0{,}73\ M_N$$

Nach DIN EN 60034-1 beträgt die zulässige Toleranz für das Anlaufmoment −15 %, +25 %. Damit kann im ungünstigsten Fall das Anzugsmoment $M_A = 0{,}73\ M_N \cdot (1 - 0{,}15) = 0{,}62\ M_N$ sein. Damit ist das Anzugsmoment in der Sternschaltung sehr knapp, sodass bei Unterspannung mit Anlaufschwierigkeiten gerechnet werden muss. Daher ist der Hersteller bei der Bestellung auf die schwierigen Anlaufverhältnisse hinzuweisen, um die Toleranz einzuschränken.

Der Anlaufstrom beträgt in der Dreieckschaltung

$$I_{A\Delta} = 8 \cdot I_N = 8 \cdot 27{,}5\ \text{A} = 220\ \text{A}.$$

In der Sternschaltung geht der Anlaufstrom auf ein Drittel zurück und beträgt

$$I_{A\curlywedge} = \frac{1}{3} I_A = \frac{220\ \text{A}}{3} = \mathbf{73{,}3\ A}.$$

Der mehrstufige Stern-Dreieck-Anlauf vermeidet die Umschaltspitze der direkten Umschaltung von Stern in Dreieck nach Bild **4**.119. Als Sonderausführung ist ein Klemmenkasten mit 9

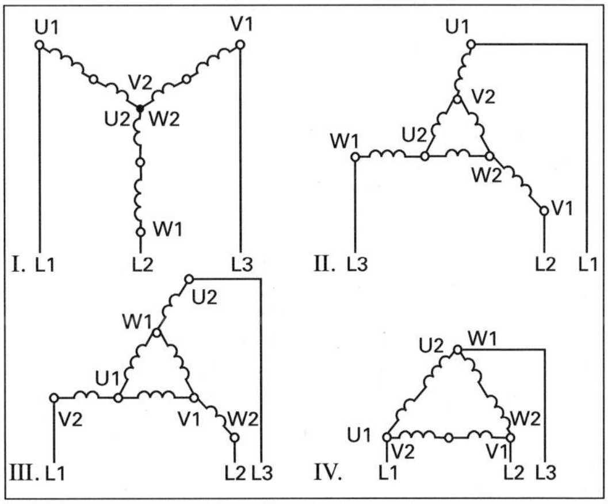

4.120 Schaltschema, mehrstufiger ⅄-Δ-Anlauf

Klemmen notwendig. Die Wicklungsstränge sind etwa 1/3 zu 2/3 angezapft und können wie in Bild **4**.120 geschaltet werden. Die Stromkennlinien des mehrstufigen Anlaufs zeigt Bild **4**.121.

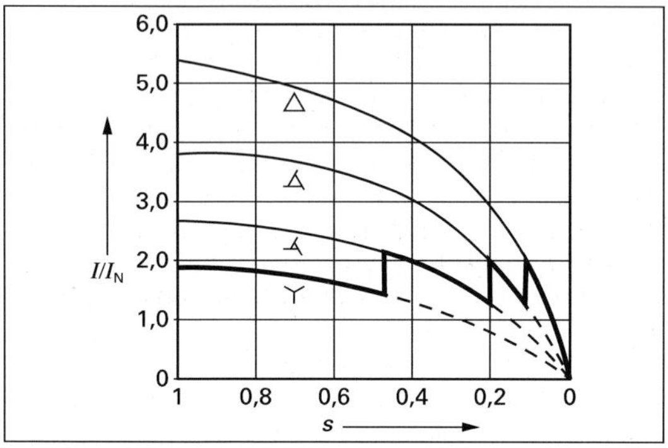

4.121 Mehrstufiger Stern-Dreieck-Anlauf

4.5.10.6 Sanftanlasser mit Drehstromsteller

Die kontaktgesteuerten Anlassverfahren Direkteinschaltung, Stern-Dreieck-Anlauf, Anlasstransformator, Anlauf mit Ständer-Vorwiderständen oder polumschaltbare Motoren passen das Anzugsmoment des Motors stufig dem Lastmoment der Arbeitsmaschine an. Drehmomentsprünge können zu starken Beanspruchungen von Anlageteilen wie Getrieben, Kupplungen, Übertragungs- und Transportsystemen führen

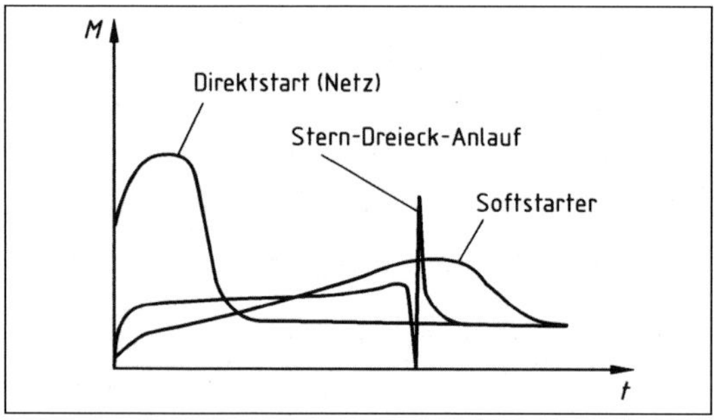

4.122 Drehmomentverlauf typischer Anlassverfahren

oder Störungen wie „Hammerschläge" in Rohrleitungen, Beschädigung von Fördergut in Förderanlagen usw. und damit hohe Wartungskosten verursachen. Sanftanlasser, auch Softstarter genannt, vermeiden Drehmomentsprünge indem sie sanft beschleunigen und – je nach Ausstattung der Geräte – auch sanft verzögern. Typische Verläufe des Motordrehmoments sind in Bild **4**.122 vergleichend für einen Sanftanlassvorgang, einen Direktstart und einen Stern-Dreieck-Anlauf dargestellt. Zudem bieten einige Hersteller als Optionen eine Reduzierung der elektrischen Energie im Teillast- und Leerlaufbetrieb sowie eine Gleichstrombremsung zum schnellen Stillsetzen des Antriebs an. Trotz der höheren Kosten gegenüber konventionellen Anlassverfahren werden die Geräte eingesetzt um folgende Vorteile zu nutzen:

- keine Stromspitzen
- keine Momentsprünge
- geringere Reparatur- und Wartungskosten der Anlage
- effektivere Energienutzung
- geringere Netz- und Generatorlast
- geringere Spannungseinbrüche, die sich negativ auf andere Verbraucher auswirken

Bild **4**.123a zeigt das Blockschaltbild des Sanftanlassers. Im Leistungsteil wird mit dem Drehstromsteller aus 6 Thyristoren oder 3 Triacs die Spannung durch Phasenschnittsteuerung eingestellt. Die Stromstärke wird im Leistungsteil über Wandler erfasst. Im Steuerteil wird die Anlaufstromstärke z. B. nach einer Kennlinie wie in Bild **4**.123b vorgegeben. Dabei sind die Anfangsstromstärke *1*, die Hochlauframpenzeit *2* und die maximale Stromstärke *3* einstellbar. Nach einer ähnlichen Kennlinie kann die Auslaufzeit festgelegt werden. Der Steuerteil übernimmt darüber hinaus Überwachungsaufgaben wie Phasenüberwachung und thermische Überwachung.

Motoren ähnlicher Leistung können parallel an einem Softstarter gestartet werden. Dabei kann das Verhalten der einzelnen Motoren nicht unterschiedlich beeinflusst werden. Die Motoren müssen einzeln mit einem Überlastschutz ausgerüstet sein.

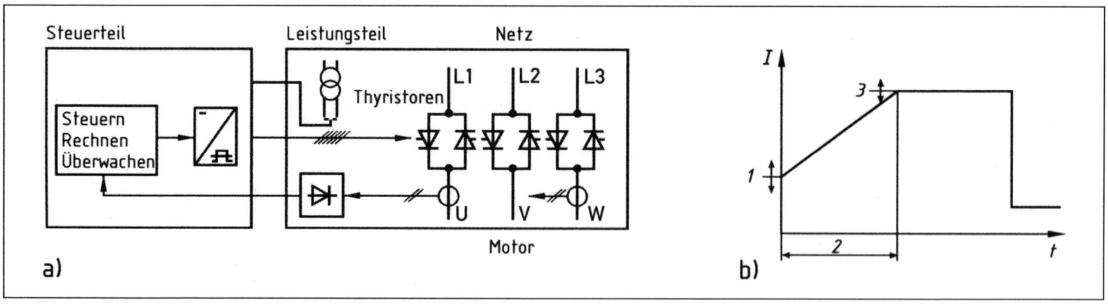

4.123 Sanftanlasser, a) Blockschaltbild, b) Anlasseinstellungen

Eine Abgrenzung zu den Frequenzumrichtern erfolgt dadurch, dass beim Sanftanlasser die Drehzahl des Motors im Dauerbetrieb nicht gesteuert oder geregelt wird.

Durch den Phasenanschnitt wird die Spannung während des Anlaufs so verringert, dass die vorgegebene Stromstärke eingehalten wird. Das Drehmoment verringert sich bei Asynchronmaschinen quadratisch mit der verringerten Spannung. Damit ist der Sanftanlasser da zu verwenden, wo das reduzierte Anzugsmoment ausreichend ist, z. B. Pumpen und Lüfter.

Beispiel 4.43 Für einen Drehstrom-Asynchronmotor sind in der Herstellerliste folgende Daten angegeben: 11 kW, 23,1 A, 400 V, 965 min^{-1}, $\cos\varphi = 0{,}78$, $M_A/M_N = 2{,}7$, $I_A/I_N = 7{,}2$, $M_K/M_N = 3{,}0$. Der Motor soll mit einem Drehstromsteller an der Spannung 210 V angelassen werden. Wie groß sind der Anlaufstrom und das Anzugsmoment?

Lösung An der Bemessungsspannung 400 V beträgt der Anzugsstrom

$I_A = 7{,}2 \cdot I_N = 7{,}2 \cdot 23{,}1\ \text{A} = 166\ \text{A}.$

Die Stromaufnahme ändert sich im gleichen Verhältnis mit der Spannung. Sie beträgt an 210 V

$$I'_A = I_A \cdot \frac{U'}{U_N} = 166\ \text{A} \cdot \frac{210\ \text{V}}{400\ \text{V}} = \mathbf{87{,}3\ A}.$$

Das Bemessungsmoment ist nach Abschn. 2.2

$$M_N = \frac{P_N}{2 \cdot \pi \cdot n_N}$$

$$M_N = \frac{11000\ \frac{\text{Nm}}{\text{s}} \cdot 60\ \frac{\text{s}}{\text{min}}}{2 \cdot \pi \cdot 965\ \text{min}^{-1}} = \mathbf{109\ Nm}$$

und das Anzugsmoment an 400 V

$M_A = 2{,}7 \cdot M_N = 2{,}7 \cdot 109\ \text{Nm} = 294\ \text{Nm}.$

Nach Abschn. 4.5.6.4 ändert sich das Drehmoment quadratisch mit der Ständerspannung. Es beträgt an der Spannung 210 V

$$M'_A = M_A \cdot \left(\frac{U'}{U_N}\right)^2 = 294\ \text{Nm} \cdot \left(\frac{210\ \text{V}}{400\ \text{V}}\right)^2$$

$M'_A = \mathbf{81\ Nm}.$

4.5.10.7 Anlasstransformator

Im Gegensatz zum festen Verhältnis der Strangspannungen $1/\sqrt{3}$ in der Stern-Dreieck-Umschaltung, kann mit einem Anlasstransformator in Sparschaltung die Motorspannung davon abweichend gewählt werden. Wegen der hohen Kosten verwendet man ihn aber erst ab Motorleistungen von etwa 500 kW.

Das Anzugsmoment sinkt quadratisch mit der Motorspannung, sodass nur Leeranlauf möglich ist. Der Motorstrom ändert sich proportional zur Motorspannung. Wegen des Übersetzungsverhältnisses des Transformators wird der Anlaufstrom auf der Netzzuleitung nochmal proportional mit der Spannung verringert. Der für das Netz maßgebende Anlaufstrom wird also, wie bei der Stern-Dreieck-Umschaltung, quadratisch mit der Spannung herabgesetzt, ebenso das Anzugsmoment. Der Anlauf kann über mehrere Spannungsabstufungen erfolgen. Allgemein üblich ist ein zweistufiger Anlauf nach Bild **4**.124. Zum Anlassen legt man zunächst den Sternpunktschalter *2*, dann den Hauptschalter *3* ein. Der Motor läuft mit der dem Übersetzungsverhältnis entsprechenden Spannung hoch. Dann wird der Sternpunktschalter *2* geöffnet, ein Teil des Transformators wirkt als Drossel, sodass der Motor mit einer höheren Spannung weiter beschleunigt. Schließlich wird der Anlasstrafo mit Schalter *4* überbrückt und der Motor liegt an der vollen Netzspannung.

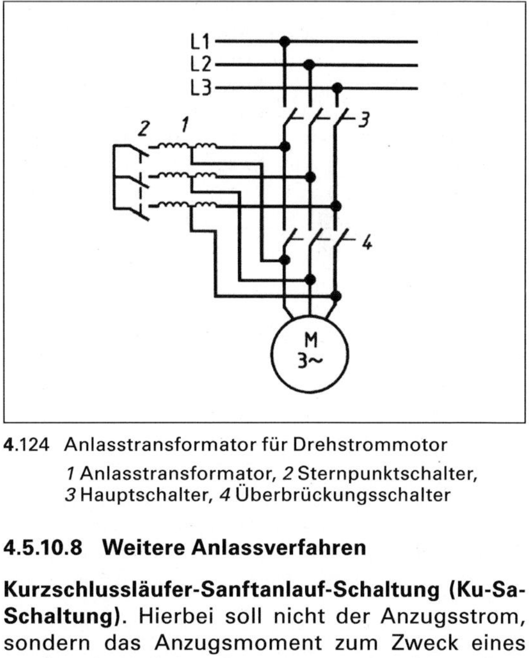

4.124 Anlasstransformator für Drehstrommotor
1 Anlasstransformator, *2* Sternpunktschalter, *3* Hauptschalter, *4* Überbrückungsschalter

4.5.10.8 Weitere Anlassverfahren

Kurzschlussläufer-Sanftanlauf-Schaltung (Ku-Sa-Schaltung). Hierbei soll nicht der Anzugsstrom, sondern das Anzugsmoment zum Zweck eines sanften Anlaufs herabgesetzt werden. Man schaltet einen Widerstand in eine Zuleitung der Ständerwicklung.

Beim Frequenzanlauf kann der Motor über einen Frequenzumrichter nach Abschn. 4.5.11.5 mit steigender Frequenz und Spannung hochgefahren werden.

Vorwiderstände und Vorschaltdrosseln werden nur noch selten eingesetzt.

Anlaufkupplung. Schließlich kann man den Motor auch leer hochlaufen lassen und dann über eine Anlaufkupplung (Schalt- oder Fliehkraftkupplung) die anzutreibende Arbeitsmaschine zuschalten und hochfahren.

Alle betrachteten Verfahren sind – bis auf den Einsatz von Läuferanlassern – auch für den Anlauf von Drehstrom-Synchronmaschinen mit Dämpferkäfig geeignet.

Aufgaben zu Abschnitt 4.5.10

1. Die Leistungsschildangaben eines Drehstrom-Asynchronmotors lauten: 10 kW, 230/400 V, 34,8/20 A, $\cos \varphi = 0{,}84$, 1410 min^{-1}. Läufer: 230 V Y, 27 A. Der Kippschlupf wird mit 0,19 angenommen.

   a) Wie groß ist der Wirkwiderstand je Strang der Läuferwicklung, wenn der Läufer-Bemessungsleistungsfaktor mit $\cos \varphi_{2N} = 1$ angenommen wird?

   b) Wie groß muss der Anlasswiderstand gewählt werden, damit der Motor mit dem Kippmoment anläuft?
2. Der sechspolige 75-kW-Schleifringläufermotor eines Hallenkrans mit der Läuferstillstandsspannung 235 V und dem Läuferstrom 195 A wird über einen Anlasser gesteuert. Bestimmen Sie den Anlasserkennwert k_a.
3. Für einen vierpoligen 22-kW-Schleifringläufermotor der Tabelle **4**.114 steht ein Anlasser von 0,56 Ω zur Verfügung. Prüfen Sie, ob der Widerstandswert des Anlassers für Halblastanlauf geeignet ist.
4. Für eine Bandsäge wird ein zweipoliger 11-kW-Käfigläufermotor benötigt. Das Anzugsmoment soll 25 Nm betragen. Prüfen Sie, ob für Stern-Dreieck-Anlauf ein Motor der Tabelle **4**.95 geeignet ist.
5. Ein sechspoliger Drehstrom-Asynchronmotor für 400 V 50 Hz in Dreieckschaltung und den Bemessungsstrom 17,2 A hat die Bemessungsleistung 7,5 kW. Seine Bemessungsdrehzahl beträgt 965 min^{-1}, sein Bemessungsleistungsfaktor 0,75. Vom Hersteller werden die Verhältnisse $M_A/M_N = 2{,}6$, $I_A/I_N = 6{,}4$ und $M_K/M_N = 3{,}0$ angegeben.

   a) Wie groß sind das Anzugsmoment, der Anzugsstrom und das Kippmoment bei Dreieckschaltung des Motors?

   b) Der Motor soll in Sternschaltung anlaufen. Wie groß sind dann Anzugsmoment und Anzugsstrom?
6. Mit einem Sanftanlasser wird der vierpolige 15-kW-Käfigläufermotor (Tabelle **4**.95) zum Antrieb einer Rolltreppe angelassen. Dabei ist die Stromgrenze auf $4 \cdot I_N$ eingestellt. Bestimmen Sie die Anlassspannung und das Anzugsmoment.
7. Der Antrieb für ein Transportband im Maschinenbau wird mit einem Sanftanlasser angelassen. Auf welchen Wert muss der Anfangsstrom eingestellt werden, damit der sechspolige 4-kW-Käfigläufermotor der Tabelle **4**.95 ein Anzugsmoment von 30 Nm entwickelt?

4.5.11 Drehzahlsteuerung

Mit zunehmender Automatisierung in der Industrie ist es erforderlich, die Drehzahlen der Antriebe schnell und feinstufig zu verändern und sie innerhalb des gewünschten Stellbereichs konstant zu halten. Früher konnten diese Anforderungen besonders gut Gleichstrommotoren erfüllen, die durch Einstellen der Ankerspannung und des Erregerstroms gesteuert werden. Die Asynchronmaschinen sind einfacher und robuster als Gleichstrommaschinen, da der Stromwender als empfindlichstes Bauteil entfällt. Daher ist es günstiger, drehzahlgesteuerte Asynchronmaschinen einzusetzen. In der Vergangenheit war jedoch die Drehzahlsteuerung dieser Maschinen entweder sehr verlustbehaftet (z. B. beim Schleifringläufermotor mit Läuferwiderständen) oder nur mit Frequenzumformern unter großem Maschinenaufwand oder aber bei der Polumschaltung nur stufig zu realisieren. Mit der Stromrichtertechnik ergeben sich Möglichkeiten, die Drehzahlen schnell und stufenlos in einem weiten Bereich verlustarm einzustellen. Bei kleinen Maschinen können sogar Drehzahlen weit über 100 000 min^{-1} erreicht werden.

4.5.11.1 Steuerungsmöglichkeiten

Tabelle **4**.125 gibt eine Übersicht über Verfahren zur Drehzahlsteuerung der Asynchronmaschine.

Tabelle **4**.125 **Drehzahlsteuerung von Asynchronmaschinen**

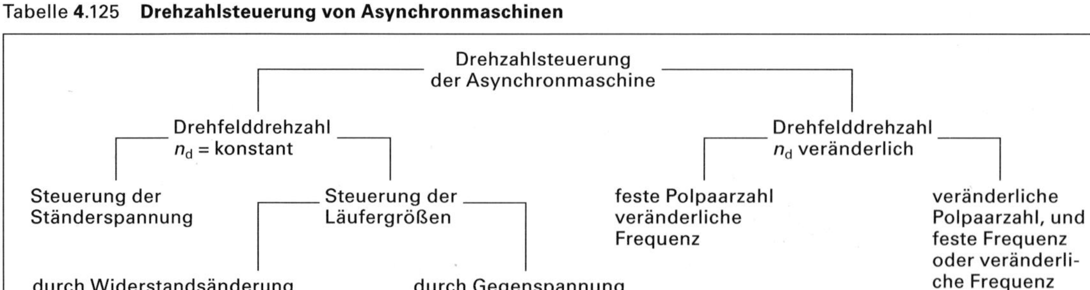

Möglichkeiten der Drehzahlsteuerung von Asynchronmaschinen:

- Ist die Drehfelddrehzahl n_d = konstant, kann die Drehzahl $n = n_d (1 - s)$ durch Verändern des Schlupfs s gesteuert werden.
- Die Drehfelddrehzahl $n_d = f/p$ in s^{-1} ist über die Frequenz f oder die Polpaarzahl p veränderlich.

Die Ständerspannung einer belasteten Asynchronmaschine wird von der Bemessungsspannung ausgehend verringert, der magnetische Fluss dadurch kleiner. Um das Drehmoment aufrechtzuhalten, muss ein größerer Läuferstrom fließen. Bei konstantem Läuferwiderstand ist dies nur durch Erhöhen der induzierten Läuferspannung zu erreichen. Deshalb muss sich der Schlupf der Maschine vergrößern bzw. die Drehzahl verringern.

Läuferwiderstand. Zum gleichen Ergebnis kommt man, wenn man bei konstanter Ständerspannung den Läuferwiderstand erhöht. Soll wiederum das Drehmoment und damit der Läuferstrom aufrechterhalten werden, muss eine höhere Läuferspannung induziert werden. Dies führt, wie die Verringerung der Ständerspannung, zu höherem Schlupf bzw. niedrigerer Drehzahl.

Die Drehzahlsteuerung durch Verändern der Ständerspannung oder des Läuferwiderstands sind mit erheblichen Verlusten behaftet. Nach Abschn. 4.5.4 sind die Stromwärmeverluste des Läufers $P_{Cu2} = P_d \cdot s$ das Produkt aus der Drehfeldleistung P_d und dem Schlupf s. Bei großem Schlupf bzw. niedriger Drehzahl muss fast die gesamte Drehfeldleistung als Verlustleistung im Läufer und im Anlasser verarbeitet und nach außen abgeführt werden. Dies führt zur erheblichen Erwärmung und zu einem schlechten Wirkungsgrad.

Läufergegenspannung. Nahezu verlustfrei ist die Steuerung der Drehzahl über den Schlupf, wenn auf den Läufer von außen eine entsprechende Gegenspannung geschaltet und die Schlupfleistung dem Netz zurückgeführt wird. Die Wirkungsweise entspricht weitgehend der Schlupfverstellung durch Läuferwiderstände.

Frequenz. Die beiden letzten Möglichkeiten – Schlupfverstellung über Läuferwiderstand oder Gegenspannung – erfordern einen Schleifringläufermotor. Soll eine schleifringlose Maschine im weiten Bereich verlustarm gesteuert werden, ist die Frequenz zu steuern, wobei man gleichzeitig die Ständerspannung verändern muss. Abnehmende Frequenz bedeutet abnehmende Drehzahl und umgekehrt.

Polumschaltung. Schließlich kann bei konstanter Netzfrequenz die Polzahl durch Umschalten der Wicklung verändert werden. Auf diese Weise wird die Drehzahl der Maschine allerdings nur stufig gesteuert.

4.5.11.2 Ändern der Ständerspannung

Wirkungsweise. Nach Abschn. 4.5.6 ändert sich das Drehmoment der Asynchronmaschine quadratisch mit der Ständerspannung ($M \sim U^2$). Der Kippschlupf s_K bleibt unverändert. Die Strom-

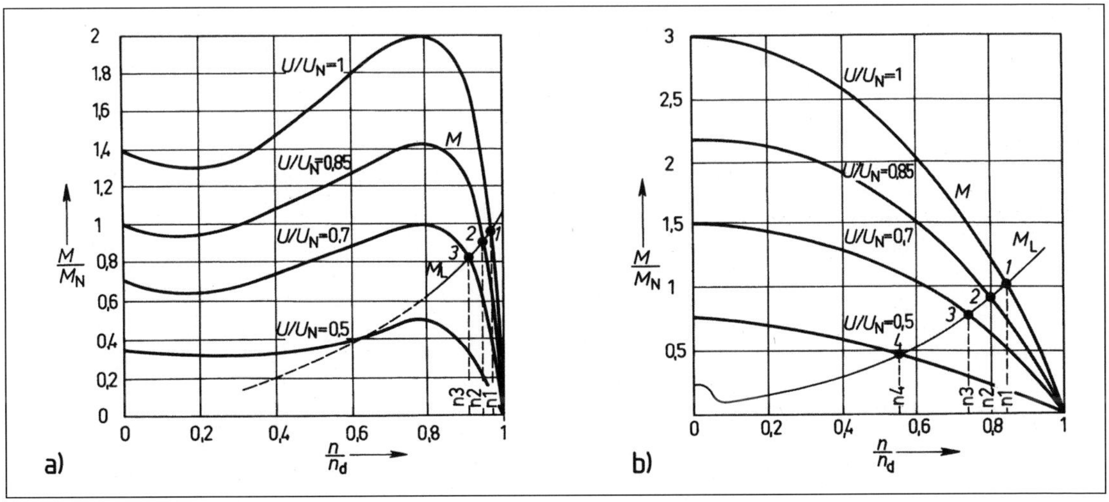

4.126 Drehmoment-Drehzahl-Kennlinien

a) eines „normalen" Kurzschlussläufermotors, b) eines Widerstandsläufers

M Motormoment in Abhängigkeit von der Ständerspannung, M_L Lastmoment

aufnahme des Motors ändert sich wegen der gleich bleibenden Widerstände proportional mit der Spannung ($I \sim U$). In der Praxis kommt nur das Verringern der Bemessungsspannung in Betracht, weil ihre Vergrößerung den magnetischen Fluss über den Bemessungsfluss erhöht und den Magnetisierungsstrom sehr stark ansteigen lässt. Dies würde zur unzulässigen Erwärmung des Motors führen.

Bild **4**.126a zeigt die Drehmoment-Drehzahl-Kennlinie eines Asynchronmotors mit Kurzschlussläufer bei verschiedenen Ständerspannungen. Beträgt die Ständerspannung z. B. $U' = 0{,}7\ U_N$, sind nach Gl. (4.42) alle Werte der Drehmomentkennlinie $M' = (0{,}7)^2 \cdot M = 0{,}5 \cdot M$. Treibt der Motor eine Arbeitsmaschine mit stark drehzahlabhängigem Lastmoment M_L an, z. B. einen Lüfter, ergeben sich für die dargestellte Kennlinien die drei Arbeitspunkte mit den Drehzahlen n_1 bis n_3. Würde die Ständerspannung $U' = 0{,}5\ U_N$ betragen, liegt der Schnittpunkt unterhalb des Kippschlupfs s_K. Bei diesem Schlupf nimmt der Motor bei Bemessungsspannung z. B. den 4-fachen Bemessungsstrom auf. Ist die Motorspannung $U' = 0{,}5\ U_N$, dann ist die Stromaufnahme $I' = 0{,}5 \cdot 4 \cdot I_N = 2 \cdot I_N$. Der Motor kann bei diesem Betriebspunkt mit 2-fachem Bemessungsstrom nicht im Dauerbetrieb arbeiten.

Einfluss der Läuferart. Die Drehzahl eines Antriebs mit ähnlichen wie in Bild **4**.126a dargestellten Motordrehmoment-Kennlinien lässt sich wegen der thermischen Belastung des Motors nur in einem sehr begrenzten Bereich über die Ständerspannung steuern. Daher verwendet man Widerstandsläufer, deren Ströme wegen des größeren Lauferwirkwiderstands für das gleiche Drehmoment kleiner als die eines „normalen" Kurzschlussläufers sind.

Bei einem Widerstandsläufer (Kurzschlussläufer mit hohem Läuferwirkwiderstand) oder einem Schleifringläufer mit an Schleifringen angeschlossenen Widerständen verschiebt man das Kippmoment auf den Kippschlupf $s_K \approx 1$ (s. Abschn. 4.5.6). Ändert man die Ständerspannung, ergeben sich Kennlinien des Motordrehmoments M wie in Bild **4**.126b, die zusammen mit der Kennlinie des Lastmoments M_L Arbeitspunkte in einem weiten Drehzahlbereich ermöglichen.

Stromwärmeverluste des Läufers. Ein weiteres Problem bilden die bei niedriger Drehzahl mit dem Schlupf s ansteigenden Stromwärmeverluste des Läufers $P_{Cu2} = P_d \cdot s$ (Gleichung 4.24). Bei großem Schlupf führen sie zur unzulässigen Erwärmung des Läufers und zu einem schlechten Wirkungsgrad. Bei niedriger Drehzahl muss fast die gesamte Drehfeldleistung P_d als Verlustleistung im Läufer verarbeitet und nach außen abgeführt werden. Besonders ungünstig ist die Schlupfsteuerung für Arbeitsmaschinen mit konstantem Lastmoment (z. B. Längsdrehmaschinen), die auch bei geringer Drehzahl das Bemessungsmoment verlangen.

Wegen der Verlustwärme müssen die Motoren überdimensioniert werden. So braucht man z. B. für den 2-kW-Antrieb eines Lüfters (Lastmoment stark von der Drehzahl abhängig) bei Drehzahlsteuerung durch Ständer-Spannungsänderung einen Antriebsmotor mit der Typenleistung von 5,4 kW.

Im Gegensatz zu Kurzschlussläufern entsteht bei Schleifringläufern ein Teil der Verlustwärme in den Widerständen außerhalb des Läufers. Daher sind Schleifringläufermotoren für die Schlupfsteuerung besser als Kurzschlussläufermotoren geeignet. Kurzschlussläufer verwendet man nur in folgenden Fällen:

a) Im Kurzzeitbetrieb mit festgelegter Einschaltdauer, z. B. für Kurzschlussläufer-Sanftanlauf.

b) Drehzahlsteuerung von Arbeitsmaschinen mit stark von der Drehzahl abhängigem Lastmoment, z. B. Lüfter, Pumpen. Dabei muss der Motor überdimensioniert werden.

c) Drehzahlsteuerung kleiner Motoren mit verhältnismäßig großem Läuferwiderstand, somit von vornherein schlechtem Wirkungsgrad, z. B. Wicklerantriebe in der Textilindustrie.

Stellglieder. Stelltransformatoren, Anlasssteller (dreiphasige einstellbare Vorwiderstände) und Transformatoren mit Stufenschalter werden als mechanisch bewegte Stellglieder zum Einstellen der Motorspannung und damit der Drehzahl verwendet. Die Steuerung ist jedoch im Gegensatz zur kontaktlosen Stromrichtertechnik recht langsam.

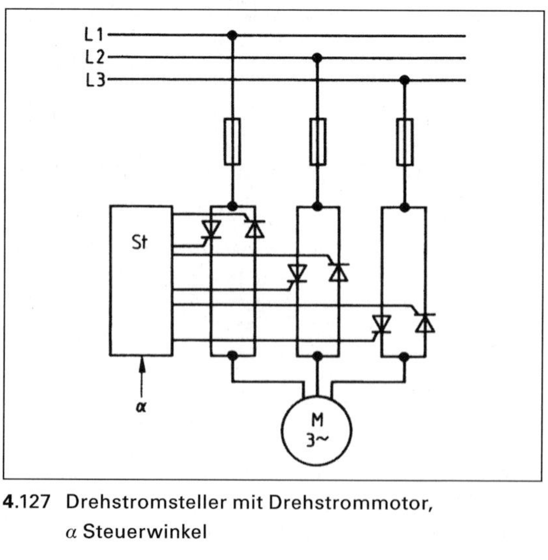

4.127 Drehstromsteller mit Drehstrommotor, α Steuerwinkel

Daher sind mit ihnen keine schnellen Drehzahlregelungen möglich. Mit kontaktlos arbeitenden Drehstromstellern kann man die Motorspannung trägheitslos und stufenlos einstellen. Die Schaltung des Drehstromstellers in Bild **4**.127 besteht aus zwei antiparallel geschalteten anschnittgesteuerten Thyristoren je Außenleiter, die über einen Steuersatz gezündet werden. Durch Verändern des Steuerwinkels lässt sich die Motorspannung einstellen. Für kleinere Motoren verwendet man einen Triac statt der einzelnen Thyristoren je Außenleiter.

4.5.11.3 Schlupfwiderstände

Wirkungsweise. Beim Schleifringläufer kann man durch Einschalten von Läuferwiderständen (Schlupfwiderständen) die Strom- und Drehmoment-Drehzahl-Kennlinien zu höheren Schlupfwerten verschieben (Abschn. 4.5.10.3). Zusammen mit der Drehmoment-Kennlinie der Arbeitsmaschine M_L ergeben sich wie in Bild **4**.128 Betriebspunkte bei verschiedenen Drehzahlen *n*.

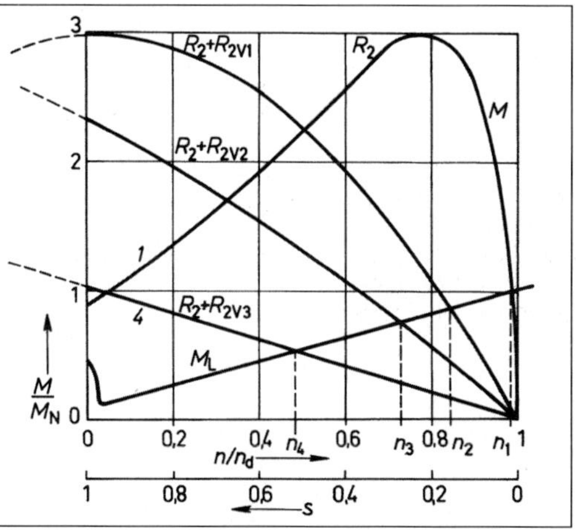

4.128 Drehmoment-Drehzahl-Kennlinie eines Schleifringläufermotors bei Widerstandsänderung im Läuferkreis

Die Drehmoment-Drehzahl-Kennlinien eines Schleifringläufers werden mit zunehmenden Schlupfwiderständen weicher, d. h. Laständerungen führen zu großen Drehzahländerungen. Bei voller Entlastung wird jeweils die Leerlaufdrehzahl angenommen.

Steueranlasser. Für die Berechnung der Schlupfwiderstände gilt Gleichung (4.54). Jedoch kann man keinen üblichen Anlasswiderstand verwenden, sondern nur einen Steueranlasser, der für die größere Einschaltdauer bei der Drehzahlverstellung thermisch bemessen ist. Im Läuferkreis entstehen bei der Schlupfverstellung Stromwärmeverluste $P_{Cu} = P_d \cdot s = 3 \cdot I_2^2 \, (R_2 + R_{2V})$, die sich im Verhältnis der Widerstände auf die Läuferwicklung und die Schlupfwiderstände aufteilen. Der Widerstand des Steueranlassers besteht aus Teilwiderständen, die entsprechend den gewünschten Drehmoment-Drehzahl-Kennlinien stufig eingestellt werden. Diese Art der Drehzahlsteuerung führt notwendigerweise zu Drehmomentsprüngen. Will man die Änderung kontaktlos und kontinuierlich vornehmen, verwendet man die Pulssteuerung.

Pulssteuerung mit einem Gleichstromsteller. Legt man parallel zum Widerstand *R* in Bild **4**.129a einen Schalter, den man periodisch schließt und öffnet, kann nach Wahl des Tastverhältnisses (Verhältnis zwischen Schließzeit T_E und Periodendauer *T* des Schalters) der Mittelwert i_m des über den Widerstand fließenden Stroms eingestellt werden (**4**.129b). Damit ändert sich der für die Stromquelle wirksame Widerstand zwischen 0 und *R*. Zur Glättung des Laststroms wird eine Induktivität eingeschaltet. Dadurch fließt der Strom im eigentlichen Verbraucher (z. B. einem Schleifringläufer) weitgehend kontinuierlich. Als kontaktlose Schalter verwendet man Thyristoren oder Transistoren, die mit einer einstellbaren Pulsfrequenz angesteuert werden. Die Halbleiter arbeiten als Gleichstromsteller.

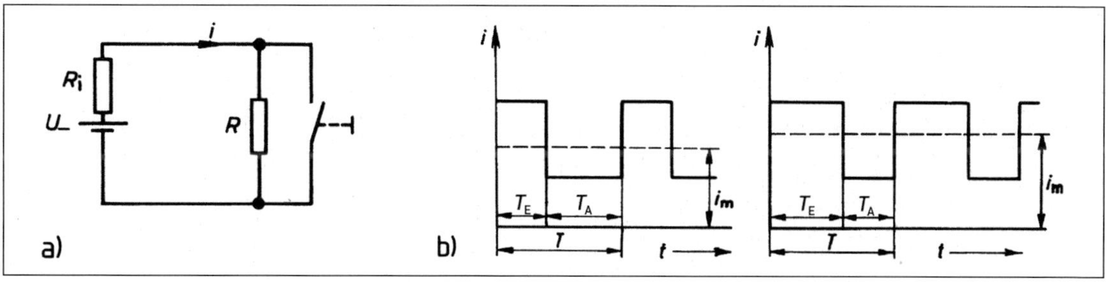

4.129 Gepulster Widerstand
a) Grundschaltung, b) Stromverlauf bei verschiedenen Tastverhältnissen

Bild **4**.130 zeigt die Anwendung für die Drehzahlsteuerung eines Schleifringläufermotors. Die an den Schleifringen auftretende Dreiphasen-Wechselspannung wird über den Brückengleichrichter *BR* gleichgerichtet und an die Reihenschaltung von Drossel *L* und Pulswiderstand R_{2P} gelegt. Der parallel zum Widerstand liegende Gleichstromsteller Q schließt den Widerstand periodisch kurz. Der Widerstand muss so gewählt sein, dass sich bei gesperrtem Thyristor die Kennlinie *4* in Bild **4**.128 ergibt. Bei durchgeschaltetem Thyristor ist der Widerstand R_{2P} wirkungslos. Die Kennlinie *1* (Schleifringläufer ohne äußeren Widerstand) wäre gültig. Durch ein entsprechendes Tastverhältnis lassen sich alle dazwischen liegenden Drehmoment-Drehzahl-Kennlinien einstellen. Der Pulswiderstand

$$R_{2P} = 2 \cdot R_{2V} \quad (4.60)$$

ist doppelt so groß wie ein Anlasswiderstand R_{2V} nach Gleichung (4.54) zu wählen.

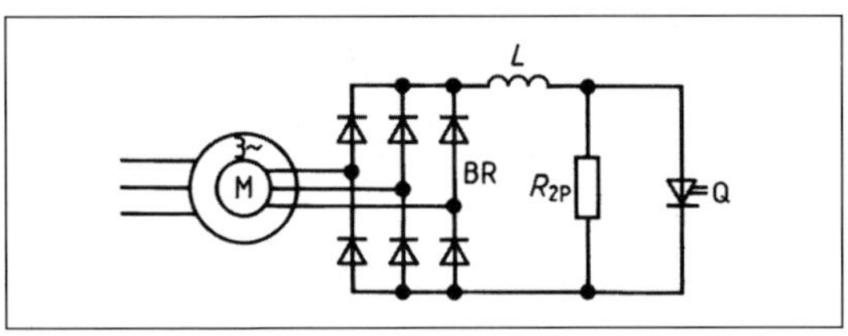

4.130 Drehstrom-Schleifringläufermotor mit Pulssteuerung

Anwendung. Wegen der Stromwärmeverluste $P_{Cu2} = P_d \cdot s$ eignet sich die Schlupfsteuerung über Schlupfwiderstände wie auch schon die Schlupfsteuerung durch Ändern der Ständerspannung nur für einzelne Motoren kleiner bis mittlerer Leistung oder für kurzzeitiges Einstellen niedriger Drehzahlen (z. B. Anlassen von Motoren). Bei niedrigen Drehzahlen ist zudem die Kühlung der Motoren schlechter, sodass es ungünstig ist, auf diese Weise Arbeitsmaschinen mit konstantem Lastmoment zu steuern.

4.5.11.4 Läufergegenspannung

Die beiden beschriebenen Verfahren zur Drehzahlsteuerung über den Schlupf *s* (Verringern der Ständerspannung und Vergrößern des Läuferwiderstands) werden wegen der erheblichen Verluste nur bei kleinen und mittleren Maschinen verwendet. Schleifringläufer großer Leistung bis zu 30 MW können durch eine der Läuferquellenspannung entgegen geschaltete Spannung fast verlustlos gesteuert werden.

Wirkungsweise. Nach Abschn. 4.5.3 wächst die Läuferquellenspannung $U_{q2} = s \cdot U_{20}$ proportional mit dem Schlupf *s*. Bei $s = 1$ ist die Läuferquellenspannung gleich der Läuferstillstandsspannung U_{20}. Wird von einem Schleifringläufer ein bestimmtes Drehmoment verlangt, muss ein entsprechender Läuferstrom $I_2 = U_{q2}/Z_2 = s \cdot U_{20}/Z_2$ fließen. Den Läuferwiderstand Z_2 betrachten wir vereinfachend schlupfunabhängig. Schaltet man nun der induzierten Läuferquellenspannung U_{q2} eine in Phasenlage und Frequenz angepasste Spannung U_g entgegen, muss für ein gleich bleibendes Moment und damit gleichbleibendem Läuferstrom I_2 die induzierte Läuferquellenspannung auf $U'_{q2} = U_{q2} + U_g$ erhöht werden. Die höhere Läuferquellenspannung wird dadurch aufgebracht, dass sich der Schlupf *s* auf *s'* erhöht.

Die gesamte Drehmoment-Drehzahl-Kennlinie wird daher mit wachsender Gegenspannung U_g, wie in Bild **4**.131 dargestellt, zu höherem Schlupf parallel verschoben. Auf diese Weise kann man, entsprechend der eingestellten Gegenspannung, für ein bestimmtes verlangtes Lastmoment jede Drehzahl zwischen Bemessungsdrehzahl und Stillstand einstellen.

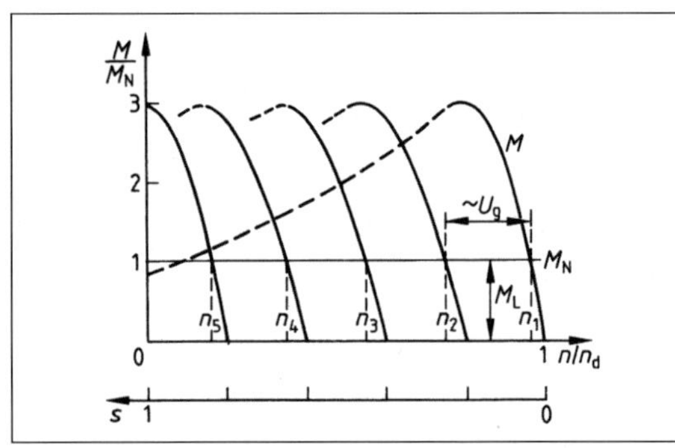

4.131 Normierte Drehmoment-Drehzahl-Kennlinien eines Schleifringläufermotors bei verschiedenen Läufergegenspannungen U_g

> Die Drehzahl eines Schleifringläufers kann durch eine in Phasenlage und Frequenz angepasste Gegenspannung U_g unterhalb der Drehfelddrehzahl eingestellt werden. Die Läuferquellenspannung U'_{q2} muss um die Gegenspannung größer werden, indem der Schlupf ansteigt. Über eine Maschinenkaskade oder eine Stromrichterkaskade wird die Schlupfleistung ins Netz zurückgeführt.

4.5.11.5 Frequenzverstellung

Fast verlustfrei kann die Drehfelddrehzahl der Käfigläufermotoren durch Polumschalten und/oder durch Frequenzverstellen gesteuert werden.

Die Grundlagen der Frequenzumrichter sind in Abschn. 1.7.5.3 dargestellt; in Abschnitt 5 werden der Einsatz und die Parametrierung beschrieben. An dieser Stelle sollen die Beanspruchungen von Käfigläufermotoren im Umrichterbetrieb betrachtet werden. Vorausgesetzt wird, dass der Frequenzumrichter den Asynchronmotor bis zur Eckfrequenz, z. B. 50 Hz oder im Sonderfall bis 87 Hz, mit Bemessungsfluss versorgt und das höchste verfügbare Drehmoment durch die Bemessung des Motors und der Strombegrenzung des Umrichters gegeben ist. Im Feldschwächbereich oberhalb der Eckfrequenz wird der Motor bei konstanter Leistung mit einem Drehmoment proportional zu $1/n$ betrieben (s. Bild **4**.132).

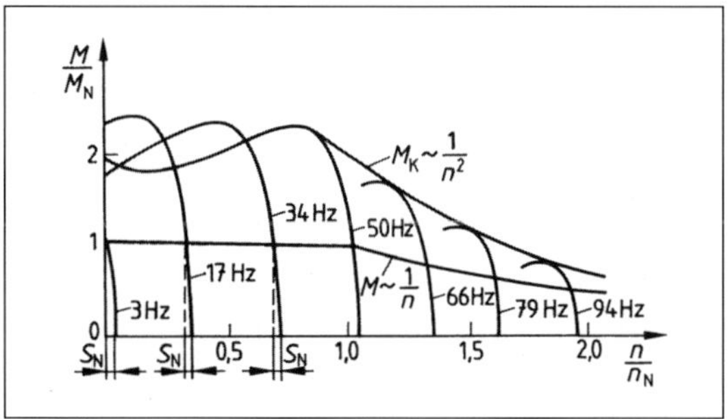

4.132 Drehmoment-Drehzahl-Kennlinienschar eines umrichtergespeisten D-Käfigläufermotors

Der Anwendungsleitfaden der DIN VDE 0530-17 behandelt den Einsatz von Induktionsmotoren mit Käfigläufer für Niederspannung bis 1000 V und Leistungen bis 1600 kW, die ursprünglich für den Netzbetrieb ausgelegt sind. Der Leitfaden der DIN VDE 0530-25 behandelt den Entwurf und das Betriebsverhalten von Drehstrommotoren, die speziell für den Umrichterbetrieb bemessen sind. In den Normen werden folgende Probleme erläutert:

- Zusätzliche Verluste
- Geräusche
- Lebensdauer des Isoliersystems
- Lagerströme
- Installation

Neben diesen grundsätzlichen Problemen werden Fragestellungen der Speisung von Hochspannungsmotoren und Synchronmotoren sowie die Speisung mit *I*-Umrichtern besprochen.

Zusätzliche Verluste. Durch die Oberschwingungen des *U*-Umrichters entstehen zusätzliche Verluste – fast ausschließlich im Eisen – die nicht mit den Zusatzverlusten (Abschn. 4.5.4), wie sie auch im Netzbetrieb entstehen, verwechselt werden dürfen. Diese zusätzlichen Verluste nehmen mit höherer Schaltfrequenz der Pulsumrichter ab, wobei die Verluste des Umrichters selbst mit steigender Schaltfrequenz zunehmen. Bei Teillast bleiben die zusätzlichen Verluste des aus einem *U*-Umrichter gespeisten Asynchronmotors nahezu konstant. Sie sind jedoch in den meisten Fällen erheblich geringer als die möglichen Verlusteinsparungen im Prozess durch Drehzahlverstellung. Der Einsatz eines Filters am Ausgang der *U*-Umrichter reduziert diese Verluste, weil die Amplitude und die Steilheit d_u/d_t der hochfrequenten Schaltspannung verringert werden.

Geräusche werden verursacht durch:

- Wälzlager- und Lüftungsgeräusche besonders bei hohen Drehzahlen
- Magnetgeräusche
- Längs- und Querbewegungen des Ständerblechpakets

Der Anstieg der Geräusche bei Speisung aus Pulsumrichtern im Vergleich zur Netzeinspeisung ist ziemlich klein, wenn die Schaltfrequenz oberhalb von 3 kHz liegt. In manchen Fällen kann es erforderlich sein, ein schmales Frequenzband auszublenden, um Resonanzbedingungen mit der Eigenschwingungsfrequenz des Motorständers zu vermeiden.

Isoliersystem. Das Isoliersystem des Motors unterliegt im Umrichterbetrieb einer höheren dielektrischen Beanspruchung als an sinusförmiger Netzwechselspannung. Besonders gefährdet ist die Isolierung der ersten Windung einer Spule, weil steile Impulse zur nicht linearen Spannungsverteilung führen und besonders die Eingangswindung gefährden. Die geringe Anstiegszeit der Schaltimpulse von *U*-Umrichtern von 50 ns bis 400 ns vermindert zwar die Schaltverluste der Halbleiter, kann aber periodische Überspannungen bis zu zweifacher Zwischenkreisspannung an den Klemmen eines über Leitungen angeschlossenen Motors verursachen. Dadurch wird die Lebensdauer des Motorisoliersystemes verringert. Die Höhe der Spannung hängt von Umrichterausgang, der Leitungslänge zum Motor und der Motorklemmenimpedanz ab. Ein wichtiger Faktor ist auch die ordnungsgemäße Erdungskonfiguration. Ausgangsfilter des Umrichters können sich ebenso positiv auswirken.

Lagerströme entstehen durch die in die Welle induzierte Spannung, die sog. *Wellenspannung*. Grundsätzlich fließen Lagerströme nur dann, wenn am Lagerschmiermittelspalt eine Spannung ansteht, die hoch genug ist, um die Isolierung des Schmiermittels zu durchschlagen. Die Durchschläge verursachen Markierungen der Lagerlaufflächen infolge Funkenerosion und verringern deren Lebensdauer.

Ursachen der Spannungen sind:

- Magnetische Unsymmetrie
- Elektrostatische Aufladung
- hochfrequente Spannungen

Besonders häufig sind die impulsförmigen hochfrequenten Erdströme, welche als Folge eines unzureichenden Erdungssystems auftreten. Daher haben die Erdungs- und Abschirmungsmaßnahmen, z. B. Erdungsbürsten, große Bedeutung für die Lebensdauer der Lager und auch des gesamten Antriebs. Der Scheitelwert der Erdströme wächst mit der Baugröße der Maschine, bei großen Baugrößen werden daher auch isolierte Lager eingesetzt.

Installation. Die eingesetzten Leitungen und vor allem die Erdung des Motors haben einen wesentlichen Einfluss auf die Betriebssicherheit (EMV) und Lebensdauer (Lagerströme, Spitzenspannungen) des Antriebssystems. In den Herstellerunterlagen sind die Installationshinweise aufgeführt, die aus diesen Gründen unbedingt zu beachten sind.

4.5.11.6 Polumschaltung

Durch Ändern der Polpaarzahl p kann man an fester Netzfrequenz f nach Gleichung (4.10) die Drehfelddrehzahl $n_d = f_1/p$ und damit die Drehzahl n von Käfigläufermotoren in Stufen stellen. Da Schleifringläufer für eine bestimmte Polzahl gewickelt sind, eignen sie sich im Allgemeinen nicht für die Polumschaltung. Die verschiedenen Polzahlen ergeben sich durch Umschalten der Ständerwicklung. Nach DIN EN 60034 - 8 werden die Anschlussklemmen der Wicklung für die niedrige Drehzahl (hohe Polzahl) mit einer vorgestellten 1, für die hohe Drehzahl (niedrige Polzahl) mit einer vorgestellten 2 usw. bezeichnet. So lauten die Klemmenbezeichnungen eines 6/4-poligen Motors für die niedrige Drehzahl: Wicklungsanfänge 1U1, 1V1, 1W1; Enden 1U2, 1V2, 1W2 und für die hohe Drehzahl: Anfänge 2U1, 2V1 usw. Oft werden jedoch nur die Wicklungsanfänge ausgeführt, die dann mit 1U, 1V, 1W und 2U, 2V, 2W bezeichnet sind (s. Abschn. 4.4.5).

Getrennte Wicklungen. Die verschiedenen Polzahlen kann man erreichen, indem man getrennte Wicklungen übereinander in die Nuten des Ständers einlegt. Die erzielbare Leistung beträgt bei zwei Drehzahlstufen etwa die Hälfte bis zwei Drittel der Bauleistung vergleichbarer Motoren mit einer Polzahl. Bild **4**.133a zeigt das Schaltzeichen für einen 6/4-poligen Motor mit getrennten Wicklungen, die an der Netzfrequenz 50 Hz die synchronen Drehzahlen 1000 und 1500 min^{-1} erzielen.

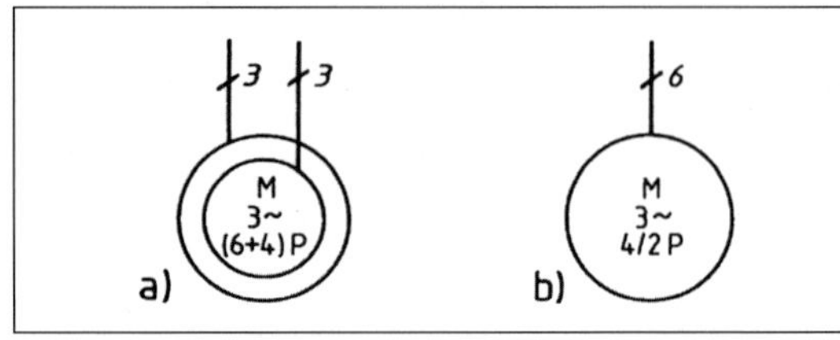

4.133 Polumschaltbare Motoren
a) getrennte Wicklungen (6- und 4polig)
b) umschaltbare Wicklung (4- und 2polig)

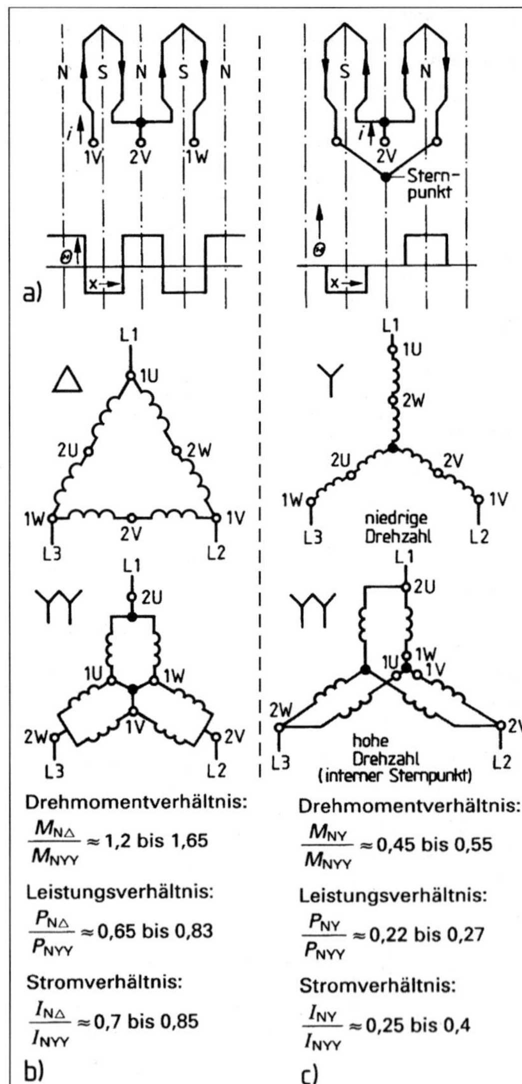

4.134 Dahlanderschaltung
a) Wirkungsweise mit Wicklungsschema und Felderregerkurve
b) Dreieck/Doppelstern-Schaltung
c) Stern/Doppelstern-Schaltung

Tabelle **4**.135 **Polumschaltbare Motoren, Auswahl**

Käfigläufermotoren, zweifach polumschaltbar

Bemessungsleistung		Baugröße	Momentenklasse	Trägheitsmoment J	Betriebswerte bei Bemessungsleistung			Anzugsmoment		Anzugsstrom		Kippmoment	
					Bemessungsdrehzahlen	Bemessungsstrom bei 400 V		bei direktem Einschalten als Vielfaches des Bemessungs-					
								drehmoments		stroms		drehmoments	
1500 min^{-1} **in kW**	3000 min^{-1} **in kW**		KL	in kg m^2	in min^{-1}	1500 in A	3000 in A	1500 min^{-1}	3000 min^{-1}	1500 min^{-1}	3000 min^{-1}	1500 min^{-1}	3000 min^{-1}
1500/3000 min^{-1} · 4/2-polig · 50 Hz · Schutzart IP 55 · Wärmeklasse F Ausführung mit einer Wicklung in Dahlander-Schaltung													
1,1	**1,4**	90 S	13	0,0028	1390/2810	2,7	3,6	1,6	1,8	4,2	4,3	1,9	2,0
1,5	**1,9**	90 L	13	0,0035	1390/2845	3,4	4,5	1,9	1,9	4,9	5,3	2,0	2,1
2	**2,4**	100 L	13	0,0048	1400/2850	4,3	5,7	1,8	1,8	5,0	5,5	2,0	2,1
2,6	**3,1**	100 L	13	0,0058	1400/2850	5,5	7,6	2,3	2,4	5,6	5,6	2,4	2,4
3,7	**4,4**	112 M	13	0,011	1420/2885	8,0	10,8	2,0	2,2	5,6	5,8	2,2	2,3
4,7	**5,9**	132 S	10	0,018	1450/2920	9,8	12,5	1,7	1,6	6,3	6,5	2,2	2,2
6,5	**8**	132 M	10	0,024	1450/2930	13,6	16,7	2,0	2,1	6,9	7,5	2,5	2,6
9,3	**11,5**	160 M	10	0,040	1455/2930	18,3	23,4	2,0	1,8	6,7	7,4	2,6	2,4
13	**17**	160 L	10	0,054	1455/2930	25,6	32,0	2,4	2,2	7,6	8,5	2,8	2,9
1000/1500 min^{-1} · 6/4-polig · 50 Hz · Schutzart IP 55 · Wärmeklasse F Ausführung mit einer Wicklung in PAM-Schaltung													
0,63	**0,9**	90 S	10	0,0026	910/1410	2,10	2,40	1,5	1,4	3,5	4,6	1,8	2,0
0,9	**1,3**	90 L	10	0,0035	920/1415	2,75	3,15	1,8	1,9	4,0	5,5	2,1	2,3
1,3	**1,9**	100 L	10	0,0048	920/1415	3,4	4,3	1,8	1,5	3,8	5,1	2,0	2,1
1,5	**2,1**	100 L	10	0,0058	920/1415	3,9	4,7	1,8	1,8	3,8	5,4	2,2	2,2
2,3	**3,1**	112 M	10	0,011	945/1445	6,1	7,0	2,0	1,6	4,6	6,5	2,2	2,3
2,9	**3,9**	132 S	10	0,018	950/1455	7,0	9,0	1,8	1,3	5,2	5,7	2,2	2,3
3,9	**5,1**	132 M	10	0,024	950/1455	8,8	11,5	1,9	1,5	5,2	6,1	2,2	2,4
5,7	**8**	160 M	10	0,040	965/1460	14,0	18,3	1,9	1,3	5,4	6,4	2,2	2,0
8,5	**12**	160 L	10	0,054	965/1460	20,8	26,5	2,2	1,7	6,1	7,4	2,2	2,4
Ausführung mit zwei Wicklungen													
0,38	**0,65**	90 S	10	0,0028	930/1430	1,3	1,75	1,3	1,5	3,0	4,3	1,7	2,1
0,55	**0,9**	90 L	10	0,0035	930/1430	1,8	2,4	1,3	1,5	3,0	4,2	1,7	2,1
0,9	**1,3**	100 L	10	0,0048	930/1430	2,5	3,1	1,3	1,3	3,6	5,1	1,8	1,8
1,1	**1,7**	100 L	10	0,0058	930/1435	3,0	3,9	1,5	1,5	3,8	5,8	1,9	2,2
1,5	**2,3**	112 M	10	0,011	950/1455	3,9	5,2	1,7	2,0	4,3	6,5	1,8	2,4
2	**3,1**	132 S	10	0,018	960/1465	5,0	6,8	1,6	1,6	4,1	6,4	1,9	2,3
2,8	**4,3**	132 M	10	0,024	960/1465	6,9	9,6	1,8	1,9	4,4	7,0	2,1	2,6
4,3	**6,6**	160 M	10	0,040	970/1470	10,3	13,9	1,9	1,8	5,5	7,0	2,1	2,5
6,3	**9,5**	160 L	10	0,054	970/1470	15,0	19,0	2,4	2,0	6,2	7,5	2,6	2,6

Dahlanderschaltung. Gegenüber einem Motor mit getrennten Wicklungen kann die Motorleistung bis auf das 0,8-fache der Bauleistung erhöht werden, wenn man durch Umschalten eine Wicklung für zwei Polzahlen benutzt. Die bekannteste dieser „Einwicklungsschaltungen" ist die Dahlanderschaltung, die jedoch nur die Umschaltung im Verhältnis 2:1, also z. B. von 4 auf 2 Pole zulässt. Die Wirkungsweise zeigt Bild **4**.134a.

Die Wicklung wird mit dem Nutenschritt für die hohe Polzahl hergestellt, jeder Strang ist in zwei Hälften unterteilt. Werden beide Wicklungshälften gleichsinnig vom Strom durchflossen, erhält man die hohe Polzahl (niedrige Drehzahl). Für die niedrige Polzahl (hohe Drehzahl) müssen die Ströme die Wicklungshälften gegensinnig durchfließen. Wegen des starken Oberwellengehalts des Luftspaltfelds wird die Wicklung oft als gesehnte Zweischichtwicklung ausgeführt. Wicklungsbilder befinden sich in Abschn. 4.4.5.

In der Schaltungsart Δ/YY der Dahlanderschaltung, wie in Bild **4**.134b, sind die Dreieckschaltung für die niedrige und die Doppelsternschaltung für die hohe Drehzahl verwendet. Bei beiden Drehzahlen ist das Bemessungsmoment M_N etwa gleich hoch, die Bemessungsleistung P_N sinkt bei der niedrigen Drehzahl etwa auf 70 %. Reicht bei der niedrigen Drehzahl (z. B. für Antriebe mit quadratischer Lastkennlinie wie Lüfter oder Pumpen) ein geringeres Bemessungsmoment aus, verwendet man die Schaltung Y/YY nach Bild **4**.134c. Diese Schaltung führt bei Antrieben mit quadratischer Lastkennlinie zur Energieeinsparung bei niedriger Drehzahlstufe, da die Drehmoment-, Leistungs- und Stromverhältnisse angepasst sind.

Pol-Amplituden-Modulation (PAM). Die PAM-Wicklung unterscheidet sich von der herkömmlichen Dahlanderschaltung dadurch, dass mit einer polumschaltbaren Wicklung Drehzahlverhältnisse abweichend von 1:2, also z. B. 1000 und 1500 min^{-1}, realisiert werden können. Ebenso wie bei der Dahlanderschaltung ist das Verhältnis Motorleistung zu Bauleistung größer als bei zwei getrennten Wicklungen. Die Drehzahländerung wird, ähnlich der Dahlanderschaltung, durch Umschalten der Stromrichtung in Spulen oder -gruppen erreicht, wobei man durch Überlagern (Modulation) von Felderregerkurven die verschiedenen Polzahlen erzielt. Der Wicklungsaufbau ist jedoch komplizierter und unterscheidet sich häufig von Strang zu Strang und in einzelnen Strängen von Pol zu Pol.

Der Anschluss ist wie bei der Dahlanderschaltung in Dreieck/Doppelstern und in Stern/Doppelstern möglich. In einigen Anwendungen sind PAM-Wicklungen gebräuchlich, die am Klemmenbrett wie Motoren mit zwei getrennten Wicklungen geschaltet werden, also für die hohe Drehzahl keine zusätzliche Sternschaltung erfordern. Bis zu vier Drehzahlstufen sind für Motoren durch die Kombination von getrennten und umschaltbaren Wicklungen wirtschaftlich möglich.

Die Tabelle **4**.135 auf Seite 310 zeigt für polumschaltbare Motoren eine Auswahl der Bemessungsdaten eines Herstellers.

4.5.12 Bremsen

In der modernen Fertigungstechnik müssen Antriebe nicht nur drehzahlgesteuert, sondern zur Vermeidung von Totzeiten oder auch aus Sicherheitsgründen schnell stillgesetzt werden. Dazu bedient man sich mechanischer und elektrischer Bremsverfahren (Tab. **4**.136). Zu unterscheiden sind die Bereiche Verlustbremsung und Nutzbremsung.

Tabelle **4**.136 **Übersicht: Bremsverfahren bei Drehstrom-Asynchronmotoren**

Bremsverfahren bei Drehstromasynchronmotoren	
Verlustbremsung Umformung der Bewegungsenergie in **Wärmeenergie**	**Nutzbremsung** Umformung der Bewegungsenergie in **elektrische Energie**
Mechanische Bremsverfahren – Bremslüfter – Bremsmotor – Stoppmotor **Elektrische Bremsverfahren** – Gleichstrombremsung – Gegenstrombremsung – Angebaute Wirbelstrombremse – Frequenzumrichter mit Zwischenkreisbremsung	**Generatorisches Bremsen** – Im Netzbetrieb – Frequenzumrichter mit Netzrückspeisung – Rückspeisung auf einen gemeinsamen Zwischenkreis bei Mehrmotorenantrieben

Mechanische Bremsen können am Motor angebaute, elektrisch betätigte Magnetbremsen sein (**4**.137a). Sie sind als Kegel-, Backen- oder Lamellenbremsen ausgebildet. Meist sind sie so aufgebaut, dass sie durch Federkraft anziehen und elektrisch gelüftet werden. Bei Netzausfall zieht die Bremse dann aus Gründen der Sicherheit an, sodass der Motor stillgesetzt wird. Daneben ist der Stoppmotor mit Verschiebeanker und eingebauter mechanischer Bremse nach Bild **4**.137b weit verbreitet. Bei diesem drückt im Ruhezustand die Bremsfeder eine auf der Welle befestigte Bremsscheibe gegen den Bremsbelag.

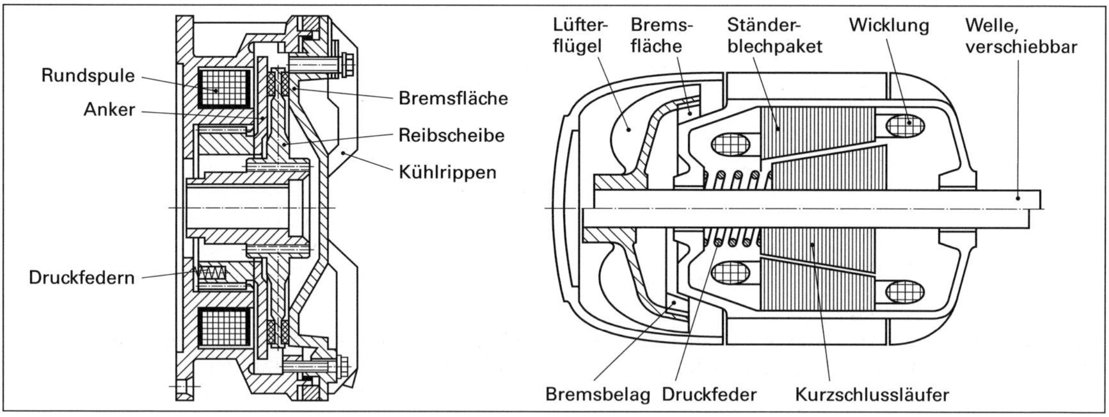

4.137 Bremsen von Motoren a) Reibscheibenbremse zum Anbau, © Siemens AG
b) Stoppmotor mit Verschiebeanker, oben ausgeschaltet, unten eingeschaltet

Im Gegensatz zum normalen Asynchronmotor sind beim Stoppmotor die Ständerbohrung und das Läuferblechpaket konusförmig ausgebildet. Beim Einschalten des Motors wirkt die im Luftspalt entstehende magnetische, axiale Kraft F_{mag} so, dass der Läufer gegen die Federkraft in die Ständerbohrung gezogen wird. Die Bremse ist gelöst. Werden die Motoren mechanisch gebremst, entsteht die Bremswärme außerhalb der Motorwicklungen und belastet sie nicht zusätzlich wie bei den elektrischen Bremsschaltungen. Diese unterscheiden sich hauptsächlich im Schaltungsaufwand und durch die entstehenden Verluste.

Die elektrischen Bremsverfahren beruhen auf der Bremswirkung eines vom Induktionsstrom durchflossenen Leiters im Magnetfeld und arbeiten daher verschleiß- und wartungsfrei. Nachteilig ist die fehlende Bremswirkung im Stillstand des Motors (Haltebremse). Bei der Gegenstrombremsung und der Gleichstrombremsung wird die kinetische Energie innerhalb der Maschine in Wärme umgesetzt. Zusammen mit der dem Ständer zugeführten elektrischen Leistung entstehen hohe, die Maschine belastende Verluste, besonders bei der Gegenstrombremsung. Beim generatorischen Bremsen im übersynchronen Lauf gelangt der größte Teil der umgesetzten Energie außerhalb der Maschine, wobei sie in einem Bremswiderstand (**4.**141 a) in Wärme umgesetzt oder bei der Nutzbremsung ins Netz oder in den Umrichterzwischenkreis zurückgespeist wird.

Die Gegenstrombremsung ist für Käfigläufermotoren das einfachste und gebräuchlichste Bremsverfahren. Zum Stillsetzen des Antriebs werden zwei Motorzuleitungen z. B. mithilfe einer Schützensteuerung vertauscht, sodass sich der Umlaufsinn des Drehfelds ändert. Der Motor arbeitet nach Abschn. 4.5.2 im Bremsbetrieb (Gegenlauf) und entwickelt

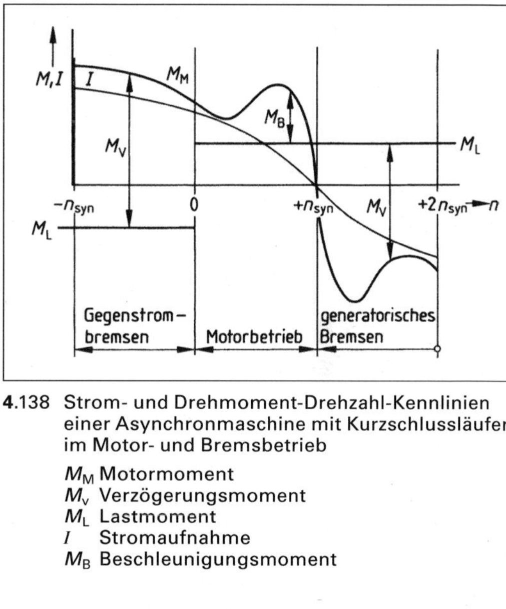

4.138 Strom- und Drehmoment-Drehzahl-Kennlinien einer Asynchronmaschine mit Kurzschlussläufer im Motor- und Bremsbetrieb

M_M Motormoment
M_v Verzögerungsmoment
M_L Lastmoment
I Stromaufnahme
M_B Beschleunigungsmoment

ein starkes Bremsmoment. Damit er über den Stillstand hinaus nicht in entgegengesetzter Drehrichtung wieder hochläuft, muss die Netzspannung im Augenblick des Stillstands abgeschaltet werden. Dies geschieht durch einen mit der Motorwelle gekoppelten Brems- oder Drehzahlwächter, der den Steuerkreis des Bremsschützes unterbricht. Bild **4.**138 zeigt den Drehmoment- und den Stromverlauf. Das Drehmoment ist im Bremsbereich wegen der Stromverdrängung ($f_2 > f_1$) größer als das Anzugsmoment. Ein sanfteres Bremsen kann man bei Kurzschlussläufern durch Umschalten von Dreieck- auf Sternschaltung und beim Schleifringläufer durch Einschalten von Widerständen in den Läuferkreis im Augenblick des Umpolens erreichen.

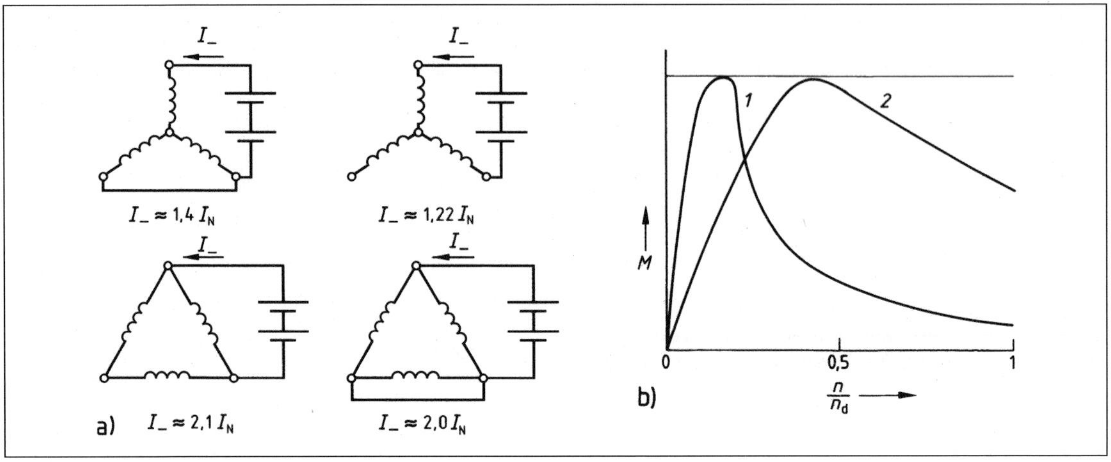

4.139 Gleichstrombremsung
a) Schaltungsmöglichkeiten, b) Bremskennlinien
1 Läufer kurzgeschlossen, *2* erhöhter Läuferwiderstand

Gleichstrombremsung erfolgt, wenn man an die vom Drehstromnetz getrennte Ständerwicklung nach Bild **4**.139 a eine Gleichspannung legt. Durch die Gleichstromerregung wird ein räumlich feststehendes Feld aufgebaut, das in den Läuferstäben im Betrieb Spannungen induziert. Die daraus resultierenden Ströme erzeugen zusammen mit dem Ständerfeld ein Bremsmoment. Im Gegensatz zum Motorbetrieb der Asynchronmaschine entspricht die Relativdrehzahl zwischen Ständergleichfeld ($n = 0$) und Läuferdrehzahl.

Ersetzt man den Schlupf *s* einfach durch die relative Drehzahl n/n_d, gelten für die Gleichstrombremsung ähnliche Drehmomentkennlinien wie für den Motorbetrieb (**4**.139b). Da im Stillstand kein Drehmoment erzeugt wird, ist kein Drehzahlwächter notwendig. Für Käfigläufer erhält man ausreichende Bremsmomente. Beim Schleifringläufer muss man jedoch bei Bemessungsdrehzahl Schlupfwiderstände zuschalten und bis zum Stillstand wieder herausnehmen, um eine optimale Bremswirkung zu erreichen. Die Gleichstrombremsung bietet die Möglichkeit, durch Einstellen des Erregerstroms (meist 1 bis 1,5 I_N) das Bremsmoment einzustellen.

Wirbelstrombremsen werden direkt am Motor angebaut oder sind als eigenständiges Gerät mit der Motorwelle über eine Kupplung verbunden. Die entstehende Bremswärme wird hier nicht im Motor umgesetzt. So eignet sich dieses Bremsverfahren für häufige Bremsvorgänge z. B. in einer Kransteuerung. Die Kennlinie **4**.140 zeigt beispielhaft die Abhängigkeit des Bremsmoments M_B von der Drehzahl und vom Erregerstrom.

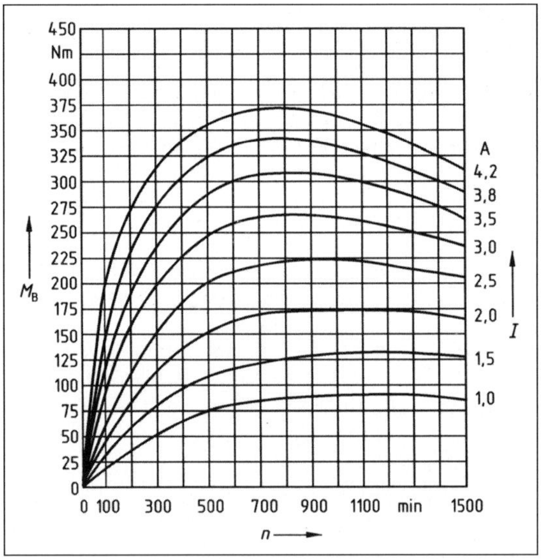

4.140 Bremskennlinie einer Wirbelstrombremse

Beim generatorischen Bremsen wird der Motor im übersynchronen Lauf ($n/n_d > 1$) von der Arbeitsmaschine angetrieben. Am Netz fester Bemessungsfrequenz kann die Arbeitsmaschine höchstens bis auf die synchrone Drehzahl abgebremst werden. Für Hebezeuge ist bei der übersynchronen Senkbremsung oft eine höhere Drehzahl als beim Heben möglich. Dann können für die Senkbremsung zwei Wicklungsanschlüsse des Ständers gegenüber dem Anschluss beim Heben vertauscht werden. Die Drehrichtungen von Läufer und Drehfeld sind gleich, jedoch ist die Drehzahl des Läufers größer als die des Drehfelds. Nach Abschnitt 4.5.2 entwickelt die Maschine ein Bremsmoment im Generatorbetrieb (**4**.138) und speist Bremsenergie ins Netz zurück. Will man unterhalb der synchronen Drehzahl bremsen, wird der Motor manchmal auf eine Kondensatorbatterie geschaltet, die noch eine Weile die Blindleistung für das magnetische Drehfeld liefert. Wegen der hohen Kondensatorkosten und der geringen Bremsleistung ist dieses Verfahren wenig verbreitet. Ein generatorisches Bremsen bis zum Stillstand lässt sich erzielen, wenn man durch Verringern der Speisefrequenz die Drehfelddrehzahl ständig kleiner als die Läuferdrehzahl steuert, sodass die Maschine während des Bremsvorgangs übersynchron läuft. Von den Frequenzumformern nach Abschnitt. 1.7.5.3 kann der Direktumrichter die Bremsenergie direkt ins Netz zurückspeisen. Die untersynchrone Stromrichterkaskade kann durch Zusatzmaßnahmen nur oberhalb der synchronen Drehzahl bremsen. Bei den Zwischenkreisumrichtern speist der maschinenseitige Stromrichter als selbstgeführter Gleichrichter die Bremsenergie zunächst in den Zwischenkreis.

In Stromzwischenkreis-Umrichtern (*I*-Umrichtern) liegt die Stromrichtung durch die Richtwirkung der Stromrichter fest; die sich frei ausbildende Zwischenkreisspannung wechselt die Polarität beim Übergang vom Motor in den Generatorbetrieb. Der netzseitige Stromrichter speist die Bremsenergie im Wechselrichterbetrieb vom Zwischenkreis ins Wechselstromnetz.

In Spannungszwischenkreis-Umrichtern (*U*-Umrichtern) ist durch den Elektrolytkondensator die Polarität der Zwischenkreisspannung festgelegt. Ohne zusätzliche Bremsschaltung steigt beim generatorischen Bremsen die Zwischenkreisspannung an. Beim Erreichen einer Grenzspannung setzt durch Sperren der Steuerimpulse die generatorische Bremsung aus; es wirkt nur noch die mechanische Reibung des Antriebssystems. Dabei stellen sich große Bremszeiten ein. Um kürzere Bremszeiten zu erreichen, muss die Bremsenergie dem Zwischenkreis entnommen werden. Nach Bild **4**.141 a kann ein vom Gleichstromsteller pulsgesteuerter Bremswiderstand (Bremschopper) die Bremsenergie in Wärme umsetzen. Diese Lösung ist zweckmäßig, wenn nur kurzzeitig gebremst wird. Als andere Möglichkeit kann nach Bild **4**.141 b ein zusätzlicher gesteuerter Stromrichter dem netzseitigen Gleichrichter antiparallel geschaltet werden. Er arbeitet im Bremsbetrieb als netzgeführter Wechselrichter und kann auch bei längerer Bremszeit die Energie in das Wechselstromnetz speisen.

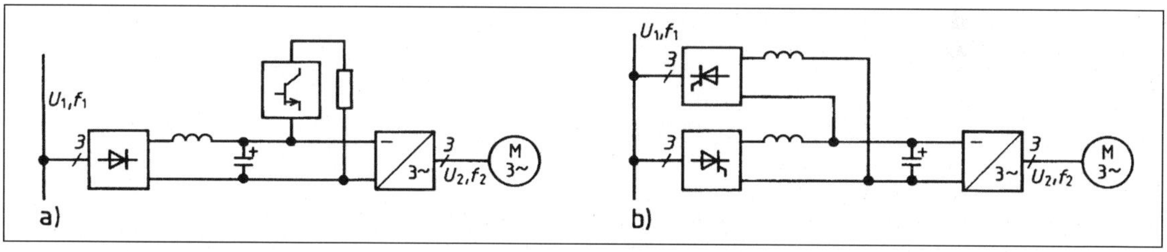

4.141 Gleichspannungs-Zwischenkreisumrichter für generatorische Bremsung
a) pulsgesteuerter Bremswiderstand im Zwischenkreis (Brems-Chopper),
b) Energierückspeisung in das Netz

Aufgaben zu Abschnitt 4.5.11 und 4.5.12

1. Ein Hebezeug ist mit einem Schleifringläufermotor mit angebauter Wirbelstrom- und Haltebremse ausgerüstet. Für den Bemessungs-Dauerbetrieb S1 lauten die Bemessungsdaten P_N = 22 kW, n_N = 1465 min^{-1}, I_{1N} = 45 A, U_{20} = 275 V, I_{2N} = 50 A, M_K/M_N = 3,61. Für das Hebezeug wird der Bemessungs-Aussetzbetrieb S3, 40 % vorgesehen. Dafür lauten die Bemessungsdaten P_N = 30 kW, n_N = 1460 min^{-1}, I_{1N} = 58 A, U_{20} = 275 V, I_{2N} = 66 A, M_K/M_N = 2,65. Die angebaute Haltebremse besitzt ein Bremsmoment von 300 Nm und die Wirbelstrombremse hat die Kennlinien Bild **4**.140.

   a) Um wie viel Prozent wird die Leistung in der Betriebsart S3, 40 % gegenüber S1 gesteigert?

   b) Vergleichen Sie die Bemessungswerte für Dauer- und Aussetzbetrieb. Erläutern Sie mithilfe eines Diagramms besonders die verschiedenen Überlastungsverhältnisse M_K/M_N.

   c) Prüfen Sie ob die Drehmomente der Haltebremse und das der Wirbelstrombremse ausreichend bemessen sind.

   d) Beim Absenken der Bemessungslast soll ausschließlich mit der Wirbelstrombremse gebremst werden. Welcher Erregerstrom der Wirbelstrombremse ist für die Drehzahl 500 min^{-1} einzustellen?

2. Vergleichen Sie die Baugrößen der polumschaltbaren Motoren der Tabelle **4**.135 und begründen Sie die Unterschiede.
3. Vergleichen Sie für die polumschaltbaren Motoren der Baugröße 132 S der Tabelle **4**.135 die Verhältnisse der Bemessungsmomente und der Bemessungsströme für niedrige und hohe Drehzahl.
4. Der 4/2-polige polumschaltbare 2,6/3,1-kW-Motor in Dahlanderschaltung der Tabelle **1**.135 wird von hoher auf niedrige Drehzahl bei Bemessungsmoment der niedrigen Drehzahl zurückgeschaltet. Zeichnen Sie die Drehmoment-Drehzahl-Kennlinie (vgl. Bild **4**.138) und kennzeichnen Sie den Umschaltaugenblick. Beurteilen Sie die Umschaltung hinsichtlich der entstehenden Drehmomente.
5. Ein Drehstrom-Asynchronmotor wird mit einem Spannungs-Zwischenkreisumrichter drehzahlgesteuert. Dabei wird sprunghaft die Frequenz von 45 Hz auf 35 Hz zurückgenommen.

   a) In welchem Betriebszustand arbeitet der Antrieb?

   b) Welcher Fehler kann vorliegen, wenn bei der Frequenzverringerung der Motor nur langsam die neue Drehzahl annimmt?

4.6 Einphasen-Asynchronmotoren

Einphasen-Asynchronmotoren werden als Kleinmotoren mit Leistungen bis etwa 1,5 kW wegen des robusten Aufbaus und einfachen Einphasenanschlusses in großen Stückzahlen gefertigt. Sie dienen zum Antrieb von Wasch- und Reinigungsgeräten, Küchenmaschinen, Kühl- und Heizgeräten, Lüftern, Büromaschinen und Werkzeugen. Werden Drehzahlen über 3000 min^{-1} verlangt, setzt man als Kleinantriebe Universalmotoren (Abschn. 5.2) ein. Dies sind speziell hergerichtete Gleichstrom-Reihenschlussmotoren.

Die Einphasen-Asynchronmaschine hat denselben mechanischen Aufbau wie der Drehstrommotor, ausgenommen den Ständer des Spaltpolmotors (Abschn. 4.6.2.5) mit seinen ausgeprägten Polen.

Der Läufer ist meist als Kurzschlussläufer mit einem Aluminiumkäfig ausgebildet. Um die Verluste möglichst klein zu halten, verwendet man keine Stromverdrängungsläufer.

Im Ständer des *einsträngigen Motors*, des Anwurfmotors, ist nur ein Wicklungsstrang als Arbeitswicklung untergebracht. Sie nimmt meist zwei Drittel des Umfangs ein. Da der Motor nicht selbsttätig anläuft und außerdem ungünstige Betriebseigenschaften aufweist, führt man Einphasen-Asynchronmotoren heute grundsätzlich als *zweisträngige Maschinen* aus. Man legt in die restlichen Nuten des Ständers eine Hilfswicklung ein, deren Strom gegenüber dem Strom der Arbeitswicklung phasenverschoben sein muss, damit ein Drehmoment zum Anlaufen der Maschine entsteht. Die Einphasenmaschine kann bis auf den einsträngigen Motor in allen Betriebsbereichen arbeiten; wir wollen aber nur den Motorbetrieb betrachten. Im Folgenden gehen wir vom einsträngigen Einphasenmotor aus, um anschließend die verschiedenen Schaltungsmöglichkeiten der Hilfswicklung zu betrachten.

4.6.1 Einsträngiger Motor – Anwurfmotor

Wirkungsweise. Im einfachsten Fall besteht die Ständerwicklung des Einphasen-Asynchronmotors nur aus einem Wicklungsstrang, der Arbeitswicklung. Schließen wir diese Wicklung mit den Anschlussklemmen U1, U2 ans Einphasennetz wie in Bild **4**.144 an, erzeugt der Wechselstrom in der Ständerwicklung ein Wechselfeld, das sich gleichwertig in zwei gegenlaufende Drehfelder von halber Wechselfeldamplitude zerlegen lässt.

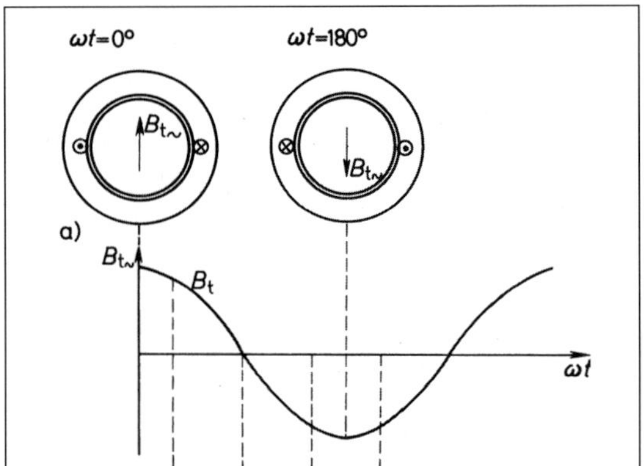

4.142 Wechselfeld

a) Richtung des Feldzeigers

b) zeitlicher Verlauf des Felds

Pulsierendes Wechselfeld. Werden die Leiter einer Spule vom Wechselstrom i mit der Frequenz f durchflossen, bleibt die geometrische Form der Feldkurve erhalten, jedoch ändern sich Amplitude und Richtung wie in Bild **4**.142 mit der Frequenz des angelegten Wechselstroms. Man sagt, das Wechselfeld „pulsiert". Es enthält wie die Feldkurve ein sinusförmiges Grundfeld B_1 und eine Anzahl sinusförmiger Oberfelder B_ν. Da die Oberfelder durch die Wicklungsverteilung und Sehnung eine geringere Wirkung als das Grundfeld haben, soll nur das sinusförmige Grundfeld betrachtet werden.

Wechselfeld und Drehfeld. Für drehende Wechselstrommaschinen ist es sinnvoll, mit Drehfeldern zu arbeiten. Das Drehfeld mit dem Drehfluss Φ_d ist das charakteristische Merkmal der Drehfeldmaschinen. Unter einem Drehfeld versteht man ein magnetisches Feld, das sich durch den Luftspalt der Wechselstrommaschine bewegt, vergleichbar dem Rotieren eines Dauermagneten im Ständer der Maschine. Hat dieses Drehfeld gleichbleibende Form (konstante Induktionsverteilung über den Luftspalt) und feste Winkelgeschwindigkeit, spricht man von einem Kreisdrehfeld, denn die Spitze des umlaufenden Feldzeigers beschreibt einen Kreis. In Bild **4**.143 ist das Zeigerdiagramm zweier Drehfelder mit gleichbleibender Amplitude $\hat{B}$ und gleicher Umlaufgeschwindigkeit, aber gegensinnigen Umlaufrichtungen zu verschiedenen (in Bild **4**.142 gekennzeichneten) Augenblicken dargestellt. Das linkslaufende (im mathematisch positiven Sinn) heißt mitlaufendes Drehfeld B_m, das

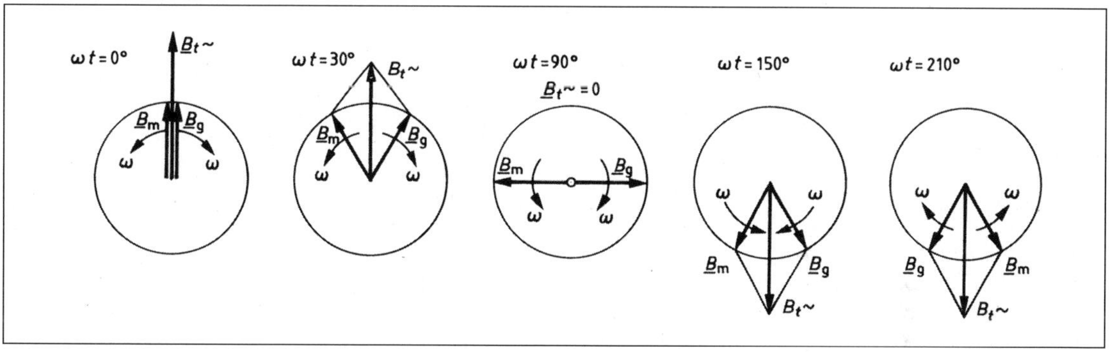

4.143 Überlagerung von zwei entgegengesetzt drehenden Drehfeldern gleicher Amplitude B_m und B_g zum Wechselfeld B_t

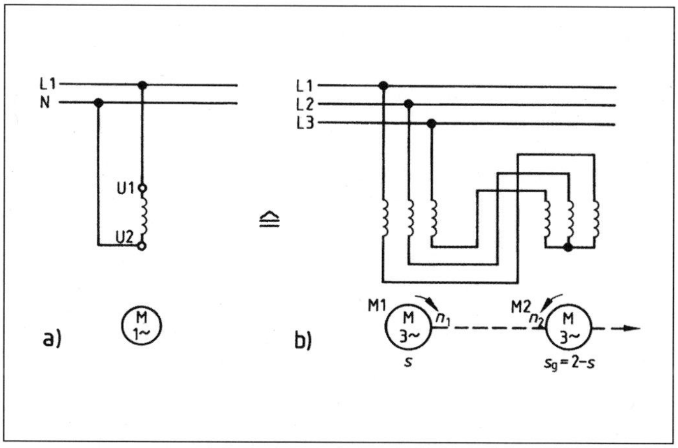

4.144 Einsträngiger Einphasenmotor (Anwurfmotor)
a) Anschluss am Einphasennetz
b) Ersatzschaltung aus zwei gegensinnig in Reihe geschalteten Drehfeldmaschinen

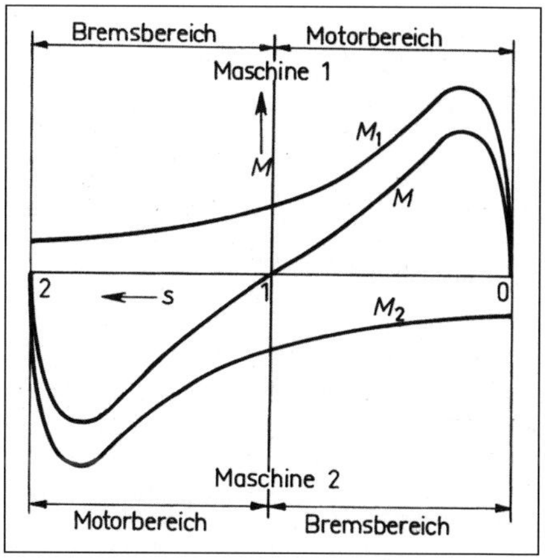

4.145 Drehmoment-Schlupf-Kennlinien des einsträngigen Einphasenmotors
M_1 rechtsdrehendes Drehmoment
M_2 linksdrehendes Drehmoment
M resultierendes Drehmoment

rechtslaufende (im mathematisch negativen Sinn) gegenlaufende Drehfeld B_g. Wirken beide Felder in derselben Maschine, addieren sie sich geometrisch zu einem resultierenden Feld mit doppelter Amplitude $B_{t\omega}$ Dieses ist ein reines Wechselfeld, da seine Achse in der gleichen Ebene bleibt und sich nur Amplitude und Richtung ändern. Umgekehrt gilt dann:

> Jedes Wechselfeld kann in zwei Drehfelder mit entgegengesetzter Umlaufrichtung und halber Amplitude des Wechselfelds zerlegt werden.

Das in Motordrehrichtung umlaufende oder *mitlaufende Drehfeld* B_m bewirkt wie bei der Drehstrom-Asynchronmaschine Läuferströme I_{2m} mit der Frequenz $f_{2m} = s \cdot f_1$. Das *gegenlaufende Drehfeld* B_g hat zum Läufer die Relativdrehzahl $n_g = n_d + n$ und damit den Schlupf

$$s_g = \frac{n_d + n_d \cdot (1 - s)}{n_d} = 2 - s. \qquad (4.61)$$

Die resultierenden Läuferströme I_{2g} mit der Frequenz $f_{2g} = s_g \cdot h = (2 - s) f_1$. Beide Drehfelder bilden mit den zugehörigen Läuferströmen jeweils ein *mitlaufendes Drehmoment* M_m und ein *gegenlaufendes Drehmoment* M_g, die zusammen das *resultierende Drehmoment* M des einsträngigen Motors ergeben.

Der einsträngige Einphasenmotor entwickelt also zwei Drehmomente, die entgegengesetzt drehen wollen. Daher können wir die Einphasenmaschine ersatzweise aus zwei gegensinnig hintereinander geschalteten Drehfeldmaschinen auffassen, deren Läufer gekoppelt sind (**4**.144b).

In Bild **4**.145 sind die Drehmomente $M_1 = M_m$ der Maschine 1 und $M_2 = M_g$ der Maschine 2 in Abhängigkeit vom Schlupf s entsprechend dem Drehmomentverlauf der Drehfeldmaschinen aufgetragen. Da das Drehmoment $M_2 = M_g$ für die Maschine 1 als Bremsmoment wirkt, ist dieses negativ. Die Summe beider Drehmomente

$$M = M_m + M_g \qquad (4.62)$$

ist das resultierende Moment des Maschinensatzes, das dem Drehmoment M des „reinen" Einphasenmotors entspricht.

Betriebsverhalten. Im Stillstand sind beide Anzugsmomente entgegengesetzt und gleich groß, sodass das resultierende Anzugsmoment des einsträngigen Motors null ist.

Im Betrieb (rechts- oder linksdrehend) überwiegt eines der Teilmomente, und das resultierende Motormoment ist größer null, sodass der Motor in Anwurfrichtung hochläuft. Er weist wie der Drehstrom-Asynchronmotor ein Kippmoment auf und zeigt Nebenschlussverhalten.

> Der einsträngige Einphasen-Asynchronmotor läuft nicht selbstständig an, sondern muss z. B. von Hand in beliebige Drehrichtung angeworfen werden. Er wird deshalb auch Anwurfmotor genannt.

Nachteile. Der einsträngige Einphasenmotor hat im Vergleich mit einem Drehstrom-Asynchronmotor oder einem symmetrisch betriebenen zweisträngigen Motor (Abschn. 4.6.2.1) gleicher Baugröße entscheidende Mängel:

- er läuft nicht selbsttätig an
- die Leistung beträgt etwa 50 % bis 60 % der Leistung eines entsprechenden Drehstrommotors
- das Kippmoment ist relativ gering
- der Magnetisierungsstrom und damit der Phasenverschiebungswinkel sind relativ groß, d. h. der Leistungsfaktor cos φ ist sehr gering

Ein ähnliches Betriebsverhalten zeigt ein Drehstrom-Asynchronmotor im Zweiphasenlauf – Unterbrechung einer Zuleitung (s. Abschn. 4.6.3.1). Begründet ist dieses schlechte Betriebsverhalten mit dem jeweiligen gegenlaufenden Drehmoment. Die gegenlaufenden Drehfelder müssen daher weitgehend vermieden werden. Die Problematik des einsträngigen Einphasenmotors, der auch als Anwurfmotor bezeichnet wird, soll am folgenden Beispiel dargestellt werden. Noch um 1970 wurden Mörtelmischmaschinen für Baustellen aus Kostengründen als Anwurfmotor ohne Hilfswicklung und ohne den relativ teuren Kondensator ausgeführt. Kam der Mischer durch kurzfristige Spannungsunterbrechung zum Stillstand und wurde, weil unbemerkt nicht wieder an der Mischtrommel angeworfen, verbrannte die Wicklung des Motors. Es musste ein neuer Motor eingebaut oder er musste neu gewickelt werden.

4.6.2 Zweisträngiger Motor

Um das Betriebsverhalten des einsträngigen Einphasenmotors zu verbessern und um den selbsttätigen Anlauf zu ermöglichen, legt man zusätzlich zur Arbeitsphase eine räumlich um 90° el verschobene Hilfsphase in den Ständer ein, durch die ein zur Arbeitswicklung möglichst um 90°

phasenverschobener Strom fließen muss. Bei einphasigem Anschluss des zweisträngigen Motors müssen aber immer Kompromisse geschlossen werden. Die Motoren laufen zwar selbsttätig an, aber die gegenlaufenden Drehfelder verschwinden nur bei bestimmten Betriebszuständen (symmetrischer Betrieb). Ideal verhält sich dagegen ein zweisträngiger Motor, der an eine um 90° phasenverschobene Zweiphasenwechselspannung angeschlossen ist. Den so angeschlossenen Motor bezeichnet man auch als Zweiphasenmotor. Er wird zunächst unter den Bedingungen des symmetrischen Betriebs betrachtet.

4.6.2.1 Zweiphasiger Anschluss

Symmetrischer Betrieb – Kreisdrehfeld. In Bild **4**.146 ist der Zweiphasenmotor mit zwei räumlich um φ = 90° el gegeneinander versetzten Wicklungssträngen, der Arbeitswicklung mit der Windungszahl N_A und der Hilfswicklung mit der Windungszahl N_H ausgeführt[1]. Sie sind an eine Zweiphasenwechselspannung mit zwei um φ = 90° phasenverschobenen Spannungen U_A und U_H angeschlossen (**4**.146b). Unter symmetrischem Betrieb des Zweiphasenmotors versteht man nun, dass durch beide Wicklungsstränge Ströme fließen, die gegeneinander um 90° phasenverschobene gleich große Wechselfelder B_A und B_H hervorrufen. Setzt man gleiche Wicklungsfaktoren voraus, sind unter Berücksichtigung der Windungszahlen die notwendigen Spannungen

$$\frac{U_A}{U_H} = \frac{I_H}{I_A} = \frac{N_A}{N_H}. \tag{4.63}$$

Sie sind im Zeigerdiagramm in Bild **4**.146c mit den zugehörigen Strömen dargestellt.

Der zeitliche Verlauf der Ströme und der Wechselfelder ist in Bild **4**.147 dargestellt. Die Felder sind für die Arbeitswicklung A in das mitlaufende Drehfeld $\underline{B}_{Am}$ und in das gegenlaufende Drehfeld $\underline{B}_{Ag}$ sowie für die Hilfswicklung H in das mitlaufende Drehfeld $\underline{B}_{Hm}$ und das gegenlaufende Drehfeld $\underline{B}_{Hg}$ nach Abschn. 4.6.1 zerlegt. Unter den angenommenen symmetrischen Betriebsbedingungen zeigt die Addition der Teildrehfelder, dass sich in jedem Augenblick die gegenlaufenden Drehfelder $\underline{B}_{Ag}$ und $\underline{B}_{Hg}$ aufheben. Nur die mitlaufenden Drehfelder $\underline{B}_{Ag}$ und $\underline{B}_{Hm}$ bilden zusammen ein resultierendes Drehfeld $\underline{B}$, das wie bei der Dreiphasen-Asynchronmaschine ein reines Kreisdrehfeld ist.

Wird der zweisträngige Motor mit zwei räumlich um 90° el gegeneinander versetzten Wicklungen symmetrisch betrieben, bildet sich ein reines Kreisdrehfeld wie bei der Drehstrom-Asynchronmaschine aus. Dazu müssen die Ströme der Wicklungen um 90° phasenverschoben und die Durchflutungen beider Wicklungen gleich groß sein.

Grundsätzlich hat daher ein symmetrisch betriebener Zweiphasenmotor die gleichen Eigenschaften wie ein Drehstrommotor. Die schlechteren Wicklungsfaktoren (s. Abschn. 4.4.3) bewirken bei gleicher Baugröße lediglich eine um etwa 10 % niedrigere Bemessungsleistung.

[1] Streng genommen handelt es sich nicht um eine Arbeits- und eine Hilfswicklung, sondern um zwei gleichwertige Wicklungen. Wir wählen aber in Anlehnung an ausgeführte Einphasen-Maschinen, z. B. dem Kondensatormotor, diese Terminologie.

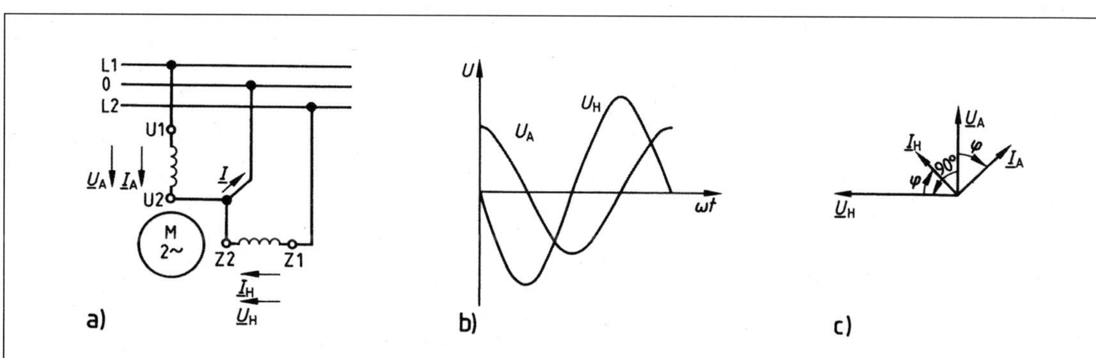

4.146 Zweiphasiger Anschluss des zweisträngigen Motors
a) Schaltung, b) Spannungssystem, c) Zeigerdiagramm

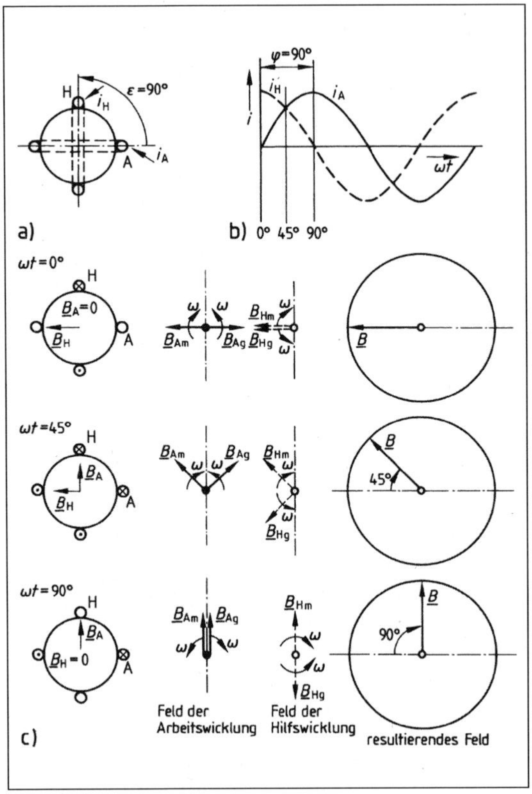

4.147 Entstehen des Kreisdrehfelds der Zweiphasenmaschine im symmetrischen Betrieb

a) Aufbauprinzip
b) Strangströme
c) Kreisdrehfeld, zusammengesetzt aus Teildrehfeldern

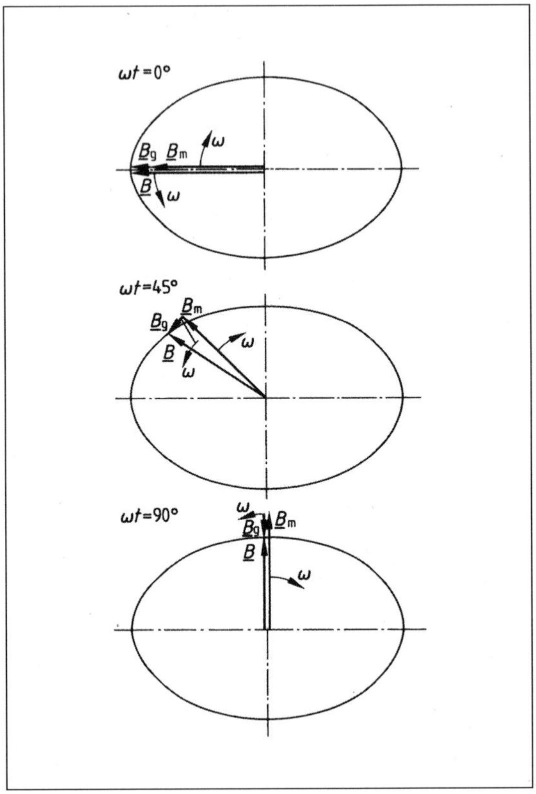

4.148 Elliptisches Drehfeld einer unsymmetrisch betriebenen Zweiphasenmaschine

Unsymmetrischer Betrieb – elliptisches Drehfeld. Sind die Strangspannungen des Zweiphasenmotors unsymmetrisch, d. h. entsprechen sie in ihrer Größe nicht der Gleichung (4.63) und/oder ist der Wert der Phasenverschiebung zwischen den Strömen nicht 90°, bildet sich kein reines Kreisdrehfeld aus. Die gegenlaufenden Drehfelder $\underline{B}_{Ag}$ und $\underline{B}_{Hg}$ in Bild **4**.147c heben sich nicht auf. Das resultierende Feld $\underline{B}$ setzt sich dann immer aus der Summe des mitlaufenden Drehfelds $\underline{B}_m = \underline{B}_{Am} + \underline{B}_{Hm}$ und der des gegenlaufenden Drehfelds $\underline{B}_g = \underline{B}_{Ag} + \underline{B}_{Hg}$ zusammen. Der Verlauf des resultierenden Felds $\underline{B}$ folgt einer Ellipse, deshalb spricht man von einem elliptischen Drehfeld (**4**.148).

Da das elliptische Drehfeld immer Anteile eines gegenlaufenden Drehfelds enthält, bildet sich zusammen mit den Läuferströmen außer dem mitlaufenden Drehmoment ein gegenlaufendes Drehmoment aus, das allerdings kleiner als das gegenlaufende Drehmoment des einsträngigen Motors in Abschn. 4.6.1 ist. Aufgrund des Drehfelds läuft der Motor zwar selbsttätig an, doch liegen seine Betriebseigenschaften wegen des stets vorhandenen Gegendrehfelds zwischen denen des reinen Einphasenmotors und denen des symmetrisch betriebenen Zweiphasenmotors bzw. des Drehstrom-Asynchronmotors.

> In den räumlichen um 90° el versetzten Wicklungen des zweisträngigen Motors rufen phasenverschobene Strangströme ein Drehfeld hervor. Der Motor läuft selbsttätig an. Die Betriebseigenschaften sind am günstigsten, wenn der Motor symmetrisch betrieben wird, also ein reines Kreisdrehfeld ausbildet.

4.6.2.2 Einphasiger Anschluss

Schaltungsmöglichkeiten. In der Praxis steht kein Netz mit zwei um 90° phasenverschobenen Spannungen zur Verfügung. Aus dem Einphasennetz führt man der Hilfsphase wie in Bild **4**.149 eine gegenüber der Arbeitsphase phasenverschobene Spannung zu, indem man die Hilfswicklung über

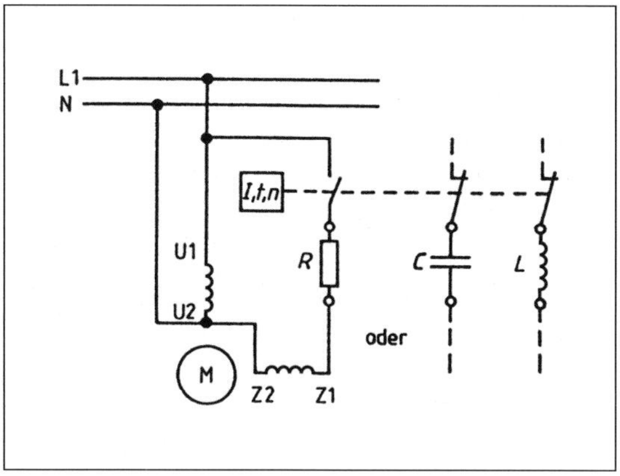

4.149 Einphasen-Asynchronmotor mit Anlaufhilfsphase

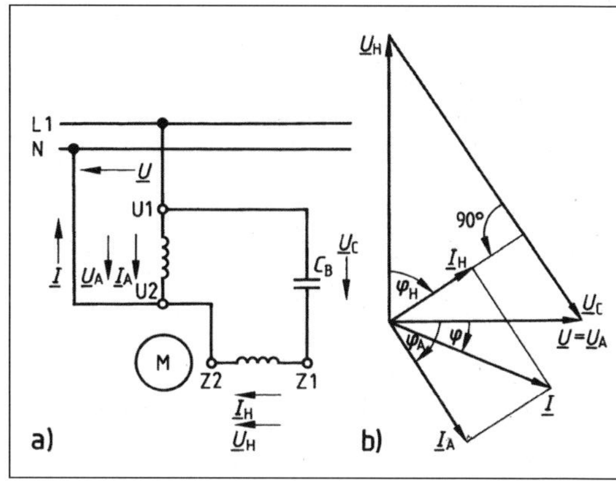

4.150 Kondensatormotor mit Betriebskondensator C_B
a) Schaltung
b) Zeigerdiagramm

Kondensatoren (Kondensatormotor), einen Wirkwiderstand (Widerstandshilfsphase) oder eine Drossel betreibt. Die Schaltung der Hilfsphase mit Vorschaltdrossel verwendet man in der Praxis heute nicht mehr. Jedoch erzielt man beim Spaltpolmotor eine ähnliche Wirkung, wenn man die kurzgeschlossene Hilfswicklung induktiv mit der Arbeitswicklung koppelt. Oft braucht man die Hilfswicklung nur zum Anlassen und schaltet sie nach Hochlaufen des Motors mit einem strom-, zeit- oder drehzahlabhängigen Schalter ab.

Drehsinn. Wie beim Drehstrom-Asynchronmotor haben das Drehfeld und der Läufer den gleichen Drehsinn. Werden die Zuleitungen an den Klemmen der Arbeits- oder der Hilfsphase vertauscht, kehrt das in Bild **4**.147 dargestellte Drehfeld die Drehrichtung um. In der Praxis werden zur Drehrichtungsumkehr die Zuleitungen der Hilfsphase vertauscht.

Der Einphasen-Asynchronmotor kehrt die Drehrichtung um, wenn die Zuleitungen der Hilfsphase vertauscht werden. In den folgenden Schaltungen sind die Anschlüsse für Rechtsdrehsinn dargestellt; dieser ist bei gleicher Stromrichtung in den Wicklungen gegeben.

4.6.2.3 Kondensatormotor

Wegen der preisgünstig und betriebssicher herzustellenden Kondensatoren und der guten Anlauf- und Betriebseigenschaften wird der Kondensatormotor häufig eingesetzt. Dabei ist der Strom in der Hilfsphase gegenüber dem Strom der Arbeitsphase voreilend. Zu unterscheiden ist zwischen dem dauernd eingeschalteten Betriebskondensator und dem Anlaufkondensator, der nur zum Hochlauf des Motors dient.

Kondensatormotor mit Betriebskondensator C_B. Mit dem Betriebskondensator will man den Anlauf ermöglichen und die gleiche Bemessungsleistung wie beim Zweiphasenmotor erzielen. Die Schaltung des Motors zeigt Bild **4**.150. An der Netzspannung U liegt die Arbeitswicklung direkt, sodass $U_A = U$ ist; die Hilfswicklung ist in Reihe mit der Kapazität C_B des Betriebskondensators an die Netzspannung geschaltet, sodass die Spannung der Hilfswicklung meist von der Spannung des Netzes abweicht. Um ein reines Kreisdrehfeld zu erzielen, muss nach den Bedingungen des symmetrischen Betriebs (Abschn. 4.6.2.1) die Spannung der Hilfswicklung U_H gegenüber der Spannung der Arbeitswicklung U_A um genau 90° voreilend sein, die Ströme der Arbeitswicklung I_A und der Hilfswicklung I_H müssen gegenüber ihren Spannungen den gleichen Phasenwinkel aufweisen, und in beiden Wicklungen muss die gleiche Durchflutung erzeugt werden. Diese Bedingungen lassen sich aber nicht über den gesamten Betriebsbereich des Motors konstant halten, da sich mit dem Schlupf sowohl die Widerstände und Ströme als auch die Phasenwinkel in den beiden Zweigen unterschiedlich ändern. Daher kann man die Symmetriebedingungen nur für einen Betriebspunkt erreichen und wählt im Allgemeinen den Bemessungsbetrieb. Man erhält für den Symmetriepunkt das Zeigerdiagramm **4**.150b. Die Werte für den Betriebskondensator lassen sich mit einigem Aufwand für den gewählten Symmetriepunkt mit Hilfe des Zeigerdiagramms ermitteln. Als Richtwert gilt für die bei 230-V-Motoren erforderliche Kapazität des Betriebskondensators

$C_B \approx$ 25 µF bis 35 µF
je kW Motorleistung an 230 V. (4.64)

Für die Auswahl der Kondensatoren sind die Vorschriften für Motorkondensatoren nach DIN EN 60252 zu berücksichtigen. Zu beachten ist, dass die Kondensatorspannung U_C wie im Zeigerdiagramm **4**.150b stets größer als die Speisespannung U ist. In der Praxis kommt es vor, dass Kondensatoren mit einer Bemessungsspannung bis zu 450 V, in Sonderfällen bis zu 550 V (Reihenresonanz) notwendig sind, obwohl der Motor nur an 230 V Netzspannung angeschlossen ist.

Die Betriebseigenschaften des Kondensatormotors mit Betriebskondensator entsprechen im Symmetriepunkt denen des Zweiphasenmotors. In den anderen Betriebsbereichen treten jedoch Gegendrehfelder auf, die das wirksame Drehmoment verkleinern und die Ströme vergrößern. So ist den Belastungskennlinien in Bild **4**.151 b zu entnehmen, dass die Strangströme im Gegensatz zu den anderen Asynchronmotoren im Leerlauf die Werte für den Bemessungsbetrieb übersteigen, weil der Motor außerhalb des gewählten Symmetriepunkts, dem Bemessungsbetrieb, arbeitet. Dies ist bei häufig im Leerlauf betriebenen Motoren zu berücksichtigen. Wegen der auftretenden Gegendrehmomente beträgt das Anzugsmoment wie in Bild **4**.151 a nur etwa das 0,3- bis 0,6-fache des Bemessungsmoments. Etwas höhere Werte erreichen Motoren mit Widerstandsläufern, deren Drehzahlverhalten dann allerdings „weicher" ist. Gegenüber dem Anwurfmotor sind das Anzugsmoment, das Kippmoment, der Leistungsfaktor und der Wirkungsgrad größer.

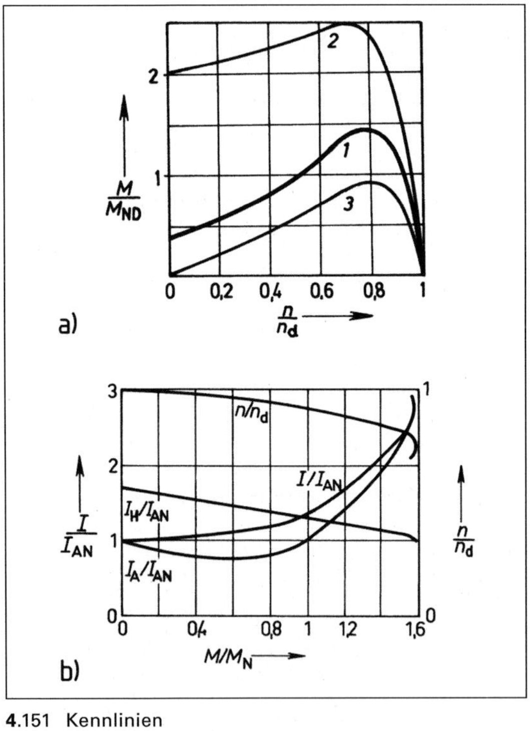

4.151 Kennlinien

a) Drehmoment-Drehzahl-Kennlinien

1 Kondensatormotor mit Betriebskondensator C_B

2 Drehstrom-Asynchronmotor vergleichbarer Baugröße

3 reiner Einphasenmotor (Anwurfmotor) vergleichbarer Baugröße

b) Belastungskennlinien des Kondensatormotors mit Betriebskondensator C_B

I Motorstrom, I_A Strangstrom der Arbeitswicklung, I_H Strangstrom der Hilfswicklung

> Der Kondensatormotor mit Betriebskondensator läuft selbstständig an. Er entwickelt ein mäßiges Anzugsmoment. Gegenüber dem einsträngigen Motor (Anwurfmotor) sind seine Betriebseigenschaften verbessert.

Kondensatormotor mit Anlaufkondensator C_A. Reicht das mit dem Betriebskondensator erzielte Anzugsmoment nicht aus, ist die Kapazität des Kondensators in der Hilfsphase zu erhöhen, um im Stillstand dem symmetrischen Betrieb näher-

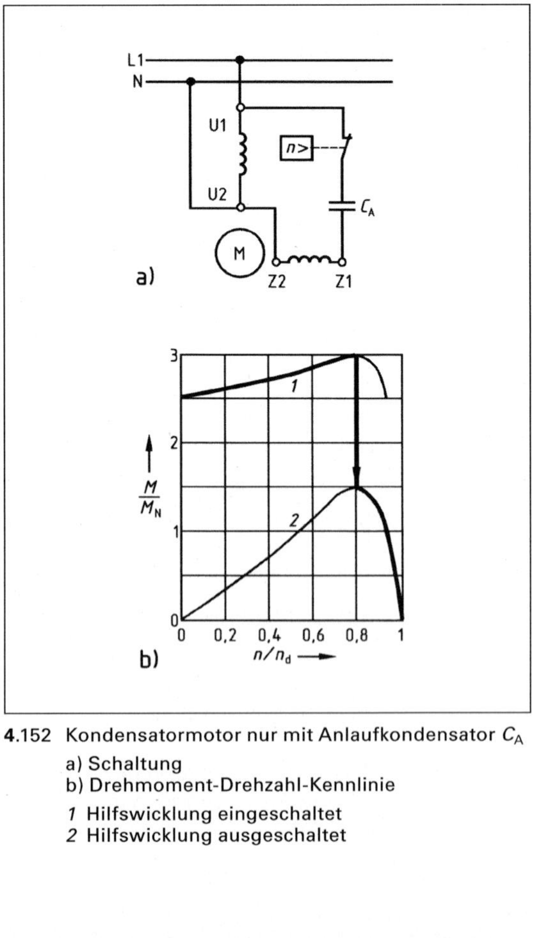

4.152 Kondensatormotor nur mit Anlaufkondensator C_A

a) Schaltung

b) Drehmoment-Drehzahl-Kennlinie

1 Hilfswicklung eingeschaltet

2 Hilfswicklung ausgeschaltet

zukommen. Die Reihenschaltung von Anlaufkondensator (kapazitiver Blindwiderstand) und Hilfswicklung (induktiver Blindwiderstand) nimmt einen hohen Strom auf, der im Dauerbetrieb den Motor zu stark erwärmen würde. Zudem ist der Betrieb im Bereich der Bemessungsdrehzahl nicht symmetrisch. Die Anlaufeigenschaften sind gegenüber dem Motor mit Betriebskondensator verbessert, nicht aber die Betriebseigenschaften. Daher unterbricht man die Hilfsphase wie in Bild **4**.152 a z. B. mit einem auf der Motorwelle montierten drehzahlabhängigen Schalter (Fliehkraftschalter) bei etwa 70 bis 80 % der Bemessungsdrehzahl. Weil Anlaufkondensatoren nur kurzzeitig (in der Regel max. 3 s) eingeschaltet bleiben, werden häufig ungepolte Elektrolytkondensatoren verwendet. Die Kapazität des Anlaufkondensators C_A kann man überschlägig ermitteln:

$C_A \approx$ 100 µF bis 120 µF
je kW Motorleistung an 230 V (4.65)

Die Betriebseigenschaften eines Kondensatormotors mit Anlaufkondensator sind im Anlauf wesentlich günstiger als nur mit einem Betriebskondensator. Je nach Wahl des Anlaufkondensators sind Anzugsmomente bis zum dreifachen Bemessungsmoment möglich. Nach Abschalten der Hilfsphase geht die Leistung jedoch auf die Werte des einsträngigen Motors zurück. Für Hochlauf und Betrieb gilt die Kennlinie **4**.152 b.

Kondensatormotor mit Anlauf- und Betriebskondensator. Die günstigsten Eigenschaften im Anlauf und im Bemessungsbetrieb erreicht man durch die Kombination von Anlauf- und Betriebskondensator. Die erforderliche Kapazität teilt man in die Kapazität des Betriebskondensators C_B und des Anlaufkondensators C_A auf. Für den Hochlauf gilt die Drehmoment-Drehzahl-Kennlinie *1* in Bild **4**.153 b. Nach Abschalten des Anlaufkondensators bei etwa 70 bis 80 % der Bemessungsdrehzahl gilt die Kennlinie *2* eines Motors mit Betriebskondensators.

4.6.2.4 Einphasenmotor mit Widerstandshilfswicklung

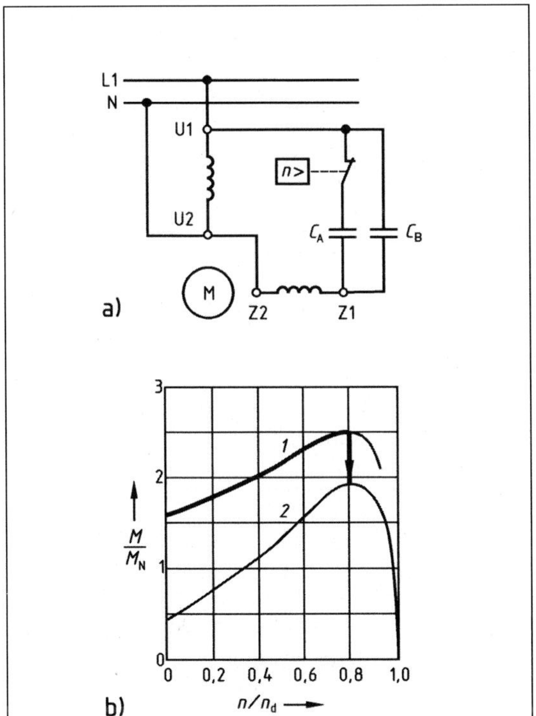

4.153 Kondensatormotor mit Anlaufkondensator C_A und Betriebskondensator C_B
a) Schaltung
b) Drehmoment-Drehzahl-Kennlinien
1 mit C_A und C_B
2 nur mit C_B

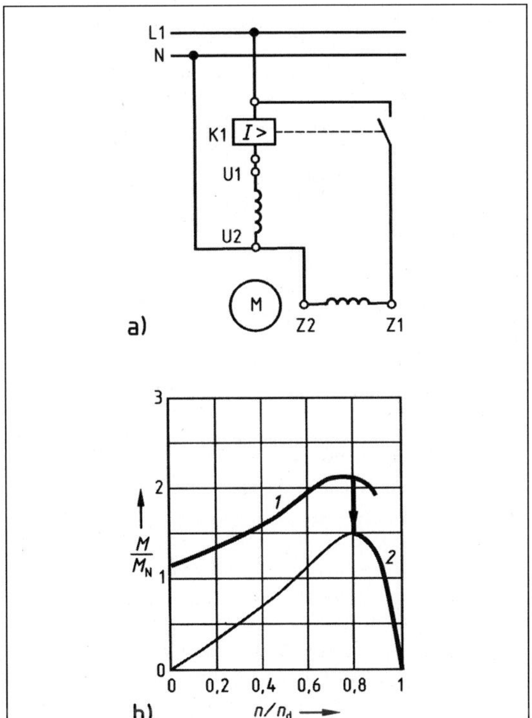

4.154 Einphasen-Asynchronmotor mit Widerstandshilfswicklung
a) Schaltung (K1 Hilfswicklungsrelais)
b) Drehmoment-Drehzahl-Kennlinie
1 Hilfswicklung eingeschaltet
2 Hilfswicklung abgeschaltet

Die Phasenverschiebung der Ströme zwischen der Arbeits- und der Hilfsphase wird in der Schaltung nach Bild **4**.154a durch einen erhöhten Wirkwiderstand der Hilfswicklung erreicht. Der Widerstand wird nicht wie ein Kondensator der Wicklung vorgeschaltet, sondern die Hilfswicklung selbst wird mit einem erhöhten Widerstand hergestellt. Man erreicht dies durch einen geringeren Drahtquerschnitt, durch Widerstandsmaterial oder eine erhöhte Windungszahl, von der ein Teil bifilar, d. h. gegensinnig und damit magnetisch unwirksam, gewickelt wird. Üblich ist ein gegensinniges Wickelverhältnis von ⅔ zu ⅓, sodass nur ein Drittel der Windungszahl magnetisch wirksam ist. Wegen der großen Verluste und der damit starken Erwärmung muss die Hilfswicklung nach dem Hochlaufen abgeschaltet werden. Man verwendet hierzu Fliehkraftschalter oder wie in Bild **4**.154a Hilfsphasenrelais, die stromabhängig von der Arbeitsphase die Hilfswicklung abschalten. Statt des Hilfsphasenrelais kann bei kleinen Leistungen ein PTC-Widerstand benutzt werden.

Die Betriebseigenschaften des Einphasenmotors mit Widerstandshilfsphase sind ungünstiger als die eines Kondensatormotors, da kein symmetrischer Betriebspunkt erreicht werden kann. Der Anlaufstrom beträgt bis zum 6-fachen des Bemessungsstroms, das Anlaufmoment nur etwa das 1,1-fache des Bemessungsmoments. Nach Abschalten der Hilfswicklung läuft der Motor mit den Betriebseigenschaften des einsträngigen Einphasenmotors weiter (**4**.154b). Deshalb werden Einphasenmotoren mit Widerstandshilfsphase heute aus Platzgründen praktisch nur noch mit Bemessungsleistungen bis zu einigen hundert Watt in Tauchpumpen oder in Kühlschränken eingesetzt.

4.6.2.5 Spaltpolmotor

Der Spaltpolmotor ist dem Prinzip nach ein Einphasenmotor mit dauernd eingeschalteter Hilfsphase. Weil er wegen des einfachen Aufbaus sehr betriebssicher und kostengünstig herzustellen ist und keine zusätzlichen Maßnahmen zur Abschaltung der Hilfsphase erfordert, wird er gern für Kleinantriebe mit Leistungen bis 100 W eingesetzt, die nur ein geringes Anzugsmoment brauchen. Typisch ist sein Einsatz in Schaltuhren, Lüftern und Laugenpumpen für Waschmaschinen.

Aufbau. Der Läufer hat wie der normale Asynchronmotor einen Kurzschlusskäfig, meist aus Aluminium. Der Ständer ist durch die ausgeprägten Pole mit konzentrischer Wicklung gekennzeichnet. Der Spaltpolmotor wird in den verschiedensten Bauarten ausgeführt (**4**.155). Eine besonders einfache für kleine Leistungen bevorzugte Bauart zeigt Bild **4**.155c. In einem rechteckigen Ständerblechpaket *1* sind auf der einen Seite der Kurzschlussläufer *2* und auf der anderen die Erregerwicklung *3* untergebracht. Der ausgeprägte Pol wird durch eine Spaltpolnut *4* in Hauptpol *5* und Spaltpol *6* aufgeteilt. Der Spaltpol trägt die in sich geschlossene Spaltpolwicklung *7*, die meist aus einem oder zwei blanken Kupferringen besteht. Spaltpol und Hauptpol sind um den Winkel ε räumlich gegeneinander verschoben. Beide verbindet der stark gesättigte Streusteg *8*.

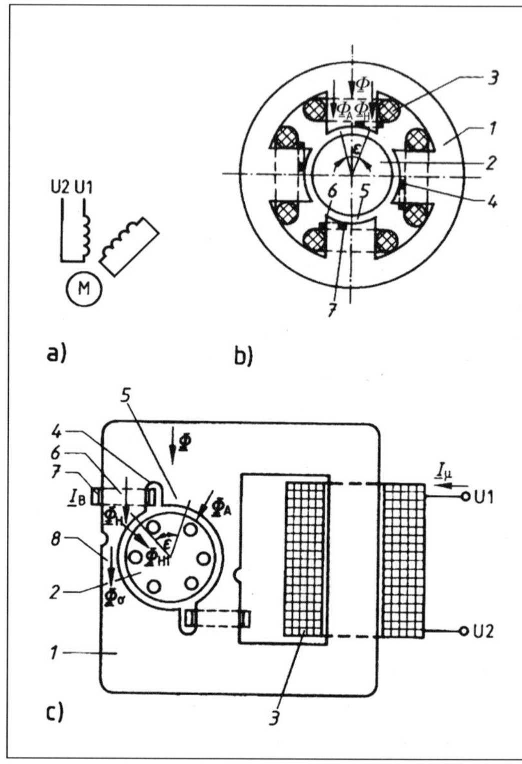

4.155 Spaltpolmotor
a) Schaltung, b) vierpolige Ausführung,
c) zweipolige Ausführung

Die Wirkungsweise lässt sich am besten bei stromlosem Läufer nach dem Zeigerdiagramm in Bild **4**.156a erklären. Die vom Strom $\underline{I}_\mu$ der Erregerwicklung erzeugte Magnetisierungsdurchflutung verursacht den magnetischen Fluss Φ des Pols. Er teilt sich auf in den Hauptfluss $\underline{\Phi}_A$ der den Läufer direkt durchsetzt, und in einen Teil $\underline{\Phi} - \underline{\Phi}_A$ der zunächst in der Spaltpolwicklung die Spannung $\underline{U}_H$ induziert. Diese ruft in der

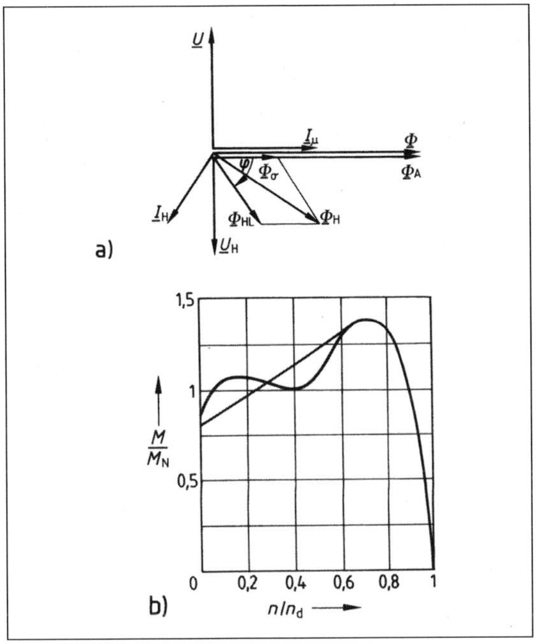

4.156 Spaltpolmotor
a) Zeigerdiagramm
b) Drehmoment-Drehzahl-Kennlinie

kurzgeschlossenen Wicklung den nacheilenden Strom $\underline{I}_H$ hervor, der die Durchflutung des Spaltpols aufbaut. Der abgespaltene Fluss $\underline{\Phi} - \underline{\Phi}_A$ des Pols und der Fluss aufgrund der Spaltpoldurchflutung bilden zusammen den Fluss $\underline{\Phi}_H$ des Spaltpols. Hiervon fließt ein Teil als Streufluss $\underline{\Phi}_\sigma$ über den Streusteg, und ein Teil $\underline{\Phi}_{HL}$ durchsetzt den Läufer. Den Läufer durchsetzen also der Hauptfluss $\underline{\Phi}_A$ und der um den Polwinkel ε, aber – wie im Zeigerdiagramm ersichtlich – auch zeitlich um den Winkel φ phasenverschobene Fluss des Spaltpols Φ_{HL}. Beide Flüsse bilden nach Abschn. 4.6.2.1 ein elliptisches Drehfeld, das den selbstständigen Anlauf des Motors ermöglicht.

Betriebsverhalten. Der Fluss im Spaltpol eilt gegenüber dem Fluss im Hauptpol nach, sodass auch der Läufer stets vom Hauptpol zum Spaltpol drehen will. Da das Anzugsmoment gering ist, wird der Motor nur für leichte Anlaufbedingungen benutzt. Wegen der dauernd eingeschalteten kurzgeschlossenen Spaltpolwicklung ist sein Wirkungsgrad schlecht. Der Motor zeigt Nebenschlussverhalten. Wegen der ausgeprägten Pole entstehen starke Oberfelder, die zur erheblichen Einsattelung der Drehmoment-Drehzahl-Kennlinie (Bild **4.**156b) führen. Der Anlaufstrom ist geringer als beim Widerstandshilfsphasenmotor und erreicht etwa den zweifachen Bemessungsstrom.

4.6.3 Drehstrommotor im Einphasenbetrieb

Der einphasige Betrieb des Drehstrom-Asynchronmotors kann infolge einer Störung des Drehstromnetzes (Phasenausfall), aber auch (gewollt) beim Betrieb am Einphasennetz auftreten.

Unterbrochene Ständerzuleitung. Bild **4.**157 zeigt die Sternschaltung bei unterbrochener Ständerzuleitung z. B. aufgrund des Auslösens einer Sicherung. Die drei Stränge werden nicht mehr von den um 120° phasenverschobenen Strangströmen durchflossen, die ein Kreisdrehfeld aufbauen, sondern der Strom erzeugt ein Wechselfeld in den beiden noch an Spannung liegenden Strängen.

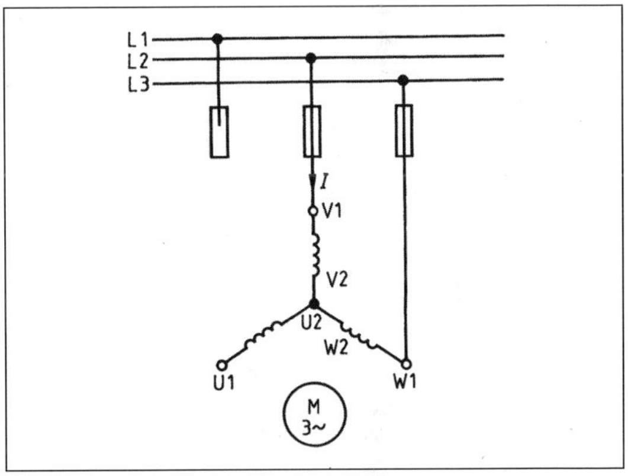

4.157 Drehstrom-Asynchronmotor mit unterbrochener Ständerzuleitung (Sternschaltung)

Das Wechselfeld kann wie beim reinen Einphasenmotor in zwei gegenlaufende Drehfelder zerlegt werden, die mit den Läuferströmen zwei gegenlaufende Drehmomente bilden. Daher hat der Drehstrommotor in diesem Fall die gleichen Eigenschaften wie der einsträngige Einphasenmotor. Er läuft nicht selbsttätig an. Durch das auftretende Gegendrehfeld wird das resultierende Motormoment kleiner, die aufgenommene Leistung bei gleicher Belastung dagegen größer als bei dreiphasiger Einspeisung. Somit sind auch die Verluste und damit die Wicklungserwärmung höher. Daher kann der Drehstrom-Asynchronmotor bei unterbrochener Zuleitung nur mit etwa 50 bis 60 % seiner Drehstromleistung betrieben werden.

Ähnliche Bedingungen herrschen, wenn eine Zuleitung bei der Dreieckschaltung des Motors unterbrochen ist. Auch hier sind die Ströme in den Strängen nicht gegeneinander phasenverschoben, sodass Gegendrehfelder und Gegenmomente auftreten.

Steinmetzschaltung. Mithilfe von Kondensatoren lässt sich an den Klemmen des Drehstrommotors wie beim einphasigen Kondensatormotor ein symmetrisches Spannungssystem erzeugen und damit das Verhalten bei einphasiger Einspeisung verbessern. Daher werden kleine Drehstrommotoren meist für 230/400 V ausgelegt. Sie können dann in Sternschaltung am Drehstromnetz mit 400 V Außenleiterspannung oder am 230-V-Einphasennetz in Dreieck-Steinmetzschaltung nach Bild **4**.158a betrieben werden. In beiden Fällen ist die Strangspannung etwa 230 V. In dieser Schaltung ist wie beim Kondensatormotor jedoch auch nur ein symmetrischer Betriebspunkt möglich. Hierzu muss wie in Bild **4**.158b die Phasenverschiebung zwischen Strangstrom und Strangspannung 60° betragen. Sie erfordert bei der Netzspannung von 230 V einen Betriebskondensator mit der Kapazität

$$C_B \approx 75\ \mu F$$

je kW Motorleistung an 230 V. (4.66)

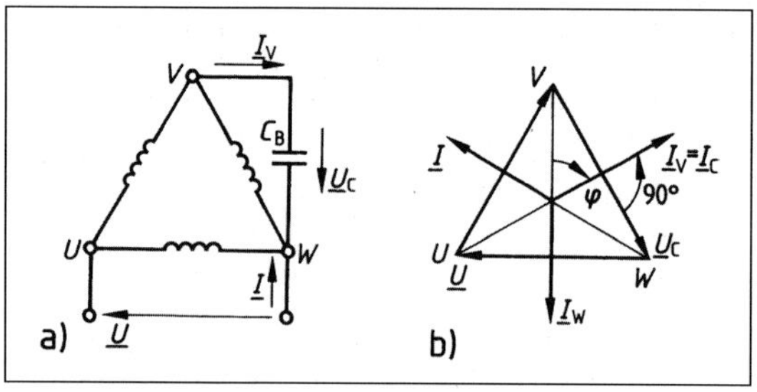

4.158 Drehstrom-Asynchronmotor am Einphasennetz in Steinmetzschaltung (Dreieck) mit Betriebskondensator C_B

Der Motor läuft in Steinmetzschaltung mit einem Anzugsmoment des etwa 0,25-fachen Bemessungsmoments selbsttätig an. Wegen der noch auftretenden Gegendrehfelder sind das Kippmoment kleiner und die Verluste größer als bei dreiphasiger Speisung. Daher sollte der Motor nur mit etwa 75 bis 80 % seiner Bemessungsleistung belastet werden. Zur weiteren Verbesserung des Anzugsmoments kann man dem Betriebskondensator während des Anlaufs einen Anlaufkondensator parallel schalten.

Angewendet wird die Steinmetzschaltung von Drehstrommotoren für kleine Pumpen, Ventilatoren, Futtermixer und ähnliche Geräte.

Aufgaben zu Abschnitt 4.6

1. Welche Bedingungen müssen für den Selbstanlauf des Einphasen-Asynchronmotors erfüllt sein?
2. Ein Kondensatormotor brummt beim Einschalten und läuft nicht an. Welche Ursachen können vorliegen?
3. Warum werden für einige Anwendungsfälle ein Betriebskondensator und ein abschaltbarer Anlaufkondensator verwandt?
4. Im Leerlauf können die Strangströme eines Kondensatormotors größer als im Bemessungsbetrieb sein. Wie ist dies zu erklären?
5. Welche Folgen treten auf, wenn bei einem Kondensatormotor die Arbeits- und die Hilfswicklung vertauscht werden?
6. Wie kehrt man die Drehrichtung eines Einphasen-Asynchronmotors um? Zeichnen Sie das Schaltbild eines Kondensatormotors mit Betriebs- und Anlaufkondensator für Linkslauf.
7. Wie kann die Drehrichtung eines Spaltpolmotors umgekehrt werden?
8. Ein Drehstrommotor mit der Bemessungsspannung 400 V Y soll an das 230-V-Einphasennetz angeschlossen werden. Zeichnen Sie das Schaltbild für Linkslauf.

4.7 Synchronmaschinen

Synchronmaschinen sind Drehfeldmaschinen. Sie sind durch das mit gleicher Drehzahl (synchron = zeitlich übereinstimmend) umlaufende Ständer- und Läuferfeld gekennzeichnet und können als Generator und als Motor eingesetzt werden.

Der Synchrongenerator ist die wichtigste Maschine zur Erzeugung elektrischer Energie. In der Mitte des 19. Jahrhunderts begann die Entwicklung von Einphasengeneratoren zur Speisung von Beleuchtungsanlagen, 1887 bauten (unabhängig voneinander) *Haselwander* und *Bradley* die ersten dreiphasigen Synchrongeneratoren. In der weiteren Entwicklung hat sich die Innenpolmaschine mit zwei unterschiedlichen Läuferbauweisen durchgesetzt. Zunächst benutzte man ausschließlich Schenkelpolläufer mit ausgeprägten Polen wie bei den Gleichstrommaschinen. 1901 entwickelte *Charles E. L. Brown* den Walzenläufer, bei dem die Erregerwicklung auf mehrere Nuten über den Umfang verteilt ist. Heute haben beide Läufertypen jeweils ihren besonderen Anwendungsbereich.

Synchrongeneratoren baut man bis zu Grenzleistungen von 2000 MVA. Ihre Bemessungsspannung beträgt 400 V bei Leistungen bis etwa 1 MVA. Bei größeren Leistungen verwendet man 10,5 kV und darüber hinaus Bemessungsspannungen bis zu 25 kV.

Der Synchronmotor ist, verglichen mit dem Asynchronmotor, kein Massenantrieb, sondern findet seine Anwendung als automatisierter Antrieb. Auch für große Leistungen bis in den MW-Bereich wird er gern eingesetzt, da ein entsprechender Asynchronmotor einen großen Blindleistungsbedarf hat. Außerdem setzt man ihn für Antriebe ein, die eine starre Drehzahl erfordern. In großen Stückzahlen werden Synchronmotoren für Klein- und Kleinstmaschinen und als Servomotor gefertigt.

4.7.1 Aufbau und Arten

Prinzip. Den Aufbau einer einfachen Innenpolmaschine zeigt Bild **4**.159. Die zweipolige dreiphasige Ständerwicklung wird an das Drehstromnetz angeschlossen. Als Läufer verwendet man einen drehbar gelagerten Stabmagneten. In der vom Drehstrom durchflossenen Ständerwicklung wird ein Drehfeld erzeugt. Mit der Netzfrequenz f_1 und der Polpaarzahl p ist nach Gleichung (4.10) die Drehfelddrehzahl in s^{-1}

$$n_\mathrm{d} = \frac{f_1}{p}.$$

Leerlauf. Bringt man einen drehbar gelagerten Stabmagneten in die Bohrung des Ständers und hält das Drehfeld gedanklich einen Augenblick „fest", stellen sich die Achsen des Ständerfelds und Läuferfelds (Stabmagnet) wie in Bild **4**.159a in eine Richtung. Lässt man nun das Drehfeld weiterdrehen, wird der Stabmagnet in Richtung des umlaufenden Ständerfelds „mitgenommen". Und zwar ist die Läuferdrehzahl n gleich der Ständerfelddrehzahl n_d, d. h., Ständerfeld und Läuferfeld drehen synchron. Im Gegensatz zur Asynchronmaschine „steht" der Läufer relativ zum Ständerdrehfeld still.

Anlauf. Wird der Stabmagnet in die Ständerbohrung gebracht, kann er wegen der Massenträgheit nicht sofort dem Drehfeld folgen und selbstständig anlaufen. Es sind Anlaufmaßnahmen nach Abschnitt 4.7.5.3 erforderlich.

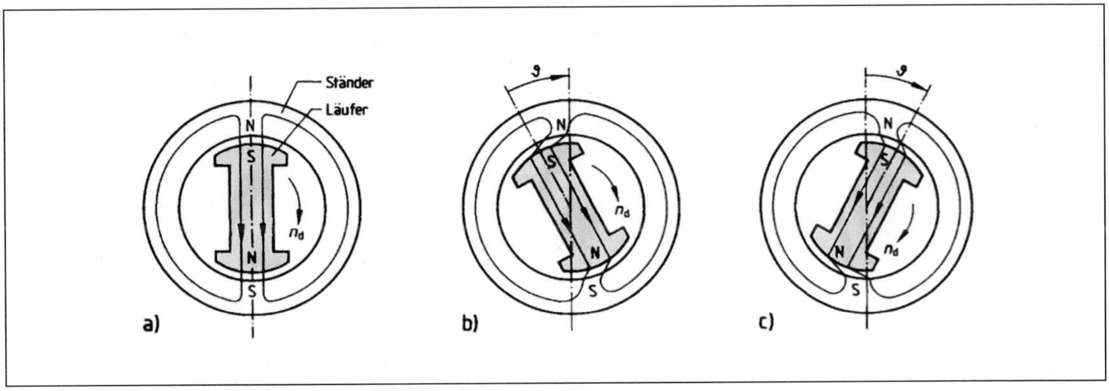

4.159 Prinzip der Synchronmaschine a) Leerlauf, b) Motorbetrieb, c) Generatorbetrieb

Motorbetrieb. Beim Versuch, die Synchronmaschine an der Welle abzubremsen, bleibt der Läufer um den Polradwinkel ϑ hinter dem Drehfeld zurück (**4**.159b). Wegen der magnetischen Bindung zwischen beiden Feldern wird der Läufer aber weiterhin synchron mitgenommen, sodass wiederum die Läuferdrehzahl n gleich der Ständerdrehfelddrehzahl n_d ist. Die Synchronmaschine arbeitet nun als Motor, sie gibt mechanische Energie an der Welle ab. Vergrößert man die Belastung, vergrößert sich auch der Winkel ϑ. Schließlich soll der Stabmagnet so stark gebremst werden, dass eine Verringerung der Drehzahl erzwungen wird. Dann ändert sich die Lage des Magneten zum Ständerdrehfeld fortwährend. Die elektromagnetische Kraftwirkung zieht ihn abwechselnd nach vorn und wiederum zurück, im Mittel ist das entstehende Drehmoment null. Das Abreißen der magnetischen Bindung zwischen Ständer- und Läuferfeld bezeichnet man als „Kippen" oder „Außertrittfallen" des Synchronmotors, das schließlich zum Stillstand führt.

Generatorbetrieb. Betrachten wir den anderen Betriebszustand der Synchronmaschine. Man geht vom Leerlauf aus, wobei der Ständer an das Netz geschaltet bleibt. Versucht man, den Stabmagneten an seiner Welle anzutreiben, eilt er dem Ständerdrehfeld um den Winkel ϑ voraus (**4**.159c). Wegen der magnetischen Bindung zwischen Ständer- und Läuferfeld ist auch hier die Läuferdrehzahl n gleich der Drehfelddrehzahl n_d des Ständerfelds. Die Maschine wirkt als Generator; ihr wird an der Welle mechanische Energie zugeführt, die sie größtenteils als elektrische Energie in das Netz einspeist. Wie im Motorbetrieb fällt die Maschine „Außertritt", wenn das Antriebsmoment zu sehr vergrößert wird.

Die Synchronmaschine ist durch die synchrone Drehzahl von Ständer- und Läuferdrehfeld sowohl im Motor- als auch im Generatorbetrieb gekennzeichnet. Die Arbeitsweise zwischen beiden Betriebsarten kommt in der Stellung der Achsen zwischen dem Ständer- und dem Läuferfeld zum Ausdruck.

Im Motorbetrieb eilt die Läuferachse dem Drehfeld des Ständers um den Polradwinkel ϑ nach, im Generatorbetrieb dagegen um den Winkel ϑ vor.

Bisher wurden die magnetischen und elektrischen Verhältnisse noch nicht exakt beschrieben. Dies kann besser in Abschn. 4.7.4 mihilfe der Zeigerdiagramme geschehen. Vorher sollen jedoch der Aufbau der verschiedenen Synchronmaschinen und die Möglichkeiten der Läufererregung dargestellt werden.

4.7.1.1 Außenpolmaschine

Kleine, meist transportable Synchronmaschinen werden als Außenpolmaschinen nach Bild **4**.160a gebaut und als Notstromaggregate mit Leistungen bis zu 50 kVA verwendet. Wie bei der Gleichstrommaschine ist die Erregerwicklung im Ständer untergebracht und wird vom Gleichstrom durchflossen. Der Läufer (Anker) trägt wie der Schleifringläufer der Asynchronmaschine eine Drehstromwicklung, deren Anschlüsse an drei Schleifringen liegen. Wegen der möglichen asymmetrischen Belastung wird häufig der Sternpunkt der Wicklung über einen vierten Schleifring ausgeführt. Die elektrische Energie wird über Bürsten abgenommen, die auf den Schleifringen aufliegen.

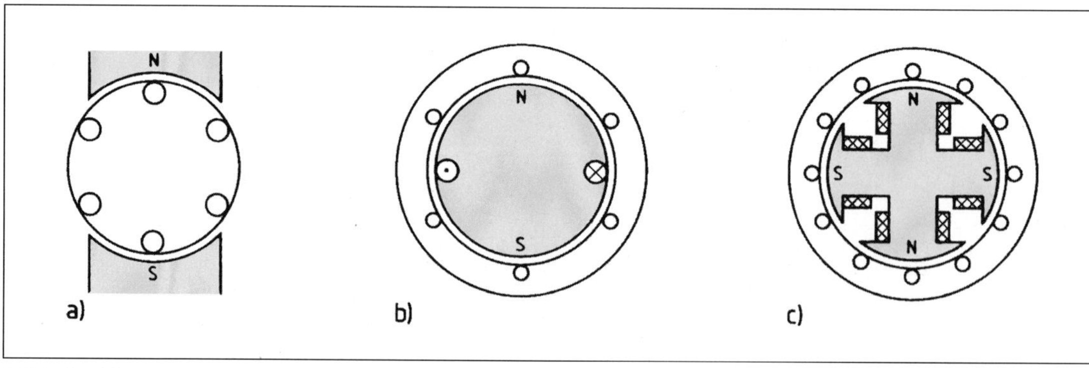

4.160 Ausführung der Synchronmaschine
a) Außenpolmaschine
b) Innenpolmaschine mit Vollpolläufer, zweipolig
c) Innenpolmaschine mit Schenkelpolläufer, vierpolig

Nachteilig ist bei dieser Ausführungsform, dass die geringe Erregerleistung über zwei feste Anschlüsse und die höhere Wechselstromleistung über drei oder gar vier Schleifringe geführt werden müssen. Daher verwendet man für größere Leistungen nur Innenpolmaschinen.

4.7.1.2 Innenpolmaschine

Bei der Innenpolmaschine liegt die Drehstromwicklung in den Nuten des Ständers. Das Magnetfeld des Läufers kann von Dauermagneten aufgebaut werden, jedoch verwendet man in der Praxis meist einen gleichstromerregten Läufer. Man bezeichnet den Läufer der zweipoligen Ausführung in Bild **4**.160b auch als Induktor oder Vollpolläufer und den Läufer der vier- und mehrpoligen Ausführungen in Bild **4**.160c als Polrad oder Schenkelpolläufer.[1] Der magnetische Fluss des Läufers schließt sich über den Ständer. Dieser wird im Vergleich mit den Gleichstrommaschinen häufig Anker genannt.

> Innenpolmaschinen eignen sich besonders für große Leistung und hohe Spannung, denn
> - die Spannungsinduktion erfolgt in einer ruhenden Wicklung, die sich betriebssicherer als eine rotierende Wicklung isolieren lässt,
> - die elektrische Energie lässt sich an festen Klemmen abnehmen.

Der Ständer ist in Asynchron- und Synchronmaschinen gleich aufgebaut. Er besteht aus den Stirnwänden oder auch den Lagerschilden, dem Ständerblechpaket und der in die Nuten des Blechpakets eingelegten Ständerwicklung. Diese ist selten eine Einphasen-Wechselstromwicklung (Bahnstromgenerator), sondern fast immer eine Dreiphasen-Wechselstromwicklung mit den in Abschn. 4.1 besprochenen Merkmalen. Wegen der meist großen Leistungen und der hohen Spannungen (besonders der Generatoren) sind jedoch besondere konstruktive Maßnahmen erforderlich.

Das Blechpaket ist aus Dynamoblech von 0,5 mm oder auch 0,35 mm Stärke mit besonders niedrigen Verlustziffern (z. B. 1,7 W/kg bis < 1 W/kg) geschichtet, um die Eisenverluste kleinzuhalten. Es ist der Länge nach meist mehrfach unterteilt, um Kühlkanäle zum Abführen der Verlustwärme zu schaffen. Besonders für Synchrongeneratoren verwendet man zum Unterdrücken der Oberwellen nach Abschn. 4.2.2 gesehnte Zweischichtwicklungen als Ganzloch-, bei hochpoligen Maschinen auch als Bruchlochwicklungen. Damit die dritte Oberwelle vermieden wird, wendet man stets die Sternschaltung bei Dreiphasengeneratoren an. Die Wickelköpfe sind wegen der großen Kräfte, die im Kurzschlussfall auftreten können, mit Distanzstücken, ggf. durch Versteifungsringe und Konsolen zusätzlich gefestigt. Hierzu bevorzugt man nichtleitende Werkstoffe, um die Wirbelstromverluste an den Stirnseiten niedrig zu halten.

Wegen der hohen Spannung (z. B. 15,75 oder 21 kV) muss die Wicklung sorgfältig isoliert werden.

Die Kühlungsart der Maschinen ist abhängig von ihrer Leistung. Maschinen kleiner und mittlerer Leistung werden durch Luft indirekt oder direkt, Maschinen größerer und großer Leistung durch Flüssigkeit direkt gekühlt. Bild **4**.161 zeigt z. B. einen Turbogenerator, dessen Ständer- und Läuferwicklung mit Wasser gekühlt werden. Er ist mit einer bürstenlosen Erregermaschine gekoppelt.

[1] Werden die magnetischen und elektrischen Verhältnisse der Synchronmaschine im Einzelnen dargestellt, spricht man in der Literatur ganz allgemein von Polrad, auch wenn es sich um einen Vollpolläufer handelt (z. B. von Polradspannung usw.).

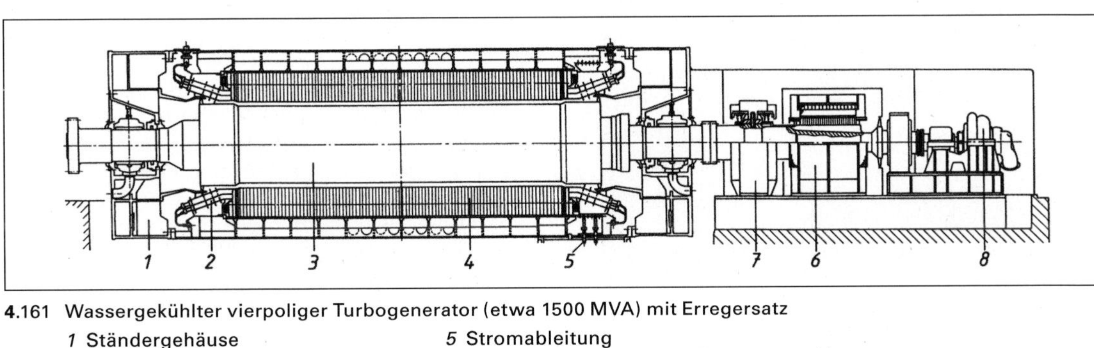

4.161 Wassergekühlter vierpoliger Turbogenerator (etwa 1500 MVA) mit Erregersatz

1 Ständergehäuse
2 wassergekühlte Ständerwicklung
3 wassergekühlter Läufer
4 Ständerblechpaket
5 Stromableitung
6 bürstenlose Dreiphasen-Erregermaschine mit Gleichrichter *7*
8 Kühlwasserkopf

Läufer. Die Erregerwicklung des Läufers wird mit Gleichstrom gespeist. Die Erregerleistung wird also nicht, wie bei der Asynchronmaschine, vom Netz als Blindleistung aufgenommen. Daher kann der Luftspalt bei den Synchronmaschinen größer sein. Er beträgt zwischen 5 und 150 mm. Diese großen Luftspalte sind auch notwendig, um den Kurzschlussstrom zu begrenzen (Abschn. 4.7.3.4). Wegen der Gleichstromerregung darf der Läufer auch aus massiven Teilen bestehen. Bedingt durch die unterschiedlichen und wirtschaftlich sinnvollen Antriebsvoraussetzungen werden Synchrongeneratoren mit den unterschiedlichsten Polzahlen gefertigt. Für die Frequenz 50 Hz ist z. B. bei $n = 60 \text{ min}^{-1}$ die Maschine 100-polig und für die Drehzahl $n = 3000 \text{ min}^{-1}$ ist sie zweipolig.

In Abhängigkeit von der Polzahl werden zwei äußerlich unterschiedliche Ausführungen der Läufer gebaut:
- der Vollpolläufer in zwei- und seltener in vierpoliger Ausführung und
- der Schenkelpolläufer in vier- und mehrpoliger Ausführung.

Schenkelpolläufer. Von Fließwasserturbinen mit 60 min^{-1} bis 750 min^{-1} oder von Dieselaggregaten mit 250 min^{-1} bis 1500 min^{-1} angetriebene Synchrongeneratoren sowie mit gleicher Drehzahl arbeitende Synchronmotoren erhalten Schenkelpolläufer wie in Bild **4**.162. Wegen der ausgeprägten Pole des Läufers ist die Bezeichnung Polrad üblich. In die Polschuhnuten treibt man wie bei den Asynchronmaschinen Stäbe ein, die an den Stirnseiten auf Polbreite als Polgitter oder auch über den ganzen Umfang des Läufers als Dämpferkäfig kurzgeschlossen sind. Die Dämpferwicklung

4.162 Polrad eines Synchrongenerators mit 20 Polen 1 Schenkelpol mit Erregerwicklung, 2 Dämpfungskäfig, 3 Erregergenerator

soll bei unsymmetrischer Last und bei Laststößen „dämpfend" wirken. Außerdem dient sie zum asynchronen Anlauf der Synchronmotoren.

Maschinen für kleine Drehzahlen haben eine hohe Polzahl und damit einen großen Polraddurchmesser. In Wasserkraftgeneratoren mit extrem niedrigen Drehzahlen kommen Läuferdurchmesser bis zu 16 m und Leistungen bis etwa 800 MVA vor. Der große Durchmesser führt bei kleineren Leistungen zu kurzen axialen Längen.

Eine sinusförmige Feldverteilung im Luftspalt ist zur Erzeugung einer sinusförmigen Wechselspannung wünschenswert. Daher wird der Polschuh bei den Generatoren immer wie in Bild **4**.163a als Sinusfeldpol ausgeführt, d. h., der Luftspalt erweitert sich von der Polmitte zu den Polkanten. Die Pollücken schließen allerdings eine vollkommene Sinusform aus. Rechteckfeldpole mit konstantem Luftspalt (**4**.163b) verwendet man für Synchronmotoren, da hier weniger Erregerstrom für ein gleichstarkes Feld nötig ist. Auf die Sinusform kann man auch verzichten, weil nicht in ein Netz mit sinusförmiger Spannung eingespeist werden soll.

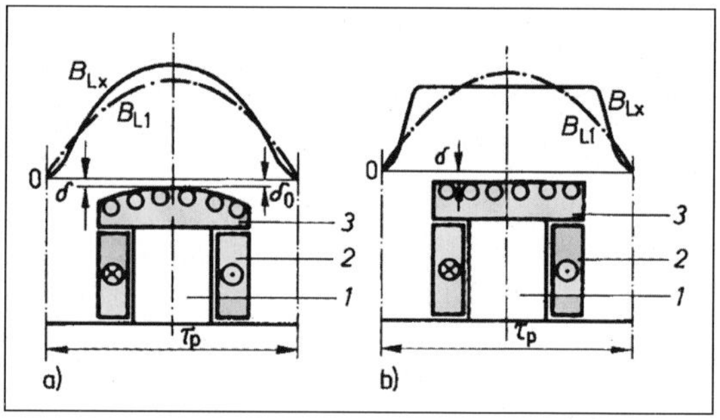

4.163 Läuferpole von Schenkelpolläufern mit Luftspaltfeld

B_{Lx} im Leerlauf, B_{L1} Grundwelle

a) Sinusfeldpol, b) Rechteckfeldpol

1 Polkern
2 Erregerwicklung
3 Polschuh mit Dämpferwicklung

Vollpolläufer. Werden Synchrongeneratoren von Dampf- oder Gasturbinen mit der hohen Drehzahl von 3000 min^{-1} angetrieben, können sie wegen der auftretenden Fliehkräfte nicht mit Schenkelpolläufern gebaut werden. Man verwendet einen zylindrischen Vollpolläufer wie in Bild **4**.164, auch Turboläufer, Trommelläufer oder Induktor genannt. Obwohl der Läufer meist aus einem Stück geschmiedet ist, darf er wegen der mechanischen Festigkeit maximal nur einen Durchmesser von 1200 mm aufweisen. Für Turbogeneratoren

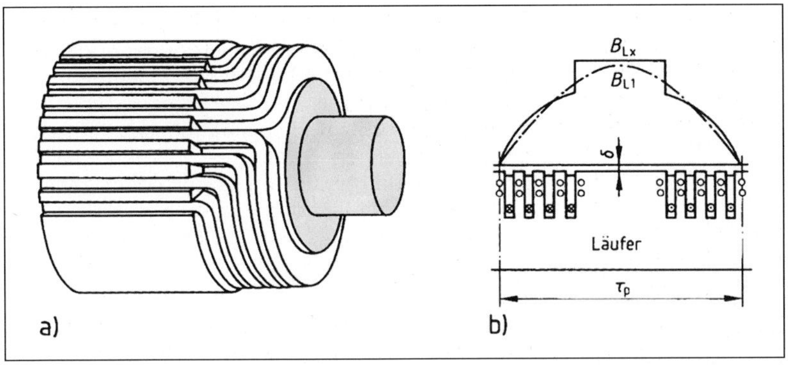

4.164
Vollpolläufer
a) Läuferwicklung
b) Luftspaltfeld B_{Lx} der Wicklung eines Vollpolläufers im Leerlauf, B_{L1} Grundwelle

großer Leistung sind daher sehr langgestreckte Läufer erforderlich, um den magnetischen Fluss in der Maschine aufbringen zu können. Auch für Synchronmotoren gleicher Drehzahl verwendet man diese Läuferart.

Die Läuferwicklung wird entsprechend Bild **4**.169b vom Gleichstrom durchflossen und bildet das dargestellte Luftspaltfeld B_{Lx} aus. In der Feldmitte erreicht man Luftspaltinduktionen von 0,8 bis 1,0 T, im Bereich der Läuferzähne dagegen nur etwa 0,5 bis 0,6 T. Obwohl die Feldkurve treppenförmig verläuft, ist die induzierte Klemmenspannung annähernd sinusförmig, weil Oberwellen durch niedrige Oberwellen-Wicklungsfaktoren unterdrückt werden.

4.7.2 Erregung

Fremd- und Eigenerregung. Der zur Erzeugung des Magnetfelds erforderliche Erregerstrom wird der Erregerwicklung des Läufers herkömmlich über Schleifringe und Bürsten zugeführt. Die notwendige Erregerleistung beträgt für größere Maschinen etwa 0,25 %, für kleinere Maschinen bis zu 5 % der Bemessungsleistung. Entnimmt man den Erregerstrom einer fremden Spannungsquelle, spricht man von Fremderregung. Dagegen liegt Eigenerregung vor, wenn ein von der Synchronmaschine gespeister oder angetriebener Erregersatz vorhanden ist. Eigenerregung wird aus Sicherheitsgründen bevorzugt.

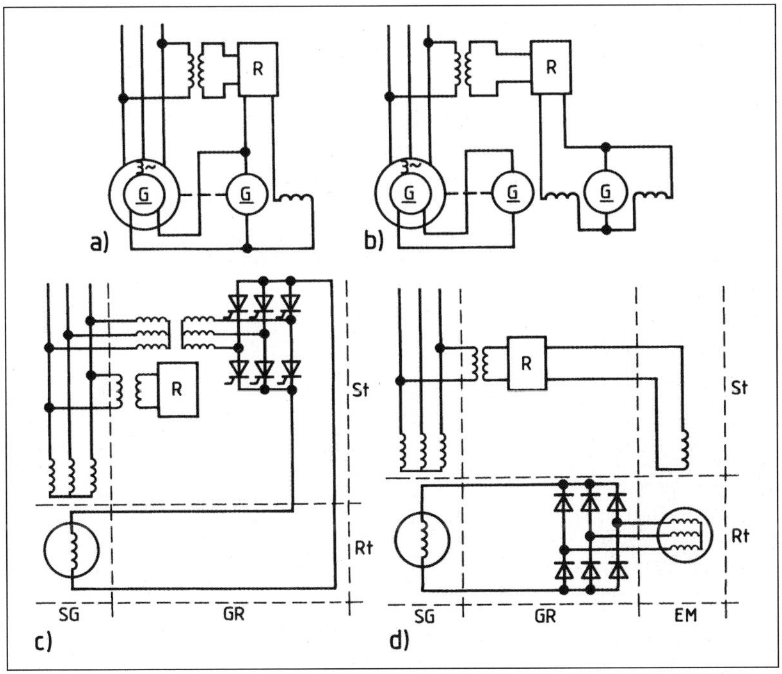

4.165
Erregerschaltungen für Synchronmaschinen
a) Selbsterregte Erregermaschine
b) Haupt- und Hilfserregermaschine
c) Selbsterregung über Gleichrichter
d) Bürstenlose Erregerschaltung mit rotierenden Gleichrichtern

SG Synchrongenerator
GR Gleichrichter
EM Erregermaschine
Rt drehender Teil
St stehender Teil
R Spannungsregler

Bild **4**.165 zeigt einige übliche Erregerschaltungen. Bei der klassischen Erregung mit einem selbsterregten Gleichstromgenerator wird der Erregerstrom über den Kommutator der Gleichstrommaschine gleichgerichtet und den Schleifringen der Synchronmaschine zugeführt (**4**.165a). In der Regel sitzt der Gleichstromgenerator auf der verlängerten Welle der Synchronmaschine oder wird unabhängig von ihr als Motor-Generatorsatz aufgestellt. Wegen des schnelleren Regelverhaltens bevorzugt man bei größeren Leistungen eine Reihenschaltung aus Haupt- und Hilfserregermaschine (**4**.165b). Nachteilig ist die Empfindlichkeit der Kommutatoren in Gleichstrommaschinen und der Schleifringe in Synchronmaschinen gegenüber mechanischen und chemischen Einflüssen. Daher werden mehr und mehr Stromrichter an Stelle der Gleichstrom-Erregermaschinen eingesetzt. Zudem zeigt die Stromrichter-Erregung ein noch besseres Regelverhalten.

Bei der Erregung nach Bild **4**.165c sind noch Schleifringe notwendig. Die Erregerleistung wird dem Wechselstromnetz entnommen und über eine gesteuerte Brückengleichrichterschaltung dem Läufer zugeführt. Diese Art wird bevorzugt, wenn Baulänge „gespart“ werden soll. Auch auf die Schleifringe kann man verzichten, wenn man die Erregerleistung einer Drehstrom-Erregermaschine mit umlaufendem Ständer über mitrotierende Gleichrichter entnimmt (**4**.165d). In allen Schaltungen sorgt die Regeleinrichtung R für die Regelung der Klemmenspannung.

4.7.3 Wirkungsweise

Die Wirkungsweise der Außen- und Innenpolmaschinen ist gleich, lediglich die feststehenden und die umlaufenden Teile sind gegeneinander vertauscht. Wir beschränken uns auf die Betrachtung einer Maschine mit Vollpolläufer, die mit konstantem Luftspalt und ohne Pollücken am einfachsten zu überblicken ist. In Abschn. 4.7.7 sind die abweichenden Besonderheiten des Schenkelpolläufers dargestellt.

In Abschn. 4.7.1 wurde gezeigt, dass sich die Arbeitsweisen einer Maschine als Generator und als Motor nur durch die Richtung des Energieflusses und des sich bildenden Polradwinkels ϑ unterscheiden. Daher gelten die folgenden Ausführungen sowohl für den Generator- als auch für den Motorbetrieb. Bedingt durch die unterschiedliche Energierichtung ist allerdings die Phasenlage zwischen der Spannung und dem Strom im Einzelnen zu berücksichtigen.

4.7.3.1 Leerlauf

Das Prinzip des Innenpol-Synchrongenerators mit Vollpolläufer zeigt Bild **4**.166. Der Erregerstrom I_E baut den magnetischen Fluss Φ_{dE} auf. Dieser mit dem Läufer umlaufende magnetische Fluss Φ_{dE} induziert in einen Strang der Ständerwicklung mit der Windungszahl N und dem Wicklungsfaktor ζ nach der Induktionsgleichung (4.6) die Quellenspannung

$$U_{q0} = 4{,}44 \cdot f \cdot N \cdot \zeta \cdot \hat{\Phi}_{dE}. \qquad (4.67)$$

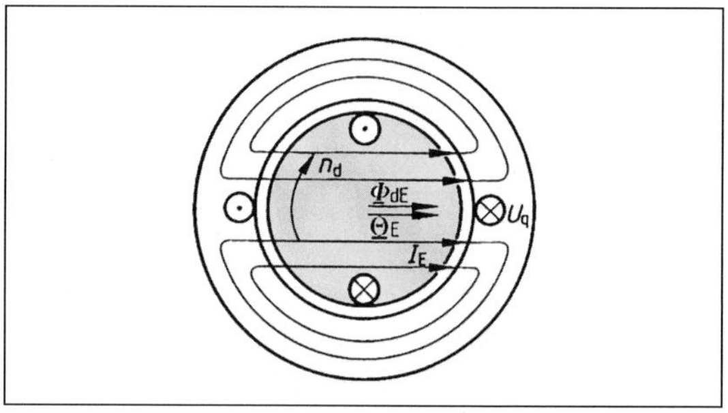

4.166 Synchrongenerator im Leerlauf
$\underline{\Phi}_{dE}$ Polradfluss
$\underline{\Theta}_{E0}$ Leerlauf-Bemessungserregerdurchflutung
U_{q0} induzierte Quellenspannung

Die Frequenz der erzeugten Spannung

$$f = p \cdot n_d \qquad (4.68)$$

ist nach Gleichung (4.10) mit der Polpaarzahl p und der Drehfelddrehzahl n_d (hier gleich der Läuferdrehzahl n) gegeben.

In der Synchronmaschine können wir den magnetischen Fluss $\underline{\Phi}_{dE}$ über den Erregerstrom I_E und damit die induzierte Quellenspannung U_{q0} einstellen. Wir erhalten wie bei der Gleichstrommaschine eine Leerlaufkennlinie $U_{q0} = f(I_E)$, die der Magnetisierungskennlinie folgt (**4**.167). Der Leer-

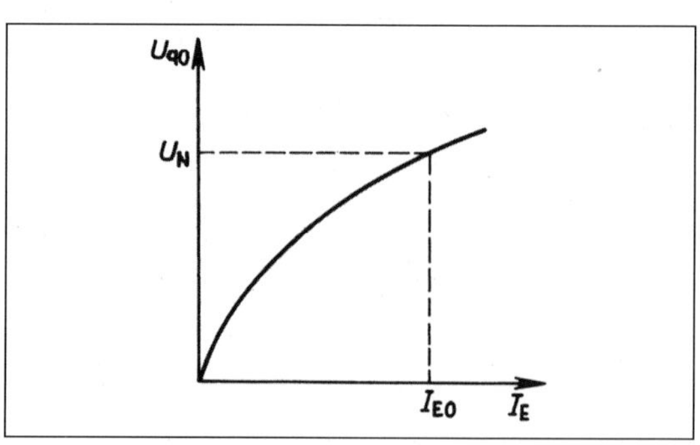

4.167 Leerlaufkennlinie $U_{q0} = f(I_E)$ der Synchronmaschine
I_E = Erregerstrom

lauf-Bemessungserregerstrom I_{E0} liefert die Bemessungsspannung U_N der unbelasteten Maschine.

Die induzierte Spannung eilt wie beim Transformator und bei der Asynchronmaschine dem erzeugten Fluss um 90° vor. So können wir das Zeigerdiagramm nach Bild **4**.168 zeichnen, indem wir statt des magnetischen Flusses in der gleichen Ebene auch die Erregerdurchflutung $\underline{\Theta}_E = I_E \cdot N_E$ eintragen.

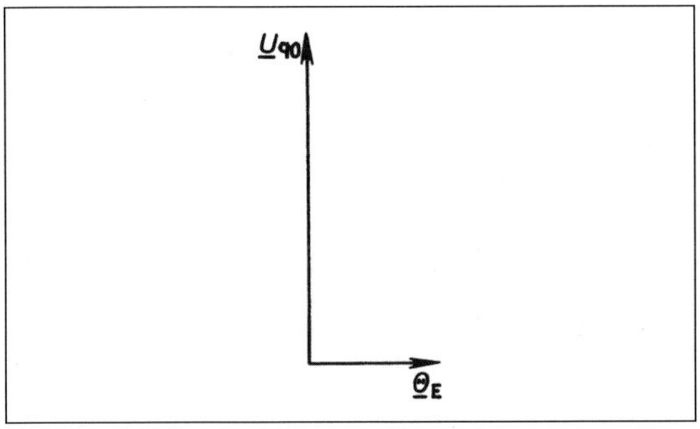

4.168 Zeigerdiagramm des leerlaufenden Synchrongenerators

4.7.3.2 Belastung

Wird der im Leerlauf auf Bemessungsspannung erregte Synchrongenerator belastet (**4**.169), ändert sich die Spannung erheblich.

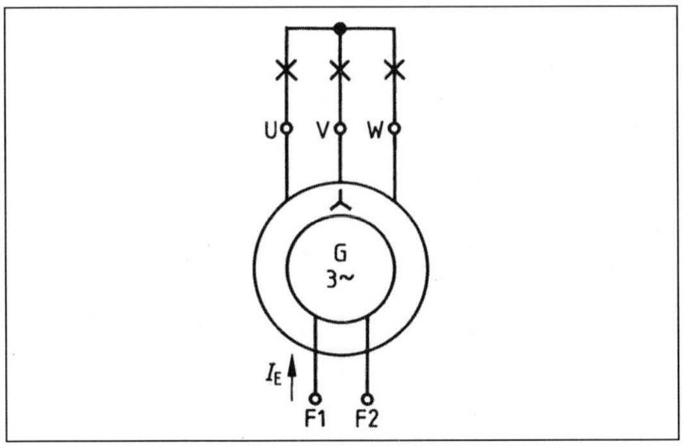

4.169 Schaltung des belasteten Drehstrom-Synchrongenerators mit Vollpolläufer

Ursachen für die Spannungsänderung des belasteten gegenüber dem leerlaufenden Synchrongenerator sind:

- die Spannungsfälle der vom Wechselstrom durchflossenen Ständerwicklung.
- im Wesentlichen die Ankerrückwirkung, die ähnlich wie bei der Gleichstrommaschine auftritt.

Streuspannungsfall. Wie die Gleichstrom- und die Asynchronmaschine, hat auch die Ständerwicklung der Synchronmaschine einen Wirkwiderstand R. An ihm ruft der Belastungsstrom $\underline{I}$ den Spannungsfall $\underline{U}_R = \underline{I} \cdot R$ hervor. Der durch die Ständerwicklung fließende Wechselstrom erzeugt außerdem, wie aus Bild **4**.170 zu ersehen, quer durch die Nuten einen wechselnden Streufluss – die Nutstreuung. Um die Wickelköpfe entsteht ebenfalls ein Streufluss – die Spulenkopfstreuung. Diese wechselnden Streufelder induzieren in der Ständerwicklung eine Selbstinduktionsspannung $\underline{U}_\sigma = \underline{I} \cdot X_\sigma$, die wir wie bei der Asynchronmaschine in der Ersatzschaltung durch den Streublindwiderstand X_σ berücksichtigen. Der Widerstand R der Ständerwicklung ist meist sehr viel kleiner als der Streublindwiderstand X_σ. Daher wird der Wirkwiderstand R der Ständerwicklung im Folgenden nicht berücksichtigt.

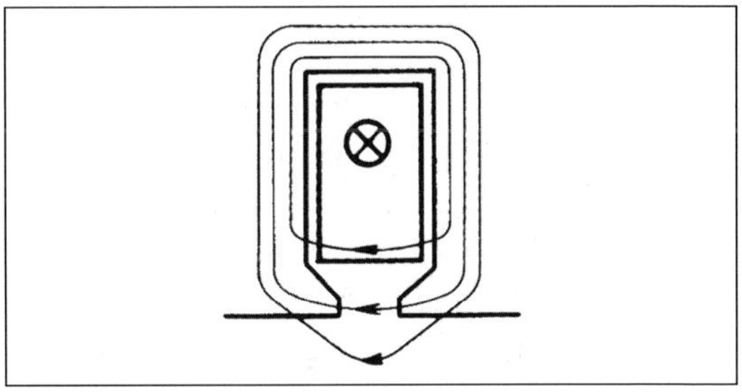

4.170 Nutstreufluss

Ankerrückwirkung. Auch bei unveränderter Erregung sind die *ideelle Polradspannung* $\underline{U}_{q0}$ (das ist die im Leerlauf induzierte Quellenspannung) und die bei Belastung induzierte Quellenspannung $\underline{U}_q$ unterschiedlich groß.

Dies lässt sich ähnlich wie bei der Gleichstrommaschine erklären. Dort wirken zwei im Raum feststehende Durchflutungen bzw. ihre Flusskomponenten, nämlich die des Erregerpols und die des stromdurchflossenen Ankers aufeinander ein. Sie bilden ein gemeinsames Feld. Diese Rückwirkung des Ankerfelds auf das Hauptfeld heißt Ankerrückwirkung. Ähnliches gilt für die Synchronmaschine. Nach Abschn. 4.3.3.3 ruft die stromdurchflossene dreiphasige Ständerwicklung ein Drehfeld hervor, das genau die gleiche Drehzahl und den gleichen Drehsinn wie das Feld des umlaufenden Polrads hat. Beide Drehfelder stehen also zueinander still und lassen sich zu einem gemeinsamen Luftspaltfeld zusammenfassen. Diese Rückwirkung des Ständerfelds auf das ursprüngliche Erregerfeld heißt auch hier Ankerrückwirkung. Da die Synchronmaschine eine Wechselstrommaschine ist, muss die Phasenverschiebung des durch die Ankerrückwirkung verursachten Spannungsfalls $\underline{U}_h$ ähnlich wie bei dem Zeigerdiagramm des Transformators je nach Belastungsart berücksichtigt werden.

Aufgrund der Ankerrückwirkung hängt die Höhe der in die Ständerwicklung induzierten Quellenspannung U_q von der Phasenverschiebung zwischen der Spannung und dem Ständerstrom (Belastungsart) ab. Bei konstanter Erregung verändert sich die Quellenspannung folgendermaßen:

Wirkbelastung, $\varphi = 0°$
= geringfügige Spannungsverminderung,

induktive Belastung, $\varphi = 90°$ induktiv
= erheblichere Spannungsverminderung,

kapazitive Belastung, $\varphi = 90°$ kapazitiv
= Spannungsanstieg.

Soll die Spannung konstant gehalten werden, muss man den Erregerstrom verstellen.

4.7.3.3 Ersatzschaltung und Zeigerdiagramm

Ersatzschaltung. Aufgrund der bei Belastung auftretenden Spannungsfälle lässt sich die Ersatzschaltung der Synchronmaschine entwickeln. Der Ständerstrom $\underline{I}_1$ verursacht Spannungsfälle, die Ankerrückwirkung den Spannungsfall $\underline{U}_h$ als Differenz zwischen der ideellen Polradspannung $\underline{U}_{q0}$ und der induzierten Spannung $\underline{U}_q$. Diese Spannung $\underline{U}_h$ wird durch den Hauptblindwiderstand

$$X_h = \frac{\underline{U}_h}{\underline{I}_1} \tag{4.69}$$

erfasst. Außerdem tritt ein Streuspannungsfall U_σ auf, den der Streublindwiderstand erfasst:

$$X_\sigma = \frac{\underline{U}_\sigma}{\underline{I}_1} \tag{4.70}$$

Vernachlässigt man weiterhin den Wirkwiderstand der Ständerwicklung, lässt sich die Ersatzschaltung der Synchronmaschine so zeichnen (**4**.171 a), dass sie im Gegensatz zur Asynchronmaschine

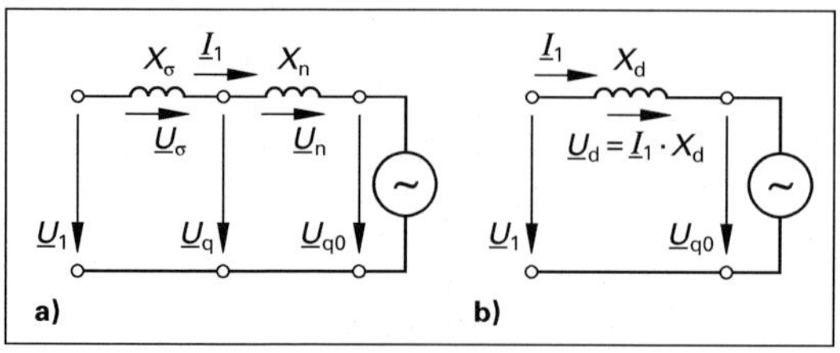

4.171 Synchrongenerator
a) vollständige Ersatzschaltung
b) vereinfachte Ersatzschaltung

nur die Ständerwicklung umfasst. Die Läuferwicklung braucht nicht berücksichtigt zu werden, da die vom Läuferdrehfeld im Ständer hervorgerufene Spannung $\underline{U}_{q0}$ in der Ersatzschaltung als Quellenspannung vorhanden ist.

Man bezeichnet X_h auch als Hauptreaktanz (Reaktanz = Blindwiderstand) der Ständerwicklung und zieht sie mit der Streureaktanz X_σ zur Synchronreaktanz

$$X_d = X_h + X_\sigma \tag{4.71}$$

zusammen, sodass man die vereinfachte Ersatzschaltung der Synchronmaschine in Bild **4**.171 b mit dem zugehörigen vereinfachten Zeigerdiagramm **4**.173 zeichnen kann.

Zeigerdiagramm. Um das Verhalten der Synchronmaschine näher zu untersuchen, soll das Zeigerdiagramm für den hauptsächlich vorkommenden Belastungsfall, der Belastung des Generators mit ohmsch-induktiven Verbrauchern, erarbeitet werden. Es wird von den beiden Grenzfällen, der rein induktiven Belastung und der reinen Wirkbelastung ausgegangen.

Zählpfeilsystem. Wie üblich, soll auch hier im Generatorbetrieb das Verbraucher-Zählpfeil-System (VZS) benutzt werden, wobei für die verschiedenen Belastungsfälle noch einmal an die in Bild **4**.172 dargestellte Lage von Strom und Spannungszeiger im VZS erinnert sei. Als Bezugspfeil ist die Spannung gewählt. Durch die Lage des Stromzeigers $\underline{I}$ sind Art und Flussrichtung der elektrischen Energie festgelegt. So bedeutet z. B. die induktive Belastung des Generators, dass er induktive Blindleistung erzeugen muss, also wie ein Kondensator kapazitive Blindleistung aufnimmt. Der Strom eilt der Spannung im VZS um 90° voraus.

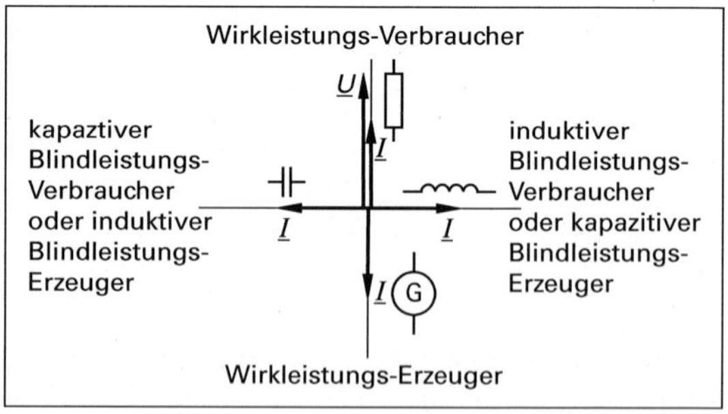

4.172 Festlegen der Belastungsart im Koordinatensystem des Verbraucher-Zählpfeil-Systems (VZS)

Induktive Belastung. Gibt der Generator induktive Blindleistung ab, eilt der Strom $\underline{I}_1$ der Spannung $\underline{U}_1$ um 90° voraus. In der Ständerwicklung tritt der

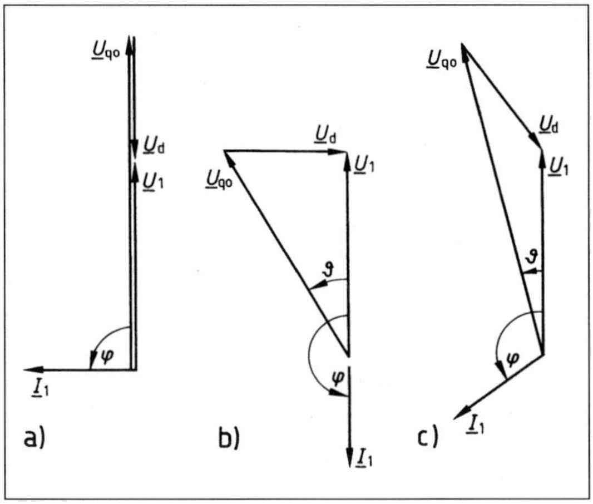

4.173 Vereinfachtes Zeigerdiagramm des belasteten Synchrongenerators
a) Abgabe induktiver Blindleistung
b) Abgabe von Wirkleistung
c) Abgabe von Wirkleistung und induktiver Blindleistung

im Zeigerdiagramm 4.173a eingetragene Spannungsfall $\underline{U}_d = \underline{I}_1 \cdot X_d$ auf, der gegenüber $\underline{I}_1$ um 90° voreilt und daher in „Gegenphase" zur Klemmenspannung $\underline{U}_1$ liegt. Beide Spannungen bilden zusammen die ideelle Polradspannung $\underline{U}_{q0}$. Sie ist die Spannung, die bei unveränderter Erregung des Polrads in die Ständerwicklung induziert werden würde. Ihre Größe bildet ein Maß für den erforderlichen Erregerstrom des Polrads.

Wirkbelastung. Gibt der Generator nur Wirkleistung ab, ist der Belastungsstrom $\underline{I}_1$ nach dem Verbraucher-Zählpfeilsystem entgegen der Klemmenspannung $\underline{U}_1$ einzuzeichnen. Der vom Laststrom $\underline{I}_1$ hervorgerufene Spannungsfall $\underline{U}_d$ eilt dem Strom im Zeigerdiagramm 4.173b um 90° voraus. Klemmenspannung $\underline{U}_1$ und Spannungsfall $\underline{U}_d$ ergeben wiederum die ideelle Polradspannung $\underline{U}_{q0}$. Der Winkel ϑ zwischen den Spannungen $\underline{U}_{q0}$ und $\underline{U}_1$ ist der Winkel, um den das Polrad bei generatorischer Wirkleistung gegenüber dem Leerlauf voreilt. Man nennt ihn Polradwinkel oder Lastwinkel.

Ohmsch-induktive Belastung. Abschließend soll der allgemeine Fall der ohmsch-induktiven Belastung betrachtet werden. Das Zeigerdiagramm 4.173c zeigt, dass die ideelle Polradspannung und damit der Erregerstrom für die gleiche Klemmenspannung $\underline{U}_1$ wie auch bei der reinen induktiven Belastung größer sein muss als für reine Wirkbelastung. Das Polrad eilt wegen der Wirklast wieder um den Polradwinkel ϑ vor.

4.7.3.4 Kurzschluss

Der plötzliche Klemmenkurzschluss einer auf volle Spannung erregten Synchronmaschine bedeutet einen sehr kritischen Störungsfall. Der im ersten Moment auftretende, sehr große Stoßkurzschlussstrom und die damit verbundenen Kräfte beanspruchen die Wicklung aufs Äußerste. Nach einiger Zeit ist der Einschwingvorgang abgeklungen, sodass sich ein relativ geringer Dauerkurzschlussstrom einstellt.

Nach der Zahl der am Kurzschluss beteiligten Klemmen unterscheidet man den dreipoligen, zweipoligen und einpoligen Kurzschluss (4.174). Zunächst soll der dreipolige Dauerkurzschluss betrachtet werden. Der Kurzschlussstrom des Ständers baut ein mit der Drehfelddrehzahl umlaufendes Ständerdrehfeld auf.

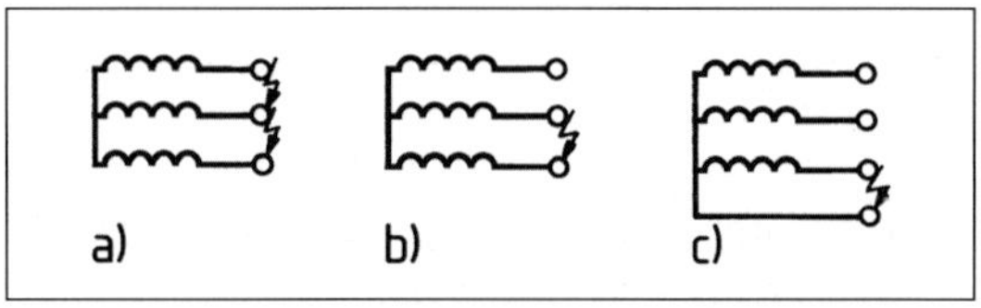

4.174 Klemmenkurzschluss der Ständerwicklung
a) dreipolig, b) zweipolig, c) einpolig

Dauerkurzschluss, dreipolig. Wird der Ständer der erregten Synchronmaschine an seinen Klemmen dreipolig kurzgeschlossen, ist die Klemmenspannung $U_1 = 0$. Vernachlässigt man weiterhin den geringen Wirkwiderstand der Ständerwicklung, muss auch der zugehörige Fluss „verschwinden". Da die Polraddurchflutung $\Theta_E = I_E \cdot N_E$ weiterhin vorhanden ist, muss sie durch eine gleich große, entgegengesetzt wirkende Ständerdurchflutung aufgehoben werden.

> Ist die erregte Synchronmaschine an den Klemmen kurzgeschlossen, muss in der Ständerwicklung ein Strom fließen, sodass der Polradfluss durch die Ankerrückwirkung und den Streufluss aufgehoben wird. Dieser Strom ist der Dauerkurzschlussstrom I_K.

Die Ersatzschaltung in Bild 4.171b wird betrachtet. Die im Leerlauf mit dem Leerlauf-Bemessungserregerstrom I_{E0} auf Bemessungsspannung $U_{q0} = U_N$ erregte Maschine ist kurzgeschlossen. Nach dem Einschwingvorgang ist dann der Kurzschlussstrom

$$I_{K0} = \frac{U_N}{X_d}. \tag{4.72}$$

Bezieht man diesen Wert auf den Bemessungsstrom I_N, erhält man das *Leerlauf-Kurzschlussverhältnis*

$$k_C = \frac{I_{K0}}{I_N} \tag{4.73}$$

als eine wichtige Kenngröße der Synchronmaschine. Bei Vollpolläufern liegt diese Größe im Bereich I_{K0}/I_N = 0,4 bis 0,65, bei Schenkelpolläufern im Bereich I_{K0}/I_N = 0,8 bis 1,2 und in Sonderfällen bis 1,4.

Bei „normaler" ohmsch-induktiver Belastung ist nach Abschn. 4.7.3.3 der Erregerstrom I_E größer als der Leerlauf-Bemessungserregerstrom I_{E0}. Damit ist auch der Polradfluss größer als im Leerlauf und somit auch der Kurzschlussstrom, der im Kurzschlussfall einen dem Polradfluss entgegengerichteten Ständerfluss aufbauen muss. Bei vorausgehender Bemessungsbelastung beträgt das Kurzschlussverhältnis I_{KN}/I_N bei Turbomaschinen etwa 1,35 bis 2 und bei Schenkelpolmaschinen 1,5 bis 3.

Dauerkurzschluss, einpolig und zweipolig. Ist die Maschine nach Bild **4**.174 ein- oder zweipolig kurzgeschlossen, kann im Ständer kein Drehfeld, sondern nur ein Wechselfeld aufgebaut werden. Dieses Wechselfeld lässt sich nach Abschn. 4.3.3.2 in ein mit- und ein gegenlaufendes Drehfeld halber Wechselfeldamplitude zerlegt denken. Nur das mitlaufende Drehfeld läuft synchron mit dem Polrad und verhält sich wie das Ständerfeld beim dreipoligen Kurzschluss. Das gegenlaufende Drehfeld rotiert dagegen mit doppelter synchroner Drehzahl über den Läufer hinweg und induziert in die Erregerwicklung und gegebenenfalls in die Dämpferwicklung eine Spannung zweifacher Netzfrequenz. Daneben entstehen in den Massivteilen des Läufers Wirbelströme. Die Wirbelströme sowie die Induktionströme in der Erreger- und der Dämpferwicklung erwärmen die Maschine zusätzlich.

Man kann sich vorstellen, dass hauptsächlich das mit dem Polrad synchron drehende, mitlaufende Drehfeld eine Ankerrückwirkung verursacht, die das Polradfeld kompensiert. Daher sind die auftretenden Kurzschlussströme im zwei- und einpoligen Kurzschluss größer als im dreipoligen. Annähernd gilt

$$I_{K\,III} : I_{K\,II} : I_{K\,I} = 1 : 1{,}63 : 2{,}67. \tag{4.74}$$

Aus diesem Verhältnis geht hervor, dass besonders der einpolige Kurzschluss die Synchronmaschine gefährdet.

Stoßkurzschlussstrom. Der eben besprochene Kurzschlussstrom wird Dauerkurzschlussstrom genannt, weil er nach dem Einschwingvorgang während des gesamten Kurzschlusses bestehen bleibt. Im ersten Augenblick des plötzlichen Kurzschlusses ist das Polradfeld noch ungeschwächt. Deshalb tritt ein wesentlich höherer Strom, der Stoßkurzschlussstrom auf. Auch in der Polradwicklung kommt es vorübergehend zu hohen Stromspitzen. Dabei wird auch jeder erregte Synchronmotor zum Generator, der in die Kurzschlussstelle einspeist.

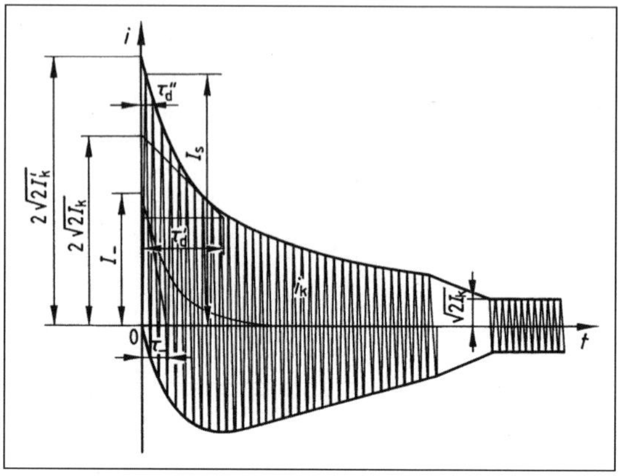

4.175 Kurzschlussstromverlauf $i_K = f(t)$ mit Stoßkurzschlussstrom I_S

An den ohmschen Widerständen der beteiligten Wicklungen, der Ständer-, Läufer- und evtl. der Dämpferwicklung rufen die großen Ströme Verluste hervor, die aus der magnetischen Energie der Maschine gedeckt werden. Ebenso entziehen die in den massiven Läuferteilen auftretenden Wirbelströme magnetische Energie, sodass es zum Abbau der Felder und damit zum Abklingen des Stoßkurzschlussstroms kommt. Der Dauerkurzschlussstrom wird nach etwa 100 bis 200 Perioden, also bei 50 Hz nach etwa 2 s bis 4 s erreicht.

Den Abklingvorgang des Stoßkurzschlussstroms zeigt Bild **4**.175 mit den nach DIN EN 60034 festgelegten Bezeichnungen. Der höchste Augenblickswert I_S des Kurzschlussstroms tritt bei plötzlichem dreipoligem Klemmenkurzschluss der mit Bemessungsdrehzahl leerlaufenden auf Bemessungsspannung erregten Maschine im ungünstigsten Schaltaugenblick (U = 0, Φ = max.) auf. Er darf höchstens den 15-fachen Scheitelwert bzw. den 21-fachen Effektivwert des Bemessungsstroms erreichen. Für diese Ströme und ihre Kräfte sind die Wicklungen festigkeitsmäßig auszulegen.

Im Liniendiagramm des Kurzschlussstroms sind ein Gleich- und zwei Wechselstromanteile zu unterscheiden. Der vom Kurzschlusszeitpunkt abhängige Gleichstromanteil I klingt mit der Gleichstromzeitkonstante τ sehr rasch ab. Der Wechselstromanteil setzt sich aus einem mit der kleinen Anfangszeitkonstante τ''_d (0,02 bis 0,055 s) schnell abklingenden und aus einem mit der

Übergangszeitkonstante τ'_d (0,4 bis 3 s) langsam auf den Dauerkurzschlussstrom abklingenden Teil zusammen. Während die Anfangszeitkonstante von der Dämpferwicklung und den von Wirbelströmen durchsetzten massiven Läuferteilen bestimmt wird, ist die Übergangszeitkonstante von den Wirkwiderständen der Ständer- und der Erregerwicklung abhängig.

Der Effektivwert des Stoßkurzschlusswechselstroms ist mit I''_K, der Effektivwert des Übergangswechselstroms mit I'_K bezeichnet. Die zugehörigen Blindwiderstände (Reaktanzen) werden als Anfangsblindwiderstand (subtransiente Reaktanz)

$$X''_d = \frac{U_N}{I''_K} \qquad (4.75)$$

und als Übergangsblindwiderstand (transiente Reaktanz)

$$X'_d = \frac{U_N}{I'_K} \qquad (4.86)$$

bezeichnet. Mit diesen Reaktanzen und den zugehörigen Zeitkonstanten lassen sich Größe und Verlauf des Kurzschlussstroms ermitteln. Darauf soll hier verzichtet werden.

4.7.3.5 Drehmoment

In Bild **4**.173b ist das Zeigerdiagramm für einen Generator dargestellt der nur Wirkstrom, d. h. Wirkleistung abgibt. Dazu muss die ideelle Polradspannung $\underline{U}_{q0}$ gegenüber der Bemessungsspannung $\underline{U}_N$ um den Winkel ϑ voreilend erzeugt werden. Gegenüber der Polradstellung im Leerlauf oder auch der Stellung bei Abgabe von reiner Blindleistung in Bild **4**.173c ($P = 0$) muss das Polrad um diesen Winkel ϑ vorgestellt werden, damit $\underline{U}_{q0}$ entsprechend voreilt. An der Welle des Generators muss ein Drehmoment angreifen, das das Polrad zunächst beschleunigt, um die Voreilung um den Polradwinkel ϑ zu erzwingen. Der Drehzahlregler erhöht durch sein Stellglied die Energiezufuhr, z. B. durch das Öffnen des Dampfventils für den Turbogenerator. Bei einem bestimmten Polradwinkel stellt sich ein Gleichgewicht zwischen der zugeführten und der abgegebenen Energie ein. Dabei muss die Drehzahl wegen der konstant zu erzeugenden Frequenz gleich bleiben.

Im Motorbetrieb (Abschn. 4.7.5), – d. h. bei Abgabe mechanischer Leistung – versucht dagegen die Last, das Polrad abzubremsen, sodass sich der Polradwinkel ϑ nacheilend gegenüber dem Leerlauf einstellt. Auch hier wird bei einem bestimmten Winkel ein Gleichgewicht zwischen der zugeführten elektrischen Energie und der abgegebenen mechanischen Energie erreicht.

Drehmomentgleichung. Die Größe des Polradwinkels ϑ ist abhängig von der Größe der Belastung. Der Zusammenhang lässt sich für die Turbomaschinen aus dem Zeigerdiagramm **4**.176 bestimmen. In dem vereinfachten Zeigerdiagramm für

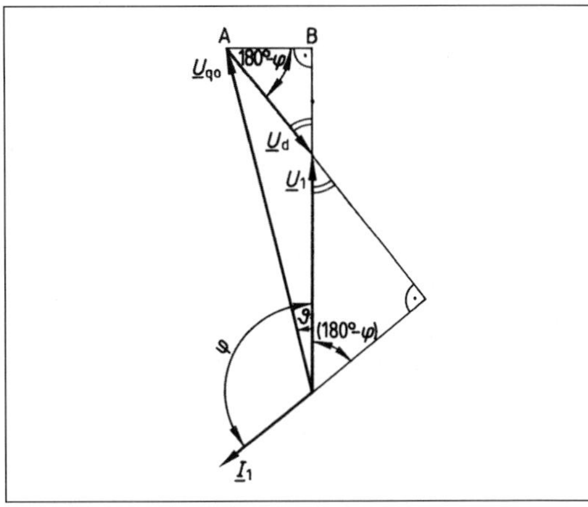

4.176 Zeigerdiagramm eines Strangs der Synchronmaschine (Generatorbetrieb) mit Hilfskonstruktion zum Berechnen des Drehmoments

einen Strang der Synchronmaschine im Generatorbetrieb ist eine Hilfskonstruktion eingezeichnet; wir verzichten hier auf die Zeigerschreibweise.

Aus den rechtwinkligen Dreiecken resultiert für die Strecke $\overline{AB} = U_{qo} \cdot \sin\vartheta$ und $\overline{AB} = U_d \cdot \cos(180° - \varphi)$. Mit $U_d = I_1 \cdot X_d$ und $\cos(180° - \varphi) = -\cos\varphi$ kann man schreiben

$$U_{qo} \cdot \sin\vartheta = -I_1 \cdot X_d \cdot \cos\varphi. \qquad (4.77)$$

Stellt man die Gleichung um, ist der Wirkstrom

$$I_1 \cdot \cos\varphi = -\frac{U_{q0}}{X_d} \sin\vartheta. \qquad (4.78)$$

Die elektrische Wirkleistung der Maschine ist im Generator- und im Motorbetrieb

$$P = 3 \cdot U_1 \cdot I_1 \cdot \cos\varphi \qquad (4.79)$$

und damit das Drehmoment der verlustlos angenommenen Maschine ($R_1 = 0$)

$$M = \frac{P}{2 \cdot \pi \cdot n} = \frac{3 \cdot U_1 \cdot I_1 \cdot \cos\varphi}{2 \cdot \pi \cdot n}. \qquad (4.80)$$

Setzt man den Wirkstrom $I_1 \cdot \cos\varphi$ entsprechend ein (4.78), ist das Drehmoment

$$\mathbf{M = -\frac{3}{2 \cdot \pi \cdot n} \cdot U_1 \cdot \frac{U_{q0}}{X_d} \cdot \sin\vartheta.} \qquad (4.81)$$

Für konstante Netzspannung U_1 und konstante ideelle Polradspannung U_{q0} (konstante Erregung) ist das Drehmoment M der Synchronmaschine mit Vollpolläufer dem Sinusbetrag des Polradwinkels ϑ proportional.

$$M \sim |\sin\vartheta| \qquad (4.82)$$

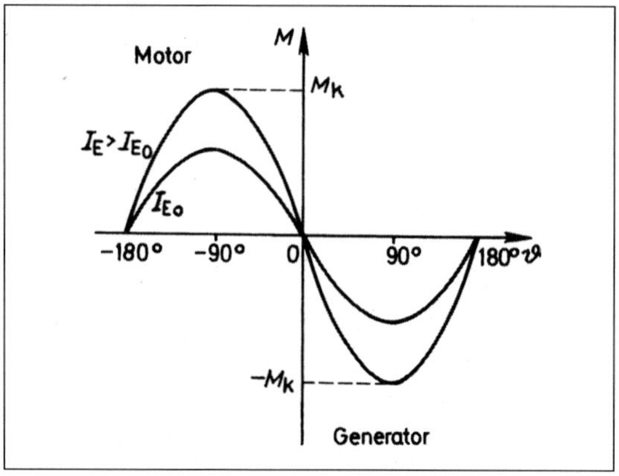

4.177 Drehmoment $M = f(\vartheta)$ der Synchronmaschine mit Vollpolläufer bei konstanter Spannung U_1 und zwei verschiedenen Erregerströmen

Der Verlauf des Drehmoments M in Abhängigkeit vom Polradwinkel ϑ ist in Bild **4**.177 dargestellt.

Bei $\vartheta > 0$ eilt der Läufer vor, und es entsteht ein negatives Drehmoment. Dies bedeutet, dass der Maschine mechanische Energie zugeführt werden muss (Generator). Im Motorbetrieb mit dem Polradwinkel $\vartheta < 0$ eilt der Läufer nach, das Drehmoment ist positiv, d. h. die Maschine gibt mechanische Energie ab.

Kippmoment. Bei dem Polradwinkel $| \vartheta | = 90°$ el wird das Kippmoment erreicht. Es begrenzt die kurzzeitige Überlastungsfähigkeit. Wird dieses Moment überschritten, fällt die Maschine „außer Tritt", d. h., die Bindung zwischen dem Polradfeld und dem Ständerfeld reißt. Nach der Gleichung (4.81) lässt sich die Überlastungsfähigkeit mit steigender Erregung ($U_{q0} \sim I_E$) vergrößern. Im Bemessungsbetrieb erreichen Turbogeneratoren etwa einen Polradwinkel bis 30° und Schenkelpolmaschinen ungefähr 20 bis 25°. Damit wird das Kippmoment $M_K \approx 2\ M_N$. Zum Drehmomentverlauf der Schenkelpolmaschinen vgl. Abschn. 4.7.7.

4.7.4 Generatorbetrieb

4.7.4.1 Inselbetrieb

Spannungsänderung. Speist der Synchrongenerator ein Netz (z. B. ein Werksnetz), an das keine anderen Spannungserzeuger angeschlossen sind, liegt Inselbetrieb vor. Die Spannung des Synchrongenerators wird sich je nach Größe und Phasenlage des Ständerstroms bei konstant gehaltener Erregung ändern. Die Abhängigkeit der Spannung U_1 vom Ständerstrom I_1 und vom Leistungsfaktor $\cos \varphi$ ist in den Belastungskennlinien von Bild **4**.178 dargestellt. Die Generatorspannung

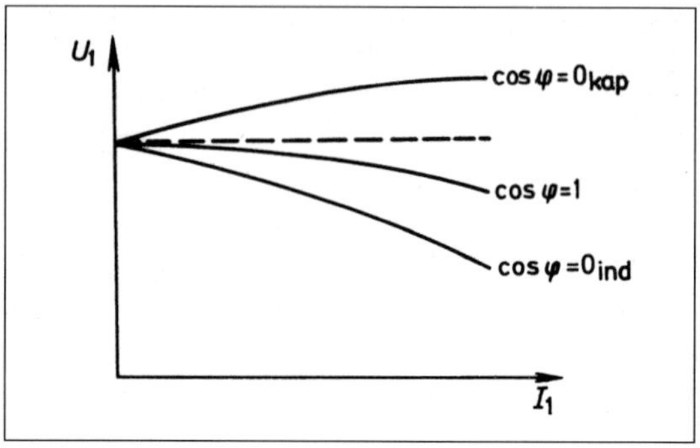

4.178 Belastungskennlinien $U_1 = f(I_1)$ des Synchrongenerators im Inselbetrieb

verringert sich gegenüber der Leerlaufspannung mit zunehmender Wirkbelastung geringfügig und bei induktiver Belastung in stärkerem Maße, während sie sich bei kapazitiver Belastung erhöht. Begründet ist dieses Verhalten durch die unterschiedliche Phasenlage und Größe der durch Ankerrückwirkung und Streuung hervorgerufenen Spannungen $\underline{U}_h$ und $\underline{U}_\sigma$ in Abhängigkeit vom Belastungsstrom (s. Abschn. 4.7.3.3).

Spannungseinstellung

Um den Verbrauchern im Inselbetrieb des Generators eine konstante Spannung zur Verfügung zu stellen, muss die Erregung bei Wirkbelastung geringfügig, bei induktiver Belastung wesentlich verstärkt und bei kapazitiver Belastung verringert werden.

Die zum Aufheben der Spannungsänderung nötige Erregerstromverstellung lässt sich aus

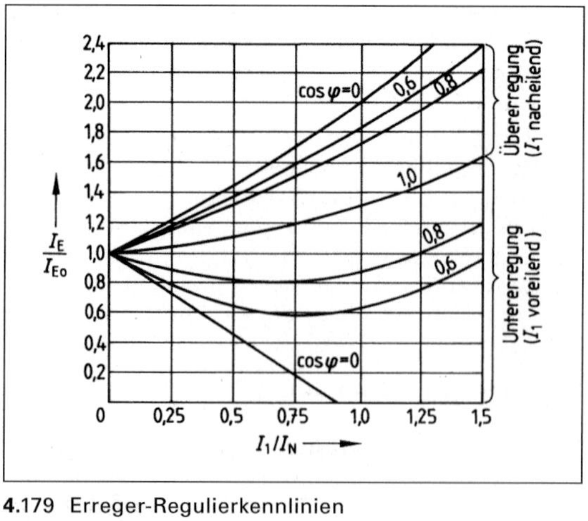

4.179 Erreger-Regulierkennlinien

den Durchflutungsveränderungen ($\underline{\Theta} = I_E \cdot N_E$) der Zeigerdiagramme **4**.173 ermitteln. Der Zusammenhang zwischen den Spannungen $\underline{U}_h$, $\underline{U}_\sigma$ und dem Erregerstrom I_E ist in der Leerlaufkennlinie gegeben, jedoch muss hier der jeweilige Arbeitspunkt beachtet werden. Auf die Ermittlung des Erregerstroms soll hier verzichtet werden. Es sei auf DIN EN 60034-4 verwiesen. Das Ergebnis dieser Erregerstrombestimmung sind Erreger-Regulierkennlinien wie in Bild **4**.179. Sie sind dort für Vollpol- und Schenkelpolmaschinen mit mittleren Kennwerten als Relativwerte $I_E/I_{E0} = f(I_1/I_N)$ mit dem Parameter cos φ dargestellt.

Zum Einstellen haben größere Maschinen einen automatischen Spannungsregler. Bei kleineren Maschinen kann der Erregerstrom von Hand über einen Feldsteller in dem Erregerstromkreis des Synchrongenerators bzw. der Erregermaschine verändert werden. Häufig haben Synchrongeneratoren für Notstromaggregate und kleinere Eigenversorgungsanlagen eine Kompoundwicklung ähnlich den Gleichstromgeneratoren. Die Maschinen sind dann als Außenpolmaschinen gebaut.

4.7.4.2 Parallelbetrieb

Der Synchrongenerator wird selten allein im Inselbetrieb (z. B. zur Notstromversorgung) eingesetzt, sondern speist meist im Parallelbetrieb (Landesversorgung) in ein Netz ein, dessen Bemessungsleistung gegenüber dem betrachteten Generator um ein Vielfaches größer ist. Damit sind im Gegensatz zum Inselbetrieb Spannung und Frequenz vom Netz starr vorgegeben, wodurch der Generator hier ein teilweise ganz anderes Verhalten zeigt.

Synchronisation. Soll der Synchrongenerator auf ein Netz parallel arbeiten, muss er vorher synchronisiert werden. Dazu sind folgende Bedingungen ähnlich wie bei der Parallelschaltung der Transformatoren einzuhalten:

1. gleicher Betrag von Netzspannung und Generatorspannung
2. gleiche Frequenz des Netzes und des Generators
3. gleiche Phasenlage von Netzspannung und Generatorspannung
4. gleiche Phasenfolge von Netzspannung und Mehrphasengenerator

Werden diese Bedingungen nicht erfüllt, verursacht die Potentialdifferenz zwischen dem Netz und dem Generator einen Ausgleichsstrom, der sehr hohe Werte annehmen kann. Er ist umso größer, je ungenauer synchronisiert wird. Der gefährlichste Fall liegt vor, wenn bei Phasenopposition zugeschaltet wird.

Zur Einstellung der Phasenlage wird die Drehzahl des Generators geändert. Früher wurden Synchronisationsbedingungen mit der Hell- bzw. Dunkelschaltung von Glühlampen geprüft, heute mit automatisch arbeitenden Synchronisiereinrichtungen.

Wirk- und Blindlaststeuerung. Die möglichen Betriebsarten lassen sich über die vereinfachte Ersatzschaltung (**4**.171 b) und das vereinfachte Zeigerdiagramm darstellen. Aus der Spannungsgleichung

$$\underline{U}_{q0} - \underline{U}_N = \underline{U}_d = \underline{I}_1 - X_d \tag{4.83}$$

ergibt sich die Größe des Ständerstroms

$$\underline{I}_1 = \frac{\underline{U}_{q0} - \underline{U}_N}{X_d} = \frac{\underline{U}_d}{X_d}. \tag{4.84}$$

Die Phasenlage und damit die Art der abgegebenen Leistung erhalten wir aus den Zeigerdiagrammen **4**.180.

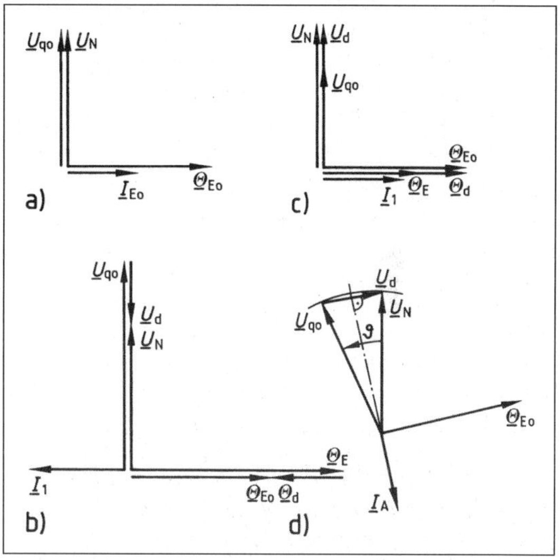

4.180 Zeigerdiagramm des Synchrongenerators am „starren" Netz
a) Leerlauf
b) Übererregung mit Abgabe induktiver Blindleistung
c) Untererregung mit Aufnahme induktiver Blindleistung
d) Abgabe von Wirkleistung

Leerlauf. Im Leerlauf ist die ideelle Polradspannung (Leerlaufspannung) $\underline{U}_{q0}$ nach Größe und Phasenlage gleich der Bemessungsspannung $\underline{U}_N$ eingestellt (synchronisiert). Dann ist die Spannung $\underline{U}_d = 0$ und somit nach Gleichung (4.84) auch $\underline{I}_1 = 0$. Zur Induktion der ideellen Polradspannung $\underline{U}_{q0} = \underline{U}_N$ ist die um 90° nacheilende Leerlauf-Bemessungserregerdurchflutung $\underline{\Theta}_{E0}$ mit dem Leerlauf-Bemessungserregerstrom I_{E0} erforderlich (**4**.180 a).

Blindlaststeuerung. Wird der Erregerstrom über den für $\underline{U}_{q0} = \underline{U}_N$ erforderlichen Wert eingestellt, steigt die induzierte ideelle Polradspannung $\underline{U}_{q0}$ an. Die Netzspannung kann aber im Gegensatz zum Inselbetrieb wegen des starren Netzes nicht größer werden, sodass die Spannung $\underline{U}_d$ entsteht. Die Phasenlage zeigt Bild **4**.180b. Dabei fließt im Ständer ein der Spannung $\underline{U}_d$ um 90° nacheilender Strom $\underline{I}_1$, der gegenüber der Netzspannung um 90° voreilt. Bei Übererregung wirkt der Generator also wie ein Kondensator, er gibt induktive Blindleistung ab (vgl. Bild **4**.172). Das ist die magnetische Energie, die über die Erregerwicklung eingespeist wird und im Generator eine zu große Quellenspannung induziert. Die „überschüssige" Erregerenergie wird als Magnetisierungsenergie für induktive Verbraucher ins Netz weitergegeben.

Betreibt man dagegen den Generator untererregt, entnimmt er dem Netz die zum Betrieb nötige, fehlende induktive Blindleistung. Er wirkt dann wie ein induktiver Verbraucher. Im Zeigerdiagramm **4**.180c ist die vom Erregerfluss induzierte Polradspannung $\underline{U}_{q0} < \underline{U}_N$, sodass die Spannung $\underline{U}_d$ in Richtung der Polradspannung wirkt. Dann nimmt die Maschine einen induktiven Strom $\underline{I}_1$ auf, der der Netzspannung um 90° nacheilt.

Wirklaststeuerung. Wird der leerlaufende Generator z. B. durch eine Turbine mit einem erhöhten Antriebsmoment angetrieben, will der Generator seine Drehzahl steigern. Dabei stellt sich die Läuferachse entsprechend dem Drehmoment um den Polradwinkel ϑ vor, sodass sich die Spannung $\underline{U}_d$ ausbildet. Sie ruft einen ihr um 90° nacheilenden Ständerstrom $\underline{I}_1$ hervor, der fast als reiner Wirkstrom vom Generator abgegeben wird (**4**.180a). Die Größe des Polradwinkels stellt sich so ein, dass ein Gleichgewicht zwischen der mechanisch zugeführten Wellenleistung und der abgegebenen elektrischen Wirkleistung besteht. Die synchrone Drehzahl bleibt wegen der starr vom Netz vorgegebenen Frequenz erhalten.

Der leerlaufende, parallel zum Netz geschaltete Synchrongenerator gibt Wirkleistung ab, wenn man der Welle ein erhöhtes Antriebsmoment zuführt.

Durch die Erregungseinstellung wird die Blindleistung gesteuert. Übererregung führt zur Abgabe induktiver Blindleistung, der Generator wirkt wie ein Kondensator. Untererregung führt zur Aufnahme induktiver Blindleistung, der Generator verhält sich wie ein induktiver Verbraucher.

In der Praxis wird der Generator normalerweise so „gefahren", dass er sowohl Wirkleistung als auch induktive Blindleistung ins Netz einspeist.

4.7.5 Motorbetrieb

4.7.5.1 Betriebsverhalten

Wirkleistung. Eine am Drehstromnetz leerlaufende Synchronmaschine wird zum Generator (Wirkleistungsabgabe), wenn sie an der Welle angetrieben und so ein voreilender Polradwinkel ϑ erzwungen wird. Sie wird zum Motor (Wirkleistungsaufnahme), wenn sie durch eine Arbeitsmaschine mechanisch belastet wird. Dann ist der Polradwinkel ϑ nacheilend, sodass sie, entsprechend dem vereinfachten Zeigerdiagramm **4**.181 einen Wirkstrom $\underline{I}_1$ aus dem Netz aufnimmt. Die Drehzahl n des Synchronmotors ist gleich der Drehfelddrehzahl n_d, die sich aus der Netzfrequenz f_1 und der Polpaarzahl p bestimmt.

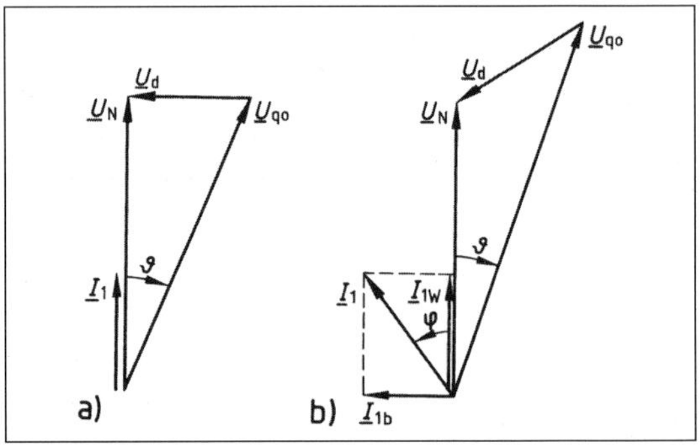

4.181 Zeigerdiagramm des Synchronmotors
a) Wirkleistungsaufnahme
b) Wirkleistungsaufnahme und Abgabe induktiver Blindleistung

Drehmoment. Die Abhängigkeit des Drehmoments M vom Polradwinkel ϑ zeigt Bild **4**.177 für konstante Erregung und konstante Netzspannung. Der Synchronmotor darf im Betrieb, wie auch der Synchrongenerator, nicht bis zum Kippmoment M_K beim Polradwinkel $\vartheta = 90°$ belastet werden, weil die Maschine dann leicht bei evtl. Pendelungen (s. Abschn. 4.7.5.2) „außer Tritt fallen" kann. Nach DIN EN 60034 müssen Mehrphasen-Synchronmotoren mindestens 15 s bei Bemessungserregung folgende Drehmomente entwickeln können, ohne außer Tritt zu fallen:

- Synchronmotoren mit Vollpolen und synchronisierte Asynchronmotoren das 1,35-fache Bemessungsmoment
- Synchronmotoren mit Schenkelpolläufern das 1,5-fache Bemessungsmoment

Nach der Drehmomentgleichung (4.81) $M \sim U_1 \cdot U_{q0} \cdot \sin\vartheta$ lässt sich die Überlastungsfähigkeit M_K/M_N einer Maschine mit verstärkter Erregung erhöhen, da mit steigendem Erregerstrom die ideelle Polradspannung U_{q0} größer wird. Im Gegensatz zum Asynchronmotor, bei dem sich das Drehmoment quadratisch mit der Ständerspannung ändert, ist das Drehmoment der Synchronmaschine nach der Gleichung (4.81) nur linear von der Netzspannung abhängig. Spannungseinbrüche führen somit zur geringeren Drehmomentverminderung als beim Asynchronmotor.

Verluste. Ein weiterer, gegebenenfalls großer Vorteil des Synchronmotors gegenüber dem Asynchronmotor besteht in seiner starren Drehzahl, sodass auch bei Belastung kein Schlupf und damit keine Läuferkupferverluste auftreten, die den Motor zusätzlich erwärmen. Wegen des besseren Wirkungsgrads werden daher besonders für Leistungen im MW-Bereich gern Synchronmotoren eingesetzt.

Blindleistung. Besonders bei großen Leistungen kommt ein weiterer Vorteil des Synchronmotors gegenüber dem Asynchronmotor hinzu. Asynchronmotoren nehmen den Magnetisierungs-Blindstrom aus dem Netz auf. Dagegen kann der Synchronmotor sogar entsprechend Abschn. 4.7.4.2 wie ein Kondensator induktiven Blindstrom in das Netz einspeisen, wenn er übererregt betrieben wird. Man spricht vom Phasenschieberbetrieb des Synchronmotors, weil er dann den Leistungsfaktor cos φ des Netzes zu „besseren" Werten hin „verschiebt".

Bei gefordertem konstantem Motormoment M wird die Erregerdurchflutung durch Verstellen des Erregerstroms I_E geändert. Dagegen ändert sich bei verlustlos angenommener Maschine nicht der aufgenommene Wirkstrom $\underline{I}_{1w}$, sondern die Veränderung der ideellen Polradspannung $\underline{U}_{q0}$ führt zur Änderung der Phasenlage und des Spannungsbetrags $\underline{U}_d$, damit zur Änderung der Phasenlage und des Strombetrags $\underline{I}_1$. So kommt wie in Bild **4**.181 b außer dem Wirkstrom noch ein Blindstrom $\underline{I}_{1b}$ zum Fließen.

Die Synchronmaschine hat im Betrieb einen bestimmten Magnetisierungsbedarf, der sich mit der Belastung verändert. Zunehmende Belastung ergibt einen steigenden Magnetisierungsbedarf.

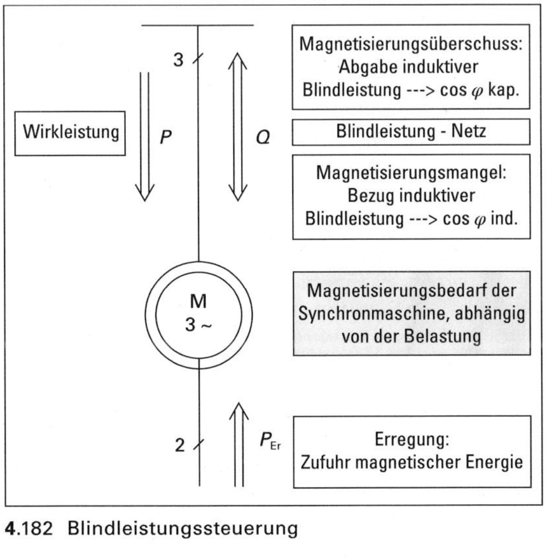

4.182 Blindleistungssteuerung

Bei der Synchronmaschine kann die Magnetisierung von zwei Seiten bereitgestellt werden (**4**.182). Einerseits durch die Erregung der Maschine als Erregerleistung und andererseits aus dem Netz als induktive Blindleistung. Dabei sind drei Fälle zu unterscheiden:

- Deckt die Erregerleistung den Magnetisierungsbedarf, wird aus dem Netz nur Wirkleistung entnommen. Die Blindleistung ist null.
- Bei Untererregung wird der restliche Bedarf dem Netz als induktive Blindleistung entnommen. Die Maschine arbeitet mit einem induktiven cos φ.
- Bei Übererregung wird der Maschine mehr Erregerleistung zugeführt als sie benötigt. Die überschüssige Blindleistung wird – wie auch beim Kondensator – für andere induktive Verbraucher ins Netz gespeist. Die Maschine arbeitet mit einem kapazitiven cos φ.

V-Kurven. Für konstante Leistung ist also der Maschinenstrom $\underline{I}_1$ nach Betrag und Phasenlage abhängig vom Erregerstrom I_E. Der Zusammenhang wird in Bild **4**.183 durch V-Kurven dargestellt.

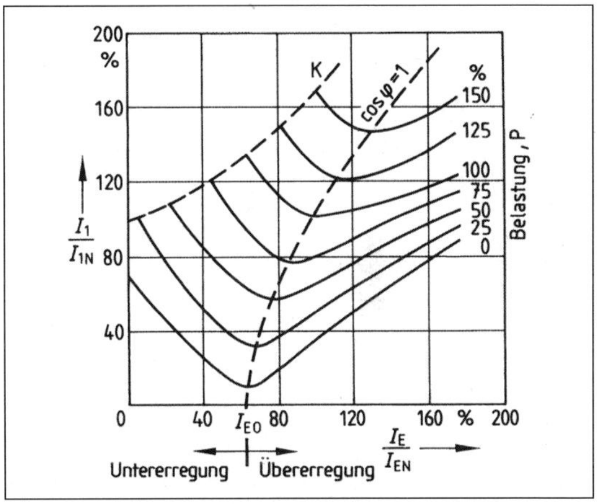

4.183 V-Kurven eines Synchronmotors
K Kippgrenze, I_1 Ständerstrom, I_E Erregerstrom, I_{E0} Leerlauf-Bemessungserregerstrom, P Wirkleistung

Jede V-Linie gilt für eine konstante Wirkleistung. Im jeweiligen Stromminimum führt die Ständerwicklung nur den der Last entsprechenden Wirkstrom, während bei Unter- wie auch bei Übererregung die Stromaufnahme aufgrund des zusätzlichen Blindstroms ansteigt. Da durch Untererregung das Kippmoment der Maschine geringer wird und das Drehmoment der Last konstant bleibt, sind die V-Kurven durch die Linie K (Kippgrenze) begrenzt. Hier kippt der Motor und fällt außer Tritt. Bei Übererregung ist der zusätzliche Blindstrom meist nur durch die Höhe des zulässigen Ständerstroms begrenzt.

4.7.5.2 Mechanische Pendelungen

Ist der Synchronmotor belastet, besteht Gleichgewicht zwischen dem vom Motor entwickelten Motormoment M und dem Lastmoment M_L der Arbeitsmaschine. Der Motor weist einen bestimmten Polradwinkel ϑ auf, sodass zwischen Ständerdrehfeld und Läuferfeld eine magnetische, elastische Kopplung besteht. Diese elastische Kraftverbindung kann man durch eine Federverbindung zwischen Drehfeldachse und Läuferachse symbolisieren (**4**.184).

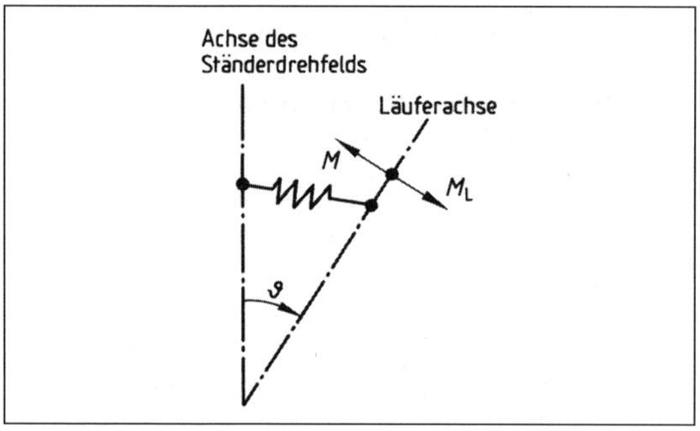

4.184 Elastische Bindung zwischen der Achse des Ständerdrehfelds und des Läufers

Durch plötzliches Erhöhen des Lastmoments (Laststoß) verzögert sich die Drehbewegung des Läufers, und zwar aufgrund des Massenträgheitsmoments über den Polradwinkel hinaus, der der vergrößerten Last entspricht. Damit ist das Motormoment $M \sim \sin \vartheta$ größer als das Lastmoment und beschleunigt Last und Polrad (wiederum aufgrund des Massenträgheitsmoments) auf einen zu geringen Polradwinkel. Nun ist das Lastmoment größer als das Motormoment, und der Läufer wird verzögert. Der Läufer pendelt also um den neuen Polradwinkel, bis sich mit abnehmender Schwingungsamplitude ein Gleichgewicht zwischen Motor- und Lastmoment einstellt.

Dämpfung. Während der Pendelung kommt es zur Relativbewegung zwischen Ständerdrehfeld und Läufer. In die Stäbe der Dämpferwicklung wird eine Spannung induziert, die über die kurzgeschlossene Wicklung einen Induktionsstrom treibt. Induktionsströme sind nach der Lenz'schen Regel so gerichtet, dass sie die Induktionsursache zu hemmen suchen. Es wird, wie in der Asynchronmaschine mit Kurzschlussläufer, ein Drehmoment entwickelt, das hier die Läuferpendelung hemmt.

Die Dämpferwicklung dämpft das Pendeln des Läufers. Genauso wirken die in den Massivteile des Läufers auftretenden Wirbelströme.

Außerdem ermöglicht die Dämpferwicklung den asynchronen Anlauf des Synchronmotors.

4.7.5.3 Anlauf

Schaltet man die Ständerwicklung eines Synchronmotors an das Drehstromnetz, entsteht ein Ständerdrehfeld. Aufgrund seiner Massenträgheit kann der stillstehende Läufer nicht dem Ständerdrehfeld folgen. Es treten kurzschlussartige Ströme sowie Drehmomente auf, die den Läufer in die eine und dann in die andere Richtung beschleunigen wollen, sodass er stehen bleibt.

Der Synchronmotor kann auch mit erregtem Läufer nicht selbstständig anlaufen, wenn keine zusätzlichen Anlaufmaßnahmen vorgesehen sind.

Der Läufer muss zunächst (z. B. mithilfe der Dämpferwicklung) nah an die synchrone Drehzahl gebracht werden, ehe die Erregung eingeschaltet wird und das dann bei geringer Relativdrehzahl auftretende „In-Tritt-Ziehmoment" den Motor in den Synchronismus zieht. Sehr große Trägheitsmomente verlangen sogar einen Anlaufmotor, der den Synchronmotor auf die synchrone Drehzahl beschleunigt, ehe die Erregung eingeschaltet wird.

Asynchroner Anlauf. Im Allgemeinen wird der Synchronmotor asynchron mithilfe der Dämpferwicklung hochgefahren. Die Dämpferwicklung ist eine kurzgeschlossene Läuferwicklung. Sie erzeugt ähnlich dem Kurzschlussläufer des Asynchronmotors ein Anlaufmoment, das bis zum 1,2-fachen Bemessungsmoment ansteigen kann. Bei kleineren Maschinen ohne Dämpferwicklung, aber mit massiven Läuferpolen entwickeln die im Läufereisen fließenden Wirbelströme ein Anlaufmoment, das bis zu 50 % des Bemessungsmoments betragen kann.

Während des Hochlaufvorgangs ist die Läufererregung nicht an die Erregerspannung geschaltet. Da das Drehfeld in der offenen Erregerwicklung schlupffrequente Spannungen großer Höhe induzieren würde, ist diese über etwa den 10-fachen Erregerwiderstand geschlossen. Erreicht der Synchronmotor annähernd die synchrone Drehzahl, wird die Erregerwicklung auf das Gleichstromnetz geschaltet. Das auftretende „Intrittziehmoment" beschleunigt das Polrad auf die synchrone Drehzahl. Die Dämpferwicklung ist nun im stationären Betrieb wirkungslos. Das synchronisierende „In-Tritt-Ziehmoment" kann bei voller Ständerspannung bis zu 50 % des Bemessungsmoments betragen.

Herabsetzen des Anlaufstroms. Während des asynchronen Hochlaufs nimmt der Synchronmotor wie der Asynchronmotor einen hohen Anlaufstrom auf, der das Netz belastet. Daher werden nur kleinere Motoren direkt eingeschaltet; für größere Maschinen sind bei Leer- oder Leichtlauf die von den Asynchronmotoren mit Kurzschlussläufer bekannten Anlassverfahren üblich. Stern-Dreieck-Umschaltung sowie Reihen-Parallelschaltungen für mittlere und Anlauf über Anlasstransformatoren für größere Leistungen. Die nötigen Umschaltungen führen bei den erwähnten Anlassverfahren u. U. zu heftigen Stromstößen, wenn in Phasenopposition zur Restspannung (Remanenz) geschaltet wird. Sie wirken sich aufs Netz aus und beanspruchen die Wicklungen mechanisch. Weiterhin führt die Grobsynchronisation beim „In-Trittfallen" zu mechanischen Pendelungen (s. Abschn. 4.7.5.2), verbunden mit Stromstößen für das Netz. Dies gilt auch für den nun beschriebenen Teilwicklungsanlauf.

Der Teilwicklungsanlauf wird besonders für langsam laufende Synchronmotoren angewendet (**4**.185). Zunächst läuft die Maschine mit nur einem Teil der Ständerwicklung hoch, sodass sich der Anlaufstrom aufgrund des erhöhten Streublindwiderstands verringert. Nach dem Hochlauf wird über den Sternpunktschalter der zweite Wicklungsteil zugeschaltet. Auslegung und Anordnung der Wicklung beeinflussen das asynchrone Moment.

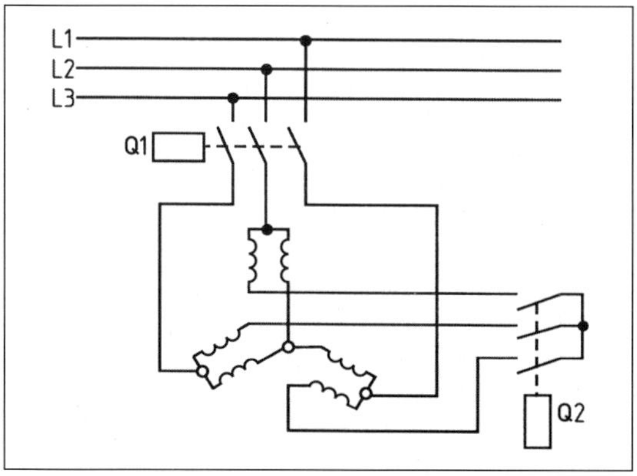

4.185 Teilwicklungsanlauf
Q1 Netzschütz
Q2 Sternschütz

Anlaufmotor. Der mit der Läuferwelle des Synchronmotors gekoppelte Anlaufmotor beschleunigt den leerlaufenden Synchronmotor bis zur synchronen Drehzahl. Nach der Synchronisation (s. Abschn. 4.7.4.2) wird dieser Motor wieder abgeschaltet. Unter Umständen ist auch mithilfe der direkt gekoppelten Erregermaschine ein Anlauf möglich. Die beschriebenen Verfahren sind nicht für Schweranlauf geeignet. Hier bietet sich der Frequenzanlauf an.

Der Frequenzanlauf über einen Anfahrumrichter ist für den Synchronmotor besonders schonend. Dazu muss jedoch ein Frequenzumrichter mit entsprechender Leistung zur Verfügung stehen. Das ist ein verhältnismäßig großer Aufwand, wenn nicht gleichzeitig der Motor drehzahlgesteuert werden soll wie z. B. bei dem Synchronservo (s. S. 374f.).

4.7.6 Drehzahlsteuerung

Die Drehzahl des Synchronmotors kann über die Frequenz gesteuert werden. Dazu dienen im Grunde die gleichen Frequenzumrichterschaltungen wie für die Asynchronmaschine (s. Abschn. 1.7.5.3). Im Einzelnen sind der Direktumrichter, der Gleichspannungs-Zwischenkreisumrichter (*U*-Umrichter) und der „Stromrichtermotor" zu nennen. Unter Stromrichtermotor versteht man eine Synchronmaschine mit Gleichstrom-Zwischenkreisumrichter mit gesteuertem, netzgeführtem Stromrichter und lastseitigem, maschinengeführtem sowie -getaktetem Stromrichter (s. **1**.133). Er wird als Einzelantrieb bis in den Grenzleistungsbereich der Synchronmotoren eingesetzt.

4.7.7 Besonderheiten der Schenkelpolmaschine

Die Wirkungsweise und das Betriebsverhalten der Vollpolmaschinen gelten auch für die Schenkelpolmaschinen. Jedoch weist sie wegen der ausgeprägten Pole einige Besonderheiten auf. Bei konstantem Luftspalt ist die magnetische Leitfähigkeit des Vollpolläufers über den gesamten Luftspalt gleich. Dagegen ist sie beim Schenkelpolläufer infolge der ausgeprägten Läuferpole in Richtung der Pole etwa doppelt so groß wie in

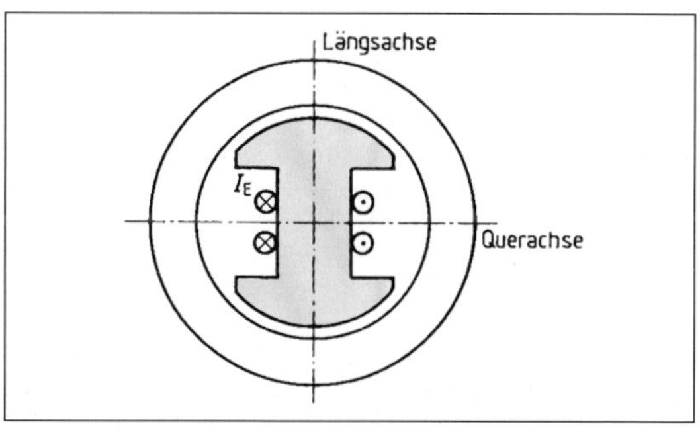

4.186 Synchronmaschine mit Schenkelpolläufer

Richtung der Pollücken. Wir unterscheiden daher wie in Bild **4**.186 eine Längsachse mit einer Längsdurchflutung und eine Querachse mit einer Querdurchflutung.

Ankerrückwirkung. Aufgrund der geringeren magnetischen Leitfähigkeit der Querachse ist der Einfluss der Ankerrückwirkung geringer als bei der Vollpolmaschine. Daher braucht der Erregerstrom der Schenkelpolmaschine bei Belastung nicht so stark verändert zu werden.

Reaktionsmoment. Bei unerregtem Polrad ist unter Vernachlässigung der Remanenz die ideelle Polradspannung $U_{q0} = 0$. Damit wird nach der Drehmomentgleichung (4.81) auch das Drehmoment $M = 0$. Dies gilt für den Vollpolläufer. Ein Schenkelpolläufer läuft ohne Erregung jedoch bei mäßiger Last noch synchron weiter, weil als Drehmoment das Reaktionsmoment vorhanden ist. Dies lässt sich folgendermaßen erklären:

Bringt man, wie in Bild **4**.187 dargestellt, einen länglichen, drehbar gelagerten Eisenkörper in ein Magnetfeld, weist er in der Längs- und Querachse eine unterschiedliche magnetische Leitfähigkeit auf. Er richtet sich daher mit seiner Längsachse parallel zur Richtung des Magnetfelds aus. Rotiert nun das Magnetfeld wie das Ständerfeld der Synchronmaschine, läuft der unerregte Schenkelpolläufer wegen dieses „Richtmoments" synchron mit dem magnetischen Feld.

Weil die ausgeprägte Polung des Läufers fehlt, herrschen im Gegensatz zum erregten Läufer bereits nach 180° Drehung dieselben magnetischen Verhältnisse. Daher ändert sich das Reaktionsmoment wie Bild **4**.188 zeigt, sinusförmig mit dem doppelten Polradwinkel $2 \cdot \vartheta$. Mit zunehmender Erregung überwiegt jedoch dann das durch die ausgeprägte Polung entwickelte Drehmoment. Im Vergleich zum Vollpolläufer verläuft wegen der Überlagerung des Reaktionsmoments die Drehmomentkennlinie zwischen Leerlauf und Kippmoment etwas steiler, sodass der Lastwinkel ϑ der Schenkelpolmaschinen kleiner ist. Praktische Bedeutung hat das Reaktionsmoment auch für den Reluktanzmotor (Abschn. 5.3).

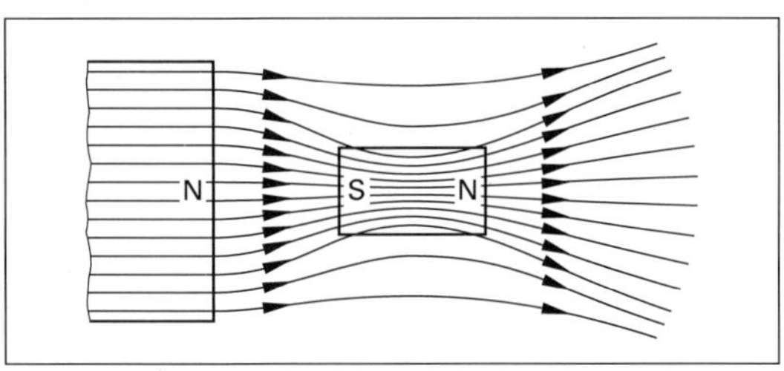

4.187 Polausbildung an einem in das Magnetfeld gebrachten unmagnetischen Läufer

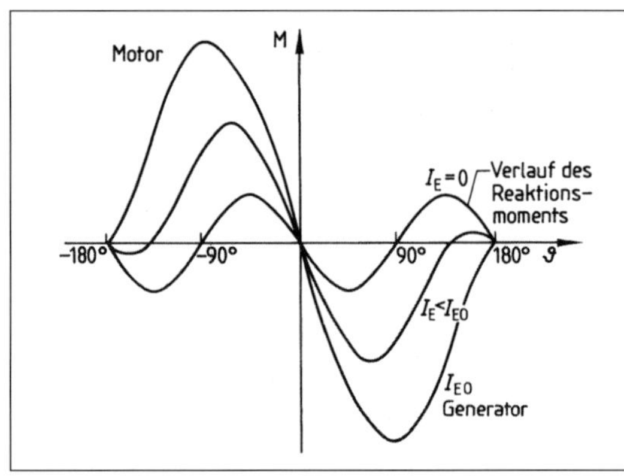

4.188 Drehmoment $M = f(\vartheta)$ der Schenkelpolmaschine bei verschiedenen Erregungen

Aufgaben zu Abschnitt 4.7

1. Warum werden Synchronmaschinen mittlerer und großer Leistung stets als Innenpolmaschinen gebaut?
2. Ein Synchrongenerator arbeitet im Inselbetrieb. Welche Einflüsse haben bei konstanter Belastung die Veränderungen a) der Drehzahl und b) der Erregung?
3. Die Klemmenspannung eines im Inselbetrieb arbeitenden Synchrongenerators soll bei größer werdender induktiver Belastung konstant gehalten werden. Wie ist der Generator zu steuern?
4. Eine Synchronmaschine soll zum Netz parallel geschaltet werden. Durch welche Maßnahmen können zwischen dem Generator und dem Netz

   a) Spannungsgleichheit, b) Frequenzgleichheit, c) Phasenlage erreicht werden?
5. Eine leerlaufende Synchronmaschine ist an ein Netz geschaltet. Sie soll Wirkleistung und induktive Blindleistung in das Netz einspeisen. Erklären Sie, wie die Synchronmaschine zu steuern ist.
6. Welche Vor- und Nachteile haben Synchronmotoren verglichen mit Asynchronmotoren?
7. Ein Synchronmotor mit Dämpferkäfig läuft asynchron hoch, wird aber nach Zuschalten der Erregerspannung nicht in den Synchronismus hinein gezogen. Welche Ursachen können vorliegen?
8. Was versteht man unter dem Phasenschieberbetrieb der Synchronmaschine?

5 Drehstromantriebe am Frequenzumrichter (*U*-Umrichter)

Drehstrommotoren lassen sich mit Frequenzumrichtern (FU) stufenlos in der Drehzahl steuern. Für die meisten Anwendungen werden *U*-Umrichter mit DC-Zwischenkreis benutzt, deren Einsatz wir hier beschreiben wollen.

Der Einsatzbereich von Frequenzumrichtern umfasst sämtliche Gebiete der Antriebstechnik, z. B.:

- Einzelantriebe
  - Zentrifugen
  - Extruder
  - Mischer
  - Lüfter
  - Fahrantriebe
- Koordinierte Antriebe
  - Folienmaschinen
  - Papiermaschinen
  - Walzstraßen
  - Krananlagen
- Positionierantriebe
  - Verpackungsmaschinen
  - Druckmaschinen
  - CNC-Werkzeugmaschinen
  - Robotersteuerung

Umrichtergesteuerte Antriebe werden in einem Leistungsspektrum von z. B. 0,12 kW - 1200 kW bei einer Eingangsspannung von 1 AC 230 V - 3 AC 690 V eingesetzt.

Durch die modulare Bauweise der Hauptgruppen (Regelungsbaugruppe, DC-Einspeisung, Wechselrichter, Motormodule, s. Bild **5**.1) sowie Erweiterungsbaugruppen wie Netzdrosseln, Netzfilter, Bremsmodul, Geberauswertung, Signal- und Kommunikationsbaugruppen lassen sich die Geräte für den konkreten Anwendungsfall flexibel konfigurieren und einfach anpassen. Durch die Verwendung einer entsprechenden Steuereinheit (control unit, s. Bild **5**.2) ist die Realisierung von Mehrachsantrieben kostengünstig möglich. Die Motormodule werden hierbei über einen gemeinsamen DC-Zwischenkreis betrieben, was auch eine Verbesserung der Energiebilanz zur Folge hat. Während z. B. ein Achsmotor die im Bremsbetrieb anfallende Energie in den Zwischenkreis zurückspeist, benötigt ein anderer Motor Beschleunigungsenergie, somit werden die Verluste des Bremswiderstands verringert. In vielen Fällen ist es außerdem wirtschaftlich, einen rückspeisefähigen FU einzusetzen, der über eine Rückspeiseeinheit die anfallende Bremsenergie in das Versorgungsnetz abgibt.

Frequenzumrichter bestehen aus vier Hauptbaugruppen:

- Netzgleichrichter
- Gleichspannungs-Zwischenkreis mit Bremschopper und (externem) Bremswiderstand
- Wechselrichter
- Steuerungs-/ Regelungsteil

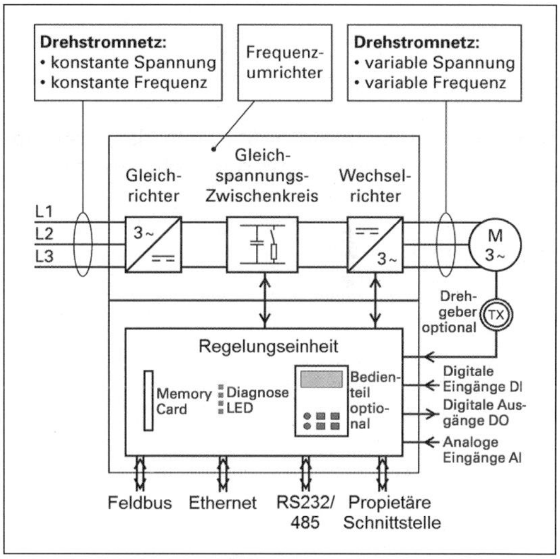

5.1 Technologieschema eines FU

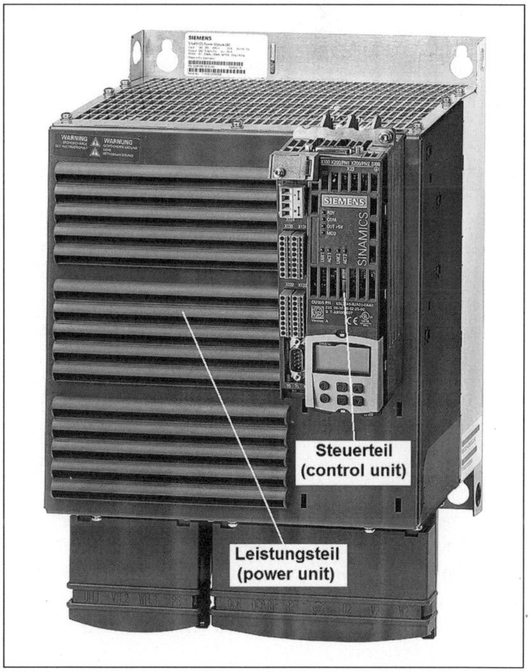

5.2 FU mit control unit und power unit, © Siemens AG

5.1 Drehstrom-Kurzschlussläufermotor am Frequenzumrichter

Die Drehfelddrehzahl einer Asynchronmaschine mit Kurzschlussläufer kann fast verlustfrei durch Polumschalten oder durch Frequenzverstellen gesteuert werden.

Nach Gleichung 4.11 ist die Drehfelddrehzahl

$$n_d = \frac{f_1 \cdot 60}{p} \tag{5.1}$$

proportional zur Frequenz f_1 des speisenden Netzes und umgekehrt proportional zur Polpaarzahl p. Bei gleich bleibendem Schlupf ändert sich somit die Betriebsdrehzahl proportional mit der Frequenz.

Die Wicklung eines Drehstrommotors besteht vereinfacht aus einer Reihenschaltung von einem Wirkwiderstand R und einem Blindwiderstand X_L. Der Scheinwiderstand Z der Wicklung sinkt daher bei geringerer Frequenz, da nach $X_L = 2 \cdot \pi \cdot f \cdot L$ der Blindanteil proportional zur Frequenz abnimmt. Ein Verringern der Frequenz muss somit einhergehen mit einer Reduzierung der Ständerspannung, damit der Bemessungsstrom nicht überschritten und die Maschine nicht thermisch überlastet wird. Der Frequenzbereich $f < f_N$ wird als Spannungsstellbereich bezeichnet (s. Bild **5**.3). Durch die Anpassung der Spannung wird der Motor in diesem Bereich mit Bemessungsstrom betrieben und entwickelt somit (bei $\Phi_d = \Phi_{dN}$ = konstant) sein Bemessungsdrehmoment. Der Strom wird „eingeprägt". Bei einer Erhöhung der Frequenz über f_N hinaus ist eine Spannungserhöhung nicht möglich, die Spannung bleibt konstant. Gleichzeitig wird der Blindwiderstand der Wicklung größer, was eine Verringerung des magnetischen Flusses Φ_d zur Folge hat. Das zur Verfügung stehende Drehmoment der Maschine nimmt mit $1/f$ ab. Der Frequenzbereich $f > f_N$ wird auch als Feldstellbereich bezeichnet. Der Motor lässt sich bis zur Kippgrenze mit konstanter Leistung betreiben, da der Wirkanteil des Stroms konstant bleibt. Das Kippmoment fällt quadratisch ab. Bei einem Standardmotor mit z. B. einem $M_K/M_N = 2{,}5$ ergibt sich somit für P = konstant eine Maximalfrequenz $f = 125$ Hz.

Spannungsbedarf. Nach Gleichung 4.13 ändert sich der magnetische Drehfluss

$$\Phi_d \sim \frac{U_{q1}}{f_1} \tag{5.2}$$

bei konstanter Quellenspannung im umgekehrten Verhältnis mit der Frequenzverstellung. Vernachlässigen wir die Spannungsfälle der Ständerwicklung, setzen $U_1 \approx U_{q1}$, betrachten die Maschine bei konstanter Bemessungsspannung U_1 und verändern die Frequenz f_1 auf f'_1, gilt

$$\frac{f'_1}{f_1} = \frac{n'_1}{n_1} \approx \frac{\Phi_d}{\Phi'_d}\,. \tag{5.3}$$

Ausgehend von den Bemessungsdaten der Maschine bedeuten dann

- ein Verringern der Netzfrequenz $f'_1 < f_{1N}$: Der magnetische Drehfluss $\Phi'_d > \Phi_{dN}$ ist größer als der Bemessungsfluss; damit steigen der Magnetisierungsstrom und die Verluste der Maschine. Bei vorgegebener Baugröße und Kühlung wird die Maschine unzulässig erwärmt.
- ein Erhöhen der Netzfrequenz $f'_1 > f_{1N}$: Der magnetische Drehfluss $\Phi'_d < \Phi_{dN}$ ist kleiner als der Bemessungsfluss; die Maschine wird magnetisch nicht voll ausgelastet.

Um die Drehfeldmaschine mit den Bemessungsgrößen bei Drehzahlsteuerung durch die Netzfrequenz auszulasten, ist es sinnvoll, den magnetischen Drehfluss $\Phi_d = \Phi_{dN}$ = konstant zu halten. Dazu muss mit der Frequenz f_1 die Ständerspannung U_1 gleichsinnig verstellt werden.

Für $\Phi_d = \Phi_{dN}$ = konstant gilt:

$$\frac{f'_1}{f_{1N}} = \frac{U'}{U_N} = \frac{n'_d}{n_{dN}} \tag{5.4}$$

Werden die Spannungsfälle der Ständerwicklung berücksichtigt, muss die nötige Ständerspannung auch an die Stromaufnahme angepasst werden. Sie weicht dann geringfügig von der linearen Änderung mit der Frequenz ab (s. $I \times R$-Kompensation in Bild **5**.3).

Beispiel 5.1 Ein Drehstromasynchronmotor mit Kurzschlussläufer und den Bemessungsdaten 400 V, 4 kW, 8,4 A, cos φ = 0,82, 50 Hz, 1435 min^{-1} soll bei gleich bleibender Schlupfdrehzahl im Bereich von 1000 min^{-1} bis 2000 min^{-1} frequenzgesteuert betrieben werden. Der Frequenzbereich und die zugehörigen Spannungen sind zu bestimmen.

Lösung Die Schlupfdrehzahl ist

$n_s = n_d - n_N = 1500\ \text{min}^{-1} - 1435\ \text{min}^{-1}$

$n_s = 65\ \text{min}^{-1}$

Zur unteren Drehzahl $n' = 1000\ \text{min}^{-1}$ gehört somit die Drehfelddrehzahl

$n'_d = n' + n_s = 1000\ \text{min}^{-1} + 65\ \text{min}^{-1}$

$n'_d = 1065\ \text{min}^{-1}$

und zur oberen Drehzahl $n'' = 2000\ \text{min}^{-1}$ gehört dann die Drehfelddrehzahl

$n''_d = 2065\ \text{min}^{-1}$.

Die zugehörigen Frequenzen sind nach Gleichung 5.3

$$f'_1 = \frac{f_{1N} \cdot n'_d}{n_{dN}}$$

$$f'_1 = \frac{50\ \text{Hz} \cdot 1065\ \text{min}^{-1}}{1500\ \text{min}^{-1}} = \mathbf{35{,}5\ Hz}$$

und nach der gleichen Rechnung ist

$f''_1 = \mathbf{68{,}6\ Hz}$.

Nach Gleichung 4.88 sind die zugehörigen Spannungen für konstanten Fluss

$$U'_1 = \frac{U_{1N} \cdot f'_1}{f_{1N}} = \frac{400\ \text{V} \cdot 35{,}5\ \text{Hz}}{50\ \text{Hz}} = \mathbf{284\ V}$$

und für die obere Drehzahl

$U''_1 = \mathbf{549\ V}$.

Für den gewünschten Drehzahlbereich müsste der Frequenzumrichter also in dem Bereich 35,5 Hz und 284 V bis 68,8 Hz und 549 V arbeiten, um Φ_d konstant zu halten. Voraussetzung hierfür ist eine entsprechend hohe Eingangsspannung.

Drehmoment, Leistung. Hält man die Bedingungen für konstanten magnetischen Fluss ein, bleiben bei der Frequenzverstellung das Bemessungsmoment und das Kippmoment gleich groß, die Drehmoment-Drehzahl-Kennlinien werden wie in Bild **5**.4 parallel mit der sich ändernden Frequenz verschoben. Bedingt durch die Höhe der Versorgungsspannung lässt sich die nötige Motorspannung bei höheren Frequenzen nicht weiter erhöhen, sodass das Feld des Motors geschwächt wird. Somit sinken das Bemessungsmoment und das Kippmoment. Es wird also bis zur maximalen Spannung, die vom Frequenzumrichter erreicht werden kann, mit konstantem Drehmoment und mit der Drehzahl steigender Leistung $P = M \cdot \omega$ gefahren. Oberhalb der maximalen Spannung wird der Motor im Bereich der Feldschwächung mit abnehmendem Drehmoment und bei steigender Drehzahl mit konstanter Leistung gefahren (**5**.5).

***I* × *R*-Kompensation.** Aus dem vereinfachten Ersatzschaltbild **4**.85 ist ableitbar, dass bei niedrigen Ständerfrequenzen (< 10 Hz) der ohmsche Anteil in den Ständerwicklungswiderständen gegenüber den abnehmenden induktiven Blindwiderständen nicht mehr vernachlässigbar ist. Die daraus resultierenden verhältnismäßig hohen ohmschen Spannungsfälle im unteren Frequenzbereich lassen sich durch eine überproportionale Spannungsanhebung ausgleichen.

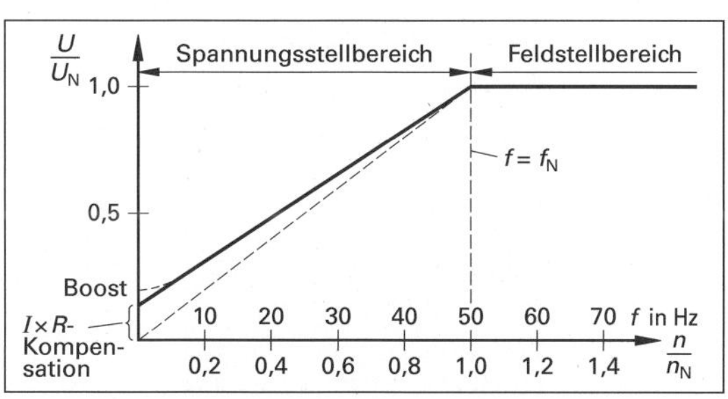

5.3 Spannungskennlinie in Abhängigkeit von Speisefrequenz und Drehzahl eines D-Käfigläufermotors

Man spricht dann von $I \times R$-Kompensation (gestrichelte Linie in Bild **5**.3). Eine zusätzliche feste Spannungsanhebung (Boost) im unteren Frequenzbereich ermöglicht Drehmomentensteigerungen zur Verbesserung der Losbrech- und Beschleunigungseigenschaften des Umrichterantriebs.

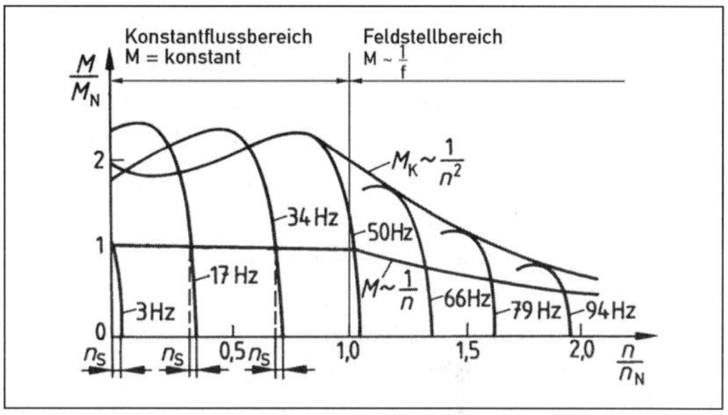

5.4 Drehmoment-Drehzahl-Kennlinienschar eines umrichtergespeisten D-Käfigläufermotors

Die Schlupfkompensation dient zum Ausgleichen des belastungsabhängigen Schlupfs durch geringfügiges Anheben der Speisefrequenz. Bemerkenswert ist, dass der Wert des Bemessungsschlupfs s_N unter Φ_d = konstant bei Veränderung der Speisefrequenz konstant bleibt (**5**.4).

Betriebsverhalten bei Umrichterbetrieb. Der Arbeitspunkt der Asynchronmaschine liegt im Motorbetrieb immer bei Drehzahlen oberhalb der Kippdrehzahl. In diesem Bereich ist das Drehmoment etwa proportional zum Motorstrom. Unter konstantem magnetischen Fluss wird durch Verändern der Ständerfrequenz die Drehmoment-Drehzahl-Kennlinie parallel verschoben (**5**.4). Im Betrieb mit Bemessungsmoment bleibt der Bemessungsschlupfdrehzahl n_S deshalb konstant und der Motor kann in jedem Drehzahlpunkt bis zur Bemessungsdrehzahl sein Bemessungsmoment entwickeln.

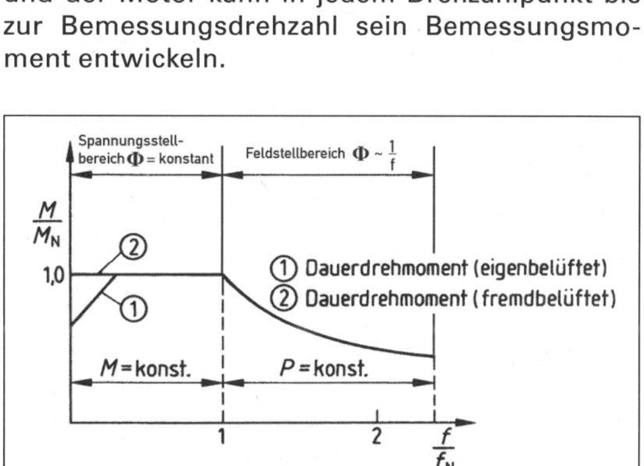

5.5 Typische Drehmoment-Drehzahl-Kennlinie eines umrichtergespeisten D-Käfigläufermotors

Konstantmomentenbereich. Im Bereich bis zur Bemessungsfrequenz f_N arbeitet der Motor mit konstantem Drehmoment (Bild **5**.5).

Konstantleistungsbereich. Nach Überschreiten der Bemessungsfrequenz bleibt die Ständerspannung (Netzspannung = maximale Umrichterspannung) konstant und der magnetische Fluss im Motor sinkt (Feldschwächbereich). Das Motormoment fällt oberhalb dieser Frequenz hyperbolisch ($\sim 1/n$) ab. Der Motor gibt unter den Bedingungen $I = I_N$ = konstant und $M < M_K$ nahezu konstante Leistung ab. Die Grenze für die maximale Drehzahl bei P = konstant lässt sich aus $n_{max} = (M_K/M_N) \cdot n_K$ ermitteln.

5.2 87-Hz-Betrieb

Drehstrommotoren, die für Sternschaltung im 400-V-Netz bemessen sind (s. Bild **5**.6), lassen sich über einen FU auch in Dreieckschaltung mit 400 V betreiben. Voraussetzung ist, dass der zulässige Strangstrom nicht überschritten wird.

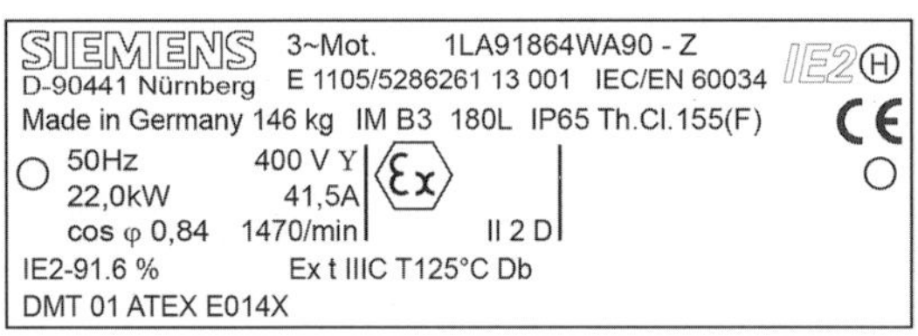

5.6 Leistungsschild eines Asynchronmotors © Siemens AG

Die um $\sqrt{3}$ erhöhte Strangspannung sorgt gemäß der linearen *U/f*-Kennlinie für eine Frequenzanhebung auf die Eckfrequenz f = 87 Hz.

Der an dem FU eingestellte Punkt wird als **Typenpunkt** bezeichnet. An diesem Typenpunkt gibt der Motor sein Bemessungsdrehmoment ab, die Leistung ist $\sqrt{3}$-mal größer. Der Wirkungsgrad des Motors verbessert sich, da die Bemessungsdrehzahl ebenfalls $\sqrt{3}$-mal so groß ist, der Schlupf aber konstant bleibt.

Beim Betrieb mit der 87-Hz-Kennlinie sind folgende Punkte zu beachten:

- Das zulässige Motordrehmoment muss oberhalb der Bemessungsfrequenz aus thermischen Gründen reduziert werden, da die Eisenverluste überproportional ansteigen.
- Der Umrichter muss für den höheren Leiterstrom (die höhere Leistung) bemessen sein.
- Die mechanischen Grenzen des Motors sind zu berücksichtigen.
- Aufgrund der erhöhten thermischen Belastung des Motors sollte nur die nächstgrößere, listenmäßige Bemessungsleistung ausgenutzt werden.
- Bei der Wicklungsauslegung ist mindestens die Wärmeklasse *F* zu verwenden.

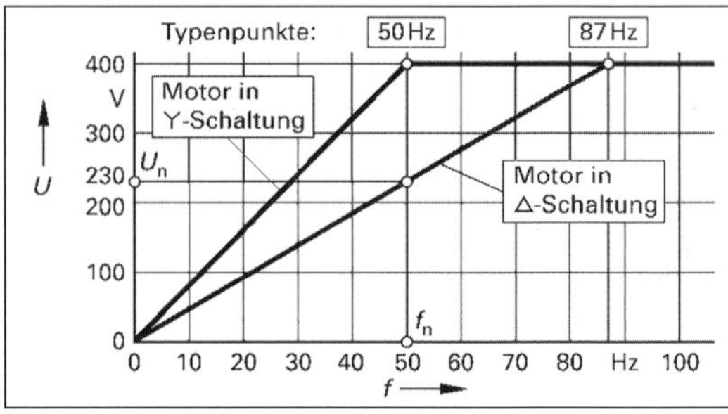

5.7 Typenpunkte für Y- und Δ-Schaltung

5.3 Parametrierung von Frequenzumrichtern

Vor der Erstinbetriebnahme muss der FU auf die Bemessungsdaten des Motors parametriert werden. Bei einfachen Anwendungsfällen kann dies über das optionale Bedienteil (Basic Operating Panel, BOP, s. Bild **5**.8) vorgenommen werden. Die Bedeutung der Tasten ist in Tab. **5**.9 dargestellt. Die Parameternummern sind herstellerspezifisch (hier nach Siemens) und umfassen z. B. einen Zahlenbereich von 0000 – 9999. Der Nummer wird ein „P" für direkt änderbare Parameter vorangestellt. Zahlen mit einem „r" am Anfang zeigen an, dass der Parameter schreibgeschützt ist und nicht direkt geändert werden kann (z. B. r0070 = ungefilterte Zwischenkreisspannung). Nach Drücken der „P"-Taste können die Parameter über die Tasten „▲" und „▼" angewählt und über die „P"-Taste geändert werden. Durch die Auswahl einer Benutzer-Zugangsstufe (P0003) und eines Parameterfilters (P0004) ist es möglich, nur relevante Parameter anzeigen zu lassen. Die „FN"-Taste dient zur Quittierung von Störungen und der Auswahl verschiedener Anzeigewerte während des Umrichterbetriebs, wie z. B. Zwischenkreisspannung, Ausgangsstrom, Ausgangsfrequenz, Ausgangsspannung oder eines gewählten Parameters unter P0005. Weiterhin kann mit dieser Taste durch kurzes Drücken zum Parameter r0000 zurückgesprungen werden.

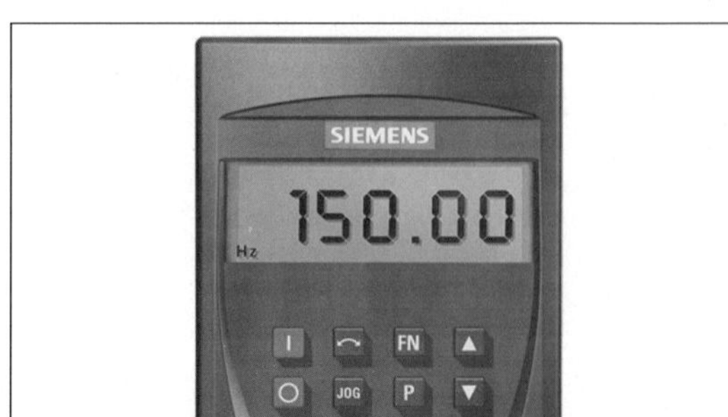

5.8 Basic Operating Panel, © Siemens AG

Tabelle **5**.9 **Funktionen des Bedienteils**

Taste	Funktion
I	Motor EIN
O	Motor AUS
⤺	Drehrichtungsumkehr
JOG	Tipp-Betrieb
FN	Funktionsauswahl
P	Parameterzugriff
▲	Wert erhöhen
▼	Wert reduzieren

Aufgrund der zahlreichen Parameter, die für die Steuerung eines Drehstrommotors zur Verfügung stehen, sind Frequenzumrichter mit einem Schnellinbetriebnahme-Modus (Tabelle **5**.10) ausgerüstet, über den nur die wichtigsten Motorkenndaten konfiguriert werden.

Tabelle **5**.10 **Schnellinbetriebnahmeparameter**

Parameter	Funktion	Wert
P0003	Zugriffsstufe	1
P0004	Parameterfilter	0
P0010	Schnellinbetriebnahme	1
P0304	Motorbemessungsspannung in V	400
P0305	Motorbemessungsstrom in A	41,5
P0307	Motorbemessungsleistung in kW	22
P0310	Motorbemessungsfrequenz in Hz	50
P0311	Motorbemessungsdrehzahl in min^{-1}	1465
P0700	Befehlsquelle BOP	1
P1000	Frequenzsollwert über BOP	1
P1080	Minimale Frequenz in Hz	0
P1082	Maximale Frequenz in Hz[1]	50
P1120	Rampenhochlaufzeit t_{hr} in s	5
P1121	Rampenauslaufzeit t_{ar} in s	5
P3900	Ende Schnellinbetriebnahme	1

[1] Bei $f > f_N$ muss P2000 (Bezugsfrequenz) angepasst werden

Rampenzeiten. Über die Rampenzeiten werden Hochlauf- und Auslauframpen definiert, um positive oder negative Beschleunigungen aufgrund plötzlicher Sollwertänderungen zu begrenzen, damit der angeschlossene Antrieb so gut wie möglich geschont wird. Der Antrieb wird somit durch die Rampen geführt beschleunigt. Man unterscheidet zwischen linearen (Bild **5**.11) und verrundeten Rampen (Bild **5**.12). Bei linearen Rampen beziehen sich die Rampenzeiten auf die parametrierte Maximalfrequenz.

Es gilt

$$\frac{t_{hr}}{f_{max}} = \frac{t_h}{f_1 - f_{min}} \tag{5.5}$$

für den Hochlauf und

$$\frac{t_{ar}}{f_{max}} = \frac{t_a}{f_1 - f_{min}} \tag{5.6}$$

für den Auslauf.

Die Hochlaufzeit des Antriebs ist somit

$$t_h = \frac{t_{hr} \cdot (f_1 - f_{min})}{f_{max}} \tag{5.7}$$

und die Auslaufzeit

$$t_a = \frac{t_{ar} \cdot (f_1 - f_{min})}{f_{max}} . \tag{5.8}$$

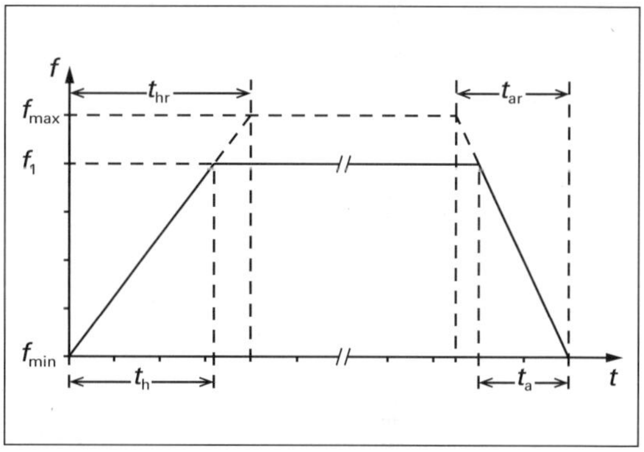

5.11 Lineare Rampen

Bei linearen Rampen treten Momentenstöße an den Übergängen auf, die sich bei diversen Antriebslösungen negativ auswirken (z. B. Kippgefährdung von Gegenständen auf einem Transportband oder ruckartiges Beschleunigen eines Aufzuges). Um möglichst sanfte Übergänge zu erhalten, werden die Rampenzeiten zu diesem Zweck verrundet.

Bei $t_v \leq t_r$ gilt

$$t_h = \frac{1}{2}(t_{hv1} + t_{hv2}) + \frac{t_{hr} \cdot (f_1 - f_{min})}{f_{max}} \tag{5.9}$$

$$t_a = \frac{1}{2}(t_{av1} + t_{av2}) + \frac{t_{ar} \cdot (f_1 - f_{min})}{f_{min}} . \tag{5.10}$$

Bei $t_v > t_r$ gilt

$$t_h = \sqrt{\frac{2 \cdot (f_1 - f_{min}) \cdot (t_{hr} \cdot t_{hv1}^2)}{f_{max} \cdot (t_{hv1} + t_{hv2})}} + \left(1 + \frac{t_{hv2}}{t_{hv1}}\right) \tag{5.11}$$

$$t_a = \sqrt{\frac{2 \cdot (f_1 - f_{min}) \cdot (t_{ar} \cdot t_{av1}^2)}{f_{max} \cdot (t_{av1} + t_{av2})}} + \left(1 + \frac{t_{av2}}{t_{av1}}\right) . \tag{5.12}$$

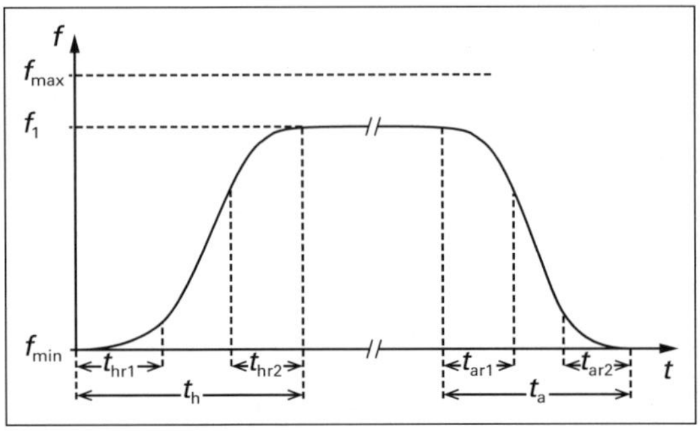

5.12 Verrundete Rampen

5.4 Bremsung, Bremsarten

Die grundsätzlichen Arten der elektrischen Bremsung wurden bereits in Kapitel **2**.9 behandelt. Frequenzumrichter bieten verschiedene Möglichkeiten, einen Antrieb gezielt abzubremsen. Bei der *generatorischen Bremsung* (Läuferfrequenz f_2 > Drehfeldfrequenz f_d) wird die anfallende Energie in den Zwischenkreis zurückgespeist und muss – um ein Abschalten des Umrichters aufgrund ansteigender Zwischenkreisspannung zu verhindern – über einen externen Bremswiderstand (Chopperwiderstand) in Wärme umgewandelt werden.

Der Vorteil dieser Widerstandsbremsung ist, dass große Lasten (z. B. bei Förderbändern, Fahrantrieben und Hebezeugen) schnell abgebremst werden können, ohne den Umrichter zu überhitzen. Die Auslegung des Bremswiderstands ist abhängig von der erforderlichen Bremsleistung und der Zwischenkreisspannung.

Bei der DC-Bremsung wird im Gegensatz zur generatorischen Bremsung nicht die Ausgangsfrequenz verringert, sondern in die Ständerwicklung des Motors wird ein Gleichstrom eingeprägt. Die induzierte Spannung in den Kurzschlussstäben des Rotors sorgt aufgrund des geringen ohmschen Widerstands der Läuferstäbe für einen sehr hohen Strom und somit ein sehr starkes Bremsmoment. Die DC-Bremse wird für Frequenzen unter ca. 10 Hz eingesetzt, da der ohmsche Widerstand der Rotorstäbe mit sinkender Frequenz dominiert und der Bremseffekt verstärkt wird. Das erzeugte Bremsmoment nimmt kurz vor dem Stillstand aufgrund des Induktionsgesetzes jedoch stark ab, ein geringes Stillstandsmoment ist aber durch das Blechpaket des Läufers noch vorhanden. DC-Bremsen sind jedoch nicht geeignet, eine Last in Ruhe zu halten. Die kinetische Energie wird bei dieser Art der Bremsung direkt im Motor absorbiert und führt zur Erwärmung der Maschine, der Zwischenkreis wird somit entlastet.

Verbundbremse. Durch die Kombination der generatorischen Bremsung und der DC-Bremse erreicht man ein effektives Abbremsen ohne den Einsatz zusätzlicher Komponenten. Sobald die Zwischenkreisspannung einen festgelegten Höchstwert erreicht, wird der Motorstrom mit einem Gleichstrom überlagert. Der Abbremsvorgang erfolgt hierbei mit geregelter Motorfrequenz bei minimaler Belastung des Zwischenkreises.

Hinweis: Alle Bremsarten führen zu starken Momentbelastungen der Rotoren, was im Extremfall besonders bei großen Motoren aufgrund der Trägheitsmomente zu einem Verdrehen des Läuferblechpakets oder zu einem Wellenbruch führen kann.

5.5 Motorschutz

Frequenzumrichter bieten zwei integrierte Schutzmechanismen, um den Motor vor Überlastung zu schützen. Beim *elektronischen Motorschutz* berechnet die CPU des Umrichters indirekt die Motortemperatur abhängig von Motorstrom, Frequenz und Zeit in einem sogenannten Temperaturmodell. Dieser (berechnete) elektronische Schutz berücksichtigt im Gegensatz zu herkömmlichen Motorschutzschaltern auch die verringerte Kühlung bei niedrigen Frequenzen und damit geringen Lüfterdrehzahlen eigengekühlter Motoren. Der *Motorvollschutz* mit Thermistoren oder Halbleitersensoren KTY 84 im Wicklungskopf des Motors, die an den Umrichter angeschlossen werden, bietet einen zusätzlichen Schutz gegen Überhitzung wie z. B. durch Abdeckung, Verschmutzung, Blockieren oder Lüfterausfall. Herkömmliche Motorschutzschalter bzw. -relais bei mit Umrichtern betriebenen Motoren werden somit überflüssig und sind auch nicht geeignet, da es durch die Frequenzabhängigkeit des magnetischen Auslösers zu Fehlabschaltungen kommen kann.

Umrichterschutz. Um die thermische Überlastung und damit den Ausfall des Umrichters selbst zu verhindern, wird der Leistungsteil auf kritische Zustände hin überwacht. Die Analyse der IGBT- bzw. Kühlkörper-Temperatur sorgt für den Schutz der Halbleiter-Bauelemente. Die $I^2 \cdot t$-Überwachung dient dem Schutz von Komponenten, denen im Gegensatz zu den Halbleitern eine große thermische Zeitkonstante anhaftet. Beim Auftreten einer thermischen Überlast kann der Umrichter je nach Parametrierung unterschiedlich reagieren. Durch *Pulsfrequenzreduktion* werden die Schaltverluste reduziert; hierdurch erhöht sich jedoch die Stromwelligkeit und somit bei kleinen Trägheitsmomenten das Momentenrippel an der Motorwelle. Bei Lasten mit quadratischer Momentenkennlinie ist eine *Ausgangsfrequenzreduktion* hilfreich, da hierdurch der Motorstrom quadratisch abnimmt und somit auch die Verluste im Leistungsteil stark verringert werden. Falls beide Reduktionsmaßnahmen im Fehlerfall jeweils nicht ausreichend greifen bzw. nicht in Frage kommen, schaltet sich der Umrichter nach Erreichen der Abschaltschwelle ab und zeigt eine Störung an.

5.6 Parallelschalten von Motoren

An einem Frequenzumrichter lassen sich auch mehrere Motoren parallel betreiben. Durch die Verwendung von Motoren mit unterschiedlichen Polpaarzahlen und/oder Schlupfdrehzahlen sind unterschiedliche Drehzahlen realisierbar. Das Verhältnis zwischen den Drehzahlen der Motoren bleibt im gesamten Bereich gleich. Durch die Parallelschaltung verringern sich der Gesamtwiderstand und die Gesamtinduktivität am Umrichterausgang, die Streukapazität der Leitungen vergrößert sich. Hierdurch kommt es zu einer erhöhten Stromverzerrung, die sich durch den Einsatz von Motordrosseln am Umrichterausgang vermindern lässt. Der Umrichter muss für die Summe der Motorströme ausgelegt sein und entsprechend parametriert werden. Da der elektronische Motorschutz logischerweise nicht mehr verwendet werden kann, empfiehlt es sich, einen Motorvollschutz mit Thermistoren zu verwenden.

5.7 Elektrischer Anschluss

Zum störungsfreien Betrieb eines Frequenzumrichters muss die Installation EMV-gerecht erfolgen (s. Abschn. 5.9), wobei folgende Punkte zu beachten sind:

- Bei Verwendung einer Fehlerstromschutzeinrichtung ist ein RCD vom Typ B (allstromsensitiv) mit $I_{\Delta n}$ = 300 mA zu verwenden.
- Pro RCD darf nur ein Umrichter versorgt werden.
- Der Neutralleiter des Netzes muss geerdet werden.
- Metallische Gehäuseteile und Kontaktstellen müssen blank (verzinkt), gut leitend und sternförmig mit dem Erdpotential verbunden sein.
- Verbindungsleitungen müssen so kurz wie möglich ausgeführt werden.
- Mindestens die Motorleitungen sollten geschirmt ausgeführt werden.
- Abschirmlitzen dürfen nicht verdrillt werden (sog. Pigtails), sie sind mit metallischen Kabelschellen beidseitig zu befestigen (s. Bild **5**.13). Dabei ist auf sauberes Absetzen der Abschirmung zu achten, um die Entstehung von kleinen HF-Antennen zu vermeiden.
- Steuer-, Netz- und Motorleitungen müssen in getrennten Installationskanälen verlegt werden.
- Kreuzungen von Leistungs- und Steuerleitungen müssen im 90°-Winkel ausgeführt werden.
- Im DC-Zwischenkreis entsteht eine hohe Spannung, die durch den Kondensator auch nach dem Abschalten noch vorhanden ist. Eine Entladezeit von mindestens 5 Minuten ist zu beachten.

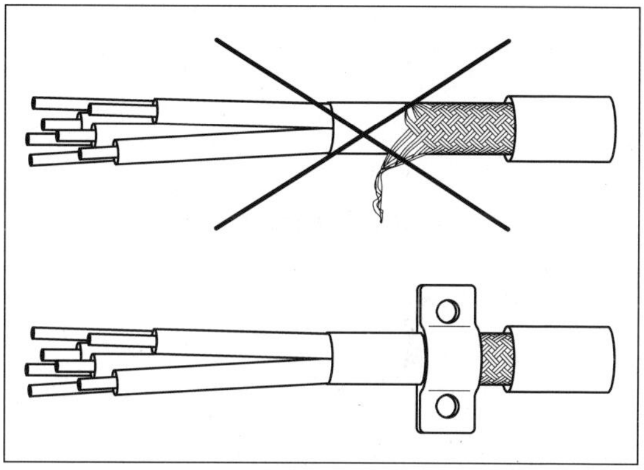

5.13 Befestigung geschirmter Leitungen

5.8 Netzrückwirkungen von Frequenzumrichtern

Bei der Konzeption von Geräten sowie der Errichtung elektrotechnischer Installationen sind Maßnahmen zur Einhaltung elektromagnetischer Verträglichkeit (EMV), die dem Stand der Technik entsprechen, unabdingbar. Bei der Anwendung von Frequenzumrichtern sind drei Normen wesentlich:

- die Umgebungsnorm EN 55011
- die Produktnorm EN 61800-3
- die „Netznorm" EN 61000-3-12

An dieser Stelle wollen wir die Rückwirkungen auf das elektrische Netz betrachten. Oberschwingungsströme und -spannungen entstehen durch nichtlineare Lasten die an das Stromnetz angeschlossen sind, wie:

- Sanftanlasser
- drehzahlgeregelte Antriebe
- Computer und andere elektronische Geräte
- elektronische Steuerungen für die Beleuchtung
- Schaltnetzteile
- Schweißgeräte
- unterbrechungsfreie Stromversorgungen USV

Nicht sinusförmige Stromformen beinhalten eine Strom-Grundwelle und eine Anzahl von Strom-Oberwellen, die durch die Fourieranalyse ermittelt werden können. Umrichter verhalten sich bezüglich der von ihnen verursachten Netzrückwirkungen ähnlich wie die bekannten Gleichstromstellglieder der Leistungselektronik (s. Abschn. 1.7.1.1). Auch Umrichter **5**.14 entnehmen dem Netz neben dem Grundschwingungsstrom auch Oberschwingungsströme, die an den Netzimpedanzen Oberschwingungsspannungen zur Folge haben. Neben den harmonischen Oberschwingungen (ganzzahlige Vielfache der Netzfrequenz) treten auch interharmonische Oberschwingungen (unganzzahlige Vielfache der Netzfrequenz) auf, die von der Ausgangfrequenz des Umrichters abhängig sind. Bei Pulsumrichtern sind die Amplituden der interharmonischen Oberschwingungen meist um eine Größenordnung kleiner als die der harmonischen. Sie können bis zu 5 % der Grundschwingungsamplitude betragen und stellen damit meist kein Problem für die Netze dar.

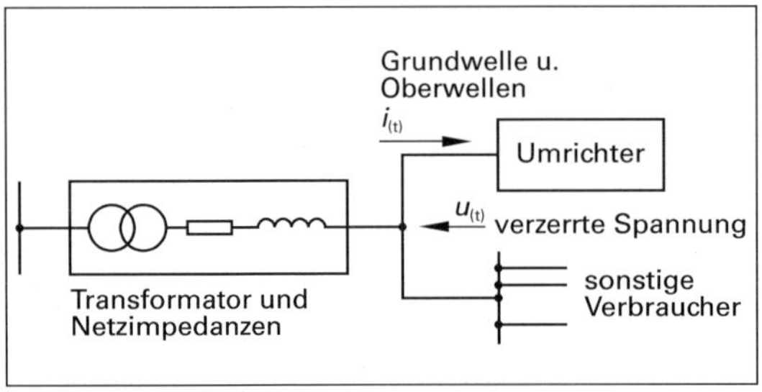

5.14 Anlage mit Umrichterbelastung

Unzulässig hohe Oberschwingungen führen ggf. zum:

- zusätzlichen Erwärmen von Transformtoren, Leitungen, Motoren, Generatoren und Kondensatoren
- Flackern von Anzeigen und Beleuchtungsanlagen
- ungewollten Auslösen von Leistungsschaltern
- Ausfall von Computern
- und zu falschen Messergebnissen

THD-Faktor. Die harmonische Verzerrung ist eine Form der „Verschmutzung" elektrischer Anlagen die Probleme verursachen kann, wenn die Summe der Oberschwingungsströme bestimmte Grenzen überschreitet. Ein markanter Grenzwert der EN 61000-3-12 ist die Festlegung auf einen THD-Wert von 40 % für die fünfte Oberwelle. Der THD-Faktor (**T**otal **H**armonic **D**istortion) ist der Verzerrungs- oder Klirrfaktor als Effektivwert der Oberschwingung(en) zum Effektivwert der Grundschwingung. Bild **5**.15 zeigt den zeitlichen Verlauf und das Oberwellenspektrum eines handelsüblichen Frequenzumrichters mit B6-Brücke für eine Phase.

Gut zu erkennen sind der Ladestrom des Zwischenkreiskondensators im Liniendiagramm sowie das damit verursachte Oberwellenspektrum.

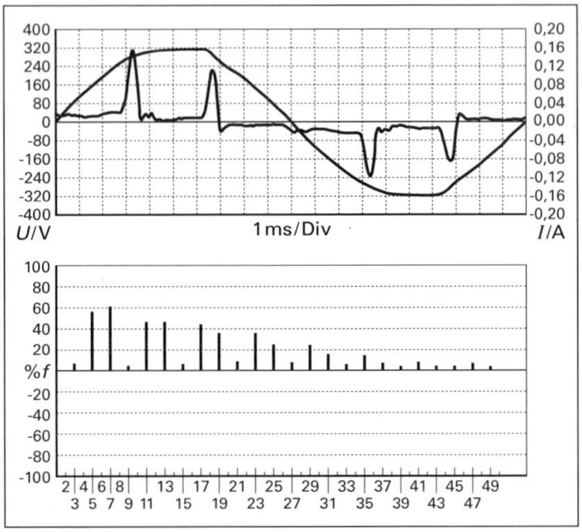

5.15 Eingangsstrom Frequenzumrichter

Einfluss auf Oberwellen. Der Anteil der Oberwellen wird durch verschiedene in Bild **5**.16 dargestellte Merkmale beeinflusst. Die verschiedenen Einflussfaktoren des Antriebs und des Netzes vergrößern oder verringern den Oberwellengehalt von Spannung und Strom wie in Tabelle **5**.17 dargestellt.

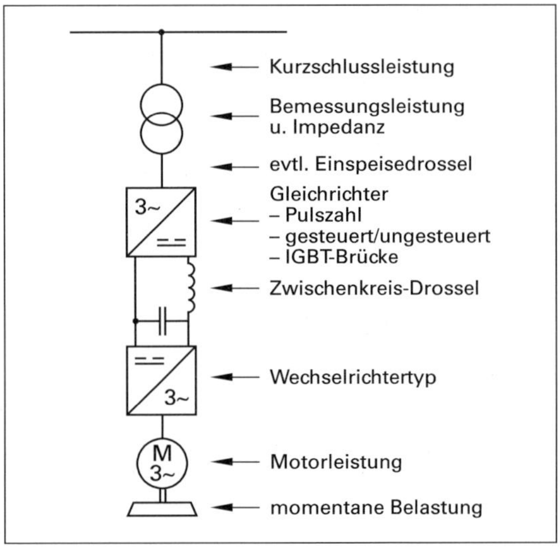

5.16 Einflussfaktoren auf den Oberwellengehalt

Tabelle **5**.17 **Wirkung der Einflussfaktoren**

Oberwellengehalt von Strom bzw. Spannung		
Faktoren	größer ⇧	kleiner ⇩
Größere Motorleistung	⇧	
Größere Last	⇧	
Größere DC- oder AC-Induktivität		⇩
Größere Pulszahl der Gleichrichter		⇩
Frequenzumrichter mit integriertem Filter		⇩
Längeres Einspeiseleitung	⇧	
Größere Transformatoren-leistung		⇩
Niedrigere Impedanz des Transformators		⇩
Größer Kurzschlussleis-tung der Einspeisung		⇩

Pulszahl des Diodengleichrichters. Die häufigste dreiphasige Gleichrichterschaltung ist die 6-Puls-Brückenschaltung B6U. Diese Schaltung ist einfach und preiswert, erzeugt jedoch einen relativ hohen Anteil von Oberwellen. Durch eine Induktivität auf der DC- bzw. der AC-Seite wird wegen der Tiefpasswirkung zusammen mit dem Zwischenkreiskondensator der Oberwellengehalt kleiner. Die Verwendung einer 12-Puls-Gleichricherschaltung nach Bild **1**.92 führt zur deutlichen Verringerung der Oberwellen. Die Schaltung bedarf zur Einspeisung eines Dreiwicklungstransformators, der zwei um 30° versetzte Ausgangsspannungen erzeugt. Besonders der spezielle Transformator verursacht die höheren Kosten im Vergleich zum 6-Puls-Gleichrichter. Eine weitere Verringerung der Oberwellen würde der Einsatz einer 24-Puls-Gleichrichterschaltung hervorrufen, aber die Kosten weiter erhöhen.

Rückspeiseeinheiten:

Thyristorbrücke mit Phasenanschnitt. Mit einer vollgesteuerten Brückenschaltung B6C kann die Gleichspannung über den Zündwinkel verändert werden. Bei Zündwinkeln über 90° wird die Gleichspannung negativ. Dies ermöglicht eine Rückspeisung der Leistung ins Netz. Werden zwei B6C parallel geschaltet, kann bei gleicher Polarität der Gleichspannung der Gleichstrom umgepolt werden. Die Kurvenform und damit der Oberwellenanteil sind bei Vollaussteuerung ähnlich der ungesteuerten Brücke. Bei Teilaussteuerung sind die Oberschwingungsströme jedoch größer.

Aktive IGBT-Ein- und Rückspeiseeinheit. Eine aktiv gepulste, kippsichere, geregelte Ein- und Rückspeiseeinheit deren Energiefluss vom Netz zum Zwischenkreis und in umgekehrte Richtung erfolgt, besteht aus einer selbstgeführten IGBT-Brücke **5**.18, die über einen Schaltimpuls-Filter am Netz betrieben wird.

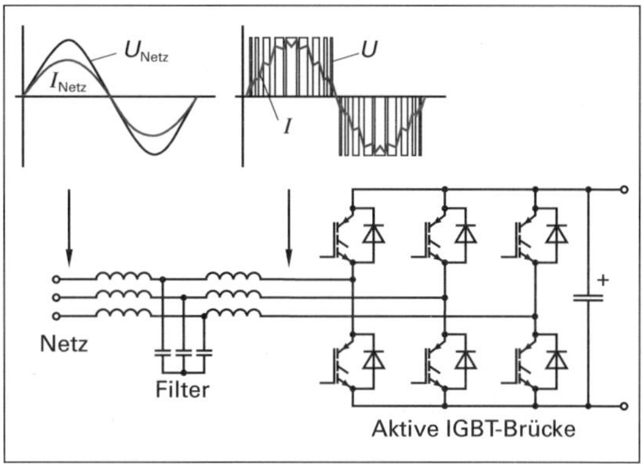

5.18 Aktive IGBT-Ein- und Rückspeiseeinheit

Diese Schaltung erzeugt eine geregelte Zwischenkreisspannung, die diese unabhängig von Netzspannungsschwankungen und kurzfristigen Spannungseinbrüchen konstant hält. Eine schnelle Vektorregelung sorgt für sinusförmigen Netzstrom, sowohl für die entnommene als auch für die rückgespeiste Energie. Der nur gering zu bemessende Filter eliminiert die pulsfrequenten Netzrückwirkungen fast vollständig. Der Oberwellengehalt liegt weit unter denen von 12- und 24-pulsigen Schaltungen. Der Leistungsfaktor ist frei wählbar. Die standardmäßige Einstellung $\cos\varphi = 1$ kann in weiten Grenzen in den induktiven und kapazitiven Bereich verschoben werden. Dieses Verfahren wird auch als **PFC** (**P**ower **F**actor **C**orrection) bezeichnet. Zusammengefasst sind die Vorteile:

- Sichere Funktion auch bei sinkender Netzspannung und bei Netzunterbrechung
- Hohe Dynamik der Antriebsregelung auch im Feldschwächebereich in allen 4 Quadranten
- Möglichkeit der Erzeugung kapazitiver Blindleistung und Kompensierung der Oberschwingungsströme paralleler Lasten
- Nahezu sinusförmiger Strom mit geringem Oberschwingungsanteil. Der IGBT-Umrichter hat bei niederfrequenten Harmonischen einen sehr geringen Anteil
- Möglichkeit der Spannungsüberhöhung bei niedriger Einspeisespannung.

Der Hauptnachteil sind die hohen Kosten, die sich aus der IGBT-Brücke und der zusätzlichen Filterung ergeben.

Passiv-Filter sind LC-Schaltungen mit einer Induktionsspule und einem in Reihe geschalteten Kondensator, die auf die zu reduzierende Frequenz abgestimmt sind (Bild **5**.19). In Industrieanlagen sind die LC-Werte meist auf die besonders stark auftretende 5. Oberwelle abgestimmt. Sollen die

Filter auf mehrere Oberwellen abgestimmt sein, haben sie entsprechend mehrere parallele Zweige. Der beste Ort des Filters ist nahe der Oberschwingungsquelle. Sind die Filter im Frequenzumrichter integriert, kann die ins Netz zurück gespeiste Gesamtstromverzerrung je nach Typ auf 5 bzw. 10 % begrenzt werden.

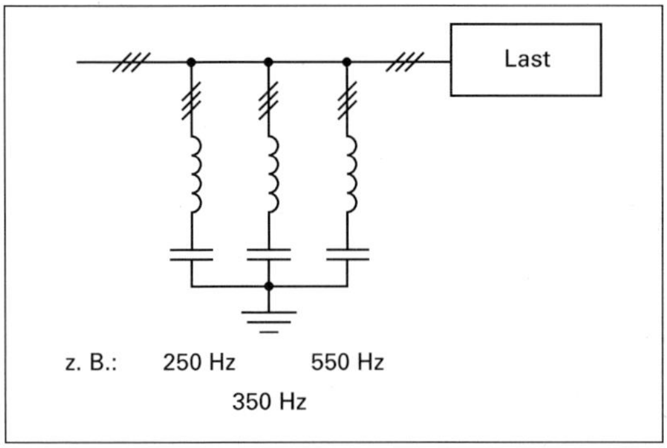

5.19 Abgestimmter Passivfilter mit mehreren Zweigen

Passivfilter können zu neuen Resonanzen und damit zu zusätzlichen Oberschwingungsproblemen führen. Aktivfilter vermeiden die Probleme.

Aktiv-Filter beseitigen Netzrückwirkungen, indem sie am Ort ihrer Entstehung Ströme mit genau dem gleichen Oberschwingungsspektrum und mit entgegengesetzter Phasenlage in das Netz einspeisen (Bild **5**.20).

Die Aktivfilter messen die durch die Last erzeugten Oberschwingungen und bestimmen daraus die Steuerbefehle für den IGBT-Umrichter. Die Funktionsblöcke eines Aktivfilters zeigt Bild **5**.21.

Sie lassen sich flexibel vor Ort programmieren und passen sich automatisch den Verbrauchern an. Externe Aktivfilter sind am besten beim Einsatz mehrerer Antriebe geeignet.

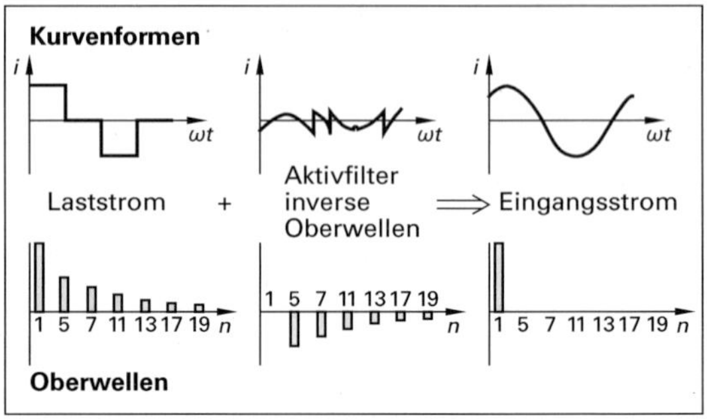

5.20 Wirkungsweise eines Aktivfilters

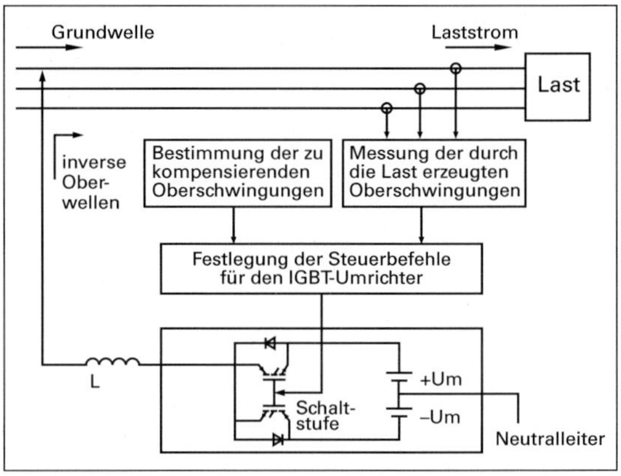

5.21 Funktionsblöcke eines Aktivfilters

Kosten. Die dargestellten Verfahren zur Oberwellenreduzierung haben jeweils ihre besonderen Möglichkeiten aber auch ihre besonderen Kosten. Nachfolgend sind die Verfahren und deren Wirkung im Vergleich mit einem 6-Pulsgleichrichter ohne Drossel für Kleinantriebe in Tabelle **5**.22 dargestellt. Bei Groß- und Größt-Leistungen sowie Mehrfachantrieben gelten andere wirtschaftliche Rahmenbedingungen.

Tabelle **5**.22 **Kostenvergleich: Reduzierung von Oberwellen (ABB)**

Schaltung	Herstellungskosten	Grundwelle	Oberschwingung in %					
			5.	7.	11.	13.	17.	19.
6-Puls-Gleichrichter ohne Drossel	100 %	100 %	63	54	10	6,1	6,7	4,8
6-Puls-Gleichrichter mit AC- oder DC-Drossel	120 %	100 %	30	12	8,9	5,6	4,4	4,1
12-Puls-Gleichrichter mit Dreiwicklungstransformator	210 %	100 %	3,6	2,6	7,5	5,2	1,2	1,3
24-Puls-Gleichrichter mit zwei Dreiwicklungstransformatoren	250 %	100 %	4	2,7	1	0,7	1,4	1,4
Aktiver IGBT-Gleichrichter	150 %	100 %	2,6	3,3	3	0,1	2,1	2,2

5.9 Erhöhte Spannungsbeanspruchung durch Umrichterbetrieb

Im praktischen Betrieb werden aktuell 2-Level-Umrichter und 3-Level-Umrichter eingesetzt.

2-Level-Umrichter schalten zwischen 0 V und $\pm U_{max}$ DC. Hierfür sind pro Phase 2 IGBT's erforderlich. Bei 3-Level-Umrichtern wird zwischen 0 V, $0{,}5 \cdot U_{max}$ und U_{max} DC geschaltet. Dies hat eine bessere Qualität der Ausgangsspannung und somit eine bessere Abbildung des Ausgangssignals (geringerer Oberwellengehalt und kleinere Spannungsflanken) zur Folge. Durch den niedrigeren THD-Wert sinkt der erforderliche Filteraufwand. 3-Level-Umrichter benötigen zwar 4 IGBT pro Phase, durch die geringere erforderliche Sperrspannung pro IGBT kann man aber verlustärmere Halbleiter einsetzen und verringert dadurch die Schaltverluste.

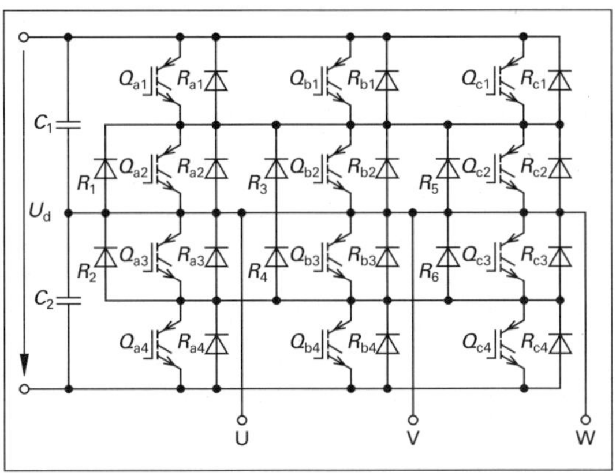

5.23 3-Level-Wechselrichter

Der Betrieb von Motoren mit Umrichtern beaufschlagt diese mit nichtsinusförmigen Spannungen und Strömen, dies verursacht eine zusätzliche Belastung der Motoren und der Umgebung. Im Einzelnen sind dies Kupfer- und Eisenverlusten, Pendelmomente, Geräusche, Wellenspannungen die erhöhte Spannungsbeanspruchung sowie die dielektrische Erwärmung der Wicklungsisolation. Die ersten vier Punkte wurden bereits in Kapitel 4.5.11.5 ausreichend erörtert, an dieser Stelle wird weiterführend auf die letzten beiden Punkte zur Zusatzbelastung der Statorwicklung eingegangen.

Durch die Weiterentwicklung der IGBT's mit immer kürzeren Schaltzeiten und Pulsfrequenzen bis zu 20 kHz verbessern sich die Regeldynamik und die Drehmomentkonstanz der Antriebe. Die Anstiegszeiten der Umrichterausgangsspannung liegen aktuell im Bereich von 0,05 µs bis 2,0 µs. Als Resultat dieser kurzen Anstiegszeiten der Spannungsimpulse (also großes du/dt) und der hohen Pulsfrequenzen führt dies nach der Wellentheorie zu Wanderwellen auf den Leitungen zwischen Umrichter und Statorwicklung.

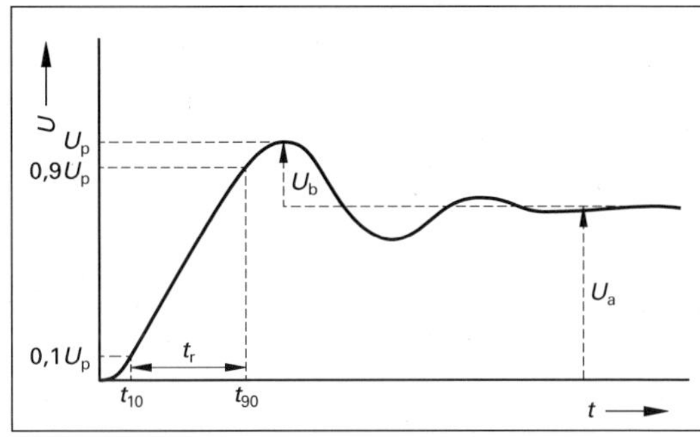

5.24 Wellenform eines Spannungsimpulses
U_p Spitzenwert der Impulsspannung
U_a Impulsspannung im eingeschwungenen Zustand
U_b Überschwingspannung
t_r Impulsanstiegszeit

Trifft eine rücklaufende auf eine hinlaufende Welle[1], so entsteht bei einer Zwischenkreisspannung U_{Zk} = 565 V eine Spannungsamplitude von $\hat{u} = 2 \cdot U_{Zk}$. Aufgrund des ohmschen Widerstands der Leitung ist die Amplitude der Ausgangsspannung $\hat{u} < 2 \cdot U_{Zk}$. Bei sehr hohen Pulsfrequenzen ändert sich jedoch der Schaltzustand des Wechselrichters während des transienten Ausgleichsvorgangs, sodass eine „Einschaltwelle" auf eine „Ausschaltwelle" treffen kann. Am Leitungsende – und somit an den Motorklemmen bzw. an den Statorwicklungen – können dadurch resultierende Spannungen entstehen, die theoretisch (ungedämpfte Leitung) bis zum dreifachen der Zwischenkreisspannung ansteigen, was eine Spannungsamplitude von ca. 1700 V ergeben würde. In der Praxis treten abhängig von Pulsfrequenz, Schaltzeiten und Leitungslänge für einen *U*-Umrichter am 400-V-Drehstromnetz Spannungsamplituden von ca. 1200 V auf.

Spannungsbelastung der Statorwicklung

Statorwicklungen bestehen üblicherweise aus mehreren in Reihe oder parallel geschalteten Spulen, welche sich aus einzelnen Teilspulen zusammensetzen (vgl. Kapitel 4.4). In der DIN EN 60034-18-41 wird die Spannungsbeanspruchung thematisiert.

[1] Die Impulsspannungsfolgefrequenz ergibt sich aus dem Reziprokwert der mittleren Dauer zwischen zwei aufeinanderfolgenden Impulsen gleicher Polarität, unipolar oder bipolar.

Die elektrische Beanspruchung innerhalb der Wicklungsisolierung wird durch den Phase-Erde-Spannungssprung und die Impulsanstiegszeit dieser Spannung an den Motoranschlussklemmen bestimmt. Besonders gefährdet ist der Anfang der ersten und das Ende der letzten Teilspule eines Strangs, da hier die Bedämpfung gleich Null ist und die größten Spannungsamplituden auftreten.

Bei Runddrahtwicklungen hängt die Verteilung der transienten Spannung von der Lage der einzelnen Windungen in den Nuten ab (Bild **5**.25). Kurze Impulsanstiegszeiten verursachen eine Spannung, die in den Spulen ungleichmäßig verteilt ist, wobei hohe Beanspruchungspegel über der ersten Windung oder den ersten Windungen (abhängig vom Wicklungsaufbau) der einzelnen Wicklungsstränge vorhanden sind. Im ungünstigsten Fall können die erste und die letzte Windung nebeneinanderliegen (3), sodass die Spannung zwischen diesen Windungen so groß werden kann wie der Spannungsabfall über der Spule.

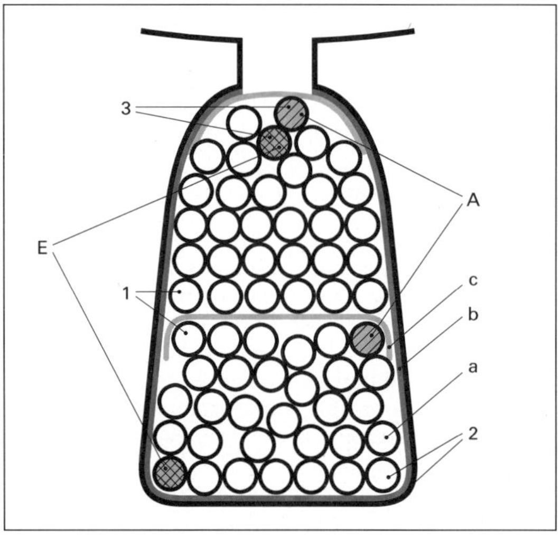

5.25 Aufbau der Wicklungsisolation
a Drahtisolation — 1 Phase-Phase
b Nutisolation — 2 Phase-Erde
c Phasenisolation — 3 Windung-Windung
A Anfang (Teil-) Spule — E Ende (Teil-) Spule

Bild **5**.26 zeigt die ungünstigste über der ersten Spule gemessene Spannung bei einer Reihe von Statoren in Abhängigkeit von der Anstiegszeit. Die Spannung ist als Anteil der Phase-Erde-Sprungspannung dargestellt. Die Sprungspannung entsteht sowohl an der ansteigenden als auch an der abfallenden Flanke der Phase-Erde-Spannung. Die Windungsspannung verändert sich in gleicher Weise, wenn es sich um eine positive oder negative Spitze handelt.

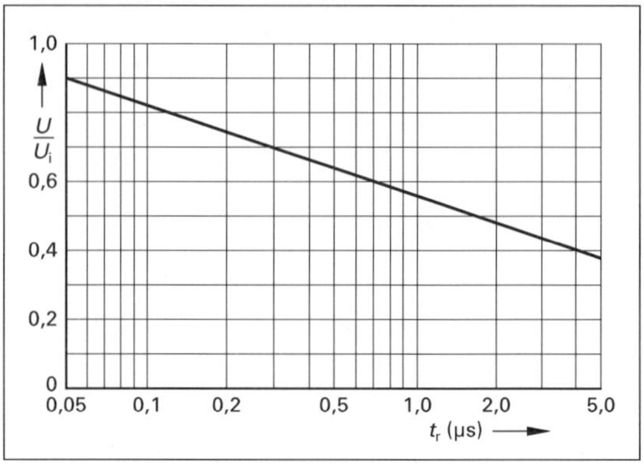

5.26 Ungünstigste Spannungsbeanspruchung der Windungsisolierung

Teilentladungen (PD) durch Lufteinschlüsse

Die Isolation der Spulen wird durch hochwertige Drahtlacke gewährleistet, die je nach Anwendungsfall in mehreren Schichten auf den Draht aufgetragen werden. Eine ausreichende Spannungsfestigkeit wird somit erreicht.

Zusätzlich werden fertig gewickelte Statoren mit Tränklack getränkt und anschließend in einem Ofen gebacken. Hierdurch wird die komplette Wicklung erstens mechanisch stabilisiert und zweitens die Isolationsfestigkeit erhöht. Je nach Tränkverfahren kommt es jedoch zu mehr oder weniger starken und häufigen Lufteinschlüssen. Bei hoher elektrischer Beanspruchung zwischen den Windungen, gegen Erde oder zwischen den Phasen kann die Luft einen elektrischen Durchschlag erfahren; es entsteht ein Funken, wodurch die Isolierschicht des Drahtes durch die partielle Erhitzung beansprucht wird. Lochfraßkorrosion und weiße Pulverspuren sind typische Anzeichen dieser Teilentladungen (PD, partial discharge) während des Betriebes.

Die Entstehung von Lufteinschlüssen lässt sich am besten durch das Vakuumtränkverfahren vermeiden.

Dielektrische Erwärmung

Die Lebensdauer der Isolation kann weiterhin durch die Wirkung der dielektrischen Erwärmung bei höheren Frequenzen – abhängig von der Wellenform des Umrichters – negativ beeinflusst werden. Falls die Spulen einen Nutteil-Glimmschutz oder einen Endenglimmschutz haben, kann der durch den Umrichter verursachte hochfrequente Strom in diesen Materialien zur Überhitzung und Zerstörung führen. Sowohl die Impulsfolgefrequenz als auch die mit der Anstiegszeit der Vorderflanke in Zusammenhang stehende Frequenz erzeugen eine zusätzliche Erwärmung durch dielektrische Verluste in den Isolierstoffen, hiervon sind alle Bereiche der Isolation betroffen.

Impulsspannungs-Isolationsklassen (IVIC)

Die Impulsspannungs-Isolationsklasse IVIC[2] gibt die zulässige Spitze-Spitze-Spannung an, die vom Hersteller als Verhältnis zur Bemessungsspannung für eine bestimmte umrichtergespeiste Maschine in der Dokumentation und auf dem Leistungsschild angegeben wird. Hierdurch werden die Grenzen für den zuverlässigen Betrieb definiert. Wenn z. B. die Bemessungsspannung der Maschine bei Netzfrequenz 400 V beträgt und das Isoliersystem bei Impulsspannung für die mittlere Beanspruchungskategorie definiert ist, steht auf dem Leistungsschild: U_N = 400 V und IVIC B. Somit lässt sich relativ einfach mit einer Spannungsmessung im Betrieb überprüfen, ob die umrichtergespeiste Maschine entsprechend der spezifizierten Grenzen zuverlässig betrieben wird.

[2] **I**mpulse **V**oltage **I**solation **C**lass

Tabelle **5**.27 **Impulsspannungsisolationsklassen**

Impulsspannungsisolationsklasse IVIC	**Maximale zulässige Spitze-Spitzespannung im Betrieb bezogen auf U_N**	
	Phase-Phase	Phase-Erde
A – Gering	3,3	2,3
B – Mittel	4,5	3,1
C – Stark	5,9	4,2
D – Extrem	7,4	5,2

Aufgaben zu Abschnitt 5

1. Warum ist es notwendig, die Oberwellen in elektrischen Anlagen zu begrenzen?
2. Erläutern Sie die Wirkungsweise von Passiv- und Aktivfiltern.
3. Ein Käfigläufermotor mit den Bemessungsdaten von Bild **5**.6 soll im 87 Hz-Typenpunkt betrieben werden. Berechnen Sie die Motorleistung, für die der Frequenzumrichter bemessen sein muss. Berechnen Sie die Läuferdrehzahl und den Leiterstrom.
4. Nennen Sie die Parameter aus Tabelle **5**.10, die für den 87-Hz-Betrieb des Motors aus Bild **5**.6 geändert werden müssen.

   Welche elektrischen Kenngrößen müssen für den 87-Hz-Betrieb überprüft und ggf. korrigiert werden?
5. Im Display eines Frequenzumrichters am 400-V-Netz wird der Wert U = 577 V DC angezeigt.

   Überprüfen Sie rechnerisch, ob der angezeigte Wert plausibel ist. Begründen Sie Ihre Aussage.
6. In der Zuleitung eines Motors, der an einem Frequenzumrichter betrieben wird, ergibt die Messung mit einem Digitalmultimeter eine Stromaufnahme von 5,3 A. Die Anzeige des Frequenzumrichters zeigt einen Wert von 6,7 A für den Motorstrom an. Begründen Sie, welcher Wert richtig ist und erklären Sie die Ursache des falschen Messwertes.
7. Für einen Antrieb soll der angeschlossene Frequenzumrichter mit linearen Rampen parametriert werden. Die Maximalfrequenz beträgt 50 Hz. Der Motor soll zwischen 10 Hz und 40 Hz betrieben werden. Die Hochlaufzeit soll 5 s, die Auslaufzeit 3 s betragen. Die Dauer eines Lastspiels beträgt 20 s. Berechnen Sie die Rampenhochlaufzeit t_{hr} und die Rampenauslaufzeit t_{ar}. Nach welcher Zeit muss der Stoppbefehl für den Motor erfolgen?

6 Servoantriebe

Ursprünglich dienten Servomotoren als Hilfsantriebe (lat. servus = Sklave, Diener) und wurden als fremderregte DC-Motoren konstruiert (s. Bild **6**.18). Der beschränkte Einsatz begründete sich vorwiegend durch die geringen Lamellenspannungen der Kommutatoren, die schlechten Wirkungsgrade der Leistungselektronik sowie die Trägheit analoger Regelungstechnik. Teils werden auch Schrittmotoren nach Abschnitt 6.9 zu den Servomotoren gezählt. Der Begriff des Hilfsantriebs ist jedoch nicht mehr zeitgemäß, da heutige Servomotoren komplexe und eigenständige Antriebslösungen verwirklichen und auch als Hauptantriebe eingesetzt werden. Der lateinische Ausdruck servo (beobachten, bewachen) ist hier viel treffender und spiegelt den eigentlichen Sinn eines Servoantriebs wider, denn alle Arten von Servomotoren haben eine entscheidende Gemeinsamkeit: Die Notwendigkeit der Drehzahl- und Lageregelung, die eine unbedingte Voraussetzung ist für anspruchsvolle elektromechanische Bewegungsvorgänge. Kombiniert mit geeigneter Steuerelektronik (Servoverstärker) werden Servoantriebe in zunehmendem Umfang dort eingesetzt, wo Drehzahlen in Hochlauf- und Bremsvorgängen kurzzeitig verändert werden müssen. Servomotoren lassen sich in wenigen Millisekunden aus dem Stillstand auf ihre Bemessungsdrehzahl beschleunigen, in der gleichen Zeit abbremsen und in ihrer Drehrichtung umsteuern. Sie werden als hochdynamische, beschleunigungsoptimierte Antriebsmaschinen zur regelungstechnischen Anpassung von Winkeln, Lagen und Wegen eingesetzt. Beim Verfahren von Wegen arbeiten sie im kontinuierlichen Rundlaufbetrieb, für Positionieraufgaben im Schrittbetrieb mit vollem Auflösungsvermögen des Winkels. Das Bemessungsdrehmoment liegt im Bereich von 0,1 Nm bis 150 Nm bei Bemessungsdrehzahlen 2000 min^{-1} bis 6000 min^{-1}. Größere Drehmomente (bis 20000 Nm) sind mit sogenannten Torquemotoren realisierbar.

Anwendungsbereiche von Servoantrieben sind:

- Verpackungstechnik
- Robotertechnik
- CNC-Werkzeugmaschinen
- Textilmaschinen
- Handlingsysteme
- Wickelantriebe
- Drucktechnik
- Kunststoff-, Spritzgieß- und Folienziehmaschinen
- Holz-, Glas-, Keramik- und Steinbearbeitung
- Blech- und Papierverarbeitung
- Fördertechnik
- Lebensmittelindustrie

Servoantriebe werden nicht nach einer Leistungsanforderung, sondern nach dem erforderlichen Drehmoment ausgewählt. Dieses muss als statisches Moment auch bei der Drehzahl $n = 0$ aufgebracht werden. Zum Beispiel ist der Drehzahlregelbereich bei numerisch gesteuerten Werkzeugmaschinen > 1:10000. Er umfasst den Vorschubbereich und den Eilgangbereich. Im Vorschubbereich (d. h. niedrige Drehzahlen mit $n < 1\ min^{-1}$ und große Drehmomente) wird bearbeitet, im Eilgangbereich (hohe Drehzahlen und geringe Drehmomente) fährt die Maschine z. B. mit Schneidwerkzeugen in eine neue Arbeitsposition.

Für Positionierungsaufgaben z. B. in der Verpackungsindustrie werden unterschiedliche Geschwindigkeiten bei gleichzeitig hoher Dynamik und exakter Positionierung benötigt. Für diese speziellen Anforderungen werden Drehstrom- und seltener Gleichstrommotoren eingesetzt, weil sie die hierfür erforderlichen Eigenschaften aufweisen (vgl. Tab. **6**.1).

Tabelle **6**.1 **Anforderungen an Servoantriebe**

Anforderung	**Wert**
Positioniergenauigkeit	0,5 µm – 2 mm
Drehzahlstellbereich	0,01–10000 min^{-1}
Drehmoment	hoch
Beschleunigung	3–30 m/s^2
Stillstandsmoment	hoch
Überlastbarkeit	bis zu 4 · M_N (S2)
Drehzahlsteifigkeit	hoch
Rundlauf	gut
Dynamik	sehr hoch
Trägheitsmoment	möglichst klein
Betriebsbereich	4 Quadranten
Wirkungsgrad	hoch
Erwärmung	gering
Kühlung	selbst
Zuverlässigkeit	hoch
Wartungsaufwand	gering
Schutzart	hoch, z. B. IP 65
Baugröße	möglichst kompakt
Lebensdauer	hoch

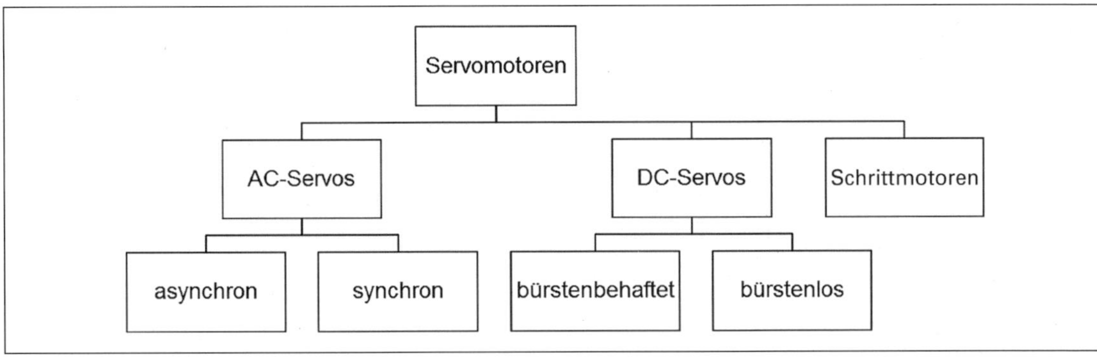

6.2 Klassifizierung von Servomotoren nach Stromart

6.1 Bauarten

Man unterscheidet Motoren mit Scheibenläufer und Lang- bzw. Schlankläufermotoren. Scheibenläufer haben eine axiale Feldführung, Langläufermotoren die klassische radiale Feldführung (**6**.3). Beide Formen gibt es für Gleich- und Drehstrom. Sie werden meist permanentmagnetisch erregt. In den Anfängen der Servotechnik wurden überwiegend Gleichstrommotoren mit der klassischen elektromechanischen Kommutierung über Flach- und Trommelankerkommutatoren eingesetzt. Durch die heutigen modernen und verlustarmen Halbleiterbauelemente der Leistungselektronik gab es in den letzten Jahrzehnten einen Trend zur elektronischen Kommutierung, wie sie bei den Drehstrom-Synchron-Servomotoren in Scheiben- und Langläuferbauweise ausschließlich angewendet wird. In den elektronisch kommutierten Motoren ist die Ankerwicklung nicht auf dem Läufer untergebracht, sondern im Stator angeordnet. Die Dauermagnete für die Erregung rotieren in ihnen mit der Welle.

Auch Drehstrom-Asynchronmotoren gibt es als Servomotoren, die über einen mikroprozessorgesteuerten Frequenzumformer gespeist werden.

6.2 Erregerkreiswerkstoffe

Mit Ausnahme der Drehstrom-Asynchronmotoren sind Servomotoren heute fast ausschließlich mit Permanentmagneten bestückt, die konstruktionsmäßig vor Entmagnetisierung – besonders durch Ankerquerfelder – zu schützen sind. Das durch den Ankerstrom erzeugte Ankerquerfeld überlagert sich so zum permanentmagnetischen Erregerfeld, dass dieses auf der einen Seite geschwächt und auf der anderen Seite verstärkt wird. Damit die Dauermagnete nicht irreversibel entmagnetisiert werden, darf das Ankerquerfeld jeweils eine bestimmte Stärke nicht überschreiten. Wie von den Gleichstrommotoren bekannt, überschreiten abmagnetisierte Motoren nach $n = U_N/k_E \cdot \Phi_E$ bei anliegender Bemessungsspannung ihre Bemessungsdrehzahl. Außerdem erfordern sie zur Erzeugung des Bemessungsmoments einen höheren Strom, der zu unzulässigen Motorerwärmungen führen kann. Die maximal zulässige Gegenfeldstärke ist von der Betriebstemperatur und vom Energieprodukt oder Energiedichte $(B \cdot H)_{max}$ der Dauermagnete abhängig.

In den letzten Jahrzehnten entwickelte hochenergetische Magnetwerkstoffe auf der Basis

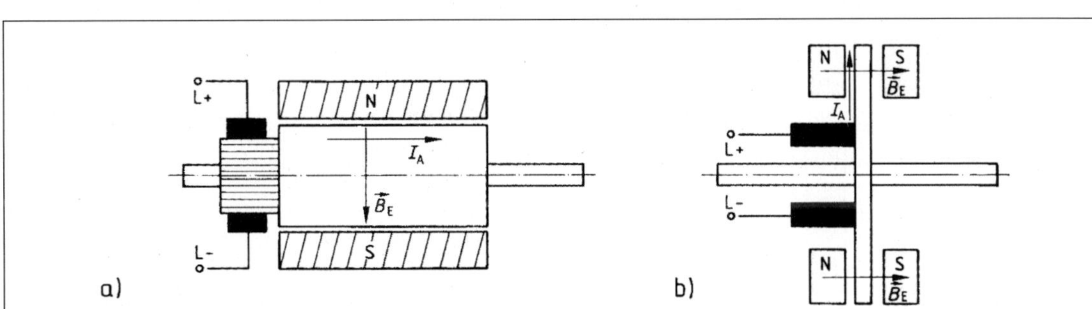

6.3 Aufbauprinzip von Servomotoren
a) als permanenterregter Langläufermotor, b) als Scheibenläufermotor

Tabelle **6**.4 **Magnetwerkstoffe für permanenterregte Motoren**

Werkstoff	Maximales Energieprodukt $(B \cdot H)_{max}$ in kJ/m³	Remanenz-Flussdichte B_R in mT	Koerzitivfeldstärke der Induktion B_{Hc} in kA/m	Koerzitivfeldstärke der Polarisation J_{Hc} in kA/m	Relative Permeabilität μ_R
Samarium-Kobalt (SmCo) SECo 180/120[1]	180 bis 210	980 bis 1050	700 bis 780	1000 bis 1200	$\leqq$ 1,1
Neodym-Eisen-Bor (NdFeB)	240 bis 290	1150 bis 1300	600 bis 800	720 bis 1000	$\leqq$ 1,05
Hartferrit 25/25[1]	25 bis 30	370 bis 390	230 bis 245	250 bis 255	$\leqq$ 1,1
Aluminium-Nickel-Kobalt (AlNiCo) 52/61[1]	52 bis 62	1250 bis 1350	55 bis 58	56 bis 59	1,5 bis 3

[1] Kurzname nach DIN 17410

Seltene-Erden-Legierungen (SE-Legierungen) haben Energieprodukte bis 300 kJ/m³ bei NdFeB-Legierungen (**6**.4). So hohe Werte ergeben sich sowohl aus hohen Remanenzinduktionen als auch aus höheren Koerzitivfeldstärken. Außerdem haben diese Werkstoffe nahezu geradlinige Entmagnetisierungskennlinien im II. Quadranten (**6**.5), die auf eine starre Magnetisierung zurückzuführen sind. Sie gewährleisten eine hohe Unempfindlichkeit gegenüber abmagnetisierenden Fremdfeldern und ermöglichen kleine Baugrößen durch Gewichts- und Volumenreduzierung bei gleicher Leistung und höherer Dynamik sowie bessere Servoeigenschaften aufgrund kleinerer Massenträgheitsmomente. Sicherheit gegen Abmagnetisierung durch Ankerquer- oder Ankerlängsfelder auch bei Beanspruchungen bis zu zehnfachen Werten des Dauerbetriebs (Kurzzeitspitzenströme bis zu 300 A) bieten die Magnete aus SE-Legierungen. Eine bleibende Abmagnetisierung erfolgt erst dann, wenn der Arbeitspunkt der Magnete oder einzelner Teilbereiche von ihnen durch das abmagnetisierende Fremdfeld in den III. Quadranten verschoben wird.

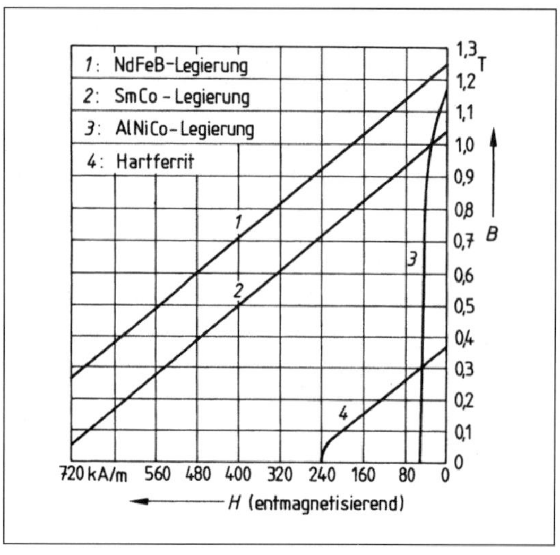

6.5 Abmagnetisierungskennlinien

Die AlNiCo-Kennlinie zeigt eine hohe Remanenzinduktion, verbunden mit einer geringen Koerzitivfeldstärke. Diese Werkstoffe eignen sich besonders, um hohe Luftspaltinduktionen zu erzeugen. Wegen des frühen Abknickens der Kennlinie sind sie von den aufgeführten Werkstoffen am wenigsten geeignet, eine hohe Sicherheit gegen dauerhaftes Abmagnetisieren zu gewährleisten. AlNiCo-Magnetwerkstoffe werden im Bereich der Servomotoren heute ausschließlich noch in Gleichstrom-Scheibenläufermotoren verwendet, da diese nur mit Kurzzeitspitzenströmen von $\leqq 3 \cdot I_N$ belastet werden.

6.3 Motorkenndaten

Drehmoment. Aufgrund konstanter Erregung ist das erzeugte *innere* Drehmoment M proportional zum Ankerstrom.

Die Drehmomentkonstante $k_T = M/I$ gibt als motorspezifische Größe das erzeugte Drehmoment je Ampere Ankerstrom an (bei Drehstrommotoren Effektivwert) und dient als Umrechnungsfaktor, um aus der Stromaufnahme nach $M = k_T \cdot I$ das erzeugte Gesamtdrehmoment zu berechnen (**6**.6).

Dieses teilt sich nach $M = M_W + M_V$ in das an der Welle abgegebene Moment M_W und die Verlustmomente M_V auf. $M_V = M_R + M_D$ setzt sich aus den drehzahlunabhängigen, praktisch konstanten Reibungsmomenten M_R und den drehzahlabhängigen Dämpfungsverlustmomenten M_D zusammen. Letztere ergeben sich hauptsächlich aus den Eisenverlusten im Anker („magnetische Reibung") und den Luftreibungsverlusten, die aufgrund von Luftverwirbelungen mit steigender Drehzahl zunehmen. Die Summe aller drehzahlabhängigen Verlustmomente verhält sich nahezu proportional zur Drehzahl (**6**.7).

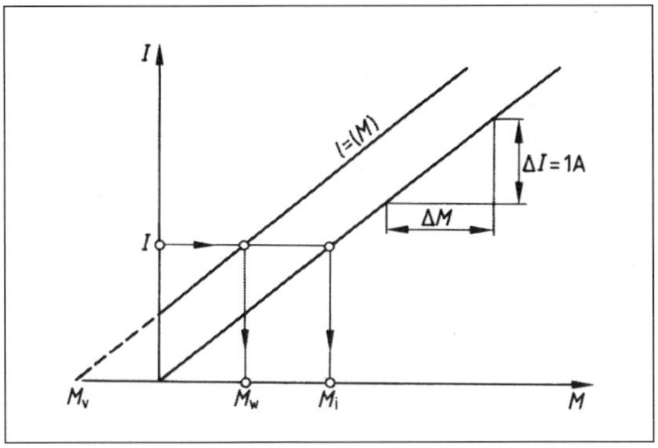

6.6 Drehmomentkonstante

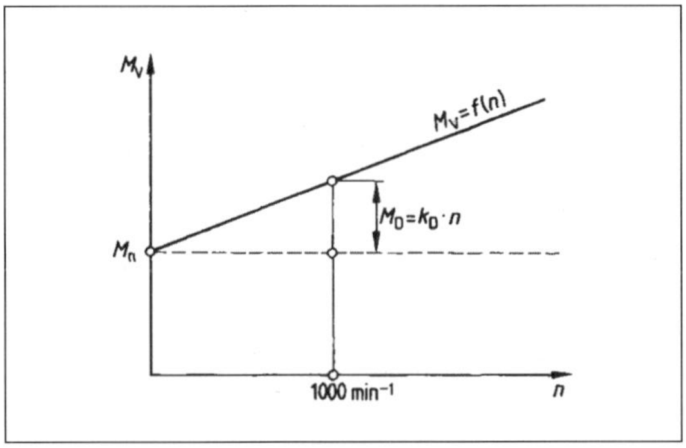

6.7 Reibungs- und Dämpfungsverluste

Die Dämpfungskonstante k_D ist die Größe, die das drehzahlabhängige Dämpfungsmoment bei der Drehzahl 1000 min^{-1} angibt. Mit ihr lassen sich die Dämpfungsdrehmomente nach

$$M_D = k_D \cdot n \quad (6.1)$$

für alle stationären Drehzahlen berechnen. Unter Berücksichtigung aller Dämpfungsverluste erhält man dann das an der Welle abgegebene Moment aus

$$M_W = k_T \cdot I - (M_R + k_D \cdot n). \quad (6.2)$$

Beispiel 6.1 Ein Gleichstrom-Scheibenläufermotor mit der Bemessungsleistung 1760 W hat folgende Daten: $k_T = 137{,}9$ Ncm/A, $M_R = 14$ Ncm, $k_D = 21$ Ncm/1000 min^{-1}, $I = 12{,}2$ A. Gesucht wird das abgegebene Drehmoment bei $n = 1000$ min^{-1}.

Lösung $M_W = k_T \cdot I - (M_R + k_D \cdot n)$

mit $k_T \cdot I = 137{,}9 \frac{\text{Ncm}}{\text{A}} \cdot 12{,}2 \text{ A} = 1682 \text{ Ncm}$ und

$$(M_R + k_D \cdot n) = \left(14 \text{ Ncm} + 21 \frac{\text{Ncm} \cdot \text{min}}{1000} \cdot 1000 \cdot \text{min}^{-1}\right)$$

$$= 35 \text{ Ncm}$$

$M_W = 1682$ Ncm – 35 Ncm = **1647 Ncm**

Das Bemessungsdrehmoment M_N ist das im Dauerbetrieb bei Bemessungsdrehzahl n_N an der Welle abnehmbare Drehmoment, ohne dass sich der Motor unzulässig erwärmt. Für diesen Arbeitspunkt berechnet man die Bemessungsleistung aus $P_N = M_N \cdot n_N/9549$. Da Servomotoren im stationären Zustand (n = konst) allgemein nur mit Drehmomenten belastet werden, die wesentlich kleiner als ihre Bemessungsmomente sind, ist ihre Bemessungsleistung als Kenngröße von untergeordneter Bedeutung. Ebenso spielt der Wirkungsgrad (bis 95 %) als Wirtschaftlichkeitsfaktor im Lastbereich der Servomotoren nur eine untergeordnete Rolle. Weil die Differenz zwischen zugeführter und abgegebener Leistung im Motor die Verlustwärme erzeugt, ist er ein Maß für dessen thermische Belastung und evtl. auftretende Probleme mit der Motorkühlung. Durch die abführbare Wärmemenge ist der Motorleistung eine Grenze gesetzt, die sich durch Fremdbelüftung nach oben verschieben lässt. Diese Abführung der Verlustwärme über Selbstkühlung hängt von den Wärmekapazitäten von Läufer und Stator und Wärmeübergangswiderständen zwischen Läufer und Ständer sowie Ständer und Umgebung ab. Man geht davon aus, dass über den Motorflansch gute Wärmeableitung möglich ist.

Thermische Zeitkonstante heißt die Zeit, in der bei blockierter Welle und $I = I_N$, 63 % der Endtemperatur erreicht werden. Sie ist von den Wärmeübergangswiderständen abhängig.

Der Bemessungsstrom I_N fließt bei Belastung mit Bemessungsmoment bei Bemessungsdrehzahl und Anschluss an Bemessungsspannung. Für Drehstrom ist das der Effektivwert des Leiterstroms, der im Betrieb an einem Drehstromservoverstärker gemessen wird. Für die Versorgung von Gleichstrommotoren wird ein oberwellenarmer Gleichstrom vorausgesetzt, dessen Formfaktor f_i = 1,0 bis 1,05 beträgt. Bei einem Formfaktor > 1,05 ist eine Reduzierung der Grenzwerte in Abhängigkeit vom Formfaktor erforderlich. Z. B. nach $M \approx M_N/f_i$ ist bei $f_i = 1{,}1$ das Drehmoment $M \approx 0{,}9\ M_N$.

Das Impulsdrehmoment M_{Imp} oder Spitzendrehmoment ist das maximal zulässige Drehmoment, bei dem weder die mechanischen Berstwerte (Wellenschaden) noch die maximal

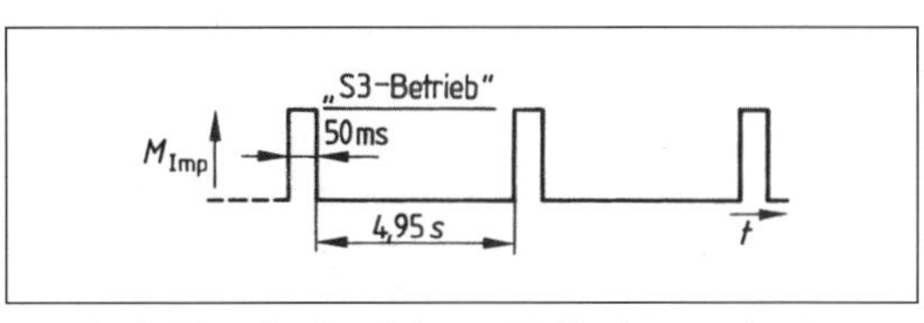

6.8 Definition der Betriebsart S3 für das maximale Impulsdrehmoment

zulässigen Kurzzeitgrenzströme überschritten werden. Es kann den drei- bis zehnfachen Wert des Bemessungsmoments aufweisen und verleiht den Servomotoren ihre hohe Dynamik (**6**.8).

Der Kurzzeitgrenzstrom I_{Imp} oder Impulsstrom ist der Strom, der das Impulsdrehmoment erzeugt. Bis zu den in technischen Daten angegebenen Werten tritt keine bleibende Abmagnetisierung (z. B. durch Ankerquerfelder) auf. Für Kommutatormotoren muss der Impulsstrom der absoluten Kommutierungsgrenze angepasst werden (**5**.26). Bei Versorgung mit Drehstrom oder Mischstrom ist darauf zur achten, dass bereits impulsförmige Stromspitzen eine Abmagnetisierung einleiten. Darum ist z. B. die Strombegrenzung von Drehstrom-Servoverstärkern auf den jeweiligen Scheitelwert des Impulsstroms einzustellen.

Das theoretische Stillstandsmoment M_0 ist gleich dem theoretischen Dauerdrehmoment bei Drehzahl null. Im Drehmoment-Drehzahl-Diagramm liegt es im Schnittpunkt zwischen Dauerdrehmoment-Grenzkurve und Drehmomentordinate (**6**.9).

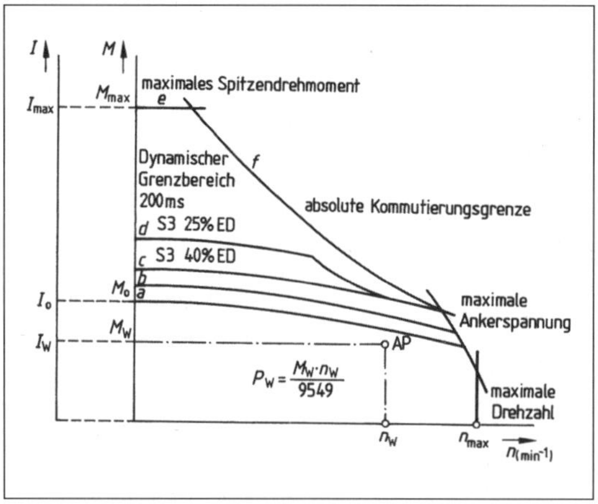

6.9 Grenzkennlinienfeld eines Servomotors mit Kommutator, Einzelheiten s. S. 349

Das statische Stillstandsmoment M_S (reduziertes M_0) tritt bei blockierter Welle oder bei Schleichdrehzahlen $n \leqq 1\ \text{min}^{-1}$ auf. Für einen Motor gilt z. B. für die Betriebszeit $t > 10$ min $M_S = 0{,}6 \cdot M_0$, für einen anderen ist für $t > 5$ min $M_S = 0{,}5 \cdot M_0$ zugelassen. Für kürzere Belastungsphasen ist eine Belastung mit Bemessungsmomenten zulässig. Wiederholen sich Betriebsphasen mit Stillstandsdrehmomentbelastung regelmäßig, muss der Effektivstrom unter Berücksichtigung der gesamten Periode um motorspezifische Teile reduziert werden. Um Überlastungen zu vermeiden, kommen in Servoregelgeräten Effektivstrom-Rechenbausteine zum Einsatz.

Die EMK-Konstante k_E (Spannungsgradient oder Quellspannungskonstante) $k_E = U_i/1000\ \text{min}^{-1}$ gibt die Höhe der im Generatorbetrieb bei einer Drehzahl von 1000 min⁻¹ in die Ankerwicklung induzierten Spannung an (**6**.10). Diese Spannung wird häufig noch EMK genannt. Aufgrund des konstanten Erregerfelds ist U_i der Drehzahl proportional. Es gilt:

$$U_i = k_E \cdot n \tag{6.3}$$

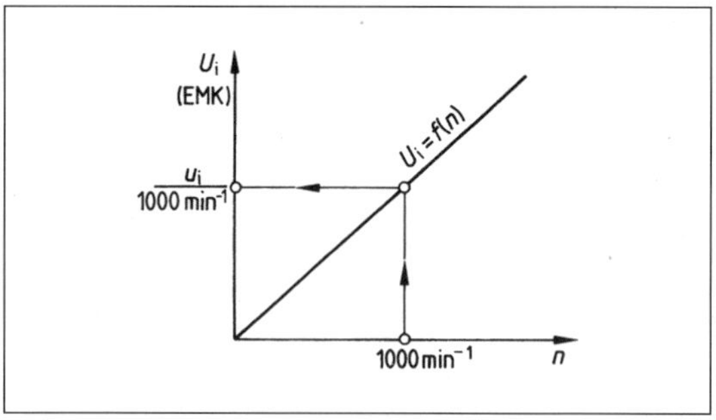

6.10 Spannungs-/EMK-Konstante

Kombiniert man Gleichung (6.3) mit der von den Gleichstrommaschinen bekannten Gleichung $U = U_i + I \cdot R$, lassen sich die Drehzahlen berechnen, die bei verschiedenen Klemmenspannungen U, Belastungen I und Erwärmungen ($I^2 \cdot R$) nach

$$n = \frac{U - I \cdot R}{k_E} \tag{6.4}$$

erreichbar sind. Darin ist R der Anschlusswiderstand; er ist mit dem Ankerwiderstand von Gleichstrommotoren identisch. Stellt man Gleichung (6.4) nach U um, setzt für $I = I_N$ und für $n = n_N$ ein, erhält man anstelle von U die Bemessungsspannung U_N

$$U_N = I_N \cdot R + k_E \cdot n_N. \tag{6.5}$$

Gleichung (6.5) gibt den Zusammenhang zwischen Bemessungsspannung und Bemessungsdrehzahl wieder.

Beispiel 6.2 Ein Scheibenläufermotor hat die Bemessungsdaten $U_N = 135$ V, $I_N = 3{,}6$ A, $R = 7\ \Omega$ und $k_E = 109{,}8 \cdot 10^{-3}$ V · min. Berechnen Sie die Bemessungsdrehzahl dieses Motors.

Lösung Mit Gleichung (6.4) erhält man

$$n_N = \frac{U_N - I_N \cdot R}{k_E} = \frac{135\ \text{V} - 3{,}6\ \text{A} \cdot 7\ \Omega}{109{,}8 \cdot 10^{-3}\ \text{V} \cdot \text{min}}$$

$n_N = \mathbf{1000\ min^{-1}}$.

Der Regelungsfaktor k_N gibt an, wie sich bei konstanter Klemmenspannung die Motordrehzahl ändert, wenn an der Welle eine zusätzliche Belastung auftritt. Er entspricht der Steigung $\Delta n/\Delta M = k_N$ in der $n = f(M)$-Kennlinie (**6**.11). Zu den übrigen Motorkonstanten steht der Regelungsfaktor in folgender Beziehung:

$$k_N = \frac{R \cdot 2\pi}{k_E \cdot k_T + k_D \cdot R} \qquad (6.6)$$

Auf die Herleitung der Gl. (6.6) wird hier verzichtet.

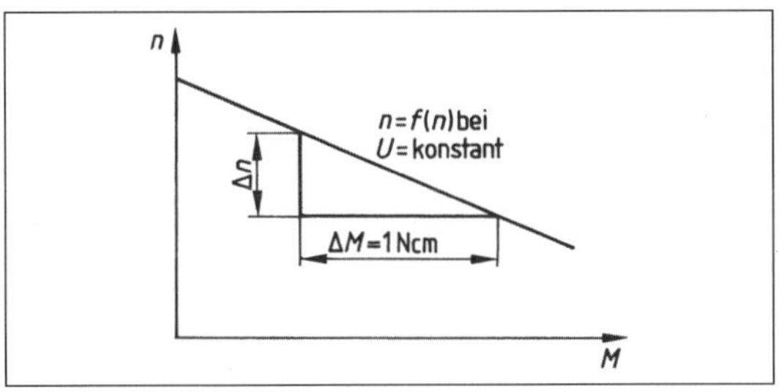

6.11 Regelungsfaktor k_N

Die mechanische Zeitkonstante τ_m ist die Zeit, in der der unbelastete stillstehende Motor nach sprunghaftem Einschalten des maximalen Impulsstroms 63 % seiner Enddrehzahl n_E erreicht (**6**.12). Die theoretische Hochlaufkennlinie folgt der Funktion

$$n(t) = n_E \left(1 - e^{-\frac{t}{\tau_m}}\right). \qquad (6.7)$$

Die mechanische Zeitkonstante ist direkt von dem Massenträgheitsmoment J des Motors abhängig.

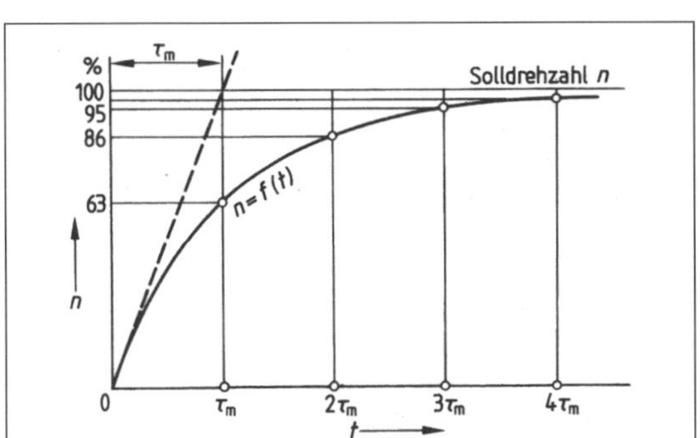

6.12 Theoretische Hochlaufkennlinie

$$\tau_m = k_N \cdot J \qquad (6.8)$$

Mit Gleichung (6.6) erhält man

$$\tau_m = \frac{J \cdot R \cdot 2\pi}{k_T \cdot k_E + k_D \cdot R} \approx \frac{J \cdot R \cdot 2\pi}{k_T \cdot k_E}. \qquad (6.9)$$

Beispiel 6.3 Ein Scheibenläufer hat die Bemessungsdaten: $J = 73\ \text{kg} \cdot \text{cm}^2$, $R = 0{,}5\ \Omega$, $k_T = 81{,}2\ \text{Ncm/A}$, $k_E = 85 \cdot 10^{-3}\ \text{V} \cdot \text{min}$ und $k_D = 50 \cdot 10^{-3}\ \text{Ncm} \cdot \text{min}$. Wie groß ist die mechanische Zeitkonstante?

Lösung $\tau_m = \dfrac{J \cdot R}{k_T \cdot k_E} \cdot 2\pi$

$$\tau_m = \frac{73\ \text{kg} \cdot \text{cm}^2 \cdot 0{,}5\ \Omega \cdot 2\pi}{81{,}2\ \frac{\text{Ncm}}{\text{A}} \cdot 85 \cdot 10^{-3}\ \text{V} \cdot \text{min}} = \mathbf{5{,}5\ ms}$$

Die tatsächliche Hochlaufzeit (Anlaufdauer) unter wirksamen Belastungsmomenten ergibt sich aus der Umstellung der die Dynamik des Motors kennzeichnenden Beziehung

$$\alpha = \frac{M}{J}. \qquad (6.10)$$

Mit $\alpha = \omega/t = 2\pi f/t$ und $f = n/60$ s/min ergibt sich für die Hochlauf-/Beschleunigungszeit (in ms) zum Erreichen der Solldrehzahl n_s

$$t_H = 105\,\frac{J \cdot n_S}{M}. \qquad (6.11)$$

Hierin sind M = konstant das Beschleunigungsmoment und J = konstant das Massenträgheitsmoment der gesamten zu beschleunigenden Masse. Das Beschleunigungsmoment ist die Differenz zwischen dem abgegebenen Motormoment M_W und der Summe aller Lastwiderstandsmomente M_L. Die Hochlaufzeit lässt sich mit geeigneten Servoverstärkern erheblich verkürzen, indem man durch kurzzeitige Spannungsüberhöhung einen drehmomenterzeugenden Impulsstrom fließen lässt. Er hat das ihm proportionale Impulsdrehmoment zur Folge, das wesentlich größer ist als das zum Erreichen der Solldrehzahl erforderliche Moment. Damit ergibt sich aus Gleichung (6.11) eine kürzere Hochlaufzeit. Eine geeignete Regelschaltung sorgt für eine rechtzeitige Reduzierung des Stroms auf den der Sollwertdrehzahl angepassten Wert.

Die elektrische Zeitkonstante τ_e ist der Quotient aus der Induktivität des Ankerkreises L und dem temperaturabhängigen Ankerkreiswiderstand R. Der Ankerkreiswiderstand setzt sich aus dem Wicklungs-, dem Bürsten- und dem Bürstenübergangswiderstand (soweit vorhanden) zusammen. $\tau_e = L/R$ kennzeichnet die Zeitverzögerung, mit der der Ankerstrom einer sprungförmigen Änderung der Anschlussspannung folgen kann. Der Stromanstieg und damit der Aufbau des Drehmoments im Servomotor folgt einer e-Funktion. Weil das Drehmoment proportional dem Ankerstrom ist, gibt die elektrische Zeitkonstante an, wie schnell das Gesamtdrehmoment eines Servomotors bei Speisung aus einer Quelle mit $R_i = 0$ aufgebaut werden kann. Bei Stromrichterspeisung wird τ_e z. B. noch durch in Gleichstrom-Zwischenkreisen wirkende Kreisstromdrosselspulen vergrößert. Die mechanische und die elektrische Zeitkonstante bestimmen in Drehzahlregelkreisen mit Servomotoren das Einschwing- und Zeitverhalten.

Das Massenträgheitsmoment J von Servomotoren umfasst alle rotierenden Teile wie Läufer, Welle und Lagerinnenringe. Bei Motoren mit Anbauten wie Tachogeneratoren, Stillstandsbremsen und rotierenden Messgebern sind auch deren Trägheiten zu addieren.

Servogetriebe. In vielen Servoantriebssystemen ist eine direkte Kopplung zwischen Servomotor und Last nicht möglich oder sinnvoll. Da sich z. B. Scheibenläufermotoren durch ein geringes Läuferträgheitsmoment auszeichnen, wäre es wenig sinnvoll, sie mit äußeren Trägheitsmomenten zu belasten, die ein Vielfaches ihrer eigenen Trägheit aufweisen. Optimal für eine gute Dynamik ist ein Verhältnis von Last- zu Motorträgheitsmoment von 1:1. Um es zu erreichen, wird das Lastträgheitsmoment über spezielle Servozwischengetriebe an das Motorträgheitsmoment angepasst. Für die Umrechnung (s. 1.5.2) eines Massenträgheitsmoments von der langsamen (J_L) auf die schnelle Getriebeseite (J_S) gilt mit i als Übersetzungsverhältnis $J_S = J_L/i^2$.

Von den Getrieben wird im Sinne hoher Positionsgenauigkeit eine hohe Torsionssteifigkeit gefordert. Unter der Forderung nach großer Dynamik dürfen sie nur ein kleines Getriebespiel aufweisen, da sonst zusätzliche Totzeiten auftreten. Heutige servotaugliche Getriebe haben eine Torsionssteifigkeit von $< 10^5$ Nm/rad und Getriebespiele von $< 1°$.

Servomechanismus. Da Servomotoren speziell zur Verrichtung hochdynamischer Vorgänge entwickelt wurden, sind auch ihre dynamischen Kenngrößen charakteristisch. Ihr dynamisches Leistungsvermögen hat für das Beschleunigungsverhalten dieselbe Bedeutung wie ihre Leistung für den stationären Betrieb (n = konstant). Hohe Dynamik entspricht hoher Winkelbeschleunigung α. Nach $\alpha = M/J$ ist $\alpha \sim M$ bei J = konstant und $\alpha \sim 1/J$ bei M = konstant. Mit $M_W = M_N = P_N \cdot 9549/n_N$ und dem Massenträgheitsmoment $J = \Sigma(m \cdot r^2)$ erhält man

$$\alpha = \frac{P_N \cdot 9549}{n_N \cdot \Sigma(m \cdot r^2)} = \frac{M}{J}. \qquad (6.12)$$

Betrachtet man P_N und n_N als Parameter, ist das dynamische Verhalten eines Servomotors abhängig von der Gesamtmasse seiner rotierenden Teile und deren Verteilung um die Achse. Die Massenverteilung wird durch den Trägheitsradius der rotierenden Massen erfasst.

In *allen* Servomotoren erzielt man die hohen Winkelbeschleunigungen durch geringe rotierende Massen und kleine Trägheitsradien, also kleine Massenträgheitsmomente. Weil das Trägheitsmoment nach $J = \Sigma(m \cdot r^2)$ quadratisch mit dem Radius, aber nur linear mit der Läuferlänge zunimmt, erhalten Langläufermotoren ihre hohe Dynamik durch einen kleinen Läuferradius bei einem konstruktionsabhängigen Minimum an Läufermasse. In Scheibenläufermotoren hält man die rotierende Masse durch Wahl leichter Scheibenwerkstoffe gering, sodass sie trotz großer Trägheitsradien geringe Trägheitsmomente aufweisen.

6.4 Gleichstrom-Scheibenläufermotor

6.4.1 Aufbau und Wirkungsweise

Das Gehäuse besteht mit wenigen Ausnahmen aus Aluminium. Vorderes und hinteres Lagerschild umschließen Läuferscheibe, Kohlebürsten, Lager und das Magnetsystem. Sie sind häufig auch als magnetische Rückschlussjoche ausgeführt (**6**.13).

Das Magnetsystem besteht aus axial angeordneten Dauermagneten aus Gusslegierungen, Ferriten oder Stahl (hauptsächlich AlNiCo). Die Magnete sind einseitig oder paarweise gegenüberliegend auf den an Lagerschilden befestigten magnetischen Rückschlussjochen angeordnet. Im Herstellerwerk werden sie über eine spezielle Magnetisierungswicklung aufmagnetisiert oder nach einer Abmagnetisierung wieder aufmagnetisiert.

Sind keine speziellen Rückschlussjoche vorhanden, erfolgt der magnetische Rückschluss über Lagerschilde aus Weicheisen.

Die Ankerscheibe kann man sich aus einem Trommelanker entstanden denken. Dabei stellt man sich vor, dass eine zylindrische Wicklung und die Lamellen des Kommutators eines eisenlosen Trommelankers aus ihren zylindrischen axialen Ebenen durch Stauchung in eine gemeinsame Kreisfläche mit radialer Ausdehnung verschoben werden. Im so entstandenen Scheibenläufer wird die herkömmliche Ankerwicklung durch Leiterbahnen aus Kupfer ersetzt (**6**.14). Die Wicklung befindet sich auf beiden Seiten einer trägheitsarmen Läuferscheibe aus Isolierstoff.

6.13 Gleichstrom-Scheibenläufermotor mit Tachogenerator © ABB

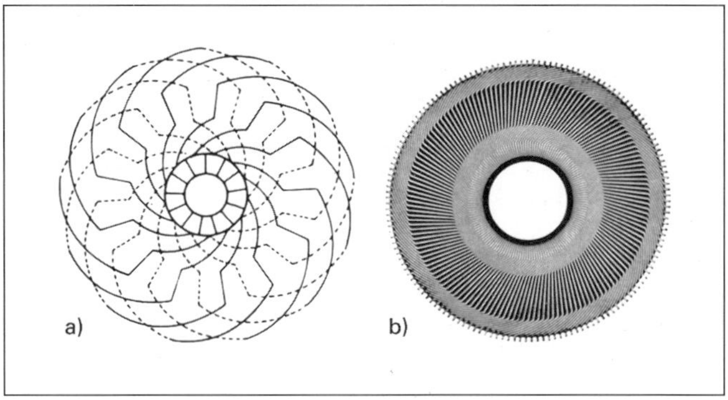

6.14 Ankerwicklung eines Scheibenläufermotors
a) Prinzip, b) geklebte und verschweißte Ankerscheiben

Die Leiterbahnen werden entweder nach dem fotochemischen Ätzverfahren für gedruckte Schaltungen aufgebracht oder als ausgestanzte Teile aus Kupferfolie aufgeklebt. Wie bei der herkömmlichen Wicklungstechnik sind auch Reihen- und Parallelwicklungen möglich, wenn man mehrere voneinander isolierte Folien verwendet. Verschweißt man die jeweils innen- und außenliegenden Leiterbahnen miteinander, entsteht eine in sich geschlossene Ankerwicklung, deren Kupferstege gleichzeitig als Kommutator dienen. Die Stromzuführung erfolgt über axial angeordnete Kohlebürsten (**6**.3). Andere Ausführungen haben einen Flach- oder Trommelkommutator und einen gewickelten, in Kunstharz eingegossenen Anker.

Die Neutrale Zone für die Kommutierung liegt durch die Anordnung der Leiterzüge auf der Ankerscheibe fest. Deswegen ist eine Verschiebung der Bürsten mit Halterung nicht erforderlich und auch nicht erlaubt.

Wirkungsweise. Bei der Entwicklung des Scheibenläufermotors hat das Barlowsche Rad als Vorbild gedient. Dabei handelt es sich um eine drehbar gelagerte Kupferscheibe, die in einem permanenten Magnetfeld angeordnet ist. Die Stromzuführung erfolgt über die Welle und über eine Quecksilberrinne, in die die Scheibe unten eintaucht (**6**.15). Wie beim Gleichstrommotor mit Trommelanker stehen die Feldstärke des Erregerfelds und die Flussrichtung des Ankerstroms senkrecht aufeinander. Beim Scheibenläufer sind die Grundrichtungen von Feld und Strom im Vergleich zum Trommelanker jeweils vertauscht, d. h. der Ankerstrom fließt nicht in axialer, sondern in radialer Richtung und im Erregerfeld umgekehrt (**6**.3b). Das Feld im Innern des Motors ist nahezu homogen, weil der Luftspalt über den gesamten Feldquerschnitt konstant ist und die Läuferscheibe kein Eisen enthält. Wie im herkömmlichen Gleichstrommotor entsteht nach dem Motorprinzip eine auf den Läufer wirkende drehende Kraft. Sie ist nach $F \sim I \cdot l \cdot H$ dem Ankerstrom, der wirksamen Leiterlänge und der Feldstärke des Erregerfelds proportional. Da der Läufer eisenlos ist, ist die Ankerinduktivität der einzelnen Leiterzüge gering und es entsteht kein Bürstenfeuer durch verzögerte Stromwendung.

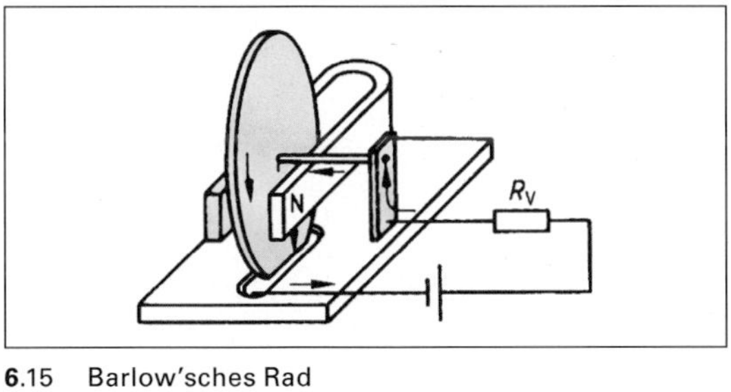

6.15 Barlow'sches Rad

6.4.2 Betriebsverhalten

Drehmoment. Wegen des als homogen anzusehenden Erregerfelds ist die auf die Scheibe wirkende Kraft ($F \sim I$) völlig unabhängig von der Scheibenstellung und es entsteht keine bevorzugte Scheibenstellung bei ihrer Drehung – keine Reluktanzmomente. Daraus ergibt sich ein gleichmäßiger Rundlauf auch bei niedrigen Drehzahlen und die Scheibe lässt sich bei jedem beliebigen Drehwinkel stoppen. Die Konstanz des Drehmoments ($M \sim I$) wird bei I_A = konst. nur beim Übergang der Bürsten von einer Leiterbahn zur anderen in sehr geringem Maß beeinflusst. Diese Abweichungen betragen weniger als 0,5 % des Drehmoments bei jeder Scheibenstellung. Die Kennlinie (**6**.16) gibt das Betriebsverhalten wieder.

Seit einigen Jahren werden die wicklungsbehafteten Läuferscheiben durch dauermagnetbestückte ersetzt (vgl. Abschn. 6.8). Sie werden bevorzugt für

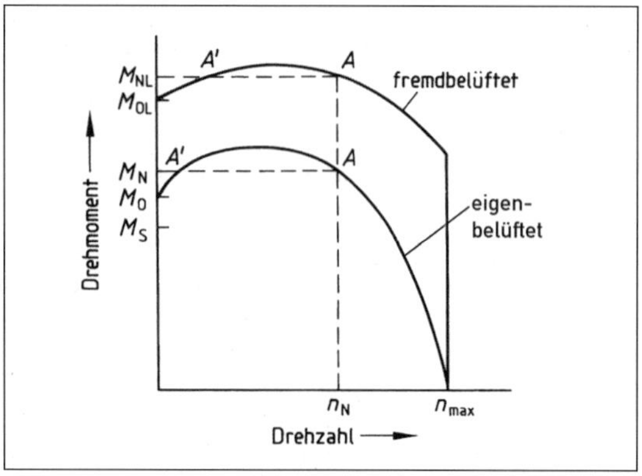

6.16 Drehmoment-Drehzahl-Kennlinie

Anwendungen eingesetzt, die kurze Baulängen und hohe Beschleunigungsfähigkeit verlangen z. B. als Antriebe für Haushaltsmaschinen und Festplatten.

6.5 Gleichstrom-Langläufermotor

6.5.1 Aufbau und Wirkungsweise

Gleichstrommotoren mit Langläufer und Stromwender werden als dauermagneterregte oder (selten) als elektrisch erregte Motoren hergestellt. Hauptsächlich werden sie in Bauform B5 mit rundem oder quadratischem Einbauquerschnitt als selbst- oder fremdgekühlte Motoren ausgeführt. Ihre Wirkungsweise entspricht der üblicher Gleichstrommaschinen mit Nebenschlussverhalten (**6**.17).

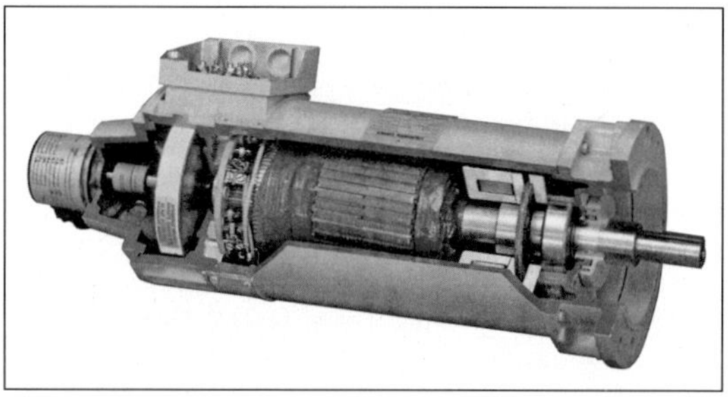

6.17 Langläufer-Servomotor mit Permanentmagneten © ABB

Magnetischer Kreis. Die Erregerwicklung ist eine fremderregte Wicklung. In permanenterregten Maschinen wird das Erregerfeld je nach Drehmoment aus zwei bis vier mehrpoligen, überwiegend abmagnetisierfesten Dauermagneten gebildet. Sie bestehen aus Magnetmaterial mit hoher Energiedichte (z. B. Barium-Ferrit oder Samarium-Kobalt). Eine besondere Formgebung der Dauermagnete ermöglicht eine hohe Flussdichte unter den Polen und deshalb kleine Motorabmessungen.

Der Anker besteht aus einem schräg genuteten Blechpaket mit – auf die Leistung bezogen – kleinem Durchmesser und normaler Gleichstromankerwicklung. Die Stromzuführung erfolgt je nach Drehzahl über vier, sechs oder acht Kohlebürsten, die auf einen Kommutator mit hoher Lamellenzahl führen.

6.5.2 Betriebsverhalten

Aus den angeführten Aufbaumerkmalen ergibt sich eine Reihe von charakteristischen Betriebseigenschaften und Vorteilen gegenüber üblichen Gleichstrommotoren. Der fein lamellierte Kommutator ermöglicht eine saubere Kommutierung auch bei hohen Drehzahlen und damit hohe Beschleunigungsströme (-momente). Eine angepasste Aufteilung der Ankerwicklungsspulen hält die Ankerinduktivität verhältnismäßig gering, was sich positiv auf die Ankerzeitkonstanten/elektrische Zeitkonstante auswirkt. Wegen des schräg genuteten Ankers und des als nahezu homogen betrachtbaren Permanenterregerfelds ergeben sich hervorragende Rundlauf- und Langsamlaufeigenschaften. Gleichförmiger Rundlauf bis zu kleinsten Schleichdrehzahlen von etwa 0,2 min^{-1} ist möglich. Mit geeigneten Drehzahlregelgeräten ergeben sich Regelbereiche von 1:10000 und mehr. Auch für Positionieraufgaben eignet sich der Motor, da er ein hohes (Winkel-)Auflösungsvermögen hat.

Kleine Ankerdurchmesser ergeben geringe Massenträgheitsmomente und damit kleine mechanische Zeitkonstanten. Aufgrund geringer thermischer Zeitkonstanten weisen sie eine hohe Überlastbarkeit im Impulsbetrieb und Stillstand auf. Kleine elektrische Zeitkonstanten ermöglichen hohe Stromänderungsgeschwindigkeiten, aus denen wegen $M \sim I$ entsprechende Beschleunigungsmomente resultieren. Die genannten Eigenschaften machen den Langläufermotor mit Dauererregung zu einem hochdynamischen Servoantrieb mit kurzen Hochlaufzeiten und hohen Winkelbeschleunigungen durch große Beschleunigungsmomente.

Kommutierungsgrenzen. Da der Motor einen elektromechanischen Kommutator hat, dessen Lamellenzahl nicht beliebig hoch auslegbar ist, hat er wegen der Begrenzung durch die Kollektorlamellenspannung eine geringere Klemmenspannung als die elektronisch kommutierten Maschinen. Das erfordert bei gleichen Leistungen höhere Ströme, die von den Servoverstärkern zur Verfügung zu stellen sind. Außerdem weisen sie eine Kommutierungsgrenze auf, sodass ihre Spitzendrehmomente im Bereich höherer Drehzahlen zu reduzieren sind (**6**.9). Von Nachteil sind außerdem der Bürsten- und Kommutatorverschleiß sowie die Wärmeabfuhr zur Kühlung der Ankerwicklung.

Grenzkennlinienfeld. Die Grenzkennlinien in Bild **6**.9 dienen zur Antriebsprojektierung und geben die im folgenden beschriebenen Zusammenhänge wieder.

Die Drehmomentgrenzkennlinie a) für Dauerbetrieb S1 und b) für eingeschränkten Dauerbetrieb (S1 z. B. für T = 120 min) begrenzen den Arbeitsbereich, in dem bei beiden Betriebsarten die zulässige Grenzerwärmung nicht überschritten wird. Der Schnittpunkt der Kennlinien a) bzw. b) mit der Ordinate (n = 0) gibt das jeweilige Stillstandsmoment M_0 bzw. den Stillstandsstrom I_0 an.

Die Kennlinie c) (S3, 40 % ED bei T = 60 min) lässt Lastspiele zu, in denen Kurzzeitgrenzströme I_{Imp} fließen, die keinesfalls Kommutierungsfeuer hervorrufen. Kommutierungs-Begrenzungsschaltungen in den Versorgungsgeräten sind deshalb nicht erforderlich.

Die Kennlinie d) (S3, 25 % ED bei T = 10 min) darf genutzt werden, wenn der kurzzeitigen Belastungsphase von z. B. 2,5 min eine drehmomentlose Phase von 7,5 min folgt. Bei höheren Drehzahlen ist zu berücksichtigen, dass diese Kennlinie in die Kommutierungskennlinie übergeht. Versorgende Stromrichter sollten für diese Betriebsart eine drehzahlgesteuerte Strombegrenzung haben.

Die Impuls- oder Spitzen-Drehmomentkennlinie e) bietet die höchste Dynamik und wird durch den maximalen Kurzzeitspitzenstrom erzeugt. Ihr Bereich darf nur 200 ms für Anlauf- und Bremsvorgänge genutzt werden, da sonst durch Scheitelwerte von Kurzzeitspitzenströmen bleibende Abmagnetisierungen der Permanentmagnete durch Ankerquerfelder einsetzen.

Die Kommutierungsgrenzlinie f) kennzeichnet die absolute Kommutierungsgrenze. Betriebszustände oberhalb dieser Grenze rufen unzulässiges Bürstenfeuer hervor, das die Bürstenlebensdauer deutlich verkürzt.

6.6 Bürstenloser Gleichstrom-Servomotor

In diesem „elektronisch kommutierten Gleichstrommotor" ist das Konstruktionsprinzip des mechanisch kommutierten Motors umgekehrt. Um den rotierenden Kommutator durch eine ruhende elektronische Kommutierungseinrichtung ersetzen zu können, sind die elektromagnetischen Wicklungen (Ankerwicklung) in den Stator und die permanentmagnetische Erregung in den Rotor verlegt. Auf diese Weise entsteht aus der klassischen Gleichstrommaschine eine Maschine mit dem *mechanischen* Aufbau einer Synchronmaschine. Mit Ausnahme der Wicklungen entspricht der Aufbau dem des im folgenden Abschnitt beschriebenen Drehstrom-Synchron-Servomotors (**6**.25).

Elektronisch kommutierte Gleichstrommotoren haben drei oder mehr Wicklungsstränge (**6**.18). Sie werden zum Ausgleich der innerhalb einer Umdrehung auftretenden Drehmomentschwankungen mit drei-, sechs- oder neunphasigem Gleichstrom von block- oder trapezförmigem Verlauf gespeist.

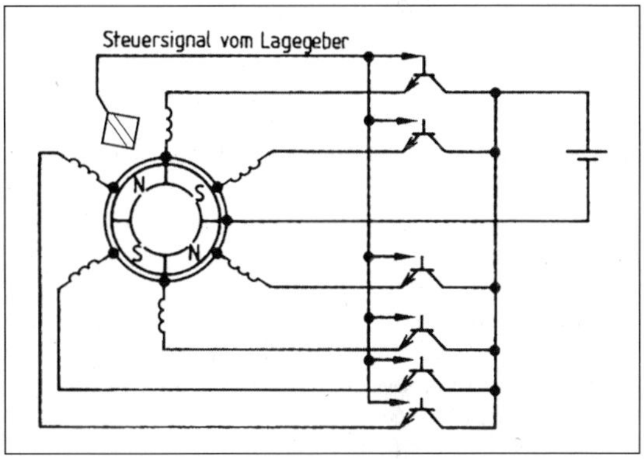

6.18 Prinzipschaltung eines sechssträngigen Gleichstrommotors mit elektronischer Kommutierung

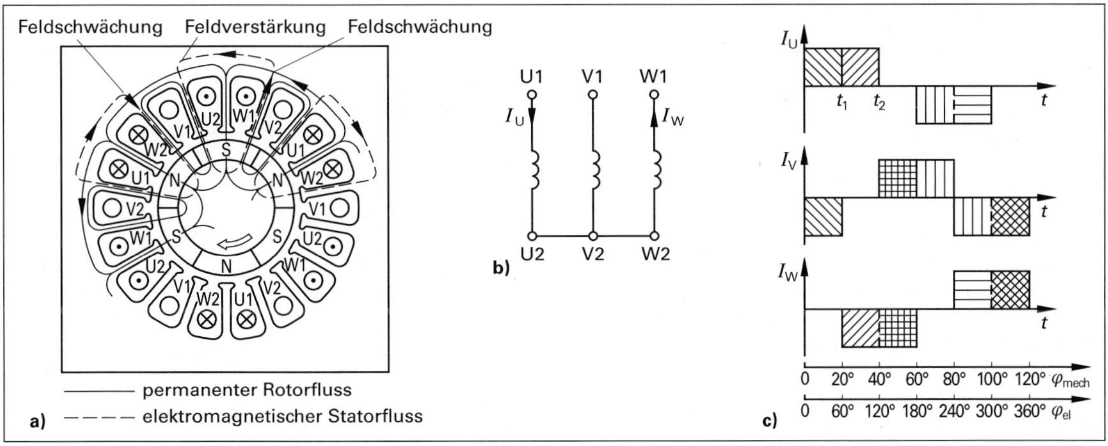

6.19 Bürstenloser Gleichstrom-Servomotor
a) Feldverlauf in einem sechspoligen Motor mit 18 Nuten, b) Statorwicklungsstränge, c) Bestromungsdiagramm

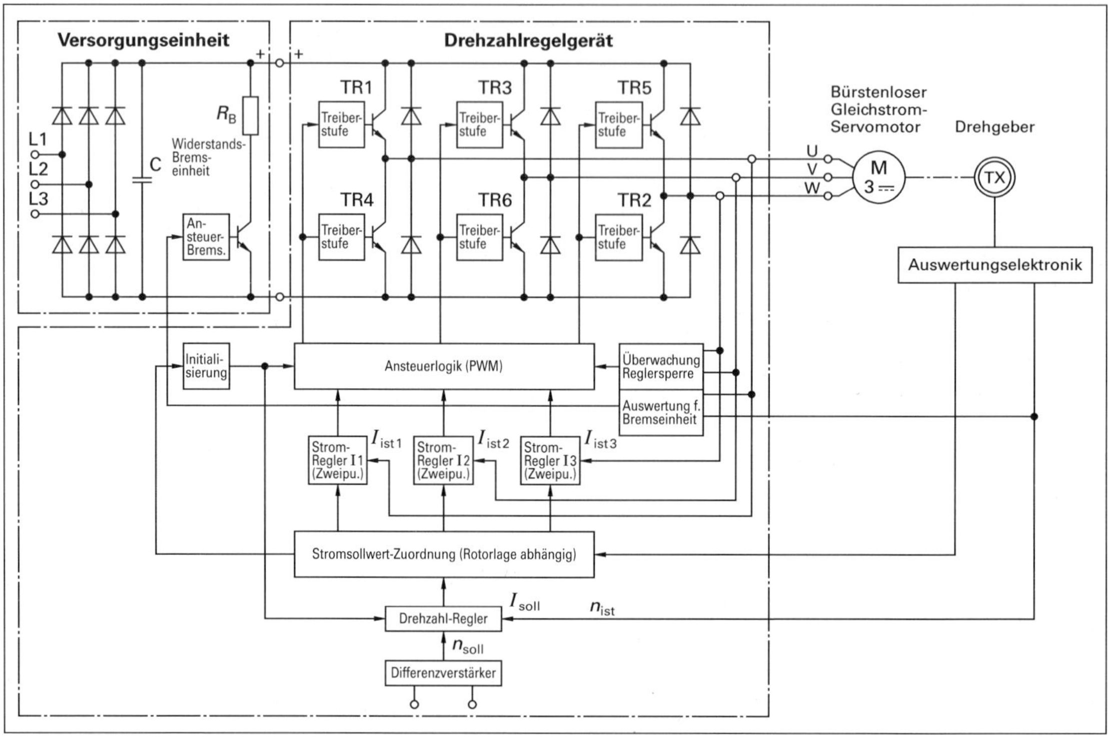

6.20 Übersichtsschaltbild eines dreisträngigen Gleichstrom-Servoantriebs

Leistungen von 0,3 bis 30 kW sind üblich. Je nachdem, ob sich ein Wicklungsstrang unter einem Südpol oder einem Nordpol des rotierenden Erregerfelds befindet, muss in ihm die Stromrichtung umgepolt werden. Das geschieht durch die elektronische Kommutierungseinrichtung, die ihre Steuersignale von einem mit der Motorwelle fest verbundenen Rotorlagegeber erhält, sodass die einzelnen Stränge drehwinkelabhängig bestromt werden. Dabei wird die Drehzahl über einen Drehzahlgeber erfasst. Ohne beide Messgeber ist der Betrieb des Motors nicht möglich (**6**.19 und **6**.20).

Im Strang des sechspoligen Motors **6**.19a mit sterngeschalteter dreisträngiger Ankerwicklung fließt der Strom im Zeitpunkt t_1 vom Stranganfang zum Strangende (**6**.19b). Er tritt bei W2 in den nächsten Strang ein und bei W1 aus. Nach dem Prinzip von Feldverstärkung und Feldschwächung entsteht ein stromabhängiges Drehmoment. Dreht sich z. B. der dauermagnetische Nordpol unter U1 von dieser Spule weg, erreicht sie den folgenden Rotorsüdpol. In diesem Moment t_2 muss die Stromrichtung im Strang U umgekehrt werden, damit das treibende Drehmoment in seiner Richtung erhalten bleibt. Bild **6**.19c zeigt das weitere Bestromungsmuster für die drei Stränge mit idealisierten Stromblöcken.

Der Motor weist Nebenschlussverhalten auf (**6**.21). Sein Drehmoment ist vom Ankerstrom, seine Drehzahl von der Umschaltfrequenz der Kommutierungseinrichtung abhängig, die gleichzeitig die Drehzahlgrenze bestimmt. Mechanische Grenzen für die Höchstdrehzahl bilden die Lager-Lebensdauer und die Fliehkräfte, die auf die Magnetbefestigung wirken.

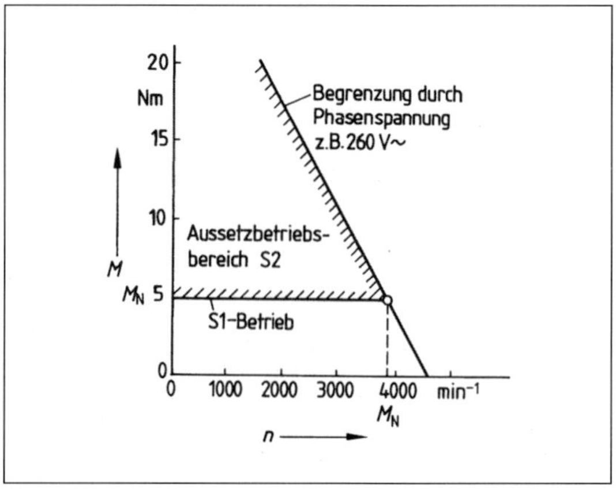

6.21 Drehmoment-Drehzahl-Kennlinie mit Grenzkennlinie

6.7 Drehstrom-Asynchronservomotoren

Die Drehstrom-Asynchronservomotoren unterscheiden sich von umrichtergesteuerten Drehstrom-Asynchronmotoren im Prinzip nur durch den zusätzlichen Drehgeber und die damit verbundene digitale Regelungselektronik. Es gibt sie für Bemessungsleistungen von 3 kW bei n_N = 1500 min^{-1} bis etwa 63 kW bei 1250 min^{-1}. Ihr Vorteil an Wartungsarmut gegenüber Gleichstrommotoren wird z. T. kompensiert durch den höheren Aufwand für die Versorgungs- und Regelungseinheiten, die schnelle Mikroprozessoren und somit entsprechend kostspielige Hard- und Software benötigen. Gegenüber Drehstrom-Synchronservomotoren haben sie den konstruktiven Mangel, dass ihr Drehzahlverhalten aufgrund des Schlupfs und damit der magnetische Fluss des Läufers belastungsabhängig sind und nicht gemessen werden kann. Hierdurch wird die Regelung aufwendiger. Weitere Nachteile sind die bei einer Induktionsmaschine anfallende Erwärmung des Läufers und das nicht vorhandene Stillstandsmoment. Hauptsächlich werden die Motoren für Hauptspindelantriebe mit hohem Leistungsbedarf eingesetzt, weil hier der Kostenanteil für die Regelungselektronik relativ gering ausfällt.

Aufbau und Wirkungsweise dieser Motoren entsprechen im Wesentlichen dem der Asynchronmotoren mit Käfigläufer. Servoeigenschaften erhalten sie durch konstruktive Optimierung auf ein niedriges Massenträgheitsmoment aller rotierenden Teile und einen geringen Einbauquerschnitt bezogen auf das verfügbare Bemessungsmoment. Bild **6**.22 zeigt den grundsätzlichen Aufbau eines Servoantriebssystems mit D-Asynchronmotor. In die Maschine eingebaut ist ein Messgebersystem zum Erfassen von Drehzahl und Rotorlage. Die Daten werden von zwei Mikroprozessorsystemen verarbeitet, von denen das eine den Servowechselrichter, das andere das Drehzahl- und das Strom- bzw. Drehmomentregelsystem führt.

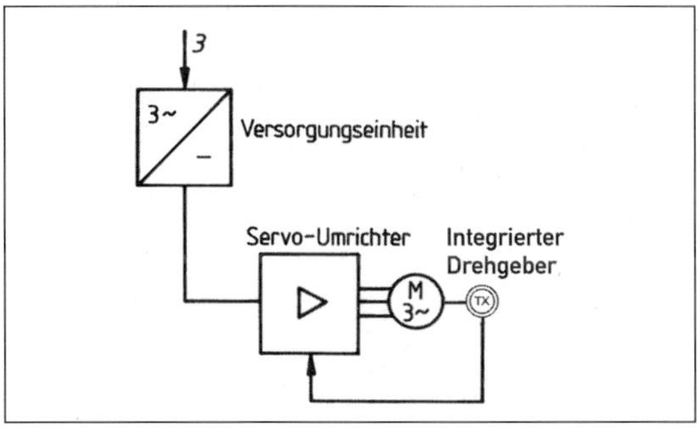

6.22 Blockschaltbild eines Servoantriebs mit Drehstrom-Asynchronmotor

Bekanntlich haben fremderregter Gleichstrommotor und Drehstrom-Asynchronmotor recht unterschiedliches Regelungsverhalten. Um bei der Asynchronmaschine ein ähnlich gutes Führungs- und Lastverhalten wie bei der Gleichstrommaschine zu erzielen, wird das Prinzip der *Feldorientierung* (z. B. Transvektorregelung, s. S. 97) angewendet. Man entkoppelt die Entstehung des magnetischen Flusses und des Drehmoments. Das geschieht ähnlich wie bei der fremderregten Gleichstrommaschine, worin der drehmomenterzeugende Ankerstrom vom felderzeugenden Erregerstrom entkoppelt ist. Einen guten Einblick in die Wirkungsweise des frequenz- und spannungsgesteuerten Asynchronmotors erhält man, wenn man die Feldkoordinaten einführt. D. h., man zerlegt den Ständerstrom I_1 in eine Längs- und eine Querkomponente, bezogen auf den rotierenden Vektor des Felds $\hat{\Phi}$ (**6**.23).

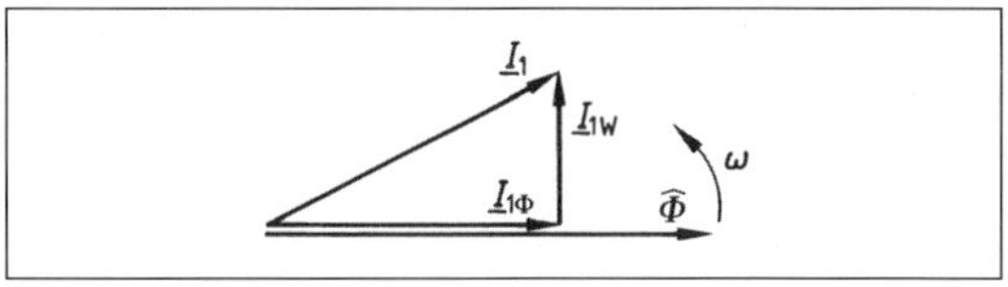

6.23 Feldkoordinaten

Mit der Längskomponente $\underline{I}_{1\Phi}$ lässt sich der Erregerfluss, mit der Querkomponente $\underline{I}_{1W}$ das Drehmoment steuern, ähnlich wie bei der Gleichstrommaschine. Die Entkopplung wird durch ein Rechenmodell von einem Mikrocomputer simuliert, das daraus die Führungswerte für die Speisung des Motors nach Frequenz, Phasenlage und Stromstärke erzeugt. Zur Vereinfachung nimmt

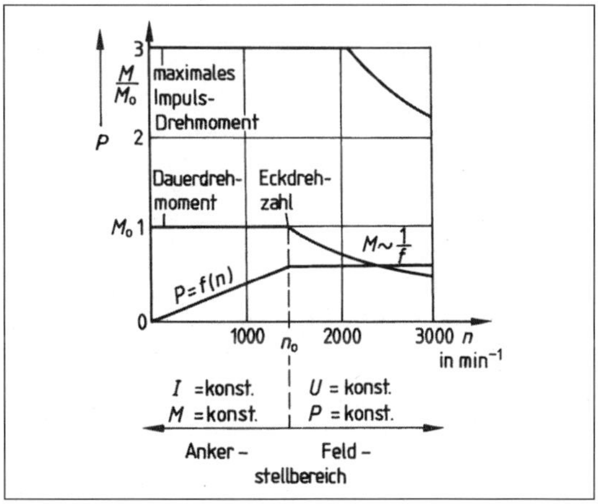

6.24 Stellbereiche eines Asynchronmotors

man eine Umrichterschaltung mit Stromregelung zur Stromversorgung an. Mit ihr erhält man den flussbildenden Stromzeiger $\underline{I}_{1\Phi}$ bis zu einer bestimmten Drehzahl, der Eckdrehzahl n_0 (konstant), während gleichzeitig der momenterzeugende Stromzeiger $\underline{I}_{1W}$ verändert werden kann. Durch das Verfahren der feldorientierten Erzeugung von „Stromvektoren" lassen sich Drehmoment und magnetischer Fluss voneinander entkoppelt einstellen. Oberhalb der Drehzahl n_0 kann die Maschine mit konstanter Leistung, unterhalb n_0 mit konstantem Drehmoment gefahren werden (**6**.24). Damit lassen sich ähnliche Betriebseigenschaften erzielen wie bei der Gleichstrommaschine.

6.8 Drehstrom-Synchronservomotoren

Aktuelle Servoantriebe benutzen aufgrund der innovativen Fortschritte in der Umrichter- und Regelungstechnik überwiegend Drehstrommotoren, die hauptsächlich als permanenterregte Synchronmotoren konstruiert sind. Sie besitzen eine dreisträngige Statorwicklung und einen permanenterregten Rotor. Im Gegensatz zum elektronisch kommutierten Gleichstrommotor dient die Wicklung hier zur Erzeugung eines Drehfelds, sodass sie mit (annähernd) sinusförmigem Drehstrom zu speisen ist. Die Wirkungsweise entspricht im Prinzip dem des permanent erregten Drehstrom-Synchronmotors. Es sind Ausführungen in Scheibenläufer- (bis ≈ 5 kW), Kurzläufer- und Langläuferbauweise mit Drehmomenten bis zu 150 Nm auf dem Markt.

Aufbau. Der Stator besteht aus einem normalen Blechpaket für Drehstrommotoren, das zur Vermeidung von Reluktanzmomenten um eine Nutteilung geschrägt ausgeführt wird. Die Wicklung ist eine vier- bis achtpolige Zweischicht- oder Bruchlochwicklung, meist in Sternschaltung. Das Läuferblechpaket hat einen „gespeichten" Blechschnitt (Hohlläufer) mit möglichst kleinem Durchmesser, um das Trägheitsmoment gering zu halten (**6**.25).

Auf dem Läuferumfang ist eine bestimmte Anzahl von radial magnetisierten Dauermagneten aufgeklebt. Bei manchen Herstellern werden diese Magneten zur Sicherung vor Fliehkräften zusätzlich von einer kunstharzgetränkten Glasfaserbandage umgeben. Die Einzelmagnete bilden das permanente Erregerfeld. Je nach Energiedichte des Magnetmaterials (z. B. Strontium, Samarium-Kobalt, Ferrite) lassen sich Motoren mit gleichem Drehmoment, aber unterschiedlicher Baugröße herstellen. Bei Optimierung auf geringe Baugröße wählt man die energiereichen und teuren SE-Legierungen. Denkt man wirtschaftlich, entscheidet man sich für die preiswerten Ferrite.

Ein anderes Konstruktionsprinzip verwendet Ringmagnete, die entsprechend magnetisiert sind (Bild **6**.26 zeigt den 8-poligen Läufer eines Servomotors mit Ringmagneten).

Zur Führung des maschinenseitigen Frequenzumrichters umfasst die Standardausführung eines Drehstrom-Synchronservos einen mit dem Rotor fest verbundenen und in das Motorgehäuse integrierten Drehgeber. Bei Bedarf werden Servomotoren zusätzlich mit einer DC-Haltebremse ausgerüstet (Bild **6**.27).

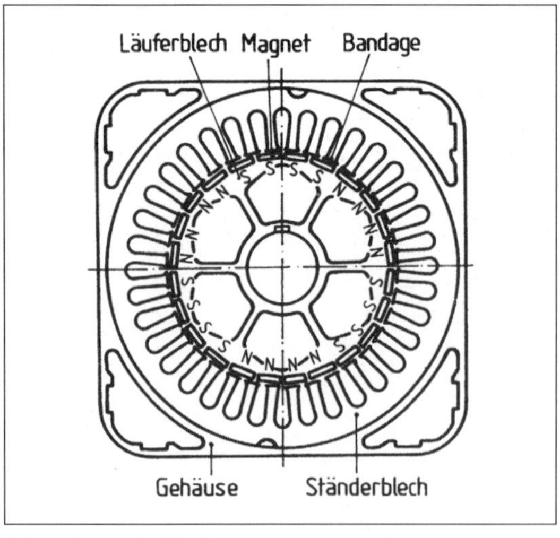

6.25 Querschnitt eines sechspoligen Drehstrom-Synchronservomotors © Siemens AG

6.26 Rotoraufbau eines Synchronservomotors mit Ringmagneten

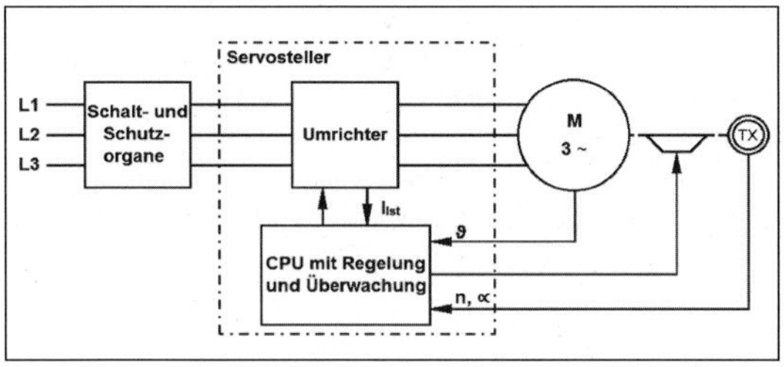

6.27 Technologieschema eines Drehstromservoantriebs

Teilweise werden die Statorwicklungen auch als Zahnspulenwicklungen ausgeführt, was zu einer Verringerung der Stromwärmeverluste führt, da diese Art der Wicklung einen kleineren Wickelkopf hat.

Betriebsverhalten. Um ein möglichst konstantes Drehmoment über den gesamten Drehzahlbereich zu erlangen, übernimmt ein auf den jeweiligen Motor abgestimmter Transistor-Pulsumrichter mit variabler Frequenz und Spannung die Versorgung. Das entwickelte Drehmoment ist dem über die Spannung einstellbaren Strom proportional, sodass das von dem Synchronmotor bekannte „Außertrittfallen" nicht auftreten kann. Bei Motoren mit Seltene-Erden-Magneten sind ohne eine Gefahr der Abmagnetisierung Spitzendrehmomente von $4 \cdot M_N$ bis $8 \cdot M_N$ möglich (**6**.28). Bei gleicher Baugröße ist das Verhältnis zwischen Drehmoment und Rotorträgheitsmoment etwa dreimal so groß wie bei üblichen Gleichstrom-Servomotoren mit Kommutator, sodass auch ihre Dynamik entsprechend höher ist.

Kühlung. Stromwärmeverluste entstehen mit Ausnahme der geringen Läufereisenverluste ausschließlich im Stator. Dadurch sind die Motoren einfach zu kühlen, die glatte Oberfläche des Motorgehäuses ist im Regelfall ausreichend. Die z. B. bei Werkzeugmaschinen kritische Wärmeübertragung

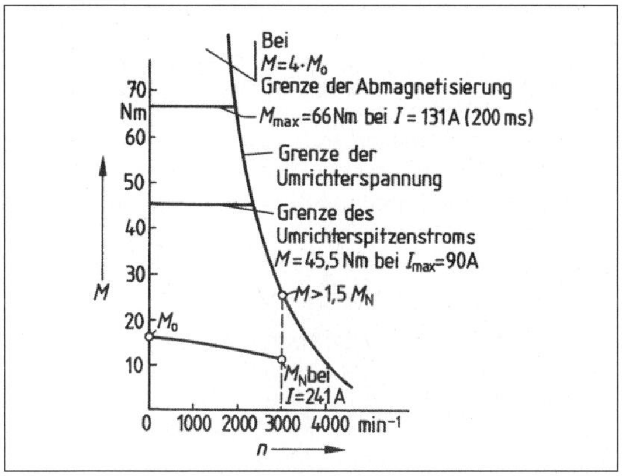

6.28 Grenzkennlinien eines Synchronservomotors

auf die Spindel ist deshalb sehr gering. Die Motoren werden z. B. in Schutzart IP 65 hergestellt, sodass sie unempfindlich gegen Flüssigkeiten und Staub sind.

Die speziellen Anforderungen der Servotechnik im Hinblick auf die Dynamik spiegeln sich auch in den Bemessungsdaten des Leistungsschilds eines Drehstrom-Synchronservomotors (Bild **6**.29) wider. Die relevanten Größen sollen deshalb näher betrachtet werden.

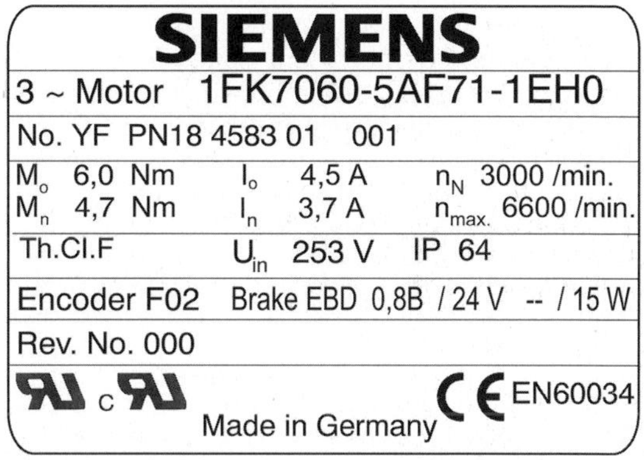

6.29 Leistungsschild eines Servomotors
© Siemens AG

Stillstandsdrehmoment M_0. Grenzdrehmoment, das der Motor bei thermisch zulässiger Belastung und $n = 0$ dauerhaft abgeben kann. M_0 ist stets größer als M_N, da Reibungs- und Eisenverluste im Stillstand entfallen (s. S. 344).

Bemessungsdrehmoment M_N. Das Bemessungsdrehmoment wird abgegeben, wenn der Motor bei Bemessungsdrehzahl den Bemessungsstrom aufnimmt. Es kann im Dauerbetrieb (S1) unbegrenzt lange abgegeben werden.

Stillstandsstrom I_0. Der Stillstandsstrom ist der Sinus-Effektiv-Stromwert eines Strangs, den der Motor aufnimmt, um das Stillstandsdrehmoment abgeben zu können.

Bemessungsstrom I_N. Effektiver, sinusförmiger Motorstrangstrom, der erforderlich ist, um das Bemessungsdrehmoment zu erzeugen.

Bemessungsdrehzahl n_N. Die Bemessungsdrehzahl ist der Bezugspunkt im Drehmoment-Drehzahl-Diagramm zur Bestimmung des zulässigen Betriebsbereiches.

Maximaldrehzahl n_{max}. Die maximal zulässige Betriebsdrehzahl ist abhängig von den mechanischen Grenzen der Maschine (Flieh- und Reibungskräfte, $n_{max\ mech}$) sowie den elektrischen Grenzen (Spannungs- und Frequenzfestigkeit des Motors und Umrichters, $n_{max\ inv}$), wobei die elektrisch zulässigen Werte des Umrichters im Normalfall die primäre Grenze darstellen.

Induzierte Spannung U_{iN} (EMK). Die in die Wicklung induzierte Spannung ist proportional zur Drehzahl des Motors. Für das Einprägen des Stroms steht die Differenz von Zwischenkreisspannung und induzierter Spannung zur Verfügung. Je nach Ausführung der Ständerwicklung und des Umrichters bezüglich Spannungs- und Frequenzfestigkeit sind unterschiedliche Bemessungsdrehzahlen möglich, die sich aus den zugehörigen Spannungsgrenzkennlinien nach Bild **6**.30 ergeben.

Über das dynamische Einprägen der Ströme in die Motorwicklungen durch den Servoverstärker wird das Motordrehmoment optimiert. All diese Maßnahmen setzen eine hohe Überlastbarkeit von Motor (mechanisch und elektrisch) und Stellgerät (elektrisch) voraus. Durch die hohen Belastungsspitzen beim dynamischen positiven und negativen Beschleunigen werden Servomotoren thermisch stark belastet. Sie sind deshalb überwiegend mit Temperaturfühlern ausgestattet,

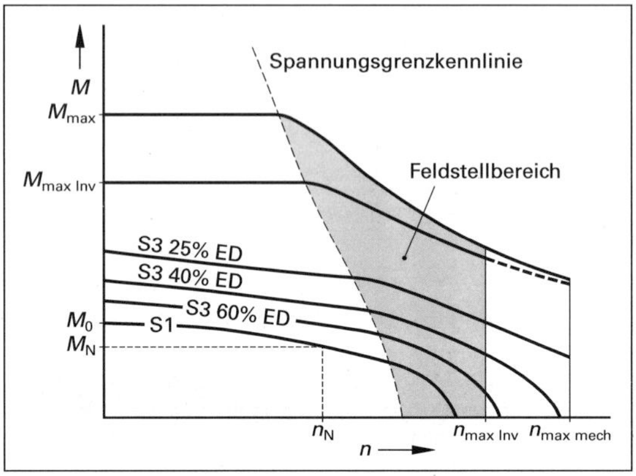

6.30 Kennlinienfeld eines Synchronservomotors

deren Werte vom Servoverstärker analysiert werden, damit die Belastung ggf. angepasst oder der Motor nach Warnung abgeschaltet werden kann.

6.9 Schrittmotoren

Schrittmotoren bilden zusammen mit einer Ansteuerlogik kostengünstige Kleinantriebe, die digital-elektrische Steuerimpulse in schrittartige Drehbewegungen mit definierten Winkelschritten umwandeln. Sie werden bei geringem Schaltungsaufwand in offener Steuerkette (**6**.31b) an rechteckförmiger Gleichspannung betrieben und können beliebige Schrittfolgen in beiden Drehrichtungen ohne Schrittfehler ausführen. Vom Prinzip her entsprechen sie in Aufbau und Wirkungsweise dem Synchronmotor.

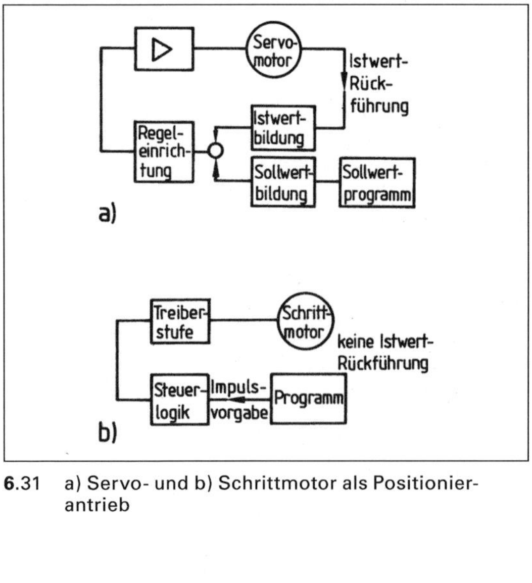

6.31 a) Servo- und b) Schrittmotor als Positionierantrieb

Anwendungen. Schrittmotoren werden bevorzugt eingesetzt zum Antrieb von:

- Vorschubeinrichtungen in Montagelinien, Bestückungsautomaten, x-y-Tischen, Druck-, Papier- und Textilmaschinen
- Verstellsystemen für Fahrzeugsitze und die Ausrichtung von Scheinwerfern im Kfz
- EDV-Geräten wie Drucker, Scanner, Plotter
- Walzenantrieben in Druckmaschinen und Ablängmaschinen für Folien und Papier sowie in Etikettiermaschinen

Sie finden also überall dort Anwendung, wo ohne oder mit Encoder hohe Positioniergenauigkeit und absolute Synchronisierbarkeit gefordert sind.

Einsatzgründe sind:

- Betrieb als zuverlässiger Stellantrieb in offener Steuerkette
- direktes Verarbeiten digitaler Steuerbefehle bei gutem Positionsverhalten, langer Lebensdauer und Wartungsfreiheit
- großer Drehzahlstellbereich, da die Schrittfrequenz der Steuerfrequenz proportional ist
- konstante Drehzahlen bei konstanten Steuerfrequenzen sowie hohe Haltemomente bei Läuferstillstand

6.9.1 Aufbau, Bauarten und Wirkungsweise

Aufbau. Im Wesentlichen besteht ein Schrittmotor aus dem Stator mit der Erregerwicklung und einem Läufer in Scheiben- oder in Langausführung. Die Statorwicklung besteht je nach Motorart

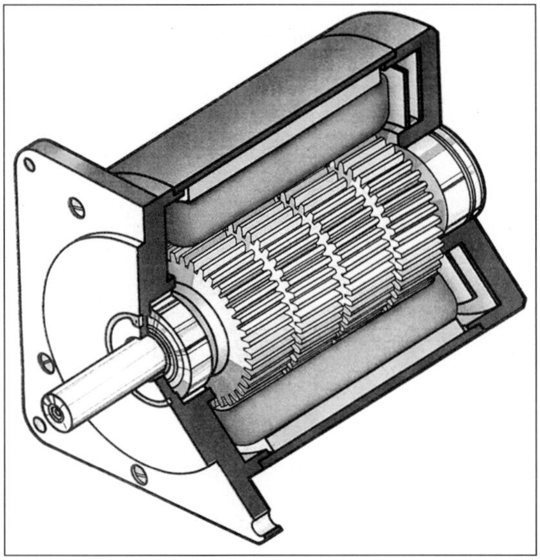

6.32 Schrittmotor, © Berger, Lahr

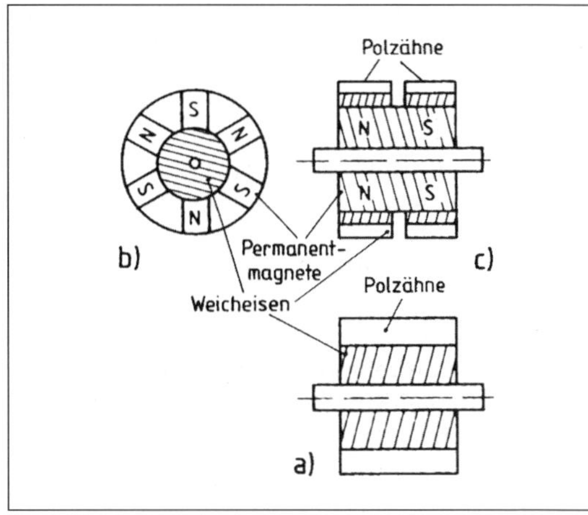

6.33 Konstruktionsarten
a) Reluktanzläufer, b) Permanentmagnetläufer in Wechselpolbauweise, c) Permanentmagnetläufer in Gleichpolbauweise (Hybridmotor)

aus z. B. zwei, drei oder fünf voneinander unabhängigen Feldspulen, den Phasen oder Strängen. Mit ihnen lässt sich ein Magnetfeld erzeugen, das nach Intensität und Polarität veränderbar ist (**6**.32).

Bauarten sind Reluktanzschrittmotor, Permanentmagnet- und Hybridmotor.

Der Reluktanzschrittmotor hat einen Läufer aus Weicheisen mit einer gezahnten Oberfläche (**6**.33a). Seine Statorwicklung hat mindestens drei, selten mehr als vier Phasen. Im unerregten Zustand hat er kein Selbsthaltemoment, weil im Läufer keine Dauermagnete vorhanden sind. Er ermöglicht kleine Schrittwinkel.

Der Permanentmagnetmotor in Wechselpolbauweise hat einen Läufer mit Weicheisenkern (**6**.33b), auf dessen Umfang Permanentmagnete mit wechselnder Polarität angebracht sind. Es sind überwiegend zwei- oder vierphasige Motoren. Permanentmagnetmotoren entwickeln ein höheres Drehmoment als Reluktanzmotoren und haben Selbsthaltemomente.

Der Hybridmotor oder Permanentmagnetmotor in Gleichpolbauweise vereinigt die Vorteile des Reluktanz- und des Permanentmagnetmotors (kleiner Schrittwinkel/großes Drehmoment). Der Läuferkern besteht aus einem zweipoligen Dauermagneten, der axial magnetisiert ist. Am Polumfang sind gezahnte Weicheisenkuppen angebracht. Die Zähne der einen Kuppe sind Südpole, die der anderen Nordpole (**6**.33c). Hybridmotoren gibt es zwei-, vier- oder fünfphasig.

Wirkungsweise. Nach einem motorspezifischen Bestromungsplan werden die Stromrichtungen in den einzelnen Wicklungssträngen umgepolt (kommutiert) oder abgeschaltet. Daraus ergibt sich eine Drehung des Statorfeldvektors, dem der Läufer nach dem Prinzip des „geringsten magnetischen Luftspaltwiderstands" folgt. Er „rastet" immer dann ein, wenn dieser ein Minimum aufweist, weil dann der größtmögliche magnetische Fluss auf dem kürzestmöglichen Durchflutungsweg zwischen Nord- und Südpol hergestellt ist. Bei jedem Steuerimpuls dreht sich die Welle um einen von Strangzahl und Läuferpolpaarzahl sowie der Betriebsart abhängigen definierten Winkelschritt weiter. Eine schnelle Impulsfolge lässt die Schrittbewegung in eine kontinuierliche Drehbewegung übergehen. Man kann daher sagen, dass die Ansteuerlogik eines

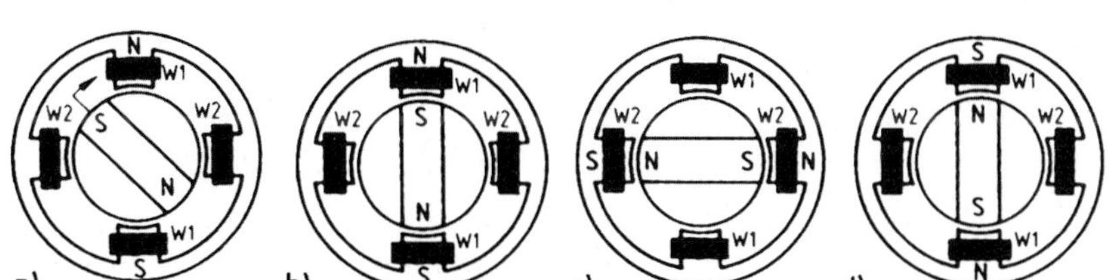

Schritt	W1	W2
1	+	0
2	0	+
3	-	0
4	0	-

e)

6.34 Schrittmotor a) bis d) Wirkungsweise, e) Bestromungstabelle

Schrittmotors die Aufgabe des Stromwenders eines Gleichstrommotors übernimmt. Indem sie einzelne Wicklungen um-, ein- oder ausschaltet, ergibt sich ein neuer Erregungszustand, und der Läufer wird in eine neue Lage gezogen.

Das Funktionsprinzip eines Zweiphasen-Schrittmotors verdeutlicht Bild **6**.34. Aus der Grundposition a) dreht sich der Rotor im Uhrzeigersinn und rastet in Position b) ein. Der Läufer dreht sich weiter, wenn die Wicklung W1 abgeschaltet und W2 eingeschaltet werden (c). Einen weiteren 90°-Schritt (d) macht der Rotor, nachdem W2 abgeschaltet und W1 mit umgekehrter Polarität wie in b) wieder bestromt wird. Nach Abschalten von W1 und einer Stromumkehrung (–) in W2 kehrt der Läufer wieder in seine Ausgangsposition zurück. Bezogen auf einen Pol je Phase ergibt sich die in Bild **6**.35 dargestellte Magnetisierung.

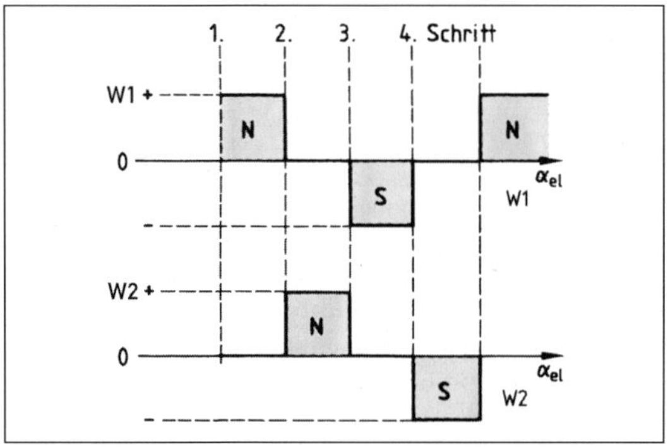

6.35 Erforderliche Magnetisierung, bezogen auf einen Pol je Phase

6.9.2 Ansteuerungsarten/Betriebsarten

Je nach Ausführung der Statorwicklung unterscheidet man Unipolar- und Bipolarbetrieb.

Unipolarbetrieb. Jeder Strang hat eine Wicklung mit Mittelanzapfung, die mit einem Umschalter so angesteuert wird, dass eine Umpolung des entsprechenden Spulenfelds hervorgerufen wird. Sind z. B. wie in Bild **6**.36 die Stränge A1 und B1 in der gezeigten Richtung vom Strom durchflossen, entsteht im Statorsystem ein Magnetfeld mit je zwei nebeneinander liegenden Nord- und Südpolen. Bei dieser in Bild **6**.39b mit 1 gekennzeichneten Schalterstellung „rastet" der Rotor in die Position I ein. Schaltet man nun die Wicklung B1 ab und B2 ein, ändert sich die Polarität des Felds in diesem Statorteil und der Läufer dreht sich um den Schrittwinkel 90° im Uhrzeigersinn nach Stellung II. Die Positionen III und IV werden im Vollschrittbetrieb entsprechend der Bestromungstabelle **6**.39b angesteuert. Nach dem vierten Schritt erreicht der Rotor seine Ausgangsposition, das Bestromungsmuster wiederholt sich. Drehrichtungsumkehr ergibt sich, wenn man die Bestromung nach gegenläufigem Muster von Schritt 4 nach Schritt 1 ausführt.

Bipolarbetrieb. Die Spulen der Bipolarwicklung haben keine Mittelanzapfung. Zur Ansteuerung wird die Stromrichtung in der ganzen Phase umgepolt statt in jeweils nur einer Spulenhälfte wie beim Unipolarbetrieb. Dazu ist ein zweipoliger Umschalter erforderlich, der den Schaltungsaufwand erhöht (**6**.37). Der übrige Steuerablauf ist wie beim Unipolarbetrieb.

Im Bipolarbetrieb wird die gesamte Wicklung einer Phase ausgenutzt, während im Unipolarbetrieb jeweils nur die Hälfte der Phasenspulen vom Strom durchflossen wird, sodass das Kupfer-Leistungs-Volumen des Unipolarmotors nicht voll genutzt wird. Deshalb ergibt sich im Bipolarbetrieb ein wesentlich höheres Drehmoment als im Unipolarbetrieb (**6**.38). Wegen fehlender Anzapfungen ist der Bipolarmotor preiswerter als der Unipolarmotor. Der Antrieb verteuert sich jedoch

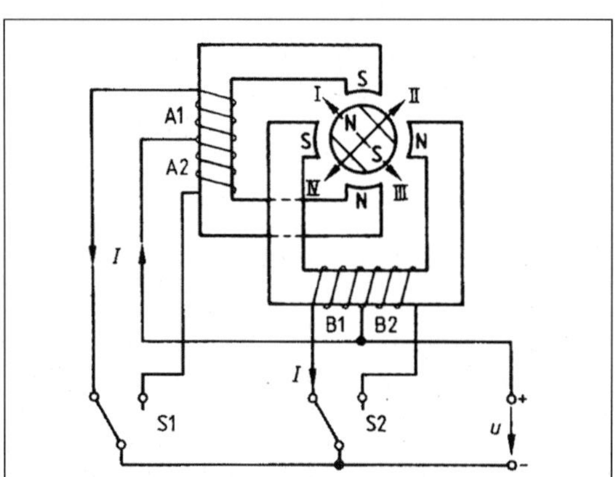

6.36 Unipolare Ansteuerung

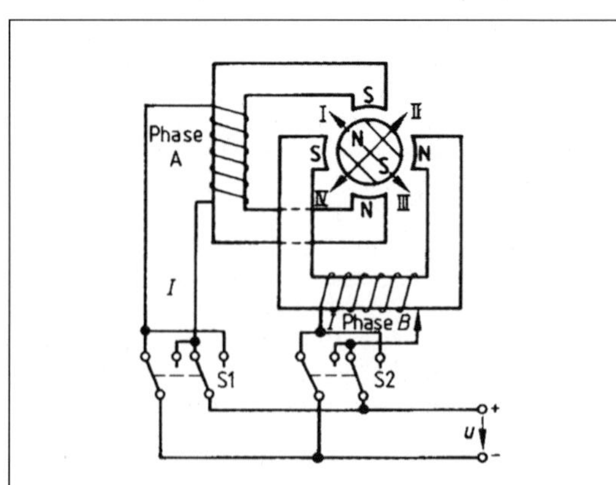

6.37 Bipolare Ansteuerung

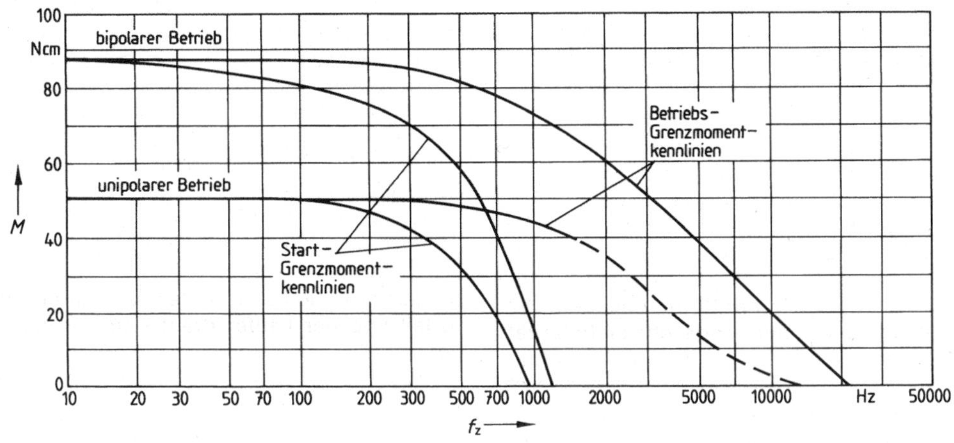

6.38 Vergleich der Drehmomente zwischen Unipolar- und Bipolarbetrieb, jeweils bei Bemessungsstrom

durch die aufwendigere Ansteuerelektronik, weil zwei Umschalter je Phase erforderlich sind.

Schrittwinkel-Auflösung. Wie Bild **6**.40a verdeutlicht, macht der Läufer eines zweiphasigen Schrittmotors für jede Drehung des Statorfeldvektors um 360° el vier Vollschritte von jeweils 90° el. Bei einem zweipoligen Läufer entspricht das dem Drehwinkel 360° geom ≙ eine Umdrehung. Da vier Schritte eine Umdrehung ergeben, beträgt der Schrittwinkel α in diesem Fall $\alpha = 90°$. Bei einem dreisträngigen Motor wären sechs Schritte je Umdrehung erforderlich. Damit lässt sich allgemein ableiten:

$$\alpha \sim \frac{360°\,\text{geom}}{2 \cdot m} \qquad (m = \text{Strangzahl})$$

Vergrößert man die Zahl der Magnetpole im Rotor wie in Bild **6**.32 verkleinert sich im selben Maß der geometrische Winkel, der dem elektrischen Drehwinkel des Statorfelds je Schritt (oben 90°) entspricht. Das lässt sich verdeutlichen, indem man den Rotor von Hand dreht und die Oszillogramme der in die Statorwicklung induzierten Spannungen betrachtet. Passiert z. B. ein Läufer-Südpol eine Wicklung, entsteht eine negative Spannung; der Nordpol hingegen erzeugt eine positive Halbwelle. Jedes Läuferpolpaar verursacht dann die Entstehung einer Periode, was dem Winkel 360° el entspricht. Bei 30 Polpaaren wären das 30 · 360° el für 360° geom ≙ einer Umdrehung, d. h. 30° el ≙ 1° geom. Diesen Schritt macht der Läufer jedesmal, während sich das Steuerfeld beim zweisträngigen Motor um einen elektrischen Winkel von 90° weiterdreht. Der geometrische Schrittwinkel dieses Motors ergibt sich aus

$$\alpha = \frac{90°}{30\,\text{Polpaare}} = 3°.$$

Für die Berechnung des geometrischen Schrittwinkels aus der Phasenzahl m und der Polpaarzahl des Rotors p gilt zusammengefasst

$$\alpha = \frac{360°}{2 \cdot p \cdot m}. \qquad (6.13)$$

6.9.3 Schrittarten

Grundsätzlich unterscheidet man für Schrittmotoren Voll-, Halb-, Viertel- und Mini- oder Mikroschrittbetrieb.

Vollschrittbetrieb (**6**.39). Bei einem Schrittmotor mit 90°-Schrittwinkel sind vier Vollschritte für eine Umdrehung erforderlich. Die verschiedenen Bestromungsmöglichkeiten zeigt Vektordiagramm **6**.40a. Wird das von einem positiven Strom im Strang B resultierende Feld durch den Vektor B+ auf der Abszisse von links nach rechts abgetragen, erzeugt ein entgegengesetzter Strom den Vektor B–. Der Vektor der Phase A steht hierzu senkrecht, sodass für dessen Richtung auf der Ordinate das Analoge gilt. Aus dem Vektordiagramm lässt sich das Bestromungsmuster für die Ansteuerfolge der einzelnen Phasen ablesen (**6**.40b). *Sequenz* heißt eine volle Umdrehung des Feldvektors (360° el). Beim zweiphasigen Motor umfasst sie vier Vollschritte von je 90° el.

Halbschrittbetrieb. Während im Vollschrittbetrieb jeweils beide Wicklungsstränge bestromt sind, wird im Halbschrittbetrieb bei jedem zweiten Schritt je nach Wicklung – A und B im Wechsel – abgeschaltet (**6**.41). Das führt dazu, dass sich der Rotor nur um einen halben Schritt bewegt. Das erforderliche Bestromungsschema ist in Tabelle **6**.41b dargestellt. Daraus wird deutlich, dass für eine Sequenz acht statt vier Schritte im Vollschrittbetrieb erforderlich sind.

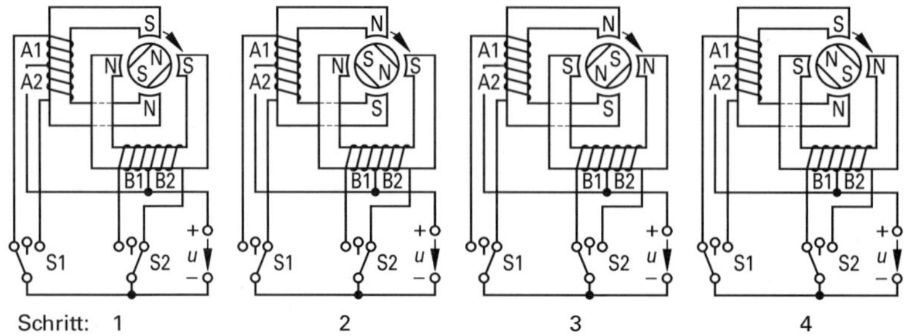

b)

Schritt	Bestromte Phase A	B
1	A	B2
2	A1	B2
3	A2	B1
4	A1	B1

Linkslauf ↑ Rechtslauf ↓ — Eine Sequenz mit vier Vollschritten à 90°

6.39 Vollschrittbetrieb a) Funktionsprinzip, b) Bestromungstabelle

Bei Viertelschrittbetrieb nutzt man die Möglichkeit, zwischen den Zustand A und B bestromt und nur A oder B bestromt den weiteren Zustand A vollbestromt und B halbbestromt (oder alternativ) zu schieben.

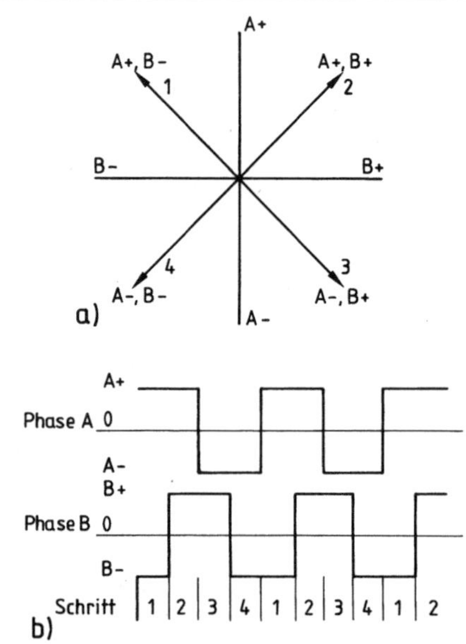

6.40 Vollschrittbetrieb
a) Zeigerdiagramm
b) Bestromungsdiagramm für einen Zweiphasen-Schrittmotor

Der Schrittwinkel von Schrittmotoren lässt sich mit der passenden Steuerung elektronisch verkleinern. Mit dem elektronischen Teilungsfaktor k_{st} ergibt sich der resultierende Schrittwinkel aus

$$\varphi_{st} = \frac{\varphi}{k_{st}} .$$

Die Schrittteilung bringt wegen der geringeren Drehmomentwelligkeit eine bessere Laufruhe; die Positionier- und Fertigungsgenauigkeit steigen.

Im Mini- oder Mikroschrittbetrieb vermindert man den Strom in der einen Phase stufenweise, während die Erregung in der zweiten Phase gleichzeitig im selben Umfang erhöht wird (z. B. sinus- und cosinusförmig). Dabei erreicht man Zwischenschritte, durch die der Vollschritt in eine große Zahl von Einzelschritten unterteilt wird. Die exakte Steuerung der Erregerströme im Mikroschrittbetrieb war zunächst recht problematisch. Mikroschrittsysteme mit digitaler Steuerlogik und bipolarer Pulsbreitenmodulation ermöglichen je Vollschritt bis zu 250 verschiedene Stromwerte in den Motorphasen. Statt z. B. 200 Vollschritte hat der Motor nun bis zu 250 Mikroschritte je Vollschritt, also maximal 50000 Schritte je Umdrehung.

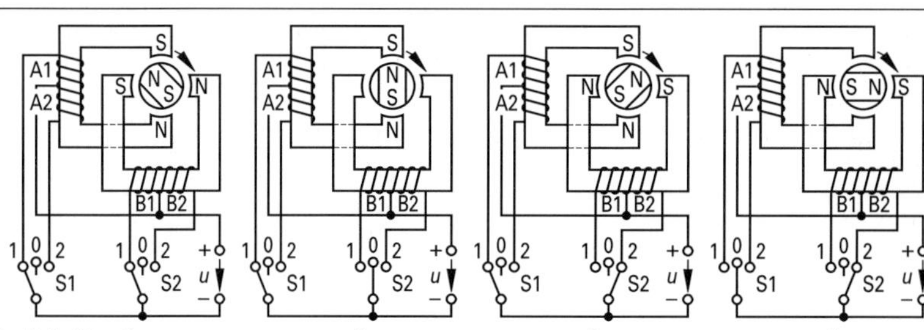

b)

Schritt	Bestromte Phase A	B
1	A1	B1
2	A1	0
3	A1	B2
4	0	B2
5	A2	B2
6	A2	0
7	A2	B1
8	0	B1

Linkslauf ↑ Rechtslauf ↓ — Eine Sequenz mit acht Vollschritten à 45°

6.41 Halbschrittbetrieb
a) Funktionsprinzip, b) Bestromungstabelle

6.9.4 Steuerlogik

Eine vollständige Schrittmotorsteuerung besteht aus den in Bild **6**.43 dargestellten Komponenten.

Der Transformator erzeugt aus der Netzspannung die Versorgungsspannung für die Logik- und Treiberstromversorgung.

Die Logikstromversorgung liefert die für den Controller, die Steuerlogik und den Taktgeber erforderliche Spannung.

Die Treiberstromversorgung stellt die für Treiber und Motor erforderliche elektrische Energie zur Verfügung.

Der Taktgeber ist ein Oszillator und erzeugt eine Pulsfolge, deren einzelne Pulse einen Schritt des Motors auslösen.

Der Controller ist eine elektronische Schaltung, die verhindert, dass bei Änderung der Taktfrequenz der Motor „außer Tritt fällt".

Die Steuerlogik erzeugt an ihrem Ausgang die erforderlichen Signale zum exakten Schalten der Treibertransistoren. Sie wird über die Taktimpulse und das Drehrichtungssignal angesteuert.

Der Treiber schaltet die in den Motorphasen erforderliche Leistung.

Die elektronische Dämpfung reduziert die Eigenschwingungen des Motors.

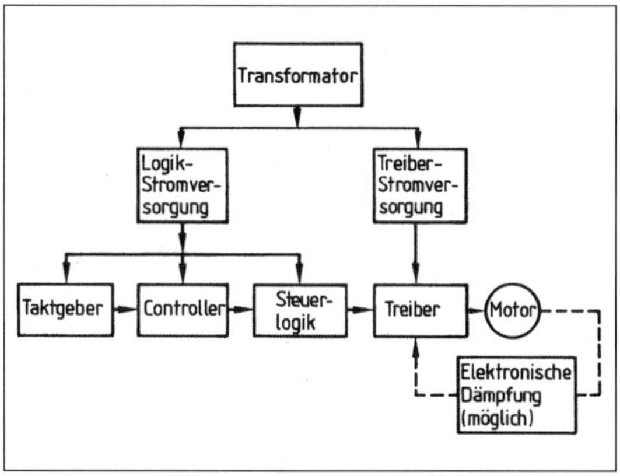

6.42 Blockschaltbild einer Schrittmotorsteuerung

6.9.5 Treiberstufen

Übliche Treiberstufen für Unipolar- und Bipolarbetrieb sind:

- Konstantspannungstreiber ohne und mit Serienwiderstand (*L/R*-Treiber) nach Bild **6**.43,
- Konstantspannungstreiber mit Hilfsspannung (Bileveltreiber),
- Konstantstromtreiber mit Chopper oder Linearverstärker.

Hier soll nur der häufig angewendete *U/R-Treiber* näher beschrieben werden. Die Wicklung eines Schrittmotors ist eine Reihenschaltung aus Induktivität *L* und Verlustwiderstand *R*. Weil Schrittmotoren mit Rechteckspannungen angesteuert werden, haben ihre Phasenströme einen exponentiellen Verlauf (**6**.44), denn die Induktivität verzögert den Stromanstieg. In Abhängigkeit von der Zeitkonstante $\tau = L/R$ erreicht der Strom nach $t = 3\,\tau$ ungefähr 95 % seines in einer bestimmten Periodendauer erzielbaren Maximalwerts.

Beispiel 6.4 Ein Motor hat je Phase $R = 2{,}5\ \Omega$, $L = 2{,}8$ mH, $I_{max} = 0{,}75$ A bei $U = 1{,}875$ V. Dann ist seine Zeitkonstante $\tau = 1{,}12$ ms (die Zeitkonstante der meisten Motoren liegt zwischen 0,1 und 10 ms). Daraus ergibt sich eine Periodendauer von $T = 2 \cdot 3\,\tau = 6{,}72$ ms. Die maximale Impuls-/Schrittfrequenz ist dann $f_s = 1/T = 148$ Hz.

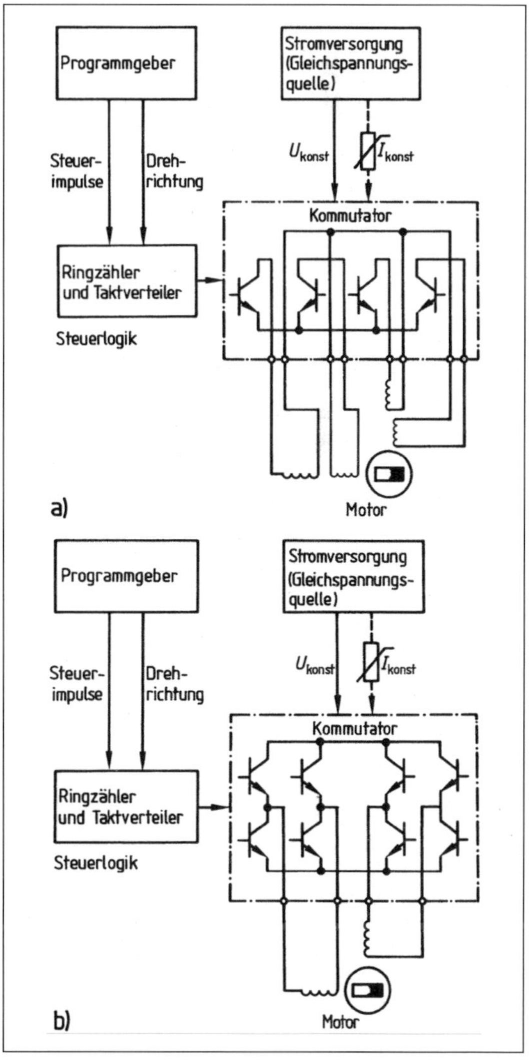

6.43 Prinzipschaltbild der Ansteuerelektronik
a) für Unipolarbetrieb, b) für Bipolarbetrieb

Überschreitet man diese Impuls-/Steuerfrequenz, sinkt zwangsläufig der in $t = 3\,\tau$ erreichbare Wert des Erregerstroms und das Drehmoment reduziert sich entsprechend. Um Motoren dennoch mit höherer Schrittfrequenz betreiben zu können, schaltet man zu den Wicklungssträngen einen Vorwiderstand R_V (hier 27 Ω) in Reihe. In unserem Beispiel beträgt dann der gesamte Strangwiderstand 29,5 Ω und wegen $L = 2{,}8$ mH erhält man die neue Zeitkonstante $\tau = 94{,}9$ µs, was nach $T = 2 \cdot 3\,\tau = 0{,}569$ ms ergibt; die zulässige Impuls-/Schrittfrequenz wird dann $f_S = 1{,}76$ kHz.

Damit weiterhin der Strom 0,75 A fließen kann, ist die erhöhte Treiberspannung $U = I \cdot (R + R_V) = 22{,}15$ V erforderlich.

Der Mangel dieser Schaltung besteht im starken Anstieg der Verlustleistung je Phase, sodass der Wirkungsgrad des Antriebs sinkt. Im Beispiel 5.4 ist die Verlustleistung ohne Vorwiderstand $P_V = I^2 \cdot R = 1{,}4$ W und mit Vorwiderstand wird $P_V = 16{,}6$ W. Davon werden allein im Vorwiderstand 15,2 W in Wärme umgesetzt. Der Vorzug dieser Methode besteht darin, dass der Motor mehr als 1000 Schritte je Sekunde ausführen kann und bei niedrigen Drehzahlen ein nennenswert höheres Drehmoment entwickelt.

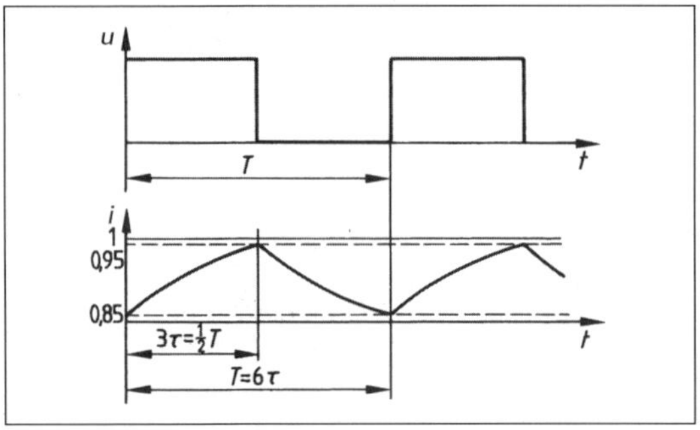

6.44 Spannungs- und Stromverlauf in einer Phase der Schrittmotorwicklung

6.9.6 Betriebsverhalten

Resonanzen treten auf, wenn die Schrittfrequenz unterhalb der Eigenfrequenz des Motors liegt. Diese wird durch seine Drehmomentkonstante sowie durch das Trägheitsmoment seines Läufers und der Last bestimmt ($f_E \approx 50$ bis 200 Hz). Impulsfrequenzen, die der Eigenfrequenz oder einem harmonischen Vielfachen von ihr entsprechen, können Resonanzerscheinungen besonders im Voll-, Halb- und Viertelschritt hervorrufen. Diese Resonanzen vermindern das Drehmoment und die Positioniergenauigkeit eines Schrittmotorantriebs.

Im Mikroschrittbetrieb entwickelt der Motor ein nahezu konstantes Drehmoment von 80 bis 90 % seines Haltemoments über den gesamten Drehbereich. Das wird möglich, weil die Phasen in dieser Betriebsart so bestromt werden, dass der Statorfeldvektor um gleiche Winkel gedreht und sein Betrag konstant gehalten wird. Das führt zu einem gleichbleibenden Haltemoment für jeden Mikroschritt, das so groß ist wie das vom vollen Bemessungsstrom in einer Phase entwickelte Moment. Der Mikroschrittbetrieb ist nahezu resonanzfrei, weil die Taktfrequenzen bis zu 250-mal größer sind als die üblichen Eigenfrequenzen.

Dämpfung. Hat ein Schrittmotorantrieb seine Zielposition erreicht, muss die Last normalerweise stillstehen. Das in der Praxis auftretende Einschwingen des Motors in die Zielposition lässt sich durch verschiedene Dämpfungsmaßnahmen vermindern. Dabei geht es darum, dem schwingenden System überschüssige kinetische Energie zu entziehen oder ihm nur so viel Energie zuzuführen, wie es unbedingt braucht. In der Praxis heißt das, den Erregerstrom zu begrenzen oder ihn kurz vor Erreichen der Zielposition ganz abzuschalten oder kurzzeitig umzupolen.

In Abhängigkeit von den geforderten und vorliegenden Eigenschaften des Antriebssystems nutzt man zur Dämpfung die spezifischen Eigenschaften der Treiberschaltung. In der *L/R*-Schaltung dimensioniert man den Vorwiderstand auf einen für optimale Dämpfung erforderlichen Wert. Dabei ist zwischen zwei Forderungen zu optimieren. Ein zu kleiner Reihenwiderstand begrenzt wegen der höheren Zeitkonstante bei höheren Pulsfrequenzen/Drehzahlen den Motorstrom und folglich dessen Drehmoment. Andererseits begrenzt ein zu hoher Reihenwiderstand den Strom, der aus der induzierten Gegenspannung infolge der Rotorschwingungen entsteht. Weil dieser Strom „elektrische Reibung" verursacht, erzeugt er auch das gewünschte Dämpfungsmoment. Der Wert des geeigneten Reihenwiderstands hängt demnach vom Motor und den Betriebsbedingungen ab.

Belastungskennlinien. Bei einem optimal dimensionierten Schrittmotorantrieb muss für jede Impulsfolge ein direkter Zusammenhang zwischen Impulszahl und Gesamtdrehwinkel bestehen.

Für den Startbereich (**6**.45 a) heißt das, dass keine Schrittverluste infolge von Trägheitsmomenten entstehen. Im Beschleunigungsbereich muss der bereits rotierende Läufer innerhalb eines Schrittes wieder zum Stillstand kommen, nachdem die Steuerimpulsfolge abgesetzt ist.

Bild **6**.45a zeigt die charakteristischen Kennlinien von Schrittmotoren. Kennlinie *1* ist die Betriebs-Grenzmomentkennlinie, *2* ist die Anlauf-Grenzfrequenzkennlinie bei fehlendem Last-Trägheitsmoment ($J_L = 0$). Die Start-Stop-Kennlinie *3* kennzeichnet einen verkleinerten Startfrequenzbereich. Da sie für ein erhöhtes Lastträgheitsmoment gilt ($J_L > 0$), zu dessen Überwindung ein Teil des Motormoments als beschleunigendes Moment gebraucht wird, kann der Motor nur mit einer kleineren Startfrequenz anfahren als bei $J_L = 0$.

Der grundsätzliche Verlauf der Kennlinien ist darauf zurückzuführen, dass bei steigender Pulsfrequenz die Stromaufnahme sinkt, weil die Induktivität der Motorwicklungen die Stromanstiegsgeschwindigkeit begrenzt. Aus dem kleineren Strom ergibt sich ein geringeres Drehmoment. Betreibt man den Motor mit konstantem Erregerstrom, steigt das Drehmoment bei hohen

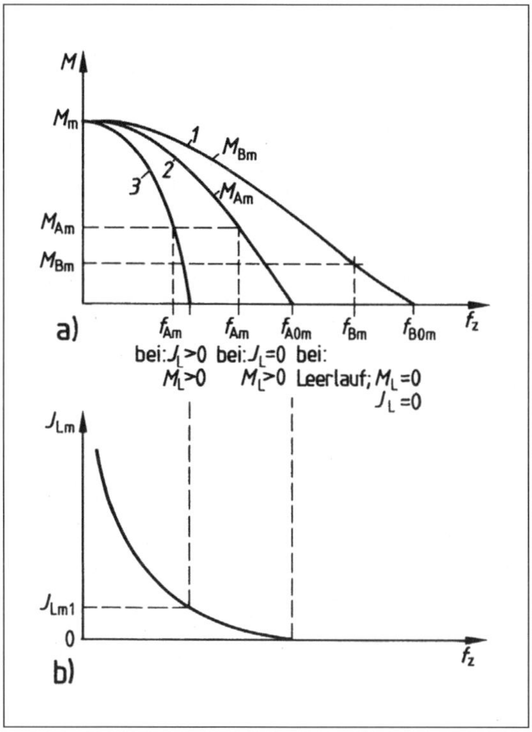

6.45 Kennlinien eines Schrittmotorantriebs
a) Start- und Betriebsgrenzfrequenz-Kennlinien
b) zulässiges Trägheitsmoment der Last in Abhängigkeit von der Schrittfrequenz

M Drehmoment
M_L Lastmoment
f_z Schrittfrequenz
M_{Am} Start-Grenzmoment
M_{Bm} Betriebs-Grenzmoment
f_{Am} Start-Grenzfrequenz; $M_L > 0$
f_{Bm} Betriebs-Grenzfrequenz; $M_L > 0$
J_L Lastträgheitsmoment

1 Begrenzung für Betriebsbereich
2 Begrenzung für Startbereich; $J_L = 0$
3 Begrenzung für Startbereich; $J_L > 0$

Schrittfrequenzen. Die Motorkennlinien sind von der jeweiligen Auslegung und Ansteuerung des Motors abhängig. Im Bipolarbetrieb liegen die Drehmomente z. B. wesentlich höher als im Unipolarbetrieb (**6**.38). Bei der Dimensionierung von Schrittmotorantrieben ist darauf zu achten, dass für den Anlauf keine Arbeitspunkte oberhalb der Kennlinie *2* bzw. *3* und für den Betrieb keine oberhalb der Kennlinie *1* liegen, weil sonst Schrittfehler auftreten.

6.9.7 Zusammenfassung und Erläuterungen

Schritt. Der Vorgang, bei dem sich die Motorwelle um den Schrittwinkel dreht.

Schrittwinkel. Der Bemessungswinkel, um den sich die Motorwelle je Steuerimpuls dreht.

Schrittfrequenz. Die Anzahl der Schritte, die die Motorwelle bei konstanter Steuerfrequenz in einer Sekunde ausführt.

Steuerfrequenz. Die Impulsfrequenz, mit der der Motor gesteuert wird. Sie stimmt mit der Schrittfrequenz überein, wenn der Motor ohne Schrittfehler läuft.

Drehzahl. Umdrehungen je Minute berechnet aus

$$n = \text{Schrittfrequenz}\ \frac{\text{Schrittwinkel} \cdot 60}{360°}.$$

Strang, auch Phase oder Strangzahl, nach DIN 40108.

Selbsthaltemoment. Das maximale Drehmoment, mit dem man einen unerregten Motor statisch belasten kann, ohne dass eine kontinuierliche Bewegung entsteht.

Haltemoment. Das maximale Drehmoment, mit dem man einen erregten Motor statisch belasten kann, ohne eine kontinuierliche Drehung hervorzurufen.

Anlaufbereich, auch Startbereich oder Betriebsbereich, in dem der Motor ohne Schrittfehler bei einer bestimmten starr angekuppelten Zusatzschwungmasse (Lastträgheitsmoment) anlaufen und anhalten kann.

Beschleunigungsbereich ist der Bereich, in dem der Motor bei einem bestimmten Lastträgheitsmoment ohne Schrittfehler in einer Drehrichtung arbeiten, in dem er jedoch nicht ohne Schrittfehler anlaufen oder anhalten kann.

Leerlauf. Die Betriebsart, bei der der Motor weder durch äußere Lastmomente noch durch angekuppelte Trägheitsmomente belastet wird.

Maximale Anlauffrequenz. Größte Steuerfrequenz, bei der der Motor ohne Schrittfehler anlaufen kann.

Anlaufgrenzfrequenz. Größte Steuerfrequenz, bei der der Motor mit einer bestimmten Last (bestehend aus Reib- und Beschleunigungsmoment für starr gekuppelte Schwungmassen) ohne Schrittfehler anlaufen kann.

Anlaufgrenzmoment. Das höchste Lastmoment, bei dem der Motor mit einer starr angekuppelten Schwungmasse bei einer bestimmten Steuerfrequenz ohne Schrittfehler anlaufen kann.

Maximales Drehmoment. Das höchste Lastmoment, mit dem der Motor ohne Zusatzschwungmassen ohne Schrittfehler betrieben werden kann.

Maximale Betriebsfrequenz. Größte Steuerfrequenz, bei der der Motor im Leerlauf ohne Schrittfehler in einer Drehrichtung betrieben werden, jedoch nicht synchron zu dieser Frequenz anlaufen oder anhalten kann.

Betriebsgrenzfrequenz. Größte Steuerfrequenz, bei der der Motor mit einer bestimmten Last (bestehend aus Reib- und Beschleunigungsmoment für starr angekuppelte Schwungmassen) ohne Schrittfehler in einer Drehrichtung betrieben werden, jedoch nicht synchron mit dieser Steuerfrequenz anlaufen oder anhalten kann.

Betriebsgrenzmoment. Das höchste Lastmoment, bei dem der Motor mit einer starr angekuppelten Schwungmasse bei einer bestimmten Steuerfrequenz ohne Schrittfehler in einer Drehrichtung anlaufen kann.

Systematische Winkeltoleranz je Schritt. Größte positive oder negative statische Winkelabweichung gegenüber dem Bemessungs-Schrittwinkel, die auftreten kann, wenn der Läufer sich um einen Schritt von der magnetischen Raststellung in die nächste dreht.

6.10 Gebersysteme für Servomotoren

Zur Drehzahl- bzw. Lageerfassung benötigen Servomotoren einen Drehgeber. Im Gegensatz zur direkten Messung einer Linearbewegung durch unmittelbare Messung z. B. am Maschinenschlitten messen Drehgeber indirekt, da sie die Linearbewegung in eine rotatorische Bewegung umsetzen. Überwiegend werden Servomotoren mit integriertem Drehgeber gefertigt. Zur Nachrüstung bestehender Systeme sind Drehgeber auch als diskrete Bauteile erhältlich. Für die reine Drehzahlerfassung ist ein Tachogenerator ausreichend; über die erfasste Spannung lässt sich direkt die Drehzahl des Motors ableiten, da $U \sim n$ (vgl. Abschnitt 2.1). Zur Positionserfassung sind Sensoren zur Weg- und Winkelerfassung erforderlich, hierzu werden sog. Drehgeber eingesetzt. Drehgeber lassen sich bei der Messwerterfassung in analoge und digitale Geber unterteilen, beim Messverfahren unterscheidet man zwischen absoluter, zyklisch absoluter und inkrementeller Auflösung. Die drei wichtigsten rotatorischen Gebersysteme, die in der Technik überwiegend zum Einsatz kommen, sollen nun detailliert erläutert werden.

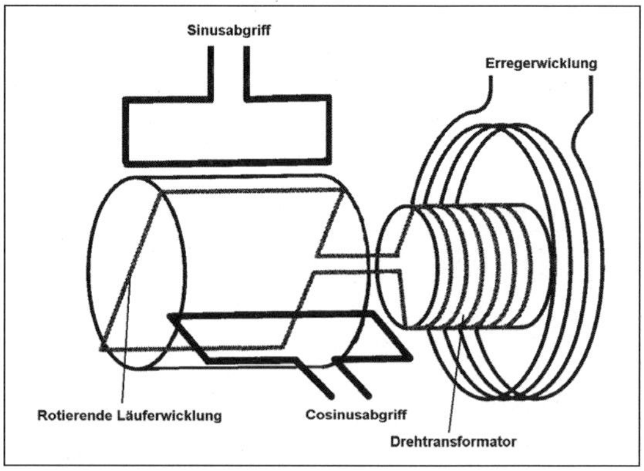

6.46 Funktionsprinzip eines Resolvers

Resolver. Der Resolver (**6**.46) ist ein induktiv arbeitender Analogsensor, der aufgrund seines einfachen Aufbaus robust und kostengünstig ist und daher in vielen Servosystemen verwendet wird. Innerhalb einer Polteilung liefert er ein absolutes Lagesignal.

Funktionsprinzip. An die Erregerwicklung wird eine Wechselspannung mit einer Frequenz von 2–10 kHz angelegt. Der magnetische Wechselfluss induziert in die Läuferwicklung eine amplitudenmodulierte Spannung gleicher Frequenz. Der Kurzschlussstrom in der Läuferwicklung erzeugt einen pulsierenden magnetischen Fluss, welcher jeweils eine Spannung in den Messwicklungen zur Folge hat (**6**.47).

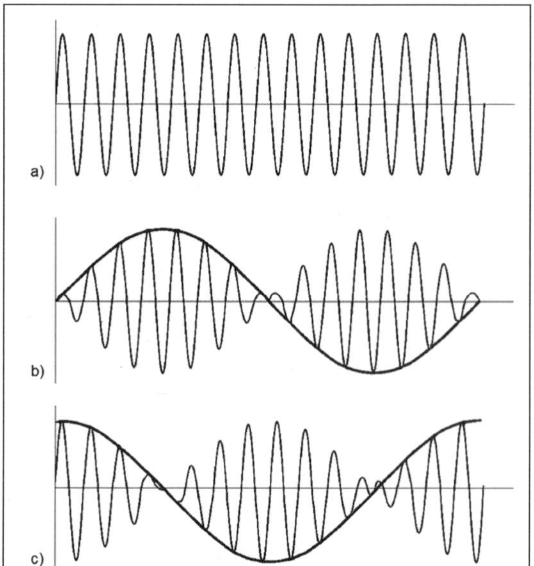

6.47 Signale eines Resolvers
a) Erregersignal, b) Messsignal am Sinusabgriff
c) Messsignal am Cosinusabgriff

Die Messspannungen pulsieren mit der gleichen Frequenz und Phasenlage wie das Erregersignal.

Durch die Rotation der Läuferwicklung entsteht eine sinusförmige Spannung in beiden Messwicklungen, die jedoch durch die räumliche Anordnung um 90° zueinander versetzt sind. Durch die Auswertung beider Signale über einen Phasendiskriminator lässt sich die aktuelle Position bestimmen. Aus Bild **6**.47 ist zu erkennen, dass die eigentliche Lageinformation in der Hüllkurve enthalten ist.

Durch den einfachen Aufbau ist der Resolver besonders robust gegenüber Schwingungs-, Stoß- und Temperaturbelastungen, nachteilig ist seine relativ geringe Auflösung im Vergleich zu Inkrementalgebern.

Optischer Inkrementalgeber. Der Prinzipaufbau des optischen Inkrementalgebers ist in Bild **6**.48 dargestellt.

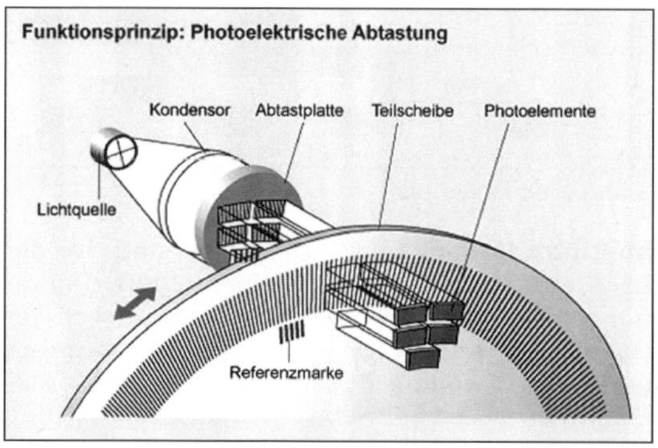

6.48 Funktionsprinzip eines optischen Inkrementalgebers © Siemens AG

Über die photoelektrische Abtastung einer Strichscheibe können Teilstriche von wenigen Mikrometern Breite erfasst werden. Die Positionsinformation wird durch das schrittweise (inkrementale) Zählen ermittelt. Der absolute Bezug zur Bestimmung der Position wird über die Referenzmarke ermittelt. Gebräuchlich sind 512 bis 2048 Impulse pro Umdrehung, es sind jedoch auch Geber mit höheren Strichzahlen möglich; man spricht dann von Winkelmesssystemen.

Die Kondensorlinse erzeugt aus dem Licht der punktförmigen Lichtquelle ein paralleles Strahlenbündel, welches durch die Abtastplatte und die Strichscheibe auf die Photoelemente auftrifft. Wenn sich die Striche des Abtastgitters über den Lücken der Strichscheibe befinden, fällt kein Lichtstrom auf die Photoelemente. Während Drehung der Strichscheibe wird der Lichtstrom durch die Abtastplatte moduliert und von den Photoelementen in ein elektrisches Signal umgewandelt. Je mehr Licht durch die abnehmende Abdeckung dringt, desto höher ist der Signalpegel und umgekehrt. Es entsteht somit ein annähernd sinusförmiges Signal (Sinusspur). Durch die versetzte Anordnung eines weiteren Photoelementes entsteht ein zweites Signal mit 90° Phasenversatz (Cosinusspur). Aus diesen beiden Spuren werden Rechteckimpulsfolgen mit 90° Phasenversatz geberintern umgewandelt (**6**.49). Bei höheren Auflösungen werden die beiden sinusförmigen Analogsignale an die Auswertelektronik des Servoverstärkers übertragen. Man spricht dann von sogenannten *Sin-Cos-Gebern*.

Bei der Geberauswertung unterscheidet man zwischen Einfach-, Zweifach- und Vierfachauswertung.

Die Einfachauswertung erfasst nur eine Flanke der Impulsperiode eines Kanals. Dann ist Zählschritt = vierfacher Messschritt. Die Zweifachauswertung erfasst die ansteigende und die abfallende Flanke der Impulsperiode eines Kanals. Dann ist Zählschritt = zweifacher Messschritt.

Die Vierfachauswertung erfasst die ansteigenden und die abfallenden Flanken der Impulsperioden von zwei Kanälen. Dann ist Zählschritt = Messschritt.

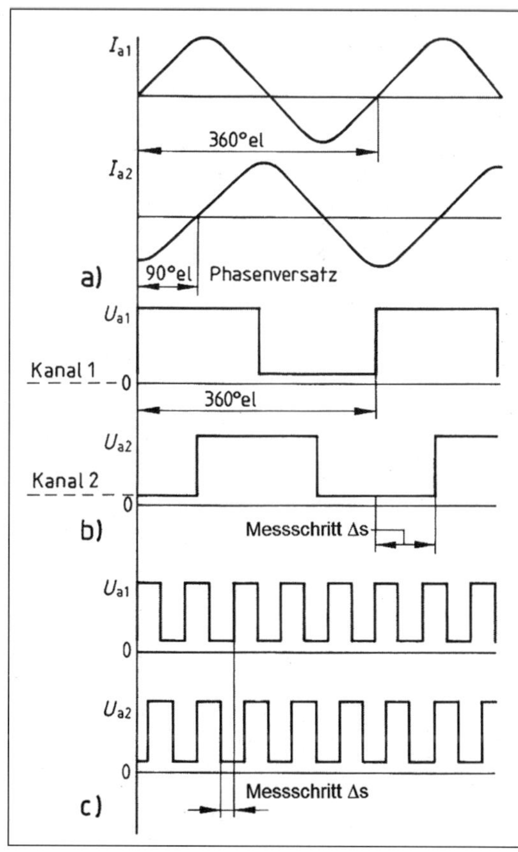

6.49 Signale eines Inkrementalgebers

a) Abtastsignale, b) Digitalisieren ohne Interpolation, c) Digitalisieren mit Interpolation (z. B. 5-fach)

Der kleinste Messschritt Δs des inkrementalen Längenmaßstabs wird durch die Strichzahl Z, den Auswertungsfaktor k_A und den Interpolationsfaktor k_I der Auswerteelektronik bestimmt.

$$\Delta s = \frac{s_P}{k_A \cdot k_I} \qquad (6.14)$$

Mit Messweg $s = Z \cdot s_P$ ergibt sich:

$$\Delta s = \frac{s}{k_A \cdot k_I \cdot Z} \qquad (6.15)$$

Der kleinste Messwinkel $\Delta\alpha$ berechnet sich nach

$$\Delta\alpha = \frac{360°}{k_A \cdot k_I \cdot Z}. \qquad (6.16)$$

Die Drehzahl n berechnet sich nach

$$n = \frac{f \cdot 60}{Z}, \qquad (6.17)$$

wobei f der Impulsfrequenz der Ausgangssignale entspricht.

Optische Absolutwertgeber. Absolutwertgeber werden eingesetzt, wenn nach dem Abschalten oder nach einem Stromausfall die absolute Position erhalten bleiben muss. Eine Referenzfahrt ist somit nur bei der erstmaligen Inbetriebnahme einer Anlage erforderlich. Man unterscheidet zwischen *Singleturn*- und *Multiturn*-Gebern.

Singleturn-Geber. Der Aufbau und die Funktion entsprechen weitestgehend einem optischen Inkrementalgeber (**6**.50). Es wird jedoch nicht nur ein Strichmuster abgetastet, sondern die Scheibe ist mit einem binären Codemuster versehen, welches digital ausgewertet wird. Größtenteils wird der Gray Code verwendet, da bei diesem Code immer nur ein Bit geändert wird, wodurch sich eine fehlerhafte Abtastung sofort erkennen lässt (**6**.51). Durch das eindeutige Codemuster lässt sich jede Winkelposition einer Umdrehung exakt bestimmen. Für die dargestellte Codescheibe mit einem 10-Bit-Gray-Code ergeben sich somit eine Auflösung von 1024 Schritten und ein Winkelinkrement von 0,352°. Die zusätzliche Inkrementalspur dient der Drehzahlerfassung.

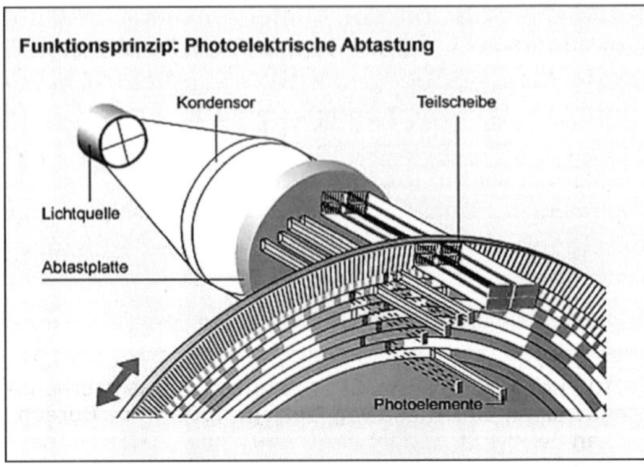

6.50 Funktionsprinzip eines Absolutwertgebers (Singleturn)
© Siemens AG

Gray	Drehwinkel 360 °															
Bit 2^3									■	■	■	■	■	■	■	■
Bit 2^2					■	■	■	■	■	■	■	■				
Bit 2^1			■	■	■	■					■	■	■	■		
Bit 2^0		■	■			■	■			■	■			■	■	
Wert	0	1	2	3	4	5	6	7	8	9	10	11	12	13	14	15

6.51 4-Bit-Gray-Code

Multiturn-Geber. Multiturn-Geber sind in der Lage, eine absolute Position über mehrere Umdrehungen eindeutig zu bestimmen. Zusätzlich zur Hauptscheibe mit z. B. 13 Bit Auflösungsvermögen werden weitere Codescheiben mit 4 Bit Auflösung über Messgetriebe mit einer Untersetzung von $i = 16$ gekoppelt (**6**.52). Üblich sind 3 Getriebestufen, somit können 4096 Umdrehungen absolut aufgelöst werden.

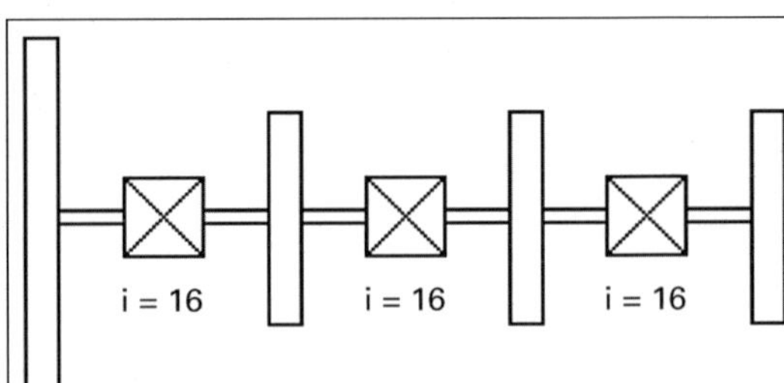

6.52 Schematischer Aufbau eines Multiturn-Drehgebers

Aufgaben zu Abschnitt 6.9 und 6.10

1. In einem CNC-Positioniersystem treibt ein Schrittmotor einen Laufwagen über einen Zahnriemen an. Der kleinste impulsmäßig kontrollierbare Weg beträgt $\Delta s = 0{,}075$ mm, die maximale Verfahrgeschwindigkeit $v_{max} = 2$ m/s. Berechnen Sie die maximale Schrittfrequenz eines Schrittmotors mit dem Schritt-/Bemessungswinkel 0,36°.
2. Ein Schrittmotor mit dem Bemessungswinkel 0,72° ist direkt an eine Gewindespindel gekoppelt und treibt über sie einen NC-Zustelltisch an. Der Verfahrweg je Schritt ist $\Delta s = 0{,}02$ mm. Im Eilgang beträgt die Verfahrgeschwindigkeit $v_E = 7$ m/min, im Start-Stopp-Betrieb arbeitet das System mit $v_{St} = 1$ m/min. Berechnen Sie die Steigung h_{Sp} der Gewindespindel, die maximale Steuerfrequenz f_{Zmax} und die Start-Stopp-Frequenz f_{Am}.

3. Ein Drehgeber mit 1024 Strichen wird a) einfach, b) zweifach, c) vierfach ausgewertet. Berechnen Sie das kleinste Winkelinkrement und die Anzahl der Impulsperioden pro Umdrehung.
4. Welche Winkelauflösung erreicht ein Geber mit Vierfachauswertung und einer Strichzahl von a) 512, b) 1024, c) 2048?
5. Bei einem Drehgeber mit $k_A = 4$, $k_I = 1$ und a) $Z = 512$, b) $Z = 1024$, c) $Z = 2048$ wird der Zähler beim Überfahren der Referenzmarke auf null gesetzt. Welchen Drehwinkel hat der Geber erreicht, wenn ein Zählerstand von 297 ausgelesen wird?
6. Ein inkrementaler Weggeber mit der Teilungsperiode 100 µm wird a) einfach, b) zweifach, c) vierfach ausgewertet. Der Messweg beträgt 1000 mm. Berechnen Sie die Strichzahl des Maßstabs und das kleinste Weginkrement.
7. Bei einem Linearmesssystem erhöht sich der Zählerstand des Vierfach-Gebers innerhalb 1 ms um 8 Impulse. Berechnen Sie die Verfahrgeschwindigkeit des Systems bei einer Periodenteilung von 20 µm.
8. Ein Drehstromasynchronmotor in einem digitalen Gleichlaufantrieb ist mit einem inkrementalen Drehgeber ausgerüstet. Auf dem Typenschild stehen die folgenden Daten: $U = 11\text{–}26$ V, $I = 60$ mA, $n_{max} = 12000\ \text{min}^{-1}$, 2 × 500 Imp./Umdr. Berechnen Sie den kleinsten Positionierwinkel, der bei Vierfachauswertung des Zweikanalgebers erfassbar ist.
9. Ein zweikanaliger inkrementaler Drehimpulsgeber hat 2500 Teilungsperioden pro Umdrehung. In einem Arbeitspunkt wird die Impulsfrequenz 10 kHz gemessen. Berechnen Sie die Drehzahl im Arbeitspunkt und das kleinste Winkelinkrement bei Vierfachauswertung.
10. In den Unterlagen eines Herstellers werden für einen inkrementalen Drehgeber mit Vierfachauswertung a) ohne Interpolation $20 \cdot 10^3$, b) mit Interpolation 10^5 Schritte je Umdrehung angegeben. Berechnen Sie die Strichzahl auf der Teilerscheibe, den Interpolationsfaktor und den kleinsten Messschritt.
11. Zur Ausrichtung einer Antenne ist ein inkrementaler Drehgeber mit dem Messschritt 0,0005° im Einsatz. Berechnen Sie die Strichzahl der Teilerscheibe, wenn $k_A = 4$ und $k_I = 10$ sind.
12. Ein inkrementaler Standard-Längenmaßstab in einem Bestückungsautomaten für Platinen hat die Messlänge a) 220 mm, b) 270 mm, c) 320 mm. Seine Teilungsperiode beträgt 40 µm. Berechnen Sie den Interpolationsfaktor und die Strichzahl, damit bei $k_A = 4$ das kleinste Weginkrement 1 µm beträgt.
13. Das inkrementale Wegmesssystem in einer Koordinatenmessmaschine mit der Messlänge 2040 mm hat die Teilungsperiode 100 µm. Berechnen Sie den kleinsten Messschritt, wenn $k_A = 4$ und $k_I = 5$ sind.
14. In einer Fertigungseinrichtung zur Halbleiterherstellung arbeitet ein inkrementaler Längenmaßstab mit 800 mm Messlänge. Er hat die Teilungsperiode 10 µm. Der Hersteller empfiehlt die Messschritte 1, 0,5, 0,2, 0,05 und 0,02 µm. Berechnen Sie den Interpolationsfaktor bei Vierfachauswertung.
15. An einem Rundtisch ist ein inkrementales Stahlbandmaß mit der Teilungsperiode 100 µm angebracht. Die fotoelektrische Abtastung erzeugt sinusförmige Signale, aus denen in einer externen Interpolationselektronik Rechtecksignale mit fünffacher Frequenz erzeugt werden. Der Rundtisch hat einen Durchmesser von 4125 mm. Berechnen Sie das kleinste Weg- und Winkelinkrement.
16. Berechnen Sie die Anzahl der Winkelpositionen und das Winkelinkrement eines 17-Bit-Code-Absolutwertgebers in Grad und Winkelminuten.
17. Ein Code-Drehgeber in einem Spiegelteleskop hat bei $k_I = 16$ den kleinsten Messwinkel 1,236 Winkelsekunden. Berechnen Sie die Bitauflösung.

7 Weitere Maschinenarten

7.1 Transformatoren

7.1.1 Streufeldtransformator

Jeder Transformator weist magnetische Streufelder auf. Sie durchsetzen nur die sie erzeugende Spule und bewirken darin induktive Spannungsfälle, die belastungsabhängigen Streuspannungsfälle. Im Normaltransformator sollen diese Spannungsverluste infolge Belastungszunahme möglichst gering sein. Für Streufeldtransformatoren fordert man jedoch möglichst starke Streufelder, da die Streublindwiderstände (Streureaktanzen) den Innenwiderstand eines Transformators vergrößern können. Das ist für eine Kurzschlussfestigkeit erforderlich (s. Abschn. 3.4.3).

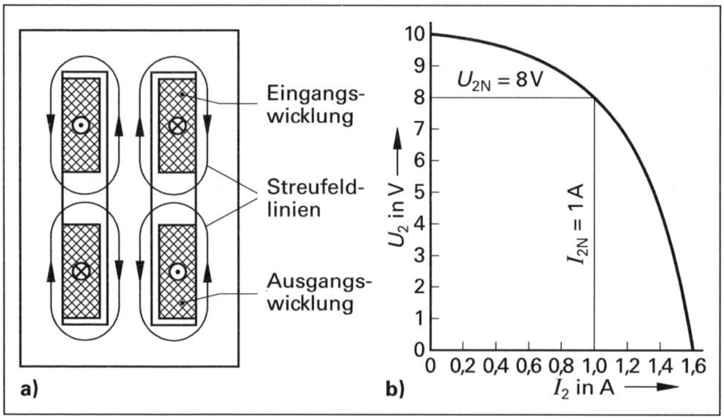

7.1 Klingeltransformator
a) Aufbau, b) Betriebsverhalten

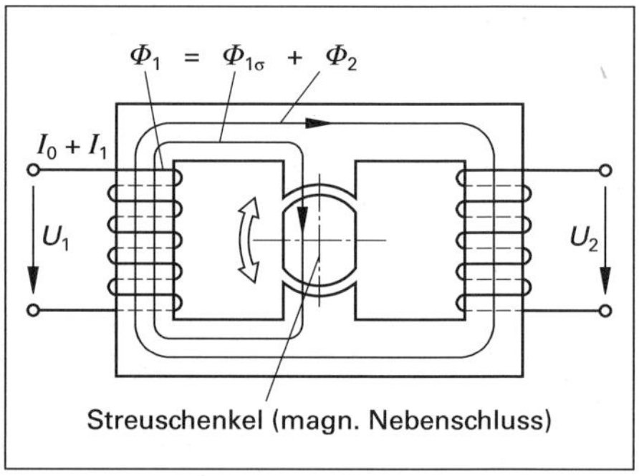

7.2 Aufbau eines Schweißtransformators mit mechanischer Schweißstromeinstellung über einen einstellbaren Nebenschluss (Streuschenkel)

Die Lastabhängigkeit des Transformator-Innenwiderstands und somit die der Ausgangsspannung U_2 wird in den Streufeldtransformatoren durch einen magnetischen Nebenschluss erreicht. Durch ihn schließt sich ein Teil der magnetischen Felder Φ_1 und Φ_2, weil sein magnetischer Widerstand kleiner ist als der des magnetischen Kreises über den Schenkel der jeweils anderen Wicklung. Das Prinzip des starren magnetischen Nebenschlusses verdeutlicht Bild **7**.1 anhand eines Klingeltransformators.

Steuern kann man die Streuung über verstellbare magnetische Nebenschlussjoche (**7**.2). Sie sind z. B. bei Schweißtransformatoren zum Einstellen des Schweißstroms erforderlich.

Die Wirkungsweise des Streufeldtransformators und somit die Belastungsabhängigkeit der Ausgangsspannung beruhen darauf, dass der lastabhängige Streufluss $\Phi_{1\sigma}$ nicht zum Erzeugen der Induktionsspannung U_{20} beitragen kann, weil er die Ausgangswicklung nicht durchsetzt. Weil er aber durch die Eingangswicklung verläuft, trägt er dort zur Erzeugung der induktiven Gegenspannung $U_{1\sigma}$ bei. Der Streufluss $\Phi_{1\sigma}$ nimmt mit steigender Belastung zu. Infolgedessen wird der Anteil des Felds Φ_1, der die Ausgangswicklung durchsetzt und somit zur Induktion der Spannung U_{20} beiträgt, ebenfalls kleiner. Folglich sinken auch U_{20} und die Klemmenspannung U_2, wobei das Absinken der Ausgangsspannung noch dadurch verstärkt wird, dass sich der Innenwiderstand des Transformators erhöht. Das ist auf den Anstieg der induktiven Gegenspannung U_{10} bzw. die Vergrößerung der Streuinduktivität (Streureaktanz) des Transformators zurückzuführen.

Die Belastungskennlinie eines als Schweißtransformator arbeitenden Streufeldumspanners ist in Bild **7**.3 dargestellt. Eine besonders starke

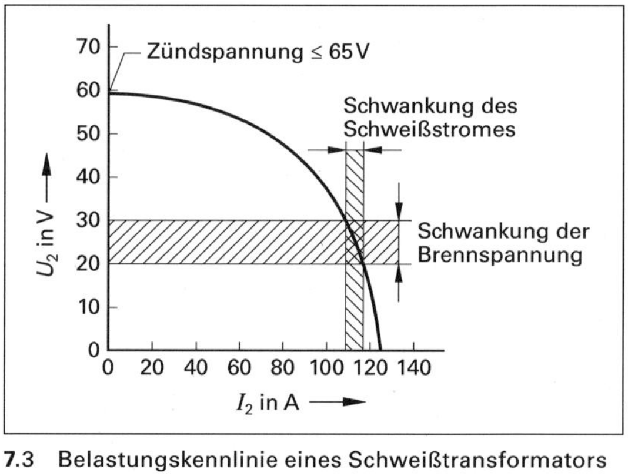

7.3 Belastungskennlinie eines Schweißtransformators

Belastungsabhängigkeit der Ausgangsspannung wird für eine absolute Kurzschlussfestigkeit der Klingel-, Leuchtröhren-, Schweißtransformatoren usw. nach VDE gefordert. Besonders Schweißtransformatoren werden häufig im Kurzschluss betrieben. Leuchtröhrentransformatoren liefern zunächst die zum Zünden erforderliche hohe Spannung. Da sie als Streufeldtransformatoren konzipiert sind, weisen sie eine stark abfallende Belastungskennlinie auf und können deshalb auch die erforderliche geringere Brennspannung zur Verfügung stellen.

7.1.2 Stromrichtertransformator (SRT)

Die Hauptaufgabe der Stromrichtertransformatoren besteht darin, die zur Verfügung stehende Netzspannung auf eine ventil-(stromrichter-) seitig anliegende Wechselspannung umzuspannen, damit sich nach der Umrichtung eine Gleichspannung der gewünschten Höhe ergibt. Ferner ermöglicht der Stromrichtertransformator eine galvanische Trennung der Gleichspannungsseite vom Netz und einen Übergang vom üblichen Dreiphasensystem in Mehrphasensysteme. Mehrphasensysteme treten z. B. bei der sechspulsigen Mittelpunktschaltung oder bei der zwölfpulsigen Saugdrosselschaltung auf. Mehrpulsschaltungen vermindern die Oberschwingungen auf der Netzseite und im Gleichstromkreis und die daraus resultierenden Verluste.

In Labornetzgeräten oder für Elektrolysevorgänge in der chemischen Industrie sind fein oder grob einstellbare Gleichspannungsquellen erforderlich. Die Höhe der ventilseitigen Wechselspannung lässt sich indirekt über Spartransformatoren mit und ohne Stufenschalter einstellen. Diese werden dem Stromrichtertransformator vorgeschaltet. Bei direkter Wechselspannungseinstellung schaltet man die Windungszahlverhältnisse der Transformatorwicklungen über Laststufenschalter um. Die Stufenschalter liegen wegen der meist kleinen Ströme oft auf der Primärseite.

Arten. Man unterscheidet je nach Art der Stromführung der ventilseitigen Wicklungen SRT für *Einwegschaltungen* (Halbwellen- oder Mittelpunktschaltungen) und *Zweiweg*schaltungen (Vollwellen- oder Brückenschaltungen). In Brückenschaltungen fließen auch in den Sekundärwicklungen des SRT reine Wechselströme, während bei Mittelpunktschaltungen die Sekundärwicklungen schlecht ausgenutzt sind, da sie Stromblöcke nur in einer Richtung führen, d. h. mit einem Gleichstromglied belastet sind.

Besonderheiten des SRT. Für die weiteren Betrachtungen gelten diese Randbedingungen: Der SRT befindet sich im eingeschwungenen Zustand, hat das Übersetzungsverhältnis $ü = 1:1$, ist frei von Verlusten und ohne Streuung. Die Ventile haben keine Verluste in Durchlassrichtung, im Lastkreis liegt eine großdimensionierte Glättungsinduktivität, sodass der Laststrom in erster Näherung als konstanter Gleichstrom angesehen werden kann.

Zudem wird der Einfluss der Kommutierung auf den zeitlichen Verlauf $i_d(t)$ vernachlässigt. Die Speisung des Transformators erfolgt aus einem starren Netz mit symmetrischen sinusförmigen Spannungen.

Bedingt durch die Arbeitsweise der Stromrichter arbeitet der Stromrichtertransformator unter anderen Bedingungen als ein Verteilungstransformator in normalen Drehstromnetzen. Für den Betrieb von beiden ist jedoch die Forderung nach einem Durchflutungsgleichgewicht zwischen den aufnahme- und abgabeseitigen Wicklungen zu erfüllen. Besteht dieses Gleichgewicht nicht, treten im SRT zusätzliche Erwärmungen, Streuflüsse über Luft oder den Transformatorkessel sowie Spannungsverluste und Sättigungserscheinungen auf. In allen Stromrichterschaltungen soll deshalb die Schaltung so gewählt werden, dass zwischen den Wicklungen stets Durchflutungsgleichgewicht besteht (**7**.4 und **7**.6b bis d).

Unterschiede zum Verteilungstransformator. Die Wicklungen werden von nicht sinusförmigen Strömen durchflossen. Diese bewirken eine verringerte Ausnutzung des Transformators, da nur die Grundschwingungen der rechteckförmigen Gleichströme zur Gleichstromleistung beitragen.

In manchen Schaltungen (z. B. M3, M1) setzt sich der Sekundärstrom i_2 aus einem Gleichstrom- und einem überlagerten Wechselstromanteil zusammen (**7**.5). Da Transformatoren im stationären Zustand aber keine Gleichströme übertragen können, fehlt dieser Gleichstromanteil im Primärstrom. Deshalb heben sich in derartigen Stromrichterschaltungen die primär- und sekundärseitigen Durchflutungen nicht mehr auf; der Transformator weist eine Gleichstrom*vormagnetisierung* auf. Es sind daher nicht alle Schaltgruppen erlaubt oder geeignet, die für Verteilungstransformatoren Verwendung finden.

Die relative Kurzschlussspannung muss größer sein als bei Verteilungstransformatoren. Da sie vom Wicklungswiderstand und von der Streuinduktivität des SRT abhängt, bestimmt sie einerseits den Stromanstieg in den Stromrichtern während der Kommutierungszeit. Andererseits ist die Rückwirkung des verursachten

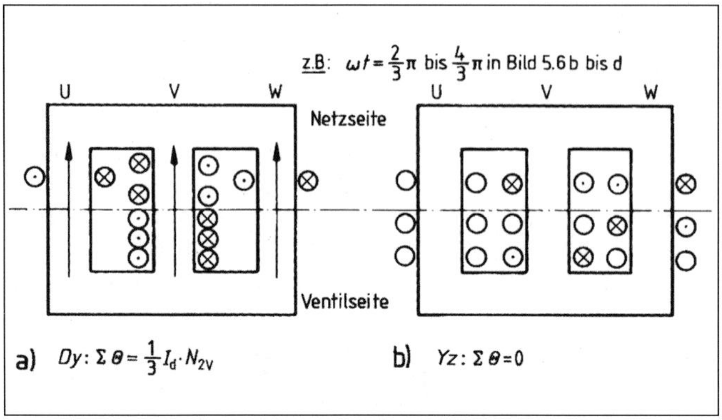

7.4 Durchflutungsverhältnisse für Stromrichtertransformatoren
a) in Dy-Schaltung, b) in Yz-Schaltung

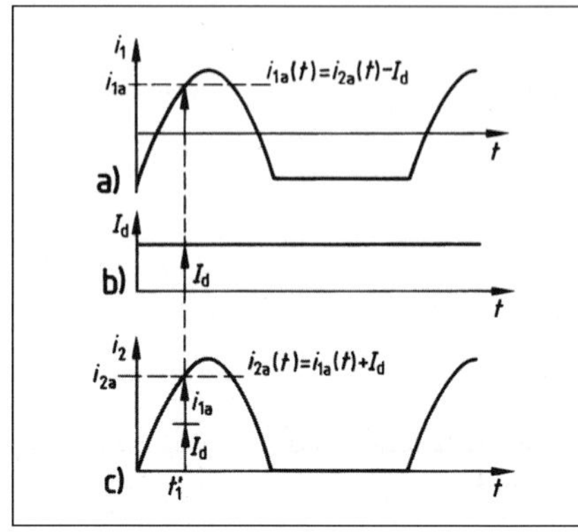

7.5 Ströme in einem Stromrichtertransformator für die M1-Gleichrichterschaltung
a) Primär-, b) Gleich-, c) Sekundärstrom

Kurzschlussstroms zwischen zwei Strängen der Sekundärwicklung auf das Netz zu beachten. Wegen der periodischen Wicklungskurzschlüsse während der Kommutierungsphasen ist die Kurzschlussbeanspruchung höher als in einem Verteilungstransformator, der nur bei gelegentlichen Störfällen den Kurzschlussbeanspruchungen standhalten muss.

Transformatorströme und Scheinleistungen erfordern bei SRT besondere Aufmerksamkeit. Bei anderen linearen und nichtlinearen Verbrauchern fließen in den Transformatorwicklungen im stationären Zustand reine Wechselströme, sodass sich bei symmetrischer Belastung für jeden Schenkel die primär- und sekundärseitigen Durchflutungen aufheben.

Am Beispiel der Dy-Schaltung **7**.6f wollen wir die Vorgänge erläutern, die in den Stromrichtertransformatoren ablaufen. Unter Vernachlässigung der Kommutierung und bei groß dimensionierter Glättungsinduktivität L_d haben die Ventilströme den in Bild **7**.6a dargestellten rechteckigen Verlauf. Diese Stromblöcke haben die Dauer $2/3\ \pi$ und die konstante Höhe I_d. Da ein Transformator im stationären Zustand die ventilseitigen Gleichströme nicht auf die Primärseite übertragen kann, sind diese Strang- und Leiterströme nicht sinusförmige Wechselströme. Die Summe ihrer Momentanwerte ist zu jedem Zeitpunkt null. Zeichnet man die Gleichstromblöcke z. B. über eine Periode auf und verschiebt dann die Nulllinie so weit nach oben, bis die positiven und negativen Strom-Zeit-Flächen gleich groß sind, erhält man aus den Ventilströmen die primären Strangströme (**7**.6b, c, d). Vergleicht man nun z. B. den Ventilstrom I_{V1} mit dem zugehörigen primären Strangstrom i_{1U}, erkennt man, dass diese zu keinem Zeitpunkt gleich groß sind. Für alle Stränge und Ventilzweige ergibt sich immer die Differenz zwischen ventilseitigem und netzseitigem Strangstrom von $1/3\ I_d$. Um diesen Betrag sind bei vernachlässigtem Magnetisierungsstrom die primärseitigen Strangströme kleiner. Da die drei Ventilströme dieselbe Richtung haben, wird die aus ihnen resultierende sekundärseitige Gleichstromdurchflutung zu jedem Zeitpunkt nur noch zu 2/3 durch einen entsprechenden primärseitigen Strangstrom kompensiert. Jeder Schenkel ist deshalb dauernd von 1/3 der Gleichstromdurchflutung vormagnetisiert, die ein Ventilstrom erzeugt (**7**.6c). Weil die Gleichstromvormagnetisierung in allen Schenkeln dieselbe Richtung hat, entsteht in jedem Schenkel ein konstanter Fluss, der „Jochfluss". Er schließt sich bei einem Dreischenkeltransformator von den Jochen her durch die Luft oder über den Transformatorkessel und verursacht einen höheren Magnetisierungsstrom, als beim Betrieb mit sinusförmigen Strömen fließen würde. Die Störung des Durchflutungsgleichgewichts infolge der Gleichstromvormagnetisierung stört bei Stromrichtern bis zu einigen kVA noch nicht. Für größere Stromrichtereinheiten ist die M3-Schaltung mit netzseitig in Dreieck geschalteter Transformatorwicklung aber ungeeignet (**7**.4a).

Bei idealer Glättung besteht kein Unterschied zwischen der Yy- und der Dy-Schaltung im Betrieb für Stromrichter. Ungeeignet für M3-Schaltungen ist die *Yy-Schaltung*, wenn der Gleichstrom unvollständig geglättet ist; der Jochfluss schwankt dann mit dreifacher Netzfrequenz. Außer zusätzlichen Eisenverlusten und einer eventuell auftretenden Erwärmung des Transformatorkessels induziert der zeitlich veränderliche Jochfluss bei dieser Schaltung Spannungen in die Transformatorenwicklungen. Deren Auswirkungen sollen hier aber nicht analysiert werden.

Bei *Yz-Schaltung* besteht stets Durchflutungsgleichgewicht, da die Gleichstromvormagnetisierungen in den drei Schenkeln nicht gleichgerichtet sind und sich zu jedem Zeitpunkt zwischen zwei Schenkeln aufheben. Diese Schaltung ist deshalb bei dreiphasigen Mittelpunktschaltungen für größere Leistungen zu bevorzugen. Wegen des größeren Wicklungsaufwands verteuert sich aber der Transformator bei sonst gleicher Leistung (**7**.4b).

Bau- und Bemessungsleistung. Infolge der Schaltfunktion der Stromrichter sind die Wicklungen der Stromrichtertransformatoren nicht von sinusförmigen Strömen durchflossen. Dadurch hat ein SRT eine größere Bauleistung als ein Transformator gleicher Leistung mit sinusförmigen Strömen. Der Aufwand für die Herstellung eines SRT wird durch die folgenden Beziehungen beschrieben.

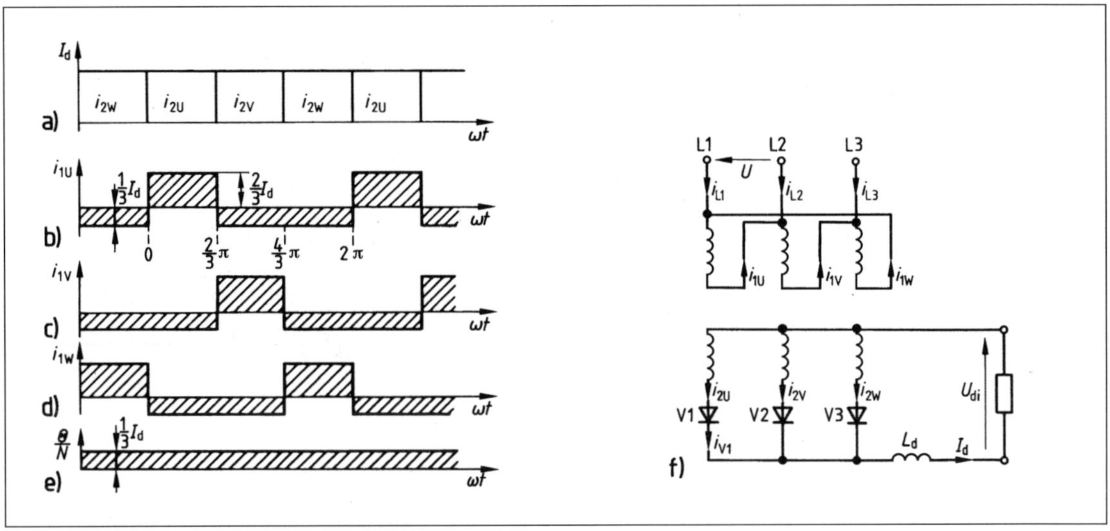

7.6 Stromverlauf in einem Stromrichtertransformator in Dy-Schaltung (M3)
a) Gleichstrom,
b) bis d) der netzseitigen Strangströme,
e) resultierende sekundärseitige Gleichstromdurchflutung,
f) Grundschaltung des Transformators

Die netzseitige Wicklungsleistung S_1 ergibt sich bei m Wicklungssträngen aus

$$S_1 = m \cdot U_1 \cdot I_1. \quad (7.1)$$

Mit

$$S_2 = m \cdot U_2 \cdot I_2 \quad (7.2)$$

erhält man die ventilseitige Wicklungsleistung. Aus der halben Summe beider Wicklungsleistungen ergibt sich dann die Typen- oder Bauleistung

$$S_{Tr} = \frac{1}{2}(S_1 + S_2). \quad (7.3)$$

Sie bestimmt die Baugröße des Transformators. Ihre Werte sind für die in der Stromrichtertechnik üblichen Schaltungen in Tab. **7**.7 angegeben.

Bei gut geglättetem Gleichstrom ist die ideelle Gleichstromleistung des Stromrichters im Bemessungsbetrieb

$$P_{di} = m \cdot U_1 \cdot I_1. \quad (7.4)$$

Die relative Typenleistung

$$S_{Trel} = \frac{S_{Tr}}{P_{di}} = \frac{S_1 + S_2}{2 \cdot m \cdot U_{di} \cdot I_{dN}} \quad (7.5)$$

kennzeichnet die Höhe der mittleren Wicklungsleistung, die Bauleistung, die zur Übertragung der ideellen Gleichstromleistung P_{di} erforderlich ist. Da P_{di} von der Art der Stromrichterschaltungen abhängt, kennzeichnet die relative Typenleistung den Bauaufwand für den jeweiligen Stromrichtertransformator. Die relative Typenleistung ist immer größer als 1; bei der günstigsten Schaltung (B6) (**7**.7) ergibt sich 1,05, im ungünstigsten Fall (M1) 3,1.

Soll z. B. über die M1-Schaltung die maximale Gleichstromleistung 1 kW übertragen werden, muss man einen Transformator für 3,1 kVA verwenden.

Berechnen der Bauleistung. Für die Dimensionierung müssen die Effektivwerte der tatsächlich auftretenden Wicklungsströme und -spannungen berücksichtigt werden. Da in diesem Buch auf die Anwendung der Integralrechnung verzichtet wird, entnehmen wir die erforderlichen Werte den Tabellen für die Berechnung von Gleichrichterschaltungen. Sie gelten für Widerstandsbelastungen und induktive Last. In der M3-Schaltung **7**.6f gilt danach für das Verhältnis aus dem Effektivwert des ventilseitigen Strangstroms und dem arithmetischen Mittelwert des Gleichstroms I_d

$$I_{2Str} = \frac{I_d}{\sqrt{3}} = 0{,}58 \cdot I_d. \quad (7.6)$$

Mit der Strangspannung

$$U_{2Str} = \frac{U_{di}}{1{,}17} = 0{,}86 \cdot U_{di} \quad (7.7)$$

und dem bei Bemessungslast fließenden Bemessungsstrom I_{dN} erhält man dann für die gesamte ventilseitige Wicklungsleistung

$$S_2 = 3 \cdot I_{2Str} \cdot U_{2Str} = 3 \frac{I_d}{\sqrt{3}} \cdot \frac{U_{di}}{1{,}17} = 1{,}48\ P_{di}. \quad (7.8)$$

Tabelle **7**.7 **Stromrichterschaltungen**

	Stromrichter Schaltung	Trafo-schaltung	Gleichspannung (bei $\alpha = 0$) $\frac{U_{di}}{U_2}$	$w_i = \frac{\sqrt{\Sigma U_w^2}}{U_{di}}$	Ventilspannung $\frac{\hat{u}_A}{U_2}$	$\frac{\hat{u}_A}{U_{di}}$	Ventilstrom Strom-fluss-winkel	$\frac{I_{Aov}}{I_d}$	$\frac{I_{Aeff}}{I_d}$	Trafo $\frac{S_{Tr}}{U_{di} \cdot I_d}$	Netz $\frac{S_{Li}}{U_{di} \cdot I_d}$
Mittelpunktschaltungen	Zweipuls-Mittelpunkt-schaltung M2 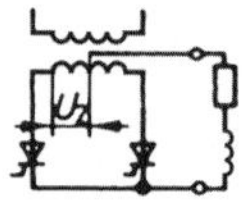		$\frac{2}{\pi}\sqrt{2}$ 0,90	2pulsig 0,482	$2\sqrt{2}$ 2,83	π 3,14	180°	$\frac{1}{2}$ 0,5	$\frac{1}{\sqrt{2}}$ 0,707	1,34	1,11
	Dreipuls-Mittelpunkt-schaltung M3 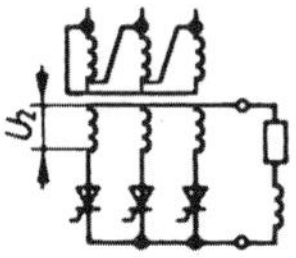	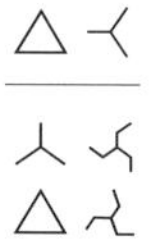	$\frac{3\sqrt{6}}{2\pi}$ 1,17	3pulsig 0,183	$\sqrt{3} \cdot \sqrt{2}$ 2,45	$\frac{2\pi}{3}$ 2,09	120°	$\frac{1}{3}$ 0,333	$\frac{1}{\sqrt{3}}$ 0,577	1,35 1,46	1,21
	Saugdrossel-schaltung M3.2 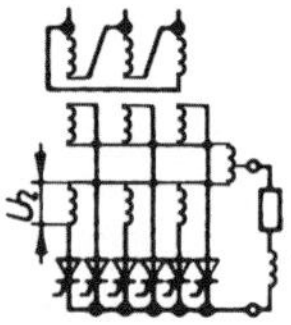		$\frac{3\sqrt{6}}{2\pi}$ 1,17	6pulsig 0,042	$\sqrt{3} \cdot \sqrt{2}$ 2,45	$\frac{2\pi}{3}$ 2,89	120°	$\frac{1}{6}$ 0,167	$\frac{1}{2\sqrt{3}}$ 0,289	1,26	1,05
Brückenschaltungen	Zweipuls-Brücken-schaltung B2 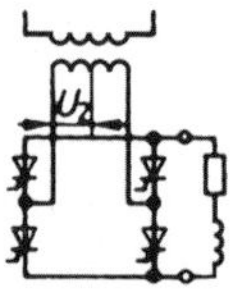		$\frac{4}{\pi}\sqrt{2}$ 1,80	2pulsig 0,482	$2\sqrt{2}$ 2,83	$\frac{\pi}{2}$ 1,57	180°	$\frac{1}{2}$ 0,5	$\frac{1}{\sqrt{2}}$ 0,707	1,11	1,11
	Sechspuls-Brücken-schaltung B6 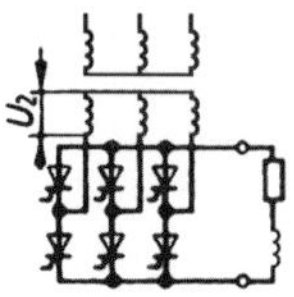	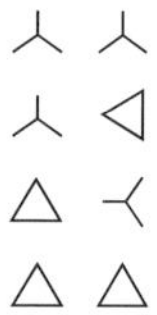	$\frac{3\sqrt{6}}{\pi}$ 2,34	6pulsig 0,042	$\sqrt{3} \cdot \sqrt{2}$ 2,45	$\frac{\pi}{3}$ 1,05	120°	$\frac{1}{3}$ 0,333	$\frac{1}{\sqrt{3}}$ 0,577	1,05	1,05

Die ventilseitige Wicklungsleistung ist also 48 % größer als die abgegebene Gleichstromleistung. Für den Effektivwert des netzseitigen Wechselstroms erhält man aus Bild **7**.6b nach Summenbildung der Quadrate aller Flächeninhalte bezogen auf 2π und anschließendem Wurzelziehen (Effektivwertbildung)

$$I_{1Str} = \sqrt{\left[\frac{2}{3}\pi \cdot \left(\frac{2}{3}I_d\right)^2 + \frac{4}{3}\pi \cdot \left(\frac{1}{3}I_d\right)^2\right]\frac{1}{2\pi}}. \tag{7.9}$$

Mit $I_d = I_{dN}$ (Bemessungsstrom) ergibt sich der primärseitige Strangstrom

$$I_{1Str} = \frac{\sqrt{2}}{3} \cdot I_{dN}. \tag{7.10}$$

Da das Übersetzungsverhältnis $\ddot{u} = 1:1$ angenommen wurde und bei Dreieckschaltung die Strangspannungen gleich den Leiterspannungen sind, gilt für die netzseitige Strangspannung

$$U_{1Str} = U_{2Str} = U_1 = 0{,}86 \cdot U_{di}. \quad (7.11)$$

Die netzseitige Wicklungsleistung ist dann

$$S_1 = 3 \cdot U_{1Str} \cdot I_{Str}$$

$$S_1 = 3\,\frac{\sqrt{2}}{3} \cdot 0{,}86 \cdot I_{dN} \cdot U_{di} = 1{,}21\ P_{di}. \quad (7.12)$$

Die netzseitige Wicklungsleistung ist also 21 % größer als die abgegebene Gleichstromleistung. Die primäre und sekundäre Wicklungsleistung stimmen nicht überein, weil die zeitlichen Verläufe der Strangströme nicht identisch sind und ihre Effektivwerte sich deshalb unterscheiden. Im vorliegenden Fall ergibt sich für die Transformator-Bauleistung nach Gleichung (7.13)

$$S_{Tr} = \frac{1}{2}\,(1{,}48 + 1{,}21)\ P_{di} = 1{,}35\ P_{di}. \quad (7.13)$$

Die Bauleistung des hier verwendeten Stromrichtertransformators ist um 35 % höher als die eines Transformators, in dem nur sinusförmige Ströme fließen.

Wenn der netzseitige Strom sinusförmig ist, stimmt die Scheinleistung mit der Gleichstromleistung überein. Eine Annäherung beider Leistungen erhält man, wenn man die Pulszahl erhöht, weil sich der Primärstrom dabei gleichzeitig einem sinusförmigen Verlauf annähert. Bei der Pulszahl $p = \infty$ wäre $S_1 = P_{di}$ und der Transformator wäre optimal ausgenutzt. In der Praxis geht man über die Pulszahl $p = 12$ aber nicht hinaus, sodass für alle realisierten Stromrichterschaltungen die Bauleistung des SRT größer als die abgegebene Gleichstromleistung ist (**7**.7).

Beispiel 7.1 Berechnen Sie mithilfe der Tab **1**.100 die Bau- und Typenleistung des Stromrichtertransformators mit $\ddot{u} = 1$, $U_{V0} = 230$ V, für die mit $R = 12\ \Omega$ belastete M1U-Schaltung.

Lösung $S_{2Tr} = U_{V0} \cdot I_V$

Nach Tab. **1**.135 ergibt sich:

$$I_V = \frac{U_{deff}}{R} = \frac{0{,}707 \cdot U_{V0}}{R}$$

$$I_V = \frac{230\ \text{V} \cdot 0{,}707}{12\ \Omega} = 13{,}55\ \text{A}$$

Dann erhält man für die sekundärseitige Scheinleistung

$S_{2Tr} = 230\ \text{V} \cdot 13{,}55\ \text{A} = 3116{,}5$ VA.

Weil der Transformator weder Gleichströme noch Gleichstromanteile übertragen kann, erscheint der primärseitige Strom als Sekundärstrom mit unterdrücktem Gleichstromanteil. Die mit den Effektivwerten zu berechnende Primärscheinleistung ergibt sich dann aus

$S_{1Tr} = u_{1eff} \cdot i_{1eff} = U_L \cdot I_L$. Mit

$I_l = I_d \cdot \dfrac{1{,}21}{\ddot{u}}$ und

$I_d = \dfrac{I_V}{1{,}57} = \dfrac{I_{RMS}}{1{,}57} = \dfrac{13{,}55\ \text{A}}{1{,}57} = 8{,}63$ A ist folglich

$I_L = 8{,}63\ \text{A} \cdot 1{,}21 = 10{,}44$ A.

Die primärseitige Scheinleistung beträgt dann

$S_{1Tr} = 230\ \text{V} \cdot 10{,}44\ \text{A} = 2401{,}89$ VA.

Für die Transformatorbauleistung S_{Tr} erhält man dann nach

$$S_{Tr} = \frac{S_{1Tr} + S_{2Tr}}{2} = \frac{2401{,}89\ \text{VA} + 3116{,}5\ \text{VA}}{2}$$

$S_{Tr} = 2759{,}29$ VA.

Für die Typenleistung der Stromrichterschaltung gilt:

$$\frac{S_{Tr}}{P_{di}} = \frac{S_{Tr}}{U_{di} \cdot I_d} = \frac{S_{Tr}}{0{,}45 \cdot U_{V0} \cdot I_d}$$

$$\frac{S_{Tr}}{P_{di}} = \frac{2759{,}29\ \text{VA}}{0{,}45 \cdot 230\ \text{V} \cdot 8{,}63\ \text{A}} = \mathbf{3{,}09}$$

Pro Watt Gleichstromleistung werden 3,09 W Transformatorbauleistung benötigt.

Bemessungsleistung. Auf dem Typenschild von Stromrichtertransformatoren wird nicht die Bauleistung angegeben. Die Bemessungsleistung ist vielmehr die aufgenommene Scheinleistung, weil ihr Wert (indirekt) messbar ist.

7.2 Wechselstrommaschinen

7.2.1 Einphasen-Reihenschlussmotor und Universalmotor

Im Abschnitt 2.2 wurde festgestellt, dass sich die Drehrichtung einer Gleichstrommaschine nicht umkehrt, wenn man die Netzleitungen gegeneinander vertauscht und damit die Stromrichtung in der Ankerwicklung *und* der Erregerwicklung gleichzeitig umkehrt. Das lässt die Schlussfolgerung zu, dass z. B. ein Gleichstrom-Reihenschlussmotor auch mit Wechselspannung betrieben werden kann (periodische Umkehr beider Stromrichtungen). Tatsächlich aber zeigt sich, dass ein solcher Motor infolge hoher Selbstinduktionsspannungen nur sehr wenig Strom aufnimmt und daher nur eine kleine Leistung abgeben kann. Die Ursache der Selbstinduktionsspannungen sind

Streufelder, sowohl in der Ankerwicklung als auch in der Erregerwicklung. Soll das Ankerfeld weitgehend beseitigt werden, kann man möglichst nah an der Ankerwicklung eine Kompensationswicklung anbringen, die wie bei Gleichstrommaschinen mit der Ankerwicklung in Reihe geschaltet wird, räumlich aber gegenüber der Erregerwicklung um 90° verschoben ist. Außerdem kann man eine Wendepolwicklung anbringen, um die Selbstinduktionsspannung bei der Stromwendung in der Neutralen Zone aufzuheben. Diese Wendepolwicklung schaltet man ebenfalls in Reihe mit der Ankerwicklung und der Kompensationswicklung.

Die Streufelder der Erregerwicklung werden verringert, indem man die Erregerspulen im Gegensatz zu den Gleichstrommaschinen in Nuten einbettet und sie damit ebenfalls dicht an den Anker heranbringt. Der Stator eines solchen Einphasen-Reihenschlussmotors ist daher ähnlich aufgebaut wie der Stator einer normalen Wechselstrommaschine. Die Schaltung zeigt Bild **7**.8.

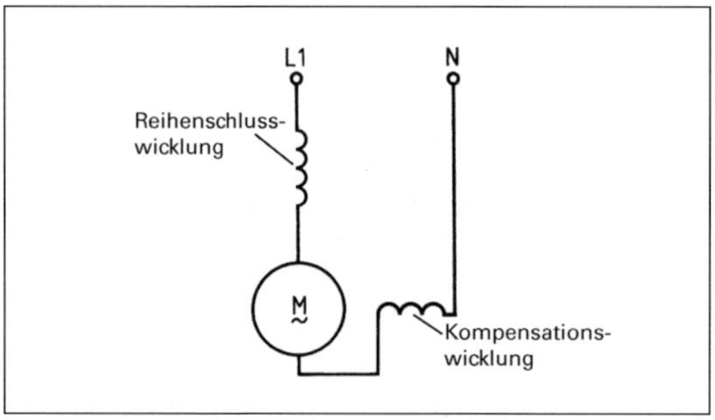

7.8 Einphasen-Reihenschlussmotor mit Kompensationswicklung

Schwierigkeiten bereiten bei den Einphasen-Reihenschlussmaschinen die Stromwendevorgänge, weil hier nicht nur Selbstinduktionsspannungen in den kurzgeschlossenen Ankerspulen, sondern zusätzlich Spannungen durch den die Spulen durchsetzenden magnetischen Wechselfluss (Transformatorwirkung) auftreten. Diesen Schwierigkeiten begegnet man u. a., indem man die Windungszahl je Ankerspule und damit deren Induktivität klein hält und harte Bürsten verwendet, deren Widerstand verhältnismäßig groß ist. Weiterhin werden schmale Bürsten verwendet, um die Zeit für den Spulenkurzschluss und damit die Einwirkung des Wechselfelds klein zu halten. Die geringe Windungszahl der Ankerspulen bewirkt aber eine große Spulenzahl und damit auch Lamellenzahl. Weil sich einerseits jedoch die Breite der Kollektorlamellen nicht beliebig verkleinern, andererseits aber auch der Durchmesser des Kollektors nicht beliebig vergrößern lässt, kann man Einphasen-Kollektormaschinen nicht für hohe Spannungen bauen. Setzt man dagegen die Frequenz herab, ist ein Betrieb mit höheren Spannungen möglich. Der Motor wurde vielfach im Bahnbetrieb eingesetzt und ist als Bahnmotor bekannt. Größere Maschinen werden häufig über einen vorgeschalteten Transformator betrieben.

Das Betriebsverhalten des Einphasen-Reihenschlussmotors entspricht dem des Gleichstrom-Reihenschlussmotors.

Universalmotor. Kleine Einphasen-Reihenschlussmotoren mit Leistungen bis zu 2 kW für Elektrowerkzeuge und für Haushaltsgeräte haben große Bedeutung erlangt.

Bild **7**.9 zeigt einen typischen Universalmotor und den zugehörigen Blechschnitt.

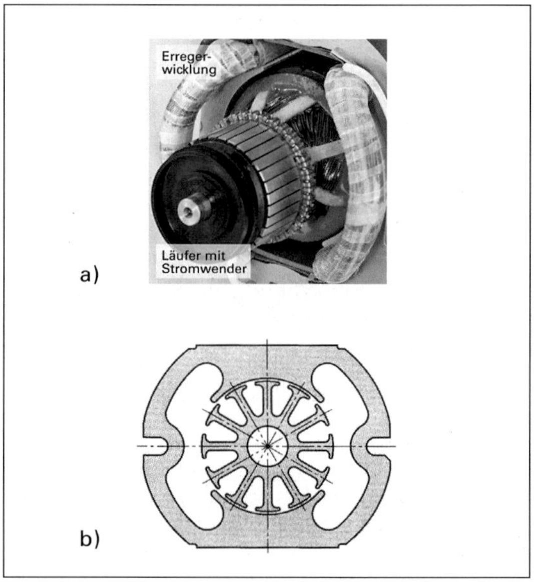

7.9 Universalmotor
a) Ansicht, b) Blechschnitt

Als *Universalmotoren* können sie sowohl an Gleichspannung als auch an Wechselspannung betrieben werden. Ein optimales Betriebsverhalten lässt sich für beide Stromarten nicht erreichen. So fällt im Wechselstrombetrieb die Drehzahl bei Belastung stärker ab als im Gleichstrombetrieb und das Bemessungsmoment ist bei Wechselstromanschluss ebenfalls geringer. Je kleiner ein Motor ist, umso kleiner ist sein Wirkungsgrad und umso größer ist sein Bauaufwand im Verhältnis zur Leistung. Weil aber die kühlende Oberfläche kleiner Motoren zur Leistung der Motoren relativ größer ist als bei großen Motoren, lassen sich Kupfer und Eisen höher beanspruchen, ohne dass die Maschine schnell „verbrennt“ (s. Abschn. 2.13.1).

Häufig werden die Universalmotoren drehzahlgesteuert eingesetzt, die prinzipielle Schaltung zeigt Bild **7**.10.

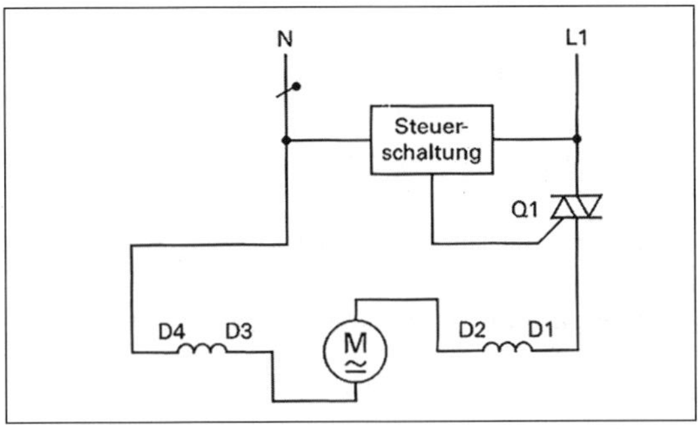

7.10 Drehzahlsteuerung eines Universalmotors, Prinzip

7.2.2 Repulsionsmotor

Der Repulsionsmotor ist ein Einphasenmotor, der über die Position der Bürsten gesteuert werden kann. Er diente früher mit Leistungen bis zu 100 kW als Kran- oder Bahnmotor und wird heute nicht mehr eingesetzt. Die Ständerwicklung ist mit einer üblichen in Nuten eingelegte Einphasenwechselstromwicklung ausgerüstet. Der Läufer ist als Anker wie bei einer Gleichstrommaschine mit einer Gleichstromwicklung und einem Kollektor ausgeführt. Der Ständer und der Läufer des Repulsionsmotors sind galvanisch nicht miteinander verbunden. Auf dem Kollektor sitzt ein mechanisch verstellbares, kurzgeschlossenes Bürstenpaar, das zwischen Anlass- und Kurzschlussstellung zum Einstellen der Drehzahl verdreht werden kann. Die spezielle Bauart des Repulsionsmotors mit zwei kurzgeschlossenen Bürstenpaaren ist als Déri-Motor bekannt. Er hat dieselbe Wirkungsweise, ist aber feinstufiger einstellbar.

Beim Anlegen der Netzwechselspannung erzeugt die Ständerwicklung ein pulsierendes Magnetfeld, das in die Ankerwicklung eine Spannung induziert. In der Anlaufstellung bzw. Leerlaufstellung steht das kurzgeschlossene Bürstenpaar so auf dem Kollektor, dass die induzierten Spannungen in der Ankerwicklung gegeneinander wirken und der Anker stromlos ist. Die Ständerwicklung nimmt nur den Leerlaufstrom auf. Wird die kurzgeschlossene Bürstenbrücke verdreht, heben sich die induzierten Spannungen nicht mehr auf und aufgrund des nun fließenden Ankerstroms wird ein Drehmoment erzeugt, das den Anker in Drehung versetzt. Je nach Verstellrichtung der Bürsten wird der Motor in die eine oder in die andere Drehrichtung anlaufen und zwar entgegengesetzt der Verstellrichtung der Bürsten; der Anker wird gewissermaßen „zurückgestoßen" (lat. repellere = zurückstoßen).

Bei der maximal möglichen Bürstenverstellung von 90° elektr. nimmt der Motor einen großen Kurzschlussstrom auf. Da das Ständer- und das Ankerfeld hierbei gleiche Richtung aufweisen, entsteht kein Drehmoment und der Motor bleibt trotz der hohen Stomaufnahme stehen. Diese Bürstenstellung heißt Kurzschlussstellung. In Betriebsstellung zwischen Leerlauf und Kurzschluss sind Verstellwinkel von 60° bis 70° elektr. üblich. Im Betrieb weist der Repulsionsmotor Reihenschlussverhalten auf. In der Praxis wird der Repulsionsmotor nicht mehr eingesetzt.

7.2.3 Drehstrom-Kollektormotor

Diese Maschinen wurden in früheren Jahren als Reihenschluss- und als Nebenschlussmotoren gebaut, die Nebenschlussmotoren in „ständergespeister" oder in „läufergespeister" Ausführung. Von gewisser Bedeutung sind noch die läufergespeisten Drehstrom-Nebenschlussmotoren. Der Name „Nebenschlussmotor" ist weniger auf die Schaltung als auf das Betriebsverhalten zurückzuführen. Wie der Gleichstrom-Nebenschlussmotor ist auch seine Drehzahl für unterschiedliche Belastungen annähernd konstant.

Aufbau und Betriebsverhalten. Der Stator entspricht dem einer normalen Drehstrommaschine. Im Läufer sind zwei Wicklungen vorhanden. Eine Wicklung, die wie eine Schleifringläuferwicklung an Schleifringe angeschlossen ist und eine weitere Wicklung, die wie eine Gleichstrom-Ankerwicklung an einen Kollektor angeschlossen ist.

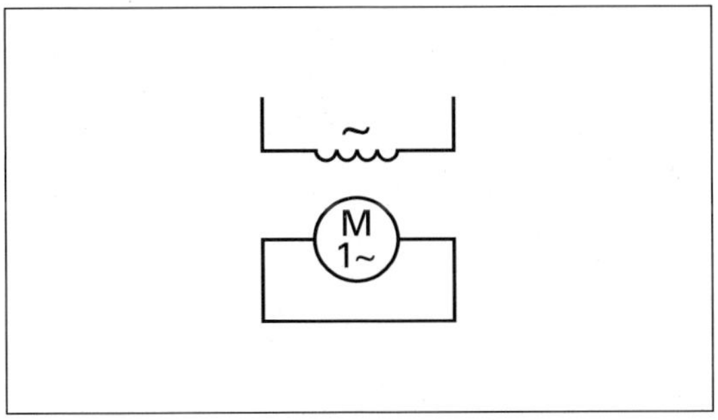

7.11 Repulsionsmotor

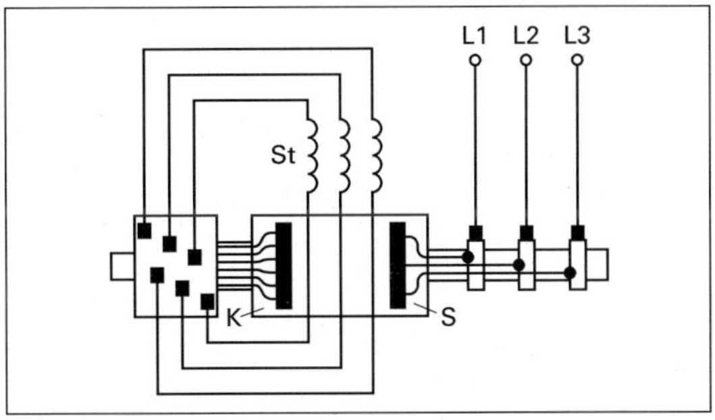

7.12 Drehstrom-Nebenschlussmotor, läufergespeist

Auf dem Kollektor sind zwei Bürstensätze mit je drei Bürsten so angeordnet, dass sich die einzelnen Bürstensätze als Ganzes gegeneinander verstellen lassen. Die sechs Bürsten sind entsprechend Bild **7**.12 mit den Anfängen bzw. Enden der drei Wicklungsstränge im Stator verbunden. Die Schleifringläuferwicklung wird an die Netzspannung angeschlossen und erzeugt ein Drehfeld. Die Kollektorwicklung erhält durch Transformatorwirkung eine Spannung mit Netzfrequenz. Sie wird aber vom Stromwender auf „Schlupffrequenz" des Statorteils gebracht, der Statorwicklung aufgedrückt und bewirkt dadurch eine Drehzahländerung. Stellt man die gegeneinander verschiebbaren Bürsten paarweise gegenüber auf die gleichen Kollektorlamellen, ist die der Statorwicklung aufgedrückte Schlupfspannung null und der Motor läuft wie ein normaler Käfigläufermotor mit „kurzgeschlossener" Sekundärwicklung. Eine Verstellung der Bürsten gegeneinander bewirkt eine Schlupfspannung auf die Statorwicklung und damit eine Drehzahländerung. Gegenüber den normalen Drehstromkäfigläufermotoren lässt sich die Drehzahl des Drehstrom-Kollektormotors verlustlos steuern. Die Motoren haben einen hohen Leistungsfaktor, sind aber wegen des großen Bauaufwands teuer und haben einen schlechten Wirkungsgrad.

7.2.4 Energiesparmotoren

In der Verordnung zur umweltgerechten Gestaltung von Elektromotoren stellt die Kommission der EU fest: „Für diejenigen Industriebetriebe in der Gemeinschaft, die im Rahmen ihrer Produktionsprozesse Motoren einsetzen, sind Elektromotoren der wichtigste elektrische Verbraucher. Auf die Antriebssysteme, in denen diese Motoren zum Einsatz kommen, entfallen circa 70 % des Stromverbrauchs der Industrie. Die Energieeffizienz dieser Antriebssysteme kann kostengünstig um insgesamt 20 bis 30 % gesteigert werden. Einer der wichtigsten Faktoren bei dieser Effizienzsteigerung ist die Nutzung energieeffizienter Motoren."

Neben den Einsparpotentialen, die sich durch die Optimierung des gesamten Antriebsstrangs (**7**.13) ergeben, liegt nach einem Bericht der EU das größte Einsparpotential in der mechanischen Optimierung der angetriebenen Arbeitsmaschine, z. B. dem Lüfter, der Pumpe, dem Kompressor usw.

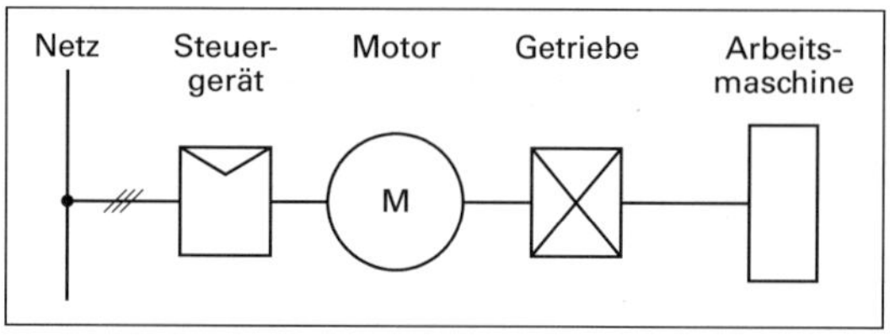

7.13 Antriebsstrang, schematisch

Der Antriebsstrang besteht im Wesentlichen aus den Komponenten

- Gerät zum Ansteuern der Motoren (Schütz, Sanftstarter, Frequenzumrichter usw.),
- Elektromotor,
- Anpassung an die Arbeitsmaschine (Getriebe, Zahnriementrieb usw.),
- Arbeitsmaschine wie Lüfter, Pumpe usw.

Die Tabelle **7**.14 zeigt entsprechend dem Bericht der EU die verschiedenen Einsparpotentiale auf.

Tabelle **7**.14 **Einsparpotentiale eines Antriebsstrangs**

Systemkomponenten eines elektrisch angetriebenen Antriebsstrangs	**Einsparpotential in %**
1. Vermehrter Einsatz von Energiesparmotoren	10 %
2. Elektronische Drehzahlregelung	30 %
3. Mechanische Systemoptimierung	60 %
Summe	100 %

Betrachten wir den Antriebsmotor auf der Basis eines Standard **Asynchronmotors**, der in den meisten Fällen als Motor eingesetzt ist. Hier ergeben sich Einsparoptimierungen (**7**.15) für einen energieeffizienten Asynchronmotor.

Tabelle **7**.15 **Verlustoptimierung beim Asynchronmotor**

Verlustart	**Maßnahmen zur Verlustreduzierung**
Statorverluste	Drahtdurchmesser vergrößern, Windungszahl ändern, Verbessern der magnetischen Auslegung
Eisenverluste	Dünnere Eisenbleche, bessere Permeabilität des Eisens
Streuverluste	Verschiedene Aspekte wie die Art des Wickelkopfes
Rotorverluste	Vergrößern der Leiterstäbe und der Kurzschlussringe, Leiter des Rotors aus Kupferstäben oder Kupferspritzguss (Kupferrotor)
Reibungsverluste	Bessere Lager, Luftstromoptimierung

Einen großen Anteil an den Verlusten einer Asynchronmaschine haben die Läuferkupferverluste $P_{Cu2} = P_d \cdot s$, die sich durch den Schlupf s der Maschine ergeben (Abschn.4.5.4). Diese Verluste entfallen, wenn der Läufer synchron mit dem Statorfeld dreht, dann sind der Schlupf s und die Kupferverluste Null. Dieser Ansatz wird vielfach bei den Energiesparmotoren eingesetzt: In der Übersichtstabelle **7**.16 sind neben dem optimierten Asynchronmotor mit Kupferläufer die im Betrieb synchron laufenden Motoren aufgeführt, wie der Synchron-Reluktanzmotor, der Permanentmagnet-Motor und der selbstanlaufende Line-Start-Permanentmagnetmotor (Hybridmotor). Das Drehmoment wird in diesen Motoren aufgrund der Reluktanzkraft (Maxwellschen Kraft) erzeugt (s. Abschn. 1.5.1). Werden im Läufer Magnete eingesetzt, muss die Magnetisierung des Läufers nicht dem Netz entnommen werden. Der Wirkungsgrad wird weiter verbessert.

Neben der Verbesserung der Energieeffizienz geht die Entwicklung zu kleineren Baugrößen bei gleicher Leistung. Nach der tabellarischen Übersicht der Energiesparmotoren werden das Prinzip des Reluktanzmotors, des Synchron-Reluktanzmotors und des Permanentmagnet-Motors im Einzelnen erläutert.

Tabelle **7**.16 **Übersicht über Energiesparmotoren**

Motorart	**Beschreibung**	**Eigenschaften**
Asynchronmotor mit Kupferläufer 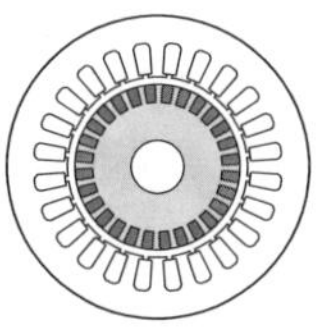	– Stator energieoptimiert oder einfach als Standardstator einer Asychronmaschine – Der Läuferkäfig mit Kupferstäben und Kupferkurzschlussringen oder mit einem Käfig aus Kupferdruckguß hat einen niedrigeren Widerstand als ein Standardläufer mit Aluminiumkäfig und damit geringere Verluste – Die Wirkungsweise ist die gleiche wie die eines Standard-Asynchronmotors	– Ausgeführt in IEC-Baugrößen, teils kleiner – Erreicht Effizienzklassen IE3/IE4 – Für Standard-Umrichter geeignet – Im Vergleich zum Standard-Asynchronmotor höherer Anlaufstrom, andere Anlaufmomente und kleinerer Schlupf
Synchron-Reluktanz-Motor 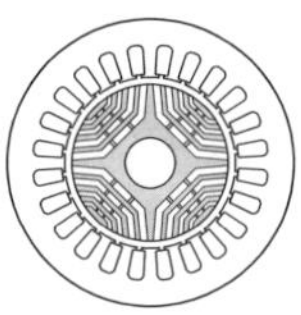	– Stator energieoptimiert oder einfach als Standardstator einer Asychronmaschine – Läufer ohne Wicklung – Spezieller Blechschnitt des Läufers mit magnetischen Vorzugs- und Sperrichtungen – Nutzung des Reluktanzmomentes – Bedarf eines Anschlusses über Umrichter – In besonderer Variante mit Nutung und Kurzschlusswicklung für den Selbstanlauf am Netz	– Ausgeführt in IEC Baugrößen, teils kleiner – Erreicht leicht die Effizienzklasse IE4 – Nach Anlauf im Betrieb synchroner Lauf, daher keine Läuferkupferverluste P_{Cu2} – Benötigt immer Umrichter, der wegen schlechterem cos φ als des Permanentmagnetmotors hier oft größer gewählt wird – Vielfach verwendet für Pumpen- und Lüfterantriebe
Permanentmagnet-Motor mit 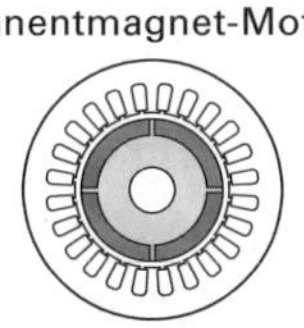 a) Oberflächen-Magneten,  b) vergrabenen Magneten	– Stator energieoptimiert oder einfach als Standardstator einer Asychronmaschine – Läufer mit auf der Oberfläche montierten oder im Läufer „vergrabenen" Magneten – Vergleichbar mit Servomotor oder auch Synchronmotor jedoch in IEC Ausführung – Benötigt immer Regler – In besonderer Ausführung mit Nutung und Kurzschlussring wie Line-Start-Permanentmagnetmotor s. u.	– Ausgeführt in IEC Baugrößen, teils kleiner – Erreicht leicht die Effizienzklasse IE4 in einigen Fälle auch die neu konzipierte Klasse IE5 – Umrichter benötigen ggf. Positionsrückführung – Hoher Wirkungsgrad wegen fehlender Kupferverlusten und Magnetisierung durch Permanentmagnete – Hochpreisig wegen Permanentmagnete aus seltenen Erden
Line-Start-Permanentmagnetmotor (Netzstartender Permanentmagnet Motor) 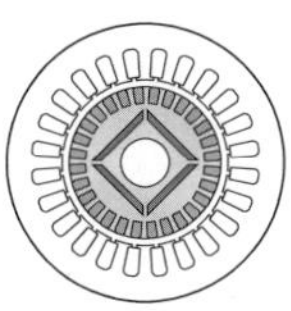	– Stator energieoptimiert oder einfach als Standardstator einer Asychronmaschine – Mit Kurzschlusskäfig als Anlaufhilfe bzw. Dämpfungswicklung – Im Rotor vergrabene Magnete – Selbstanlauf über Kurzschlusswicklung dann nach Hochlauf selbstsynchronisierend wie der Reluktanzmotor, vgl. Abschn. 7.2.4.1	– Ausgeführt in IEC Baugrößen, teils kleiner – Erreicht leicht die Effizienzklasse IE4 – Kein Schweranlauf, keine hohe Dynamik – Probleme bei schwachen Netzen und Laststößen – Hochpreisig wegen Permanentmagneten aus seltenen Erden – Bei Umrichterbetrieb aufgrund der Dämpfungswicklung etwas schlechterer Wirkungsgrad als beim reinen Permanentmagnetmotor

7.2.4.1 Der Reluktanzmotor

Der Reluktanzmotor für den Netzbetrieb – kurz Reluktanzmotor – ist ein Drehstrommotor, der wie ein Asynchronmotor hochläuft und dann in den Synchronismus hineingezogen wird. Im Betrieb läuft er mit einer der Netzfrequenz proportionalen Drehzahl, $n_d = f/p$. Der Ständer weist den gleichen Aufbau wie der Asynchronmotor auf. Der Läufer ist ein Kurzschlussläufer besonderer Bauweise (**7**.17). Wesentliches Merkmal sind die der Polzahl entsprechenden Aussparungen am Läuferumfang, die auch mit Aluminium ausgefüllt sein können.

Der magnetische Widerstand ändert sich wie bei der Schenkelpolmaschine entlang dem Läuferumfang periodisch mit der Polzahl. Abwechselnd sind ein ausgeprägter Pol und eine Pollücke vorhanden.

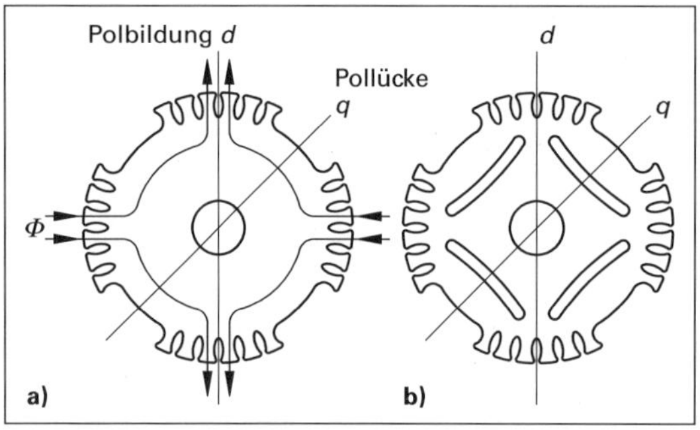

7.17 Vierpoliger Reluktanzmotor, Blechschnitt des Kurzschlussläufers mit Angabe der Längskoordinate *d* und der Querkoordinate *q*

a) entwickelt aus Kurzschlussläufer
b) mit Flusssperren im Bereich der Pollücken

Die Wirkungsweise lässt sich entsprechend dem Verhalten eines Synchronmotors mit Schenkelpolläufer erklären. In der erregten Schenkelpolmaschine richtet sich das Magnetfeld des Läufers nach dem umlaufenden Ständerfeld aus. Der Läufer dreht synchron mit dem Ständerdrehfeld. Wird die Erregung verringert, nimmt der Ständer die nötige Magnetisierungsleistung aus dem Netz auf. Auch bei abgeschalteter Erregung läuft der Schenkelpolläufer bei mäßiger Last noch synchron weiter, weil die Polung des Läufers erhalten bleibt. Wegen der besseren magnetischen Leitfähigkeit der Längskoordinate *d* (geringer Luftspalt) drängen sich in den ausgeprägten Polen die Feldlinien zusammen. Bei steigender mechanischer Belastung vergrößert sich der Lastwinkel. Aufgrund der magnetischen Kopplung zwischen dem Ständerdrehfeld und dem gepolten Läufer entsteht ein Drehmoment – das Reluktanzmoment (s. Abschn. 1.5.1). Das Prinzip des unerregten Synchronmotors mit Schenkelpolläufer gilt wegen des ähnlichen Aufbaus des Läufereisens auch für den Reluktanzmotor. Sein Name leitet sich ab aus dem Widerstreben (lat. reluctare = sich sträuben, sich widersetzen) des magnetischen Flusses, den größeren Luftspalt der Pollücken zu überwinden.

Weil in die Nuten des Läufers eine Kurzschlusswicklung eingelegt ist, läuft der Reluktanzmotor wie ein Kurzschlussläufermotor asynchron bis in die Nähe der synchronen Drehzahl hoch. Dann wird er durch das Reaktionsmoment in den Synchronismus hineingezogen.

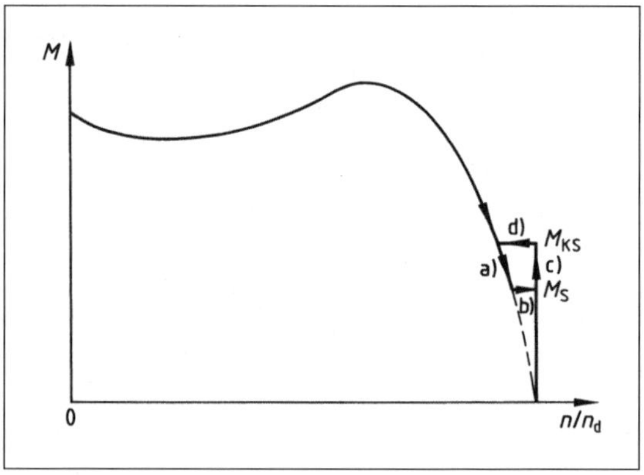

7.18 Drehmoment-Drehzahl-Kennlinie des Reluktanzmotors

a) Anlauf
b) Intrittziehen
c) Belastungsänderung
d) Außertrittfallen, M_S synchrones Intrittziehmoment, M_{KS} synchrones Kippmoment

Nach Erreichen der synchronen Drehzahl lässt er sich bis zum synchronen Kippmoment belasten. Bei Überlastung fällt der Motor außer Tritt und läuft asynchron weiter. Fällt das Gegenmoment der Arbeitsmaschine wieder unter das Intrittziehmoment zurück, synchronisiert er sich wieder selbst (**7**.18).

Reluktanzmotoren sind meist aus den Käfigläufermotoren der IEC-Motorenreihe abgeleitet. Die Leistung erreicht maximal etwa 50 % der Typenleistung eines entsprechenden Käfigläufermotors.

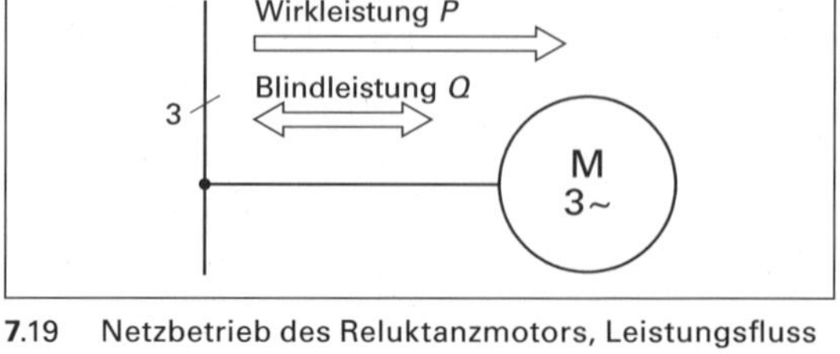

7.19 Netzbetrieb des Reluktanzmotors, Leistungsfluss

Wegen der hohen, aus dem Netz entnommenen Magnetisierungs-Blindleistung erreichen die Motoren nur einen geringen Leistungsfaktor cos $\varrho \approx 0{,}5$ und einen geringen Wirkungsgrad $\eta \approx 0{,}6$. Die Eigenschaften der Motoren lassen sich verbessern, wenn die ausgeprägte Polung des Läufers mehr zum Tragen kommt. In neu entwickelten Läuferbauformen erreicht man dies z. B. dadurch, dass Luftspalte im Läufereisen als Flusssperre für den magnetschen Fluss im Bereich der Pollücken wirken (**7**.17 b) oder dass vergrabene Permanetmagnete im Läufer eingelegt werden. Reluktanzmotoren werden heute mit Leistungen bis zu 10 kW dort eingesetzt, wo eine größere Anzahl von Antrieben an verschiedenen Stellen einer Maschine mit genau gleicher Drehzahl (synchrone Drehzahl) arbeiten muss, z. B. in Aufwickelmaschinen zur Kunstfaserherstellung.

7.2.4.2 Synchron-Reluktanzmotor

Der **Synchron-Reluktanzmotor** ist ein Drehstrommotor hoher Energieeffizienz, der über Frequenzumrichter betrieben wird und nicht für den direkten Netzanschluss geeignet ist. Bild **7**.20 zeigt das Schnittbild der typischen Bauweise.

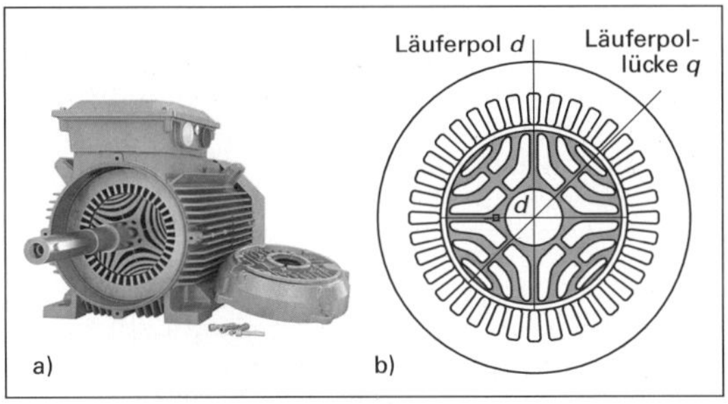

7.20 Synchron-Reluktanzmotor, 4-polig
a) Foto, © ABB, b) Schnittbild

In den Nuten des geblechten Ständers liegt eine Standard-Drehstromwicklung. Der magnetlose Läufer ist aus Blechen geschichtet und weist keine Wicklung, keinen Käfig und auch keine Kurzschlussringe aus Aluminium oder Kupfer auf. Seine Wirkung ergibt sich wegen der optimierten Führung des magnetischen Flusses durch den aus anisotropen Blechen geschichteten Läufer. Die magnetisch gut leitenden Stege in der *d*-Achse und die magnetisch schlechtleitenden Sperren in der *q*-Achse führen im Betrieb zu einer ausgeprägten Polung. Je größer der magnetische Fluss in *d*-Richtung im Verhältnis zu dem in *q*-Richtung ist, desto größer ist das Spitzendrehmoment des Motors. Wegen des materialsparenden Aufbaus des Läufers hat er eine geringe Massenträgheit und ist kostengünstig zu fertigen. Vorteilhaft ist auch, dass keine Permanentmagnete aus seltenen Erden verbaut sind, wie vielfach bei anderen Energie sparenden Motoren üblich.

Direkt angeschlossen kann der Motor am Netz nicht anlaufen. Für den Betrieb ist ein Spannungszwischenkreis-Frequenzumrichter (*U*-Umrichter) notwendig. Es lässt sich die Drehzahl von Null bis zur Betriebsdrehzahl führen und während des Betriebes verstellen. Der Motor synchronisiert sich aufgrund der Bauweise mit dem Ständerdrehfeld. Folgt der Läufer synchron dem Statorfeld, ist er wie eine Synchronmaschine (s. Abschn. 4.7.5.2) quasi federnd mit dem Drehfeld verbunden. Bei Belastung entsteht ein nacheilender Polradwinkel, der maximal 90° el. betragen darf.

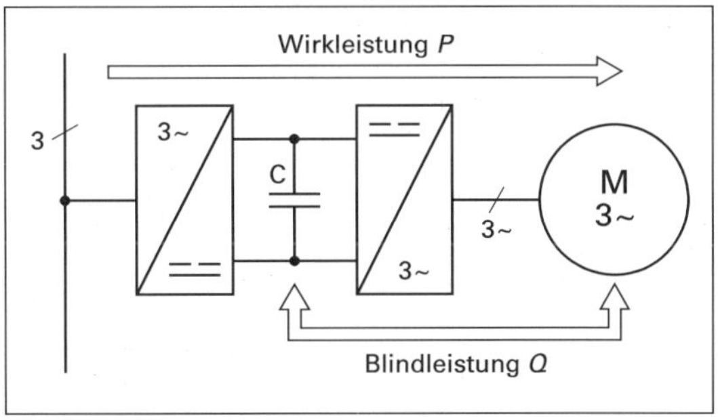

7.21 Synchron-Reluktanzmotor, Anschluss und Leistungsfluss

Der Motor selbst hat aus Kostengründen keinen Lagegeber. Der Freqenzumrichter muss sensorlos durch eine feldorientierte Regelung (s. Abschn. 1.7.5.5) die Rotorlage erkennen, um die Ständerwicklung adäquat zu bestromen.

Der Antrieb bezieht aus dem Netz nur Wirkleistung, die notwendige Blindleistung pendelt zwischen der Maschine und dem Zwischenkreiskondensator (Bild **7**.21).

Die Synchronreluktanzmotoren erreichen die **Wirkungsgradklasse IE5** (Ultra Premium Efficiency); s. Abschn. 1.5.4 Der sehr gute Wirkungsgrad ergibt sich wegen des speziellen Läufers, weil

- keine Stromwärmeverluste wegen der fehlenden stromdurchflossenen Läuferwicklung entstehen und
- keine Ummagnetisierungsverluste des Läufers wegen des synchronen Laufs auftreten.

Da im Läufer keine Wärmeverluste auftreten, bleiben auch die Lager kühler und die Motorerwärmung fällt insgesamt geringer aus als bei Asynchronmotoren. Wenn auch die Wicklungsverluste im Ständer wegen des höheren Magnetisierungsanteils etwas größer sind, ist sind Wirkungsgradklassen gut IE4 bzw. IE5 erreichbar.

Beispiel 7.2 Beispielhaft sind die Bemessungswerte für einen 4-poligen Synchron-Reluktanzmotor im Umrichterbetrieb von einem Hersteller angegeben:

P_N = 75 kW, n_N = 1500 min^{-1}, η_{Mot} = 0.96, I_N = 173 A, M_N = 478 Nm, M_{max} = 2 M_N, n_{max} = 2100 min^{-1}, η_{Mot+FU} = 0,936, Schutzart IP55, Eigenkühlung IC411, Isolationsklasse F, Wärmeklasse B.

Im Vergleich beträgt der Wirkungsgrad eines IE2 Motors gleicher Leistung mit Frequenzumrichter η_{Mot+FU} = 0,906.

Auch im Teillastbereich hat der Synchron-Reluktanzmotor einen sehr guten Wirkungsgrad. Somit ist er für Betriebsfälle mit wechselnden Lasten gut geeignet. Für Pumpen- und Lüfterantriebe mit hohen Betriebsstundenzahlen lässt sich dieser Motortyp sehr wirtschaftlich einsetzen. Er kann auch gegen das volle Bemessungsmoment anlaufen, wie bei Kompressoren gewünscht.

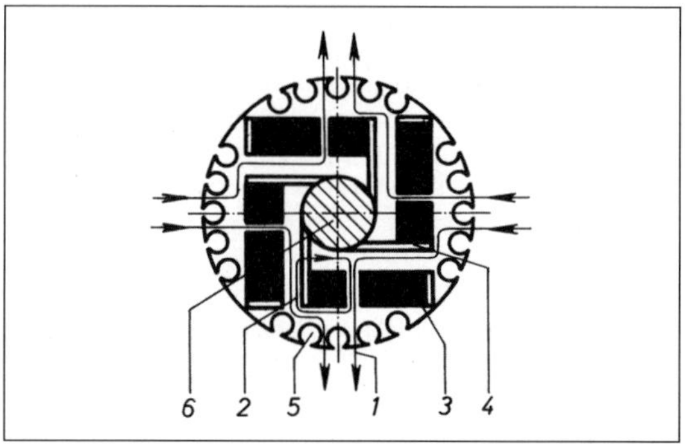

7.22 Läuferquerschnitt eines permanenterregten Synchronmotors, © Siemens AG
1 Permanentmagnetfluss
2 Streufluss
3 Blockmagnete
4 unmagnetische Trennfugen
5 Käfigläufer
6 unmagnetische Welle

7.2.4.3 Drehstromsynchronmotor mit permanenterregtem Läufer

Dieser Motor wird wie der Reluktanzmotor in der Chemiefaser-Industrie eingesetzt, wenn belastungsunabhängig konstante Drehzahlen erforderlich sind. Die Drehstromwicklung im Stator und der Anlaufkäfig im Läufer sind ähnlich wie bei der Asynchronmaschine und dem Reluktanzmotor. So ist er, wie auch die anderen Käfigläufermotoren, einfach und robust aufgebaut. Der wesentliche Unterschied zu ihnen besteht darin, dass in das Läuferblechpaket Permanentmagnete eingesetzt sind. In neuerer Bauweise wird er auch als Line-Start-Permanentmagnetmotor bezeichnet (s. 7.16)

Aufbau und Betriebsverhalten. Bild 7.22 zeigt den Aufbau eines vierpoligen Läufers. Durch geeignete Ausbildung und Anordnung der Permanentmagnete ergeben sich bestimmte magnetische Wege zum Leiten des von den Permanentmagneten erzeugten magnetischen Flusses. Der magnetische Nutzfluss verläuft dabei ähnlich wie bei einer normalen gleichstromerregten Synchronmaschine. Daher entspricht das Betriebsverhalten weitgehend dem des üblichen Synchronmotors mit Anlaufkäfig. Im Gegensatz zu dem auch synchronlaufenden Reluktanzmotor entnimmt der permanenterregte Motor die Magnetisierungsleistung nicht dem Netz. Daher hat er einen besseren Leistungsfaktor und einen besseren Wirkungsgrad. In Sonderfällen werden cos φ = 0,95 und η = 0,85 erreicht. Meist werden die Motoren als drehzahlveränderliche Antriebe mit einem Steuerbereich von etwa 1:3 bis 1:10 eingesetzt. Die Speisung erfolgte über Frequenzumformer.

Synchrone Kleinstmotoren werden in den verschiedenen Konstruktionen für Uhren, Programmschalter, Phonogeräte usw. gefertigt. Als Ständer einphasiger Motoren verwendet man meist eine dem Spaltpolmotor ähnliche Ausführung. Die stromdurchflossene Ständerwicklung erzeugt ein elliptisches Drehfeld (s. Abschn. 4.6.2). Der Läufer kann z. B. wie in Bild 7.23a als wicklungsfreier Läufer nach Art eines Zahnrads ausgeführt sein. Die in die Blechteile des Läufers induzierten Wirbelströme lassen den Motor asynchron anlaufen.

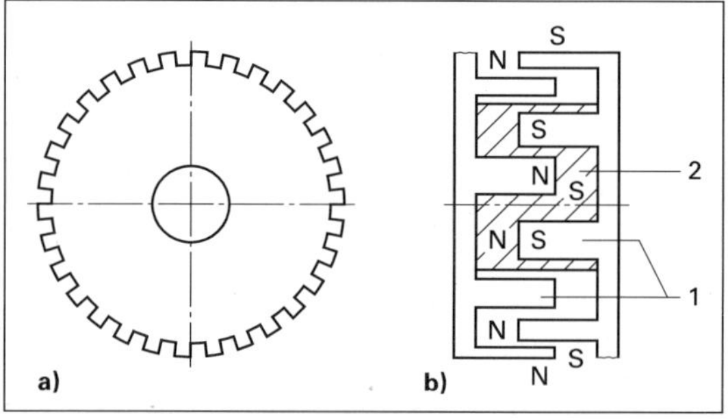

7.23 Läufer von Synchron-Kleinstmotoren
a) gezahnter Läufer
b) Klauenpolläufer mit Klauenpolen aus Weicheisen (*1*) und Permanentmagnet (*2*)

In der Nähe der synchronen Drehzahl synchronisiert er sich dann wie der Reluktanzmotor selbst. Auch hier lässt sich die Betriebseigenschaft, besonders das Drehmoment, durch einen permanenterregten Läufer verbessern. Der Läufer nach Bild 7.23b ist ein Klauenpolläufer mit eingesetztem Permanentmagnet, sodass sich ein Polrad ausbildet.

7.2.4.4 Torquemotoren

Torquemotoren (engl.: Torque = Drehmoment) sind rotierende Direktantriebe, die bei relativ kleiner Drehzahl ein sehr hohes Drehmoment erzeugen können. Sie sind eine spezielle Klasse bürstenloser permanent-erregter Synchronmotoren. Als Servomotoren (s. Abschn. 6) sind diese bis ca. 100 Nm etabliert. Als Hauptantriebe und bei größeren Drehmomenten – 100 Nm bis zu Spitzenwerten von 170 000 Nm – werden Torquemotoren eingesetzt, sie zählen zur Familie der Direktantriebe, die die zu bewegende Last direkt mit dem Rotor verbindet und dadurch die Verwendung von Kraftübertragungselementen wie Getriebe und Kupplungen verzichtbar macht. Zu den Direktantrieben gehören auch die Linearantriebe (Abschn. 7.2.5)

Die Vorteile des Direktantriebes gegenüber Antrieben mit Getriebe sind:

- keine vorhandenen Lose oder Spiele, der Antriebsstrang wird steifer und einfacher regelbar
- geringere Trägheit führt zu größerer Dynamik
- Energieeinsparungen und höherer Gesamtwirkungsgrad
- geringerer Wartungsaufwand
- keine Ausfälle durch Getriebeschäden
- geringerer Montage- und Inbetriebnahmeaufwand
- Kompaktheit der Gesamtmaschine
- konstruktive Maschinenaufgaben können durch den Motor übernommen werden
- geräuschärmer

Wegen dieser Vorteile sind Effizienzsteigerungen des Antriebssystems gegenüber herkömmlichen Antrieben zwischen 20 % und 40 %, in Sonderfällen auch höher, möglich.

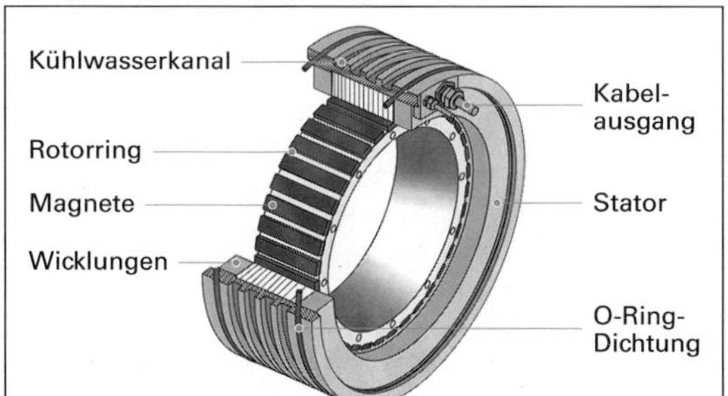

7.24 Aufbauprinzip Torquemotor, © Etel

Aufbau. Kernstück des getriebelosen Systems ist ein hochausgenutzter, permanenterregter Synchronmotor, der als Langsamläufer hochpolig ausgeführt wird. Eine typische Bauart ist in Bild **7.24** dargestellt. Diese Motoren können im Gegensatz zu Asynchronmaschinen, die auch bei kleinen Drehzahlen den vollen Magnetisierungsstrom für das Rotorfeld benötigen, problemlos hochpolig ausgeführt werden. Die Läufererregung wird durch kräftige Selten-Erden-Magnete bereitgestellt. Wegen der fehlenden Läuferverluste und der geringen Magnetisierungsströme erreichen Torquemotoren im Vergleich zu Asynchronmotoren deutlich bessere Wirkungsgrade bis zu 98 %.

Sie werden typischerweise im Bereich von 10 bis 100 Polen angeboten. Je höher die Polzahl, desto größer ist der Maschinen- und damit der Luftspaltdurchmesser, wo das Drehmoment entwickelt wird. Die größten Torquemotoren weisen zurzeit Außendurchmesser bis zu 2 m auf. Mit der Größe des Luftspaltdurchmessers nimmt das erzielbare Drehmoment im Quadrat zu. Mit Hilfe der starken Permanentmagnete beträgt die Kraftdichte eines Torquemotors im Luftspalt 4 bis 7 N/cm^2. So lassen sich mit diesen Motoren getriebelose Antriebskonzepte auch für kleine Drehzahlen bei gleichzeitig hohem Drehmoment verwirklichen. Die hochpolige Ausführung führt zu kurzen Wickelköpfen, dünnen Statorjochen und unterstützt so eine platzsparende und kompakte Bauweise (**7**.25). Wegen der hohen Ausnutzung der Maschine sind die Torquemotoren häufig wassergekühlt. Die Bestromung des Stators erfolgt über den Umrichter, der Teil des Gesamtsystems ist.

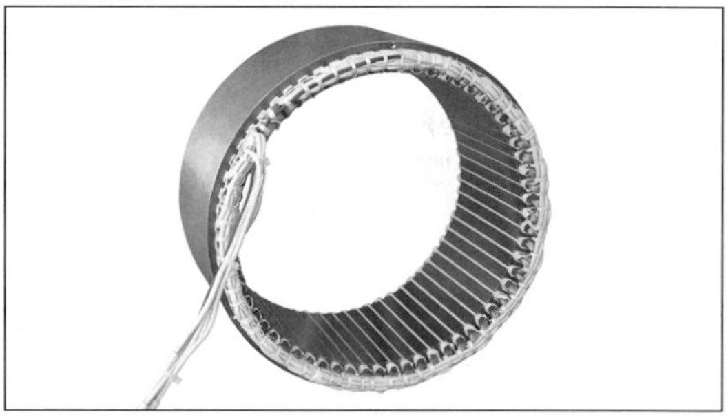

7.25 Statorwicklung, Torquemotor, © FGB

Drehmomente. Torquemotoren sind für ein hohes Drehmoment bei niedrigen Drehzahlen oder gar im Stillstand ausgelegt. Im Gegensatz zu herkömmlichen Antrieben ist deshalb bei der Dimensionierung und Auswahl von Torquemotoren nicht die Leistung sondern allein das Drehmoment ausschlaggebend. Grundsätzlich entspricht das Spitzendrehmoment dem Maximaldrehmoment, das der Motor physisch erzeugt, unter Bemessungsdrehmoment (Betriebsart S1) dagegen versteht man das Drehmoment, das der Motor kontinuierlich liefern kann. Je nach Arbeitszyklus der Anwendung muss das Spitzen- oder das Dauerdrehmoment als maßgebliche Größe herangezogen werden. In der Betriebsart S3 sind die Stillstand- und Belastungszeiten zu bewerten.

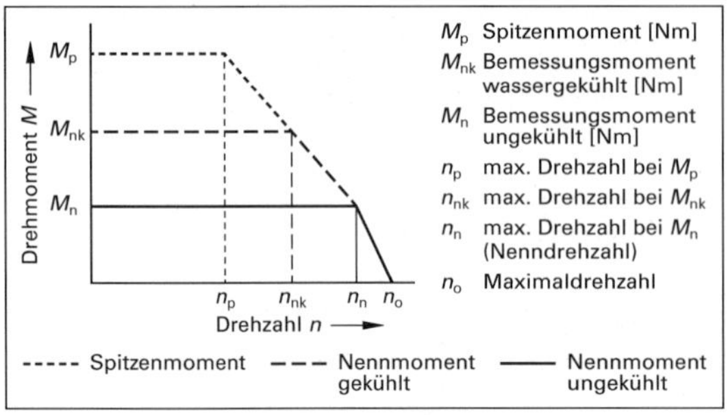

7.26 Drehmoment-Drehzahl-Kennlinie, Torquemotor

In den Drehmoment-Drehzahl-Kennlinien (Bild **7**.26) ist die Kühlungsart zu unterscheiden. Standardmäßig sind die Motoren mit Wasser flüssigkeitsgekühlt. Selbstgekühlte Motoren können nur weniger belastet werden. Vom Stillstand bis zur Nenndrehzahl ist das Drehmoment konstant. Im Feldschwächebereich mit 1,5 bis 2 n_N (je nach Motor- und Umrichtertyp) nimmt das Drehmoment ab. Die absolute Drehzahlgrenze n_O ist die maximale mechanisch zulässige Drehzahl.

Bauarten. Die Torquemotoren werden in verschiedenen Bauarten gefertigt. Drei wichtige Arten sind in Bild **7**.27 dargestellt.

Tabelle **7**.27 **Bauarten der Torquemotoren**

	Vollwellen-Motor
	Hohlwellen-Motor
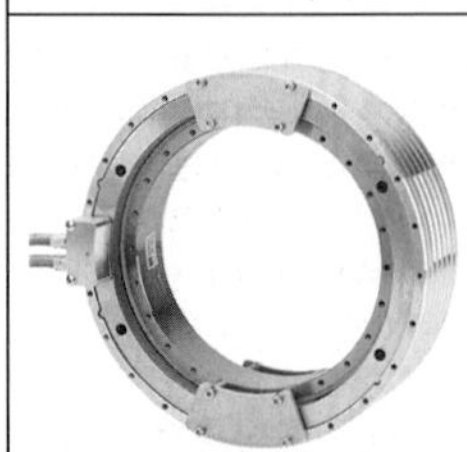	Einbau-Mantel-Motor

© Siemens AG 2018, Alle Rechte vorbehalten

Die Vollwellenausführung wird wie übliche Motoren angebaut. Die Hohlwellen- und die Einbaumantelausführung eignen sich zum Einbau in die Arbeitsmaschine, wobei die Hohlwelle erlaubt, Leitungen z. B. zur Schmierung, hindurch zu führen. Bei den Einbauarten ist die Lagerung Bestandteil des Motors oder der Arbeitsmaschine. So kann in der Binnenschifffahrt der Torquemotoren als Bestandteile von diesel-elektrischen Antriebssystemen direkt auf der Propellerwelle eingebaut werden.

Abhängig vom Umrichter und den Anforderungen ist meist die Erfassung der Magnetpollagen und/oder der Drehzahl erforderlich. Dazu können Geber am Motor angebaut werden, die abhängig von der Bauart in verschiedenen Ausführungen zur Verfügung stehen: Ringgeber mit Hohlwelle, exzentrischer Geberanbau mit Riemen, Geberanbau an Maschinenteilen und Geberanbau am Wellenende.

Einsatzmöglichkeiten. Direktantriebe werden wegen ihrer sehr geringen Trägheit dort eingesetzt, wo hohe Dynamik bei drehzahlveränderlichen Prozessen gefordert wird. Das führt zu schnelleren Prozessen, Produktionszuwächsen und Energieeinsparungen. Sie sind überall dort verwendbar, wo langsam laufende Direktantriebe einzusetzen sind, zum Beispiel für:

- Karosseriepressen
- Schiffswinden
- Zerkleinerer, Schredder
- Schiffsantriebe
- Elektroantriebe in Autos
- Kleinflugzeuge
- Papiermaschinen
- Hochleistungs-Werkzeugmaschinen
- Rundschalttische
- Fliegende Sägen
- Wickler, Abwickler
- Extruder, Folienziehmaschinen
- Zuckerzentrifugenantrieb usw.

Torquemotoren wurden visionär auch in Ultraleichtflugzeugen eingesetzt, die unter schwierigsten Umgebungsbedingungen bei einer Weltumrundung über 500 Stunden in der Luft blieben. Zurzeit wird geforscht, ob supraleitende Torquemotoren in Verkehrsflugzeugen der Zukunft als Antrieb vorteilhaft verwendet werden können.

7.2.5 Asynchroner Linearmotor

Das Prinzip des Linearmotors wurde bereits gegen Ende des 19. Jahrhunderts erfunden, blieb jedoch lange ohne nennenswerte technische Anwendung. Bedingt durch die Suche nach geeigneten Antrieben für Hochgeschwindigkeits-

Schienenfahrzeuge wurde der Linearmotor nach 1945 neu „entdeckt". In der Antriebstechnik wurden bisher gradlinige Bewegungen aus drehenden Bewegungen abgeleitet, wobei zusätzliche Getriebe, Kurvenscheiben, Zahnstangen, Gelenkarme u. a. erforderlich sind. Der Linearmotor formt elektrische Energie in mechanische Energie um, sodass sie unmittelbar für gradlinige Bewegungen nutzbar ist.

Wegen dieses Vorteils wird der Linearmotor, wenn auch in beschränktem Maß, dort eingesetzt, wo gradlinige Bewegungen auftreten: im Förderwesen (z. B. Verkehrsmittel, Förderkorbtransport, Rollrinne), für Schneid-, Spalt- und Trennvorgänge, für Leitungswagen der Leitungsschleppeinrichtungen großer Kräne oder auch für Schiebetürantriebe und große CNC-Fräsmaschinen.

Analog zu den drehenden Maschinen unterscheidet man Gleichstrom-, Synchron- und Asynchron-Linearmotoren. Der Gleichstrom-Linearmotor hat im Allgemeinen keine Bedeutung. Der synchrone Linearmotor mit Gleichstromerregung kann wie „übliche" Synchronmotoren mit dem Leistungsfaktor $\cos \varphi = 1$ betrieben werden. Den praktischen Einsatz erschweren die erforderliche Gleichstromerregung, das Problem des Lastanlaufs und die Geschwindigkeitseinstellung, die nur mit Frequenzsteuerung erreicht werden kann. Für kurze Linearbewegungen sind Synchronlinearmotoren mit Permanenterregung im feststehenden Teil und eisenbehaftete wie auch eisenlose elektronisch kommutierte Läufer im Einsatz. Der asynchrone Linearmotor ist vom Aufbau der einfachste und gleicht im Prinzip einem Kurzschlussläufermotor. Er wird vorwiegend eingesetzt.

Den Aufbau des asynchronen Linearmotors in den möglichen Varianten zeigt Bild **7**.28. Schneidet man gedanklich die Asynchronmaschine in Achsrichtung auf und breitet sie in der Ebene aus, erhält man zwei flache Teile. Der Stator, hier Induktorkamm (1) genannt, trägt in den Nuten des Blechpakets die (meist dreiphasige) Wicklung. Aus der Abwicklung des Käfigläufers entsteht der Anker des Linearmotors, hier Reaktionsschiene (2, 3) genannt. Der Anker ist eine Eisenschiene (3, Vollmaterial oder lamelliertes Blechpaket), die mit einer elektrisch gut leitenden Schicht, meist aus Kupfer oder Aluminium (2), belegt ist. Im Gegensatz zum „üblichen" Käfigläufer wird im Allgemeinen auf die Nutung verzichtet. Die beim Einfachinduktor für den magnetischen Rückschluss notwendige Eisenschiene kann beim Doppelinduktor entfallen, denn diese Aufgabe übernimmt der zweite Induktor. Durch die mechanische Trennung von Ständer und Läufer lassen sich grundsätzlich zwei Antriebsordnungen verwirklichen:

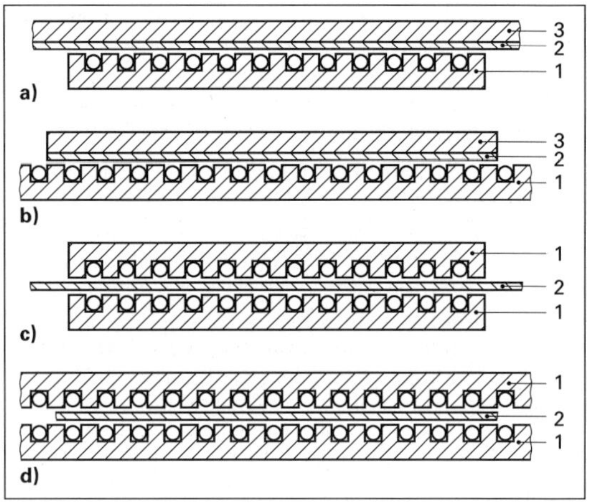

7.28 Asynchroner Linearmotor
a) Kurzständer, einseitig
b) Kurzläufer, einseitig
c) Kurzständer, doppelseitig
d) Kurzläufer, doppelseitig
1 Ständer (Induktorkamm) mit Wicklung
2 Läufer (Reaktionsschiene) aus Kupfer oder Aluminium
3 Läufer (magnetischer Rückschluss) aus Eisen

- **Kurzstatoranordnung** (**7**.28a und c). Der Induktorkamm hat eine endliche Länge, dagegen kann die Reaktionsschiene praktisch unbegrenzt lang sein.
- **Kurzläuferanordnung** (**7**.28b und d). Der Induktor ist praktisch unendlich lang, der Läufer dagegen in seiner Länge begrenzt. In der technischen Anwendung werden jedoch mehrere Induktoren hintereinander angeordnet, um eine fortlaufende Bewegung des Läufers zu erreichen.

Wirkungsweise. Meist wird der Induktorkamm durch Dreiphasenwechselstrom gespeist. An Stelle des Drehfelds beim Drehstrom-Asynchronmotor entsteht ein elektromagnetisches Wanderfeld. Statt der Synchrondrehzahl n_d ergibt sich eine Synchrongeschwindigkeit v_s des Wanderfelds. Es „wandert" während einer Periode des Wechselstroms um die Strecke eines Polpaars $2\,\tau_p$ (doppelte Polteilung). Somit ist die Synchrongeschwindigkeit

$$\boldsymbol{v_s = 2\,\tau_p \cdot f} \qquad (7.14)$$

abhängig von der Polteilung τ_p in Meter und der Speisefrequenz f in Hertz. Dagegen hat die Polzahl keinen Einfluss und kann frei gewählt werden. Praktische Erfahrungen zeigen, dass die Maschinen mindestens 8-polig hergestellt werden müssen, um gute Betriebswerte zu erzielen.

Das Wanderfeld induziert in die Reaktionsschiene eine Spannung, die, wie bei dem Asynchronmotor, einen Läuferstrom fließen lässt. Das Wanderfeld übt zusammen mit den Strömen in der Reaktionsschiene eine Schubkraft aus und bewirkt eine gradlinige Bewegung. Wie bei der „üblichen" Asynchronmaschine muss ein Schlupf s auftreten, damit im Läufer Induktionsströme hervorgerufen werden. Wanderfeld und Reaktionsschiene bewegen sich also asynchron zueinander.

Der Luftspalt, der aus mechanischen Gründen im Vergleich zur drehenden Asynchronmaschine verhältnismäßig groß ist, beeinflusst wesentlich die Schubkraft und den Schlupf. Mit zunehmendem Luftspalt werden diese Werte „schlechter". Der verhältnismäßig große Luftspalt der Linearmotoren führt zu erhöhtem Magnetisierungsstrom und damit zu schlechterem Wirkungsgrad und Leistungsfaktor als bei der drehenden Asynchronmaschine. Weil man auf zusätzliche Getriebe u. a. verzichten kann, ist jedoch der Gesamtwirkungsgrad des Antriebs oft größer. Außer der Schubkraft tritt eine zweite Kraft, die Anziehungskraft, zwischen Induktorkamm und Reaktionsschiene auf. Sie kann, je nach Bauart, wesentlich größer als die Schubkraft sein. Beim Einfachinduktormotor ist daher eine starke mechanische Abstützung notwendig, um unerwünschte Reibung zu vermeiden. Diese Kräfte lassen sich bei entsprechender Konstruktion auch vorteilhaft nutzen, indem man z. B. den Einfluss der Schwerkraft und so die Gleitverluste reduziert. Bei der Bauweise mit Doppelinduktorkamm kompensieren sich die Anziehungskräfte, wenn das System genau symmetrisch ist. Bei unterschiedlichen Luftspaltlängen treten nur die Differenzkräfte auf, die wesentlich schwächer als die einseitigen Anziehungskräfte sind.

Die Anwendung des Linearmotors erfordert im Allgemeinen ein Stellen der Kraft bzw. der Geschwindigkeit. Dazu stehen die von dem drehenden Asynchronmotor her bekannten Möglichkeiten zur Verfügung (s. Abschn. 4.5.11). Frequenz- und Spannungssteuerung, Ändern des Sekundärwiderstands, Ändern der Polteilung (Polumschaltung) und Impulsbetrieb. Durch mechanische Luftspaltänderung ergibt sich eine zusätzliche Möglichkeit.

Aufgaben zu Abschnitt 7.1 und 7.2

1. Beschreiben Sie, was unter der Kurzschlussfestigkeit der Transformatoren zu verstehen ist, für welche Anwendungen sie notwendig ist und durch welche grundsätzlichen Maßnahmen sie erreicht wird.
2. Welche Aufgaben haben Stromrichtertransformatoren und in welcher Hinsicht unterscheiden sie sich von den Verteilungstransformatoren.
3. Beschreiben Sie den Aufbau eines Universalmotors.
4. Vergleichen Sie die Energieeinsparungsmöglichkeiten eines Synchron-Reluktanz-Motors mit dem Asynchronmotor und erklären Sie die Ursachen der Einsparungen.
5. Was sind Direktantriebe und welche Vorteile ergeben sich gegenüber Nicht-Direktantrieben.
6. Erklären Sie, warum Torquemotoren vielpolig gebaut werden und welche Vorteile sich daraus ergeben.
7. Erklären Sie, welche Problematik mit permanenterregten Energiesparmotoren verbunden ist.
8. Beschreiben Sie die besonderen Vorteile eines Linearmotors.

7.3 Windenergieanlagen (WEA) zur Stromerzeugung

Erneuerbare Energien lieferten im Jahr 2018 in Deutschland rund 226 Milliarden Kilowattstunden und damit ca. 38 % der deutschen Bruttostromerzeugung. Daran hatte die Windkraft einen Anteil von 18,6 % (Offshore 19,3 Mrd. kWh mit dem Anteil von 3,2 %, Onshore 92,2 Mrd. kWh mit einem Anteil von 15,4 %). In Deutschland aber auch weltweit sind die Anteile langfristig steigend. Studien gehen davon aus, dass die Stromerzeugung der Zukunft aus erneuerbaren Energien gedeckt werden kann. Aus verschiedenen Gründen stockt seit 2019 der Ausbau der Onshore-Anlagen. Die Tabelle **7**.30 zeigt den Zubau und die Anlagenkonfiguration für das Jahr 2020.

7.29 Windenergieanlagen – WEA, Piesberg, Osnabrück

Tabelle 7.30 **Durchschnittliche deutsche Anlagenkonfiguration 2010, Quelle Deutsche Windguard**

	Onshore-Anlagen		Offshore-Anlagen	
	Zubau 2020	Kumuliert 2020	Zubau 2020	Kumuliert 2020
Anzahl der Anlagen	420 brutto	29.608	111 brutto	1.501
Durchschnittliche Anlagenleistung	3.407 kW	–	6.840 kW	5.177 kW
Durchschnittlicher Rotordurchmesser	122 m	–	153 m	133 m
Durchschnittliche Nabenhöhe	135 m	–	105 m	95 m
Durchschnittliche spezifische Flächenleistung	298 W/m²	–	372 W/m²	371 W/m²

Seit den siebziger Jahren werden zur Stromerzeugung schnelllaufende Windturbinen mit aerodynamisch geformten Flügeln entwickelt. Mit großem Abstand dominiert heute die dreiblättrige Windenergieanlage mit horizontaler Achse und der Windturbine (Rotor) auf der windzugewandten Seite des Turms (Luvseite). Das gesamte Maschinenhaus ist auf einem Turm montiert und kann der Windrichtung aktiv nachgeführt werden.

Technologisch hat sich an Land die 3-Megawatt-Klasse zum Standard entwickelt. Der Trend geht Onshore zu 4- und Offshore zu 8-Megawatt-Anlagen. Tabelle 7.30 zeigt die 2020 bevorzugten Anlagekonfigurationen. In den letzten Jahren wurde der Nutzungsgrad von Windenergieanlagen durch Optimierung der Leistungsdauerkennlinien (Bild 7.31) erheblich gesteigert. Moderne Anlagen erreichen deutlich häufiger Volllast und bis zu 40 % der Zeit mehr als halbe Last, wo hingegen ältere Anlagen nur etwa 18 % der Jahresstunden mit mehr als halber Last liefen. Entscheidend hierfür war in erster Linie die erheblich Vergrößerung der Rotordurchmesser. Das Verhältnis zwischen Generatorleistung und Rotorkreisfläche wird durch die Nutzung von windschwächeren Binnenlandstandorten kleiner, was durch die spezifische Flächenleistung in Tabelle 7.30 ausgedrückt wird.

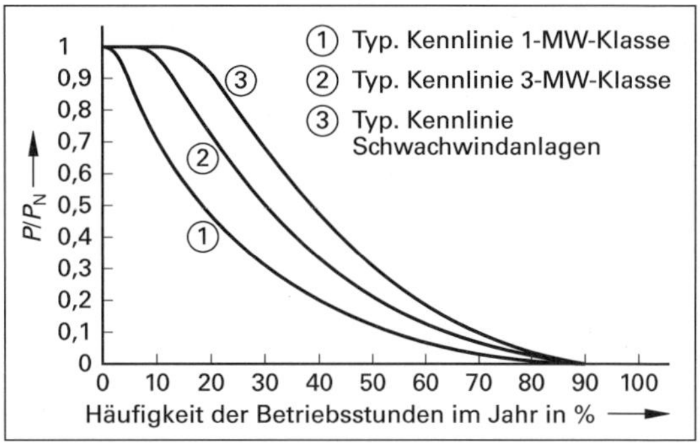

7.31 Leistungsdauerkennlinien im Vergleich

7.3.1 Wirkungsweise der WEA

Zwei Wirkprinzipien können bei der Umwandlung der Luftströmung in Rotationsbewegung genutzt werden. Zum einen kann beim **Widerstandsprinzip** der Rotor seine Rotationsleistung ausschließlich aus dem Luftwiderstand einer im Luftstrom bewegten Fläche beziehen, wie beim Windmesser. Zum anderen bezieht der Rotor seine Leistung aus dem **aerodynamischen Auftriebsprinzip**, entstehend aus der Umströmung einer profilierten Fläche. Die heutigen WEA nutzen, wie auch die Tragfläche eines Flugzeuges, das aerodynamische Auftriebsprinzip. Bild 7.32 zeigt die Verhältnisse am Rotor einer Windkraftanlage.

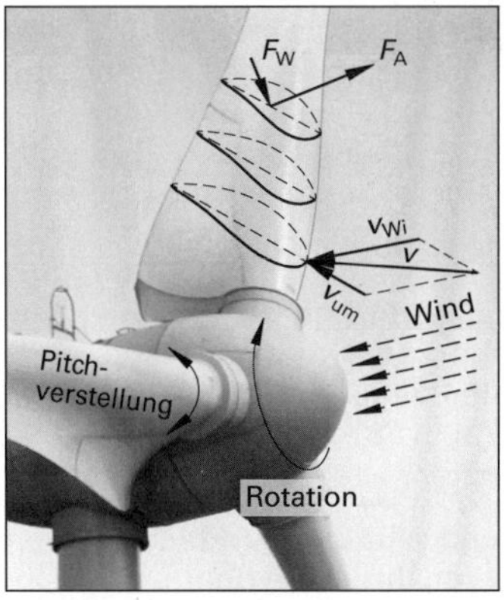

7.32 Auftriebskräfte am Rotorblatt

Der Wind strömt mit der Windgeschwindigkeit v_{wi}. Zusammen mit der Umlaufgeschwindigkeit v_{um} des Flügels ergibt sich die Anströmgeschwindigkeit v des Flügelprofils. In der Nähe der Nabe ist v_{um} kleiner als an der Blattspitze, so dass sich an jeder Stelle des Blattes eine andere Anströmgeschwindigkeit v ergibt. Daher wird der Querschnitt der Rotorblätter von der Nabe (v_{um} klein) bis hin zur Blattspitze (v_{um} groß) kleiner und verdreht sich wie bei einem Flugzeugpropeller. Wegen der Formgebung des Querschnitts ergibt sich im Bild **7**.32 auf der linken Seite des Flügels ein Über- und auf der mehr gewölbten rechten Seite ein Unterdruck. Aufgrund dieser Druckdifferenz entsteht die Auftriebskraft F_A, die den Rotor im Uhrzeigersinn drehen lässt. Die Widerstandkraft F_W, bedingt durch die Reibung, wirkt gegen die Rotation. Bei den heutigen Rotoren reicht eine Windgeschwindigkeit von ca. 3 m/s zur Drehung aus.

Die aerodynamischen und dynamischen Eigenschaften des Rotors sind in mehrfacher Hinsicht bedeutend für das Gesamtsystem:

- Die Fähigkeit, möglichst viel Windenergie in **mechanische Arbeit** umzusetzen
- Die Fähigkeit, das instationäre Angebot des Windes in ein **gleichförmiges Drehmoment** umzuwandeln bei niedrigen dynamischen Lasten
- Die Verringerung der Belastungen für die nachfolgenden Systeme, Getriebe, Generator
- **Das Regelungsverhalten**
- **Die Betriebsführung** (ungünstiges Drehmomentverhalten, Strömungsablösungsverhalten)
- Das aerodynamische **Geräusch** bei hohen Blattspitzengeschwindigkeiten

Schnelllaufzahl. Wegen des Auftriebs ist die Umlaufgeschwindigkeit der Flügel größer als die Windgeschwindigkeit. Die Schnelllaufzahl λ (lambda) ist das Verhältnis der Umlaufgeschwindigkeit der Blattspitzen zu der Windgeschwindigkeit weit vor dem Rotor. Größere Schnelllaufzahlen führen bei gleicher Windgeschwindigkeit zu größerer Leistung der Anlage aber auch zu längeren und schmaleren Blättern. Dieser Ansatz der Leistungssteigerung führt zu Statik- und Dynamikproblemen. Eine weitere Bestimmungsgröße ist die Windgeschwindigkeit im Auslegungspunkt. Die Schnelllaufzahl λ ist ein wichtiges Merkmal, um eine Windkraftanlage zu charakterisieren, sie bestimmt Bauart und Bauform der Anlage. Heutige Schnelllaufzahlen liegen bei 6 bis 12 (einige Autoren empfehlen 6 bis 8) im Auslegungspunkt für dreiblättrige Rotoren.

Leistungsbeiwert und Wirkungsgrad. Zur Bewertung der Leistungsentnahme aus dem Luftdurchsatz des Rotors definiert man den Leistungsbeiwert *cp*. Er gibt an, welcher Energieinhalt des ungebremsten Windes in nutzbare Rotationsenergie umgewandelt wird. Der theoretisch höchste Grenzwert von $cp_{max} = 0{,}59$ wurde vom deutschen Physiker Albert Betz (1885–1968) beschrieben. Moderne Rotoren erreichen Leistungsbeiwerte von nahezu 50 %. Dieser Wert ist jedoch keine Konstante, sondern abhängig von dem Pitchwinkel (s. S. 387) und der Schnelllaufzahl des Rotors (Bild **7**.33).

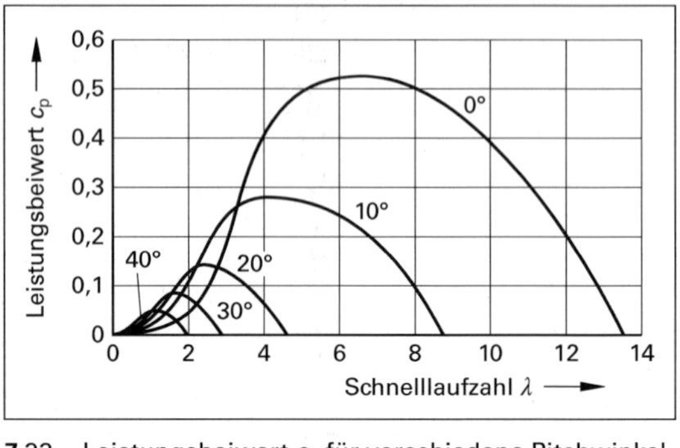

7.33 Leistungsbeiwert c_p für verschiedene Pitchwinkel in Abhängigkeit von der Schnelllaufzahl λ

Die Anlagen werden so dimensioniert, dass der Leistungsbeiwert bei Erreichen der Nennwindgeschwindigkeit oder bei Schwachwindanlagen im Teillastbereich maximal ist. Der Gesamtwirkungsgrad der Anlage ist geringer als der Leistungsbeiwert, es müssen zusätzlich noch die Wirkungsgrade aller mechanischen und elektrischen Maschinenteile berücksichtigt werden.

7.3.2 Anlagenkonstruktion

Die heute üblichen Windkraftanlagen setzen sich aus folgenden Komponenten zusammen:

- Turm und Fundament
- Rotor mit meist drei Rotorblättern
- Gondel mit Maschinenstrang
- Elektrische Ausrüstung

Um die Standfestigkeit der WEA zu gewährleisten, wird je nach Festigkeit des Untergrundes eine Pfahl- oder Flachgründung vorgenommen. Bei Offshore-Anlagen erfolgt die Gründung auf dem Meeresgrund. Der Turm trägt die Massen der Maschinengondel und des Rotors. Er muss auch die großen statischen und dynamischen Kräfte des Winds auffangen. Man verwendet in der Regel Rohrkonstruktionen aus Beton oder Stahl. Eine Alternative, besonders für kleinere Anlagen, sind Gittertürme. Bei Nabenhöhen bis zu 165 m haben die Rotoren Durchmesser bis zu 142 m, somit kann die Gesamthöhe bis zur Rotorspitze 236 m betragen; im Vergleich ist der Kölner Dom 157 m hoch.

Mit Hilfe der Rotoren wird die im Wind enthaltene Energie in mechanische Drehbewegung umgewandelt. Heute dominiert der dreiflügelige, horizontal gelagerte Rotor. Die Rotorblätter werden hauptsächlich aus glas- bzw. kohlefaserverstärkten Kunststoffen gefertigt. Sie sind ertrags-, schall- und lastenoptimiert und sind in der Rotornabe drehbar montiert. Bei älteren Anlagen nach dem „dänischem Konzept" sind sie starr mit der Nabe verbunden. In heutigen Anlagen werden sie mit der Pitch-Regelung in ihrer Längsachse um einen gewissen Winkel gedreht, um sich den Windverhältnissen anzupassen. Die Verstellung erfolgt je nach Hersteller mit hydraulischen oder elektrischen Antrieben.

Die Gondel (Maschinenhaus) trägt den gesamten Maschinensatz. Sie ist auf Grund der der wechselnden Windrichtungen drehbar auf dem Turm gelagert. Auf dem Maschinenhaus sind Sensoren angebracht, die die aktuelle Windrichtung und -stärke erfassen. Mit den Azimutantrieben (Azimut aus dem Arabischen: Richtungswinkel am Horizont) erfolgt die Windnachführung automatisch. Damit sich die Gondel nicht von allein aus dem Wind drehen kann, wird sie häufig mit Bremsen festgesetzt. Die Komponenten des Antriebstrangs Rotornabe, Rotorwelle mit Lagerung, Generator, Bremse und ggf. Kupplung und Getriebe sind auf dem Maschinenträger positioniert. In den Gondeln sind auch die notwendigen elektrischen oder hydraulischen Aggregate untergebracht.

Es lassen sich grundsätzlich Anlagen mit Getriebe und Direktantriebe ohne Getriebe unterscheiden. Der Aufbau beider Konzepte ist in den Bildern **7**.34 und **7**.35 dargestellt.

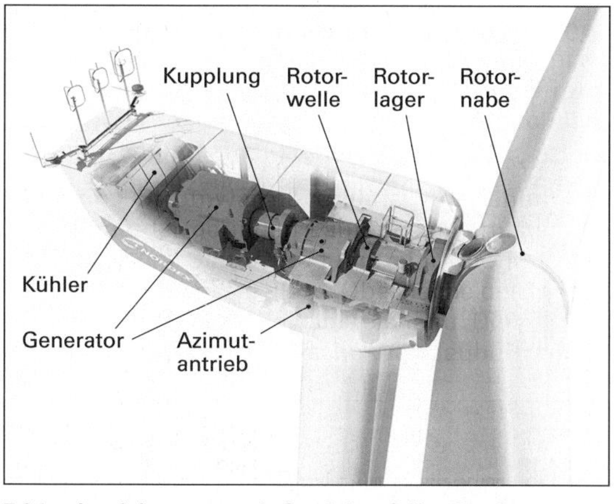

7.34 Antriebsstrang mit Getriebe, © Nordex Gruppe

Bei den **Anlagen mit Getriebe** wird die vom Rotor erzeugte Drehzahl von ca. 16 min^{-1} in die schnell laufende Drehzahl von z. B. 1500 min^{-1} des Generators gewandelt. Die Verfechter dieses Konzepts sehen hier, dass die Baugröße des Generators in erster Linie von dessen Drehzahl abhängig ist. Je geringer sie ist, desto größer fällt er aus und desto mehr kostenintensives Kupfer- und Magnetmaterial wird benötigt. Getriebe bieten, wie in anderen Bereichen der industriellen Antriebstechnik, die

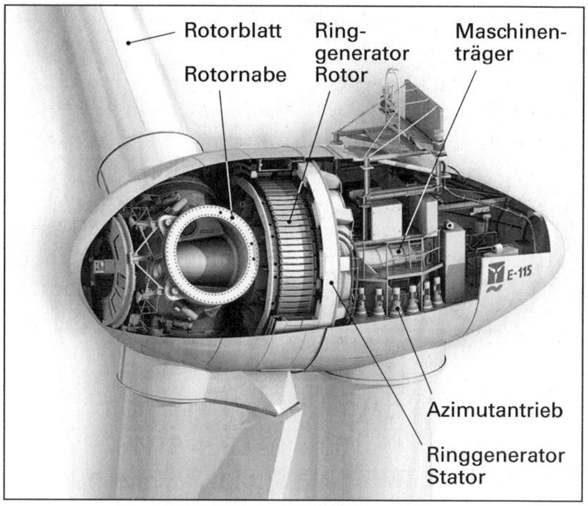

7.35 Direktantrieb einer Windkraftanlage, © Enercon

Möglichkeit, die physikalisch bedingte niedrige Rotordrehzahl anzuheben und so die Generatorgröße wirksam zu reduzieren, um Kosten und Gewicht zu sparen. Wegen der hohen Übersetzung und der hohen Kräfte kommen hier Planetenradgetriebe zum Einsatz.

Direktantrieb. Seit etwa 2000 werden in getriebelosen Anlagen hochpolige Ringgeneratoren eingesetzt, die von der langsam laufenden Welle direkt angetrieben werden. Die Generatoren können dauermagnetisch oder elektromagnetisch erregt sein. Die Verfechter dieses Konzeptes sehen hier, dass durch den Wegfall des Getriebes der Antriebsstrang bis zum Umrichter nahezu wartungsfrei wird. Die Zahl der bewegten Teile und die Reibung werden deutlich reduziert. Verwendet man Permanentmagnete zur Erregung, wird im unteren Teillastbereich der Übertragungswirkungsgrad verbessert, weil der Anteil der Leistungsverluste durch die Erregung entfällt. Der Rotor wird gemeinhin außen angeordnet, dadurch wird der Außendurchmesser des Generators verkleinert.

7.3.3 Konzepte von WEA zur Stromeinspeisung

Obwohl die WEA jeweils für bestimmte Wind-Standorte konzipiert werden, gibt es prinzipiell drei verschiedene Konzepte der Anlagen (Tabelle **7**.36). Beim sogenannten dänischen Konzept mit Asynchrongeneratoren ist die Drehzahl nahezu konstant, drehzahlvariabel arbeiten Anlagen mit doppelt gespeisten Schleifringläufermaschinen und Anlagen mit voll speisenden Synchronmaschinen.

Tabelle 7.36 **Prinzipielle WEA-Konzepte**

Prinzipielle Konzepte der Windenergieanlagen		
nahezu drehzahlfest	drehzahlvariabel	
direkte Netzkopplung (dänisches Konzept)	Netzkopplung über Stromrichter	Doppeltgespeist: Netzkopplung teils direkt, teils über Stromrichter
Asynchrongenerator	Synchrongenerator	Schleifringläufergenerator

„Dänisches Konzept". Das vom dänischen Ingenieur Johannes Juule in den 70er Jahren des 20. Jahrhunderts entwickelte einfache und robuste Konzept beherrschte den Markt bis Mitte der neunziger Jahre völlig (Bild 7.37) Der netzangeschlossene Asynchrongenerator (s. Abschn. 4.) hält die Drehzahl bis auf den sich ändernden Schlupf im Arbeitsbereich der WEA nahezu konstant auf Drehfelddrehzahl. Durch die direkte Netzkopplung entfällt der Einspeisestromrichter. Der Generator liefert einen Dreiphasen-Wechselstrom. Dieser hat wegen der direkten Netzkopplung die gleiche Frequenz wie das Stromnetz. Kann die WEA aufgrund ungünstiger Windverhältnisse diese Frequenz (Rotordrehzahl) nicht halten, so wird die Netzkopplung abgeschaltet. Die Rotorblätter haben in aller Regel einen festen Blatteinstellwinkel. Nur zur Notbremsung kann in einigen Fällen durch Blattspitzenverstellung aerodynamisch gebremst werden.

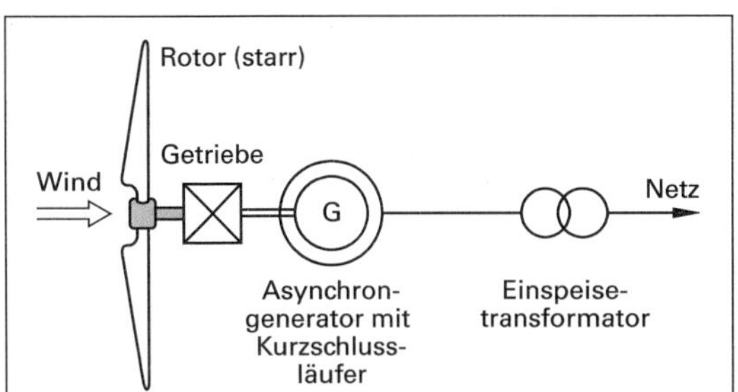

7.37 Blockschaltplan – Dänisches Konzept

Stall-Regelung. Die Leistungsaufnahme des Rotors mit starrer Nabe wird bei sehr starkem Wind oder bei Böen durch die Stall-Regelung (engl. to stall: abrutschen, überziehen) auf Bemessungsleistung begrenzt, in dem die Strömung an den Flügeln abreißt (Bild 7.38). Durch diesen Strömungsabriss wird der wirkende Auftrieb verringert und der Strömungswiderstand erhöht. Die Leistung oberhalb der Bemessungsdrehzahl fällt ab. Eine Blattwinkelverstellung ist nicht notwendig. Dieses einfache Konzept mit Asynchrongeneratoren kommt heute wegen der hohen mechanischen Belastung und dem niedrigen Leistungsbeiwert in der Regel nicht mehr zum Einsatz.

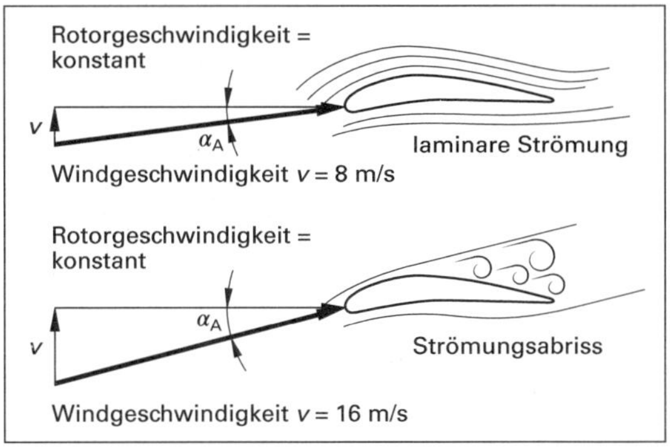

7.38 Stall-Regelung bei zu hoher Strömungsgeschwindigkeit

Pitch-Regelung – (engl. Pitch: Neigung/Schrägung). Die heutigen WEA sind drehzahlvariabel und werden pitch-geregelt, wobei die Blätter um ihre Längsachse gedreht werden (7.32). Die aktive Blattverstellung beeinflusst durch Änderung des Blattanstellwinkels den Auftrieb am Blatt. Oberhalb der Bemessungsleistung wird die Leistungsaufnahme durch die Blattverstellung auf Bemessungswerte geregelt. Bei diesem Verfahren können die Rotorblätter kontinuierlich optimal zum Wind ausgerichtet werden, wodurch eine tendenziell bessere Windausbeute insbesondere bei niedrigen Windgeschwindigkeiten erzielt werden kann. Die Pitch-Regelung ermöglicht ein rein aerodynamisches Anfahren des Rotors ohne Fremdenergie. Die Bremsung der Anlage erfolgt durch das Verdrehen der Blätter ebenfalls rein aerodynamisch. Zwar erfordert die Blattverstellung mehr bewegliche Teile und einen höheren Aufwand als bei der stall-geregelten Anlage, doch sind die am Rotor wirkenden Kräfte bei pitch-geregelten Anlagen generell geringer als bei stall-geregelten Anlagen. Hierdurch werden die Belastung für Turm und Fundament deutlich verringert.

Leistungskurve – pitch-geregelt. Die typische Leistungskurve mit den wichtigsten Kenngrößen einer pitch-geregelten Anlage zeigt Bild 7.39. Bis zur Nennlast steigt die Leistung mit der dritten Potenz der Windgeschwindigkeit an. Die einzelnen Betriebspunkte haben folgende Bedeutung:

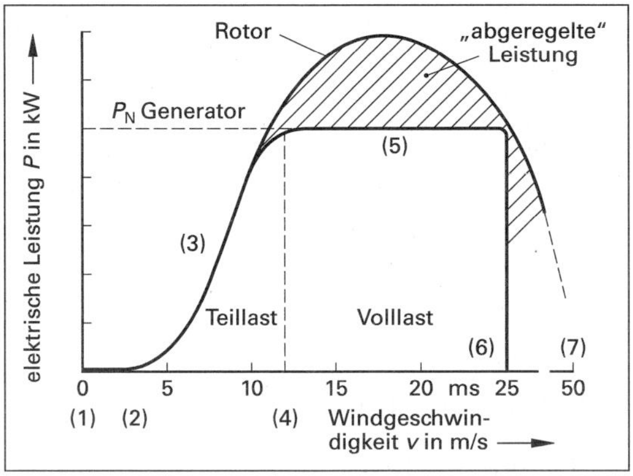

7.39 Leistungskurve einer pitch-geregelten WEA

- **(1) Windstille.** Hier steht der Rotor und die Anlage nimmt Energie aus dem Versorgungsnetz auf zur Versorgung der Steuerung, der Ölheizung, der Hydraulik, der Befeuerung usw. Dieser Eigenbedarf liegt bei ca. 11.000 kWh pro Jahr bei einer 2-MW-Anlage. Die Rotorblätter haben einen steilen Anstellwinkel von etwa 40°. Nimmt die Windstärke zu, beginnt der Rotor langsam zu drehen.
- **(2) Einschaltwindgeschwindigkeit.** Wenn die Windgeschwindigkeit etwa 3 m/s erreicht, startet die Windnachführung und dreht die Gondel mit dem Rotor in den Wind. Der Wind drückt auf die Rotorblätter, das Auftriebsprinzip erzeugt auf der einen Blattseite einen Über- und auf der anderen Blattseite einen Unterdruck. Der Rotor beginnt mit zunehmender Geschwindigkeit zu drehen. Sobald der Generator die zur Stromerzeugung notwendige Drehzahl stabil erreicht, wird er auf das Versorgungsnetz geschaltet und beginnt elektrische Energie einzuspeisen.
- **(3) Teillastbereich.** Ist die Windstärke nicht hoch genug um die Bemessungsleistung der Anlage zu erreichen, arbeitet sie im Teillastbereich. Um hier die maximale Leistungsausbeute zu erzielen, wird die Drehzahl der Anlage auf das optimale Verhältnis von Umfangsgeschwindigkeit des Rotors zur Windgeschwindigkeit eingestellt (optimale Schnelllaufzahl λ). Zur Steuerung dient der Pitchwinkel der Rotorblätter. In diesem Bereich bedeutet die Verdopplung der Windgeschwindigkeit eine Verachtfachung der Leistung.
- **(4) Bemessungsleistungsbereich – (5) Volllastbereich.** Die Bemessungsleistung der Anlagen wird meist bei einer Windgeschwindigkeit von ca. 12 m/s – 13 m/s erreicht. Diese wird normalerweise durch die Leistung des Generators limitiert. Oberhalb der Nennwindgeschwindigkeit werden die Pitchwinkel der Flügel „abgeregelt". Dabei wird der aerodynamische Wirkungsgrad der Blätter verschlechtert, indem sie aus dem optimalen Anstellwinkel herausgefahren werden. Im Volllastbereich arbeitet die Anlage mit konstanter Rotor- und Generatordrehzahl und konstanter Leistung.
- **(6) Abschaltgeschwindigkeit.** Überschreitet die Windgeschwindigkeit ab einer geringen Zeit bestimmte Werte, üblicherweise 20 m/s bis 25 m/s, werden die Rotorblätter aus dem Wind gedreht. Sie erzeugen dann keinen Auftrieb mehr und der Rotor kommt zum Stillstand. Der Sturm kann ohne Schaden zu verursachen ungehindert durch den Rotor strömen.
- **(7) Die Überlebens-Windgeschwindigkeit** der gesamten Anlage samt dem Turm ist deutlich höher. Je nach Auslegung kann sie bis zur doppelten Orkanstärke von 67 m/s bis 70 m/s gehen.

7.3.4 Generatoren in WEA

Die Generatoren von WEA wandeln die mechanische Energie des Rotors in elektrische Energie um. Die Tabelle 7.40 zeigt einen Überblick über die Generatorkonzepte von Windenergieanlagen. Bei Windgeneratoren gibt es die Bauarten Asynchrongenerator, Synchrongenerator und doppelt gespeister Asynchrongenerator mit Schleifringläufer.

Tabelle 7.40 **Generatorkonzepte von WEA (Übersicht)**

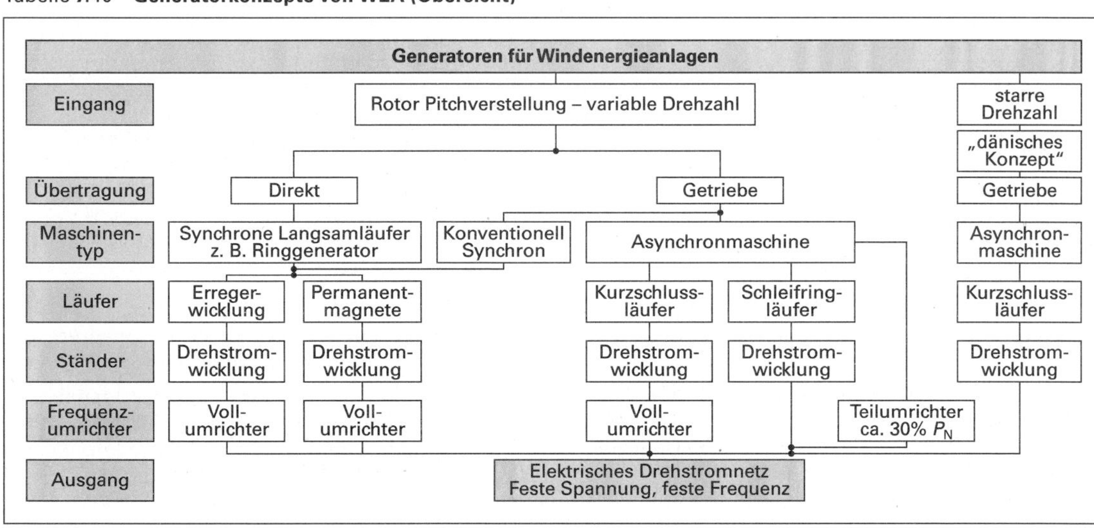

Asynchrongenerator mit Kurzschlussläufer. Die Bauart nach dem „Dänischen Konzept" mit Asynchrongeneratoren mit Kurzschlussläufer und direkter Netzanbindung wird nicht mehr eingesetzt. Für einige Anlagen sind Asynchrongeneratoren mit Kurzschlussläufer und Vollumrichter möglich. Diese Generatoren sind langlebig, zuverlässig, robust und betriebssicher. Leistungsbezogen sind sie kompakt und leicht. Bei dieser Netzanbindung über den Umrichter lässt sich die Asynchronmaschine im weiten Drehzahlbereich netzentkoppelt betreiben und damit den Windverhältnissen gut anpassen.

Bei den großen Anlagen im Megawattbereich wird neben den Synchrongeneratoren der doppelt gespeiste Asynchrongenerator mit Schleifringläufer ausschließlich eingesetzt.

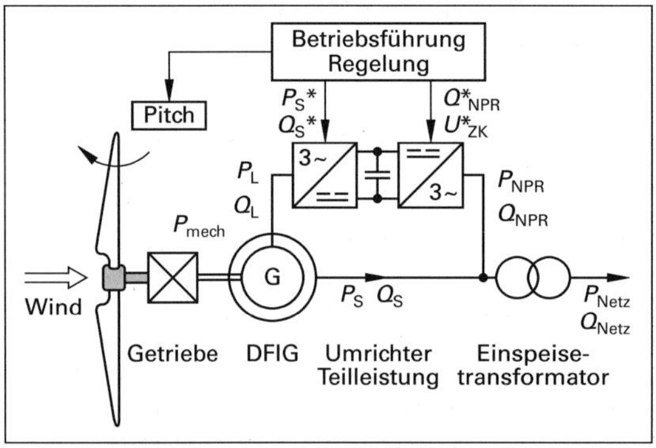

7.41 Struktur einer WEA mit doppeltgespeistem Asynchrongenerators mit Schleifringläufer DFIG

P_{mech}	Leistung, mechanisch
P_L	Wirkleistung, Läufer
P_S	Wirkleistung, Stator
P_{NPR}	Wirkleistung, Netzpulsumrichter
P_{Netz}	Wirkleistung, Einspeisung
P^*_S	Steuergröße P_S
Q_L	Blindleistung, Läufer
Q_S	Blindleistung, Stator
Q_{NPR}	Blindleistung, Netzpulsumrichter
Q_{Netz}	Blindleistung, Einspeisung
Q^*_S	Steuergröße Q_S
Q^*_{NPR}	Steuergröße Q_{NPR}
U^*_{ZK}	Steuergröße, Zwischenkreisspannung

Der doppeltgespeiste Asynchrongenerator mit Schleifringläufer ist im prinzipiellen Aufbau in Bild **7**.41 dargestellt. Entsprechend dem englisch sprachigen Raum wird dieses Prinzip als doublyfed induction generator (**DFIG**) bezeichnet.

Der pitch-geregelte Rotor treibt über ein Getriebe eine Asynchronmaschine mit Schleifringläufer an. Der Stator ist über den Einspeisetransformator direkt mit dem Netz verbunden. Der Läufer wird über einen IGBT-4-Quadranten Spannungszwischenkreis-Umrichter angeschlossen. Über den Umrichter wird nicht die gesamte Leistung der WEA geführt, sondern nur die Schlupfleistung $P_2 = P_d \cdot s$. Typischer Weise arbeitet die WEA mit einem Schlupfbereich $-0{,}3 \geq s \leq 0{,}4$ sowohl im übersynchronen wie im untersynchronen Bereich. Damit ist vorteilhafter Weise die über den Umrichter zu führende Leistung nur etwa 30 % bis 40 % der Vollleistung der Windenergieanlage. Da bei diesem Konzept sowohl die Stator- als auch Läuferwicklung der Maschine am Energieaustausch zwischen Welle und elektrischem System teilnehmen – spricht man von einer doppeltgespeisten Asynchronmaschine.

Wirk- und Blindleistungssteuerung. Der Umrichter besteht aus zwei Teilumrichtern, von denen der läuferseitige Pulsumrichter die Läuferwicklung speist. Der andere Teilumrichter, der Netzpulsumrichter ist mit der Statorwicklung und dem Netz verbunden. Es werden Umrichter mit konstanter Zwischenkreisspannung eingesetzt, die eine Spannung von variabler Amplitude und Frequenz in den Läufer einprägen. Dadurch ist es möglich, die Maschine vom Läufer her zu regeln. Der Läuferumrichter wird mit einer feldorientierten Regelung (s. S. 97) so angesteuert, dass mit der Steuergröße P_S* die Läufer- und die Statorwirkleistung und über die Steuergröße Q_S* die Läufer- und Statorblindleistung eingestellt werden. Über die Vergrößerung bzw. die Verringerung des Läuferblindstroms können die Statorblindströme verringert bzw. vergrößert werden, da die Magnetisierungsblindleistung des Stators nicht mehr aus dem Netz gedeckt werden muss, sondern über den Läufer zur Verfügung gestellt wird. Ebenso kann die Wirkleistung über den Läufer eingestellt werden. Die feldorientierte Regelung gestattet vorteilhaft eine unabhängige Regelung der Wirk- und der Blindleistung der Maschine.

Der Netzpulsumrichter regelt die Zwischenkreisspannung U_{ZK} und bei Bedarf, z. B. einer Netzstörung, die Blindleistung Q_{NPR} die zusammen mit der Statorblindleistung Q_S in das Netz gespeist werden kann. Im übersynchronen Betrieb wird bei größeren Windstärken über den Umrichter die Läuferwirkleistung P_{NPR} auch in das Netz gespeist. Im untersynchronen Betrieb kehrt bei kleinen Windstärken die Richtung der Wirkleistung P_{NPR} über den Umrichter um und speist den Läufer (Bild **7**.42).

Entsprechend der Betriebsführung und den Windverhältnissen erfolgt die Drehzahlregelung der WEA über die Pitch-Verstellung der Rotorblätter.

Windenergieanlagen mit doppeltgespeistem Asynchrongenerator sind anfällig für hohe induzierte Ströme während Netzeinbrüchen. Durch eine schnelle feldorientierte Regelung sind diese Störungen jedoch gut beherrschbar. Die WEA mit

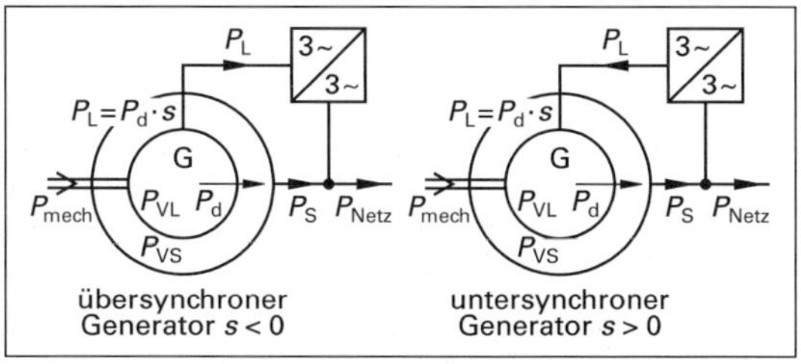

7.42 Leistungsfluss im über- und untersynchronen Generatorbetrieb des DFIG

einer doppelt gespeisten Asynchronmaschine (**DFIG**) ist trotz der Schleifringläufermaschine in der Anschaffung und bezüglich der Verluste kostengünstig, weil nur eine Teillast von ungefähr 30 % bis 40 % der Nennlast über den Umrichter geführt werden muss. Die doppeltgespeiste Asynchronmaschine mit Schleifringläufer vereinigt die Vorteile einer Asynchronmaschine und die einer Synchronmaschine bezüglich der variablen Drehzahl und des Regelverhaltens.

Synchrongenerator. Neben den Asynchrongeneratoren werden häufig Synchrongeneratoren eingesetzt. Hier kann auf die Schleifringe verzichtet werden, jedoch ist der Umrichter für Volllast auszulegen. Die Struktur einer WEA mit Synchronmaschine zeigt Bild **7**.43.

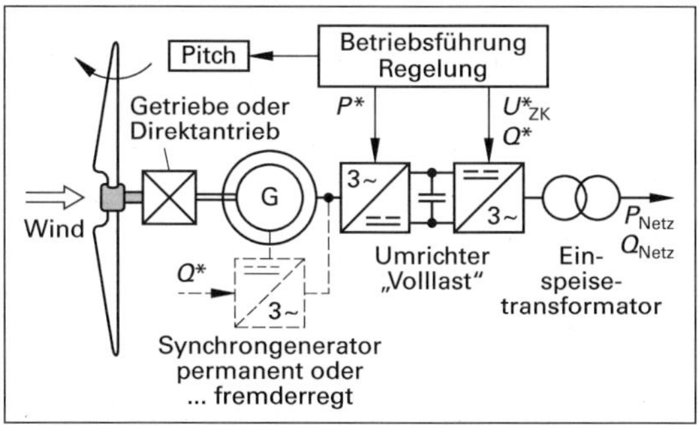

7.43 Struktur einer WEA mit Synchronmaschine

Entsprechend der Betriebsführung ist die Drehzahl des Rotors pitch-geregelt, damit eine optimale aerodynamische Leistung erzeugt werden kann. Die Synchronmaschine wird mit unterschiedlicher Drehzahl betrieben und erzeugt variable Spannungen und Frequenzen. Der Umrichter passt die Generatorgrößen an die gewünschte Spannung und Frequenz an. Die erzeugte Leistung wird über den Einspeisetransformator ins Netz gespeist. Über den Spannungszwischenkreis-Umrichter wird die volle Leistung geführt. Der maschinenseitige Teilumrichter regelt die Wirkleistung P und der netzseitige Umrichter regelt die Zwischenkreisspannung U_{ZK} und die Blindleistung Q der Anlage. Da bei dieser Konfiguration keine elektrische Maschine zwischen Umrichter und dem Netz liegt, verhalten sich diese Anlagen dynamischer als WEA mit doppelt gespeisten Asynchronmaschinen. Aus gleichem Grund fehlt hier aber die Stromeinspeisung aus der Maschine bei Spannungseinbrüchen des Netzes.

Der Synchrongenerator kann als permanent- oder als fremderregte Version ausgeführt werden, sowohl in der konventionellen Form der Generatoren wie auch als Ringgenerator. Beim **permanent erregten Synchrongerator** werden Dauermagnete aus seltenen Erden eingesetzt (vgl. S. 343), die relativ teuer sind. Über die Erregung kann aufgrund des fehlenden, nicht veränderbaren Erregerstromes keine Beeinflussung der Ausgangs- und der Blindleistung vorgenommen werden. Besonders bei geringen Windstärken ist vorteilhaft, dass wegen des nicht vorhandenen Erregerverlustes der Wirkungsgrad der Gesamtanlage relativ groß ist. Permanent erregte hochpolige Ringgeneratoren werden für Leistungen bis zu acht MW eingesetzt werden. Der **fremderregte Synchrongenerator** benötigt gleichgerichteten Erregerstrom zur Erzeugung des Läufer-Magnetfeldes, hier kann auf den Einsatz von seltenen Erden verzichtet werden. Vorteilhaft kann die Ausgangs- und die Blindleistung der Anlage nun auch über die Fremderregung gesteuert werden. Die Zuführung der Erregerenergie erfordert Schleifringe oder kann wie bei den Synchronmaschinen über rotierende Gleichrichter erfolgen. Zur Erregung und zur Leistungssteuerung von Synchronmaschinen s. Abschn. 4.7.

Einen weiteren konzeptionellen Unterschied stellen **Anlagen mit oder ohne Getriebe** dar. In dem klassischen Konzept transformiert ein Getriebe die relativ langsame Rotorgeschwindigkeit in die schnellere Drehzahl ca. 500 min^{-1} bis 1800 min^{-1} des Generators. Die Baugröße des schnelllaufenden Generators kann deutlich kleiner als die Baugröße der Generatoren bei Direktantrieb sein. Wegen der Übersetzung der großen Drehmomente werden häufig Planetengetriebe eingesetzt. Die Getriebe verursachen bis zu 25 % der Kosten der WEA, sie produzieren Verluste und müssen gewartet werden. Daher werden häufig getriebelose Anlagen gebaut.

Bei den Direktantrieben (s. Bild **7**.35) werden Ringgeneratoren eingesetzt, die direkt mit der Rotornabe gekoppelt sind. Die Erregung der Ringgeneratoren kann mit Permanent- oder Elektromagneten erfolgen. Dieses Konzept mit direkt angetriebenen Ringgeneratoren ist sehr kompakt mit wenigen Bauteilen aufgebaut, jedoch ist der Ringgenerator teuer, größer und schwerer als ein klassischer Synchrongenerator.

7.44 Ringgenerator, © St. Kopp

Bild 7.44 zeigt einen Ringgenerator mit dem gewickelten Stator und dem hochpoligen Läufer mit Elektromagneten und den Polschuhen. Die Statorwicklung ist hier als einschichtige Korbwicklung in der Isolationsklasse F ausgeführt. Bei einer 4-MW-Anlage hat der Statorring z. B. einen Durchmesser von fast 9 m und wiegt 52 Tonnen. Um Gewicht in der Gondel zu sparen, werden Spannungszwischenkreis, Einspeisewechselrichter und Einspeisetransformator im Turm untergebracht.

7.3.5 Windenergieanlangen und Netzintegration

Die überwiegende Mehrzahl aller WEA wird im netzgekoppelten Betrieb eingesetzt, d. h. sie sind elektrisch mit den übergeordneten Versorgungsnetzen verbunden. In Europa ist dies das Europäische Verbundsystem UCTE. Jeder Windpark besitzt mindestens einen solchen Netzeinspeisepunkt, der im Windpark direkt, in unmittelbarer Nähe oder auch mehrere Kilometer weit entfernt liegen kann. Windparks sind heute als Kraftwerke zu sehen, die alle Anforderungen bezüglich der Netzanschlüsse und der Einbindung in die vorhandenen elektrischen Versorgungsnetze erfüllen müssen. Die Verordnung zu Systemdienstleistungen durch Onshore-Windenergieanlagen (SDLWindV) stellt technische Anforderungen – unterschieden nach Neu- und Altanlagen – an die Stromeinspeisung. Sie soll laut Gesetzgeber, die Netzstabilität und Netzsicherheit auch bei steigenden Windstromanteilen sicherstellen.

Die einzelnen Anforderungen ergeben sich aus den Technischen Richtlinien für Windenergieanlangen des Bundesverbandes der Energie- und Wasserwirtschaft. Neben Anforderungen an die Standortgüte, die Schallemission usw. werden vor allem die elektrischen Eigenschaften von Erzeugungsanlagen beschrieben. Dies umfasst unter anderem die Prüfungen zu

- Wirkleistungsabgabe, Einspeisemanagement
- Blindleistungsbereitstellung,
- Flicker,
- Oberschwingungen,
- Entkupplungsschutz und
- Fehlerverhalten (FRT-Verhalten).

Einige Gesichtspunkte werden nun näher beschrieben.

- **Einspeisemanagement.** Falls Mittelspannungsnetze kurzfristig überlastet sind, soll der Netzbetreiber kurzfristig die Möglichkeit haben, dezentrale Erzeugungsanlagen ferngesteuert in Stufen durch Rundsteuersignale zu begrenzen. Die Begrenzung der Wirkleistung, typischer Weise 60, 30 oder null Prozent der Bemessungsleistung, soll der Wechselrichter innerhalb von 60 Sekunden realisieren.
- **Wirkleistungsreduzierung bei Überfrequenz.** Die Frequenz in Wechselstromnetzen wird in engen Grenzen konstant gehalten. Wird dem Netz mehr Energie entnommen als die Erzeuger einspeisen, sinkt die Frequenz – bei einem Energieüberschuss steigt sie an. Wurden früher bei Überschreitung des zulässigen Fensters von 47,5 Hz bis 50,2 Hz die Anlage vom Netz getrennt, so wird heute für ein bestimmtes Frequenzfenster die Leistungsregulierung durch den Wechselrichter gefordert. Erst bei Unterschreitung der Unterfrequenz von 47,5 Hz wird weiterhin abgeschaltet.
- **Bereitstellung von Blindleistung.** Die Spannung muss auf allen Netzebenen innerhalb definierter Grenzen gehalten werden. Neben der Wirkleistungseinspeisung spielt die Phasenverschiebung bzw. die Blindleistungsverteilung eine Rolle. Sie beeinflussen die Übertragungskapazität und die Übertragungsverluste. Blindleistungsfähige Wechselrichter können dazu beitragen die Blindleistungsbilanz im Netz auszugleichen oder die Spannungsqualität zu gewährleisten. Der Netzbetreiber kann dazu Verschiebungsfaktoren zwischen $\cos\varphi = 0{,}95$ und $\cos\varphi = 1$ fordern.
- **Die dynamische Netzunterstützung** bei pötzlichen Spannungseinbrüchen bedeutet nicht wie früher die schlagartige Netztrennung, die dann das Netz aus dem energetischen Gleichgewicht bringt, sondern fordert nun, dass die Wechselrichter das Netz im Fehlerfall stützen. Dies geschieht mittels „durchfahren" um unmittelbar danach wieder normal einzuspeisen. Beim vollständigen Spannungseinbruch wird gefordert, zusätzlichen Blindstrom ins Netz einzuspeisen.

Aufgaben zu Abschnitt 7.3

1. Beschreiben Sie den unterschiedlichen Aufbau von Windenergieanlagen mit einem Antriebsstrang mit Getriebe und einem Direktantrieb.
2. Erklären Sie den Unterschied zwischen stall- und pitch-geregelten Anlagen.
3. Warum benötigt der doppeltgespeiste Asynchrongenerator mit Schleifringläufer zur Einspeisung keinen Vollumrichter und welcher besondere Vorteil ergibt sich daraus?
4. Beschreiben Sie die Ausführungsformen des Antriebsstranges einer Windenergieanlage mit Synchrongenerator.

8 Explosionsgeschützte Motoren

8.1 Explosionsschutz – Maßnahmen und Ziele

Dem Konzept des integrierten Explosionsschutzes folgend sind bei der Projektierung technischer Anlagen primär Maßnahmen zur Vermeidung explosionsfähiger Atmosphären (**At**mosphères **Ex**plosibles, **ATEX**) zu ergreifen.

Nur wenn sich trotz aller Schutzmaßnahmen die Bildung einer explosionsfähigen Atmosphäre nicht verhindern lässt müssen (Sekundär-) Maßnahmen zur Vermeidung von Zündquellen ergriffen werden.

Ist auch dies nicht sicher ausschließbar, sind (Tertiär-) Maßnahmen zur Verhinderung der Explosionsausbreitung zu treffen.

In explosionsgefährdeten Bereichen sind besonders geschützte Antriebe inkl. Schutz- und Steuergeräten sowie Transformatoren einzusetzen. Sie gewährleisten, dass die Geräte in keinem Betriebszustand als Zündquelle wirken oder sie behindern die Explosionsausbreitung.

8.1 Maßnahmen zum Explosionsschutz

Eine Zündquelle und eine gefährliche explosionsfähige Atmosphäre führen bei passender Verbrennungsgeschwindigkeit zu einer Explosion – mit gravierenden Folgen für Menschen, Tiere und Sachgüter.

Zündquellen in (bürstenlosen) elektrischen Maschinen entstehen beispielsweise durch

- heiße Oberflächen und Lager, Lagerströme (Erosionsfunken),
- Überschläge in Kriech- und Luftstrecken zwischen blanken Anschlusskomponenten,
- elektrostatische Entladungen (Lack, Lüfter, Lüfterhaube),
- Teilentladungen in der Wicklung von Motoren durch transiente Überspannungen im FU-Betrieb,
- mechanisches Anschleifen während des Betriebs zwischen Läufer und Blechpaket (Unterschreitung des Luftspaltmindestwertes),
- Überschreitung der Grenztemperatur von Wicklungsisolationsmaterialien.

Die Identifizierung explosionsgefährdeter Bereiche (Zonen) im Freien oder in Räumen im Sinne der einschlägigen Verordnungen und Bestimmungen obliegt **ausschließlich** dem Anlagenbetreiber. Bestehen hinsichtlich der Festlegung Zweifel, kann diese Aufgabe der zuständigen Aufsichtsbehörde überlassen werden.

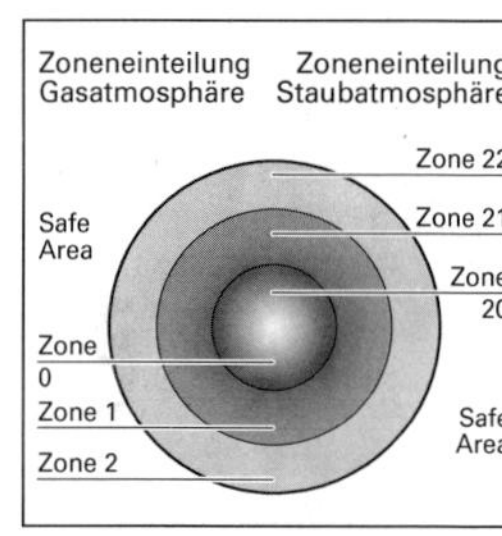

8.2 Einteilungen gas- und staubexplosionsgefährdeter Bereiche in Zonen.
© Siemens AG 2019, Alle Rechte vorbehalten

Die Geräteauswahl mit den auf die jeweilige Anlage passenden Zündschutzmaßnahmen ist ein komplexer Vorgang. Sie gewährleistet in allen Betriebszuständen einen sicheren Betrieb explosionsgefährdeter Anlagen. Das Explosionsschutzkonzept für eine Anlage basiert auf einer Vielzahl nationaler und internationaler Regelwerke.

8.2 Rechtsgrundlagen und Normen

Weltmarktbezogen ist der Explosionsschutz durch die Regierungen der Einzelstaaten gesetzlich geregelt. Für weltweit operierende Hersteller resultieren daraus Handelshemmnisse sowie ein zusätzlicher Entwicklungs- und Zulassungsaufwand. Die Anforderungen an den Explosionsschutz für Transformatoren, Motoren und Antriebselektronik sind in teilweise harmonisierten und länderspezifischen Richtlinien, Regeln, Verordnungen und Gesetzen (NEC-, USA; CEC-, Canada; GOST R-, Russland) geregelt.

Innerhalb der Europäischen Union ist der Harmonisierungsprozess im Bereich des Explosionsschutzes mittlerweile abgeschlossen. Auf globaler Ebene arbeitet die IEC auf der Basis des sog. IECEx-Schemas an der Vereinheitlichung der Standards.

Für die europäischen Staaten gelten in erster Linie die europäischen Richtlinien:

Die Richtlinie 2014/34/EU (ATEX-Richtlinie) ist europäisches Recht das unverändert von den EU-Mitgliedsstaaten durch nationale Ratifizierung zu übernehmen ist. Sie legt grundlegende Anforderungen an explosionsgeschützte Geräte fest. Im deutschen Recht ist diese Richtlinie im Produktsicherheitsgesetz (Explosionsschutzproduktverordnung -11. ProdSV) umgesetzt.

Dagegen legt die EU-Richtlinie 1999/92/EG nur **Mindestanforderungen** an den Betrieb in explosionsgefährdeten Bereichen zur Sicherheit von Mitarbeitern an explosionsgefährdeten Arbeitsplätzen fest. Jeder EU-Mitgliedsstaat kann eigene, über die Mindestanforderungen hinausgehende Vorschriften erlassen.

Da die IEC die Normung auf internationaler Ebene stark forciert hat, werden europäische Normen zur Elektrotechnik fast nur noch im sog. Parallelverfahren mit IEC beschlossen. Für den Explosionsschutz sind das hauptsächlich die Normen der Reihe (CENELEC) EN 60079, die gleichbedeutend sind zu den jeweiligen IEC 60079-x.

Die IECEx-Konformitätslizensierung findet in allen Ländern Anerkennung, die sich am IECEx-Scheme beteiligen. Einige IECEx-Zertifikate werden jedoch nur anerkannt, wenn sie durch eine ATEX-Prüfstelle erstellt wurden.

In Europa *muss* jede Ex-Zertifizierung nach den gesetzlichen Regelwerken auf Basis RL 2014/34/EU (ATEX) erfolgen. Eine Zertifizierung durch die *private* Organisation IEC ist hierzu nicht gleichwertig; sie erleichtert europäischen Herstellern lediglich die Gerätevermarktung außerhalb des „ATEX-Raums".

Tabelle 8.3 **Rechtsrahmen für Betreiber von Geräten und für explosionsgefährdete Anlagen mit beispielhaften Angaben**

Rechtsrahmen	Betreiber/Anlage	Produkte/Geräte
Europäisches Recht (Richtlinien)	1999/92/EG (ATEX 137) über Mindestvorschriften zur Verbesserung des Gesundheitsschutzes und der Sicherheit der Arbeitnehmer, die durch explosionsfähige Atmosphären gefährdet sein können ⇒ **Ex-Zoneneinteilung** **Anlagenkennzeichnung:** EX	2014/34/EU (ATEX) zur Harmonisierung der Rechtsvorschriften der EU-Mitgliedsstaaten für Geräte und Schutzsysteme zum bestimmungsgemäßen Einsatz in explosionsgefährdeten Bereichen ⇒ **Gerätegruppen und -kategorien** **Gerätekennzeichnung für elektrische Geräte und nicht elektrische Geräte:** Ex **(Eχ: epsilon – chi)**
Gesetze	Arbeitsschutzgesetz (ArbSchG)	Produktsicherheitsgesetz (PSG)
Verordnungen	Betriebssicherheitsverordnung (BetrSichV) Gefahrstoffverordnung (GefStoffV) Verordnung über die Verhütung von Unfällen und Berufskrankheiten (VUV)	Explosionsschutzprodukteverordnung (11. ProdSV)
Vorschriften, Regeln, Richtlinien, Normen	Technische Regeln Betriebssicherheit (TRBS) z. B. TRBS 1112: Instandsetzung Technische Regeln für Gefahrstoffe (TRGS) z. B. TRGS 727: Vermeidung von Zündgefahren infolge elektrostatischer Aufladungen	**Produktnormen EN und IEC Ex** wie z. B. IEC/EN 60079-0, Explosionsfähige Atmosphäre – Allgemeine Anforderungen IEC/EN 60079-17, Prüfung und Instandhaltung elektrischer Anlagen EN 8007.9-36, Nicht elektrische Geräte für den Einsatz in explosionsgefährdeten Bereichen (z. B. Getriebe für Getriebemotoren) **IECEx-Konformitätszeichen**[1] mit Eintrag der Zertifizierungsstelle LCIE IEC Ex LCIE 001

[1] nicht verpflichtend

8.3 Begriffsbestimmungen

Als Geräte gelten nach RL 2014/34/EU Maschinen, Betriebsmittel, stationäre oder ortsbewegliche Vorrichtungen, Steuerungs- und Ausrüstungsteile sowie Warn- und Vorbeugungssysteme, die einzeln oder kombiniert zur Erzeugung, Übertragung, Speicherung, Messung, Regelung und Umwandlung von Energien und zur Verarbeitung von Werkstoffen bestimmt sind, die eigene Zündquellen aufweisen und dadurch eine Explosion verursachen können.

Als Komponenten werden solche Bauteile bezeichnet, die für den sicheren Betrieb von Geräten und Schutzsystemen erforderlich sind, ohne jedoch selbst eine autonome Funktion zu erfüllen.

Die Zoneneinteilung nach Einsatzbereich eines Geräts spiegelt die Wahrscheinlichkeit des Auftretens einer explosionsfähigen Atmosphäre in einer Anlage wider. Sie unterliegt der **Verantwortung des Anlagenbetreibers**. Bei der Festlegung der erforderlichen Schutzmaßnahmen muss dieser jeweils höchstmögliche Zündgefahrenpotential zugrunde legen.

Gerätekategorie bzw. Geräteschutzniveau Innerhalb einer Gerätegruppe (Tab. 8.6) sind die Geräte entsprechend dem Zündgefahren-/Schutzniveau (Tabelle **8**.5) in Kategorien eingeteilt. Das Geräteschutzniveau nach IEC/EN 60079-0 wird auch als **E**quipment **P**rotection **L**evel (**EPL**) bezeichnet. Die Schutzniveaus differenzieren die Wahrscheinlichkeit des Auftretens einer Zündgefahr, die von einem Gerät ausgehen kann (Tabelle **8**.5).

Tabelle **8**.4 **Zoneneinteilung, Definition nach BetrSichV**

Stoffe	Zone	Temporäres Verhalten der explosionsfähigen Atmosphäre
Gase Dämpfe Nebel (G)	0	ist ein Bereich, in dem gefährliche explosionsfähige Atmosphäre als Gemisch aus Luft und brennbaren Gasen, Dämpfen oder Nebeln **ständig, über lange Zeiträume oder häufig** vorhanden ist.
	1	ist ein Bereich, in dem sich im **Normalbetrieb gelegentlich** eine gefährliche explosionsfähige Atmosphäre als Gemisch aus Luft und brennbaren Gasen, Dämpfen oder Nebeln bilden kann.
	2	ist ein Bereich, in dem im **Normalbetrieb nur zufällig** eine gefährliche explosionsfähige Atmosphäre als Gemisch aus Luft und brennbaren Gasen, Dämpfen oder Nebeln **normalerweise nicht oder aber nur kurzzeitig auftritt.**
Staub (D)	20	ist ein Bereich, in dem gefährliche explosionsfähige Atmosphäre in Form einer Wolke aus in der Luft enthaltenem brennbaren Staub **ständig, über lange Zeiträume** oder **häufig** vorhanden ist.
	21	ist ein Bereich, in dem sich bei **Normalbetrieb gelegentlich** eine gefährliche explosionsfähige Atmosphäre in Form einer Wolke aus in der Luft enthaltenem brennbarem Staub bilden kann.
	22	ist ein Bereich, in dem bei Normalbetrieb **nur zufällig** eine gefährliche explosionsfähige Atmosphäre in Form einer Wolke aus in der Luft enthaltenem brennbaren Staub **normalerweise nicht oder nur kurzzeitig** auftritt.

Das **Zündgefahren-/Schutzniveau bzw. die Zone** (Tab. **8**.5) sind für den Anlagebetreiber von besonderer Bedeutung. Sie bilden die Bewertungsgrundlage für die Maßnahmen nach TRBS 1112 wie z. B. Arbeitsfreigabeverfahren für sämtliche Inspektions-, Wartungs- und Instandsetzungsarbeiten.

Ein Gerät mit der sichersten Kategorie bzw. dem höchsten EPL ist auch in einer Zone mit niedrigeren Sicherheitsanforderungen einsetzbar. Ein Gerät der Kategorie 1G darf sowohl in Zone 0 als auch in den Zonen 1 und 2 eingesetzt werden.

Tabelle **8**.5 **Gerätekategorien nach RL 2014/34/EU und Geräteschutzniveaus nach IEC/EN 60079-0. Für die Mehrzahl der Situationen mit den typischen möglichen Explosionsfolgen ist die standardmäßige Zuordnung von Zonen zu Gerätekategorien bzw. Geräteschutzniveaus möglich.**

Brennbare Stoffe	Gerätekategorie	Geräteschutz niveau (EPL)	Zündgefahren-/Schutzniveau	Zone
Gase Dämpfe Nebel	1G	Ga	sehr hoch	0
	2G	Gb	hoch	1
	3G	Gc	normal/erhöht	2
Stäube	1D	Da	sehr hoch	20
	2D	Db	hoch	21
	3D	Dc	normal/erhöht	22
Methan Kohlestaub	M [1)]1	Ma	sehr hoch	Weiterbetrieb bei Ex-Atmosphäre
	M2 oder M1	Mb oder Ma	hoch	Abschaltung bei Ex-Atmosphäre

[1)] M für Mines, schlagwettergefährdete Grubenbaue

Gerätegruppen kennzeichnen den Verwendungsbereich der Geräte und Komponenten.

Nach RL 2014/34/EU werden explosionsgeschützte Geräte in zwei Gruppen unterteilt.

Tabelle **8**.6 **Gerätegruppen nach RL/2014/34/EU**

Gerätegruppe I	Gerätegruppe II
Verwendung in Unter- und Übertagebetrieben von Bergwerken, die durch Grubengase und/oder brennbare Stäube gefährdet werden könnten.	Geräte zur Verwendung in den übrigen Bereichen, die durch explosionsfähige Atmosphäre gefährdet werden können.

Nach IEC 60079-0 werden explosionsgeschützte Geräte in drei Explosionsgruppen unterteilt.

Tabelle **8**.7 **Explosionsgruppen nach IEC 60079-0**

Explosions-Gruppe I	Explosions-Gruppe II	Explosions-Gruppe III
Geräte für schlagwetter-gefährdete Grubenbaue	Geräte für gasexplosions-gefährdete Bereiche – außer Grubenbaue	Geräte für staubexplo-sionsgefährdete Bereiche – außer Grubenbaue

Elektrische Geräte der Gruppe II (Gas) und der Gruppe III (Staub) werden nach den spezifischen Eigenschaften, wie z. B. Elektrostatik, der explosionsfähigen Atmosphäre in je drei Explosions(unter)gruppen eingeteilt. Die Unterteilung der Explosionsgruppe II ist z. B. bei „druckfester Kapselung" (**8**.12) abhängig von der Grenzspaltweite (**8**.8) und dem Mindestzündstromverhältnis bezogen auf Methan. Die Ex-Gefährlichkeit der Stoffe steigt jeweils von A nach C; entsprechend sinkt die erforderliche Mindestzündenergie.

Tabelle **8**.8 **Explosionsgruppen nach IEC/EN 60079-0**

Explosions-gruppen	Explosionsfähige Stoffe	Grenzspaltweite[1)] bei druckfester Kapselung
IIA	Ethan, Toluol, ...	> 0,9 mm
IIB	Ethylen, Stadtgas, ...	0,5 mm bis 0,9 mm
IIC	Acetylen, ...	< 0,5 mm
IIIA	brennbare Flusen	
IIIB	nicht leitfähiger Staub	[1)]s. **8**.23
IIIC	leitfähiger Staub	

Die Zündtemperatur ist die kleinste Temperatur, bei der eine heiße Oberfläche die jeweilige explosionsfähige Atmosphäre zünden kann. Deshalb muss die maximale Oberflächentemperatur, die ein elektrisches Geräts annehmen kann, stets unter der Zündtemperatur der Atmosphäre liegen in der es eingesetzt wird.

Temperaturklassen brennbarer Gase und Dämpfe teilen deren Entzündbarkeit bezüglich ihrer Zündtemperatur ein. Die höchste Temperaturklasse kennzeichnet die höchste Zündgefahr.

Tabelle **8**.9 **Temperaturklassen brennbarer Gase, Dämpfe und Nebel**

Zündtemperaturen der brennbaren Stoffe in °C	Temperaturklasse	Maximale Oberflächentemperatur der elektrischen Geräte in °C
> 450	T1	450
> 300 bis 450	T2	300
> 200 bis 300	T3	200
> 135 bis 200	T4	135
> 100 bis 135	T5	100
> 85 bis 100	T6	85

Zündfähige Gasatmosphären lassen sich durch intensives Lüften soweit abmagern, bis sie nicht mehr zündfähig sind. Dasselbe Verfahren auf Staubablagerungen angewendet, hat Staubwolken zur Folge und ruft weitere Gefahrenquellen hervor.

Die Mindestzündtemperatur einer Staubwolke ist stets mit der maximalen Oberflächentemperatur des Betriebsmittels zu vergleichen. Die maximale Oberflächentemperatur darf höchstens **2/3** der Mindestzündtemperatur der Staubwolke betragen. Für brennbare Stäube gibt es keine Temperaturklassen.

Die Glimmtemperatur ist die Mindestzündtemperatur einer **Staubschicht** von 5 mm Dicke auf der heißen Oberfläche von Betriebsmitteln. Damit kein Glimmvorgang einsetzen kann, muss die maximale Oberflächentemperatur stets 75 K niedriger sein als die Glimmtemperatur. Weil die Wärmedämmung mit steigender Schichtdicke zunimmt, ist die maximal zulässige Oberflächentemperatur zu reduzieren (**8**.10).

Staubschichten schränken die Kühlung des Betriebsmittels ein und steigern das Zündpotential. Staubexplosionsschutz erfordert deshalb regelmäßige Reinigung der staubbedeckten Betriebsmittel.

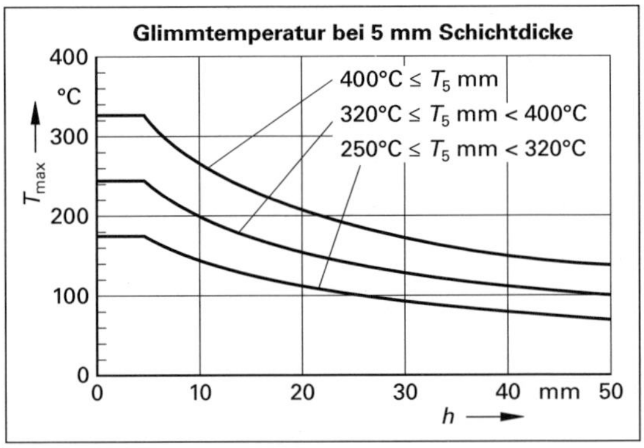

8.10 Richtwerte zur Reduzierung der maximal zulässigen Oberflächentemperatur von Ex-Betriebsmitteln, wenn die Staubablagerung auf deren Oberseite 5 mm bis 50 mm beträgt. (Abbildung in Anlehnung an DIN EN 60079-14)

Die Abhängigkeit der Glimmtemperatur von der Staubschichtdicke ist im Laborversuch zu ermitteln, wenn die Glimmtemperatur einer 5 mm-Staubschicht unter 250 °C liegt. Gleiches gilt, wenn Zweifel an der Anwendbarkeit des Diagramms bestehen.

Tabelle 8.11 **Zündtemperaturen von Staubwolken und Glimmtemperaturen von Staubschichten bis 5 mm.**

Feststoff-bezeichnung	Zündtemperatur Θ_{Wolke} in °C	Glimmtempera-tur $\Theta_{Schicht}$ in °C
Stäube von Naturprodukten		
Baumwolle	560	350
Holzmehl	400	300
Getreide	420	290
Kohlestaub	380	225
Stäube von technisch-chemischen Produkten		
Waschmittel	330	-
Gummi	570	-
Aluminium	530	280
Magnesium	610	410

Zündschutzarten sind konstruktive und elektrische Maßnahmen zur technischen Ausführung explosionsgeschützter Geräte, damit diese nicht als Zündquelle wirken können. Sie verhindern bei bestimmungsgemäßer Nutzung die Entzündung einer explosionsfähigen Atmosphäre durch die in den einzelnen Ex-Zonen eingesetzten Betriebsmittel. Bei Bedarf können auch Kombinationen verschiedener Zündschutzarten angewendet werden.

Die Zündschutzart gibt an, nach welchem Prinzip der Explosionsschutz eines Geräts ausgeführt ist, um zu verhindern, dass es zur Zündquelle wird.

Die Schutzniveaus (a, b, c) innerhalb einer Zündschutzart stehen in direkter Beziehung zu den Geräteschutzniveaus (EPL). Sie resultieren aus einer Unterteilung der Zündschutzart, um die Wahrscheinlichkeit abzustufen, bei der ein Gerät zur Zündquelle wird.

Zündschutzarten sind genormt (IEC/EN 60079-1ff) und durch Kennbuchstaben gekennzeichnet (**8**.12). Abhängig von der vorliegenden Zone und dem damit verbundenen Gefahrenniveau müssen Betriebsmittel definierte Mindestanforderungen hinsichtlich des Zündschutzes erfüllen.

Für alle Zündschutzarten gilt, dass die Teile, zu denen die explosionsfähige Atmosphäre ungehinderten Zugang hat, keine unzulässig hohen Temperaturen annehmen dürfen. Die (Oberflächen-) Temperaturen dürfen unter Berücksichtigung der Umgebungstemperatur und der Erwärmung nur Werte annehmen, die der Temperaturklasse oder der für brennbare Stäube bestimmten, zulässigen (Glimm-)Temperatur entsprechen (**8**.11).

Zündschutzarten für elektrische Maschinen/ Geräte (**8**.12, **8**.22) Ihre Anwendung resultiert aus dem temporären Verhalten (Art, Wahrscheinlichkeit) der explosionsfähigen Atmosphäre (Zone). Den Zonen/Gefahrenniveaus sind Geräte-/ Betriebsmittelkategorien (2G, 3D) bzw. Geräteschutzniveaus (EPL: Gb, Dc) und Schutzniveaus (z. B. tb, tc) zugeordnet (**8**.5). Diesbezüglich gilt:

Ein Motor/Gerät mit

- **sehr hohem Schutzniveau (a)** garantiert die Sicherheit im Normalbetrieb sowie bei vorhersehbaren oder seltenen Betriebsstörungen.
- **hohem Schutzniveau (b)** garantiert die Sicherheit im Normalbetrieb sowie bei vorhersehbaren Betriebsstörungen.
- **erweitertem Schutzniveau (c)** stellt sicher, dass im Normalbetrieb keine Zündgefahr besteht. Das Gerät stellt durch weitere Schutzmaßnahmen sicher, dass bei üblicherweise vorhersehbaren Störungen keine Zündgefahr besteht.

Das Gefahrenniveau der jeweiligen Zone bestimmt das Mindestschutzniveau des zulässigen Betriebsmittels.

In Zone 0 ist der Einsatz explosionsgeschützter Motoren grundsätzlich nicht zulässig. Ausnahmen z. B. für Fass- und Tankpumpen oder Antriebe auf Flüssiggastankern gewähren nur die zuständigen Überwachungsbehörden. Die einzelnen Zündschutzarten erfordern entsprechende Zündschutzmaßnahmen, die an Ex-Geräten wie Motor, Transformator und allen weiteren antriebstechnischen Komponenten (Geber, Getriebe, Schutzgeräte) zu treffen sind.

Zündschutzarten zum Staubexplosionsschutz basieren teilweise auf den Zündschutzarten für Gase und Dämpfe.

Elektrische Maschinen mit den Zündschutzarten „Erhöhte Sicherheit“ (inkl. dem bisherigen „Non Sparking“ nA; „Nichtfunkendes Gerät“)“, „Druckfeste Kapselung“ und „Überdruckkapselung“ können zusätzlich auch für Staubexplosionsschutz (s. Abschn. 8.5.2.8) ausgelegt werden.

Ein wesentliches Merkmal des Staubschutzes ist die IP-Schutzart. Sie gewährleistet, dass die Anforderungen an die Staubdichtheit den Umgebungsbedingungen gerecht werden. Für den Staubschutz ist wichtig, dass die Oberflächentemperaturen unterhalb der zulässigen Zünd- und Glimmtemperaturen liegen (s. Tab. **8**.11).

Motoren mit Doppelbeschilderung für Gas- und Staubexplosionsschutz dürfen bei gleichzeitigem Auftreten von Gas und Staub nur nach vorheriger Prüfung der Eigenschaften der Hybridatmosphäre eingesetzt werden. Die Prüfung erfolgt durch den Anwender oder im Einzelfall auch durch eine hierfür kompetente Stelle.

Tabelle **8**.12 **Zündschutzarten in der elektrischen Antriebstechnik**

Zündschutzarten für elektrische Maschinen/Geräte in gasexplosionsgefährdeten Bereichen nach Normenreihe IEC/EN 60079				**Zuordnung Zone ↔ EPL**		
Zündschutzart/ Kennbuchstabe Norm	**Symbol**	**Grundprinzip/ Beschreibung**	**Anwendung/ Beispiele**	**0 Ga**[1]	**1 Gb**	**2 Gc**
				Schutzniveau[2] **(Zündschutzart)**		
erhöhte Sicherheit **Ex „e"** IEC/EN 60079-7		Diese Zündschutzart soll die Bildung von Zündquellen durch Konstruktionsmaßnahmen –auch bei Betriebsstörungen und Gerätefehlern – auf ein Restrisiko minimieren. Dabei ist besonders wichtig, die maximal zulässige Oberflächentemperatur entsprechend der jeweiligen Temperaturklasse T1 bis T6 auch an allen Oberflächen innerhalb des Geräts einzuhalten.	Diese Zündschutzart ist für alle elektrischen Betriebsmittel und deren Komponenten anwendbar, in denen im Normalbetrieb keine Funken oder Lichtbögen auftreten. Käfigläufermotoren, Synchronservomotoren, Anschlusskästen z. B. von Ex db-Motoren		eb	eb ec
druckfeste Kapselung **Ex „d"** IEC/EN 60079-1	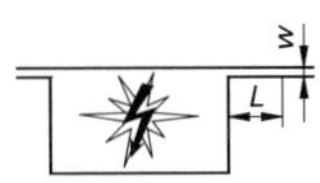 W: Spaltweite L: Spaltlänge	Komponenten, die im Normalbetrieb eine explosionsfähige Atmosphäre zünden können, sind in ein explosionsdruckfestes Gehäuse eingeschlossen, das bei der Explosion im Inneren deren Druck aushält und eine Übertragung der Explosion auf die das Gehäuse umgebende Atmosphäre verhindert. Zünddurchschlagsichere Spalte an den Gehäuseöffnungen (z. B. Wellendurchführungen) dienen der Abkühlung und Ableitung der Flammgase.	Ex „d" ist auch geeignet, wenn im Inneren der Maschine Zündquellen auftreten. Die Oberflächentemperatur muss unter der Zündtemperatur verharren. Käfigläufermotoren für alle Betriebsarten. Stromwender- und Schleifringläufermotoren Schaltanlagen, Schaltgeräte	da[1]	da db	da db dc
Eigensicherheit **Ex „i"** IEC/EN 60079-11	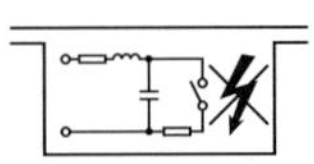	Die Betriebsmittel enthalten eigensichere Stromkreise, die sicherstellen, dass kein Funke oder thermischer Effekt die Zündung explosionsfähiger Atmosphäre verursacht.	Aktoren Sensoren Bussysteme	ia	ia ib	ia ib ic
Überdruckkapselung **Ex „p"** IEC/EN 60079-2	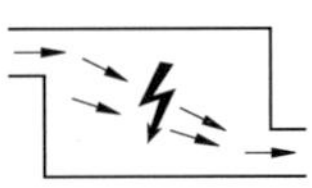	Das Zündschutzgas im Inneren des Geräts wird unter Überdruck gegenüber der umgebenden explosionsfähigen Atmosphäre gehalten. Der Druck und die Zusammensetzung des Gases werden ggf. überwacht. Die Zündschutzgasversorgung ist zu überwachen.	Große elektrische Maschinen aller Art		pxb pyb	pxb pyb pzc
Flüssigkeitskapselung **Ex „o"** IEC/EN 60079-6		Elektrische Betriebsmittel oder Teile von ihnen sind so in eine Schutzflüssigkeit (z. B. Öl) eingetaucht, dass sie eine explosionsfähige Atmosphäre außerhalb davon nicht zünden können.	Transformatoren Schaltgeräte Anlasswiderstände		ob	ob oc
Sandkapselung **Ex „q"** IEC/EN 60079-5		Das Gehäuse eines elektrischen Betriebsmittels wird mit feinkörnigem Schüttgut (z. B. Sand) gefüllt. Lichtbögen im Gehäuseinneren können deshalb die umgebende explosionsfähige Atmosphäre nicht zünden.	Transformatoren Kondensatoren Heizbänder		qb	qb
Vergusskapselung **Ex „m"** IEC/EN 60079-18		Teile des elektrischen Betriebsmittels, die eine explosionsfähige Atmosphäre zünden können, sind in eine Vergussmasse eingebettet. Weder Funken noch unzulässige Erwärmung können die umgebende explosionsfähige Atmosphäre zünden.	Kleintransformatoren Netzgeräte komplette Platinen elektronischer Baugruppen	ma	ma mb	ma mb mc
nicht zündfähig **Ex „n"** IEC/EN 60079-15		Elektrische Betriebsmittel sind nicht in der Lage, eine umgebende explosionsfähige Atmosphäre im ungestörten Betrieb oder in definierten anormalen Betriebszuständen zu zünden.	Automatisierungsgeräte Steuerungen **Ex „nC"**: funkende Betriebsmittel mit geschützten Kontakten; **Ex „nR"**: schwadensicheres Gehäuse			nC nR

[1] Die Geräte weisen ein a: sehr hohes, b: hohes und c: erhöhtes Schutzniveau auf. [2] Das Schutzniveau entspricht einer „spezifischen Zündschutzart"; es präzisiert die Zuordnung der Zündschutzart zum erforderlichen Geräteschutzniveau (EPL). Das ist für die im Sinne der Sicherheit exakte Gerätekennzeichnung unverzichtbar.

Tabelle **8.13 Zuordnung von IP-Staubschutzartkennziffern zu Staubexplosionsschutzgrößen (ϱ spezifischer Widerstand des Staubes nach DIN EN 80079-20-2).**

Explosions-Gruppe	Staubeigenschaft Beispiele	Schutz-niveau (EPL)	IP-Schutz-art
IIIA	brennbare Flusen und Fasern	ta (Da)	IP6x
	Holz-, Papier- oder Baumwollbearbeitung	tb (Db)	IP5x
		tc (Dc)	IP5x
IIIB	nicht leitfähige brennbare Stäube $\varrho > 10^3\ \Omega$m	ta	IP6x
		tb	IP6x
	Getreidestaub	tc	IP54[1]
IIIC	leitfähige brennbare Stäube $\varrho \leq 10^3\ \Omega$m	ta	IP6x
		tb	IP6x
	Kohlestaub Metallstaub	tc	IP65[1]

[1] Mindestschutzart für IIIB und IIIC

Aufgaben zu Abschnitt 8.3

1. Was sind Zonen? Wie erfolgt die Einteilung der Zonen für brennbare Stäube und Gasatmosphären?
2. Welche Kennzeichnung müssen Geräte für den europäischen Markt nach RL2014/34/EU tragen, die a) in staub- und b) in gasexplosionsgefährdeten Bereichen der Zonen 1 und 21 eingesetzt werden dürfen? c) Welche EU-Bescheinigung ist erforderlich? d) Wer stellt diese Bescheinigung aus?
3. Begründen Sie die Notwendigkeit zur Reduzierung der maximal zulässigen Oberflächentemperatur eines Ex tb-Motors, wenn auf ihm die Staubschichtdicke > 5 mm ist.
4. a) Heben Sie den Unterschied zwischen Schutzniveau und Zündschutzart hervor. b) Warum macht diese Differenzierung ein Explosionsschutzkonzept evtl. sicherer und in manchen Fällen auch preiswerter?
5. Nennen Sie zwei einfache Möglichkeiten zur Verminderung einer a) Gas- und b) Staubexplosionsgefahr. Begründen Sie Ihre Angaben.
6. Erklären Sie die Begriffe Mindestzündtemperatur und Glimmtemperatur.
7. Nennen Sie die Anforderungen die zum a) Gas- und b) Staubexplosionsschutz an die Oberflächentemperatur von Geräten gestellt werden. Nutzen Sie dabei die fachsprachlichen Begriffe.
8. Ist die Kennzeichnung Ex tb IIIC T3 Db IP55 korrekt?

Tabelle **8.14 Zündschutzarten für elektrische Maschinen/Geräte in staubexplosionsgefährdeten Bereichen.**

Zündschutzarten für elektrische Maschinen/Geräte für Bereiche mit brennbaren Stäuben nach Normenreihe IEC/EN 60079				Zuordnung Zone ↔ EPL		
Zündschutzart/ Kennbuchstabe Norm	**Symbol**	**Grundprinzip/ Beschreibung**	**Beispiele**	**20 Da[1]**	**21 Db**	**22 Dc**
				Schutzniveau/EPL (Zündschutzart)		
Schutz durch Gehäuse **Ex „t“** IEC/EN 60079-31		Das Gehäuse ist so dicht, dass das Eindringen von brennbarem Staub verhindert oder auf ein ungefährliches Maß begrenzt wird (IP5X, IP6X). Die Oberflächentemperatur des Gehäuses ist auf ein der vorliegenden Temperaturklasse entsprechendes Maximum begrenzt. Diese ist zu reduzieren, wenn Staubablagerungen > 5 mm unvermeidbar sind.	Betriebsmittel, bei denen betriebsmäßig Funken, Lichtbögen oder heiße Teile auftreten. Steuerungen Schaltschränke Motoren	ta[1]	ta tb	ta tb tc
Vergusskapselung **Ex „m“** IEC/EN 60079-18		Bauteile die eine explosionsfähige Atmosphäre durch Funken oder durch Erwärmung zünden könnten, sind in eine Vergussmasse eingebettet. Diese ist resistent gegen elektrische, thermische, chemische oder mechanische Wirkungen.	Ruhende Spulen von Magnetventilen, Relais oder Motoren Transformatoren	ma	ma mb	ma mb mc
Eigensicherheit **Ex „i“** IEC/EN 60079-11	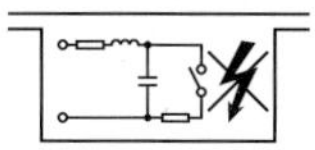	Strom und Spannung werden begrenzt, sodass die Eigensicherheit gewährleistet ist. Kein Funke oder thermischer Effekt kann eine staubige Atmosphäre zünden.	Aktoren Sensoren Bussysteme Anschlusskästen	ia	ia ib	ia ib ic
Überdruck-kapselung **Ex „p“** IEC/EN 60079-2	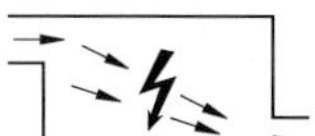	Das Zündschutzgas im Inneren des Geräts wird unter Überdruck gegenüber der umgebenden explosionsfähigen Atmosphäre gehalten. Begrenzung der Oberflächentemperatur auf die Grenzwerte der jeweiligen Temperaturklasse. Zusätzlich werden unzulässige Staubablagerungen und das Eindringen von Staub durch IP5X oder IP6X unterbunden.	Große elektrische Maschinen aller Art Schalt- und Steuerschränke		pxb pyb pzb	pxb pyb pzc

[1] Die Geräte weisen ein a: sehr hohes, b: hohes und c: erhöhtes Schutzniveau auf.

Tabelle 8.15 **Auswahl von Zündschutzarten für nichtelektrische Betriebsmittel**

Zündschutzarten nicht elektrischer Betriebsmittel in explosionsgefährdeten Bereichen und für Zonen mit brennbaren Stäuben nach DIN/EN/ISO-Normen			**Einsatz in Zone**		
Zündschutzart/ Norm	**Grundprinzip/ Beschreibung**	**Beispiele**	**0 20**	**1 20**	**2 22**
			Schutzniveau/EPL (Zündschutzart)		
druckfeste Kapselung **Ex „d"** DIN/EN 60079-1[1] alt: **„d"** EN 13463	Diese Zündschutzart bedeutet, dass im Innern eines Gehäuses die Zündung einer explosionsfähigen Atmosphäre zugelassen wird. Durch konstruktive Maßnahmen wird gewährleistet, dass sich die Explosion auf das Gehäuseinnere beschränkt und sich nicht in die Umgebung ausbreiten kann.	Bremsen Kupplungen	da[2]	db	dc
konstruktive Sicherheit **Ex „h"** EN/ISO 80079-37 alt: **„c"** EN 13463-5	Durch Konstruktionsmaßnahmen an Betriebsmitteln die im Normalbetrieb keine Zündquelle aufweisen wird der Schutz gegen eine mögliche Entzündung im Fall mechanischer Fehler (überhöhte Lagerreibung, elektrostatische Entladungen, Schlagfunken) auf ein Minimum reduziert.	Kupplungen Pumpen Förderbänder Zahnradantriebe Kettenantriebe		h	
Zündquellen-überwachung **Ex „h"** EN/ISO 80079-37 alt: **„b"** EN 13463-6	Diese Zündschutzart wird bei einer oder mehreren potenziellen Zündquellen in nicht-elektrischen Geräten angewendet. Durch in das Gerät eingebaute Sensoren können sich anbahnende Betriebszustände erfasst werden, durch die möglicherweise eine Zündung ausgelöst wird. Die Signalauswertung leitet Überwachungseingriffe ein, bevor eine potenzielle Zündquelle wirksam wird. Die Überwachungseingriffe erfolgen entweder automatisch oder manuell.	Pumpen Förderbänder		h	
Flüssigkeitskapselung **Ex „h"** EN/ISO 80079-37 alt: **„k"** EN 13463-8	Diese Zündschutzart bewirkt, dass potenzielle Zündquellen nicht aktiv werden können oder von der zündfähigen Atmosphäre getrennt werden. Das geschieht entweder durch vollständiges Eintauchen in eine Schutzflüssigkeit oder durch teilweises Eintauchen oder ständiges Benetzen ihrer aktiven Oberflächen mit einer Schutzflüssigkeit.	Tauchpumpen Getriebe Rührwerke		h	
Überdruckkapselung **Ex „p"** EN 60079-2[1]	Die Wirkungsweise dieser Zündschutzart beruht darauf, dass ein Zündschutzgas verwendet wird, das auf einem höheren Druck gehalten wird als dem der umgebenden Atmosphäre, um das Eindringen von explosionsfähiger Atmosphäre (Gas, Staub) zu verhindern.	Pumpen		pxb pyb	pxb pyb pzc
Schutz durch Gehäuse **Ex „t"** EN 60079-31[1]	Das Schutzprinzip verhindert, dass die explosive Atmosphäre die Zündquelle erreicht. Geräte ausschließlich für staubexplosionsgefährdete Bereiche.	Kupplungen Zentrifugen Getriebe	ta	tb	tc

[1] Die Norm für elektrische Geräte wird in diesen Fällen auch für nicht elektrische Geräte angewendet.
[2] Die Geräte weisen ein a: sehr hohes, b: hohes und c: erhöhtes Schutzniveau auf.

8.4 Gerätekennzeichnungen und Zertifizierungsverfahren in Europa (ATEX) und international (IEC Ex)

Die ATEX-Produktrichtlinie 2014/34/EU richtet sich in erster Linie an Hersteller bzw. Inverkehrbringer von Produkten zur Verwendung in explosionsgefährdeten Bereichen. Sie sind für die Beibringung der erforderlichen Zertifikate bzw. Bescheinigungen verantwortlich.

Bei der Kennzeichnung von Ex-Betriebsmitteln ist zwischen dem gesetzlichen Code nach RL/2014/34/EU und der Kennzeichnung nach Norm IEC/EN 60079-0 zu unterscheiden.

Die Kennzeichnung von Ex-Betriebsmitteln und ihren Komponenten ist in den Normen IEC/EN 60079-0 ff. und ISO 80079-36 für die allgemeinen technischen Anforderungen festgelegt.

Nach RL muss für alle Ex-Betriebsmittel aus dem Kennzeichnungscode klar hervorgehen, in welchen Ex-Bereichen ihr Einsatz zulässig ist.

Hersteller, die Betriebsmittel im Geltungsbereich der RL/2014/34/EU in Verkehr bringen, müssen diese Geräte getrennt nach RL und IEC/EN 60079-0 kennzeichnen. Die Kennzeichnung nach Norm enthält alle für die Verwendungssicherheit unverzichtbaren Informationen.

An dieser Stelle ist wichtig, dass die RL-Kennzeichnung unabhängig von der Norm-Kennzeichnung bezüglich ihrer spezifischen Bedeutung zu betrachten ist.

So sind nach Richtlinie in der Gerätegruppe II sowohl explosionsfähige Gas- als auch Staubatmosphären enthalten. Die Norm kennzeichnet staubige Atmosphären jedoch mit der differenzierenden Explosionsgruppe III (**8**.7 u. **8**.8).

Daraus ergibt sich z. B. für die Kennzeichnung eines Motors nach RL mit II3D die Normenkennzeichnung IIIC (**8**.16).

Tabelle **8**.16 **Beispiele für Ex-Kennzeichnungen nach RL und Norm.**

Kennzeichnung nach EU-Richtlinie und DIN EN-Norm[5]				
Beispiel	**RL 2014/34/EU**			**Norm IEC/DIN EN 60079-0**
1	CE[1]	0102[2]	(Ex)[3] II2G	Ex[4] eb IIC T3 Gb
2	CE	0102	(Ex) II2D	Ex tb IIIC T120°C IP67 Db
3	CE	-	(Ex) II3D	Ex tc IIIB T120°C Dc
4	CE	-	(Ex) II3D	Ex tc IIIC T120°C Dc
5	CE	0102	(Ex) II1/2G	Ex h IIB T3 Ga X
6	CE		(Ex) II2G	Ex db eb IIC T4 Gb
7	CE	0102	(Ex) II(2)G	[Ex db] [Ex eb] [Ex px]
8	CE	0102	(Ex) II(2)D	[Ex tb] [Ex px]

[1] CE-Kennzeichnung
[2] Nr. der Benannten (Prüf-)Stelle (NB), hier PTB
[3] Kennzeichnung zur Explosionsverhütung
[4] Kennzeichnung nach der das Gerät einer oder mehreren Zündschutzarten entspricht. Alle unabdingbaren, für die Sicherheit bei Verwendung erforderlichen Hinweise müssen aufgeführt werden.
[5] Die nach derzeit gültiger Norm alternativen Kennzeichnungen werden zukünftig gestrichen.

Übung: Listen Sie die Informationen der in Tabelle **8**.16 enthaltenen Ex-Kennzeichnungen entsprechend der Musterlösung tabellarisch auf. Vergleichen Sie die spezifischen Inhalte nach ATEX und Norm miteinander. Nutzen Sie die Struktur der dargestellten Tabellen.

Tabelle **8**.17 **Musterlösung zu Beispiel 2 aus Tabelle 9.25**

II	Gerätegruppe II
2	Gerätekategorie 2, Gefahrenniveau „hoch"
D	Staubatmosphäre
Ex	zeigt an, dass das Gerät einer oder mehreren Zündschutzarten entspricht; Normen der Reihe IEC/EN 60079-0 ff. wurden angewandt
tb	Zündschutzart „Schutz durch Gehäuse", Schutzniveau tb, Gefahrenniveau „hoch"
IIIC	Ex-Untergruppe, geeignet für Atmosphäre „leitfähiger Staub"
T120°C	maximale Oberflächentemperatur, ⇒ die Glimmtemperatur einer Staubschicht bis 5 mm 120 °C + 75 K = 195 °C und die Mindestzündtemperatur einer explosionsfähigen Staubwolke beträgt 120 °C / 0,67 = 180 °C (**8**.11)
IP67	Schutzart: 6 „staubdicht", 7 Schutz gegen zeitweiliges Untertauchen
Db	Geräteschutzniveau (EPL) „hoch", geeignet für Staub

Richtlinie und Norm kennen für die Ex-Kennzeichnung eine Vielzahl von Sonderfällen. Einer findet sich in Beispiel 7, Tab. **8**.16. Er besagt, dass für zugehörige elektrische Geräte, die nicht für die Installation im Ex-Bereich geeignet sind, nach RL die Gerätekategorie (2) und nach Norm sowohl die Zündschutzart als auch das Symbol „Ex" in eckige Klammern zu setzen sind. Die Kennzeichnung findet sich beispielsweise auf zertifizierten Motorschutzgeräten der Kategorie „2".

Tabelle **8**.18 **Beispiele zur Ex-Kennzeichnung von elektrischen Geräten**

Kennzeichnung elektrischer Betriebsmittel (Beispiele)											
Richtlinie 2014/34/EU Norm[3]		**Erklärung in den oben dargestellten Tabellen**									
		1)	2)	**8.3 8.16**	**8.5 8.6**	3)	**8.12 8.5**	**8.8**	**8.9 8.11**	**8.5**	
ATEX 2014/34/EU	Gas	CE	NB	(Ex)	II (1G)[5] 2G	Ex	db [ia Ga][6]	IIC	T4	Gb	X[4]
	Staub				IID	Ex	tb	IIIC	T80°C	Db	U
IEC/DIN EN Ex	Gas					Ex	db [ia Ga]	IIC	T4	Gb	
IEC/DIN EN Ex	Staub					Ex	tb	IIIC	T90°C	Db	
					benötigte Kundenvorgaben			**benötigte Kundenvorgaben**			
Erläuterungen	[1] CE-Konformitätskennzeichnung sowie die schriftliche EU-Konformitätserklärung bestätigen die Übereinstimmung des Produkts mit allen Anforderungen und dem Bewertungsverfahren, die in den EU-Richtlinien festgelegt sind. [2] Kennnummer der benannte Prüfstellen (Notified Bodies), z. B. 0102: Physikalisch-Technische Bundesanstalt (PTB). [3] Normen der Reihe IEC/DIN EN 60079-0 ff. sind Grundlage der Kennzeichnung. [4] Einsatzbereiche der Betriebsmittel : **ohne** – Betriebsmittel ohne Einschränkung einsetzbar, **X** – besondere Einsatzbedingungen beachten, **U** – Betriebsmittel mit Teilbescheinigung, CE-Konformität wird mit dem Einbau in ein komplettes Betriebsmittel bescheinigt. [5] ( ) Kennzeichnung bei Gerätekategorie 1G und Geräteschutzniveau (EPL) Ga für das Gefahrenniveau „sehr hoch". [6] [ ] Die eckigen Klammern verdeutlichen, dass das zugehörige Gerät einen eigensicheren elektrischen Stromkreis enthält, der für Zone 0 zulässig ist.										

Tabelle **8.19** **Ex-Kennzeichnung von nicht elektrischen Geräten nach RL/2014/34/EU, DIN ISO 80079-37 und DIN EN 60079-1 ff**

Richtlinie 2014/34/EU Norm		**Kennzeichnung nicht elektrischer Betriebsmittel (Beispiele)**										
ATEX 2014/34/EU	Gas	CE	NB	⟨Ex⟩	II	2G	Ex	tb	IIB	T4	Gb	X
	Staub				II	2D	Ex	h	IIIB	T110 °C	Db	X
ISO 80079-37 EN 60079-1 ff.	Gas						Ex	db	IIB	T4	Gb	
	Staub						Ex	pxb	IIIB	T135 °C	Db	
EN 13463-1 ff.[1]	[1] Die Teile 1, 5, 6, 8 der Normenreihe DIN EN 13463 sind in die IEC 80079-36 und 37 übernommen worden. Die in den Teilen 3 und 7 enthaltenen Anforderungen an die Zündschutzarten werden ausschließlich in der Normenreihe IEC/EN 60079-0 geregelt.							c, b, k, Ex p, Ex fr, d[2]	[2] Die Angaben in dieser Zelle sind veraltet.			

Rechtsverbindlich sind nur die EU-Richtlinien und die zugehörigen nationalen Regelwerke zu deren Umsetzung. Normen haben empfehlenden Charakter zur technischen Ausführung der Geräte.

Zertifikate bestätigen die Explosionssicherheit durch die geprüfte zünd- und staubdichte Bauweise des Geräts. Damit Betriebsmittel in einem explosionsgefährdeten Bereich eingesetzt werden dürfen, müssen diverse Zulassungen/Zertifikate vorhanden sein.

Die Zertifizierungsverfahren für die weltweite IECEx-Zulassung von Ex-Geräten und für die entsprechende EU-Baumusterprüfbescheinigung (ATEX-Approbation) innerhalb der EU-Mitgliedsstaaten sind unterschiedlich strukturiert und folgen unterschiedlichen Schemen.

Das IEC-Ex-Schema (s. www.iecex.com) umfasst die folgenden drei Zertifizierungselemente die von der Zertifizierungsstelle (IEC-ExCB) vergeben werden.

- für alle Neuprodukte mit Vergabe des IECEx-Konformitätsbescheinigung und des Konformitätssymbols (s. Tab. **8**.3) nach bestandener Baumusterprüfung (ExCBs 14)
- für Vertriebs-, Instandhaltungs- und Instandsetzungsunternehmen (ExCBs 11)
- für die Kompetenzen von Fachpersonal, das in explosionsgefährdeten Bereichen tätig ist (ExCBs 3)

Damit ein Gerät die IECEx-Konformitätsbescheinigung (z. B. mit der Cert.-Nr.: IECEx LCI 10 05.2083X) erhält, ist zu prüfen, ob es die Normenanforderungen erfüllt. Außerdem muss für die Fertigungseinrichtung ein Qualitätsbewertungsbericht der Zertifizierungsstelle vorliegen. In dem ist nachzuweisen, dass die Produktionseinrichtungen über das für Ex-Geräte vorgeschriebene Qualitätssicherungssystem und -niveau verfügen und der ständigen Überwachung durch die Zertifizierungsstellen unterliegen. In allen Ländern außerhalb Europas, die sich am IECEx-Schema beteiligen, dürfen zertifizierte Produkte ohne zusätzliche Prüfungen installiert werden.

Die ATEX-Zertifizierung durch eine Benannte Stelle muss für alle Ex-Geräte der Kategorie **„2"** (2G und 2D) in Form einer Typprüfung erfolgen. Die Ex-Eignung der Geräte wird in der EU-Baumusterprüfbescheinigung bestätigt, die ein wesentliches Element des Zertifizierungsverfahrens ist. Zu diesem Verfahren gehören außerdem:

- Die Qualitätssicherung des Produkts und für dessen Fertigungseinrichtungen.
- Die CE-Konformitätskennzeichnung durch die Konformitätsbewertungsstelle (z. B. PTB, TÜV, ...).

Die EU-Baumusterprüfbescheinigung gilt nur unter der Bedingung, dass sich die Geräte des geprüften Typs hinsichtlich ihrer elektrischen und thermischen Beanspruchung nur unwesentlich von dem Muster in der Typprüfung unterscheiden.

Schutzgeräte (Motorschutzschalter, Kaltleiterauslösegeräte, ...) der Kategorie **2** mit denen das für einen Motor erforderliche Schutzkonzept umgesetzt wird, müssen eine ATEX-Zertifizierung aufweisen und entsprechend gekennzeichnet sein. In Frequenzumrichter integrierte Sicherheitsfunktionen/-Parameter sind durch die Zertifizierung Ex zugelassen.

Für Geräte der Kategorie „2" berechtigen nur die Bescheinigungen beider Verfahren (EU-Baumusterprüfung + Qualitätssicherung) den Hersteller zur Ausstellung seiner EU-Konformitätsbescheinigung.

Für Geräte der Kategorie **3** ist nach RL/2014/34/EU eine EU-Konformitätserklärung durch Selbstdeklaration des Herstellers gefordert. Diese basiert auf einem betrieblichen Qualitätssicherungssystem, das die Konformität der Motoren/Geräte bezüglich aller Gesundheitsschutz- und Sicherheitsanforderungen prüft. Eine Zertifizierungsstelle (NB, **N**otified **B**ody)) ist nicht erforderlich; es gibt kein Zulassungszertifikat.

Tabelle 8.20 **Zusammenhang zwischen Gerätekategorie und den auf dem EU-Markt erforderlichen Bescheinigungen.**

In der EU gesetzlich erforderliche Elemente der Zertifizierung nach RL/34/2014/EU		
Prüfung und Konformität	**Gerätekategorie 1 u. 2**	**Gerätekategorie 3**
elektrischer Geräte	QS-System nach Norm EU-Baumuster-prüfbescheinigung EU-Konformitäts-erklärung CE-Kennzeichnung mit Kennnummer der NB	interne Produkti-onskontrolle EU-Konformitäts-erklärung durch Hersteller CE-Kennzeichnung ohne Kennnummer der NB
Prüfung und Konformität	**Gerätekategorie 1**	**Gerätekategorie 2[1] u. 3**
nicht-elektrischer Geräte	QS-System nach Norm EU-Baumuster-prüfbescheinigung EU-Konformitäts-erklärung CE-Kennzeichnung mit Kennnummer der NB	interne Produkti-onskontrolle EU-Konformitäts-erklärung durch Hersteller CE-Kennzeichnung ohne Kennnummer der NB

[1] Die technische Dokumentation ist bei einer Notifizierten Stelle (NB) zu hinterlegen.

Aufgaben zu Abschnitt 8.4

1. Begründen Sie, warum Geräte der Kategorie 2 eine EU-Baumusterprüfbescheinigung benötigen und für Kategorie 3 die Selbstdeklaration des Herstellers ausreichend ist.
2. Nennen Sie die wesentlichen Elemente einer EU-Konformitätserklärung für Geräte der Kategorie 2G und 2D.
3. Heben Sie die Rolle der Zertifizierungsstelle (NB) hervor.
4. Nennen Sie die EU-konforme Gerätebezeichnung für ein Gerät der Kategorie 3 aus der Gerätegruppe a) IIIC und b) IIIB und einer Mindestzündtemperatur von 120 °C.
5. a) Nennen Sie die jeweilige Geräteart zu der das dargestellte Leitungsschild a) und b) jeweils gehört. b) Nennen Sie alle Angaben die sich auf den Explosionsschutz beziehen. Erklären Sie deren Bedeutung für die Explosionssicherheit.

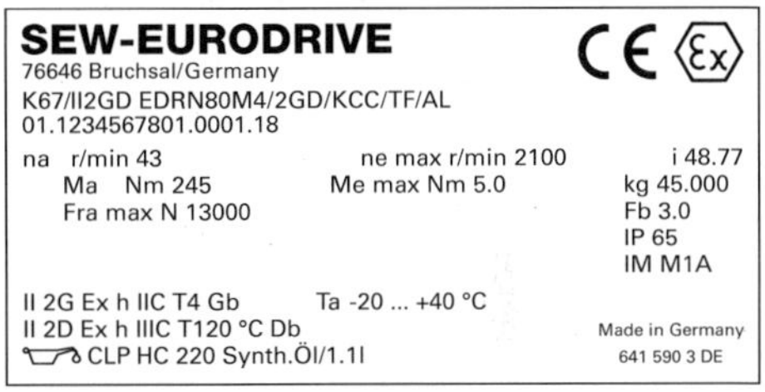

a)

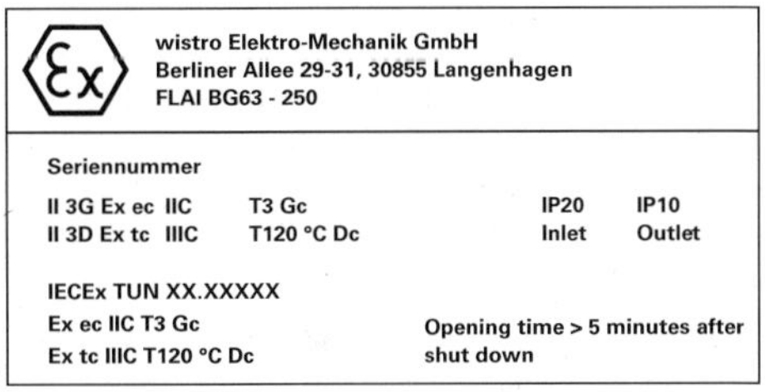

b)

8.21 Leistungsschilder zu Aufgabe 5 a) und b).

Tabelle 8.22 **Zuordnung der Zündschutzarten explosionsgeschützter Elektromotoren nach Gerätekategorie (EPL) und Zone in Abhängigkeit von der Norm.**
1: EU-Baumusterprüfbescheinigung oder 2: EU-Konformitätsbescheinigung durch Hersteller erforderlich.

Norm IEC/EN 60079-0			**Installations-/ Gefahrenzonen nach IEC/EN 60079-10**	**ATEX 2014/34/EU**		**Wichtigste Zündschutzarten für Elektromotoren**	**Bescheinigung**
Explosions-Gruppe	**EPL**	**Zündgefahren-/ Schutzniveau, durch Geräte abgesichert**	**Zone**	**Gerätegruppe**	**Motor-/ Geräte-kategorie**		
I Bergwerke	Ma	sehr hoch	Keine Zonen-einteilung üblich	I (Bergwerke)	M1	Auswahl nach EN ISO IEC 80078-38	–
	Mb	hoch			M2	Ex db[1], Ex db eb[2]	1
II Gas	Ga	sehr hoch	0	II (alle übrigen Bereiche)	1G	Keine elektrischen Maschinen zulässig	–
	Gb	mittel	1		2G	Ex db, Ex db eb, Ex pxb, Ex eb	1
	Gc	normal/erhöht	2		3G	Ex ec[3], Ex pzc	2
III Staub	Da	sehr hoch	20		1D	Keine elektrischen Maschinen zulässig	–
	Db	hoch	21		2D	Ex tb, Ex pxb, mindestens IP 65	1
	Dc	mittel/erhöht	22		3D	Ex tc, Ex pzc, mindestens IP 55	2

[1] [2] [3] Entsprechend den neuesten Normen für die Zündschutzarten „Druckfeste Kapselung", „Erhöhte Sicherheit" und „Non Sparking" hat sich die Gerätekennzeichnung geändert. Aktuell gilt: „db" statt „d", „eb" statt „e", „ec" statt „nA" und „db eb" statt „de". Bei der neuen Kennzeichnung spricht die DIN EN 60079-0 von Schutzniveaus, die in Beziehung zum Geräteschutzniveau EPL stehen. Die Praxis setzt diese beiden Begriffe jedoch häufig gleich.

8.5 Explosionsgeschützte Drehstrom-Käfigläufermotoren

8.5.1 Besondere Konstruktionsmerkmale

Bei der Projektierung jedes Antriebssystems für einen explosionsgefährdeten Bereich ist den erforderlichen Schutzmaßnahmen sehr hohe Bedeutung beizumessen. Die Motoren sind direkt an die Arbeitsmaschine im Ex-Bereich gekoppelt. Ihr Zündgefahrenpotential ist zu minimieren, weil das Schadenspotential einer möglichen Explosion verheerend sein kann.

Die einzelnen Zündschutzarten/-schutzniveaus erfordern geeignete Zündschutzmaßnahmen, die zur Unterdrückung der Zündung einer umgebenden explosionsfähigen Atmosphäre im/am Motor zu treffen sind.

Das passende zulässige Mindestschutzniveau erfordert die geeignete Zündschutzart für die benötigten Antriebe. Aus der Zündschutzart und der Zuordnung zu den zulässigen Installationszonen resultieren folgende spezifische Anforderungen an die technische Ausführung der einzelnen Motorkomponenten.

- Wicklungsisolation: Wärmeklasse, Teilentladungsfestigkeit
- Klemmenkasten: Luft- und Kriechstrecken, Leitungsdurchführungen, Dichtungen zwischen den Übergangsstellen des Klemmenkastens
- Ggf. druckfeste Wellendichtungen
- Läuferaufbau und Gewährleistung des Ex-normgerechten Mindestluftspalts
- Lüfter (schlagfest): Material- und Materialkombination von Lüfter und Lüfterhaube, Abstand zu bewegten Teilen
- Oberflächenbeschichtung und Kunststoffprüfung
- PE-Anschluss im Klemmenkasten und zusätzlich extern am Motor
- für FU-Betrieb evtl. isolierte/s Lager

Den Mindestschutz der Ex-Ausführung des zulässigen Motors bestimmt der Anwender durch die Vorgabe der für die vorliegende Zone (EPL) bzw. Explosionsgruppe erforderlichen Gerätekategorie bzw. Zündschutzniveau. Für Staubexplosionsschutz ist noch die höchstzulässige Oberflächentemperatur anzugeben.

Die Baubestimmungen für elektrische Maschinen in den einzelnen Zündschutzarten sind in der Normenreihe 60079-1 ff. festgelegt. Durch Umsetzung von Qualitätssicherungskonzepten für die gesamte Wertschöpfungskette wird die Einhaltung der Normen gewährleistet.

Das Leistungsspektrum explosionsgeschützter Drehstrommotoren liegt zwischen einigen Watt und 100 MW. Sie werden für Betrieb an starrem Netz sowie für den Betrieb mit integriertem oder externem Frequenzumrichter angeboten. Stern-Dreieck- und Sanftanlassverfahren sowie Polumschaltung sind möglich.

Die Motoren der Gerätegruppe II und (I) sind in den in Tab. **8**.22 genannten Zündschutzarten lieferbar.

8.5.2 Zündschutzarten von Elektromotoren

Jede elektrische Maschine weist im ungestörten oder gestörten Betrieb potenzielle Zündquellen auf.

Augenscheinlich sind die im Normalbetrieb von Gleichstrommaschinen und Schleifringläufermotoren auftretenden Funken und Lichtbögen an den Bürsten.

Zündquellen entstehen auch durch zu heiße Oberflächen, elektrische Entladungen sowie mechanisch erzeugte Reib- (Lager) und Schlagfunken (Schleifen von Lüfter oder Läufer an Statorkomponenten).

Im Frequenzumrichterbetrieb (Abschn. 8.6) können durch Wellen- und Lagerströme Teilentladungen in der Wicklung sowie Überspannungen durch zu hohe d*u*/d*t,* Zündquellen entstehen.

In den Zonen 0 (Gas) und 20 (Staub) kann eine explosionsfähige Atmosphäre *dauernd* oder *langzeitig* oder *häufig* auftreten. Rotierende elektrische Maschinen sind hier nicht zugelassen, es sei denn, dass bei Ausfall der einen gerätetechnischen Schutzmaßnahme eine zweite, von der ersten unabhängige Zündschutzart den Explosionsschutz aufrecht erhält (s. Abschn. 8.5.2.6) und die notifizierende Stelle (PTB, Dekra, ...) diese Ausnahme genehmigt hat.

In den Zonen 1 und 21 kann eine explosionsfähige Atmosphäre *gelegentlich* und *kurzzeitig* auftreten. Elektrische Maschinen für den Einsatz in diesen Zonen (EPL: Gb, Db, Kategorie: 2G, 2D) müssen Explosionsschutz auch noch in möglichen Fehlerfällen (z. B. blockierter Läufer) gewährleisten.

In den Zonen 2 und 22 tritt eine explosionsfähige Atmosphäre nur bei Betriebsstörungen in der Anlage (z. B. Undichtigkeiten) *kurzzeitig* auf. Hier eingesetzte Maschinen (EPL Gc, Dc, Kategorie 3G, 3D) dürfen im Normalbetrieb keine Zündquelle aufweisen (z. B. DC-Maschinen). Im gestörten

Betrieb ist das jedoch zulässig, weil die Wahrscheinlichkeit gering genug ist, dass eine explosionsfähige Atmosphäre und eine Betriebsstörung des Ex-Motors gleichzeitig auftreten.

Elektrische Maschinen zum Einsatz in den Zonen 1 bzw. 21 und 2 bzw. 22 können in verschiedenen Zündschutzarten ausgeführt werden. Grundlegende Anforderungen an die verschiedenen Zündschutzarten sind in der Norm EN 60079-0 festgelegt.

Die Prüfung neuer und Instand gesetzter elektrischer Maschinen wird bei allen Zündschutzarten in einen *mechanischen* und einen *elektrisch-thermischen* Teil aufgegliedert. Für Hochspannungsmaschinen kommt noch die *Statorwicklungsprüfung* unter explosionsfähiger Atmosphäre hinzu. Je nach Kategorie der Neumaschine bzw. der Art der Reparatur und des Umfangs der diesem Rahmen ggfs. erfolgten Modifikation (s. Abschn. 8.8.1) des Motors ist eine externe Prüfstelle (NB) oder eine zugelassene befähigte Person für die Abnahme des Prüfberichts zuständig.

8.5.2.1 Druckfeste Kapselung – Ex „d"

Die Anforderungen an Betriebsmittel in Ex „d"-Ausführung sind in der Norm EN 60079-1 festgelegt.

Für Motoren ist nur das Schutzniveau „db" bedeutsam. Es ersetzt die bisherige druckfeste Kapselung „d" und entspricht EPL „Mb" oder „Gb".

Danach müssen alle – auch im Normalbetrieb – als Zündquelle wirkenden Teile (z. B. Stromwender) von einem druckfesten Gehäuse umgeben sein. Das muss den vom freien Bauvolumen abhängigen Druck einer internen Explosion sicher beherrschen. Ex „db"-Maschinen schließen eine im Gehäuseinneren eventuell auftretende Explosion ein, sodass die Gefahr der Ausbreitung der Explosion aus dem Inneren der Maschine nach außen unterdrückt wird. Drehende elektrische Maschinen können wegen der in das Maschineninnere reichenden Welle nicht gasdicht gebaut werden.

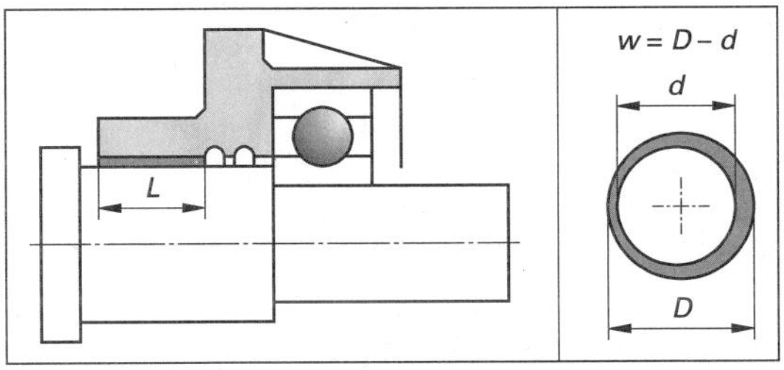

8.23 Prinzip eines zylindrischen Spalts an den Wellendurchführungen drehender elektrischer Maschinen, *L* Spaltlänge. Als Spaltweite *w* ist das Durchmesserspiel $D - d = w\,(\Delta)$ definiert. Die exzentrische Kreisringfläche kennzeichnet das maximal und minimal zulässige Durchmesserspiel. © Bauer Gear Motor GmbH

Die Wellendurchführungen müssen deshalb als sogenannter *zünddurchschlagsicherer Spalt* (z. B. fettgefüllter Labyrinthspalt oder zylindrischer Spalt) ausgeführt sein. Im Explosionsfall austretende heiße Flammgase werden in den Spalten/Flammgaspfaden zwischen Welle und innerem Lagerdeckel (**8**.24) so stark abgekühlt, dass sie außerhalb des Gehäuses nicht mehr die Mindestzündenergie/Mindestzündtemperatur aufweisen.

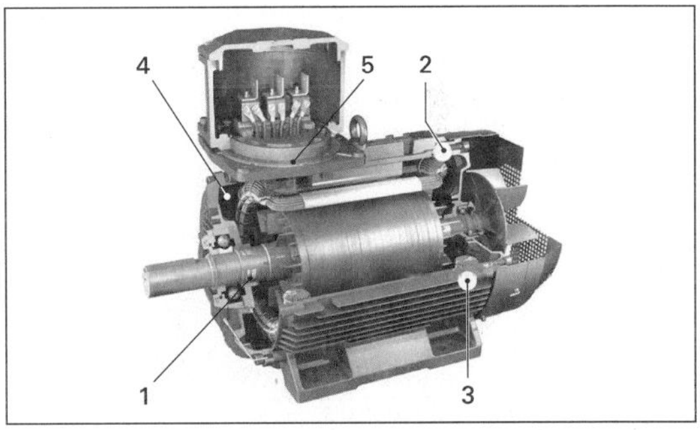

8.24 Schnittbild eines Ex db-Motors mit zylindrischem Spalt am inneren Lagerdeckel. 1) zünddurchschlagsichere Wellendurchführung, Flammgaspfade, 2) Spaltlänge an den Zentrierrändern zwischen Gehäuse und Lagerschilden, 3) druckfestes Gehäuse, 4) druckfest gekapselter Raum, 5) druckfeste und zünddurchschlagsichere Durchführungsplatte für die Wicklungsausführungen. © ABB

Die Fertigung von Ex db-Motoren ist wegen der Einhaltung sehr geringer Fertigungstoleranzen zur Sicherstellung der geforderten Spaltweiten und -längen (**8**.23) an Passflächen (z. B. Zentrierränder) und besonders an den Wellendurchführungen aufwändig und teuer. Die einzuhaltenden Mindestanforderungen zu Grenzspaltweiten sind für jede Explosionsgruppe (s. Tab. **8**.18) und Lagerart in der Norm IEC/EN 60079-1 genau definiert. Insbesondere muss sichergestellt sein, dass Spalte nicht beschädigt sind oder werden.

Explosionsschutz mit Ex db-Motoren ist unter folgenden Bedingungen gewährleistet.

1. Begrenzung der Oberflächentemperatur – auch bei Auftreten eines potentiellen Fehlers – auf die maximal zulässige Grenztemperatur der jeweiligen Temperaturklasse.
2. Alle möglichen Zündquellen befinden sich in einem druckfesten Gehäuse, das eine potentielle Explosion auf das Motorinnere begrenzt.
3. Das Gehäuse muss dem Explosionsdruck standhalten und darf sich auch infolge zahlreicher Explosionen im Motorinneren über die Lebenszeit nicht verformen.

Erforderliche Prüfungen nach Neubau und Instandsetzung umfassen die

- mechanische Ausführung (Grenzspaltweite),
- Druckprüfung und die Zünddurchschlagprüfung,
- elektrisch-thermische Prüfung der Maschine und
- die Dichtheitsprüfung verklebter Spalte.

Das Motorgehäuse ist so gefertigt, dass es mit einem Mindestsicherheitsfaktor von 1,5 den Drücken ohne Beschädigung widersteht, die bei einer Explosion im Inneren der Maschine auftreten können. Ex db-Gehäuse sind daher mit einer dickeren Wandstärke versehen; die Montageschrauben für Lagerschilde und den ggf. druckfesten Anschlusskasten weisen die erforderliche Zugfestigkeit auf. Aus diesen Baumaßnahmen resultiert eine höhere Masse als bei gleicher Bauleistung anderer Ex-Motoren.

8.25 Ex db-Motor, © Siemens AG 2019, Alle Rechte vorbehalten

Bei Anschlusskästen in Schutzniveau „db", Gerätegruppe II, sind druckfeste Leitungseinführungen und Stopfen für nicht benutzte Öffnungen zu verbauen, die für den Ex-Bereich geprüft und durch eine EU-Baumusterprüfbescheinigung zugelassen sind.

Die elektrothermische Prüfung stellt sicher, dass bei dauerndem Betrieb an den Spannungsgrenzen – U_N ± 5 %, in Sonderfällen auch U_N ± 10 % – die Grenztemperaturen T1 bis T6 der äußeren Oberfläche des druckfesten Gehäuses nicht überschritten werden.

Anwendung findet diese Zündschutzart für Kurzschlussläufer-, Schleifringläufer- und Stromwendermotoren sowie für Inkrementalgeber und Analogtachogeneratoren.

> Ex db-Motoren sind sehr flexibel einsetzbar für alle Betriebsarten S1 bis S10, für alle Anlass- und erschwerten Anlaufbedingungen, für Polumschaltung sowie ohne besondere Prüfungen für den Betrieb am passenden Frequenzumrichter.

Das angebotene Leistungsspektrum umfasst für alle gängigen Spannungen den Bereich von einigen 100 W bis zu 8 MW.

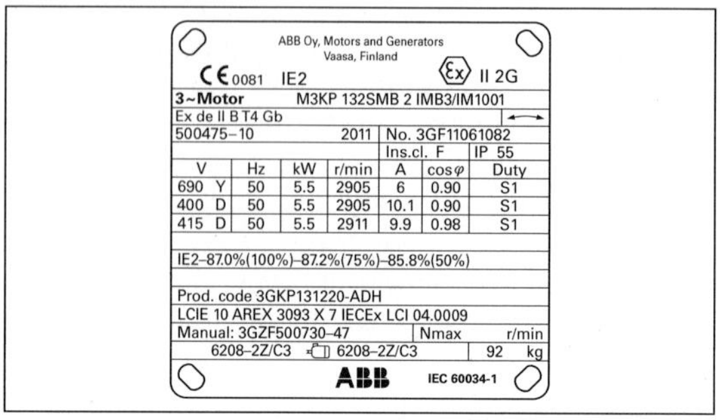

8.26 Leistungsschild eines Ex d-Motors mit Anschlusskasten in Zündschutzart „e"; die neue Kennzeichnung erfolgt über die Schutzniveaus Ex „db eb". © ABB

Sie sind mit dem Zündschutzniveau Ex „db" der Gerätegruppe II, Gerätekategorie 2G zugeordnet und erfüllen die Anforderungen für den Einsatz in Zone 1, EPL Gb (**8**.5) und gewährleisten ein hohes Maß an Sicherheit.

Kennzeichnungsbeispiele nach ATEX von Ex db-Motoren für Zone 1 oder 2 oder Ex tb für Zone 21 in Kategorie 2G oder 2D (**8**.27).

Tabelle **8**.27 **Kennzeichnung von Motoren der Kategorie 2.**

EU-konforme Kennzeichnungsbeispiele	Zone
CE 0102 Ⓔx II 2 G Ex db IIC T3...T4 Gb	1
CE 0158 Ⓔx II 2 G Ex db eb IIC T3...T4 Gb	1
CE 0102 Ⓔx II 2 D Ex tb IIIC T200 °C...T120 °C Db	21

Die Kennzeichnung „db eb" kennzeichnet einen Motor, dessen Motorgehäuse in „db" und dessen Klemmenkasten in „eb" ausgeführt ist. Ex db eb-Motoren erfüllen nach einer zusätzlichen Typprüfung mit EU-Baumusterprüfbescheinigung auch die Bestimmungen des Staubexplosionsschutzes bei leitfähigem Staub (IIIC).

Kleine druckfeste Motoren haben häufig auch eine Zulassung für Staubexplosionsschutz. Sie sind mit modifizierter Welle und anderer Wellendichtung (nichtmetallische Wellendichtungsringe) ausgestattet und z. B. in Ex tb IIIC oder Ex tc IIIB ausgeführt. Bei der veränderten Welle ist zu beachten, dass die Zündspaltweite kleiner als die Korngröße in den jeweiligen Stäuben ist.

Frequenzumrichterbetrieb (s. Abschn. 8.6) von Ex db-Motoren ist nahezu problemlos möglich. Auch wenn sich der druckgekapselte Motor bei niedrigen Drehzahlen infolge abnehmender Eigenkühlung deutlich erwärmt und zusätzliche Erwärmung durch nicht-sinusförmige Spannungen/Oberwellen erfolgt, wird er für seine Umgebung nicht zur Zündgefahr. Im kritischsten Fall zündet das Gas-Luftgemisch im Motorinneren infolge übermäßiger Erwärmung, zerstört den Motor und die Anlage wird stillgesetzt. Aufgrund der Motorkonstruktion und der Motorschutzmaßnahmen (s. Abschn. 8.7) kann dieser Extremfall jedoch nicht eintreten, weil die Temperatursensoren in der Wicklung (TMS) sich schneller erwärmen als die externe Motoroberfläche. Zusammen mit einem Auslösegerät sorgen sie für Motorabschaltung, bevor eine unzulässige Oberflächentemperatur erreicht ist.

Das ist der Grund, warum ein zertifizierter Ex db-Motor mit einem beliebigen angepassten Umrichter betrieben werden darf.

Frequenzumrichterbetrieb von Ex db-Motoren ist nach DIN EN 60079-14:2014-10 zulässig, wenn eine der folgenden Bedingungen erfüllt ist:

1. Nach Typprüfung der Einheit aus Motor und dem in der Motorbetriebsanleitung festgelegten Frequenzumrichter sowie der darin genannten Schutzeinrichtung (TMS) mit zertifiziertem Auslösegerät,

oder wenn der Motor nicht als Einheit mit den anderen Geräten typgeprüft wurde:

2. Die Wirksamkeit der Methode zu direkten Überwachung der Oberflächentemperatur (TMS) ist unter Berücksichtigung der in der Motorbetriebsanleitung festgelegten Grenzwerte der Betriebsparameter Leistung, Drehzahl, Frequenz, Drehmoment und Taktfrequenz/FU-Betriebsart, nachzuweisen und zu dokumentieren. Das Schutzkonzept ist entsprechend der Motor-Betriebsanleitung umzusetzen. Die Schutzeinrichtung muss die elektrische Trennung des Motors auslösen.

8.5.2.2 Überdruckkapselung – Ex „p"

Anforderungen an Betriebsmittel dieser Zündschutzart sind in der Norm EN 60079-2 beschrieben.

Sie kennt folgende drei Schutzniveaus.

- **Typ px: Überdruckkapselung**, die das Geräteschutzniveau im Inneren des überdruckgekapselten Gehäuses von EPL Gb auf „nicht explosionsgefährdet" reduziert (Mindestüberdruck 0,5 mbar).
- **Typ py: Überdruckkapselung**, die das Geräteschutzniveau im Inneren des überdruckgekapselten Gehäuses von EPL Gb nach EPL Gc reduziert (Mindestüberdruck 0,5 mbar).
- **Typ pz: Überdruckkapselung**, die das Geräteschutzniveau im Inneren des überdruckgekapselten Gehäuses von EPL Gc auf „nicht explosionsgefährdet" reduziert (Mindestüberdruck 0,25 mbar).

Das jeweilige Schutzniveau bestimmt die Konstruktionskriterien für das Gehäuse.

Motoren werden meistens in Ex „px" mit Schutzniveau „b" (EPL Gb) für Zone 1 als pxb-Motoren ausgeführt. Der Typ „pz" ist mit Schutzniveau „c" (EPL Gc) für pzc-Motoren in Zone 2 möglich aber wenig verbreitet. Nach Modifikation sind beide auch in den Zonen 21 bzw. 22 einsetzbar. Ex „py" ist für Motoren nicht geeignet.

Die Zündschutzart Ex „p" verhindert die Bildung einer explosionsfähigen Atmosphäre im Inneren der Maschine mit überdruckgekapseltem Gehäuse. Das Maschinengehäuse wird während der gesamten Betriebszeit mit einem Zündschutzgas, z. B. mit gereinigter und getrockneter Druckluft/angesaugter Luft oder Stickstoff, unter Überdruck gegenüber der umgebenden Ex-Atmosphäre gesetzt und gehalten.

Zwei Konstruktionsverfahren für die sichere Gestaltung des überdruckgekapselten Maschinensystems sind üblich.

1. **Überdruckkapselung mit Leckageausgleich** benötigt nur einen kleinen Volumenstrom um die Leckverluste in Rohrleitungen und im Gehäuse auszugleichen. Für elektrische Maschinen ist es die wirtschaftlichste und üblichste Variante.
2. **Überdruckkapselung mit Verdünnung der explosionsfähigen Atmosphäre im Gehäuseinneren** erfordert nach der Vorspülung eine kontinuierliche Zirkulation des Zündschutzgases damit die Zündquellen im Inneren des Gehäuses nicht wirken können. Dieses Verfahren wird hauptsächlich auf Großmaschinen angewandt, bei denen ein/e Druckaufbau/-haltung wegen großer Leckverluste nicht möglich ist.

Infolge des ständigen Überdrucks bzw. der Ex-Gas-Verdünnung können zu keinem Zeitpunkt explosionsfähige Gase/Gasgemische im Inneren des Gehäuses auftreten; es ist ein Ex-freier Raum geschaffen. Weil das Gehäuseinnere folglich nicht zum Ex-Bereich gehört, gelten für Läufer und Stator dieselben Temperaturgrenzen wie für einen Standardmotor.

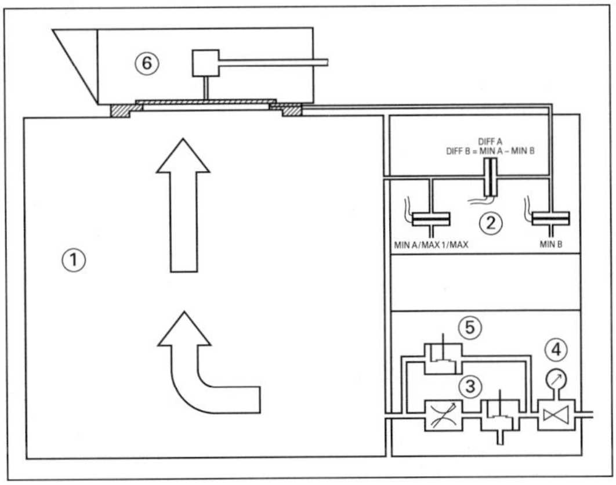

8.28 Spülschema/ Schema eines Motor-Purge-Controllers: ⇒ Spülgasfluss, 1 Ex p-Motor, 2 Steuergerät des Purge-Controllers, 3 Spülgasventil mit Spülflussbegrenzung, 4 Druckminderer, 5 Ventil für Leckageausgleich, 6 Druckwächter mit Messblende, Auslassventil und Funkenflugsperre. © BARTEC

Für den sicheren Betrieb ist die Überwachung der Zündschutzgasversorgung erforderlich. Wird der Abschaltgrenzwert des Überdrucks unterschritten, muss die Spannungsversorgung der Maschine automatisch abgeschaltet werden. Vor jeder Inbetriebnahme muss durch eine Vorspülung eventuell vorhandene explosionsfähige Atmosphäre aus dem Gehäuse und den Rohrleitungen entfernt werden.

Es muss sichergestellt sein, dass die Zündquellen bei Ausfall der Zündschutzgasversorgung und Abschaltung des Motors in kürzerer Zeit unwirksam werden als die umgebende Atmosphäre für ein Eindringen in die Maschine benötigt.

Die Einhaltung der erforderlichen Parameter des Zündschutzgases während des Spülvorgangs und im Betriebszustand wird durch ein automatisch arbeitendes Ex „px"-Motorspülsystem (**M**otor **P**urge **C**ontroller, **MPC**) gewährleistet (**8**.28).

Ein Motor Purge Controller-System besteht aus einem Motor Purge Controller (MPC) und einem Motor Purge Valve (MPV, Auslassventil). Es überwacht, steuert und regelt den Spülgasdurchfluss und den Gehäuseinnendruck von Ex „p"-Motoren und lässt sich in übergeordnete Leitsysteme integrieren.

Die Zündschutzgasmenge richtet sich nach den Prüfergebnissen aus der Erstinbetriebnahme des Motors. Die Durchflussmessung erfolgt am Ausgang des überdruckgekapselten Gehäuses. Hier befindet sich ein Druckwächter mit Messblende, Auslassventil und Funkenflugsperre. Letztere verhindert, dass glühende Partikel aus dem Ex p-Raum in die Ex-Atmosphäre entweichen können.

Das Spülventil öffnet während des Spülbetriebs den Spülkreislauf automatisch über ein pneumatisches Ventil. Es ist zur Durchflussmessung mit dem Steuergerät verbunden.

Nach Übergang in die Betriebsphase sorgt der Spülcontroller mit seinen Komponenten automatisch für den erforderlichen Gehäuseinnendruck und den Ausgleich evtl. auftretender Leckverluste.

Da ein sicherer Zustand im Gehäuse erst zu Beginn der Betriebsphase erreicht wird, muss der Motor-Spül-Controller mit seinen Komponenten Sensormodul, Kontrollmodul und Druckwächter, sowie das Spülgasventil explosionsgeschützt ausgeführt und zertifiziert sein.

CE 0044

BARTEC

97980 Bad Mergentheim
Germany

Motor Purge Controller MPC

Type 07-3711-6210/*M*7
DMT 99 ATEX E 082
Ex II2 (1) G
Ex de ib [ia Ga px] IICT4 GB
IECEx BVS 13.0039
-30 °C ≤ Ta ≤ +50 °C

Pressure range: 0 till 25 mbar
PS: AC*** V ± 10% 50-60 Hz

Prod. ID: ***
Prod. Date: **/**

Electrical data: see verification certificate

8.29 Leistungsschild eines Motor-Purge-Controllers © BARTEC

Explosionsschutz mit Ex p-Motoren ist unter folgenden Bedingungen gewährleistet.

1. Die maximale Oberflächentemperatur des Motors darf auch im gestörten Betrieb die Temperaturklasse, für die der Motor zugelassen ist, nicht überschreiten.
2. Bei Ausfall der Zündschutzgasversorgung und Abschaltung des Motors müssen alle inneren Teile auf Werte unterhalb der Zündtemperatur des eindiffundierten Gasgemisches abgekühlt sein, wenn sie vom zündfähigen Gemisch umspült werden.
3. Alle möglichen Zündquellen liegen im Motorinneren. Außerhalb der Maschine dürfen keine Lichtbögen oder Funken auftreten.

Zündschutzart Ex „p" wird wegen der aufwändigen Schutzgasversorgungs- und -regelanlagen sowie des extrem hohen Prüfaufwands für die Zertifizierung vorzugsweise bei Maschinen großer Leistung 300 kW bis 100 MW (0,4 kV bis 13,8 kV) eingesetzt. Hier hat sie gegenüber den Zündschutzarten Ex „eb" und Ex „db" deutliche Vorteile, insbesondere bei Maschinen die betriebsmäßig Funken erzeugen wie Gleichstrommaschinen, Schleifringläufermotoren und Synchronmaschinen mit Erregerstromversorgung über Schleifringe.

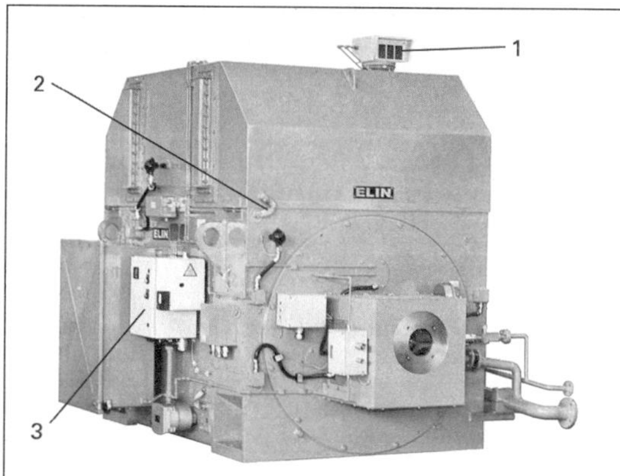

8.30 Ex p-Motor mit 5300 kW/6 kV und der Kennzeichnung Ex pzc IIB T3 Gc. 1 Druckwächter mit Messblende und Auslassventil, 2 Potentialausgleichsband zwischen Ober- und Untergehäuse, 3 Steuergerät des MPC, © ELIN Motoren GmbH

Ex p-Motoren haben bei gleicher Leistung eine geringere Baugröße und ein geringeres Gewicht als Maschinen in Zündschutzart druckfeste Kapselung „db". Bei Zündschutzniveau „pxb" sind sie einsetzbar in Zone 1, „pzc" ist für Zone 2 zugelassen. Sie entsprechen den Gerätekategorien 2G und 3G. Nach IEC EN 60079-2 sind entsprechend modifizierte Ex p-Motoren auch in staubexplosionsgefährdeten Zonen zugelassen (s. Abschn. 8.5.2.7).

Tabelle 8.31 **Kennzeichnungsbeispiele überdruckgekapselter Betriebsmittel**

EU-konforme Kennzeichnungsbeispiele	Zone
CE 0158 Ex II2G Ex pxb IIC T4...T6 Gb	1
CE Ex II3G Ex pzc IIC T4 Gc	2
CE 0102 Ex II2G Ex pxb IIB T4...T6 Gb	1
CE 0588 Ex II2G Ex pxb eb IIIC T3 Gb	1
CE 0102 Ex II(2)G [Ex pxb] [Ex eb]	1

Erforderliche Prüfungen nach Neubau oder Instandsetzung umfassen die

- mechanische Ausführung,
- Festlegung des Mindestvolumenstroms des Zündschutzgases und Festlegung der Vorspülzeit,
- Dichtheit des Gehäuses/Leckageverluste,
- Überdruckprüfung mit 1,5-fachem Betriebsdruck und
- die elektrisch-thermische Prüfung auf Einhaltung der jeweiligen Temperaturklasse außerhalb der Überdruckkapselung.

Für den Frequenzumrichterbetrieb von Ex p-Motoren gelten nach DIN EN 60079-14:2014-10 dieselben Bedingungen wie für den Ex db-Motor (s. 8.5.2.1) mit folgender Ergänzung:

Falls das Purgesystem ausfällt, ist auch im Umrichterbetrieb sicherzustellen dass die Temperaturen im Motorinneren die Grenzwerte der vorliegenden Temperaturklasse nicht überschreiten.

8.5.2.3 Erhöhte Sicherheit – „e"-Schutzniveau „eb"

Anforderungen an Betriebsmittel der Zündschutzart „e" sind in der Norm DIN EN 60079-7; 2016-08 beschrieben. Sie gelten, wenn nicht anders festgelegt, für beide Schutzniveaus. Das gilt auch für die folgenden Ausführungen.

Ex e-Motoren und Geräte haben entweder das Schutzniveau „eb" (alt: „e"), EPL „Mb" oder „Gb" oder Ex „ec" (alt „nA"), EPL „Gc".

> In das Gehäuse von Ex eb- und Ex ec-Motoren darf auch bei Normalbetrieb ex-plosionsfähige Atmosphäre eindringen. Diese darf jedoch im Normalbetrieb und bei zu erwartenden Störungen mit keiner Zündquelle in Kontakt kommen.

Deshalb ist diese Zündschutzart nur für Drehstrom- oder Einphasen-Käfigläufermotoren, Synchronservomotoren sowie für einzelne Komponenten anderer Maschinenarten vorbehalten. Sie eignet sich nicht für Stromwendermaschinen, Bremsmotoren und alle übrigen Antriebskomponenten die funktionsbedingt in der Lage sind, Funken, Lichtbögen und Hotspots/Heißstellen zu erzeugen.

> Explosionsschutz ist nur gewährleistet, wenn die Oberflächentemperatur keines Maschinenteils – innerhalb und außerhalb der Maschine – den Ex eb- oder Ex ec-Grenzwert der vorliegenden Temperaturklasse überschreitet.

Für mögliche Betriebszustände ist zu bedenken:

Weil an die erforderlichen Maßnahmen zur thermischen Überwachung von Ex e-Motoren die höchsten Anforderungen zu stellen sind, müssen auch die sicherheitstechnischen Betrachtungen bei dieser Zündschutzart sehr umfassend sein.

Die folgenden Abschnitte befassen sich mit den wesentlichen Elementen dieser Sicherheitsbetrachtungen. Deren Übertragung auf Baubestimmungen fürg Ex db- oder Ex pxb-Maschine ist dann relativ leicht machbar.

Bei Zündschutzart „e" ist das wesentliche Ziel, durch Gestaltung der elektrischen und mechanischen Komponenten und die Dimensionierung von Wicklungen und Blechpaketen des Motors sowie weitere (Motor-) Schutzmaßnahmen eine Zündung in jedem Betriebszustand von vornherein zu unterbinden. Dennoch auftretende Risikofaktoren durch Betriebsstörungen und Gerätefehler werden durch die Konstruktionsmaßnahmen und ein antriebsgerechtes Motorschutzkonzept auf ein Mindestmaß reduziert.

Die Maschine ist derart auszulegen und thermisch auszunutzen, dass kein Maschinenteil wärmer werden kann als es die vorgesehene Temperaturklasse zulässt. Elektrisch oder mechanisch erzeugte Funken oder Lichtbögen im Inneren und an äußeren Teilen der Maschine sind durch Konstruktionsmaßnahmen zu verhindern, die einen erhöhten Grad an Sicherheit bewirken.

Die Konstruktion von Lüftern und Lüfterhauben, der Lagerung und des Anschlusskastens trägt dazu wesentlich bei. Im Vergleich zu Nicht-Ex-Motoren befinden sich zwischen rotierenden Komponenten größere Luftspalte und im Anschlusskasten längere Luft- und Kriechstrecken. Der von der Umfangsgeschwindigkeit abhängige Oberflächenwiderstand von Kunststofflüftern ist gering zu halten. Bei Überschreitung der in Herstellerlisten angegebenen Grenzdrehzahl für Kunststofflüfter ist ein Metalllüfter zu verbauen. Das ist besonders bei Umrichterbetrieb zu bedenken.

Die besonderen Baubestimmungen für drehende elektrische Ex e-Maschinen beinhalten nach IEC/EN 60079-7 die folgenden Aspekte, spezifischen Bauteile und Materialien.

- **Erwärmungszeit t_E**: Erwärmungsgrenzen bei festgebremstem Läufer (nur Ex „eb") und das Verhältnis I_A/I_N
- **Anschlusstechnik**: Anschlussklemm-Verschraubungen für die Motorzuleitung, innere Leitungsverbindungen, Luft- und Kriechstrecken im Anschlusskasten, Isolierstoffe, Schutzart
- **Wicklungen**: Leiter- und kriechstromfeste Nutenisolation, Wickeldrahtdurchmesser >0,25 mm, Tränkung, Wärmeklasse, Stab-Ring-Verbindung im Läuferkäfig
- **Luftspalt**-Mindestwerte zwischen Läufer- und Statorblechpaket sowie zwischen Lüfter und Lüfterhaube in Abhängigkeit von der Baugröße
- **Überwachung** der Wicklungs- und Oberflächentemperatur und der Stromaufnahme (Motorschutz)
- **Zündrisiko** durch mögliche Funkenbildung im Betrieb (Risikoabschätzung)
- **Typ**- und Stückprüfung, Bescheinigung, Kennzeichnung

Einige der o. g. Aspekte werden im Folgenden für Ex eb-Motoren näher erläutert.

Erwärmungsgrenzen. Für die Wicklungen elektrischer Nicht-Ex-Maschinen sind die Grenztemperaturen einzuhalten, die in den Wärmeklassen (s. Abschn. 10.6) nach EN 60034-1 festgelegt sind. Sie beeinflussen die thermische Beständigkeit des Isoliersystems und folglich die Lebensdauer einer Wicklung infolge tatsächlicher Erwärmung.

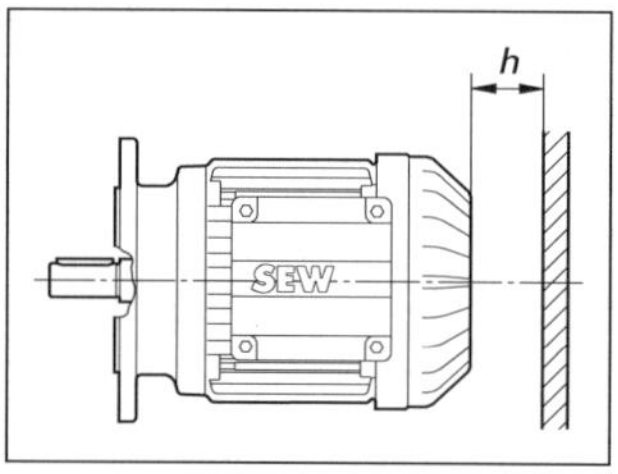

8.32 Mindestabstände *h* zur Wahrung eines ausreichenden Kühlluftstroms. Beispiele: Baugr. 80. ⇒ h = 15 mm, Baugr. 315 ⇒ h = 55 mm. © SEW

Zur Einhaltung der Erwärmungsgrenzen ist auf ungehinderte Kühlluftzufuhr und Vermeidung des Ansaugens warmer Abluft anderer Maschinen zu achten. Baugrößenabhängige Mindestabstände *h* zwischen Lüfterhaube und potentiellem Hindernis sind einzuhalten (**8**.32).

Für die höchstzulässige Dauertemperatur (Grenztemperatur im S1-Betrieb) für Ex „eb"-Maschinen legt IEC/EN 60079-7 eine Sicherheitstemperaturdifferenz von 10 K zur Grenztemperatur der Wicklungen von Nicht-Ex-Motoren fest.

Beispiel 8.1 Wicklung in Wärmeklasse **B**

$$\Theta_{Exeb} = \Theta_{NichtEx} - 10\ K = 120\ °C - 10\ K = 110\ °C$$

Dadurch steigt die Lebensdauer der Wicklung. In Folge nimmt die Gefahr von Wicklungsschäden und damit die Entstehung von Funken und Lichtbögen durch Windungs- und Körperschlüsse ab. Die Temperaturbeständigkeit isolierter Wicklungen wird durch die Grenztemperatur (**8**.35) gekennzeichnet.

Unabhängig davon darf in keinem Betriebszustand von keinem Maschinenteil die Oberflächentemperatur der vorgesehenen Temperaturklasse überschritten werden, damit die Temperaturbeständigkeit der verbauten Werkstoffe nicht beeinflusst wird und keine Zündquellen entstehen. Das gilt auch für Klemmen, Anbauteile und alle Läuferkomponenten.

Überlastüberwachung (s. 8.4.6) für Ex eb-Maschinen ist unabdinglich, da sie für sich allein noch nicht sicher sind. Explosionssicherheit erlangen sie erst durch zusätzliche Maßnahmen bei der Installation wie u. a. durch Verwendung einer richtig bemessenen und eingestellten Überstrom- und/oder Übertemperatur-Schutzeinrichtung. Die Anforderungen an den Überlastschutz sind in der EU-Baumusterprüfbescheinigung festgelegt.

> Die erforderlichen Motor-Schutzmaßnahmen müssen bei Ex eb-Maschinen sowohl in der Anlaufphase als auch im bestimmungsgemäßen und auch im gestörten Betrieb – z. B. blockierter Läufer (Kurzschluss) – sichergestellt sein.

Die Auswahl geeigneter Schutzgeräte basiert auf der Kenntnis der Temperaturanstiegsgeschwindigkeit bei festgebremstem Läufer während der typspezifischen Blockierzeit des Läufers. Die erforderlichen Daten zur Einstellung der Schutzeinrichtung werden in der Typprüfung ermittelt.

Im Sinne der Explosionssicherheit wird dabei der kritischste Störfall angenommen, bei dem die Maschine unter ungünstigsten Kühlbedingungen nach mehrstündigem Bemessungsbetrieb ihre Dauerbetriebstemperatur angenommen hat (**8**.34) und dann der Läufer infolge einer Störung blockiert wird.

Erwärmungszeit t_E. Innerhalb der aus der Blockierzeit resultierenden Erwärmungszeit t_E muss die ausgewählte Schutzeinrichtung den Motor abschalten, um Explosionsgefahr auszuschließen.

> Motor-/Explosionsschutz ist gewährleistet, wenn die Auslösezeit t_A für das Anzugsstromverhältnis I_A/I_N der Ex eb-Maschine nach Auslösekennlinie (**8**.33) nicht länger ist als ihre Erwärmungszeit t_E.

Die Erwärmungszeit t_E ist die Zeit, in der sich die Wicklungen bei blockiertem Läufer/ Kurzschluss von der Beharrungstemperatur bei Bemessungsbetrieb bis zur Grenztemperatur der jeweiligen Temperaturklasse erwärmen.

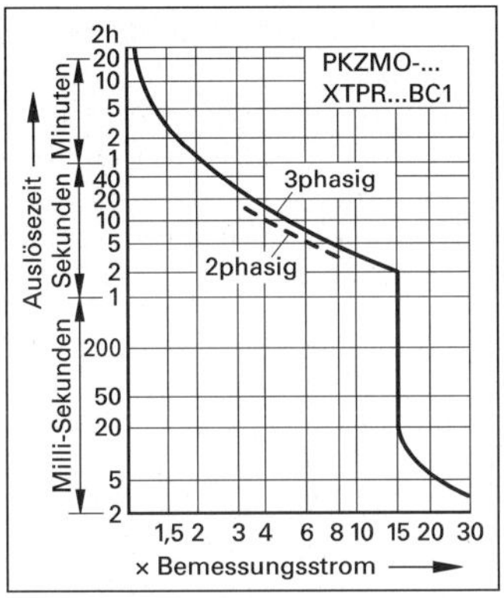

8.33 Auslösekennlinie eines Motorschutzschalters für Ex eb-Maschinen © EATON

Erwärmungskennlinien. Im Normalbetrieb mit Bemessungsbelastung steigt die Temperatur von Stator- und Läuferwicklung bis zur Beharrungstemperatur Θ_{Exeb} langsam an (**8**.34).

Wird der Läufer nach mehrstündigem Betrieb mit Bemessungslast infolge ein Störung blockiert, fließen Kurzschlussströme, die fast den Betrag der Anlaufströme I_A im Einschaltmoment annehmen; die Temperaturen von Stator- und Läuferwicklung können innerhalb weniger Sekunden auf gefährlich hohe Werte (**8**.34) ansteigen.

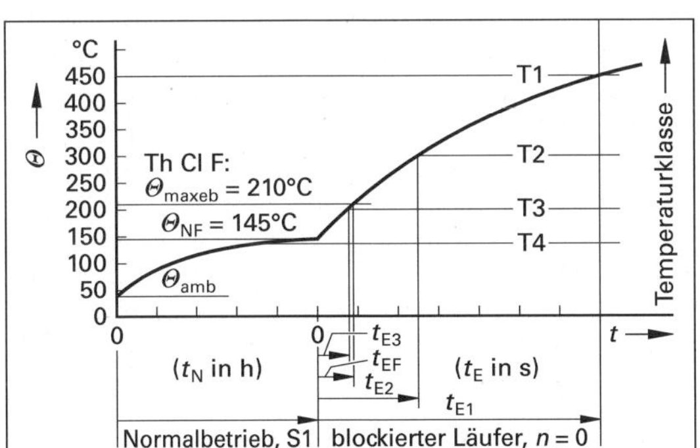

8.34 Motortemperatur Θ in Abhängigkeit der Belastungszeit, S1: Bemessungsbetrieb, (t in h) und $n = 0$: bei festgebremstem Läufer, (t in s), nach DIN EN 60079-7

Die Grenztemperatur (Θ_{maxeb}) isolierter Wicklungen im Betriebszustand „blockierter Läufer" ist die Temperatur am Ende der Erwärmungszeit t_E. Sie ist von der jeweiligen Wärmeklasse des jeweiligen Isolierstoffs abhängig (**8**.35).

Th Cl	Θ_{maxeb} in °C
E	≤ 175
B	≤ 185
F	≤ 210
H	≤ 235

Tabelle **8**.35 **Zulässige Grenztemperatur bei blockiertem Läufer nach Ablauf der Erwärmungszeit t_E für die einzelnen Wärmeklassen der Isolierstoffe nach DIN EN 60079-7.**

Bei Wärmeklasse F (Θ_{NF} = 155 °C) gilt z. B. Θ_{maxeb} = 155 °C – 10 K + $\Delta\Theta_{tE}$ = 210 °C (**8**.34).

Damit die Wicklung keinen Schaden nimmt, muss der Motor spätestens bei dieser Temperatur oder t_{EF} (**8**.34) abgeschaltet werden. Ist die maximal zulässige Oberflächentemperatur kleiner als die Θ_{maxeb}, z. B. T3 = 200 °C, wird t_E durch die Temperaturklasse bestimmt; ist die Grenztemperatur der Wicklung kleiner als der Grenzwert der Temperaturklasse z. B. T2 = 300 °C, wird t_E durch die maximal zulässige Wicklungstemperatur fixiert.

Der niedrigere Wert der beiden Grenzwerte Θ_{maxeb} und T bestimmt die maximal zulässige Abschaltzeit t_A des Ex eb-Motors.

Dieser Zusammenhang und Bild **8**.34 machen deutlich, dass die volle thermische Ausnutzung von Ex eb-Motoren im S1-Betrieb nicht bei jeder Ex-Temperaturklasse (z. B. nicht T4 = 135 °C) zulässig ist, weil Θ_{NF} – 10 K = 155 °C – 10 K > 135 °C = T4 ist. So darf z. B. eine Wicklung in Th Cl F (155 °C) nur nach Th Cl B (130 °C) ausgenutzt werden. Das ist auch der Grund, warum Motoren in „Erhöhter Sicherheit" nicht listenmäßig für T5 (100 °C) und T6 (85 °C) angeboten werden.

Leistungsreduktion. Nur durch eine signifikante Leistungsreduktion in Abh. von T1 bis T3 (**8**.36) im Vergleich zu Normmotoren gleicher Baugröße

Tabelle **8**.36 **Zuordnung der reduzierten Leistungen bei 50 Hz (Auswahl nach DIN V 42673-2) von Ex eb-Motoren für die Temperaturklassen T1 bis T3 zu den Baugrößen von D-Normmotoren, (–) keine Leistungen zugeordnet.**

Bemessungsleistungen in kW in Abhängigkeit von Polzahl und Temperaturklasse bei Betrieb an 50 Hz						
Baugröße	**2-polig**		**4-polig**		**6-polig**	
	T1, T2	**T3**	**T1, T2**	**T3**	**T1, T2**	**T3**
90 S	1,3		1		0,65	
90 L	1,85		1,35		0,95	
132 S	6,5	5,5	5		2,6	
132 M	(–)	(–)	6,8		3,5 oder 4,8	
225 M	38	28	40	36	27	
250 M	47	36	50	44	33	
280 S	64	47	68	58	40	
315 M	112	80	120	100	82	76

lassen sich die zulässigen Grenztemperaturen im Bemessungsbetrieb und bei festgebremstem Läufer einhalten.

Der mechanische Aufbau von Ex eb-, ec- und Ex db-Drehstrommotoren erfolgt für Baugröße 56 bis 315 auf der Basis der Bauteile, die auch in der Serienproduktion von Normmotoren (s. Tab. **4**.95) verbaut werden. Damit stehen auch für den Ex-Bereich wirtschaftlich gefertigte Motorenreihen mit den Baumaßen von Normmotoren zur Verfügung.

Bei gleicher Bemessungsleistung ist die Baugröße von Ex eb-Motoren (2- und 4-polig) jedoch um ein bis zwei Stufen größer als die vergleichbarer Motoren in Ex ec- oder Ex p-Ausführung. Das führt zu entsprechend höherem Gewicht.

Die Baumusterprüfung/Typprüfung einer Benannten Stelle dient der messtechnischen Ermittlung des maschinenspezifischen Mindestwerts von t_E sowie seines Anzugsstromverhältnisses I_A/I_N. Das Messverfahren wird für Asynchronmotoren und Synchronmotoren mit Anlaufkäfig mit $P_N \leq 160$ kW angewandt. Für Maschinen größerer Leistung dürfen die entsprechenden Werte auch berechnet werden.

Der Anzugsstrom I_A wird in der Typprüfung ermittelt. Dazu wird der kalte Motor (Θ_{amb}) bei U_N und f_N festgebremst. Der nach $t_{Brems} = 5\ s = t_{Emin}$ gemessene Strom entspricht dem Anzugsstrom I_A. Die zulässige Erwärmungszeit t_E (**8**.37) ist vom Verhältnis I_A/I_N abhängig. $I_A/I_N = 10$ ist der maximal zulässige Wert.

Die t_E-Bestimmung basiert jeweils auf der höchsten punktuellen Läufertemperatur und der Übertemperatur der Statorwicklung. Erwärmen sich Läufer- und Statorwicklung unterschiedlich schnell, ist die kürzere Erwärmungszeit zu berücksichtigen. In keinem Fall darf t_E kürzer als $t_{Emin} = 5$ s sein (**8**.37).

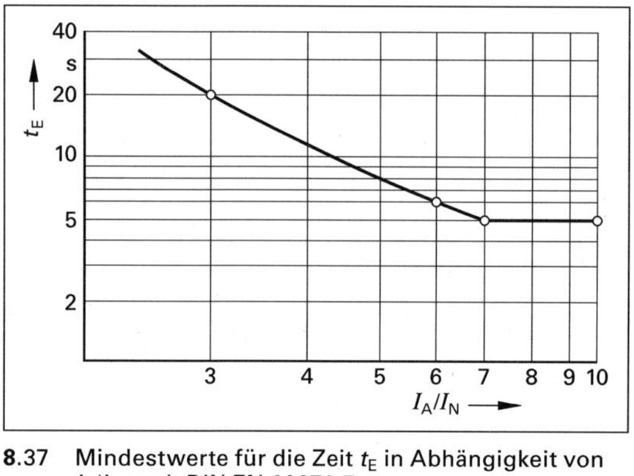

8.37 Mindestwerte für die Zeit t_E in Abhängigkeit von I_A/I_N nach DIN EN 60079-7

Die so ermittele Erwärmungszeit t_E wird, abgestuft mit Bezug auf die Temperaturklassen T1 bis T4 bzw. auf die Zündtemperaturen 450 °C bis 135 °C, in die EU-Baumusterprüfbescheinigung eingetragen. Auf dem Leistungsschild der Maschine werden nur die im vorliegenden Einzelfall benötigten Werte von T, t_E und I_A/I_N angegeben.

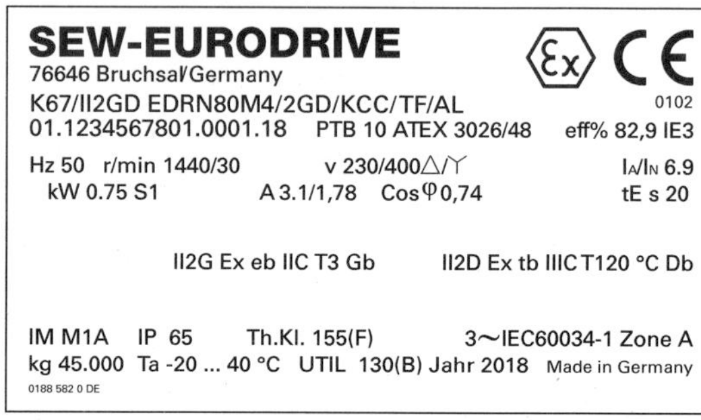

8.38 Leistungsschild eines Ex eb-Motors mit $I_A/I_N = 6{,}9$ und $t_E = 20$ s. Der doppelt gekennzeichnete Motor ist nur für Gas- oder Staubatmosphäre zugelassen, jedoch nicht für eine Mischung aus beiden. Dafür wäre eine zusätzliche Zertifizierung erforderlich. © SEW

Luft- und Kriechstrecken sowie der elektrische Anschluss drehender elektrischer Maschinen nach Zündschutzart „e" müssen der Norm EN 60079-7 entsprechen. Im Vergleich zu Nicht-Ex-Maschinen schreibt sie größere Abstände zwischen blanken spannungsführenden Teilen untereinander und gegen Maschinenkörper vor, damit Zündquellen vermieden werden. Deshalb können keine Anschlusskomponenten von Standardmaschinen verbaut werden.

Ex „eb"-Anschlusskästen müssen mindestens der Schutzart IP54 entsprechen. Weitere spezielle Anforderungen an deren Konstruktion betreffen hauptsächlich die Anschlussstellen wie Klemmbretter und Klemmbolzen sowie den ausreichenden Freiraum für Kabel- und Leitungsverschraubungen und die sachgerechte Verwendung der Klemmenbrücken.

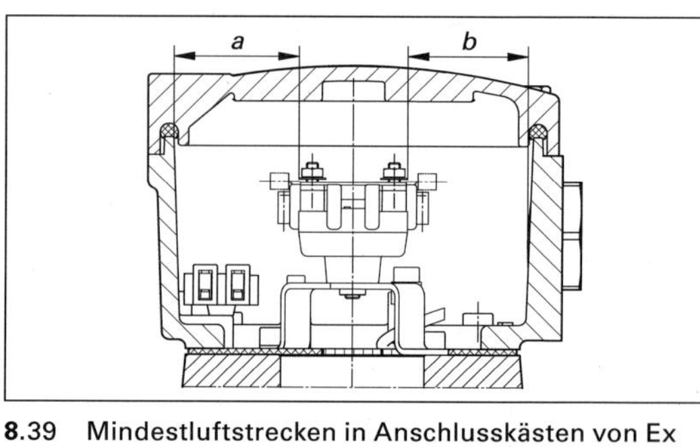

8.39 Mindestluftstrecken in Anschlusskästen von Ex e-Maschinen © Siemens AG 2019, Alle Rechte vorbehalten

Die Abstände „b" gelten für Klemmen deren Einführungsöffnungen bis etwa 30 mm unterhalb der Kastenoberkante liegen.

Die Mindestluftstrecke „a" ist in EN 60079-7 festgelegt. Der Mindestabstand „b" zwischen Klemmbrettbolzen und der Seitenwand mit der Leitungseinführung ist von der Anzahl der eingeführten Leitungen und deren Querschnitt abhängig; z. B. beträgt er b_{min} = 30 mm. für eine vieradrige Motoranschlussleitung mit 16 mm^2 Querschnitt.

Weitere Detailforderungen sind z. B.:

Auch im Störfall „blockierter Läufer" (nur Ex „eb") dürfen die Anschlussklemmen maximal die Oberflächentemperatur annehmen, wie sie der Temperaturklasse entspricht.

Die Schraubverbindungen aller Anschlussklemmen sind derart auszulegen, dass sie sich nicht lösen können und dass der erforderliche Kontaktdruck dauerhaft wirkt damit die Übergangswiderstände gering bleiben (kein Kontaktglimmen).

Alle Montagemöglichkeiten der Anschlussklemmen und Leitungsverschraubungen müssen die notwendigen Luft- und Kriechstrecken gegeneinander und gegen Erde einhalten.

Der Mindestquerschnitt des Schutzleiters ist gemäß IEC EN 60034-1 in Anlehnung an den Außenleiterquerschnitt auszuwählen.

Ex eb-Motoren werden nur bis zur Temperaturklasse T3 im Leistungsbereich von 0,1 bis 3500 kW für alle gängigen Spannungen angeboten. Sie dürfen im Allgemeinen nur im Dauerbetrieb und für normale, nicht häufig wiederkehrende Anläufe eingesetzt werden, damit die beim Anlauf entstehende Zusatzerwärmung nicht zur Überschreitung der zulässigen Grenztemperaturen führt.

Zündrisiken durch Fehler in der Statorwicklung lassen sich außer durch Motorschutzmaßnahmen über die Verwendung von fehlerreduzierten Lackdrähten erhöhter Durchschlagfestigkeit und mit ausreichender mechanischer Festigkeit sowie möglichst großem Durchmesser minimieren. Besonders durchschlagwirksam sind Spannungsimpulse mit kurzer Anstiegszeit an den Motorklemmen. Sie führen zu hohen Spannungen zwischen den Windungen der ersten Spule jedes Wicklungsstrangs. Das kann bei unzureichender Spannungsfestigkeit des Drahtlacks zu einem frühen Spannungsdurchschlag von Windung zu Windung und folglich zu Zündfunken führen. Der Spannungsdurchschlag tritt in diesem Fall deutlich unterhalb des Teilentladungseinsatzes auf.

Zündrisiken durch Teilentladung an der Ständerwicklung bestehen in Hochspannungsmaschinen und im Frequenzumrichterbetrieb von Niederspannungsmotoren (s. Abschnitt 5.9).

Teilentladungseinsatzspannung und Glimmeinsatzspannung (in Luft) bilden die Obergrenze von Überspannungen, ab der eine Überspannung gefährlich wird und zu Zündfunken führen kann. Sie werden durch folgende Wicklungsmerkmale beeinflusst, die alle dem Zweck dienen, das Zündrisiko durch Wicklungsschäden zu reduzieren:

- Art der Drahtisolierung,
- Träufel- oder Formspulenwicklung, Einbau von Phasentrennern,
- Drahtdurchmesser – wegen $E \approx 1/r$ steigt die Teilentladungseinsatzspannung mit zunehmendem Drahtdurchmesser,
- Lackschichtdicke, Lackart, Vorgehen bei der Wicklungsimprägnierung – bei dickerer Lackschicht und Vermeidung von Lufteinschlüssen beim Tränken steigt die Teilentladungsspannung an.

Zündrisiken durch Anschleifen im Luftspalt zwischen Lüfter und Lüfterhaube oder zwischen Stator und Läufer.

Der Abstand zwischen Lüfter und Lüfterhaube muss mindestens 1 % des Maximaldurchmessers des Lüfters, mindestens 1 mm und maximal 5 mm betragen.

Für den Luftspalt zwischen Läufer und Stator sind in Abhängigkeit von Läuferdurchmesser und Polzahl Mindestwerte festgelegt. Diese sind bei der Konstruktion zu berücksichtigen und in der Produktion einzuhalten.

Zündrisiken durch Läuferströme in Asynchronmotoren mit Käfigläufer und Synchronmaschinen mit Anlauf- oder Dämpferkäfig. Bei schlechtem Kontakt zwischen Läuferstäben und Kurzschlussringen oder durch lockeren Sitz von Läuferstäben im Blechpaket können die Läuferstromkreise z. B. infolge von Stoßbelastungen oder Vibrationen unterbrochen werden. Dabei können Zündfunken oder Hotspots entstehen.

Zündrisiken durch Zirkulationsströme, die durch magnetische Streufelder in Gehäusen großer elektrische Maschinen verursacht werden. Sind die Gehäuse unterteilt, können die Zirkulationsstromkreise durch stoßweise Belastung, wie z. B. beim Anfahren, unterbrochen werden. Aufgrund der Unterbrechung derartiger Ströme können Überschläge oder Funken entstehen.

Durch angemessene und langzeitsichere Potentialausgleichsverbindungen (**8**.30) ist das Risiko der Funkenbildung auch unter ungünstigsten Betriebsbedingungen, wie z. B. Vibrationen und Korrosion, beherrschbar.

Läuferfunken und Entladungsfunken an der Statorwicklung entstehen infolge nicht exakt quantifizierbarer Zusammenhänge. Diese Zündrisiken sind nach EN 60079-7 einer Risikoanalyse zu unterziehen. Deren Ergebnis ist eine Bewertungszahl, die ggf. weitere Prüfungen und Maßnahmen erfordert.

Die in diesem Abschnitt beschrieben Zündquellen sind für Ex pb- und Ex db-Maschinen wegen deren Schutzprinzips unwirksam; bei Ex eb- und Ex ec-Maschinen müssen aber bereits bei der Konstruktion vorbeugende Maßnahmen getroffen werden.

Erforderliche Prüfungen nach Bau und Instandsetzung von Ex eb-Maschinen umfassen die mechanische Ausführung und die elektrisch-thermische Prüfung auf Einhaltung der vorliegenden Temperaturklasse bei Normalbetrieb und im Zustand „blockierter Läufer". Dabei darf in keinem Betriebszustand die Grenztemperatur der jeweiligen Temperaturklasse von keinem Maschinenteil überschritten werden.

Für den Frequenzumrichterbetrieb von Ex e-Motoren galt bis vor einigen Jahren, dass sie *nicht* für Frequenzumrichterbetrieb zugelassen sind, es sei denn, die jeweilige Einheit aus Motor, Umrichter und Schutzeinrichtung wurde zusammen als Antriebssystem ATEX-zertifiziert.

Das war jedoch in der Praxis wegen des hohen Kosten- und Zeitaufwands völlig unüblich. Besonders bei Großmaschinen wäre der Prüfaufwand sehr hoch und die Flexibilität nur eingeschränkt gewesen, beispielsweise für den Fall, dass ein Ersatzmotor oder ein technisch weiterentwickelter Frequenzumrichter erforderlich gewesen wäre. Das gesamte Antriebssystem hätte nämlich ein erneutes Baumusterprüfverfahren durchlaufen müssen. Betreiber wichen daher bei Ex-Anwendungen häufig auf die zwar sicheren aber deutlich teureren Ex d-Motoren aus, deren Betrieb am Frequenzumrichter mit zugelassener Temperaturüberwachung nahezu problemlos möglich ist.

Nach Norm DIN EN 60079-14:2014-10 ist der Betrieb von Ex eb-Motoren am Frequenzumrichter grundsätzlich nur zulässig, wenn:

> Der Motor als Einheit zusammen mit dem Frequenzumrichter und der vorgesehenen Schutzeinrichtung typgeprüft worden sind. Der Umrichter muss die Anpassung der festgelegten Betriebsparameter wie Frequenz-/Drehzahlbereich, Strom-/Drehmomentgrenzen, Umrichterbetriebsart (z. B. *U*/*f* 50 Hz, 87 Hz, 100 Hz) und minimale Taktfrequenz, ermöglichen und deren Grenzwerte sichern können.

Mittlerweile hat die Physikalisch Technische Bundesanstalt (PTB) ein neues Zulassungsverfahren entwickelt, nach dem die feste Bindung zwischen Frequenzumrichter und Motor entfällt.

Nach diesem Prüfverfahren muss nur der Ex eb-Motor eine EU-Baumusterprüfbescheinigung für FU-Betrieb aufweisen. Darin sind die spezifischen Anforderungen für den Betrieb am Frequenzumrichter und für die zertifizierte thermische Motorüberwachung festgelegt. Die fixierten Grenzwerte für Drehmoment und Drehzahl/Frequenz finden sich in der Betriebsanleitung des Motors und auf dem Zusatzleistungsschild für FU-Betrieb. Sie gelten für die Lastmomentverläufe M_L = konst. und $M_L \approx n^2$. Zu den Grenzwerten zählen auch die zulässigen Motorspannungsbereiche, inklusive der auftretenden Impulsspannungen, die die Wicklungsisolation sowie die Luft- und Kriechstrecken im Klemmenkasten besonders belasten können. Sie sind vom Betreiber unbedingt einzuhalten, damit die zulässigen elektrischen Grenzwerte der Betriebsparameter von Motor und Frequenzumrichter sowie die zulässigen Grenzwerte der Oberflächentemperaturen in keinem möglichen Betriebszustand überschritten werden. Das wird u. a. durch frequenzabhängige Strom- und Spannungsüberwachung gewährleistet.

Die Läuferblockade bei FU-Betrieb und eine daraus resultierende Gefahr der zusätzlichen Erwärmung sind gegenüber dem Netzbetrieb deutlich geringer einzustufen, weil der Strom bei Läuferstillstand/Kurzschlussstrom über den Umrichter auf den auf dem Leistungsschild gennannten Maximalwert fest begrenzt wird. Zulässiger Grenzwert ist $I_{max} = 1{,}5 \cdot I_N$, damit der eb-Motor noch ein ausreichendes Beschleunigungsmoment entwickeln kann.

Auf Umrichterbetrieb optimierte Ex eb-Motoren dürfen nicht direkt am Netz betrieben werden.

For Converter Supply

Mot. No. LDX/12345678 Th.Cl.: 155/130(F/B)

Type of converter PWM

P_2	1,1	2,9	5,6	19,3	19,3	29,7	kW
U_N	40	80	133	380	380		V Y
	23	46	77	219	219	380	V Δ
I_N	28,5	31,5	34,5	39,0	39,0		A
	49,0	55,0	60,0	68,0	68,0	61,0	A
n	129	275	471	1466	2932	2582	min^{-1}
f	5	10	16,7	50	100	87	Hz
M_D	86,3	101,8	115,1	126,0	62,9	110,1	Nm

minimum switching frequency 2,5 kHz

9-139E7515

8.40 Zusatzleistungsschild für den Frequenzumrichterbetrieb mit den zertifizierten Bemessungswerten. Üblicherweise gelten die Bemessungswerte nur für M_{Last} = konst. und für $M_{Last} \approx n^2$. © Siemens AG 2019, Alle Rechte vorbehalten

8.5.2.4 Erhöhte Sicherheit Ex „e" – Schutzniveau – „ec"

Die Zündschutzart/das Schutzniveau erhöhte Sicherheit „ec" basiert im Wesentlichen auf der Zündschutzart erhöhte Sicherheit „eb". Ex ec-Motoren. Sie müssen ebenfalls den besonderen Anforderungen der Norm IEC EN 60079-7 genügen.

In Zone 2 gilt, dass ein zündfähiges Gemisch nur *äußerst selten* auftritt und es *hinreichend unwahrscheinlich* ist, dass in der Maschine gleichzeitig ein Fehler auftritt.

> Das Zündschutzprinzip „ec" basiert auf der Annahme, dass das Auftreten einer explosionsfähigen Atmosphäre und der Anlauf eines Elektromotors zwei voneinander unabhängige Ereignisse sind, die nicht gleichzeitig auftreten. Deshalb dürfen Ex ec-Maschinen nicht anlaufen, wenn am Einsatzort doch ein zündfähiges Gemisch vorhanden ist; u. U. sind sie ungeeignet.

Die Anforderungen an Ex ec-Motoren sind deshalb geringer als die an Ex eb-Maschinen. So entfällt z. B. der Sicherheitsabschlag von 10 K bezogen auf die in der vorliegenden Wärmeklasse höchstzulässige Wicklungstemperatur. Folglich ist Motor thermisch höher ausnutzbar. Zudem müssen der Anlauf nicht überwacht, und der Fehlerfall „blockierter Läufer" nicht berücksichtigt werden.

> Nur der Betrieb in den Bemessungsgrenzen des Ex ec-Motors ist zu berücksichtigen. Häufige oder schwere Anläufe sind nicht zulässig.

Ex ec-Motoren sind so gebaut, dass sie im normalen Betrieb nicht in der Lage sind, eine umgebende explosionsfähige Atmosphäre zu zünden. Sie dürfen keine Zündquellen in Form heißer Oberflächen aufweisen; elektrisch bzw. mechanisch erzeugte Zündfunken dürfen nicht entstehen. Ihre Baubestimmungen und Zündrisikobewertungen entsprechen im Wesentlichen denen von Ex eb-Maschinen (s. 8.5.2.3). Ihre Einhaltung soll gewährleisten, dass ein potentiell auftretender Fehler keine Zündung zur Folge haben kann. Mögliche Funkenbildung während des Betriebs und die daraus resultierenden Zündrisiken sind ähnlich wie beim Ex eb-Motor vom Hersteller zu bewerten und ggf. durch besondere Konstruktionsmaßnahmen auszuschließen. Insbesondere ist die Bewertung des Zündrisikos durch den Läufer und durch von S1 und S2 abweichende Betriebsarten bei $P_N > 100$ kW erforderlich.

Explosionsschutz ist gewährleistet, wenn

> – im Normalbetrieb und bei zu erwartenden Störungen keine Funken und Lichtbögen auftreten können und
> – die maximale Oberflächentemperatur den Grenzwert ihrer Temperaturklasse nicht überschreiten.

Ex ec-Maschinen sind der Kategorie 3 (EPL Gc) zugeordnet und sind nach IEC EN 60079-10-1 nur in explosionsgefährdeten Bereichen der Zone 2 zugelassen. Sie sind für Leistungen von 100 W bis 100 MW und alle gängigen Spannungen erhältlich.

Erforderliche Prüfungen nach Bau und Instandsetzung umfassen die mechanische Ausführung und die elektrisch-thermische Prüfung auf Einhaltung der jeweiligen Temperaturklasse im Normalbetrieb. Der Hersteller stellt die erforderliche EU-Konformitätserklärung in Eigenverantwortung aus.

Frequenzumrichterbetrieb von Ex ec-Motoren ist nach DIN EN 60079-14:2014-10 zulässig, wenn eine der beiden folgenden Bedingungen erfüllt ist:

1. Der Motor wurde nach IEC EN 60079-7 mit dem festgelegten oder einem vergleichbaren Umrichter bezogen auf die Ausgangsspannung (*U*/*f*) und die Stromgrenzen typgeprüft,

oder wenn der Motor nicht als Einheit mit den anderen Geräten typgeprüft wurde:

2. Die Wirksamkeit der Methode zu direkten Überwachung der Oberflächentemperatur (TMS) ist unter Berücksichtigung der in der Motorbetriebsanleitung festgelegten Grenzwerte der Betriebsparameter Leistung, Drehzahl, Frequenz, Drehmoment und Taktfrequenz/Modulationsart, nachzuweisen und zu dokumentieren. Das Schutzkonzept gegen Übertemperatur ist entsprechend der Motor-Betriebsanleitung umzusetzen. Die Schutzeinrichtung muss die elektrische Trennung des Motors auslösen.

   Alternativ muss die Temperaturklasse des Motors durch Berechnung nach IEC EN 60079-7 bestimmt werden

8.5.2.5 Zündschutzart – Ex „db eb"

Das Schutzkonzept dieser Zündschutzart besteht darin, dass die druckfeste Motorkonstruktion einer Explosion im Inneren des Motors standhält. Dazu dient auch eine Durchführungsplatte mit Sollbruchstelle zwischen Motorgehäuse und Klemmenkasten inklusive druckfester Durchführung der Wicklungsanschlüsse. Ein Anschlusskasten und ein Lüfter in Ex eb-Ausführung verhindern, dass sich die Explosion in der umgebenden Atmosphäre fortsetzen kann.

Ex db eb-Motoren haben bezogen auf ihre Baugröße dieselbe Bemessungsleistung wie Nicht-Ex-Motoren. Sie erfüllen die Anforderungen der Explosionsgruppe IIC bis Temperaturklasse T4 und werden in den Zonen 1 und 2 eingesetzt.

Diese sicheren und vielseitig einsetzbaren, aber auch schweren und teuren Ex db eb-Motoren dominierten die Umrichterantriebe bis zur Einführung des neuen Zertifizierungsverfahrens für den Umrichterbetrieb mit Ex eb-Motor. Heute hat sich das Zahlenverhältnis zu Gunsten des Umrichter-Antriebssystems mit Ex eb-Motor nahezu umgekehrt, da dieses System um bis zu 40 % kostengünstiger angeboten wird.

8.5.2.6 Motoren mit doppelter Zündschutzart – Ex „db eb+eb"

Für extrem explosionsgefährdete Einsatzorte wie z. B. Verdichterstationen zur Verflüssigung von Erdgas kommen Ex-(Synchron)-Motoren mit Doppelschutz zum Einsatz. Durch die Kombination von Ex eb und Ex db entstehen Maschinen, die die *sehr hohen* Schutzanforderungen erfüllen. Diese Motoren gewährleisten das erforderliche Maß an Sicherheit, sodass weder im Normalbetrieb noch bei unregelmäßig auftretenden Fehlern eine Zündgefahr besteht, selbst wenn der Motor während des Gasaustritts noch in Betrieb ist.

Wird ein und derselbe Motor zugleich in Ex db und Ex eb ausgeführt, vereinigt man zwei Zündschutzarten, die auf unterschiedlichen physikalischen Schutzprinzipien basieren. Dadurch ist gewährleistet, dass beim Ausfall der einen Zündschutzart die andere wirksam bleibt.

Ein gemeinsames druckfestes Gehäuse gewährleistet mit seinen Zündsperren/Spaltmaßen die Ex db-Anforderungen; gleichzeitig erfüllt es die Ex eb-Anforderungen wie mechanische (Stoß-) Festigkeit und Schutz gegen Eindringen von Fremdkörpern. Das Gehäuse samt seiner Anbauteile wie verstärkter Lüfterhaube und spezieller Leitungseinführung sind nach EN 60079-0-26 einer Stoßprüfung entsprechend Gerätegruppe I (Schlagwetterschutz) zu unterziehen.

Die Fertigung von Ex db+eb-Motoren ist wenig anspruchsvoll, da ein druckfester Motor lediglich mit einer Ex eb-Wicklung versehen wird. Daraus resultiert in Abhängigkeit der jeweiligen Temperaturklasse (T1 bis T4) eine verminderte Bemessungsleistung im Vergleich zum druckfesten Motor. Soll die Motorleistung gleich bleiben, steigt die Baugröße und folglich das Maschinengewicht.

Die Norm fordert für jede Zündschutzart eine separate Typprüfung die von der jeweils anderen unabhängig durchzuführen ist. Infolge dessen steigen die Produktionskosten erheblich, aber nur dieses Verfahren ermöglicht die Realisierung von Ex-Motoren die für die Zone 0 zugelassen sind.

Maschinen mit Doppelzündschutzart tragen zwei separate Leistungsschilder auf denen sich Kennzeichnungen wie im folgenden Beispiel finden:

II2G Ex db eb IIC T4+II2G Ex eb II T4

Hier handelt es sich um einen Ex-Motor in Doppelzündschutzart mit druckfester Kapselung, für Explosionsgruppe IIC und Temperaturklasse T4 mit Anschlusskasten in Ex eb; kombiniert mit erhöhter Sicherheit Ex eb.

8.5.2.7 Staub-Zündschutzart – Schutz durch Gehäuse – Ex „t"

Elektrische Maschinen dieser Zündschutzart müssen die Anforderungen und Bauvorschriften der Norm IEC/EN 60079-31 erfüllen. Unter die Zündschutzart „t" fallen die Schutzniveaus „tb" (EPL Db), Zone 21 und „tc" (EPL Dc), Zone 22. Die Beziehung zwischen Schutzniveau, Gerätegruppe und Eindring-/IP-Schutz zeigt die Tabelle **8**.13.

Der „Schutz durch Gehäuse" wird durch *staubgeschützte Gehäuse* (IP 5X) und *staubdichte Gehäuse* (IP 6X) realisiert. Ex tc-Motoren sind in IP 5X ausgeführt. Durch Einhaltung der maximalen Spaltmaße kann in sie explosionsfähige Staubatmosphäre nicht in gefährlichen Mengen eindringen, um sich negativ auf elektrische Komponenten auszuwirken.

In die staubdichten Ex tb-Motoren mit IP 6X kann keine explosionsfähige Staubatmosphäre eindringen.

Für sicheren Explosionsschutz muss für beide Schutzniveaus sichergestellt sein, dass keine gefährlich heißen Oberflächen oder Funken außerhalb des Gehäuses bei Normalbetrieb auftreten. Im Inneren des Motors dürfen im Normalbetrieb Zündquellen auftreten.

Die Oberflächentemperatur Θ_{maxW} des Motors ist auf < 2/3 der Zündtemperatur des Staubwolke Θ_W zu begrenzen. Bei Staubschichtdicken bis 5 mm gilt für die maximale Oberflächentemperatur Θ_{maxS} mit Θ_{G5} (Glimmtemperatur bei 5 mm) des auftretenden brennbaren Staubes $\Theta_{maxG} < \Theta_{G5} - 75$ K. Der kleinere der beiden so berechneten Werte $\Theta_{maxW} \geq T \leq \Theta_{maxG}$ ist die zulässige Oberflächentemperatur T des Motors. Staubablagerungen auf dem Gehäuse sollten auf ein Minimum begrenzt oder idealerweise verhindert werden.

Wesentliche Aspekte der Baubestimmungen beziehen sich auf Kriechstrecken und Mindestabstände sowie Flächen, die sich elektrostatisch aufladen können, Potentialausgleich und Isolationswiderstände der verbauten (Oberflächen)-Materialien.

Staubexplosionsgeschützte Elektromaschinen werden mit EU-Baumusterprüfbescheinigung für Kategorie 2D mit Schutzniveau Ex „tb", Zone 21 (EPL Db) angeboten. Ex tc-Maschinen (EPL Dc) mit EU-Konformitätserklärung sind in Kategorie 3D eingeordnet und in Zone 22 einsetzbar.

Bei leitfähigem Staub (IIIC) gelten die Anforderungen wie in Zone 21, sodass Ex tc-Maschinen bei dieser Staubart nur ab IP 65 zulässig sind.

Erforderliche Prüfungen nach Bau und Instandsetzung umfassen die IP-Schutzartprüfung, die Alterungsbeständigkeit der verbauten Kunststoffe, die Staubschutzprüfung in einer Staubkammer und die elektrisch-thermische Prüfung unter Überlast bzw. Fehlerbedingungen. Vor der Prüfung der IP-Schutzart muss das Gehäuse einer Überdruckprüfung gem. IEC/EN 60079-31 unterzogen werden.

8.5.2.8 Staub-Zündschutzart – Schutz durch Überdruckkapselung – Ex „p"

Ex p-Motoren müssen den Anforderungen der Normen EN 60079-0 (allgemeine Anforderungen) sowie den Bauvorschriften EN 60079-2 (Zündschutzart „p") entsprechen.

Das Schutzprinzip der Zündschutzart Ex pxb, basiert auf der Verhinderung des Eindringens staubhaltiger Ex-Atmosphäre in das Gehäuseinnere durch einen dort aufrechterhaltenen Überdruck. Außerdem sind die Oberflächentemperatur sowie die maximalen Bauteiletemperaturen der elektrischen Maschine unter die Glimmtemperatur des auftretenden Staubes zu begrenzen. Der Überdruck kann mittels Luft oder einem inerten Zündschutzgas aufrechterhalten werden und muss überwacht werden (s. 8.5.2.2).

Die Zündschutzart Ex pxb wird für elektrische Maschinen größerer Leistung und solche mit Schleifringen oder Stromwendern umgesetzt. Diese werden in den Kategorien II 2D und II 3D ausgeführt und eignen sich für den Einsatz in den Zonen 21 und 22. Ex pzb- und Ex pzc-Motoren sind in Zone 21 bzw. 22 auch üblich.

Für den Frequenzumrichterbetrieb von Ex tb-Motoren und staubexplosionsgeschützten Ex pxb-Motoren gelten nach DIN EN 60079-14:2014-10 dieselben Bedingungen wie für den Ex db- (s. 8.5.2.1) bzw. Ex pxb-Motor (s. 8.5.2.2) für Gasatmosphäre.

Für den Umrichterbetrieb von Ex tc- und Ex pzc-Motoren – Gerätekategorie 3 (Epl Dc) gelten dieselben Bedingungen wie für Ex ec-Motoren (s. 8.5.2.4).

Tabelle 8.41 **Kennzeichnungsbeispiele für staubexplosionsgeschützte Betriebsmittel.**

EU-konforme Kennzeichnungsbeispiele	Zone
CE 0158 Ⓔx II 2 D Ex tb IIIC 135 °C Db	21
CE Ⓔx II 3 D Ex tc IIIB T 160 °C Dc IP55	22
CE 0102 Ⓔx II2D Ex tb IIIC T[1)]...°C Db	21
CE 0588 Ⓔx II2D Ex pxb IIIC T...°C Db	21
CE Ⓔx II 3 D Ex pzc IIIB 200 °C Dc	22
CE 0102 Ⓔx II(2)D [Ex pxb] [Ex tb]	21

[1)] Die zulässige Temperatur T ist der kleinere der beiden Werte aus $\Theta_{maxW} \geq T \leq \Theta_{maxG}$.

8.5.2.9 Zusammenfassungen

Der Beschaffungskostenvergleich zu Ex-Motoren zeigt, dass der Ex ec-Motor zwar der durchgängig günstigste, aber lediglich für Zone 2 zugelassen ist. Der Ex eb-Motor ist wegen der erforderlichen Leistungsreduktion im Mittel der teuerste von allen. Der Ex pxb-Motor ist bei kleinen Leistungen wegen des Purgesystems der teuerste. Mit steigender Leistung sinkt der Kostenanteil des Purgesystems an den Kosten des Gesamtantriebs. Deshalb ist der Ex pxb-Motor der preisgünstigste von allen.

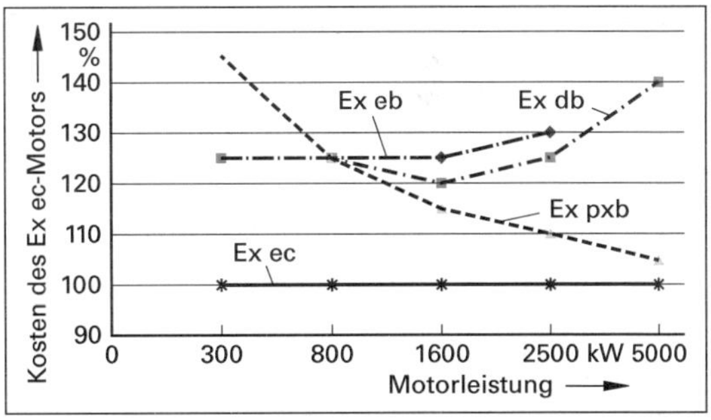

8.42 Vergleich der Beschaffungskosten von 4-poligen luftgekühlten Ex-Motoren, 6 kV/50 Hz. ©Siemens AG 2019, Alle Rechte vorbehalten

Der Ex db-Motor wird mit zunehmender Leistung immer teurer, weil der Aufwand für das Schutzprinzip „druckfestes Gehäuse" mit der Baugröße deutlich steigt. Zwischen 5 MW und 8 MW wird er zu teuer und schwer. Für diesen Leistungsbereich ist der für die Zonen 2 und 21 zugelassene Ex pxb-Motor trotz der höheren Betriebskosten der wirtschaftlichste.

Der Ex db-Motor ist für alle Zonen, Spannungsbereiche, Betriebs- und Anlaufarten am flexibelsten einsetzbar.

Die neue internationale Wirkungsgradnorm IEC 60034-30 ist für explosionsgeschützte Motoren nicht verbindlich. Trotz des z. B. für Ex eb-Motoren enormen Prüfaufwands wurden in den letzten Jahren speziell hierfür explosionsgeschützte Motoren entwickelt. Heute gibt es explosionsgeschützte Asynchronmotoren mit der hohen Effizienzklasse IE2 für die Zündschutzniveaus Ex ec, eb, db eb, tb und Ex tc. Für das gesamte Spektrum der o. g. Norm und darüber hinaus auch zu einem großen Teil mit Effizienzklasse IE3 oder IE4.

Permanentmagnet-Synchronmotor (PMSM) oder Permanentmagnet-Reluktanzmotor (PMRM) in Ex-Ausführung gibt es mittlerweile mit Super Premium Efficiency IE4.

Aufgaben zu Abschnitt 8.5

1. Beschreiben Sie die Bedingungen, unter denen der Explosionsschutz von Ex db-Motoren gewährleistet ist.
2. Begründen Sie, warum die Zündschutzart „db“ auch für Schleifringläufer- und Stromwendermotoren zulässig ist.
3. Warum sind Ex db-Motoren nahezu problemlos für FU-Betrieb einsetzbar?
4. Beschreiben Sie das Schutzprinzip der Zündschutzart Ex „p“.
5. Heben Sie den wesentlichen Unterschied zwischen den Zündschutzarten „d“ und „p“ hervor.
6. Warum sind Maschinen großer Leistung bevorzugt in Ex „p“ und nicht in Ex „d“ ausgeführt?
7. Worauf ist beim FU-Betrieb von Ex p-Motoren besonders zu achten?
8. Warum dürfen Stromwender- und Schleifringläufermotoren nicht in Zündschutzart „erhöhte Sicherheit“ (eb, ec) ausgeführt werden?
9. a) Begründen Sie die unabdingbare Notwendigkeit der Überlastüberwachung von Ex eb-Motoren.

   b) Warum müssen die getroffenen Motorschutzmaßnahmen auch in der Anlaufphase und im Störfall „blockierter Läufer wirksam sein?
10. Motorschutzgeräte werden üblicherweise außerhalb des Ex-Bereichs installiert. Warum müssen Sie für den Schutz von Ex eb-Motoren Ex-zertifiziert sein?
11. a) Was versteht man unter der Erwärmungszeit t_E?

    b) Warum muss die Auslösezeit t_A der verwendeten Motorschutzeinrichtung kürzer sein als t_E?
12. Im Bild **8**.33 ist die Auslösekennlinie eines Motorschutzschalters für Ex eb-Motoren dargestellt. Überprüfen Sie, ob dieser Schutzschalter für einen Ex eb-Motor, dessen Leistungsschild im Bild **8**.38 dargestellt ist, geeignet ist. Begründen Sie Ihre Antwort.
13. Warum sind Schraubverbindungen in Klemmenkästen von Ex eb-Motoren so auszuführen, dass der erforderliche Kontaktdruck dauerhaft wirksam ist?
14. Im Ersatzmotorenlager eines Industriebetriebs befinden sich noch Ex Motoren der Zündschutzart „erhöhte Sicherheit“. Sie sind für die Bemessungsspannung 380 V gewickelt und beschildert. Warum dürfen diese Motoren nicht ohne Rücksprache mit ihrem Hersteller anstelle defekter Ex eb-Motoren betrieben werden?

8.6 Explosionsgeschützte Asynchronmotoren im Frequenzumrichterbetrieb

8.6.1 Allgemeines

Die grundsätzlichen Bedingungen zur Zulassung zum Umrichterbetrieb nach Norm und anderen Zulassungsverfahren ist jeweils in den Abschnitten zu den einzelnen Ex-Motoren beschrieben und in der folgenden Tabelle an Beispielen zusammengefasst.

Im Bemessungsbetrieb wird ein Motor mit praktisch sinusförmiger Bemessungsspannung konstanter Frequenz im Dauerbetrieb (S1) mit seiner Bemessungsleistung P_N, entsprechend dem Bemessungsmoment M_N und der Bemessungsdrehzahl n_N betrieben.

Der Umrichterbetrieb weicht von den Bemessungsbedingungen deutlich ab. Jeder Frequenzumrichter weist an seinem Ausgang mehr oder weniger nicht-sinusförmige variable Spannungen und Ströme auf; der Motor wird mit variabler Frequenz und entsprechender variabler Drehzahl betrieben. Infolge dessen ändert sich das Betriebsverhalten des Motors im Vergleich

Tabelle **8**.43 **Prüfungen an explosionsgeschützten Antriebssystemen mit Frequenzumrichter und Motorschutz nach Normenreihe DIN EN 60079-0 ff.**

Schutzniveau	eb	db	pxb	ec
DIN EN Normen	60079-7	60079-1	60079-2	60079-7
	60079-0 und 60079-14			
System-prüfung	ja	nein	nein	ja[1]
Zertifizierung mit Einzel-umrichter	erforder-lich	nicht erforder-lich	nicht erforder-lich	erforder-lich
Zertifikat	EU-Baumusterprüfbescheinigung einer Benannten Stelle z. B. TÜV			EU-Kon-formitäts-erklärung
Motorschutz[2]	Die Auswertung des eingebauten thermischen Wicklungsschutzes (TMS) muss über eine den Anforderungen der Richtlinie 2014/34/EU entsprechende Auslöseeinheit mit der Ex-Kennzeichnung II(2)G oder II(2)D oder über eine in den Umrichter implantierte elektronische Funktion erfolgen.			

[1] oder alternativ Berechnung der Temperaturklasse.
[2] gilt für alle Ex-Motoren im FU-Betrieb

zum Netzbetrieb. Daraus lassen sich speziell für Ex-Motoren die folgenden Anforderungen ableiten.

Für alle Maschinen der Kategorie 2 (EPL Gb) und (EPL Db) sind EU-Baumusterprüfbescheinigungen erforderlich, in denen der Betrieb am Umrichter ausdrücklich genehmigt wird. Die einzuhaltenden Bedingungen und Parametrierungen der Antriebseinheit aus Motor, Umrichter und Schutzeinrichtung sind in der EU-Baumusterprüfbescheinigung, der zugehörigen Betriebsanleitung und auf dem Leistungsschild des jeweiligen Motors aufgeführt.

Alle Maschinen der Kategorie 3 (EPL Gc und Dc) müssen mit dem festgelegten Umrichter oder einem hinsichtlich der Spezifikation für Ausgangsspannung und -strom vergleichbaren Umrichter geprüft worden sein. Alternativ kann die Temperaturklasse des Antriebs berechnet werden. Die einzuhaltenden Bedingungen und Parametrierungen der Antriebseinheit aus Motor, Umrichter und Schutzeinrichtung sind auf dem Zusatzleistungsschild, der EU-Konformitätserklärung und in der Betriebsanleitung des jeweiligen Motors aufgelistet.

> Ist ein Ex-Motor für Umrichterbetrieb optimiert, darf er nicht direkt am Netz betrieben werden weil er u. U. zerstört werden kann.

Tabelle **8.44** **Auswirkungen des Umrichterbetriebs, mit besonderem Augenmerk auf Ex-Asynchronmotoren**

Im Frequenzumrichterbetrieb besonders zu beachten	
1	Verminderung der zulässigen Drehmomente bei eigenbelüfteten Motoren wegen verminderter Kühlung bei niedrigen Drehzahlen
2	Reduzierung des Drehmoments wegen zusätzlicher Verluste durch Oberschwingungen infolge nicht-sinusförmiger Spannungen und Ströme
3	Verminderung des zulässigen Drehmoments bei Feldschwächebetrieb auf etwa 70 % des Kippmoments (Sicherheitsabstand) im jeweiligen Arbeitspunkt
4	Reduzierung des zulässigen Drehmoments wegen erhöhter Eisenverluste bei Betrieb mit konstantem Fluss und $f > f_N$, z. B. 87 Hz-Betrieb (s. 5.2)
5	Höhere Beanspruchung der Wicklungsisolation und der Kriech- und Luftstrecken in Anschlusskästen durch Impulsspannungen
6	Entstehung von Wellenspannungen und Lagerströmen
7	Stärkere Maschinenerwärmung infolge Zunahme der Läuferverluste/Stromverdrängungsverluste um ca. 20 % bei kurzen Lastwechselzyklen durch moderne Reglertechnik
8	Einhalten der mechanischen Grenzdrehzahlen bei Betrieb mit $n > n_N$: Lagerdrehzahlen, Fliehkräfte, kritische Drehzahl der Läuferwelle, maximal zulässige Drehzahl von Kunststofflüftern besonders von Ex-Motoren
9	Elektrische Bremsverfahren, z. B. DC-Bremsung
10	Verkürzte Schmierstoffstandzeiten und Nachschmierfristen wegen des Betriebs mit $n > n_N$
11	Spannungsfälle im Antriebsstromkreis an Filter, Drosseln, Motorzuleitungen und an den Ventilen im Umrichter

Die aufgelisteten Besonderheiten (**8**.44) des Umrichterbetriebs sind hinsichtlich ihrer Auswirkungen auf Ex-Motoren besonders unter dem Aspekt „Explosionsschutz“ zu berücksichtigen.

Für Frequenzumrichterantriebe (s 4.8.1) dürfen grundsätzlich nur explosionsgeschützte Motoren eingesetzt werden, wenn sie die Anforderungen der Richtlinie 2014/34/EU erfüllen und entsprechend den Festlegungen in den zugehörigen Fachnormen entsprechen; sie also für diese Betriebsart gefertigt, geprüft, zugelassen und auf dem Leistungsschild entsprechend gekennzeichnet sind.

Die auf dem Leistungsschild bzw. dem Zusatzleistungsschild für Umrichterbetrieb genannten Grenzwerte sind unbedingt einzuhalten (**8**.4).

> Ist in der Baumusterprüfbescheinigung, auf dem Zusatzleistungsschild (**8**.45) oder in der Werksbescheinigung des Herstellers ein spezieller Umrichtertyp festgelegt, dann ist der Betrieb des Ex-Motors nur mit diesem Umrichtertyp zulässig.

Bei Ex db-Motoren ist die Zuordnung zu einem Umrichtertyp nicht erforderlich.

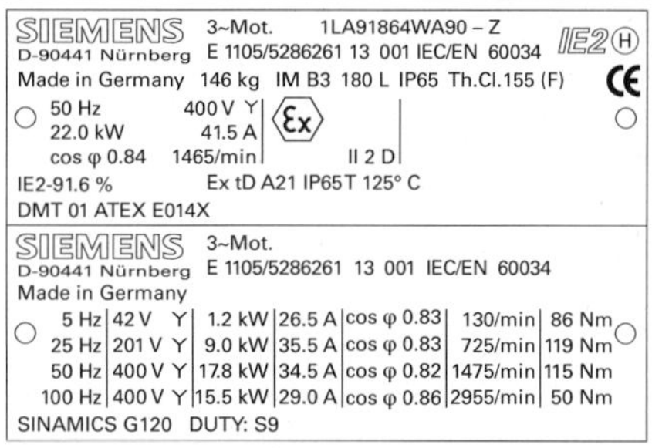

8.45 Leistungsschild eines Ex tD-Motors (neu Ex tb) mit Zusatzleistungsschild für Frequenzumrichterbetrieb mit fest zugeordnetem Umrichter. © Siemens AG 2019, Alle Rechte vorbehalten

Die Randbedingungen zum Drehzahlstellbereich und zur Drehmomentcharakteristik sind bedeutsam, weil von diesen Größen die Wärmebildung im Motor und folglich sein Temperaturverhalten abhängt. Damit der Explosionsschutz über den gesamten Drehzahl-/Frequenzstellbereich gewährleistet bleibt, muss der Einfluss der Frequenzverstellung auf das Verhalten des jeweiligen Motors im (EU-Baumuster-)Prüfverfahren detailliert untersucht werden. Die daraus für den Betrieb resultierenden besonderen Bedingungen (z. B. die „Frequenzvariable Dauerstromgrenze“) finden sich in der Anlage zur EU-Baumusterprüfbescheinigung oder in der Motordokumentation. Sie sind für den Betreiber verpflichtend.

Frequenzumrichterbetrieb von explosionsgeschützten Drehstrommotoren der Kategorien 2 und 3 ist nur zulässig, wenn die Motoren für diesen Betrieb gefertigt, geprüft, genehmigt und gesondert gekennzeichnet sind.

Die besonderen Herstellerhinweise in der Betriebsanleitung zu Grenzdaten und Motorschutz sind unbedingt zu beachten.

Motorübertemperaturen erhöhen sich auch, wenn sich die Wärmeabfuhr durch reduzierte Kühlung vermindert oder sich die Wärmebildung durch entsprechende Einflussgrößen vergrößert. Im Umrichterbetrieb wird beides durch die folgenden Effekte unterstützt:

- Reduzierte Kühlung über Eigenbelüftung infolge geringerer Drehzahl
- Oberschwingungsverluste
- magnetische Über- und Untersättigung (unzul. U/f-Verh.)
- Eisenverluste steigen überproportional mit der Frequenz
- mit der Drehzahl steigende Lagerreibung/-erwärmung
- Spannungsfälle im Umricher-Antriebsstromkreis

All diese Effekte sind zur Sicherstellung des Explosionsschutzes zu berücksichtigen. Ihre Wärmewirkung hängt u. a. vom Aufbau der Aktivteile des jeweiligen Motors ab und kann durch folgende Bemessungsmaßnahmen minimiert werden, sodass ein „umrichterfreundlicher" Motor entsteht.

- Bemessung des Läufers und der Statorwicklung mit geringer Stromverdrängung,
- offene Läufernuten,
- Vermeidung von Kurzschlüssen zwischen Läuferblechen,
- dünne Bleche in Läufer und Stator senken die Wirbelstromverluste.

Auch die Eigenschaften des eingesetzten Umrichters und von weiteren elektrischen Komponenten (Filter) im Antriebsstromkreis können Einfluss auf die Wärmeentwicklung im Motor und auf die Alterung der Wicklungsisolation nehmen.

Ist für eine Antriebsaufgabe ein geeigneter Ex-Motor ausgewählt, müssen für die Umrichterzuordnung die umfangreichen Projektierungsunterlagen der Hersteller genutzt werden.

Würde man einen Motor mit seiner Bemessungsleistung bei Netzbetrieb auch im Umrichterbetrieb belasten, so würden die beschriebenen Umrichter bedingten Zusatzverluste seine Lebensdauer erheblich verkürzen.

8.6.2 Leistungsbegrenzung und Drehmomentreduktion

Unter Berücksichtigung der zulässigen Grenzübertemperatur der jeweils vorliegenden Wärmeklasse der Motorisolation (z. B. B, Θ_{NB} = 130 °C) ist die Leistung in Abhängigkeit von der Frequenz auf die auf dem Zusatzleistungsschild (**8**.45) angegebenen Werte zu begrenzen.

Die reduzierte relative Momentbelastbarkeit in Abhängigkeit von der Frequenz umrichtergespeister Asynchronmaschinen findet sich auf dem Leistungsschild (**8**.45) oder in den Herstellerunterlagen (**8**.46). Die Drehmomentreduzierung ist vom ausgewählten Umrichtertyp und vom Kühlverfahren abhängig.

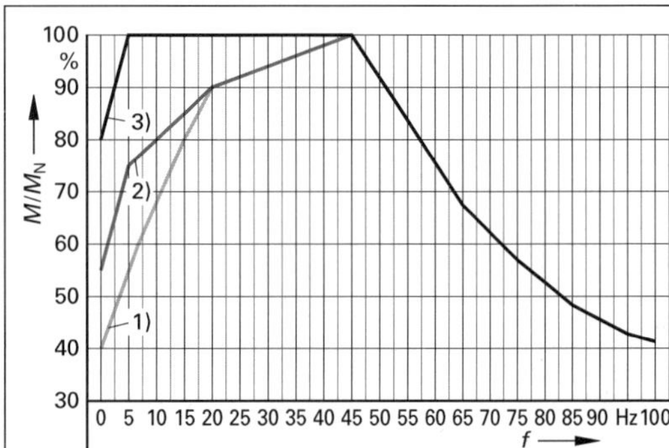

1)	40	55	68	80	90	92	94	96	98	100	92	84	76	68	63	57	53	49	46	43	42
2)	55	75	80	85	90	92	94	96	98	100	92	84	76	68	63	57	53	49	46	43	42
3)	80	100	100	100	100	100	100	100	100	100	92	84	76	68	63	57	53	49	46	43	42

8.46 Relative Belastbarkeit von explosionsgeschützten Niederspannungsmotoren mit f_N = 50/60 Hz mit druckfester Kapselung Ex db und Ex db eb, T4 im Umrichterbetrieb. 1) eigenbelüftet, Baugr. 71-132; 2) eigenbelüftet, Baugr. 160-400; 3) fremdbelüftet, Baugr. 160-400
Die Belastbarkeitskennlinien basieren auf einer Taktfrequenz von 3 kHz. Für Anwendungen mit konstantem Drehmoment liegt die dauerhafte Minimalfrequenz bei f_{min} = 15 Hz, bei quadratischer Lastkennlinie beträgt sie bei f_{min} = 5 Hz. ©ABB

Die ideale Drehmoment-Drehzahl-Kennlinie eines umrichtergespeisten D-Käfigläufermotors (**5**.5) weist zwei Teile auf – den Konstantmomentbereich bis f_N und den Konstantleistungsbereich bis zur Kippmomentgrenze bei $n_{max} = (M_{KN}/M_N) \cdot n_K$. Im Umrichterbetrieb von Ex-Motoren muss von dieser Kennlinie mehr oder weniger stark abgewichen werden (**8**.46), um die zulässigen Grenzübertemperaturen der Wicklungen und folglich die maximal zulässigen Oberflächentemperaturen einzuhalten.

Die thermische Drehmoment-Grenzkennlinie gibt die maximal zulässigen Drehmomente an, mit denen der Motor im jeweiligen Arbeitspunkt dauerhaft betrieben werden darf.

Alle Betriebspunkte unterhalb der Kennlinien sind dauerhaft zulässig, oberhalb der Linien jedoch nur für eine begrenzte, in Abhängigkeit der Überlastung berechnete Zeit damit der effektive Arbeitspunkt unterhalb der thermischen Grenzkennlinie liegt.

Zulässiger Grenzwert ist I_{max} = 1,5 I_N, damit der Antrieb noch ausreichende Beschleunigungsmomente entwickeln kann. Die frequenzabhängige Stromüberwachung des Frequenzumrichters muss den Effektivwert des Motorstroms mit der Toleranz ±5 % von I_N erfassen. Die Strombegrenzungsfunktion im Umrichter wird bei Motoren der Kategorie 2 und 3 durch die geführte Inbetriebnahme automatisch aktiviert und auf 150 % fix gesetzt.

Eine kurzzeitige Überschreitung des Maschinenbemessungsstromes bis zum 1,5-fachen Bemessungsstrom ist für maximal 1 min innerhalb eines Zeitintervalls von 10 min zulässig.

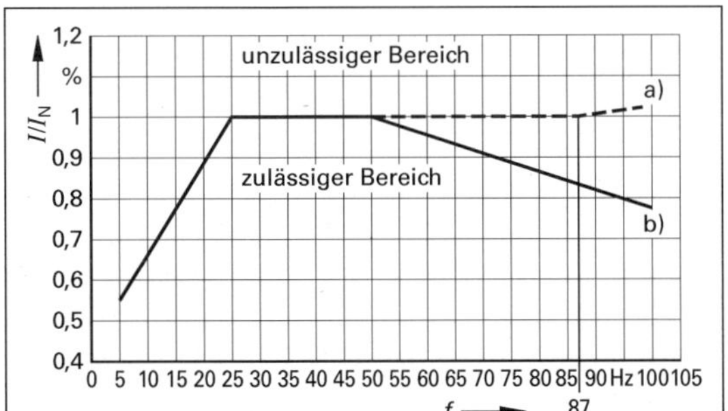

8.47 Einstellparameter für die frequenz-/drehzahlvariable relative Dauerstromgrenze des Frequenzumrichters aus dem Anhang einer EU-Baumusterprüfbescheinigung für den Umrichterbetrieb eines Ex eb-Motors; zugelassene Grenzfrequenzen f_{min} = 5 Hz und f_{max} = 100 Hz, a) Sternschaltung, b) Dreieckschaltung.

Die Läuferblockade im FU-Betrieb in Ex eb-Motoren und eine daraus resultierende Gefahr der zusätzlichen Erwärmung ist gegenüber dem Netzbetrieb deutlich geringer einzustufen, weil der Strom bei Läuferstillstand/Kurzschlussstrom mittels Umrichterparameter auf den auf dem Leistungsschild gennannten Maximalwert (I_{max} = 150 % von I_N) begrenzt wird. In Betriebszuständen oberhalb dieser Stromstärke schaltet eine Schutzfunktion den Umrichter innerhalb einer Sekunde ab.

Die verminderte Kühlung über Eigenbelüftung bei kleinen Drehzahlen wird dadurch ausgeglichen, dass im Vergleich zum Netzbetrieb nur reduzierte Leistungen, Drehmomente oder Ströme zugelassen sind (**8**.46). Diese sind in der Baumusterprüfbescheinigung durch Eckpunkte festgelegt und auf dem Leistungsschild (**8**.45) eingetragen.

Fordert die Antriebsaufgabe im unteren Drehzahlbereich ebenfalls ein konstantes Drehmoment, ist die Kühlart zu ändern und z. B. ein Ex-Fremdlüfter einzuplanen.

8.6.3 Motorverluste im FU-Betrieb

Oberschwingungsverluste (Zusatzverluste) bei Versorgung aus einem U-Umrichter sind lastunabhängig. Sie steigen mit der Anzahl und mit der Amplitude der jeweiligen Oberschwingung. Sie sind von dem Modulationsverfahren (PWM, PAM) und der Taktfrequenz (**8**.48) abhängig.

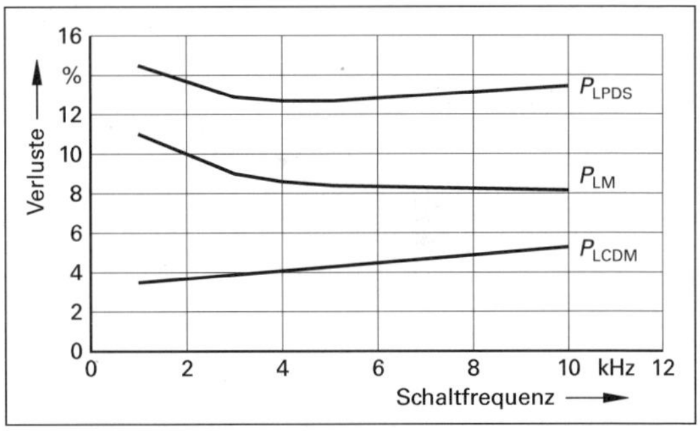

8.48 Normierte Verluste nach dem Verfahren entsprechend der Norm DIN EN 50598-2 in Abhängigkeit von der Taktfrequenz, P_{LM} Motorverluste, P_{LCDM} Umrichterverluste, P_{LPDS} Gesamtverluste; Indizes: LM **L**oss **M**otor, CDM **C**omplete **D**rive **M**odul, PDS **P**ower **D**rive **S**ystem

Die Schaltfrequenz ist ein Kompromiss zwischen den Verlusten im Motor (sinusförmiger Motorstrom) und den Verlusten im Wechselrichter. Eine zu hohe Schaltfrequenz bewirkt höhere Umrichterverluste; eine niedrige Taktfrequenz führt aufgrund von Rippelströmen zu höheren Motorverlusten. Es obliegt dem Systemhersteller die bezüglich der Gesamtverluste optimale Schaltfrequenz (in **8**.48 bei ca. 4 kHz) festzulegen.

Besonders günstig für den Motor verhält sich diesbezüglich der Drei- oder Multilevel-Umrichter (Kap. 5.9) mit Zusatzverlusten, die nur etwa 0,2 % bis 1 % der Bemessungsleistung ausmachen.

Die Höhe (z. B. in Industrienetzen 500 V statt 400 V) der Frequenzumrichter-Eingangsspannung bzw. die Differenz zwischen dem Effektivwert und dem Grundschwingungswert der Motorspannung hat direkten Einfluss auf die Oberschwingungsverluste. Zu deren Begrenzung ist es daher notwendig, die Versorgungsspannung des Umrichters auf den in der EU-Baumusterprüfbescheinigung des Motors genannten Wert zu limitieren. Bei Einhaltung dieser Vorgaben betragen die Oberschwingungsverluste nur etwa 10 % der Grundschwingungsverluste (das entspricht etwa 1 % der Bemessungsleistung) und führen nicht zu unzulässigen Zusatzerwärmungen (**8**.49).

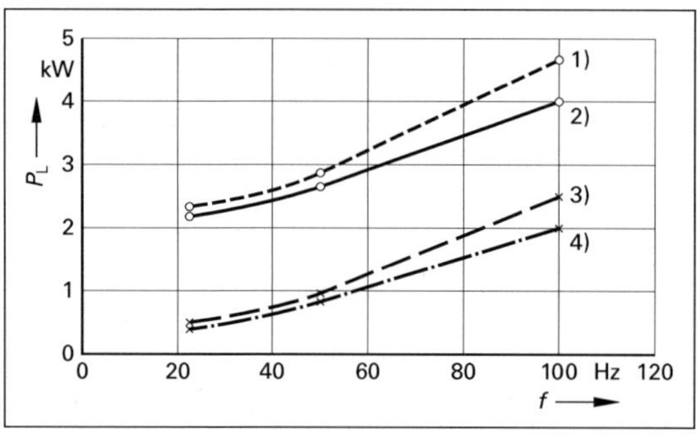

8.49 Verluste P_L in Abhängigkeit von der Frequenz bei Sinusspeisung 2), 4) und PWM-Speisung 1), 3); Schaltfrequenz 5,5 kHz, jeweils im Leerlauf 3), 4) und bei Bemessungslast 1), 2); P_N = 37 kW, f_N = 50 Hz (vgl. Abb. 4, DIN VDE 0530-25)

Für explosionsgeschützte Motoren ist besonders gravierend, dass sich Oberschwingungsverluste nicht nur zur Übererwärmung von Statorwicklung und Gehäuseoberfläche führen, sondern dass sie insbesondere die Läuferkomponenten stark aufheizen können.

So können die Oberwellen in Stromverdrängungsläufermotoren Läuferverluste erzeugen, die nahezu doppelt so hoch sind wie in deren Netzbetrieb an sinusförmiger Spannung, weil zum einen der Läuferstrom durch den Oberschwingungsanteil ansteigt und sich zum anderen der Läuferwiderstand durch Stromverdrängung erhöht. Die Läufererwärmung nimmt wegen $P_{Cu2} = 3 \cdot I_2'^2 \cdot R_2'$ mit dem Quadrat des Läuferstroms zu. Deshalb ist die thermische Belastung des Motors im Umrichterbetrieb meistens im Läufer stärker als im Stator. In Transnormmotoren begegnet man diesem Effekt durch Läuferstäbe mit geringer Stromverdrängung, weil diese für Umrichterantriebe im Gegensatz zum Anlauf am starren Netz nicht erforderlich ist.

Im Bemessungsbetrieb an sinusförmiger Spannung beträgt die schlupfabhängige Läuferfrequenz ($f_2 = s \cdot f_N$) nur einige Hertz. Darum sind die frequenzabhängigen Eisenverluste im Läufer vernachlässigbar; Eisenverluste treten fast nur im Stator auf. Wegen des großen „Schlupfs" der Oberschwingungsdrehfelder bezogen das Grundschwingungsdrehfeld ist das im oberschwingungsbehafteten Umrichterbetrieb nicht mehr zulässig. Die Eisenverluste nehmen im Stator und im Läufer zu und sind je nach Höhe der Oberschwingungsanteile im Läufer nicht mehr vernachlässigbar.

8.6.4 Lagerbelastungen

Die Lagerlebensdauer würde infolge des starken Temperaturanstiegs durch Zusatzerwärmung in den Läuferkomponenten Blechpaket, Welle und Lager erheblich sinken. Das wird durch geringere Ausnutzung des Motors im Umrichterbetrieb vermieden.

Gravierende Probleme mit den Lagern können auftreten, wenn der Motor vor allem im Dauerbetrieb in Drehzahlbereichen gefahren wird, die deutlich über seiner Bemessungsdrehzahl liegen. Für diese Betriebszustände sind Lager, Schmierung und Wellendichtungen speziell auszulegen, damit keine unzulässigen Übertemperaturen entstehen können.

Die Lagerlebensdauer kann im Umrichterbetrieb bestimmter Motoren auch durch Lagerströme deutlich herabgesetzt werden (S. 291). Geeignete Maßnahmen (Erdungsbürsten, Lagerisolierung) unterbinden Lagerströme und folglich die Überhitzung und Schädigung der Lager.

Zur Gewährleistung des Explosionsschutzes, besonders in Ex eb- und Ex ec-Motoren, sind bei nicht vernachlässigbaren Zusatzverlusten ggf. Temperaturmessungen an Welle und Lagern erforderlich.

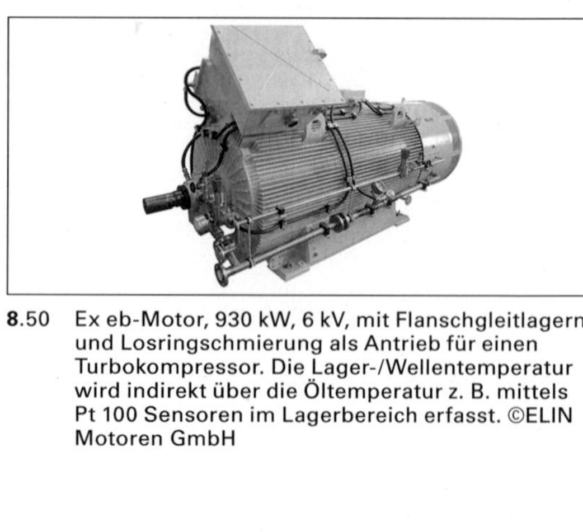

8.50 Ex eb-Motor, 930 kW, 6 kV, mit Flanschgleitlagern und Losringschmierung als Antrieb für einen Turbokompressor. Die Lager-/Wellentemperatur wird indirekt über die Öltemperatur z. B. mittels Pt 100 Sensoren im Lagerbereich erfasst. ©ELIN Motoren GmbH

Die mechanischen Grenzdrehzahlen sind die maximalen Drehzahlen bei denen die Grenzwerte der Wälzlager, die kritische Läuferdrehzahl und die mechanische Festigkeit der rotierenden Teile nicht überschritten werden. Bei Motoren die in explosionsgefährdeten Bereichen der Zonen 1 und 2 eingesetzt werden, ist außerdem – in Abhängigkeit von der Baugröße – die Umfangsgeschwindigkeit/Drehzahl von Kunststofflüftern begrenzt. Oberhalb der Grenzdrehzahlen von Kunststofflüftern müssen Metalllüfter verbaut werden.

8.6.5 *U*/*f*-Verhältnis und Motorerwärmung

Das *U*/*f*-Verhältnis bestimmt die magnetische Sättigung der Maschine. Bei zu kleinem *U*/*f*-Verhältnis wird der Motor untersättigt und die Läuferverluste steigen an. Ein zu großes *U*/*f*-Verhältnis führt zur Übersättigung und die Eisenverluste im Stator steigen. In beiden Fällen reagiert der Asynchronmotor bei konstanter Belastung mit erhöhter Stromaufnahme. Folglich steigt die Temperatur in einem für den Ex-Motor unzulässigen Umfang an.

Der Stellbereich der *U*/*f*-Kennlinie ist deshalb auf unkritische Werte einzustellen; insbesonders für Ex-Motoren ist das zwingend erforderlich. Anderenfalls ist nachzuweisen, das jeder einzelne kritische *U*/*f*-Zustand von der Temperaturüberwachung erkannt und durch Motorabschaltung unwirksam wird.

Bei Einhaltung der dem jeweiligen Arbeitspunkt zugeordneten *U*/*F*-Verhältnisse die auf dem Zusatzleistungsschild (**8**.47) für Umrichterbetrieb aufgeführt sind, treten keine Probleme mit der magnetischen Sättigung auf.

Die auf dem Leistungsschild (**8**.47) genannten Frequenzgrenzen 5 Hz und 87 Hz sind einzuhalten.

8.6.6 Spannungsfälle im FU-Motorabzweig

Die Spannungsfälle zwischen Netz und Motorklemmen (**8**.51) werden verursacht durch

- Drosseln,
- netzseitige EMV-Filter vor dem Umrichter,
- Ventilverluste im Umrichter,
- ausgangsseitige Filter, z. B. Sinusfilter oder d*u*/d*t*-Filter, und
- die Motorzuleitung.

Kommen in Umrichterantriebssystemen sehr lange Leitungen (z. B. l > 100 m) Sinusfilter zum Einsatz, ist zu bedenken, dass die Motorklemmenspannung um bis zu 15 % sinken kann. Damit keine unzulässige Motorerwärmung entstehen kann, ist dessen Leistung auch um 15 % zu reduzieren. Die Leistungsreduzierung ist verzichtbar, wenn die Motorklemmenspannung über die Veränderung der Windungszahl der Wicklung auf den abgesunkenen Wert ausgelegt wird.

Sinkt infolge der Summe aller Spannungsfälle im Antriebsstromkreis die Klemmenspannung am Motor unter die auf dem Leistungsschild genannte Bemessungsspannung, so ist die Eckfrequenz proportional herabzusetzen (in **8**.46, z. B. auf 45 Hz), damit das geforderte *U*/*f*-Verhältnis erhalten bleibt. Infolge dessen sinkt der mögliche Drehzahlstellbereich des Motors. Deshalb ist die Berechnung der Motorklemmenspannung auf Basis aller Spannungsfälle ein wichtiger Bestandteil der Antriebsprojektierung.

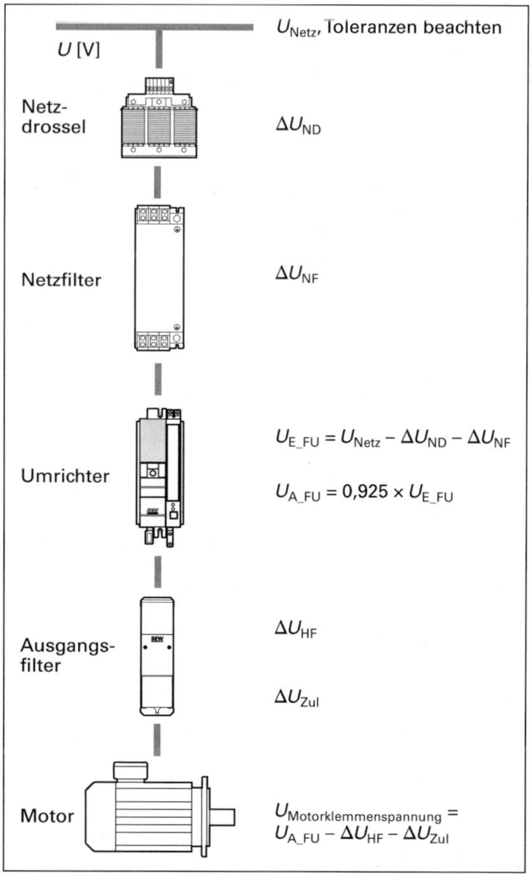

8.51 Spannungsfälle im Motorabzweig mit Frequenzumrichter, ©SEW

8.6.7 Wicklungsbelastung durch Impulsspannungen

Die Grenzwerte für die Impulsspannung (Abschn. 5.9) eines Motors sind bemessungs- und fertigungsspezifisch und müssen deshalb vom Hersteller angegeben werden (**8**.52). Das ist nicht nur für die Spannungsfestigkeit der Statorwicklung bedeutsam sondern speziell auch für die jeweilige Konstruktion der Klemmenkästen.

Bei explosionsgeschützten Motoren ist der Maximalwert der Impulsspannung hauptsächlich auch wegen der Kriechwege und Luftstrecken zwischen nichtisolierten spannungsführenden Klemmstellen begrenzt.

Durch Auswahl eines geeigneten Umrichters oder/und den Einsatz von Filtern ist sicherzustellen, dass die maximal zulässige Impulsspannung an den Motorklemmen nicht überschritten wird.

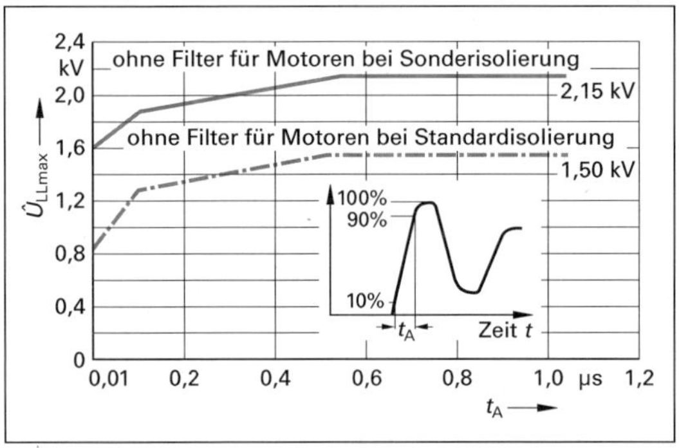

8.52 Impulsspannung $\hat{U}_{LL}$ (ohne Ausgangsfilter) in Abhängigkeit der Anstiegszeit t_A der Motorklemmenspannung, wenn die Zwischenkreisspannung nicht durch generatorischen Betrieb erhöht werden kann. Werden die dargestellten Impulsspannungen an den Motorklemmen nicht überschritten, ist Frequenzumrichterbetrieb zulässig. ©Siemens AG 2019, Alle Rechte vorbehalten

Bei der Auswahl eines Ersatzmotors ist besonders darauf zu achten, dass die angebotene Wicklungsisolierung zu dem vorhandenen Umrichter passt. Bei Betrieb eines Motors an einem Umrichter eines Fremdfabrikats sind die zulässigen Spannungsspitzen nach IEC 60034-18-41 gemäß Beanspruchungskategorie C einzuhalten, abhängig von der Umrichtereingangs-/Netzspannung und vom Motorisolationssystem. Falls die zulässige Impulsspannung überschritten wird, müssen begrenzende Maßnahmen (z. B. Ausgangsfilter) nach Empfehlung des Herstellers ergriffen werden (**8**.53).

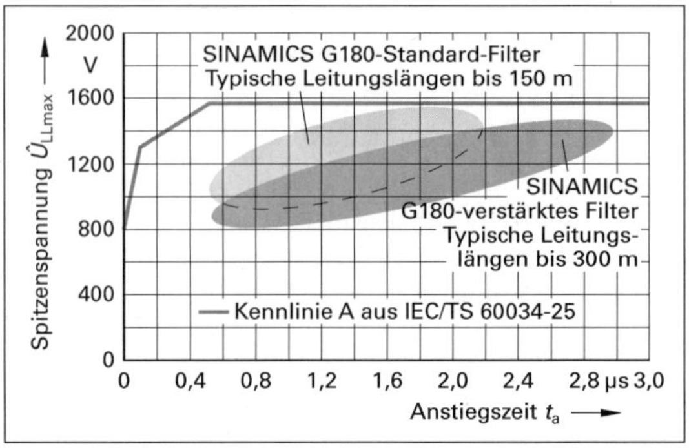

8.53 Impulsspannung in Abhängigkeit der Anstiegszeit der Motorklemmenspannung mit einem an die Leitungslänge angepassten Ausgangsfilter. © Siemens AG 2019, Alle Rechte vorbehalten

Eine Überhöhung der Zwischenkreisspannung – wie sie durch evtl. auftretenden generatorischen Betrieb entstehen kann – ist zu vermeiden. Dazu ist ein Bremswiderstand einzuplanen und am Umrichter anzuschließen.

8.6.8 Störungen im FU-Betrieb und Schutzfunktionen

Betriebsstörungen mit der Gefahr von Anlagenstillständen und Explosionsereignissen sind

- Unterbrechung eines Außenleiters oder eines Motorwicklungsstrangs,
- Erdschluss im Umrichter, der Zuleitung oder im Motor,
- Ausfall der *U*/*f*-Regelung mit Kippen/Stillstand des Motors,
- Überlaststöße oder mechanische Blockierung von Motor- oder Arbeitsmaschinenwelle z. B. durch Lagerschaden,
- Über- und Unterspannungen im Versorgungsnetz und
- eingeschränkte Maschinenkühlung.

Diese und alle weiteren denkbaren Störfälle sind bei der Antriebsprojektierung zu bedenken. Sie müssen durch geeignete Überwachungs- und Schutzeinrichtungen erkannt und über entsprechende Parametereinstellungen im Umrichter und in den eingesetzten externen Schutzgeräten ausgewertet werden.

Schutzfunktionen, die standardmäßig in Umrichter implementiert sind, ermöglichen die Einstellung der folgenden Grenzwerte und Parameter, wie sie der sichere Betrieb von Ex-Antrieben erfordert.

- Mindestdrehzahl/Mindestfrequenz
- Höchstdrehzahl/Maximalfrequenz
- Blockierschutz
- Beschleunigungs- und Bremszeit
- Maximalstrom/maximales Drehmoment
- Lastkennlinie (M_L = konst., $M_L \approx n^2$)

Hierbei handelt es lediglich um Zusatzfunktionen, mit denen die jeweils zulässigen Grenzwerte von Ex-Antrieben einstellbar sind.

Man muss diese von den in Sicherheitsvorschriften geforderten Sicherheitsfunktionen (s. RL/14/34 EU, Anhang II, insbesondere 1.5.) unterscheiden. Zu Abdeckung dieser Sicherheitsfunktionen enthalten viele Umrichter für den Industrieeinsatz ATEX-zertifizierte Sicherheitsfunktionen, z. B. den Sicherheitseingang „Safety Stop", mit Schnittstellen zu PTC- oder PT 100-Sensoren, um den Übertemperaturschutz von Ex-Motoren zu gewährleisten.

Die Schutzfunktionen/-einrichtungen müssen bei Überschreitung der eingestellten Grenzwerte eine sichere mechanische oder elektronische Abschaltung des Motors innerhalb der zulässigen Reaktionszeiten gewährleisten. Beim Auslösen des PTC-Auswertgeräts ist der Umrichter ggf. vom Versorgungsnetz zu trennen.

Bezüglich ihrer Funktionssicherheit werden beim Betrieb von Ex-Motoren nach RL 14/34 EU (sehr) hohe Anforderungen gestellt.

8.6.9 Maßnahmen zum sicheren Betrieb von Ex-Motoren am Frequenzumrichter

Sicherer FU-Betrieb wird durch die folgenden Maßnahmen unterstützt.

1. Der Maximalwert für den dauernd zulässigen Betriebsstrom wird auf den Bemessungsstrom bzw. z. B. für druckfest gekapselte Motoren auf $2 \cdot I_N$ begrenzt. Die Zeit für Überlast ist derartig zu begrenzen, dass die Maschine keine unzulässigen Übertemperaturen annehmen kann.
2. Die Zusatzverluste durch Oberschwingungen müssen durch geeignete Maßnahmen auf das erforderliche Mindestmaß reduziert werden.
3. Durch frequenzvariable Strombegrenzung müssen die Grenzarbeitspunkte $f_{min}/n_{min}:M_1$ und $f_{max}/n_{max}:M_2$ (**8**.46) für die jeweils vorliegende Arbeitsmaschinenkennlinie sicher parametrierbar sein.
4. Die sichere Funktion der Schutzeinrichtung muss gewährleistet sein. Die Software basierten Sicherheitsfunktionen sollten durch ein redundantes Schutzsystem – z. B. PTC-Wicklungstemperaturfühler mit ATEX-zertifiziertem Auslösegerät – unterstützt werden. Dadurch wird gleichzeitig der Störfall „eingeschränkte Maschinenkühlung" überwacht.
5. Die Temperatur- und Spannungsbelastbarkeitsgrenzen der verwendeten Isolierstoffe und anderer Komponenten müssen eingehalten werden.
6. Außenleiterausfall, Erdschlüsse und unzulässige Spannungsänderungen an den Motorklemmen sind zu überwachen.
7. Beachtung der vorliegenden Netzform.

Für den sicheren Betrieb von Ex-Motoren am Frequenzumrichter haben die einzelnen Ex-Motorenhersteller jeweils die Randbedingungen festgeschrieben. Für jeden Ex-zertifizierten Motor ist vom Hersteller ein Datenblatt mit Grenzwerten und Randbedingungen zur Verfügung zu stellen oder auf dem Leistungsschild zu vermerken. Dabei handelt es sich um die Regeln und Motorgrenzwerte, wie sie im Datenblatt zur jeweiligen EU-Baumusterprüfbescheinigung oder für Motoren der Kategorie 3, in der Werksbescheinigung festgelegt sind.

Die Einhaltung der Herstellerangaben zum sicheren Betrieb von Ex-Motoren ist vom Anlagenbetreiber während der Planung, Installation, Inbetriebnahme, Betrieb und Wartung durch qualifiziertes Personal sicherzustellen.

Beispielsweise ist in der Richtlinie R20000 der Firma Siemens, die unabhängig vom Fabrikat und Typ des Umrichters gilt, z. B. für Ex db- und Ex ec-Motoren der Temperaturklassen T1 bis T4 festgeschrieben:

„Explosionsgeschützte Drehstrommotoren dürfen am Umrichter betrieben werden, wenn folgende Voraussetzungen eingehalten werden:

1. Die Ausgangsspannung des Umrichters ist so zu regeln, dass im Frequenzbereich bis zur Bemessungsfrequenz des Motors eine annähernd lineare Abhängigkeit zwischen Spannung (Grundschwingung) und der Frequenz (Grundschwingung) eingehalten wird, d. h. Einhaltung eines praktisch konstanten Maschinenflusses entsprechend den Nenndaten.

   Der Betrieb oberhalb des 1,1-fachen der Bemessungsfrequenz ist nur zulässig, wenn am Motor ein entsprechendes Leistungsschild für Umrichterbetrieb angebracht ist.
2. I_{dauer} ist der Wert, auf den die Umrichterregelung den Strom im Dauerbetrieb begrenzt.

   I_{dauer} ist maximal auf den dauernd zulässigen Motorbemessungsstrom gemäß der am Motor angebrachten Beschilderung oder gemäß den in den beschriebenen Dokumenten für Umrichterbetrieb festgelegten Wert einzustellen.
3. I_{kurzz} ist der Wert, auf den die Umrichterregelung den Strom bei kurzzeitiger Überlastung für die Dauer von höchstens t_{kurzz} begrenzt.

   I_{kurzz} ist auf maximal $1{,}5 \cdot I_{dauer}$ einzustellen.
4. t_{kurzz} ist die Zeit, für die der Umrichter ein Überschreiten von I_{dauer} zulässt.

   t_{kurzz} ist maximal auf 60 s einzustellen.
5. Die eingebauten Temperaturfühler (z. B. Kaltleiterfühler) welche für Alleinschutz (s. Abschnitt 8.7) geeignet sein müssen, sind an ein der RL2014/34 EU entsprechendes Auslösegerät mit EU-Baumusterprüfbescheinigung (...) anzuschließen.
6. Spannungsspitzen (insbesondere bei Pulsumrichter mit langer Motorleitung)

a) Die Bemessung des Anschlusskastens hinsichtlich der Luft- und Kriechstrecken erlaubt den Betrieb am Umrichter mit Spannungsspitzen ($\hat{U}_{LL}$ und $\hat{U}_{LE}$) bis $\hat{U}$ = 4600 V bei Anschlusskästen der Zündschutzart Ex eb (vormals Ex e) und bis $\hat{U}$ = 3000 V bei Anschlusskästen der Zündschutzart Ex ec (vormals Ex nA). Eine Überschreitung ist aus Gründen des Explosionsschutzes nicht zulässig.

b) Zur Vermeidung der Entstehung von Teilentladungen muss bei Ex ec-Maschinen mit Standardisolierung zudem die Spannung an den Motorklemmen abhängig von der Anstiegszeit auf Werte, die unterhalb der Kennlinie des Diagramms „Spannungsfestigkeitskurve“ (**8**.54) liegen, begrenzt werden. Bei Ex db-Motoren wird dieses empfohlen um die Lebensdauer nicht einzuschränken.“

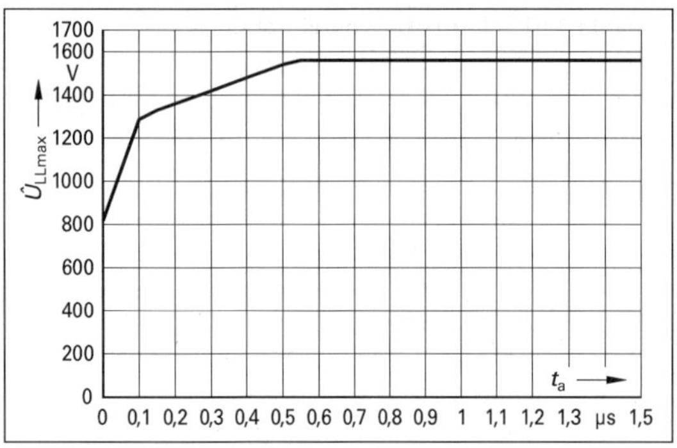

8.54 Spannungsfestigkeitskennlinie aus der EU-Baumusterprüfbescheinigung eines Ex db-Motors. © Siemens AG 2019, Alle Rechte vorbehalten

8.6.10 Projektierung eines Ex-Antriebs mit Frequenzumrichter

Die Auswahl des Ex-Motors und des geeigneten Frequenzumrichters erfolgt nach Zusammenstellung der Kundenanforderungen wie

- Umgebungsbedingungen,
- Netzspannung, Netzform (IT, TN, TNC, ...),
- Frequenz- und Drehzahlstellbereich,
- Arbeitsmaschinenkennlinie (s. **1**.29),
- Motorbelastungsart, evtl. kurzzeitige Überlast
- und insbesondere die Ex-Zone, Gas-/Staubgruppe,
- Temperaturklasse, Zündschutzart.

Zunächst erfolgt die Motorauswahl der sich eine Überprüfung anschließt, ob der Ex-Motor auch für Frequenzumrichterbetrieb zugelassen ist und unter welchen Randbedingungen.

Für drehzahlgeregelte Antriebe sind bei der Dimensionierung die thermische Dauerbelastung und sowie die kurzfristig zulässige Überlastbarkeit zu berücksichtigen. Auch die Umrichterart (PWM, VVC) und seine Taktfrequenz beeinflussen die Erwärmung und müssen in die Motorauslegung einbezogen werden.

Für derartige Berechnungen bieten die Antriebshersteller geeignete „Drive Size“-Programme an. Sie werden z. B. angeboten unter http://new.abb.com/drives/software-tools/drivesize oder in Form des Projektierungstools „SIZER for Siemens Drives“. Die Programme bieten auch die Möglichkeit, den geeigneten Umrichter und alle weiteren erforderlichen Antriebskomponenten zu konfigurieren sowie die benötigten Dokumentationen zu generieren und bei Bedarf auch gleich die Stückliste zu erstellen.

Pos.	Anz.	Best.-Nr.	Antriebskomponente
10	3	3NE1817-0	Sicherung
20	1	6SL3243-0B	CU; CU230P-2 DP
30	1	6SL3210-1N	Leistungsteil; PM230; 11,00 kW; 26,00 A; IE2
40	1	6SL3202-A	Ausgangsdrossel
50	1	6FX5008-B	Leistungsleitung Motor; 60,0 m
60	1	1MB1611-1EB40 + M4A + Y68	Asynchron-Exschutzmotor SIMOTICS XP; 11,42 kW; 400 V; Y, 180 L; IM B3; Ohne Flansch

a)

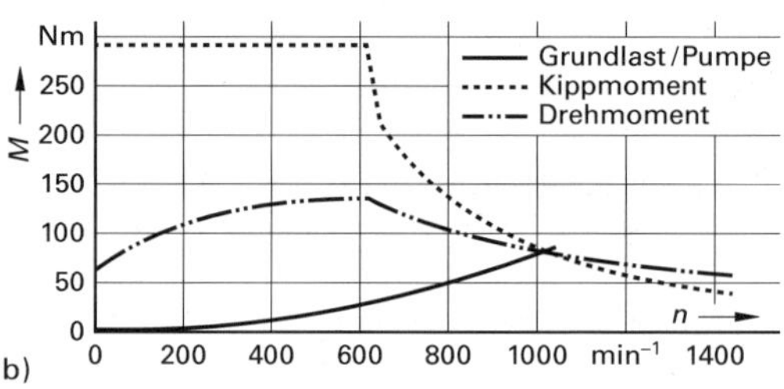

b)

8.55 a) Stückliste und b) Kennlinien eines Pumpenantriebs mit Ex tb-Motor für FU-Betrieb, FCC bzw. *U*/*f*-Regelung, Taktfrequenz 4 kHz (Auszug aus generierter Gesamtdokumentation). Thermische Motorauslastung 100 %, Momentauslastung 93,6 %, Bemessungsleistungen des Motors bei Netzbetrieb P_N = 11 kW, reduzierte Leistung bezogen auf die vorliegenden Antriebsbedingungen P_{Nred} = 10,28 kW, benötigte Antriebsleistung P = 8,37 kW.

Bei bekannter Lastkennlinie lassen sich Frequenzumrichter mit derartigen Programmen auch anhand der Grenzdaten auf dem Motorleistungsschild für Umrichterbetrieb zuordnen. Das kann besonders dann erforderlich sein, wenn Motor und Umrichter unterschiedlichen Fabrikats sind.

Da die Grenzlastkennlinien von Ex-Motoren vom eingesetzten Frequenzumrichtertyp, seiner Regelungsart und dessen jeweiliger Taktfrequenz geprägt sind, muss die Motor-Umrichter-Kombination zur Gewährleistung eines gefahrlosen Betriebs hinsichtlich des thermischen Verhaltens des Motors herstellerseits überprüft und bescheinigt werden.

In der Anlage zur Werksbescheinigung, s. Infoportale der Hersteller, finden sich die festgelegten Bemessungsgrößen des Motors und des Umrichters sowie weitere Bedingungen für den Umrichterbetrieb. Die geeigneten Umrichter und weitere Antriebskomponenten werden in einer Auswahlliste des Programms angezeigt und können ausgewählt werden.

Tabelle **8**.56 **Motor-Frequenzumrichter-Zuordnung nach Herstellerunterlagen. Es sind nur Umrichter gelistet, die die in der EU-Baumusterprüfbescheinigung aufgeführten Bedingungen für die jeweilige Kategorie erfüllen.**

Motor-Umrichter-Zuordnung für Motoren der Kategorie 2 (2D, 2G, 2GD)

Motordaten			Frequenzumrichterleistung in kW						
P_N	I_N	n_{max}							
kW	A	min⁻¹	5,5	7,5	11	15	22	30	37
7,5	15,4	1730	o	x	o	–	–	–	–
9,2	20	1755	–	o	x	o	–	–	–
11	22	2325	–	o	x	o	–	–	–
15	29,5	2325	–	–	o	x	o	–	–
18,5	36	2325	–	–	–	o	x	o	–
22	45	2365	–	–	–	o	x	o	o
30	58,5	2365	–	–	–	–	o	x	o

o: zulässig x: empfohlen –: nicht zulässig

Eine andere Möglichkeit den passenden Umrichter für den vorliegenden Ex-Motor auszuwählen, basiert auf den Daten in vorstrukturierten Listen (**8**.56) zur Motor-Umrichter-Zuordnung der Motorenhersteller. Darin finden sich die Umrichtereinstelldaten die während des Betriebs einzuhalten sind und das Drehmoment bzw. die Dauerstromgrenze des Umrichters in Abhängigkeit von der Frequenz und die entsprechenden Eckpunkte.

Diese Daten sind identisch mit den technischen Anforderungen, wie sie sich u. a. beispielsweise im Datenblatt zur EU-Baumusterprüfbescheinigung eines für FU-Betrieb zugelassenen Ex eb-Motors finden.

Im Folgenden Auszüge aus dem Anhang einer EU-Baumusterprüfbescheinigung eines Motors mit der Kennzeichnung ⟨Ex⟩ II 2G Ex eb II T1 – T3.

Umrichtereinstelldaten

In Verbindung mit der vorgenannten Überwachungseinrichtung sind folgende Umrichterdaten einzustellen und im Betrieb einzuhalten:

Tabelle **8**.57 **Umrichtereinstelldaten nach Baumusterprüfbescheinigung**

Maximale Taktfrequenz	3 kHz
Stromgrenze, kurzzeitig	1.5 I_N
Maximale Überlastzeit	60 s
Minimalfrequenz f_{min}	5 Hz
Maximalfrequenz f_{max},Y/Δ	100 Hz
Zulässige Dauer für den Betrieb unterhalb f_{min}	60 s

Die maximale Überlastzeit und die zulässige Dauer für den Betrieb unter f_{min} beziehen sich auf ein Zeitintervall von 10 min.
Das Drehmoment in Abhängigkeit der Frequenz ergibt sich aus der zulässigen Dauerstromgrenze.

Besondere Bedingungen

Ein Gruppenantrieb der Motoren ist nicht zulässig. Die Motoren dieses Typs dürfen nur an Umrichtern betrieben werden, die die oben unter Umrichtereinstelldaten genannten Anforderungen erfüllen. Der Bemessungsstrom des Umrichters darf maximal dem zweifachen Motorbemessungsstrom entsprechen.
Die Stromüberwachung des Frequenzumrichters muss den Effektivwert des Maschinenstroms mit einer Toleranz von ±5 % bezogen auf den Motorbemessungsstrom erfassen.
Vor der Inbetriebnahme ist sicherzustellen, dass an den Klemmen der elektrischen Maschine keine umrichterbedingten Überspannungen mit einem Scheitelwert von mehr als 1556 V auftreten.

Aufgaben zu Abschnitt 8.6

1. Nennen Sie die Voraussetzungen dafür, dass Ex-Motoren der einzelnen Zündschutzarten am Frequenzumrichter betrieben werden dürfen.
2. Warum ist der Störfall „blockierter Läufer" eines Ex eb-Motors im Umrichterbetrieb nicht so gravierend wie in dessen Netzbetrieb?
3. Warum ist die Spannungsfestigkeit der Wicklungen von Ex-Motoren im Umrichterbetrieb so bedeutsam?
4. Beschreiben Sie die Folgen einer nicht angepassten *U*/*f*-Kennlinie auf das Temperaturverhalten des Motors.
5. Welche zusätzlichen Ex-Gefahrenpotentiale kann ein Ex-Motor im Umrichterbetrieb bei Abweichung vom vorgegebenen Motorschutzkonzept aufweisen?
6. Erläutern Sie den Verlauf der Kennlinien in a) Bild **8**.46 und b) in Bild **8**.47. Begründen Sie die Einhaltung der Drehmoment- bzw. Stromgrenzkennlinien.
7. Warum sind die Grenzwerte f_{min} und f_{max} unbedingt einzuhalten?
8. Beschreiben Sie die Möglichkeiten, einen Ex-Motor im FU-Betrieb im Überlastungsfall sicher stillzusetzen.
9. Beschreiben Sie die Folgen, wenn infolge falscher FU-Antriebsprojektierung die Motor-Klemmenspannung geringer ausfällt als die auf dessen Leistungsschild genannte Bemessungsspannung.
10. Welche Folgen kann es haben, wenn Sie einen auf FU-Betrieb optimierten Ex-Motor direkt am Netz betreiben?

11. Begründen Sie, warum Ex-Motoren für FU-Betrieb ein Zusatzleistungsschild für diese Versorgungsart aufweisen müssen.
12. Warum ist der Einbau isolierter Lager in Ex-Motoren für FU-Betrieb besonders bedeutsam?
13. Begründen Sie, warum die Einhaltung der Mindestabstände im Klemmenkasten bei der Anschlussverdrahtung eines Ex eb-Motors mit FU-Versorgung besonders wichtig ist.
14. Beschreiben Sie zwei Verfahren, mit denen Sie die Zuordnung von Umrichter und Ex-Motor sowie der weiteren Antriebskomponenten durchführen können.
15. Beschreiben Sie den Einfluss von a) der Schalt-/Taktfrequenz und b) des Modulationsverfahrens auf das Erwärmungsverhalten von Ex-Motoren.
16. a) Listen Sie alle auf dem Leistungsschild in Abb. **8**.45 genannten Ex-relevanten Angaben. b) Begründen Sie jeweils, warum diese für Sicherstellung des Explosionsschutzes einzuhalten sind.
17. Nennen Sie die wesentlichen Elemente zur Inbetriebnahme eines Ex-FU-Antriebs.
18. a) Warum darf ein Ex-Motor nur mit dem Frequenzumrichtertyp betrieben werden, der in der zugehörigen EU-Baumusterprüfbescheinigung oder auf dem Motorleistungsschild genannt ist. b) Beschreiben Sie die möglichen Auswirkungen eines Motorbetriebs an einem vollkommen anderen Umrichtertyp.
19. Warum könnte der Betrieb eines Ex-Motors an einem Hebezeug problematisch für den Ex-Schutz werden?
20. Beschreiben Sie die Notwendigkeit der Fixierung bzw. des Schutzes gegen Verstellen der festgelegten FU-Parameter in Ex-Antrieben.
21. Welche Folgen hat ein Leitungsbruch oder ein Kurzschluss im Sensorkreis eines TMS-Systems als Alleinschutz eines Ex-Umrichterantriebs?

8.7 Anforderungen an den Schutz von Ex-Motoren

8.7.1 Rechtliche und normative Vorgaben

Rechtsgrundlagen bilden die Richtlinie 2014/34 EU – spezifiziert in den ATEX-Leitlinien, international und europaweit umgesetzt in der Norm IEC EN 60079-14. Ihre Umsetzung in Deutschland findet sich in der Betriebs-Sicherheitsverordnung (BetrSichV) und den daraus resultierenden Technischen Regeln für Betriebssicherheit TRBS 2152 Teil 3 und in der Norm DIN EN 60079-14 (VDE 0165-1). Letztere beinhaltet die Vorschriften für die Projektierung, Auswahl und Errichtung elektrischer Anlagen in explosionsgefährdeten Bereichen.

> DIN EN 60079-14 ist für den Errichter elektrischer Anlagen in Ex-Bereichen unverzichtbar. Bei Widersprüchen zur TRBS 2152 Teil 3 sollte allerdings diese den Vorrang haben.
>
> Beide sind jedoch nicht rechtsverbindlich. Werden die Norm und die TRBS nicht angewendet, müssen die Schutzziele der BetrSichV zwingend mit anderen Maßnahmen erreicht werden.

Zusätzlich zu diesen Vorschriften gelten die separaten Vorschriften für die jeweilige Zündschutzart.

Niederspannungsrichtlinie 2014/35/EU Bei den nachstehenden Anforderungen ist vorausgesetzt, dass die grundlegenden elektrotechnischen und sicherheitstechnischen Anforderungen der Niederspannungsrichtlinie an die Errichtung elektrischer Anlagen und Einrichtungen entsprechen.

> Elektrische Betriebsmittel zur Verwendung in explosionsfähiger Atmosphäre sind von der 2014/35/EU ausgenommen.

Der Potentialausgleich muss alle leitfähigen Anlagen-/Antriebsteile einbeziehen, sofern mit gefährlicher Potentialverschiebung oder -verschleppung zu rechnen ist. Potentialausgleichsverbindungen sind ausreichend zu dimensionieren und gegen selbsttätiges Lösen zu sichern. Neben dem PE-Anschluss im Klemmenkasten müssen Ex-Motoren zusätzlich einen externen PE-Anschlusspunkt aufweisen.

Elektrische Betriebsmittel, Kabel und Leitungen sowie deren Verbindungen müssen so ausgewählt und installiert werden, dass elektrische, mechanische, thermische und chemische Beanspruchungen nicht zu einer Zündgefahr führen. Ist eine Schirmung im Kabel oder in der Leitung erforderlich, ist der Schirm so zu erden, dass dadurch keine Zündquelle entstehen kann. Dabei ist insbesondere darauf zu achten, dass die Stromtragfähigkeit der Schirmung nicht überschritten werden kann.

Überstrom- und Erdschluss-Schutzeinrichtungen sind so auszulegen, dass eine automatische Wiedereinschaltung vor Beseitigung des Fehlers, der zum Abschalten geführt hat, verhindert wird.

Elektrische Funken wie sie z. B. beim Öffnen und Schließen elektrischer Stromkreise selbst bei geringen Spannungen (z. B. auch mit Schutzkleinspannung 42 V) und infolge von Ausgleichsströmen zwischen Komponenten großer Elektromotoren entstehen können, stellen potentielle Zündquellen dar. Deren Gefährdungspotential ist durch Konstruktionsmaßnahmen zu unterbinden.

Die Ex-Norm IEC EN 60079-14 fordert allgemein:

„... Alle elektrischen Geräte sind gegen schädliche Auswirkungen von Kurz- und Erdschlüssen zu schützen. ... Es müssen Vorkehrungen getroffen werden, die den Betrieb von mehrphasigen elektrischen Geräten (z. B. Drehstrommotoren) verhindern, wenn der Ausfall einer oder mehrerer Netzphase(n) zu einer Überhitzung führen kann. ..."

Die in Abschnitt 11.1 genannten speziellen Anforderungen zum Schutz drehender elektrischer Maschinen lauten wie folgt:

„Drehende elektrische Maschinen müssen zusätzlich gegen Überlast geschützt werden, ausgenommen Motoren, die den Anlaufstrom bei Bemessungsspannung und Bemessungsfrequenz oder Generatoren die den Kurzschlussstrom, ohne unzulässige Erwärmung führen können. Als Überlastschutzeinrichtung müssen eingesetzt werden:
a) eine stromabhängige zeitverzögerte Überlastschutzeinrichtung für die Überwachung aller drei Phasen, nicht höher eingestellt als auf den Bemessungsstrom der Maschine, die bei 1,2-fachem Einstellstrom innerhalb von 2 h ansprechen muss und bei 1,05-fachem Einstellstrom innerhalb von 2 h noch nicht ansprechen darf, oder
b) eine Einrichtung zur direkten Temperaturüberwachung durch eingebettete Temperaturfühler oder
c) eine andere gleichwertige Einrichtung.

Motorschutzeinrichtungen haben allgemein die Aufgabe, Störfälle zu erkennen und Folgeschäden an den Motorwicklungen, Leitungen und Anlagen zu verhindern.

Nach DIN EN 60204-1 ist ein Schutz von Motoren gegen Überhitzung ab einer Bemessungsleistung von 0,5 kW vorgeschrieben. Der Schutz darf durch Überlastungsschutz, Übertemperaturschutz oder Strombegrenzung erfolgen.

Für den Schutz von Ex-Motoren gilt speziell:

Motorschutzgeräte für Ex-Motoren müssen die Entstehung von Zündquellen durch Motorüberhitzung infolge unzulässiger Betriebszustände unterbinden.

Zur Minderung des Zündrisikos bzw. der Explosionsgefahr sind insbesondere die folgenden Komponenten von Ex-Motoren vor Überhitzung zu schützen.

- Statorwicklung und Blechpaket
- alle Läuferkomponenten
- Gehäuse/Oberfläche
- Lager

Es gibt zwei grundsätzliche Ursachen für eine Überschreitung der zulässigen Grenztemperaturen:

- **Mechanische Überlastung** infolge zu hohen Lastmoments, defekter Lager oder bei Ausfall eines Außenleiters. Dies führt zur Überschreitung der zulässigen Strangströme und damit zu einer unzulässigen Verlustleistung im Motor.
- **Eingeschränkte Kühlung** infolge erhöhter Kühlmittel-/Umgebungstemperatur; Verschmutzung der Kühlrippen, Behinderung des Kühlluftstroms oder verminderter Kühlluftstrom aufgrund reduzierter Drehzahl. Dies führt zum Temperaturanstieg aller Motorkomponenten.

Im Netzbetrieb erfolgt der Überlastschutz von Ex-Motoren durch eine strom- oder temperaturabhängige Schutzeinrichtung oder unter Umständen auch durch eine Kombination aus beiden (Hybridschutz).

Im Frequenzumrichterbetrieb erfolgt der Schutz u. a. durch Erfassung der Wicklungstemperatur und/oder durch die Begrenzung des Echt-Effektivwerts (I_{TRMS}) des Umrichterausgangsstroms in Abhängigkeit der Frequenz.

8.7.2 Schutzprinzipien und Schutzgeräte für Ex–Motoren

8.7.2.1 Stromabhängiger Schutz

Stromabhängiger Schutz vor mechanischer Überlastung erfolgt über thermische Motorschutzrelais und Motorschutzschalter. Sie überwachen den Strom in jedem Wicklungsstrang. Dieser heizt in ihnen Bimetalle auf, deren zeitliches Verhalten auf einem thermischen Abbild des jeweiligen Motors basiert. Dazu muss der Temperaturanstieg des Motors in Abhängigkeit des Motorstroms bekannt sein. Die Bimetalle wirken auf einen Auslösemechanismus und sorgen für die sichere Abschaltung des Motors über ein Schütz oder einen Leistungsschalter.

Überlastrelais und Motorschutzschalter sind strombegrenzende Geräte, die durch Abstufung der Einstellbereiche auf die einzelnen Normmotoren und hinsichtlich der erforderlichen Auslösekennlinie $t_A = f(I_A/I_N)$ (**8**.58) für den Motorschutz auch bei kleiner Erwärmungszeitkonstante optimiert sind.

Die Auslösekennlinie gibt die Auslösezeit t_A in Abhängigkeit vom Vielfachen des Einstellstroms I_e bzw. Bemessungsstroms I_N für den jeweiligen Belastungsfall an. Der Grenzauslösestrom ist der kleinste Strom bei dem eine Auslösung erfolgt. Er beträgt 1,05 bis 1,2 I_e.

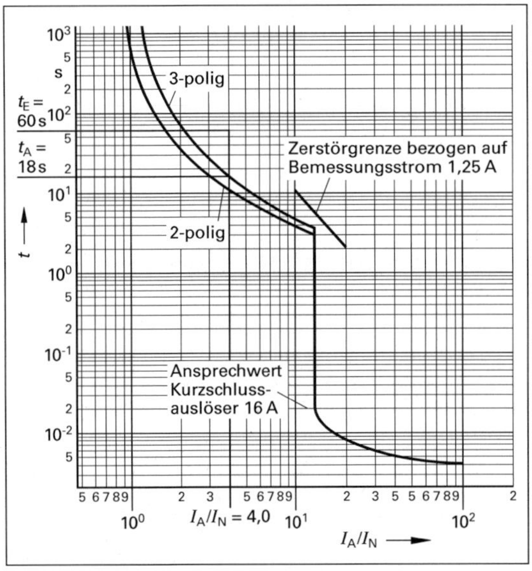

8.58 Auslösekennlinie des Motorschutzschalters (0,9–1,25 A) für einen Ex eb-Motor 230/400V, 50 Hz, 0,37 kW, I_N = 1,82/1,05 A, I_A/I_N = 4, Temperaturklasse T3, t_E = 60 s. Die Auslösezeit beträgt im dreipoligem Betrieb t_A = 18 s. Sie ist kürzer als die Erwärmungszeit t_E des Motors. Unter diesem Aspekt ist der Motorschutzschalter für den Überlastschutz geeignet.

Bimetallauslöser kühlen sich aufgrund ihrer nur geringen Wärmekapazität nach erfolgter Auslösung wesentlich schneller ab als die zu schützenden Wicklungen mit ihrem im Vergleich sehr großen Wärmespeichervermögen. Aus diesem Grund sind Schutzgeräte mit Bimetallauslösern bei hoher Schalthäufigkeit nur eingeschränkt einsetzbar.

Ihre thermischen Überstromauslöser sind phasenausfallempfindlich. Dadurch ist sichergestellt, dass der Schutzschalter bei Ausfall eines Außenleiters oder starker Spannungsunsymmetrie unabhängig von der Belastung innerhalb von 2 s auslöst. Optional sind auch Unterspannungsauslöser, Strommesser und Hilfskontakte möglich. Sie schützen den Motor und die Anlage über die Funktionen

- Überlastschutz für Stator- und Läuferwicklung,
- Phasenausfallempfindlichkeit,
- Spannungsunsymmetrie,
- Unterspannungsschutz und
- Kurzschlussschutz.

Motorschutzschalter und Motorschutzrelais bieten ausreichenden Schutz bei Dauerbetrieb (S1) mit wenigen kurzen Anläufen pro Tag bei nicht zu hohem Anlaufstrom und daraus resultierender geringer Motorerwärmung. Dieser stromabhängige Schutz ist bei blockiertem Läufer besonders wirksam.

8.7.2.2 Temperaturabhängiger Motorschutz

Thermischer Maschinenschutz (TMS) basiert auf Temperaturüberwachung mit drei oder mehr Kaltleitern (PTC-Widerständen), die bereits vom Motorhersteller an den voraussichtlichen Heißstellen der Wicklung mit geringem Wärmeübergangswiderstand eingebettet wurden. Die Temperaturfühler können an ein externes Kaltleiter-Auslösegerät (**8**.69 a) oder an die Steuerungseingänge eines Frequenzumrichters (**8**.69 b) angeschlossen werden. Bei Überschreitung der zulässigen Grenztemperatur wird das jeweilige Sensorsignal elektronisch ausgewertet. Ein Öffner des Auslösegeräts oder ein Steuersignal des Umrichters bewirkt die Abschaltung des Motorschützes und die sichere Abschaltung des Motors.

Mit eingebauten PT100/PT1000-Sensoren oder KTY-Fühlern lassen sich die Temperaturen in der Wicklung oder an den Lagern insbesondere von Maschinen großer Leistung oder Hochspannungsmotoren direkt messen. Diese Temperaturfühler erfordern den Anschluss an einen Frequenzumrichter oder an ein Auswertgerät, in dem das thermische Abbild des Motors abgelegt ist. Nur eine derartige Kombination kann die Motorschutzfunktion übernehmen.

Bei Ex-Motoren müssen die Temperaturfühler im eingebauten Zustand vom Hersteller auf Funktion geprüft werden (TMS-Prüfungen). Dabei wird die Statorwicklung auf die Auslösetemperatur erwärmt. Diese muss für einen sicheren Motorschutz etwas niedriger sein als die Grenztemperatur der Temperaturklasse, für die der Motor ausgelegt ist.

Bimetall-Temperaturschalter als Öffner (PTO) oder als Schließer (PTF) werden ebenfalls mit möglichst geringem Wärmeübergangswiderstand in die Wicklung eingebaut und in den Steuerstromkreis (PTO: zwei oder drei in Reihe; PTF zwei oder drei parallel) geschaltet. Sie haben allerdings eine wesentlich größere Wärmekapazität und folglich eine deutlich längere Erwärmungszeitkonstante als Kaltleiter. Überschreitet ihre Temperatur den entsprechenden Nennwert einer Wärmeklasse, öffnet der Thermoschalter funkenbehaftet den Steuerstromkreis des Motorschützes selbsttätig. Er schließt sich erst wieder nach wesentlicher Temperaturabsenkung.

Zum Einsatz kommen PTO's überwiegend in Motoren kleiner Leistung bei „langsamen" Überlasten. Im Ex-Bereich sind sie nur für Motoren zugelassen, deren Zündschutzart im Normalbetrieb Funken zulässt (d, p).

Schutzgeräte mit Temperaturfühlern sind besonders gut geeignet für die Betriebsverhältnisse

- eingeschränkte Kühlung,
- hohe Umgebungstemperatur,
- wechselnde Belastung,
- Start-Stopp-Betrieb,
- Gegenstrombremsung und für
- Betrieb bei $n < n_N$ z. B. am Frequenzumrichter.

Thermische Motorschutzgeräte bewirken allein nur eingeschränkten oder sogar gar keinen Schutz bei den folgenden Motoreigenschaften und Störparametern:

- läuferkritischer Motor mit Läuferblockade
- Motor mit kleiner Erwärmungszeitkonstante
- Phasenausfall und Spannungsunsymmetrie
- Erdschluss
- Kurzschluss

In diesen Fällen werden zusätzlich stromabhängige Schutzgeräte eingesetzt. Die Kombination beider Schutzprinzipien heißt Hybridschutz.

8.7.2.3 Schutz durch Strombegrenzung

Dieses Schutzprinzip kommt überwiegend im Frequenzumrichterbetrieb und bei der Überwachung großer oder strategisch wichtiger Motoren durch Motormanagementsysteme (Motorcontroller) oder elektronische Motorschutzrelais mit integrierten Stromwandlern und Microcontroller zum Einsatz. Es basiert auf der Messung des Echteffektivwerts des Motorstroms (I_{TRMS}) und dessen Auswertung über einen I^2t-Rechner. Im Umrichterbetrieb erfolgt die sichere Abschaltung des Motors über ein Lastschütz oder elektronisch in dessen Wechselrichter. Elektronische Relais schalten den Motor über ein Schütz (**8**.59) oder über einen Leistungsschalter sicher ab.

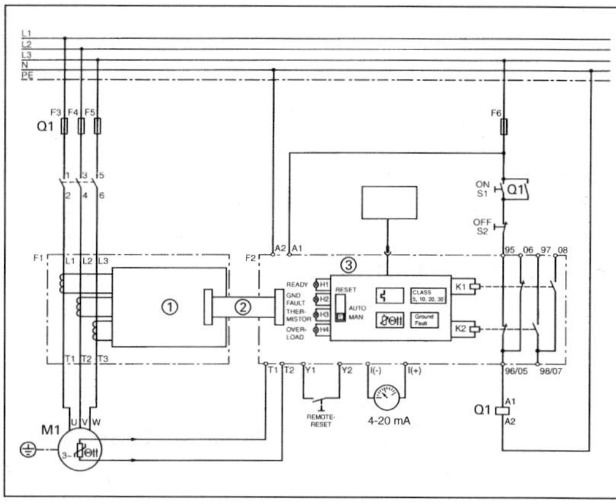

8.59 Übersichtschaltbild eines elektronischen Motorschutzrelais mit Stromwandler. 1 Wandlerauswertung, 2 Microcontroller mit Auslöseeinheit, 3 Schnittstelle zum Leitsystem, K1 Abschaltung bei Überlast, K2 Abschaltung bei Übertemperatur, Q1 Motorschütz. ©Siemens AG 2019, Alle Rechte vorbehalten

Die Geräte lassen sich für die jeweils geforderten antriebsspezifischen Schutzfunktionen parametrieren.

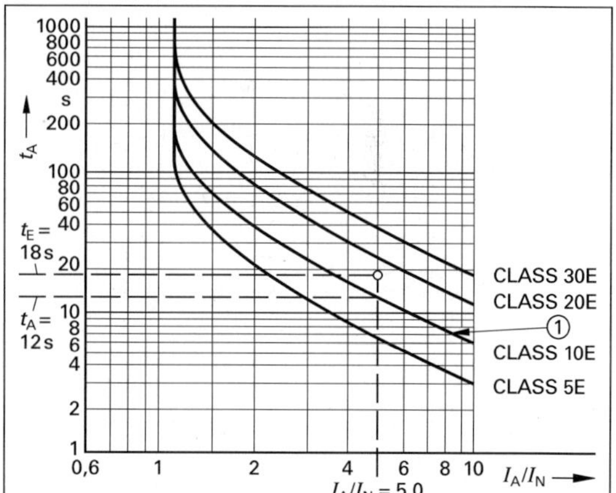

8.60 Auslösekennlinien eine Motorschutzrelais mit elektronischem Auslöser (10E) für einen Ex eb-Motor, 500 V, 50/60 Hz, 110 kW, 156 A, Temperaturklasse T3, t_E = 18 s, I_A/I_N = 5,0. Das auf den Bemessungsstrom eingestellte Relais löst beim 5-fachen Bemessungsstrom in der Zeit t_A aus, die kürzer ist als die Zeit t_E des Motors. Das Relais ist folglich zu seinem Schutz geeignet. ① Abschaltbedingungen des Ex-Motors bei CLASS 10E. ©Siemens AG 2019, Alle Rechte vorbehalten

Bei der zweckgemäßen Auswahl eines stromabhängigen Motorschutzgeräts ist die Eignung anhand der Auslösekennlinien (**8**.60) für die antriebsspezifische Auslöseklasse (z. B. CLASS 10E) zu überprüfen.

Maßgebend sind die Werte für das Verhältnis Motoranlaufstrom I_A zu Motorbemessungsstrom I_N und – bei Ex eb-Motoren – die kürzeste Erwärmungszeit t_E die in der EU-Baumusterprüfbescheinigung (Tab. **8**.61) und auf dem Leistungsschild des Motors vermerkt sein müssen. Motorschutzschalter/-relais müssen innerhalb der t_E-Zeit (±15 %) auslösen, d. h., die Auslösekennlinie aus kaltem Zustand muss unterhalb des Koordinatenpunktes (I_A/I_N;t_E) verlaufen (**8**.58, **8**.60).

Tabelle **8**.61 **Auszug aus dem Datenblatt einer EU-Baumusterprüfbescheinigung für Netzbetrieb eines vierpoligen Ex eb-Motors, 4,6 kW, S1, 380–420 V/50 Hz, 8,7 A, I_A/I_N = 7,5 Th Cl F. Angabe der Erwärmungszeit für die jeweilige Temperaturklasse und der zertifizierten Auslösezeit bei TMS als Alleinschutz.**

Temperaturüberwachung Für die Auswahl einer stromabhängig verzögerten Schutzeinrichtung (Motorschutzschalter/-schutzrelais) wurden die Zeiten wie folgt bestimmt:			
Temperaturklasse	T1	T2	T3
Zeit t_E in s	16	16	13
Mit eingebauten Temperaturfühlern (Kaltleiter DIN VDE V 0898-1401-NAT M 110 °C) in Verbindung mit einem nach RL/2014/34/EU hierfür funktionsgeprüften Auslösegerät sind für die Motoren die Bestimmungen gemäß EN 60079-7 bis zur Temperaturklasse T3 auch im festgebremsten Zustand erfüllt. Bei dem Mittelwert der Bemessungsspannung (400 V) und ausgehend vom kalten Zustand (20° C) beträgt die Auslösezeit t_A = 20 s (±20 %).			

Die Art des einzusetzenden Ex-Motorschutzgeräts/-konzepts ist in der Konformitäts- bzw. der EU-Baumusterprüfbescheinigung, der Betriebsanleitung oder auf einem Zusatzschild (**8**.62) am Ex-Motor genannt.

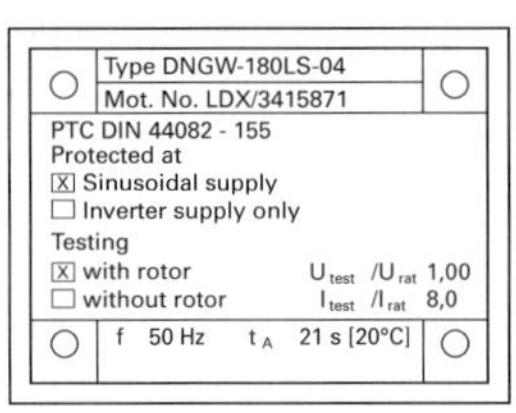

8.62 Zusatzschild für thermischen Motorschutz als Alleinschutz (Vollschutz) im Netzbetrieb (x) oder für Umrichterbetrieb. ©Siemens AG 2019, Alle Rechte vorbehalten

8.7.3 Auswahl eines Motorschutzkonzepts

Für zuverlässigen Explosionsschutz sind bei der Auswahl des geeigneten Motorschutzkonzepts auf Basis der spezifischen Forderungen der vorliegenden Zündschutzart u. a. folgende Antriebsbedingungen zu berücksichtigen:

- thermisches Verhalten des Motors, läufer-/statorkritisch
- Bemessungsleistung/Baugröße des Motors
- Schalthäufigkeit, Betriebsart S1, S2, S3, u. a.
- Anlaufzeit bei Schweranlauf
- Schaltung der Motorwicklung

Die Baugröße eines Motors bestimmt die Wärmekapazität seines Läufers und Stators bzw. deren thermische Zeitkonstante und folglich die Geschwindigkeit des Anstiegs von Stator- und Läufer-/Wellentemperatur (**8**.63).

Thermisch läuferkritisch sind Käfigläufermotoren die so ausgelegt sind, dass ihr Läufer bei Läuferblockade die zulässigen Grenzwerte der Übertemperaturen schneller erreicht als deren Statorwicklung. Mittelspannungs- und große Niederspannungsmotoren sind meistens läuferkritisch.

Der verzögerte Anstieg der Wicklungstemperatur im Stator kann zu einer verspäteten Auslösung des Thermistor-Motorschutzgerätes führen. Läuferkritische Motoren können deshalb durch ein TMS allein nicht ausreichend geschützt werden. Der Schutz von Ex-Motoren muss deshalb primär durch ein ex-zertifiziertes stromabhängiges Schutzgerät erfolgen und kann durch ein TMS ergänzt werden. Im Bemessungsbetrieb wird der Motor dann über den thermischen Motorschutz überwacht. Bei Überlast, z. B. blockiertem Läufer, erfolgt die Abschaltung über ein Motorschutzrelais oder einen Motorschutzschalter.

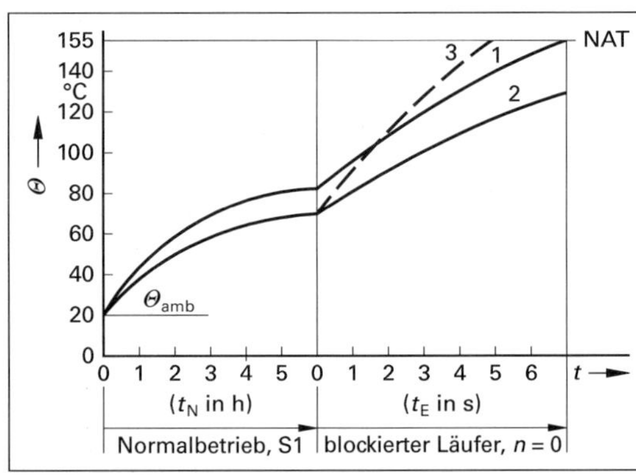

8.63 Temperaturverlauf von Läufer- und Statorwicklung zur Verdeutlichung des läufer- oder statorkritischen Verhaltens im Normalbetrieb und bei Läuferblockade aus betriebswarmem Zustand heraus. NAT Nenn-Abschalttemperatur des Kaltleiters, 1 Statorwicklung, 2 Läufertemperatur bei statorkritischer Maschine, 3 Läufertemperatur bei läuferkritischer Maschine.

Thermisch statorkritisch sind Motoren, wenn deren Statorwicklung die zulässigen Grenzwerte für Übertemperaturen schneller erreicht als der Läufer. Der mit geringem Wärmeübergangswiderstand in die Statorwicklung eingebettete Temperaturfühler (PTC-Widerstand, PT100) stellt mit einem geeigneten Auslösegerät sicher, dass Statorwicklung und Läufer auch bei extremer Überlast wie dem blockierten Läufer sicher geschützt sind. TMS ist in diesem Fall als Alleinschutz zulässig.

Im Schaltbetrieb ist außerdem zu beachten, dass die zusätzliche Erwärmung hauptsächlich im Läufer entsteht. Ein Großteil der Motoren, die im Dauerbetrieb *statorkritisch* sind, wird im Schaltbetrieb zu *läuferkritischen* Maschinen. Deshalb lässt sich die Grenze zwischen läufer- oder statorkritischer Motor auch nicht durch eine definierte Bemessungsleistung festlegen.

Hohe Schalthäufigkeit mit häufigem Anlaufen und Bremsen und ggf. Reversierbetrieb erschwert die Auswahl des geeigneten Schutzkonzepts. Bei Motoren mit $P_N > 2$ kW die für Schaltbetrieb ausgelegt sind ist zu prüfen, ob ein Überstromrelais allein (Alleinschutz) ausreichend und zulässig ist oder besser ein TMS oder eine Kombination von beiden einzusetzen ist.

Unregelmäßiger Aussetzbetrieb, häufige Anlauf- und Bremsvorgänge und unzulässig hohe Schalthäufigkeit erfordern zwingend die Verwendung einer Kombination aus Motorschutzschalter/-schutzrelais mit zeitlicher Überwachung und TMS als zusätzlichem Schutz. Das TMS übernimmt den Wicklungsschutz, der Motorschutzschalter oder das Motorschutzrelais übernimmt den Blockierschutz.

Die Bimetalle erwärmen sich im Schaltbetrieb wesentlich schneller als die Motorwicklung, weil es nicht möglich ist, in ihnen das thermische Abbild des Motors exakt nachzubilden. Um ein vorzeitiges Auslösen eines Motorschutzschalters/-relais zu vermeiden, müsste sein Auslösestrom auf einen höheren als den auf dem Leistungsschild genannten Wert eingestellt werden, damit der Motor thermisch voll ausgenutzt oder seine zulässige Schalthäufigkeit ausgenutzt wird. Das ginge jedoch zu Lasten der Ex-Sicherheit und verdeutlicht die Grenzen eines stromabhängigen Überlastungsschutzes, der für Ex e-Motoren besonders wichtig ist.

Die Auslösekennlinien von stromabhängig zeitverzögerten Überlastschutzrelais sind in der Norm IEC/EN 60947-4 festgelegt. Die festgelegten Auslöseklassen (s. **4**.106) sind ein wichtiges kennzeichnendes Merkmal. Sie legen für die einzelnen Anlaufbedingungen für Motoren, von Normalanlauf bis Schweranlauf, die jeweils geeignete Auslösekennlinie fest. Schweranlauf eines Motors liegt vor, wenn die gesamte Hochlaufzeit länger als $1{,}7 \cdot t_e$ ist. In diesem Fall würde man von einem auf den Motor angepassten stromabhängigen Schutzgerät erwarten, dass es den hochlaufenden Motor abschaltet, bevor er seine Bemessungsdrehzahl erreicht.

Ex-Motoren, die mit häufigen oder schweren Anlaufvorgängen belastet werden, sind nur dann zulässig, wenn sichergestellt ist, dass die zulässigen Grenzwerte der Übertemperaturen nicht überschritten werden.

Die Anlaufüberwachung muss den Anforderungen der Konformitäts- oder Baumusterprüfbescheinigung entsprechen. Ex e-Motoren sind für Schweranlauf und Schaltbetrieb nicht zugelassen

Die Schaltung der Wicklungsstränge kann in Stern-, Dreieck- oder Polumschaltung ausgeführt sein. Besonderes Augenmerk ist der Dreieckschaltung zu widmen. Im Gegensatz zur Sternschaltung könnte nämlich der Ausfall eines Außenleiters unbemerkt bleiben, insbesondere wenn er während des Betriebs auftritt. Die Folgen sind Stromunsymmetrien in den Zuleitungen, der Anstieg des Schlupfs und der Stromaufnahme des Wicklungsstrangs zwischen den verbliebenen Außenleitern. Dieser Strang erwärmt sich unzulässig stark. Bei geringer Belastung im Anlauf ist nicht auszuschließen, dass der Motor in Dreieckschaltung hochzulaufen vermag. Der Fehler kann demzufolge ohne Phasenausfallschutzeinrichtung unzulässig lange unbemerkt bleiben.

Für Ex-Motoren mit Wicklungen in Dreieckschaltung ist eine Schutzeinrichtung mit Phasenausfallschutz vorzusehen, der Stromunsymmetrien erkennt, bevor sie zu unzulässigen Übertemperaturen führen.

Wicklungen in Dreieckschaltung sind vorzugsweise so zu schützen, dass die Auslöser oder Bimetallrelais zu den Wicklungssträngen in Reihe geschaltet sind. Der Auslösestrom ist auf $0{,}58 \cdot I_N$ einzustellen. Werden hingegen die Auslöser in die Motorzuleitung geschaltet, so sind zusätzliche Schutzmaßnahmen einzuplanen, die auch bei Ausfall eines Außenleiters ausreichenden Motorschutz gewährleisten.

Bei polumschaltbaren Motoren sind für jede Drehzahlstufe getrennte, gegeneinander verriegelte genehmigte/bescheinigte Schutzeinrichtungen erforderlich.

In Abhängigkeit von der Motorleistung, Baugröße, Zündschutz- und Betriebsart, dem Anspruchsniveau der Anlagenverfügbarkeit sowie des Anlagenumfangs (Motormanagementanforderungen) kommen die folgenden Schutzprinzipien/-geräte nach Tab. **8**.64 zum Einsatz.

Das ausgewählte Motorschutzkonzept sollte nicht nur die zu erfüllenden Sicherheitsanforderungen erfüllen; es sollte stets auch wirtschaftlich sein.

Tabelle **8**.64 **Schutzumfang von strom- und temperaturabhängigen Motorschutzgeräten/-systemen für Ex-Motoren**

Anwendung zum Schutz des Motors bei	**Motorschutzkonzept[1]**			
	1	**2**	**3**	**4**
Überlastung im Dauerbetrieb	**v**	**v**	**v**	**v**
langen Anlauf- und Bremsvorgängen	**b**	**v**	**v**	**v**
unregelmäßigem Aussetzbetrieb	**k**	**v**	**v**	**v**
zu hoher Schalthäufigkeit	**k**	**v**	**v**	**v**
Einphasenlauf und Stromunsymmetrie	**v**	**v**	**v**	**v**
Spannungs- und Frequenzschwankungen	**v**	**v**	**v**	**v**
Blockierung des betriebswarmen Läufers	**v**	**b/v**	**v**	**v**
Zuschaltung auf blockierten Läufer bei ständerkritischem Motor	**v**	**v**	**v**	**v**
Zuschaltung auf blockierten Läufer bei läuferkritischem Motor[2]	**b/v**	**b**	**b/v**	**v**
erhöhter Umgebungstemperatur	**k**	**v**	**v**	**v**
behinderter Kühlung	**k**	**v**	**v**	**v**
reduzierter Drehzahl	**b**	**v**	**v**	**v**
1 nur stromabhängig (Alleinschutz), z. B. thermisches Motorschutzrelais				
2 nur temperaturabhängig (Alleinschutz) z. B. mittels Thermistorschutzrelais				
3 strom- und temperaturabhängig (Hybridschutz) z. B. mittels elektronischem Motorschutzrelais für gehobene Anwendungen mit Kommunikationsschnittstelle				
4 strom- und temperaturabhängig (Hybridschutz) z. B. mittels Motormanagementsystem in Prozessleitsystemen				
(v)[1] voller Schutz (b) bedingter Schutz (k) kein Schutz				

[1] Die Eignung/Zulässigkeit des jeweiligen Schutzprinzips für die einzelnen Zündschutzarten ist hinsichtlich ihrer spezifischen Anforderungen zu prüfen.
[2] Ggf. ist für die Ex-Eignung ein messtechnischer und rechnerischer Nachweis über die Wirksamkeit des Schutzprinzips für das System „Schutzgerät – Ex-Motor" zu erbringen.

8.7.4 Mechanischer Schutz

Bei drehenden elektrischen Maschinen in senkrechter Anordnung müssen zur Vermeidung von Funken und Überlast Vorkehrungen getroffen (Schutzdach) werden, die das Hineinfallen von Fremdkörpern in die Lüftungsöffnungen verhindern.

Drehzahl- oder Stillstandswächter übernehmen in der Anlaufphase den Blockierschutz von läuferkritischen Motoren, wenn diese Schweranlaufanforderungen zu erfüllen haben, in denen die Anlaufzeit bedeutend länger ist als die zulässige Blockierzeit. Auch im Betrieb müssen diese Geräte sofort auf eine Läuferblockade reagieren.

8.65 Ex-Getriebemotor mit Schutzdach © SEW

8.7.5 Kurzschlussschutz

In IEC EN 60079-14 wird zwecks Anlagenschutzes für jeden Motorabzweig Kurzschlussschutz gefordert. Einem Motorschutzrelais wird zu diesem Zweck am Anfang der Leitung z. B. eine passend zugeordnete Schmelzsicherung vorgeschaltet. Leistungsschalter mit Motorschutzfunktion/ Motorschutzschalter ermöglichen häufig einen sicherungslosen Abzweig. Im Frequenzumrichterbetrieb erfolgt der Kurzschlussschutz durch den FU und/oder einen Motorschutzschalter vor dem Umrichter.

Der Kurzschlussschutz ist kein Element des Motorschutzkonzepts. In diesem Kontext ist er sinnlos, weil der Motor bereits defekt ist, wenn in ihm ein Kurzschluss auftritt.

Die Motorabgangsverdrahtung ist nach IEC EN 60947-1 auszuführen. Für sicherungsbehaftete Abzweige erfolgt die Sicherungsauswahl in Anlehnung an die ausgewählten Schaltgeräte entsprechend den Zuordnungsarten nach IEC EN 60947-4-1.

Die Zuordnungsarten 1 und **2** nach IEC EN 60947-4 kennzeichnen die Kurzschlussfestigkeit von Schalt- (Schütze, Leistungsschalter) und Schutzgeräten in Motor-/Verbraucherabzweigen. Ein Kurzschluss wird in beiden Zuordnungsarten sicher beherrscht. Unterschiede bestehen nur hinsichtlich des Schädigungsgrads eines Geräts nach einem Kurzschluss.

Zuordnungsart 1 Der Verbraucherabzweig darf nach jeder Kurzschlussabschaltung funktionsunfähig sein. Beschädigungen des Schützes und des Überlastauslösers sind zulässig.

Zuordnungsart 2 Nach einer Kurzschlussabschaltung darf keine Beschädigung des Überlastauslösers oder eines anderen Teils aufgetreten sein. Der Verbraucherabzweig kann ohne Teilerneuerung wieder in Betrieb genommen werden. Lediglich ein Verschweißen der Schalt-/Schützkontakte ist zulässig, wenn diese ohne nennenswerte Verformung leicht zu trennen sind.

Tabelle **8**.66 **Übersicht zum Kurzschlussschutz bei Verwendung eines Motorschutzrelais nach Herstellerangaben**

Motorschutzrelais Einstellstrombereich	Bemessungskurzschlussstrom	Sicherungsbehafteter Abzweig nach Betriebsklasse gG	
		Zuordnungsart	
		„1"	„2"
I_e **in A**	I_{KN} **in kA**	I_N **in A**	I_N **in A**
0,1 – 0,16	100	20	0,5
0,16 – 0,24	100	20	1
0,24 – 0,4	100	20	2
0,6 – 1,0	100	20	4
1 – 1,6	100	20	6

Zum Schutz von Motorabzweigen für Ex e-Motoren ist nach IEC EN 60941-4 nur die Zuordnungsart „2" zulässig.

Außerdem sind die folgenden potentiellen unzulässigen Betriebszustände von Ex-Motoren durch das eingesetzte Motorschutzgerät nach den spezifischen Anforderungen der jeweiligen Zündschutzart zu überwachen bzw. sicherzustellen:

- Ausfall eines Außenleiters, Einphasenlauf – insbesondere bei Dreieckschaltung
- Spannungsunsymmetrie
- Unter- und Überspannung ($\Delta U \leq \pm 10$ %)
- Unterlast, kann zu Übertemperaturen führen, wenn z. B. Tauchpumpen durch das explosionsfähige Fördermedium infolge eingeschränkten Volumenstroms nur unzureichend gekühlt werden
- unzureichende Kühlung, z. B. wegen eines defekten Lüfters oder zu dicker Staubablagerungen
- erhöhte Schalthäufigkeit
- erhöhte Kühlmittel-/Umgebungstemperatur
- Läuferblockade beim Anlaufen und während des Betriebs von Ex-„eb" Motoren
- Unterbrechung des Schutzgastroms in Ex p-Motoren
- überhöhte Lagertemperaturen in großen Motoren z. B. infolge unzulänglicher Wartung
- Kurzschlusserkennung im Motor-/Messfühlerkreis
- Leitungsbruch im Messfühlerkreis
- manuelle Rückstellung nach Schutzgerät-Auslösung
- Schweranlauf

8.7.6 Kennzeichnung, Installation und Inbetriebnahme von Motor-Schutzgeräten

Zur Erfüllung der letztgenannten Anforderungen bieten die Hersteller für ihre einzelnen Geräteserien ATEX-zertifizierte Geräte mit EU-Baumusterprüfbescheinigung nach RL/2014/34/EU an.

Ex-zertifizierte Schutzgeräte müssen z. B. folgenderweise gekennzeichnet sein.

II (2) G [Ex eb Gb] [Ex db Gb] [Ex pxb Gb]
II (2) D [Ex tb Db] [Ex pxb Db]

Diese Kennzeichnung erlaubt beispielsweise den Einsatz zum Überlastschutz von Ex-Motoren der Gerätegruppe II, Kategorie 2, die in explosionsgefährdeten Gas- oder Staubatmosphären (Zonen 1 oder 21) betrieben werden.

Tabelle **8**.67 **Erläuterungen zur Ex-Kennzeichnung von Schutzgeräten. Die eckigen Klammern bedeuten, das Gerät ist nicht zur Installation im Ex-Bereich zugelassen.**

Das Gerät ist geeignet für den Schutz von Motoren in den angegebenen Zündschutzarten		
Gasexplosionsgefährdete Bereiche nach IEC EN 60079-0		**EPL**
[Ex eb]	Erhöhte Sicherheit	Gb
[Ex db]	Druckfeste Kapselung	Gb
[Ex pxb]	Überdruckkapselung	Gb
Staubexplosionsschutz nach IEC EN 60079-31		
[Ex tb]	Schutz durch Gehäuse, IP XX	Db
[Ex pxb]	Überdruckkapselung	Db

Für Motoren der Kategorien 2G u. 2D (Zonen 1 u. 21) sind ATEX-zertifizierte Schutzgeräte (**8**.68) mit EU-Baumusterprüfbescheinigung einer Benannten Stelle (NB) vorgeschrieben. Geräte für die Kategorien 3G und 3D (Zonen 2 u. 22) erfordern lediglich die EU-Konformitätsbescheinigung des Herstellers.

Schutzgeräte der Gerätekategorie 3 (Zone 2, 22) erfüllen lediglich den allgemeinen industriellen Standard und zählen nicht zu den Schutzgeräten nach RL/2014/34/EU.

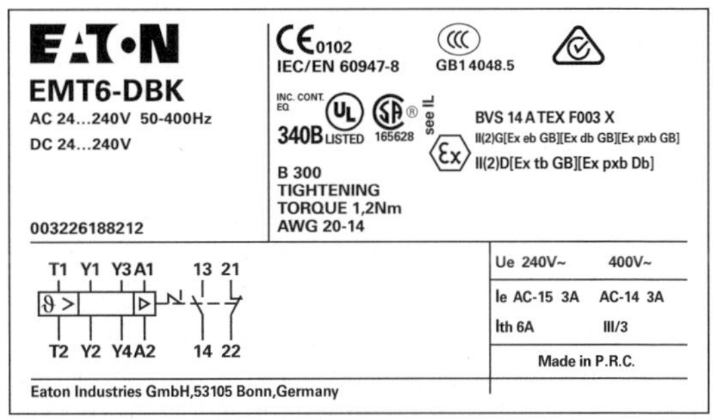

8.68 Typenschild eine ATEX-zertifizierten TMS-Auslösegeräts © EATON-Möller

Üblicherweise erfolgt die Installation der Schutzgeräte außerhalb der Ex-Zone. Kommen die Geräte motornah zum Einsatz, müssen sie z. B. bei Zündschutzart druckfeste Kapselung „db" ein entsprechendes druckfestes Ex-Gehäuse aufweisen.

Die Motorzuleitungen und die Messleitungen von Temperaturfühlern und deren Anschlusstechnik müssen der Zündschutzart des Ex-Motors entsprechen. Die Messkreisleitungen sind als getrennte, bei potentiell starken induktiven oder kapazitiven Einstreuungen, in geschirmter Ausführung zu verlegen.

Die erhöhte Gefahr die von explosionsgefährdeten Bereichen ausgeht, erfordert beim Einsatz der Motorschutzgeräte die konsequente Beachtung aller zugrunde liegenden Regelwerke, der Bedienungsanleitung sowie der Sicherheits- und Inbetriebnahmehinweise, um die ständige Funktionssicherheit zu gewährleisten.

Beispielsweise kann im Überlastungsfall die Motortemperatur unzulässig ansteigen. Bevor jedoch eine Zündquelle entstehen kann, muss das Überlast-Schutzgerät den Ex-Motor von der Spannungsversorgung trennen. Eine Zündgefahr durch den überlasteten Motor könnte also erst dann entstehen, wenn das Schutzgerät versagt.

Die ständige Funktionssicherheit von Ex-Motorschutzgeräten wird u. a. durch die folgende Funktion, Einstellungen und Selbsttests gewährleistet.

Im Überlastfall muss der Motor, z. B. durch Öffnen eines NC-Kontakts (95-96) eines elektronischen Überlastrelais oder eines Motorschutzschalters den Steuerstromkreis des Motorschützes abschalten. Das Lastschütz und der Motor gehen in den sicheren Zustand „AUS" über.

Der sichere Zustand ist ein geöffneter NC-Kontakt des Gerätes, über den das Motorschütz gesteuert wird.

Bei der Montage und Inbetriebnahme von Schutzgeräten sind die folgenden Aspekte besonders zu berücksichtigen.

Der Austausch des Geräts darf nur durch ein gleichwertiges, den Vorschriften entsprechend gekennzeichnetes Gerät erfolgen.

Die Einstellung der Motor-Bemessungsparameter muss gemäß Vorgabe in der EU-Baumusterprüfbescheinigung bzw. den Leistungsschilddaten erfolgen.

Unberechtigte Modifikation der Parameter t_e, Auslöseklasse, Temperaturklasse und man/auto-Rückstellung ist durch Plombieren der Abdeckung sicherzustellen. In Anwendungen zum Schutz von Motoren in explosionsgefährdeten Bereichen darf das Gerät nur mit Einstellung „manuelles Rücksetzen" betrieben werden.

Die Anschlussleitungen sind entsprechend den Vorgaben, bzw. den anzuwendenden Normen zu dimensionieren.

Ein Selbsttest ist durchzuführen.

Die Funktionsprüfung gemäß EN 60079-17 ist vor der Inbetriebnahme unter Einhaltung aller Sicherheitsdaten in Form eines Selbsttests durchzuführen. Der Test ist von einer mit der Norm vertrauten Fachkraft entsprechend den durch den Hersteller festgelegten Bedingungen durchzuführen. Das vom Hersteller vorgegebene Ablaufschema ist dabei einzuhalten. Bei nicht bestandenem Selbsttest ist das Gerät auszutauschen.

8.7.7 Motorschutz für Ex-Motoren im Frequenzumrichterbetrieb

Frequenzumrichter für den industriellen Einsatz verfügen häufig über ATEX-zertifizierte Sicherheitsfunktionen, um die für den Explosionsschutz benötigen Parameter ausführen zu können. Dazu gehören Schnittstellen zu PTC- und/oder PT100-Sensoren und ein externes zertifizierte TMS-Auswertgerät sowie Parameter zur frequenzabhängigen Begrenzung des Motorstroms.

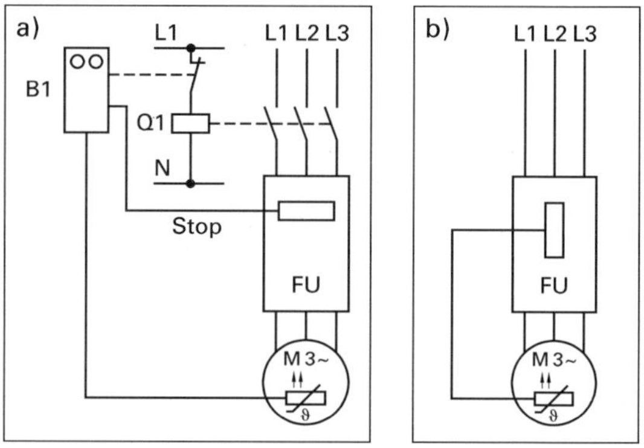

8.69 Thermischer Motorschutz bei FU-Betrieb, a) allgemein übliches thermisches Motorschutzkonzept mit externem TMS-Auslösegerät (B1) und netzseitiger Abschaltung über das Schütz Q1 und b) Abschaltung über ein Modul im Umrichter.

Ein Motorschutzkonzept der Firma Danfoss basiert auf einem zertifizierten TMS-Zusatzmodul (**8**.70) zur Integration in Frequenzumrichter einer speziellen Serie. Es besteht aus einer Auswertelektronik für PTC-Sensoren mit sicherer Trennung, zum Schutz von Ex-Motoren gegen unzulässige Erwärmung und Überlastung. In das TMS-Modul ist die zertifizierte Funktion zur sicheren Unterbrechung des Motorstroms bei Übertemperatur integriert.

Die Abschaltung des Motorstroms erfolgt durch eine geräteinterne redundante Steuerfunktion. Die sichere Abschaltung erfolgt durch Unterbrechung der IGBT-Zündstufenversorgung bei gleichzeitiger Zündimpulssperre. Das TMS-Motorschutzmodul bewirkt im Fehlerfall einen Stoppbefehl am Eingang „Safety Stop" des Umrichters und führt zu einer sicheren Abschaltung des Motors.

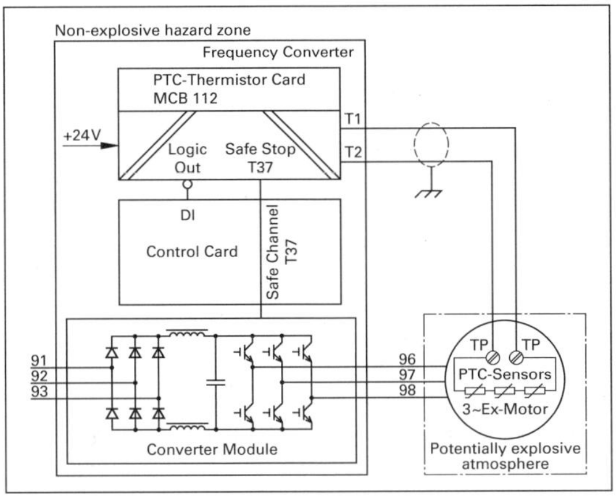

8.70 Übersichtsschaltbild der Thermistor-Auswertkarte als Frequenzumrichter-Zusatzmodul. © Danfoss

Durch die beschriebene Sicherheitsfunktion sind das externe PTC-Auswertgerät, das Motorschütz und der dafür erforderliche Verdrahtungsaufwand verzichtbar. Weitere wichtige Funktionen des TMS-Moduls sind die Drahtbruch- und Kurzschlusserkennung im Sensorkreis.

Das zertifizierte TMS-Modul ist für den Alleinschutz von allen für FU-Betrieb zugelassenen Ex-Motoren einsetzbar. Über die Umrichterparametrierung lassen sich die auf dem Motorleistungsschild ex-relevanten Daten eingeben und sichern.

Die im Einzelfall eingesetzte Motor-Schutzfunktion muss auf dem Umrichter gekennzeichnet sein. Die Kennzeichnung bezieht sich nur auf die implementierte Sicherheitsfunktion und bedeutet nicht, dass der Gesamtantrieb geprüft und zertifiziert wurde.

8.71 Auf dem Frequenzumrichter anzubringendes Schild. Ex n ist nach Norm EN IEC 60079-7 jetzt Zündschutzart ec, e entspricht danach eb. © Danfoss

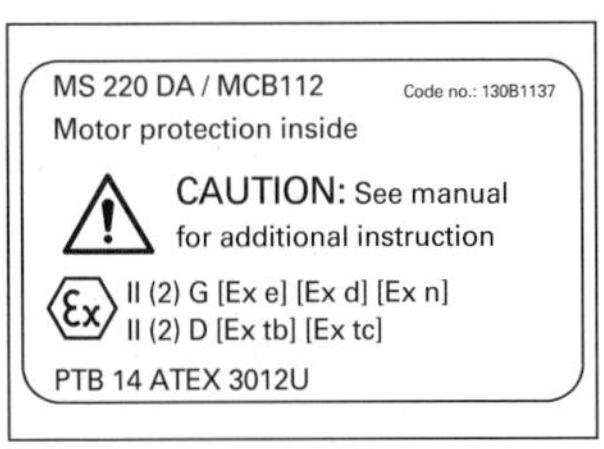

Zusammenfassung

Tabelle **8**.72 **Übersicht zum Motorschutz im Netz- und FU-Betrieb für die einzelnen Zündschutzarten.**

Zündschutzart	Motorschutzkonzept gegen unzulässige Erwärmung infolge Überlast	
	Netzbetrieb S1	**FU-Betrieb**
px **pz**	Stromabhängiges Motorschutzgerät und/oder Kombination aus PTC-Fühlern und Auslösegerät. Zusätzlich Überwachung des Überdrucksystems.	TMS mit PTC-/PT 100-Fühlern in Kombination mit einem Auslösegerät als Alleinschutz[3]. Zusätzlich Überwachung des Überdrucksystems.
eb[2]	ATEX-zertifiziertes stromabhängiges Motorschutzgerät mit ($t_E - I_A/I_N$)-Kennlinie die zu den jeweiligen Daten auf dem Leistungsschild des Motors passt und/oder zertifiziertes Auslösegerät mit PTC-Fühlern kombiniert. U. U. Eignungsnachweis erforderlich!	1. TMS mit ATEX-zertifiziertem externem Auslösegerät in Kombination mit PTC- oder PT 100-Fühler als Alleinschutz; plus drehzahlabhängige Strombegrenzung im FU verbunden mit seinen fest eingestellten Parametern. 2. ATEX-zertifizierte elektronische Auslöseeinheit die mit zertifizierter Schutz- und Abschaltfunktion als Zusatzmodul für Alleinschutz in den Umrichter integriert ist; plus drehzahlabhängige Strombegrenzung im FU verbunden mit seinen fest eingestellten Parametern.
ec **tc**	Stromabhängiges Motorschutzgerät und/oder Kombination aus PTC-Fühlern und Auslösegerät.	TMS mit PTC-/PT 100-Fühlern in Kombination mit einem Auslösegerät als Alleinschutz[3].
db	Stromabhängiges Motorschutzgerät und/oder TMS mit PTC-Fühlern.	TMS mit PTC-/PT 100-Fühlern in Kombination mit einem Auslösegerät als Alleinschutz[3].
tb	Stromabhängiges Motorschutzgerät und/oder TMS mit PTC-Fühlern.	TMS mit PTC-/PT 100-Fühlern in Kombination mit einem Auslösegerät als Alleinschutz[3].

[1] Für Zone 1 und 21 (Gerätekategorie 2) müssen die Auslösegeräte ATEX-zertifiziert sein. Für Zone 2 und 22 (Gerätekategorie 3) sind prüfstellenbescheinigte Auslösegeräte zu empfehlen. Alle übrigen Parameter sind entsprechend den Antriebserfordernissen einzustellen. Der Betreiber hat die jeweiligen Einrichtungsbestimmungen und Umgebungsbedingungen zu beachten.
[2] Wegen der Besonderheit der Motoren mit Umrichterspeisung und der zertifizierten Überwachungseinrichtung entfallen für Ex eb-Motoren im FU-Betrieb die Angaben über das Verhältnis I_A/I_N und die Erwärmungszeit t_E.
[3] Eignungsnachweis erforderlich, z. B. von benannter Stelle durch Typprüfung bescheinigt.

8.7.8 Motorschutz in Abhängigkeit von der Betriebsart

Ex-Motoren werden üblicherweise für den Dauerbetrieb (S1) dimensioniert, zertifiziert und projektiert. Das umfasst leichte und selten wiederkehrende Anläufe, bei denen keine nennenswerte zusätzliche Erwärmung entsteht. Die Nennbetriebsarten S1 und S2 sind mehr oder weniger definiert als das Starten des Motors einmal pro Tag.

Insbesondere Motoren in Zündschutzart „erhöhte Sicherheit" sind nur für Dauerbetrieb (S1) zugelassen. Anderenfalls sind besonders angepasste Schutzkonzepte erforderlich, deren Wirksamkeit zu bescheinigen ist.

Alle anderen Betriebsarten machen ein jeweils besonders angepasstes Motorschutzkonzept erforderlich, wenn aus Platz-, Gewichts- oder Kostengründen durch Optimierung auf das effektive Drehmoment eine kleinere Motorbaugröße erwünscht oder erforderlich ist. Ist das nicht der Fall, sind mit S1 gekennzeichnete Ex-Motoren wegen ihrer „thermischen Reserven" ohne Änderung der Bemessungsdaten und des Motorschutzkonzepts auch für die Betriebsarten S2 und S3 und ggf. sogar S4 ED 50 % einsetzbar.

Tabelle **8**.73 **Motorschutzkonzepte für S1 und für von S1 abweichende Betriebsarten.**

Betriebsart	Motorschutzkonzept
S1	Motorschutzschalter Motorschutzschalter und ATEX-zertifiziertes TMS als zusätzlicher Schutz. ATEX-zertifizierter TMS als Alleinschutz, nur zulässig, wenn Alleinschutz für den Motor durch NB besonders bescheinigt ist.
S2	Motorschutzschalter mit Einschaltzeitkontrolle oder/und TMS als zusätzlicher Schutz. TMS als Alleinschutz mit zertifiziertem Auslösegerät. Bescheinigung der Wirksamkeit
S3[1)]	TMS als Alleinschutz mit zertifiziertem Auslösegerät. Bescheinigung der Wirksamkeit.
S4[1)]	TMS als Alleinschutz mit zertifiziertem Auslösegerät. Bescheinigung der Wirksamkeit durch den Hersteller, Angabe der t_A-Zeit.
S5, S6[1)]**, S7, S8, S9, S10**	TMS als Alleinschutz mit zertifiziertem Auslösegerät. Bescheinigung der Wirksamkeit.
Sanftanlauf[2)]	Schutzgerät zur Überwachung von Anlaufzeit oder Drehzahl. TMS als Alleinschutz mit externem Auslösegerät erfordert ATEX- oder Herstellerbescheinigung. Bei integrierter TMS-Auslöseeinheit ist der TMS als Alleinschutz zusammen mit dem Sanftanlaufgerät zertifiziert.
FU-Betrieb	TMS als Alleinschutz erfordert eine ATEX- oder Herstellerbescheinigung; zusätzlich ist eine drehzahlabhängige Strombegrenzung im FU gefordert, die den Anforderungen in der Motordokumentation entsprechen muss.
Schweranlauf	TMS als Alleinschutz mit zertifiziertem Auslösegerät. Eignungsnachweis des Ex-Motors für Schweranlauf in Form einer ATEX- oder Hersteller-Konformitätsbescheinigung. Auf Schweranlauf angepasstes Schutzgerät/-konzept.

[1)] Werden im Schaltbetrieb die Schalthäufigkeiten den Betriebsarten S3, S4 oder S6 zugeordnet, sind neben dem Anlauf auch die Lastwechsel zu berücksichtigen. Dazu dient die Berechnung der zulässigen Schalthäufigkeit nach Herstellerangaben.
[2)] Die Wirksamkeit des TMS und des korrekten Hochlaufs des Motors sind bei der Inbetriebnahme nachzuweisen und zu dokumentieren.

Allgemein gilt:

Für alle vom S1-Betrieb abweichenden Nenn-Betriebsarten ist der alleinige Schutz durch Temperaturüberwachung vorgeschrieben, ergänzt um die zur Anpassung an die Betriebsart erforderliche Zusatzschutzfunktion/en (Tab. **8**.73).

Von S1 abweichende Betriebsarten sind Kurzzeitbetrieb S2, S3 bis S10, Schwer- und Sanftanlauf, Schalt-/Umschaltbetrieb, stark wechselnde Belastung, hohe Umgebungstemperaturen, verminderte Kühlluftströmung, Frequenzumrichterbetrieb (S9) oder schwankende Versorgungsspannung.

Die Eignung eines Ex-Motorschutzkonzepts zum Motorvollschutz hängt von der Betriebsart, der Zündschutzart und der Gerätekategorie des Motors ab.

Bremsen mit elektrischer Betätigung für den Anbau an Ex-Motoren der Kategorie 2 dürfen nur entsprechend EU-Baumusterprüfbescheinigung angebaut und betrieben werden. Ihr Anbau und Betrieb sind nur zulässig, wenn deren Erwärmung bei der Typprüfung des Motors geprüft wurde. Wird der Motor nur in Betriebsart S1 und die Bremse nur als Haltebremse betrieben, kann der Motorschutz mittels Motorschutzschalter erfolgen. In allen anderen Fällen ist Schutz über zertifizierten TMS obligatorisch.

Aufgaben zu Abschnitt 8.7

1. Begründen Sie die Notwendigkeit von Motorschutzmaßnahmen a) unter betriebswirtschaftlichen Gesichtspunkten und b) speziell unter dem Aspekt des Explosionsschutzes.
2. Beschreiben Sie die Funktionsweise des a) stromabhängigen und b) temperaturabhängigen Motorschutzes. c) Heben Sie den wesentlichen Vorteil eine TMS-Konzepts gegenüber einem Motorschutzschalter hervor, wenn damit jeweils ein statorkritischer Ex-Motor im Netzbetrieb zu schützen ist.
3. Worin unterscheiden sich Motorschutzgeräte für Maschinen der Kategorie 2 und 3?
4. a) Nennen Sie die Kennzeichnung eines Motorschutzschalters, der zum Schutz von Motoren der Kategorie 2 geeignet ist, die in Gas- oder in Staubatmosphäre betrieben werden. b) Warum darf dieser Motorschutzschalter nicht in Zone 1 oder 21 installiert werden?
5. Warum ist im Frequenzumrichterbetrieb für alle Niederspannungs-Ex-Motoren das TMS-Schutzkonzept unverzichtbar?
6. Erläutern Sie, warum Schmelzsicherungen im Motorabzweig kein Element des Motorschutzes sind.

7. Ein Ex eb-Motor im Netzbetrieb ist mit PTC-Sensoren ausgestattet deren Anschlüsse ausgeführt sind. Bezüglich des Motorschutzes entspricht die EU-Baumusterprüfbescheinigung den Inhalten von Tabelle **8**.61. Nennen Sie zwei Möglichkeiten, den Motor konform zu RL/2014/34/EU vor Überlastung zu schützen. Begründen Sie Ihre Angaben.

8. Ein Ex db-Motor ist für unregelmäßigen Aussetzbetrieb zertifiziert. a) Warum bietet ein Motorschutzschalter allein keinen ausreichenden Schutz gegen Überlastung? b) Schlagen Sie ein geeignetes Motorschutzkonzept vor und begründen Sie dessen Wirksamkeit als „Motorvollschutz".

9. Warum ist die Grenzübertemperatur für Wicklungsmaterialien in Ex eb-Motoren um 10 K niedriger festgelegt als für Nicht-Ex-Motoren derselben Th Cl?

10. Ein 1,2-MW-Ex-Motor mit Flanschgleitlagern treibt einen strategisch wichtigen Verdichter in einem Chemiebetrieb an. Nennen Sie die von einem Motorschutzsystem zu erfassenden Motorparameter, damit ein sicherer Anlagenbetrieb dauerhaft gewährleistet ist.

11. a) Begründen Sie, warum Ex eb-Motoren im Gegensatz zu Ex db-Motoren im Netzbetrieb nur selten über TMS als Alleinschutz gegen Überlast geschützt werden. b) Was versteht man unter „Alleinschutz"? c) Reicht bei diesen Motoren die Zulassung von TMS als Alleinschutz in Form einer EU-Konformitätserklärung des Herstellers aus?

12. a) Erklären Sie die Begriffe Erwärmungszeit (t_E) und Auslösezeit (t_A). b) Beschreiben Sie das Verfahren zur Auswahl eines geeigneten Motorschutzschalters für einen Ex eb-Motor.

8.8 Wartung und Instandsetzung von Ex-Motoren und elektrischen Geräten

8.8.1 Rechtlicher und normativer Rahmen

Anlagen in explosionsgefährdeten Bereichen sind nach der Betriebssicherheitsverordnung (BetrSichV) §1 Abs. 2 Satz 1 Nr. 3 als überwachungsbedürftige Anlagen eingestuft.

Die Inbetriebnahme einer derartigen Anlage darf erstmalig oder nach einer wesentlichen Veränderung (Reparatur) nur nach Prüfung auf ihren ordnungsgemäßen Zustand durch eine zugelassene Überwachungsstelle oder eine von dieser zugelassenen befähigten Person erfolgen.

Der Anlagenbetreiber hat durch regelmäßige Wartung, Inspektionen und Revisionen dafür zu sorgen, dass potentielle Störungen frühzeitig erkannt werden, bevor es zu Folgeschäden durch eingeschränkten Explosionsschutz kommen kann. Für eventuell durchzuführende Wartungs- und Reparaturarbeiten ist auch der Anlagenbetreiber verantwortlich. Die Durchführung der zugehörigen Tätigkeiten muss nach Bestimmungen entsprechender Regelwerke in Tabelle **8**.74 erfolgen. In denen sind die Anforderungen an die Instandsetzung und Prüfung von Ex-Motoren und zugehörigen Schutzgeräten im Sinne der RL/2014/34/EU konkretisiert.

Tabelle 8.74 **Regelwerke zur Instandsetzung und Prüfung von Geräten für Anlagen in explosionsgefährdeten Bereichen.**

Regelwerk	Inhalt
TRBS 1201	Prüfungen von Arbeitsmitteln und überwachungsbedürftigen Anlagen
TRBS 1201 Teil 3	Instandsetzung an Geräten, Schutzsystemen, Sicherheits-, Kontroll- und Regelvorrichtungen im Sinne der Richtlinie 2014/34/EU (Umgang mit reparierten Geräten)
TRBS 1123	Prüfpflichtige Änderungen von Anlagen in explosionsgefährdeten Bereichen – Ermittlung der Prüfnotwendigkeit gemäß § 15 Absatz 1 BetrSichV
1203 Teil 1	Anforderungen an eine Befähigte Person
IEC EN 60079-17	Im Rahmen dieser Norm wird geprüft, ob sicherheitsrelevante Eigenschaften der elektrischen Installation über der gesamten Lebensdauer der Anlagen eingehalten werden.
IEC EN 60079-19	Reparatur, Überholung, Regenerierung und Veränderung eines Geräts, das für die Verwendung in explosionsfähigen Atmosphären ausgelegt wurde.

Die juristischen Vorgaben der Betriebssicherheitsverordnung müssen eingehalten werden. Normen und technische Regeln für Betriebssicherheit (TRBS) bilden die Basis für deren technische Umsetzung.

8.8.2 Instandsetzung von Ex-Motoren

Derartige Instandsetzungsarbeiten werden in zwei Kategorien unterteilt.

1. **Instandsetzung ohne Relevanz für den Explosionsschutz** (allgemeine Instandsetzung) ist eine Wiederherstellung des Sollzustandes eines Ex-Motors und aller zugehörigen Ex-Komponenten (Getriebe, Fremdlüfter, ...) – ohne Beeinflussung der Maßnahmen zum Zündschutz –. Das schließt die Funktion aller zugehörigen Sicherheits-, Kontroll- und Regeleinrichtungen sowie die von Schutzgeräten ein. Dies kann entweder durch den Austausch einzelner Teile erfolgen oder durch Instandsetzungsmaßnahmen an den Teilen selbst. Diese Routinearbeiten dürfen von jeder Elektrofachkraft ausgeführt werden.

2. **Instandsetzung mit Relevanz für den Explosionsschutz** bezeichnet eine Ex-Motorreparatur, bei der sein Zündschutzniveau, das seines Getriebes oder die Funktion seines Schutzgerätes beeinflusst werden. Bei der Reparatur eines Ex db-Motors (Kategorie 2) zählen dazu beispielsweise die folgenden Tätigkeiten:

- Zerlegen druckfest gekapselter Maschinen
- Reparaturen an der Ständer- bzw. Läuferwicklung und an den Klemmen
- Reparaturen am Kühlsystem
- Reparaturen an den Lagern
- Anschlussarbeiten am/im Klemmenkasten

Explosionsschutzrelevante Arbeiten zur Instandsetzung von explosionsgeschützten elektrischen Maschinen dürfen nur durch den Hersteller oder durch entsprechend qualifizierte Fachkräfte einer für solche Arbeiten zugelassenen Ex-Fachwerkstatt verrichtet werden.

Die Arbeiten müssen durch ein (zusätzliches) Reparaturschild mit folgenden Angaben gekennzeichnet werden:

- Datum, ausführende Firma
- Art der Reparatur
- Umfang evtl. vorgenommener Änderungen
- Reparaturausführender

Die Prüfung nach Instandsetzung hat nach den entsprechenden EU-Richtlinien und den jeweiligen nationalen Regelwerken (**8**.74) zu erfolgen.

Die Wartungs- und Instandsetzungsarbeiten müssen auf Basis der Herstellervorgaben erfolgen, wie sie sich z. B. in der zugehörigen Betriebsanleitung von Ex-Motoren finden. Mit Ausnahme von genormten, handelsüblichen Teilen (Wälzlager, Schrauben, ...) und Schmierstoffen dürfen nur Originalersatzteile verbaut werden.

Die korrekte Ausführung der Arbeiten ist von einer Benannten Stelle entsprechend den EU-Richtlinien und gemäß der Betriebssicherheitsverordnung zu prüfen und durch Kennzeichnung am Motor oder Ausstellung eines Prüfberichtes durch die Prüfstelle zu bestätigen.

Tabelle **8**.75 **Abgrenzungen zwischen Instandsetzung von Geräten der Kategorie 2 – mit und ohne Relevanz für den Explosionsschutz – am Beispiel von Ex eb- und Ex db-Motoren. (vgl. TRBS 1201-3, TAB 2)**

Ex-Motor (Kategorie) und Art der Instandsetzung	**Prüfung nach Anhang 2 Abschnitt 3 Nr. 4.2 BetrSichV erforderlich**		**Als Instandsetzung nicht zulässig**
	nein	**ja**	
Ex eb-Motor (2)			
Austausch gegen Originalersatz-teil von – Lagern, Dichtungen – Motorfüßen – Klemmenkasten(teile) – Klemmenplatte, Einführungsteil – Lüfterrad und Lüfterhaube	×		
Ersatzwicklung nach Herstellerangaben oder Kopie		×	
Umwicklung im zugelassenen Spannungsbereich laut Prüfbescheinigung der notifizierten Prüfstelle bzw. benannten Stelle; Daten nach Herstellerangaben oder aus fachgerechter Umrechnung		×	
Umwicklung auf andere Polzahl Frequenz oder einen nicht zugelassenen Spannungsbereich			×
Ex db-Motor (2)			
Abtragfreies Reinigen von Spaltflächen	×		
Austausch von Lüfterrad oder Lüfterhaube gegen Originalersatzteil	×		
Wiederherstellung von Zündspalten nach Herstellerangaben oder Prüfungsunterlage (genehmigt von der notifizierten Prüfstelle bzw. benannten Stelle) – nicht lediglich nach Norm		×	
Eingriff in die druckfeste Kapselung; Austausch gegen Originalersatzteil von – Lagern – Statorgehäuse – Klemmenkasten(teile) – Klemmenplatte – Einführungsteil – Wellendichtung		×	
Thermistoren als Alleinschutz: – in Ersatzwicklung nach Herstellerangaben oder Kopie		×	
Umwicklung im zugelassenen Spannungsbereich laut Prüfbescheinigung der notifizierten Prüfstelle bzw. benannten Stelle; Daten nach Herstellerangaben oder aus fachgerechter Umrechnung		×	
Thermistoren als Alleinschutz: – mit Neubestimmung von Nennansprechtemperatur (NAT) und Ansprechzeit t_A			×

8.9 Begriffsdefinitionen (Glossar)

Ausstattung. Hierzu zählen alle Maschinen und Einrichtungen, Werkzeuge, Hilfsmittel wie z. B. Hebezeuge sowie Mess- und Prüfeinrichtungen die benötigt werden, um die Instandsetzung ordnungsgemäß zu durchführen zu können.

Baumusterprüfbescheinigung. Die Bescheinigung einer Benannten Stelle (NB, **N**otified **B**ody) zur erfolgreichen Explosionsschutz-Prüfung eines Baumusters einer bestimmten Produktserie.

Befähigte Person mit behördlicher Anerkennung ist die von der zuständigen Behörde für die Prüfung nach einer Instandsetzung anerkannte befähigte Person eines Unternehmens.

Bemessungswert. Der üblicherweise vom Hersteller auf dem Leistungsschild angegebene quantitative Wert für (eine) festgelegte Betriebsbedingung eines Geräts, Schutzsystems oder einer Komponente.

Benannte Stelle (NB). Gesetzlich autorisierte Zertifizierungsstelle für Geräte, die Explosionsschutz-Prüfungen durchführt und darüber Bescheinigungen ausstellt.

Bestimmungsgemäße Verwendung von Geräten, Schutzsystemen und Vorrichtungen entsprechend der Gerätegruppe und -kategorie und unter Beachtung aller Herstellerangaben, die für den sicheren Betrieb des Geräts notwendig sind.

CE-Zeichen. In der Europäischen Union vorgeschriebene Produktkennzeichnung, das die Konformität des gekennzeichneten Produktes mit den zutreffenden EU-Richtlinien bestätigt.

Druckfeste Kapselung. Eine Zündschutzart, bei der alle Teile, die eine explosionsfähige Atmosphäre zünden könnten, in ein Gehäuse eingehaust sind, das bei der Explosion eines explosionsfähigen Gemisches im Innern dem Druck der Explosion standhält. Das entstehende Flammgas wird in Spalten (Flammgaspfaden) soweit abgekühlt, dass es die umgebende explosionsfähige Atmosphäre nicht mehr zu entzünden vermag.

EPL, **E**quipment **P**rotection **L**evel entspricht dem Geräteschutzniveau das den Schutzgrad eines Ex-Geräts kennzeichnet. Die Kennzeichnung besteht aus zwei Buchstaben, die den Ex-Bereich und das Schutzniveau kennzeichnen, z. B. Gb und Dc.

Erhebliche Modifikation ist jede Veränderung, die eine oder mehrere grundlegende Gesundheits- oder Sicherheitsanforderungen (z. B. Temperatur) oder das Schutzniveau einer Zündschutzart beeinflusst.

Erhöhte Sicherheit. Bei der Zündschutzart „e" liegt im Normalbetrieb keine Zündquelle vor. Ihr Prinzip basiert auf der Vermeidung von Zündquellen durch Konstruktionsmaßnahmen. Diese sorgen im Normalbetrieb dafür, dass die durch übliche Gerätefehler verbleibenden Restrisiken minimiert werden.

EU-Baumusterprüfbescheinigung. Teil eines von der EU vorgeschriebenen, Konformitätsbewertung genannten Verfahrens, mit dem (Ex-)Produkte vor dem Inverkehrbringen auf die Einhaltung der europäischen und der nationalen rechtlichen Grundlagen, technischer Regelwerke und Normen durch Benannte Stellen zu prüfen sind. EU-Baumusterprüfbescheinigungen sind im Bereich der RL/2014/34/EU z. B. für Ex-Motoren der Kategorie 2 erforderlich.

Explosion. Verbrennungsvorgang, bei dem gefährlich hohe Energie in kurzer Zeit freigesetzt wird.

Explosionsfähige Atmosphäre. Gemisch aus Luftsauerstoff und brennbarem Gas oder Staub.

Explosionsgruppe. Grad der Zündwilligkeit (Gefährlichkeit) explosionsfähiger Stoffe.

Explosionsschutz. Maßnahme zur Verhinderung einer Explosionsursache oder zur Vermeidung schädlicher Folgen.

Gerätegruppe. Die Geräte werden entsprechend der explosionsfähigen Atmosphäre, in der sie verwendet werden sollen, eingeteilt. Die Gerätegruppe gibt an, ob das Gerät Untertagebau (I) oder in allen übrigen Bereichen (II) eingesetzt wird.

Gerätekategorie. Innerhalb einer Gerätegruppe sind die Geräte entsprechend dem Schutzniveau in Kategorien eingeteilt.

Glimmtemperatur einer Staubschicht ist die niedrigste Temperatur einer heißen Oberfläche, bei der sich eine Staubschicht von festgelegter Dicke auf dieser heißen Oberfläche entzündet.

IECEx ist eine weltweite Zulassung die auf den Beschlüssen der IEC basiert. IECEx ist mit der europäischen ATEX vergleichbar.

IP-Schutzart. In IEC EN 60529 definierte Schutzart eines elektrischen Geräts gegen Eindringen von Festkörpern und Flüssigkeiten.

Konformitätserklärung. Schriftliche Erklärung vom Hersteller oder dem Inverkehrbringer des Produkts, die die Konformität des Produktes mit den zutreffenden Normen und Vorschriften beurkundet.

Leitfähiger Staub. Brennbarer Staub mit einem spezifischen elektrischen Widerstand gleich $\leq 10^3$ Ωm.

Maximale Betriebstemperatur. Die höchste Temperatur, die erreicht wird, wenn ein Gerät oder ein Schutzsystem unter seinen vorhersehbaren Betriebsbedingungen betrieben wird.

Maximale Oberflächentemperatur. Die höchste Temperatur, die im Betrieb unter ungünstigsten Bedingungen (aber innerhalb der anerkannten Toleranzen) von einem Teil oder der Oberfläche eines Geräts angenommen werden darf, damit keine Zündung erfolgen kann.

Mindestzündenergie. Die unter vorgeschriebenen Versuchsbedingungen ermittelte kleinste Energie, die das zündwilligste Gemisch gerade noch entzündet.

Neuwicklung. Arbeitsprozess, bei dem eine Wicklung vollständig oder teilweise durch eine andere ersetzt wird, deren Merkmale und Eigenschaften mindestens denen der ursprünglichen Wicklung entsprechen.

Normalbetrieb. Die Situation, in der die Geräte, Schutzsysteme und Komponenten die vorhergesehene Funktion innerhalb ihrer Konstruktionsparameter erfüllen.

Originalersatzteil. Nach TRBS 1201-3 gilt als Originalersatzteil auch ein Bauteil, das für den Anwendungsfall in allen technischen Anforderungen dem zu ersetzenden Bauteil entspricht.

Schutzniveau. Unterteilung einer Zündschutzart, die in Beziehung zum Geräteschutzniveau (EPL) steht, die die Wahrscheinlichkeit differenziert, bei der ein Gerät zur Zündquelle wird. So ist die Zündschutzart „t" in die drei Schutzniveaus „ta", „tb" und „tc" unterteilt. Die zugeordneten EPL's sind „Da", „Db" und „Dc".

Staubdichtes Gehäuse. Ein Gehäuse, das den Eintritt von Staubteilchen in sichtbarer Menge verhindert.

Staubgeschütztes Gehäuse. Ein Gehäuse, bei dem der Eintritt von Staub nicht vollständig unterbunden ist. Der dringt aber nicht in ausreichender Menge ein und darf sich nicht an Stellen innerhalb des Gehäuses ansammeln, wo er eine Zündgefahr bilden könnte.

Stückprüfung. Prüfung, der jedes einzelne Gerät (Ausrüstungsteil) während oder nach der Herstellung unterzogen wird, um sicherzustellen, dass es bestimmte Kriterien erfüllt.

t_A-Zeit. Ansprechzeit/Auslösezeit, entspricht der Erwärmungszeit der Motorwicklung oder der Bimetalle eines Motorschutzschalters bei festgebremstem Läufer, bis zum Ansprechen des Kaltleiterauslösegeräts oder des Motorschutzschalters – ausgehend von der Wicklungstemperatur 20 °C.

Temperaturklasse. Einteilung (T6 bis T1) von Geräten, Schutzsystemen oder Komponenten für den Gebrauch in explosionsfähiger Atmosphäre entsprechend ihrer maximalen Oberflächentemperatur.

t_E-Zeit. Erwärmungszeit, die bei Blockierung des Läufers eines Ex eb-Motors vergeht, bis sich dessen Läufer oder Statorwicklung von betriebswarm auf die untere Grenztemperatur der jeweiligen Temperaturklasse erwärmt hat. Sie dient der Auswahl von stromabhängigen Schutzgeräten (Motorschutzschalter/-schutzrelais).

Typprüfung. Prüfung eines oder mehrerer Geräte einer bestimmten Geräteserie, um nachzuweisen, dass dessen bzw. deren Ausführung bestimmte Vorschriften erfüllt.

Zertifikat. Dokument, das die Konformität eines Produktes, eines Prozesses, eines Systems, einer Person oder einer Organisation mit festgelegten Anforderungen bestätigt.

Zonen. Ex-gefährdete Bereiche, eingeteilt in Zonen, abhängig von der Häufigkeit des Auftretens und der Dauer des Vorhandenseins einer explosionsfähigen Atmosphäre.

Zünddurchschlagsicherer Spalt. Wenn zwei Gehäuseteile so miteinander verbunden sind, dass durch Länge und Weite des entstehenden Spalts ein Zünddurchschlag gerade nicht mehr möglich ist, dann liegt ein zünddurchschlagsicherer Spalt vor.

Zündfähiger Funke. Jeder Funke, mechanisch, elektrisch oder elektrostatisch erzeugt, der als Zündquelle für die Zündung einer gegebenen explosionsfähigen Atmosphäre wirken kann.

Zündschutzart. Die besonderen Maßnahmen, die an Geräten angewendet werden, um die Zündung einer umgebenden explosionsfähigen Atmosphäre zu verhindern, werden durch die Zündschutzart gekennzeichnet.

Aufgaben zu Abschnitt 8.8

1. Dürfen Sie Reparaturarbeiten an Ex-Motoren in allen Fällen mit den Standardwerkzeugen in Ihrer Werkstatt verrichten?

2. Dürfen Sie als „normale" Elektrofachkraft Reparaturen durchführen, die für den Explosionsschutz von Relevanz sind?

3. Ein gebrauchter Ex eb-Motor mit U_N = 400 V für Netzbetrieb soll in einer Fachwerkstatt für einen neuen Einsatzbereich auf die neue Netzspannung 690 V umgewickelt werden.

   a) Prüfen Sie, ob die Werkstatt den Motor regelkonform umwickeln darf.

   b) Wenn ja, unter welchen Bedingungen, wenn nein, begründen Sie Ihre Antwort.

   c) Müsste eine erfolgte Neuwicklung einer Prüfung nach TRBS unterzogen werden?

   d) Wer darf dies Prüfung durchführen und deren korrekte Durchführung bestätigen?

4. Bei der Demontage eines Ex „db eb"-Motors dessen Wälzlager zu ersetzen sind, wurden die Leitungsverschraubung und die Klemmenkastendichtung beschädigt.

   a) Beschreiben Sie die technischen und formalen Aspekte, die während und nach der Reparatur zu berücksichtigen sind.

   b) Auf was müssen Sie beim Neuanschluss der Motorzuleitung besonders achten?

5. Die zünddurchschlagsicheren Spalte eines Ex db-Motors sind durch Korrosion beschädigt worden. Im Rahmen einer Generalüberholung der Maschine sollen diese in einer Fachwerkstatt wieder hergestellt werden. Die Daten für die Abmessungen der Spalte werden dazu der Norm DIN EN 60079-1 entnommen.

   Ist diese Vorgehensweise zulässig? Begründen Sie ihre Antwort.

6. Wer darf die Prüfung vor Inbetriebnahme und nach prüfpflichtigen Änderungen durchführen?

7. In welchen Fällen müssen Prüfungen nach Instandsetzung durchgeführt werden?

8. Sie erhalten einen Demontageauftrag für einen Ex db-Motor. Vor Ort finden sie auf dem Motor eine nennenswerte Staubablagerung vor, die sie zunächst entfernen müssen.

   a) Beschreiben Sie eine dafür geeignete Vorgehensweise.

   b) Dürfen Sie die Staubablagerung auch mittels Druckluft entfernen? Begründen Sie Ihre Antwort.

9. Worauf ist bei Neulackierung von reparierten Ex-Motoren besonders zu achten?

10. Die Befestigungsschrauben für die Lagerschilde eines Ex db-Motors sind nach Demontage unbrauchbar und müssen ersetzt werden. Worauf ist bei der Auswahl und dem Verbau der Ersatzschrauben besonders zu achten?

9 Prüfen der Maschinen

Alle fertiggestellten Maschinen müssen auf elektrische und mechanische Schäden geprüft werden. Zu den elektrischen Prüfverfahren zählen die Prüfungen auf Körperschluss, Windungsschluss, Phasenschluss (bei Wechselstrommaschinen) und Unterbrechung. Mechanisch müssen die Maschinen eine bestimmte Drehzahl „aushalten", damit sie im Normalbetrieb nicht infolge zu großer Fliehkräfte zerstört werden.

Bei Umrichterspeisung ist das Gesamtsystem zu betrachten. Hier können für den Motor je nach Vereinbarung zwischen Kunden und Hersteller weitere Prüfungen notwendig sein, wie Prüfen der Lagerisolation, Messen der Wellenspannung und andere Prüfungen.

9.1 Elektrische Prüfung

9.1.1 Körperschluss (Prüfung der Isolation)

Ein Körperschluss ist eine durch Fehler entstandene leitende Verbindung zwischen Körper und aktiven Teilen elektrischer Betriebsmittel (DIN VDE 0100). Auf Maschinen bezogen bedeutet das eine leitende Verbindung zwischen dem Eisen (Körper) und einem stromführenden Leiter (elektrisches Betriebsmittel). Damit in einer Maschine kein Körperschluss auftritt, müssen die Wicklungen gegen das Eisen isoliert werden. Eine derartige Isolationsprüfung wird nur an neuen und vollständig fertiggestellten, mit allen Teilen betriebsmäßig montierten Maschinen unter betriebsadäquaten Bedingungen im Herstellerwerk durchgeführt. Die Prüfspannung muss netzfrequent und möglichst sinusförmig sein.

Die Prüfbedingungen sind in DIN EN 60034-1 festgelegt. Mit einer Spannung von höchstens der Hälfte der vollen Prüfspannung muss die Prüfung begonnen werden. Sie muss dann stetig oder in Stufen von höchstens 5 % des vollen Wertes auf die volle Prüfspannung gesteigert werden. Die Zeit zur Steigerung der Spannung vom halben auf den vollen Wert muss mindestens 10 s betragen. Die volle Prüfspannung mit den in Tabelle **9**.1 festgelegten Werten muss dann 1 min aufrechterhalten werden. Bei Serienprüfungen darf die 1-Minuten-Prüfung wie folgt ersetzt werden:

- bei Maschinen mit Bemessungsleistung bis 200 kW (oder kVA) und Bemessungsspannung bis 690 V durch eine Prüfung von etwa 5 s Dauer mit der Prüfspannung nach Tab. **9**.1
- bei Maschinen mit Bemessungsleistungen bis 5 kW (oder kVA) durch eine Prüfung von etwa 1 s Dauer mit 120 % der Prüfspannung nach Tab. **9**.1

Die bei der Abnahme ausgeführte Wicklungsprüfung mit voller Spannung darf nicht wiederholt werden. Eine auf Wunsch des Käufers vorgenommene zweite Prüfung muss – nach einer erforderlichenfalls neuerlichen Reinigung und Trocknung der Maschine – mit einer Prüfspannung von 80 % des Wertes nach Tabelle **9**.1 ausgeführt werden. Vollständig erneuerte Wicklungen müssen mit der vollen Prüfspannung geprüft werden. Teilweise erneuerte Wicklungen sind mit 75 % der Prüfspannung für die neue Maschine zu prüfen. Der alte Wicklungsteil muss sorgfältig gereinigt und getrocknet werden.

Zur Wicklungsprüfung von Transformatoren gilt die DIN EN 60076 (**9**.2). Man unterscheidet zwischen Wicklungen, die zum Anschluss an Anlagen *ohne äußere* Überspannungen bestimmt sind (Anschluss an Kabelnetze), und solchen mit Einfluss äußerer Überspannungen (Anschluss an Freileitungen). Die Gruppe von Spannungswerten (Bemessungs-Stehwechsel- und Bemessungs-Stehstoßspannungen), die die Isolation der Wicklungen und der dazugehörenden Teile (Durchführungen und Stützer) auf elektrische Beanspruchungen prüft, heißt *Isolationspegel*. Zweck aller Prüfungen ist der Nachweis ausreichender Isolation zwischen den Wicklungssträngen,

Tabelle **9**.1 **Prüfspannungen, Auszug aus DIN EN 60034-1**

Nr.	Maschine oder Maschinenteil	Prüfspannung (Effektivwert)
1	Isolierte Wicklungen drehender Maschinen mit Bemessungsleistungen unter 1 kW (oder kVA) und mit Bemessungsspannunqen < 100 V, ausgenommen die unter Nr. 4 bis Nr. 8	500 V + doppelte Bemessungsspannung

Nr.	Maschine oder Maschinenteil	Prüfspannung (Effektivwert)
2	Isolierte Wicklungen drehender Maschinen mit Bemessungsleistungen unter 10000 kW (oder kVA), ausgenommen die unter Nr. 1 und Nr. 4 bis Nr. 8	1000 V + doppelte Bemessungsspannung, mindestens 1500 V
3	Isolierte Wicklungen drehender Maschinen mit Bemessungsleistungen von 10000 kW (oder kVA) und darüber, ausgenommen die unter Nr. 4 bis Nr. 8 Bemessungsspannung – bis 24000 V – über 24000 V	 1000 V + doppelte Bemessungsspannung nach Vereinbarung zwischen Hersteller und Käufer
4	Fremderregte Erregerwicklungen von Gleichstrommaschinen	1000 V + doppelte höchste Bemessungs-Erregerspannung, mindestens 1500 V
5 a) b) c)	Erregerwicklungen von Synchrongeneratoren, Synchronmotoren und Blindleistungsmaschinen Bemessungs-Erregerspannung – bis 500 V – über 500 V Maschinen für Anlauf mit unmittelbar oder über einen Widerstand kurzgeschlossener Erregerwicklung, wobei der Widerstand kleiner als der 10-fache Widerstand der Erregerwicklung ist Maschinen für asynchronen Anlauf, wobei der Widerstand im Erregerkreis den 10-fachen Wert des Widerstands der Erregerwicklung ausmacht oder übersteigt oder die Erregerwicklung während des Anlaufes offen bleibt, mit oder ohne Unterteilung der Erregerwicklung	 10-fache Bemessungs-Erregerspannung, mindestens 1500 V 4000 V + doppelte Bemessungs-Erregerspannung 10-fache Bemessungs-Erregerspannung, mindestens 1500 V, höchstens 3500 V 1000 V + doppelter Wert der höchsten Spannung, die unter den gegebenen Anlaufbedingungen an der Erregerwicklung oder im Fall einer Unterteilung an den Teilwicklungen entstehen kann, mindestens 1500 V

Tabelle **9**.2 **Stehwechselspannungen für Wicklungen und zugehörige Teile, denen keine Steh-Stoßspannung zugeordnet ist (Auszug aus DIN EN 60076)**

Reihe	höchste dauernd zulässige Betriebsspannung in kV	Bemessungs-Stehwechselspannung Wicklung in kV	Stützer oder Durchführungen in kV
0,5	0,6	2,5	5
1	1,15	3	10
3	3,6	8	21
6	7,2	15	27
10	12	25	35
15	17,5	36	45
20[1]	24	50	55

[1] nur für Trockentransformatoren

den Windungen, den Spulen, Anzapfungen und Anschlüssen von Wicklungen mit gleichmäßiger oder abgestufter Isolation sowie zwischen diesen Teilen und Erde.

Bei Trockentransformatoren dürfen während der Prüfung keine Überschläge zwischen den Anschlüssen und Erde entstehen und auch nicht zwischen den Anschlüssen. Gleitfunken dürfen erst bei 80 % der betreffenden Prüfwechselspannung auftreten.

Die Wicklungsprüfung selbst soll mit einphasiger, möglichst sinusförmiger Wechselspannung und einer Frequenz, die 80 % der Bemessungsfrequenz nicht unterschreitet, durchgeführt werden. Hierbei soll der Scheitelwert der Spannung gemessen werden. Dieser durch $\sqrt{2}$ dividierte Scheitelwert soll mit den entsprechenden Werten der Tabelle **9**.2 übereinstimmen. Die Prüfung beginnt mit einer Spannung, die nicht größer als ein Drittel der Prüfspannung ist. Sie wird so schnell auf den vollen Prüfwert gesteigert, wie es die genaue Anzeige des Messinstruments gestattet. Am Ende der Prüfung ist die Senkung möglichst schnell unter ein Drittel des vollen Wertes zu senken, bevor man abschaltet. Die entsprechende Spannung soll 60 Sekunden zwischen der zu prüfenden Wicklung und den übrigen Wicklungen, Kern, Rahmen und Kessel oder Gehäuse (die untereinander und mit Erde verbunden sind) angelegt werden. Diese Prüfung ist für jede einzelne Wicklung durchzuführen.

Vor der Prüfung soll der Transformatorkessel wirksam entweder direkt oder über eine kleine Impedanz geerdet werden. Ein Leiteranschluss der zu prüfenden Wicklung wird mit dem Stoßspannungsgenerator verbunden, die anderen Leiteranschlüsse werden entweder direkt oder über eine kleine Impedanz geerdet. Alle Anschlüsse von Wicklungen, die nicht geprüft werden, sind entweder direkt oder über Widerstände zu erden. Die an ihnen auftretende Spannung ist auf weniger als 75 % des unteren Stoßpegels der betreffenden Wicklung zu begrenzen.

Die Stoßspannung muss negative Polarität haben. Der Stoßspannungsgenerator ist so einzustellen, dass er eine Spannung liefert, die dem unteren Stoßpegel des leistungsseitigen Endes der zu prüfenden Wicklung entspricht. Die Stoßspannung ist zweimal anzulegen. Wenn dabei ein Überschlag an einer Durchführungsfunkenstrecke auftritt, wird dieser Spannungsstoß nicht berücksichtigt und muss wiederholt werden.

Ein Isolationsfehler wird nachgewiesen durch deutlich sichtbare Formänderungen der Stoßspannung (Oszillogramm aufnehmen) oder durch Geräusche, die während der Prüfung eindeutig aus dem Inneren des Transformators zu hören sind.

Durch Körperschluss wird eine elektrische Maschine zwar nur selten betriebsunfähig, wohl aber sind Personen gefährdet, die die fehlerhafte Maschine berühren (beachte DIN VDE 0100).

9.1.2 Stoßspannungsprüfung

Stoßspannungsvergleichsprüfungen ermöglichen eine umfassende Qualitätskontrolle für elektrische Wicklungen. Nachstehende Erläuterungen beziehen sich auf die Prüfung von Drehstromwicklungen, gelten aber prinzipiell auch für andere Wicklungsarten.

Die Stoßspannungsprüfung ist für die Wicklung unschädlich und kann Wicklungsfehler bereits in ihrem Anfangsstadium sichtbar machen. Das Prüfgerät besteht im Prinzip aus einem Kondensator, der in Verbindung mit der Wicklung einen Schwingkreis bildet. Durch das plötzliche Zuschalten des auf die erforderliche Hochspannung geladenen Kondensators kommt es zu einem Stoßspannungsimpuls mit sehr steilem Anstieg und dem typischen Spannungsverlauf einer sinusförmigen, gedämpften Schwingung. Der schnelle Spannungssprung erzeugt zwischen den einzelnen Windungen eine hohe Potentialdifferenz. Bei Isolationsfehlern ergibt sich dadurch ein abweichender Verlauf des Pulses und der Impulsantwort, die graphische Darstellung wird im Display des Prüfgerätes angezeigt.

Stoßspannungsprüfungen ermöglichen die Ermittlung verschiedenster Fehler:

- Isolationsfehler
  - Körperschluss
  - Windungsschluss
  - Lagenschluss
  - Phasenschluss
  - Unterschiedliche Windungszahlen
- Unterschiedliche Wicklungsgeometrie
- Fehler im Blechpaket
- Schaltungsfehler
- Unterbrechung

Die Schwingungsbilder der typischen Wicklungsfehler sind in Tabelle **9**.3 dargestellt.

Tabelle **9**.3 **Typische Schwingungsbilder von Stoßspannungsprüfungen an Drehstromwicklungen**

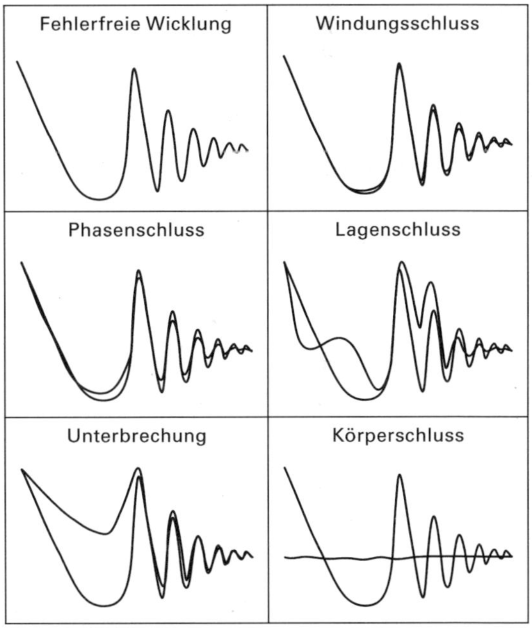

9.1.3 Prüfungen von Maschinen im Umrichterbetrieb

In der DIN EN 60034-18-41 ist festgelegt, wie drehende elektrische Maschinen, die von Spannungsumrichtern gespeist werden, elektrisch zu prüfen sind. Sie gilt für ein- oder mehrphasige Wechselstrommaschinen. In der Norm IEC 60034-18-41 werden Systeme vom Typ I behandelt, welche für weniger als 700 V_{eff} bemessen sind und die überwiegend eingeträufelte Runddraht-Statorwicklungen aufweisen. Die Norm IEC 60034-18-42 beinhaltet die Prüfung von Systemen vom Typ II mit Spannungen über 700 V_{eff}, die vorwiegend mit Statorwicklungen aus vorgeformten Elementen ausgestattet sind. Im Nachfolgenden wird nur auf die Prüfungen der Systeme vom Typ I eingegangen.

Typprüfung

Bei Isoliersystemen des Typs I werden Prüfungen zum Nachweis der Teilentladungsfreiheit durchgeführt[1]. Dazu wird die komplette Wicklung oder Maschine einer Prüfspannung entsprechend der Beanspruchungskategorie (Tabelle **9**.4), erhöht um einen Faktor (Tabelle **9**.6), ausgesetzt. Z. B. sind für die Typprüfung einer Maschine, bei der der Überschwingfaktor der Spannung an den Klemmen 1,3 beträgt, folgende Werte für die Berechnung der Prüfspannung zu wählen: 1,5 für das Überschwingen und 0,3 µs für die Anstiegszeit.

Tabelle **9**.4 **Beanspruchungskategorien von Stoßspannungsprüfungen an Drehstromwicklungen**

Beanspruchungskategorie	Überschwingfaktor (OF) U_p/U_a	Impulsanstiegszeit t_r µs
A – Gering	OF ≤ 1,1	0,3
B – Mittel	1,1 < OF ≤ 1,5	
C – Stark	1,5 < OF ≤ 2,0	
D – Extrem	2,0< OF ≤ 2,5	

Teilentladungsprüfung mit Impulsspannung

Eine Prüfung mit netzfrequenter sinusförmiger Spannung ist nach der Norm zwar erlaubt, mit der Impulsspannungsprüfung wird jedoch die praktische Beanspruchung durch den Umrichter besser nachgebildet. Die Impulsspannungsform muss dabei die Bedingungen nach Bild **9**.5 erfüllen. Die Gesamtdauer der RPDIV-Prüfungen[2] muss mindestens so groß sein, dass Teilentladungen auftreten können. Der Zeitverlauf der anzuwendenden Impulsspannung hat einen Frontanstieg mit der Anstiegszeit 0,3 µs.

Die mittlere Spitzenspannung muss tendenziell gleichermaßen oder die Neigung von U1 bis U2 übersteigend bis zu einer Dauer von 5 µs abnehmen. Für handelsübliche Impulsgeneratoren ist eine Toleranz für die Anstiegszeit von ±2 µs festgelegt. Von den präzisen Werten sind folgende Abweichungen erlaubt:

[1] Zu Teilentladungen (PD) vgl. Kapitel 5.9

[2] Periodische Teilentladungs-Einsetzspannung (repetitive partial discharge inception voltage), kleinste Spitze-Spitze-Impulsspannung, bei der mehr als 5 Teilentladungsimpulse oder 10 Spannungsimpulse gleicher Polarität auftreten.

1) Anfang und Ende der Impuls-Anstiegsfront dürfen eine 10-%-ige Abweichung von der Linearität haben.
2) Die Spannung darf am Scheitel der Impulsspannung schwingen, vorausgesetzt, der unerlaubte Bereich wird nicht von der mittleren Spannung durchfahren.
3) Der Spitzenwert der Impulsspannung muss mindestens 97 % des Wertes der gewählten Beanspruchungskategorie betragen.

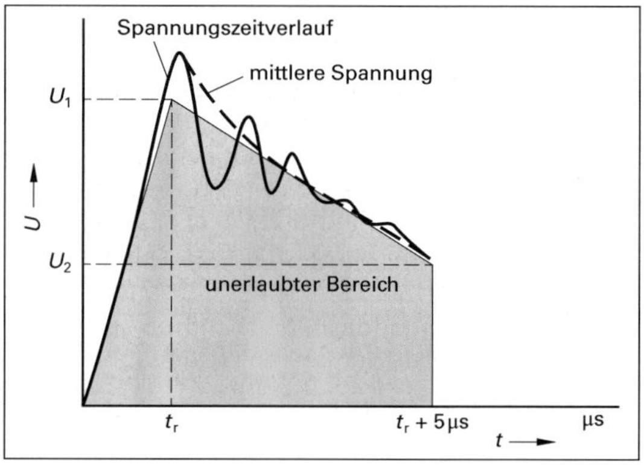

9.5 Zulässiger Zeitverlauf für die Impulsspannung bei der PD-Prüfung

Sicherheitsfaktoren bei Teilentladungsprüfungen

Verschiedene Sicherheitsfaktoren sind für die praktischen Betriebsspannungen zu beachten. Der PD-Sicherheitsfaktor von 1,25 ergibt sich aus dem Hystereseeffekt, nachdem die PDEV[3] nach allgemein praktischer Erfahrung um 25 % unter der PDIV[4] liegt. Dies trifft zu, wenn die Teilentladungsaktivität durch eine transiente Überspannung ausgelöst wird, die die normale Spitzenspannung überschreitet. Der zweite zu berücksichtigende Aspekt ergibt sich aus IEC/TS 60034-25:2007, 7.6, wonach ein Anstieg der Wicklungstemperatur von 25 °C auf 155 °C üblicherweise zu einer Verringerung der PDIV um 30 % führt. Bei der Phase-Erde-Prüfung reduziert sich dieser Faktor durch die Kühlwirkung auf benachbarte Windungen in einer Nut und trägt nur mit

[3] Teilentladungs-Aussetzspannung (partial discharge extinction voltage); Spannung, bei der Teilentladungen in der Prüfanordnung aussetzen, wenn die an einem Prüfobjekt anliegende Spannung stetig abnimmt, ausgehend von einem höheren Wert, bei dem derartige Entladungen beobachtet werden.

[4] Teilentladungs-Einsetzspannung (partial discharge inception voltage); niedrigste Spannung, bei der Teilentladungen in der Prüfanordnung ausgelöst werden, wenn die an einem Prüfobjekt anliegende Spannung stetig zunimmt, ausgehend von einem niedrigen Wert, bei dem noch keine derartigen Entladungen beobachtet werden.

Tabelle **9**.6 **Sicherheitsfaktoren für die Betriebsspannungen**

		Sicherheitsfaktoren			
		PD-Sicherheitsfaktor	Temperatur	Alterung	Gesamt
Qualifizierungsprüfung	Phase-Phase	1,25	1,0 – 1,3	1,0	1,25 – 1,63
	Phase-Erde		1,0 – 1,1		1,25 – 1,38
	Windung-Windung		1,0 – 1,3		1,25 – 1,63
Typprüfung	Phase-Phase	1,25	1,0 – 1,3	1,0 – 1,2	1,25 – 1,95
	Phase-Erde		1,0 – 1,1		1,25 – 1,65
	Windung-Windung		1,0 – 1,3		1,25 – 1,95

5 % bis 10 % bei. Weiterhin muss der Einfluss der thermischen Alterung beachtet werden. Wenn die Maschine nahe der Wärmeklassentemperatur betrieben wird, sinkt erfahrungsgemäß die PDIV infolge thermischer Alterung. Von Typ-I-Maschinen wird verlangt, dass sie über die gesamte Lebensdauer teilentladungsfrei bleiben. Der kleinste Wert des Alterungsfaktors ist 1,0. Wenn die Betriebstemperatur θ_W nahe der Wärmeklassentemperatur θ_B liegt, kann die nachfolgende Formel benutzt werden:

$$\text{Alterungsfaktor} = 1{,}2 \cdot \left(1 - \frac{\theta_W - \theta_B}{\theta_W}\right) \quad (9.1)$$

Typische Spannungen bei 2-Level-Umrichtern

Die typischen Spannungsverläufe, die bei 2-Level-Umrichtern auftreten, sind in Bild **9**.7 qualitativ dargestellt. $U_{pk/pk}$ ist die hauptsächliche Spannung, die die Isolierung zwischen Phase-Phase, Phase-Erde und die Windungsisolierung beansprucht, die Wirkung der Schaltimpulse ist gering und kann daher vernachlässigt werden. Die Sprungspannung U_j der Phase-Erde-Spannung ist die für die Isolierung zwischen den Windungen maßgebliche Spannung, da sie eine zusätzliche Windungsspannung erzeugt. Da die Sprungspannung sowohl an der aufsteigenden als auch an der abfallenden Flanke der Phase-Erde-Spannung auftritt, hat die Sprungspannung positive und negative Spitzen, welche proportional zur Sprungspannung sind.

Grundsätzlich können die Spannungen für einen n-Level-Umrichter wie folgt bestimmt werden:

Spannungen Phase-Phase

$$U_{pk/pk} = 2 \cdot (U_{dc} + U_b) \quad \text{für Grundfrequenz} \quad (9.2)$$

$$U_{pk/pk} = \frac{U_{dc}}{n-1} + 2 \cdot U_b \quad \text{für Impulsfrequenz} \quad (9.3)$$

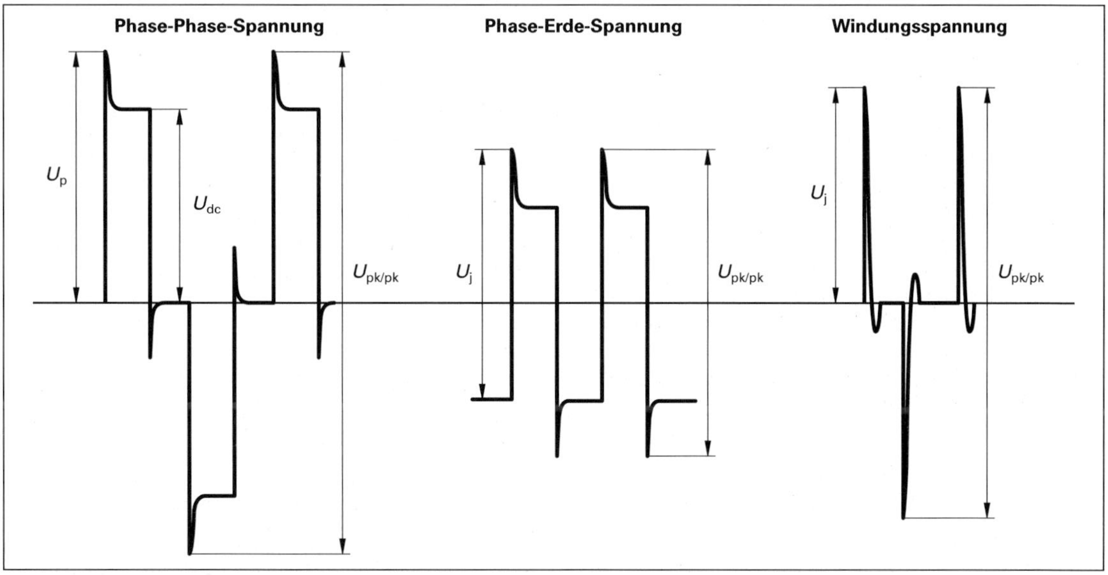

9.7 Spannungen am 2-Level-Umrichter

Spannungen Phase-Erde

$$U_{pk/pk} = 0{,}7 \cdot 2\,(U_{dc} + U_b) \quad \text{für Grundfrequenz} \quad (9.4)$$

$$U_{pk/pk} = 0{,}7 \cdot \left(\frac{U_{dc}}{n-1} + 2 \cdot U_b\right) \quad \text{für Impulsfrequenz} \quad (9.5)$$

Sprungspannung

$$U_j = 0{,}7 \cdot \left(\frac{U_{dc}}{n-1} + U_b\right) \quad (9.6)$$

Bei den Qualifizierungs- und Typprüfungen sollte der Anteil der angelegten Prüfspannung an jeder einzelnen Komponente der Isolierung mit der spezifizierten Anstiegszeit und dem Spitzenwert übereinstimmen. Der wichtigste Wert der Spannung ist der Spitze-Spitze-Wert. Im Fall der Prüfung der Phase-Phase- und der Phase-Erde-Isolierung ist die Spitzenspannung an jeder einzelnen Komponente der Isolierung gleich der angelegten Prüfspannung. Andererseits ist bei der Prüfung der Windungsisolierung einer Wicklung die Spitzenspannung über der Windungsisolierung auch vom Zeitverlauf der Prüfspannung abhängig. In Tabelle **9**.8 sind Zeitverläufe der Impulsprüfspannung und ebenso die Spannungsniveaus für die Prüfung der Windungsisolierung mit der Randbedingung gleicher Spitze-Spitze-Spannung während des Umrichterbetriebes einer drehenden Maschine dargestellt. Im Fall einer unipolaren rechteckförmigen Impulsprüfspannung (a) beträgt die Anstiegszeit sowohl an der ansteigenden als auch an der abfallenden Flanke 0,3 µs. Die Zeit zwischen der ansteigenden und der abfallenden Flanke ist relativ kurz. Die Beanspruchung der Windungsisolierung hängt von der Ableitung des Zeitverlaufs der Spannung ab. Deshalb trägt sowohl die ansteigende als auch die abfallende Flanke zur Windungsspannung bei. Wenn eine herkömmliche Impulsprüfspannungsform (b und c), bei der die Abfallzeit viel größer als die Anstiegszeit ist, angewendet wird (z. B. 10 µs), dann bestimmt die ansteigende Flanke die Windungsspannung. Deshalb muss die Spitze-Spitze-Spannung bei herkömmlichem Zeitverlauf der Impulsspannung doppelt so hoch sein wie die eines rechteckförmigen Spannungsimpulses.

Beispiele für maximale Betriebsspannungen

In den Tabellen **9**.9 bis **9**.12 sind Beispiele für die maximalen Spitze-Spitze-Spannungen im Betrieb zusammengestellt. Die dazugehörigen Prüfspannungen erhält man durch Multiplikation dieser Werte mit den zutreffenden Sicherheitsfaktoren nach Tabelle **9**.6.

Tabelle **9**.8 **Zeitverlauf der Impulsprüfspannungen zur Prüfung der Windungsisolierung**

	a	b	c	d
Impulsart	Unipolarer Rechteckimpuls mit der Anstiegszeit 0,3 µs an ansteigender und abfallender Flanke	Unipolarer Impuls mit einer Abfallzeit, die viel größer als die Anstiegszeit ist	Bipolarer Impuls mit einer Abfallzeit, die viel größer als die Anstiegszeit ist	Phase-Erde-Spannung an einer drehenden Maschine bei Umrichterspeisung
Prüfspannung Phase-Erde	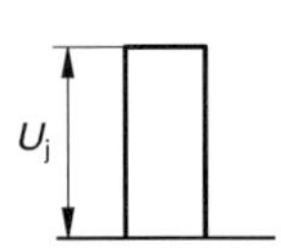	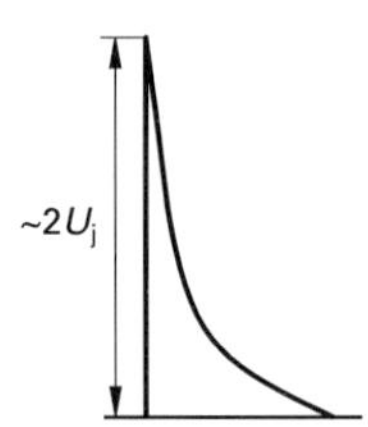	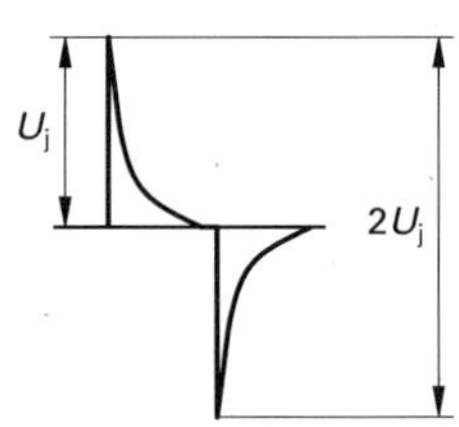	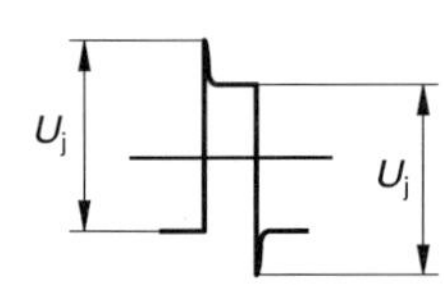
Windungsspannung	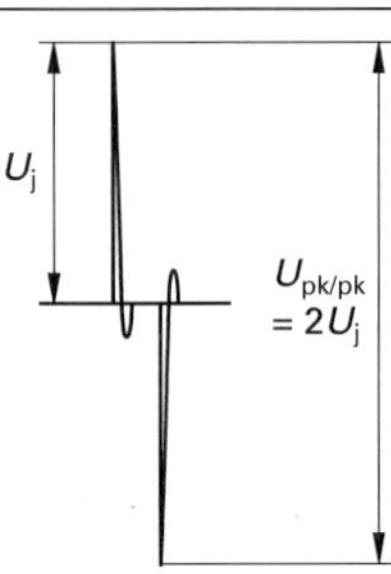	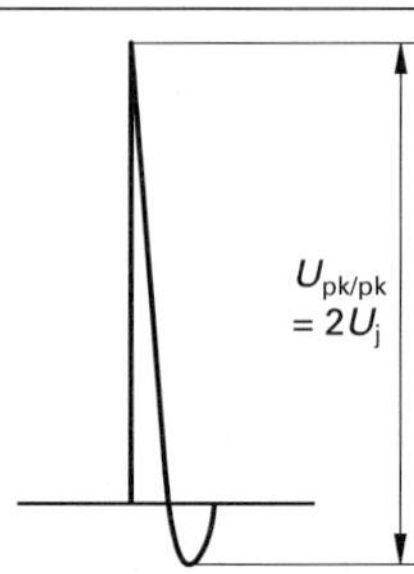	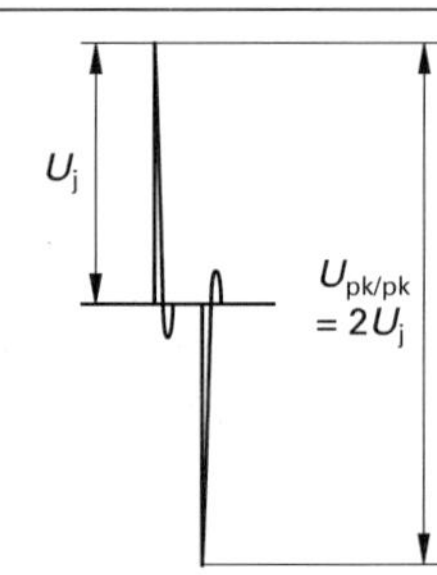	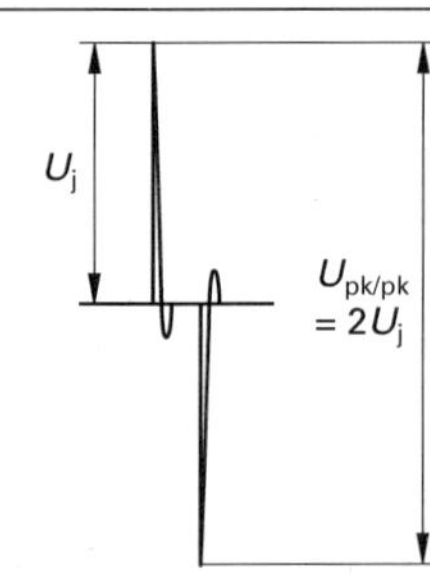

Für eine Wicklung mit einer Betriebsspannung von 400 V_{eff} bei Speisung durch einen 2-Level-Umrichter ergeben sich die nachfolgenden Werte.

Nach DIN EN 60034-18-41 berechnet sich die Spannung im Zwischenkreis:

$$U_{dc} = (3/\pi) \cdot \sqrt{2} \cdot U_{eff} = 1{,}35 \cdot U_{eff} = 540\ \text{V}$$

In den Tabellen **9**.9 und **9**.10 sind Beispiele für die maximalen Spitze-Spitze-Spannungen angeführt. Die Betriebsspannungen zwischen Phase-Phase und Phase-Erde lassen sich mit den Formeln 9.2 – 9.5 berechnen.

Tabelle **9**.9 **Beispiele zu Spannungsspitzenwerten**

Bemessungsspannung V	U_{dc} V	Überschwingfaktor U_p/U_a	U_p V	U_{max} V	U_p/U_{max}
400	540	1,1	594	327	1,82
400	540	1,5	810	327	2,48
400	540	2,0	1080	327	3,30
400	540	2,5	1350	327	4,13

Tabelle **9**.10 **Maximale Spitze-Spitze-Spannungen im Betrieb für einen 2-Level-Umrichter**

Überschwingfaktor	Überschwingen	Maximale Spitze-Spitze-Spannungen im Betrieb bezogen auf U_{dc}	
U_p/U_{dc}	U_b/U_{dc}	Phase-Phase-Faktor	Phase-Erde-Faktor
1,1	0,1	2,2	1,5
1,5	0,5	3,0	2,1
2,0	1,0	4,0	2,8
2,5	1,5	5,0	3,5

Für eine mittlere Beanspruchungskategorie (Tabelle **9**.4, OF = 1,5) ergibt sich ein Phase-Phase-Faktor von 3,0, bezogen auf U_{dc}. Somit beträgt die Spitzenspannung zwischen den Phasen

$$U_{pk/pk} = 3{,}0 \cdot U_{dc} = 3{,}0 \cdot 540\ \text{V} = 1620\ \text{V}$$

und zwischen Phase-Erde

$$U_{pk/pk} = 2{,}1 \cdot U_{dc} = 2{,}1 \cdot 540\ \text{V} = 1134\ \text{V}.$$

Weiterhin gilt es zu beachten, dass die Netzspannung im Betrieb um ±10 % schwanken kann, weshalb die Betriebsspannungen (von denen die Prüfspannungen abgeleitet sind) zusätzlich um weitere 10 % angehoben werden. In Tabelle **9**.11 ist dieser Aufschlag eingerechnet.

Tabelle **9**.11 **Beispiele zu Spannungsspitzenwerten**

Beanspruchungskategorie	Beispiele für die maximalen Spitze-Spitze-Spannungen im Betrieb	
	Phase-Phase V	Phase-Erde V
A – Gering	1307	891
B – Mittel	1782	1247
C – Stark	2376	1663
D – Extrem	2970	2079

Berechnung der Prüfspannungen

Die sich ergebenden Prüfspannungen erhält man durch Multiplikation mit den zutreffenden Sicherheitsfaktoren nach Tabelle **9**.6. Die resultierenden Spannungen für die Beispiele aus Tabelle **9**.11 sind in Tabelle **9**.12 ersichtlich.

Tabelle **9**.12 **Beispiele zu Spannungsspitzenwerten**[1]

Beanspruchungskategorie	Beispiele für die maximalen Spitze-Spitze-Prüfspannungen	
	Phase-Phase $V_{pk/pk}$	Phase-Erde $V_{pk/pk}$
A – Gering	1634	1337
B – Mittel	2228	1559
C – Stark	2970	2079
D – Extrem	3713	2599

Die Prüfspannungs-Niveaus für die Qualifizierung und Typprüfung der Windungsisolierung sind abhängig vom Zeitverlauf der vom Generator gelieferten Impulsspannung und von der Art der Wicklung. Zur Prüfung der Windungsisolierung in einer vollständigen Wicklung ist Impulsspannung, die zwischen Phasenanschluss und Erde angelegt wird, erforderlich. Dabei ist nur der Steilanstieg der Impulsspannung für die Prüfung der Windungsisolierung wirksam. Es sind zwei Prüfungen möglich:

a) Bei unipolarer Impulsspannung mit der Anstiegszeit 0,3 µs an beiden Flanken ist das Prüfspannungsniveau gleich 0,5 × Phase-Erde-Prüfspannung.

b) Bei unipolarer Impulsspannung mit der Anstiegszeit 0,3 µs an der ansteigenden Flanke und einer großen Abfallzeit (> 10 µs) ist das Prüfniveau gleich der Phase-Erde-Prüfspannung.

[1] Maximale Spitze-Spitze-Prüfspannungen an einer Wicklung mit der Bemessungsspannung 400 V_{eff} bei Speisung durch einen 2-Level-Umrichter zugeordnet zu den Beanspruchungskategorien nach Tabelle **9**.4 und mit dem Sicherheitsfaktor 1,25.

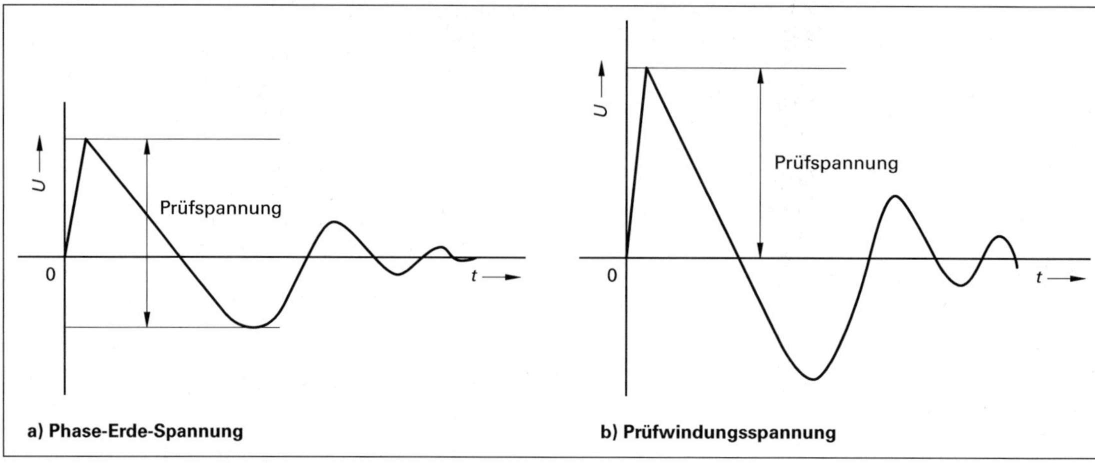

9.13 Prüfspannungen mit unipolaren Impulsen

Hinweise für die Prüfung der Windungsisolierung sind in Tabelle **9**.14 angegeben. Es sind drei Situationen festgelegt. Wenn keine Informationen vorliegen, muss angenommen werden, dass über der Isolierung die gesamte Sprungspannung für diese Spule anliegt. Wenn die Impulsanstiegszeit der Spannung an den Anschlussklemmen der Maschine bekannt ist, sollte die ungünstigste Spannungsverteilung nach Bild **9**.13 angenommen werden. Ist die Spannungsverteilung bekannt, dürfen die tatsächlichen Werte benutzt werden. Bei verdrillten Leitern und Sonderwicklungen können die Spannungen sinusförmig mit den gleichen Spitze-Spitze-Werten sein. Bei anderen Prüfungen ist eine Impulsspannung mit der Anstiegszeit 0,3 µs ± 0,2 µs zu benutzen.

Tabelle **9**.14 **Berechnung der Prüfspannung**

Verfügbare Informationen	**Prüfspannung**
Keine	Sprungspannung (**9**.10) · Gesamt-Sicherheitsfaktor
Bekannte Anstiegszeit	Sprungspannung · Verhältnis in Bild **9**.10 für die zutreffende Impulsanstiegszeit · Gesamt-Sicherheitsfaktor
Spannungsverteilung in Wicklungen und Impulsanstiegszeit	Tatsächliche Werte · Gesamt-Sicherheitsfaktor

9.2 Erwärmungsprüfung

Wegen der Verluste erwärmt sich jede Maschine (s. Abschn. 2.13.1). Bei konstanter Belastung dient die Wärme zunächst nur zur Temperaturerhöhung der Maschine (gespeicherte Wärme), weil diese noch die gleiche Temperatur wie die Umgebung hat. Stellt man die Temperatur der Maschine in Abhängigkeit von der Zeit grafisch dar, ergibt sich am Anfang ein ziemlich geradliniger Verlauf. Erst mit zunehmender Maschinentemperatur geben die erwärmten Maschinenteile Wärme an die Umgebung ab. Der Temperaturanstieg innerhalb der Maschine verlangsamt sich. Die maximale Temperatur wird oft erst nach mehreren Minuten oder Stunden erreicht. Bei dieser „Beharrungstemperatur" ist die von der Maschine erzeugte Wärmemenge gleich der abgegebenen Wärmemenge plus der gespeicherten Wärmemenge.

Erzeugte Wärme = abgegebene Wärme + gespeicherte Wärme (Energiebilanz)

Abgegebene Wärmemenge. Die je Zeiteinheit von der Maschine abgegebene Wärmemenge hängt ab von deren Oberfläche, von der Wärmeübergangszahl des Kühlmittels (allgemein Luft) und der Temperaturdifferenz zwischen der Temperatur der Maschine und der des Kühlmittels. Bezeichnet man die Oberfläche des wärmeabgebenden Körpers (Maschine) mit O, die Wärmeübergangszahl mit α und die Temperaturdifferenz mit $\Delta\Theta$, gilt: abgegebene Wärme = $O \cdot \alpha \cdot \Delta\Theta$. Für die Wärmeübergangszahl ist zu beachten, ob es sich um eine „freie" oder z. B. durch einen Ventilator „erzwungene" Wärmeströmung handelt. Die

Wärmeübergangszahl ist eine Rechengröße, die durch Versuche ermittelt werden kann. Je nach Größe der Maschine, nach ihrer Oberfläche (z. B. Kühlrippen) und nach Art der Wärmeströmung kann man α annehmen mit 8 bis 15 W/($m^2 \cdot K$).

Die gespeicherte Wärmemenge hängt ab von der Masse m des Körpers (Maschine), der spezifischen Wärmekapazität c und der Temperaturzunahme je Zeiteinheit $\Delta\Theta/\Delta t$. Demnach gilt: gespeicherte Wärme = $c \cdot m \cdot \Delta\Theta/\Delta t$. Zu bedenken ist, dass eine Maschine kein homogener Körper ist, sondern aus unterschiedlichen Materialien besteht (Eisen, Kupfer, Isolierstoffe), die sich wegen der verschiedenen spezifischen Wärmekapazitäten mit ihren Wärmemengen beeinflussen. So wird sich z. B. der Kupferanteil einer Maschine schneller erwärmen als ihr Eisenanteil, diesen aber beeinflussen. Die recht komplizierten Zusammenhänge sollen nicht weiter verfolgt werden. Wir wollen der Einfachheit halber die Maschine als homogenen Körper auffassen.

e-Funktion. Da wir im Rahmen dieses Buchs nicht auf die Lösung von Differentialgleichungen eingehen können, geben wir die „Erwärmungskurve" eines Körpers (Maschine) vor. Die Lösung der „Energiebilanzgleichung" ergibt eine e-Funktion:

$$\frac{\Delta\Theta}{\Delta\Theta_E} = 1 - e^{-\frac{t}{\tau_E}} \qquad (9.7)$$

In dieser Gleichung bedeuten: $\Delta\Theta$ = Übertemperatur der Maschine gegenüber der Kühlmitteltemperatur, $\Delta\Theta_E$ = Endübertemperatur (thermische „Beharrungs"-Übertemperatur), e = Basis der natürlichen Logarithmen (2,718), t = Einschaltzeit, τ_E = Erwärmungszeitkonstante der Maschine. Für beliebige Zeitpunkte des Erwärmungsvorgangs kann die Übertemperatur $\Delta\Theta$ berechnet werden, wenn $\Delta\Theta_E$ und die Zeitkonstante τ_E für den Erwärmungsvorgang bekannt sind. Bild **9**.15 zeigt den Verlauf.

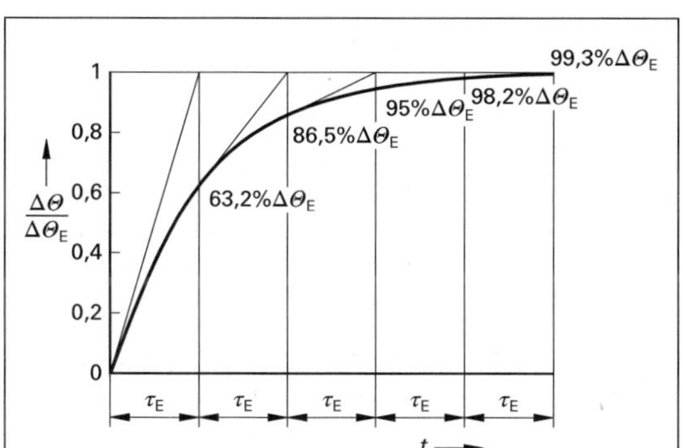

9.15 Erwärmungskurve eines homogenen Körpers

Zeitkonstante. Die Zeitkonstante eines Körpers für den Erwärmungsvorgang lässt sich ebenfalls aus der „Energiebilanzgleichung" berechnen. Es gilt: $\tau_E = c \cdot m/\alpha \cdot O$. Selbstverständlich lässt sich die Erwärmungszeitkonstante elektrischer Maschinen auch durch Versuch ermitteln. Folgende Werte kann man annehmen:

kleine geschützte Maschinen	τ_E	5 bis 30 min
offene belüftete Maschinen	τ_E	30 bis 70 min
geschlossene belüftete Maschinen	τ_E	60 bis 120 min
gekapselte Maschinen	τ_E	150 bis 300 min

Aus der Erwärmungskurve eines Körpers (**9**.15) ist die Zeitkonstante zu ermitteln. Es ist die Zeit, die vergeht, bis der Körper 63,2 % der Endübertemperatur erreicht hat. Kühlt sich eine Maschine ab (Stillstand), ist die Abkühlungszeitkonstante τ_A wegen des fehlenden Lüftungsstroms erheblich größer als die Erwärmungszeitkonstante. Je nach Maschinengröße und Bauart kann man mit τ_A = 3 bis 9 τ_E rechnen.

Isolierstoffe – Temperatur. Der zulässige Grenzwert der Übertemperatur $\Delta\Theta_E$ einer Maschine wird bestimmt von deren Isolierstoffen. Es ist zu bedenken, dass sich sowohl das elektrische als auch mechanische Verhalten der Isolierstoffe mit der Temperatur und der Zeit ändern. Die Isolation „altert". Z. B. gilt für die Wärmeklasse A, dass jede Temperaturerhöhung um 8 K die Lebensdauer der Wicklung halbiert; eine Erhöhung um 24 K würde die Lebendauer von 32 Jahren auf 4 Jahre reduzieren. Die vom VDE festgelegten Grenzwerte der Übertemperaturen sollen deshalb nicht überschritten werden. Besonders Kurzschlüsse sind wegen der damit verbundenen Verluste und Erwärmungen für die Maschine gefährlich. An dieser Stelle soll nicht unerwähnt bleiben, dass Erwärmungs- und Abkühlungsvorgänge wegen der unterschiedlichen Baustoffe nicht streng nach einer e-Funktion verlaufen. Es ist damit zu rechnen, dass besonders die Wicklungstemperatur (und damit die Temperatur der Isolierstoffe) nach dem Einschalten der Maschine „schneller" ansteigt, als es die Zeitkonstante eines homogenen (Maschinen-) Körpers anzeigt. Weil die verschiedenen Isolationsarten nur bestimmte Temperaturen vertragen, müssen Maschinen auf Erwärmung geprüft werden. Nach DIN EN 60034 bzw. 60076 sind vier Temperaturmessverfahren zum Messen der Wicklungstemperaturen und Temperaturen anderer Maschinenteile zulässig

- das Widerstandsverfahren,
- das Verfahren mit eingebauten Temperaturfühlern (ETF),
- das Thermometerverfahren,
- das Überlagerungsverfahren.

Beim Widerstandsverfahren wird die Übertemperatur der Wicklungen aus der Widerstandszunahme ermittelt:

$$\frac{\Theta_2 + 235}{\Theta_1 + 235} = \frac{R_2}{R_1} \tag{9.8}$$

Hierin bedeuten:

Θ_2 Temperatur der Wicklung am Ende der Prüfung in °C

Θ_1 Temperatur der kalten Wicklung zum Zeitpunkt der Anfangsmessung in °C

Θ_a Temperatur des Kühlmittels am Ende der Prüfung in °C

R_2 Widerstand der Wicklung am Ende der Prüfung

R_1 Widerstand der Wicklung bei der Temperatur Θ_1 (kalt)

Praktisch kann die Übertemperatur aus der umgeformten Gleichung

$$\Theta_2 - \Theta_1 = \frac{R_2 - R_1}{R_1}(235 + \Theta_1) + (\Theta_1 - \Theta_a) \tag{9.9}$$

berechnet werden.

Wird die Übertemperatur einer Wicklung aus der Widerstandszunahme ermittelt, muss die mit dem Thermometer gemessene Temperatur der Wicklung vor dem Versuch praktisch gleich derjenigen des Kühlmittels sein.

Die Zahl 235 ergibt sich aus dem Kehrwert des Temperaturkoeffizienten α = 0,00425 K^{-1} für Kupfer bei 0 °C. Benutzt man statt Kupfer ein anderes Material für die Wicklung, muss man die Zahl 235 ersetzen durch den Kehrwert des Temperaturkoeffizienten dieses Materials bei 0 °C. Für Aluminium lautet die Zahl 225.

Beim Messverfahren mit eingebauten Temperaturfühlern, EFT (z. B. Widerstandsthermometer, Thermoelemente oder Halbleiter-Temperaturfühler) werden diese während der Herstellung der Maschine an Stellen angebracht, die nach der Fertigstellung der Maschine nicht mehr zugänglich sind.

Beim Thermometerverfahren wird die Temperatur mit Hilfe von Thermometern an den zugänglichen Oberflächenteilen der fertiggestellten Maschine ermittelt. Als „Thermometer" gelten hierbei auch nicht eingebaute Thermoelemente und Widerstandsthermometer, sofern sie an den auch für normale Ausdehnungsthermometer zugänglichen Stellen verwendet werden. Werden Ausdehnungsthermometer im Bereich magnetischer Wechselfelder verwendet, müssen Alkoholthermometer gegenüber Quecksilberthermometern bevorzugt werden.

Beim Überlagerungsverfahren werden die Widerstandsmessungen zur Ermittlung der Übertemperatur von Wechselstromwicklungen ohne Unterbrechung des Lastwechselstroms vorgenommen, wobei ein kleiner Gleichstrom als Messstrom dem Laststrom überlagert wird. Einzelheiten enthält IEC 279.

Verfahren zum Messen der Wicklungstemperatur. Grundsätzlich ist zur Ermittlung der Wicklungstemperatur einer Maschine das Widerstandsverfahren anzuwenden. Das Verfahren mit eingebauten Temperaturfühlern (ETF) ist anzuwenden für Wechselstrom-Ständerwicklungen bei Maschinen mit einer Bemessungsleistung von 5000 kW (oder kVA) oder mehr, wenn nichts anderes vereinbart wurde. Für Wechselstrommaschinen mit einer Bemessungsleistung unter 5000 kW (oder kVA) und über 200 kW (oder kVA) ist das Widerstandsverfahren anzuwenden, wenn nicht das Verfahren mit eingebauten Temperaturfühlern (ETF) vereinbart wurde.

Für Wechselstrommaschinen mit einer Bemessungsleistung von 200 kW (oder kVA) oder weniger ist das Widerstandsverfahren anzuwenden, wenn nicht das Überlagerungsverfahren vereinbart wurde.

Für Maschinen mit einer Bemessungsleistung von 600 W (oder VA) oder weniger, bei denen die Wicklungen ungleich sind oder wenn die erforderlichen Verbindungen schwierig herzustellen sind, darf die Übertemperatur nach dem Thermometerverfahren ermittelt werden. Für die Grenzen der Übertemperatur gilt die Tabelle **10**.24.

Bei Wechselstrom-Ständerwicklungen mit nur einer Spulenseite je Nute ist das Verfahren mit eingebauten Temperaturfühlern (ETF) nicht zulässig; hier ist das Widerstandsverfahren anzuwenden.

Zum Überwachen der Wicklungstemperaturen während des Betriebs ist der Einbau eines Temperaturfühlers auf dem Nutengrund nicht zweckmäßig, weil er meist nur die Temperatur des Blechpakets angibt. Ein zwischen Spule und Nutenkeil eingebauter Temperaturfühler folgt mit der Anzeige der Wicklungstemperatur viel besser und ist daher für die Überwachung eher geeignet.

Bei Ankerwicklungen von Kommutatormaschinen und bei Feldwicklungen, ausgenommen bei Feldwicklungen von Synchronmaschinen mit Vollpolläufer, ist neben dem Widerstandsverfahren auch das Thermometerverfahren zulässig. Das Widerstandsverfahren ist jedoch zu bevorzugen.

Bei mehrlagigen Erregerwicklungen von Gleichstrommaschinen darf auch das ETF-Verfahren angewendet werden.

Wünscht ein Käufer außer der Messung nach dem Widerstandsverfahren oder dem ETF-Verfahren eine zusätzliche Thermometermessung, muss die an der wärmsten erreichbaren Stelle zugelassene und mit dem Thermometer zu messende Übertemperatur zwischen Hersteller und Käufer vereinbart werden. Die so ermittelte Übertemperatur darf jedoch die folgenden Werte nicht überschreiten:

65 K für Wicklungen der Wärmeklasse A
80 K für Wicklungen der Wärmeklasse E
90 K für Wicklungen der Wärmeklasse B
115 K für Wicklungen der Wärmeklasse F
140 K für Wicklungen der Wärmeklasse H

Für Transformatoren sind Messungen der Kühlluft- bzw. Kühlwassertemperatur, der Wicklungs- und der Öltemperatur besonders wichtig.

Die Kühllufttemperatur soll mit mehreren Thermometern (mindestens drei) an verschiedenen Punkten gemessen werden (Mittelwert bilden). Die Thermometer sind vor Zugluft und anomaler Wärmestrahlung zu schützen. Bei erzwungener Luftkühlung ist die Temperatur am Kühlereintritt zu messen. Messfehler infolge unterschiedlicher Zeitverzögerungen zwischen den Temperaturänderungen besonders großer Transformatoren und der Kühlluft sind zu vermeiden, indem man die Thermometer in ölgefüllte Metallgefäße eintaucht und damit ungefähr die gleiche Zeitkonstante für die Thermometer schafft, wie sie auch für die Transformatoren gilt.

Die Kühlwassertemperatur soll am Kühlereintritt gemessen werden. Sie wird als Mittelwert aus drei Messungen gewonnen, die in ungefähr gleichen Zeitabständen von nicht mehr als einer Stunde stattfinden.

Die mittlere Wicklungstemperatur ist aus der Widerstandserhöhung nach Gleichung 9.10 zu ermitteln.

$$\boldsymbol{\Theta_2 = \frac{R_2}{R_1}(\Theta_1 + 235) - 235} \text{ in °C} \qquad (9.10)$$

In dieser Gleichung sind Θ_2 die Temperatur einer Wicklung am Ende einer Erwärmungsmessung, der Widerstand R_2 nach der Temperaturerhöhung, Θ_1 eine andere Temperatur und R_1 der Widerstand bei dieser Temperatur (s. a. Gleichung 9.9).

Der Widerstand ist entweder nach dem Abschalten der Energiequelle oder ohne Unterbrechung der Einspeisung nach dem Überlagerungsverfahren zu bestimmen. Beim Überlagerungsverfahren wird dem Laststrom ein niedrigerer Messgleichstrom überlagert. Für die direkte Widerstandsbestimmung ist eine Korrekturrechnung nötig. Dieses Korrekturverfahren wird angewendet, wenn die spezifischen Kurzschlussverluste von Öltransformatoren bei Kupferwicklungen 66 W/kg oder bei Aluminiumwicklungen 20 W/kg nicht überschreiten. Es wird in diesem Fall für jede Wicklung das Produkt der spezifischen Verluste in W/kg und des entsprechenden Faktors nach Tabelle **9**.16 berechnet. Dieser Wert wird zu der in °C bestimmten Temperatur addiert.

Ist das Widerstandsverfahren zum Bestimmen der mittleren Wicklungstemperatur nicht durchführbar (z. B. bei zu geringem Widerstand der Wicklung), sind Thermometer zu verwenden und möglichst an der wärmsten zugänglichen Stelle anzubringen.

Tabelle **9**.17 **Korrekturfaktoren**

Zeit zwischen Abschaltung und Messung	Korrekturfaktor Kupferwicklung	Aluminiumwicklung
1 min	0,09	0,032
1,5 min	0,12	0,045
2 min	0,15	0,064
3 min	0,2	0,091
4 min	0,23	0,113

Die Messung der Öltemperatur in der obersten Schicht soll mit einem Thermometer in einer ölgefüllten Thermometertasche erfolgen. Eine Messung wird so lange fortgesetzt, bis deutlich erkennbar ist, dass die höchste zulässige Dauertemperatur beim Erreichen des Wärmegleichgewichts nicht überschritten wird oder dass sich die Öltemperatur in der obersten Schicht während vier in stündlichem Abstand aufeinander folgenden Messungen um nicht mehr als 1 K/h ändert. Wenn die Messung mit verringerter Kühlung begonnen wurde, ist sie so lange fortzusetzen, bis sichergestellt ist, dass die Öltemperatur nach dem Einschalten der Kühlung fällt. Dadurch werden Fehler bei der Bestimmung des Endwerts der Öltemperatur vermieden.

Die zulässigen Übertemperaturen für Trocken- und Öltransformatoren sind im Abschnitt 10.6 zusammengestellt.

9.3 Strom- und Drehmomentüberlastbarkeit

Die Erwärmung der Maschinenwicklungen ändert sich etwa mit dem Produkt aus der Zeit und dem Quadrat des Stroms. Ein Überstrom bewirkt steigende Temperaturen. Sollte eine Maschine häufig mit Überstrom betrieben werden, muss das zwischen Hersteller und Käufer vereinbart werden.

Tabelle **9**.17 **Höchstzulässige Dauerkurzschlussströme und Kurzschlusszeiten für Zweiwicklungstransformatoren**

Bemessungsleistung in kVA	Höchstzulässiger Dauerkurzschlussstrom als Vielfaches des Bemessungsstroms	Zugeordnete Impedanz in %	Höchstzulässige Kurzschlusszeit in s
bis 630	25	4,0	2
über 630 bis 1250	20	5,0	3
über 1250 bis 3150	16	6,25	4
über 3150 bis 6300	14	7,15	4,5
über 6300 bis 12500	12	8,35	5
über 12500 bis 25000	10	10,0	6
über 25000 bis 100000	8	12,5	8
über 100000 kVA zwischen Hersteller und Abnehmer zu vereinbaren			

Die zugeordnete Impedanz setzt sich aus den Impedanzen von Netz und Transformator zusammen.

Stromüberlastbarkeit

Wechselstromgeneratoren mit Bemessungsleistungen bis 1200 MVA müssen einen Strom gleich dem 1,5-fachen Bemessungsstrom mindestens 30 s aushalten können. Wechselstromgeneratoren mit Bemessungsleistungen über 1200 MVA müssen einen Strom gleich dem 1,5-fachen Bemessungsstrom während einer Dauer aushalten können, die zwischen Hersteller und Käufer vereinbart werden muss, die aber nicht kürzer als 15 s sein darf.

Transformatoren müssen so gebaut sein, dass sie ohne Schaden die Wirkungen von äußeren Kurzschlüssen unter den Bedingungen nach Tabelle **9**.17 aushalten.

Dreiphasenmotoren (ausgenommen Kommutatormotoren) mit Bemessungsleistungen bis 315 kW und Bemessungsspannungen bis 1 kV müssen einen Strom gleich dem 1,5-fachen Bemessungsstrom mindestens 2 min aushalten können. Für Dreiphasenmotoren mit Bemessungsleistungen größer als 315 kW und für alle Einphasenmotoren sind für gelegentliche Stromüberlastungen keine Festlegungen getroffen.

Kommutatormaschinen müssen für 60 s einen Strom gleich dem 1,5-fachen Bemessungsstrom unter der jeweils zutreffenden Kombination der folgenden Bedingungen aushalten können:

a) Drehzahl
   - Bei einem Gleichstrommotor: Höchste Drehzahl für volles Feld
   - Bei einem Gleichstromgenerator: Bemessungsdrehzahl
   - Bei einem Wechselstrom-Kommutatormotor: Höchste Drehzahl für volles Feld

b) Ankerspannung, welche der festgelegten Drehzahl entspricht

c) Zeit
   - Bei einer Bemessungsleistung $\leq$ 1 kW je min^{-1}; 45 s
   - Bei einer Bemessungsleistung $>$ 1 kW je min^{-1}; 30 s

Drehmomentüberlastbarkeit

Mehrphasen-Induktionsmotoren und Gleichstrommotoren müssen unabhängig von ihrem Betrieb und ihrer Ausführung 15 s lang bei Bemessungsspannung, Induktionsmotoren auch bei Bemessungsfrequenz, bis zum 1,6-fachen Bemessungsmoment überlastbar sein, ohne dass ein Stehenbleiben oder ein plötzlicher Drehzahlabfall eintritt. Bei Gleichstrommotoren muss die Drehmoment-Überlastbarkeit durch die Strom-Überlastbarkeit ausgedrückt werden. Motoren für die Betriebsart S9 müssen kurzzeitig in der durch den Betrieb festgelegten Höhe im Drehmoment überlastbar sein. Besondere Vereinbarungen gelten für spezielle Motoren mit hohen Drehmomentanforderungen (z. B. Hebezeuge).

Mehrphasen-Synchronmotoren müssen, wenn nichts anderes vereinbart ist, unabhängig von der Betriebsart 15 s lang mit nachstehendem Drehmoment belastbar sein, ohne außer Tritt zu fallen, wobei die Erregung entsprechend dem Bemessungsbetrieb aufrechtzuerhalten ist.

- Synchronmotoren mit Vollpolen und synchronisierte Induktionsmotoren: 1,35-faches Bemessungsdrehmoment
- Synchronmotoren mit Schenkelpolen: 1,5-faches Bemessungsdrehmoment

Bei Induktionsmotoren mit Käfigläufer in Sonderausführung, die für einen Anzugsstrom ausgelegt sind, der kleiner als der 4,5-fache Bemessungsstrom ist, darf die Drehmoment-Überlastbarkeit unter dem 1,6-fachen, aber nicht unter dem 1,5-fachen Bemessungsmoment liegen. Bei Induktionsmotoren in Sonderausführung mit besonderen Anlaufbedingungen muss die Drehmomentüberlastbarkeit vereinbart werden, z. B. Motoren, die an variabler Frequenz oder an Umrichtern betrieben werden.

Das Sattelmoment von Induktionsmotoren mit Käfigläufer muss, wenn nichts anderes vereinbart ist, z. B. für Maschinen nach IEC 60034-12, mindestens 30 % des Bemessungsmoments betragen.

9.4 Mechanische Prüfung

Maschinen müssen so ausgelegt sein, dass sie die Drehzahlen nach Tabelle **9**.18 aushalten. Die Schleuderprüfung nach DIN wird im Regelfall nicht als notwendig erachtet, aber sie kann ausgeführt werden, wenn sie zwischen Hersteller und Käufer vereinbart wird. Sie gilt als bestanden, wenn sich keine bleibenden schädlichen Verformungen oder andere Mängel zeigen, die den normalen Betrieb der Maschine stören. Die Dauer der Prüfung beträgt 2 min. Für Synchrongeneratoren mit Wasserturbinenantrieb gelten besondere Bedingungen.

Tabelle **9**.18 **Schleuderdrehzahlen nach DIN EN 60034**

Nr.	Maschinenart	geforderte Schleuderdrehzahl
1	Wechselstrom-Maschinen	
	– alle Maschinen außer den nachstehend angegebenen	1,2-fache höchste Bemessungsdrehzahl
	a) Generatoren mit Wasserturbinenantrieb sowie Hilfsmaschinen aller Art, die mit der Hauptmaschine direkt (elektrisch oder mechanisch) gekuppelt sind	Falls nicht anders vereinbart, höchste Überdrehzahl des Maschinensatzes, jedoch mindestens 1,2-fache höchste Bemessungsdrehzahl
	b) Maschinen, die unter gewissen Umständen von der mit ihnen gekuppelten Belastungsmaschine angetrieben werden können	Die festgelegte Drehzahl des Maschinensatzes, jedoch mindestens 1,2-fache höchste Bemessungsdrehzahl
	c) Reihenschluss- und Universalmotoren	1,1-fache Leerlaufdrehzahl bei Bemessungsspannung Bei Motoren, die an Belastungsmaschinen angebaut sind, die nicht unbeabsichtigt abgeschaltet werden können, bedeutet der Begriff „Leerlauf-Drehzahl" den geringsten Belastungszustand, der mit der Belastungsmaschine erreicht werden kann.
	d) Drehstrom-Induktionsmotoren mit Käfigläufer bis Baugröße 315 mit Spannungen bis 1000 V – ausgenommen polumschaltbare Motoren	1,2-fache höchste sichere Betriebsdrehzahl nach Tabelle **9**.19
2	Gleichstrommaschinen	
	a) Motoren mit Nebenschluss- und Fremderregung	1,2-fache höchste Bemessungsdrehzahl oder 1,15-fache entsprechende Leerlauf-Drehzahl, je nachdem, welche größer ist
	b) Motoren mit Verbunderregung mit Drehzahlstellung von 35 % und weniger	1,2-fache höchste Bemessungsdrehzahl oder 1,15-fache entsprechende Leerlauf-Drehzahl, je nachdem, welche größer ist, jedoch nicht mehr als die 1,5-fache höchste Bemessungsdrehzahl
	c) Motoren mit Verbunderregung mit Drehzahlstellung von mehr als 35 % und Motoren mit Reihenschlusswicklung	Der Hersteller muss eine maximale Sicherheitsbetriebsdrehzahl festlegen, die auf dem Leistungsschild anzugeben ist. Die Schleuderdrehzahl muss gleich der 1,1-fachen höchsten Sicherheitsbetriebsdrehzahl sein. Die Kennzeichnung der Sicherheitsbetriebsdrehzahl ist auf Motoren nicht erforderlich, die eine Schleuderdrehzahl von 1,1-facher Leerlaufdrehzahl bei Bemessungsspannung aushalten.
	d) Dauermagnet-Motoren	Schleuderdrehzahlen, wie unter 2a) angegeben, es sei denn, der Motor hat eine Reihenschlusswicklung In diesem Fall muss der Motor soweit zutreffend, die in 2b) oder 2c) festgelegten Schleuderdrehzahlen aushalten.
	e) Generatoren	1,2-fache Bemessungsdrehzahl

Für Motoren nach 1d) ist die höchste sichere Betriebsdrehzahl nach Tabelle **9**.19 festgelegt, sofern nichts anderes auf dem Leistungsschild angegeben ist. Es ist auch IEC 60079-8 zu beachten.

Tabelle **9**.19 **Höchste sichere Betriebsdrehzahl von Käfigläufermotoren – ausgenommen polumschaltbare Motoren – mit Spannungen bis 1000 V in min^{-1}.**

Baugrößenkennziffer	zweipolig	vierpolig	sechspolig
≤ 112	5200	3600	2400
132 - 180	4500	2700	2400
200	4500	2300	1800
225 - 315	3600	2300	1800

10 Normung der Maschinen

10.1 Übersicht über die einschlägigen Normen elektrischer Maschinen

Die grundlegenden Standards für jede Art von **rotierenden elektrischen Maschinen** wurden Ende der 70er Jahre in der Norm IEC 60034 Teil 1 beschrieben. Hinzu kommen eine Reihe von Standards mit individuellen Eigenschaften und Ergänzungen für einzelne Maschinenarten. Die internationalen Normen werden zurzeit neu bearbeitet und werden z. T. direkt in regionale (EN) oder nationale Normen übernommen bzw. angeglichen übernommen. Für Deutschland sind sie als DIN und VDE Normen unter der gleichen Zifferbezeichnung verzeichnet. Die Tabelle **10**.1 zeigt eine Übersicht der Normenreihe 60034.

- CENELEC = Europäisches Komitee für elektrische Normung mit Generalsekretariat in Brüssel
- IEC = International Electrotechnical Commission. In der Internationalen Elektrotechnischen Kommission arbeiten alle großen Industrieländer mit.
- DIN = Deutsches Institut für Normung
- VDE = Verband Deutscher Elektrotechniker
- EN = Europäische Norm

Tabelle **10**.1 **Normen der Reihe IEC 60034**

Teil	Inhalt	Allgemein	Typspezifisch	Wicklung	Anforderungen	Messverfahren
1	Bemessung und Betriebsverhalten	x			x	
2	Prüfung von Wirkungsgrad und Verlusten	x				x
3	Vollpol-Synchronmaschinen		x		x	
4	Ersatzschaltbildgrößen von Synchronmaschinen		x			x
5	Schutzarten (IP-Code)	x				x
6	Kühlverfahren (IC-Code)	x			x	
7	Bauarten/Aufstellung (IM-Code)	x			x	
8	Anschlussbezeichnungen	x			x	
9	Geräuschgrenzwerte	x			x	
11	Thermischer Schutz	x			x	x
12	Anlaufverhalten		x		x	
14	Mechanische Schwingungen	x			x	x
15	Impulsspannungen an Formspulen			x	x	x
16	Erregersysteme für Synchronmaschinen		x		x	
17	Umrichtergespeiste Induktionsmaschinen		x		x	
18	Isolationssysteme			x	x	x
19	Testverfahren für Gleichstrommaschinen		x			x
20	Schritt- und Servomotoren		x		x	x
23	Service und Reparatur	x			x	
24	Diagnose von Schäden z. B. durch Lagerströme	x			x	x
25	Umrichtergespeiste Induktionsmaschinen		x		x	
26	Unsymmetrische Spannungsversorgung		x		x	
27	Teilentladungsmessung Statorwicklungen	x				x
28	Ersatzschaltbildgrößen		x			x
29	Äquivalente Belastungsverfahren	x				x
30	Wirkungsgradklassen (IE-Code)		x		x	
31	Energieeffiziente Motoren	x			x	

Für die drehenden Maschinen ist darüber hinaus die folgende Auswahl ebenfalls relevant:

- DIN IEC 61800-8 Elektrische Leistungsantriebe mit einstellbarer Drehzahl – Teil 8: Festlegung der Spannung an Stromversorgungsschnittstellen
- DIN EN 50209 (VDE 0530-33) Prüfung der Isolierung von Stäben und Spulen von Hochspannungsmaschinen
- DIN EN 50347 Drehstromasynchronmaschinen für den Allgemeingebrauch mit standardisierten Abmessungen bis Baugröße 315 und Flanschgröße 740
- DIN 42925 Einführung in den Anschlusskasten für Drehstrommotoren 400 bis 690 V

Für die Aufstellung von Motoren, elektrischen und nichtelektrischen Geräten in **explosionsgefährdeten Bereichen** gelten die Richtlinie 2014/34/EU, die Explosionsschutz-Produkteverordnung (ProdSV), die Technischen Regelwerke (TRBS) sowie die nationalen und internationalen Normen nach DIN EN, IEC und ISO. Insbesondere sind das die Normen der Reihe DIN EN/IEC 60079ff.

Für nicht-elektrische Geräte bilden die Normen ISO 80036 und 80037 zusammen mit IEC 60079-0ff. ein ganzheitliches technisches Normenwerk für die Entwicklung, Prüfung und die Zertifizierung explosionsgeschützter Geräte (s. Abschnitt 8.1 bis 8.5).

Die Transformatoren sind für die allgemeinen Anforderungen in der Normenreihe 60076 beschrieben. Für typspezifische Anforderungen gelten weitere Normen wie z. B. DIN EN 61368 für Stromrichtertransformatoren und DIN VDE 550 für Kleintransformatoren sowie DIN VDE 61668 für Sicherheit von Transformatoren und Netzgeräten.

10.2 Bauformen und Baugröße

Die Bauformen der elektrischen Maschinen sind in DIN EN 60034-7 festgelegt. Die Klassifizierung wird als IM-Code (**I**nternational **M**ounting) bezeichnet und legt die Bauart, die Aufstellungsart und die Klemmkastenlage fest.

Der Code I stellt eine alphanumerische Bezeichnung dar, welche für Maschinen mit Lagerschildlager(n) und nur einem Wellenende anwendbar ist. Die Bezeichnung besteht aus den Buchstaben IM, einem weiteren Buchstaben

- **B** für Schildlager und horizontale Welle
- **V** für Schildlager und vertikale Welle

und einer oder zwei Ziffer(n).

Wahlweise folgt ein letzter Buchstabe, der die Lage des Klemmenkastens angibt. Er ist ggf. auch an die Bezeichnung nach Code II anzuhängen. Von der Antriebsseite aus betrachtet, befinden sich dabei die Füße oder ersatzweise die Entwässerungsöffnung in der „6-Uhr-Stellung". Der Kennbuchstabe entspricht dann:

- **R** Klemmenkasten rechts, 3 Uhr
- **B** Klemmenkasten unten, 6 Uhr
- **L** Klemmenkasten links, 9 Uhr
- **T** Klemmenkasten oben, 12 Uhr

Der Code II ist der ausführlichere und systematischere mit rein numerischer Bezeichnung. Er ist für eine größere Vielfalt von Maschinen, z. B. auch für Stehlager-Maschinen, anwendbar. Er beinhaltet auch die Bauformen nach Code I.

Den Buchstaben IM folgend, bedeutet die

1. Ziffer:

- **1** für Fußanbau, mit Schildlager(n)
- **2** für Fuß- und Flanschanbau mit Schildlager(n)
- **3** für Flanschanbau, mit Schildlager(n), Flansch am Lagerschild
- **4** wie 3, jedoch Flansch am Gehäuse
- **5** ohne Lager
- **6** mit Schildlager(n) und Stehlager
- **7** nur mit Stehlagern
- **8** vertikal, nicht mit 1 bis 4 abgedeckt
- **9** mit besonderer Aufstellung

2. Ziffer: Art der Befestigung und Lagerung

3. Ziffer: Lage des Wellenendes

4. Ziffer: Art des Wellenendes

In den Tabellen **10**.2 und **10**.3 sind Beispiele von Bauformen mit vergleichbarem Code I und Code II dargestellt.

Tabelle **10**.2 **Maschinen mit horizontalen Wellen (Beispiele)**

Bauform Code I Code II		**Anzahl Schild-lager**	**Füße/ Flansch**	**Andere Details**	**Aufstellung horizontale Welle**
IM B3 IM 1001	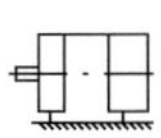	2	mit Füßen, ohne Flansch	keine	Fußaufstellung, Füße unten
IM B5 IM 3001	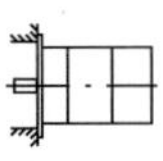	2	ohne Füße, mit Flansch	Flanschlagerschild auf der Antriebsseite, mit Zugang von der Gehäuseseite	Flanschanbau an der Antriebsseite des Flanschs
IM B6 IM 1051	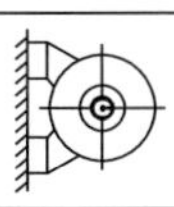	2	mit Füßen, ohne Flansch	keine	Fußanbau, Füße links von der Antriebsseite aus gesehen

Tabelle **10**.3 **Maschinen mit vertikalen Wellen (Beispiele)**

IM V1 IM 3011	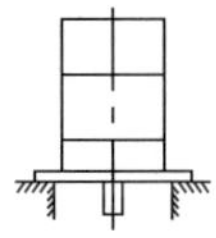	2	ohne Füße, mit Flansch	Flanschlagerschild auf der Antriebsseite, mit Zugang von der Gehäuseseite	Flanschanbau auf Antriebsseite des Flanschs, Antriebsseite unten
IM V2 IM 3231	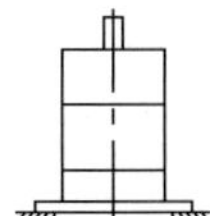	2	ohne Füße, mit Flansch	Flanschanbau auf der Nichtantriebsseite, mit Zugang von der Gehäuseseite	Flanschanbau auf Nicht-antriebsseite des Flanschs, Antriebsseite oben

Baugrößen. Die Hauptabmessung und die Zuordnung der Leistungen sind international durch die Norm IEC 60072 festgelegt. Die deutschsprachige Norm DIN EN 50347 mit dem Titel „Drehstromasynchronmotoren für den Allgemeingebrauch mit standardisierten Abmessungen und Leistungen – Baugröße 56 bis 315 und Flanschgrößen 65 bis 740“ basiert auf der IEC Norm. Für die größeren „Transnormmotoren“ sind von der IEC bisher nur die Abmessungen der Gehäuse genormt. Es gibt keine einheitliche Leistungszuordnung. Genormte Wellenhöhen der Transnormmotoren sind 355, 400 und 450 mm.

Die Wellenhöhe ist das Kennmaß für die Baugröße von Fußmotoren, wie in Bild **10**.4 dargestellt – z. B. Baugröße 80 mit der Wellenhöhe 80 mm. Bei gleicher Baugröße können Motoren unterschiedliche Bemessungsleistungen aufgrund der Baulängen und der Polzahlen aufweisen.

Die Baulänge ist durch folgende Buchstaben gekennzeichnet.

- S – short
- M – middle
- L – large

So haben z. B. die Drehstromasynchronmotoren

- 4-polig, Baugröße 90 S, die Leistung 1,1 kW und
- 4-polig, Baugröße 90 L die Leistung 1,5 kW.

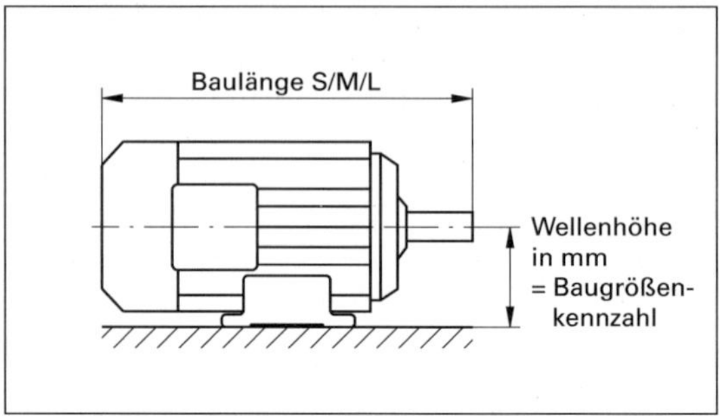

10.4 Kennzeichnung der Baugrößen

Anbaumaße. Tabelle **10**.5 zeigt eine Auswahl der Baugrößen für oberflächengekühlte Käfigläufer Asynchronmotoren. In gleicher Weise sind die Zuordnungen für oberflächengekühlte Schleifringläufer-Asynchronmotoren und durchzugsgekühlte Käfigläufer-Asynchronmotoren festgelegt. Die Anbaumaße und weitere Maße für Fußmotoren mit Wellenhöhen von 56 mm bis 315 mm sowie für Flanschmotoren mit den Flanschgrößen F65 bis F740 sind genormt. In den Tabellen **10**.6 und **10**.7 sind wichtige Normmaße für eine Auswahl von Baugrößen dargestellt.

Tabelle **10**.5 **Oberflächengekühlte Käfigläufer-Asynchronmotoren (Auszug)**

Motoren mit Füßen								
	Motoren mit Flansch[1]							
A	**B**		**C**				**D**	
Baugröße	**Wellendurchmesser**		**Bemessungsleistung**				**Flanschgröße**	
	2-polig mm	**4-, 6-, 8-polig mm**	**2-polig kW**	**4-polig kW**	**6-polig kW**	**8-polig kW**	**Durchgangsloch (FF)**	**Gewindeloch (FT)**
90S	24	24	1,5	1,1	0,75	(0,37)	F165	F100
90L	24	24	2,2	1,5	1,1	(0,55)	F165	F100
100L	28	28	3	2,2 oder 3	1,5	0,75 oder 1,1	F215	F130
112M	28	28	4	4	2,2	1,5	F215	F130
132S	38	38	5,5 oder 7,5	5,5	3	2,2	F265	F165
132M	38	38	–	7,5	4 oder 5,5	3	F265	F165
usw.	–	–	–	–	–	–	–	–
208S	65	75	57	75	45	37	F500	–
280M	65	75	90	90	55	45	F500	–
315S	65	80	110	110	75	55	F600	–
315M	65	80	132	132	90	75	F600	–

[1] Für Motoren mit Füßen und Flansch gelten alle Spalten.

Tabelle **10**.6 **Maße für Fußmotoren mit den Wellenhöhen 56 bis 315 mm (Auszug)**

Baugröße Ziffern = Wellenhöhe *H* in mm	***A*** mm	***B*** mm	***C*** mm	***K*** mm	**Bolzen oder Schraube**
90S	140	100	56	10	M8
90L	140	125	56	10	M8
100L	160	140	63	12	M10
112M	190	140	70	12	M10
132S	216	140	89	12	M10
132M	216	178	89	12	M10
usw.	–	–	–	–	–
280S	457	368	190	24	M20
280M	457	419	190	24	M20
315S	508	406	216	28	M24
315M	508	457	216	28	M24

Maßbilder

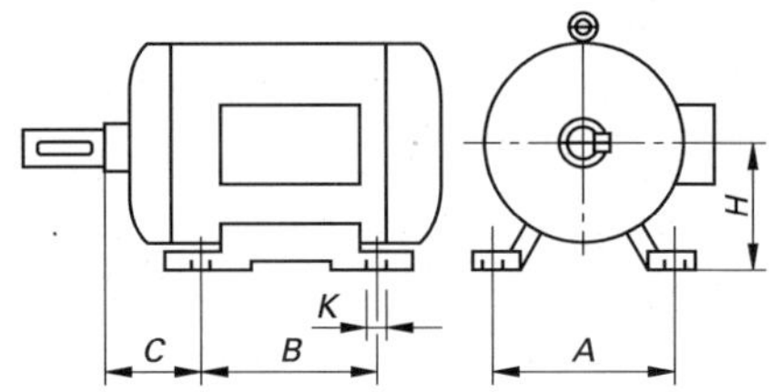

– *A* Abstand zwischen den Mittellinien der Befestigungslöcher in der Stirnansicht
– *B* Abstand zwischen den Mittellinien der Befestigungslöcher in der Seitenansicht
– *C* Abstand von der Wellenschulter der Antriebsseite zur Mittellinie der benachbarten Befestigungslöcher
– *K* Durchmesser der Bohrungen oder Breite der Langlöcher in den Füßen

Tabelle 10.**7** **Maße für Flanschmotoren mit Lochkreisdurchmessern von 65 bis 740, (Auszug)**

Flanschgröße FF o. FT = Lochkreisdurchmesser *M* in mm	***N*** mm	***P* max** mm	***R*** mm	**Anzahl der Löcher**	***S*** **Durchgangslöcher (FF)** mm	***S*** **Gewindelöcher (FT)** mm	***T* max** mm
100	80	120	0	4	7	M6	3
115	95	140	0	4	10	M8	3
130	110	160	0	4	10	M10	3,5
165	130	200	0	4	12	M10	3,5
usw.	–	–	–	–	–	–	–
600	550	660	0	8	24	M20	6
740	680	800	0	8	24	M20	6

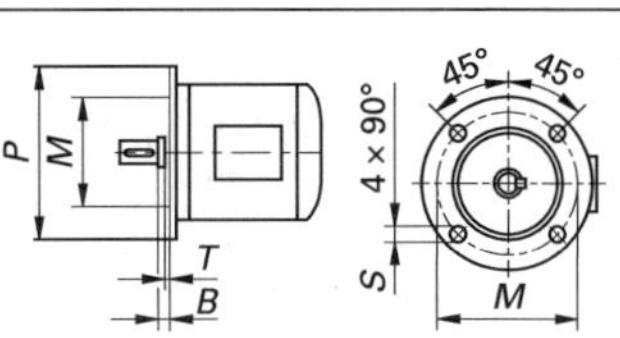

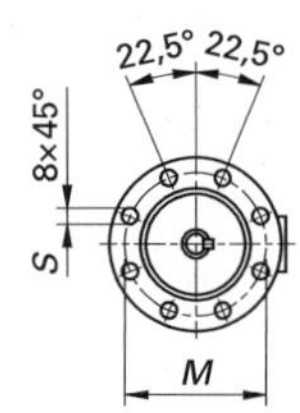

– *M* Lochkreisdurchmesser der Befestigungslöcher
– *N* Durchmesser der Flanschzentrierung
– *P* Außendurchmesser des Flanschs
– *R* Abstand zwischen der Befestigungsfläche des Flanschs und der Wellenschulter
– *S* Durchmesser der Befestigungsbohrungen des Flanschs oder Nennweite des Gewindes
– *T* Tiefe der Flanschzentrierung

Beispiel 10.1 Bestimmen Sie für einen 6-poligen oberflächengekühlten Fußmotor mit der Bemessungsleistung 1,5 kW die Baugröße, den Durchmesser der Antriebswelle und den Abstand der Fußbefestigungslöcher.

Lösung Nach Tabelle **10**.5 sind die Baugröße 100L und der Wellendurchmesser 28 mm. Der stirnseitige Abstand der Befestigungslöcher beträgt nach Tabelle **10**.6 160 mm und der Abstand in der Seitenansicht 140 mm.

10.3 Schutzarten

Allgemeine Festlegungen zu den Schutzarten durch Gehäuse finden sich in DIN EN 60529, für rotierende elektrische Maschinen speziell gilt die Produktnorm DIN EN 60034-5. Sie legt die Einteilung der Schutzarten durch Gehäuse für diese Maschinen unter Beachtung ihrer besonderen Anforderungen fest, definiert die Schutzgrade mit den Kennziffern und beschreibt die Prüf- und Abnahmebedingungen. Die Schutzart definiert den Schutz

- von Personen gegen das Berühren spannungsführender Teile oder die Annäherung an Hochspannung führende Teile,
- gegen das Berühren gefährlicher drehender Teile innerhalb des Gehäuses,
- der Maschine gegen Eindringen von Fremdkörpern und
- gegen das Eindringen von Wasser.

Sie beschreibt *nicht* den Schutz gegen Beschädigungen durch Feuchte, Korrosion, Schimmel oder Insekten und auch nicht den Explosionsschutz.

Das Schutzgrad-Kurzzeichen bestehen aus den beiden Kennbuchstaben IP (**I**nternational **P**rotection) und 2 Kennziffern für den Schutzgrad. Zusatzbuchstaben stehen nach IP oder nach den Kennziffern, dabei stehen *W* für festgelegte Wetterschutzbedingungen und *S* und *M* für besondere Wasserschutzbedingungen. Wenn die Schutzart mit nur einer Kennziffer für einen einzigen Schutzgrad angegeben wird, ist anstelle der fehlenden Kennziffer der Buchstabe X zu setzen (z. B. IPX5 oder IP2X).

Weicht die Schutzart eines Teils des Betriebsmittels, z. B. der der Anschlussklemmen, von der des Hauptteils ab, ist das Kurzzeichen für die Schutzart des abweichenden Teils besonders anzugeben. Die niedrige Schutzart wird dabei zuerst genannt (z. B. Klemmen IP 00 – Gehäuse IP 54). Die erste Kennziffer (0 bis 6) gibt den Schutzgrad gegen Berühren und Eindringen von Fremdkörpern an, die zweite Kennziffer (0 bis 8) den Schutzgrad gegen Eindringen von Wasser. Die Schutzart wird auf dem Gehäuse bzw. auf dem Leistungsschild angegeben (**10**.8 und **10**.9).

Beispiel 10.2 IP 44

Lösung Schutz gegen kornförmige Fremdkörper, > 1 mm und gegen Spritzwasser.

Tabelle **10**.8 **Schutzgrade für erste Kennziffer – Fremdkörperschutz**

Erste Kennziffer	Schutzgrad (Berührungs- und Fremdkörperschutz)
0	Kein besonderer Schutz
1	Schutz gegen Eindringen von festen Fremdkörpern mit einem Durchmesser größer als 50 mm (große Fremdkörper) Kein Schutz gegen absichtlichen Zugang, z. B. mit der Hand, jedoch Fernhalten großer Körperflächen
2	Schutz gegen Eindringen von festen Fremdkörpern mit einem Durchmesser größer als 12 mm (mittelgroße Fremdkörper) Fernhalten von Fingern oder ähnlichen Gegenständen
3	Schutz gegen Eindringen von festen Fremdkörpern mit einem Durchmesser größer als 2,5 mm (kleine Fremdkörper) Fernhalten von Werkzeugen, Drähten oder Ähnlichem von einer Dicke größer als 2,5 mm
4	Schutz gegen Eindringen von festen Fremdkörpern mit einem Durchmesser größer als 1 mm (kornförmige Fremdkörper) Fernhalten von Werkzeugen, Drähten oder Ähnlichem von einer Dicke größer als 1 mm
5	Schutz gegen schädliche Staubablagerungen. Das Eindringen von Staub ist nicht vollkommen verhindert; aber der Staub darf nicht in solchen Mengen eindringen, dass die Arbeitsweise des Betriebsmittels beeinträchtigt wird (staubgeschützt) Vollständiger Berührungsschutz
6	Schutz gegen Eindringen von Staub (staubdicht) Vollständiger Berührungsschutz

Tabelle **10**.9 **Schutzgrade für die zweite Kennziffer – Wasserschutz**

Zweite Kennziffer	Schutzgrad (Wasserschutz)
0	Kein besonderer Schutz
1	Schutz gegen tropfendes Wasser, das senkrecht fällt. Es darf keine schädliche Wirkung haben (Tropfwasser).
2	Schutz gegen tropfendes Wasser, das senkrecht fällt. Es darf bei einem bis zu 15° gegenüber seiner normalen Lage gekippten Betriebsmittel (Gehäuse) keine schädliche Wirkung haben (schrägfallendes Tropfwasser).
3	Schutz gegen Wasser, das in einem beliebigen Winkel bis 60° zur Senkrechten fällt. Es darf keine schädliche Wirkung haben (Sprühwasser).
4	Schutz gegen Wasser, das aus allen Richtungen gegen das Betriebsmittel (Gehäuse) spritzt. Es darf keine schädliche Wirkung haben (Spritzwasser).
5	Schutz gegen einen Wasserstrahl aus einer Düse, der aus allen Richtungen gegen das Betriebsmittel (Gehäuse) gerichtet wird. Es darf keine schädliche Wirkung haben (Strahlwasser).
6	Schutz gegen schwere See oder starken Wasserstrahl. Wasser darf nicht in schädlichen Mengen in das Betriebsmittel (Gehäuse) eindringen (Überfluten).
7	Schutz gegen Wasser, wenn das Betriebsmittel (Gehäuse) unter festgelegten Druck- und Zeitbedingungen in Wasser getaucht wird. Wasser darf nicht in schädlichen Mengen eindringen (Eintauchen).
8	Das Betriebsmittel (Gehäuse) ist geeignet zum dauernden Untertauchen in Wasser bei Bedingungen, die durch den Hersteller zu beschreiben sind (Untertauchen).

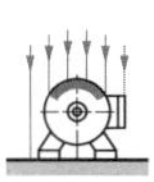	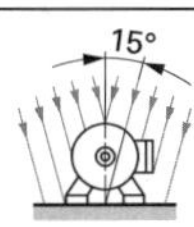	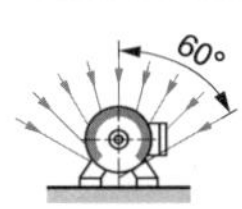			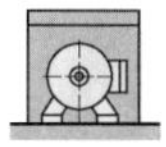	
Tropfwasser, senkrecht	Tropfwasser, schräg	Sprühwasser	Strahlwasser aus allen Richtungen	Überfluten	Untertauchen	
					zeitweilig	dauernd
X1	X2	X3	X5	X6	X7	X8

10.10 Wassereinwirkung beim Wasserschutz

10.4 Bemessung und Betrieb

Unter *Bemessung* versteht man die Gesamtheit der *Bemessungsgrößen*, d. h. Größen, die einer Maschine grundsätzlich vom Hersteller für bestimmte Betriebsbedingungen zugeordnet sind. Unter *Betrieb* versteht man die Festlegung der Belastung einer Maschine, einschließlich Anlauf, elektrischem Bremsen, Leerlauf und Stillstand sowie deren Dauer und zeitlicher Reihenfolge. Bei der Festlegung der Bemessung muss der Hersteller eine der sechs im Folgenden definierten Klassen auswählen (Bemessungsklassen):

1. Bemessung für Dauerbetrieb. Das ist eine Bemessung, bei der die Maschine während einer unbegrenzten Dauer betrieben werden darf.

2. Bemessung für Kurzzeitbetrieb. Das ist eine Bemessung, bei der die Maschine während einer begrenzten Zeit, von der Umgebungstemperatur ausgehend, betrieben werden darf.

3. Bemessung für gleichwertigen Dauerbetrieb. Das ist eine Bemessung zu Prüfzwecken, bei der die Maschine bis zum Erreichen des thermischen Beharrungszustands betrieben werden darf (s. in Abschn. 10.5 die Betriebsarten S3 bis S9).

4. Bemessung für periodische Betriebsarten. Das ist eine Bemessung, bei der die Maschine in Betriebsspielen betrieben werden darf. Diese Bemessungsklasse muss den Betriebsarten S3, S4, S5, S6, S7 oder S8 entsprechen. Die Dauer für ein Spiel muss 10 Minuten betragen, und die relative Einschaltdauer muss einen der folgenden Werte haben: 15 %, 25 %, 40 %, 60 %.

5. Bemessung für nichtperiodische Betriebsarten. Das ist eine Bemessung, bei der die Maschine den Bedingungen der Betriebsart S9 entsprechen muss.

6. Bemessung für einzelne konstante Belastungen. Das ist eine Bemessung, bei der die Maschine während einer unbegrenzten Dauer mit den zugehörigen Belastungen der Betriebsart S10 betrieben werden darf. Sofern nicht in anderen IEC-Normen festgelegt, darf die maximale Belastung das 1,2-fache der Bemessungsleistung in Betriebsart S1 nicht überschreiten.

Die Bemessungsklassen werden wie folgt gekennzeichnet.

Bemessung für Dauerbetrieb
= „S1" oder „DB"

Bemessung für einzelne konstante Belastungen
= „S10" ergänzt um den Zahlenwert TL

Bemessung für Kurzzeitbetrieb
= Dauer der Betriebszeit, z. B. „60 min" oder „S2 60 min"

Bemessung für gleichwertigen Dauerbetrieb
= „equ"

Bemessung für periodische und nichtperiodische Betriebsarten
= wie nachstehend bei den Betriebsarten angegeben, z. B. „S3 25 %"

10.5 Betriebsarten, Bemessungsklassen

Die Entwicklung der Antriebstechnik in den letzten Jahrzehnten hat immer wieder Neufassungen der VDE-Bestimmungen erforderlich gemacht. Nach der neuesten VDE-Bestimmung bzw. nach europäischer Norm EN 60034-1 von 2010 gelten folgende 10 Betriebsarten:

1. Dauerbetrieb – Betriebsart S1. Das ist ein Betrieb mit konstanter Belastung, dessen Dauer ausreicht, den thermischen Beharrungszustand zu erreichen (**10**.11). Die Kennzeichnung dieser Betriebsart lautet S1 oder auch DB.

Beispiel 10.3 11 kW, evtl. Zusatz: S1

Lösung Entspricht der Bemessung für den Dauerbetrieb, Betrieb mit unbegrenzter Dauer.

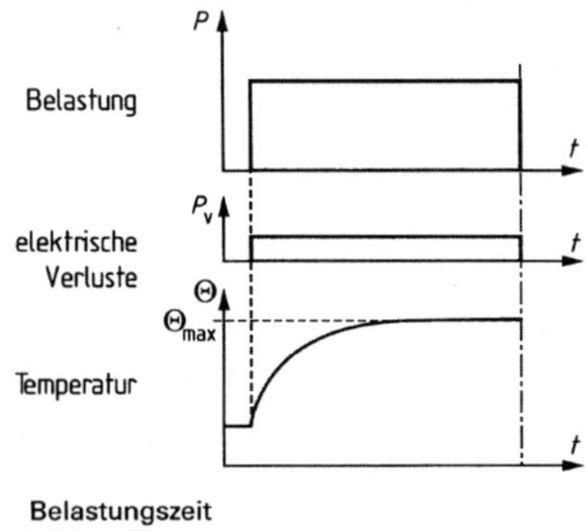

t Belastungszeit
Θ_{max} höchste Temperatur

10.11 Dauerbetrieb (S1)

2. Kurzzeitbetrieb – Betriebsart S2. Das ist ein Betrieb mit konstanter Belastung, dessen Dauer nicht ausreicht, den thermischen Beharrungszustand zu erreichen und einer nachfolgenden Zeitspanne im Stillstand mit stromlosen Wicklungen von solcher Dauer, dass die wieder abgesunkene Maschinentemperatur nur noch weniger als 2 K von der Kühlmitteltemperatur abweicht (**10**.12).

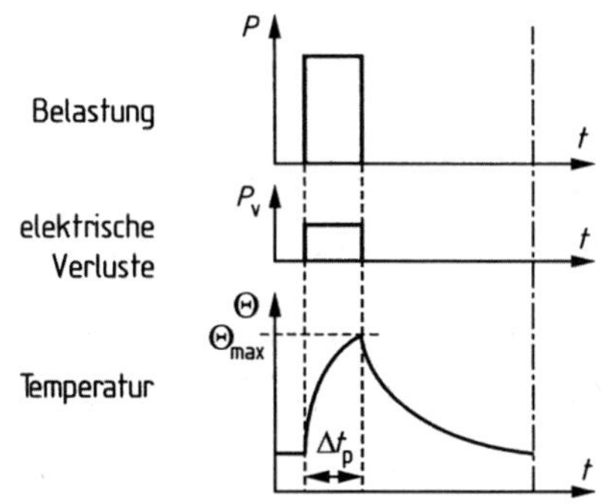

t Belastungszeit
Δt_p Betriebszeit mit konstanter Belastung
Θ_{max} höchste Temperatur

10.12 Kurzzeitbetrieb (S2)

Beispiel 10.4 S2: 10 min, 11 kW

Lösung Kurzzeitbetrieb mit der Spieldauer 10 min. Empfohlene Zeiten sind 10, 30, 60, 90 min.

3. Periodischer Aussetzbetrieb – Betriebsart S3. Das ist ein Betrieb, der sich aus einer Folge identischer Spiele zusammensetzt, von denen jedes eine Betriebszeit konstanter Belastung und eine Stillstandszeit mit stromlosen Wicklungen umfasst, wobei der Anlaufstrom die Übertemperatur nicht merklich beeinflusst (**10**.13).

Beispiel 10.5 Die Kennzeichnung dieser Betriebsart erfolgt durch die Angabe S3 und der Angabe der relativen Einschaltdauer. Also: S3 25 %, 25 min, 11 kW.

Hier auch die Angabe der von T_C = 10 min abweichenden Spieldauer. Empfohlene relative Einschaltdauern sind 15, 25, 40 und 60 %. Abweichungen müssen gekennzeichnet werden.

Lösung In dem Beispiel beträgt die Betriebszeit Δt_P 25 % von 25 min = 6,25 min und die Stillstandszeit Δt_R beträgt Spieldauer $T_C - \Delta t_P$ = 25 min – 6,25 min = 18,75 min.

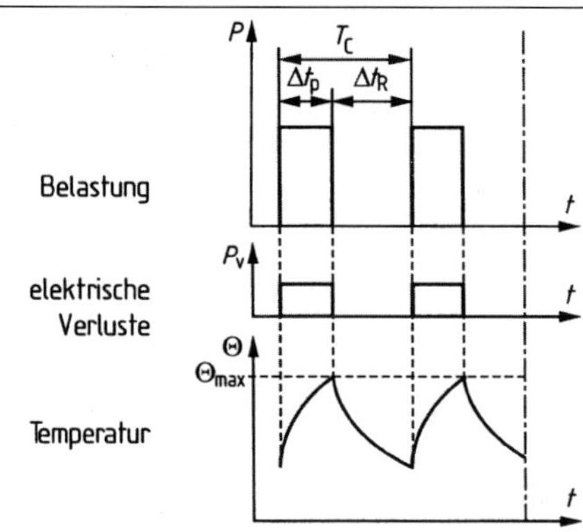

T_C	Spieldauer
Δt_p	Betriebszeit mit konstanter Belastung
Δt_R	Stillstandszeit mit stromlosen Wicklungen
	relative Einschaltdauer = t_p/T_C

10.13 Periodischer Aussetzbetrieb (S3)

4. Periodischer Aussetzbetrieb mit Einfluss des Anlaufvorgangs – Betriebsart S4. Das ist ein Betrieb, der sich aus einer Folge identischer Spiele zusammensetzt, von denen jedes eine merkliche Anlaufzeit, eine Betriebszeit mit konstanter Belastung und eine Stillstandszeit mit stromlosen Wicklungen umfasst (**10**.14).

Bei dieser Betriebsart geht man von einer zulässigen Anzahl von Leerschaltungen Z_0 aus und berechnet dann die zulässige Schalthäufigkeit entsprechend dem Lastmoment und einer eventuellen Zusatzmasse. Gegenüber S1 ist die Leistung zu reduzieren. Die Herstellerangaben sind zu beachten.

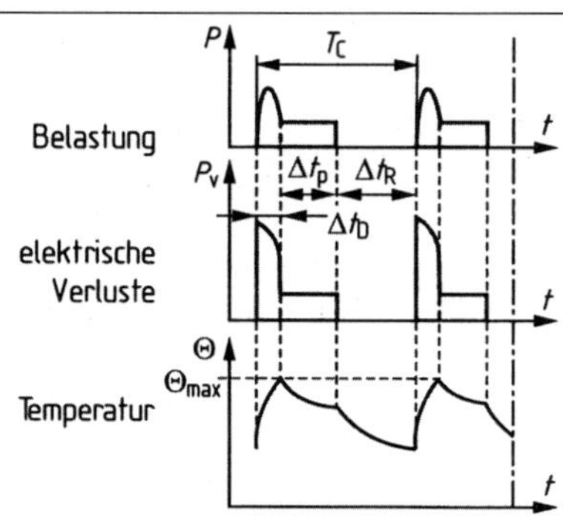

Δt_D	Anlaufzeit
Δt_p	Betriebszeit mit konstanter Belastung
Δt_R	Stillstandszeit mit stromlosen Wicklungen
	relative Einschaltdauer = $(\Delta t_D + \Delta t_p)/T_C$

10.14 Periodischer Aussetzbetrieb mit Einfluss des Anlaufvorgangs (S4)

5. Periodischer Aussetzbetrieb mit elektrischer Bremsung – Betriebsart S5. Das ist ein Betrieb, der sich aus einer Folge identischer Spiele zusammensetzt, von denen jedes eine Anlaufzeit, eine Betriebszeit mit konstanter Belastung, eine Zeit schneller, elektrischer Bremsung und eine Stillstandszeit mit stromlosen Wicklungen umfasst (**10**.15). Bei den Betriebsarten S4 und S5 werden diese Kurzzeichen ergänzt um die Angabe der relativen Einschaltdauer sowie das Massenträgheitsmoment des Motors (J_M) und das Trägheitsmoment der Last (J_{ext}), beide auf die Motorwelle bezogen.

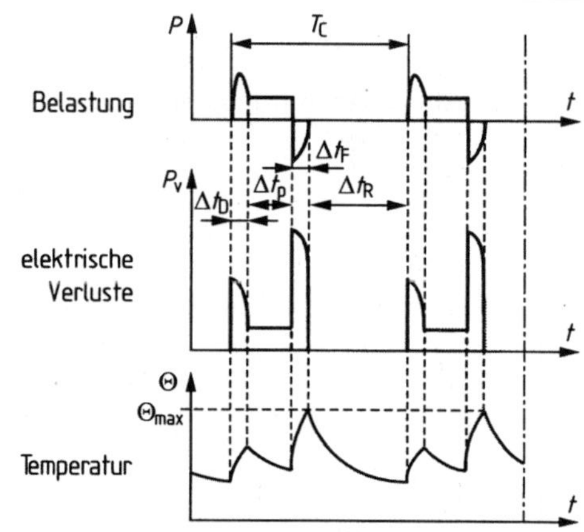

Δt_D	Anlaufzeit
Δt_p	Betriebszeit mit konstanter Belastung
Δt_F	Zeit mit elektrischer Bremsung
Δt_R	Stillstandszeit mit stromlosen Wicklungen
	relative Einschaltdauer = $(\Delta t_D + \Delta t_p + \Delta t_F)/T_C$

10.15 Periodischer Aussetzbetrieb mit elektrischer Bremsung (S5)

Beispiel 10.6 S5 25 % $J_M = 0{,}15\ \text{kgm}^2$

$J_{ext} = 0{,}7\ \text{kgm}^2$

In Zweifelsfällen und wenn die Zeiten des Anlaufs und der Bremsung relativ zur Bemessungsbetriebszeit groß sind, sollen alle drei Zeitabschnitte gesondert angegeben werden.

Lösung Die Einschaltdauer 25 % der Normalspielzeit von 10 min beträgt 2,5 min. Sie setzt sich zusammen aus der Anlaufzeit, der Betriebszeit und der Bremszeit. Die Stillstandszeit mit stromlosen Wicklungen beträgt dann 7,5 min.

6. Ununterbrochener periodischer Betrieb mit Aussetzbelastung – Betriebsart S6. Das ist ein Betrieb, der sich aus einer Folge identischer Spiele zusammensetzt, von denen jedes eine Betriebszeit konstanter Belastung und eine Leerlaufzeit umfasst. Es tritt keine Stillstandszeit mit stromlosen Wicklungen auf (**10**.16).

Die Leerlaufverluste erwärmen die Wicklung, sodass sie nicht so stark abkühlt, wie im Aussetzbetrieb.

Beispiel 10.7 Die Kennzeichnung dieser Betriebsart lautet bei einer Spieldauer von 10 min S6 mit Angabe der relativen Einschaltdauer, also z. B. S6 40 %.

Bei anderen Spieldauern: z. B. S6, 25 %, 40 min, 11 kW.

Lösung Die relative Einschaltdauer, das ist die Betriebszeit mit konstanter Belastung, beträgt 40 % von der Spieldauer 10 min = 4 min. Die Leerlaufzeit ist somit 6 min.

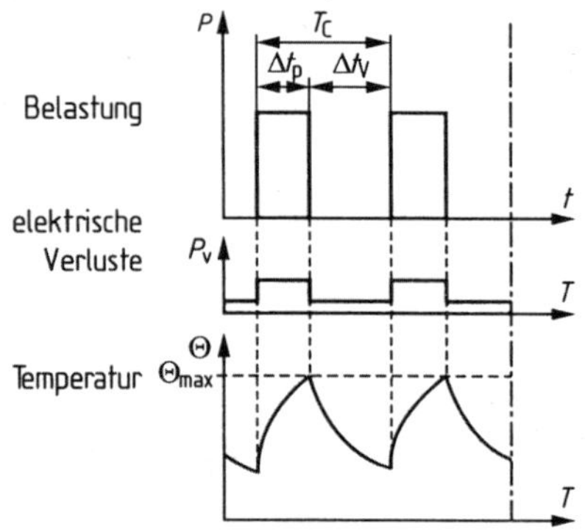

Δt_p Betriebszeit mit konstanter Belastung
Δt_V Leerlaufzeit
relative Einschaltdauer = $\Delta t_p / T_C$

10.16 Ununterbrochener periodischer Betrieb mit Aussetzbelastung (S6)

7. Ununterbrochener periodischer Betrieb mit elektrischer Bremsung – Betriebsart S7. Das ist ein Betrieb, der sich aus einer Folge identischer Spiele zusammensetzt, von denen jedes eine Anlaufzeit, eine Betriebszeit mit konstanter Belastung und eine Zeit mit elektrischer Bremsung umfasst. Es tritt kein Stillstand mit stromlosen Wicklungen ein (**10**.16). Bei dieser Betriebsart wird das Kurzzeichen S7 ergänzt um das Massenträgheitsmoment des Motors (J_M) und das Massenträgheitsmoment der Last (J_{ext}) – beide auf die Motorwelle bezogen.

Beispiel 10.8 S7 $J_M = 0{,}4$ kgm^2
$J_{ext} = 7{,}5$ kgm^2

Lösung In Zweifelsfällen und wenn die Zeiten des Anlaufs und der Bremsung relativ zur Bemessungsbetriebszeit groß sind, oder besondere Bedingungen vorhanden sind kann z. B. angegeben werden:

S7, 500 Spiele pro Stunde, Bremsung durch Gegenstrom, 11 kW

Die hohe Schalthäufigkeit und die Bremsung durch Gegenstrom führen zur starken Erwärmung und werden daher extra ausgewiesen.

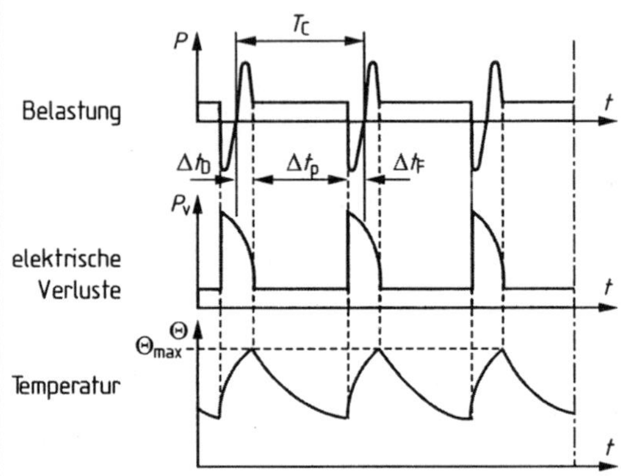

Δt_D Anlaufzeit
Δt_p Betriebszeit mit konstanter Belastung
Δt_F Zeit mit elektrischer Btremsung
relative Einschaltdauer $t_r = 1$

10.17 Ununterbrochener periodischer Betrieb mit elektrischer Bremsung (S7)

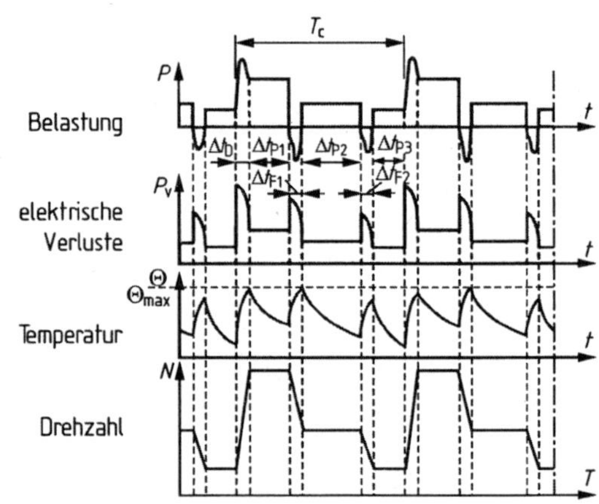

Δt_D Anlaufzeit
Δt_p Betriebszeit mit konstanter Belastung (P1, P2, P3)
Δt_F Zeit mit elektrischer Bremsung
relative Einschaltdauer = $(\Delta t_D + \Delta t_{p1} + \Delta t_{p2}) / T_C$
$(\Delta t_{F1} + \Delta t_{p1}) / T_C$
$(\Delta t_{F2} + \Delta t_{p3}) / T_C$

10.18 Ununterbrochener periodischer Betrieb mit Last- / Drehzahländerungen (S8)

8. Ununterbrochener periodischer Betrieb mit Last/Drehzahländerungen – Betriebsart S8. Das ist ein Betrieb, der sich aus einer Folge identischer Spiele zusammensetzt; jedes dieser Spiele umfasst eine Betriebszeit mit konstanter Belastung und bestimmter Drehzahl und anschließend eine oder mehrere Betriebszeiten mit anderen konstanten Belastungen entsprechend den unterschiedlichen Drehzahlen (z. B. durch Polumschaltung erreicht). Es tritt keine Stillstandszeit mit stromlosen Wicklungen auf (**10**.18). Bei dieser Betriebsart wird das Kurzzeichen S8 ergänzt um das Massenträgheitsmoment des Motors (J_M) und das Massenträgheitsmoment der Last (J_{ext}), beide auf die Motorwelle bezogen, sowie die Belastung, die Drehzahl und die relative Einschaltdauer für jede in Frage kommende Drehzahl.

Beispiel 10.9 S8 $J_M = 0{,}5\ \text{kgm}^2$ $J_{ext} = 6\ \text{kgm}^2$
16 kW 740 min^{-1} 30 %
40 kW 1460 min^{-1} 30 %
25 kW 960 min^{-1} 40 %

9. Betrieb mit nichtperiodischen Last- und Drehzahländerungen – Betriebsart S9. Das ist ein Betrieb, bei dem sich im Allgemeinen Belastung und Drehzahl innerhalb des zulässigen Betriebsbereichs nichtperiodisch ändern. Bei diesem Betrieb treten häufig Überlastungen auf, die weit über der Volllast liegen dürfen (**10**.19). Die Kennzeichnung lautet S9.

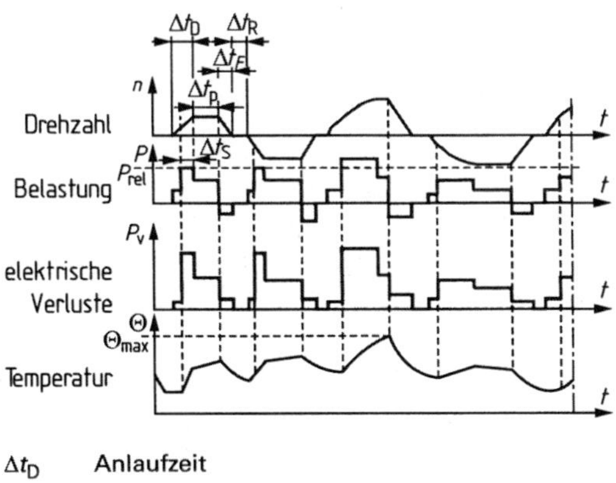

Δt_D Anlaufzeit
Δt_p Betriebszeit mit konstanter Belastung
Δt_R Stillstandszeit mit stromlosen Wicklungen
relative Einschaltdauer = $(\Delta t_D + \Delta t_p)/T_C$

10.19 Betrieb mit nichtperiodischen Last- und Drehzahländerungen (S9)

Gegenüber dem Dauerbetrieb kann die äquivalente Dauerleistung der Betriebsart S9 je nach Lastverlauf und Länge der Pausen niedriger, gleich oder höher sein.

10. Betrieb mit einzelnen konstanten Belastungen – Betriebsart S10. Das ist ein Betrieb, der nicht mehr als vier einzelne Belastungswerte (oder gleichwertige Belastungen) enthält. Jede einzelne bleibt über eine ausreichende Zeit aufrechterhalten und erlaubt der Maschine den thermischen Beharrungszustand zu erreichen. Die kleinste Belastung innerhalb eines Betriebsspiels darf den Wert null besitzen (Leerlauf oder Stillstand). Für diese Betriebsart sollte eine konstante Belastung als Referenzwert für die einzelnen Belastungen entsprechend Betriebsart S1 ausgewählt werden (**10**.20).

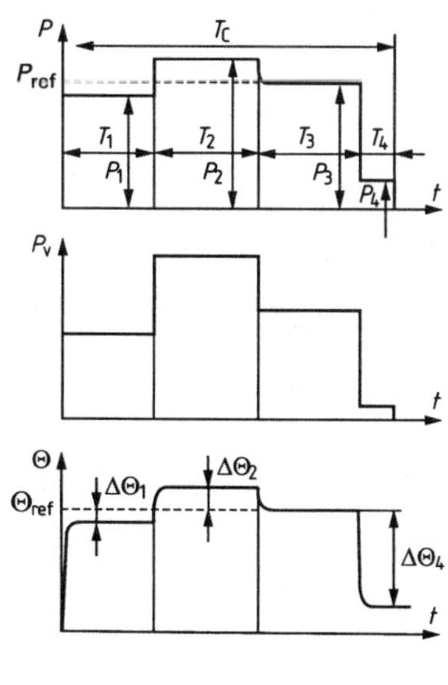

P Belastung
P_i konstante Belastung innerhalb eines Lastspiels
P_{ref} Referenzlast entsprechend Betriebsart S1
P_v elektrische Verluste
T_i Zeit der Belastung mit P_i
T_C Spieldauer
Θ Temperatur
Θ_{ref} Temperatur bei Referenzlast entsprechend Betriebsart S1
$\Delta\Theta_1$ Differenz zwischen der Übertemperatur der Wicklung bei jeder der verschiedenen Belastungen innerhalb eines Spiels und der Übertemperatur für Betriebsart S1 bei Referenzleistung

10.20 Betrieb mit einzelnen konstanten Belastungen (S10)

Bei dieser Betriebsart wird das Kurzzeichen S10 ergänzt um die bezogene Größe $p/\Delta t$ für die jeweilige Belastung und ihre Einwirkdauer sowie die bezogene Größe TL für die thermische Lebenserwartung des Isoliersystems. Der Bezugswert für TL ist die thermische Lebenserwartung bei Bemessung für Dauerbetrieb und mit den zulässigen Grenzwerten entsprechend Betriebsart S1. Für Zeitspannen im Stillstand mit stromlosen Wicklungen muss die Belastung durch den Buchstaben r gekennzeichnet sein. Nähere Hinweise s. DIN EN 60034-1.

Beispiel 10.10 S10 $p/\Delta t$ = 1,1/0,4 1/0,3 0,9/0,2
TL = 0,6 r/0,1

Wie bereits erwähnt, sollen die zulässigen Grenztemperaturen der Isolation (s. Tab. **10**.23) nicht überschritten werden, um eine ausreichende „Lebensdauer" der Maschine zu gewährleisten. Andererseits will man aber das Leistungsvermögen der Maschine weitgehend ausnutzen, d. h. möglichst nah an die zulässige Erwärmungsgrenze herankommen. Mit der Festlegung der Betriebsarten werden Maschinen den betrieblichen Anforderungen besser angepasst.

Motorleistung und Betriebsarten

Die Betriebsarten können in zwei Gruppen eingeteilt werden, wobei gegenüber dem Dauerbetrieb S1 eine Erhöhung oder eine Verminderung der Bemessungsleistung möglich, bzw. notwendig ist.

- Leistungserhöhung gegenüber S1 bei S2, S3 und S6
- Leistungsverminderung gegenüber S1 bei S4, S5, S7, S8 und ggf. S9

Leistungserhöhung gegenüber S1. Da bei den Betriebsarten S1, S3 und S6 die Maschine nicht dauernd mit Volllast, sondern nur blockweise betrieben wird und zwischenzeitlich wieder abkühlen kann, darf sie höher als mit Bemessungsleitung für S1 belastet werden. Neben den Grenzen der thermischen Belastung ist auch die mechanische Grenzleistung zu beachten ($P_{mech} \leq P_N$).

Mechanische Grenzleistung. Die Überprüfung der mechanischen Grenzleistung hat sicherzustellen, dass die notwendige Überlastungsfähigkeit M/M_K noch ausreichend ist. Die DIN EN 60034-1 fordert einen Mindestwert der Überlastungsfähigkeit von 1,6; in einigen Herstellerangaben wird ein Wert von 1,8 gefordert. Der „Normalwert" M_K/M_N für den Dauerbetrieb S1 ist den Motor-Katalogen der Hersteller zu entnehmen. Die mechanische Grenzleistung berechnet sich dann zu

$$P_{mech} \leqq \frac{M_K}{M_N} \cdot \frac{P_N}{1{,}6}\,. \tag{10.1}$$

Werden die Grenzleistungen der thermischen oder der mechanischen Belastbarkeit mit unterschiedlichen Werten ermittelt, gilt für die Dimensionierung des Antriebs der jeweils kleinste Wert.

Thermische Belastung

Dauerbetrieb S1 – Kurzzeitbetrieb S2. Es ist ohne weiteres möglich, z. B. einen Motor der Betriebsart S1 (Dauerbetrieb) in der Betriebsart S2 (Kurzzeitbetrieb) einzusetzen und ihn dabei mit größerer Leistung zu belasten als seine Dauerbetriebsleistung. Da nach der Definition des Kurzzeitbetriebs die Belastungszeit t_B kurz ist und daher die thermische Beharrungstemperatur nicht erreicht wird, darf der Motor während dieser kurzen Zeit so hoch belastet werden, dass die Endübertemperatur für Dauerbetrieb erreicht wird.

Dies bedeutet, dass der Dauerbetriebsmotor im Kurzzeitbetrieb höher belastet werden darf, als es seiner Dauerbetriebs-Bemessungsleistung entspricht. Um die Kurzzeitleistung zu ermitteln, wird die für den Dauerbetrieb zulässige Endübertemperatur $\Delta\Theta_E$ in eine zeitlich konstante „Ersatzbelastung" umgerechnet (**10**.21). Wird vereinfacht angenommen, dass die Wicklungstemperaturen nur von den Stromwärmeverlusten (P_V) abhängen, kann man die Verhältnisgleichung (10.2) aufstellen.

$$\frac{P_{v(S2)}}{P_{v(S1)}} = \frac{\tau_{E(S2)}}{\tau_{E(S1)}} = \frac{1}{1 - e^{-\frac{t_{B(S2)}}{\tau_E}}} \tag{10.2}$$

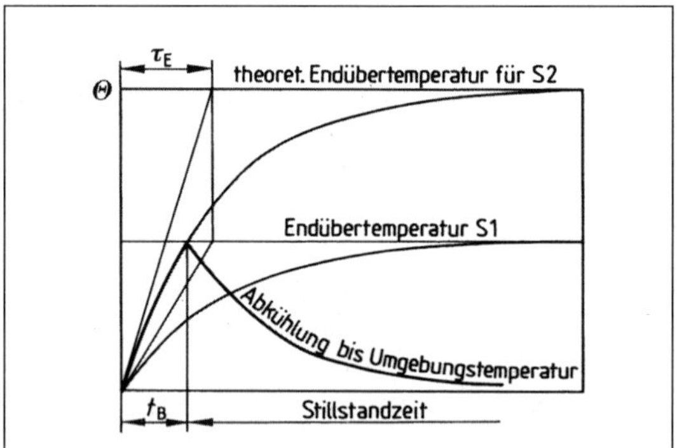

10.21 Erwärmung und Abkühlung für Betriebsarten S1 und S2

Setzen wir weiterhin Nebenschlussverhalten der Maschinen voraus (weitgehend konstante Drehzahl), können wir feststellen, dass die Verluste vom Quadrat des Maschinenstroms abhängen ($P_V = I^2 \cdot R$). Da die Abgabeleistung einer Maschine bei konstanter Spannung zu dem Maschinenstrom etwa proportional ist, kann die Gleichung (10.2) umgewandelt werden. Es gilt:

$$\frac{P_{(S2)}}{P_{(S1)}} = \sqrt{\frac{1}{1 - e^{-\frac{t_{B(S2)}}{\tau_E}}}} \qquad (10.3)$$

Beispiel 7.11 Ein Drehstrommotor mit der Bemessungsleistung 7,5 kW (S1) soll im Kurzzeitbetrieb (S2) mit der Betriebsdauer t_B = 10 min eingesetzt werden. Die Erwärmungszeitkonstante der Maschine ist 30 min.

a) Mit welcher „Bemessungsleistung" darf die Maschine im Kurzzeitbetrieb belastet werden?

b) Die mechanische Grenzleistung ist zu überprüfen, im Motorenkatalog ist M_K/M_N = 2,8 angegeben.

Lösung a) $P_{(S2)} = P_{(S1)} \sqrt{\frac{1}{1 - e^{-\frac{t_{B(S2)}}{\tau_E}}}}$

$P_{(S2)} = 7{,}5\ \text{kW} \sqrt{\frac{1}{1 - e^{-\frac{1}{3}}}} = \mathbf{14\ kW}$

b) $P_{mech} \leqq M_K/M_N \cdot P_N/1{,}6$

$P_{mech} \leqq 2{,}8 \cdot 7{,}5\ \text{kW}/1{,}6 = \mathbf{13{,}1\ kW}$

Die mechanische Grenzleistung ist kleiner als die zulässige thermische Belastung, um das Überlastungsverhältnis $M_K/M_N > 1{,}6$ sicherzustellen. Der Motor darf im Kurzzeitbetrieb nur mit 13,1 kW belastet werden.

Beispiel 7.12 Für einen Schwimmbagger werden vierpolige 7,5-kW (S2)-Drehstrom-Asynchronmotoren mit der Einschaltzeit von 12 min benötigt. Angeboten werden 5,5-kW (S1)-Motoren mit dem Überlastungsverhältnis 3,3 und der Erwärmungszeitkonstante τ_E = 10 min.

Prüfen Sie, ob die Motoren thermisch und mechanisch geeignet sind.

Lösung $P_{(S2)} = P_{(S1)} \sqrt{\frac{1}{1 - e^{\frac{-t_{B(S2)}}{\tau_E}}}}$

$P_{(S2)} = P_{(S1)} \sqrt{\frac{1}{1 - e^{-\frac{12}{10}}}} = \mathbf{6{,}58\ kW}$

$P_{mech} \leqq M_K/M_N \cdot P_N/1{,}6$

$P_{mech} \leqq 3{,}3 \cdot 5{,}5\ \text{kW}/1{,}6 = \mathbf{11{,}34\ kW}$

Die thermische Leistung ist nicht ausreichend. Die mechanische Belastbarkeit ist ausreichend. Der Motor kann nicht eingesetzt werden.

Aussetzbetrieb S3 – Aussetzbetrieb S3. Beim Aussetzbetrieb S3 wechseln Belastungszeiten und Stillstandszeiten ab. Beide Zeiten genügen nicht, um die jeweiligen thermischen Beharrungstemperaturen zu erreichen. Nach mehreren Spielen ($t_S = t_B + t_{St}$) wird die Maschinentemperatur zwischen einem Maximalwert und einem Minimalwert „pendeln" (**10**.22).

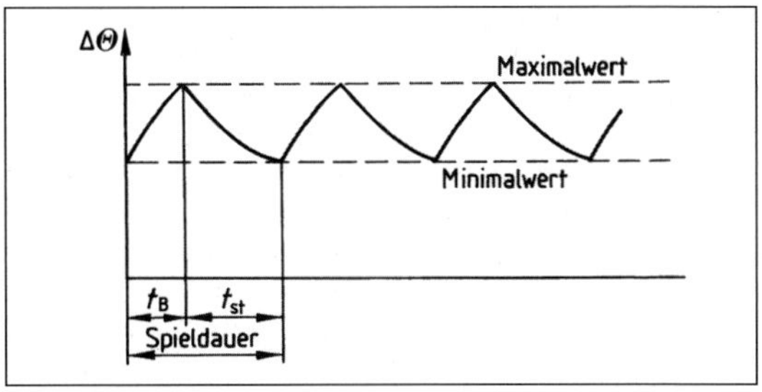

10.22 Temperaturverlauf für S3 nach mehreren Spielen

Auch in diesem Fall ist es möglich, die Leistung eines Motors mit bestimmter relativer Einschaltdauer (ED) umzurechnen in eine zulässige Leistung und andere relative Einschaltdauer. Wir wollen dazu eine Näherungsgleichung entwickeln. Wird angenommen, dass innerhalb der unterschiedlichen Belastungszeiten t_{B1} und t_{B2} die Stromwärmeverluste ($P_V = I^2 \cdot R$) und damit die Übertemperaturen sich nicht ändern, gilt:

$I^2_{ED1} \cdot t_{B1} = I^2_{ED2} \cdot t_{B2}$

Setzt man auch hier Proportionalität zwischen der Leistung und dem Maschinenstrom und weiterhin die gleiche Spieldauer (z. B. 10 min) voraus, kann man schreiben:

$$\frac{P^2_{ED2}}{P^2_{ED1}} = \frac{ED_1}{ED_2} \quad \text{oder}$$

$$P_{ED2} = P_{ED1} \sqrt{\frac{ED_1}{ED_2}}. \qquad (10.4)$$

Beispiel 7.13 Ein Motor der Betriebsart S3 hat die relative Einschaltdauer 25 % bei der Spieldauer 10 min. Die Bemessungsleistung beträgt 4 kW. Der Motor soll bei gleicher Spieldauer mit der relativen Einschaltdauer 40 % arbeiten. Wie hoch darf er belastet werden?

Lösung $P_{ED2} = P_{ED1} \sqrt{\frac{ED_1}{ED_2}}$

$P_{ED2} = 4\ \text{kW} \sqrt{\frac{25\ \%}{40\ \%}} = \mathbf{3{,}16\ kW}$

Auch hier muss wieder die mechanische Grenzleistung überprüft werden.

Leistungsverminderung gegenüber S1. Bei den Betriebsarten S4, S5, S7, S8 und ggf. S9 ist eine Reduktion der Motorleistung gegenüber dem Dauerbetrieb S1 notwendig. In all diesen Fällen spielen die Anlauf- bzw. Bremsverluste eine wesentliche Rolle. Die Berechnungsmethode basiert auf der zulässigen Leerlaufumschalthäufigkeit z_0. Dies ist die maximal zulässige Umschaltung je Stunde, ohne dass der Motor unzulässig erwärmt wird. Die maximal zulässige Schalthäufigkeit für eine bestimmte Belastung in den obigen Betriebsarten ergibt sich dann über Reduktionsfaktoren wie Trägheitsfaktor, Gegenmomentfaktor und Lastfaktor.

10.6 Erwärmung – Thermische Klassen, Wärmeklassen

Eisen-, Kupfer- und Reibungsverluste einer Maschine führen zur Erwärmung. Mit zunehmender Übertemperatur wird die in der Maschine erzeugte Wärme an die Umgebung abgegeben, bis ein Gleichgewichtszustand „erzeugte Wärme = „abgegebene Wärme" erreicht ist. In diesem Falle hat die Maschine ihre Beharrungstemperatur. Für die einzelnen thermischen Klassen (Wärmeklassen) sind die zulässigen Grenzwerte der Übertemperaturen in den DIN EN Bestimmungen 60034-1 (drehende Maschinen) und 60076-2 (Transformatoren) festgelegt.

Die Grenz-Übertemperaturen von indirekt mit Luft gekühlten Maschinen liegen etwa zwischen 55 °C (Wärmeklasse A) und 125 °C (Wärmeklasse H). Diese Werte gelten für alle Maschinenteile bis auf Kollektoren und Schleifringe sowie die Lager. Bild **10**.23 zeigt die Zusammensetzung der Grenztemperatur GT der einzelnen Wärmeklassen. Sie ergibt sich aus der Kühlmitteltemperatur KT (hier 40 °C bis zu 1000 m Aufstellungshöhe der Maschine) und der Grenz-Übertemperatur GÜT (Angabe in K). Ferner ist noch eine Erwärmungstoleranz zur Sicherheit zu berücksichtigen (z. B. 10 K), weil die Messung der Wicklungstemperatur über eine Widerstandsmessung nicht den wärmsten Punkt der Wicklung (Hotspot) erfasst, sondern nur einen Mittelwert. Tabelle **10**.24 zeigt als Beispiel die Grenzwerte der Übertemperaturen von indirekt mit Luft gekühlten drehenden Maschinen.

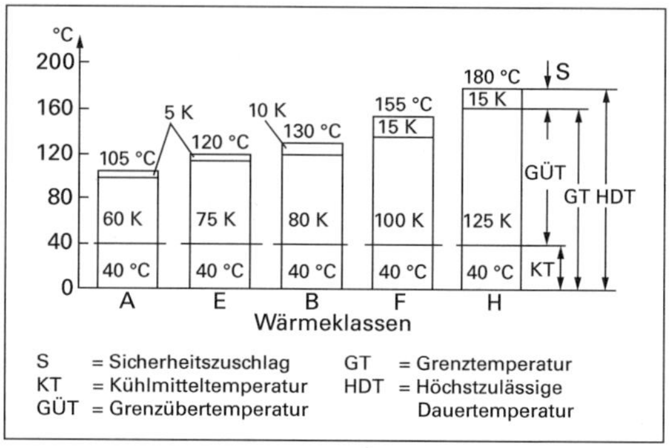

10.23 Zusammensetzung der Grenztemperaturen

Tabelle **10**.24 **Grenzwerte der Übertemperatur von Wicklungen bei indirekter Luftkühlung**

Thermische Klasse		130 (B)			155 (F)			180 (H)		
Messverfahren: Th – Thermometer, R – Widerstand EFT – eingebauter Temperaturfühler		Th K	R K	EFT K	Th K	R K	EFT K	Th K	R K	EFT K
Nr.	Maschinenteil									
1	Wechselstromwicklung von Maschinen ...									
a	5000 kW / kVA oder mehr	–	80	65[a)]	–	105	110[a)]	–	125	130[a)]
b	< 5000 kW /KVA > 200 kW / kVA	–	80	90[a)]	–	105	115[a)]	–	125	135[a)]
c	< 200 kW / kVA, ausgenommen Wicklungen nach Nr. 1d) oder 1e) [b)]	–	80	–	–	110			130	–
d	< 600 W / VA [b)]	–	85	–	–	110			130	–
e	mit Eigenkühlung, ohne Lüfter (IC40) und/oder mit gekapselten Wicklungen [b)]	–	85	–	–	110			130	–
2	Kommutator-Wicklungen	70	80	–	85	105	–	105	125	–

a) Für Hochspannungs-Wechselstromwicklungen kann eine Anpassung dieser Werte erforderlich sein, s. DIN EN 60034-1.
b) Bei der Anwendung des Überlagerungsverfahrens für Wicklungen von Maschinen $\leq$ 200 kW / kVA, isoliert nach den thermischen Klassen 130(B) und 155(F), dürfen die für das Widerstandsverfahren festgelegten Grenzwerte der Übertemperaturen um 5 K überschritten werden.
c) Betrifft auch mehrlagige Wicklungen, vorausgesetzt, dass die unteren Lagen einzeln vom primären Kühlmittel umspült werden.

Für andere Kühlmitteltemperaturen und Aufstellhöhen siehe Tabelle **10**.25 eines Herstellers mit dem Reduzierfaktor k_{HT} zur Verminderung der Leistung einer Maschine.

Die Grenzwerte der Übertemperaturen für Öl-Transformatoren nach DIN EN 60076-2 sind der Tabelle **10**.27 zu entnehmen. Für die Grenzwerte der Übertemperaturen wurde zugrunde gelegt, dass die Kühllufttemperatur des äußeren Kühlmittels den Wert 40 °C nicht überschreitet. Es ist ferner vorgeschrieben, dass bei den angegebenen Werten die mittlere Jahrestemperatur 20 °C und die mittlere Tagestemperatur 30 °C nicht übersteigen. Wird ein Transformator in einem Raum betrieben, in dem die angegebenen Temperaturen nicht einzuhalten sind, gelten die in Tabelle **10**.26 angegebenen Korrekturfaktoren. Für Leistungs-Trockentransformatoren sind die Grenzübertemperaturen in Tabelle **10**.28 aufgeführt.

Tabelle **10**.25 **Reduzierfaktor k_{HT} für abweichende Aufstellungshöhen und/oder Kühlmitteltemperaturen drehender Maschinen eines Herstellers**

Aufstellungshöhe über **NN in m**	Kühlmitteltemperatur					
	< 30 °C	30 °C–40 °C	45 °C	50 °C	55 °C	60 °C
1000	1,07	1,00	0,96	0,92	0,87	0,82
1500	1,04	0,97	0,93	0,89	0,84	0,79
2000	1,00	0,94	0,90	0,86	0,82	0,77
2500	0,96	0,90	0,86	0,83	0,78	0,74
3000	0,92	0,86	0,82	0,79	0,75	0,70
3500	0,88	0,82	0,79	0,75	0,71	0,67
4000	0,82	0,77	0,74	0,71	0,67	0,63

Tabelle **10**.26 **Korrektur der Übertemperatur bei besonderen Betriebsbedingungen von luftgekühlten Flüssigkeits-Transformatoren**

Umgebungstemperaturen in °C			Korrektur der Übertemperatur in K
Jahresmittelwert	Monatsmittelwert	Höchstwert	
20	30	40	0
25	35	45	–5
30	40	50	–10
35	45	55	–15

Tabelle **10**.27 **Zulässige Übertemperatur von Öltransformatoren**

Anforderungen für	Zulässige Übertemperaturen in K
Isolierflüssigkeit oben	60
mittlere Wicklung, bestimmt durch Widerstandsmessung:	
ON...und OF...Kühlung	65
OD...Kühlung	70
Heißpunkt der Wicklung	78

Tabelle **10**.28 **Zulässige Grenzübertemperaturen von Trocken-Leistungstransformatoren**

Thermische Klasse	105 (A)	120 (E)	130 (B)	155 (F)	180 (H)	200
Grenz-Übertemperatur in K	60	75	80	100	125	135

Beispiel 10.14 Ein 15-kW-oberflächengekühlter Drehstromasynchronmotor wird auf 2000 m Höhe bei 50 °C betrieben. Mit welcher Leistung darf der Motor belastet werden?

Lösung Nach Tabelle **10**.25 beträgt k_{Th} = 0,86. Der Motor ist mit $P = k_{TH} \cdot P_N$ = 0,86 · 15 kW = **12,9 kW** belastbar.

Beiplel 10.15 Ein luftgekühlter Transformator ist in der Umgebungstemperatur mit dem Jahresmittelwert von 30 °C aufgestellt.

Lösung Nach Tabelle **10**.26 muss die zulässige Übertemperatur um 10 K gesenkt werden.

10.7 Kühlung, Umgebungs- und Kühlmitteltemperatur

Wird eine belastete Maschine vom Netz abgeschaltet, kühlt sie sich ab. Dabei sinkt die Temperatur zunächst schnell und nähert sich dann langsam der Umgebungstemperatur. Die Abkühlungszeit ist umso kürzer, je besser die Wärmeleitungen und -übergänge innerhalb des Motors, Generators oder Transformators und je größer die wärmeabstrahlenden Oberflächen (z. B. Kühlrippen) sind. Wird eine Maschine nach der Belastung nicht abgeschaltet, sondern im Leerlauf betrieben, ist die Abkühlungszeit wegen der anhaltenden Belüftung geringer. Die Maschine kühlt jedoch nicht auf Umgebungstemperatur ab, sondern auf eine den Leerlaufverlusten entsprechende Beharrungstemperatur. Für große Maschinen ist der Leerlauf zum Zweck der Kühlung wirksamer als bei kleinen Maschinen.

Die Kühlverfahren für drehende elektrische Maschinen sind in DIN EN 60034-6 definiert. Es sind zwei Kennzeichnungssysteme vorgesehen, beide beginnen mit IC (**I**nternational **C**ooling). Bei der vollständigen Kennzeichnung folgen auf IC zwei Blöcke mit je einem Buchstaben und zwei Ziffern, z. B. IC W37 A71. In Deutschland soll vorzugsweise die vereinfachte Bezeichnung verwendet werden, die sich auch durchgesetzt hat. Nach IC folgen zwei oder drei Ziffern.

Der Code ist in Tabelle **10**.29 dargestellt und klassifiziert in der Reihenfolge:

- Kühlkreisanordnung gegeben aus dem Konstruktionsprinzip der Maschine, nach Kennziffer 1
- Bewegungsart primärer Kühlkreis, nach Kennziffer 2
- Bewegungsart sekundärer Kühlkreis, nach Kennziffer 2

Für wichtige Fälle ist in Tabelle **10**.30 die Bedeutung der Kennziffern bildlich dargestellt. Beipiele für häufig verwendet Kühlarten von Motoren sind:

- **IC 01**, mit Lüfter, innengekühlter Motor mit Eigenkühlung
- **IC 411**, oberflächengekühlter Motor mit Eigenkühlung
- **IC 416**, oberflächengekühlter Motor mit Fremdlüfter
- **IC 410**, selbstgekühlter Motor

Bild **10**.31 zeigt beispielhaft einen Drehstrom-Asynchronmotor mit Kurzschlussläufer, der durch einen angebauten Wärmetauscher über Röhren, die das Gehäuse durchziehen, gekühlt wird. Hier lässt sich bedeutend mehr Wärme abführen als durch Luftkühlung.

Tabelle **10**.29 **Definition der Kühlarten**

IC	Kennziffer 1 (Kühlkreisanordnung)	Kennziffer 2 (Bewegung des Kühlmittels)
	0 Maschine mit freiem Luftein- und -austritt, durchzugsbelüftet	**0** Selbstkühlung, ohne Lüfter
	1 Maschine mit Rohranschluss, ein Einlasskanal	**1** Eigenkühlung, Lüfterrad auf Maschinenwelle
	2 Maschine mit Rohranschluss, ein Auslasskanal	**2** Eigenkühlung durch ein nicht auf der Maschinenwelle angebrachtes Lüfterrad, z. B. über ein Getriebe angebaut
	3 Maschine mit Rohranschluss, Ein- und Auslasskanal	**3** Fremdkühlung durch eine an die Maschine angebaute Lüftungseinrichtung, Antrieb von der Maschine abhängig
	4 Oberflächengekühlte Maschine, Kühlmittel Umgebungsluft	
	5 Maschine mit eingebautem Wärmetauscher, Kühlmittel Umgebungsluft	**5** Fremdkühlung durch eine eingebaute Lüftungseinrichtung, Antrieb nicht von der Maschine abhängig, z. B. ein axial eingebauter Lüfter mit eigenem Antrieb
	6 Maschine mit aufgebautem Wärmetauscher, Kühlmittel Umgebungsluft	**6** Fremdkühlung durch eine an die Maschine angebaute Lüftungseinrichtung, Antrieb von der Maschine nicht abhängig, z. B. angebauter Radiallüfter mit eigenem Antrieb
	7 Maschine mit eingebautem Wärmetauscher, Kühlmittel nicht Umgebungsluft	**7** Fremdkühlung durch eine nicht auf die Maschine aufgebaute Lüftungseinrichtung, Antrieb nicht abhängig von der Maschine oder durch Druckluft aus dem Versorgungsnetz
	8 Maschine mit aufgebautem Wärmetauscher, Kühlmittel nicht Umgebungsluft	**8** Verdrängungskühlung, z. B. durch Fahrtwind
	9 Maschine mit getrennt aufgestelltem Wärmetauscher	

Tabelle **10**.30 **Auswahl Kennziffer 1, Kühlkreisanordnung** **Kennziffer 2, Bewegung des Kühlmittels**

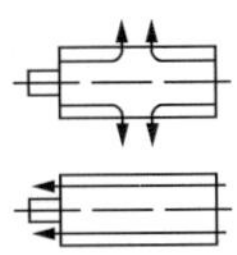	Ziffer 0 Maschine mit freiem Luftein- und -austritt, durchzugsbelüftet	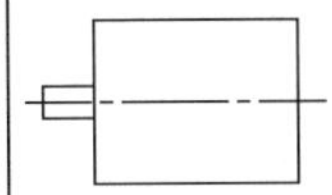	Ziffer 0 Selbstkühlung
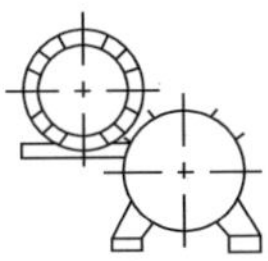	Ziffer 4 Oberflächengekühlte Maschine, Kühlmittel Umgebungsluft	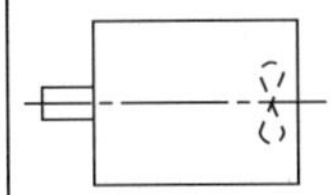	Ziffer 1 Eigenkühlung
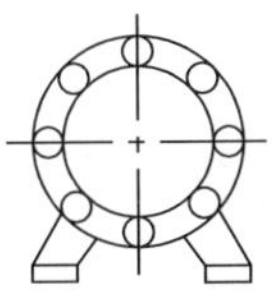	Ziffer 5 Maschine mit eingebautem Wärmetauscher, (z. B. Röhrenkühlung)	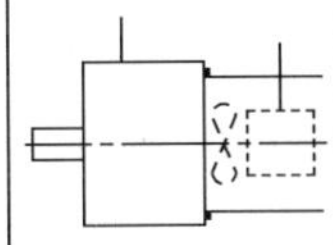	Ziffer 6 Fremdkühlung

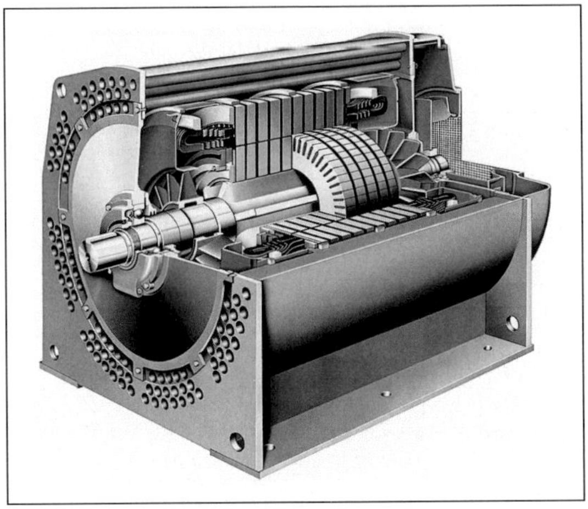

10.31 Asynchronmotor mit Röhrenkühlung
© Schorch-Motoren

Die Zusammenhänge zwischen Umgebungs- und Kühlmitteltemperatur sind in den Normen ausgiebig beschrieben. Hier deshalb nur die wichtigsten Größen in Kurzfassung:

- Die Temperatur der Luft am Aufstellungsort darf 40 °C nicht überschreiten.
- Die Aufstellungshöhe beträgt maximal 1000 m über NN.

Werden Maschinen unter anderen Bedingungen wie hier angegeben betrieben, muss die Bemessungsleistung u. U. reduziert werden. Dies muss zwischen Hersteller und Käufer vereinbart werden.

So reduziert sich nach Tab. **10**.25 die Leistung eines Motors der bei der Umgebungstemperatur 60 °C aufgestellt ist auf $P' = 0{,}82\ P_N$, oder ein Motor mit der Aufstellungshöhe 2000 m darf nur mit $P = 0{,}94\ P_N$ belastet werden.

Die Leistung einer Maschine ist bei sonst gleichen Bedingungen wie Baugröße, Polpaarzahl, thermischer Klasse, abhängig von dem Kühlverfahren.

Bei Drehzahlsteuerung der Maschinen ist zu beachten, dass das Abführen der Verlustleistung bei der Eigenkühlung drehzahlabhängig ist. Bild **10**.32 zeigt beispielhaft die abführbare Verlustleistung einer bestimmten Maschine bei den verschiedenen Kühlverfahren. Es ist deutlich zu erkennen, dass eine drehzahlgesteuerte Maschine nur bei Fremdkühlung voll ausgenutzt werden darf. Auch hier sind die Herstellerangaben zu beachten.

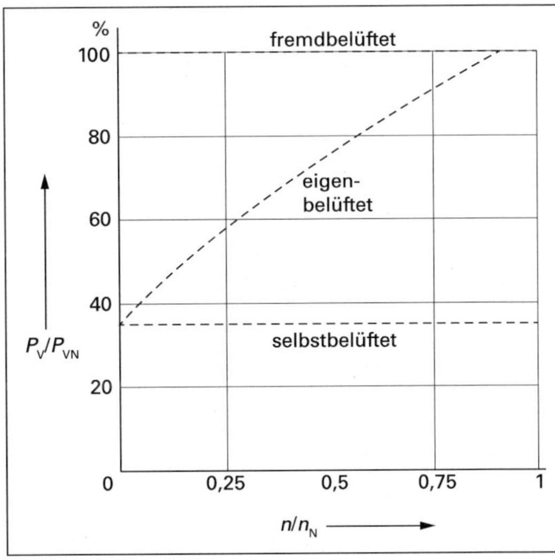

10.32 Wärmeabfuhr und Kühlverfahren

Die Kühlverfahren der Transformatoren erfolgen nach der Kennzeichnung in Tabelle **10**.33.

Tabelle **10**.33 **Buchstabensymbole für Kühlmittel und Anordnung der Kurzzeichen für Transformatoren**

Kühlmittel für die Wicklung				Kühlmittel für die äußere Kühlung			
1. Buchstabe		2. Buchstabe		3. Buchstabe		4. Buchstabe	
Inneres Kühlmittel		Kühlmittelbewegung		Äußeres Kühlmittel		Kühlmittelbewegung	
O	Mineralöl oder synthetische Isolierflüssigkeit mit einem Brennpunkt ≦ 300 °C	N	Natürliche Thermosiphon-Strömung durch Kühler und Wicklungen	A	Luft	N	Natürliche Konvektion
K	Isolierflüssigkeit mit einem Brennpunkt > 300 °C	F	Erzwungener Umlauf durch Kühler, Thermosiphon-Strömung durch die Wicklungen	W	Wasser	F	Erzwungener Umlauf (Ventilatoren, Pumpen)
L	Isolierflüssigkeit mit nicht messbarem Brennpunkt	D	Erzwungener Umlauf durch Kühler, vom Kühler mindestens in die Hauptwicklung geführt				
A	Luft						

Beispiel 10.16 Die Kühlungsart eines Öltransformators mit erzwungener Öl- und Luftkühlung wird mit OFAF bezeichnet. Öltransformatoren mit erzwungener und natürlicher Bewegung des Kühlmittels werden durch ONAF/ONAN bzw. OFAF/ONAN gekennzeichnet. Nach DIN EN 60076 sind Transformatoren nach der angewendeten Kühlungsart zu bezeichnen. Buchstaben und Kurzzeichen für Transformatoren sind in der Tabelle **10**.33 enthalten.

Für Trockentransformatoren ohne dichtschließendes Schutzgehäuse gelten die Kurzzeichen AN bei natürlicher Luftbewegung bzw. AF bei erzwungener Luftbewegung.

Trockentransformatoren mit dichtschließendem Schutzgehäuse und natürlicher Luftbewegung innerhalb und außerhalb des Gehäuses erhalten die Bezeichnung ANAN.

10.8 Bemessungsspannungen

DIN EN 60038 – Normspannungen (2012-04)

Bemessungsspannung ist die Spannung, nach der ein Netz oder ein Betriebsmittel benannt ist und auf die bestimmte Betriebseigenschaften bezogen werden.

Im Bereich der „Niederspannung" sind die bisherigen Spannungswerte 220/380 V und 240/415 V für Drehstromnetze der elektrischen Energieversorgung durch einen einzigen, weltweit genormten Einheitswert 230/400 V ersetzt worden. Durch die für die Übergangszeit bis zum Jahre 2003 vorgegebenen Toleranzen für die Betriebsspannung der Netze wurde erreicht, dass die für 220/380 V bemessenen elektrischen Betriebsmittel bis zum Ende ihrer Lebensdauer sicher betrieben werden können. Die Norm enthält – unterteilt nach Gleichstrom, Wechselstrom 50 Hz bzw. 60 Hz, Einphasenwechselstrom-Bahnnetze 16 ⅔ Hz, 50 Hz – die genormten Bemessungsspannungen mit den jeweils zulässigen niedrigsten und höchsten Spannungen.

Tabelle **10**.34 **Bemessungsspannungen nach DIN EN 60038 (Auszug)**

Wechselstromnetze mit einer Bemessungsspannung zwischen 100 V und 1000 V Einphasennetz: 230 V Drehstrom-Verteiler- oder Dreileiternetze: 230/400 400/690 1000 V **Gleichstrom- und Wechselstrom-Bahnnetze** Gleichstromnetze: (600) 750 1500 3000 V Wechselstrom-Einphasennetze: (6250 V, 50 Hz) 15000 V, 16 ⅔ Hz 25000 V, 50 Hz **Drehstromnetze mit einer Bemessungsspannung über 1 kV, teils länderspezifisch** 3 6 10 (15) 20 30 35 (45) 66 90 110 132 (150) 220 (300) 362 420 550 800 1000 1200 kV
Betriebsmittel mit Bemessungsspannungen unter 120 V Wechselspannung oder unter 750 V Gleichspannung (Vorzugswerte fett) Wechselspannungen: 5 **6** **12** 15 **24** 36 **48** 60 100 **110** Gleichspannungen: 2,4 3 4 4,5 5 **6** 7,5 9 **12** 15 **24** 30 **36** 40 **48** **60** **72** 80 **96** **110** 125 **220** 250 **440** 600

Diese DIN-IEC-Norm enthält auch Werte, die nur im Ausland (z. B. Nordamerika) üblich sind. Solche Werte sind für den exportierenden Hersteller wichtig. Die Werte der Tabelle **10**.34 sind ein Auszug aus der Norm, nähere Einzelheiten s. dort.

Klammerwerte sollen nicht für neue Netze verwendet werden, fettgedruckte Werte sind Vorzugswerte.

Aus technischen und wirtschaftlichen Gründen können zusätzliche Spannungen für bestimmte Anwendungsgebiete erforderlich sein.

Aufgaben zu Abschnitt 10

1. Ein 4-poliger Drehstrom-Asynchronmotor mit der Bemessungsleistung 110 kW ist in der Bauform IM V1 hergestellt.
   a) Beschreiben sie die Ausführung des Motors,
   b) ermitteln Sie den Wellendurchmesser und
   c) die relevanten Anbaumaße.
2. Der Standardmotor eines Herstellers ist in der Schutzart IP 55 hergestellt. Beschreiben Sie die Schutzart.
3. Zwei Motoren mit der Bemessungsklasse S6 sind wie folgt gekennzeichnet:
   a) S6 25 %, b) S6 40 %, 40 min.
   Bestimmen Sie jeweils die Einschaltdauer des Motors.
4. Der 4-polige 1,1-kW-Motor (S1) eines Torantriebs mit der Überlastungsfähigkeit M_K/M_N = 2,8 und der Erwärmungs-Zeitkonstante 15 min wird im Kurzzeitbetrieb über 3 min betrieben.
   a) Ermitteln Sie die thermische und mechanisch zulässige Leistung.
   b) Mit welcher Leistung kann der Motor betrieben werden?
5. Ein Motor der Betriebsart S2 hat eine Betriebsdauer t_B = 30 min. Der Motor soll im Dauerbetrieb eingesetzt werden. Wie groß darf die Belastung im Dauerbetrieb sein, wenn die Erwärmungs-Zeitkonstante 90 min beträgt und auf dem Leistungsschild die S2-Leistung 5,5 kW angegeben ist?
6. Ein Drehstrommotor der Betriebsart S3 mit ED 40 % hat die Bemessungsleistung 10 kW. Der Motor soll in der gleichen Betriebsart mit ED 60 % betrieben werden. Wie hoch darf er belastet werden?
7. Ein oberflächengekühlter 11-kW-Motor wird auf 3000 m Höhe über NN bei 40 °C eingesetzt. Mit welcher Leistung darf der Motor belastet werden?

Anhang

Formelzeichen		Einheit
A	Querschnitt	mm^2
B	magnetische Induktion	Vsm^{-2}, T
	Gleichstromverstärkung	–
C	Konstante (allgemein)	–
D	Ständerblechpaketdurchmesser	mm
	Verzerrungsblindleistung	var
F	Kraft	N
	Formfaktor	–
H	magnetische Feldstärke	A/m
J	Trägheitsmoment	kgm^2
K	Anzahl der Kollektorlamellen	–
L	Induktivität	H
M	Drehmoment	Nm
N	Windungszahl/Nutzahl	–
P	Wirkleistung	W
Q	Blindleistung	var
R	Wirkwiderstand	Ω
S	Scheinleistung	VA
S	Stromdichte	$\mathrm{A/mm}^2$
T	Periodendauer, Torque	s
U	Spannung (allgemein)	V
V	magnetische Spannung	A
W	Energie (allgemein)	Ws, Nm, J
W	Spulenweite	–
X	Blindwiderstand (allgemein)	Ω
Z	Scheinwiderstand	Ω
a	Zahl der parallelen Ankerzweige	–
b	Kreisbogen	–
d	Durchmesser (allgemein)	mm
f	Frequenz	Hz, s^{-1}
k	Konstante, Sicherheitsfaktor	–
l	Länge (allgemein)	mm, m
m	Phasenzahl/Strangzahl	–
n	Drehzahl/Umdrehungsfrequenz	min^{-1}
p	Polpaarzahl	–

Formelzeichen		Einheit
q	Nutzahl je Pol und Phase/Strang	–
r	differentieller Widerstand	Ω
r	Radius	mm
s	Schlupf	%
s	Sehne	mm
t	Zeit/Zeitpunkt	s
$ü$	Übersetzungsverhältnis	–
v	Geschwindigkeit	ms^{-1}
w	Welligkeit	–
y	Nutschritt/Kollektorschritt	–
z	Leiterzahl	–
Δ	Vorsatz für Differenzen/Unterschiede	–
Θ	Durchflutung	A
θ	Luftspaltlänge	mm
Φ	magnetischer Fluss/Feld	Vs
α	Polbedeckungsfaktor/Phasenverschiebung von Spulen in Grad, Steuerwinkel	°
	Winkelbeschleunigung, Schrittwinkel	$1/\mathrm{s}^2$
β	Sehnungswinkel	–
γ	Leitfähigkeit	$\mathrm{m}/\Omega \cdot \mathrm{mm}^2$
ε	Sehnung	–
ζ	Wicklungsfaktor	–
η	Wirkungsgrad	%
$\cos\varphi$	Leistungsfaktor	–
μ_r	relative Permeabilität	–
μ_0	magnetische Feldkonstante $= 1{,}257 \cdot 10^{-6}$ Vs/A · m	
ν	Ordnungszahl von Oberwellen	–
π	Konstante	–
ϱ	spezifischer Widerstand	$\Omega \cdot \mathrm{mm}^2/\mathrm{m}$
τ	Polteilung	–
ω	Kreisfrequenz, Winkelgeschwindigkeit	Hz, s^{-1}

Indizes

A	Anker/Anzug/Ausschalt/Anode
Anl	Anlasser
AV	Arithmetischer Mittelwert
B	Belastung/Basis
C	Kapazität/Kollektor
Cu	Kupfer
D	Durchlassrichtung
DRM	periodischer Spitzenwert in Durchlassrichtung
E	Erregerwicklung/Emitter, EMK
F	Vorwärtsrichtung
Fe	Eisen
G	Gate
K	Kurzschluss/Kompensationswicklung/Kathode
L	induktiv/Last/Luftspalt
M	Moment (allgemein)/Magnet
N	Bemessungsbetrieb/Nebenschlusswicklung
R	Wirkwiderstand/Reihenschlusswicklung, Reibung/Rückwärtsrichtung/Remanenz
RMS	Effektivwert
RRM	periodischer Spitzenwert in Rückwärtsrichtung
S	Stranggröße
Str	Stranggröße
T	Thyristor
Ü	Übergangswiderstand
V	Verluste/verkettete Größe
W	Wendepole
Z	Zusatz
b	Beschleunigung
br	Brumm-, Wechselanteil
d	Dauer/Drehfeld/Gleichspannungs- und Gleichstromwert als arithmetisches Mittel
$d_{i\alpha}$	Gleichspannungs- und Gleichstromwert bei Steuerwinkel a > 0°, ideell
d_i	Gleichspannungs- und Gleichstromwert bei Steuerwinkel a = 0°, ideell
eff	Effektivwert
el	elektrisch
g	gesamt/gegenlaufend/Gegenspannung bei Gleichstrommaschinen
h	haupt
i	innen/i-tes Teil/ideell
m	mittlere/mitlaufend
max	maximal
mech.	mechanisch
min	minimal
n	Nute/Nutz
o	induktive Gegenspannung, Leerlauf
q	Quellspannung
r	räumlich/relativ

res	resultierend
s	Schlupf
sch	Schaltwert
sp	Spitzenwert
t	zeitabhängig
v	Verlust
z	Zone/Zusatz
0	Leerlauf
1	Eingang/Ständer alte Windungszahl/ Grundwelle $\nu = 1$
2	Ausgang/Läufer neue Windungszahl
μ	Magnetisierung
σ	Streuung

Zeichen

^	Maximalwert, Amplitude
→	Vektor
–	Zeiger
I	abgewandelter Fall
~	Wechselstrom
—	Gleichstrom
≈	ungefähr
≙	entspricht
≤	kleiner oder gleich
≥	größer oder gleich

Bildquellenverzeichnis

ABB, Ladenburg: Bild **6**.13, **6**.17, **7**.20, **8**.24, **8**.26, **8**.46
ATB Schorch, Mönchengladbach: Bild **10**.31
BARTEC, Bad Mergentheim: Bild **8**.28, **8**.29
Bauer Gear Motor GmbH, Esslingen: Bild **8**.23
BBC, Mannheim: Bild **6**.13, **6**.14, **6**.17, **6**.20
Berger, Lahr: Bild **6**.32
Danfoss, Offenbach: Bild **8**.70, **8**.71
EATON, Bonn: Bild **8**.33, **8**.68
ELIN Motoren GmbH, Preding: Bild **8**.50
ENERCON GmbH, Aurich: Bild **7**.35
ETEL S.A., Môtel CH: Bild **7**.24
FGB, Schweinfurt: Bild **7**.25
H. Harthus, Osnabrück: Bild **2**.4, **2**.8, **2**.9, **2**.72
Kopp, Stefan, Windenergie im Binnenland: Bild **7**.44
KWU, Mühlheim: Bild **4**.161
Nordex Gruppe, Hamburg: Bild **7**.34
Schorch Motoren, Mönchengladbach: Bild **10**.31
Semikron, 2010: Bild **1**.55 b, **1**.56, **1**.71, **1**.73
Siemens AG, Erlangen: Bild **6**.25, **7**.22
Siemens AG © 2012, 2018, 2019, Alle Rechte vorbehalten:
Bild **4**.72 a, **5**.2, **5**.6, **5**.8, **6**.29, **6**.48, **6**.50, **7**.27, **8**.2, **8**.25, **8**.39, **8**.40, **8**.42, **8**.45, **8**.59, **8**.60, **8**.62
SEW, Bruchsal: Bild **8**.21 a, **8**.32, **8**.38, **8**.51, **8**.65
TU Dresden, Foto K. Lasing: Bild **4**.72 b
Wistro GmbH, Langenhagen: **8**.21 b

Alle anderen Bilder stammen von den Verfassern und aus dem Verlagsarchiv.

Sachwortverzeichnis

A = Asynchron..., G = Gleichstrom..., S = Synchron...,
f. = und folgende Seite, ff. = und folgende Seiten

2-Level-Umrichter 337
3-Level-Umrichter 337
87-Hz-Betrieb 330

Abmagnetisierungskennlinie 342ff.
Abschaltgeschwindigkeit 387
Absolutwertgeber, optischer 364
aerodynamisches Auftriebsprinzip 383f.
aktive Brückenschaltung 62f.
– Last 68
Aktivfilter 336
amorphes Kernmaterial 201
Anbaumaß 456
Anker 100ff.
– kreisumschaltung 143
– kreiswiderstand 108, 345
– (quer)feld 107
– rückwirkung, G-Maschine 115f.
– –, S-Maschine 315
– Stellbereich, G-Maschine 134f.
– wicklung 341
– widerstand 107f.
Anlass|schwere 279
– transformator 196, 284f.
– verfahren, G-Motor 127
– widerstand, A-Motor 278f.
Anlassen, A-Motor 275ff., 285
–, G-Motor 127ff., 142
– über Stromrichter, G-Motor 127f.
Anlasser, G-Motor 126f.
– kennzahl 279
Anlauf 275f.
– dauer 345
– kupplung 286
– schwere 276
Anschlusskasten 404, 410
Ansteuerungsarten, Schrittmotor 356
Antiparallelschaltung 144
Antrieb 18ff.
– 4.0 35
– Grundlagen 18ff.
Antriebs|berechnung 20
– leistung 24
– projektierung 18
– quadrant 29
Anwurfmotor 298ff.
Anzugs|moment, A-Motor 262, 278, 283
– strom 410
– –, Stern-Dreieck 281ff.
– verhältnis 274
Arbeitsmaschine 23
arithmetischer Mittelwert 44, 71
Askarel-Transformator 163
Asynchron|generator, doppeltgespeister, mit Schleifringläufer 388
– generator mit Kurzschlussläufer 388
– maschine, Aufbau 249f.
– – mit Kupferläufer 375
– –, Verlustoptimierung 374
asynchroner Anlauf 324
ATEX 391, 398
– -Richtlinie 392
– -Zertifizierung 400
Aufstellhöhe 466
Ausgleichs|schritt 155
– verbindung 155
Auslösekennlinie 275, 408, 428f.
Außenpol|generator 15
– maschine 310

Bahn|motor 372f.
– transformator 163
Bandwicklung 207
Barlow'sches Rad 347f.
Bau|element, löschbares 77
– form 455
– größe 456
– länge 456
– leistung 195, 292, 368, 371
– musterprüfbescheinigung 417, 439
– musterprüfung 410
Beanspruchungskategorie 447
Belastungskennlinie 81
–, A-Maschine 273ff.
–, Schrittmotor 360
Bemessung, Anlasswiderstände 278
Bemessungs|daten 265f., 294
– drehmoment 122, 279, 328, 330, 343, 353, 379
– drehzahl 122, 276, 279, 281, 353, 416
– klasse 459
– kurzschlussspannung 173
– leistung 139, 178f., 266, 281, 293, 368, 371, 386, 410, 456
– –, Volllast 387
– spannung 441, 470
– strom 173, 264, 276, 279, 328, 343, 353, 419
benannte Stelle (NB) 439
Berechnung Stromrichterschaltungen 69ff.
Beschaffungskostenvergleich 415
Beschleunigungs|kraft 23
– moment 23, 122, 275
Bestromungstabelle, Schrittmotor 355, 358
Betriebs|art 460
– arten, Schrittmotor 356
– eigenschaften, G-Generator 120ff.
– –, Transformator 168ff.
– quadrant 29
Bewegungsenergie 25
bifilare Wirkung 306
Bimetall-Temperaturschalter 429
Bipolarbetrieb 356
Blechung, Transformator 201
Blind|laststeuerung 321f.
– leistungssteuerung 388
– leistung, Stromrichter 48
– spule 158
Block|schaltbild 232
– umrichter 92
Boost, Frequenzumrichter 329
Brems-Chopper 297, 327
Bruchlochwicklung 234f.
Brückenschaltung, Sechspuls 62f., 70
–, Zweipuls 60, 67, 70
–, Zwölfpuls 63f.
Brummspannung 46
Buchholzschutz 210
Bürde 198
Bürste 103ff.
Bürstenfeuer 115ff.

Chopper 91
– Umrichter 92
Condition Monitoring 36
Cosinusspur 363

Dahlanderwicklung 238ff.
Dämpferwicklung 312, 324
Dämpfungskonstante 343
Dänisches Konzept 386
Dauer|betrieb 266, 459
– kurzschlussstrom 317f., 452
– magnetisch erregte Maschine 104
DC-Bremsung 332
dielektrische Erwärmung 338
Differentialschutz 211
digitaler Zwilling 36
Direct Torque Control 97
Direkt|regelung 99
– umrichter 88f.
Direkte Drehmoment- und Feldregelung 97
– Selbstregelung 97
Doppel|käfigläufer 281
– schlussmaschine 104
doppelte Zündschutzart 414
Drahtisolation 338
Drehfeld 221ff., 299ff.
– drehzahl 223
Drehmoment 9
–, A-Motor 261ff., 270, 278, 289, 295
– -Drehzahl-Kennlinie, G-Motor 139
– durch die Lorentzkraft 19
– – Reluktanzkraft 20
–, effektives 24
– erzeugung 110f.
– – in Elektromotoren 19
– G-Motor 110f., 121f.
– konstante 342f.
– linie 270
– reduktion 418
–, Schrittmotor 357
–, S-Motor 319f., 322, 326
– überlastbarkeit 451f.
Drehsinn, Gleichstrommaschine 105, 130
Drehstrom, A-Maschine 249ff.
– -Asynchronservomotor 351
– brückenschaltung 63f.
– -Kollektormotor 373
– motor im Einphasenbetrieb 307f.
– -Öl-Kerntransformator 208
– -Servomotor 352
– -S-Motor mit permanenterregtem Läufer 378

– steller 76, 284f., 288
– transformator 185ff.
– wicklung 213f., 226
Drehzahl|grenze, G-Motor 137
– regelung 140ff.
– – mit Tachogenerator 141
– steuerung, A-Motor 286ff., 328
– –, G-Motor 137
Drei|etagenwicklung 226f.
– phasenwechselrichter 87
– puls-Mittelpunktschaltung 56f., 70
– schenkel-Kerntransformator 187
– Wicklungstransformator 192
Dreieck|-Doppelstern-Schaltung 238, 292
– -Stern-Schaltung 190f.
Drillleiter 206
druckfeste Kapselung 396, 398, 403, 439
Durchflutung 9, 220ff.
Durchgangsleistung 195
Durchmesserwicklung 152, 215f.
dynamoelektrisches Prinzip 106

Effektivwert 45, 69f.
Effizienzklasse 33, 375
EFT 450
e-Funktion 449
Eigen|belüftet 469
– kühlung 469
eingängige Wicklung 151
eingeprägter Strom 86
eingeprägte Spannung 86
eingeschränkte Kühlung 427
Einlochwicklung 226
Einphasen-A-Motor 298ff.
– -Reihenschlussmotor 371f.
– transformator 164ff.
– wicklung 243
Einpuls-Mittelpunktschaltung 70
Einquadrantenbetrieb 30, 112
Einschaltwindgeschwindigkeit 387
Einschicht-Bruchlochwicklung 234
– -Ganzlochwicklung 225ff.
Einschwimmerrelais 210
einsträngiger Motor 298ff.
Einwegschaltung 367ff.
Eisen|fehler 209
– kern, Transformator 162
– verlust 147, 171, 255
– – strom 172
– – widerstand 172
elektrische Bremsung 129ff., 294
– Leistungslinie 270
– Prüfung 441
– Zeitkonstante 345
elektrisches Bremsverfahren 417
elektromagnetische Verträglichkeit EMV 333
elektromotorische Kraft 105
elektronischer Motorschutzrelais 429
elliptisches Drehfeld 302
EMK-Konstante 344
Energie|effizienz 32
– rücklieferung 297
– sparmotor 374
– umsatz im Transformator 180
– verlust 100ff.
– versorgungstransformator 163
EPL 393, 439
erhöhte Sicherheit 396, 407, 413, 439
Erreger|kreisumschaltung 143
– kreiswerkstoff 341
– regulier-Kennlinie 320
– schaltung, S-Maschine 313f.
– spule 101ff.
– wicklung, Widerstand 107
Ersatzschaltung A-Motor 258ff.
–, S-Maschine 316
–, Transformator 168f.
Erwärmung 466
Erwärmungs|grenze 408
– kennlinie 409
– prüfung 448
– zeit 408
– zeitkonstante 449
EU-Baumusterprüfbescheinigung 400, 439
– -Konformitätsbescheinigung 400
Ex-Motor, Begriffsdefinitionen 439
Explosions|geschützte Motoren 391ff.
– gruppe 394, 439
– schutz 391, 439
– – maßnahmen 391

Feld|erregerkurve 218f.
– konstante, magnetische 10
– kurve 114f., 213f., 218f.
– magnetisches, G-Maschine 114f.
– orientierte Regelung 96f., 377, 388
– orientierung 96
– schwächung 96f., 115, 136, 329
– stärke 9
– stellbereich, Frequenzumrichter 329
– –, G-Motor 136f.
– –, S-Motor 354
– steller 136
– verstärkung 115, 349
Flanschmotor 457
Flussdichte 10
FOR, feldorientierte Regelung 96
Formfaktor 45, 55f., 343
fortlaufende Wicklung 227
Fourieranalyse 46, 217
Freilaufzweig 53f.
Fremd|belüftet 469
– erregte Maschine 104
– erregter Generator 107
– – Motor 120ff.
– – Synchrongenerator 389
– erregung 313
– geführt 42
– kühlung 469
Frequenz|anlauf 285
– stellbereich 90
– umformer 255
– umrichter 88ff., 327ff.
– – betrieb 402, 404, 407, 412f., 415ff., 427
– –, elektrischer Anschluss 333
– –, Motorschutz 332
– –, Parallelschalten v. Motoren 333
– verstellung 329
– –, A-Motor 290f.
– –, Geräusche 291
– –, Lebensdauer Isolierung 291
– –, Verluste 291
Funktionsprüfung 434
Fußmotor 456
Ganzlochwicklung 214
Gebersysteme, Servomotoren 362ff.
Gegen|kompoundiert 104
– moment 19, 243
– spannung, Gleichstrommaschine 105f., 120
– strombremsung 294f.
gekreuzte Wicklung 153
Generator 100ff., 109, 309
– betrieb 29, 253f., 297
– –/Motorbetrieb 111f.
– in WEA 387
generatorisches Bremsen 294ff., 332
Geräte|gruppe 393, 439
– kategorie 393, 401, 439
– kennzeichnung 398
– schutzniveau 393
Gesamt|feld 115
– leistungsfaktor 49
geschirmte Leitung 333
gesehnte Wicklung 152, 215ff., 229f.
Getriebe 22
Glättungsdrossel 55f.
Gleichrichter 41
– betrieb 66f.
– trittgrenze 55f.
Gleichrichtwert 44
Gleichspannungs|-Tachogenerator 107f.
– -Zwischenkreis 327
Gleichstrom-Ankerwicklung 150ff.
– antrieb, geregelter 141
– bremsung 294ff.
– generator 105
– -Langläufermotor 348
– leistung 46, 367
– maschine 55, 100ff.
– -Scheibenläufermotor 346f.
– -Servomotor 349
– steller 77f., 127
– – mit Umschwingkreis 81
– umrichter 41
Gleitreibungsbeiwert 28
Glimmtemperatur 394f.
Gray Code 364
Grenz|kennlinienfeld 349
– temperatur 409
– werte G-Motor 137
Großtransformator 163, 166, 205
Grund|feld, Drehfelddrehzahl 223
– schwingungs-Blindleistung 50f.
– welle, Wicklungsfaktor 218
Gruppenwicklung 226

Halb|gesteuerte Brückenschaltung 64f.
– – Sechspuls-Brückenschaltung 65f.
– – Zweipuls-Brückenschaltung 65f.
– gruppenwicklung 227
– lastanlauf 276
– schrittbetrieb 357
Haupt|feld 114f.
– –, G-Maschine 114f.
Hilfswicklung 243, 302
Hoch|setzsteller 82f.
– stabläufer 280f.
Hochlauf|vorgang 275f., 282
– zeit 23, 275, 331, 345

höchste sichere Betriebsdrehzahl 453
H-Schaltung 84
Hybridmotor 355
Hystereseverlust 147, 164, 170

I × R-Kompensation 141 f., 329
Idealer Transformator 164 ff.
IE 33
IEC 60034 454
IECEx 392, 398, 439
- -Schema 400
IGBT-Brückenschaltung 61 f., 334
Impuls|drehmoment 343 f.
– spannung 422, 444
– spannungs-Isolationsklassen (IVIC) 339
Induktions|gesetz 105, 164
– gleichung 251
Induktive Last 53 f., 58
Industrie 4.0 35
Industrietransformator 163
induzierte Spannung, G-Maschine 105 ff.
–, Servomaschine 354
Inkrementalgeber, optischer 363
Innen|polgenerator 15
– polmaschine 311
– widerstand, G-Maschine 107 f.
inneres Drehmoment 110 f., 252
Inselbetrieb 253, 320
Instandsetzung 437
–, Regelwerke 437
intelligente Dienstleistung 36
intelligentes Produkt 36
Isolationsprüfung 441
Isolierstoff, Temperatur 449
I-Umrichter 89 f.

Jahreswirkungsgrad 182

Käfigläufer 250
Kaltgewalztes, kornorientiertes Blech 201
Kapp'sches Dreieck 176 f.
Keilstabläufer 281
Kerntransformator 186, 200, 204
Kippmoment, A-Motor 262 f.
Kleintransformator 163, 166, 205
Kloß'sche Gleichung 263
Knickspule 226 f.
Kollektor 100 ff.
– lamelle 101 ff., 118, 150
– schritt 153, 156
Kommutierung 42, 56, 117 ff., 341
Kommutierungsgrenzlinie 344, 349
Kompensation, Blindleistung 274
Kompensationswicklung 116 f., 372 f.
kompoundiert 104
Kondensatormotor 303 ff.
– mit Anlaufkondensator 304
– mit Anlauf- und Betriebskondensator 305
– mit Betriebskondensator 303
Kondensorlinse 363
Konformitätserklärung 439
Konstant-Drehmomentbereich, Frequenzumrichter 330
– -Leistungsbereich, Frequenzumrichter 330
konzentrierte Wicklung 219
Körperschluss 441

Kraftwirkung stromdurchflossener Leiter 19
Kreis|diagramm, A-Maschine 267 ff.
– drehfeld 221, 302
– frequenz 14
– strom 144 f.
Kreuzschaltung, Stromrichter 144
Kriechstrecke 410
Kühl|lufttemperatur 451
– mitteltemperatur 467 ff.
– wassertemperatur 451
Kühlung 467 ff.
künstlich geschlossene Wicklung 158
Kurz|läuferanordnung, Linearmotor 381
– statoranordnung, Linearmotor 381
– zeitbetrieb 459 f.
– zeitgrenzstrom 344
Kurzschluss|impedanz 175
– läufer 250
– reaktanz 175
– resistanz 174
– schutz 432
–, S-Maschine 317
– spannung 173 f.
– verlust 173
– versuch 173, 269
Ku-Sa-Schaltung 285

Lagen|schluss 443
– spannung 205
– spule 206
Lager|belastung 420
– strom 291, 402
Lamellenspannung 119 f., 340
Langläufermotor 341
Längs|achse 326
– koordinate 96
Last|betriebsverhalten, Transformator 173
– faktor 181
–, induktive 53 f., 58
– moment 19, 276
– zyklusdiagramm 31
Läufer 250
– blockade 412, 419, 432
– frequenz 254 f.
– gegenspannung 287, 290
– leistungsfaktor 262
– spannung 254 f.
– stillstandsspannung 251
– strom 259
– – wärmeverlust 287
Leeranlauf 276
Leerlauf|betrieb 164
– –, Ideeller, A-Motor 253
– kennlinie, G-Maschine 106 f.
– –, S-Motor 314
– scheinleistung 170
– verlust 170
– versuch 172
Leistung, effektive 24
Leistungs|aufteilung, A-Motor 255 ff.
– begrenzung 418 f.
– beiwert 384
– elektronik, Bauelemente 37 ff.
– –, Grundschaltungen 41 ff.
– faktor 49 f., 170
– linie 268
– reduktion 409

– transformator 163
– umsatz, Gleichstrommaschine 110 f.
Leiterschleife im Magnetfeld, bewegt 12
–, ruhend 15
–, stromdurchflossen 16
Lenz'sche Regel 13, 15 f., 108, 118, 164, 252
Lichtbogen 119
Linearmotor 380 f.
Line-Start-Permanentmagnet-Motor 375
löschbares Bauelement 77
Löschthyristor 82
lückender Betrieb 56 f.
Luftspaltstreuung 221
Luftstrecke 410
Lüftungsverlust 255

Magnetische Feldkonstante 10
– Spannung 12, 220
magnetischer Drehfluss 250, 328
– Fluss 11
– Kreis 11, 162
– Verlust 147
– Widerstand 12
magnetisches Feld 114
– Wechselfeld 162 ff.
Magnetisierungs|kennlinie 10, 136
– strom 136, 168 ff., 172, 253, 328, 379
Magnetwerkstoffe 341 f.
Manteltransformator 186, 200
Massenträgheitsmoment 21, 26, 342, 346, 461
Maximaldrehzahl 353
maximale Oberflächentemperatur 439
mechanische Bremsung 294 f.
– Grenzdrehzahl 421
– Grenzleistung 464
– Pendelung 324
– Prüfung 453
– Überlastung 427
– Verluste 146
– Zeitkonstante 345
mechanischer Schutz 432
Mehrstufiger Stern-Dreieck-Anlauf 283 f.
MEPS 33
Mess|verfahren mit eingebauten Temperaturfühlern 450
– wandler 198
Mikroschrittbetrieb 357 f.
Mindestzünd|energie 439
– temperatur 394
Minimum Energy Performance Standard 33
Minischrittbetrieb 358
Mittelpunktschaltung 42
Mittelwert, arithmetischer 44, 71
–, quadratischer 45
Momentenklasse 266
Motor 100 ff., 109, 120 ff.
– betrieb 29, 252 ff., 298
– – /Generatorbetrieb 111
– erwärmung 421
– kenndaten 342 ff.
– moment 276
– schutz 275, 283, 332, 434 f.
– -Schutzgerät 433

– –, Inbetriebnahme 433
– –, Installation 433
– –, Kennzeichnung 433
– schutzkonzept 430, 432, 436
– übertemperatur 418
– -Umrichter-Zuordnung 425
– verlust 419f.
Multiturn-Geber 364

Nachlaufbremsung 132f.
Nebenschluss|maschine 104
– motor 120ff.
Netz|geführt 42
– geführter Stromrichter 42, 90
– geführter Wechselrichter 91
– rückwirkung 48
Netzrückwirkung 333ff.
neutrale Zone 114f.
nicht|lückender Strom 53f.
– periodische Betriebsart 459
Niederspannungsrichtlinie 426
Normung der Maschinen 454ff.
Nut|isolation 338
– schritt 151f., 155, 247
– streuung 221
Nutenplan 226
Nutz|bremsung 29, 129f., 294f.
– fluss 221
– moment 27, 122f.

Oberwelle 46, 93, 333ff.
–, Wicklungsfaktor 218
offene Wicklung 153
Öl|temperatur 209, 451
– transformator 163

Parallel|betrieb 321
– schaltung, S-Generator 321
– –, Transformator 177ff., 333
Parametrierung Frequenzumrichter 330f.
partial discharge extinction voltage 444
partial discharge inception voltage 444
Passivfilter 335f.
PD-Sicherheitsfaktor 445
Pendelmoment 264
periodische|Betriebsart 459
– Teilentladungs-Einsetzspannung 444
permanenterregter Läufer 341
– Synchrongerator 389
Permanentmagnet-Motor 341, 375
Permeabilität 10
Phase-Erde-Spannung 445
– -Erde-Sprungspannung 338
– -Phase-Spannung 445
Phasen|abschnittsteuerung 75
– anschnittsteuerung 74
– isolation 338
– schieberbetrieb 323
– schluss 443
phosphatisoliertes Blech 201
Pitch-Regelung 386
Pol-Amplituden-Modulation 294
– paarzahl 157, 213f., 286
– radspannung 315
– umschaltbare Wicklung 238
– umschaltung 286, 292
Predictive Maintance 36
Projektierung, Ex-Antrieb 424

Prüf|spannung 441
– windungsspannung 448
Prüfung der Isolation 441
– der Maschinen 441ff.
– von Maschinen, Umrichterbetrieb 443
Puls|amplitudenmodulation 92f.
– breitensteuerung 82
– folgesteuerung 82
– frequenzreduktion 332
– steuerung, Schleifringläufermotor 289ff.
– umrichter 92f., 291
– weitenmodulation 82, 92

Quadratischer Mittelwert 45
Quellspannungskonstante 344
Querkoordinate 96

Rampenzeit, Frequenzumrichter 331
Raumzeigermodulation 95
RCD-Schutzbeschaltung 78
Reaktionsmoment 326
realer Transformator 168f.
Rechtsgrundlagen, Explosionsschutz 391
Referenzmarke 363
Regelglied 140f.
Regelungsfaktor 345
Reibscheibenbremse, Anbau 295
Reibungsverlust 146, 255f.
Reihenschluss|maschine 104
– motor 124f.
Reluktanz|motor 376
– schrittmotor 355
repetitive partial discharge inception voltage 444
Repulsionsmotor 373
Resolver 362
resultierendes Feld 115
Richtlinie 2014/34 EU 426
Ring|anker 150
– generator 385
– magnet, Servomotor 352
RL 2014/34/EU 393
Rotation 20, 25
Rotationsenergie 21
Rotor 102ff.
Rückspeiseeinheit 327, 335
Rückstromdiode 85f.
Rundfeuer 119

Sanftanlasser 284f.
Sattelmoment 263f., 281, 452
Schalt|betrieb 431
– frequenz 79f., 291
– gruppen 188f.
– verlust Halbleiter 40, 78, 332
Schaltung, Gleichstrommaschine 104ff.
Scheiben|läufermotor 341f.
– spule 207
Schenkelpol|läufer 310ff.
– maschine 325f.
Schlankläufermotor 341
Schleifenwicklung 151, 153, 232f.
Schleifringläufer 249ff.
Schleuderdrehzahl 453
Schlupf|kompensation 329
– widerstand 289
Schnell|inbetriebnahme, Frequenzumrichter 331

– laufzahl 384
Schrittarten 357
Schrittmotor 354ff.
–, Belastungskennlinie 360
–, charakteristische Kennlinie 361
Schrittwinkel-Auflösung 357
Schutz|art 458
– durch Gehäuse 397f., 414
– durch Strombegrenzung 429
– durch Überdruckkapselung 415
– funktion 422
– gerät 400
– niveau 393, 440
– von Ex-Motoren 426
– von Ex-Motoren, Rechtsgrundlagen 426
Schweißtransformator 173, 366
Schweranlauf 276
Schwingungs|bild 443
– paketsteuerung 74
Sehnungsfaktor 215ff.
Sektorsteuerung 75
Selbst|belüftet 469
– geführter Stromrichter 42, 77f.
– geführter Wechselrichter 85ff.
– induktionsspannung 16, 164, 258
– kühlung 469
Senkbremsung 129f.
Servo|antrieb 340ff.
– getriebe 346
– mechanismus 346
Servomotor, Bauarten 341
–, Gebersysteme 362ff.
–, Klassifizierung 341
sicherer Betrieb von Ex-Motoren 423
Sicherheitsfaktor 444
Simulation 36
Sin-Cos-Geber 363
Singleturn-Geber 364
Sinus|bewertete PWM 92ff.
– modulation 92f.
– spur 363
Skalare Regelung 96
Smart Factory 36
– Product 36
– Service 36
Softstarter 284
Sondertransformator 163
Spaltpolmotor 306f.
Spannungs|änderung, Generator 315
– bedarf 328
– erzeugung 9f., 13f., 105f.
– fall 421
– stellbereich 329
– übersetzung 166
– verhalten 176f.
– wandler 197
– welligkeit 46
– zwischenkreis-Umrichter 388f.
Spartransformator 163, 194f.
Spitze-Spitze-Spannung 339
Stall-Regelung 386
Ständer|spannung ändern 286f.
– -Spannung ändern 277
ständige Funktionssicherheit 434
stationäre Belastung 27
Stator 249
Staubschicht 394
Stegspannung 118ff.
Stehstoßspannung 441

Stehwechselspannung 441
Steinmetzschaltung 308
Stelltransformator 196f.
Stern-Doppelstern-Schaltung 292
- -Dreieck-Anlaufschaltung 281ff.
- -, mehrstufig 283f.
- -Stern-Schaltung 190
- -Zickzack-Schaltung 191
Steuer|anlasser 289
- kennlinie 44, 59, 67, 69, 71, 75f., 79
- umrichter 89
Stillstands|drehmoment 353
- moment 332, 344
- strom 349, 353
Stirnstreuung 221
Stoppmotor mit Verschiebeanker 295
Störung im FU-Betrieb 422
Stoßkurzschlussstrom 317f.
Stoßspannungs|prüfung 443
- vergleichsprüfung 443
Streu|feldtransformator 366
- fluss 221
- spannungsfall, S-Maschine 315
Strom|oberschwingungen 48, 51f.
- überlastbarkeit 452
- übersetzung, Transformator 166
- unterlagerte Drehzahlregelung 142
- verdrängungsläufer 263, 280f.
- wandler 198
- wärmeverlust 108f., 147, 164ff., 255, 287
- wendespannung 118
- wendezeit 118
Stromrichter|gespeiste G-Antriebe 138ff.
- kaskade 91, 290
- motor 90, 325
-, netzgeführter 42, 90
-, selbstgeführter 77ff.
- transformator 367ff., 371
Stückprüfung 440
symmetrische Belastung 189
symmetrischer Betrieb 301
Synchron|generator 309, 389
- -Kleinstmotor 378
- motor 322ff.
- -Reluktanzmotor 375, 377
Synchronisation 321

Tachodynamo 107
Tastgrad 74, 79
t_A-Zeit 440
t_E-Bestimmung 410
- -Zeit 440
Teil|entladung (PD, partial discharge) 338
- lastbereich 387
- spule 227, 337
- wicklungsanlauf 325
Teilentladungs-Aussetzspannung 444
- -Einsetzspannung 444
- prüfung 444
Tempeltype 187
Temperaturabhängiger Motorschutz 428
- klasse 394, 440
THD-Faktor (Total Harmonic Distortion) 334
thermisch läuferkritisch 430
- statorkritisch 430
thermische Klasse 466
Thermometerverfahren 450
Thyristorwechselrichter 86f.
Tiefsetzsteller 77
TMS-Zusatzmodul 434
Torquemotor 379
-, Bauarten 380
Total Harmonic Distortion, THD 334
Tränklack 338
Transformator-Arten 162
-, Aufbau 201
-, Bank 185
-, Bauleistung 51f.
-, Blech 201
-, Hauptgleichung 167
-, Schutz 209ff.
Translation 20, 25
Trapezumrichter 89
TRBS 392
TRGS 392
Trockentransformator 163
Trommelwicklung 103ff., 151f.
Turboläufer 312
Typen|leistung, G-Motor 139
- punkt 330
typische Verlustanteile 257
Typprüfung 410, 440, 444

Überdruckkapselung 396ff., 405
Übererregter Betrieb, S-Maschine 321
Übergangswiderstand 108f.
Überlast|schutz, Transformator 209
- überwachung 408
Überlastungsverhältnis 274
Überlebens-Windgeschwindigkeit 387
Überschwingfaktor 447
Übersetzungsverhältnis 22, 166
Überspannungsschutz, Transformator 211
übersynchrone Senkbremsung 296
Übertemperatur für Öl-Transformatoren 466
-, Grenzwerte 466
Überwachung 36
U/*f*-Kennlinie 96, 330
- -Verhältnis 421
Umkehrstromrichter 144
Ummagnetisierungsverlust 147, 171, 201
Umrichtereinstelldaten 425
Umschalten/Umwickeln, Gleichstromwicklung 158f.
Umwickeln von Maschinenwicklungen 244ff.
unberechtigte Modifikation 434
Unipolarbetrieb 356
Universalmotor 371ff.
unsymmetrische Belastung, Transformator 189f.
unsymmetrischer Betrieb 302
Unterbrechung 443
unterbrochene Ständerzuleitung 307f.
untererregter Betrieb, S-Maschine 321
ununterbrochener Betrieb 461
U-Umrichter 91, 291, 327ff.

Vakuumtränkverfahren 338
Vektorregelung 96f.
Verbundbremse 332
Verlust|bestimmung 148
- moment 122, 261, 342
- optimierung, Asynchronmotor 374
-, S-Maschine 323
-, Transformator 180
verminderte Kühlung 419
Verschiebungsblindleistung 50f.
verteilte Wicklung 214, 220
Verzerrung der Netzspannung 51f.
Verzerrungsblindleistung 50f.
Vierquadranten|antrieb 30
- betrieb 84, 112, 143f.
Viertelschrittbetrieb 358
virtuelles Abbild 36
V-Kurve, Synchronmaschinen 323
Voll|gesteuerte Brückenschaltung 60, 127f.
- polläufer 311f.
- schrittbetrieb 357
- wellensteuerung 74
Volllast|anlauf 276
- -Wirkungsgrad 181
Voltage-Vector-Control 94
vorausschauende Instandhaltung 36
VVC-Steuerung 94

Wachstumsgesetz 149
Wander|feld 381
- welle 337
Wärme 448
- klasse 466
Wartung 437
WEA, Windenergieanlage 382ff.
-, Direktantrieb 385
- mit Getriebe 385
-, Wirkungsweise 383f.
Wechselfeld und Drehfeld 299f.
Wechselrichter 41, 327
- betrieb 66f., 69
- kippen 69
-, netzgeführter 66ff., 91
-, selbstgeführter 85ff.
- trittgrenze 127
Wechselspannungsgehalt 46
Wechselstrom|maschine 213ff., 371
- steller 74f.
- umrichter 41
- wicklung 225f.
Wellen|durchführung 403
- höhe 456
- spannung 291
- wicklung 156ff., 232f.
Wendelspule 206
Wendepol 116f.
Wicklungs|belastung 422
- faktor 218, 301
- fehler 209, 443
- isolation 338
- prüfung 441
- verlust 147, 171
Wicklung, Transformator 162, 204ff.
Widerstands|bremsung 130, 332
- hilfsphase 303
- läufer 287f.
- transformation 167
- verfahren 450

Wind|energieanlage (WEA) zur Stromerzeugung 382ff.
- stille 387
Windungs|schluss 441
- spannung 204, 445
- stelltransformator 196
Winkelbeschleunigung 20, 346
Wirbelstrom|bremse 147, 296
- verlust 102ff., 147, 171, 258
Wirkbelastung 317
Wirklaststeuerung 322
Wirkleistungssteuerung 388
Wirkungsgrad 32f., 146ff., 181f., 256, 307, 343, 375, 384
-, G-Maschine 146ff.
- klasse 33
- - IE5 377
Zählpfeilsystem 316
Zeigerdiagramm, A-Maschine 258ff.
-, S-Maschine 316
Zeitkonstante 343, 449
Zertifikat 400, 440
Zertifizierungsverfahren 398, 400
Zone 391, 440
Zonen|einteilung 393
- faktor 214
Zünd|durchschlagsicherer Spalt 440
- risiko 408, 411
- schutzart 395ff., 402, 440
- temperatur 394f.
Zuordnungsart 432
Zusatz|modul 435
- transformator 163
- verlust 147, 180, 255
Zustandsüberwachung von Maschinen und Anlagen 36
Zwei|etagenwicklung 226f.
- phasiger Anschluss 301
- puls-Brückenschaltung 60, 67, 70
- puls-Mittelpunktschaltung 56f., 70
- punktregelung 82
- quadrantenbetrieb 30, 84, 142f.
- schicht-Bruchlochwicklung 237
- schicht-Dahlanderwicklung 241
- schicht-Ganzlochwicklung 230
- schichtwicklung 152
- schwimmerrelais 210
- strängiger A-Motor 300ff.
Zwischenkreisumrichter 89